W0218397

Orale Chirurgie

Farbatlanten der Zahnmedizin
Herausgeber: Klaus H. Rateitschak und Herbert F. Wolf

Band 11

Orale Chirurgie

Hermann F. Sailer und
Gion F. Pajarola

916 meist farbige Abbildungen in
1649 Einzeldarstellungen

1996
Georg Thieme Verlag Stuttgart · New York

Autoren

Prof. Dr. Dr. Hermann F. Sailer
Dr. Gion F. Pajarola

Zahnärztliches Institut der Universität
Abteilung für Zahn-, Mund- und Kieferheilkunde
Plattenstraße 11, CH-8028 Zürich

Herausgeber

Prof. Dr. Klaus H. Rateitschak
Vorstand der Abteilung für Kariologie und Parodontologie des Zahnärztlichen Institutes der Universität Basel,
Petersplatz 14, CH-4051 Basel

Dr. med. dent. Herbert F. Wolf
Privatpraktiker
Spezialarzt für Parodontologie SGP
Löwenstraße 55/57, CH-8001 Zürich

Die Deutsche Bibliothek – CIP-Einheitsaufnahme

Farbatlanten der Zahnmedizin /
Hrsg.: Klaus H. Rateitschak und Herbert F. Wolf. – Stuttgart ; New York : Thieme.
Engl. Ausg. u.d.T.: Color Atlas of Dental Medicine
NE: Rateitschak, Klaus H. [Hrsg.]

Sailer, Hermann F.:
Orale Chirurgie / Hermann F. Sailer und Gion F. Pajarola. [Zeichn.: Joachim Hormann]. – Stuttgart ; New York : Thieme, 1996
(Farbatlanten der Zahnmedizin ; Bd. 11)
NE: Pajarola, Gion F.:

Bd. 11. Sailer, Hermann F.:
Orale Chirurgie. – 1996

Zeichnungen:
Joachim Hormann, Stuttgart

Titelbild:
Gay + Rothenburger, Stuttgart

© 1996 Georg Thieme Verlag,

Rüdigerstraße 14,
D-70469 Stuttgart
Printed in Germany
Satz: G. Müller, Heilbronn
Druck: K. Grammlich, Pliezhausen

ISBN 3-13-736001-3   1 2 3 4 5

Thieme – Farbatlanten der Zahnmedizin

Bereits erschienene Bände (Subskriptionsmöglichkeit) deutsch:

① K. H. & E. M. Rateitschak, H. F. Wolf
Parodontologie

② A. H. Geering, M. Kundert
Total- und Hybridprothetik

③ G. Graber
Partielle Prothetik

④ N. P. Lang, B. Siegrist Guldener
Kronen- und Brückenprothetik

⑤ F. A. Pasler
Radiologie

⑥ P. Riethe
Kariesprophylaxe und konservierende Therapie

⑧ T. Rakosi, I. Jonas
Kieferorthopädie: Diagnostik*

⑩ H. Spiekermann
Implantologie

⑪ H. F. Sailer, G. F. Pajarola
Orale Chirurgie

In Vorbereitung:

- R. Beer, M. A. Baumann
Endodontologie
- T. Rakosi, I. Jonas
Kieferorthopädie: Therapie*
- A. Bumann, G. Groot Landeweer, U. Lotzmann
Funktionsdiagnostik – Funktionstherapie
- H. van Waes, P. W. Stöckli
Kinderzahnheilkunde
- P. Reichart, H. P. Philipsen
Oralpathologie
- J. Schmidseder
Ästhetische Zahnmedizin

* Freiwillige Subskriptionsmöglichkeit

Thieme – Color Atlas of Dental Medicine

Band 1, 2, 3, 5, 8 und 10 sind auch in englisch lieferbar

Wichtiger Hinweis: Medizin als Wissenschaft ist ständig im Fluß. Forschung und klinische Erfahrung erweitern unsere Kenntnisse, insbesondere was Behandlung und medikamentöse Therapie anbelangt. Soweit in diesem Werk eine Dosierung oder eine Applikation erwähnt wird, darf der Leser zwar darauf vertrauen, daß Autoren, Herausgeber und Verlag größte Mühe darauf verwandt haben, daß diese Angaben genau dem *Wissensstand bei Fertigstellung des Werkes entspricht.*

Dennoch ist jeder Benutzer aufgefordert, die Beipackzettel der verwendeten Präparate zu prüfen, um in eigener Verantwortung festzustellen, ob die dort gegebene Empfehlung für Dosierungen oder die Beachtung von Kontraindikationen gegenüber der Angabe in diesem Buch abweicht. Das gilt besonders bei selten verwendeten oder neu auf den Markt gebrachten Präparaten und bei denjenigen, die vom Bundesgesundheitsamt (BGA) in ihrer Anwendbarkeit eingeschränkt worden sind. Benutzer außerhalb der Bundesrepublik Deutschland müssen sich nach den Vorschriften der für sie zuständigen Behörde richten.

Geschützte Warennamen (Warenzeichen) werden *nicht* besonders kenntlich gemacht. Aus dem Fehlen eines solchen Hinweises kann also nicht geschlossen werden, daß es sich um einen freien Warennamen handele.

Das Werk, einschließlich aller seiner Teile, ist urheberrechtlich geschützt. Jede Verwertung außerhalb der engen Grenzen des Urheberrechtsgesetzes ist ohne Zustimmung des Verlages unzulässig und strafbar. Das gilt insbesondere für Vervielfältigungen, Übersetzungen, Mikroverfilmungen und die Einspeicherung und Verarbeitung in elektronischen Systemen.

Vorwort

Die Aufgabe, einen Atlas der oralen Chirurgie vorzulegen, ist in mehrfacher Hinsicht reizvoll. Es gilt, kein Lehrbuch im üblichen Sinn, sondern ein chirurgisches Manual zu verfassen, das vorwiegend mit optischen Mitteln Lehrinhalte vermitteln soll. In erster Hinsicht richtet sich ein derartiger Atlas an Studierende, angehende Zahnärzte sowie Kiefer- und Gesichtschirurgen in Ausbildung. Aber ebenfalls der Erfahrene dürfte angesprochen sein, da auch schwierige oralchirurgische Eingriffe step by step dargestellt werden und sich die in Zürich geübten Methoden auf manchen Gebieten von jenen anderer Zentren unterscheiden. Es versteht sich, daß die aufgeführten Eingriffe das Behandlungskonzept der Verfasser wiedergeben und nur solche Eingriffe dargestellt wurden, bei denen große Erfahrung besteht.

Wir haben uns auf jene chirurgischen Maßnahmen der Mundhöhle beschränkt, die unter ambulanten Verhältnissen und in Lokalanästhesie durchgeführt werden können. Dies entspricht auch unserer Definition der oralen Chirurgie. Es versteht sich, daß oralchirurgische Eingriffe auch in Narkose unter bestimmten Umständen durchgeführt werden müssen. Die orale Chirurgie setzt eine zahnärztliche Ausbildung voraus; sie ist Bestandteil der Zahnheilkunde und der Kiefer- und Gesichtschirurgie.

Die Autoren haben mit der präsentierten Darstellung versucht, einen Beitrag zur Qualitätssicherung in der oralen Chirurgie zu leisten. Spezielle Aspekte werden wiederholt mit „Cave" oder „Nota bene" hervorgehoben, um den Behandler vor Fehlern zu bewahren. Als Neuerung wird ein Severity complexity score, der SAC-Index, vorgestellt, der eine Aussage über den Schwierigkeitsgrad erlaubt.

Während der vergangenen 4 Jahre wurde eine große Menge von Dokumentationsmaterial für den vorliegenden Atlas erarbeitet. Etwa 5 % dieses Materials kamen schließlich zur Darstellung. Ohne die große Hilfe vieler Kollegen und Mitarbeiter wäre die Durchführung der verschiedenen Arbeiten nicht möglich gewesen. Besonders bedanken möchten wir uns bei Herrn Professor Dr. M. Makek, der die histologischen Präparate zur Verfügung stellte, und Herrn Professor Dr. P. Groscurth und seiner Mitarbeiterin, Frau Dr. M. Manestar, die eigens Leichenpräparate für die Darstellung der Gesichtsnerven anfertigten. Spezieller Dank gebührt Herrn Dr. Chr. Schädle, der die Dokumentation über die freie Bindegewebetransplantation zur Verfügung stellte.

Hohe Anerkennung verdient die perfekte, professionelle photographische Leistung von Herrn Ph. Halioua.

Für ihren unermüdlichen organisatorischen Einsatz bei der lückenlosen Dokumentation möchten wir Frau H. Ammann, Frau E. Aziri, Frau I. Sager und Frau O. Stolz sowie dem Team der chirurgischen Poliklinik danken. Für die minutiöse Durchsicht des Literaturverzeichnisses gebührt auch unserer Bibliothekarin, Frau H. Eschle, großer Dank. Besonders hilfreich war für uns die Erfahrung der Herren Dr. H.F. Wolf und Dr. Chr. Urbanowicz, die uns mit Rat und Tat zur Seite standen.

Zürich, im Herbst 1995

H. F. Sailer
G. F. Pajarola

Inhaltsverzeichnis

Einführung

Die orale oder zahnärztliche Chirurgie umfaßt traditionsgemäß alle chirurgischen Eingriffe im Mundbereich, welche in Lokalanästhesie beim Patienten ambulant durchgeführt werden können. Sie ist eine spezielle Sparte der Kiefer-Gesichts-Chirurgie, und somit gelten alle Grundsätze dieses Fachgebietes auch für die orale Chirurgie.

Die zahnärztliche Chirurgie etablierte sich als anerkanntes Spezialgebiet der Medizin in den USA in der zweiten Hälfte des vorigen Jahrhunderts. Am Dental College von Philadelphia lehrte James E. Garretson, der als erster Kieferchirurg der modernen Auffassung bezeichnet werden kann. Er war Arzt und Zahnarzt und deshalb befähigt, intraorale chirurgische Eingriffe durchzuführen. Ein bedeutender Schritt in der Entwicklung der oralen Chirurgie wurde durch die Entdeckung der Lokalanästhesie und der Röntgenstrahlen für bildgebende Verfahren getan. Die eigentliche Durchsetzung der Lokalanästhesie wurde durch Professor Guido Fischer (Greifswald, Marburg, Hamburg) ab 1906 durch unermüdliche Vortragstätigkeit in Europa und den USA erreicht. Voraussetzung dafür waren die Fortschritte bei der Synthetisierung von Adrenalin und Procain durch die Chemiker Einhorn und Willstätter in den Hoechst-Werken um 1905 und die Entwicklung passender Injektionsutensilien durch Cook (Carpulen) und Fischer (Fischer-Spritze). Chirurgische Verfahren von heute noch gültigem Wert in der oralen Chirurgie hat der Allgemeinchirurg Partsch durchgesetzt (Wurzelspitzenresektion 1896, Zystenoperation 1892/1910), und wir können ihn deshalb als den Mann bezeichnen, der dem „Zahnarzt das Messer in die Hand gegeben hat", nicht nur um Abszeßinzisionen vorzunehmen, sondern um gezielte zahnerhaltende chirurgische Behandlungen durchzuführen. Natürlich haben unzählige Fachleute früher und heute Wesentliches auf dem Gebiet der oralen Chirurgie geleistet und neue Methoden weiterentwickelt und erprobt.

Die Grundsätze der Chirurgie und der Wundheilung von Weichteilen und Knochen müssen immer berücksichtigt werden, wenn wir als Ärzte oder Zahnärzte zum Messer greifen. Es sei daran erinnert, daß jeder chirurgische Eingriff als Körperverletzung anzusehen ist und daß nur das Ziel der Heilung und das Einverständnis des Patienten uns vor forensischen Folgen schützen. Deshalb ist es sehr wichtig, daß der Behandler lediglich die Eingriffe ausführt, die er entsprechend seinem Ausbildungs- und Erfahrungsstand auch verantworten kann. Aus diesem Grunde haben wir versucht, alle dargestellten chirurgischen Interventionen im Sinne einer Qualitätssicherung mit einer Bewertung zu versehen (SAC-Bewertung). Dadurch soll nicht etwa die fachliche Kompetenz des Behandlers beschnitten werden, vielmehr soll dazu beigetragen werden, problemlose Eingriffe von diffizileren zu unterscheiden und auch dem chirurgisch weniger versierten Kollegen zu zeigen, wo er seine Grenzen setzen soll.

Qualifizierung der Eingriffe

In einer bildlichen Darstellung können chirurgische Eingriffe oft in ihrer Schwierigkeit nicht richtig erfaßt werden. Es scheint uns deshalb sinnvoll, die vorgestellten Eingriffe, welche als repräsentativ für ein bestimmtes Vorgehen ausgewählt wurden, zusätzlich bezüglich lokaler Risiken und ihrer Komplikationsanfälligkeit zu bewerten. Der Kollege soll dann selber entscheiden können, ob er in der Lage ist, den betreffenden Eingriff durchzuführen.

„SAC"-Bewertung: Ⓢ = simpel, Ⓐ = anspruchsvoll, Ⓒ = kompliziert

Ⓢ = simpel

- einfacher Eingriff ohne anatomisch bedingte Risiken,
- kaum operationstechnische Probleme,
- komplikationsarmer Verlauf,
- kann vom gut ausgebildeten Zahnarzt in der ambulanten Praxis durchgeführt werden.

Dazu gehören Eingriffe bei allgemein gesunden Patienten:

- Zahnextraktionen
- Abszeßinzisionen am Alveolarfortsatz
- Aufklappungen am Alveolarfortsatz
- Wurzelspitzenresektionen im Frontbereich
- Biopsien der Schleimhaut
- Exzision von gestielten, gutartigen Tumoren der vestibulären Mundschleimhaut
- Gingivale Exzisionen und Kürettagen

Ⓐ = anspruchsvoll (advanced)

- einfacher Eingriff mit anatomisch bedingten Risiken,
- geringe operationstechnische Probleme,
- Komplikationen voraussehbar,
- kann vom chirurgisch ausgebildeten Zahnarzt in der ambulanten Praxis durchgeführt werden.

Dazu gehören Eingriffe bei Patienten mit berechenbaren Allgemeinerkrankungen (Diabetes, Hypertonie, Hypotonie):

- Zahnextraktionen
- Entfernung retinierter und impaktierter Zähne
- Abszeßinzisionen am Alveolarfortsatz
- Aufklappungen am Alveolarfortsatz
- Wurzelspitzenresektionen
- Zystektomien, Zystenfensterungen
- Lokale Defektkorrekturen am Alveolarfortsatz
- Entfernung von peripheren Speichelsteinen
- Biopsien der Schleimhaut
- Exzision von gestielten, gutartigen Tumoren der vestibulären Mundschleimhaut und der Zunge
- Gingivatransplantationen
- Vestibulumplastiken
- Gingivale Exzisionen und Kürettagen

Ⓒ = kompliziert (complex)

- schwieriger Eingriff mit oder ohne anatomisch bedingte Risiken,
- operationstechnisch schwierig und aufwendig,
- Komplikationen voraussehbar,
- kann vom zahnärztlich-chirurgisch erfahrenen Zahnarzt oder Kieferchirurgen unter aseptischen Bedingungen ambulant durchgeführt werden

Dazu gehören Eingriffe bei Patienten mit medizinischem und lokalem Komplikationsrisiko (Diabetes, Herz-Kreislauf-Probleme, Nieren-/Leberschäden, hämorrhagische Diathese, Atmungsprobleme, Allergien, Immunsuppression, nach Bestrahlung):

- Alle oralchirurgischen Eingriffe, sofern sie bezüglich medizinischer und operationstechnischer Gegebenheiten ambulant in Lokalanästhesie durchführbar sind.

Patientenuntersuchung

Diagnosis preceeds treatment (Russel 1968). Anamnese und Befund sind in jedem Fall die Voraussetzung, um mit weiteren zielgerichteten Untersuchungen zur Diagnose und Therapie zu gelangen.

Anamnese

Warum kommt der Patient?

Die erste Begegnung mit dem Patienten in der Praxis beginnt mit der Befragung über das Anliegen oder das Problem, welches den Patienten zum Arzt oder Zahnarzt führt. Die Anamnese besteht aus der Vorgeschichte und den gegenwärtigen Problemen des Patienten im Gesamtumfang. Sie muß den Behandler gründlich über die den jetzigen Problemen vorausgegangenen Krankheitsgeschehnisse informieren, damit dieser die gegenwärtigen Beschwerden des Patienten synoptisch einordnen kann.

Gesundheitsgeschichte

Aus psychologischen Gründen ziehen wir den Begriff „Gesundheitsgeschichte" dem Begriff „Krankheitsgeschichte" vor. Wir fragen deshalb: „Fühlen Sie sich gesund" oder „Ist Ihre Gesundheit gestört?"
Eine große Bedeutung erlangt die Anamnese bei Patienten mit besonderen gesundheitlichen Risiken. Die Feststellung, daß der Patient mit eigenen Kräften die Praxis aufsuchen konnte, ist nur ein schwacher Hinweis auf den intakten Gesundheitszustand. Eine gezielte Befragung muß die Informationen liefern, um jede Behandlungsmaßnahme in ihren Auswirkungen auf den Organismus beurteilen zu können (Schijatschky 1992).

Die Anamnese sollte zusätzlich die Familienanamnese umfassen mit Angaben über Erbkrankheiten, Tumoren, Mißbildungen und Stoffwechselerkrankungen.

Der freie Bericht des Patienten

Wir beginnen mit der Frage: „Warum kommen Sie zu mir, welche Beschwerden haben Sie?" Der freie Bericht des Patienten wird in den meisten Fällen schon die Hauptbeschwerden erkennen lassen. Diese sind differentialdiagnostisch bedeutsam und Wegweiser zur Diagnose.

Jetzt kann der Behandler sich bereits ein grobes Bild über das Anliegen des Patienten machen und durch gezielte Fragen die Anamnese entsprechend erweitern.

Die gezielte Befragung

Kein noch so ausführlicher Fragebogen kann das Arzt-Patienten-Gespräch ersetzen (Dahmer u. Dahmer 1982). Mindestens am Anfang der Befragung sollte der Patient Gelegenheit haben, frei zu berichten. Unterbrechungen können das Vertrauensverhältnis empfindlich stören. Trotzdem sind gezielte Nachfragen oft notwendig, diese sollen aber dem Patienten verständlich sein. Mehrere Fragen gleichzeitig sind nicht sinnvoll. Der Patient soll Zeit für die Beantwortung erhalten. Auf keinen Fall darf durch unterbrechende Bemerkungen die spontane Schilderung des Patienten unterdrückt werden. Moralisierende Kommentare des Behandlers haben während der Anamnese nur kontraproduktive Auswirkungen und führen dazu, daß der Patient möglicherweise wichtige Informationen zurückhält (Ingersoll 1987, Ringeling 1985, Schultz 1980). Es ist zwar empfehlenswert, nicht zuletzt aus forensischen Gründen, medizinisches Personal bei der Befragung und Untersuchung zugegen zu haben, doch sollte man dem Patienten auch Gelegenheit geben, allein mit dem Untersucher zu sprechen, wenn er sich in Gegenwart Dritter gehemmt fühlt.

Die Eckpfeiler einer Diagnose

Welche Symptome oder Beschwerden bestehen zur Zeit?

Wie haben die Beschwerden angefangen: plötzlich und akut oder schleichend und chronisch?

Bestehen die Beschwerden seit langem oder handelt es sich um einen Zufallsbefund?

Wie ist das Verteilungsmuster der Veränderungen, wie ihre Lokalisation und Begleiterscheinungen?

Wie ist der bisherige Verlauf und was brachten die Therapieversuche? Trat eine Besserung oder eine Verschlechterung ein?

Welche exogenen Faktoren gibt es, die Einfluß haben können, wie z.B. Rauchen, Alkohol, Drogen, Kontakt mit Kranken, Auslandsreisen, Zahnbehandlungen?

Wie lautet die persönliche Meinung des Patienten betreffend die Ursache der Beschwerden?

Praktische Hinweise zur Erhebung der Anamnese

Das Patientengespräch muß in einer ruhigen Atmosphäre durchgeführt werden, es darf nicht durch Telefonate oder durch Zwischenfragen des medizinischen Personals gestört werden.

Nota bene
Ungestörte Atmosphäre schaffen, Zeitdruck vermeiden, Vertrauen gewinnen, sich einfühlen.

Gesundheitsfrageformular

Ein standardisiertes Vorgehen mit Anamnesefragebogen hat Vorteile, da die wichtigsten Aspekte nicht vergessen werden, der Patient schriftlich Angaben machen muß und seine Mitverantwortung durch Unterschrift beweiskräftig dokumentiert ist. Jede etwaige schriftliche Befragung bedarf einer mündlichen Besprechung und einer gründlichen Auswertung durch den Behandler, um Ungenauigkeiten oder Mißverständnisse auszuräumen. Ebenso muß eine einmal erhobene Anamnese bei späteren Besuchen aktualisiert werden.

Konsequenzen für die Behandlung

Aufgrund seines Wissens und seiner Erfahrung muß der Behandler die für die Therapie relevanten anamnestischen Angaben erkennen und sie in den Behandlungsplan einbauen.

Fragebeispiele

1. Waren Sie in letzter Zeit im Krankenhaus oder in ärztlicher Behandlung? Warum?
2. Haben Sie einen Hausarzt, wie heißt er? Haben Sie schon ärztliche Spezialisten aufgesucht?
3. Nehmen Sie regelmäßig Medikamente ein? Wenn ja, welche?
   - Schmerzmittel?
   - Antibiotika?
   - Cortisonpräparate?
   - Antikoagulanzien bzw. Mittel zur Blutverdünnung?
   - Medikamente für den Kreislauf bzw. Blutdruck?
   - Aufbaupräparate?
   - Diabetesmedikamente?
4. Brauchen Sie Suchtmittel? Haben Sie schon Haschisch oder andere Drogen konsumiert (Tabak, Alkohol, harte und weiche Drogen; geschnupft, geraucht, gespritzt; wie viel, wie oft)? Wieviele Zigaretten rauchen Sie pro Tag? Wieviele Gläser Whisky trinken Sie am Abend?
5. Haben Sie ein Herzleiden und welche Konsequenzen resultieren daraus für den Tagesablauf? Können Sie die Treppe in den zweiten Stock steigen, ohne stehenbleiben zu müssen?
6. Ist Ihr Blutdruck erhöht?
7. Sind Sie allergisch auf Nahrungsmittel oder irgendwelche Materialien? Hatten Sie je eine ungewöhnliche Reaktion (Allergie o.ä. auf Spritzen, Medikamente oder besondere Materialien)? Leiden Sie unter einer der folgenden Krankheiten:
   - Asthma, Heuschnupfen?
   - Zuckerkrankheit (Diabetes)?
   - Epileptische Anfälle?
   - Häufige Kopfschmerzen?
   - Magen- oder Darmgeschwüre?
   - Rheumatismus?
8. Hatten oder haben Sie Gelbsucht (Hepatitis) oder eine andere Infektionskrankheit (Tuberkulose, AIDS)?
9. Hatten oder haben Sie eine andere schwere Erkrankung? Wurden Sie schon wegen eines Tumors behandelt?
10. Für Patientinnen: Besteht zur Zeit eine Schwangerschaft?

Für schwierige Schmerzanamnesen empfiehlt sich ein besonderes Frageschema (Cerbo 1988, Isler 1984).

Nota bene
Die Anamnese ist im wesentlichen zu dokumentieren.
Tonträger dürfen nur mit dem Einverständnis des Patienten verwendet werden.
Je schwieriger und je heikler der Eingriff ist, um so ausführlicher müssen die Aufzeichnungen sein.

Kontaktaufnahme mit dem Hausarzt

Rückfragen beim Hausarzt sind besonders vor chirurgischen Eingriffen unerläßlich. Auf keinen Fall darf der Behandler von sich aus Medikamentenverordnungen verändern oder absetzen, außer er überblickt die Auswirkung seiner Maßnahme in der ganzen Konsequenz der möglichen Folgen für den Patienten und handelt in lebenswichtiger Dringlichkeit. Die Kommunikation mit dem behandelnden Hausarzt ist immer wichtig, auch aus forensischen Gründen.
Das Einschalten des Hausarztes soll folgende Fragen klären:
- Kann der Patient der Belastung des geplanten Eingriffs ausgesetzt werden?
- Müssen besondere Maßnahmen veranlaßt werden, z. B. Absetzen der Antikoagulanzien für eine bestimmte Zeit? Wie ist der derzeitige Quick-Wert?
- Ist eine antibiotische Abschirmung erforderlich? Wenn ja, durch wen?
- Ist aus psychischen Gründen eine Prämedikation sinnvoll?
- Sollen bestimmte Medikamente vermieden werden (Interaktionen)?
- Welche Schmerzmittel sind erlaubt?
- Kann der Eingriff ambulant durchgeführt werden?
- Kann die Nachsorge zu Hause erfolgen?

Kurzanamnese

Bei zahnärztlichen Notfallpatienten kann die Befragung auf das Wesentliche beschränkt werden. In jedem Fall muß klar sein, ob Risiken für den Patienten bestehen können.

1. Waren Sie in der letzten Zeit krank oder in ärztlicher Untersuchung? Wenn ja, warum?
2. Haben Sie Kreislauf- oder Blutdruckprobleme (beim Atmen oder Treppensteigen)?
3. Sind Sie zuckerkrank?
4. Nehmen Sie regelmäßig Medikamente ein?
5. Hatten Sie je eine ungewöhnliche Reaktion auf Spritzen beim Arzt oder Zahnarzt?
6. Leiden Sie unter Allergien?
7. Hatten oder haben Sie eine schwere Infektionskrankheit (Hepatitis, Tuberkulose, Geschlechtskrankheiten, AIDS)?
8. Haben Sie schon Haschisch oder andere Drogen genommen?
9. Bei Frauen: Sind Sie schwanger?

Dokumentation

Wie die Anamnese sind auch die Befunde zu dokumentieren.

Krankengeschichte

Die Gesundheitsgesetzgebung schreibt generell eine Pflicht zur Aufzeichnung der medizinischen Daten jedes Patienten vor. Die Führung einer Krankengeschichte (Krankenunterlagen, Behandlungsunterlagen) ist deshalb auch ein juristisch relevanter Akt. Die Krankengeschichte selbst ist folglich ein Dokument und muß wahrheitsgetreu und lückenlos geführt werden. Nachträgliche Manipulationen sind unzulässig und können den Tatbestand der Urkundenfälschung erfüllen. Die Krankengeschichte hat den Wert eines anerkannten Beweismittels. Die Patientenaufzeichnungen sind mindestens 10 Jahre lang aufzubewahren (vergleiche auch die Gesetzgebung im eigenen Land).

Die Angaben über die Anamnese und die erhobenen Befunde werden schriftlich festgehalten. Ebenso werden die daraus resultierenden Beurteilungen und Diagnosen sowie die Behandlungsplanung und -durchführung mit dem Verlauf chronologisch festgehalten. Art und Umfang der Aufklärung (mögliche Komplikationen usw.) sind schriftlich niederzulegen. Integrierter Bestandteil der Krankengeschichte sind auch weitere Unterlagen über den Patienten, wie Röntgenbilder, Resultate von Laboruntersuchungen und histopathologische Befunde. Auch jede über den Patienten geführte Korrespondenz gehört dazu. Die Unterlagen können durch Fotografien und Modelle ergänzt werden.
Grundsätzlich hat der Patient ein Recht auf Einsichtnahme in die Krankengeschichte.

Persönliche Notizen

Der Behandler darf persönliche Bemerkungen und Beurteilungen zur Krankengeschichte und Therapieplanung aufzeichnen. In solche Aufzeichnungen hat der Patient kein Einsichtsrecht.

Operationsbericht

Bei jedem chirurgischen Eingriff muß ein Protokoll erstellt werden. Dieses umfaßt Angaben über den Operateur, die Assistenz, Art der Anästhesie, Art der Durchführung (Einzelschritte des Eingriffs) und Besonderheiten beim Eingriff (Darstellung von Nerven, Lage und Beziehungen zur benachbarten Anatomie usw.).

Untersuchungsmethoden

Der Zahnarzt und Kieferchirurg ist ausgebildet in und vertraut mit der Anatomie, Physiologie und Pathologie des Kausystems und beherrscht deshalb alle gängigen Untersuchungsmethoden (Mitchel u. Mitarb. 1971, Morris 1983). Eine eingespielte Routine in der Reihenfolge des Untersuchungsablaufes hat sich bewährt. Dadurch wird das Risiko, einen wichtigen Befund zu übersehen, reduziert. Wir unterscheiden die äußere Untersuchung der Gesichts- und Halsregion und die orale Untersuchung. Die Ausdehnung der Untersuchung auf andere Körperregionen kann notwendig sein, um Zusammenhänge mit bestehenden Allgemeinerkrankungen zu klären. Der Zahnarzt sollte dazu die Konsultation beim Hausarzt der eigenen weitergehenden Inspektion vorziehen. Aus forensischen Gründen empfiehlt sich die Anwesenheit einer weiblichen Assistenz bei der Untersuchung von Patientinnen. Dadurch wird eventuellen Anschuldigungen bezüglich Übergriffen auf die Intimsphäre vorgebeugt.

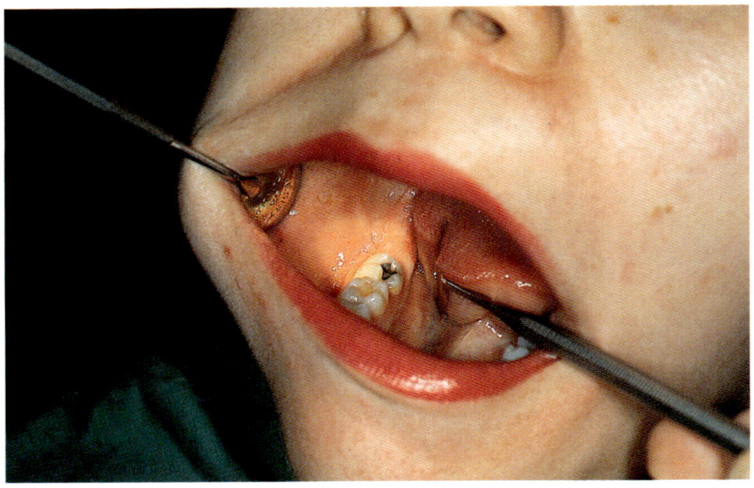

1 Orale Befunderhebung
Zur Inspektion der Mundhöhle ist eine Stirnlampe mit Kaltlichtleiter als ausreichende Ausleuchtung unerläßlich. Dadurch sind beide Hände zur Manipulation der Mundschleimhaut frei.

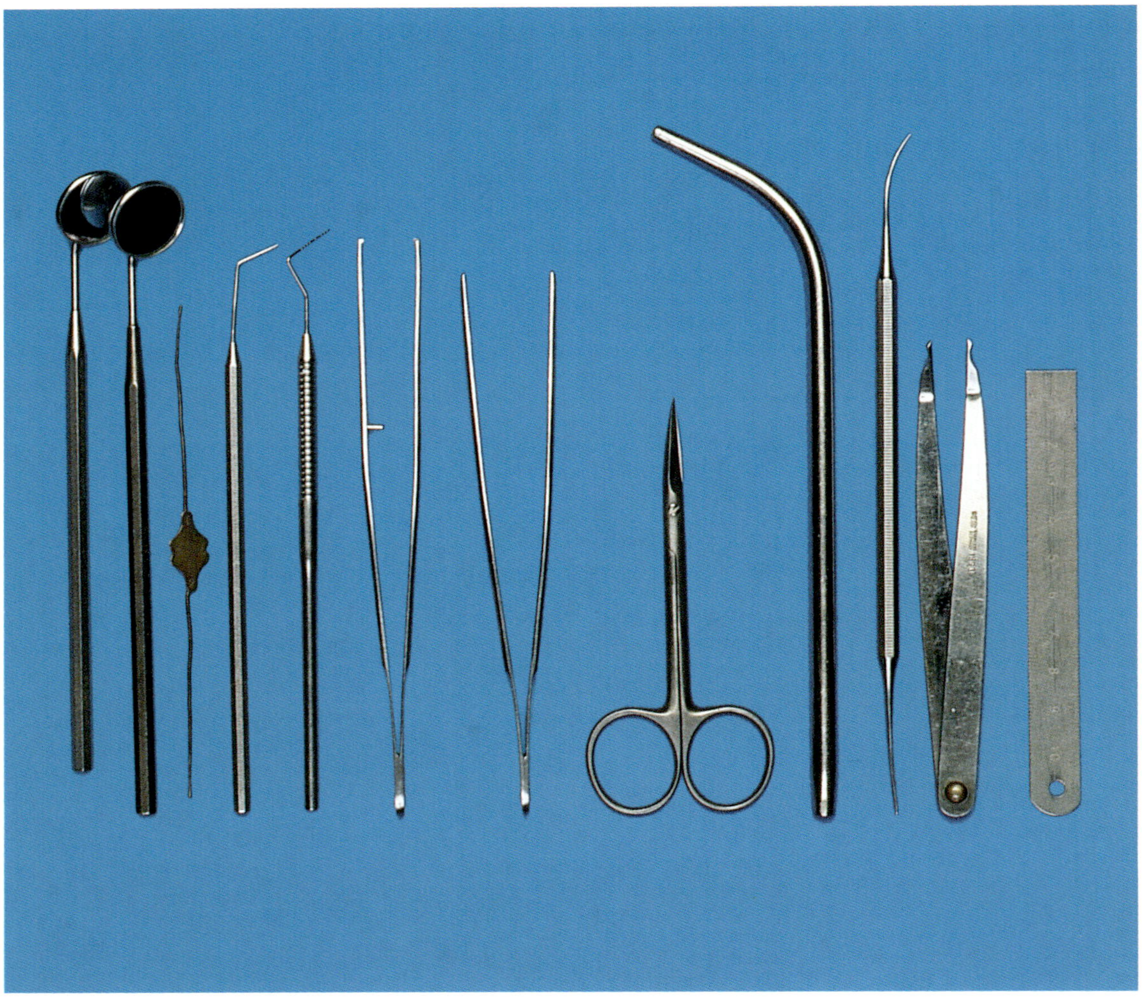

2 Instrumentarium für die Mundinspektion
Zwei Zahnarztspiegel, Knopfsonde, spitze und graduierte Sonde, anatomische und chirurgische Pinzette, Zahnarztpinzette, Absaugkanüle, Tamponstopfer, Zirkel und Maßstab.

Äußere Untersuchung

Die körperliche Untersuchung muß pathologische Veränderungen, aber auch normale Befunde erfassen. Die Befunde sind objektivierbare Gegebenheiten, welche vom Behandler wahrgenommen werden können.
Durch ergänzende Angaben des Patienten sind die Befunde nach Dauer, Stärke, Art und Ort und in der Beziehung zu den Körperfunktionen zu differenzieren (Dahmer 1988). Was hält der Patient von einer festgestellten pathologischen Veränderung? Diese Frage läßt unter Umständen Rückschlüsse auf Aggravation oder Verdrängung eines Befundes zu.

Inspektion

Die Untersuchung beginnt bereits beim Hereinkommen des Patienten ins Sprechzimmer.
Gangart: forsch, munter, schleichend, geduckt. Die motorische Erscheinung des Patienten gibt Hinweise auf mögliche Allgemeinerkrankungen, die anamnestisch erfragt werden sollten. Ebenso gibt uns die Form des Auftretens Anhaltspunkte für eine einfühlsame Gesprächsführung.
Der *Händedruck* ist sehr individuell und kann Hinweise auf psychische Eigenheiten oder die momentane Gemütslage des Patienten geben:
- fest, kräftig, zum athletischen Typ passend,
- schlaff beim pyknischen Typus,
- feucht bei bestehender Beklemmung oder Ängsten,
- zitternd bei Drogeneinfluß.

Konstitutionstyp

Die konstitutionelle Typisierung des Patienten hat ihre Bedeutung darin, daß möglicherweise die Reaktionsbereitschaft des Individuums, seine Leistungs- und Anpassungsfähigkeit beurteilt werden können. Besonders für die Einschätzung der Zumutbarkeit einer Behandlung für den Patienten kann diese Typisierung hilfreich sein. Klassischerweise werden entsprechend Soma und Psyche vier Typen unterschieden.

Asthenischer Typ: magerer, schmaler, aufgeschossener Mensch mit schmalen Schultern, flachem Brustkorb und schmalem, langem Kopf.
Athletischer Typ: mit breiten, ausladenden Schultern, grobgeschnittenem, hohem Kopf, stattlichem Brustkorb, plastischem Muskelrelief und massivem Knochenbau.
Pyknischer Typ: mit gedrungener Figur, weichem, breitem Gesicht, kurzem Hals, Fettbauch und tiefem, gewölbtem Brustkorb.
Dysplastischer Typ: Kleinwuchs, mangelhaft entwickelt, jedoch ohne endokrine Störungen.

Die nähere Beobachtung

Die optischen Eindrücke können Informationen über mögliche Gesundheitsprobleme liefern.

Äußere Auffälligkeiten
- der Gesichtsform: symmetrisch bzw. asymmetrisch, Defekte oder Auftreibungen;
- im Nasenbereich: Naseneingang, -form, Sekretion;
- im Augenbereich: Farbe der Konjunktiva und der Skleren;
- im Lippenbereich: Farbe, Pigmentierung, Form, Fissuren, Rhagaden, Ulzerationen;
- der Hautoberfläche: Rötungen, Blässe, Teleangiektasien, Gefäßabnormitäten, Pigmentierungen, Effloreszenzen aller Art, Narben, Oberflächenbeschaffenheit (altersentsprechend, runzlig, adipös, schlaff, pastös, maskenhaft, starr).

Der äußere Eindruck kann nicht als objektiver Befund gewertet werden. Die Beobachtungen können aber Hinweise auf bestehende Probleme geben und unsere Einstellung bei der Gesprächsführung leiten. Immerhin können Diskrepanzen zwischen den einzelnen Besonderheiten weitere Abklärungen notwendig machen.

Neurologische Untersuchungen

Die Prüfung der Sinneswahrnehmungen im Gesichtsbereich kann Hinweise auf periphere oder zentrale neurale Störungen liefern. Sie ist – auch aus forensischen Gründen –von großer Bedeutung.

Nota bene
Ausfälle von Hirnnerven ohne klare Ursache müssen durch den Spezialisten abgeklärt werden.

Prüfung des Geruchssinns

Beim Menschen ist die Wahrnehmung von Gerüchen eher bescheiden, wenn auch unter tausenden von Duftstoffen unterschieden werden kann. Die Prüfung der Riechempfindung soll Aufschluß über intakte Riechfasern geben oder über eine periphere Behinderung der Geruchsempfindung orientieren. Die Testung der Riechempfindung erfolgt durch die Beobachtung der Wahrnehmung von charakteristisch riechenden Substanzen wie Chlumski-Lösung, Essig oder Eugenol.

Prüfung der Motorik

Hirnnerv VII (N. facialis): Der siebte Hirnnerv ist für den Ausdruck eines Gesichtes wesentlich mitverantwortlich.

Die Beweglichkeit der mimischen Muskulatur wird seitenvergleichend untersucht:
- Stirnrunzeln,
- Augenschließen,
- Lippenspitzen (Pfeifen),
- Zähnezeigen.

Bei Lähmung der ganzen Gesichtshälfte mit hängendem Mundwinkel, Lagophthalmus (erweiterter Lidspalte) und Bellschem Phänomen (Rotation des Augapfels nach oben bei fehlendem Lidschluß) liegt eine periphere Nervschädigung vor. Bei einer zentralen Lähmung des N. facialis ist nur der untere Ast betroffen, d.h. der kontrolaterale Mundwinkel hängt schlaff herunter. Der isolierte Ausfall einzelner Funktionen kann auch durch Verletzungen der drei Äste des N. facialis in der Peripherie verursacht sein.

Hirnnerv III (N. oculomotorius), IV (N. trochlearis) und V (N. abducens): Diese Hirnnerven sind u.a. für die Beweglichkeit der Bulbi verantwortlich.

Die Augenmotilität wird bei fixiertem Kopf durch Aufforderung zur Blickverfolgung des vor den Augen vorbeibewegten Fingers geprüft. Doppelbilder sind Zeichen mangelnder Akkomodationsfähigkeit oder inkongruenter Bewegungen sowie von Lageunterschieden der Augen.
Die Pupillenreaktion auf Lichteinfall und abnorm verengte oder erweiterte Pupillen geben Aufschluß über zentrale Störungen oder lassen Drogenabusus erkennen (enge, stecknadelgroße Pupillen). Lichtstarre Pupillen weisen auf eine schwere zentrale Hirnschädigung hin, wie z.B. nach längerem Sauerstoffmangel, können aber auch bei direkter N.-opticus-Läsion bestehen.
Normalerweise reagieren beide Pupillen simultan, auch wenn nur einseitig Licht einfällt (indirekte Pupillenreaktion). Cave Augenprothese oder Amaurose (Blindheit).

Prüfung der Sensibilität und des Tastsinns

Oberflächensensibilität

Hirnnerv V (N. trigeminus). Der sensible Anteil des fünften Hirnnervs, des N. trigeminus, ist für die Oberflächensensibilität des Gesichtes verantwortlich.
Seine Austrittsstellen am Foramen supraorbitale, infraorbitale und mentale werden einzeln geprüft (Schmidt 1985).

Durch seitenvergleichende Prüfung der Wahrnehmung von äußeren Reizen wird die Sensibilität der Hautnerven im Gesicht festgestellt. Der Patient soll bei geschlossenen Augen einen spitzen von einem stumpfen Reiz unterscheiden können (Spitz-/Stumpfdiskriminierung): Dabei wird mit einer zahnärztlichen Sonde unregelmäßig abwechselnd mit der Sondenspitze und dem -rücken seitenvergleichend geprüft.

Die Wahrnehmungsschwelle wird mit einer Flaumfeder oder einem sehr feinen Pinsel getestet. Der Seitenvergleich ergibt immer ein zuverlässiges Ergebnis.

Die Empfindungsqualität wird bezeichnet als:
- normale Sensibilität (Normästhesie),
- Hypästhesie,
- Hyperästhesie,
- Anästhesie.

Von Bedeutung, speziell auch bei forensischen Problemen, ist die 2-Punkte-Diskriminierung (räumliches Auflösungsvermögen), wobei der noch wahrnehmbare Abstand zwischen zwei Nadelspitzen gemessen wird (in mm; normal ist ca. 1–3 mm für die Zungenspitze, ca. 25 mm für die Stirnregion) (Schmidt 1985).

Spontan auftretende abnorme Empfindungen, wie das Gefühl von Ameisenlaufen, Kribbeln, Prickeln, Pelzigsein, werden als Parästhesien und Dysästhesien bezeichnet.
Weitere spezifische Prüfungen, wie die der Thermosensibilität, der Reizschwelle usw. sind der neurologischen Untersuchung durch den Spezialisten vorbehalten.

Kornealreflex

Annäherung oder Berührung der Kornea, z.B. mit einem Papierstückchen, führt zu reflexartigem Lidschluß. Erfolgt keine Reaktion, deutet das auf eine zentrale Störung des N. trigeminus hin.

Funktionsprüfungen

Die Überprüfung der Bewegungsfunktion des Kauapparates wird meist vernachlässigt. Sie gehört aber, wie alle anderen Elemente der Befunderhebung, routinemäßig zur Untersuchung der Oralregion. Unklare Schmerzbilder können oft in den Bereich von Funktionsstörungen des Kausystems eingeordnet werden (Jenni 1988, Isler 1984, Krogh-Poulsen 1968, Schmid-Meier 1980, Wiehl 1983, Windecker 1993).

Beweglichkeit des Unterkiefers

Bewertung der Mundöffnung durch Messen des Schneidekantenabstandes der mittleren Frontzähne (SKA in mm). Normwert minimal 35 mm, auch bei Kindern.

Messung der Seitschub- und Vorschubbewegung mit der Mittellinie der Oberkieferfront als Referenzpunkt (Angaben in mm).

Auch die Art der Bewegungseinschränkung wird beobachtet: Die Öffnungsbehinderung wird als *Kieferklemme (Trismus),* die Schließbehinderung als *Kiefersperre* bezeichnet.

Qualität der Behinderung:
- federnd,
- dehnbar,
- hart bzw. blockiert.

Beweglichkeit des Kondylus

Durch leichte Betastung der Kondylusregion werden freie Beweglichkeit, sandige Reibebewegungen oder Knacken festgestellt. Die Bewegungsstörungen des Discus articularis können als initiales, terminales, intermediäres und – falls bei der Rückbewegung an gleicher Stelle im Bewegungsablauf auftretend – als reziprokes Knacken beurteilt werden. Die Auskultation mittels eines Stethoskopes zur besseren Geräuschanalyse ist empfehlenswert. Gelegentlich ist der Diskus vor allem bei der Schließbewegung im lateralen Gelenkbereich tastbar.

Okklusionslage

Die Okklusionslage muß immer angegeben und entsprechend der Klasse nach Angle I–III bestimmt werden.

Abweichungen in der Verzahnung bei spontanem und geführtem Zusammenbeißen müssen festgehalten werden. Exaktere Prüfungen sind mit Okklusionsmarkierung mittels Papier, Farbband oder Okklusionswachse vorzunehmen. Wir empfehlen die Anfertigung von Modellen mit Bißnahme.

Artikulation

Die Artikulation stellt das Bewegungsmuster bei der Verschiebung der Ober- und Unterkieferzähne gegeneinander dar. Das Bewegungsmuster kann durch Farbmarkierungsmittel auf den Zähnen dargestellt werden. Die genaue Analyse der Okklusion und Artikulation ist nur anhand von Modellen im individuell einstellbaren Artikulator möglich.

Kaumuskulatur

M. masseter pars anterior: Zwischen Daumen und Zeigefinger wird der Muskel auf Verhärtungen und Schmerzhaftigkeit überprüft.

M. pterygoideus lateralis: Mit dem Zeigefinger oder Kleinfinger einer Hand wird zwischen aufsteigendem Ast des Unterkiefers und Tuber maxillae nach kranial gedrückt und Verhärtungen und Schmerzhaftigkeit überprüfen.

Ursprung des M. masseter: Mit Fingerdruck wird im Bereich der Wangenleiste nach kranial rechts/links vergleichend gedrückt und Verhärtungen und Schmerzhaftigkeit überprüft.

M. temporalis: Mit den Fingerkuppen werden Schmerzpunkte der Muskelfläche an Scheitel und Schläfe gesucht. Dabei läßt man den Patienten mehrfach kräftig zubeißen und wieder entspannen.

Hygienemaßnahmen bei der Untersuchung

Hygienische Bedingungen bei der Patientenuntersuchung erfordern das Tragen von Handschuhen und Maske. Bei Patienten mit Immunschwäche (Leukämie, HIV-Infektion, Immunsuppression) und infektiösen Krankheiten (Tröpfcheninfektion) ist die Maske eine Conditio sine qua non, desgleichen das Tragen von Schutzbrillen, wie dies in den Richtlinien der FDI (1989) festgelegt wurde.

Lymphknotenpalpation

Im Kiefer-Gesichts-Bereich finden wir folgende Lymphknoten (Lymphonodi, Nodi lymphatici): LN temporales, submentales, submandibulares, zervikales. Lymphknoten sind Filterstationen für Toxine, Mikroben, Zellfragmente u.a. Sie haben eine besondere Bedeutung bei der Bildung, Proliferation und Differenzierung der Lymphozyten. Die Untersuchung der Lymphknoten kann Hinweise auf entzündliche, infektiöse und tumoröse Erkrankungen geben.

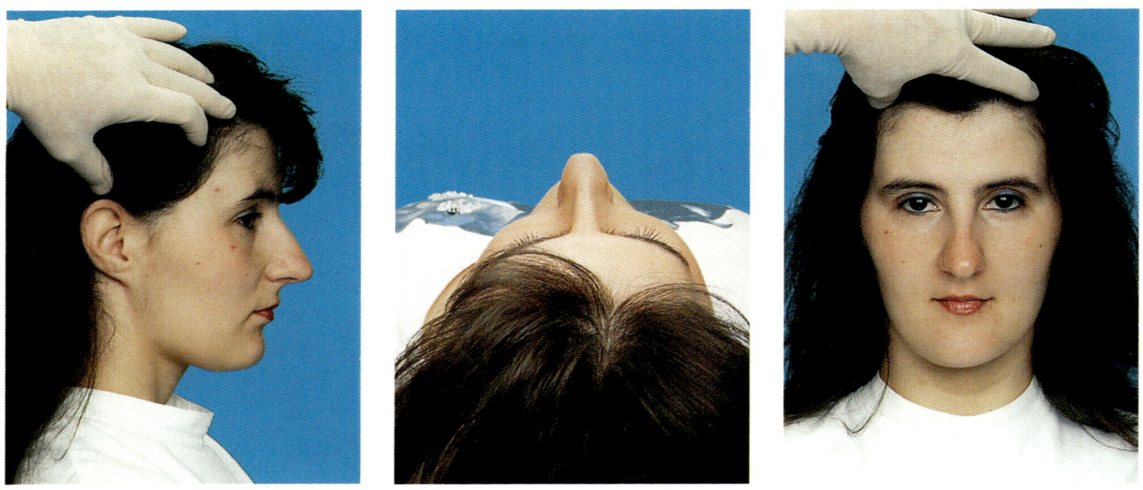

3 Extraorale Inspektion
Links: Beurteilung von Integument und Profil, die Haare müssen abgehalten werden.

Mitte: Beurteilung von Seitabweichungen und Blick von kranial.

Rechts: Beurteilung von frontal unter Abhaltung der Stirnhaare.

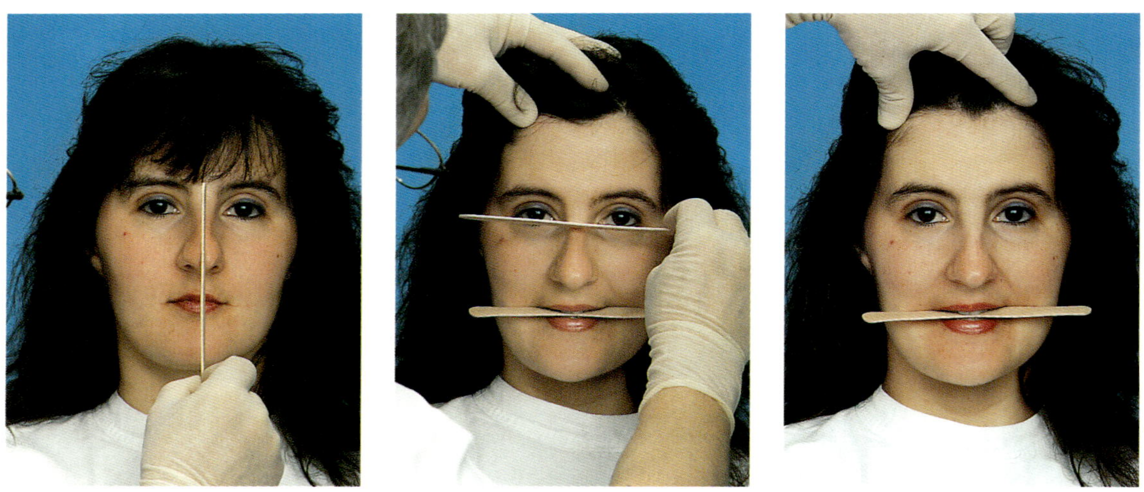

4 Kontrolle der Symmetrie
Links: Asymmetrien lassen sich mit Hilfe eines Holzspatels leichter erkennen.

Mitte und *rechts:* Bestimmung der Lage der Okklusionsebene und Vergleich mit der Bipupillarebene.

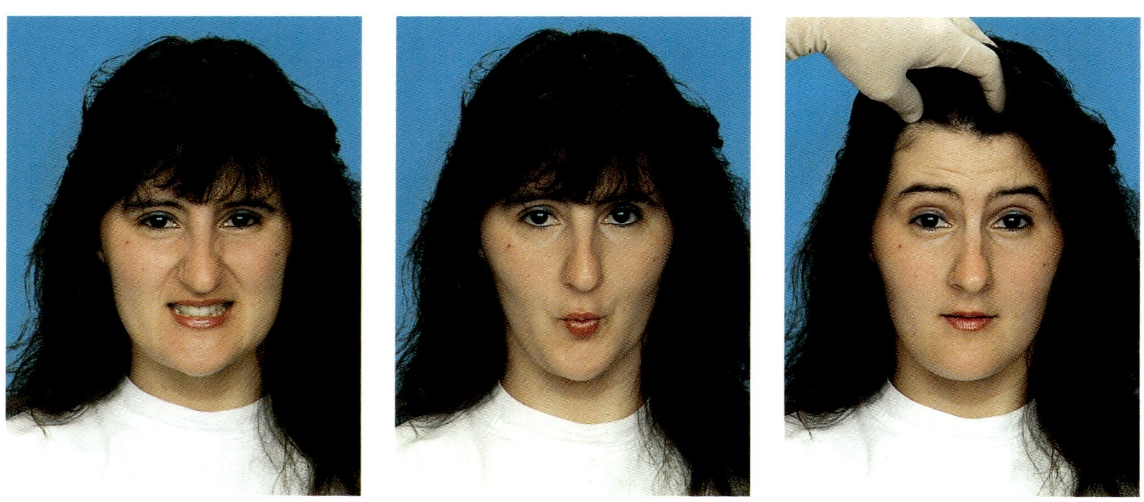

5 Prüfung der Motorik (N. facialis)
Links: Zähnezeigen.

Mitte: Lippenspitzen.

Rechts: Stirnrunzeln.

Die Palpation der submandibulären Lymphknoten erfolgt bimanuell und seitenvergleichend. Die temporalen Lymphknoten liegen oberflächlich und sind leicht zu fühlen. Die Gesichts- und Halslymphknoten ertastet man, indem mit der einen Hand der Kopf des Patienten am Scheitel festgehalten und leicht nach vorne geneigt wird. Dadurch ist die Mundboden- und Halsmuskulatur entspannt, und mit der anderen Hand lassen sich die submandibulären, mentalen und zervikalen Lymphknoten tasten und auf Schmerzhaftigkeit, Größe, Konsistenz (weich, hart) und Verschieblichkeit überprüfen.

Schmerzhafte Lymphknoten sind Ausdruck einer akuten Entzündung der Schleimhaut oder Tonsillen. Indolente Lymphknoten kommen bei abgelaufenen Entzündungen vor und können noch Monate bestehenbleiben. Sie können aber auch Zeichen einer Metastasierung eines Tumors aus dem Einzugsgebiet der Lymphbahnen sein. Lymphknotenvergrößerungen kommen ebenfalls bei Leukosen, Lymphogranulomatosen und bei einer Vielzahl von Viruserkrankungen vor.

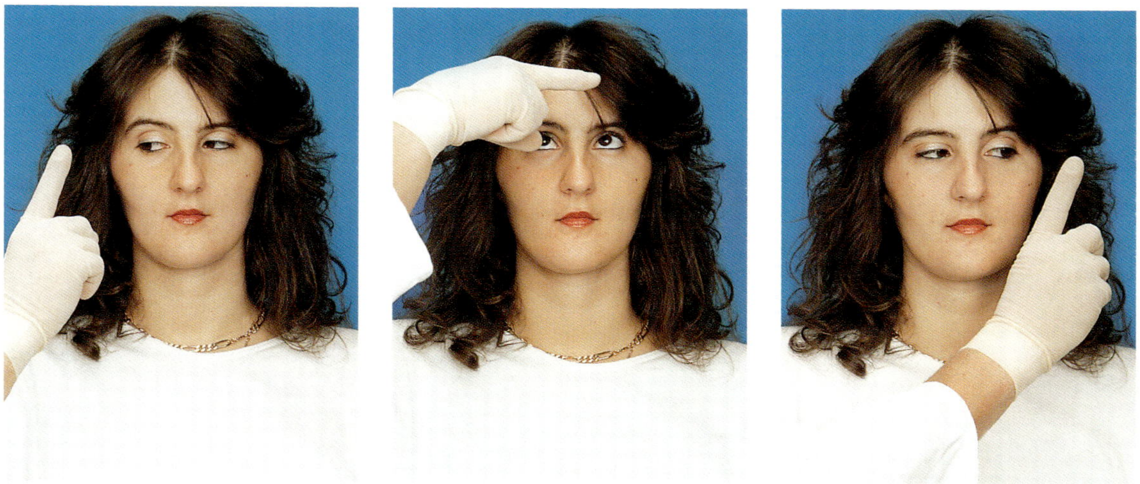

6 Prüfung der Augenbewegungen (N. oculomotorius)
Prüfung der Bewegungen in seitlicher und vertikaler Richtung, Erkennen von Doppelbildern.

Konturenabtastung

Die Gesichtskonturen werden bimanuell und seitenvergleichend abgetastet. Die Palpation erfolgt ohne Druck mit den Fingerspitzen. Veränderungen werden auf ihre Konsistenz, Verschieblichkeit gegenüber der Unterlage und der Hautoberfläche und Schmerzhaftigkeit überprüft.

Inspektion der vorderen Nasenhöhle

Die Inspektion der Nase mit dem Spekulum gehört zu einer gründlichen Untersuchung, können doch Prozesse vom vorderen Alveolarfortsatz aus (Zysten, Abszesse, Fisteln, odontogene Tumoren) im Nasenbodenbereich Veränderungen hervorrufen. Zur Inspektion wird der Nasenflügel mit den vertikal gehaltenen Branchen des Nasenspekulums angehoben und das Nasenkavum mittels einer Stirnlampe ausgeleuchtet (Lehnhardt 1992).

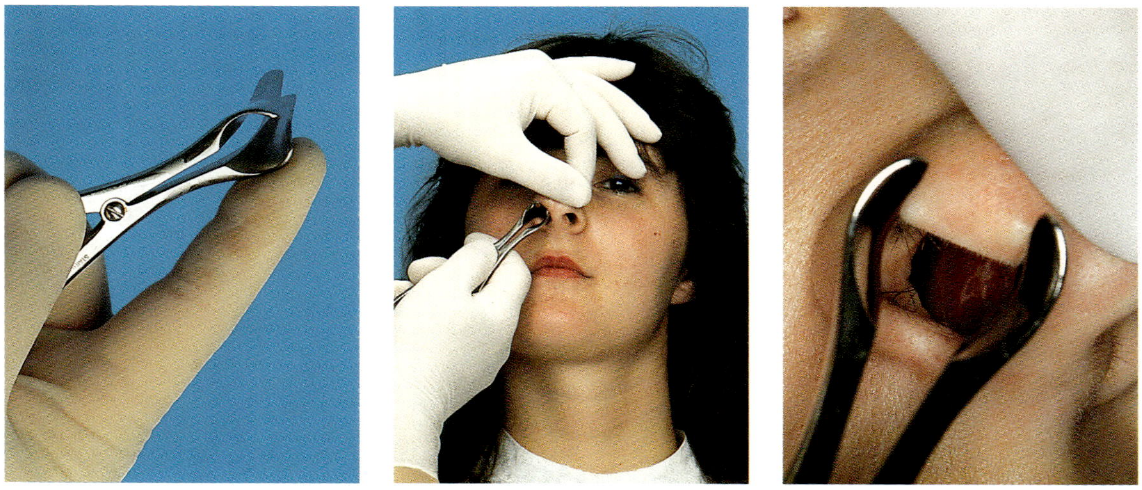

7 Inspektion der vorderen Nasenhöhle
Links: Haltung des Nasenspekulums.

Mitte: Führung des Nasenspekulums zur Inspektion des Naseneingangs.

Rechts: Inspektion der vorderen Nasenhöhle mit korrekter Haltung des Nasenspekulums und gezieltem Lichteinfall (Stirnlampe).

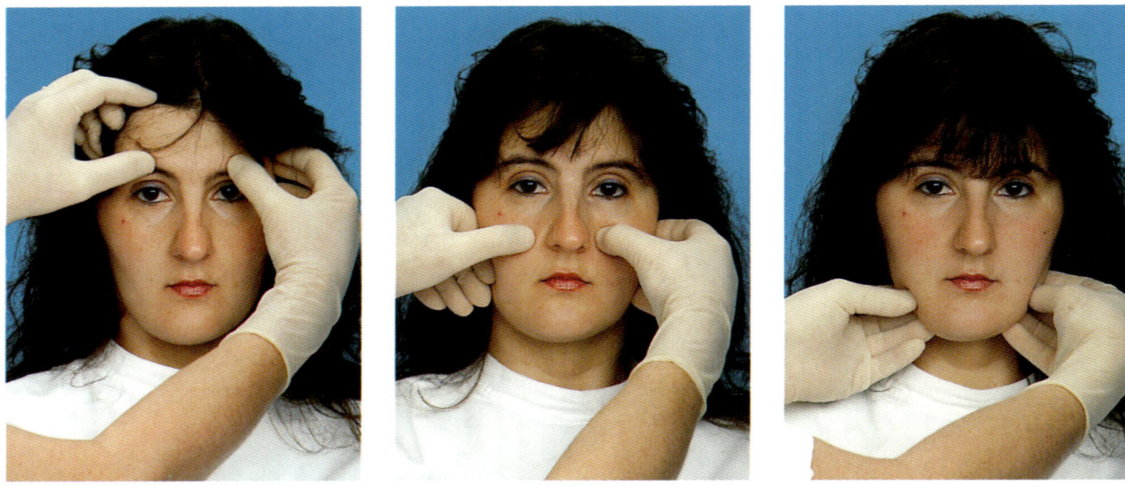

8 Palpation von Mittelgesicht und Stirn
Links: Bimanuelle und seitenvergleichende Abtastung des Supraorbitalrandes.

Mitte: Abtastung des Infraorbitalrandes mit Austrittsstelle des N. infraorbitalis.

Rechts: Palpation der Unterkieferkonturen.

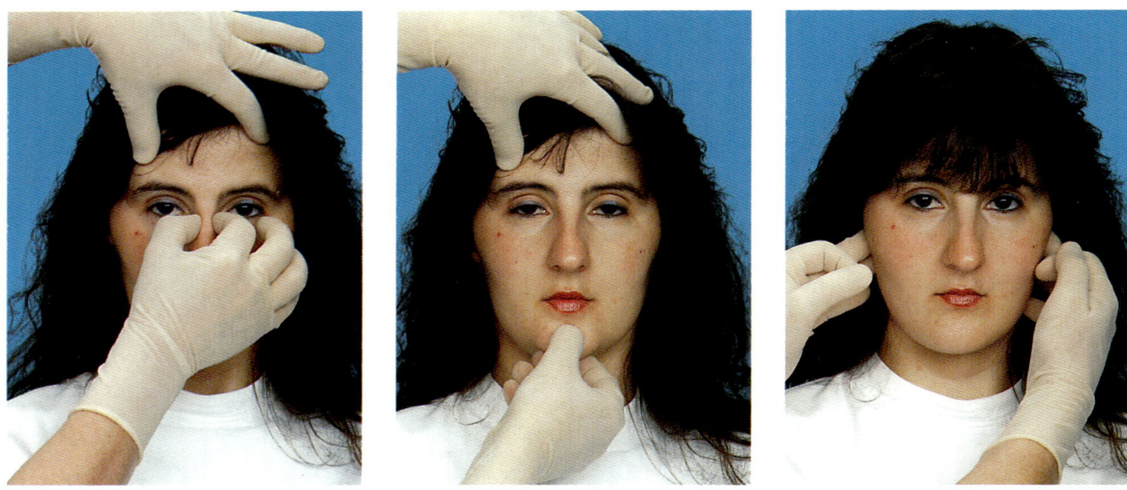

9 Palpation von Unterkiefer und Kiefergelenk
Links: Prüfung der Festigkeit der Nasenwurzel gegenüber dem Os frontale.

Mitte: Prüfung der Kinnkontur.

Rechts: Abtasten der Kiefergelenksregion.

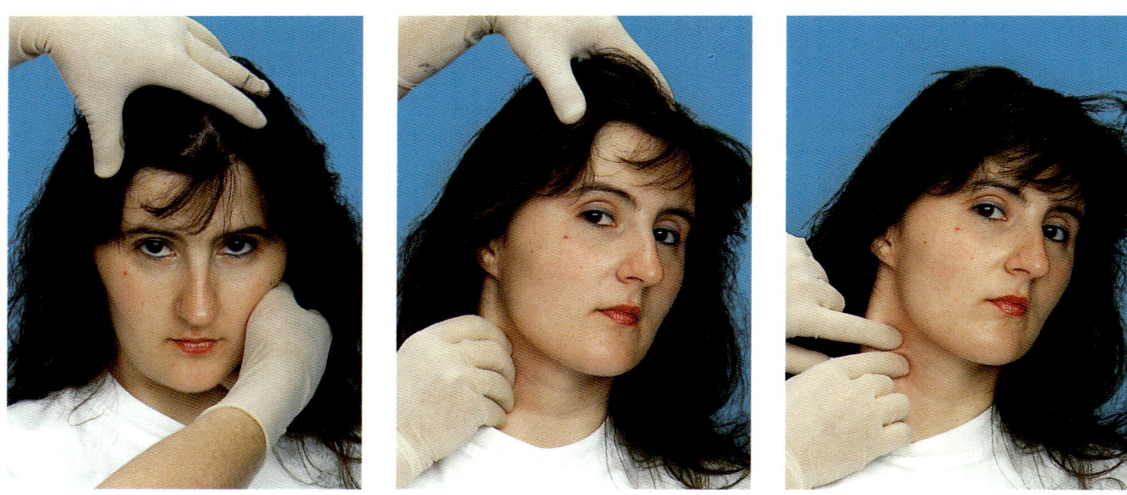

10 Palpation der Lymphknoten am Unterkiefer
Links: Die angulären Lymphknoten werden in entspannter Kopfhaltung abgetastet. Die freie Hand stützt den Kopf des Patienten.

Mitte: Abtasten der Halslymphknoten entlang des M. sternocleidomastoideus; zur Entspannung wird der Kopf des Patienten leicht nach der anderen Seite geneigt und gestützt.

Rechts: Palpation der sternokleidalen Lymphknoten mit beiden Händen.

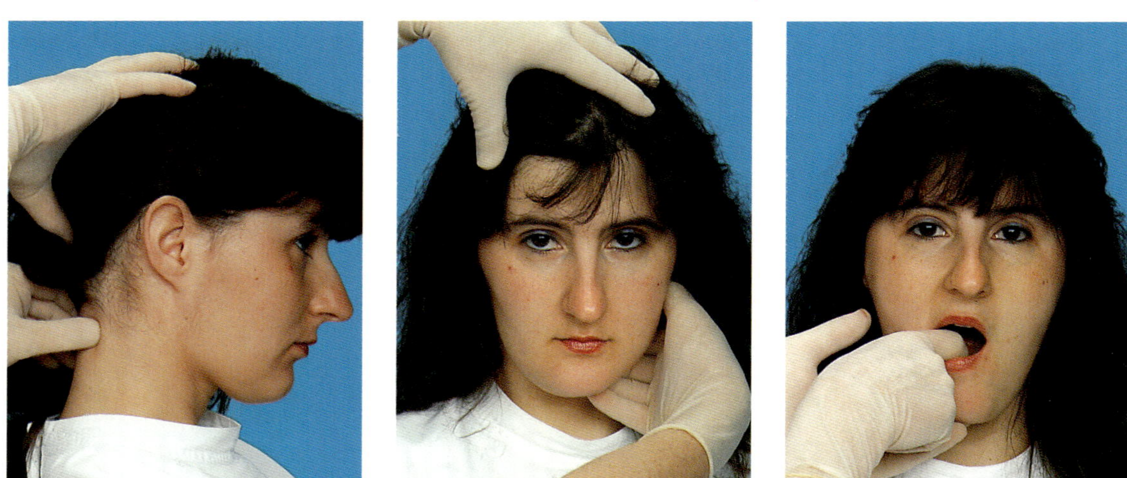

11 Palpation der Lymphknoten am Hals
Links: Bei vorgeneigtem Kopf können die okzipitalen Lymphknoten getastet werden.

Mitte: Zur Entspannung der Mundbodenmuskulatur wird der Kopf mit der einen Hand an der Stirn gehalten, während die andere Hand die submandibulären Lymphknoten ertastet.

Rechts: Bimanuelle Palpation durch den Mundboden und Tastung der submentalen Lymphknoten.

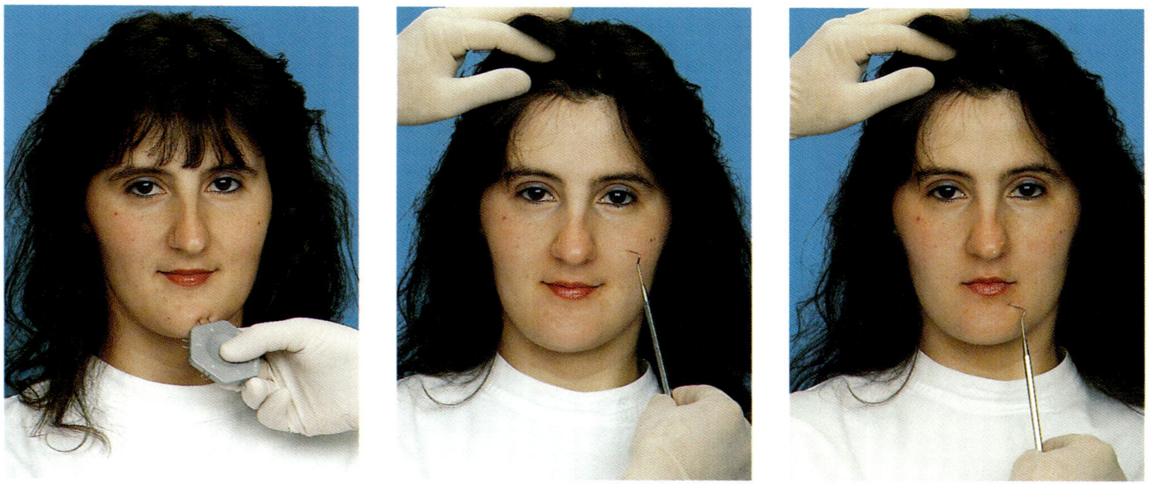

12 Prüfung der Sensibilität
Links: Die Zwei-Punkte-Diskriminierung ist eine sehr präzise Methode der Sensibilitätsprüfung.

Mitte: Testung der Oberflächensensibilität im Bereich des N. infraorbitalis mit der spitzen Sonde.

Rechts: Prüfung im Gebiet des N. mentalis des N. mandibularis.

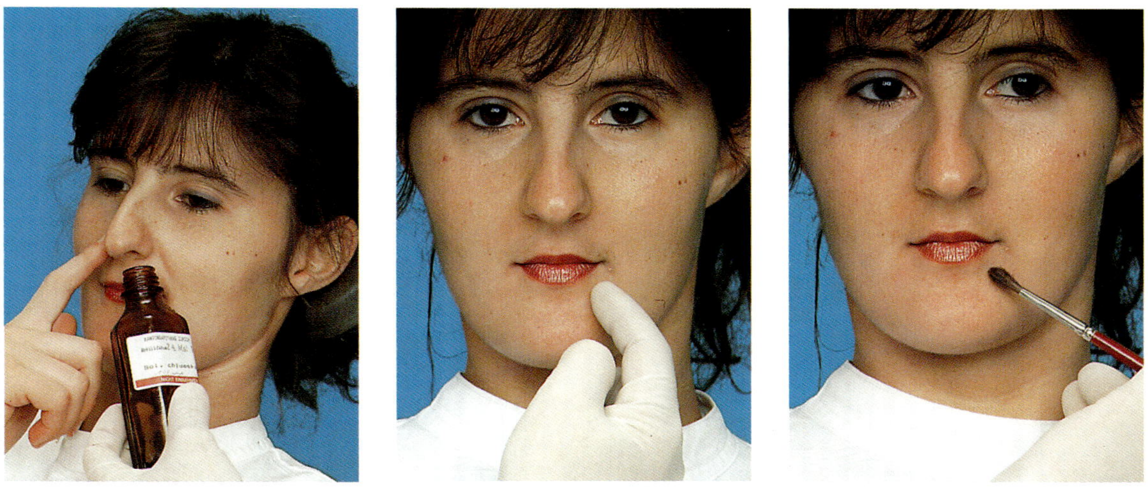

13 Prüfung der Sensorik
Links: Der Geruchsinn kann durch Riechstoffe (z. B. Chlumsky-Lösung) überprüft werden.

Mitte und *rechts:* Die Oberflächensensibilität wird durch sanftes Bestreichen der Haut mit der Fingerspitze oder einem weichen Pinsel getestet.

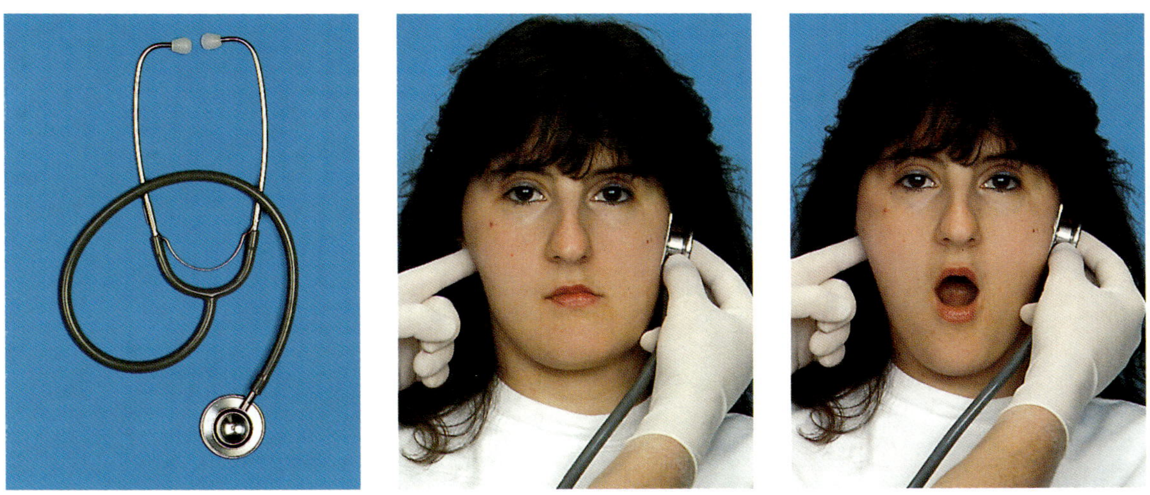

14 Auskultation
Links: Ein geeignetes Instrument für die Befundung von Geräuschen im Kiefergelenk ist das Stethoskop.

Mitte und *rechts:* Der Horchteil wird mit leichtem Druck an die Gelenkregion gehalten und der Patient aufgefordert, Öffnungs- und Schließbewegungen durchzuführen. Die Charakteristik und der bewegungsbezügliche Zeitpunkt der Geräusche wird festgestellt.

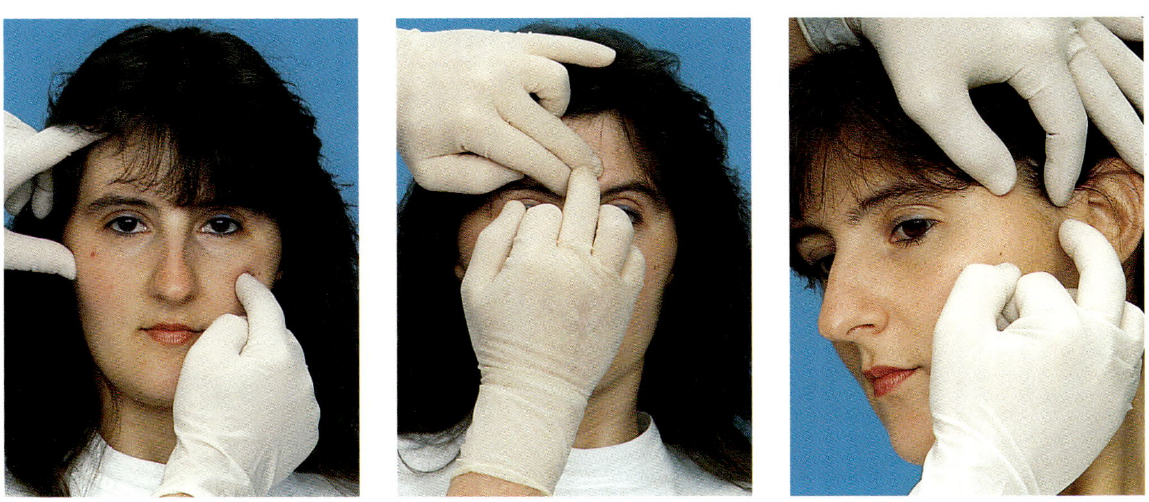

15 Perkussion
Links: Beklopfen des Jochbeins zur Feststellung von Schmerzempfindlichkeiten.

Mitte: Perkussion der Stirnhöhle.

Rechts: Beklopfen des Kiefergelenkes.

Orale Untersuchung

Die Mundregion gehört zum Intimbereich des Menschen. Entsprechend rücksichtsvoll muß die Befundaufnahme erfolgen (Ingersoll 1987, Mitchell 1971, Morris 1983).

Inspektion der Bezahnung

Vollständige Bezahnung: Die Weisheitszähne werden nicht mitgerechnet, ihr Vorhandensein ist fakultativ, soll aber vermerkt werden.

Teilbezahnung bzw. Lückengebiß: Es ist im Detail festzuhalten, welche Zähne fehlen. Ein vorgedrucktes Zahnschema erleichtert die Übersicht. Die Bezeichnung der einzelnen Zähne erfolgt numerisch, beginnend im ersten Quadranten im rechten Oberkiefer (1) und endend im rechten Unterkiefer (4). Die Milchzähne werden entsprechend numeriert (5–8).
Beispiel: erster Molar im rechten Oberkiefer = 16 (sprich eins/sechs).

Zahnlosigkeit ist im Röntgenbild zu überprüfen.

Zustand der Bezahnung

Saniert: keine unbehandelte Karies oder defekte Rekonstruktionen, keine parodontalen Taschen > 3 mm.

Unsaniert: offene Karies, multiple nicht ersetzte Zähne, parodontale Taschen > 3 mm mit Sekretion, defekte Rekonstruktionen.

Kronen, Brücken, Prothesen müssen aufgeführt und ihr Zustand festgehalten werden.

Prüfung der Vitalität bzw. Sensibilität der Zähne

Der Kältetest erfolgt mit CO_2-Schnee (Obwegeser u. Steinhäuser 1963), der Wärmetest mit warmer Guttastange.

Die Prüfung der Temperaturempfindlichkeit liefert Informationen über den Zustand der Pulpa:
- Vitalität,
- Entzündungszustand (Hyperämie),
- Pulpanekrose (Gangrän).

Cave
Fehlende Reaktion auf den Kältetest ist kein Beweis für einen devitalen Zahn.

Die Sensibilität eines Zahnes kann durch periphere oder zentrale neurale Ausfälle trotz intakter Vitalität der Pulpa beeinträchtigt sein.

Parodontalzustand

Verschiedene Indizes werden angewendet zur Normierung und Objektivierung der Befunde (Ciancio 1986, Lang u. Mitarb. 1990, Mühlemann u. Son 1971, Rateitschak u. Mitarb. 1996):
- Gingivarötung,
- Gingivablutung,
- Gingivaschwellung,
- Gingivaulzerationen,
- Gingivarezessionen,
- Taschenbildung,
- Zahnbeweglichkeit.

Im weiteren sei hier auf die Angaben verwiesen in Rateitschak, K. H., E. M. Rateitschak, H. F. Wolf: Parodontologie, 3. Aufl. Thieme, Stuttgart 1996.

Cave
Die parodontale Befunderhebung verursacht eine Bakteriämie. Patienten mit dem Risiko der Herdinfektion (Endokarditis, Immunsuppression) müssen für die Untersuchung abgeschirmt werden.

Prüfung der Zungenbeweglichkeit

Die Prüfung erfolgt durch einfaches Herausstreckenlassen und Seitenbewegungen der Zunge. Abweichungen werden festgehalten. Kann das Vestibulum im Ober- und Unterkiefer mit der Zunge erreicht und ausgewischt werden? Anatomische Hindernisse, wie ein zu kurzes Zungenband (Zungenankylose), sind zu beachten.

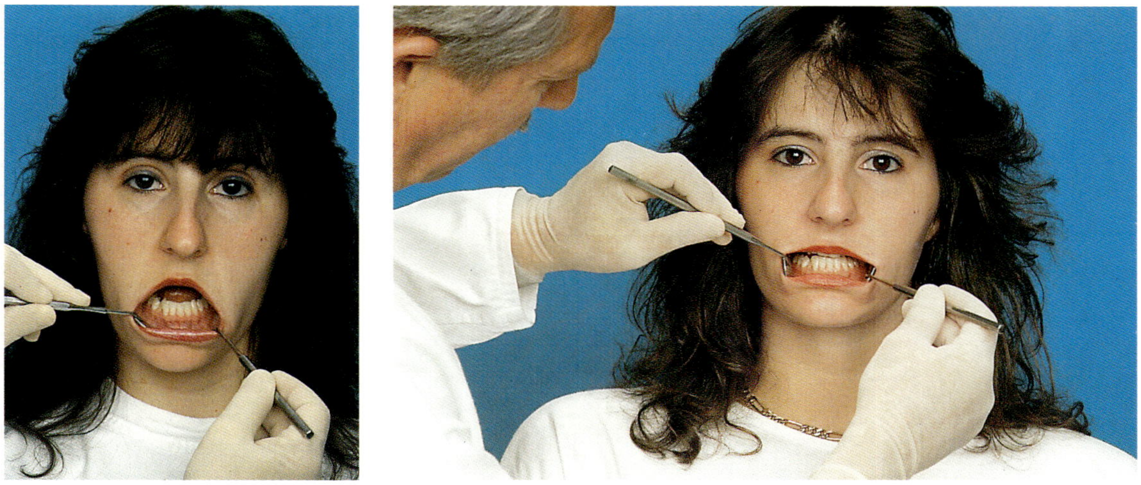

16 Orale Inspektion – Übersicht
Inspektion der Wangenschleimhaut.

Links: Durch die Inspektion mit zwei Spiegeln kann der orale Lippenanteil leicht überblickt werden.

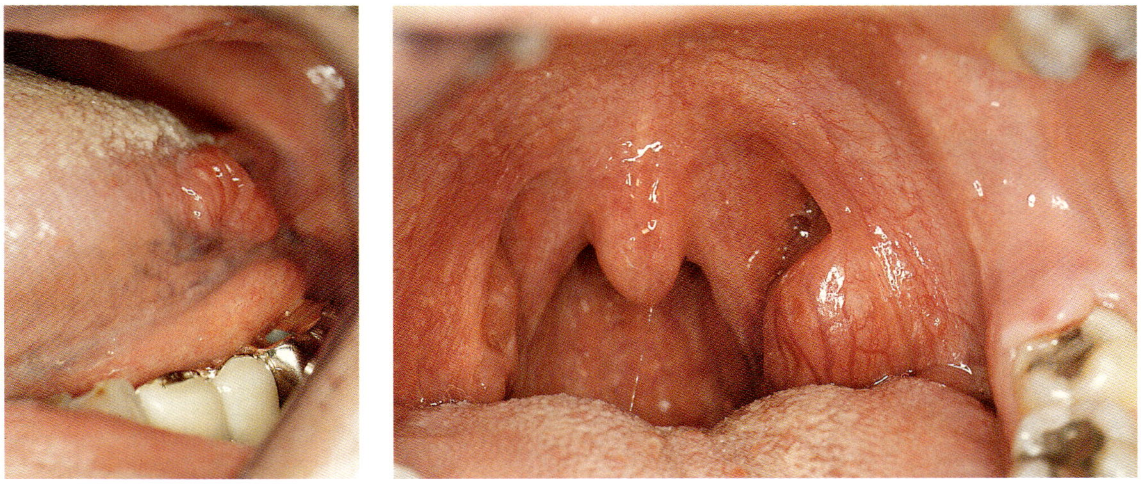

17 Zungengrund und Rachenring
Inspektion des Mundbodens und des Racheneingangs.

Links: Die Inspektion muß auch den Zungengrund und das Trigonum retromolare umfassen.

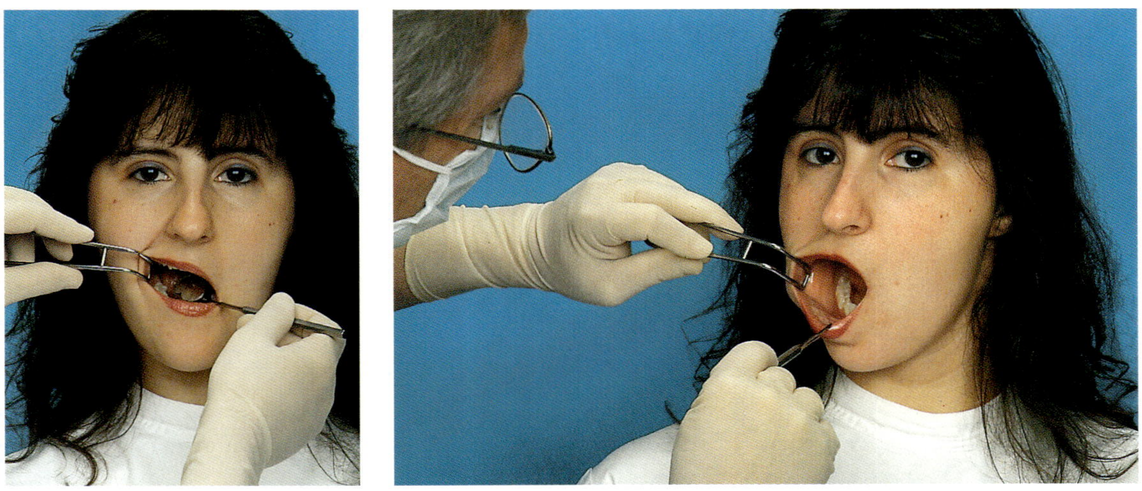

18 Wangenschleimhaut
Ein Wangenhalter aus Draht läßt eine hindernisfreie Beurteilung der Schleimhautoberfläche zu.

Links: Die linguale und palatinale Sicht wird durch den Zahnarztspiegel ermöglicht.

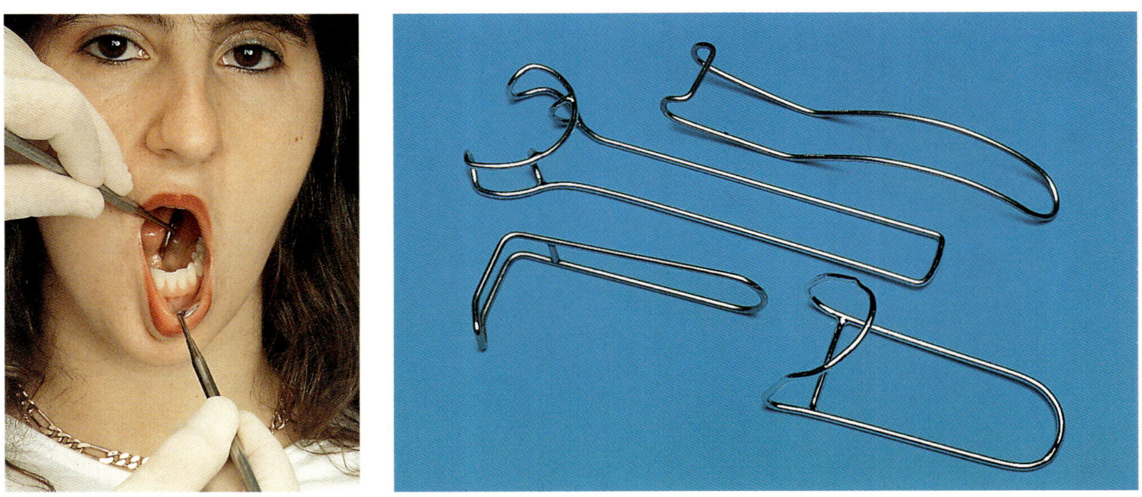

19 Wangenhalter
Dem Spezialisten stehen Wangenhalter in verschiedener Ausführung zur Verfügung.

Links: Mit dem Zahnarztspiegel kann die Zunge leicht zur Seite gehalten werden, um eine bessere Sicht auf den seitlichen Mundboden zu erreichen.

20 Preßtest
Bläulich pralle Gebilde können unter Druck mit einem glasklaren Spatel untersucht werden. Läßt sich die Schleimhaut dadurch entfärben, kann auf ein Blutgefäßknäuel (Hämangiom) geschlossen werden.

Rechts: Eine Retentionszyste läßt sich nicht ausdrücken.

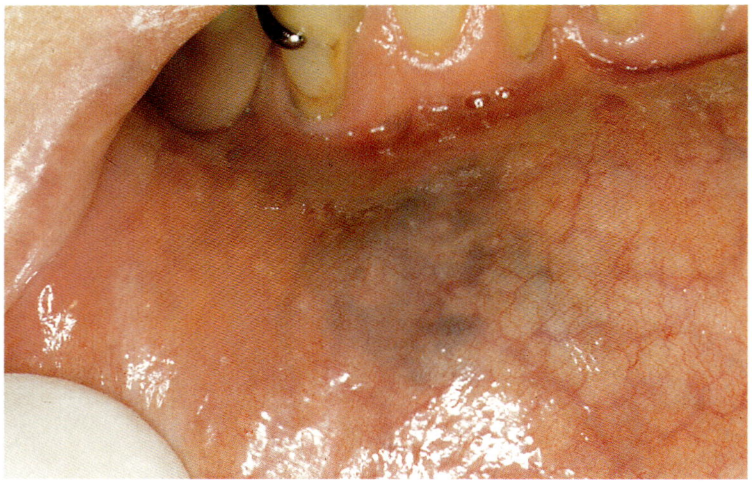

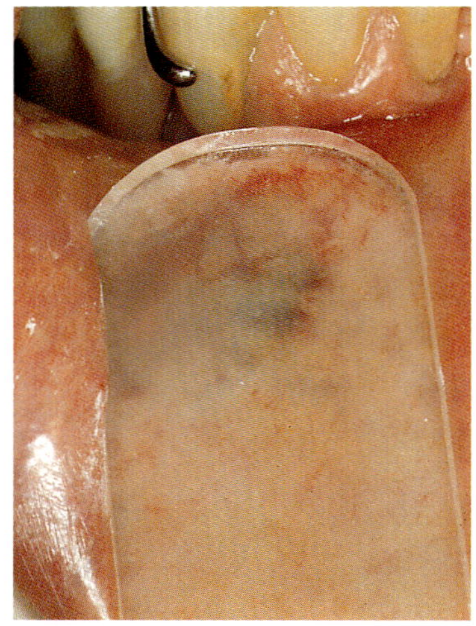

21 Reibtest, Nikolski-Phänomen
Bei blasigen Veränderungen kann durch sanftes Reiben unter wenig Druck auf der Schleimhaut möglicherweise eine Blase erzeugt werden: positives Nikolski-Zeichen.

Rechts: Eine ähnliche Erscheinung läßt sich mit dem Luftbläser provozieren.

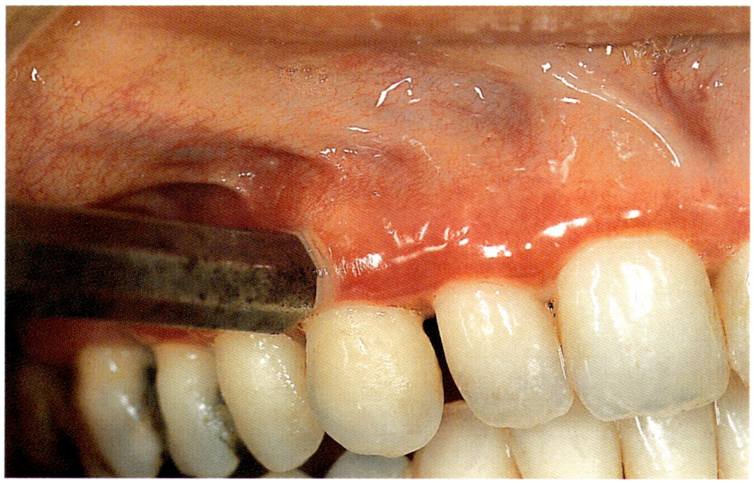

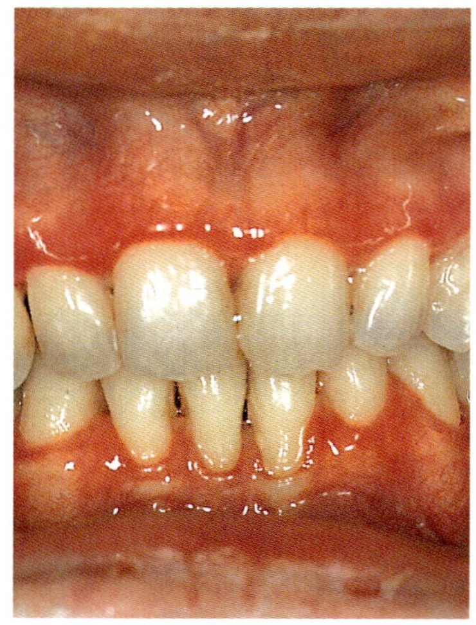

22 Sensibilitätsprüfung der Zähne
Die verläßlichsten Befunde sind durch Prüfung mit CO_2-Schnee zu erreichen.

Rechts: Moderne CO_2-Spender sind mit einem Elektroventil ausgerüstet.

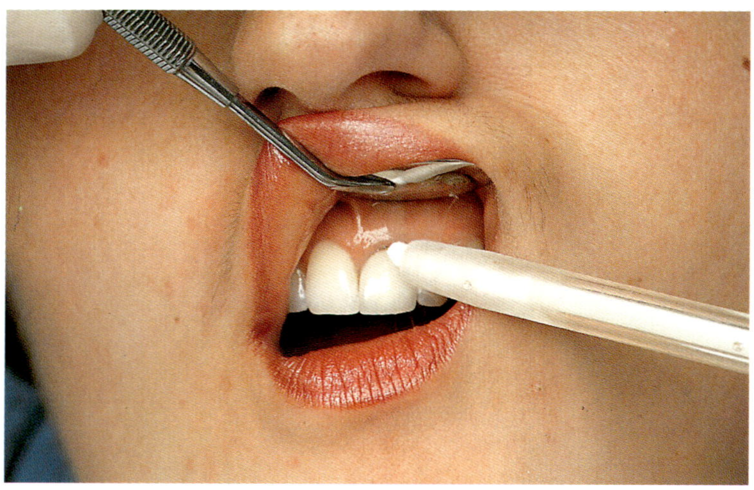

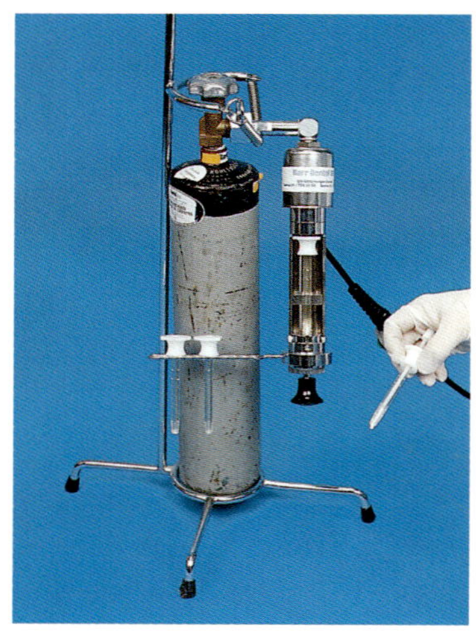

23 Parodontalbefund
Die Messung der Zahnbeweglichkeit mit dem Periotest ergibt objektivierbare Resultate.

Rechts: Die Taschen werden mit einer graduierten Sonde gemessen.

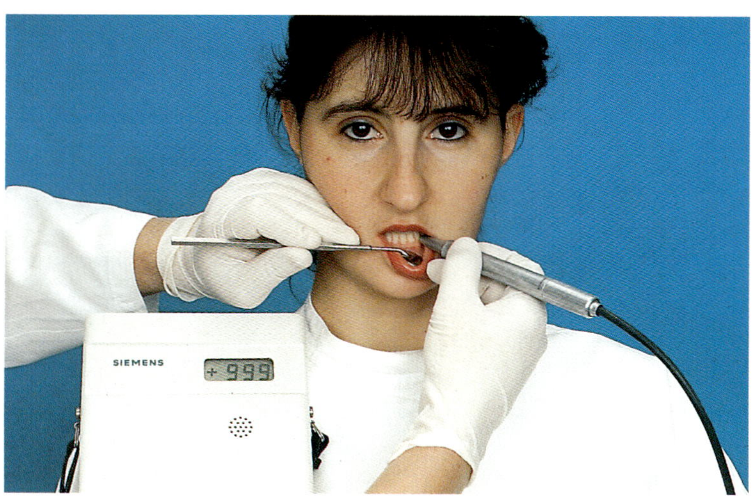

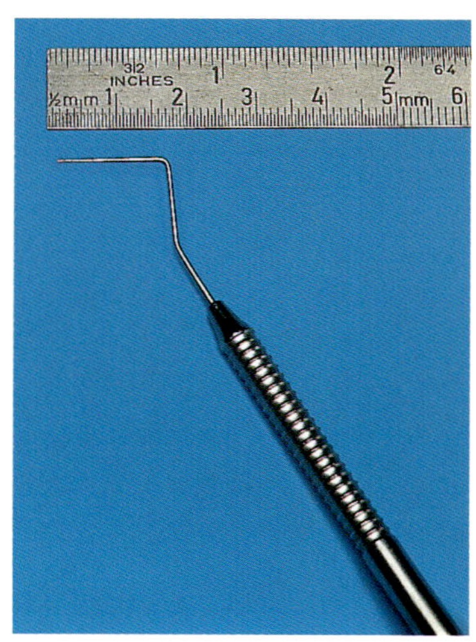

Zustand der Schleimhaut

Entsprechend der unterschiedlichen Struktur und Funktion gibt es neben der anatomischen Einteilung die die funktionellen Besonderheiten ausdrückende Terminologie, nämlich die auskleidende, die mastikatorische und die sensorische Schleimhaut (Bork 1993, Mitchell 1971, Pindborg 1993, Schroeder 1992, Strassburg 1991).

Schleimhautveränderungen müssen gesucht werden. Sie werden vom Patienten selten selbst wahrgenommen. Besonders die bösartigen Veränderungen zeigen lange Zeit keine subjektiven Symptome.

Die Inspektion muß die Prädilektionsstellen für Karzinome besonders berücksichtigen: Mundboden, Zungenunterseite, lateraler Zungengrund, Trigonum retromolare und Gaumenbögen.

Es empfiehlt sich, eine bestimmte Reihenfolge bei der Inspektion einzuhalten, um nie eine Stelle auszulassen: 1. Lippen, 2. bukkale und labiale Mukosa, 3. harter und weicher Gaumen, 4. Zungenoberfläche, 5. Zungengrund, 6. Oropharynx, 7. Zungenunterseite, 8. Mundboden seitlich und vorn (Pajarola u. Sailer 1995, Sonis u. Mitarb. 1995, Strassburg u. Knolle 1993).

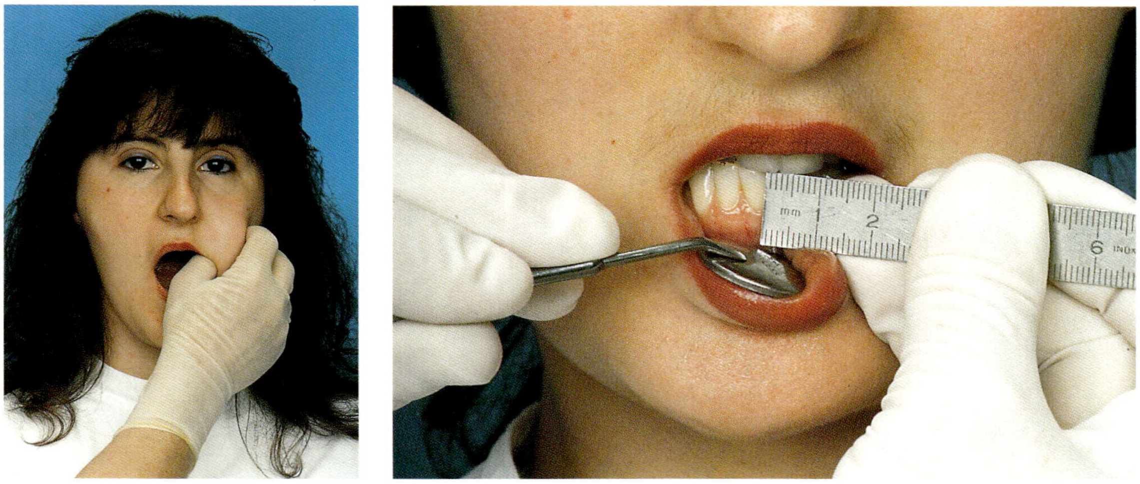

24 Funktionsprüfung
Zur Befunderhebung gehört die Messung der Mundöffnung in Zentimetern und des Schneidekantenabstandes (SKA) sowie die Beurteilung der Exkursionsbewegungen.

Links: Die zugängliche Kaumuskulatur wird an Ursprung und Ansatz abgetastet durch bidigitalen Druck. Verhärtungen und Schmerzpunkte werden notiert.

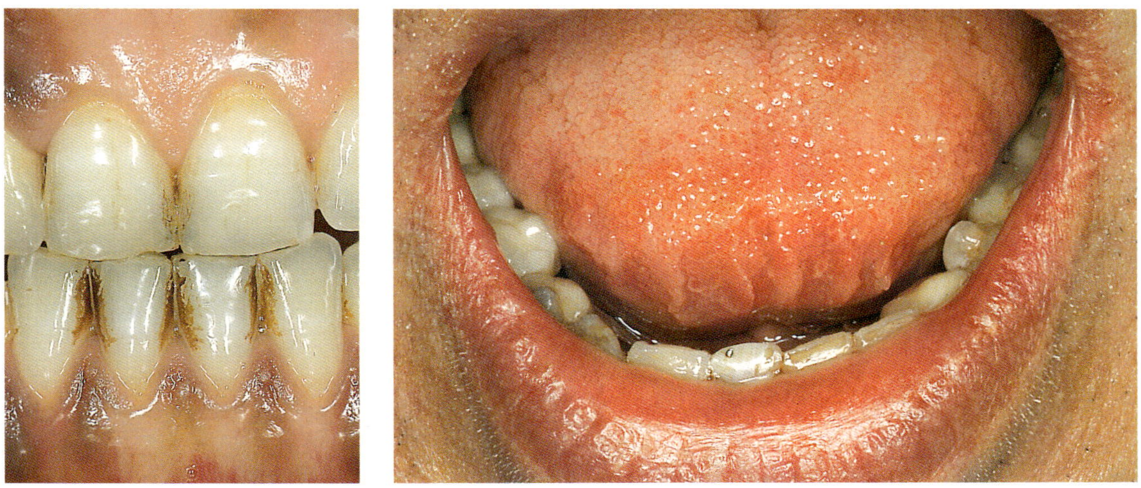

25 Parafunktion
Durch chronisches Zungenpressen entstehen der Zahnstellung entsprechende Impressionen am Zungenrand.

Links: Durch spontane und geführte Bewegungen werden Abrasionen als Folge von Zähneknirschen identifiziert.

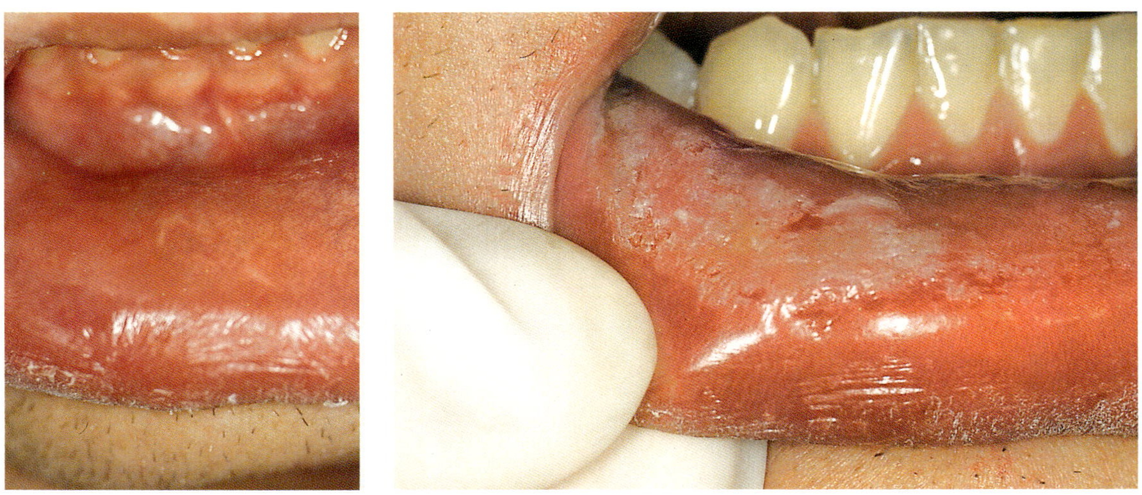

26 Schleimhautveränderungen
Hyperkeratosen und Fibrosierung der Mundschleimhaut können ebenfalls Zeichen einer Parafunktion sein. Solche Erscheinungen sind zu beobachten, bevor die entsprechende Diagnose gestellt werden kann, wie dieses Beispiel eines 23jährigen Mannes zeigt.

Links: Nach 10 Tagen ohne Lippenkauen sind die Erscheinungen an der Lippe verschwunden.

Palpation der Mundhöhle

Die manuelle oder digitale Abtastung der Mundhöhle gibt Informationen über Konsistenz, Oberflächengestaltung, Ausdehnung und Beziehung zur Nachbarschaft einer Veränderung.

Palpation des Mundbodens

Mit dem Zeigefinger der rechten Hand werden die Mundbodenweichteile gegen die Fingerkuppen der linken Hand auf der Außenseite gedrückt. So können Verhärtungen im Mundboden sowie Druckschmerzen usw. festgestellt werden.
Vor allem wird die Größe, Konsistenz und Form der Glandula submandibularis untersucht. Durch Ausstreichen des Ductus submandibularis bzw. Druck auf die Glandula submandibularis läßt sich die Speichelqualität beurteilen: klar, trüb, dünn- oder zähflüssig.

Palpation der Zunge

Die Zunge wird mit einer Kompresse gefaßt, leicht nach vorn gehalten und mit zwei Fingern der anderen Hand abgetastet. Mit Daumen und Mittelfinger wird sie festgehalten, und mit dem Zeigefinger wird der Zungenrücken abgetastet.
Beurteilung von Konsistenz, Asymmetrien, Schwellungen, Druckdolenzen, Verhärtungen und Schleimhautbeschaffenheit.

Cave
Würgreiz. Maske und Brille sind Bedingung.

Palpation des Parapharyngealraumes

Mit dem Zeigefinger werden die vorderen Gaumenbögen abgetastet:
- die parapharyngealen Weichteile (straff?),
- Tonsillae palatinae,
- Processus styloideus im Bereich der Tonsillenloge.

Untersuchung des Gaumensegels

A-Phonation und Bewegung des weichen Gaumens bei Position der Uvula in der Mitte beobachten.
Das Zephalogramm (Fernröntgenbild) in Phonations- und Ruhelage gibt weitere Informationen über die velopharyngeale Kompetenz oder Inkompetenz.

Nasenblasprobe

Eine Mund-Antrum-Verbindung läßt sich durch einen positiven Blastest nachweisen. Bei zugehaltener Nase muß der Patient einen kräftigen Blasdruck (Schneuzen) bei geöffnetem Mund ausführen. In der Mundhöhle wird ein Austreten der Luft aus einer Alveole oder Fistel beobachtet. Bei diesem Vorgehen ist auch bei bestehender Mund-Antrum-Verbindung nicht in jedem Fall ein positives Resultat zu erkennen. Die Perforation zur Kieferhöhle kann durch einen Schleimhautpropf ventilartig verschlossen sein. Umgekehrt kann durch Luftpressen aus der Mundhöhle bei geschlossenen Lippen eine Verbindung zur Nase oder Kieferhöhle festgestellt werden (Lehnhardt 1992).

Zusätzliche Untersuchungen

Prüfung der Geschmacksempfindung

Die Prüfung erfolgt seitenvergleichend an den verschiedenen Arealen der Zunge, des Gaumens, der Wange und der Lippeninnenseite auf die vier Hauptqualitäten „süß", „sauer", „salzig" und „bitter". Dazu können entsprechende Lösungen hergestellt werden: konzentrierte Zucker- und Salzlösungen, Zitronenwasser und Lidocain-Lösung (Altner 1985). Die anterioren zwei Drittel der Zunge werden durch den N. trigeminus (N. lingualis) versorgt, wobei an der Zungenspitze „süß", an der Zungenseite „salzig" und „sauer" schmeckt. Das hintere Drittel wird durch den N. glossopharyngeus versorgt, wobei der Zungengrund für die Empfindung „bitter" zuständig ist. Die Schädigung des N. lingualis wird die Wahrnehmung von Bitterstoffen deshalb nicht beeinträchtigen.
Diese Angaben können einer eingehenden unvoreingenommenen Überprüfung jedoch nicht uneingeschränkt standhalten. Sie gehen auf die Darstellungen von Hänig aus dem Jahr 1901 zurück und wurden seither immer wieder unüberprüft reproduziert. Collings (1974) weist darauf hin, daß die sensorischen Areale der Zunge individuell verteilt sind und die bekannte Einteilung wohl auf einem Interpretationsfehler beruhen muß. Neuere Untersuchungen (Bartoshuk 1993, Bartoshuk u. Beauchamp 1994) zeigen, daß bezüglich Geschmacksempfindung zwischen „Super tasters", zu denen ca. 20 % der Probanden gehören, und „Medium tasters" (60 %) sowie „Non-tasters" (20 %) unterschieden werden kann.
Die Empfindungsqualitäten sind auf die ganze Zunge verteilt. Auf dem Zungenrücken findet man praktisch keine entsprechenden Geschmacksknospen. Frauen reagieren sensibler auf die Geschmacksrichtungen „süß" und „bitter".
Diese Erkenntnisse müssen bei der Überprüfung der Sensorik der Zunge, besonders bei vermuteten Schädigungen des N. lingualis, berücksichtigt werden.

Herdabklärung

Definition

Als Herde sind alle pathologischen Veränderungen im Kieferbereich, die als akute oder chronische Infektionsquellen erkennbar sind, zu bezeichnen.

Aktive Herde

Zustände, die als infektiöse Veränderungen erkannt werden, sind aktive Herde.
Akute Infekte: Abszesse, Empyeme, bakteriologisch und viral bedingte Stomatitiden, Ulzerationen.
Chronische Infekte: sezernierende parodontale Taschen, Fistelbildungen, gangränöse Zähne oder Wurzelreste, entzündliche Osteolysen, infizierte Zysten, Wurzelreste, retinierte Zähne und Fremdkörper mit klinischen oder radiologischen Entzündungszeichen, generalisierte Gingivitis, Sialolithiasis.

Potentielle Herde

Zustände, die in Zukunft zu einem infektiösen Geschehen werden könnten, sind potentielle Herde.
Dazu gehören: stark gefüllte oder kariöse Zähne mit der Möglichkeit einer Pulpitisentwicklung, retinierte symptomlose Zähne und Fremdkörper, alle wurzelbehandelten Zähne, Parodontaltaschen > 3 mm, dentogene Zysten, Speichelsteine.

Beurteilung und therapeutische Konsequenzen

Die Beurteilung möglicher gefährdender Einflüsse festgestellter potentieller oder manifester Infektionsherde und die therapeutischen Konsequenzen sind von der geplanten Behandlung abhängig (Sonis u. Mitarb. 1995), d.h. davon, ob eine Radio- oder Chemotherapie, eine Immunsuppression bei Organtransplantation oder eine Operation mit Endokarditisrisiko (z.B. Herzklappenersatz) durchgeführt wird. Die Beurteilung erfordert große klinische Erfahrung.

Dentogene Risiken bei Radiotherapie

Alle potentiellen und manifesten Herde sind zu beseitigen. Dabei ist eine extensive Beurteilung angezeigt. Die zu erwartende hohe Kariesaktivität, die höhere Anfälligkeit für Radioosteomyelitis des Unterkiefers gegenüber dem Oberkiefer als auch der Zustand der Mundhygiene sind mit zu berücksichtigen, aber auch der Allgemeinzustand des Patienten und seine Abwehrlage. Meist ist eine radikale Therapie im Strahlengebiet angezeigt.

Dentogene Risiken bei Immunsuppression und Chemotherapie

Schleichende und chronische symptomlose Infektionsquellen müssen als Gefährdung eingestuft werden.
Alle dentogenen Herde sind zu beseitigen, so daß keine neuen Herde geschaffen werden:
- Parodontalsanierung,
- Knochenrevisionen und Wurzelspitzenresektionen,
- Wurzelbehandlungen,
- Extraktionen bzw. Fremdkörperentfernung.

Die Behandlung findet vor der Organtransplantation und Immunsuppression oder der Chemotherapie statt. Zahnärztliche Maßnahmen sind in vollem Umfang bei entsprechender Sorgfalt möglich. Dabei soll der Allgemeinzustand des Patienten berücksichtigt und die Zumutbarkeit der Therapie mit dem behandelnden Arzt besprochen werden.

Infektionsherde bei Endokarditisrisiko, Polyarthritis und anderen rheumatischen Erkrankungen

Alle dentogenen Herde sind so zu beseitigen, daß keine neuen Herde entstehen können:
- Parodontalsanierung,
- Knochenrevisionen und Wurzelspitzenresektionen,
- Wurzelbehandlungen,
- Extraktionen bzw. Fremdkörperentfernung.

Nach Rücksprache mit dem behandelnden Arzt müssen die Zumutbarkeit und mögliche Therapieeinschränkungen besprochen werden. Eine antibiotische Abschirmung ist für den Eingriff notwendig.

Bei gewissen rheumatologischen, dermatologischen und ophthalmologischen Erkrankungen sollen alle manifesten Herde und alle wurzelbehandelten sowie retinierten Zähne festgestellt werden. Die Sanierung erfolgt selektiv nach Prioritäten. Eine Absprache mit dem überweisenden Arzt ist empfehlenswert.

Nota bene
Besonders bei irreversiblen Maßnahmen muß der Patient dahingehend informiert werden, daß die Beseitigung des fraglichen Herdes möglicherweise keinen Einfluß auf das Krankheitsbild hat.

Durchführung der Herdabklärung

Die Orientierung des Patienten über Sinn und Zweck der vorgesehenen Untersuchung ist ein wichtiger Bestandteil der Herdabklärung. Nur der motivierte Patient wird entsprechendes Verständnis für die oft radikalen Maßnahmen aufbringen können. Dabei ist der Gemütszustand des Patienten, der besonders bei Tumortherapie eher als depressiv einzustufen ist, ebenso einfühlsam zu berücksichtigen, wie auch die Tatsache, daß der Patient meist keine dentalen Beschwerden hat und deshalb eine zahnärztliche bzw. oralchirurgische Therapie für unnötig hält. Die parodontale Untersuchung mit der Sonde kann eine Bakteriämie verursachen (Jokinen 1970). Falls eine solche vermieden werden muß, ist eine antibiotische Abschirmung nach Vorschrift vorzunehmen (ADA 1991, Barco 1991, Dajani u. Mitarb. 1990).

27 Formular für die Herdabklärung
Die Befunde werden schematisch eingezeichnet. Die Beurteilung unterscheidet zwischen aktiven und potentiellen Herden. Die Therapie richtet sich nach dem Erkrankungsbild oder dem Zweck der Herdabklärung. Bei Radiotherapiepatienten werden alle Herde, aktive und potentielle, beseitigt.

Betrifft:.......................................

Sehr geehrte(r) Frau/Herr Kollegin/Kollege,

vielen Dank für die freundliche Überweisung des obgenannten Patienten zur Abklärung auf **dentogene Infektionsherde**.

Ihre Diagnose:..

Unser Befund vom:
Klinisch oral:
Zahnstatus:

8 7 6 5 4 3 2 1	8 7 6 5 4 3 2 1
8 7 6 5 4 3 2 1	8 7 6 5 4 3 2 1

/ = fehlt. + = vital. - = devital. V = Parodontaleinbruch/Tasche, W = Wurzelrest, F = Fistel

Schleimhaut:
Okklusion/Artikulation:
Besonderes:
Radiologisch:
Orthopantomogramm/Zahnrö:

8 7 6 5 4 3 2 1	8 7 6 5 4 3 2 1
8 7 6 5 4 3 2 1	8 7 6 5 4 3 2 1

WF = Wurzelfüllung, O = Osteolyse, FK = Fremdkörper, R = retinitert, C = Cyste

Beurteilung: Infektionsherde:

aktiv:

potentiell:

Therapievorschlag:

8 7 6 5 4 3 2 1	8 7 6 5 4 3 2 1
8 7 6 5 4 3 2 1	8 7 6 5 4 3 2 1

X = Entfernung, WB = Wurzelbehandlung, P = Parobehandlung, Re = Resektion/chir. Sanierung

Unsere Maßnahmen vom:.........

Weiteres Vorgehen:

Die Beseitigung der Herde gemäß Therapievorschlag wird an unserer Klinik erfolgen.
Die weitere zahnärztliche Behandlung wird durch den Privatzahnarzt durchgeführt.

Mit freundlichen kollegialen Grüßen

Befundaufnahme

Nota bene
Endokarditisgefährdete und immunsupprimierte Patienten müssen unter antibiotischer Abschirmung untersucht werden.

Die Herdabklärung umfaßt eine vollständige klinische und radiologische Befunderhebung im gesamten Mund-Kiefer-Gebiet. Klinisch besonders zu beachten sind symptomlose devitale Zähne, reizlose parodontale Taschen und entzündliche Schleimhautveränderungen und Ulzerationen.

Radiologisch wird mit einer Übersichtsaufnahme (OPT) nach entzündlichen Veränderungen, retinierten Zähnen, Fremdkörpern und Zysten im Kieferknochen gesucht. Jeder CO_2-negative Zahn wird mit einer Zahnaufnahme bezüglich apikalen Veränderungen und Qualität der Wurzelfüllung beurteilt. Die halbaxiale Oberkieferaufnahme liefert Informationen über entzündliche Prozesse im Kieferhöhlenbereich.

In solchen Fällen muß ein Herdinfektionsblatt angelegt werden (Abb. **27**).

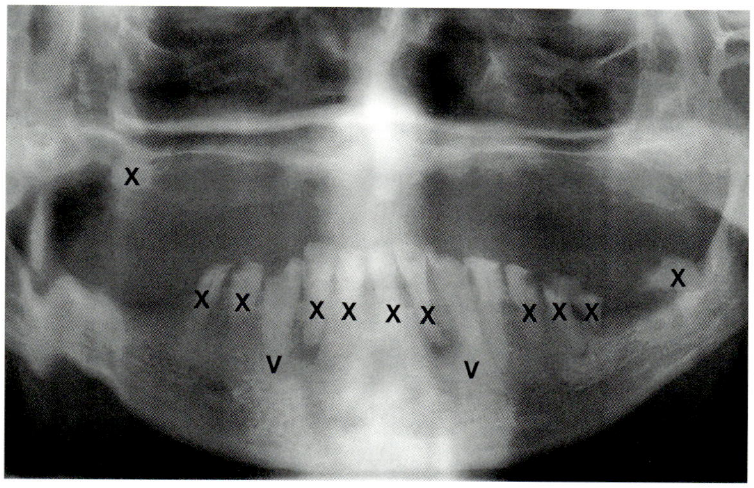

28 Herdabklärung
Als Unterlagen sind eine Übersichtsaufnahme (OPT) und der klinische Gesamtbefund mit Taschenmessung, Beurteilung erhöhter Zahnbeweglichkeit und die Vitalitätsprobe erforderlich.

X = Zu entfernen,
V = Wurzelbehandlung.

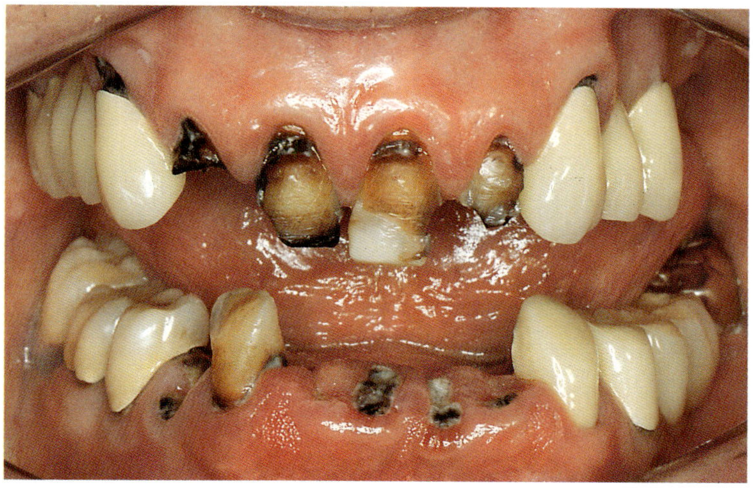

29 Folgen der Radiotherapie auf die Bezahnung
Trotz konsequenter Betreuung bezüglich Einhaltung der Mundhygieneanweisungen kann bei Bestrahlung im Kieferbereich durch Xerostomie und folgender Mukositis eine perfekte Plaquefreiheit nicht durchgesetzt werden. Generelle flächenhafte Karies ist die Folge.

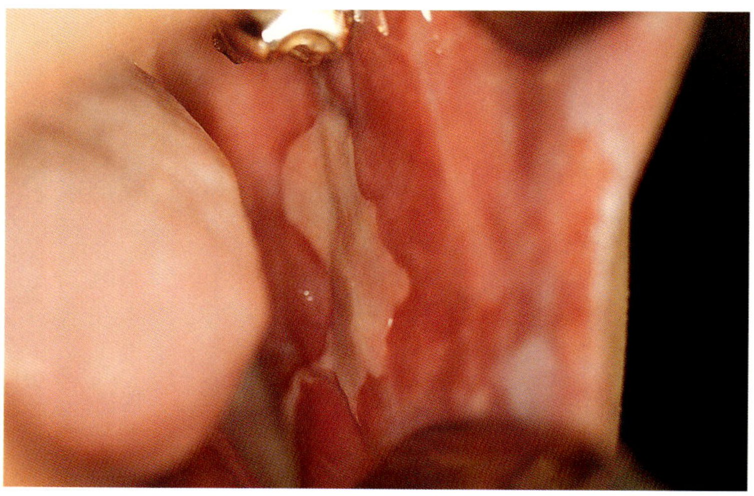

30 Folgen der Radiotherapie auf die Mundschleimhaut
Auch die Mundschleimhaut wird durch die Bestrahlung geschädigt. Eine solche, meist sehr schmerzhafte Radiostomatitis, verhindert weitgehend eine Zahnreinigung durch den Patienten. Deshalb wird die individuelle Instruktion und regelmäßige Nachkontrolle mit professioneller Zahnreinigung während und nach der Bestrahlung konsequent organisiert.

Weitere klinische Untersuchungsmöglichkeiten

Dazu gehören die Punktion, der Abstrich, die Vitalfärbung, die Probeanästhesie, Biopsie, Feinnadelpunktion und die Ultraschalluntersuchung.

Die Punktion dient der Untersuchung und dem Ausschluß von Flüssigkeitsansammlungen (Kieferhöhle, Zysten, Abszesse, Empyeme in Kieferhöhle oder Kiefergelenk) und zur Gewinnung von Material für die Analyse von Erregern und die bakteriologische Resistenzprüfung. Die Vitalfärbung der Schleimhaut mit Toluidinblau soll Epithelaktivitäten bei Hyperkeratosen anzeigen und Hinweise auf die geeignetste Biopsiestelle geben (Mashberg u. Samit 1989).

Der Abstrich von Wundsekret oder Eiter dient der bakteriologischen Untersuchung (Microstix für Candidanachweis). Für zytologische Untersuchungen zum Nachweis von Tumoren der Mundhöhle haben wir den Abstrich zugunsten der Probebiopsie aufgegeben.

Nota bene

Das Transportmedium für Punktions- oder Abstrichmaterial muß für die Kultur von Anaerobiern geeignet sein (z.B. Portagerm), da sonst nur Aerobier bzw. nur ein bakteriologisches Teilspektrum untersucht werden kann.

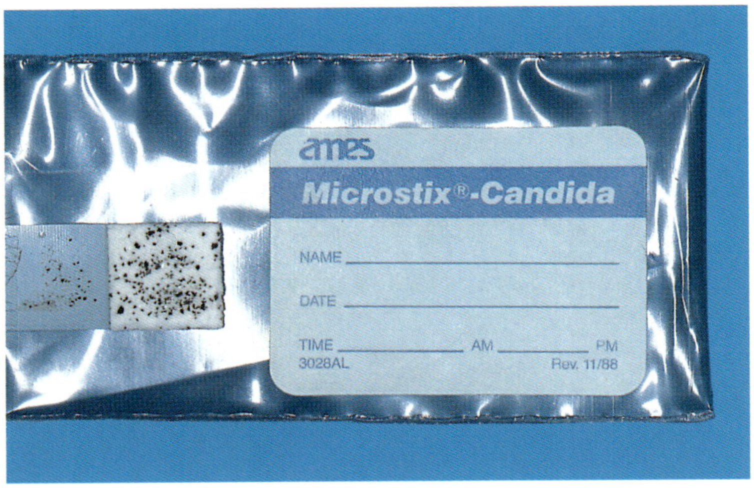

31 Einfacher Test für Kandidiasis
Abstrich auf geeigneten Nährböden und Inkubation über 24 Stunden bei 37 °C. Candidanachweis durch Microstix: Der Abstrich zeigt eine deutliche punktförmige Schwarzfärbung.

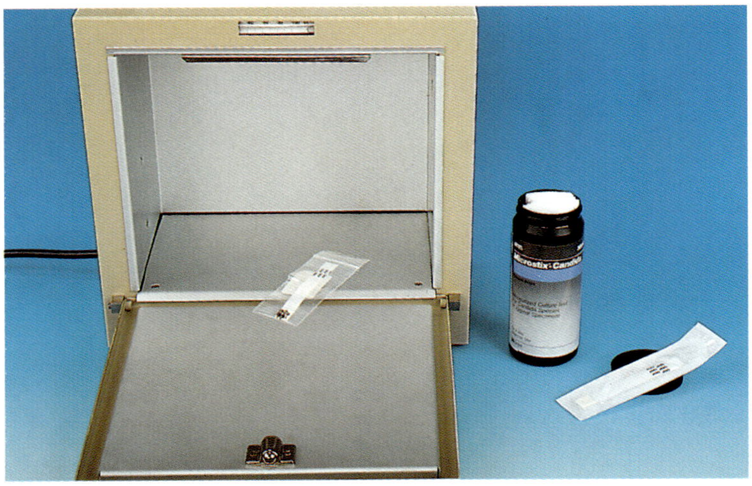

32 Inkubator
Zur Inkubation eignet sich ein einfacher Wärmeschrank mit Thermostat für die konstante Temperaturregelung bei 37 °C.

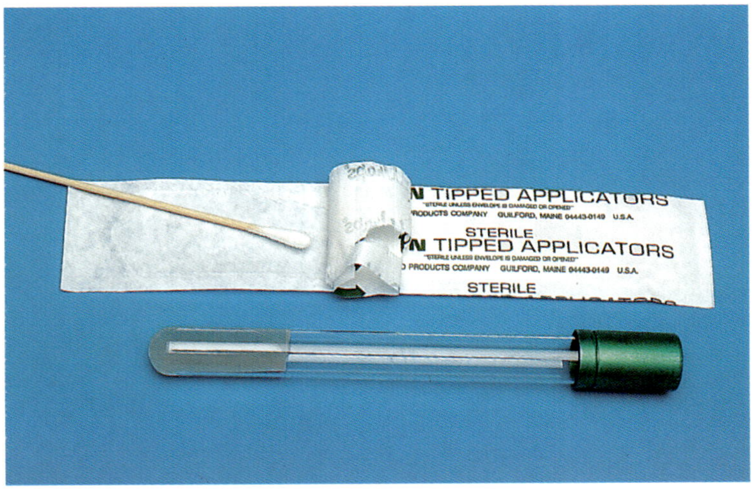

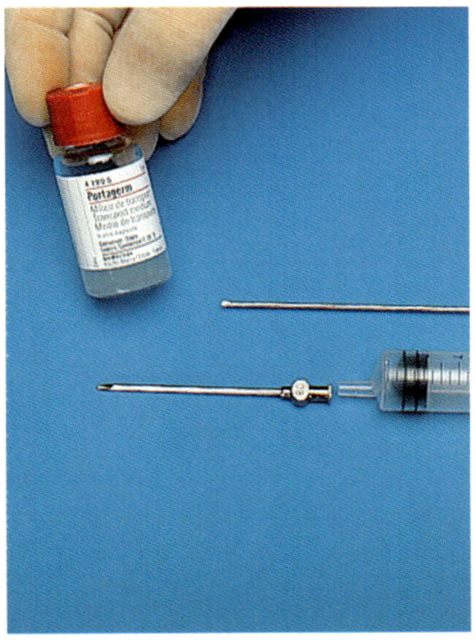

33 Abstrich für Bakteriologie
Sterile Entnahme der Probe oder Punktion.

Rechts: Der Nachweis von anaeroben Bakterien gelingt nur mit einem entsprechenden Transportmedium, z.B. Portagerm.

Chirurgische Grundlagen

Arbeitsablauf und Arbeitsplatz

Organisation

Ein chirurgischer Eingriff bedarf einer Planung. Nicht nur der Ablauf des Eingriffs und das zu erreichende Ziel müssen festgelegt werden, sondern auch die personellen und instrumentellen Voraussetzungen sind vor dem Eingriff zu überlegen. Das benötigte Instrumentarium und Ersatzinstrumente sind steril bereitzulegen, Apparaturen auf Funktionstüchtigkeit zu überprüfen. Perioperative Maßnahmen müssen kontrolliert werden: Ist eine Verbandplatte notwendig, wird Knochenersatzmaterial benötigt, ist mit besonderen Zwischenfällen zu rechnen, z.B. einer Blutung?

Ein chirurgisches Team besteht mindestens aus dem Operateur, einer Assistenz sowie der Operationsschwester. Im Hintergrund soll eine weitere Hilfskraft für unvorhergesehene Verrichtungen vorhanden oder abrufbar sein.

Hygiene am Arbeitsplatz

Der chirurgische Arbeitsplatz muß leicht zu reinigen sein. Glatte Oberflächen der Möbel, des Bodens und der Wände erleichtern die Desinfektion (Wischmethode).

Es soll genügend Platz für die Bewegungsfreiheit des Teams wie auch für zusätzliche Instrumentenablagen oder Geräte vorhanden sein. Große Enge birgt die Gefahr der Kontamination des Operationsfeldes in sich. Ebenso muß das Raumangebot notwendige platzfordernde Verrichtungen am Patienten ermöglichen (Reanimation).

Hygienezonen

Um die Bewegungsfreiheit des Operateurs und des Personals im Operationsraum klar zu regeln, sollen entsprechende Zonen festgelegt werden.

Sterile Zone: Sie umfaßt das unmittelbare Arbeitsfeld mit steriler Abdeckung und steril eingekleidetem Personal. Alle Instrumente und Geräte in dieser Zone sind sterilisiert oder steril eingepackt.

Die übrige Fläche im Operationsraum ist die *hygienische Zone*, d.h. nur Personal mit frisch angezogener, sauberer Klinikkleidung kann sich darin aufhalten, und die Geräte und Abstellflächen sind desinfiziert.

Hygienische Anforderungen

Aseptische Bedingungen sind in der Mundhöhle nicht möglich, jedoch Fremdkontamination ist vermeidbar.

Es ist eine klare Forderung, daß die Kontamination mit patientenfremden Mikroorganismen vermieden werden muß (Bössmann 1989, W. Fischer 1991, Greenspan 1987, Wiehl u. Guggenheim 1993, Heeg u. Setz 1994).

Kleidung: Sie besteht aus sterilisierter Kochwäsche, die körperoberflächenbedeckend sein muß (Mantel, Kopfhaube, Gesichtsmaske, Schutzbrille, Handschuhe). Einmalartikel sollten wasserfest sein.

Händedesinfektion: Eine chirurgische Händereinigung umfaßt auch die Nagelpflege.
Der Händedesinfektion ist auch bei Verwendung von Handschuhen große Sorgfalt zu widmen. Bei Verletzung der Handschuhe besteht die Möglichkeit zur Kontamination des Operationsfeldes.

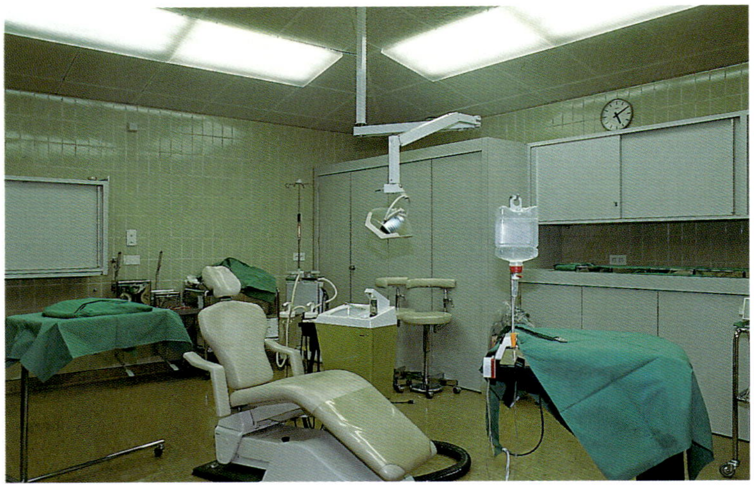

34 Operationsraum
Chirurgische Eingriffe setzen eine zweckmäßige räumliche Infrastruktur voraus: Platz für das Behandlungsteam, für die Geräte und nicht zuletzt auch für die Reanimation.

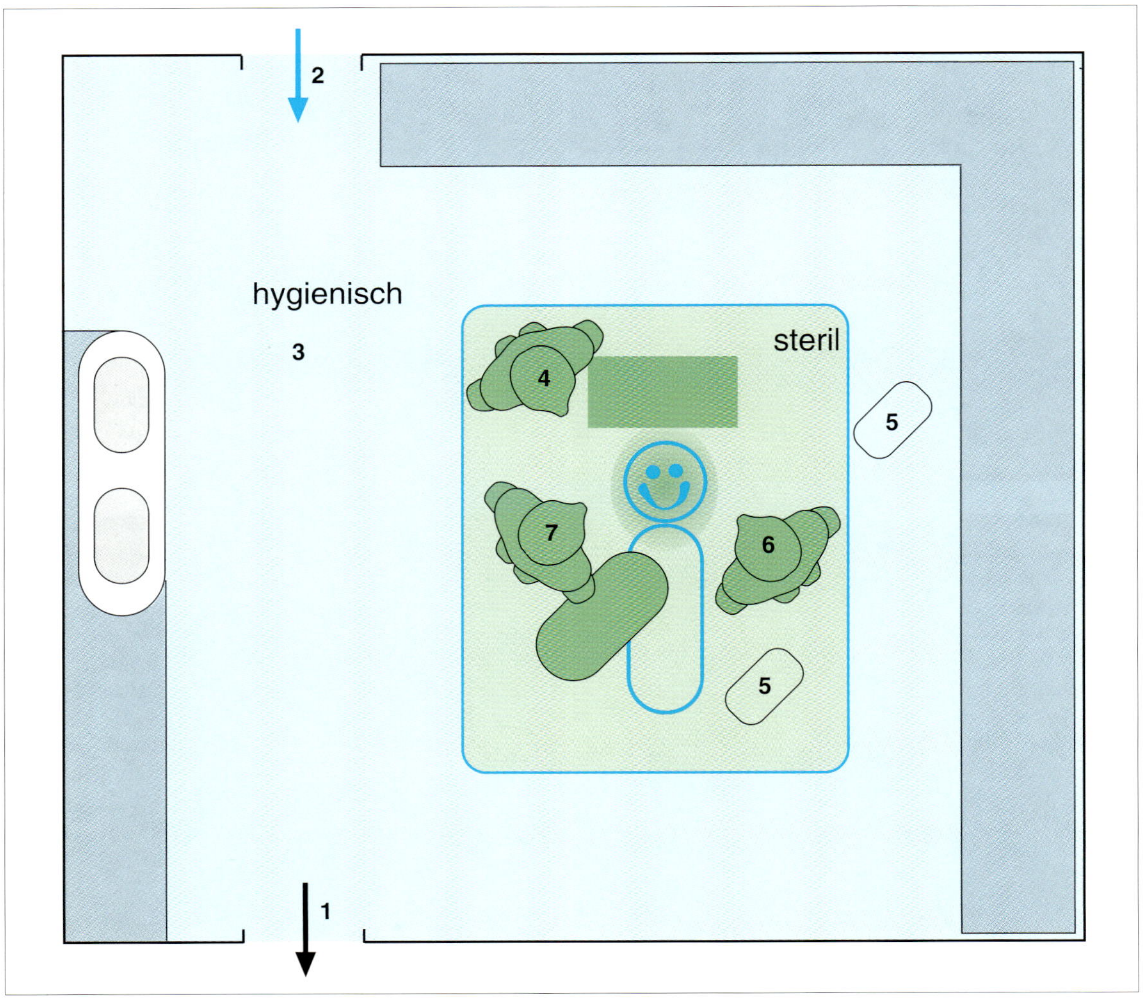

35 Hygienezonen
Die Raumaufteilung in eine sterile und eine hygienische Zone ermöglicht das aseptische Arbeiten.

1 Zutritt für Patienten.
2 Zugang vom Sterilisationsraum.
3 Hygienische Zone.
4 OP-Schwester.
5 Mobile Ablageflächen.
6 Assistent.
7 Operateur.

Maßnahmen am Patienten

Hygienemaßnahmen

Neben der präoperativen Information muß der Patient auch hygienisch für den Eingriff vorbereitet werden (Heeg u. Setz 1994).

Bei ungenügender Mundhygiene durch den Patienten soll vor der Operation eine professionelle Zahnreinigung durchgeführt werden. In jedem Fall ist die unmittelbar präoperative Mundspülung mit 0,2%iger Chlorhexidinlösung während 2 Minuten empfehlenswert. Die intraorale Keimzahl wird dadurch stark vermindert.

Die Reinigung der perioralen Region erfolgt mit einem hautverträglichen Desinfektionsmittel (z.B. Betadine) oder mit 3%igem H_2O_2.

Der Patient, der für oralchirurgische Eingriffe meistens in aufrechter Position im Behandlungsstuhl sitzt, wird mit zwei großen sterilen Tüchern abgedeckt. Das erste liegt über der Brust und den Schultern, das zweite wird wie ein Dreieckstuch gefaltet um den Kopf gelegt, und die spitzen Enden werden an der Brustabdeckung mit einer Tuchklemme fixiert. Auf diese Weise werden die Haare abgehalten.

36 Waschplatz
Genügend Platz für Handpflege und Desinfektion muß für das OP-Team ebenfalls vorhanden sein.

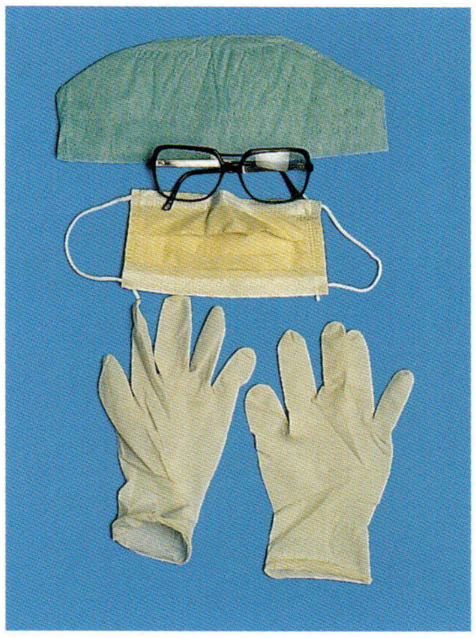

37 Händedesinfektion
Die Händedesinfektion erfolgt vor jedem chirurgischen Eingriff.

Links: Die persönlichen Schutzutensilien sind Kopfhaube, Brille, Gesichtsmaske und Handschuhe.

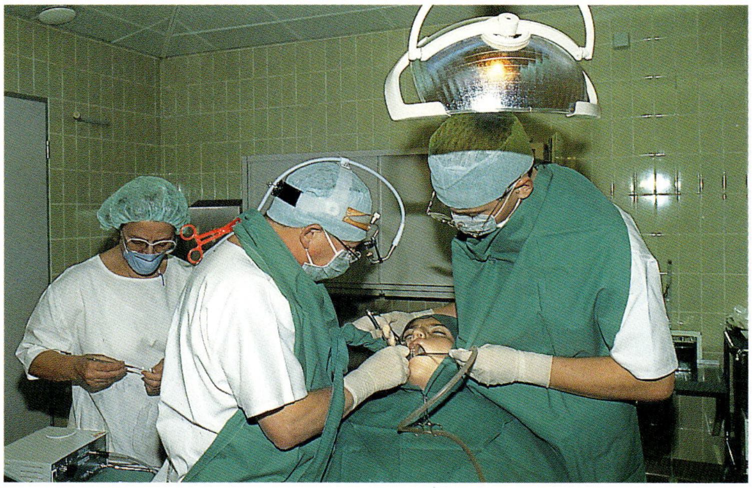

38 Operationsteam
Die personelle Zusammensetzung für einen chirurgischen Eingriff umfaßt mindestens Operateur, Assistenz und Operationsschwester und zusätzlich eine Hilfsperson im Hintergrund für Zubringdienste.

Prämedikation

Die beste Prämedikation ist die richtige Aufklärung vor dem Eingriff und das intakte Vertrauensverhältnis zwischen dem einfühlsamen und kompetenten Behandler und dem Patient. Selten kann eine Beruhigung des Patienten so nicht erreicht werden. Die präoperative Sedierung sollte mit dem Hausarzt abgesprochen werden und erfordert eine Begleitung des Patienten durch eine weitere erwachsene Person. Als Sedativum können oral zu verabreichende Barbiturate (Luminaletten) oder Diazepame (Valium) verwendet werden. Die Dosierung des Lokalanästhetikums ist entsprechend anzupassen.

Überwachung

Da unser Arbeitsfeld eine dauernde Beobachtung des Zustandes des Patienten unmittelbar zuläßt, ist die intensive Kontrolle der Vitalfunktionen beim sonst gesunden Patienten nicht erforderlich.
In besonderen Fällen ist die perioperative Überwachung der Vitalfunktionen des Patienten auch bei Eingriffen in Lokalanästhesie durch Pulsoxymeter, EKG, Blutdrucküberwachung, Standby eines Anästhesisten (Fast 1993, Rothlin u. Babotai 1988, Meier u. Mitarb. 1994) und das Legen einer Verweilkanüle notwendig, damit jederzeit ein freier Zugang zu einer Vene vorhanden ist.

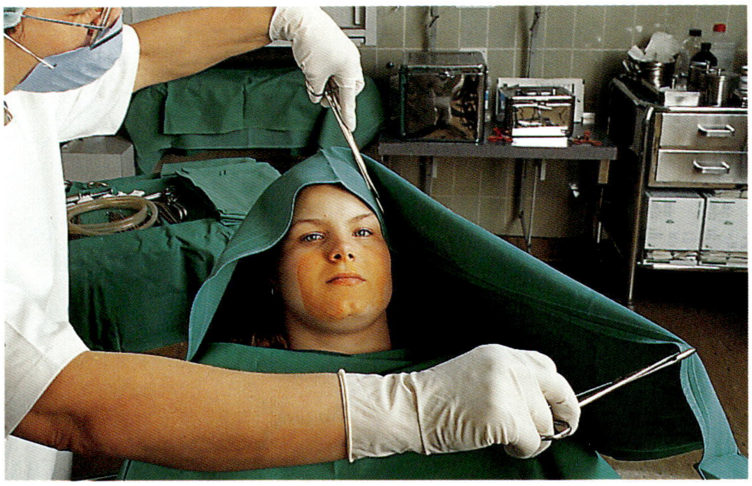

39 Vorbereitung des Patienten
Die Mundregion wird vor der Abdeckung mit einem Desinfektionsmittel keimfrei gemacht und die übrige Gesichtsregion abgedeckt.

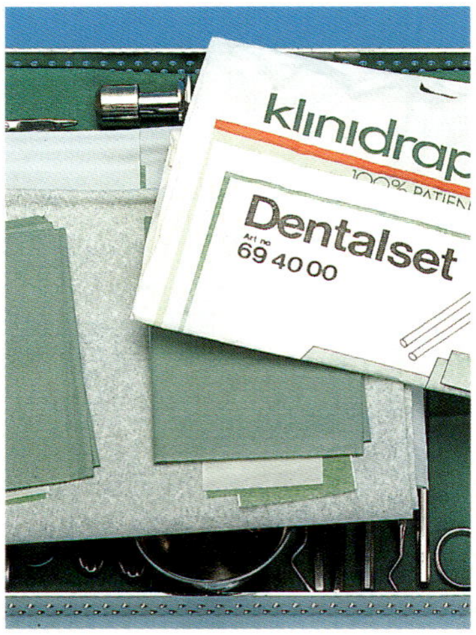

40 Abdeckmaterial
Das Abdeckmaterial besteht aus sterilisierten Leinentüchern.

Rechts: Einmalgebrauchsmaterial.

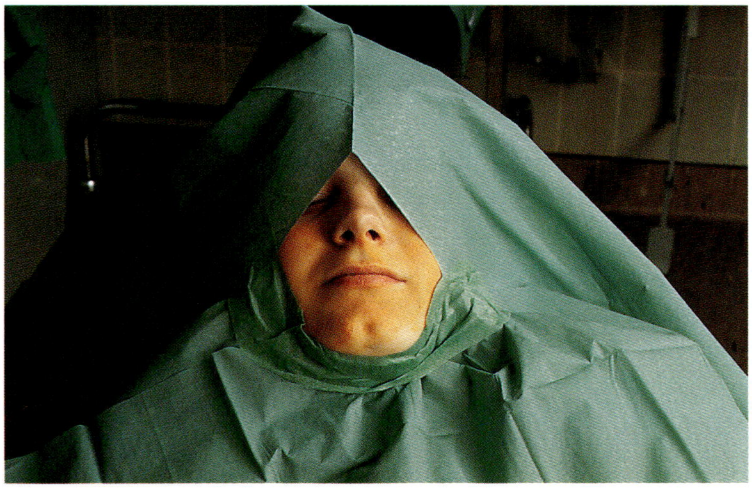

41 Operationsfeld
Der Patient wird auf Brust und Kopf mit sterilen Tüchern bedeckt, so daß das OP-Team bei seinen Manipulationen nicht mit unsterilen Oberflächen in Kontakt kommt.
Einmalgebrauchsmaterial zur Abdeckung für oralchirurgische Eingriffe ist bei seltenem Gebrauch sinnvoll, ist aber teurer als sterile Leinenwäsche.

Instrumentarium

Das chirurgische Instrumentarium ist in seinen Grundformen seit Jahrhunderten mit nur wenigen Modifikationen und Modernisierungen vorhanden. Heute werden zur Herstellung chirurgischer Instrumente hochwertige korrosionsbeständige Stähle verwendet. Aus hygienischen und rationellen Gründen werden einfache und häufig verwendete Instrumente oder Instrumententeile auch als Einwegartikel angeboten. Bis jetzt eignen sich solche Instrumente nur für sehr einfache Manipulationen, z.B. Injektionen, Inzisionen und Spülungen.
Die Formen der Instrumente sind vielseitig, und wohl jeder bekannte Chirurg hat seinen Anteil zur ihrer Weiterentwicklung beigesteuert. Wir verweisen auf die ausführliche Darstellung der chirurgischen Instrumente von Gharemani u. Arndt (1994). Hier beschränken wir uns auf die an unserer Klinik verwendeten Instrumente.

Instrumentensets

Für spezielle Verrichtungen wird jeder Chirurg sein individuell bevorzugtes Instrumentarium zusammenstellen.
Wir benutzen ein Grundset, welches je nach vorgesehenem Eingriff mit den benötigten Teilsets ergänzt werden kann. Dadurch wird der Aufwand bei der Wiederaufbereitung und auch der Verschleiß reduziert.

Instrumente für die Weichteilchirurgie

In der oralen Chirurgie wird vorwiegend das *Skalpell* mit normalem Griff und Klinge Nr. 15 verwendet. Die Klinge wird grundsätzlich senkrecht zur knöchernen Unterlage gehalten. Der Schnitt ist planmäßig und kontinuierlich in einer Richtung zu führen. Mehrmaliges Nachschneiden führt zu unscharfen Wundrändern, erhöht die postoperativen Schmerzen durch Ödembildung und führt häufig zu Infekten.
Die spitze Klinge Nr. 11 eignet sich besonders für feine Schleimhautinzisionen oder -exzisionen.
Abgewinkelte Skalpelle ermöglichen die Schnittführung in schwer zugänglichem Gebiet (Tuberbereich, anteriorer Gaumenbereich).
Die *spitze* oder *stumpfe Schere* wird zur plastischen Präparation der Weichteile verwendet.
Bei Schnitten in besonders stark blutendem Gewebe kann die *Elektrotomie* von Vorteil sein. Mit den verschiedenen Schneideansätzen kann auch die Gingiva leichter modelliert werden, z.B. mit der Schlinge.
Die Durchtrennung von Weichteilen kann auch mit *Laserinstrumenten* präzis und schonend durchgeführt werden. Das notwendige Instrumentarium dazu ist jedoch noch sehr teuer und für die ambulante chirurgische Praxis ohne lohnenswerte Vorteile. Dasselbe gilt für den Einsatz von entsprechenden *Ultraschallgeräten*.

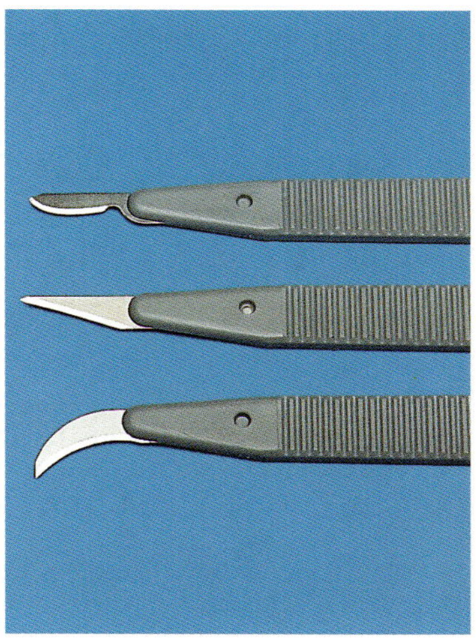
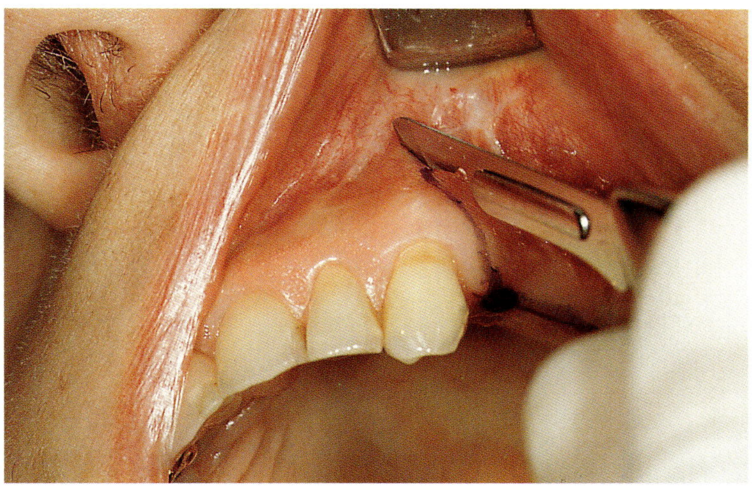

42 Schneidende Instrumente
Mit dem Skalpell werden alle Schleimhautinzisionen durchgeführt: In einem sauberen Schnitt wird für die Aufklappung Schleimhaut und Periost gleichzeitig durchtrennt. Wegwerfskalpelle eignen sich weniger gut für die Chirurgie. Besondere Skalpellformen können bei speziellen Eingriffen verwendet werden.

Links: Das klassische Schneideinstrument des Chirurgen ist das Skalpell mit einer Einmalklinge Nr. 15 (oben).

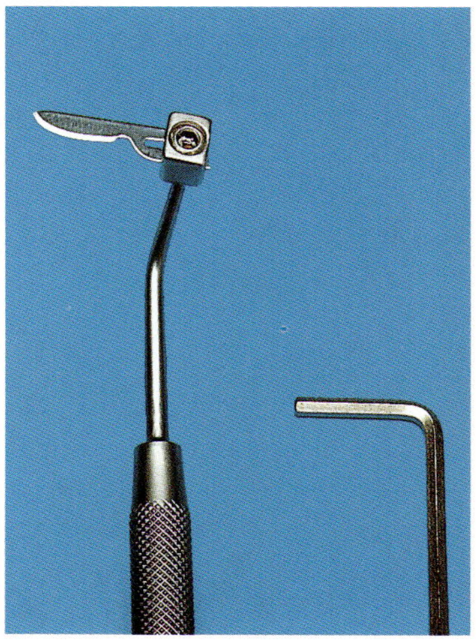
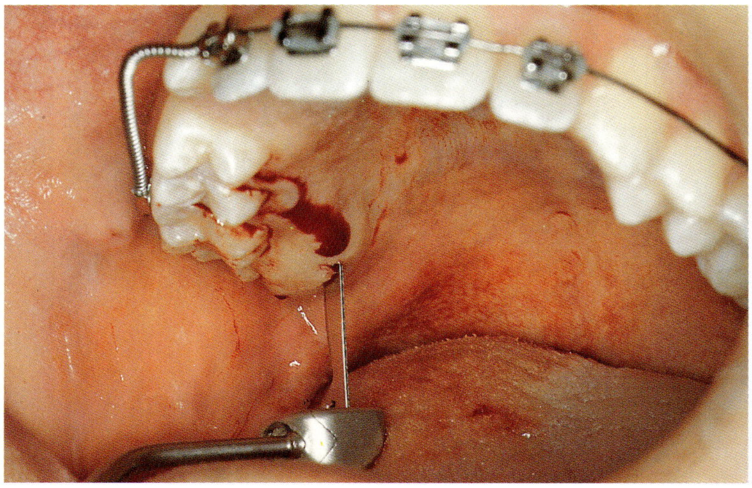

43 Abgewinkeltes Skalpell
Das abgewinkelte Skalpell eignet sich besonders für präzise Schnittführungen im dorsalen Kieferabschnitt.

Links: Für besondere Schnittwinkel in der Mundhöhle eignet sich der abgewinkelte Skalpellgriff, in den eine übliche Klinge in verschiedenen Positionen fixiert werden kann.

44 Maschinelles Mukotom
Zur Gewinnung von Schleimhaut eignet sich das maschinell angetriebene Mukotom nach Möhrmann sehr gut.

Rechts: Die Klinge ist ersetzbar und der Arbeitskopf kann je nach Situation gedreht werden.

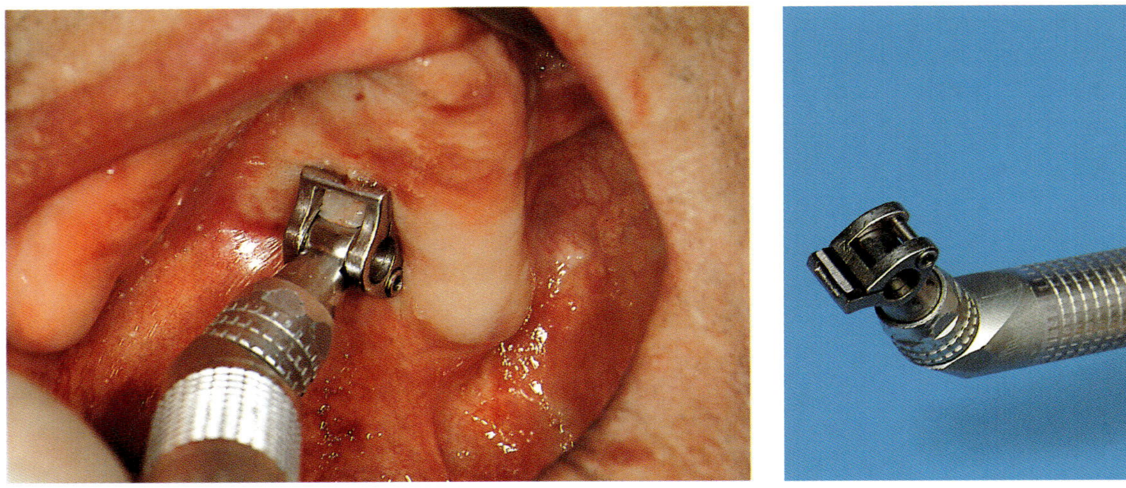

45 Handmukotom
Für den Geübten leistet auch das einfache Mukotom gute Dienste. Je nach Neigung der Klinge kann die Dicke des Schleimhauttransplantates bestimmt werden.

Rechts: Das Mukotom ist in mehreren Schnittbreiten erhältlich.

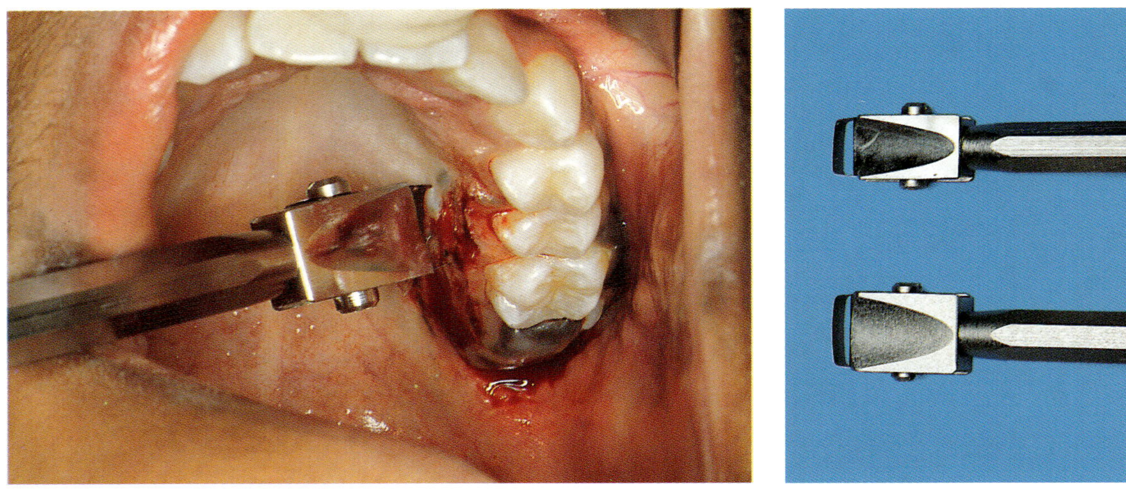

46 Scheren
Die stumpfe Schere oder Präparierschere eignet sich für die Lösung der Schleimhaut von der Unterlage.

Rechts: Je nach Verwendungszweck sind verschiedene Formen vorhanden.

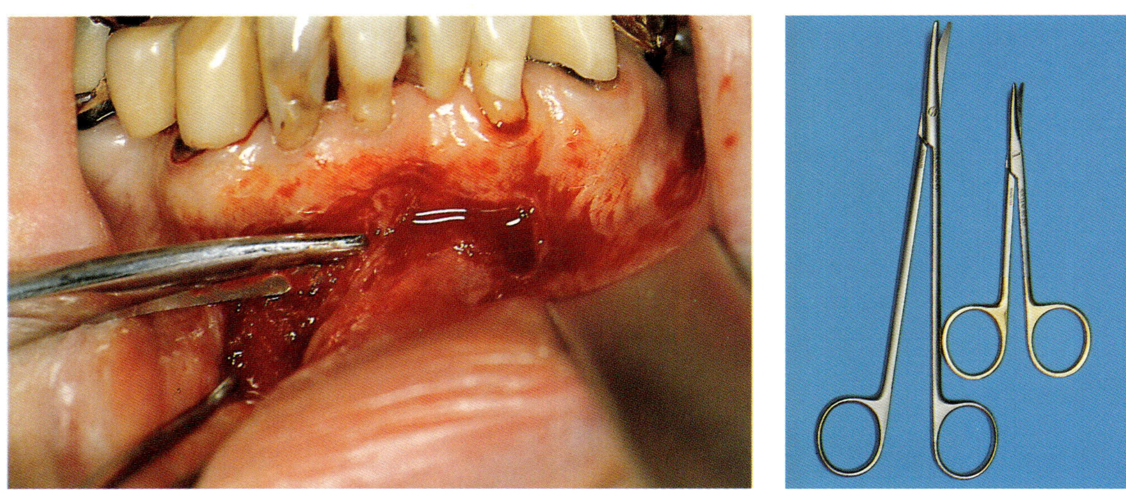

47 Elektrotom
Zur Modellation von Gingiva und zur Präparation kleiner blutreicher Tumoren ist die Hochfrequenzschlinge ein geeignetes Instrument.

Rechts: Die Schlinge dient dem flächenhaften Abtragen von papillären Erscheinungen, und die Nadel wird zur Modellation am Gingivalrand verwendet.

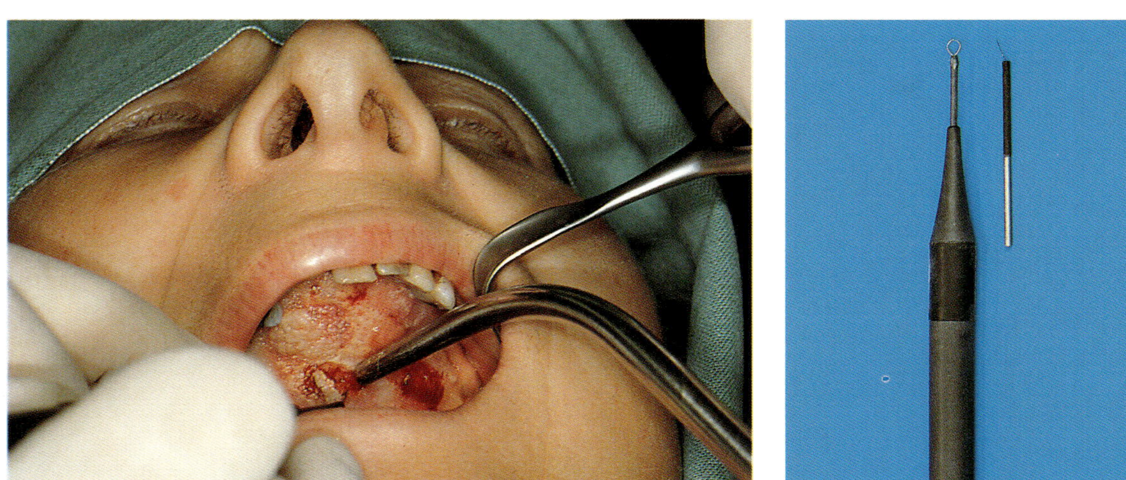

Kryochirurgie

Die Behandlung flächenhafter und oberflächlicher Schleimhautveränderungen kann einfach mittels Kryochirurgie durchgeführt werden. Auch kleine Hämangiome und Speichelretentionszysten lassen sich durch Vereisung beseitigen.

Unter Kryochirurgie verstehen wir die Nekrotisierung von Gewebe durch Vereisung. Dazu werden Gefriertemperaturen von –180°C bis –70°C verwendet. Durch die Vereisung gefriert das Zellinnere, was zum Absterben der Zellfunktion führt.

Dabei spielen mehrere Kälteeffekte eine Rolle (Hausamen 1973, 1975, Lütscher 1984):
- Zellwandruptur,
- Dehydratation und Elektrolytstörung,
- Enzymhemmung,
- Eiweißveränderungen,
- Taueffekt.

Indirekte Wirkungen der Kälte sind Schädigung der Kapillaren. Dieser Effekt tritt erst nach Stunden auf, hat aber klinische Bedeutung, da die Schäden zu lokaler ischämischer Nekrose führen.

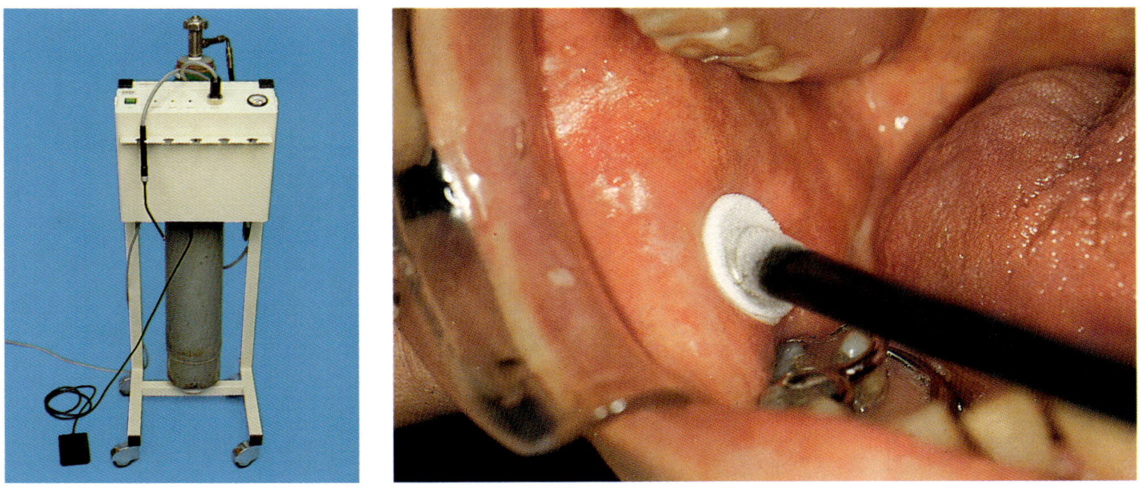

48 Kryochirurgie – Lachgas
Durch lokale Vereisung wird eine Gewebsnekrose erzeugt, welche eine Reepithelisierung zur Folge hat. Mit Lachgas kann eine Temperatur von –75 °C erreicht werden, was zur Vereisung dünner oberflächlicher Veränderungen ausreicht.

Links: Die Apparatur besteht aus Lachgasventil und Sonde, die durch den Thompson-Effekt gekühlt wird.

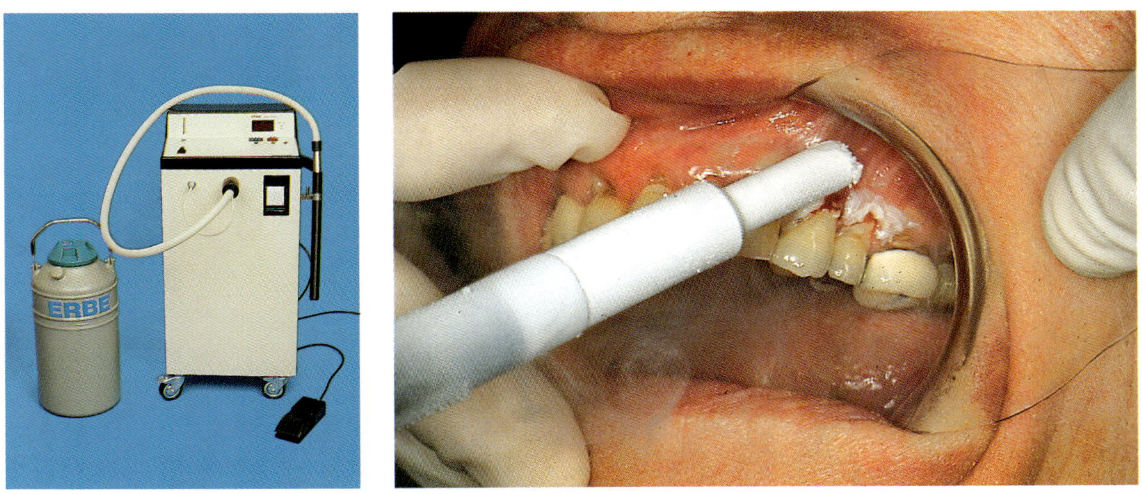

49 Kryochirurgie – Stickstoff
Mit flüssigem Stickstoff wird eine Temperatur bis –180 °C erreicht, was allerdings eine umfangreichere Technologie bedingt, jedoch auch für die Vereisung von derben und über 2 mm dicken gutartigen Veränderungen ausreicht.

Links: Die Apparatur ist mit einer anatomischen Temperatursteuerung versehen. Die Kühlung erfolgt direkt mit flüssigem Stickstoff in der Sonde.

Für die Kälteapplikation in der Mundhöhle eignen sich nur geschlossene Kryosonden. Zwei physikalische Phänomene werden genutzt:
- Verdampfungskälte, bei der flüssiger Stickstoff verdampft wird (Tempertur –180°C),
- Joule-Thompson-Effekt, der durch Druckabfall durch ausströmendes Lachgas erzeugt wird (Temperatur von –70°C).

Bei der Anwendung der Kryosonde ist zu berücksichtigen, daß die Kältezone sich kugelförmig um die Sondenspitze ausdehnt und mit zunehmendem Radius die Temperatur zunimmt. Die Durchblutung führt Kälte ab und sorgt dabei für eine selbstlimitierte Kältezone. Diese umfaßt in der Mundschleimhaut wenige Millimeter. Je niedriger die Temperatur ist, desto größer ist die Eindringtiefe.

Indikation

Den Einsatz der Kryochirurgie finden wir besonders bei flächenhaften hyperkeratotischen Schleimhautveränderungen und kleinen Hämangiomen der Mundhöhle, er ist nicht geeignet zur Behandlung von Malignomen der Mundschleimhaut. Es ist möglich, eben vereistes Gewebe für die histologische Untersuchung zu exzidieren. Siehe auch „Tumoren“ (S. 253 ff.) und „Plastische Korrekturen der Weichteile“ (S. 276 ff.)

Instrumente zur Knochenbearbeitung

Die Bearbeitung von Hartgewebe ist zwangsläufig mit Krafteinwirkung verbunden. Die eingesetzte Energie wird in Materialdeformation und Wärme umgesetzt. Besonders rotierende Instrumente können eine erhebliche Hitzeentwicklung bewirken, die für das vitale Gewebe schädlich ist. Irreversible Knochenschäden treten bei Temperaturen ab 47°C auf. Die Hitzenekrose des Knochens ist direkt abhängig von der Temperaturentwicklung und diese wiederum von Tourenzahl, Kühlsystem, Bohrerform und Anpreßdruck (Fuchsberger 1987, Grunder u. Strub 1986). Eine Drehzahl zwischen 500 und 1000 upm sollte wenig thermische Schäden verursachen, so daß eine Knochenheilung ohne Sequestrierung ablaufen kann. Spiralförmige Bohrer eignen sich für die Knochenbearbeitung am besten. Dabei muß das Bohrwerkzeug dauernd mit physiologischer Kochsalz- oder Ringer-Lösung gekühlt werden.

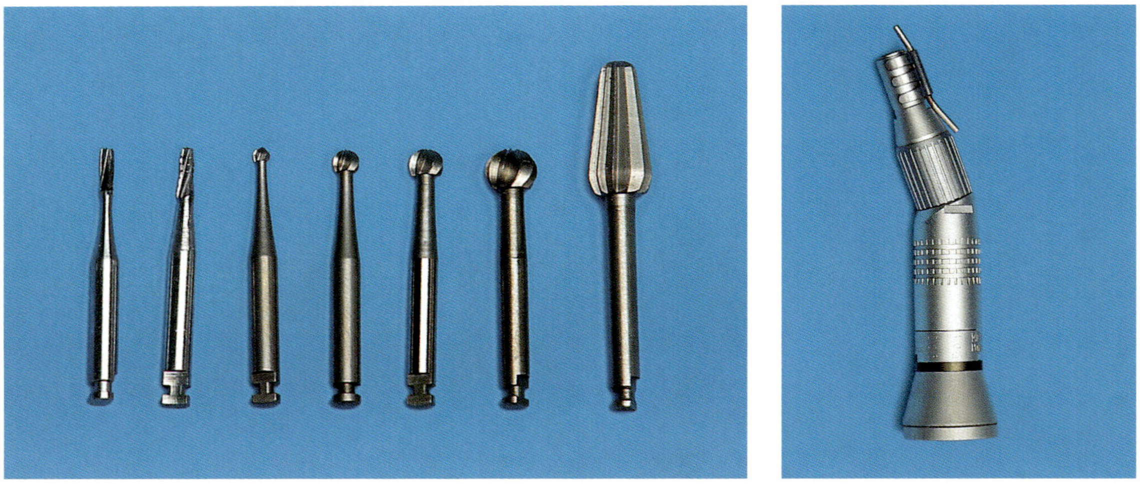

50 Fräsen
Die Knochenbearbeitung erfolgt sehr schonend mit chirurgischen Fräsen. Deren Zahnung darf nicht zu fein sein, um Verstopfung und damit Erhitzung des Knochens zu vermeiden. Verschiedene Formen für entsprechende Knochenbearbeitung gehören zum Chirurgietest.

Rechts: Ein abgewinkeltes Handstück erweitert die Einsatzmöglichkeiten der rotierenden Knochenbearbeitung.

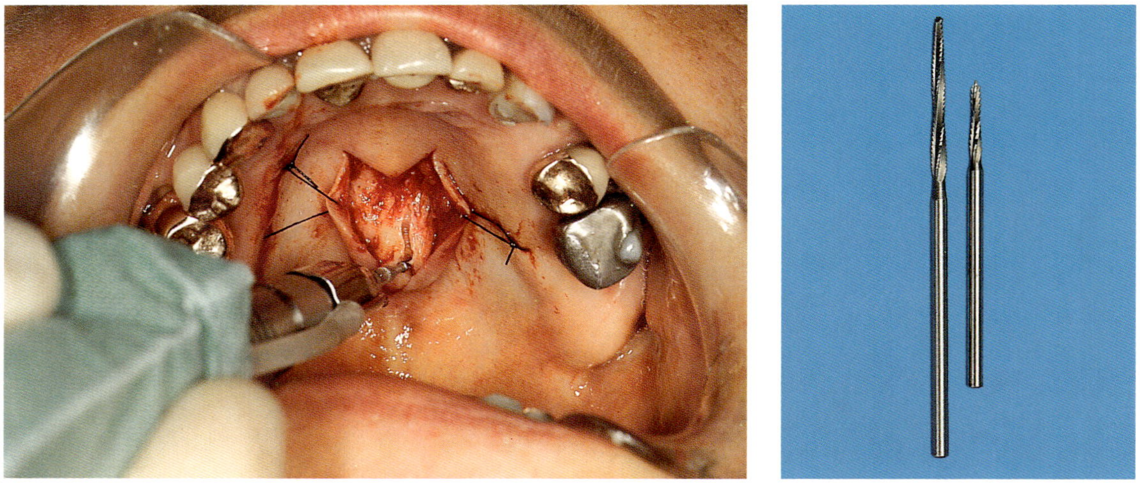

51 Osteotomie
Die Knochenbearbeitung mit drehenden Instrumenten erfordert eine dauernde Kühlung. Dazu sind funktionssichere Flüssigkeitsspender, welche mit dem Motor simultan gesteuert werden, notwendig. Für Osteotomien eignen sich walzenförmige Fräsen (Fissurenbohrer) oder die speziell für die Knochenbearbeitung konzipierte Lindenmann-Fräse. Wegen ihrer scharfen Zacken werden Weichteile gerne erfaßt und traumatisiert, was deren Einsatz nur dem Geübten erlaubt.

Rechts: Lindenmann-Fräsen.

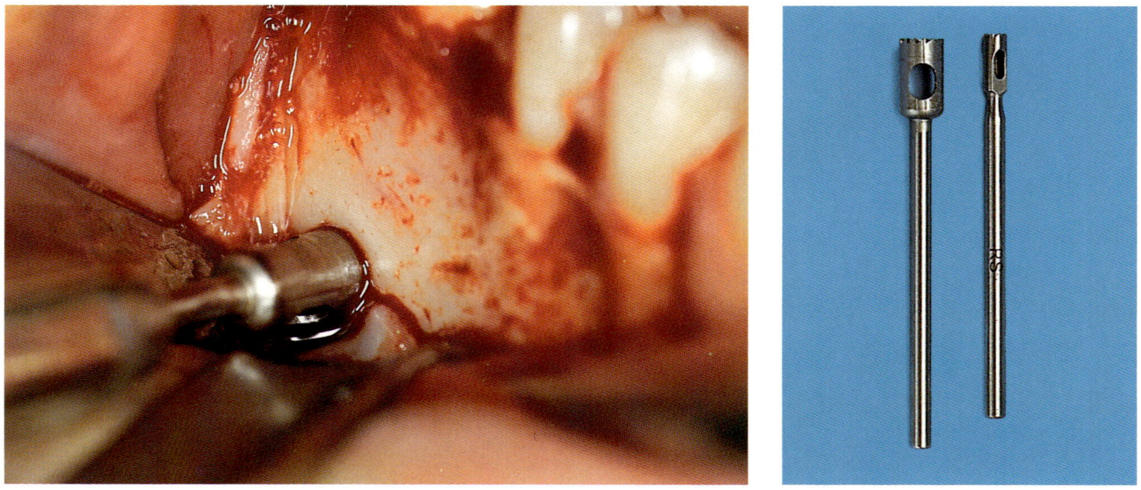

52 Zylinderfräse
Die Hohlfräse eignet sich besonders gut zur Entnahme gezielter Knochenproben für die pathohistologische Beurteilung.

Rechts: Zylinderfräsen verschiedener Durchmesser.

Innen- oder Außenkühlung?

Um die thermische Schädigung bei der Knochenpräparation mit rotierenden Instrumenten zu vermeiden, wurde ein System zur Innenkühlung während des Arbeitsvorganges entwickelt (Kirschner u. Meyer 1975). Dieses Kühlsystem mag die Temperaturentwicklung beim Fräsvorgang tatsächlich deutlich reduzieren, jedoch nur solange der freie Abfluß des Kühlmittels gewährleistet ist (Bolz u. Kalweit 1976). Bei tieferen Knochenbohrungen muß die Temperatur über die Oberfläche abgeleitet werden.

Das Schleifen im Knochen für Ostektomien erfolgt aus naheliegenden Gründen niedrigtourig, intermittierend und mit eher größeren Schleifkörpern, um Abrieb und Wärmeentwicklung zu optimieren (Schmitt u. Mitarb. 1988).

Die Bearbeitung mit Meißel oder Knochenzange ist temperaturmäßig unproblematisch, erfordert aber Erfahrung und kann für Knochenbohrungen nicht angewendet werden.

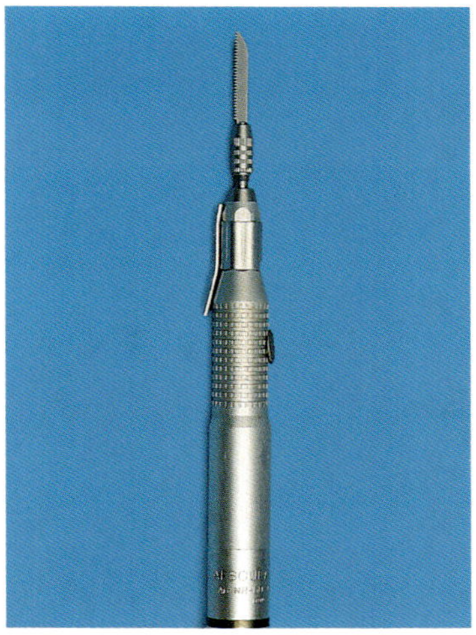

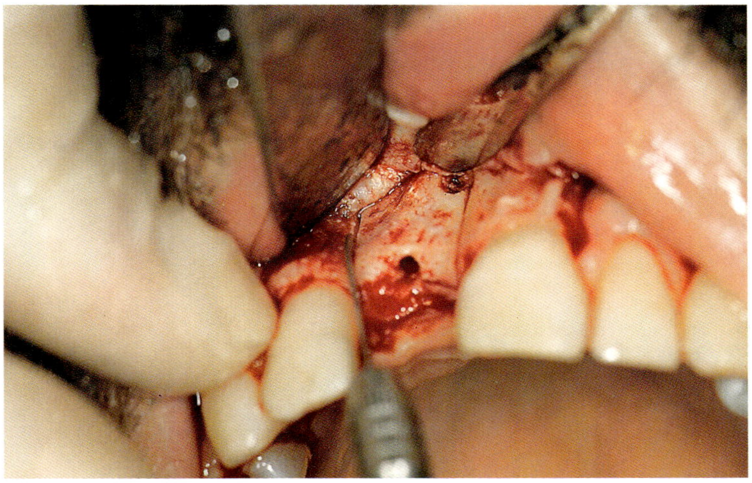

53 Oszillierende Fräse
Für Osteotomien am Alveolarfortsatz eignen sich oszillierende Fräsen.

Links: Dieses grazile Modell ermöglicht besonders feine Osteotomieschnitte.

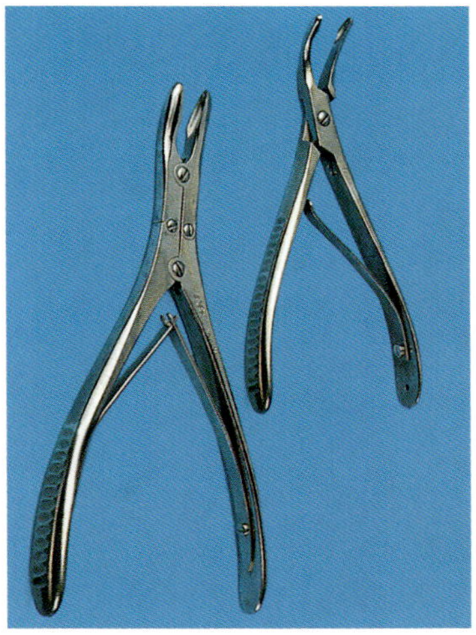

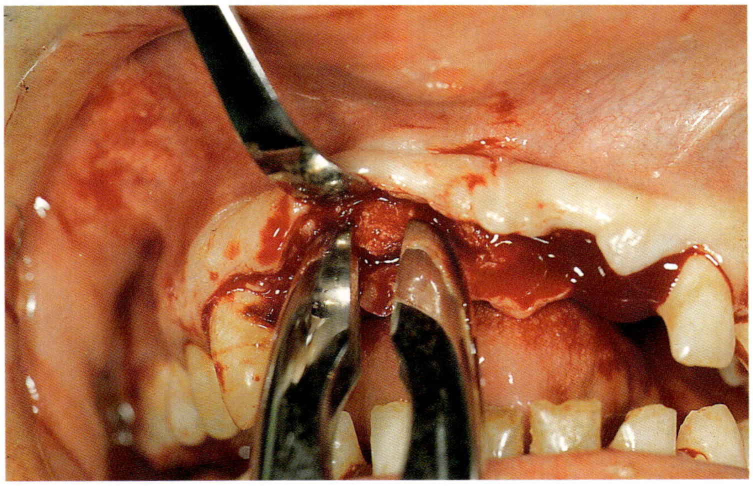

54 Luer-Zange
Als Handinstrument mit eher quetschender Wirkung ist eine weniger präzise Knochenbearbeitung möglich.

Links: Es sind mehrere Formen für entsprechende Knochenabtragungen vorhanden.

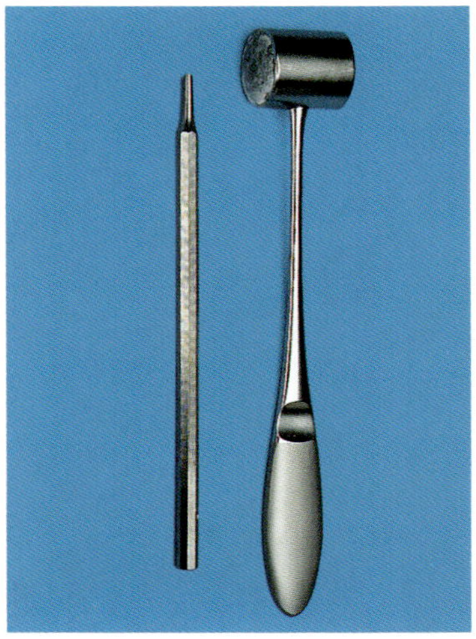

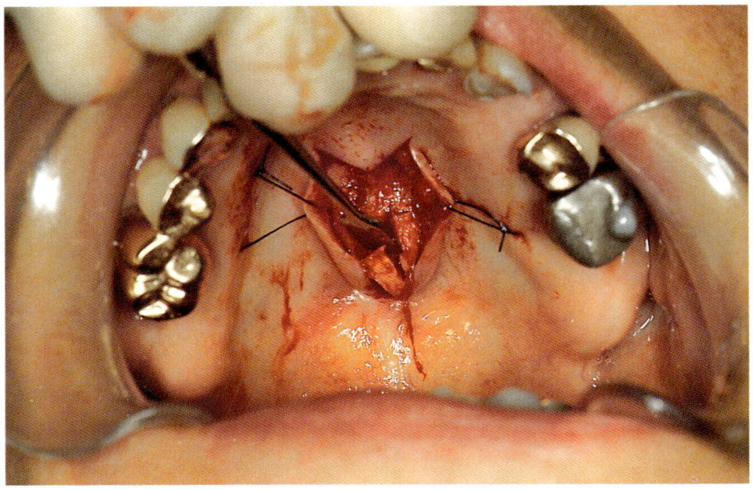

55 Hammer und Meißel
Sie eignen sich in besonderen Situationen zur Abtragung oder zum Herauslösen von Verwachsungen aus dem Knochen (ankylosierte Zähne, Tumoren). Für den Patienten ist diese Bearbeitungsart weniger angenehm und erfordert Aufklärung.

Links: Verschiedene Formen von Hammer und Meißel sind gebräuchlich.

Hygienemaßnahmen und Sterilisation

Makrohygiene

Die räumliche Praxisorganisation muß folgende Anforderungen berücksichtigen:

Saubere Zone: Arzt-, Zahnarztpraxis, allgemein benutzte Räume.

Hygienische Zone: Sprechzimmer.

Sterile Zone: chirurgischer Arbeitsplatz.

Mikrohygiene

Sie betrifft alle Maßnahmen der Desinfektion und Sterilisation.

Die Durchmischung und Kontamination von gebrauchten mit sterilsierten Instrumenten muß unmöglich gemacht werden. Dies ist durch die organisatorische und räumliche Aufteilung des Sterilisationsraumes in infektiöse, hygienische (saubere) und sterile Zone möglich.

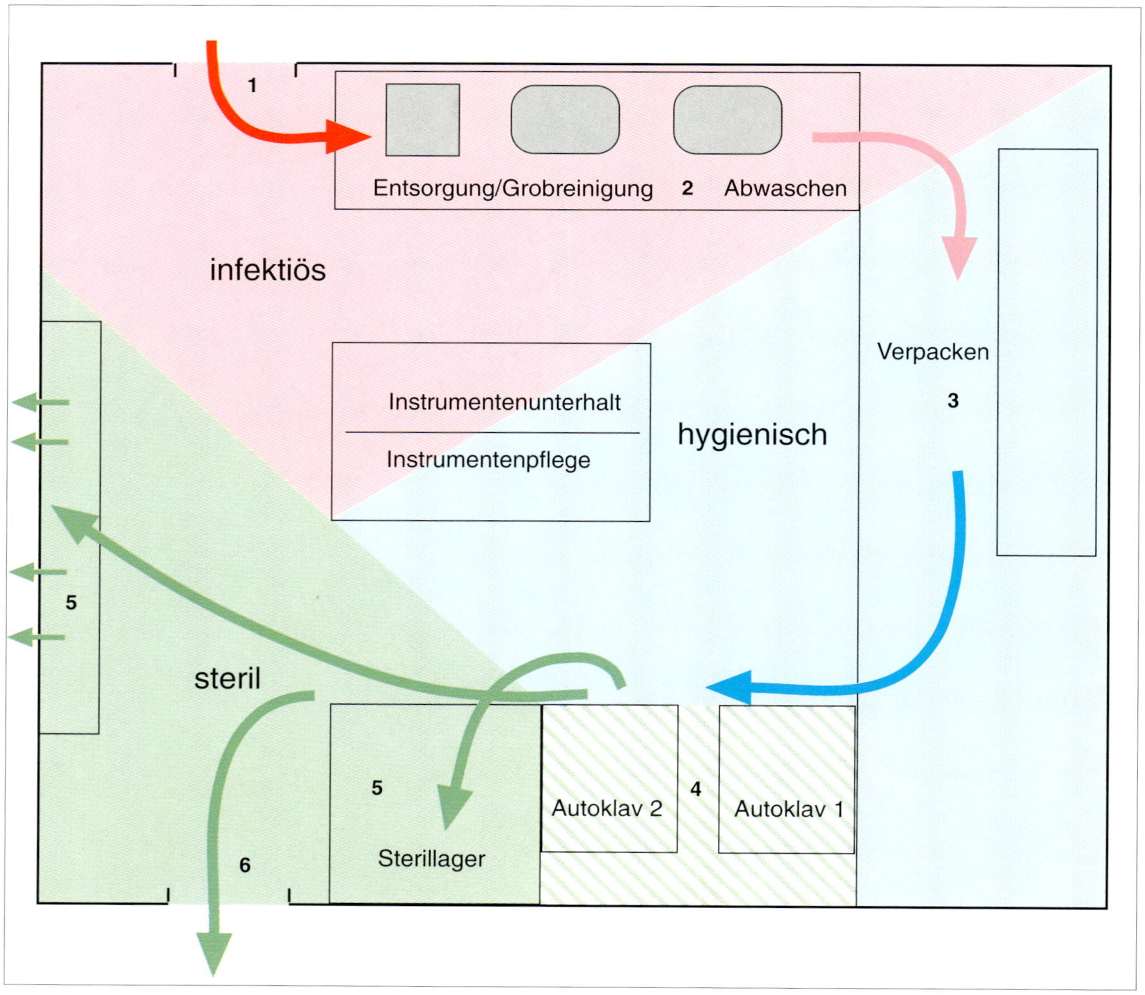

56 Hygienezonen
Im Sterilisationsraum muß entsprechend dem Arbeitsablauf der Instrumentenaufbereitung zwischen infektiöser, hygienischer und steriler Zone unterschieden werden.

1 Anlieferung von kontaminiertem Material.
2 Grobreinigung und Desinfektion.
3 Aufbereitung der gereinigten Instrumente.
4 Sterilisation.
5 Sterile Lagerung.
6 Zugang zum Behandlungsraum.

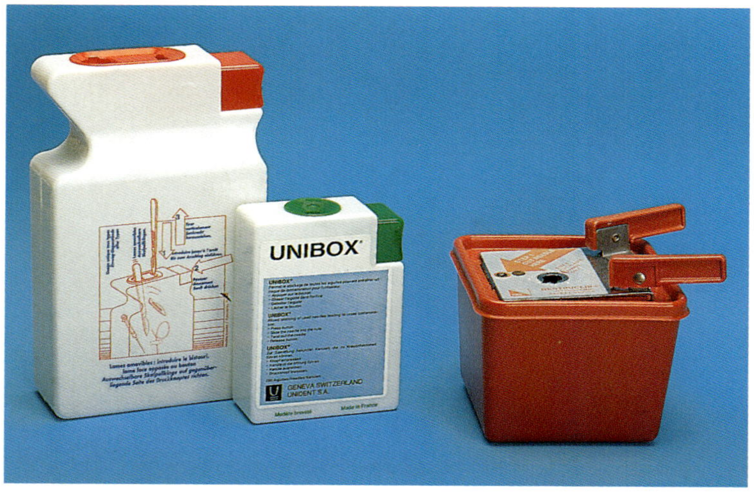

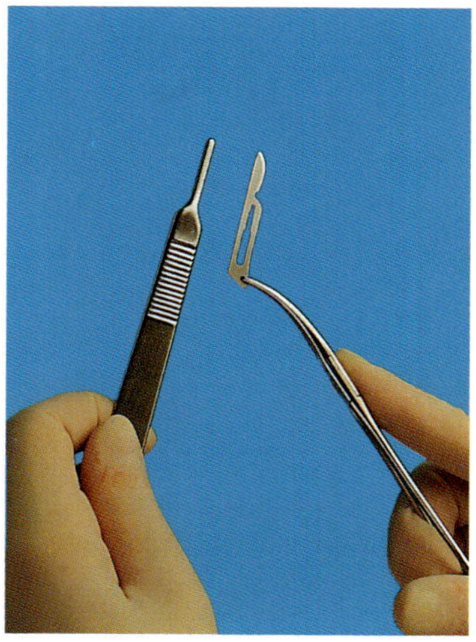

57 Entsorgung
Die gefahrlose Entsorgung benutzter scharfer und schneidender Instrumente oder Klingen erfolgt mittels dazu bestimmter Gefäße.

Rechts: Die Entfernung der Skalpellklingen vom Griff soll mit der Klemme erfolgen, um die Selbstverletzungsgefahr zu mindern.

Hygieneplan

Weisungen zur Praxishygiene werden schriftlich festgelegt. Der Hygieneplan ist das Führungsmittel in der Praxis zur Durchsetzung der notwendigen Hygienemaßnahmen. Er umfaßt die Anwendungsbereiche und die erforderlichen Maßnahmen und Mittel zur Desinfektion oder Sterilisation. Eine Tabelle eignet sich als Arbeitsübersicht am besten. Ebenso können Checklisten für einzelne Bereiche, wie Raumdesinfektion, Apparate usw., dem mit der Hygiene betrauten Personal als Kontrolle dienen.

Auch gehören organisatorische Weisungen bezüglich Patiententermine in den Hygieneplan: Infektiöse Behandlungen sollen am Tagesende eingeplant werden.

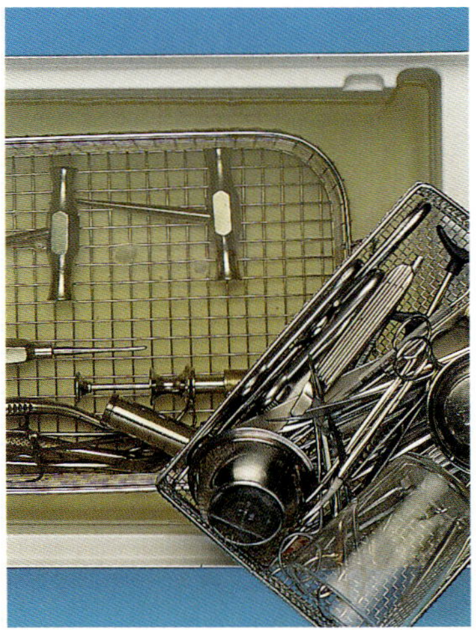

58 Desinfektion
Desinfektionsbäder oder Maschinendesinfektoren werden dem eigentlichen Abwaschgang und der Sortierung der Instrumente vorgeschaltet. Dadurch wird die Infektionsgefahr bei Selbstverletzung reduziert.

Rechts: Wannenbad, mit dem jeder Sterilisationsraum nachgerüstet werden kann.

Links: In der Desinfektionsstraße folgt das Wannenbad unmittelbar der Entsorgung der Abfälle auf dem Instrumententray.

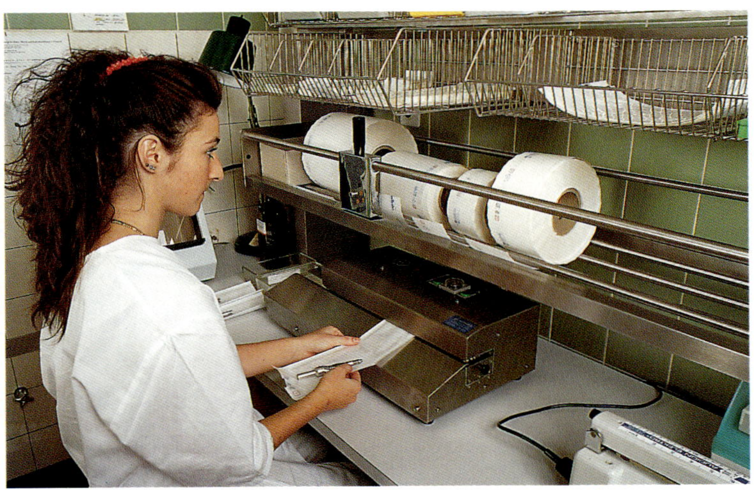

59 Verpackung
Erst nach Überprüfung der Funktionstüchtigkeit und Vollständigkeit der Instrumente erfolgt die Verpackung mit Datierung.

Links: Thermodesinfektor: Waschmaschine zur Reinigung der vordesinfizierten Instrumente.

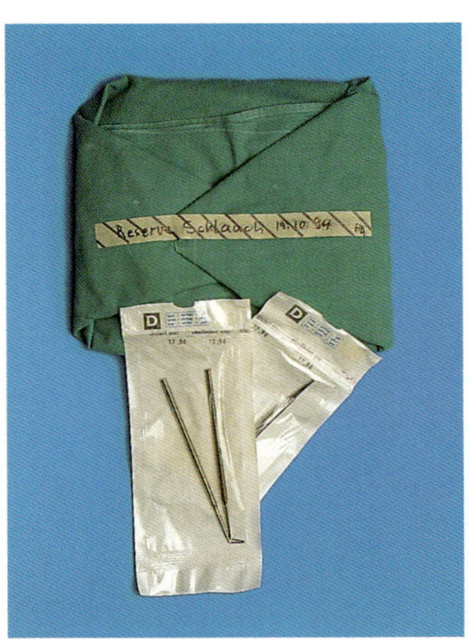

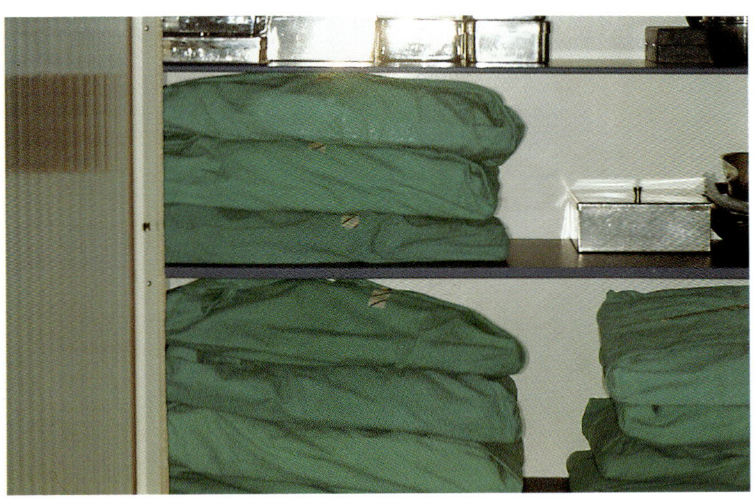

60 Lagerung
Das sterile Material soll in verschließbaren Schränken aufbewahrt werden.

Links: Das Sterilgut ist versiegelt oder in Doppeltuchverpackungen verklebt, mit Indikatorpapier, Sterilisationsdatum und Visum der verantwortlichen Person versehen und funktionell versorgt.

Chirurgische Verfahren im einzelnen

Mukoperiostlappen

Unter dieser Lappenbildung verstehen wir das Ablösen der Mukosa zusammen mit dem Periost von der knöchernen Unterlage. Der Mukoperiostlappen mit intaktem Periost ist wenig traumatisch, kann perfekt reponiert werden und verhilft zur geforderten Übersicht im Operationsfeld am Kieferknochen.

Vestibulär gestielter Lappen: Er ist zur Freilegung des Knochens am Alveolarfortsatz in universeller Form geeignet. Er kann fast beliebig breit gestaltet werden, ermöglicht eine einwandfreie Übersicht und zeigt eine problemlose Repositionsmöglichkeit.

Varianten sind der *paramarginal gelöste Lappen* und der *marginal gestielte Lappen*. Sie sind zur Eröffnung kleiner Knochenoberflächen geeignet und bieten nur eine beschränkte Übersicht. Die Reposition ist oft erschwert, eine vermehrte Narbenbildung ist zu erwarten.

61 Lappenbildung
Nach Inzision durch das Mukoperiost wird der Schleimhautlappen mit dem Raspatorium direkt über der Knochenoberfläche abgeschoben. Das Periost sollte möglichst intakt bleiben.

Rechts: Raspatorien mit rundem scharfen Arbeitsende eignen sich am besten.

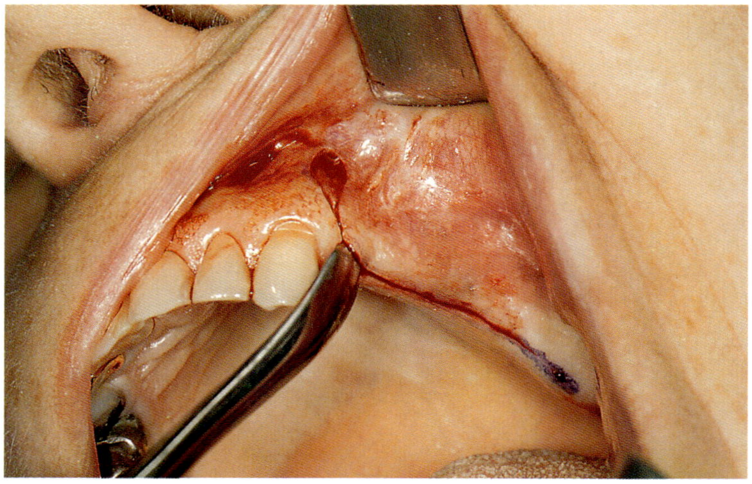

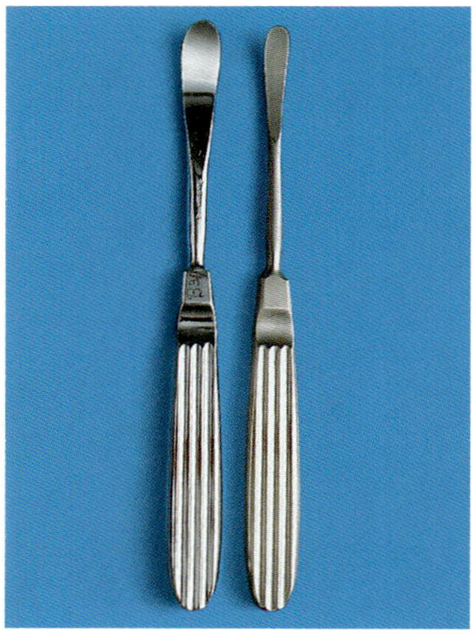

62 Chirurgische Pinzette
Zum Halten von Weichteilen oder zur Entfernung von Fremdkörpern dient die chirurgische Pinzette. Sie sollte eher zurückhaltend verwendet werden, da bei zarter Schleimhaut Verletzungen durch die Zahnung entstehen.

Rechts: Verschiedene Formen und Größen chirurgischer Pinzetten.

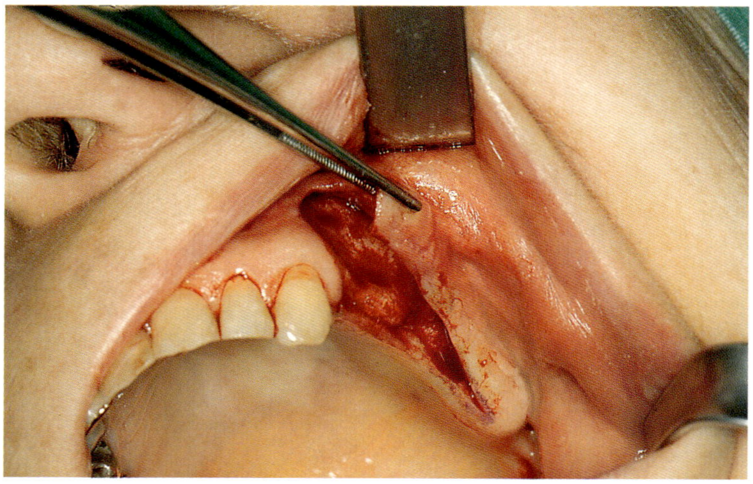

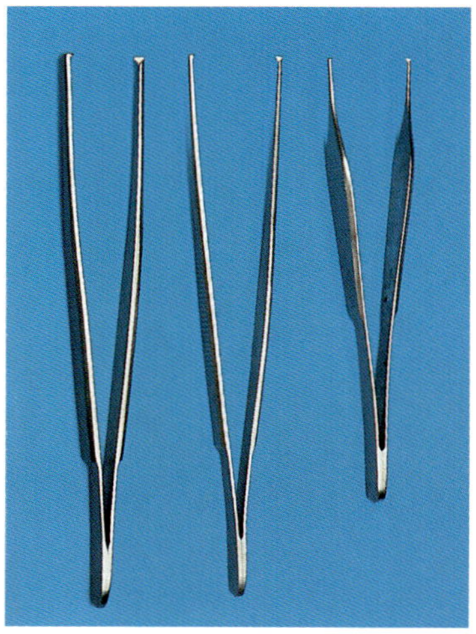

63 Gillies-Häkchen
Sehr schonende Methode zum Halten von Weichteilen, wenig traumatisch.

Rechts: Doppel-Gillies-Häkchen bei breitflächigen Lappen.

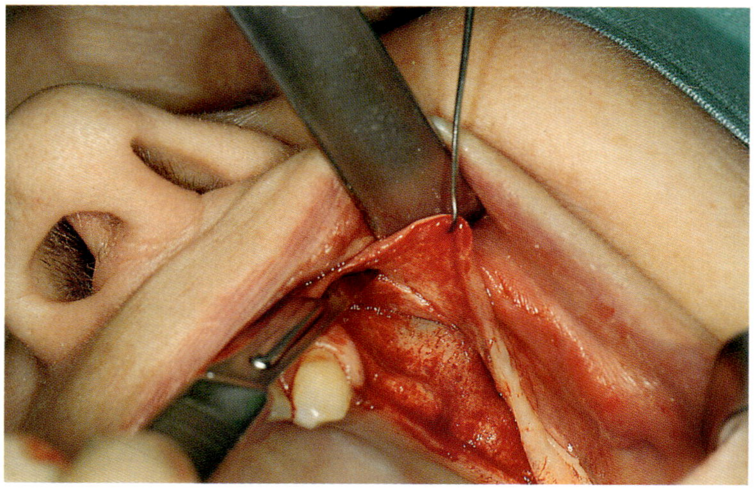

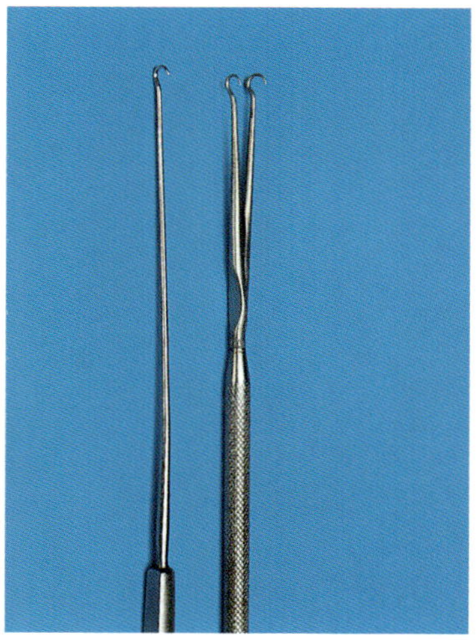

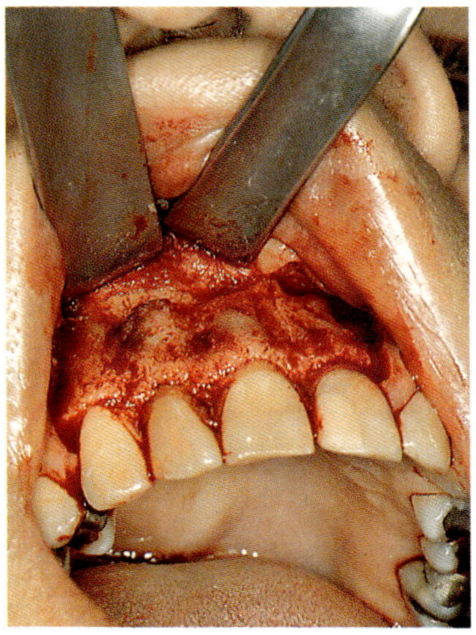

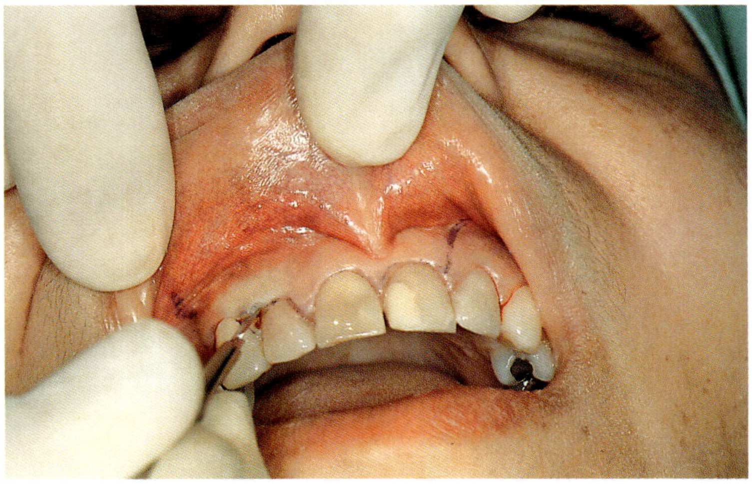

64 Trapezlappen
Universallappen für den vestibulären Zugang am Alveolarfortsatz.
Vorteile: Übersicht, sichere Reposition, narbenfreie Verheilung.
Nachteile: Bei tiefen Taschen sind Rezessionen und freiliegende Zahnhälse oder Kronenränder möglich.

Links: Einwandfreie Übersicht über die Apexregion.

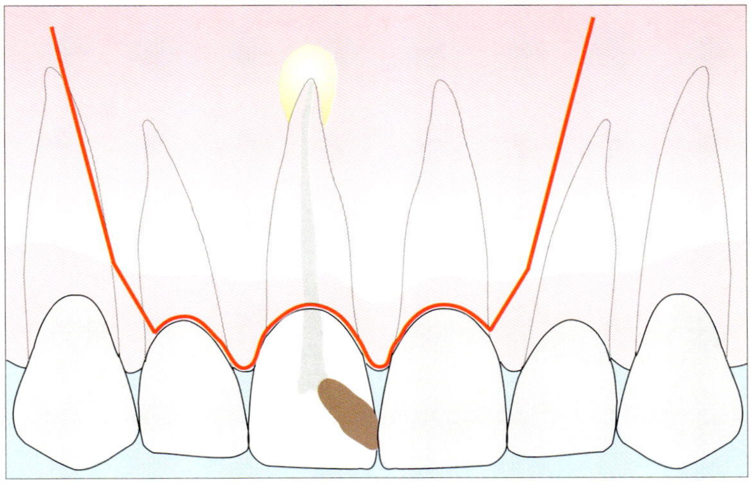

65 Schnittführung
Der Ausgang der Entlastungsschnitte am Marginalrand ist zu beachten. Die Papillen werden geschont.

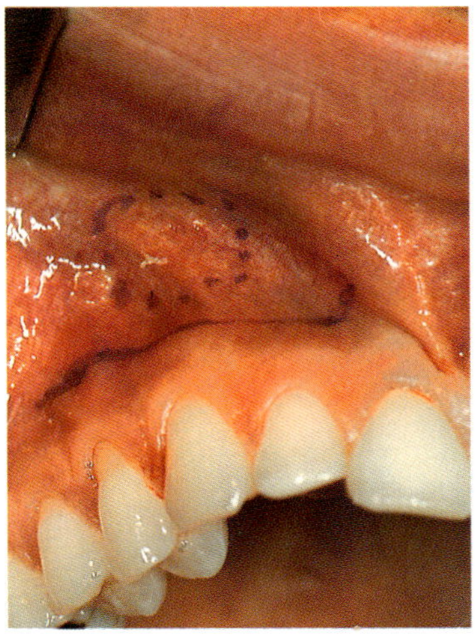

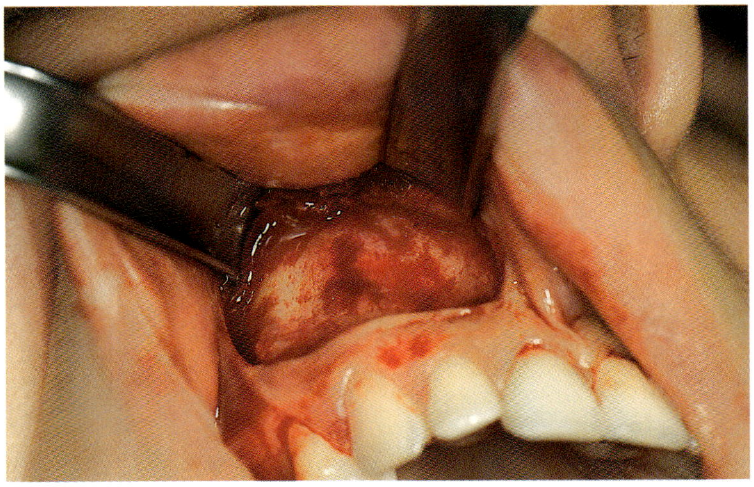

66 Vestibulärer Lappen
Falls das marginale Parodont nicht berührt werden soll, kann durch Inzision am Übergang Gingiva-Schleimhaut die Lappenbildung vorgenommen werden. Eine spitzwinklige Entlastungsinzision erleichtert die exakte Reponierung.
Vorteile: Die marginale Gingiva bleibt intakt.
Nachteile: beschränkte Übersicht, evtl. Knochendefekt unter Wundrand, Narben nach Verheilung.

Links: Die Schnittführung liegt am Übergang von angewachsener und beweglicher Schleimhaut.

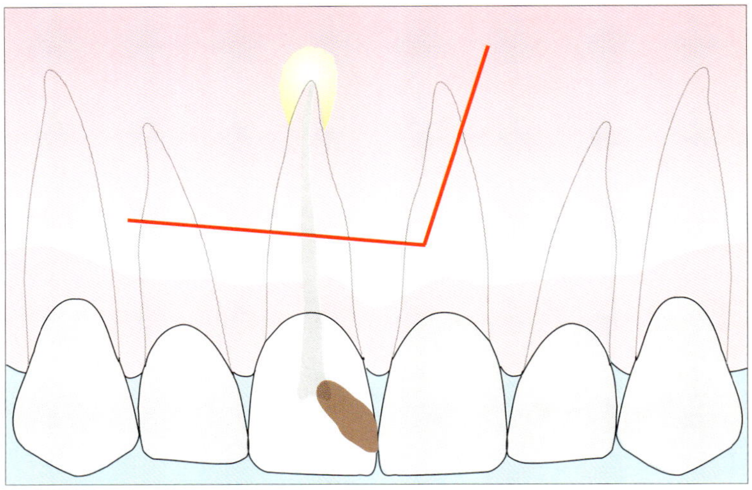

67 Schnittführung
Es kann ein Dreieckslappen oder ein trapezförmiger Lappen gebildet werden. Die klaren Winkel bei den Entlastungsschnitten erleichtern die exakte Reposition.

Mukosalappen

Die Präparation erfolgt epiperiostal oder in den Weichteileln submukös. Als Instrumente eignen sich das flach geführte Skalpell (Klinge Nr. 15), die stumpfe Präparierschere oder die feine spitze Schere.

Indikation

Der Mukosalappen eignet sich zur Gewinnung von Weichteilen zur plastischen Deckung von Defekten oder zur Gewinnung eines vertieften Vestibulums sowohl beim bezahnten wie unbezahnten Kiefer. Er spielt eine große Rolle bei den Vestibulumplastiken (VPL) mit sekundärer Epithelisierung, bei der submukösen VPL, bei der VPL mit freiem Schleimhauttransplantat oder bei der Lippen- und Wangenbandkorrektur.

68 Schleimhautpräparation
Soll nur die Schleimhaut gelöst werden, so kann mit der stumpfen Schere epiperiostal präpariert werden.

Rechts: Durch Präparation in verschiedener Tiefe kann Bindegewebe unter der Mukosa gelöst werden, z.B. bei der submukösen Vestibulumplastik.

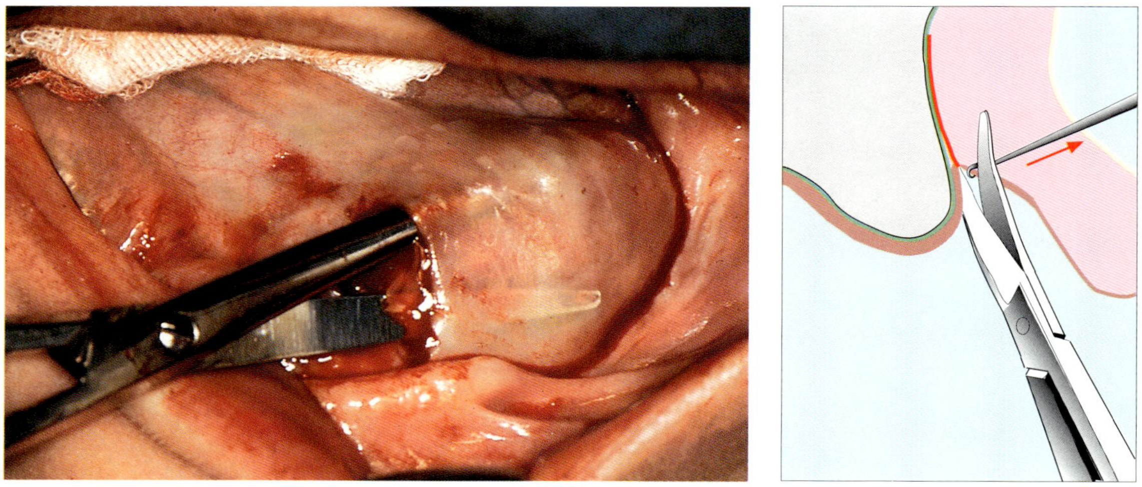

69 Epiperiostale Präparation
Auch mit dem Skalpell kann durch tangentiale Messerführung die Schleimhaut epiperiostal gelöst werden.

Rechts: Die mögliche Verletzungsgefahr umgebender Strukturen, z. B. des N. lingualis ist zu beachten.

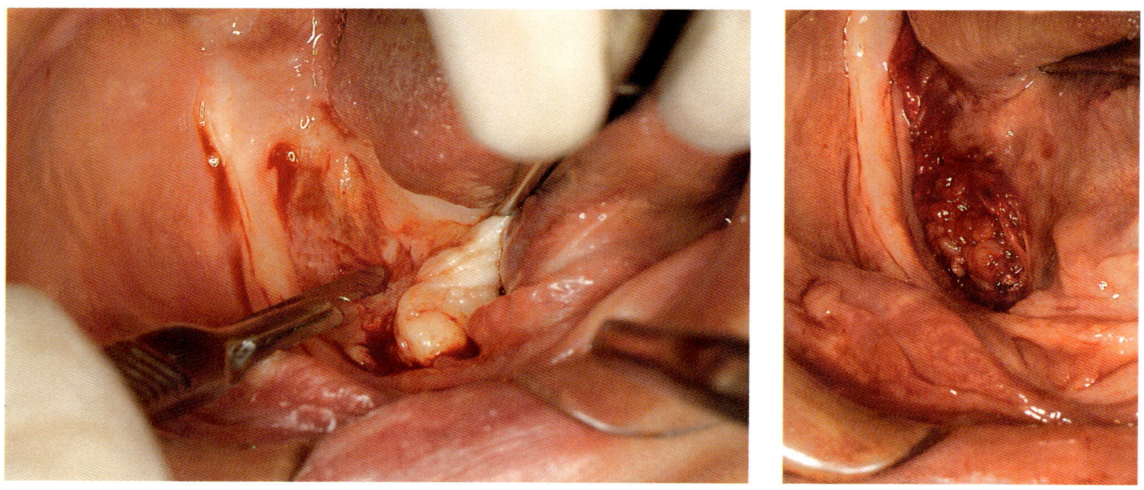

70 Lappenverlängerung
Durch horizontale Inzisionen durch das Periost läßt sich der Mukoperiostlappen leicht verlängern, z.B. zur Bildung eines Schleimhautlappens zur Deckung einer Mund-Antrum-Verbindung.

Rechts: Der Lappen läßt sich weit nach palatinal ziehen.

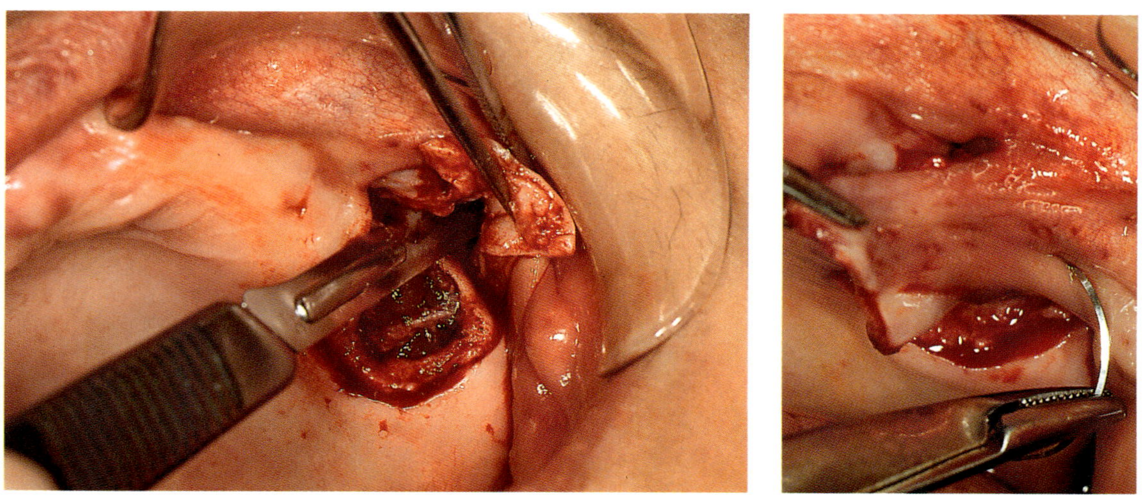

Lappenverlängerung

Die Mundschleimhaut ist im vestibulären Bereich überall leicht zu dehnen. Hingegen kann der Mukoperiostlappen wegen des straffen Periostes nicht verlängert werden. Erst nach Durchtrennung des Periostes quer zur Zugrichtung kann der Lappen gedehnt werden.

Verschiebelappen

Der Verschiebelappen dient zur Deckung entstandener Schleimhautdefekte. Dabei entsteht an einer erwünschten Stelle ein neuer Defekt, der der sekundären Wundheilung überlassen wird, oder durch die Dehnbarkeit der Mukosa kann eine primäre Deckung erreicht werden. Die Bildung eines Verschiebelappens bedingt eine gute geometrische Planung sowie die Berücksichtigung der Blutversorgung des zu verschiebenden Schleimhautteils.

Indikation

Die Periostritzung wird notwendig bei plastischer Deckung über den Alveolarfortsatz nach Zahnextraktionen oder beim Verschluß einer Mund-Antrum-Verbindung mit vestibulärem Lappen.

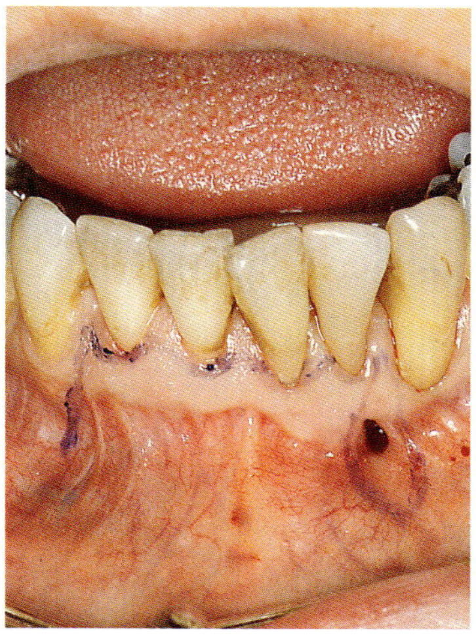

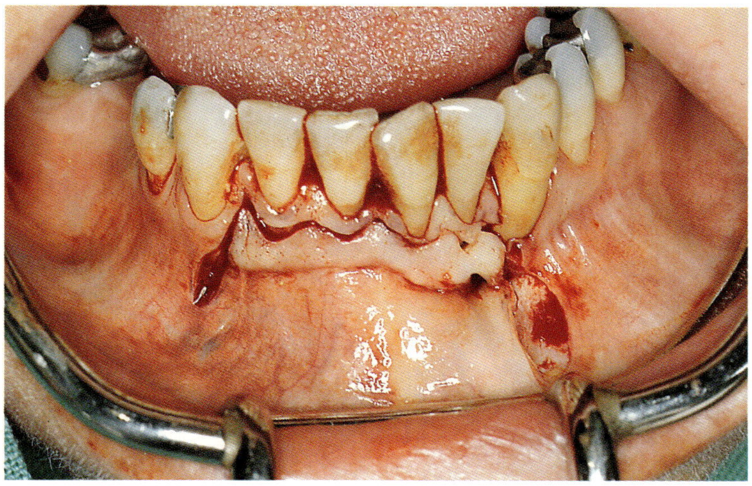

71 Horizontaler Verschiebelappen – Schnittführung
Dient zur Deckung von Weichteildefekten am Alveolarfortsatz. Fistel über Knochendefekt bei 32: Bildung eines vestibulären Mukoperiostlappens über vier Zahnbreiten.

Links: Eingezeichnete Schnittführung zur Fistelexzision und Lappenbildung.

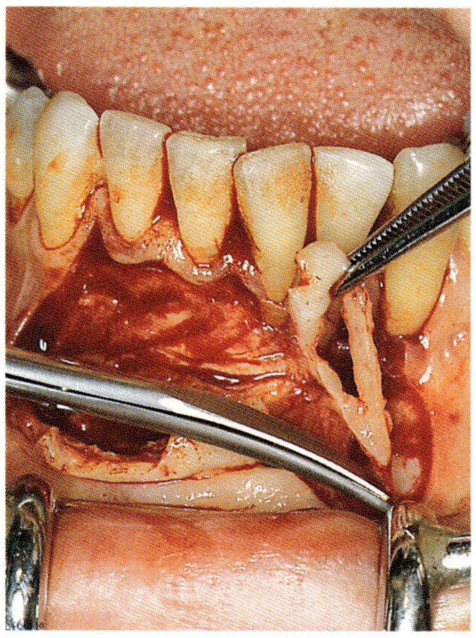

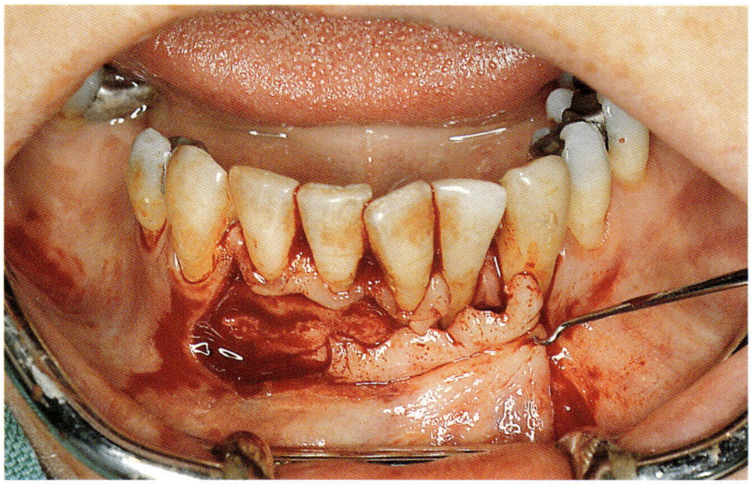

72 Lappenbildung
Durch horizontale Verschiebung um eine Zahnbreite kann der Defekt verschlossen werden.

Links: Exzision des Defektes und Mobilisation des Lappens durch Periostritzung.

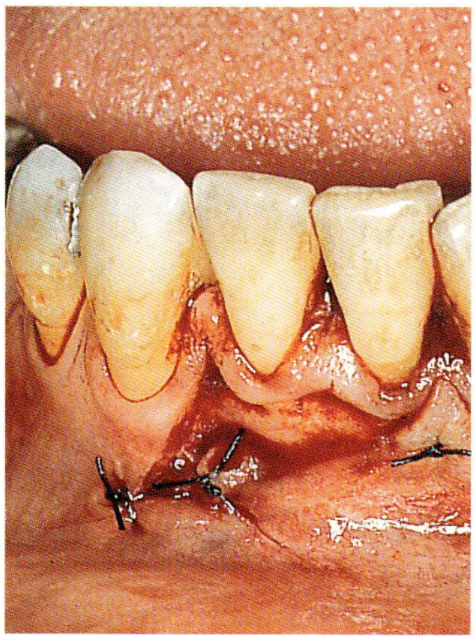

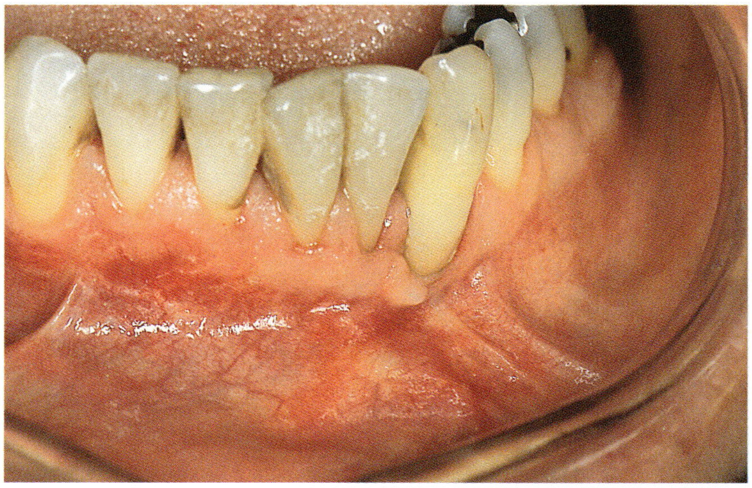

73 Verlauf
Zustand ein Jahr nach Lappenreposition.

Links: Der auf der Gegenseite bei 42 entstandene Defekt kann teilweise verschlossen werden, die weitere Deckung erfolgt durch sekundäre Epithelisation.

Allgemeine Maßnahmen beim chirurgischen Vorgehen

Wundversorgung

Wir unterscheiden geschlossene und offene Wundheilung. Entsprechend ist auch die Wundversorgung gezielt durchzuführen.

Geschlossene Wundversorgung

Sie geschieht durch Adaptation und Fixation der Wundränder durch Naht oder in besonderen Fällen durch Gewebekleber. Eine adäquate Nahttechnik ist neben der exakten Lappenbildung und Reposition ausschlaggebend für eine primäre Wundheilung. Die Schleimhautqualität muß bei der Nahtlegung berücksichtigt werden. In der Regel wird die Schleimhaut mit Einzelknopfnähten verschlossen. Eine besonders dichte Wundrandadaptation wird durch die Matratzennaht (Rückstichnaht) erreicht. Fortlaufende Nähte eignen sich nur innerhalb fest auf dem Knochen anliegenden Schleimhautabschnitten (Gingiva).

Eine kontaminierte geschlossene Wunde in der Mundhöhle kann sich ohne antibiotische Abschirmung infizieren.

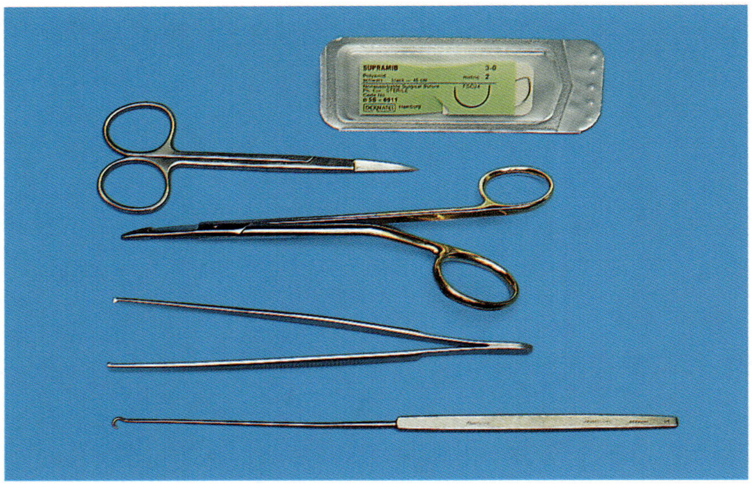

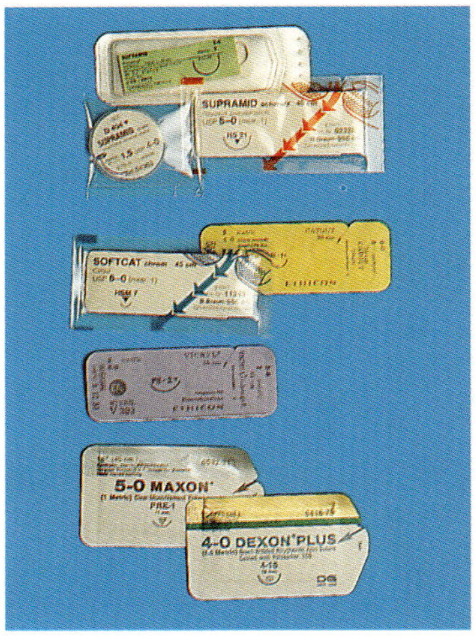

74 Instrumente und Material zur Naht
Nadelhalter nach Gillies, chirurgische Pinzette, anatomische Pinzette, Wundhaken nach Gillies.

Rechts: Nahtmaterial. Monofiler Faden (Supramid 2–5) eignet sich am besten; resorbierbare Materialien (Catgut, Dexon usw.) werden für submuköse Nähte oder in Ausnahmesituationen, in denen die Nahtentfernung erschwert ist, verwendet.

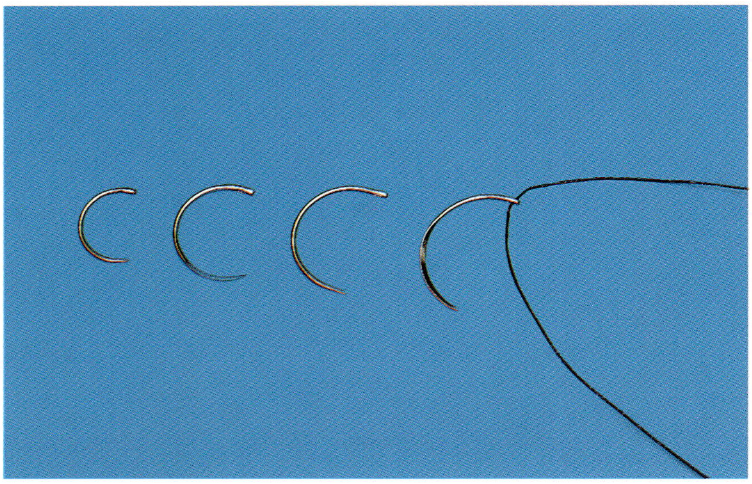

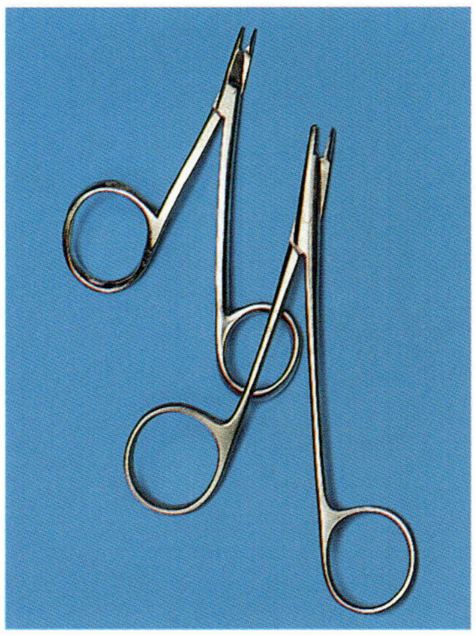

75 Nadelformen
Für die Nahtlegung im Mundbereich eignet sich die 5/8-Nadel mit flachem Querschnitt und geschliffener Spitze. Je nach Situation stehen andere Formen zur Verfügung.

Rechts: Nadelhalter nach Gillies in modifizierten Formen; die grazile Form erleichtert die Nahtlegung im Mundbereich bei engen Platzverhältnissen.

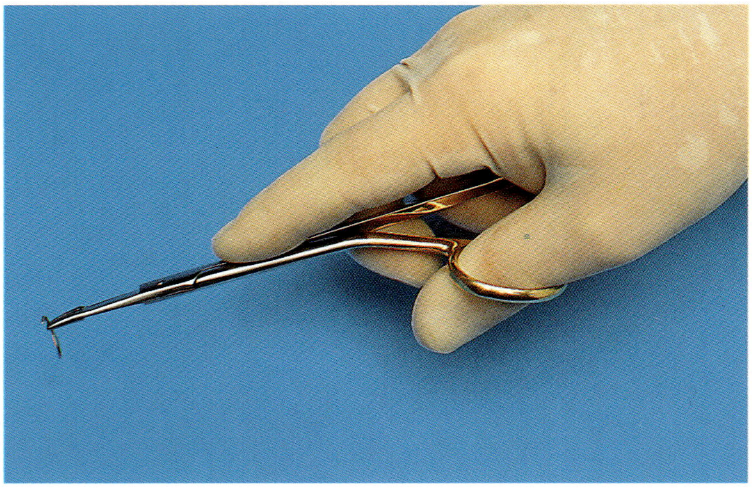

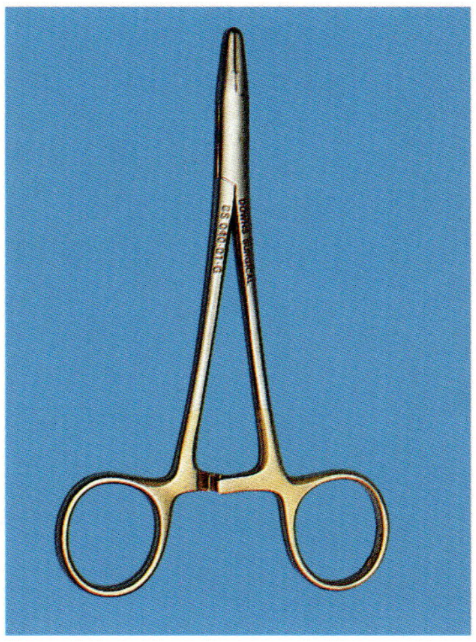

76 Nadelhalter
Der Gillies-Nadelhalter liegt leicht in der Hand. Im Gegensatz zu einer Schere wird nur der Daumen in den Griff eingefügt.

Rechts: Nadelhalter mit Verschluß, der weniger Bewegungsfreiheit zuläßt.

Fadenmaterial

Nicht resorbierbar: monofil, nicht quellend, für die Schleimhautnaht (Polyamid, Supramid).

Resorbierbar: Catgut (Kollagen), Dexon bzw. Vicryl (Polyglykolsäure) für die subkutane Naht oder an Stellen, wo eine Nahtentfernung kaum möglich ist (z.B. Fixation der Mukosa am Periost bei der Vestibulumplastik). Maxon oder Dexon (Polygalactin) für den Schleimhautverschluß bei schwer zugänglichen Stellen.

Kaliber: Für normale Schleimhaut: 3-0 = 3 = 0,3 mm stark. Für besonders feine Nähte: 4-0 = 2 = 0,2 mm stark.

Nadeln

Wegen der erschwerten Zugänglichkeit eignet sich für Nähte innerhalb der Mundhöhle eine gebogene 5/8-Nadel mit geschliffener Spitze und flachem Querschnitt. Nadeln mit rundem Querschnitt können sich im Nadelhalter drehen und die präzise Positionierung der Naht erschweren.

Cave

Geflochtenes und resorbierbares Nahtmaterial eignet sich nicht gut zur Verwendung in der Mundhöhle, da es einer Kontamination der Wundtiefe mit Speichel Vorschub leistet.

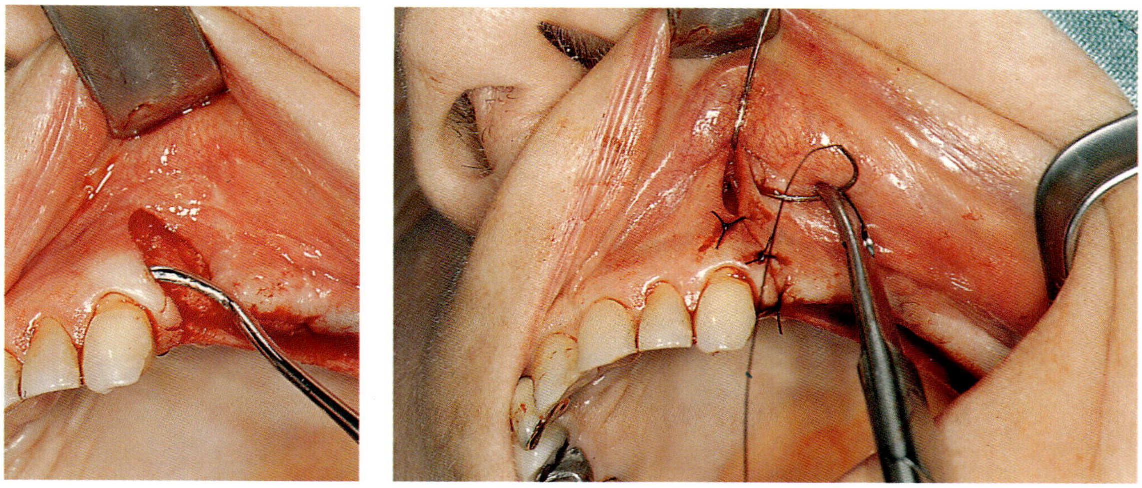

77 Nahtlegung – Einzelnaht

Eine exakte Reposition des Mukoperiostlappens ist Voraussetzung für eine nahezu narbenfreie Naht. Die Einzelnähte werden in Abständen von ca. 3 mm gelegt.

Links: Zur feinen Adaptation kann das benachbarte Gewebe mit einem feinen Raspatorium etwas mobilisiert werden.

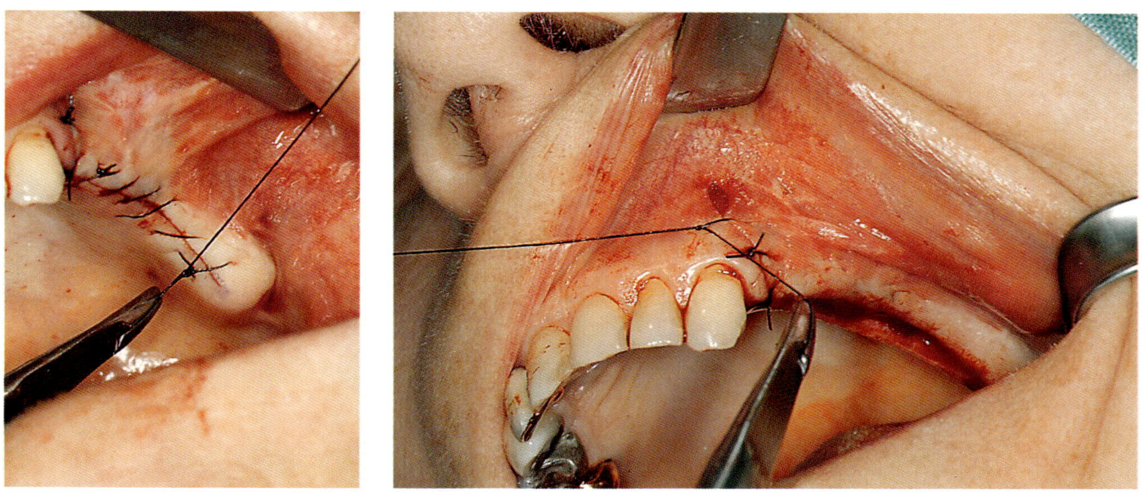

78 Nahtlegung – fortlaufende Naht

Der Entlastungsschnitt wird mit Einzelknopfnähten verschlossen.

Links: Auf dem Kamm bei angewachsener Gingiva kann eine fortlaufende Naht eine exakte Wundrandadaptation ermöglichen.

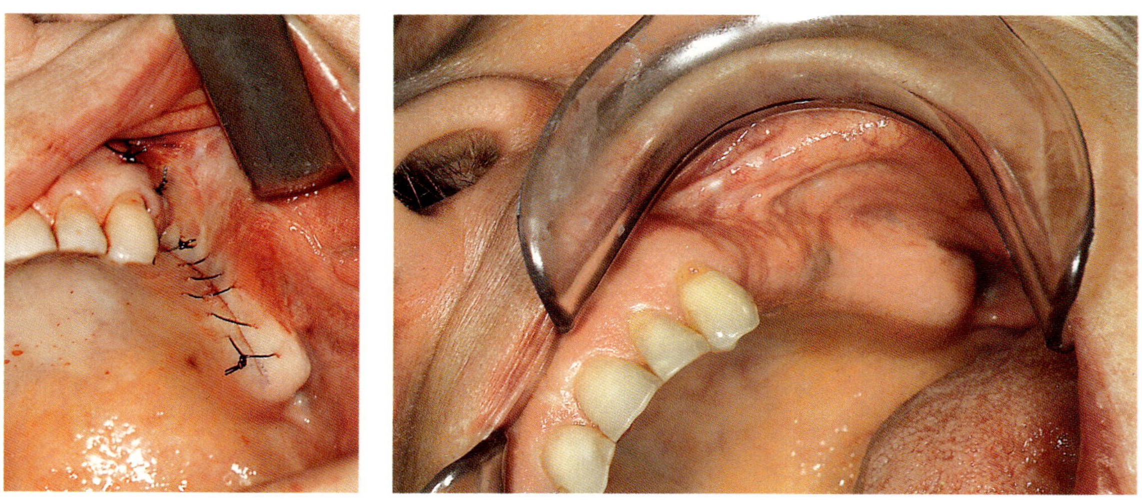

79 Verlauf

Zustand mit narbenfreier Abheilung drei Monate nach Nahtlegung.

Links: Zustand nach beendeter Nahtlegung.

80 Matratzennaht
Sie eignet sich zur besonders dichten Wundadaptation, wie hier beim Verschluß einer Mund-Antrum-Verbindung. Die Nähte werden vorgelegt, um die Lappenmanipulation zu ermöglichen.

Links: Der eingenähte Lappen bei 26.

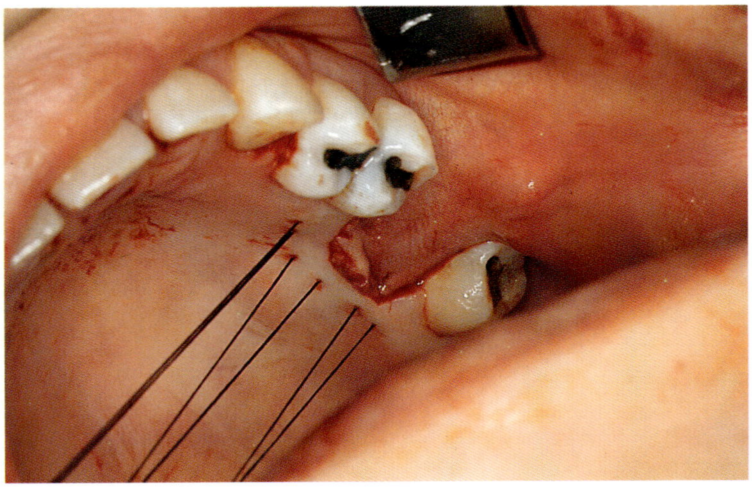

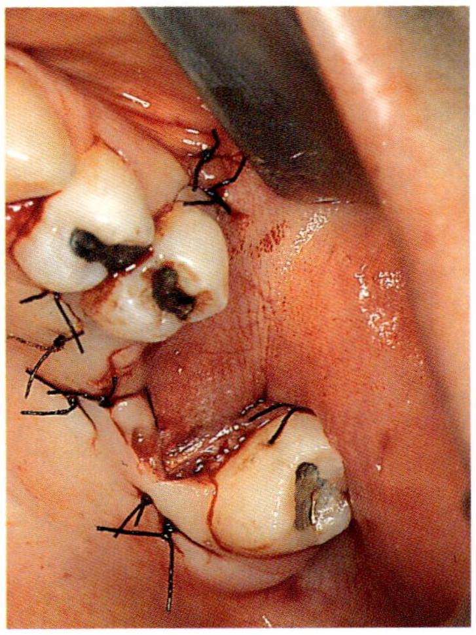

81 Resorbierbares Nahtmaterial
Dieses Material wird in Situationen verwendet, in denen eine Nahtentfernung später nicht mehr möglich ist, wie hier bei der Fixation der Schleimhaut am Periost.

Rechts: Die am Periost fixierte Schleimhaut im Vestibulum Regio 16.

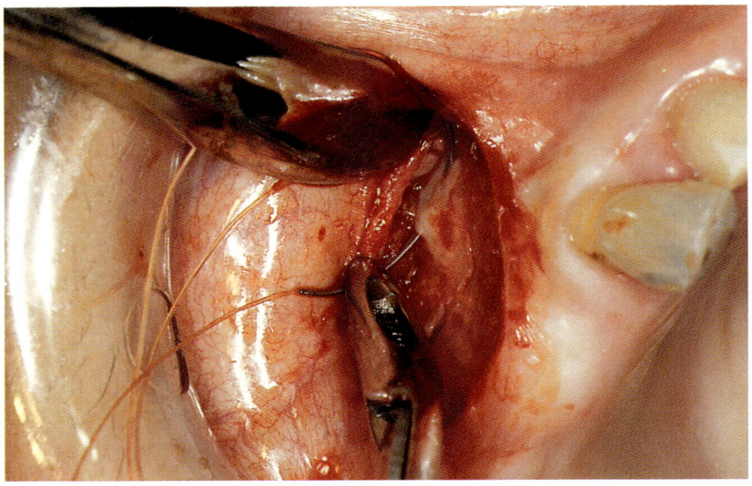

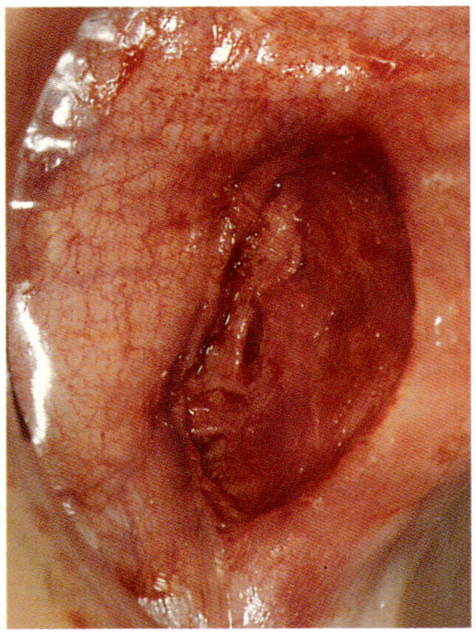

82 Nahttechnik – subkutane Naht
Spreizung der Wundränder und Adaptation des subkutanen Bindegewebes mit resorbierbarem Nahtmaterial.

Rechts: Die Naht liegt genau in den sich gegenüberliegenden Stellen subkutan.

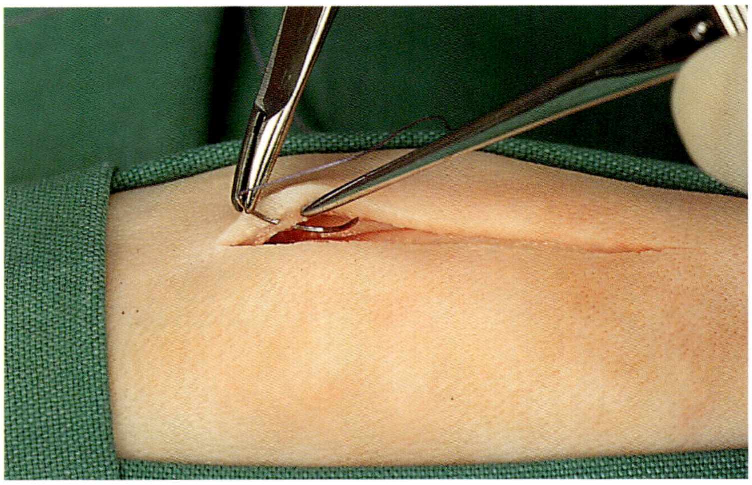

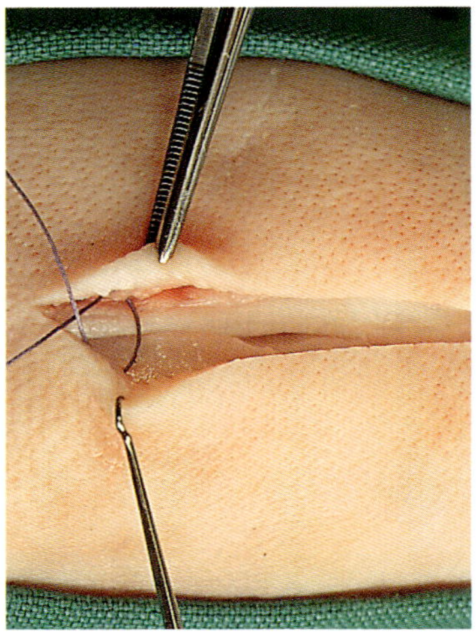

83 Horizontale Rückstichnaht
Zur dichten Adaptation werden horizontale Rückstiche gelegt: Eversion der Wundränder. Diese Naht kann auch fortlaufend gelegt werden.

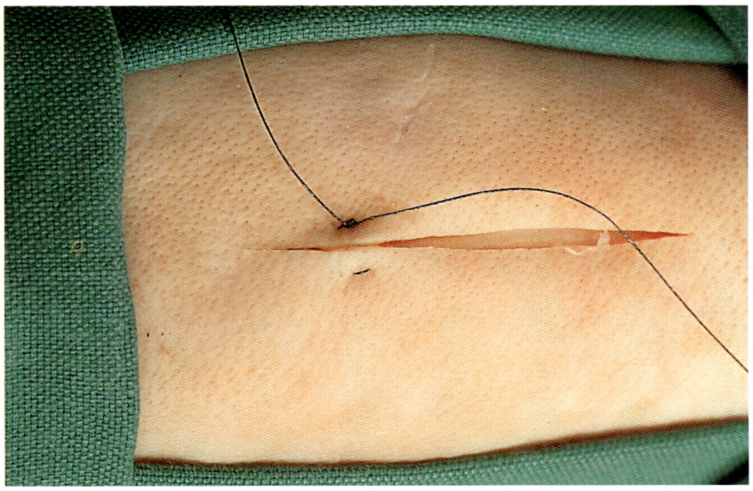

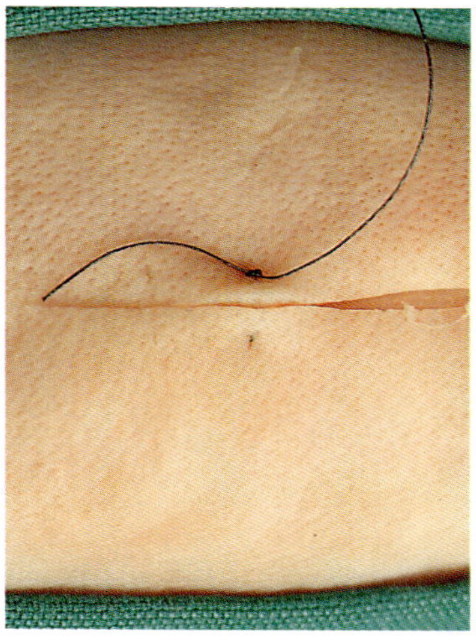

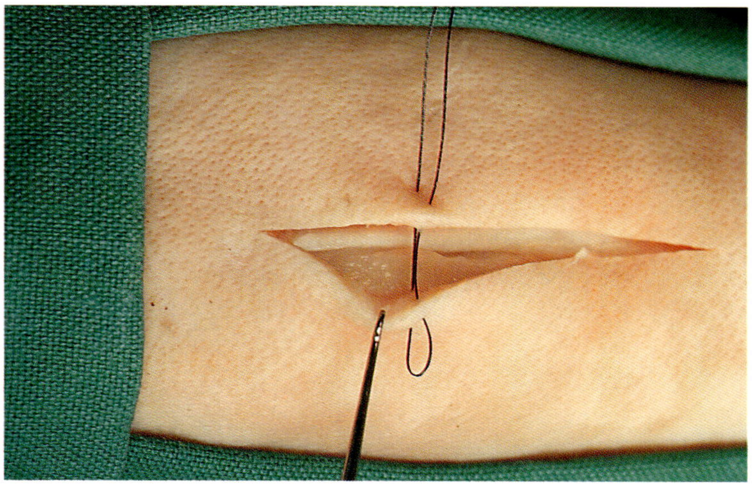

84 Vertikale Matratzennaht
Der Faden wird an genau sich gegenüberliegenden Stellen gelegt.

Links: Diese Nahttechnik ergibt besonders dichte evertierende Wundränder. Sie wird bei ungünstigen Wundrändern oder bei besonderen Anforderungen an die Dichtigkeit verwendet.

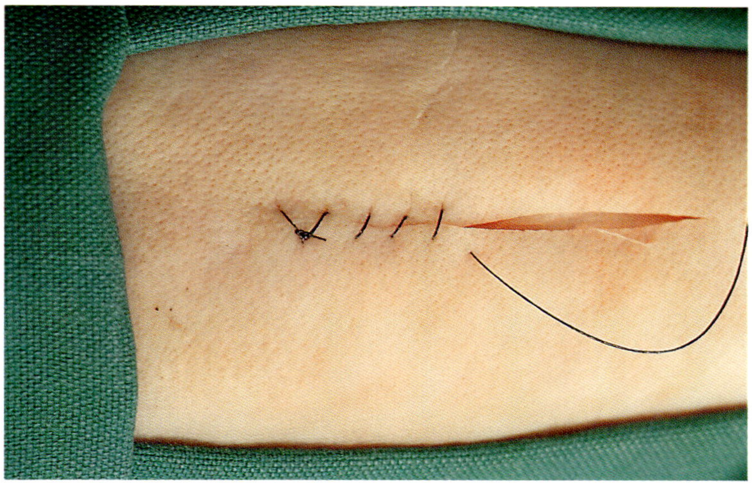

85 Fortlaufende Naht
Diese Naht kann in straffem Gewebe zum Wundverschluß angewendet werden. Es ist mit ihr auch eine gute Blutstillung zu erreichen.

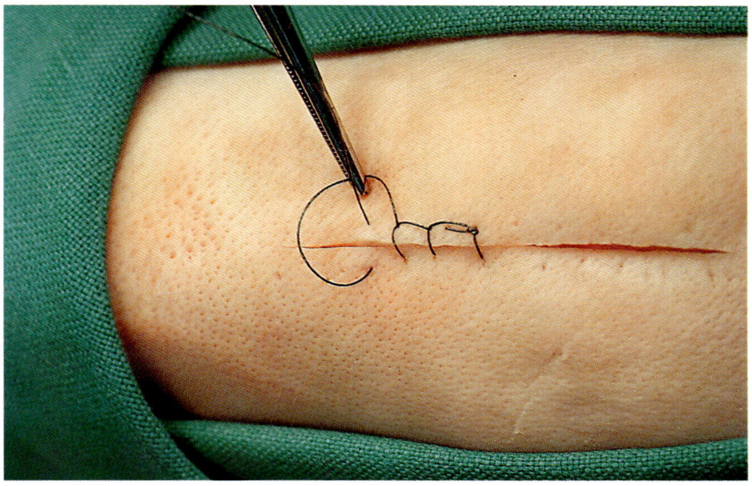

86 Saumnaht
Diese Naht ist zur Blutstillung besonders gut geeignet.

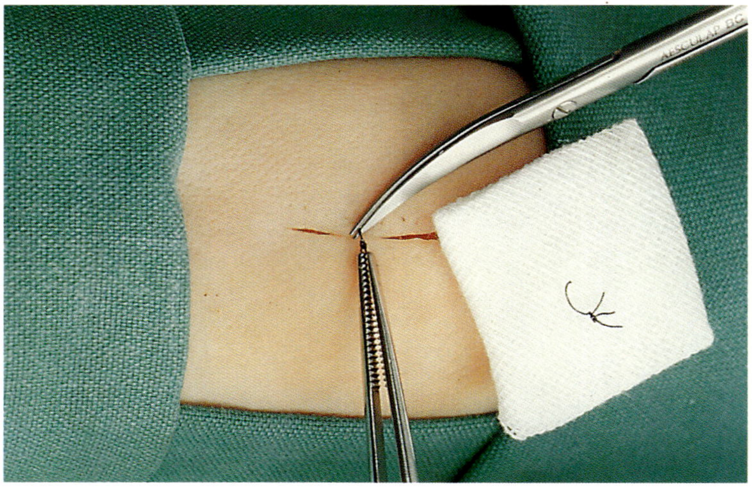

87 Nahtentfernung
Mit feiner anatomischer Pinzette werden die Nahtenden gefaßt und mit spitzer Schere der Faden durchtrennt. Verkrustete Wunden können vor der Nahtentfernung mit feuchtem Tupfer (H_2O_2- oder NaCl-Lösung) aufgeweicht werden. Belassene Fadenreste können zu Komplikationen wie Infekten oder Granulomen führen.

Offene Wundversorgung

Eine Per-secundam-Heilung wird angestrebt, d.h. wir lassen die Wunde geöffnet unter Bildung von Granulationen abheilen. Die Epithelisation der Wunde erfolgt sekundär. Bei der offenen Wundversorgung wird das freigelegte Gewebe durch einen Verband abgedeckt oder die Wundfläche wird sich selber überlassen. In beiden Fällen kommt es innerhalb weniger Stunden zur Wunddeckung mit einem Fibrinbelag. Das Ziel der Versorgung ist die Erhaltung dieses Belages. Da die Wunde offen ist, werden Infektionen des Operationsgebietes vermieden. Die Wundfläche ist zwar kontaminiert, es kommt aber nicht zur klinischen Infektion, da Selbstreinigungsmechanismen wirksam werden und die Wunde zusätzlich gereinigt werden kann. Die Heilungsphase bis zur Epithelisierung dauert 3–4 Wochen.

Die offene Wundversorgung eignet sich bei erhöhter postoperativer Infektgefahr, wie bei der Weisheitszahnentfernung im Unterkiefer, bei Operationen bei akuten Infekten und bei flächenhaften Schleimhautdefekten (Vestibulumplastik mit sekundärer Epithelisation). Bei stark traumatisierten Weichteilwunden ist zuerst eine Per-secundam-Heilung zur Vermeidung von Infekten ratsam.

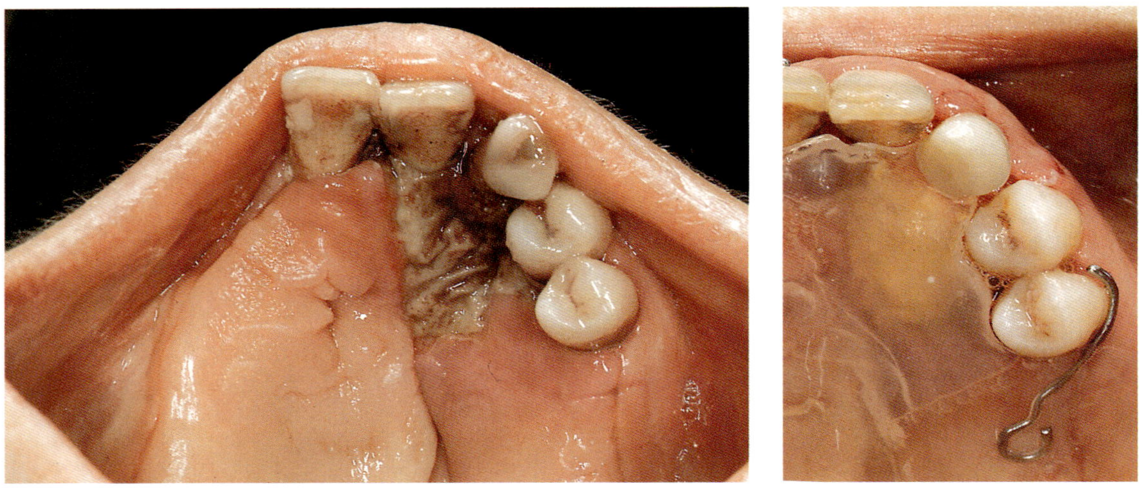

88 Wundverband
Flächenhafte Defekte der Schleimhaut können der sekundären Verheilung überlassen werden, indem ein nicht verklebender Wundverband (vaselinierte Jodoformgaze) gelegt wird.

Rechts: Fixation des Wundverbandes mit einer Verbandplatte.

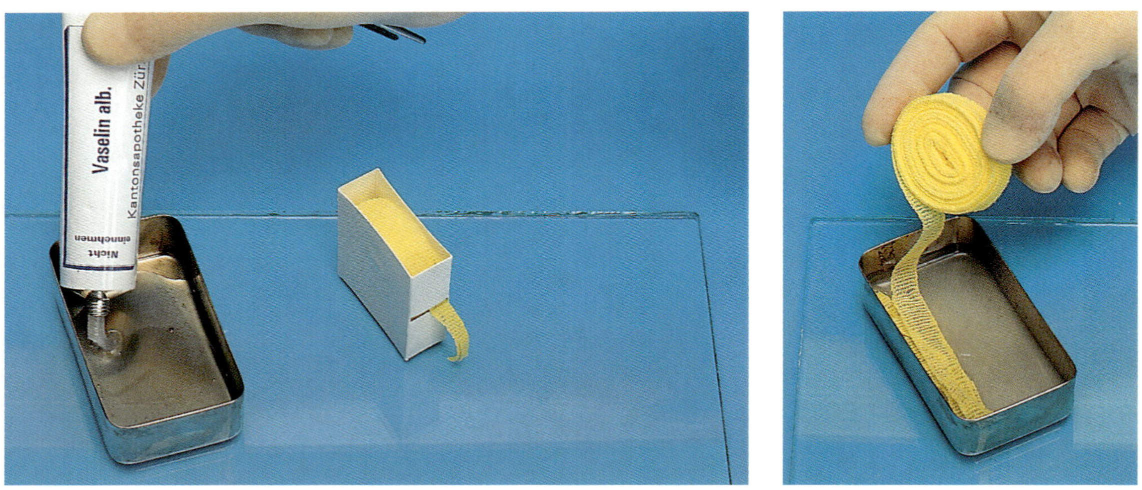

89 Herstellung des Jodoformverbandes
Sterile Vaseline wird in ein flaches Gefäß gegeben, die Jodoformgaze darübergelegt und das Gefäß im noch warmen Sterilisator verflüssigt. Überschüssige Vaseline wird dann abgeleert und das Gefäß verschlossen. Die Manipulationen müssen unter sterilen Bedingungen durchgeführt werden.

Rechts: Einlegen des Jodoformgazestreifens in die flüssige Vaseline.

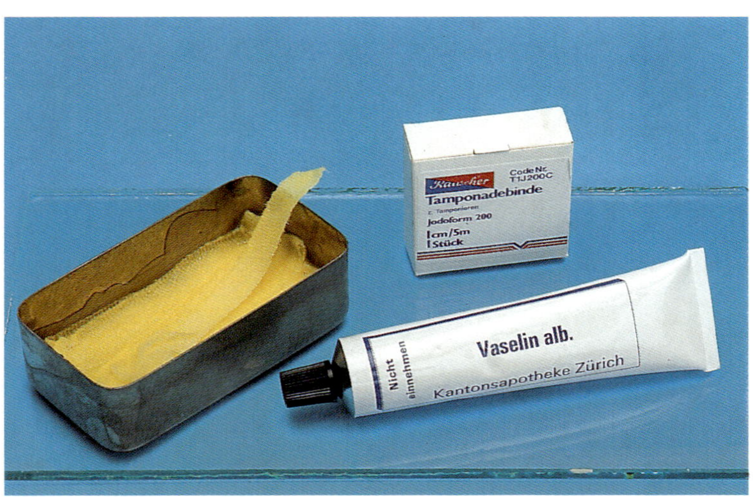

90 Haltbarkeit
Der sterile Verband wird im verschlossenen Gefäß gelagert. Die Haltbarkeit beträgt ca. 8 Wochen, dann beginnt sich die Gaze zu verfärben (Oxidation) und sollte nicht mehr verwendet werden.

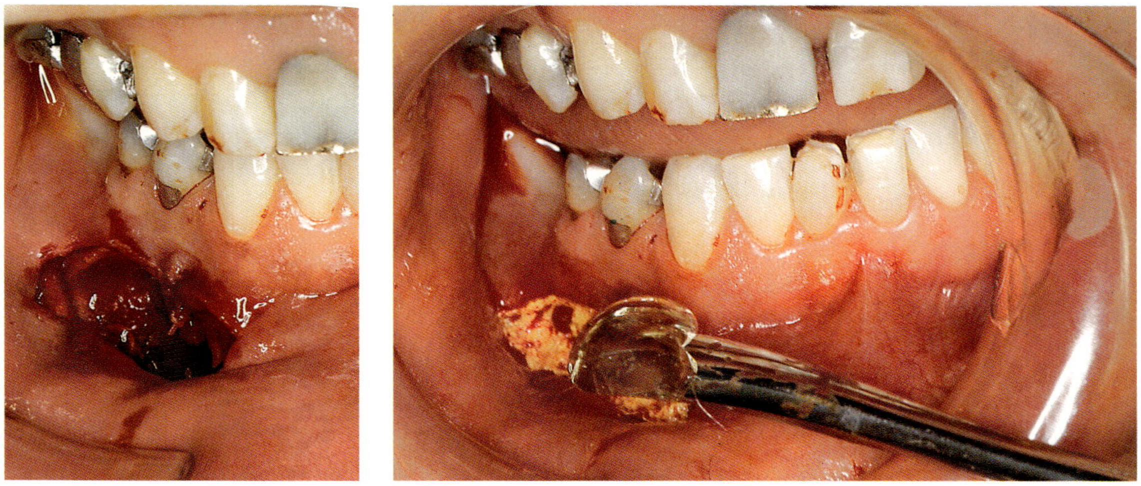

91 Wundabdeckung durch Acetonkleber
Bei der Austamponierung von Hohlräumen kann der JVD mit einem Acetonkleber bedeckt werden, um ein Eindringen von Speichel zu verhindern.

Links: Zustand nach Marsupialisation einer radikulären Zyste im rechten Unterkiefer nach vestibulär.

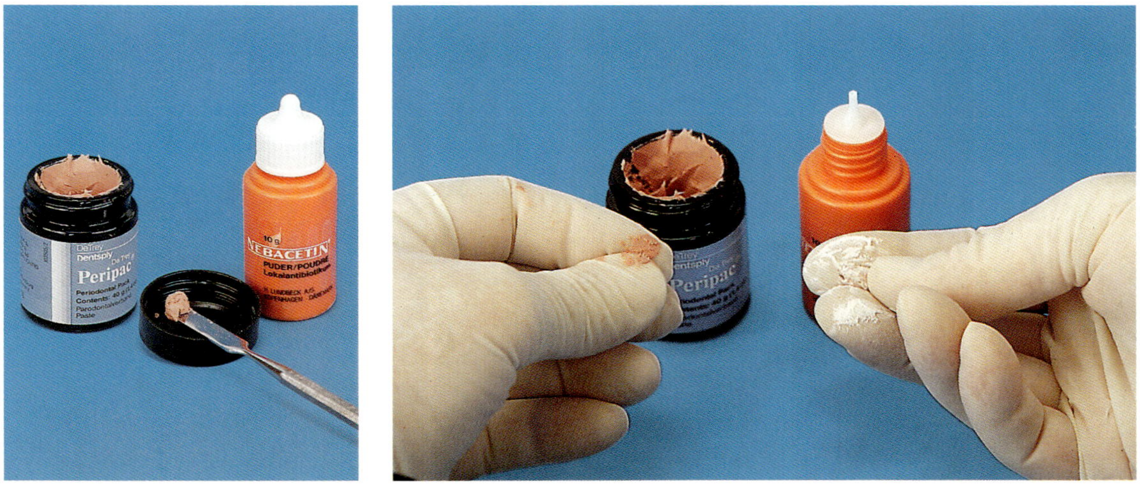

92 Herstellung eines Gingivaverbandes
Als oberflächliche Verbände eignen sich auch kittartige Materialien, die unter Feuchtigkeit fest werden. Um die Besiedelung mit Bakterien zu vermeiden und die Manipulation des Materials zu erleichtern, kann Nebacetinpulver beigemengt werden.

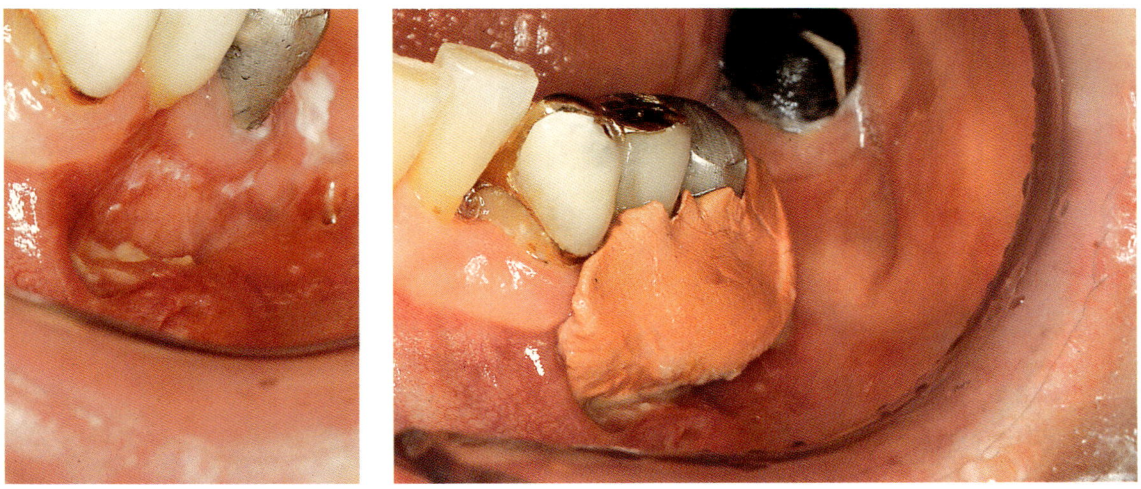

93 Gingivaverband
Schutz eines Schleimhauttransplantates der Regio 34 durch einen Kittverband (Peripac). Zustand nach 3 Tagen: Das Transplantat liegt am Ort wie geplant.

Links: Zustand 10 Tage nach Entfernung des Verbandes. Das Transplantat ist rosa als Beweis der erfolgten Vaskularisierung.

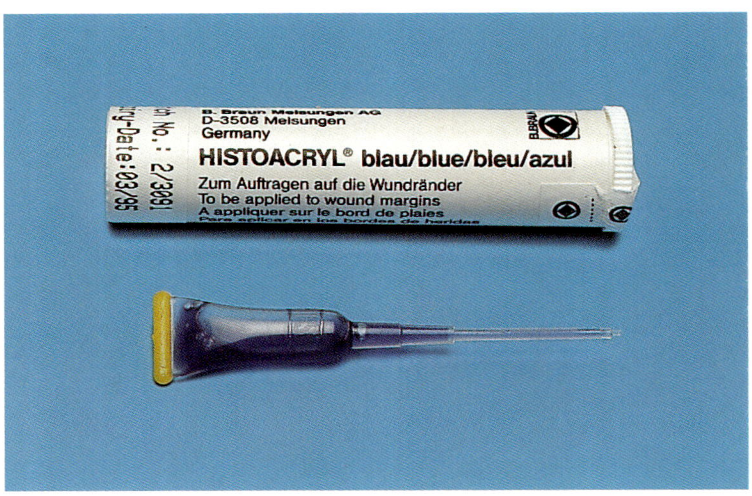

94 Gewebekleber
Dabei handelt es sich um auf Acrylbasis aufgebaute, in Feuchtigkeit aushärtende Substanzen. In besonderen Situationen, falls eine Nahtlegung unmöglich ist oder vermieden werden soll, können diese Wundkleber Anwendung finden. Grundsätzlich ist das Material aber gewebetoxisch.

95 Herstellung einer Verbandplatte
Die glasklare Acrylplatte wird auf dem Modell im Tiefziehverfahren hergestellt und ausgearbeitet. Verstärkungen können mit Autopolimerisat angebracht werden. Die Verbandplatte soll leicht entfernbar sein, um die Mundhygiene durchführen zu können.

Rechts: Zuschnitt der rohen Platte mit Schere, Messer und Fräse.

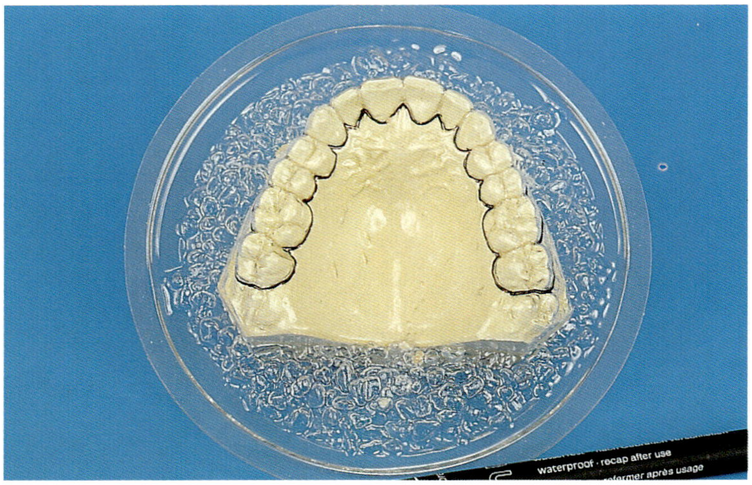

96 Verbandplatte
Die fertige Platte ist durchsichtig und läßt so eine Kontrolle der Wundfläche zu.

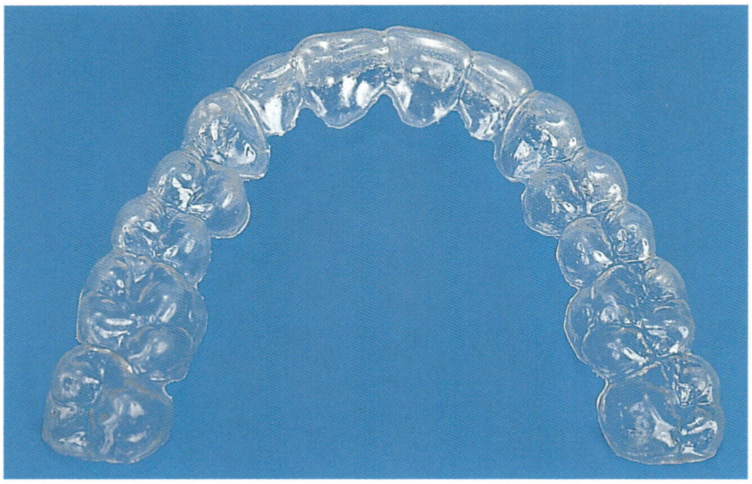

97 Hautverband
Äußere Hautwunden werden mit sterilem Tupfer und einem Heftpflasterverband bedeckt.

Rechts: Frische Naht nach Exzision im rechten Kinnbereich.

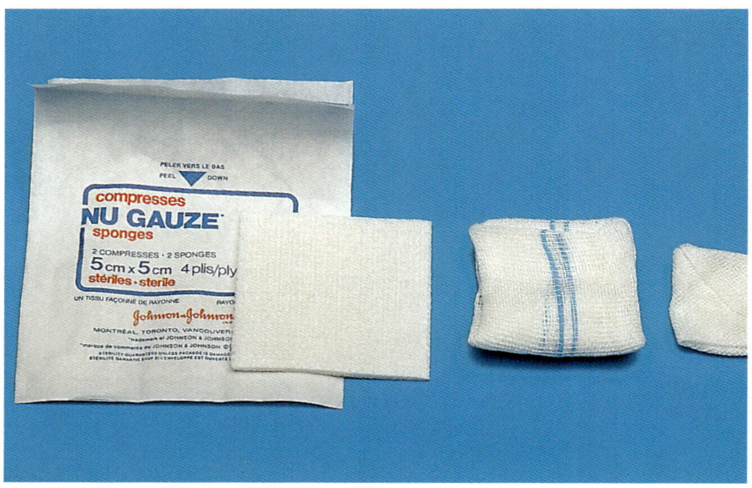

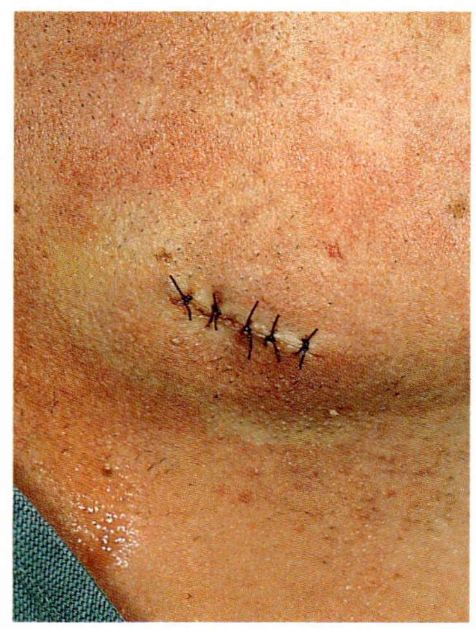

98 Klebestreifen
Die feine Adaptation der vernähten Wundränder der Haut kann durch Klebestreifen (Steristrip) gesichert werden.

Rechts: Zusätzliche Abdeckung der Hautnaht mit Klebestreifen.

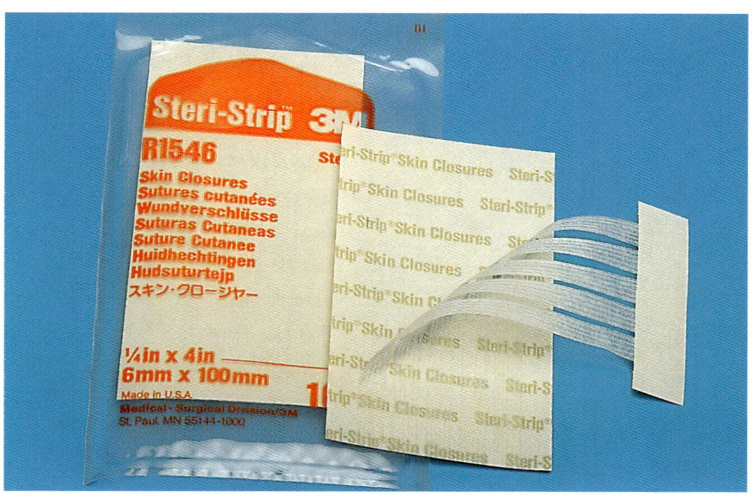

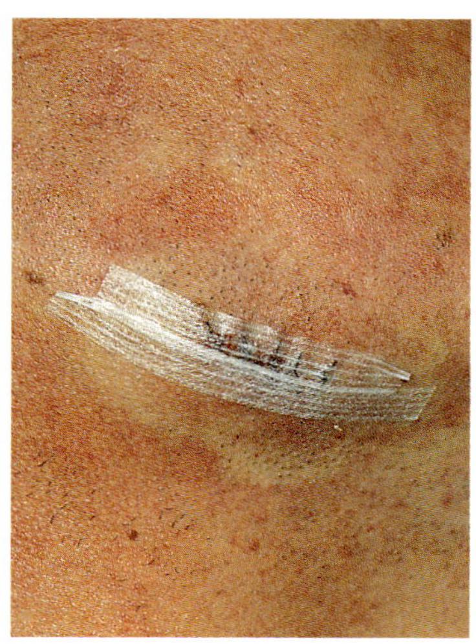

Blutstillung

Die Quelle und die Art der Blutung müssen durch Absaugen und Abtupfen des Operationsgebietes festgestellt werden, wobei ruhig und zielgerichtet vorzugehen ist. Wir unterscheiden Blutungen aus den Weichteilen und aus dem Knochen, diffuse und arterielle Blutungen. Als Gegenmaßnahmen gelten Kompression, Umstechung, Ligierung, Kauterisierung (Bipolator, Elektrotom), Verklopfung und Verstopfung. Der Einsatz von Knochenwachs ist ebenso möglich. Die Tränkung mit Adrenalin finden wir zu riskant, da Kollapserscheinungen möglich sind. Bei Gerinnungsstörungen ist die Verwendung von Fibrinklebern zu erwägen (S. 47).

> **Cave**
> Bei jeder Maßnahme ist die örtliche Anatomie zu berücksichtigen, um keine Nerven zu ligieren oder zu kauterisieren.

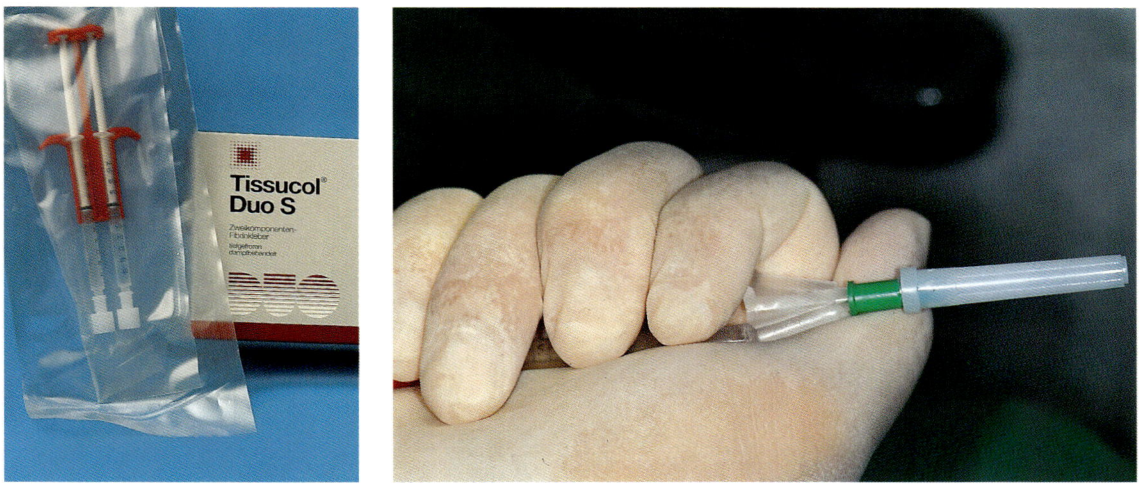

99 Gewebekleber
In besonderen Situationen, wie bei hämorrhagischen Problemen, kann ein Gewebekleber auf Fibrinbasis (Tissucol) postoperative Blutungen verhindern und zur Abdichtung der Wundränder dienen. Die Anwendung dieser Methoden der Wundversorgung ist sehr einfach: die gefrorene Doppelspritze auftauen und direkt anwenden.

Links: Die zwei Komponenten des Gewebeklebers in der Kombispritze.

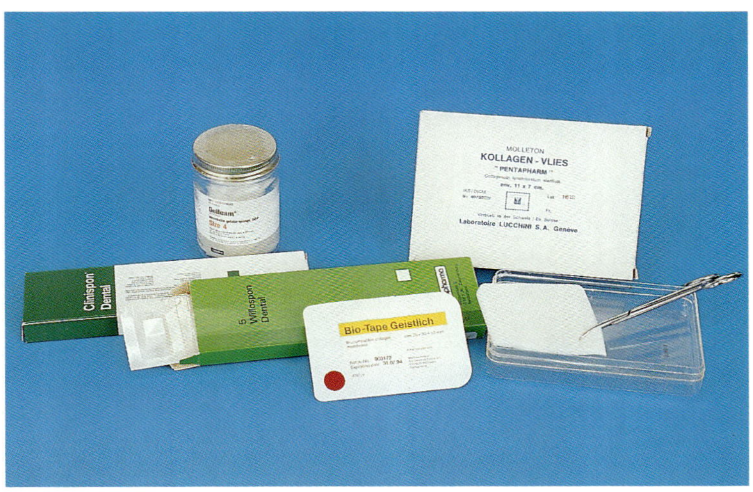

100 Trägermaterial
Bei Knochenwunden kann der Fibrinkleber zusammen mit einem Trägermaterial (z.B. Kollagenvlies) angewendet werden.

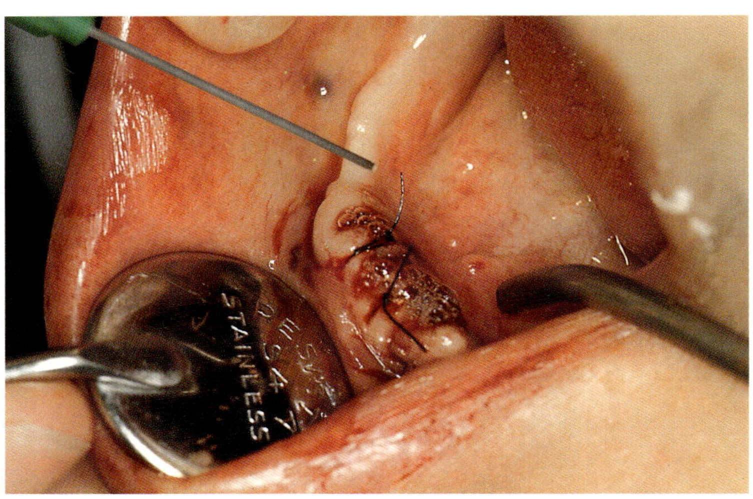

101 Wunddeckung
Der Fibrinkleber wird einfach auf die vernähte Wunde gespritzt, was eine sofortige Verklebung zur Folge hat.

Instrumentenaufbereitung

Einlegen zur Desinfektion: Die kontaminierten Instrumente sollen zuerst desinfiziert werden, bevor diese durch das Personal von Hand aufbereitet werden. Dadurch kann die Infektionsgefahr durch Selbstverletzungen weitgehend verhindert werden. Die maschinelle Reinigung im Thermodesinfektor vor der eigentlichen Aufbereitung minimiert die Infektionsgefahr für das Personal zusätzlich.

Abwaschen: Das desinfizierte Instrumentarium wird von Hand mit kaltem Wasser und Bürste gereinigt und danach getrocknet.

Aufbereiten und Revision: Das saubere Instrumentarium wird auf Funktionstüchtigkeit und Abnutzungsschäden überprüft. Untaugliche Instrumente werden ersetzt, bewegliche Teile mit Spezialfett geschmiert.

Verpacken: Zusammenstellen der Instrumentensets und Verpackung in einer Doppellage von kochfestem Tuch. Verschluß mit einem Indikatorklebestreifen oder durch Einschweißen von Einzelinstrumenten in Sterilisationsbeuteln. Das Sterilgut muß dadiert und mit dem Visum der verantwortlichen Person versehen sein.

Sterilisation: Chirurgische Instrumente werden im Autoklaven sterilisiert. Empfindliche Instrumente oder Geräte können gassterilisiert werden. Die Betriebsvorschriften der Sterilisationsapparate sind genau zu befolgen.

Aufbewahren: Das Sterilgut wird in geschlossenen Schränken oder Schubladen gelagert. Üblicherweise kann mit einer gesicherten Lagerzeit und erhaltener Sterilität von drei Monaten gerechnet werden.

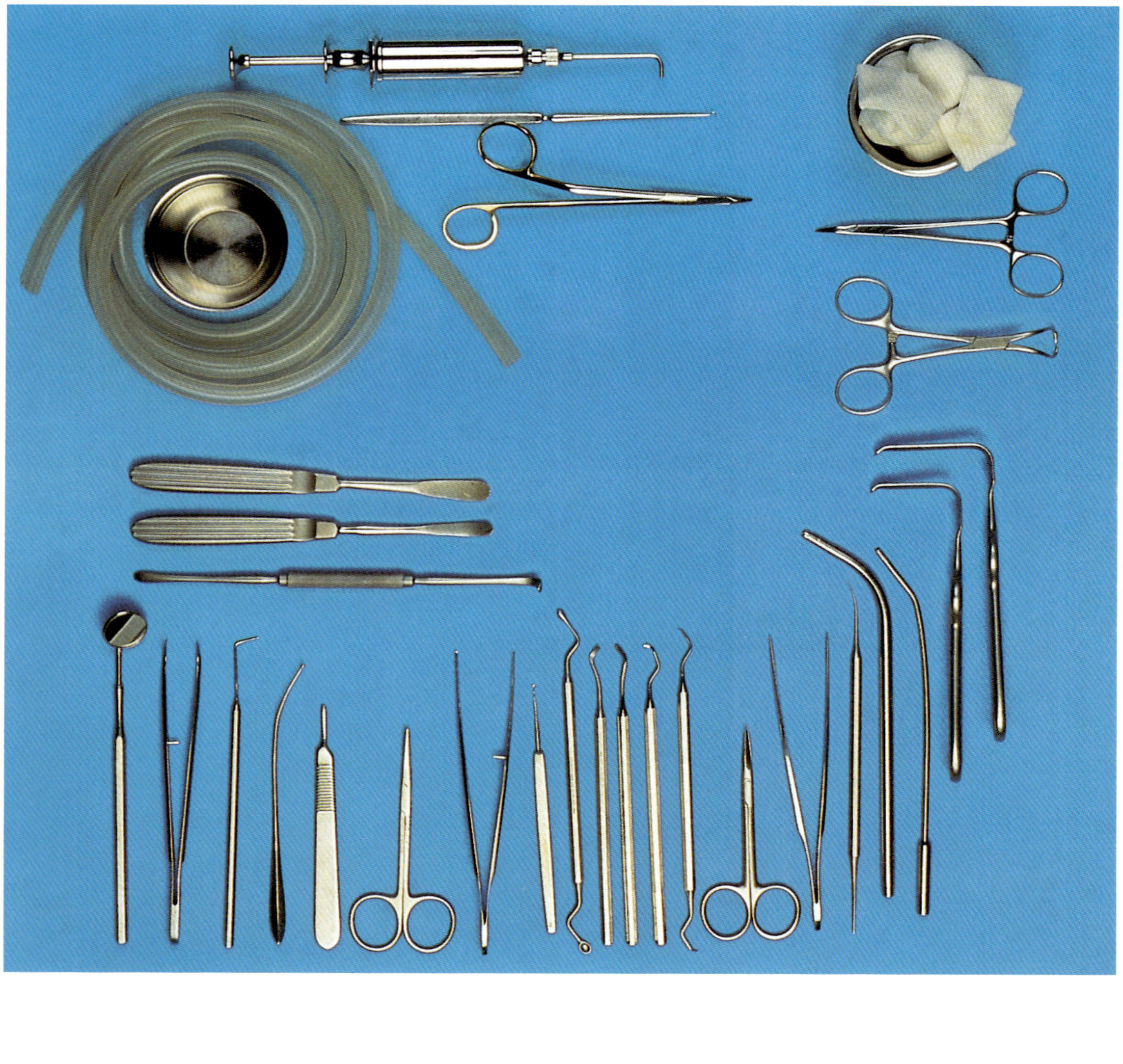

102 Grundinstrumentarium
Neben dem zahnärztlichen Grundset werden zusätzlich folgende Instrumente bereitgelegt: Skalpellgriff, Klinge, Präparierschere, schmales und breites Raspatorium, Frier-Raspatorium, scharfe Löffel, Black-Exkavatoren, Skaler, Kürette, feine Absaugkanüle, Spülspritze, Flüssigkeitsgefäß, Wangenhalter mit kurzem Griff, Arterienklemme, Tuchklemme, Nadelhalter, Gillies-Wundhaken und Tupfer.

Medizinische Grundlagen

Blutgerinnung

Die Blutgerinnung ist neben der Geweberegeneration (Wundheilung) die wesentliche Voraussetzung, um Körperverletzungen jeglicher Art zu überleben.

Die Fähigkeit des Körpers, eröffnete Blutgefäße spontan zu verschließen und austretendes Blut koagulieren zu lassen, ist ein sehr komplexer Vorgang. Die Blutgerinnung läuft in einem abgestuften Prozeß ab. Damit wird verhindert, daß eine spontane Thrombusbildung im gesunden Gewebe auftritt.

Normaler Verlauf

Thrombogenese

Multifaktorieller Vorgang (drei Phasen):
- Gefäßkontraktion.
- Thrombozytenaggregation bzw. Thrombusbildung: Umwandlung von Prothrombin zu Thrombin, Umwandlung von Thrombin zu Fibrin.
- Retraktion des Fibringerinnsels zum Thrombus.

Fibrinolyse

Läuft in drei Phasen ab:
- Aktivation von Lysokinasen (Gewebereaktion).
- Umwandlung von Plasminogen in Plasmin.
- Proteolyse von Fibrin in Fibrinopeptide.

Störungen der Blutgerinnung

Hämorrhagische Diathese, fehlende Faktoren:
- Hämophilie.
- Morbus von Willebrand-Jürgens.
- Hepatopathien.

Medikamentenwirkung:
- Gezielt (Antikoagulation).
- Medikamentenabusus (Acetylsalicylsäure).

Thrombozytopenie:
- Morbus Werlhof.

Thromboseneigung:
- Operationen.
- Tumoren.
- Kortikoide.
- Abrupte Unterbrechung der Antikoagulation.

Nota bene
Falls nicht von vorneherein eine Substitution der mangelnden Gerinnungsfaktoren vorgenommen wird, ist der Einsatz von Fibrinklebern eine Möglichkeit zur Blutstillung und Wundversorgung in Kombination mit einer sorgfältigen Naht.

Wundheilung

Normaler Ablauf

Ziel: Behebung eines Gewebedefektes durch Wiedervereinigung der getrennten Teile und Ersatz der fehlenden Gewebeteile als spontane Körperreaktion.

Regeneration: Gewebeersatz durch gleichartiges Gewebe.

Reparation: Gewebeersatz durch ein minderwertiges Gewebe (Bindegewebe, Narbe).

Die Wundheilung wird beeinflußt durch die Regenerationsbereitschaft des Körpers und die Art der Gewebezerstörung. Die gute Durchblutung der Gewebe im oralen Bereich sowie die lokale Abwehrbereitschaft der Mundschleimhaut sind optimale Voraussetzungen für eine rasche Wundheilung. Störungen sind sehr selten und deuten oft auf verkannte Krankheitsbilder.

Die Art der Verletzung wird die Wundheilung beeinflussen.

Mechanische Verletzungen:
- Schnittwunden, chirurgische Verletzung (Skalpell).
- Riß-, Quetschwunden.
- Schürfwunden.
- Prellungen.
- Knochenverletzungen: Frakturen.

Thermische Verletzungen:
- Verbrennung, Elektrochirurgie, Laser, Erfrierung,
- Kryochirurgie.

Chemische Verletzungen:
- Verätzungen.

Strahlenschäden:
- Radiotherapie.

Phasen der Wundheilung

Phase I: Exsudation.
Phase II: Proliferation.
Phase III: Regeneration.

Primäre Wundheilung

„Sanitatio per primam intentionem“ = Per-primam-Heilung. Ungestörter Heilungsverlauf bei perfekter Wundrandadaptation, minimale Entzündungsreaktion. Beispiel: Chirurgische Schnittwunde, primäre Naht.

Sekundäre Wundheilung

„Sanitatio per secundam intentionem“ = Per-secundam-Heilung. Verzögerter Heilungsverlauf mit Verlängerung aller drei Phasen, wegen Nekrotisierungen im Wundgebiet verstärkte Entzündungsreaktion.

Beispiel: Extraktionswunde, Wunde ohne Naht, Komplikation bei Nahtdehiszenz.

Störungen der Wundheilung

Nahtdehiszenzen treten auf bei:
- ungenügender Nahttechnik (invertierte Wundränder),
- falscher Lage des Wundrandes (ungenügende Mobilisation),
- Spannung im Wundlappen.

Wundinfektionen treten auf bei:
- Hämatombildung,
- Fremdkörpern oder Verschmutzung der Wunde,
- unsteriler Wundversorgung,
- Riß-, Quetschwunden wegen Nekrosebildung.

Nachbehandlung

Die Wundheilung ist immer mit einer lokalen Entzündungsreaktion verbunden. Dies bedeutet, daß postoperativ eine Schwellung und Schmerzen im Operationsgebiet auftreten. Durch entsprechende physikalische und medikamentöse Begleitbehandlung sollen diese entzündlichen Erscheinungen in Grenzen gehalten werden. Übermäßige Schwellung kann zu einem Aufreißen von Nähten und zu Wundheilungsverzögerungen führen, die postoperativen Schmerzen bedingen eine zusätzliche Beeinträchtigung des Patienten. Die sorgfältige Handhabung der Instrumente, saubere Schnittführung und sanfter Einsatz des Wundhakens ohne Gewebequetschung sind die besten Voraussetzungen für eine erträgliche Heilungsphase.

Nahtentfernung

Die Nahtentfernung soll bei Hautnähten im Gesicht nach 3–6 Tagen erfolgen und bei Schleimhautnähten nach 7–12 Tagen, in Abhängigkeit vom Schwierigkeitsgrad des Eingriffs, dem Zustand der Gewebe und der anatomischen Region, z.B.:
- marginale Schleimhaut, reizlos: 7 Tage,
- vestibuläre, atrophische Schleimhaut: 10 Tage,
- im Trigonum retromolare (Bewegung): 12 Tage.

Die Entfernung der Nähte erfolgt mit spitzer Schere und anatomischer Pinzette. Jede Naht soll auf vollständige Entfernung überprüft werden. Belassene Fadenreste führen zu Infektionen oder Granulombildungen.

Entzündungshemmer und Schmerzmittel

Die entzündlichen Zeichen beruhen weitgehend auf Gefäßreaktionen. Es ist deshalb sinnvoll, unmittelbar postoperativ diese Reaktionen durch kühlende Maßnahmen zu minimieren.

Zur medikamentösen Verminderung der Schmerz- und Entzündungsreaktion empfehlen wir die Gabe von nichtsteroidalen Entzündungshemmern. Die Medikation kann meist auf drei postoperative Tage beschränkt werden.

Antibiotika

Die routinemäßige Verabreichung von Antibiotika zur Infektprophylaxe nach oralchirurgischen Eingriffen ist nicht notwendig. Eine gezielte Antibiose ist angezeigt, wenn durch einen vorbestehenden Infekt Komplikationen erwartet werden, z.B. bei Transplantation in ein infiziertes Gebiet, bei offenen Frakturen, bei Ostitiden im Frakturbereich und bei vorbestrahltem Knochen. Bei reduzierter oder fehlender Immunabwehr, wie bei schlecht eingestelltem Diabetes, Immunsuppression, AIDS oder altersschwachen Patienten, ist der Einsatz von Antibiotika ebenfalls angezeigt. Bei Herdgefährdung (Endokarditis, Rheuma) ist die präoperative Abschirmung eine Conditio sine qua non (Pallasch u. Slots 1991).

Lokale Desinfizientia

Ist die normale persönliche Durchführung der Mundhygienemaßnahmen durch einen Eingriff behindert, sollen Mundspülungen mit 0,2%iger Chlorhexidinlösung angeordnet werden. Die Empfehlung, klebrige Speisen zu meiden, verhindert die Plaqueverschmutzung zusätzlich.

Physikalische Therapie

Kälte

Kälte soll in den ersten 2–6 Stunden nach der Operation angewendet werden. Sie führt zu einer Reduktion der Hyperämie (reaktive Hyperämie) und Ödembildung, dadurch wird eine Verminderung der Schmerzen und eine Reduzierung der Spannung in der Schleimhaut erreicht und damit die Gefahr einer Dehiszenz der Wundränder verringert. Wir empfehlen wasserdichte Eisbeutel oder im Handel erhältliche Kältepackungen zum Einsatz unmittelbar nach Behandlungsende.

Wärme

Wärmeanwendung fördert die Durchblutung, gleichzeitig aber auch ein Fortschreiten der entzündlichen Prozesse. Die Wärmetherapie kann Entzündungen ohne Neigung zur Infektion rascher zur Abheilung bringen und die Gewebeeinschmelzung nach chronischen Infekten fördern. Wärme soll nicht an den ersten beiden postoperativen Tagen angewendet werden, da eine Schwellungszunahme möglich ist. Schleichende oberflächliche Infektionen, ohne eigentliche Abzeßbildungen, können durch Wärmeapplikation zur Reife gebracht werden und damit die chirurgische Behandlung (Inzision und Drainage) erleichtern.

Feuchte Wärme wirkt erweichend und hyperämisierend. Dunstumschläge werden zur Aufweichung von Verhärtungen bei entzündlichen Infiltraten nach Abszessen und zur Beschleunigung entzündlicher Prozesse empfohlen.

Ultraviolettlicht und Rotlicht

Lichtstrahlen im kurzwelligen (UV) oder im langwelligen Bereich (Rotlicht) erzeugen Wärme und haben möglicherweise heilungsfördernde Wirkungen. Ultraviolettlicht wirkt auch keimschädigend und somit desinfizierend, allerdings nur sehr oberflächlich.

Bei chronischen entzündlichen Prozessen ist diese Art der Behandlung möglicherweise hilfreich.

Ultraschall- und Mikrowellen (Radarmed)

Ultraschallwellen dringen tiefer in das Gewebe ein und erzeugen Wärme. Dadurch wird die Durchblutung stimuliert und Heilungsvorgänge werden beschleunigt. Bei Entzündungen mit Infektion wird die Abszeßbildung gefördert.

Nota bene

Wärmebehandlung einer anästhesierten Gesichtszone kann zu Verbrennungen führen. Die Apparatur zur Wärmeapplikation muß mit einer zeitbegrenzenden Schaltuhr gekoppelt sein.

Physiotherapie

Durch die passive Bewegung der Muskulatur können Verspannungen gelöst werden.

Durch die Massage in gezielter Richtung kann eine wohltuende Wirkung in entzündlich veränderten Weichteilen erreicht werden.

Die manuelle Lymphdrainage als besondere Art der Massage sorgt für einen beschleunigten Abtransport von interstitieller Flüssigkeit. Dadurch sollen die interstitiellen Räume für das Nachströmen von Nährflüssigkeiten freigemacht und die Regenerationsvorgänge beschleunigt werden.

Reflexzonenmassagen werden als weitere spezielle Massagemethoden mit schmerzlindernder Wirkung empfohlen. Ihre Wirkung ist aus unserer Sicht nicht eindeutig, und erfolgreiche Erfahrungen fehlen.

Komplementäre Methoden

Low-level-laser-Therapie

Die Wirkung von energiearmen Laserstrahlen (bis 120 MW) beruht auf der Bioaktivierung der Vorgänge in den Zellen und kann so Heilungsprozesse fördern. Eine klinisch therapeutische Wirkung konnte bis heute nicht einwandfrei nachgewiesen werden.

Akupunktur

Die Akupunktur beruht auf den Erkenntnissen der chinesischen Medizin, bei der ausgeglichene Körperfunktionen und die Beziehung der Organe untereinander in geregelten Bahnen (Meridiane) wesentliche Bedeutung haben. Durch die Anregung bestimmter Punkte auf den Meridianen können Funktionen beeinflußt werden. Bei entsprechend profunden Kenntnissen kann die Akupunktur durchaus einen sinnvollen Platz in der Therapie einnehmen. Durch die Akupunktur können bestimmte Heilungsvorgänge beeinflußt und der Körper für chirurgische Eingriffe konditioniert werden. Die Freisetzung körpereigener morphinähnlicher Stoffe durch die Akupunktur ist experimentell nachgewiesen (Bahr 1989).

Elektrotherapie

Für posttraumatische Zustände mit Schmerzen und gestörter Muskeltätigkeit kann durch entsprechende individuelle Elektrotherapie Linderung und beschleunigte Wiederherstellung der Bewegungsfunktion erreicht werden. Dem Physiotherapeuten oder der Physiotherapeutin sollen Angaben über Diagnose, Lokalisation der Funktionsstörung, Behandlungsintensität und Behandlungsintervalle gemacht werden. Als Behandlungsmittel werden galvanische Ströme und verschiedene Impulsströme verwendet.

Homöopathie

Die Homöopathie ist ein wenig eingreifendes Heilverfahren, das auch in der Zahnheilkunde vorteilhafte Anwendungen finden kann und eine hohe Akzeptanz beim Patienten erreicht. Für den nicht ausgebildeten Behandler können nur sogenannte „bewährte Indikationen" situationsgerecht verwendet werden. Aus Platzgründen müssen wir auf leicht zugängliche spezielle Literatur verweisen.

Risikopatienten

Kreislauferkrankungen

Bei oralchirurgischen Maßnahmen besteht bei Patienten mit Herz-Kreislauf-Erkrankungen das Risiko einer akuten kardiovaskulären Komplikation, z.B. eines Angina-pectoris-Anfalles. Ebenso können Spätkomplikationen ausgelöst werden, z.B. bei Patienten mit Endokarditis. Die Anamnese und eine Rückfrage beim Hausarzt des Patienten müssen Klarheit über bestehende Risiken bringen. Präoperative Laboruntersuchungen sind eher selten notwendig oder hilfreich (Wagner 1991) und sollen vom Hausarzt angeordnet werden. Alle Vorsichtsmaßnahmen bei der Lokalanästhesie (Aspiration zur Vermeidung einer intravasalen Injektion, langsame Injektion, Limitierung der Vasokontriktorzusätze), eventuelle Prämedikation (Lexotanil 1,5 mg), Überwachung von Kreislauf- und Lungenfunktion (Pulsoxymetrie) und die Infektionsprophylaxe bei Endokarditisrisiko (antibiotische Abschirmung) sollen vorhandene Risiken begrenzen (Rothlin u. Babotai 1988). Bei Patienten mit Herzschrittmacher muß im Einzelfall der Einsatz von Geräten, die ein elektromagnetisches Feld erzeugen, möglicherweise eingeschränkt werden (Jaquériy u. Burkart 1993). Generell ist bei medizinischen Risiken die ambulante Behandlungsfähigkeit zu prüfen und die Notwendigkeit von Überwachungsmaßnahmen oder Begleitbehandlungen festzulegen (Fast 1993).

Blutungsneigung

Es gibt eine Vielzahl von Zuständen, die eine Thromboseprophylaxe erfordern, z.B. nach Herzinfarkt, bei Dialysepatienten, bei Herzkranzgefäßverengungen, bei Frischoperierten usw. Die Art der Behandlung bestimmt die Neigung zu vermehrter Blutung oder zu Gerinnungsstörungen nach chirurgischen Eingriffen. In der Regel tragen die so behandelten Patienten einen Ausweis mit sich, aus dem hervorgeht, welches Medikament in welcher Dosierung verwendet wird und wie der Gerinnungsstatus ist. Der aktuelle Quick-Wert als Kriterium der zu erwartenden Blutungsstörungen ist auch daraus ersichtlich. In unklaren Situationen ist die Rückfrage beim Hausarzt unbedingt notwendig (Mäglin 1974, Mounce 1990).

Medikamentenabusus

Sehr viele Medikamente können ohne Rezept (Schmerzmittel, Schlafmittel) beschafft werden oder sind von früheren Behandlungen noch vorrätig (Antibiotika, Tranquilizer), so daß nur eine genaue Anamnese mit präziser Fragestellung Auskunft über den aktuellen Medikamentengebrauch Aufschluß geben kann.
Die Einnahme von acetylsalicylsäurehaltigen Medikamenten über mehrere Tage kann eine Gerinnungsstörung mit der Gefahr der Nachblutung bewirken.
Die unkontrollierte Selbstbehandlung mit Antibiotika kann das klinische Bild einer Infektion verfälschen.
Die Einnahme von Tranquilizern oder anderen Betäubungsmitteln kann die Wirkung der Lokalanästhesie beeinflussen.

Infekte

Patienten mit erhöhtem Infektionsrisiko oder für die eine Infektion eine besondere Gefahr darstellt (z.B. bei Patienten mit Endokarditis, Immunsuppression, AIDS, Radiotherapie, Leukämie in gewissen Phasen u.a.) sind nur unter Antibiotikaschutz und eventuell nur unter stationären Bedingungen zu behandeln. Die Gefahr einer Bakteriämie ist bei jedem chirurgischen Eingriff vorhanden.
Eine Endokarditisprophylaxe hat gemäß der Richtlinien zu erfolgen.

Endokarditisrisiko

Die bakterielle Endokarditis ist eine Infektion der Herzklappen oder des Herzendothels. Zahnbehandlungen werden als häufigster Auslöser von Bakteriämien betrachtet, die zu einer Endokarditis führen können. Dabei sind vorgeschädigte endotheliale Strukturen des Herzens besonders anfällig, wie Klappenschäden nach rheumatischem Fieber, vorausgegangene Endokarditis, erworbene oder angeborene Herzklappenfehler sowie Herzklappenersatz.
Als Erreger kommen vorwiegend in der Mundhöhle heimische Bakterien in Frage: α-hämolytische Streptokokken, Enterokokken, Pneumokokken und Staphylokokken. Heimdahl u. Mitarb. 1990 konnten durch Serotypisierung zeigen, daß im Blut von Endokarditispatienten die gleichen Stämme wie in der Zahnplaque zu finden sind. Das Risiko oral bedingter Bakteriämien hängt einerseits vom Umfang der Weichteilverletzung ab und andererseits vom Grad der vorbestehenden Infektion. Die Abklärung erfolgt deshalb unter antibiotischer Abschirmung, da bereits Taschenmessungen eine Bakteriämie verursachen können.

Radiotherapie

Analog der Haut bei Bestrahlung zeigt auch die Mundschleimhaut Früh- und Spätreaktionen. Bereits nach einer Strahlendosis ab 5 Gy sind Erytheme zu erkennen, gefolgt von Mukositis, Atrophie und schließlich Ulzerationen der Mundschleimhaut. Besonders empfindlich sind der weiche Gaumen, Hypopharynx und der Mundboden, gefolgt von den resistenteren keratinisierten Zonen wie Gingiva, harter Gaumen und Zungenrücken. Als Spätreaktionen kennen wir Schleimhautatrophien, Ödeme, Narbenzonen und die Kandiasis.

Als Folge der Radiotherapie ist auch die Anfälligkeit für Karies zu verstehen, die durch Xerostomie, beschleunigte Entkalkung des Schmelzes und reduzierte Mundhygiene begünstigt wird.

Durch die Bestrahlung wird eine Degeneration des Speicheldrüsengewebes provoziert mit der entsprechenden Hyposalivation. Auch die Qualität des Speichels wird verändert. Als Strahlenfolge tritt eine vermehrte Azidität und Viskosität des Speichels auf. Die Pufferkapazität sinkt; Na-, Ca-, Cl- und Mg-Ionen nehmen zu, ebenso auch der Eiweißgehalt. Die Veränderungen sind langfristig bemerkbar. Ein Zusammenhang mit der Kariesaktivität ist leicht zu erkennen.

Die mikrobielle Flora weist eine Zunahme von Streptococcus mutans, Laktobazillen, Pilzen und Actinomyces naeslundi auf. Andere Bakterien, wie Neisserien, Streptococcus sanguinis und Fusobakterien, nehmen ab.

Als Begleiterscheinungen treten Schleimhautbrennen, Überempfindlichkeiten und Geschmacksveränderungen auf. Diese sind auf die Xerostomie zurückzuführen, wohl weil die Löslichkeit der Speisen herabgesetzt ist und dadurch die Sensorik der Zunge und der übrigen Schleimhautareale nicht gefordert wird.

Die bedeutsamste Auswirkung der Strahlentherapie liegt bei der Gefäßschädigung. Diese hat direkte Auswirkungen auf die Reaktionsmöglichkeiten aller Gewebearten, insbesondere des Knochens. Ausschlaggebend für die Entwicklung einer Osteonekrose oder Osteomyelitis ist die Art und der zeitliche Ablauf der Bestrahlung, das Volumen des bestrahlten Kieferabschnittes, die Tumorbeteiligung des Kiefers und der Zustand der Dentition. Eine Radioosteonekrose ist erst nach einer Gesamtdosis von über 66 Gy zu erwarten (Glanzmann u. Grätz 1995). Diese gefürchtete Knochenschädigung ist maßgebend bei der Beurteilung und der Eliminierung von Herden vor einer Bestrahlung, besonders im Unterkiefer.

Immunsuppression

Direkte Auswirkungen der Medikamente sind möglich. So kann z.B. Cyclosporin eine Gingivahyperplasie verursachen. Besonders junge Patienten reagieren heftiger. Die Veränderungen an der Gingiva treten innerhalb 4–6 Monaten nach Immunsuppression auf. Hingegen entsteht durch die Hemmung der Knochenmarksfunktion ein erhöhtes Infektionsrisiko. Dadurch können ruhende chronische dentogene Infekte, wie eine tiefe parodontale Tasche oder eine apikale Ostitis, exazerbieren. Wegen der entzündungshemmenden Wirkung der Immunsuppression sind die Kardinalsymptome der Infektion auf Schmerzen mit Fieber und mögliche radiologische Zeichen reduziert. Schleimhautinfektionen zeigen rasch eine Ulzeration, wobei die gewöhnlich feststellbare Rötung am Rand wegen der nicht vorhandenen Abwehr fehlt. Ulzerationen sind als Eintrittspforten für allgemeine Infektionen zu bezeichnen, solange keine andere Quelle einer Sepsis gefunden wird.

Chemotherapie bei Malignomen

Patientenbezogene Probleme: 40% aller Patienten werden unter der Chemotherapie Symptome in der Mundhöhle entwickeln. Die Auswirkungen sind stark altersabhängig. Bei jugendlichen Patienten unter 12 Jahren ist in 90% der Fälle mit Affektionen in der Mundhöhle zu rechnen (Mukositis, Ulzerationen). Dabei spielt die maligne Erkrankung eine zusätzliche Rolle, da diese, wie bei hämatologischen Erkrankungen, eine Auswirkung auf die Mundschleimhaut hat. Patienten mit schlechter Mundhygiene und vorbestehenden endodontischen und parodontalen Infektionen zeigen ein hohes Risiko, orale Infektionen während der Chemotherapie zu entwickeln. Umgekehrt wird eine entzündungsfreie Mundhöhle bedeutend weniger infektiöse Probleme unter der Chemotherapie aufweisen.

Therapiebezogene Probleme: Nicht alle Chemotherapeutika sind gleich stomatotoxisch oder zeigen gleiche Auswirkungen auf die Mundschleimhaut. Antimetaboliten, welche die DNA-Synthese verhindern, verursachen eher eine Mukositis. Ähnliche Wirkung zeigen Alkylanzien. Die zeitliche Verabreichungsart beeinflußt die Auswirkungen ebenso: Eine bestimmte Dosis in einer Verabreichung kann bedeutend größere Auswirkungen haben als dieselbe Dosis verteilt auf mehrere Teildosen. Eine gleichzeitige Radiotherapie im Kopf-Hals-Bereich potenziert die Auswirkungen der Chemotherapie auf die Mundschleimhaut.

Zahnextraktion

Als Routineeingriff wird sich jeder Zahnarzt seine eigene bewährte Technik aneignen. Wir wollen hier deshalb nur grundsätzliche Hinweise zur Zahnentfernung angeben. Die gebräuchlichste Methode ist die Zangenextraktion. Vor Einsatz der Zange wird das marginale Desmodont mit einem Desmotom gelöst. Dann wird das Zangenmaul (Zangenbranchen) entlang der Zahnachse zwischen Gingiva, Desmodont und Alveolenfach geschoben und der Zahn fixiert. Durch die kräftige Druck-/Zugausübung in axialer Richtung und durch der Wurzelform angepaßte Luxationsbewegungen werden die Wurzelfasern (Demodontalfasern) abgerissen und der Zahn kann herausbewegt werden.

Dabei werden die Alveolenwände gedehnt und stellenweise frakturiert (Partsch 1917, Frenkel u. Mitarb. 1989). Der entfernte Zahn muß auf Vollständigkeit untersucht werden, um keine Wurzelfragmente zurückzulassen. Die Radix relicta, die vergessene Wurzel, kann zu Haftpflichtansprüchen des Patienten führen (Freyberger 1979). Die Vielfalt geeigneter Werkzeuge zur Zahnentfernung ist so groß, daß wir nur die wichtigsten und verbreitetsten Instrumente aufführen.

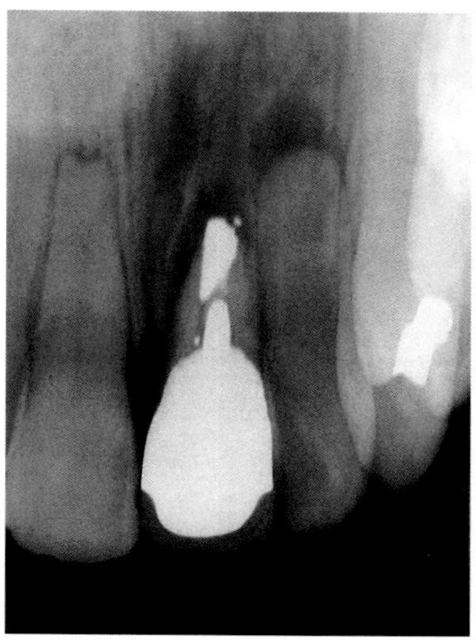

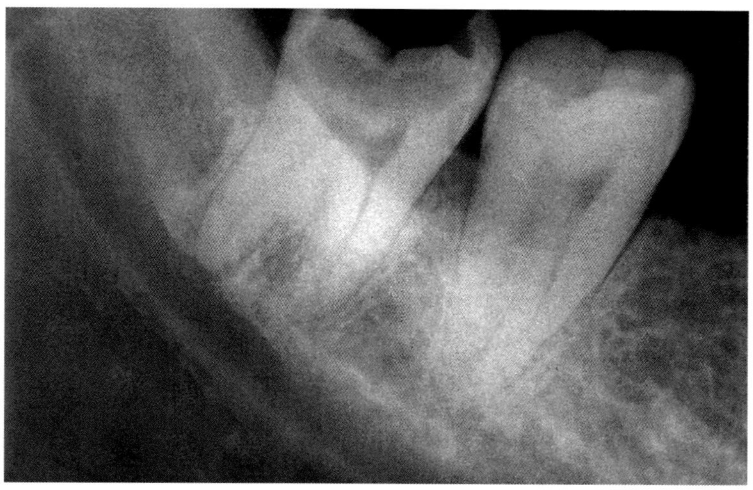

103 Indikationen zur Zahnextraktion – Karies profunda
Die Röntgenaufnahme zeigt einen stark zerstörten Zahn 47 mit apikal erweitertem Periodontalspalt.

Links: Ein bereits bis zur Grenze sanierter Zahn mit apikaler persistierender Osteolyse als Zeichen eines chronischen Infektes.

Indikationen

Zähne sollten extrahiert werden, wenn sie durch konservierende, parodontale, prothetische, kieferorthopädische oder chirurgische Maßnahmen nicht zu erhalten sind oder ihre Erhaltung im Hinblick auf den Allgemeinbefund, den oralen Gesamtbefund und die lokale Situation nicht sinnvoll ist.

Dazu gehören:

- Karies profunda, Mißverhältnis zwischen Aufwand und erreichbarem Resultat und bei nicht zur Zahnpflege motivierbaren Patienten.
- Apikale Ostitis, wenn endodontische oder chirurgische Intervention nicht aussichtsreich erscheint.
- Wurzelfrakturen.
- Durchgehende parodontale Taschen.
- Akute lokale Infekte, wenn dadurch eine Ausbreitung verhindert werden kann und der Zahn nicht erhaltungswürdig erscheint. Die Zahnextraktion soll in jedem Stadium der Infektion erfolgen. Abwarten des Schwellungsrückgangs verzögert die Infektheilung unnötigerweise. „There is an erroneus idea…, that it is wrong practice to remove a tooth when the face is swollen“ (Winter 1943). Als einzige Ausnahme gilt die Perikoronitis des Weisheitszahnes im Unterkiefer.

104 Indikationen zur Zahnextraktion – Wurzelfrakturen, Endoparoinfekte
Wurzelfraktur bei 25: Der Zahn ist nicht zu retten.

Rechts: Parodontaler Abbau und apikale Osteolyse bei Zahn 31; Endoparoinfekt, der bei fortgeschrittenem Gewebeverlust nicht mehr behandelt werden kann.

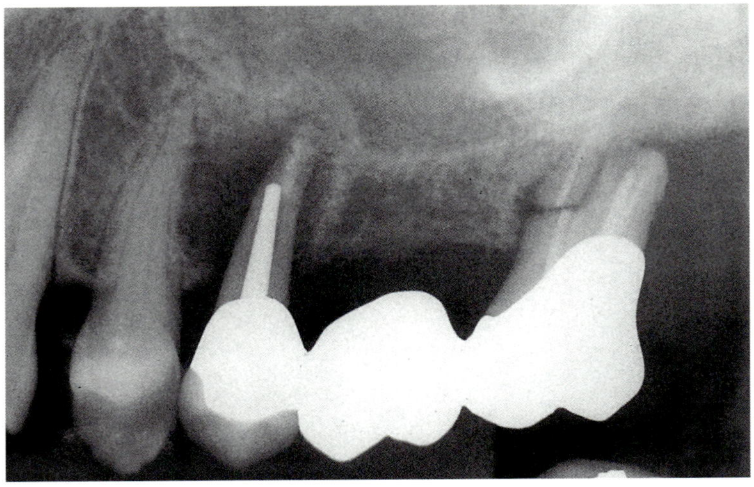

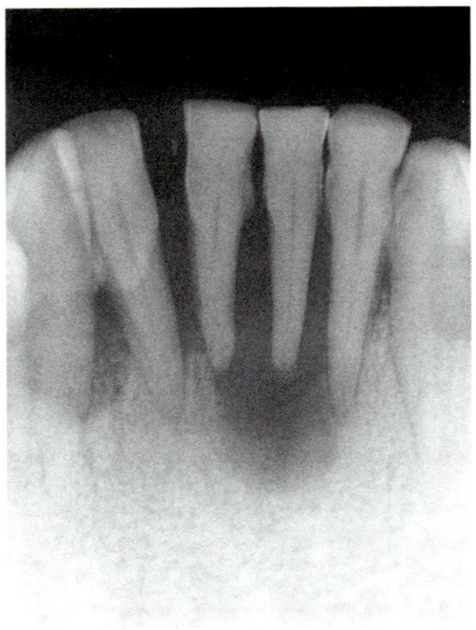

105 Akute Infektionen
Akuter dentogener Infekt des gangränösen Zahnes 26. Der Verlauf ist heftig und der Zustand des Restgebisses läßt nur eine radikale Beseitigung der Ursache zu.

Rechts: Klinische Situation mit der Abszeßbildung vestibulär 26.

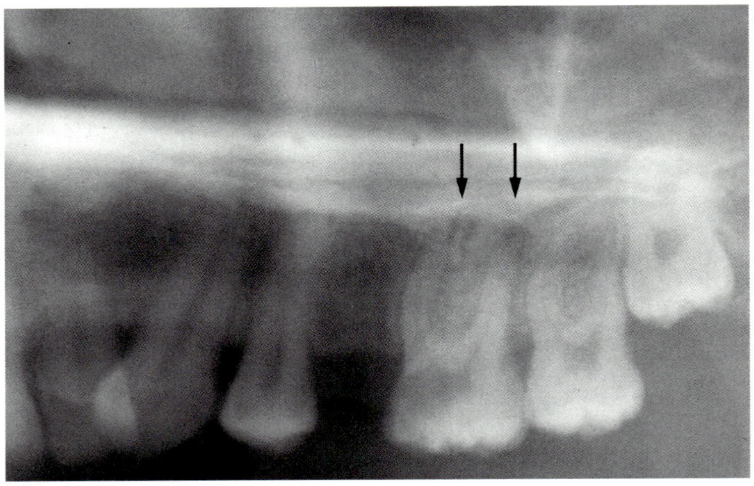

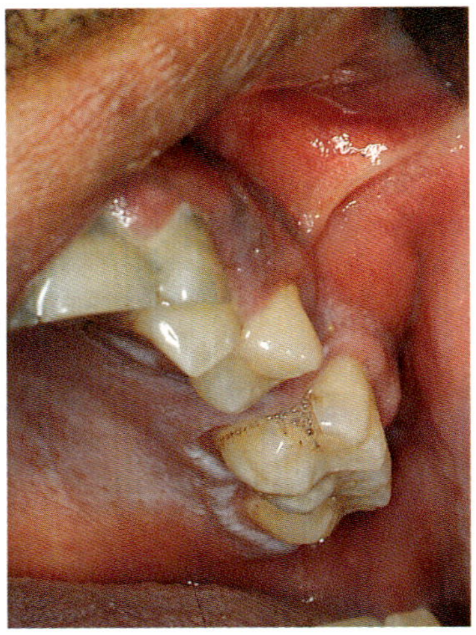

106 Mund-Antrum-Verbindung
Verbindung zur Kieferhöhle (Regio 18) bei denudierter Wurzel beim Nachbarzahn. Ein dichter Verschluß ist nur über knöcherner Unterlage möglich, d.h. Zahn 17 muß entfernt werden.

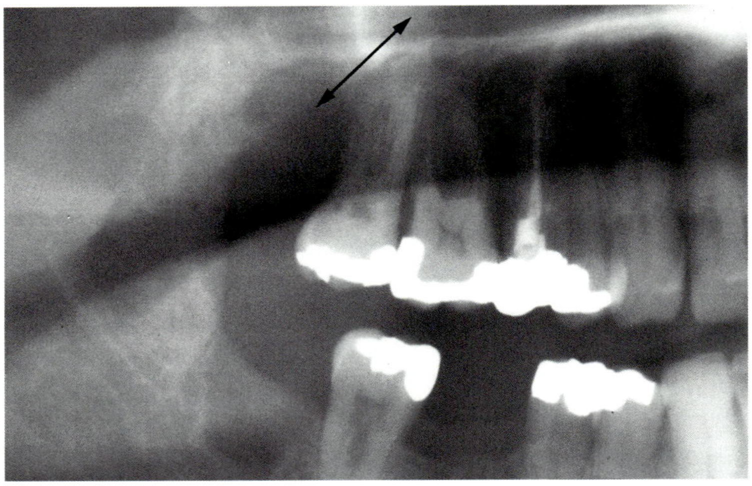

107 Platzmangel
Die Entfernung eines Zahnes kann aus Platzgründen oder wegen Funktionsstörung indiziert sein, wie bei diesem jungen Erwachsenen, bei dem keine kieferorthopädische Behandlung durchgeführt wurde und der Zahn 23 zu einem Risiko für die Restbezahnung wird (Hygiene, Parodont).

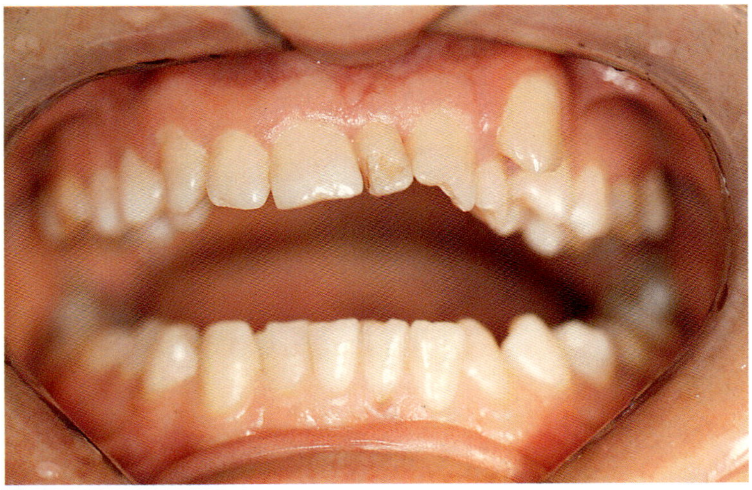

Erweiterte Indikationen zur Zahnentfernung

Im Rahmen der Herdsanierung vor Radiotherapie, Chemotherapie und Immunsuppression.

Im Rahmen der Herdbeseitigung bei Endokarditisrisiko. Kieferorthopädische Gründe.

Bei Mund-Antrum-Verbindungen, wenn die knöcherne Bedeckung der Nachbarwurzeln fehlt, muß meist der betroffene Zahn entfernt werden, um einen dichten Wundverschluß zu erreichen.

Prothetische Gründe: bei einem funktionell untauglichen Zahn, der eine Rekonstruktion erheblich erschwert, und bei dem andere Mittel zur Erhaltung nicht indiziert sind.

Zähne mit aktiver oder potentieller Infektionsgefahr im Frakturspalt.

Luxierte Zähne beim Erwachsenen, da die langfristige Prognose schlecht ist.

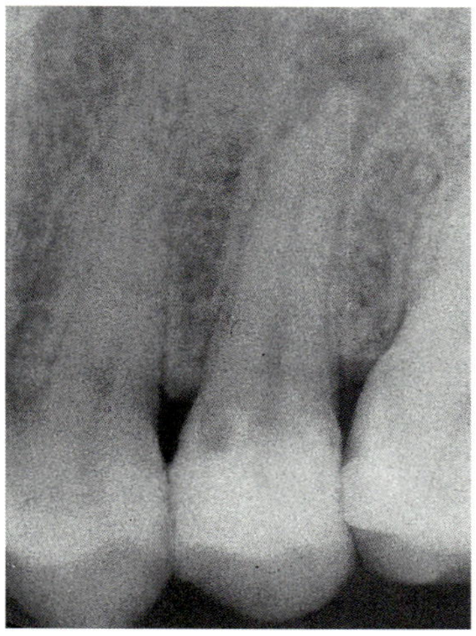

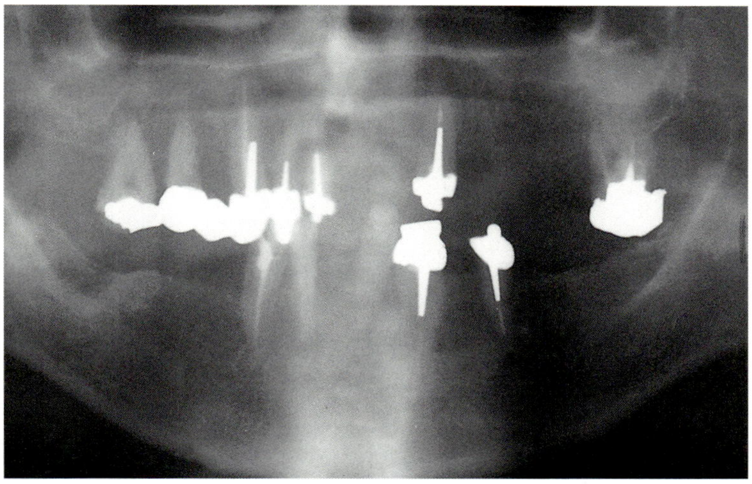

108 Erweiterte Indikationen – vor Radiotherapie
Das Bestrahlungsfeld umfaßt den Unterkiefer bis zur Prämolarengegend, der Oberkiefer liegt nicht im Strahlenfeld. Trotzdem werden alle potentiellen Herde beseitigt, um spätere chirurgische Maßnahmen zu vermeiden.

Links: Multiple potentielle Herde und der aktive Herd bei 25 stellen ein erhebliches Risiko beim Radiotherapiepatienten dar.

Vorgehen bei infektionsgefährdeten Patienten

Radiotherapie, Chemotherapie und Immunsuppression

Die Extraktion von Zähnen muß sehr schonend erfolgen, möglichst mit primärem Weichteilverschluß. Scharfe Knochenkanten werden sorgfältig geglättet, bewegliche Knochenfragmente entfernt.

Die Extraktion sollte drei Wochen vor Therapiebeginn vorgenommen werden, die erste Phase der Wundheilung sollte abgeschlossen sein (Weichteilverschluß).

Bei Radiotherapiepatienten muß ein individuelles Mundhygieneprogramm eingeleitet und eine Kariesprävention betrieben werden. Dabei spielt die Applikation von Fluor in verschiedenen Formen die größte Rolle. Für die Restbezahnung wird eine Medikamentenschiene angefertigt zur Langzeitapplikation von Fluorgelée. In regelmäßigen Intervallen, während der wöchentlichen Bestrahlung, findet eine professionelle Zahnreinigung statt. Der Patient wird über eine kariesarme Diät beraten und instruiert.

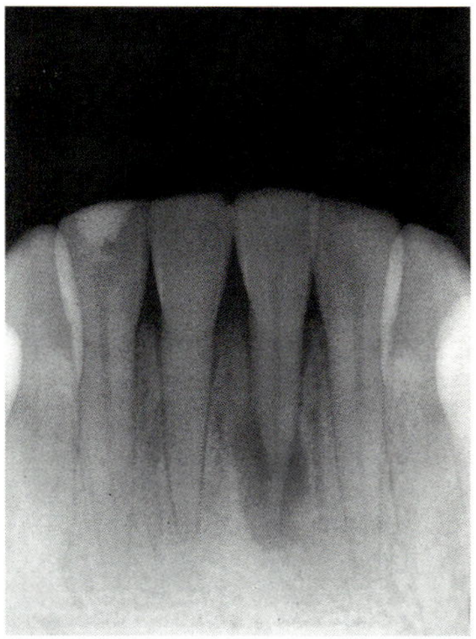

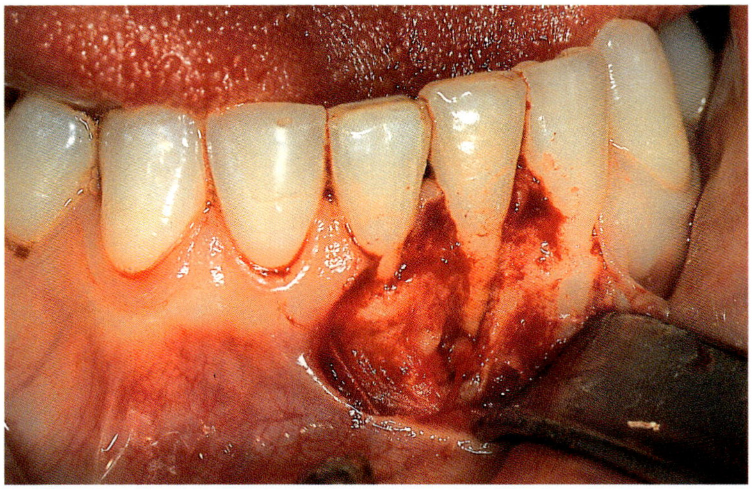

109 Endokarditisrisiko
Bei Endokarditispatienten können zwar chirurgische Maßnahmen unter antibiotischer Abschirmung durchgeführt werden. Die Indikation ist aber eng zu stellen, um nicht neue Herde zu kreieren.

Links: Fragliche Prognose bei Zahn 41 im Röntgenbild.

Rechts: Klare Situation bei der Aufklappung. Die durchgehende Tasche läßt die Aussicht auf erfolgreiche Sanierung unter Erhalt des Zahnes schwinden.

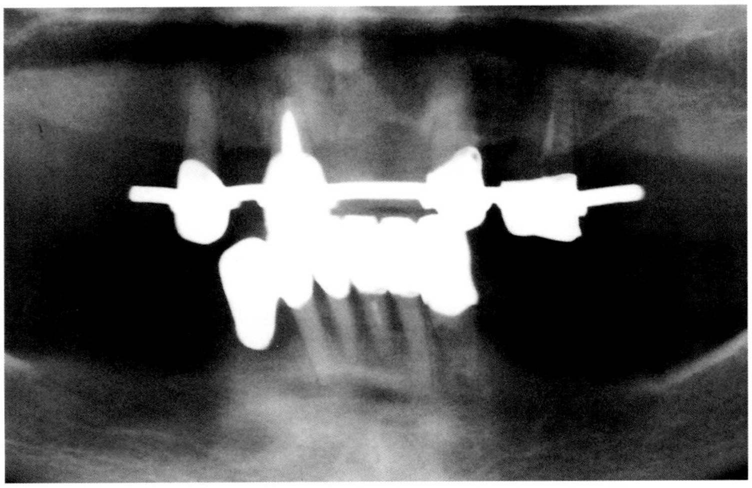

110 Prothetische Gründe
Die totalprothetische Versorgung nach Verlust von Zahn 13 und 11 wird durch Belassen des Zahnes 23 erschwert. 23 wird deshalb auch entfernt.

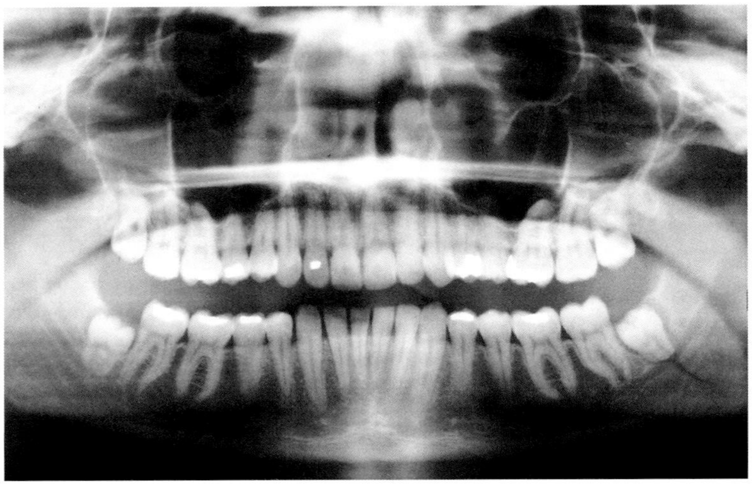

111 Zahn im Frakturspalt
Zustand nach Trauma mit Zahn 48 im Frakturspalt. Der Zahn stört die Reposition und stellt ein erhebliches Infektionsrisiko dar. Er wird vor der Frakturbehandlung entfernt.

Kontraindikationen

Meist handelt es sich um eher temporäre oder bedingte Kontraindikationen, welche eine Zahnentfernung als chirurgischen Eingriff unmöglich machen.

Dazu gehören:
- Antikoagulation, Quick-Wert unter 25 %.
- Hämorrhagische Diathesen.
- Lokalisation im Tumorgebiet.
- Akute Mundschleimhauterkrankungen.
- Tascheninfektionen bei Weisheitszähnen im Unterkiefer.
- Chronische Schmerzen ohne erkennbaren pathologischen Befund.

Besondere Maßnahmen oder die Behandlung unter stationären Bedingungen ist notwendig in folgenden Fällen:
- Akute Leukosen oder Agranulozytosen.
- Immunsuppression und Chemotherapie.
- Nach Radiotherapie.

Nota bene
Der Zahnentfernung als irreversibler Lösung muß eine klare Indikation und das Einverständnis des informierten Patienten zugrundeliegen.

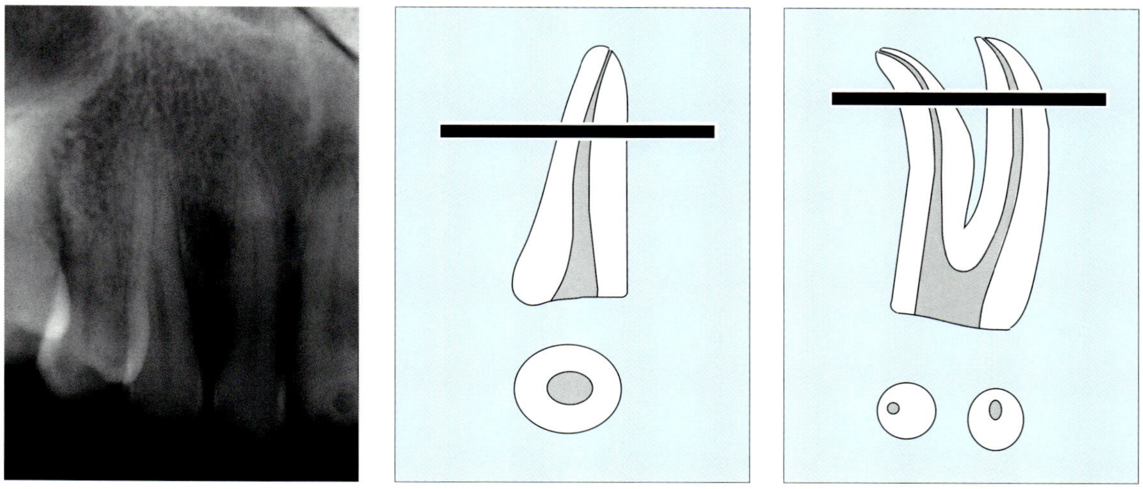

112 Wurzelformen – Oberkieferprämolaren
Der 1. Prämolar ist meist zweiwurzlig mit Krümmung nach distal. Die möglicherweise sehr fein auslaufenden Wurzelspitzen sind zu beachten.

Links: Röntgenaufnahme.

Mitte: Ansicht und Querschnitt von bukkal.

Rechts: Ansicht und Querschnitt von lateral.

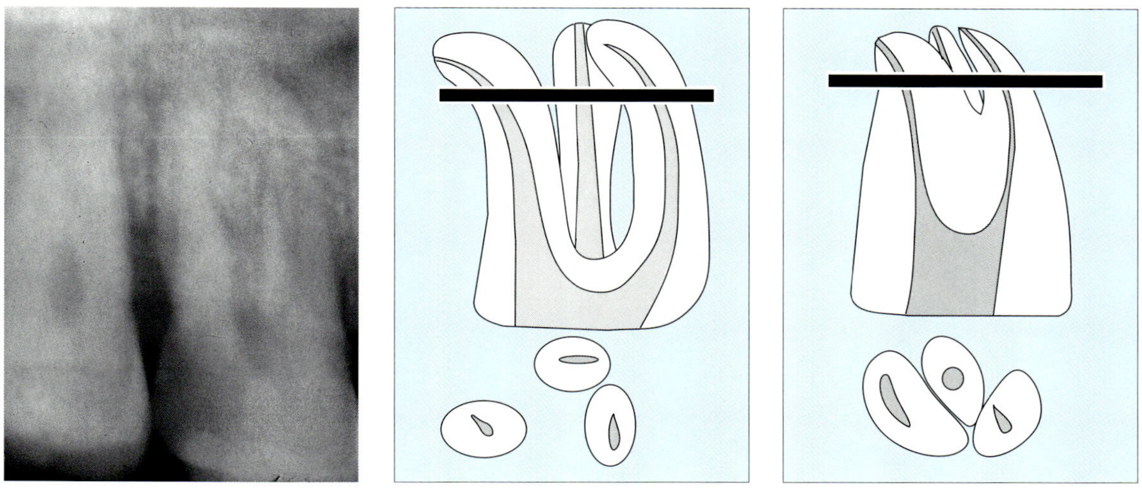

113 Wurzelformen – Oberkiefermolaren
Die Molaren sind meist dreiwurzlig mit großer Variationsbreite der Wurzelformen.

Links: Röntgenaufnahme.

Mitte: Ansicht und Querschnitt von bukkal.

Rechts: Ansicht und Querschnitt von lateral.

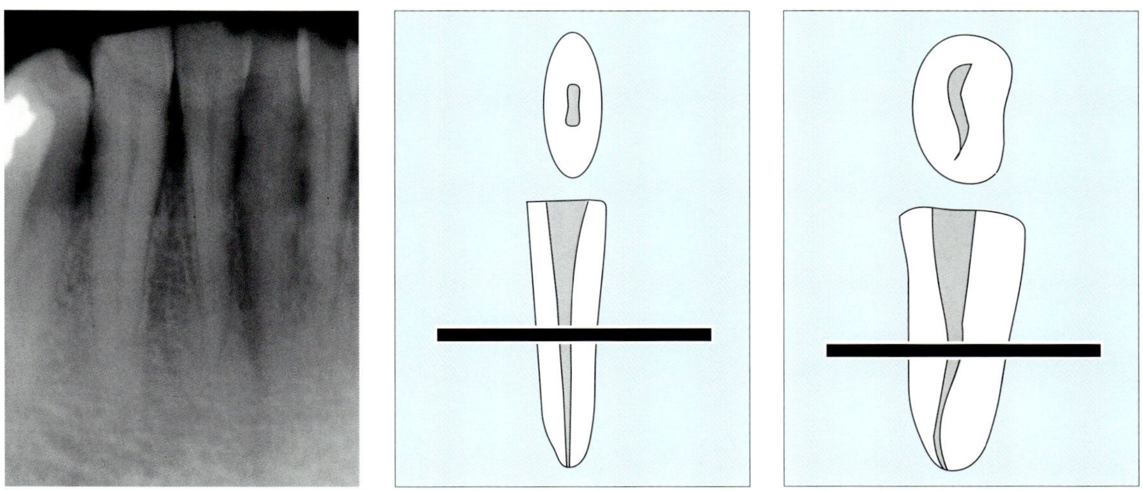

114 Wurzelformen – Unterkieferprämolaren
Die Prämolaren haben meist einen ovalären Querschnitt, möglicherweise mit geteilter Wurzel.

Links: Röntgenaufnahme.

Mitte: Ansicht und Querschnitt von bukkal.

Rechts: Ansicht und Querschnitt von lateral.

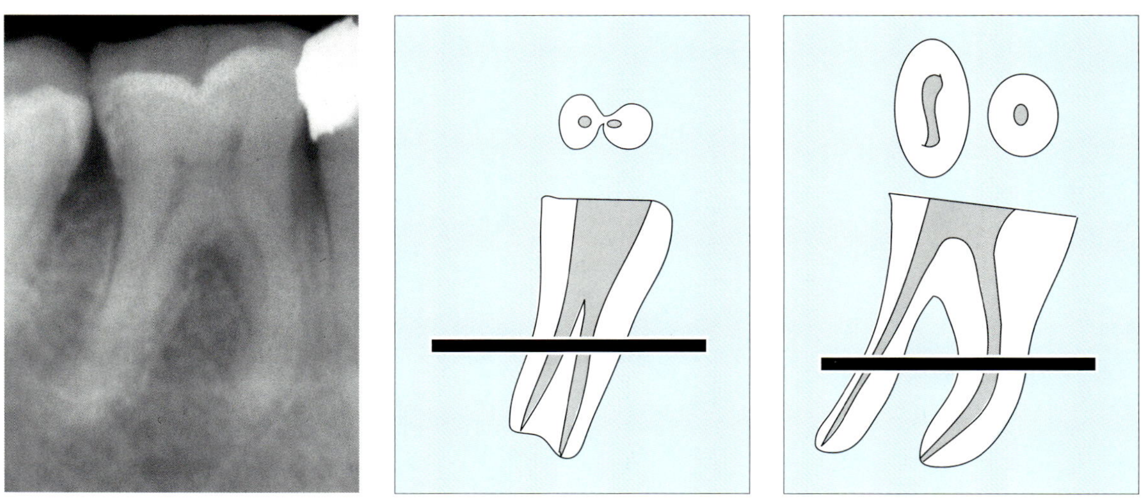

115 Wurzelformen – Unterkiefermolaren
Die Molaren sind meist zweiwurzlig, evtl. apikal zusammenkommend, nach distal gebogen.

Links: Röntgenaufnahme.

Mitte: Ansicht und Querschnitt von bukkal.

Rechts: Ansicht und Querschnitt von lateral.

Extraktionstechnik

Die Entfernung eines Zahnes beginnt mit der Lösung der marginalen Desmodontalfasern mit dem Desmotom. Dadurch wird die Traumatisierung der Gingiva bei der Extraktion reduziert und die Befestigung des Zahnes bereits teilweise gelockert. Mit dem geraden Hebel wird der Zahn in der Alveole so bewegt, daß eine leichte Erweiterung der Alveole erreicht wird. Dabei ist eine Schädigung der Nachbarzähne zu vermeiden. Die reziproke Kraftwirkung des Hebels muß berücksichtigt werden! Mit der Zange wird nun der Zahn möglichst tief gefaßt und zuerst in die Alveole gedrückt. Dadurch zerreißen die an der Wurzel inserierenden Desmodontalfasern. Mit einer zweiten Bewegung wird der Zahn entsprechend Form und Krümmung der Wurzel aus der Alveole luxiert. Anschließend wird die Extraktionswunde von vorhandenem Granulationsgewebe und Detritus gesäubert. Die gedehnten oder frakturierten Alveolenwände werden mit Fingerdruck zusammengepreßt. Die Wundversorgung besteht in der Bildung eines Koagulums oder bei fehlender Blutung durch Einlegen eines vaselinierten Jodoformstreifens.

116 Entfernung der Oberkiefermolaren – Lösen des Desmodonts mit Desmotom
Mit einem Desmotom werden die marginalen Desmodontalfasern durchtrennt. Die Zahnentfernung kann so ohne weitere Verletzung der marginalen Gingiva vorgenommen werden.

Rechts: Desmotom in der Übersicht.

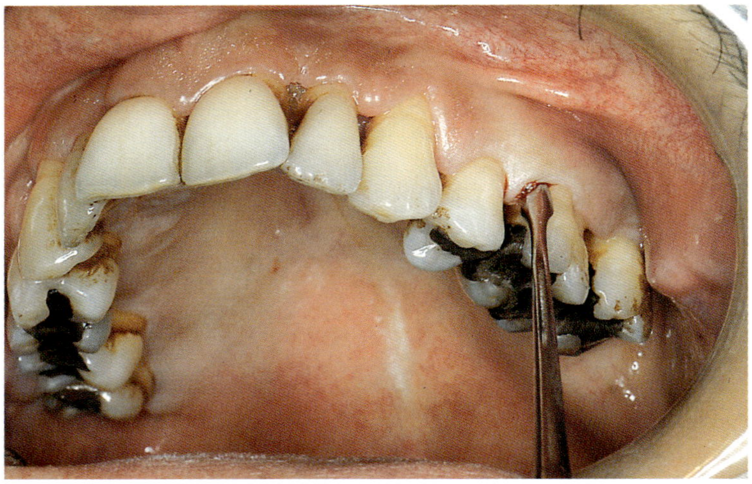

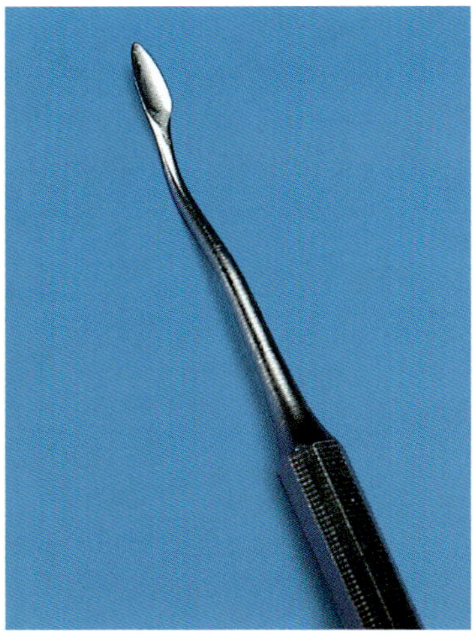

Ⓢ

117 Lösen des Desmodonts mit feinem Raspatorium
Mit einem feinen Raspatorium oder mit einem geraden Hebel kann unter Druck und kreisenden Bewegungen im Desmodontalspalt die marginal bindegewebige Befestigung des Zahnes ebenfalls gelöst werden.

Rechts: Raspatorium in der Übersicht.

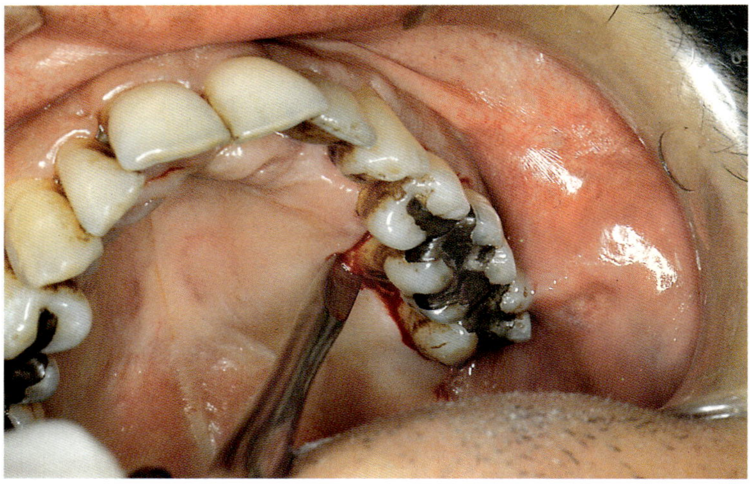

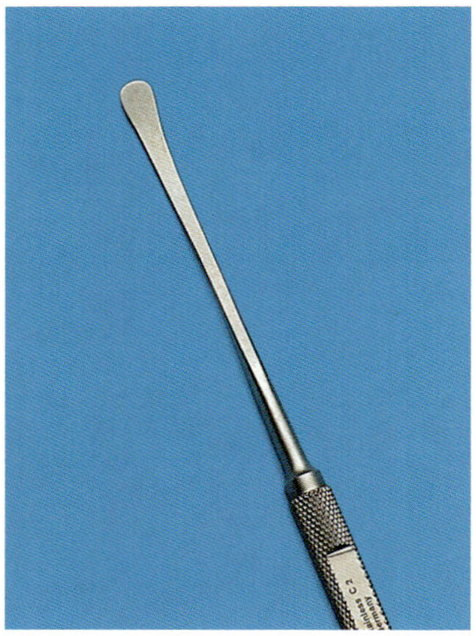

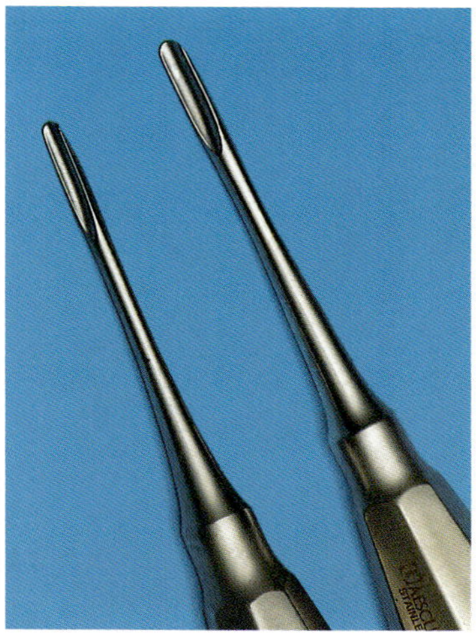

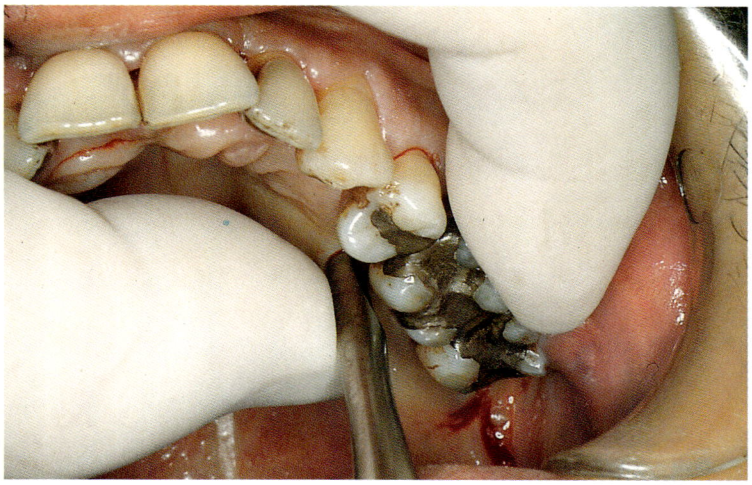

118 Luxation des Zahnes – Einsatz von geradem Hebel
Mit wenig Druck und drehender Bewegung im Desmodontalspalt wird der Zahn in der Alveole bewegt, so daß die noch anhängenden Bindegewebsfasern reißen.

Links: Die Hebelgröße ist dem Wurzelquerschnitt angepaßt.

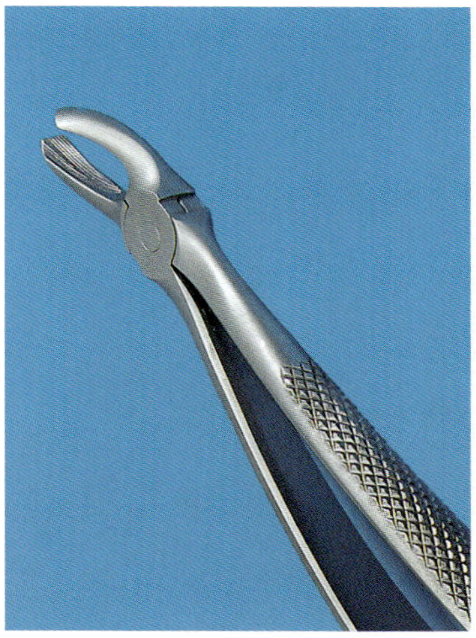

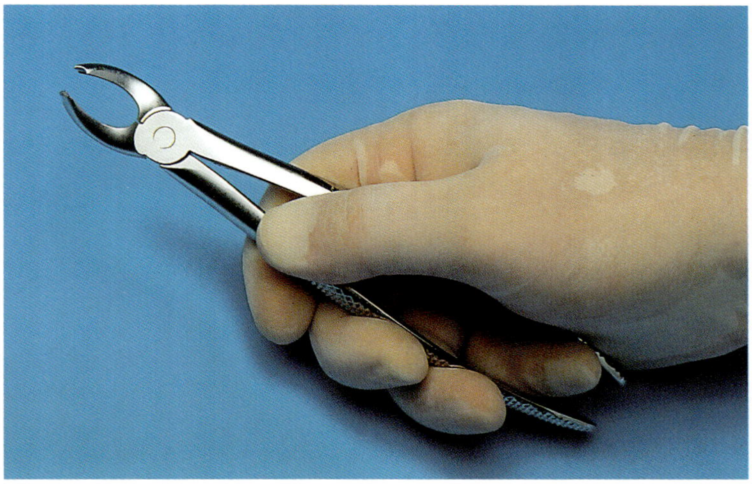

119 Entfernung des Zahnes – Einsatz der Zahnzange
Entsprechend der Wurzelform ist die Oberkiefermolarenzange paarig vorhanden. Die Handhabung läßt kräftige Manipulationen mit sicherer Führung zu.

Links: Zange für Molaren im rechten Oberkiefer.

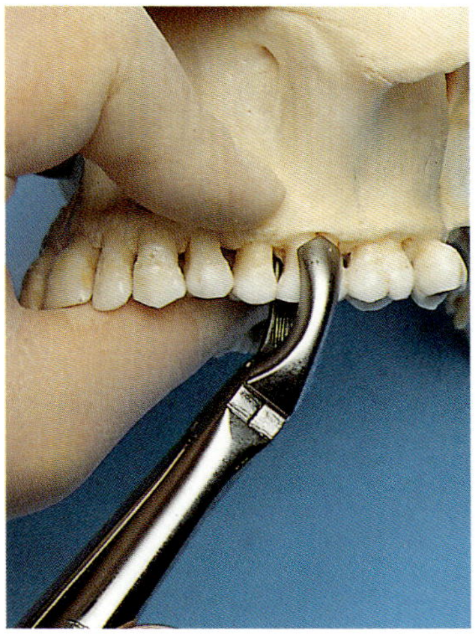

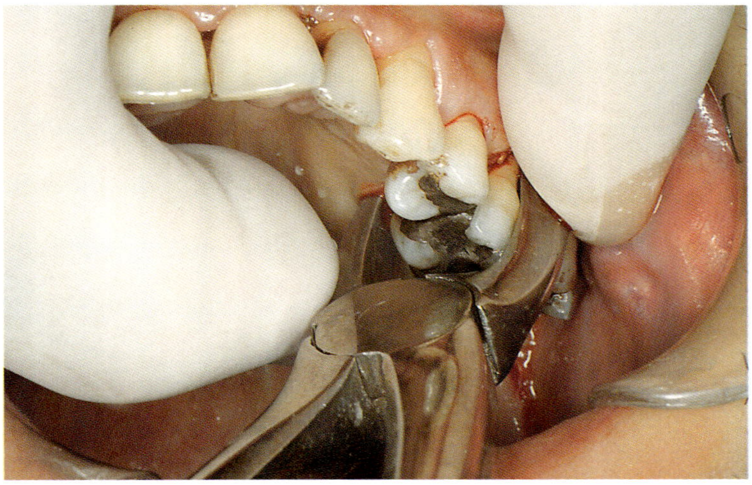

120 Einsatz der Zahnzange
Demonstration des Zangeneinsatzes im linken Oberkiefer, die Branchen fassen den Zahn im Übergang zur Wurzel.

Links: Die Zahnluxation erfolgt durch sagittale Bewegungen unter Druck bei gleichzeitigem Schutz des Alveolarfortsatzes mit der anderen Hand: kontrollierte Fraktur des Alveolenfaches auf der bukkalen Seite.

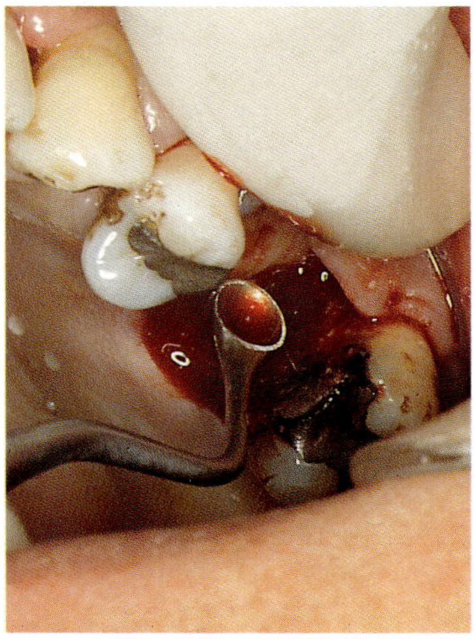

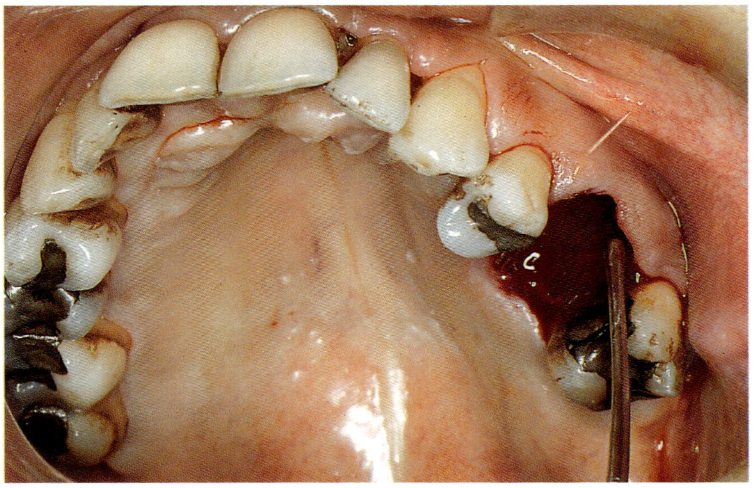

121 Kürettage der Alveole
Der Alveolenfundus wird mit der Knopfsonde abgetastet. Eine Verbindung zur Kieferhöhle wird dabei sicher entdeckt. Die Blasprobe (Luft durch die zugehaltene Nase pressen) ist nicht immer ein verläßliches Zeichen einer Mund-Antrum-Verbindung.

Links: Nach Entfernung des Zahnes wird die Alveole mit einem scharfen Löffel von etwa vorhandenem entzündlichen Gewebe gesäubert.

122 Entfernung einzelner Wurzeln
Die Entfernung von Molaren bei starker Zerstörung oder bei ausgeprägter Wurzelkrümmung erfolgt durch Teilung des Zahnes und Entfernung der einzelnen separierten Wurzeln.

Rechts: Rille fräsen zur Abtrennung der Krone mit dem geraden Hebel.

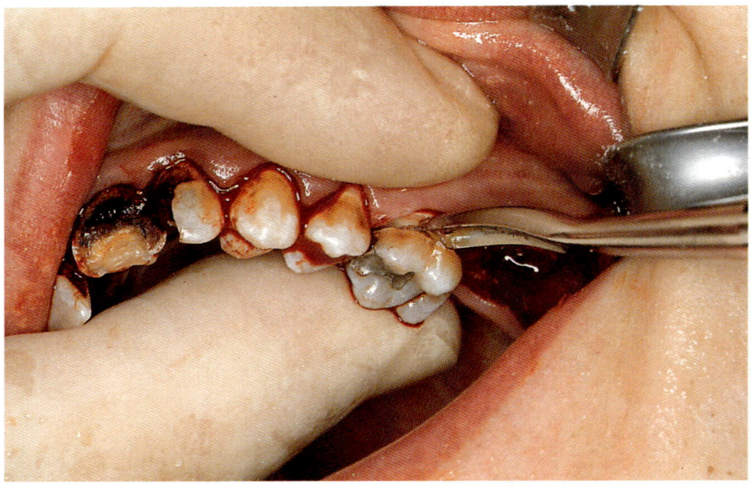

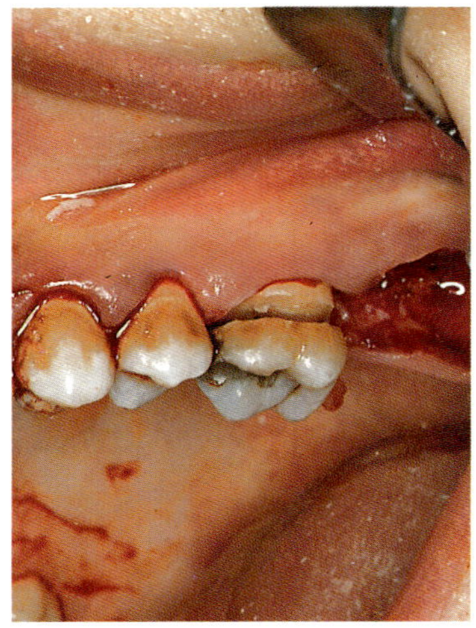

Ⓢ

123 Trennung der Wurzeln
Nach Entfernung der Krone werden die Wurzeln mit einem Hartstahlfissurenbohrer getrennt.

Rechts: Trennung der Molaren entsprechend der Wurzellage.

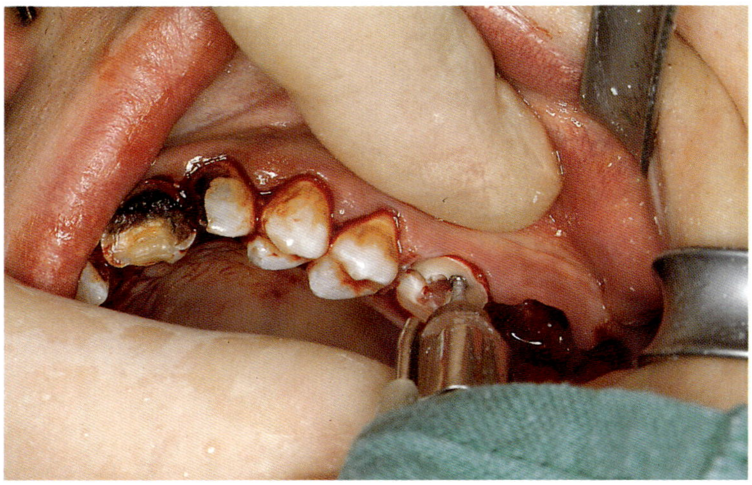

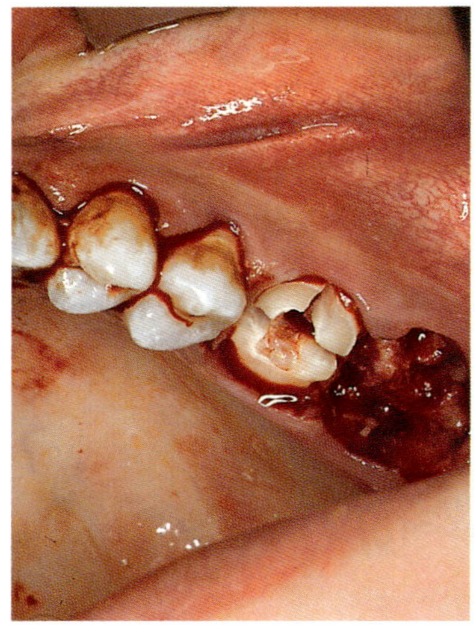

124 Einsatz des geraden Hebels
Die separierten Wurzeln können jetzt mit dem geraden Hebel durch leichte Drehbewegung gesprengt werden. Die Druckrichtung apikal birgt die Gefahr der Luxation in die Kieferhöhle in sich!

Rechts: Schema des Einsatzes gerader Hebel.

1 Luxation der Wurzel mit leichtem Druck und vorwiegend drehender Bewegung des Hebels.
2 Luxation der Wurzel wie bei 1 mit zusätzlicher Kippbewegung nach distal.

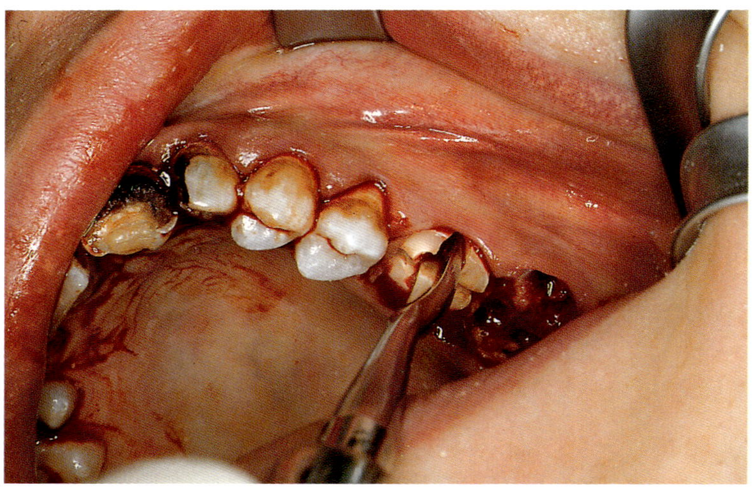

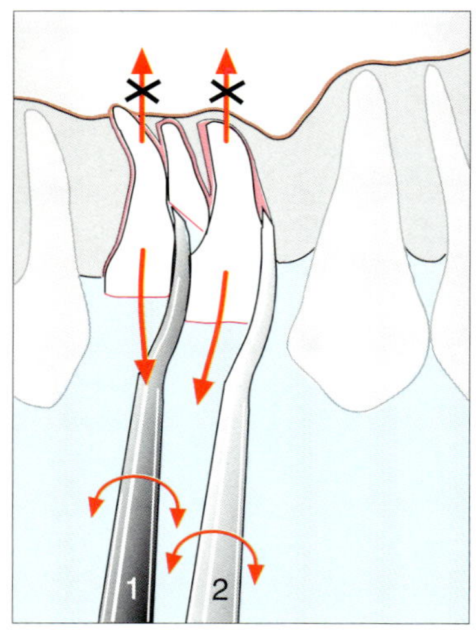

125 Wurzelzange
Die gelockerten Wurzeln werden einzeln mit der spitzen, möglichst diamantierten Wurzelzange entfernt.

Rechts: Wurzelzange in der Übersicht.

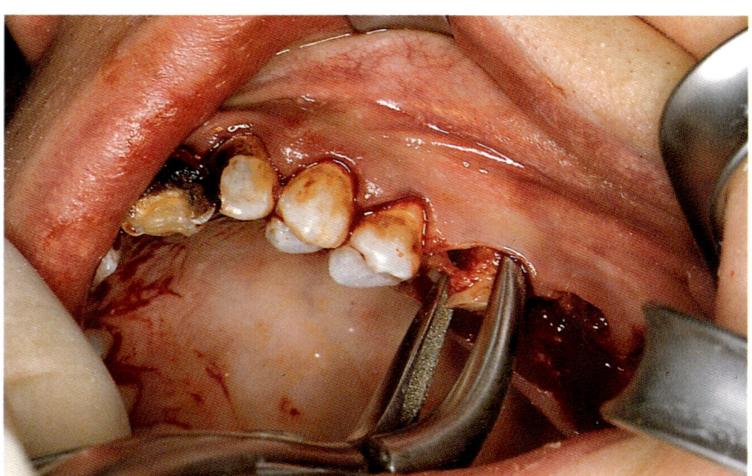

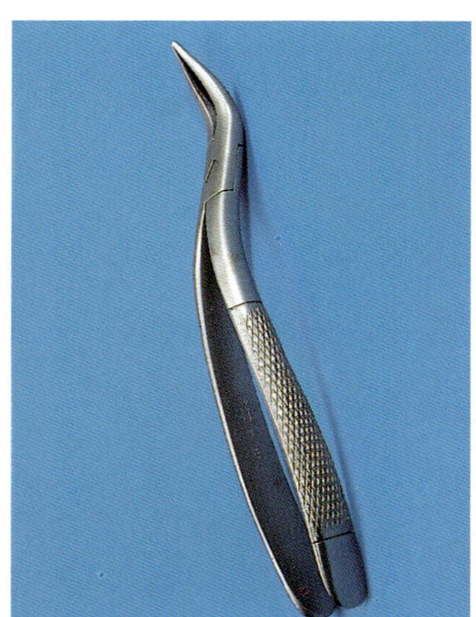

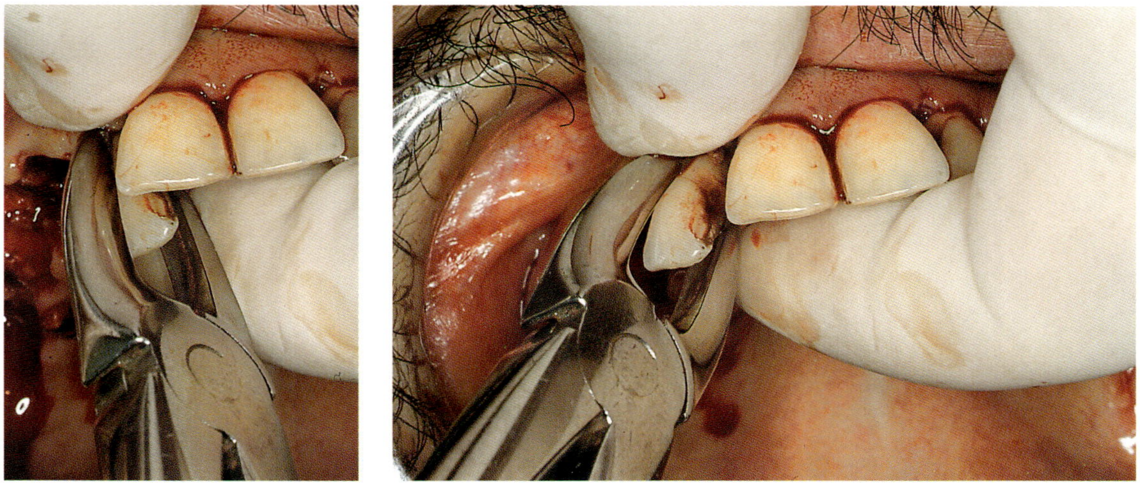

126 Entfernung der Oberkieferprämolaren und der -frontzähne
Unter Beachtung der Wurzelform werden die Zähne durch Kippdrehbewegung luxiert und mit der Zange entfernt. Das Alveolenfach wird anschließend komprimiert.

Links: Luxation von Zahn 12 nach palatinal.

Ⓢ

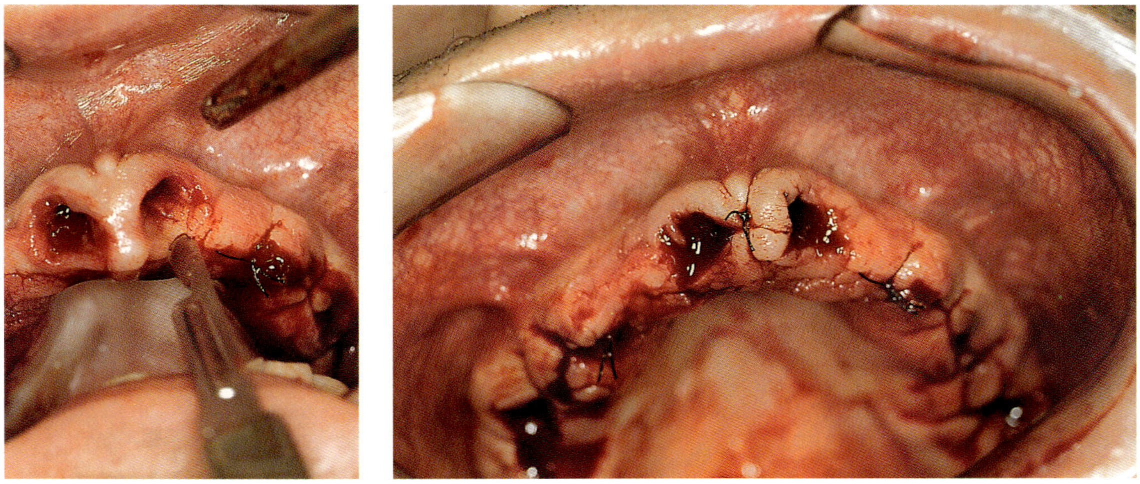

127 Wundversorgung
Bei Mehrfachextraktionen soll die Gingiva durch Situationsnähte adaptiert werden. Dabei ist auf die Erhaltung der Papillen zu achten. Die kreuzweise Vernähung mit versetzten Papillen bringt möglicherweise Probleme für die Ästhetik bei der festsitzenden prothetischen Versorgung.

Links: Überschüssige Gingiva wird zurückhaltend entfernt.

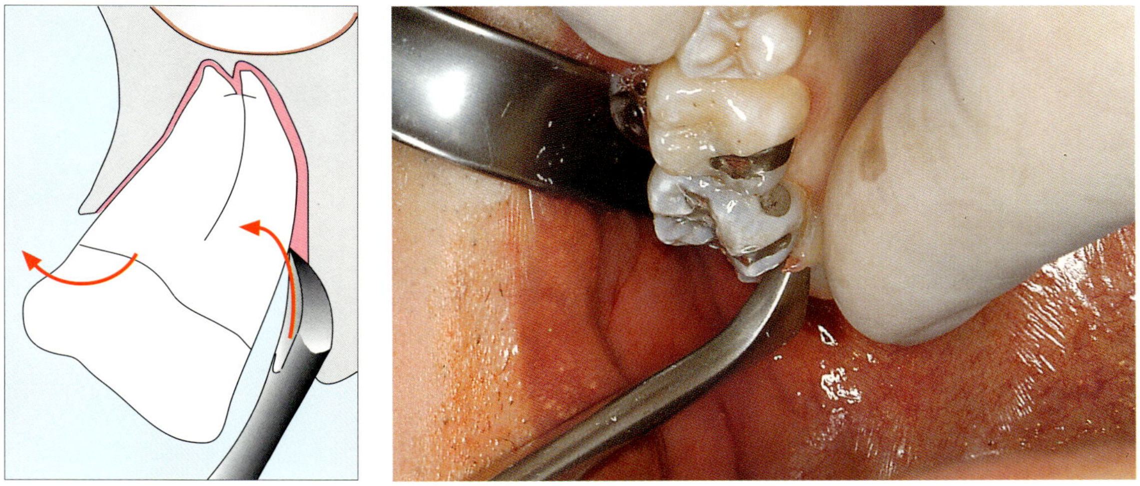

128 Weisheitszähne im Oberkiefer
Sie können meist mit dem Winter-Hebel von palatinal her nach bukkal luxiert werden.

Links: Schema des Einsatzes des Winter-Hebels.

Ⓢ

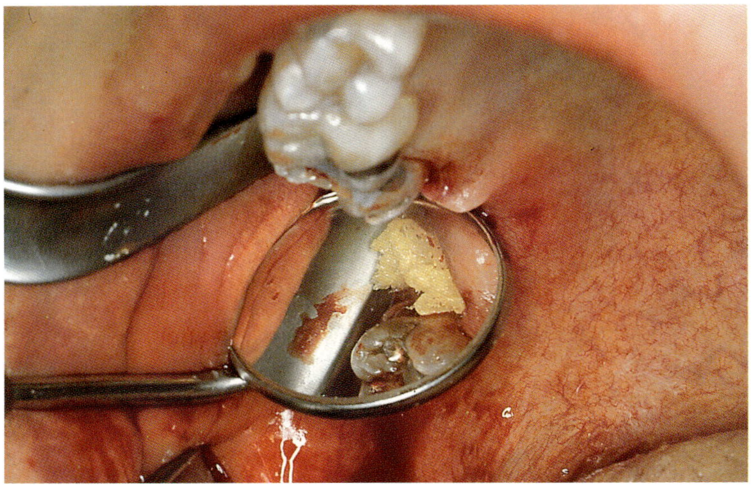

129 Wundversorgung
Sie kann bei ausbleibender Koagulumbildung durch lockere Tamponade erfolgen. Bei akzidenteller Eröffnung der Kieferhöhle ist zu entscheiden, ob ein dichter plastischer Verschluß erfolgen muß (weite Eröffnung, kurze Alveole) oder ob mit oberflächlichem Verband und Abdichtung mit Acetonklebstoff ein Spontanverschluß abgewartet werden kann (kleine Eröffnung, lange Alveole).

Reihenextraktionen

Bei der Entfernung mehrerer nebeneinander stehender Zähne sind folgende Maßnahmen besonders zu beachten:

- Kammerhaltung durch schonende Luxation der einzelnen Wurzeln, Teilung der Wurzeln bei Molaren.
- Korrekturen am Kamm bei störenden ausladenden Knochenkanten, eventuell Abtragen mit Luer-Zange oder Fräse. Durch Entfernung von interradikulären Septen kann die seitlich vorstehende Alveolenwand eingedrückt werden (s. auch unter Knochenkorrekturen, S. 297).
- Adaptation der Weichteile durch Papillennähte im Frontbereich, um die Gingivakonfiguration zu erhalten, und durch versetzte Papillennähte im Seitenzahnbereich, um eine möglichst rasche Verheilung zu erreichen.

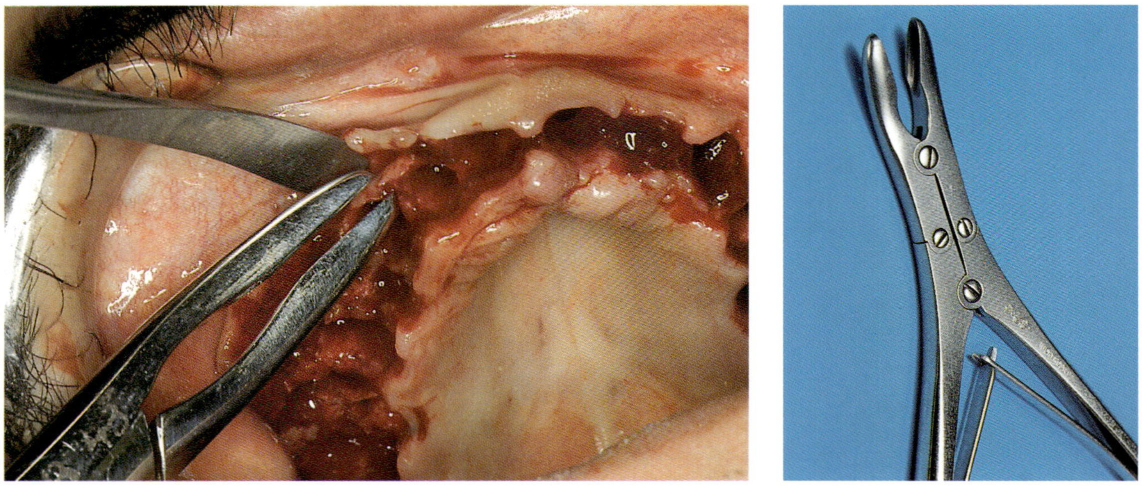

130 Reihenextraktionen – Kammkorrekturen
Bei Serienextraktionen sollen scharfe vorstehende Knochenkanten geglättet werden.

Rechts: Mit der Luer-Zange können spitze Stellen ausgeglichen werden.

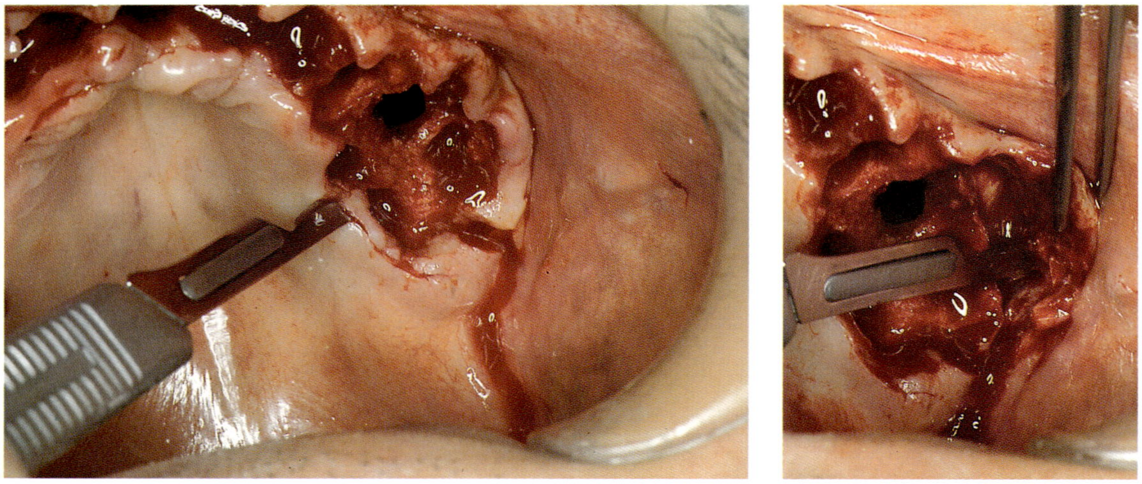

131 Wundverschluß
Nach Totalräumungen wird die Knochenwunde möglichst eng verschlossen.

Rechts: Bei eröffnetem Sinus wird durch vestibuläre Lappenverlängerung über dem Knochen vernäht.

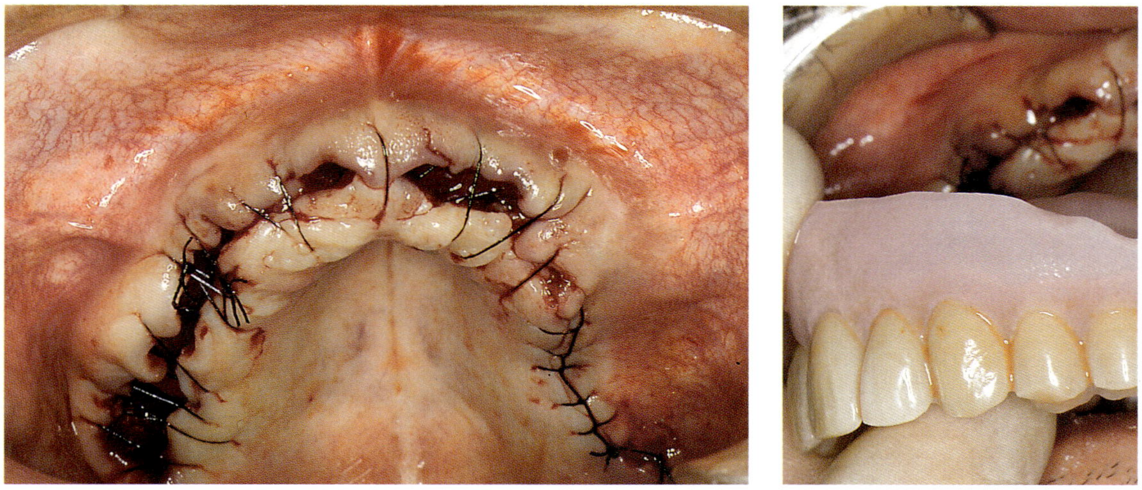

132 Wundverschluß
Fortlaufende Naht über dem Kamm und Matratzennaht bei Zahn 26 zum dichten Verschluß bei offener Kieferhöhle.

Rechts: Die vorbereitete Immediatprothese wird angepaßt und sogleich eingesetzt.

Extraktionen im Unterkiefer

Der Unterkiefer ist in seiner Stabilität bedeutend weniger nachgiebig und erfordert deshalb häufiger die Teilung eines mehrwurzligen Zahnes.

Bei der Kürettage der Alveolen im Seitenzahnbereich ist die Lage des Mandibularkanals zu beachten.

Die Heilungstendenz ist wegen der massiven Kompakta bei nicht sehr gut durchbluteter Spongiosa schlechter als im Oberkiefer. Extraktionen mit Quetschungen des Knochens durch Manipulationen mit dem Hebel oder durch die Zahnluxation an sich führen leicht zu einer Heilungsstörung oder einem Dolor post extractionem. Die Vorbeugung gegen solche Komplikationen besteht im Legen eines Verbandes mit einem Jodoform-Vaseline-Streifen.

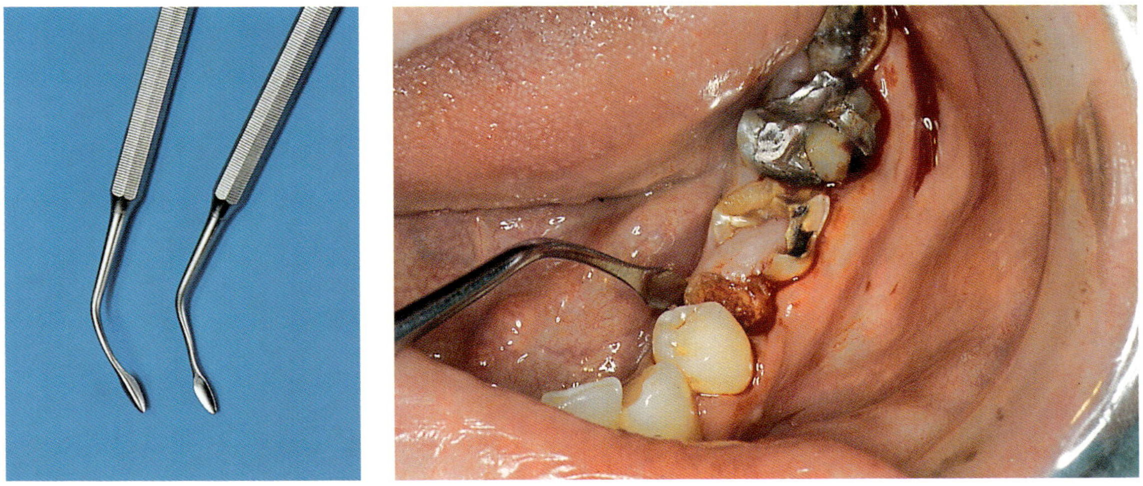

133 Entfernung der Unterkiefermolaren
Lösung des Desmodonts mit dem Desmotom.

Links: Im Unterkiefer werden entsprechend abgewinkelte paarige Desmotome verwendet.

Ⓢ

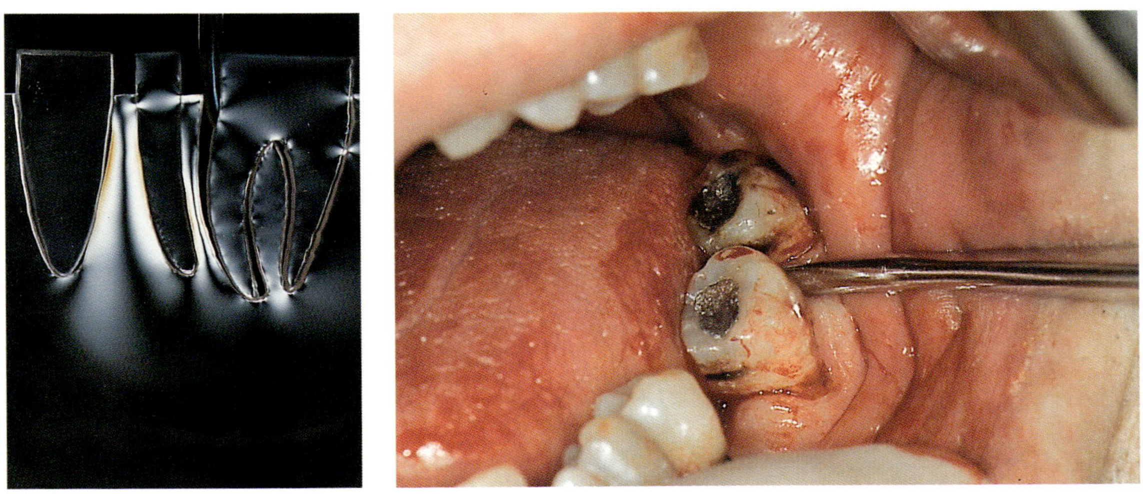

134 Einsatz des geraden Hebels
Die Luxation mit dem Hebel muß die Kraftwirkung auf die Nachbarzähne berücksichtigen. Die Kräfte bei unsachgemäßem Hebeleinsatz sind reziprok!

Links: Polarisiertes Licht macht die Kraftwirkung auf die Nebenzähne sichtbar.

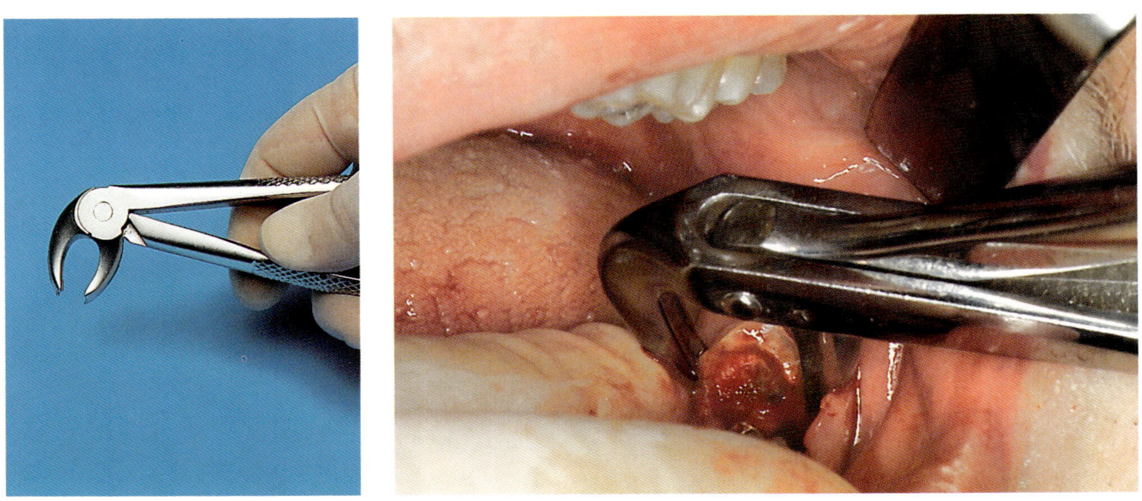

135 Einsatz der Zange
Die Entfernung des luxierten Zahnes erfolgt mit der Zange.

Links: Unterkieferzangen sind entsprechend dem Verwendungszweck abgewinkelt und weisen zugespitzte Branchen auf.

136 Entfernung von Unterkiefermolaren mit der Kuhhornzange
Sie erleichtert die Luxation der Molaren bei offener Furkation.

Rechts: Die Branchen greifen in die Furkation und heben den Zahn beim Zudrücken aus der Alveole.

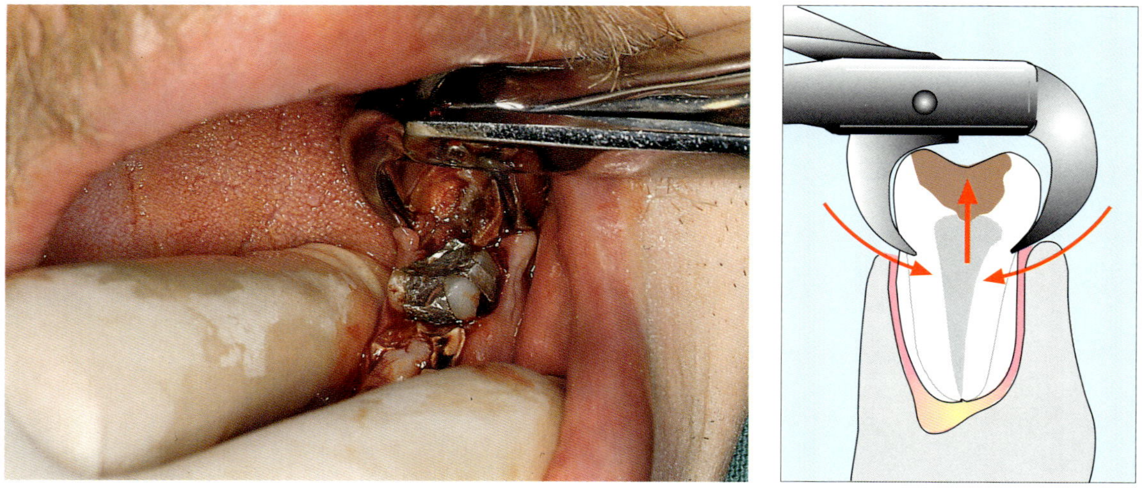

137 Entfernung einzelner Wurzeln – Trennung der Wurzeln
Stark zerstörte Molaren und Zähne mit besonders starker Wurzelkrümmung werden in der Furkation getrennt, die Wurzeln werden einzeln entfernt.

Rechts: Sprengen und Luxation der abgetrennten Wurzel mit geradem Hebel.

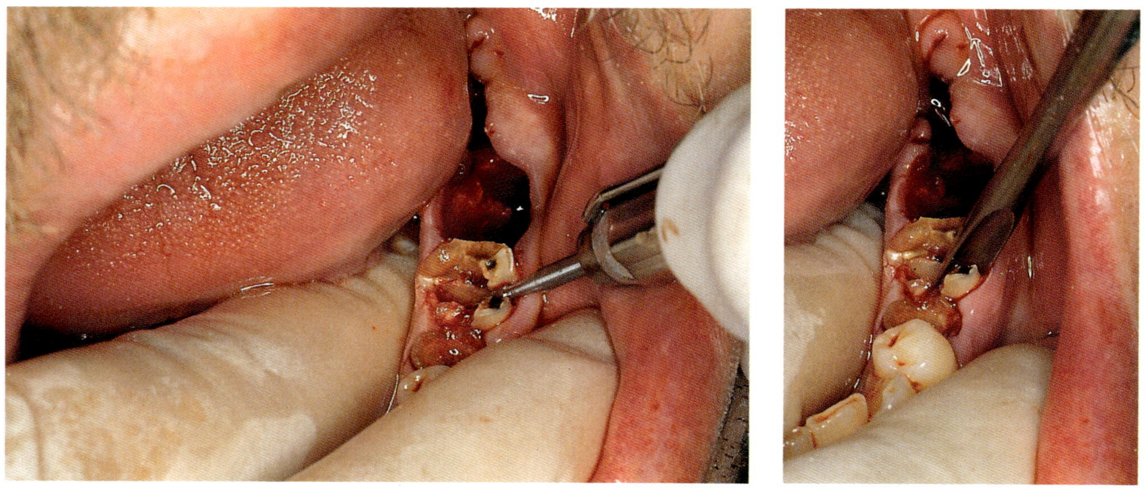

138 Krallenhebel
Nach Entfernung der einen Wurzel kann der verbliebene Zahnteil von der leeren Alveole her luxiert werden.

Rechts: Schema des Einsatzes des Krallenhebels.

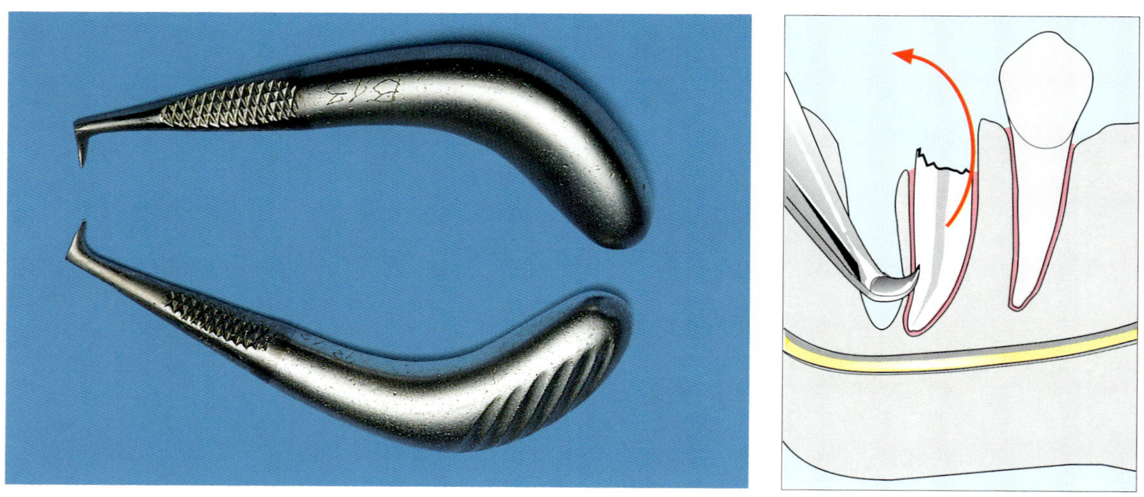

139 Haftung des Krallenhebels
Je nach Haltung des Hebels kann mit mehr Gewalt oder mit sanfter Einwirkung gearbeitet werden.

Rechts: Durch Halten des Krallenhebels in der Faust kann eine sehr große, dosierte Kraftwirkung entwickelt werden.

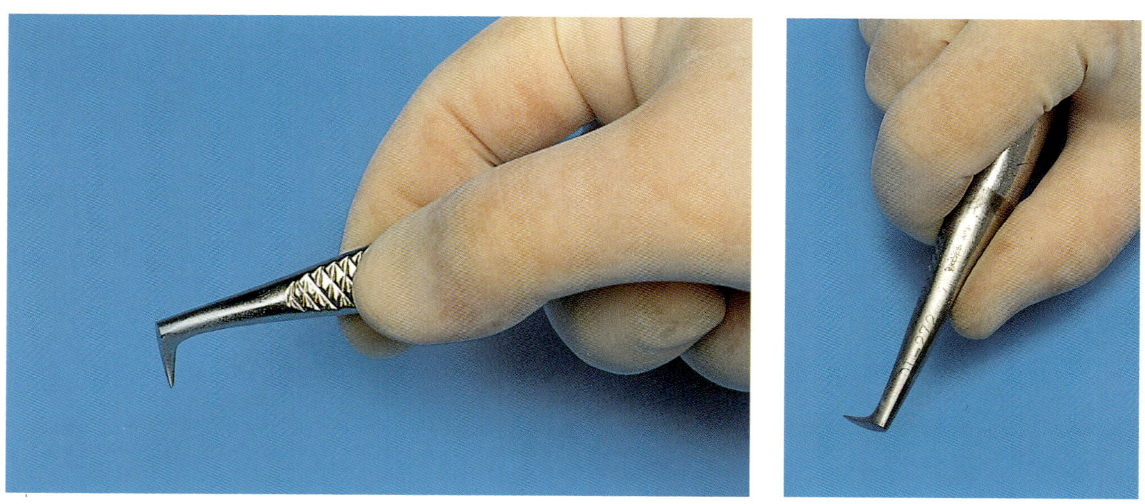

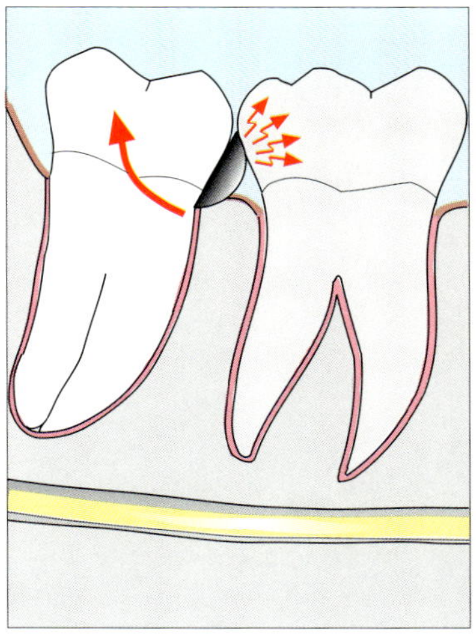

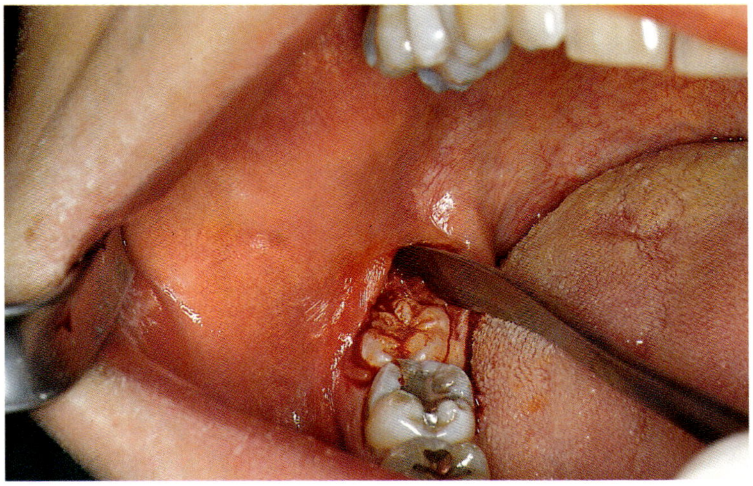

140 Entfernung unterer Weisheitszähne – Einsatz des Le-Cluse-Hebels

Mehr oder weniger normal positionierte Zähne ohne ungünstige Wurzelbildung können mit dem Le-Cluse-Hebel nach distal-bukkal luxiert werden. Distal der Krone muß Platz für die Luxationsbewegung vorhanden sein.

Links: Schema des Einsatzes von Le-Cluse-Hebel. Man beachte die reziproke Kraftwirkung.

Ⓢ

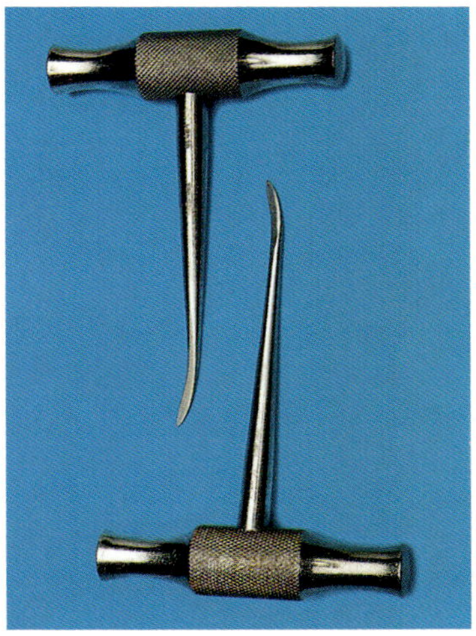

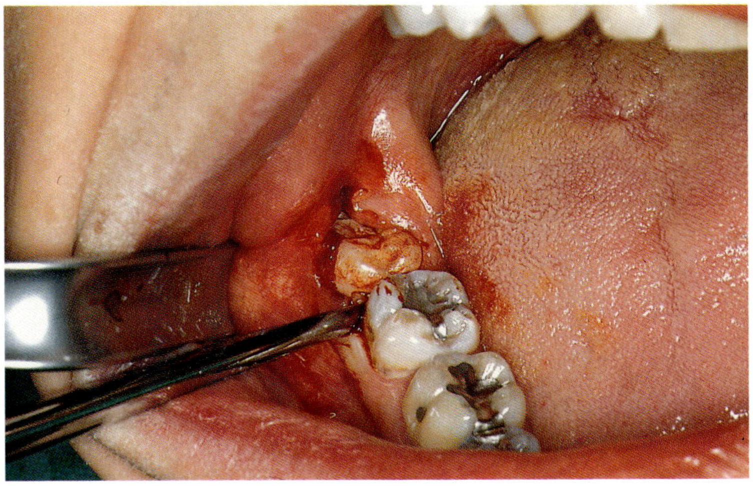

141 Le-Cluse-Hebel

Beim Einsatz ist auf den anschließenden 2. Molaren zu achten. Bei bestehenden Lücken ist besondere Sorgfalt zu verwenden, um nicht ungewollt Nachbarzähne zu bewegen oder Füllungen zu luxieren.

Links: Le-Cluse-Hebel mit ihren beiden Orientierungen in der Übersicht.

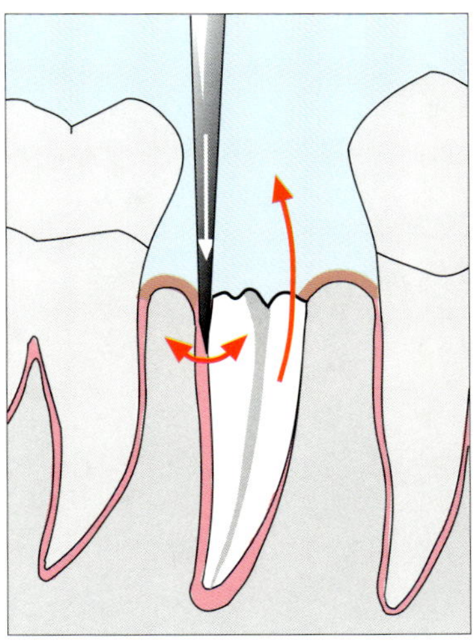

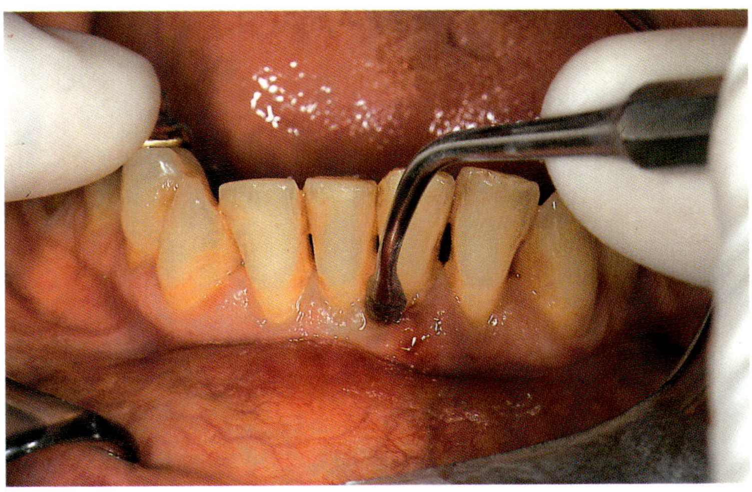

142 Entfernung der Unterkieferfrontzähne

Die Luxation erfolgt durch linguobukkale Bewegung des Zahnes.

Schema links: Mit dem schmalen geraden Hebel kann die Luxation der Wurzel durch drehende und leicht drückende Bewegungen nach kranial erreicht werden.

Ⓢ

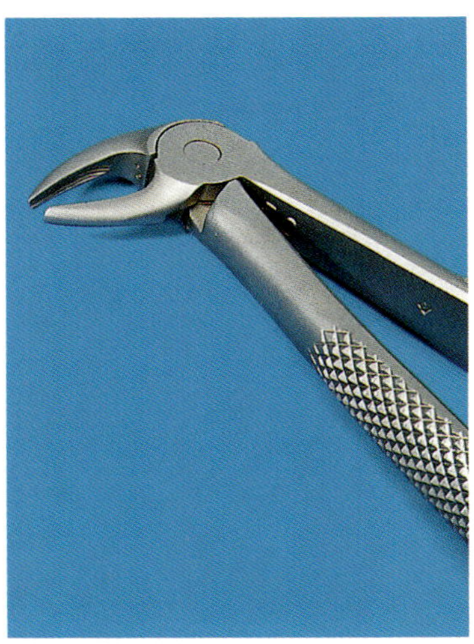

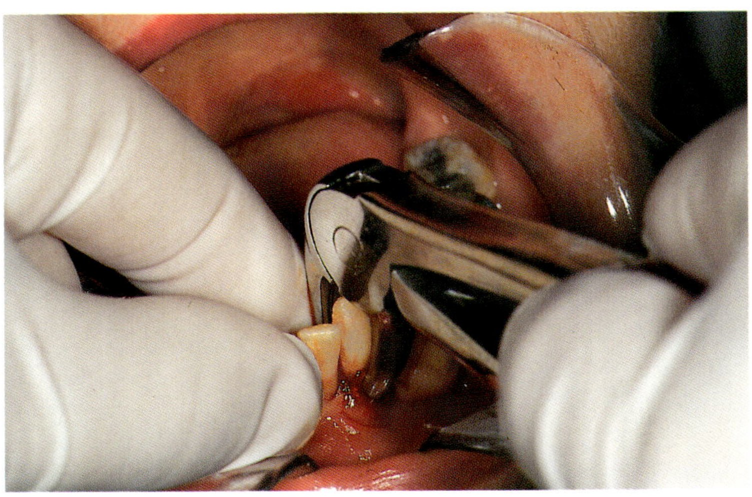

143 Einsatz der Zahnzange

Mit der Zange wird der Zahn entfernt und die Alveole komprimiert.

Links: Extraktionszange für schmalwurzlige Unterkieferzähne.

Aufklappung

Der Zugang zur Ostektomie erfolgt über eine Mukoperiostlappenbildung mit Gingivalrandschnitt und einem oder zwei seitlichen Entlastungsschnitten. Die Schnittführung muß die lokale Anatomie berücksichtigen. Im Prämolarenbereich des Unterkiefers muß der N. mentalis beim Austritt aus dem Foramen mentale dargestellt werden.

Zur Erhaltung der Kammhöhe und Vermeidung lateraler Defekte wird apikal ostektomiert und der Wurzelrest mit dem Winter-Hebel nach koronal luxiert. Die Entfernung der bukkalen Kompaktawand zur Entfernung eines Wurzelrestes lehnen wir ab.

144 Entfernung von Wurzelresten – Lappenbildung
Durch vestibuläre Lappenbildung wird der Knochen bis apikal der Wurzel entblößt. Hier wird die operative Entfernung der Wurzelreste 34 und 35 gezeigt: Der N. mentalis muß an seiner Austrittsstelle dargestellt werden, damit eine ungewollte Verletzung vermieden wird. In der Apexgegend wird die Kortikalis bis zur Wurzeloberfläche durchbohrt.

Rechts: Röntgenbilder der Wurzeln der Zähne 34/35.

Ⓐ

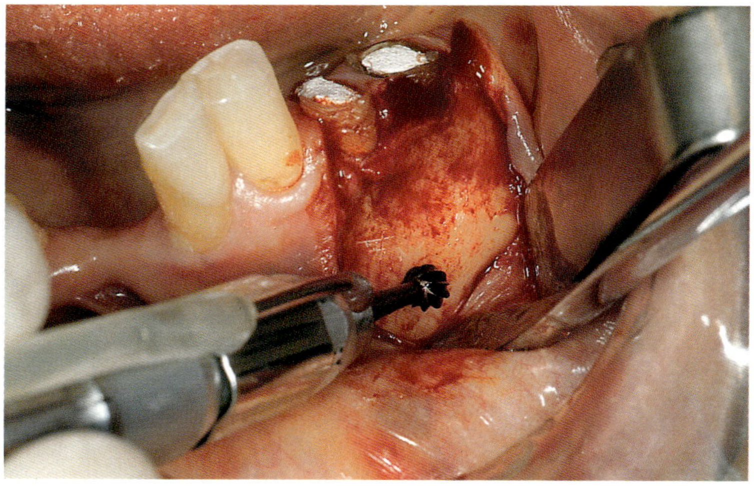

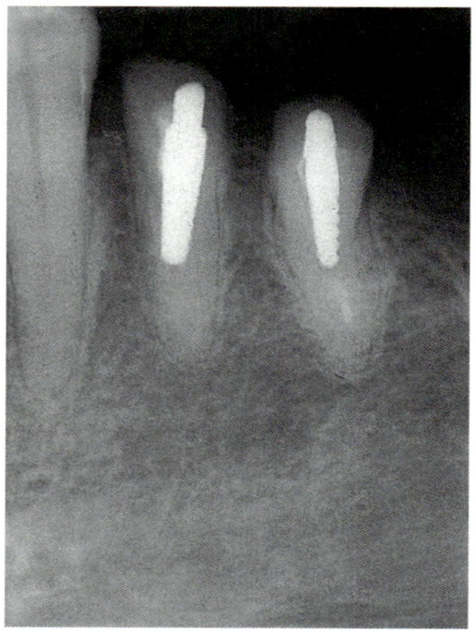

145 Apikale Osteotomie
Durch die Osteotomieöffnung kann die Wurzel unter Belassung der übrigen Alveolenwand nach kranial herausgedrückt werden.

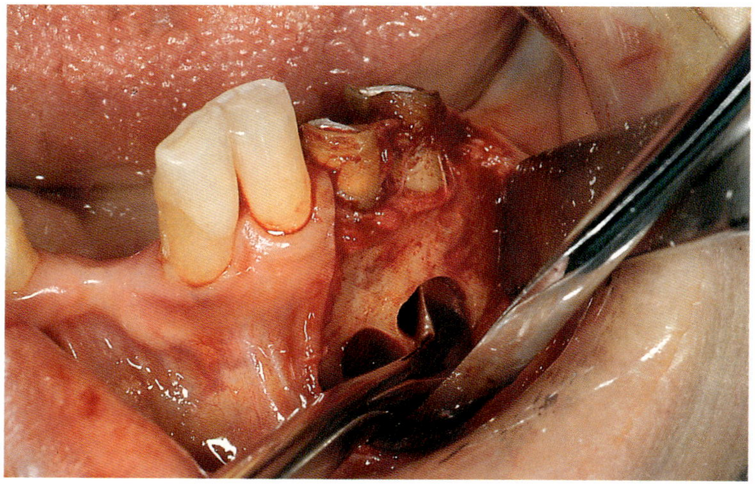

146 Luxation von apikal
Die gelösten Wurzeln werden mit der spitzen Zange entfernt und die Wunde vernäht. Die leeren Alveolen bleiben der offenen Wundheilung überlassen.

Rechts: Durch Anbringen einer Rille in der Apexgegend wird eine Retention für den Hebel geschaffen.

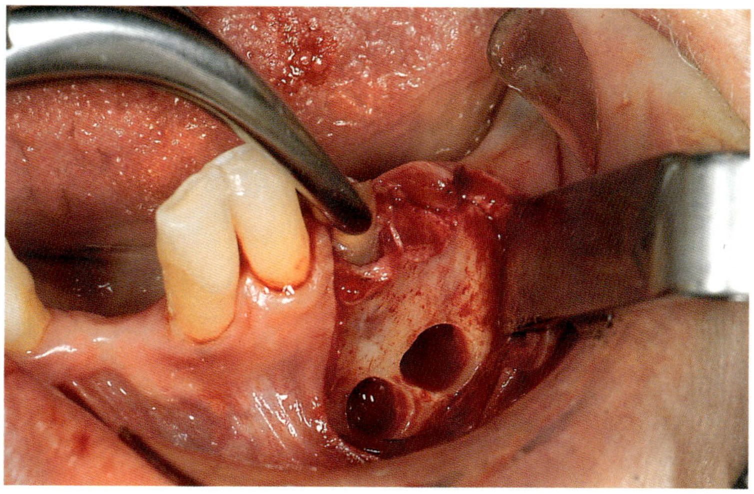

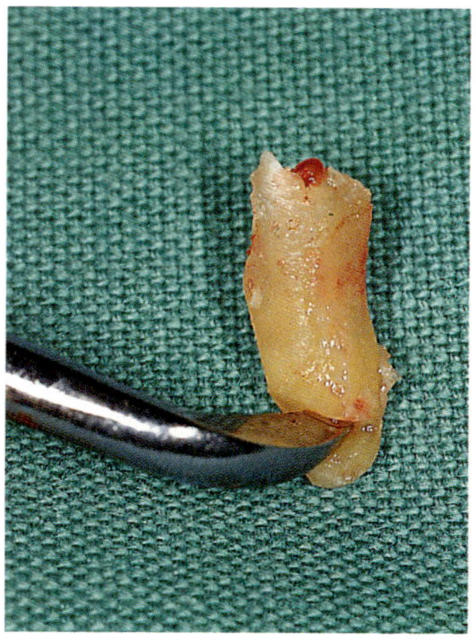

Radix relicta

Alte belassene Wurzelreste sollen unter Schonung des Kammes mit lateraler apikaler Ostektomie entfernt werden. Die Lokalisation eingeheilter Wurzelreste oder Fremdkörper muß radiologisch durch Aufnahmen aus zwei Richtungen erfolgen. Eine Wachsplatte mit verschieden geformten und positionierten Metallkörpern (z.B. bei Büroklammern) kann als Röntgenschablone die eindeutige räumliche Lokalisation im Kiefer auf dem Röntgenbild darstellen. In extremen Fällen und bei anatomischen Risiken ist auch eine CT zu erwägen.

Die Indikation zur Entfernung ist im Einzelfall zu klären. Grundsätzlich müssen Wurzelreste mit entzündlichen Erscheinungen und vor zahnärztlichen Rekonstruktionen in deren Bereich beseitigt werden. Als manifeste oder potentielle Herde ist ihre Entfernung vor Radiotherapie und Immunsuppression angezeigt.

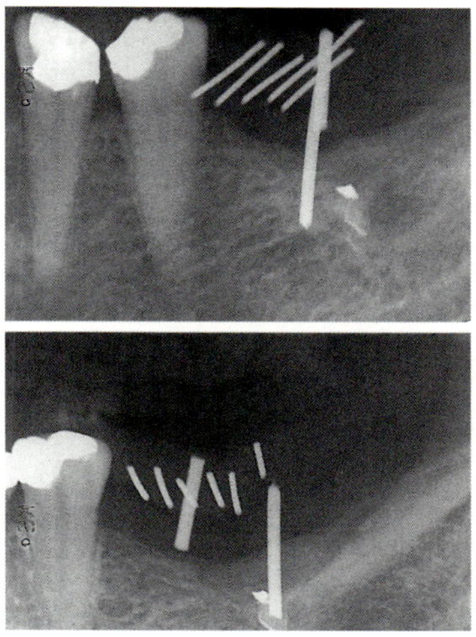

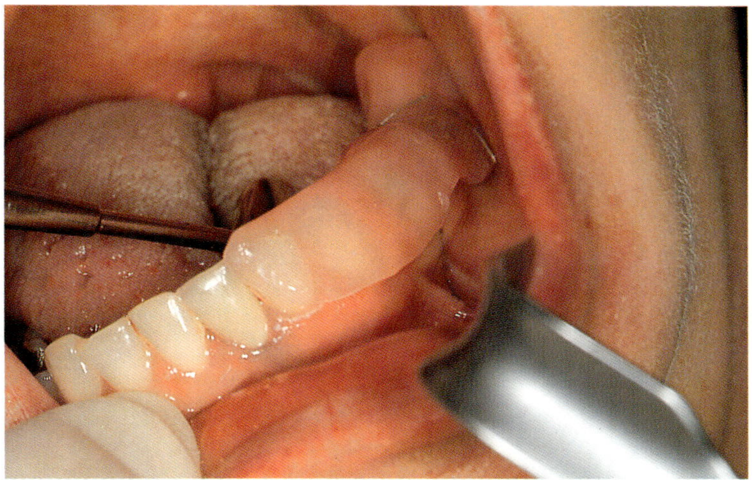

147 Radix relicta – Lokalisation
Der eingeheilte Wurzelrest muß zuerst lokalisiert werden. Dazu eignet sich eine Wachsschablone mit vestibulär und lingual liegenden Metalldrähten, mit der zwei Röntgenaufnahmen in verschiedener Richtung angefertigt werden.

Links: Die zwei exzentrisch angefertigten Röntgenaufnahmen zeigen die linguale Lage des Fremdkörpers.

Ⓐ

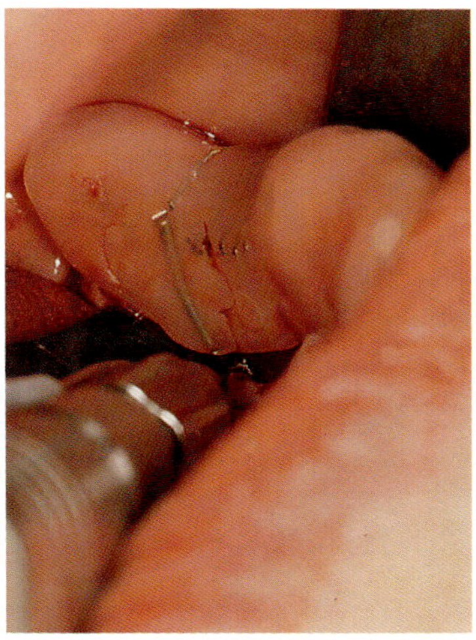

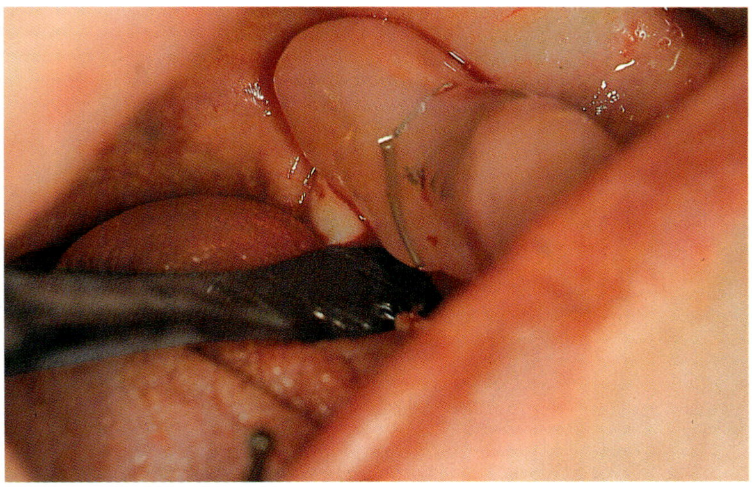

148 Linguale Lappenbildung
Mit der Wachsschablone in situ wird hier der Wurzelrest aus der lingualen Lage entfernt. Dazu ist eine Lappenmobilisation von 37 bis 42 erforderlich, um lingual Übersicht zu gewinnen.

Links: Ostektomie unter Orientierung an der Schablone.

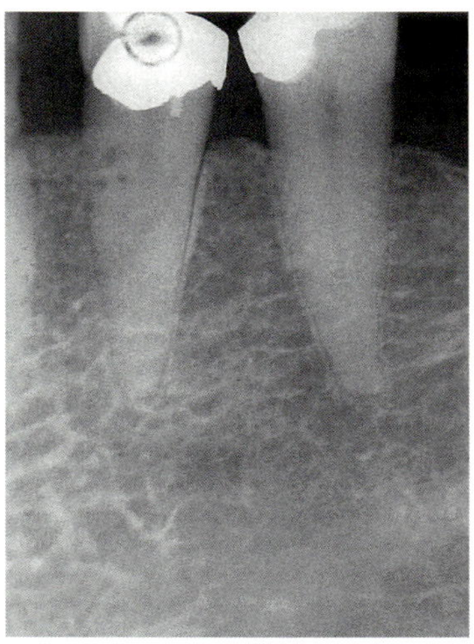

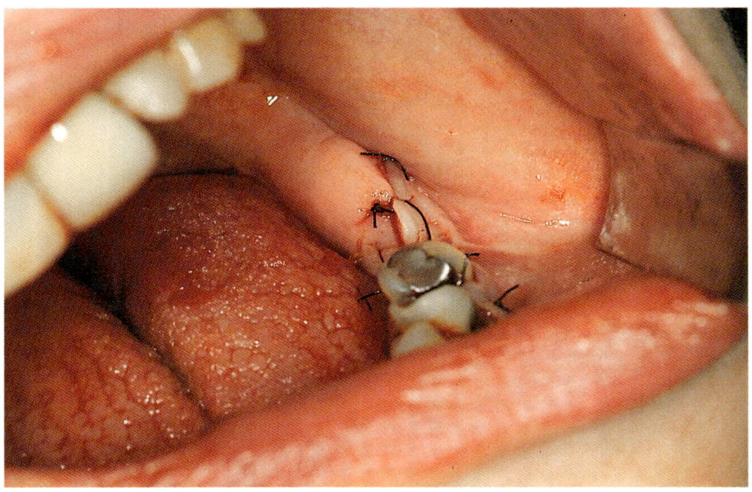

149 Röntgenkontrolle
Nach Wundverschluß muß die vollständige Entfernung der Radix relicta radiologisch überprüft werden.

Links: Verschluß der Wunde mit Einzelknopfnähten und Matratzennaht bei der Ostektomiestelle.

Komplikationen

Dolor post extractionem

Fehlt die Koagulumbildung oder zerfällt das Koagulum später aus irgendwelchen Gründen (Infektion, Spülungen usw.), kann es zu einer lokalen Ostitis kommen (Alveolitis sicca dolorosa, fibrinolytic alveolitis, dry socket).

Die Wundheilungsstörung ist mit starken lokalen Schmerzen verbunden und tritt meist schon 2–3 Tage nach der Extraktion auf.

Der Lokalbefund zeigt heftigen Berührungsschmerz und Rötung der umgebenden Gingiva und Schleimhaut. Die Alveole ist leer oder mit Detritus gefüllt (Zimmermann u. Mitarb. 1992). Granulationen fehlen, die Knochenoberfläche liegt blank.

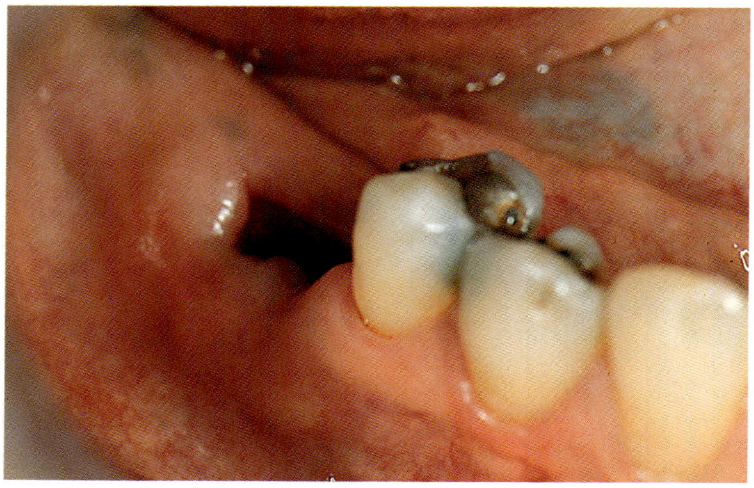

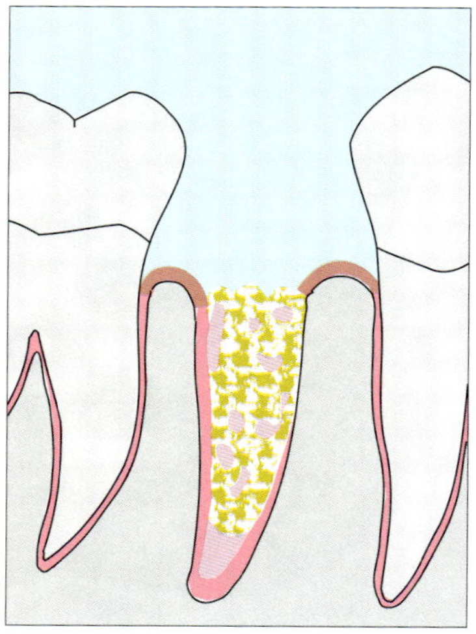

150 Komplikationen – Dolor post extractionem
Die Behandlung besteht in der sanften Säuberung der Alveole mit Entfernung der zerfallenen Anteile des Koagulums, Spülung mit H_2O_2-Lösung und Versorgung mit einem schmerzstillenden Verband – JVD mit Lidocaingelée.

Rechts: Schema der Lage des Verbandes in der Alveole.

Therapie

Zuerst vergewissert man sich, daß keine andere Ursache für den infektiösen Zustand verantwortlich ist (z.B. ein Wurzelrest!). Eine Röntgenaufnahme gibt sicheren Aufschluß darüber. Die Wunde wird nach Leitungsanästhesie vorsichtig gereinigt, sanfte Kürettage und Spülung mit H_2O_2- und Kochsalzlösung. Wundverband mit einem Jodoformstreifen, der mit Anästhesingel beschickt ist.
Verbandwechsel und Wiederholung des Prozederes erfolgt in Abständen von drei Tagen, bis die Schmerzen nachlassen und Granulationen in der Alveole sichtbar werden. In sehr hartnäckigen Fällen ist eine Wundrevision in Lokalanästhesie erforderlich. Bei beginnender Infektausbreitung ist der Einsatz von Antibiotika angezeigt.

Zahnfraktur und Dislokation von Wurzeln

Bei der Indikationsstellung zur Entfernung sind analoge Überlegungen wie bei der Radix relicta anzustellen.

Therapie

Sind Wurzelfragmente von infizierten Zähnen in die Umgebung luxiert worden, ist die sofortige operative Entfernung notwendig. Eine Infektionsprophylaxe mit Antibiotika ist in entsprechenden Situationen notwendig (Freyberger 1971, Paulsen 1979).

Knochenfraktur

Meist handelt es sich um Alveolarfortsatzfrakturen, lokalisiert und nur einseitig, oralseits oder vestibulär.

Therapie

Reposition des Fragmentes und Fixation der Wundränder mit Naht genügt in den meisten Fällen. Ausgedehnte Defekte können durch Verlust von Knochenfragmenten entstehen und erfordern Wundverband und evtl. später eine Rekonstruktion.

Beschädigung von Nachbarzähnen und Zahnkeimen

Unsachgemäßer Einsatz von Instrumenten kann zu Verletzung oder Luxation von Nachbarzähnen führen.

Therapie

Reposition und Überwachung bis zu einem halben Jahr sind notwendig, um entsprechende Folgen beurteilen und Maßnahmen treffen zu können. Offene Information des Patienten und Behebung der Folgeschäden ohne Belastung des Patienten sind notwendig, um juristische Nachspiele zu vermeiden.

Nachblutung

Unter Nachblutung verstehen wir das Wiederauftreten einer kontinuierlichen Blutung aus dem Extraktionsgebiet, die nach Stunden oder Tagen auftreten kann. Als Ursachen kennen wir Fehlverhalten des Patienten (Spülungen), mangelnde chirurgische Technik mit Verletzungen von Weich- und/oder Knochenteilen und hämorrhagische Diathesen (unerkannte Gerinnungsstörungen oder Antikoagulation, Schmerzmittelabusus), Bluthochdruck oder massive körperliche Anstrengung des Patienten. Eine Infektion muß immer ausgeschlossen werden (Becker 1974, Oatis u. Mitarb. 1986).

Therapie

Provisorische Blutstillung durch Tamponade und Kompression. Beurteilung des Allgemeinzustandes des Patienten und Abschätzung des Blutverlustes. Bestimmung der Pulsfrequenz und des Blutdruckwertes. Eine Hämatokritbestimmung sollte nach längerdauernder Blutung nicht unterlassen werden.

Die Ergänzung der Anamnese soll unerkannte Faktoren beleuchten. Allenfalls muß die Rücksprache mit dem Hausarzt des Patienten weiteren Aufschluß geben.

Die Blutungsquelle muß aufgesucht werden, allenfalls in Lokalanästhesie. Allerdings soll nicht in der Nähe der Blutungsstelle infiltriert werden, da der hämostatische Effekt des Anästhetikums das Erkennen der Blutungsquelle möglicherweise verhindert.

Bei Blutung aus den Weichteilen hilft meist die Tamponade. Dazu eignet sich ein ausgepreßter vaselinierter Jodoformstreifen, eventuell kombiniert mit Nähten und thermoplastischem Material (Stents) zur Kompression. Sichtbare blutende Gefäße sollen koaguliert oder ligiert werden. Lokale Kompressionsnähte oder Umstechungen können oft allein die Blutung zum Stillstand bringen.

Bei Blutungen aus dem Knochen ist das Verklopfen der blutenden Stelle ein gutes Mittel. Bei grobmaschiger Spongiosa muß eventuell ein kleines Knochenstück aus der Umgebung entnommen und eingeklopft werden. Lyophilisierter, steriler Bankknochen erfüllt denselben Zweck. Die Anatomie ist zu beachten (Canalis mandibularis). Kräftige Tamponade mit JVD und Druckmasse (Stents).

Bei Gerinnungsstörungen ist der Einsatz von Fibrinklebern sehr wirksam (Ilgenstein u. Mitarb. 1987, Fuchsjäger 1984).

Der Effekt der getroffenen Maßnahmen ist zu überprüfen, der Patient soll noch etwa eine halbe Stunde überwacht werden, bevor er nach Hause entlassen werden kann. In kritischen Fällen und bei Kreislaufinstabilität ist die Einweisung in eine Klinik erforderlich.

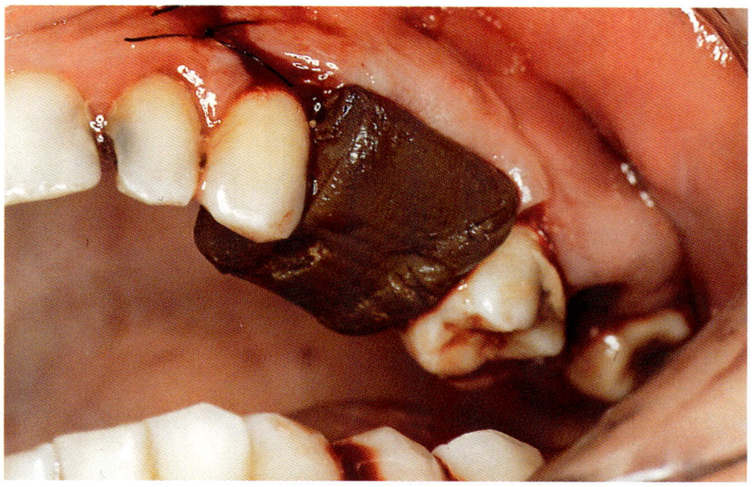

151 Nachblutung
Zuerst Säuberung und Suche nach der Blutungsstelle. Eine lokale Tamponade bringt Sickerblutungen zum Stehen.

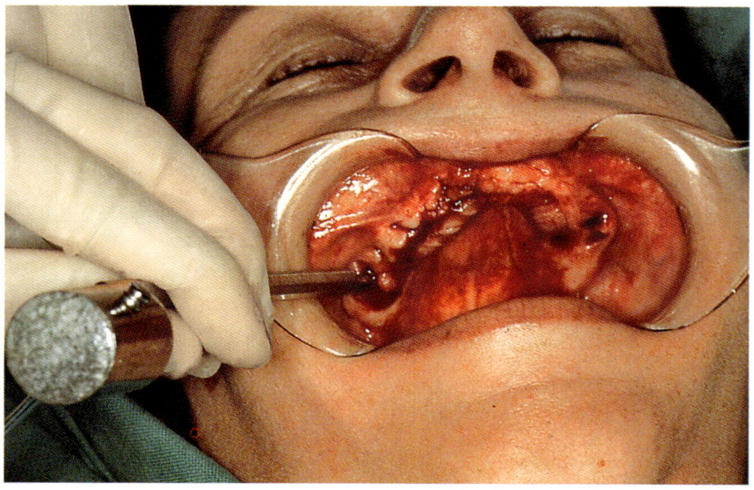

152 Nachblutung
Blutungen aus den Weichteilen werden durch straffe Nahtlegung gestillt. Der Erfolg der getroffenen Maßnahmen ist zu überprüfen.

Entfernung von Milchzähnen

Wurzelform und vorhandene Keime bleibender Zähne sind zu beachten. Bei Milchmolaren empfiehlt sich die Teilung des Zahnes und die separate Entfernung der Hälften. Festsitzende Wurzelreste können im Interesse einer Schonung des darunterliegenden Zahnkeims in Einzelfällen belassen werden. Der Patient und dessen Erziehungsberechtigte sind zu informieren. Im weiteren verweisen wir auf die spezielle Literatur.

153 Entfernung von Milchzähnen
Entsprechend der Morphologie der Milchzähne und der kleinen Patienten besteht das Zangensortiment aus kleineren Instrumenten.

Rechts: Der Federgriff erleichtert die Handhabung der Zangen.

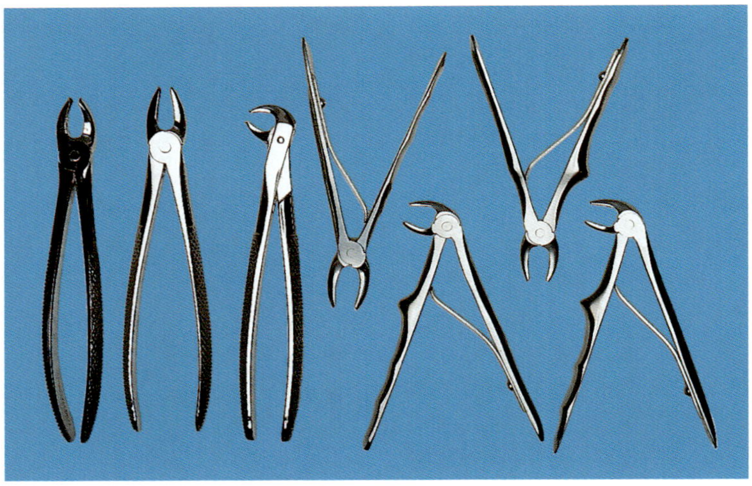

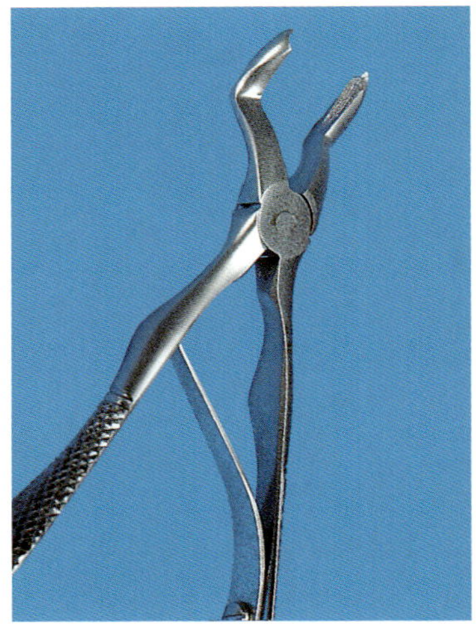

154 Teilung von Milchmolaren
Milchmolaren mit wenig resorbierten Wurzeln werden wegen der ausgeprägten Spreizung geteilt, und die Wurzeln werden separat entfernt.

Rechts: Röntgenkontrolle.

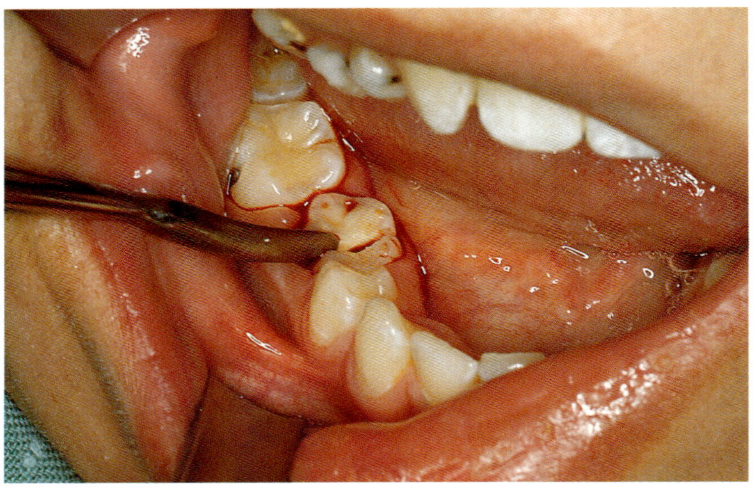

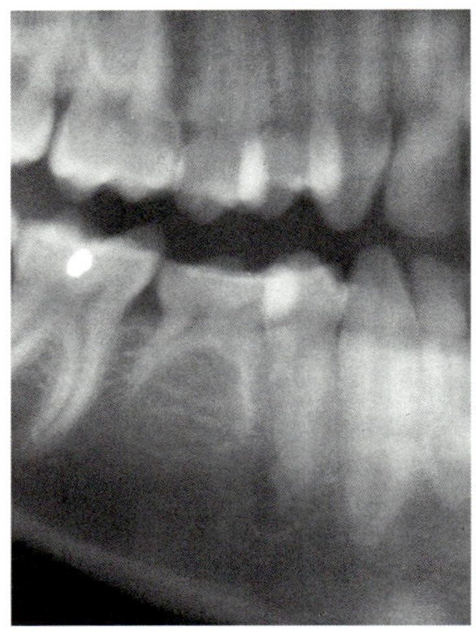

(S)

155 Wurzelentfernung bei Milchmolaren
Entfernung der einzelnen Wurzeln mit der Zange.

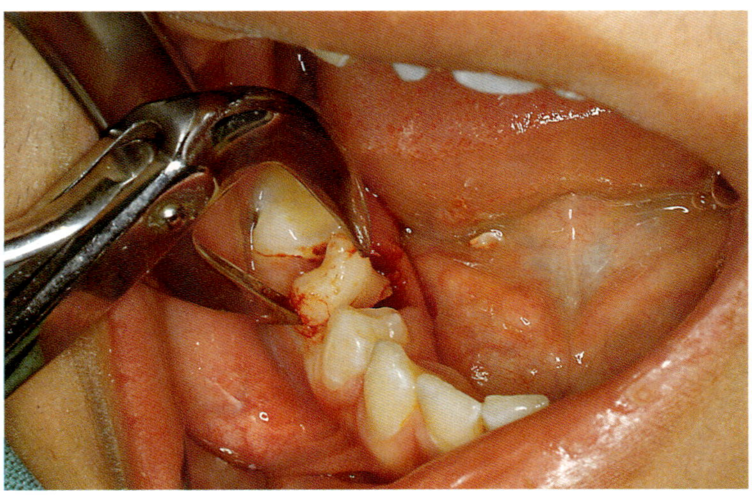

Retinierte Zähne

Allgemeines

Definition

Als *retiniert* wird ein Zahn bezeichnet, der zum normalen Zeitpunkt seines Durchbruchs in die Mundhöhle noch nicht zu sehen ist.
Impaktiert nennen wir ein retiniertes Zahngebilde, das noch vollständig vom Knochen umschlossen ist.
Ein weit vom Durchbruchsort entfernt entwickelter Zahn wird als *aberriert* bezeichnet.

Multiple Retentionen finden wir bei folgenden Syndromen: Dysostosis cleidocranialis, Dystrophia brevicollis congenita, Klippel-Feil-Syndrom.

Oft sind verschiedene pathologische Begleiterscheinungen mit retinierten Zähnen verbunden. Diese verlangen eine entsprechende sorgfältige Befunderhebung und eine exakte Beurteilung des Röntgenbildes. Eine histopathologische Analyse sollte in jedem unklaren Fall und bei atypischem Heilungsverlauf angestrebt werden. Die Beurteilung retinierter Zähne erfolgt immer individuell entsprechend klinischem und radiologischem Befund, wobei auch prophylaktische Gesichtspunkte Geltung haben.

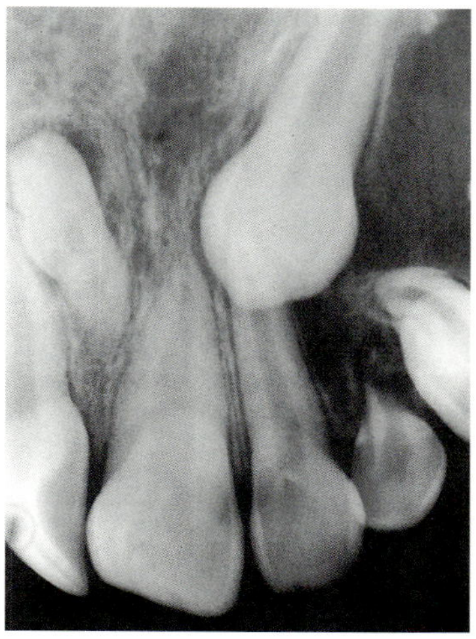

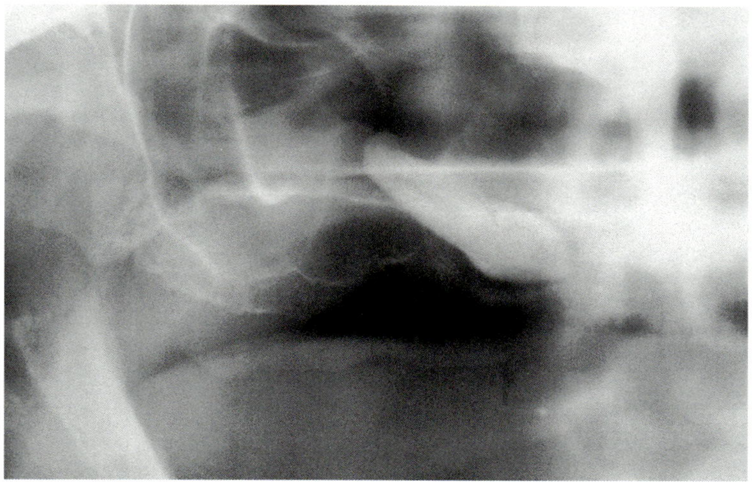

156 Retinierte Zähne – Zystenbildungen
Retinierte Zähne neigen zu Zystenbildungen, wie bei diesem 68jährigen zahnlosen Patienten Regio 13 in der Übersichtsaufnahme zeigt.

Links: Oberkieferaufbißaufnahme mit Mesiodens und retiniertem Zahn 23, der einen zystisch erweiterten Perikoronalraum aufweist. Die Wurzel des persistierenden Milchzahnes ist teilweise resorbiert durch follikuläre Zysten.

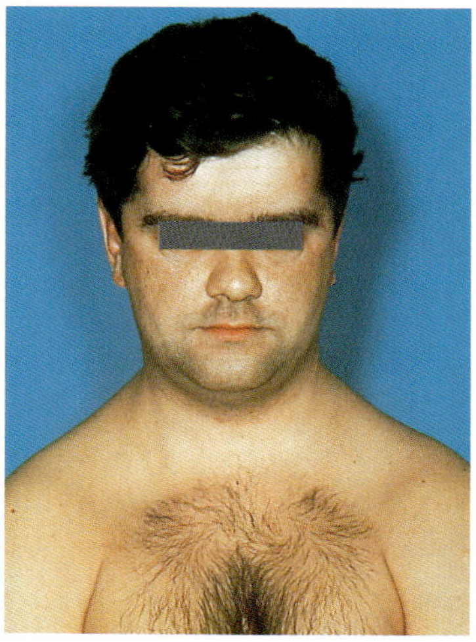

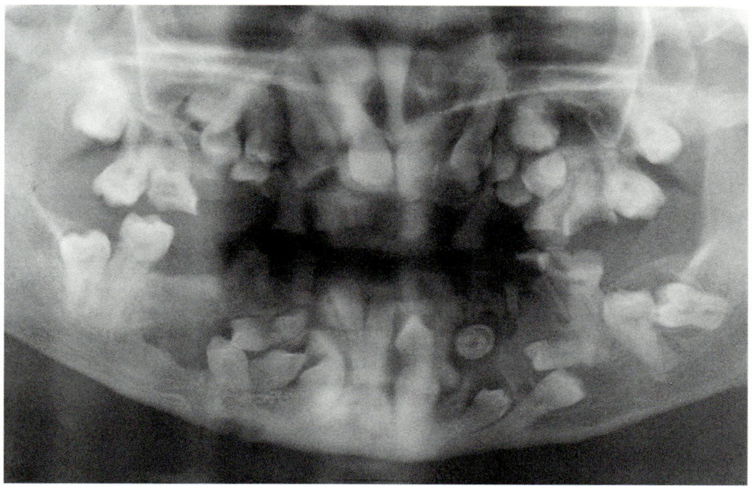

157 Dysostosis cleidocranialis
Multiple Zysten treten bei einzelnen Syndromen auf, wie hier bei der Dysostosis cleidocranialis.

Links: Bei diesem Syndrom sind als besonderes Merkmal die Schlüsselbeine nicht angelegt.

Indikationen zur Entfernung

Die Tatsache allein, daß ein Zahn zur üblichen Zeit nicht durchgebrochen ist, stellt noch keinen Grund zur Entfernung dar. Die Notwendigkeit zur Operation muß in jedem einzelnen Fall geklärt werden. Grundsätzlich sollten nur retinierte Zähne mit Krankheitswert entfernt werden. Die Indikationen zur Entfernung lassen sich wie folgt zusammenstellen:

- Erschwerter Durchbruch mit lokaler Infektion: Dentitio difficilis.
- Retention mit Zystenbildung, wie follikuläre, Kerato- und parodontale Zysten.
- Teilweise durchgebrochene Zähne sollten, auch wenn keine Entzündungszeichen vorliegen, aus prophylaktischen Gründen entfernt werden, da auch bei reizlosem Zustand pathogene Keime vorhanden sein können (Mombelli 1990).

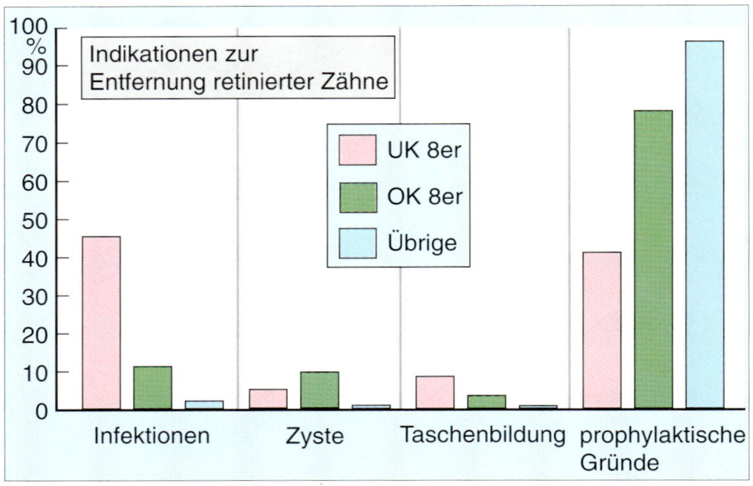

158 Indikationen zur Entfernung retinierter Zähne
Die Graphik zeigt die Unterschiede in der Indikation, die zur Entfernung retinierter Zähne führte (Klinik für Zahn-, Mund- und Kieferkrankheiten und Kieferchirurgie, Zürich 1995): Während bei den unteren Weisheitszähnen vorwiegend infektiöse Prozesse für die Entfernung verantwortlich sind, sind es bei den übrigen retinierten Zähnen eher prophylaktische Überlegungen.

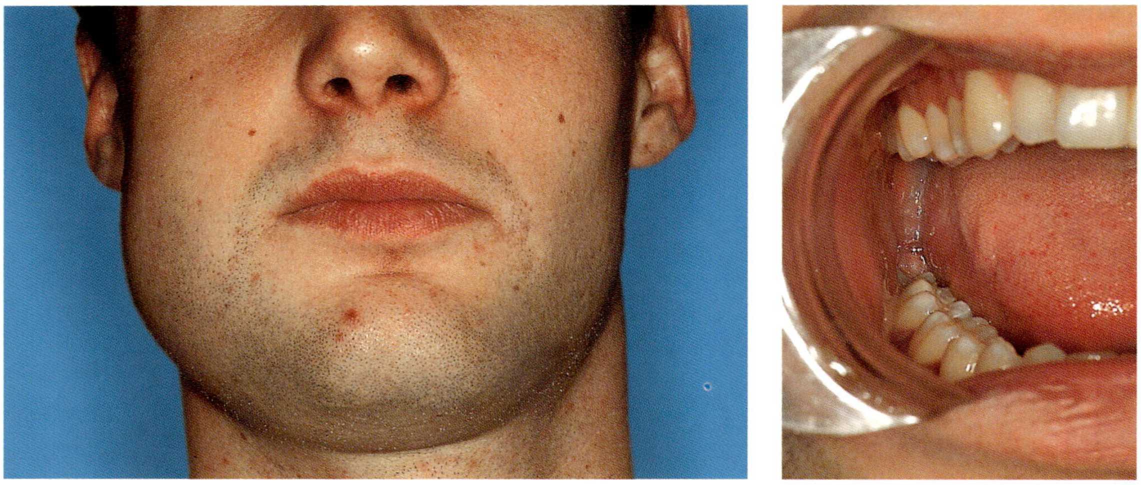

159 Dentitio difficilis
Die Tascheninfektion beim durchbrechenden Weisheitszahn verursacht eine lokale Schwellung der Weichteile und Schmerzen, Lymphknotenschwellungen, Schluckbeschwerden und Mundöffnungsbehinderung.

Rechts: Dieser 24jährige Patient zeigt die klassische Symptomatik des erschwerten Zahndurchbruchs.

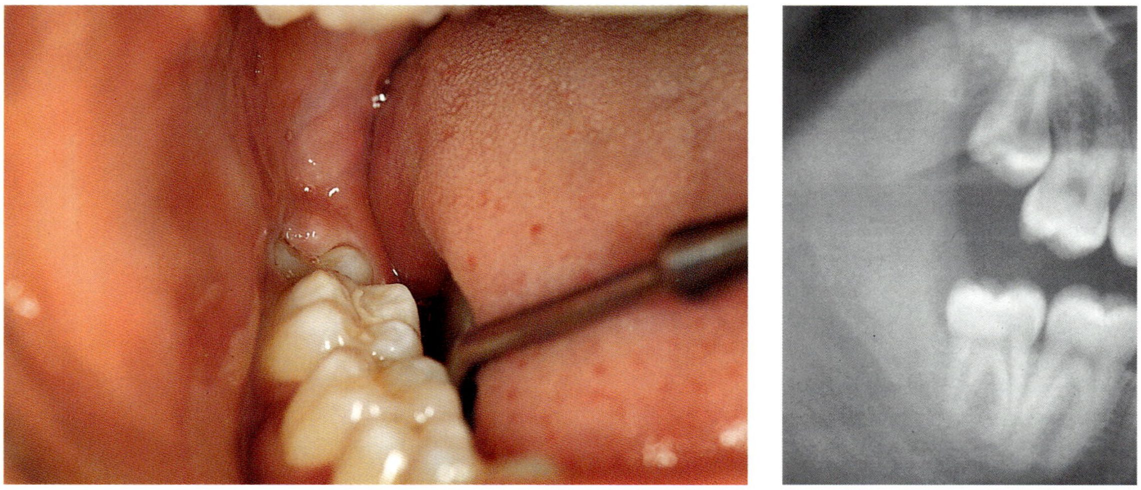

160 Dentitio difficilis
Lokal finden wir einen unteren Weisheitszahn mit ödematös geschwollener Gingiva bei teilweise sichtbarem Zahn 48.

Rechts: Röntgenbild mit sichelförmiger Osteolyse distal der Krone von Zahn 48 als Zeichen des chronischen Infektes.

- Karies und drohende Pulpitis sind nur bei retinierten Zähnen mit einer Verbindung zur Mundhöhle denkbar und können eine Indikation zur Entfernung sein, ebenso unterminierende Resorptionen an Nachbarzähnen.
- Bei unklaren Schmerzzuständen im Kiefer-Gesichts-Bereich muß im Einzelfall geklärt werden, ob ein verlagerter oder retinierter Zahn als Schmerzursache in Frage kommen kann. Im Zweifelsfalle kann der Zahn entfernt werden.
- Parodontale Taschenbildung zum Nachbarzahn.
- Hindernis beim Durchbruch von anderen Zähnen.
- Prophylaktisch vor Rekonstruktionen, falls die Gefahr besteht, daß der retinierte Zahn in seiner Ruhe gestört wird. Unter festsitzendem Zahnersatz sollen keine impaktierten Zähne belassen werden. Eine nachträgliche Entfernung kann zu ästhetisch und funktionell störenden Defekten führen.

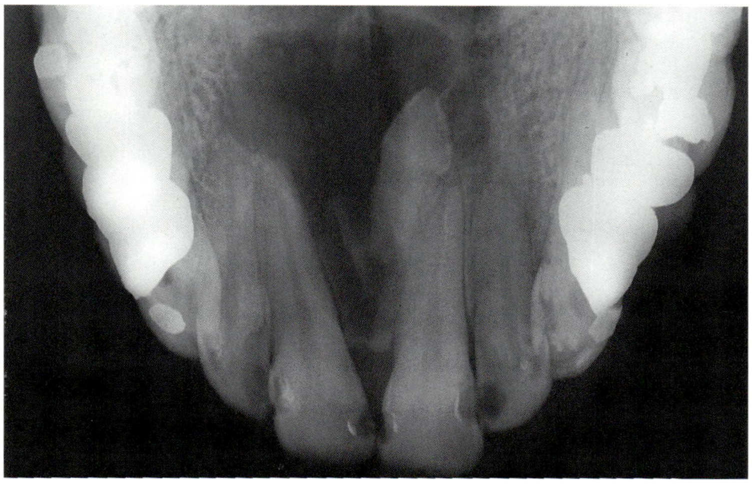

161 Begleitpathologie bei retinierten Zähne – follikuläre Zyste
Diese 42jährige Patientin litt unter einer druckdolenten Schwellung subnasal-median. Die radiologische Abklärung läßt ein retiniertes Zahngebilde apikal-median im Oberkiefer erkennen, umgeben von einer herzförmigen Osteolyse mit Sklerosesaum.

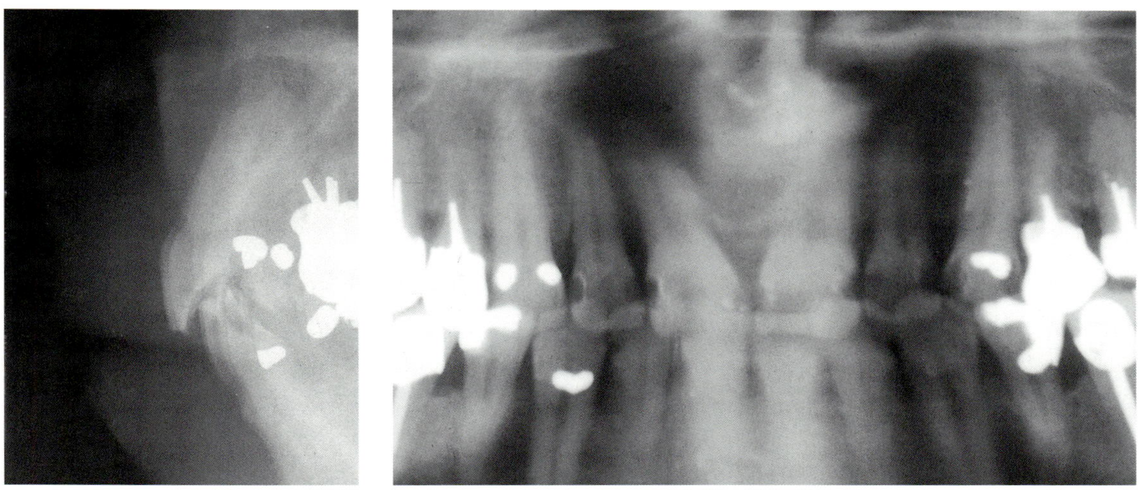

162 Follikuläre Zyste
Die Übersichtsaufnahme läßt die Ausdehnung des zystischen Gebildes nach lateral und zwischen die auseinandergedrängten Wurzeln von 11 und 21 erkennen.

Links: Die Fernröntgenaufnahme zeigt das unter dem Nasenboden liegende Zahngebilde.

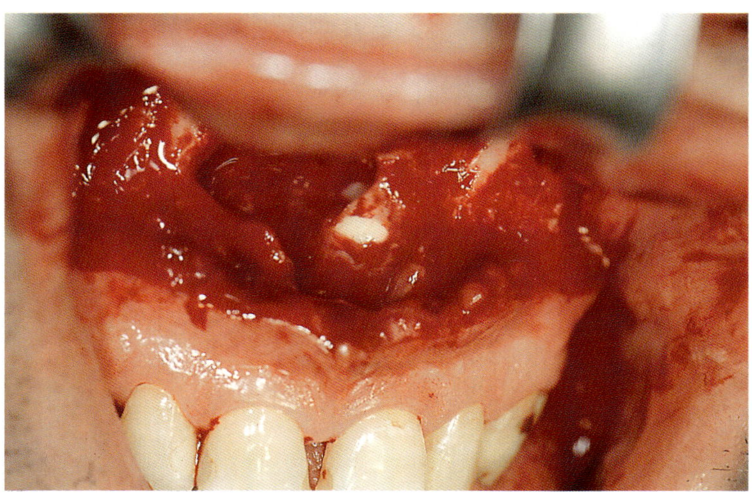

163 Follikularzyste
Die Entfernung des retinierten Zahnes und die Verbindung der Follikularzyste zum Nasenboden wurde in diesem Fall durch Mobilisation des Oberkiefers (Le-Fort-I-Osteotomie) und Reposition durchgeführt.

Erweiterte Indikationen zur Entfernung

- Orthodontische Gründe.
- Überzählige Zahnanlagen.
- Im Frakturbereich: Zähne im Frakturspalt mit Entzündungszeichen sind zu entfernen, falls dadurch die Reposition und Fixation der Fragmente nicht verunmöglicht wird (S. 340).
- Vor kieferorthopädisch-chirurgischen Eingriffen, z.B. vor Durchführung einer sagittalen Spaltung des aufsteigenden Astes des Unterkiefers (Obwegeser 1955).
- Im Zuge einer Herdsanierung zur Beseitigung potentieller Infektionsquellen, insbesondere vor Radiotherapie, ist die Entfernung retinierter Zähne möglicherweise indiziert (s. Kapitel Befundaufnahme, Grundlagen, Zahnextraktionen).

164 Keratozysten
Sie sind mit einem retinierten Zahn vergesellschaftet, wobei die Zahnkrone im Gegensatz zur follikulären Zyste nicht im Zystenlumen liegt. Bei diesem jungen Patienten hat die Keratozyste den Zahnkeim von 18 verdrängt und den normalen Durchbruch von Zahn 17 verhindert.

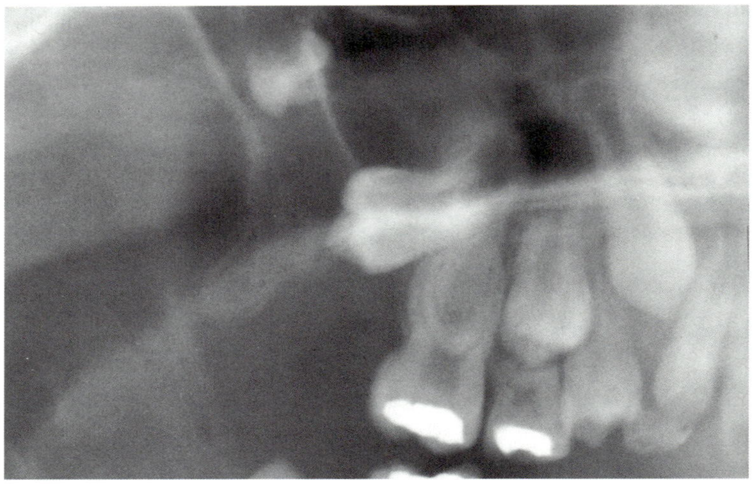

165 Parodontale Zysten
Sie liegen lateral an der Wurzel des betroffenen Zahnes, wie dieses Beispiel im Röntgenbild zeigt.

Rechts: entfernter Zahn 48.

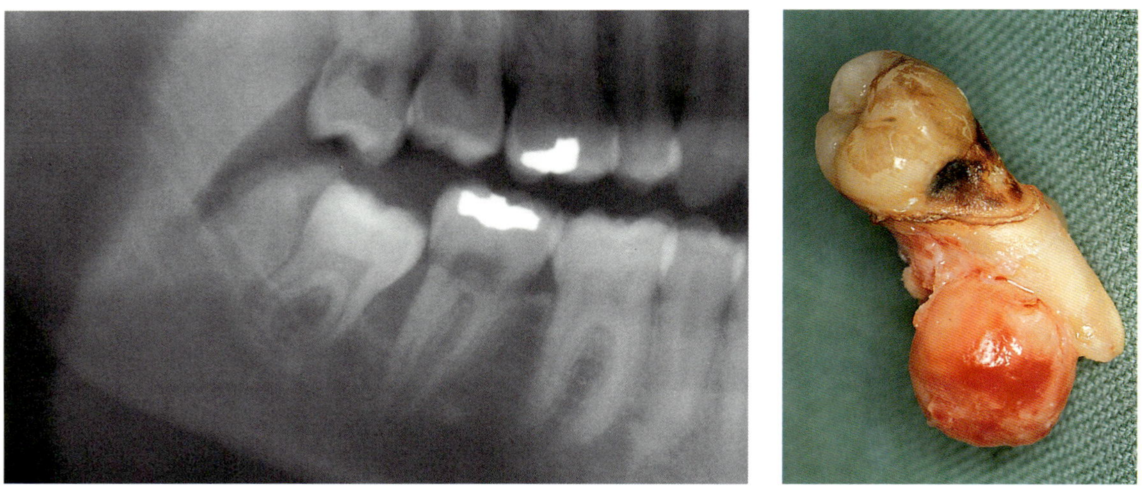

166 Tumoren
Tumorbildungen können auch ein Grund zur Entfernung retinierter Zähne sein, wie in diesem Fall, wo ein zusammengesetztes Odontom den Durchbruch des Weisheitszahnes behindert.

Rechts: Die einzelnen Zahngebilde aus dem Odontom.

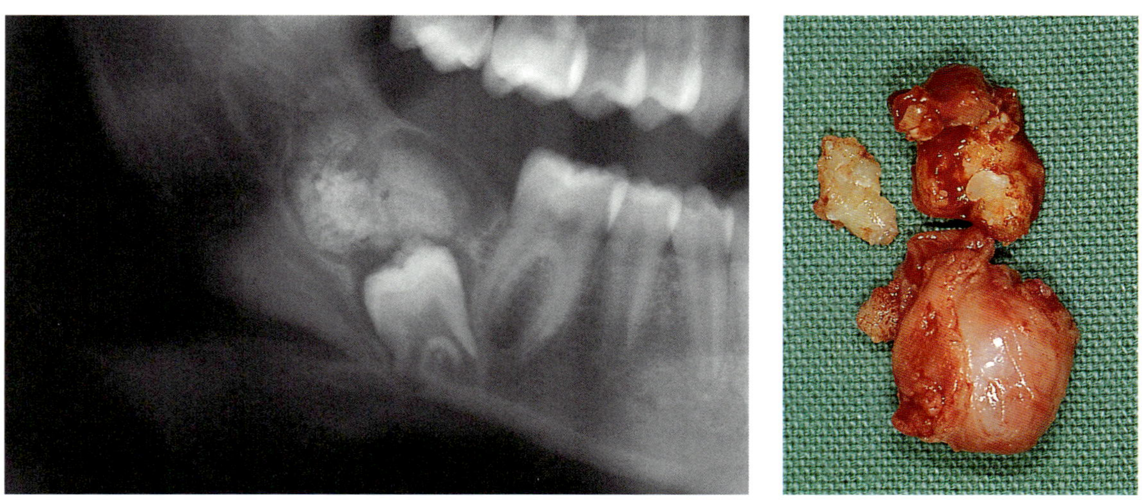

Prognose retinierter Zähne

Bereits im Alter von 16 Jahren kann die Erwartung des Durchbruchs von unteren Weisheitszähnen beurteilt werden. Über die Prognose anderer retinierter Zähne sind keine Angaben bekannt. Es kann jedoch davon ausgegangen werden, daß bei Abschluß der Gebißentwicklung noch retinierte Zähne kaum einen Spontandurchbruch erwarten lassen. Da die Komplikationen mit zunehmendem Alter häufiger werden, sollte die Indikation zur Entfernung oder Einreihung nicht durchgebrochener Zähne möglichst vor dem 20. Lebensjahr gestellt werden.

Auf alle Fälle muß der Patient über vorhandene retinierte Zähne informiert werden und ebenso über deren Potenz zur krankhaften Veränderung, wie möglicherweise Zystenbildungen und Resorptionen an Nachbarzähnen.

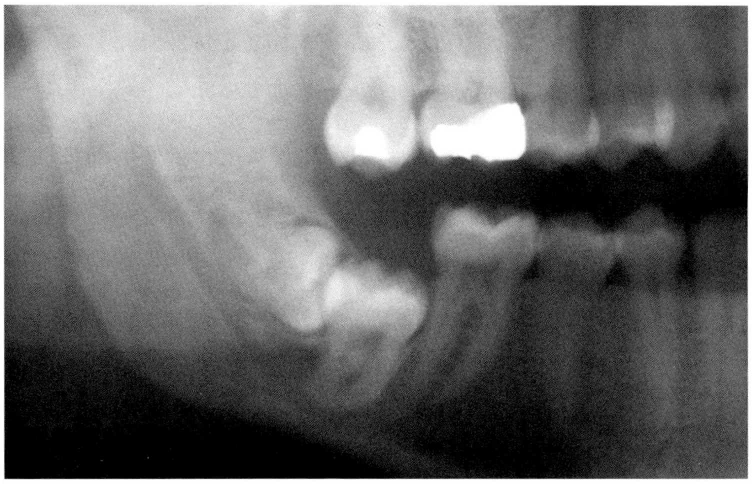

167 Hindernis für den Durchbruch von Nachbarzähnen
Das Orthopantomogramm zeigt sich gegenseitig zugeneigte Zähne im linken Kieferwinkel: „Kissing teeth".

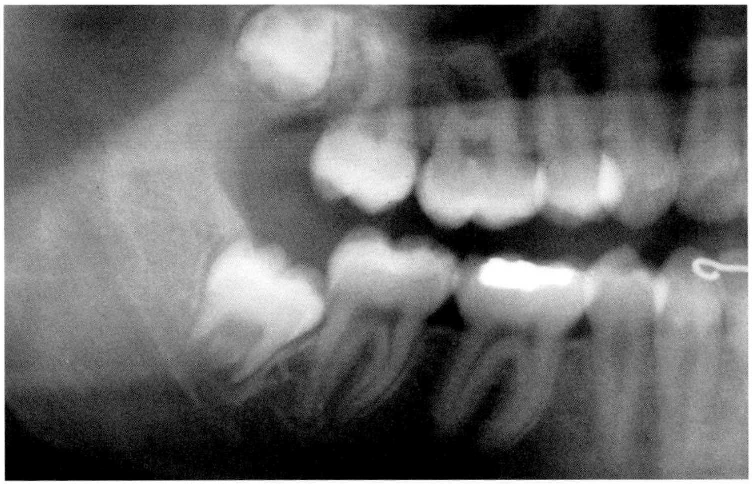

168 Platzmangel im Kieferwinkelbereich
Führt in vielen Fällen zur Zahnretention, wie hier bei Abschluß der kieferorthopädischen Behandlung bereits zu erwarten ist.

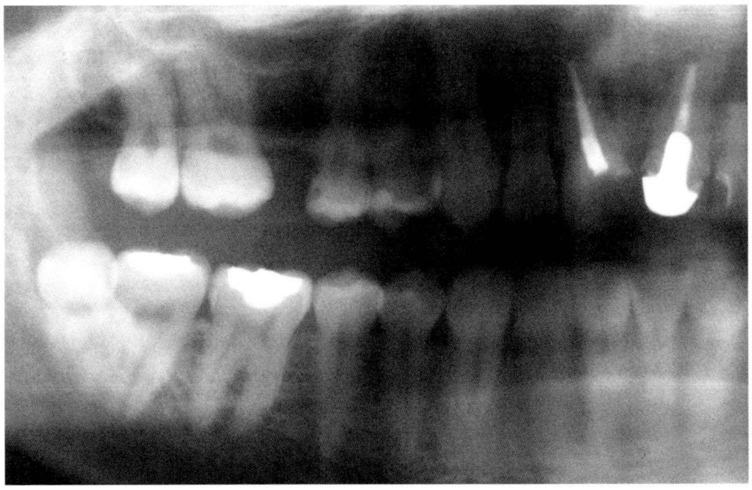

169 Überzählige Zahnanlagen
Zusätzliche Zahnanlagen stellen ebenfalls einen Grund zu deren Entfernung dar, da die normale Zahnentwicklung gestört werden kann, wie bei diesem Zahn 49 gezeigt wird.

Schwierigkeitsgrad der Entfernung

Obwohl die Entfernung von retinierten Zähnen zu den häufigsten oralchirurgischen Eingriffen zählt und vielfach zur Praxisroutine gehört, treten hin und wieder intraoperative Probleme auf, die auf einer Fehleinschätzung der technischen Schwierigkeiten beruhen. Die Beurteilung des Schwierigkeitsgrades des geplanten Eingriffes muß vor der Operation erfolgen und soll zu entsprechender Aufklärung des Patienten führen. Ebenso ist die vorhandene Infrastruktur für mögliche Zwischenfälle bereitzustellen.

Nota bene
Nur solche Eingriffe dürfen durchgeführt werden, deren Komplikationen auch beherrscht werden.

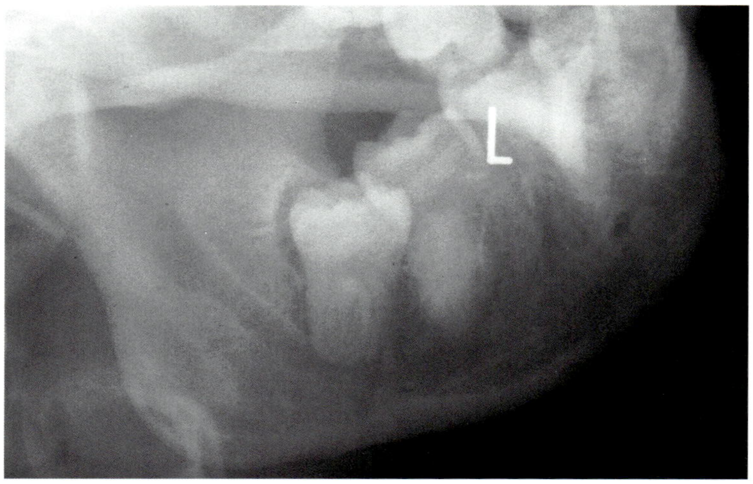

170 Retinierter Zahn im Frakturspalt
Ein retinierter Zahn im Frakturspalt wird entfernt, wenn eine Verbindung nach oral besteht und durch die Entfernung die Frakturreposition nicht behindert wird.

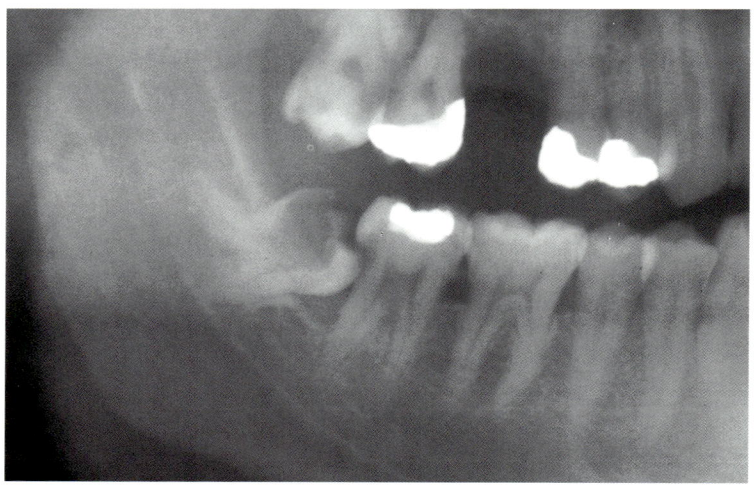

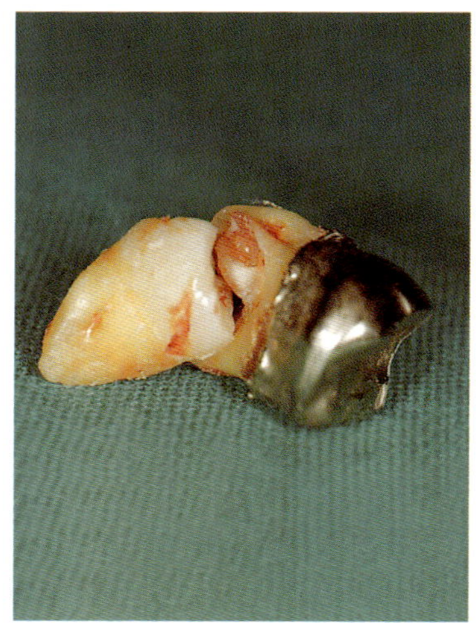

171 Karies, Pulpitis und Resorptionen an Nachbarzähnen
Diese Erkrankungen stellen eine klare Indikation zur Entfernung des schuldigen Zahnes dar.

Rechts: In einzelnen Fällen ist die Verwachsung der Wurzeln bei sehr engem Kontakt des retinierten Zahnes möglich.

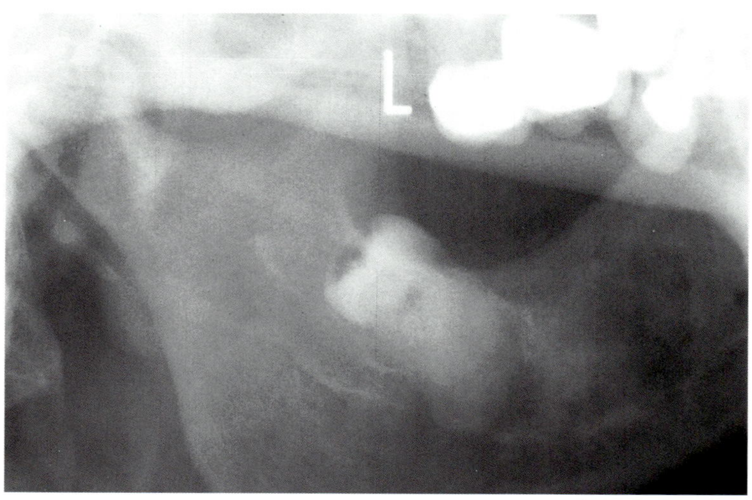

172 Vor Radiotherapie
Retinierte Zähne stellen in diesem Fall grundsätzlich eine potentielle Infektionsquelle dar. Es muß im Einzelfall geklärt werden, ob die Indikation zur Entfernung gegeben ist. In diesem Falle, ein 58jähriger Patient vor Radiotherapie wegen eines Larynxkarzinoms, stellt der retinierte Zahn 48 wegen einer punktförmigen Verbindung zur Mundhöhle einen möglichen Infektionsherd dar, der beseitigt werden muß.

Chirurgisches Vorgehen

Operationsvorbereitungen:
- Für retinierte, impaktierte oder verlagerte Zähne als Wahleingriff empfehlen wir den Behandlungsplatz und den Patienten gemäß S. 24 vorzubereiten.
- Für die Entfernung von abgebrochenen Zahnteilen bei der Extraktion kann wie auf S. 66 vorgegangen werden. Eine antibiotische Infektprophylaxe ist vertretbar.
- Die Patientenvorbereitung erfolgt gemäß den Angaben von S. 26.
- Die perioperative Medikation vergleiche auf S. 49.

Folgende chirurgische Maßnahmen sind nötig:
- Verschaffen von Übersicht durch adäquate Bildung von Mukoperiostlappen und evtl. Ostektomie (maßvoll, nicht zu wenig, nicht zuviel).
- Abtrennung von Zahnteilen, um die mechanische Entfernung der Einzelteile unter Schonung der umgebenden Gewebe vornehmen zu können.
- Variation der Wundversorgung zur komplikationsarmen Abheilung per primam oder gesteuerte Wundheilung per secundam, je nach Situation.

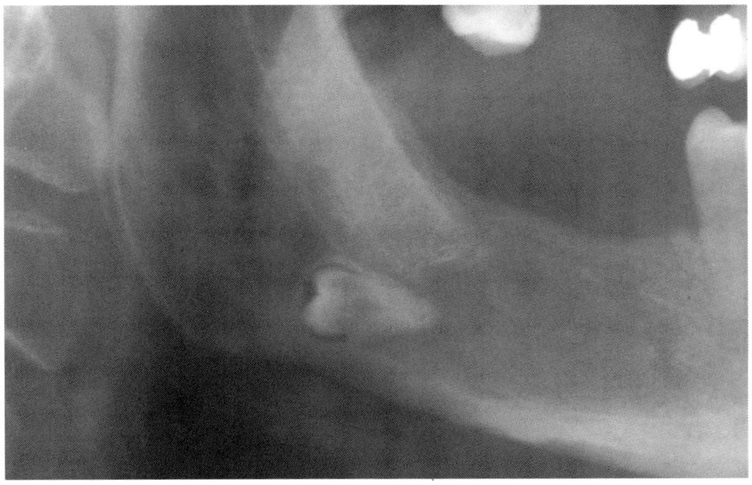

173 Unklare Schmerzzustände
Wie bei dieser 47jährigen Patientin, die seit 8 Jahren unter chronischen Gesichtsschmerzen leidet, ohne eine klare Ursache finden zu können, stellen unklare Schmerzzustände möglicherweise eine Indikation zur Entfernung klinisch und radiologisch reizloser retinierter Zähne dar.

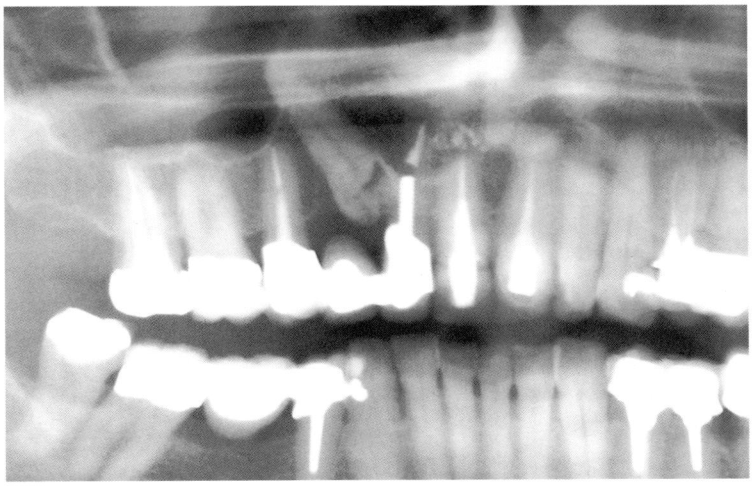

174 Retinierte Zähne im Bereich festsitzender Rekonstruktionen
Diese sollten rechtzeitig entfernt werden, außer der Patient ist klar über das bestehende Risiko später auftretender Probleme informiert und lehnt eine Entfernung ab.

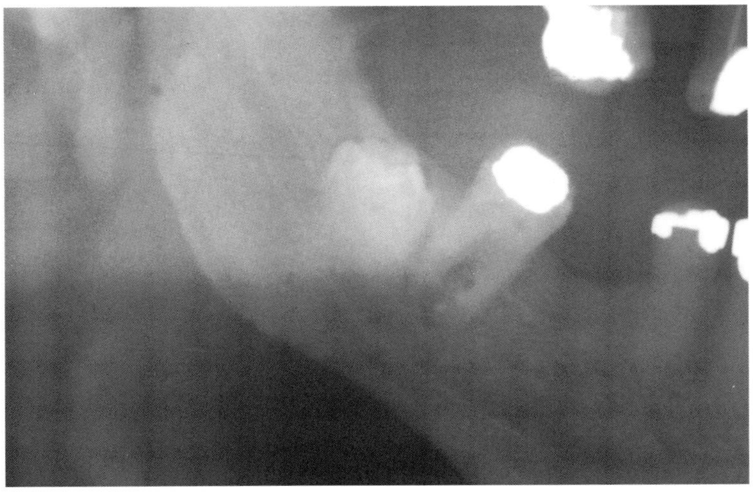

175 Herdsanierung
Bei der Herdsanierung kann ein reizlos retinierter Zahn als potentielle Infektionsquelle bezeichnet werden und wird deshalb entfernt. In diesem Falle einer Herdabklärung vor Nierentransplantation mit anschließender Immunsuppression wurde Zahn 48 als Infektionsherd anerkannt und die Entfernung empfohlen.

Kontraindikationen zur Entfernung

Absolute Kontraindikationen sind selten. Immerhin ist es ratsam, bei unten angeführten Situationen eine operative Entfernung unter ambulanten Bedingungen zu unterlassen. Der Schwierigkeitsgrad des operativen Eingriffs ist dabei mit zu berücksichtigen. Meist handelt es sich um eine temporäre Kontraindikation, die nach entsprechender Therapie oder vorbeugenden Begleitmaßnahmen eine normale Behandlung zulassen.

Temporäre Kontraindikationen:
- Bestehender akuter Infekt im Operationsgebiet, z.B. Dentitio difficilis.
- Hämorrhagische Störungen, z.B. nach Schmerzmittelabusus (Aspirin) oder Antikoagulation.
- Ungeklärte pathologische Veränderungen in der Umgebung des retinierten Zahnes. Eine Abklärung mit eindeutiger Diagnosestellung ist notwendig, eventuell eine Biopsieentnahme.
- Schlechter Allgemeinzustand des Patienten.
- Immunsuppression.
- Zustandsbilder, die eine Behandlung in Narkose bedingen, wie extreme Lagen und weite Aberrationen oder fehlende Kooperation des Patienten (bessere Infrastruktur, Nervfreilegungen, extreme Wurzelformen und Aberrationen).
- Retinierte Zähne in bestrahltem Gebiet: ihre Entfernung sollte von einem erfahrenen Spezialisten durchgeführt werden.

176 Kontraindikationen – akute Infektionen
Kontraindikationen zur operativen Entfernung retinierter Zähne stellen akute Infektionen dar. Die 24jährige Frau litt seit 14 Tagen an einer zunehmenden Schwellung rechts mit Mundöffnungsbehinderung und Schluckbeschwerden. Erst nachdem die Beschwerden immer bedrohlicher wurden, fand die Patientin den Weg zum Zahnarzt.

Rechts: Mundaufnahme mit der hochroten, stellenweise nekrotischen Gingiva bei Zahn 48.

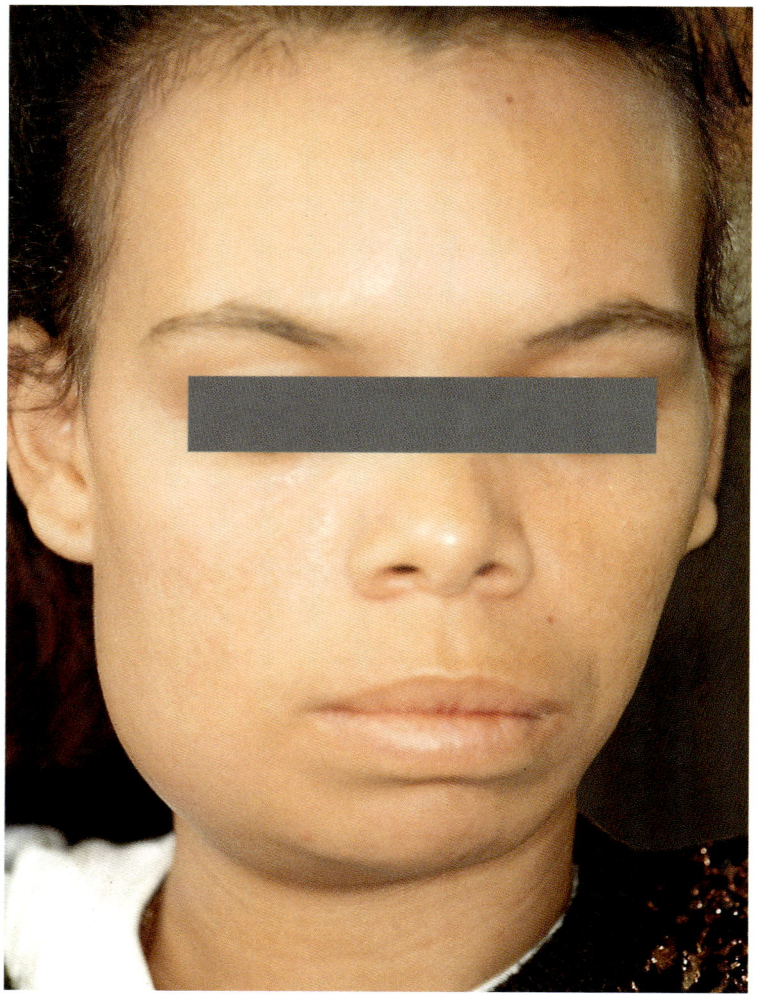

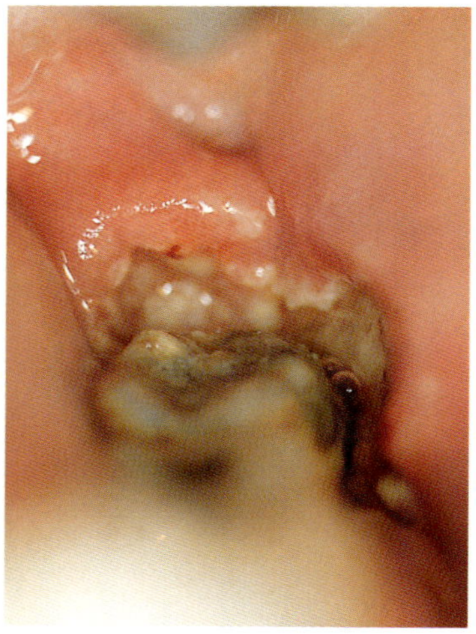

177 Akute Infektionen
Rechts: Die Röntgenaufnahme zeigt den retinierten Zahn 48 mit der sichelförmigen distokoronalen Osteolyse. Eine Entfernung in diesem Zustand birgt das Risiko der Verbreitung des lokalisierten Infektes in die umgebenden Logen.

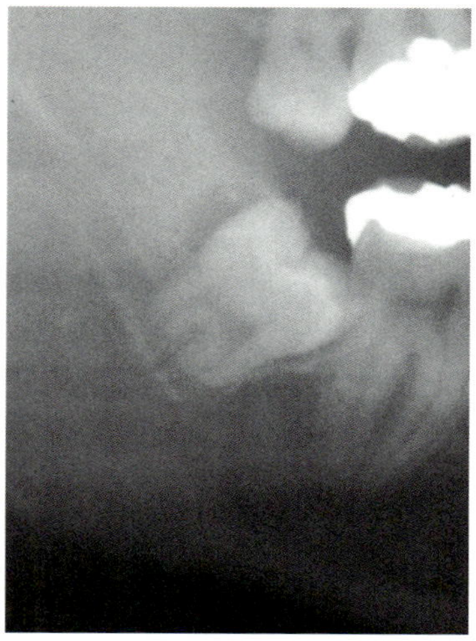

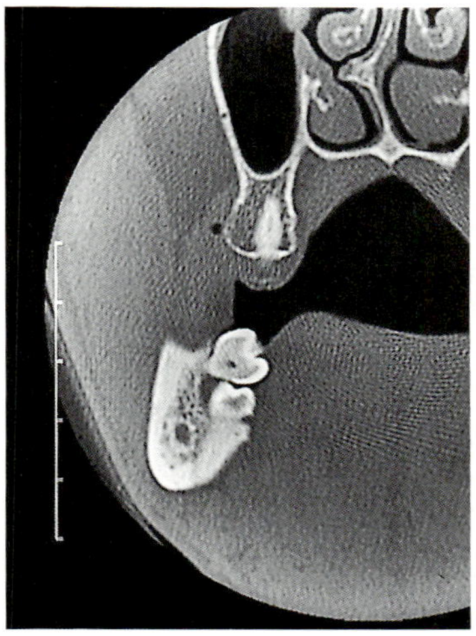

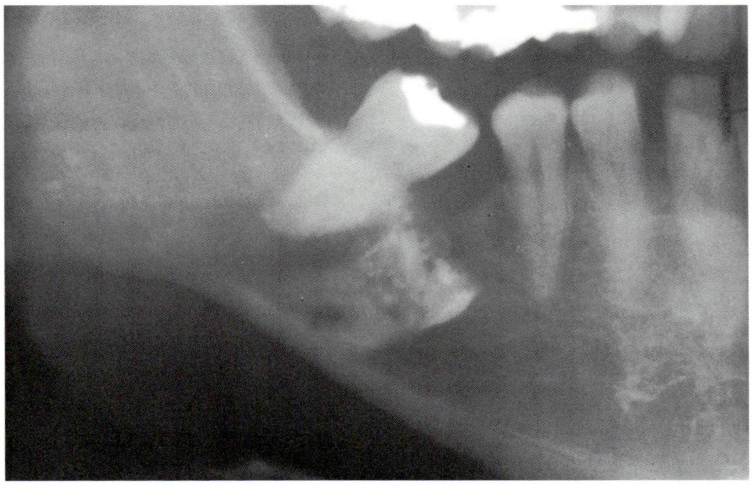

178 Extreme Lage
Dieser retinierte und teilweise ankylosierte Zahn 46 sollte wegen seiner schwierigen Lage nicht in der ambulanten Praxis entfernt werden.

Links: Das umgerechnete CT, welches die Lage des Mandibularkanals in enger Beziehung zum retinierten Zahn zeigt.

Ⓒ

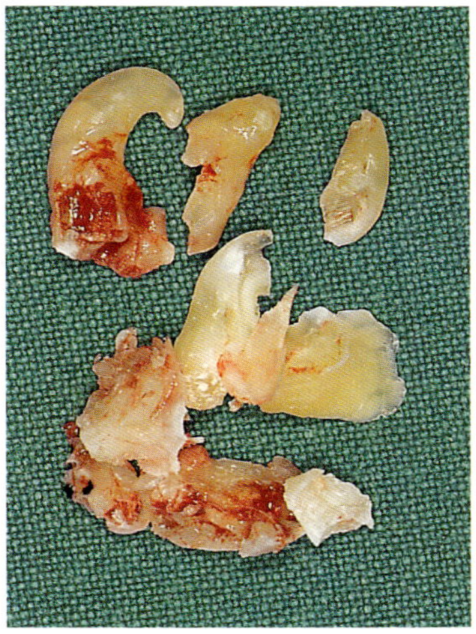

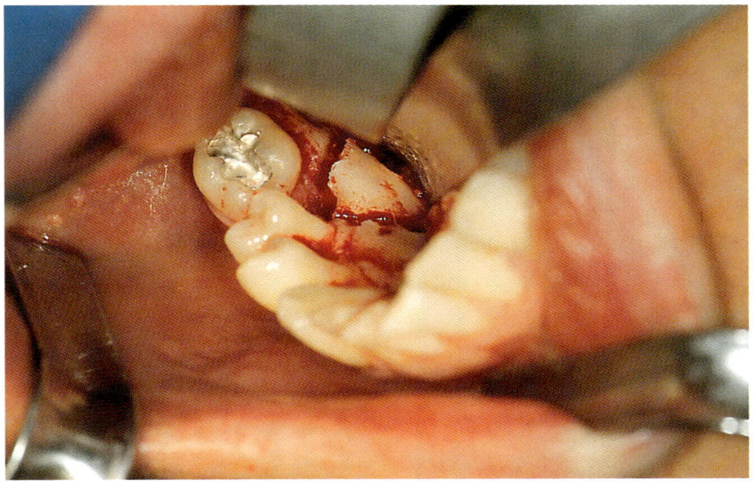

179 Entfernung
Die Entfernung erfolgt in Allgemeinnarkose unter klinischen Verhältnissen: Entfernung der Kortikalis von lingual und Teilung des Zahnes zur schonenden Entfernung.

Links: Die einzelnen Zahnteile werden auf Vollständigkeit überprüft.

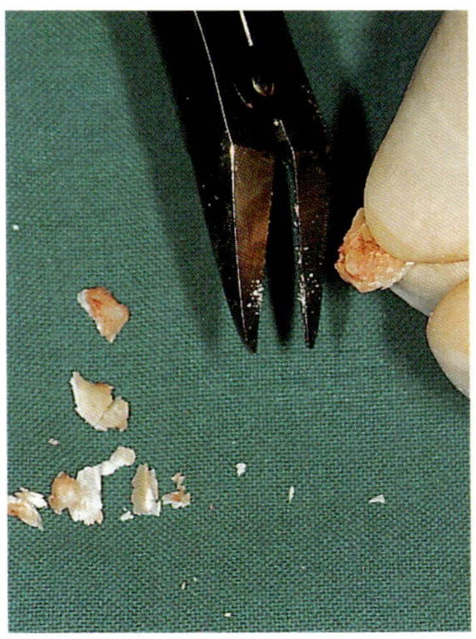

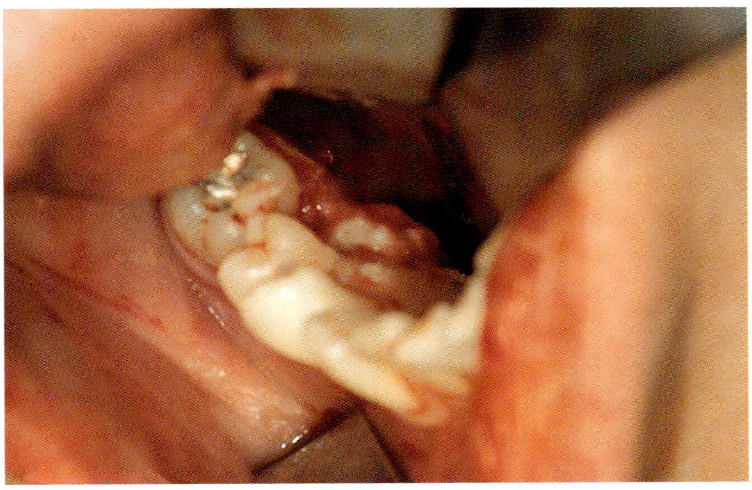

180 Defektfüllung
Der entfernte Kortikalisdeckel wird zusammen mit lyophilisiertem Knorpel zur Defektfüllung verwendet.

Links: Zerkleinerung des Knochenstückes mit einer Knochenzange.

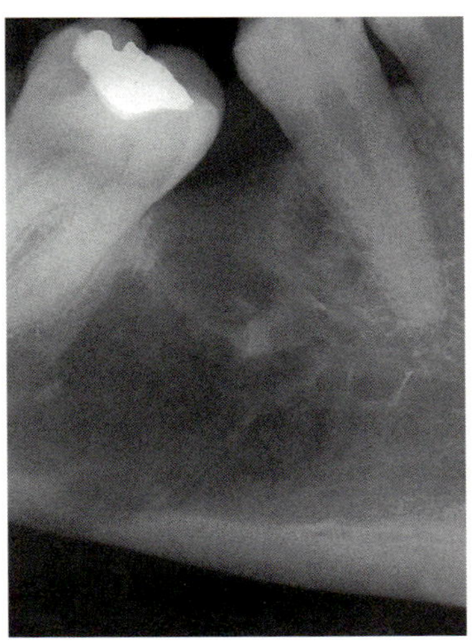

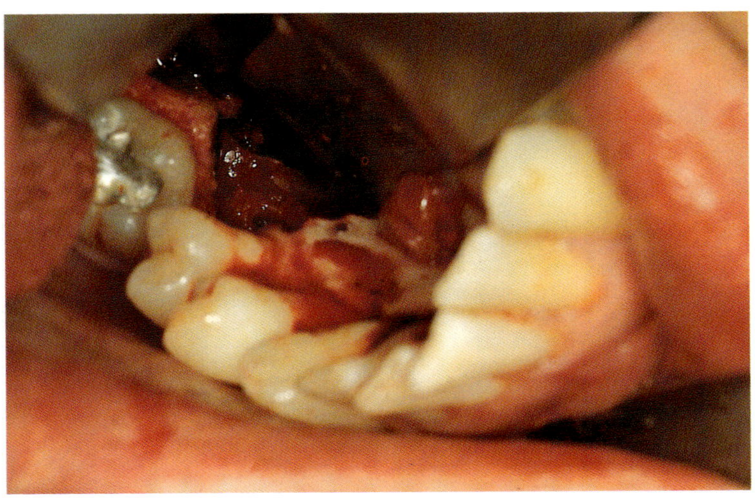

181 Röntgenkontrolle
Ansicht des lingualen Defektes vor Füllung mit dem Kortikalis-Lyo-knorpel-Gemisch.

Links: Intraoperativ wurde ein Röntgenbild zur Kontrolle der vollständigen Entfernung angefertigt.

Weisheitszähne im Unterkiefer

Die operative Entfernung des unteren retinierten Weisheitszahnes gehört zu den häufigsten ambulanten chirurgischen Eingriffen in der zahnärztlichen und oralchirurgischen Praxis.

Indikationen zur Entfernung

Die Inzidenz retinierter unterer Weisheitszähne liegt im Alter von 20 Jahren bei 84 %. Davon werden je nach Lage des Zahnes bis 97 % retiniert bleiben (Ventä 1993). Der Prozentsatz retinierter unterer Weisheitszähne scheint zuzunehmen, wohl weil die Kariesprävention zu weniger Zahnverlust im Molarenbereich führt (Rajasuo 1993). Grundsätzlich sind die Wachstumsverhältnisse des Unterkiefers und das mangelnde Platzangebot im retromolaren Raum für die Retention des unteren Weisheitszahnes verantwortlich. Durch radiologische Untersuchungen kann die Wahrscheinlichkeit eines normalen Durchbruchs des Weisheitszahnes schon im Alter von 13 Jahren beurteilt werden (Ganss 1993). Die Indikation zur operativen Entfernung retinierter Zähne muß jedoch immer im Einzelfall geklärt werden (Jaquiéry u. Mitarb. 1994).

Als Indikationen zur operativen Entfernung unterer Weisheitszähne gelten:
- Perikoronitis und Dentitio difficilis.
- Resorptionen und Karies an benachbarten Wurzeln.
- Zystische Erweiterungen des Follikelraumes bzw. Tendenz zur Zystenbildung.
- Kieferorthopädische Indikation bei Behebung eines Engstandes.
- Infektionsprophylaxe und Herdsanierung.
- Gesichtsschmerzen unklarer Genese.
- Zustand im Zusammenhang mit Operationen von Zysten.
- Unterkieferfrakturen bei Vorliegen pathologischer Prozesse.
- Zustand vor zahnärztlichen Rekonstruktionen.

182 Indikationen zur Entfernung unterer retinierter Weisheitszähne
I Dentitio difficilis
II kleine Zysten
III mögliche Infektionsquellen
IV Platzmangel
I Karies, Pulpitis
VI unklare Schmerzzustände

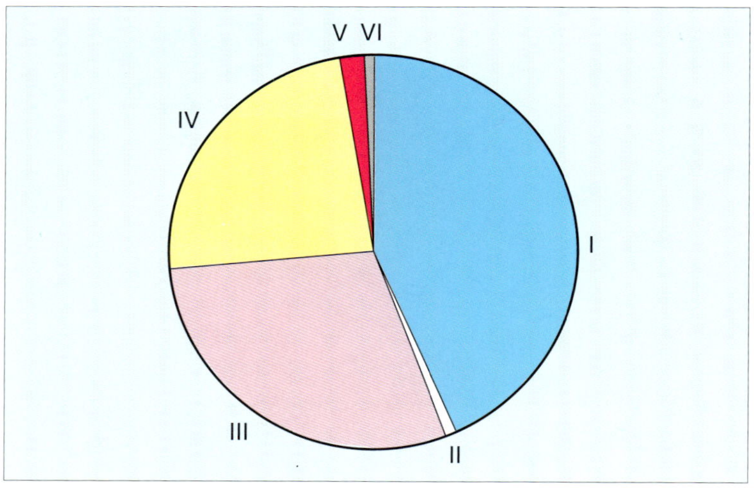

Die zu erwartenden Schwierigkeiten sind abhängig von der Lage und der Beziehung des Zahnes zu den Nachbarstrukturen, vom operativen Vorgehen und ganz besonders von der Art der Nachbehandlung (S. 96, 140). In der Regel wird jeweils in einer Sitzung der retinierte obere und untere Weisheitszahn einer Seite entfernt.

Nota bene
Die präoperative Information des Patienten über mögliche Risiken des Eingriffs oder die möglichen Folgen der Aufschiebung desselben ist besonders wichtig.

Zeitpunkt der Entfernung

Die Indikation zur Entfernung sollte beim 18- bis 25jährigen Patienten gestellt werden. In diesem Alter ist die Komplikationsrate des Eingiffs in jeder Beziehung am niedrigsten (Pajarola u. Sailer 1994). Nicht selten führt die Entfernung total impaktierter Weisheitszähne bei älteren Patienten zu unvorhersehbaren Komplikationen. Motto: „Schlafende Hunde nicht wecken."

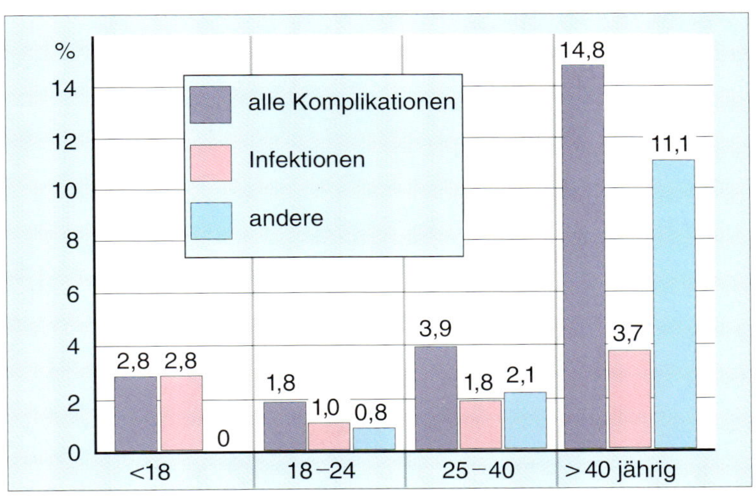

183 Zeitpunkt der Entfernung
Die Graphik zeigt die Häufigkeit der Komplikationen bezüglich Altersgruppe. Es ist empfehlenswert, die Weisheitszähne im jungen Erwachsenenalter entfernen zu lassen.

Postoperativer Verlauf

Zum normalen postoperativen Verlauf gehört eine ödematöse Schwellung der umgebenden Weichteile für ca. 2–3 Tage und mäßige Schmerzen bei der Mundöffnung mit entsprechender Behinderung bis zu 10 Tagen.

Typen der Retention

Da Lage und Wurzelform für die Technik der Entfernung retinierter Zähne eine Rolle spielt, soll diese etwas ausführlicher dargestellt werden. Vor der operativen Entfernung muß über die Lage, die Lagebeziehung zur Umgebung und über die Wurzelform Klarheit geschaffen werden. Der Operateur erstellt sich vor Beginn des Eingriffs entsprechend der klinischen Situation und der radiologischen Darstellung ein Konzept zur Technik des Vorgehens.

Es werden sieben Typen der *Retention* unterschieden:

Typ 1 Zahnkeim mit ausgebildeter Krone. Er liegt wie eine Kugel im Follikelraum. Der Zahn entzieht sich der Einwirkung eines Hebels durch Drehung innerhalb seiner Position.

Typ 2 Unvollständiges Wurzelwachstum, die Krone ist von einem relativ weiten Follikelraum umgeben. Der Widerstand bei der Entfernung ist dank unvollständigem Wurzelwachstum gering.

184 Retentionstyp 1
Zahnkeim, Krone ausgebildet.

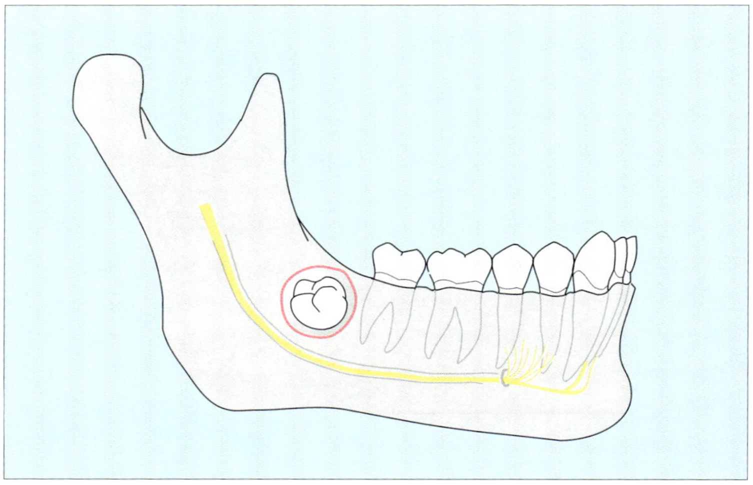

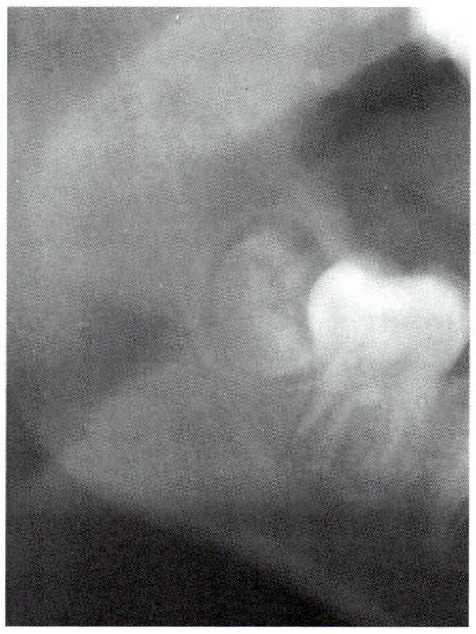

185 Retentionstyp 2
Junger Zahn, Wurzelwachstum zu zwei Dritteln abgeschlossen.

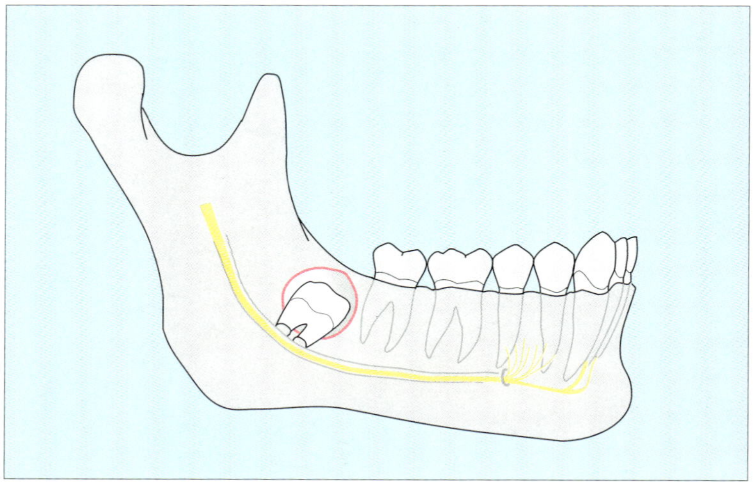

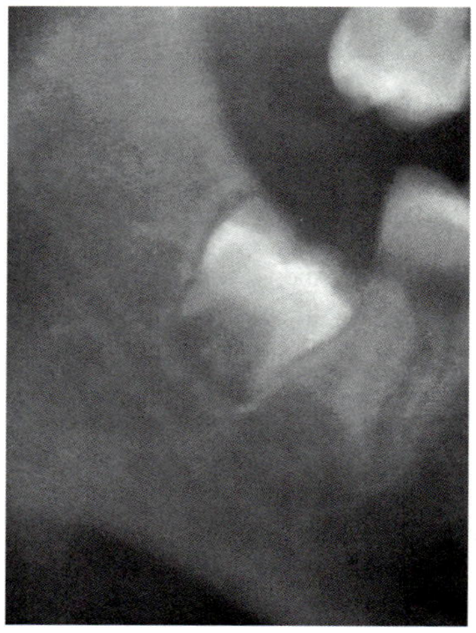

186 Retentionstyp 3
Retinierter Zahn in normaler Lage.

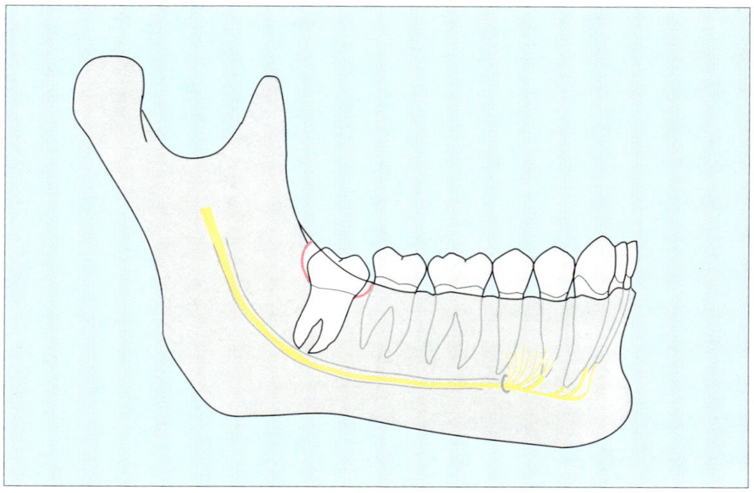

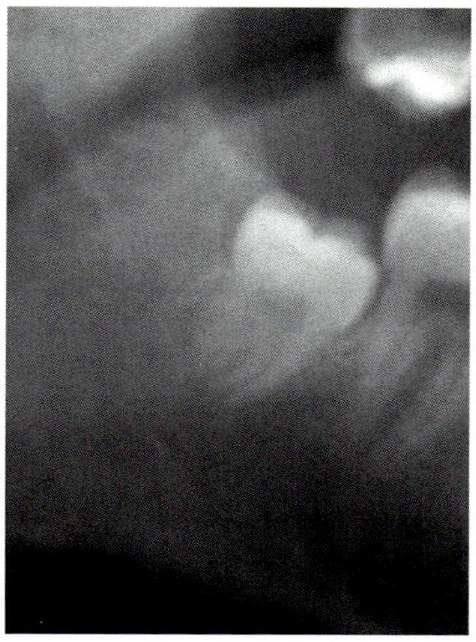

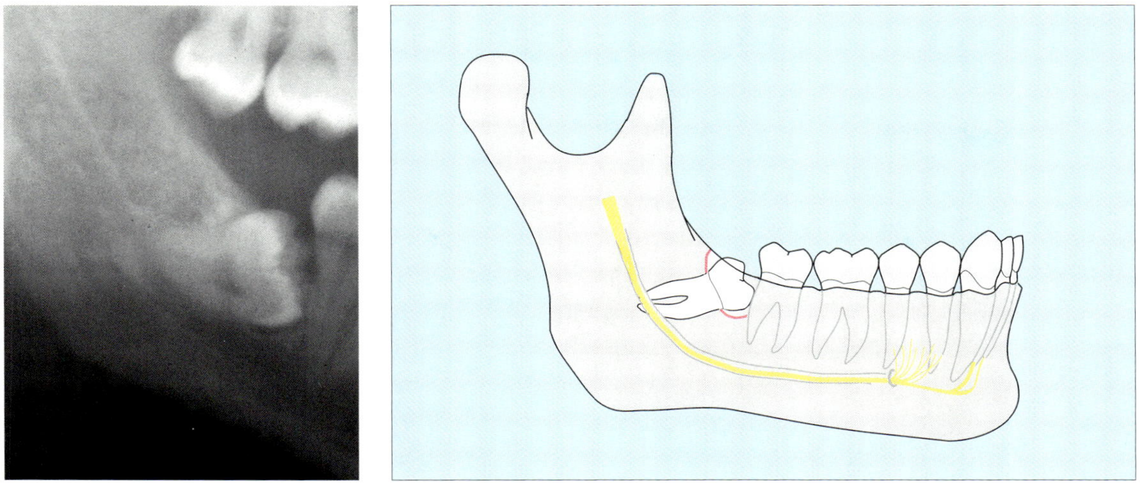

187 Retentionstyp 4
Nach mesial gekippter Zahn.

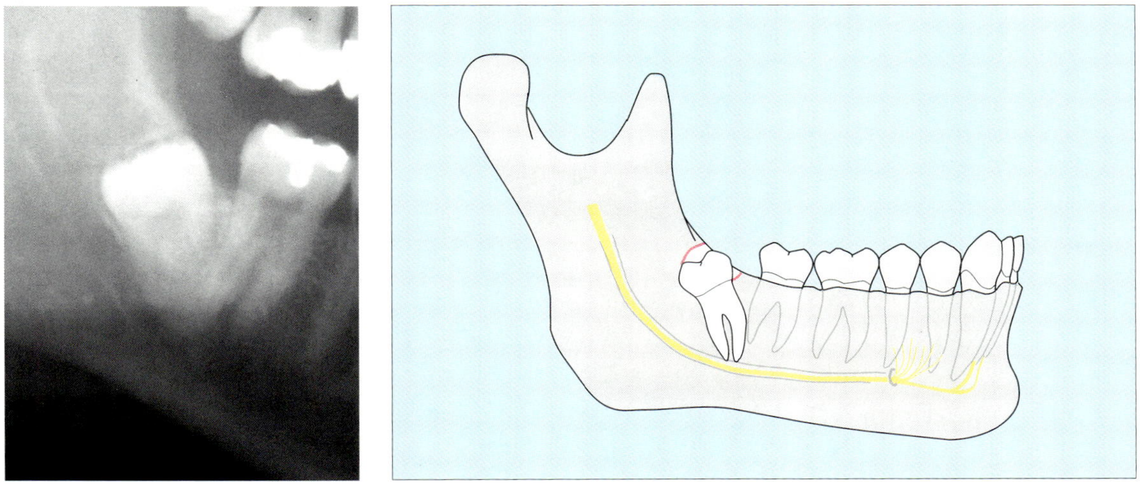

188 Retentionstyp 5
Nach distal gekippter Zahn.

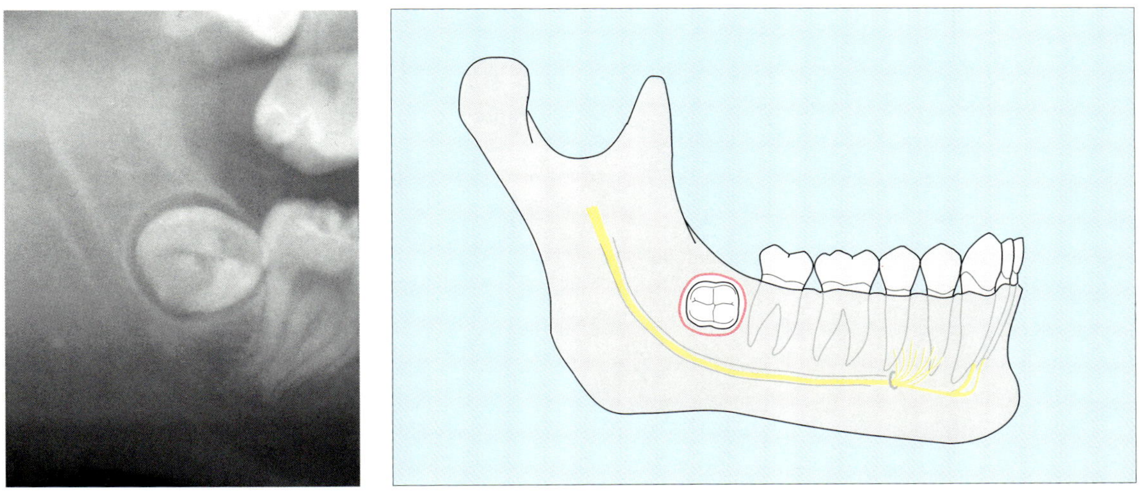

189 Retentionstyp 6
Quer zum Alveolarfortsatz gedrehter Zahn.

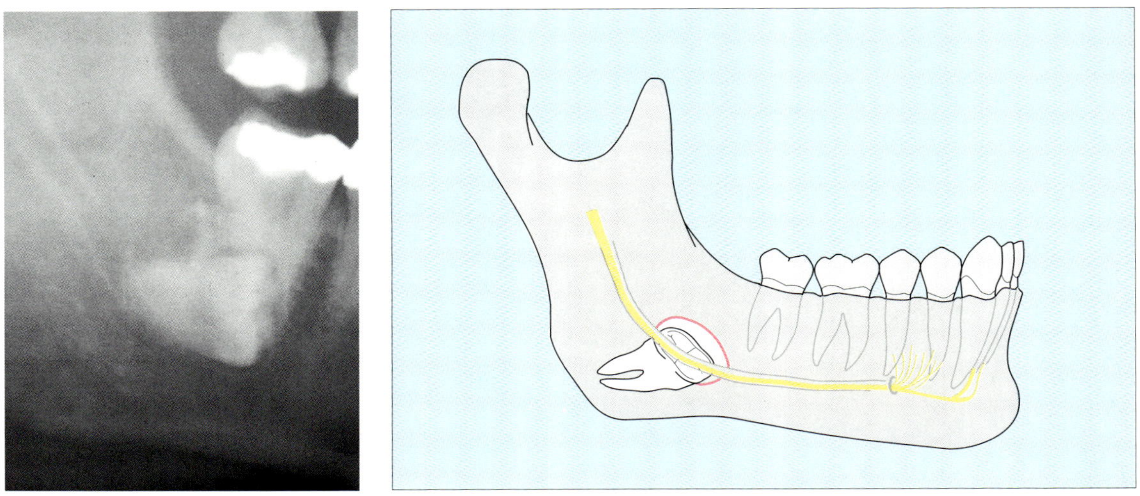

190 Retentionstyp 7
Weit aberrierter Zahn.

Typ 3 Vollständig ausgebildeter Zahn in normaler Achsenlage. Die Technik der Entfernung hängt von der Wurzelform ab.

Typ 4 Der Zahn ist mit der Krone nach mesial gekippt. Der Kontakt zur distalen Wurzel des zweiten Molaren kann sehr eng sein.

Typ 5 Der Zahn ist mit der Krone nach distal gekippt. Die Wurzeln des dritten und zweiten Molaren können in sehr engem Kontakt stehen.

Typ 6 Der Zahn liegt quer zum Alveolarfortsatz, die Okklusalfläche ist nach bukkal oder seltener nach lingual gerichtet.

Typ 7 Der Zahn ist weit von seiner normalen Lage aberriert. Es besteht eine große Varianz mit Verlagerung unterhalb des Mandibularkanals oder in den aufsteigenden Ast.

Die sorgfältige Analyse des Röntgenbildes kann uns vor Überraschungen schützen. Allerdings kann selbst die gezielte Zahnaufnahme nicht immer alle Details verraten. In unklaren Fällen muß deshalb trotzdem mit Problemen gerechnet werden. Bei unklarer Beziehung der Wurzeln zum Mandibularkanal ist auch die weitere Abklärung mittels CT zu erwägen. Dazu sollten direkte koronale Schnitte in der Achse des retinierten Zahnes angefertigt werden (1,5 mm Schichtdicke). Eine umgerechnete Bildgebung kann die räumliche Beziehung der Wurzeln zum N. alveolaris inferior nicht mit der notwendigen Präzision wiedergeben.

Wurzelbildung

Neben der Lage spielt besonders die Konfiguration der Wurzeln bei der Zahnentfernung eine Rolle.

Wurzeltypen:

Typ A Einzelpfahlwurzel; sie stellt meist kein besonderes technisches Problem dar.

Typ B Gespreizte, stumpfe Wurzeln: Eine Teilung des Zahnes ist voraussichtlich notwendig.

Typ C Hakenförmige Einzel- oder Mehrfachwurzel: Eine Teilung des Zahnes und der Wurzeln ist erforderlich.

Typ D Wurzelkonglomerat: Eine mehrfache Teilung der Wurzeln ist notwendig.

Typ E Zangenförmige Wurzeln: Besondere Probleme bestehen bei einer Beziehung zum Mandibularkanal, eine Teilung ist erforderlich.

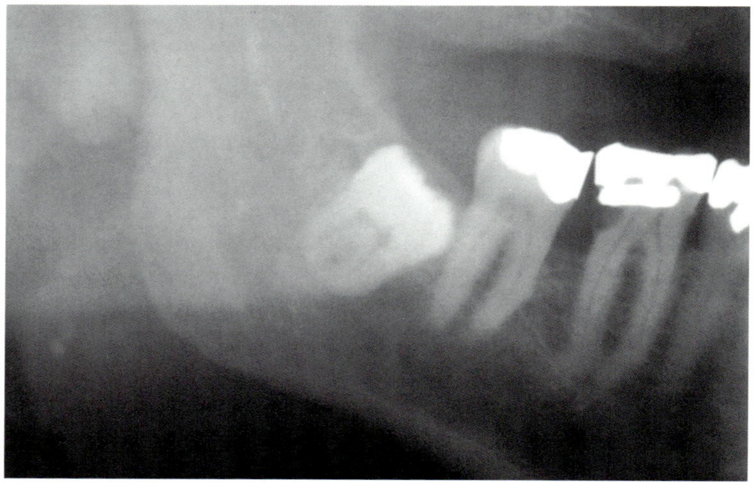

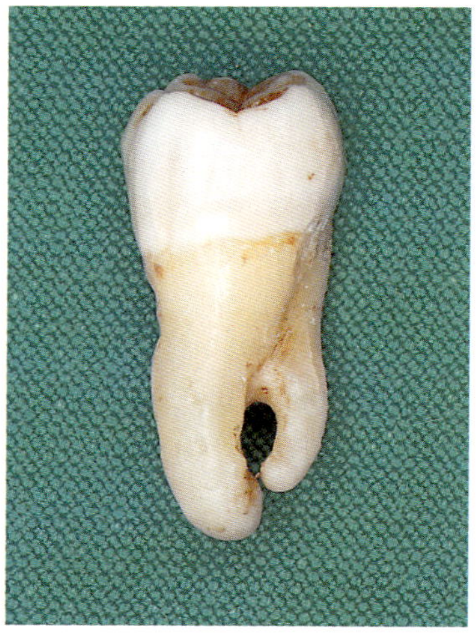

191 Wurzeltypen
Im Röntgenbild läßt sich die Art der Wurzelbildung oft nicht genau erkennen. Bei retinierten Zähnen ist mit grotesker Wurzelbildung zu rechnen. Dieses OPT zeigt den retinierten Zahn 48, Typ 4, mit in den Mandibularkanal reichenden Wurzeln.

Rechts: Der entfernte Zahn zeigt überraschenderweise die Wiedervereinigung der Wurzeln am Apex. Durch die Öffnung lief der N. alveolaris inferior.

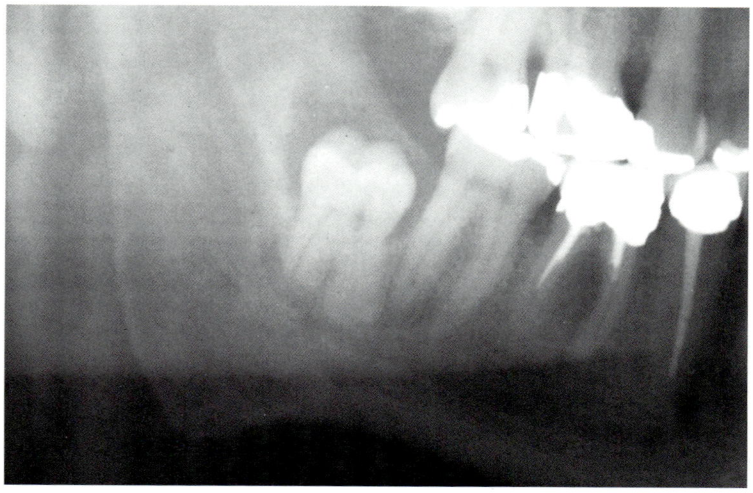

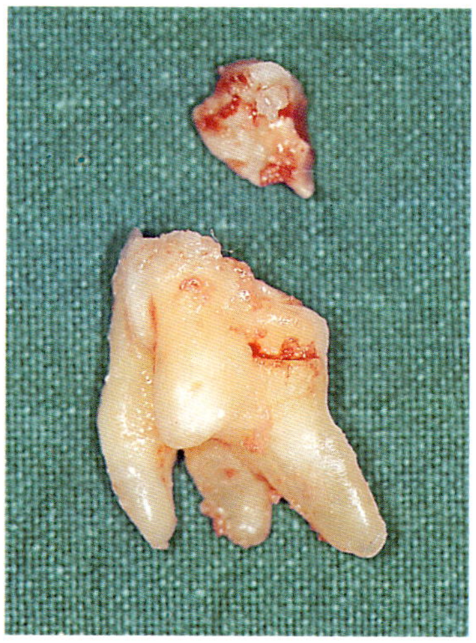

192 Wurzeltypen
Dieser tief verlagerte Weisheitszahn des Typ 3 zeigt im Röntgenbild wohl mehrere Wurzeln.

Rechts: Die tatsächlichen Wurzelverhältnisse zeigen sich erst nach der Zahnentfernung.

Chirurgisches Vorgehen

Unterlagen

Orthopantomographie oder seitlich getrennte Röntgenaufnahme des Unterkiefers. In besonders gelagerten Fällen (N. alveolaris inferior) können zusätzliche radiologische Untersuchungen notwendig sein: frontale Tomogramme oder CT mit radiären Schnitten (Dentalscan) zur Darstellung des Verlaufes des Mandibularkanals (Feifel u. Mitarb. 1991).

Instrumentarium

Für die operative Entfernung unterer Weisheitszähne wird das Grundinstrumentarium ergänzt durch:

- geraden Hebel (Bein), schmal und breit,
- Winter-Hebel, recht, links,
- Wurzelzange, diamantiert,
- chirurgisches Handstück,
- Kugelfräsen zur Knochenbearbeitung,
- Hartstahlfissurenbohrer zur Zahnteilung.

Nach Bedarf wird zusätzlich ein abgewinkeltes Handstück verwendet und spezielle Luxationsinstrumente eingesetzt.

Anatomie

Der Verlauf des N. lingualis und des N. alveolaris inferior im Kanal sowie die räumliche Beziehung von Krone und Wurzeln dazu sind zu beachten, ebenso Form und Anzahl der Wurzeln.

N. lingualis: Er verläuft lingual in den Weichteilen und von kranial in den Mundboden zur Zunge. Die Beziehung zur lingualen Knochenkante im Trigonum retromolare ist variantenreich und nicht voraussehbar.

N. alveolaris inferior: Die Beziehung zum Weisheitszahn muß nach dem Röntgenbild beurteilt werden. In kritischen Fällen, besonders wenn die Einengung des Mandibularkanals im Wurzelbereich radiologisch manifest ist, sind weitere Abklärungen (koronale CT) mit dem Patienten zu erwägen.

Die Typisierung der Wurzelform muß präoperativ für die Planung des technischen Vorgehens vorgenommen werden.

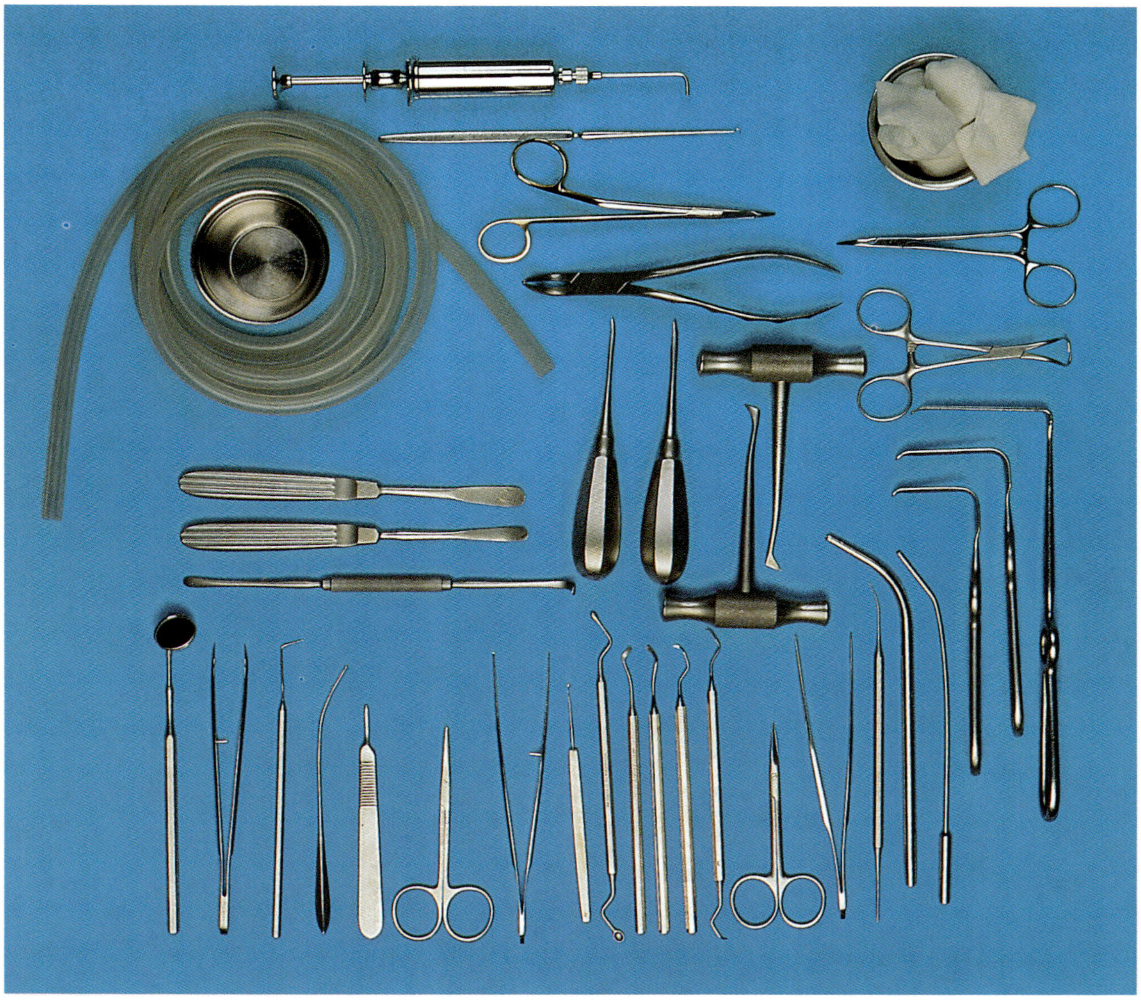

193 Instrumentarium
Das Grundinstrumentarium wird um Winter-Hebel, schmalen und breiten geraden Hebel und diamantierte Wurzelzange ergänzt.

Anästhesie

1. Leitungsanästhesie des N. mandibularis.
2. Infiltrationsanästhesie des N. buccinatorius.
3. Infiltrationsanästhesie im Vestibulum.

Zugang

Orientierung an der Krone des 2. Molaren und am aufsteigenden Ast, Linea obliqua externa. Anspannen der Schleimhaut mit dem Daumen gegen den aufsteigenden Ast nach lateral, um die Schnittführung auf dem Knochen zu halten und ein Abgleiten nach lingual zu vermeiden.

Schnittführungen

Die Lappenbildung zur Aufklappung hängt auch von der vorgesehenen Nachbehandlung ab. Die dargestellten Inzisionen sind auf eine offene Nachbehandlung ausgerichtet.

Erste Inzision vom distalen, lingualen Kronenrand des 2. Molaren nach vestibulär-distal in Richtung zum aufsteigenden Ast, ca. 2 cm lang und in einem Winkel von ca. 45° zur Zahnreihe nach bukkal. Der Knochenkontakt muß dauernd gehalten und gleichzeitig das Abrutschen nach lingual unbedingt vermieden werden.

194 Ramushaken
Dieser Wundhaken dient zum Abhalten der nach vestibulär abgeschobenen Weichteile.

Rechts: Der eingeschnittene Teil wird auf dem aufsteigenden Ast direkt auf dem Knochen gehalten.

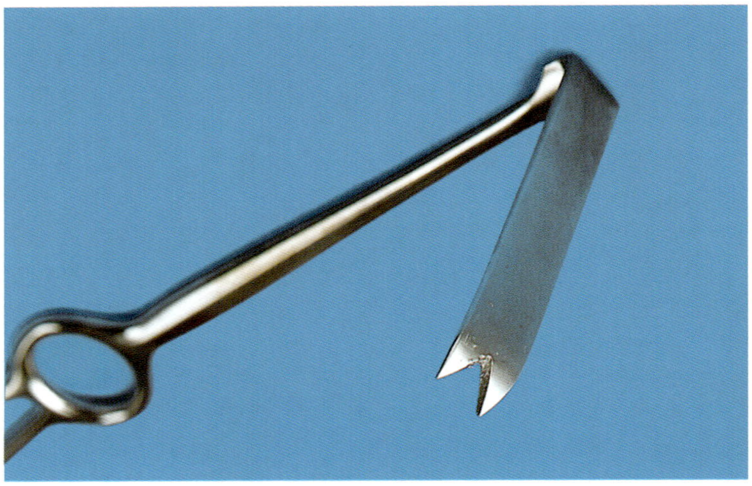

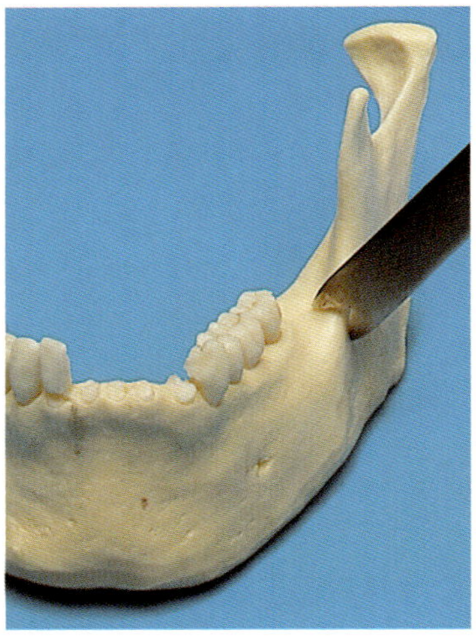

195 Hirnspatel
Zum Schutz der lingual abgeschobenen Weichteile dient der biegsame breite Hirnspatel, der jeweils individuell gebogen werden kann.

Rechts: Anlegen des Hirnspatels an der Linea obliqua interna.

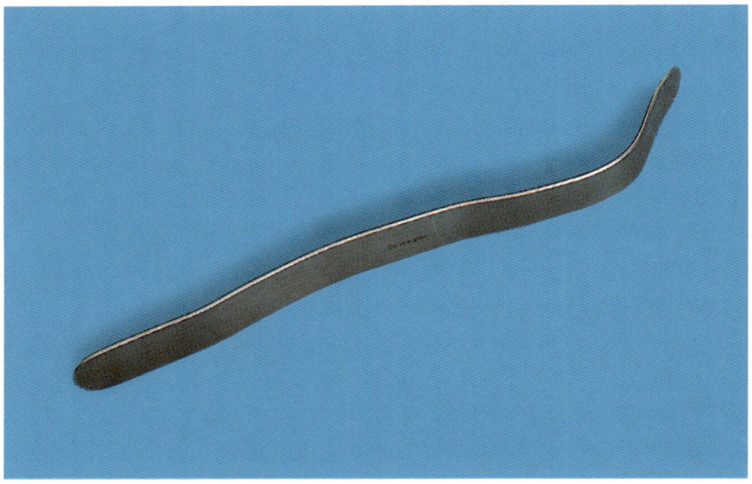

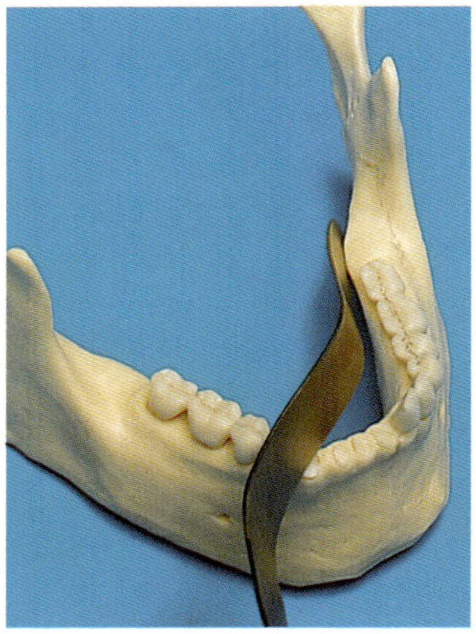

196 Abgewinkeltes Handstück
Die bukkale Ostektomie wird mittels chirurgischer Fräsen mit einem Handstück und unter ständiger Wasserkühlung vorgenommen. Ein abgewinkeltes Handstück kann in schwierigen Situationen die gewünschte Osteotomierichtung oder die entsprechende Zahnabtrennung erleichtern. Das Winkelstück kann nur in Ausnahmefällen Hilfe bringen.

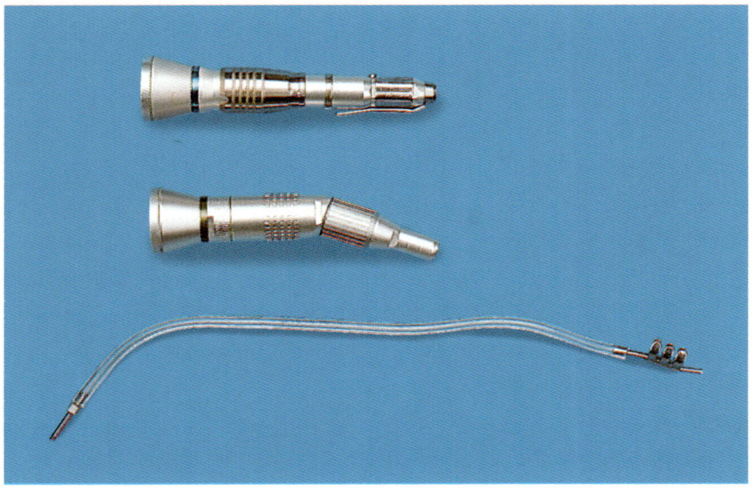

Zweite Inzision distal des 2. Molaren senkrecht nach vestibulär. Die nach mesial divergierende Schnittführung läßt bei der offenen Nachbehandlung einen Teil des Knochens freiliegend, was zu einer verzögerten Wundheilung mit vermehrten Schmerzen führt.

Dritte Inzision marginal, lingual im Sulcus gingivae des 2. Molaren, wobei das Messer nach distal geführt wird. Ein Abgleiten kann zur Verletzung des N. lingualis führen (Pajarola u. Mitarb. 1994).

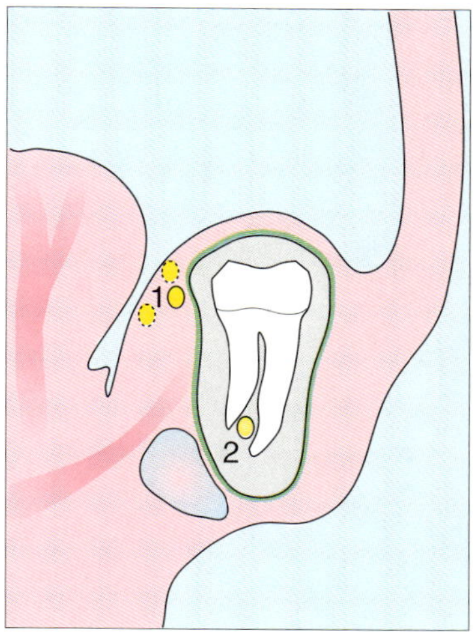

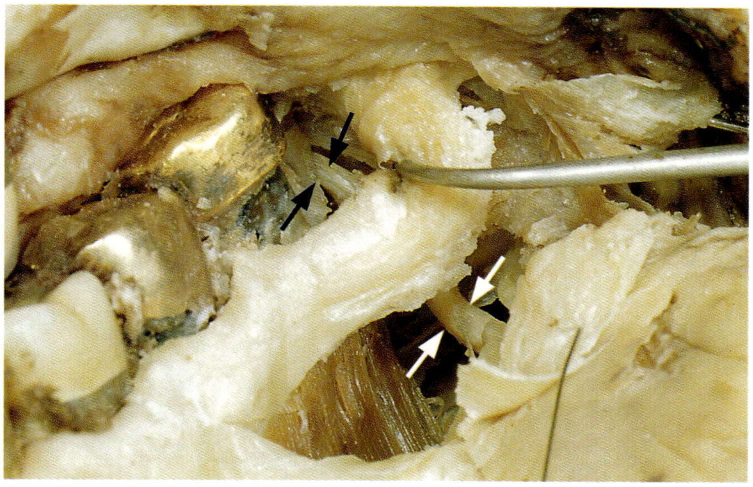

197 Anatomie – N. lingualis
Das Präparat zeigt die Innenseite des Unterkiefers und die Beziehung des N. lingualis zur Gingiva im Bereich des unteren Weisheitszahnes.

Links: Das Schema zeigt die häufigsten Variationen der Position dieses wichtigen Nervs.

1 N. lingualis.
2 N. alveolaris inferior.

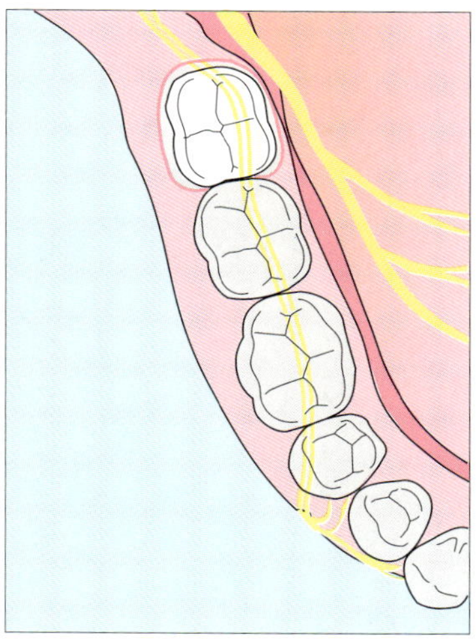

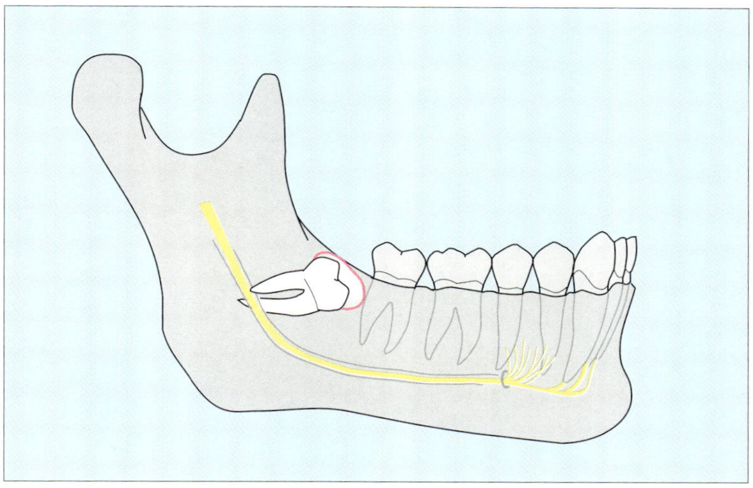

198 Anatomie – N. alveolaris inferior
Das Schema zeigt die mögliche räumlich enge Beziehung der Wurzeln des Zahnes 38 zum Mandibularkanal.

Links: Verlauf der zwei bedeutenden Nerven im Bereich des unteren Weisheitszahnes.

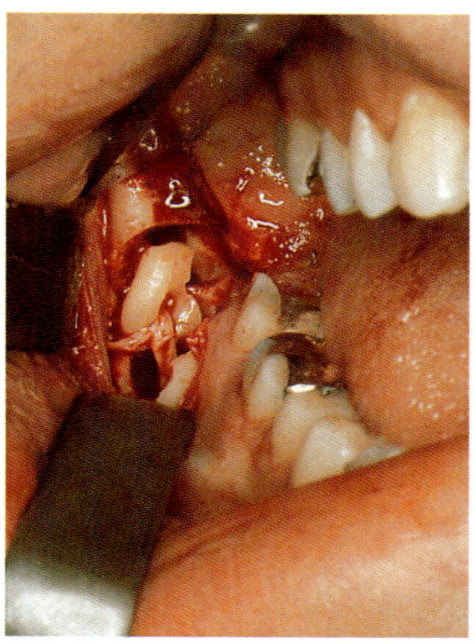

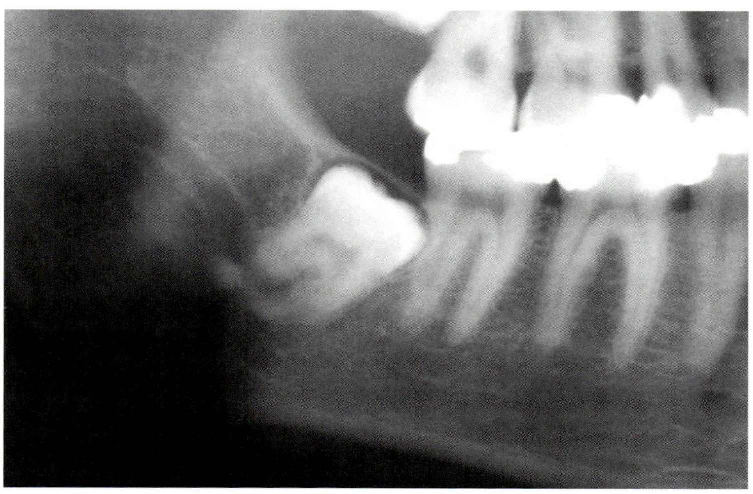

199 Kritischer Verlauf des N. alveolaris inferior
Das OPT zeigt den gekrümmten Verlauf des Mandibularkanals um die distale Wurzel des Zahnes 48.

Links: Operationssitus mit dem N. alveolaris inferior durch die Wurzel von Zahn 48. Nur die Trennung der Wurzeln kann eine Verletzung des Nervs verhindern.

200 Unterlagen – Röntgenaufnahmen

Neben dem klinischen Befund sind die Röntgenunterlagen besonders wichtig. Bei retinierten Zähnen ist die gesamte Darstellung der Umgebung des Zahnes und auch die Dimension des Unterkiefers von Bedeutung.

Rechts: Das Zahnröntgenbild ist zur Beurteilung ungenügend.

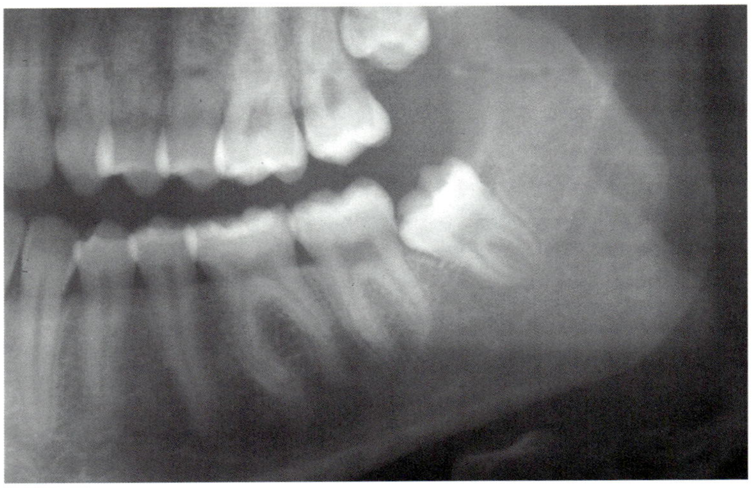

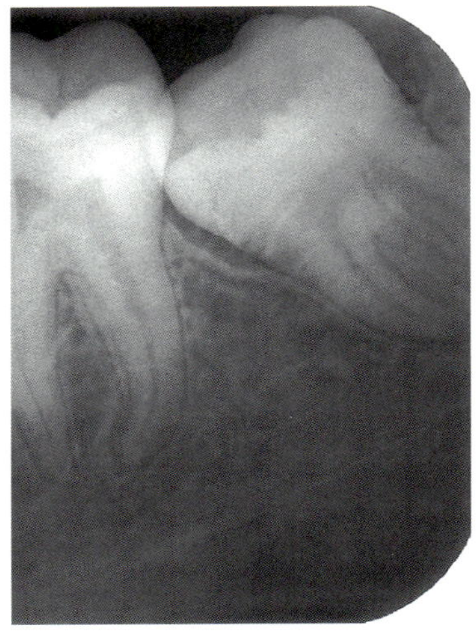

201 Unterlagen – CT

In besonders kritischen Fällen gibt die CT mit in beliebiger Richtung gelegten gerechneten Schnitten (hier radiäre Schnitte, Dentalscans) Aufschluß über die Lage der Wurzeln zum Mandibularkanal.

Rechts: Die seitliche Aufnahme des Unterkiefers kann weitere Informationen liefern.

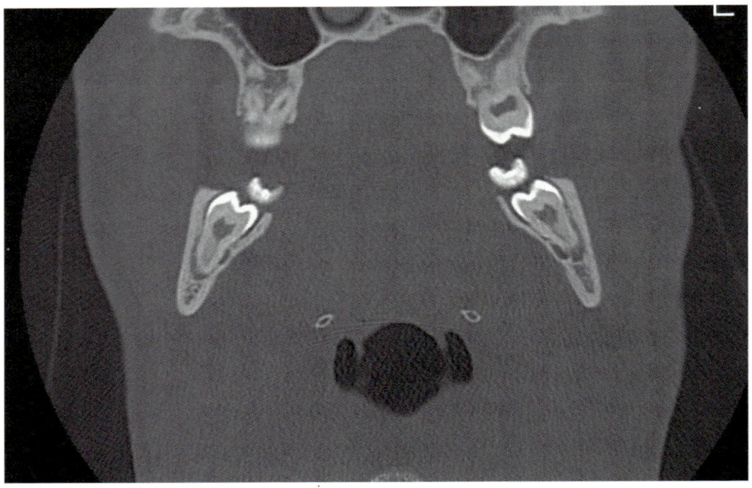

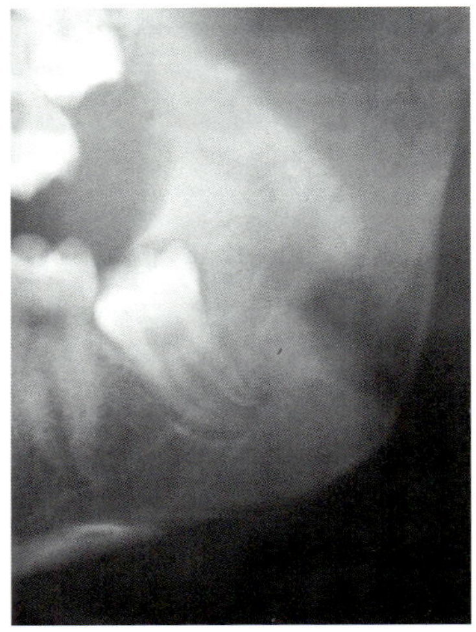

202 Anästhesie

Zur Entfernung eines unteren Weisheitszahnes wird eine Leitungsanästhesie am N. mandibularis, eine terminale Anästhesie des N. buccalis und eine Infiltration vestibulär des 2. Molaren gelegt.

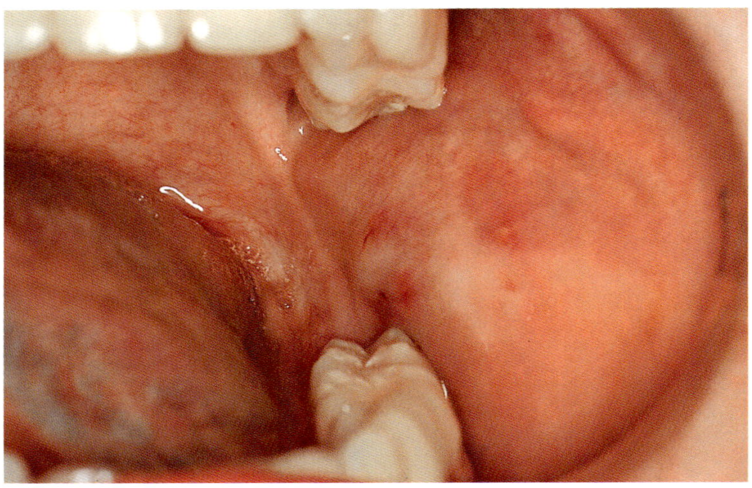

203 Zugang

Der Zugang zur Entfernung des unteren Weisheitszahnes mit Ostektomie erfolgt von bukkal durch Bildung eines vestibulären Mukoperiostlappens.

Schema rechts: Die einzelnen Inzisionen.

1 senkrecht ins Vestibulum,
2 zum aufsteigenden Ast,
3 im Sulkus lingual beim 2. Molar.

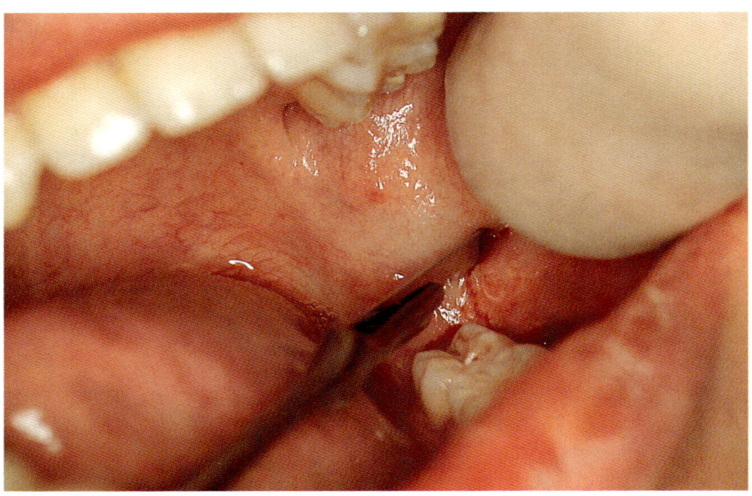

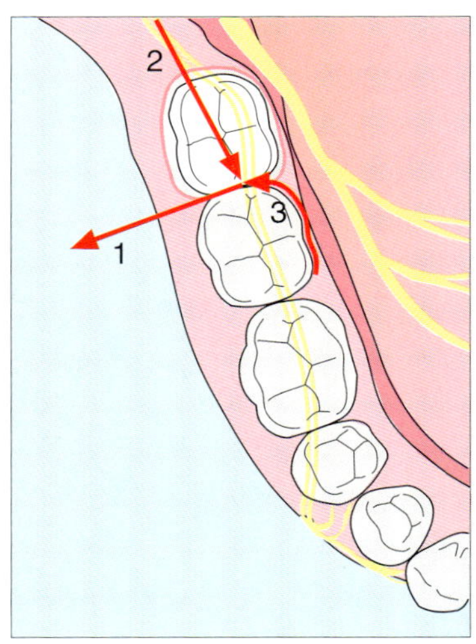

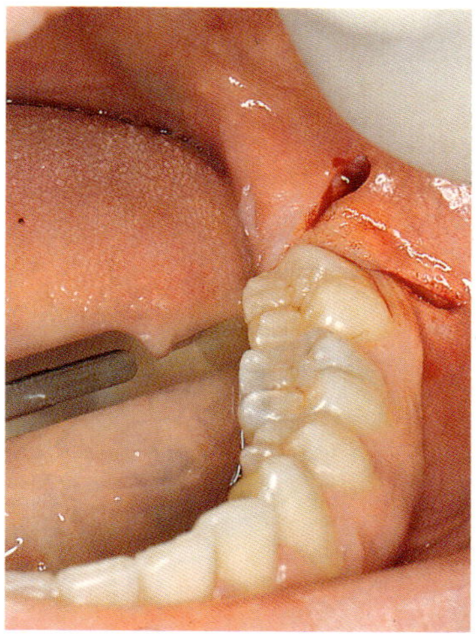
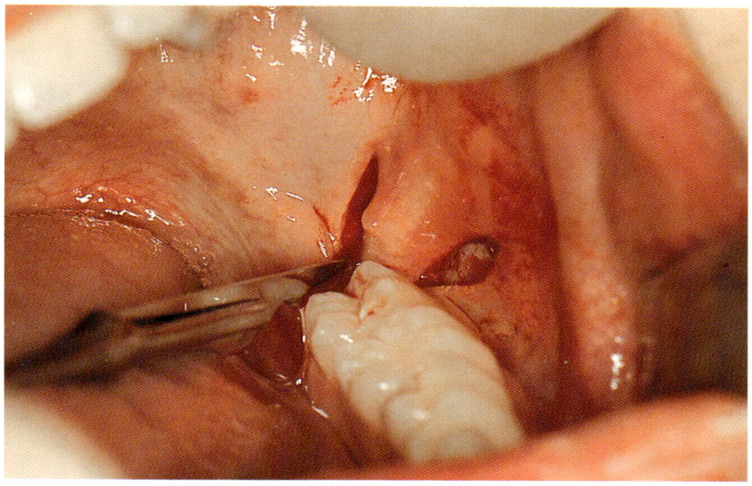

204 Lappenbildung
Nach scharfer Durchtrennung des Mukoperiostes mit dem Raspatorium von mesial nach distal zum aufsteigenden Ast erfolgt die Bildung eines Lappens.

Links: Vorsichtige Inzision im lingualen Sulkus beim 2. Molaren.

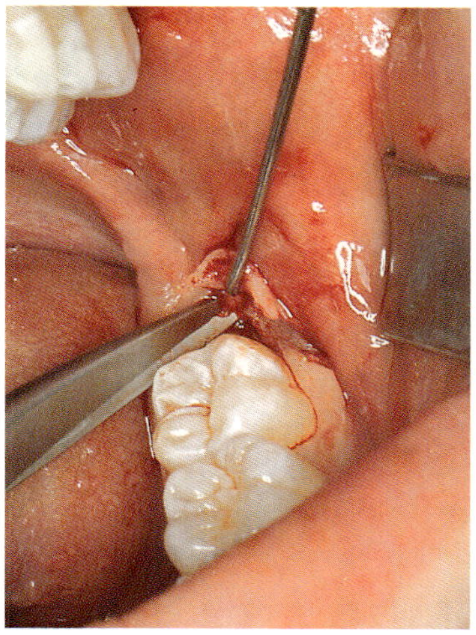
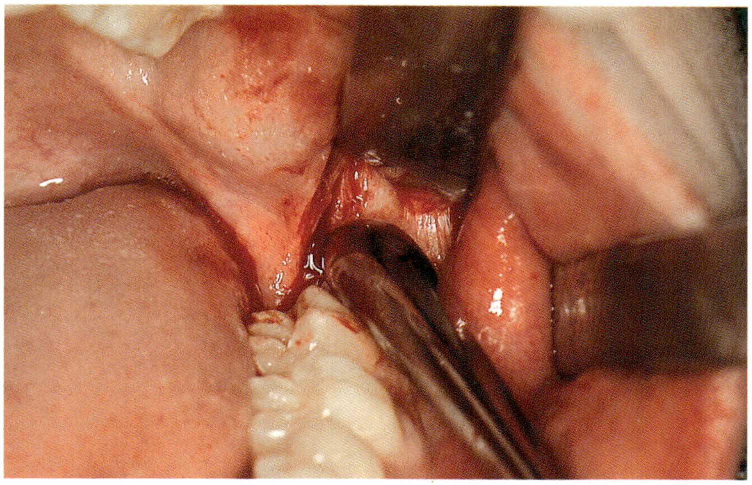

205 Schutz der Weichteile – Ramushaken
Mit dem Ramushaken werden die Weichteile nach kranial gehalten.

Links: Derbe Verwachsungen können mit der Schere oder dem Skalpell unter direkter Sicht gelöst werden.

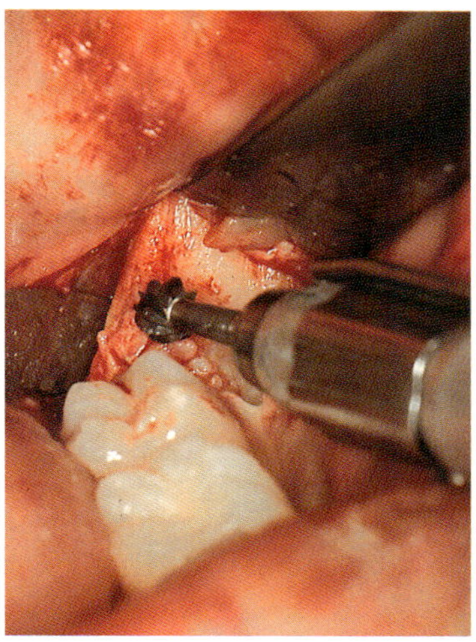
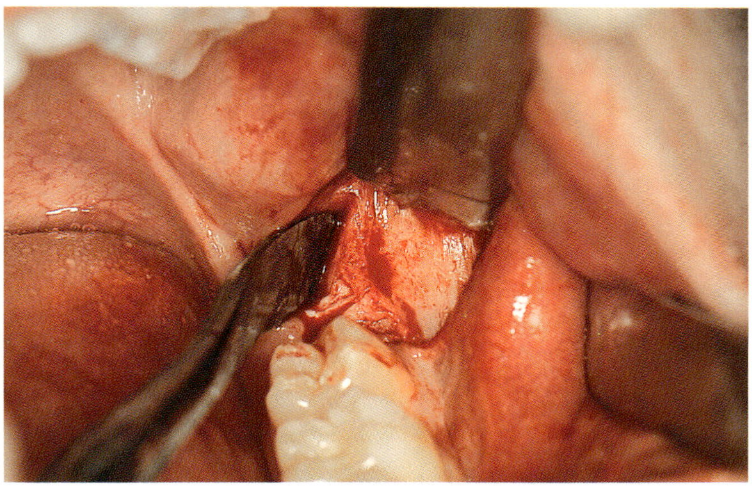

206 Hirnspatel
Zum Schutz der lingualen Weichteile wird auch nach lingual abgeschoben und ein breites Raspatorium oder besser ein individuell angepaßter Hirnspatel zwischen Knochen und Weichteile gehalten.

Links: Schutz der lingualen Weichteile bei der Ostektomie.

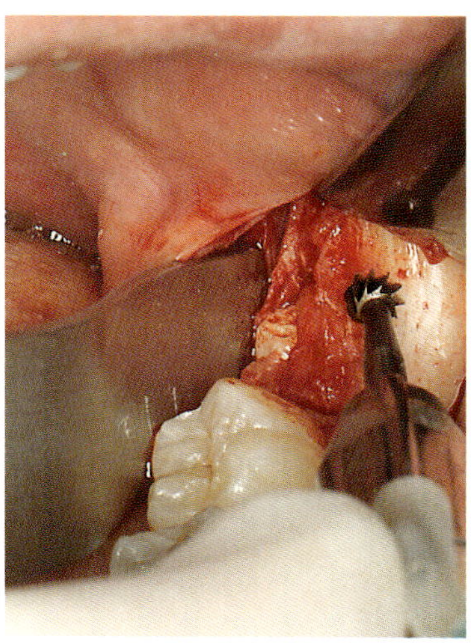
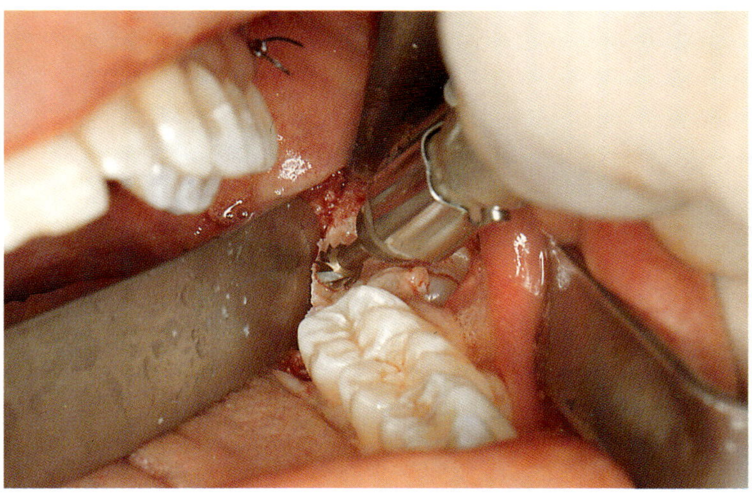

207 Ostektomie
Mittels chirurgischer Fräsen unter dauernder Kühlung mit Ringer- oder Kochsalzlösung erfolgt die Ostektomie. Schutz der Weichteile durch den Hirnspatel.

Links: Individuell gebogener Hirnspatel zum Schutz der lingualen Weichteile.

208 Anatomie – Zahnlage und Wurzelgeometrie
Das anatomische Präparat zeigt die bedeutsamen Beziehungen zu wichtigen Nerven: Der N. lingualis kann sehr nahe marginal unter der Schleimhaut verlaufen.

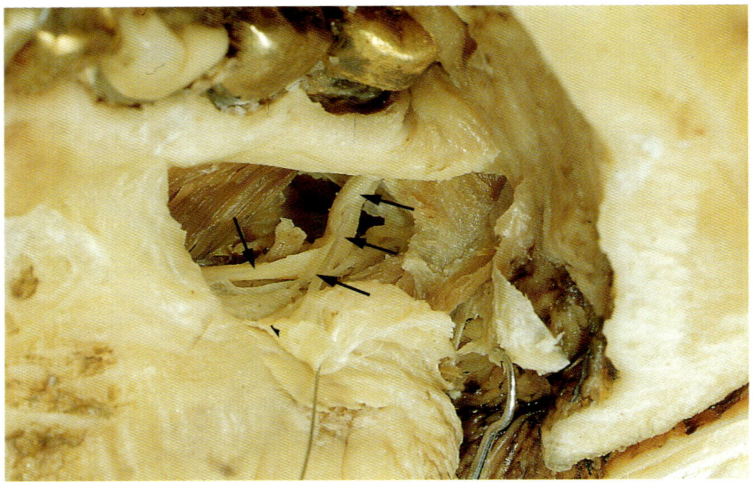

209 Zahnentfernung bei Typ 1
Der Zahnkeim ohne Wurzelbildung liegt in einem Hohlraum, umgeben vom Zahnsäckchen. Das OPT zeigt die Situation bei einem 14jährigen Knaben, der in kieferorthopädischer Behandlung steht. Die Weisheitszahnkeime sollen frühzeitig entfernt werden, um den Platzmangel nicht zu verstärken.

Rechts: Schema des kugeligen Zahnkeimes.

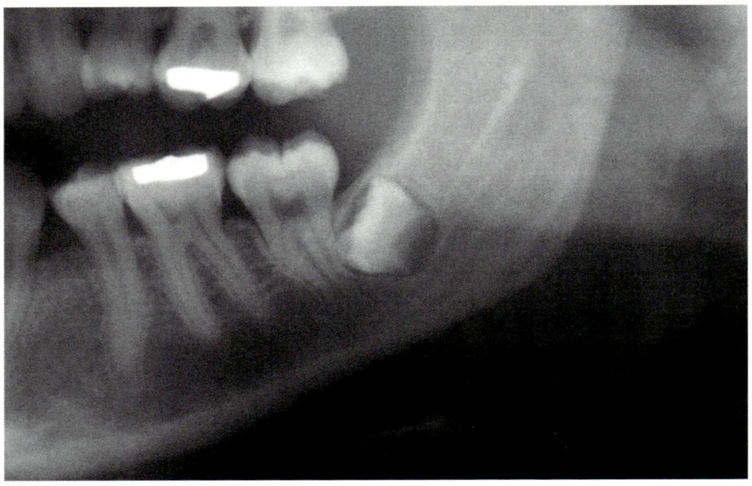

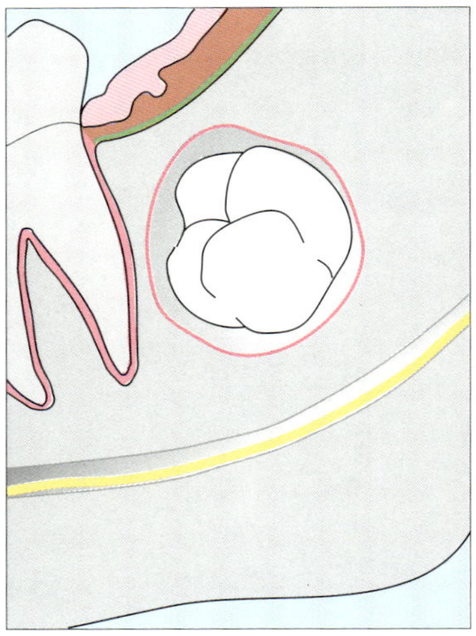

Ⓐ

210 Teilung der Krone
Nach Ostektomie von bukkal wird die Krone geteilt, da jeder Ansatz eines Hebels die Krone im Hohlraum rollen, aber nicht luxieren läßt.

Rechts: Teilung der Krone nach Ostektomie im Schema.

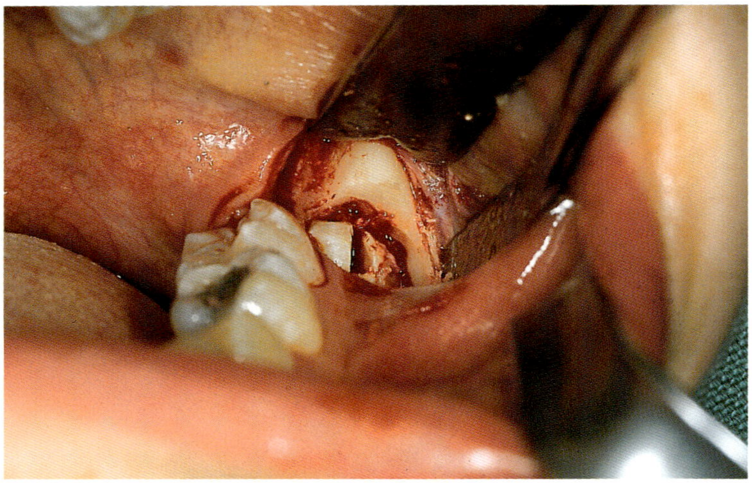

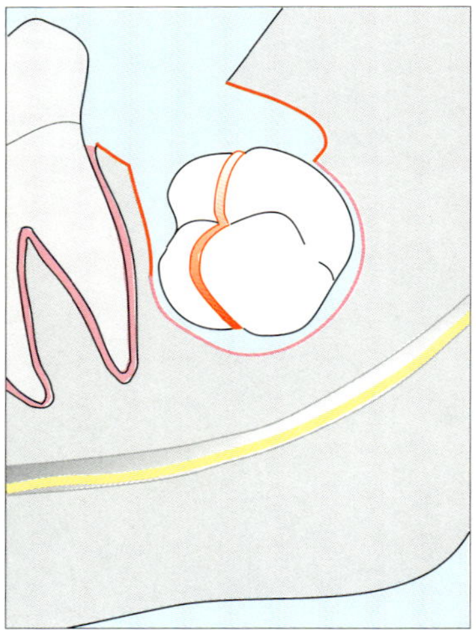

211 Luxation der Kronenteile
Die beiden Kronenteile werden mit dem Winter-Hebel luxiert.

Rechts: Luxation der Kronenteile mit dem Winter-Hebel im Schema.

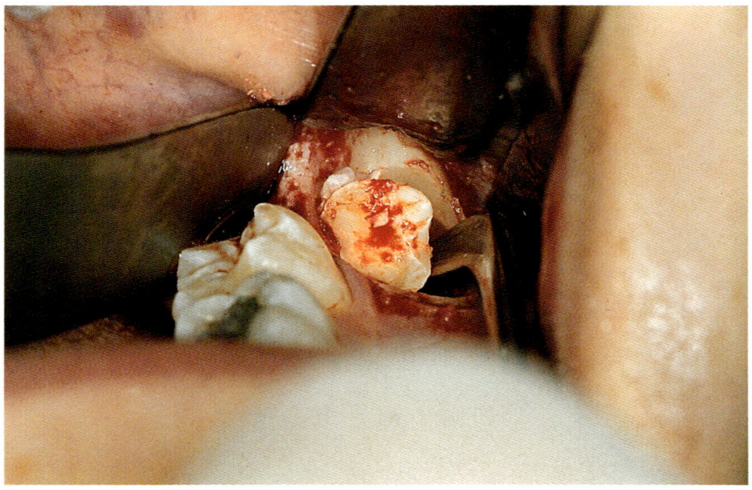

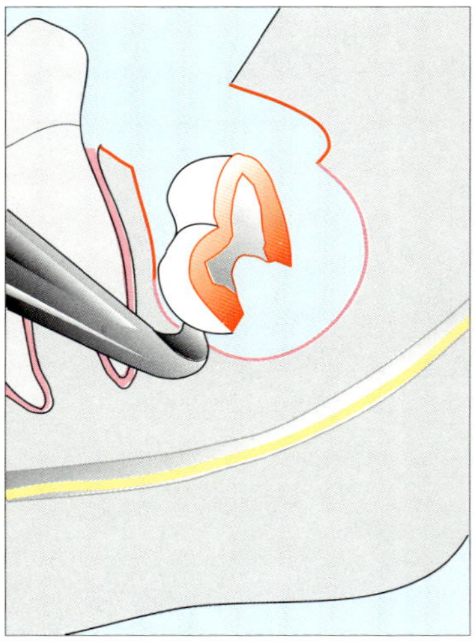

Zahnentfernung

Typ 1 Bukkale Ostektomie, Teilung der Krone mit Hartstahl-Fissurenbohrer und Entfernung in zwei Teilen.

Typ 2 Die Krone wird bukkal und okklusal freigelegt. Vestibulär wird eine Rille gefräst und nach okklusal mit dem Winter-Hebel luxiert. Bei Platzmangel wird die Krone getrennt.

Typ 3 In Zahnhalshöhe wird eine Rille gefräst. Der Winter-Hebel wird an der Rille angesetzt, die Luxation erfolgt nach koronal-distal. Eventuell Krone abtrennen und Wurzel separat herausheben.

Typ 4 Abtrennen der Krone und mit Hebel oder Wurzelzange entfernen. Eine weitere Teilung der Krone und der Wurzeln ist manchmal nötig.

Typ 5 Ostektomie, Abtrennung der Krone und separate Luxation der Wurzeln. Teilung oder weitere Ostektomie, je nach Wurzelkonfiguration.

Typ 6 Ostektomie, Abtrennen der Krone mit dem abgewinkelten Handstück, Entfernung der Wurzeln evtl. zusätzliche Teilung.

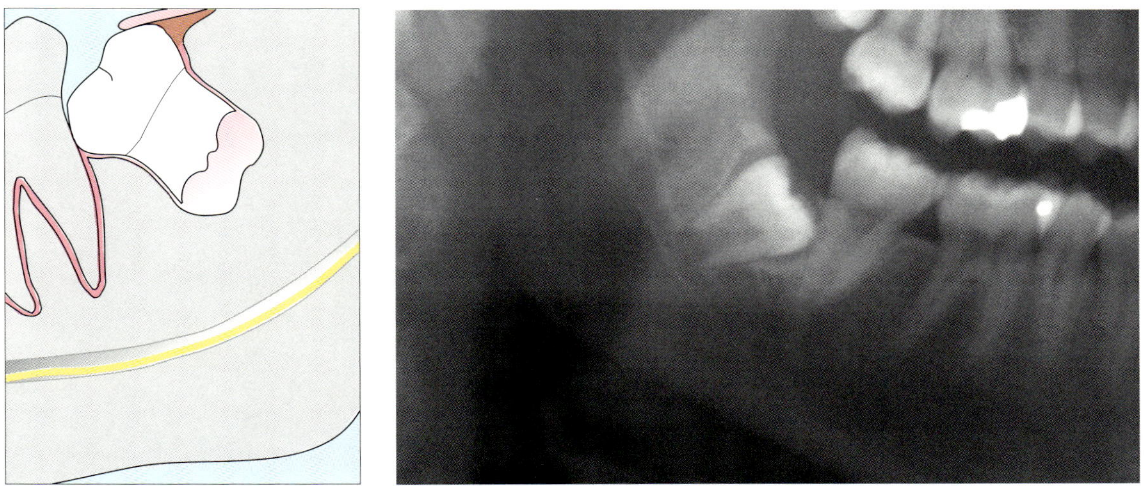

212 Zahnentfernung Typ 2
Der Zahn 38 mit noch unvollständigem Wurzelwachstum soll bei einem 18jährigen Knaben aus kieferorthopädischen Gründen nach Behandlungsabschluß entfernt werden, um ein Rezidiv des Engstandes im Unterkiefer zu vermeiden.

Links: Schema des Zahnkeimes mit unvollständigem Wurzelwachstum.

Ⓢ

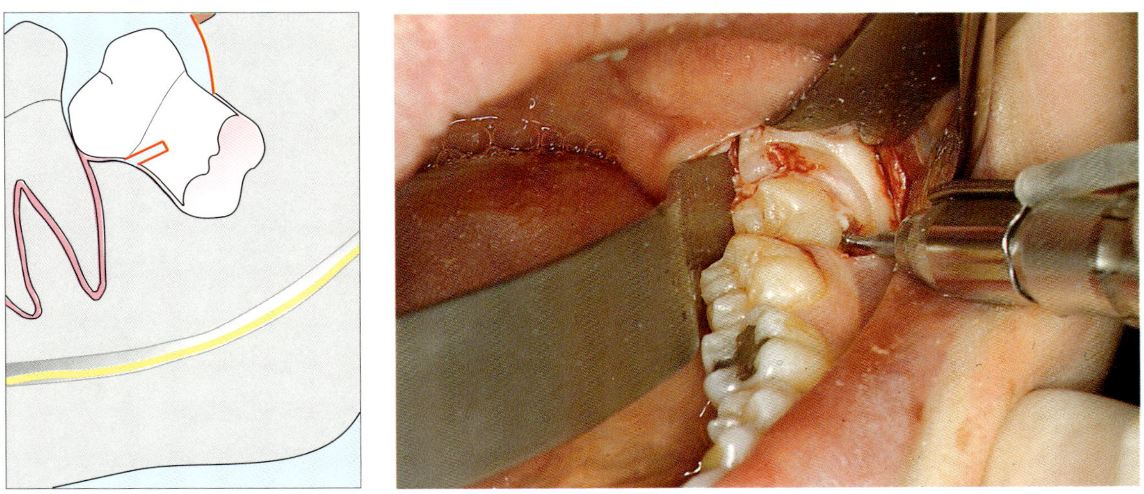

213 Fräsen einer Rille
Nach bukkaler und distaler Ostektomie wird im mesialen Zahnhalsbereich eine Rille gefräst.

Links: Lage der Rille als Retention für den Winter-Hebel im Schema.

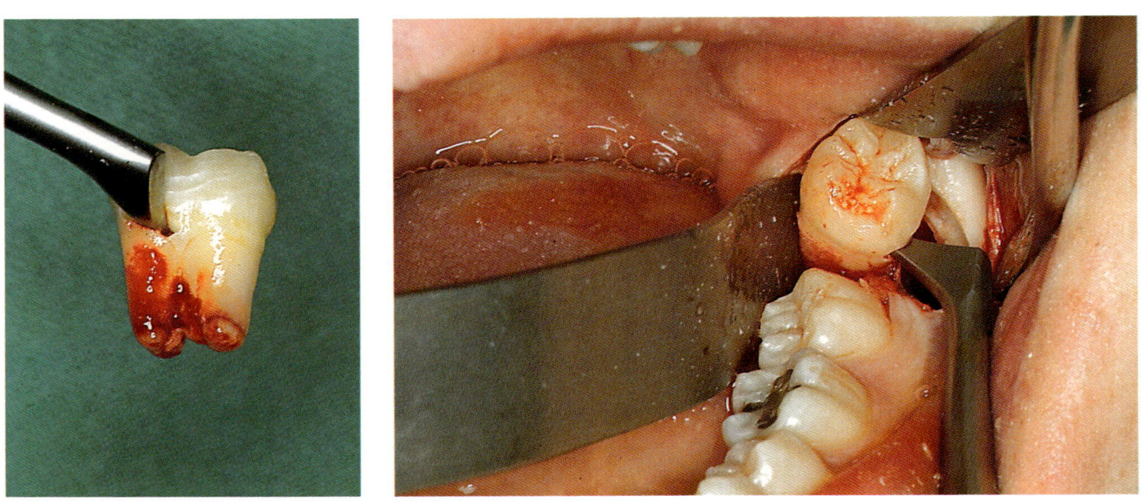

214 Winter-Hebel
An der Rille mesial kann der Zahn mit dem Winter-Hebel nach distal luxiert werden.

Links: Der mit dem Winter-Hebel luxierte Zahn.

215 Zahnentfernung Typ 3
Das OPT zeigt Zahn 38 in vertikaler Position retiniert. Die Wurzeln reichen bis auf das Niveau des Mandibularkanals. Diese Beziehung ist bedeutsam und erfordert entsprechende Vorsicht bei der Bewegung des Zahnes. Falls ein direkter Kontakt von Wurzel und Nerv besteht, ist mit einer temporären Sensibilitätsstörung im Ausbreitungsgebiet zu rechnen. Dasselbe gilt für den N. lingualis.

Rechts: Lage des Hirnspatels nach Aufklappung und Ostektomie.

(S)

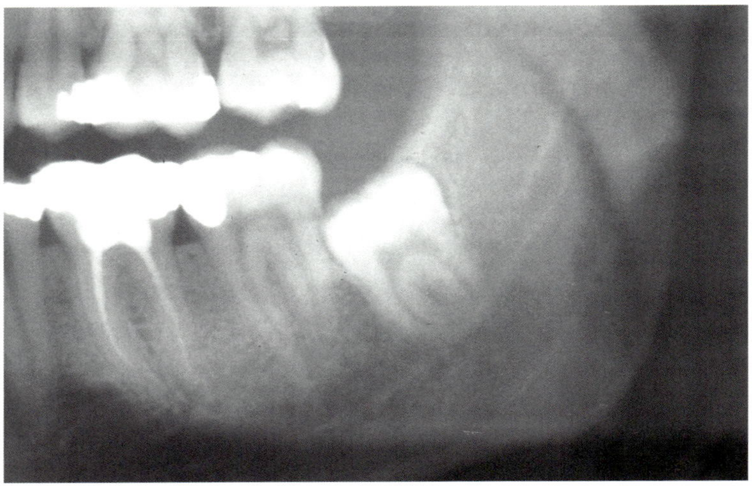

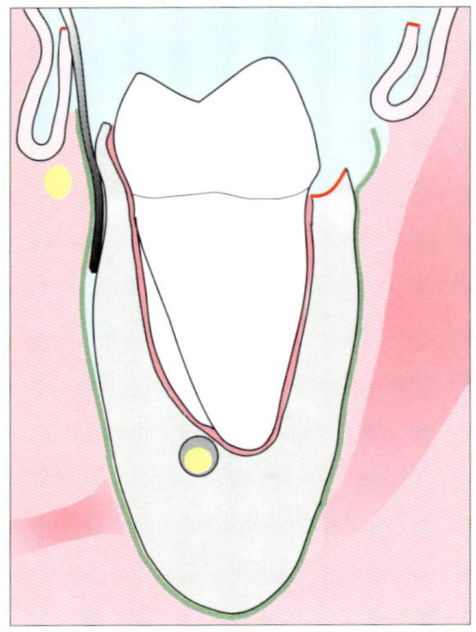

216 Hirnspatel
Nach der vestibulären Aufklappung und dem Einsetzen des Ramushakens wird das Mukoperiost auch lingual soweit mobilisiert, daß der Hirnspatel direkt in Knochenkontakt plaziert werden kann. Dadurch wird der N. lingualis vor Traumatisierung geschützt. Die Krone wird freigelegt, mit dem Fissurenbohrer zu drei Viertel durchtrennt und mit dem geraden oder dem Winter-Hebel abgesprengt.

Rechts: Schematische Darstellung der Durchtrennung.

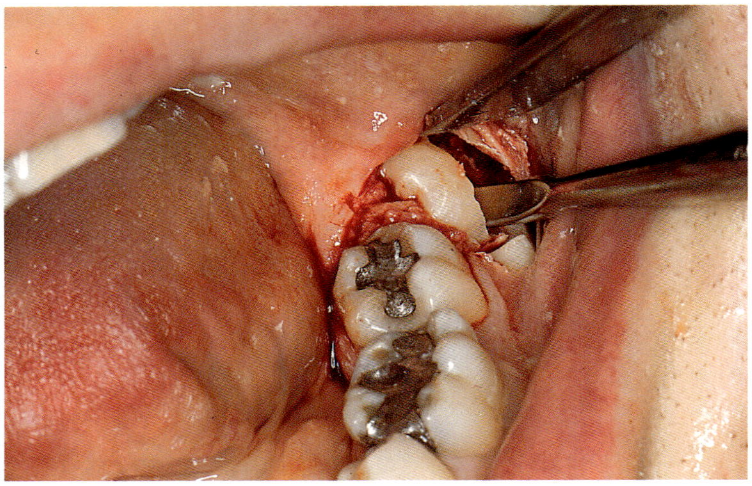

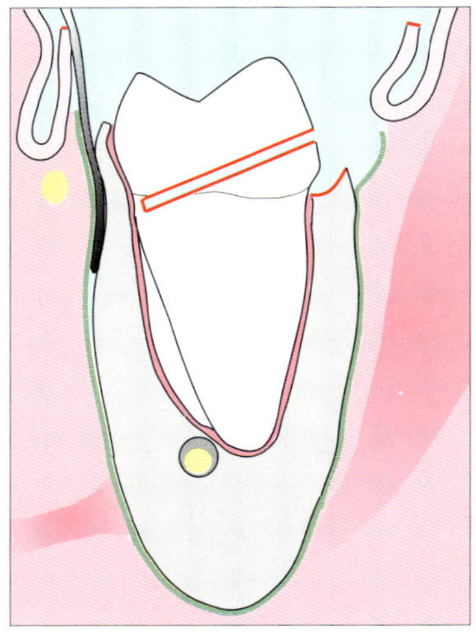

217 Wurzeltrennung
Nun werden die Wurzeln in Längsrichtung teilweise eingefräst und mit dem geraden Hebel vorsichtig auseinandergedrängt.

Rechts: Absprengung der Krone mit dem Winter-Hebel.

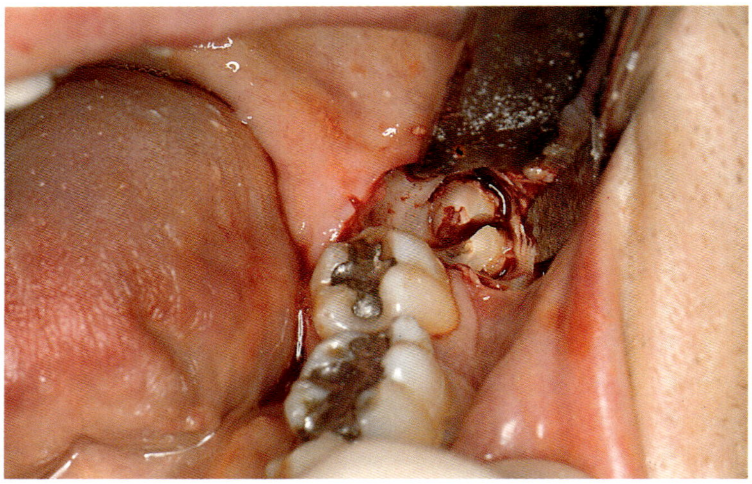

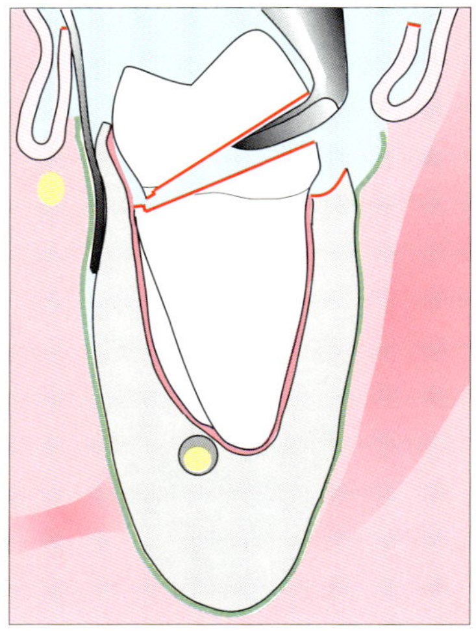

218 Luxation der einzelnen Wurzeln
Die einzelnen Wurzeln können nun vorsichtig luxiert werden. Eine zusätzliche Rille am Wurzelrand ermöglicht die Bewegung entsprechend der Wurzelkrümmung. Während der ganzen Prozedur bleibt der Hirnspatel möglichst unbeweglich in situ.

Rechts: Teilweise Durchtrennung der Wurzeln vor Sprengung mit dem geraden Hebel.

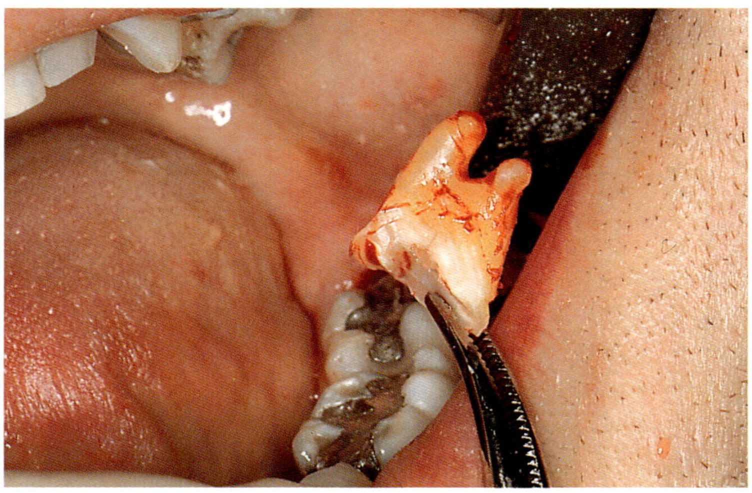

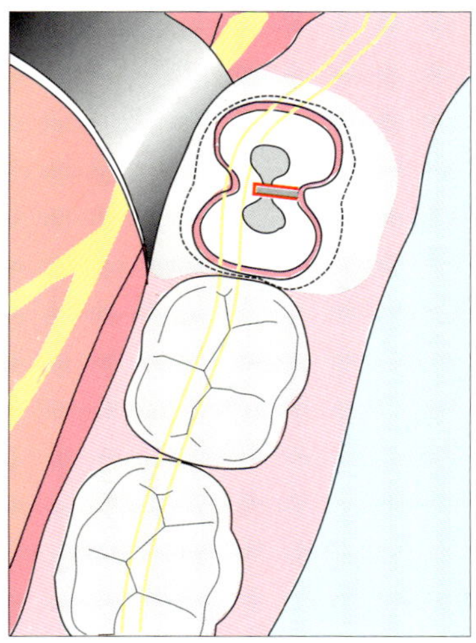

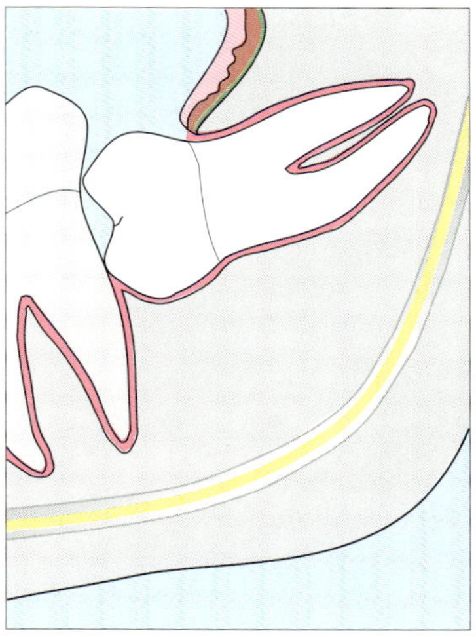
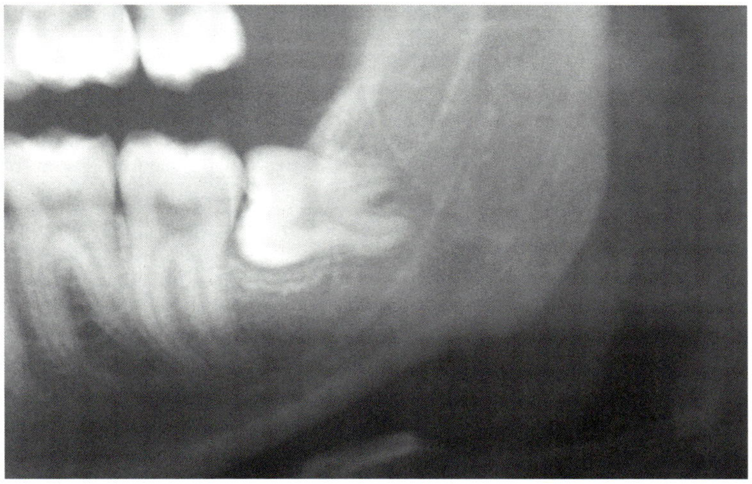

219 Zahnentfernung Typ 4
Das OPT zeigt den nach mesial gekippten, eng am 2. Molaren anliegenden Zahn 8. Kaudal dessen Krone ist eine Sklerosierung als Zeichen chronischer entzündlicher Reize zu sehen. Der Zahn ist teilweise sichtbar. Aus dieser Situation kann jederzeit eine akute Infektion entstehen.

Links: Schematische Übersicht.

Ⓐ

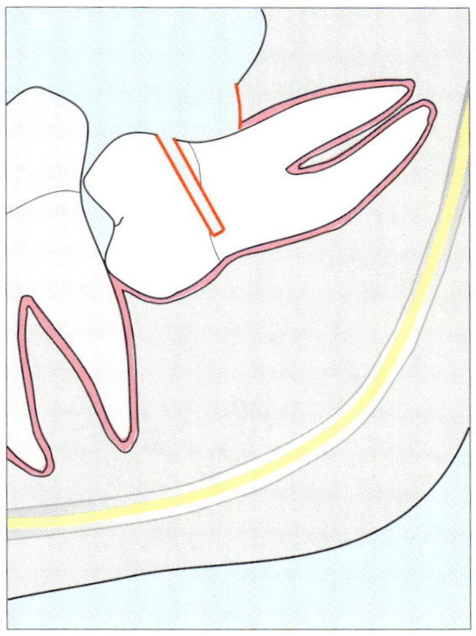
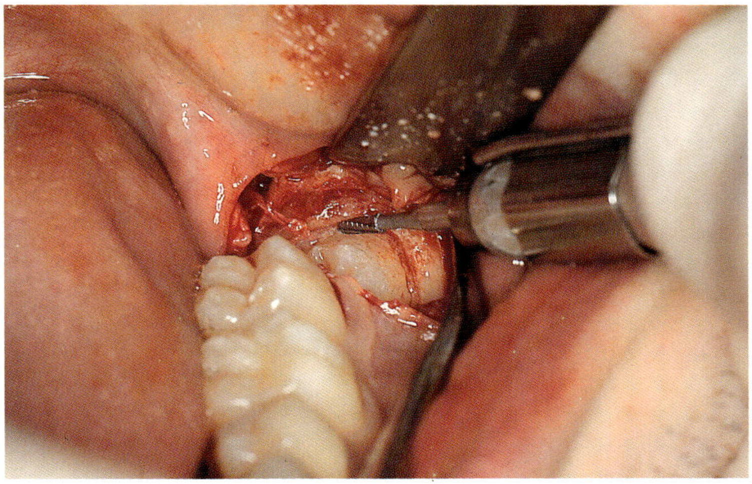

220 Kronentrennung
Die Krone des nach mesial gekippten Zahnes wird bukkal freigelegt und senkrecht zur Zahnachse teilweise geteilt. Die Fräsung soll die linguale Schmelzwand nicht durchtrennen. Falls die Lage der Krone lingual freigelegt werden muß, schützt der Hirnspatel wiederum die lingualen Weichteile vor Verletzung.

Links: Schematische Übersicht der Kronentrennung.

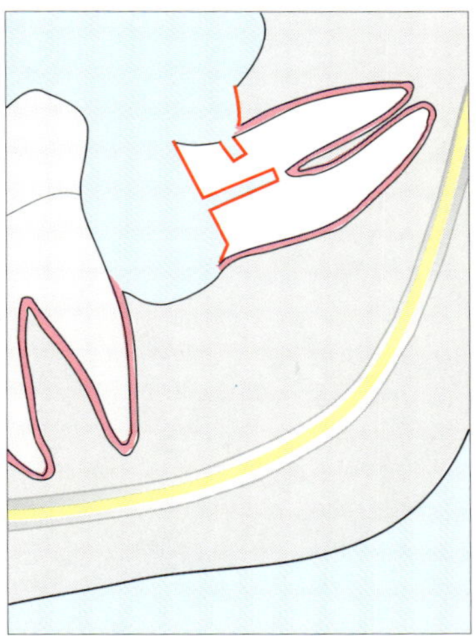
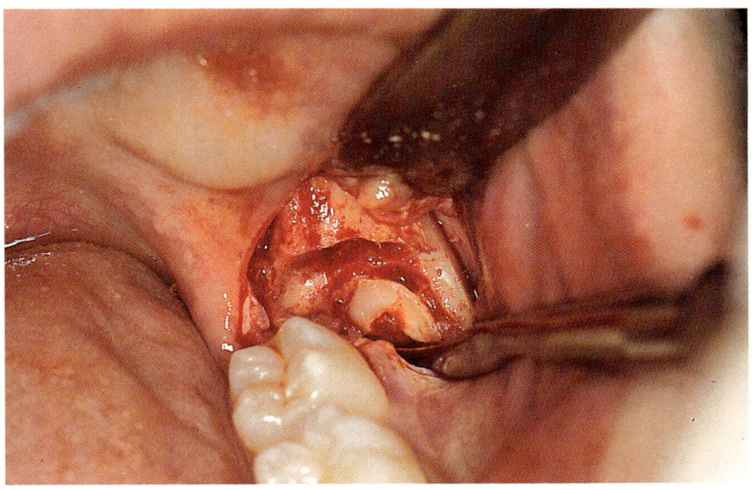

221 Wurzeltrennung
Nach Entfernung der Krone werden die Wurzeln mit der Fräse geteilt.

Links: Schematische Übersicht.

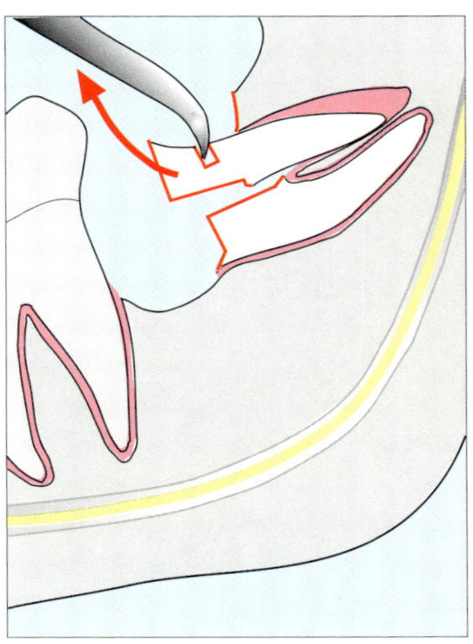
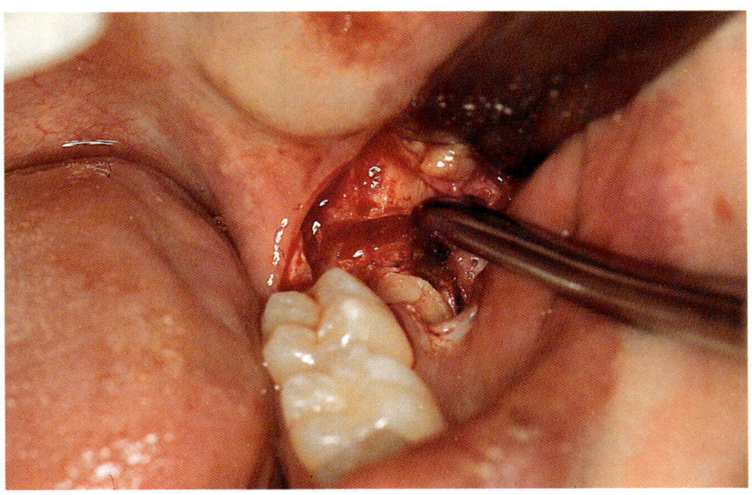

222 Luxation der Wurzel
Falls erforderlich kann am Wurzelrand eine weitere Rille gefräst werden. Die Wurzeln werden entsprechend ihrer Krümmung mit dem Winter-Hebel luxiert und einzeln entfernt. In schwierigen Situationen können mehrfache Teilungen eine sanfte Entfernung ermöglichen.

Links: Erleichterte Wurzelextraktion durch Einfräsen einer weiteren Rille.

223 Zahnentfernung Typ 5
Das OPT zeigt den nach distal gekippten, mit den Wurzeln des 2. Molaren verbundenen Weisheitszahn. Die Karies stellt sich als interkoronale Aufhellung dar.

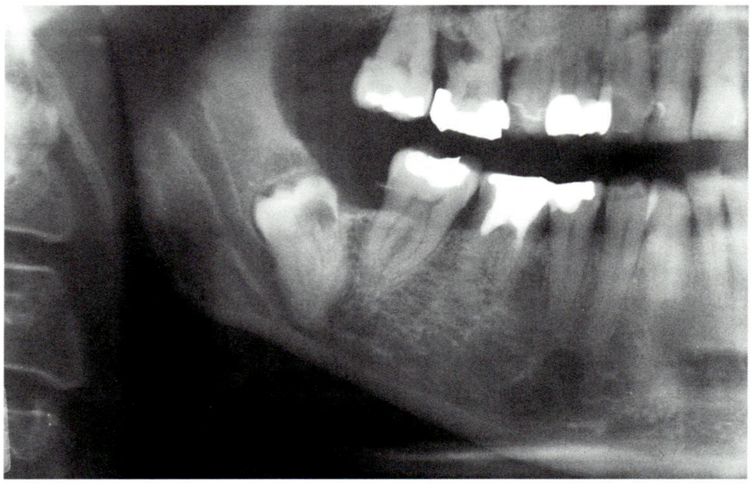

Ⓐ

224 Wurzeltrennung
Zugang und Ostektomie wie bei Typ 3 oder 4. Nach Abtrennung der Krone können die Wurzeln in den freigewordenen Raum luxiert werden.

Rechts: Schematische Darstellung der Wurzelentfernung. Luxation entsprechend der Wurzelkrümmung.

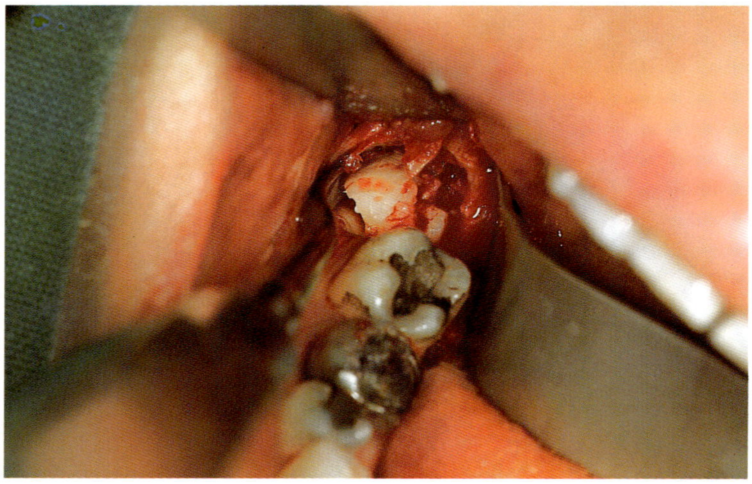

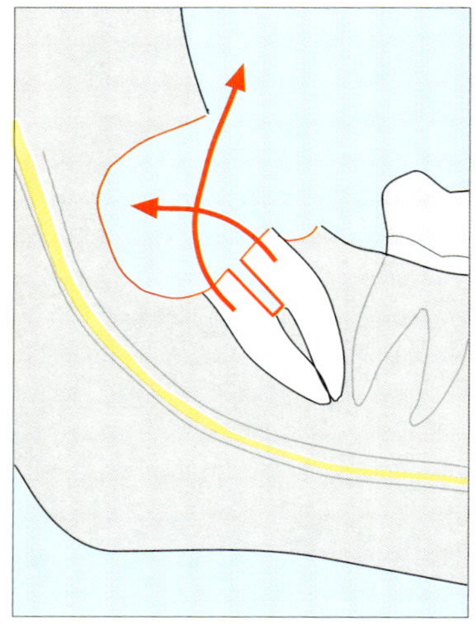

225 Zahnentfernung Typ 6
Das CT zeigt den quer zum Alveolarfortsatz gedrehten Weisheitszahn. Die Indikation zur Entfernung ist die Beseitigung potentieller Infektionsherde.

Rechts: Das Schema zeigt den Kiefer in der Zahnachse geschnitten; die Fräsung zur Abtrennung der Krone erfolgt senkrecht zur Zahnachse. Je nach Situation kann auch nur der störende Kronenanteil entfernt werden.

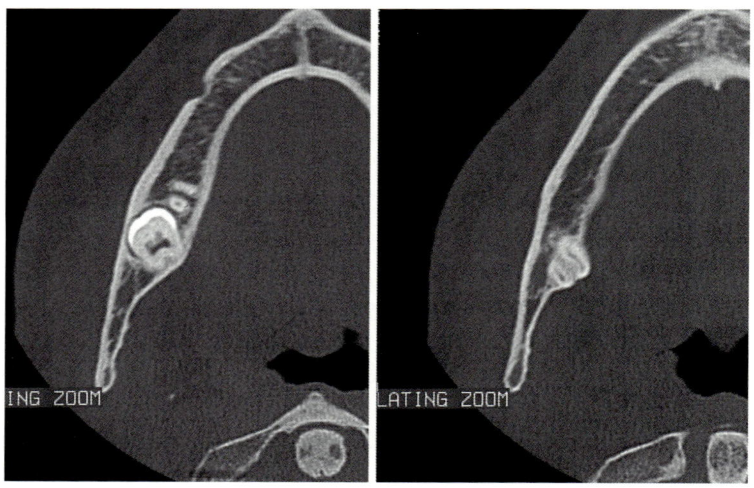

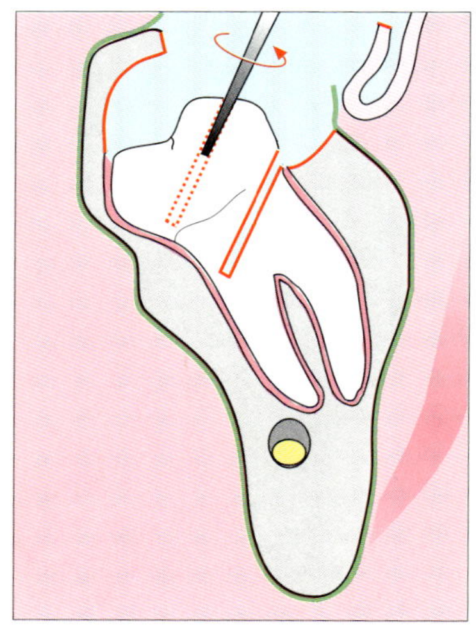

Ⓐ

226 Wurzeltrennung
Der Zugang erfolgt durch vestibuläre Lappenbildung und bukkale Ostektomie. Nach Entfernung der Krone entsteht Platz für die Luxation der evtl. zu trennenden Wurzeln.

Rechts: Schematische Darstellung der Wurzelentfernung.

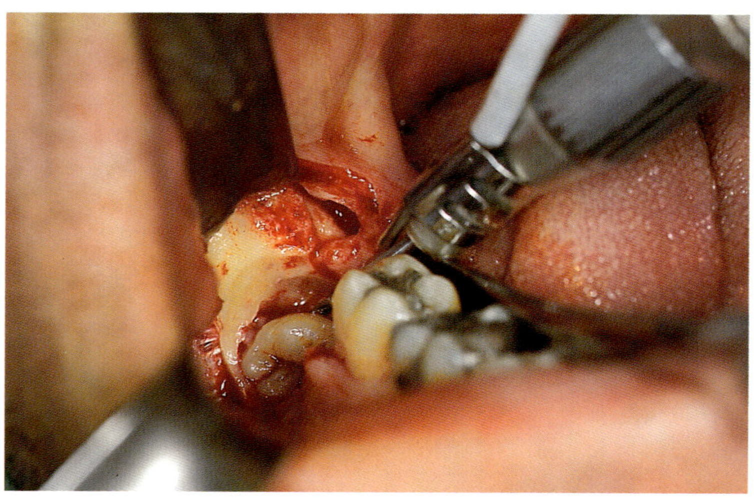

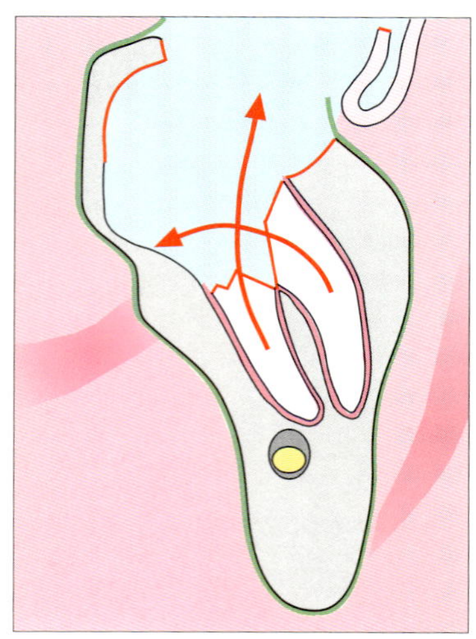

Besondere Lage und Begleitpathologie

Weitverlagerte Weisheitszähne bedürfen einer besonders sorgfältigen klinischen und radiologischen Abklärung. Die Behandlung solcher Situationen bedarf großer Erfahrung. Die notwendigen Maßnahmen sind komplex und erfordern meist eine Synthese mehrerer chirurgischer Techniken. Solche Eingriffe liegen an der Grenze der in der ambulanten Praxis durchführbaren oralen Chirurgie.

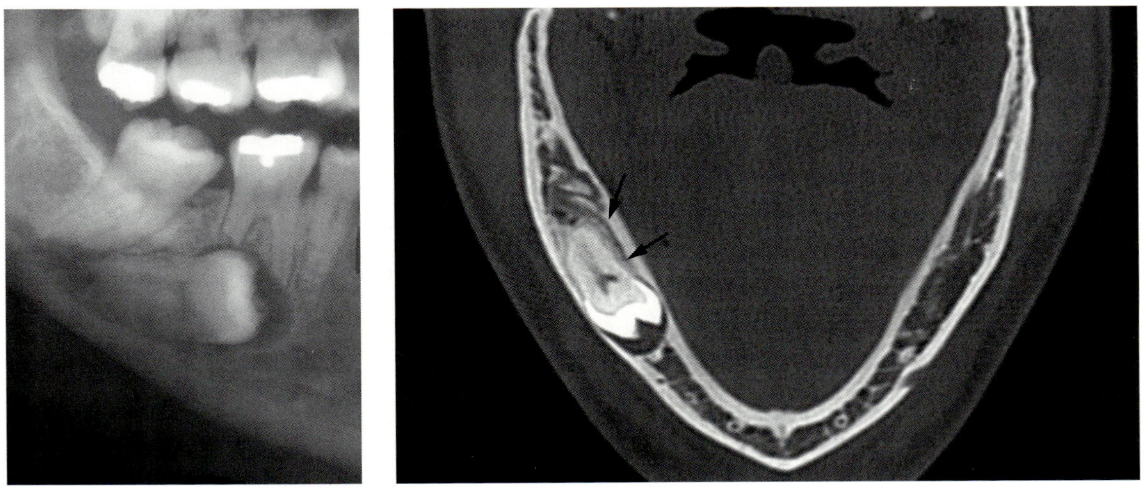

227 Zahnentfernung Typ 7
Dieser aberrierte retinierte Zahn ist umgeben von einem zystischen Hohlraum. Die Beziehung zum Mandibularkanal ist eng und unklar. Die radiologische Abklärung durch ein CT ist angebracht. Dadurch wird die Ausdehnung des zystischen Prozesses und die Lage des Mandibularkanals zum Zahn deutlich (Pfeile).

Links: Ausschnitt aus dem OPT mit der zystischen Erweiterung des Perikoronalraumes und Resorption der Wurzel des 2. Molaren.

©

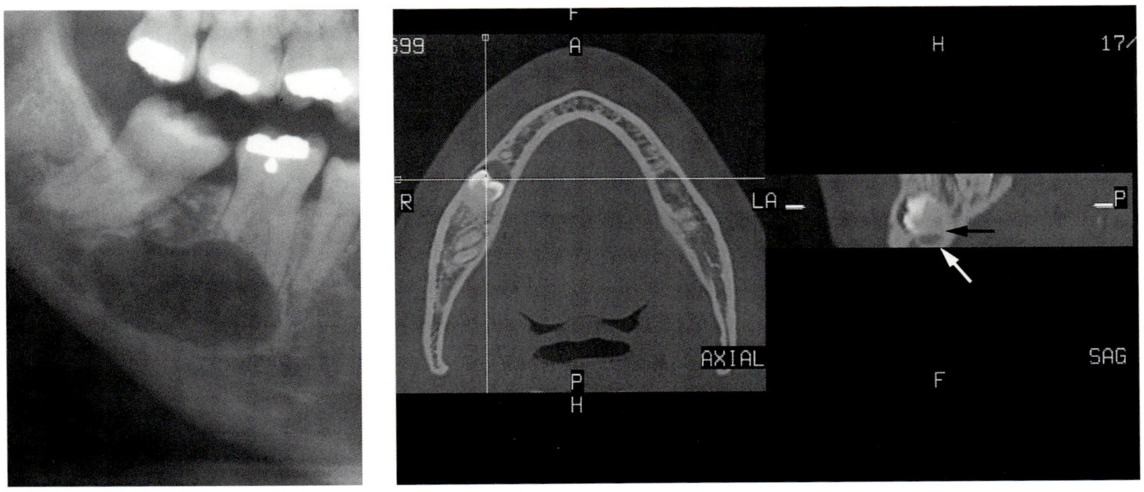

228 Zahnentfernung Typ 7 – Dental scan
Die Umrechnung des axialen CT in sagittale Schnitte zeigt die Lage des Mandibularkanals des retinierten Zahns (Pfeile).

Links: Kontrollaufnahme 7 Monate postoperativ.

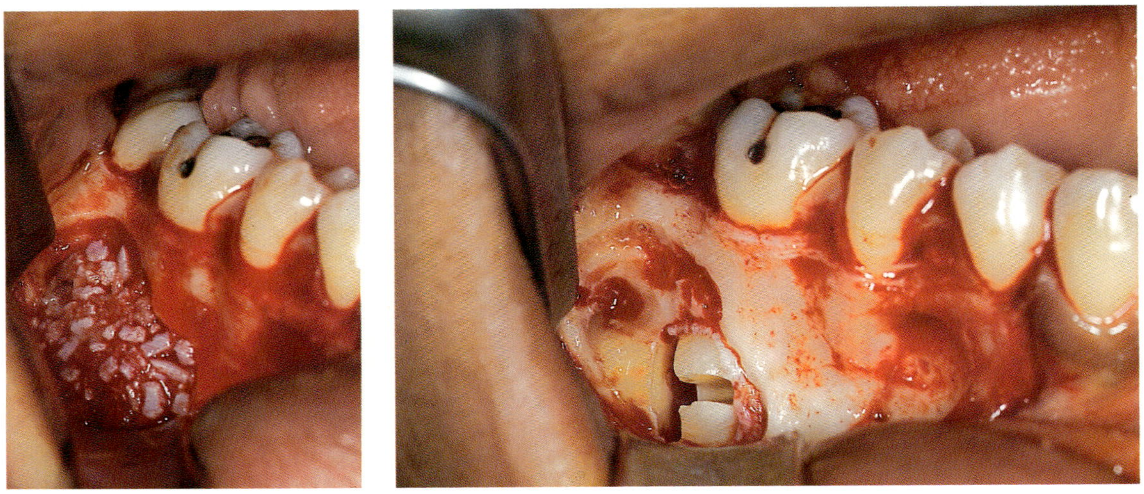

229 Zahnentfernung Typ 7 – Zugang
Zugang von vestibulär mit breiter Lappenbildung zur späteren Reposition und zum Nahtverschluß. Teilung der Krone und der Wurzeln. Nach Entfernung des Zahnes findet sich der N. alveolaris inferior in der erwarteten Position auf der lingualen kaudalen Seite.

Links: Der entstandene große Knochendefekt wird mit Lyoknorpelchips gefüllt und primär verschlossen.

Wundversorgung

Nach der Kontrolle der entfernten Zahnteile auf Vollständigkeit werden die Reste des Follikelgewebes entfernt. Das distal des Siebners noch vorhandene Desmodontalgewebe wird belassen.

Mit einer großen Kugelfräse werden die scharfen Knochenränder und durch den Hebel gequetschte Zonen abgerundet. Mit einer Wasserspritze werden Knochenfragmente und Bohrspäne vollständig sowohl bukkal wie lingual beseitigt.

Mit Spiegel und Sonde wird der Zustand des Knochendefektes distal des 2. Molaren kontrolliert.

Von Knochen entblößte Wurzelabschnitte werden mit der Parodontalsonde gemessen und notiert.

Der bukkale Mukoperiostlappen wird nun reponiert, so daß keine freiliegenden Knochenstellen übrigbleiben.

Der Lappen wird nun mit einem lockeren Jodoform-Vaseline-Streifen in seiner bukkalen Lage gehalten. In der Tiefe der Alveole soll sich ein Koagulum bilden und erhalten können. Der erste Verbandwechsel erfolgt eine Woche nach dem Eingriff.

Nach Entfernung des Verbandes wird die Wunde gespült. Bei klarem Spülwasser wird ein neuer, bereits etwas gekürzter Streifen gelegt.

230 Wundversorgung – Wundtoilette
Granulationsgewebe und Reste des Follikalsackes werden mit einem scharfen Löffel oder Black-Exkavator entfernt, wobei das marginale Desmodont des 2. Molaren geschont wird.

Rechts: Entfernung des zystenartigen Follikelsackes mit der Klemme.

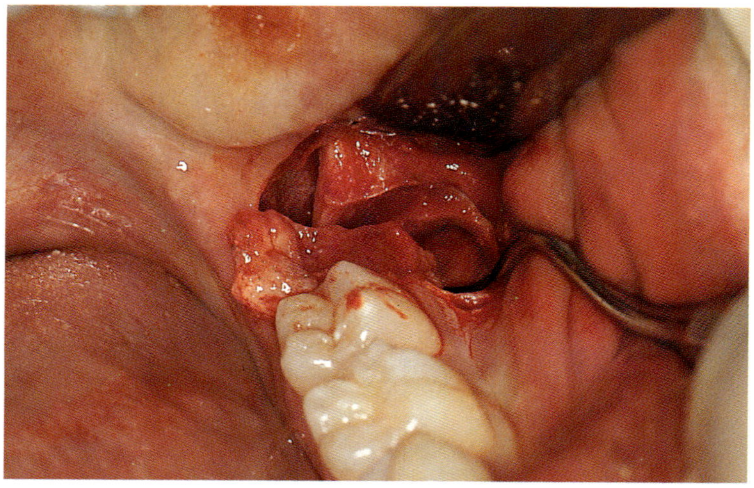

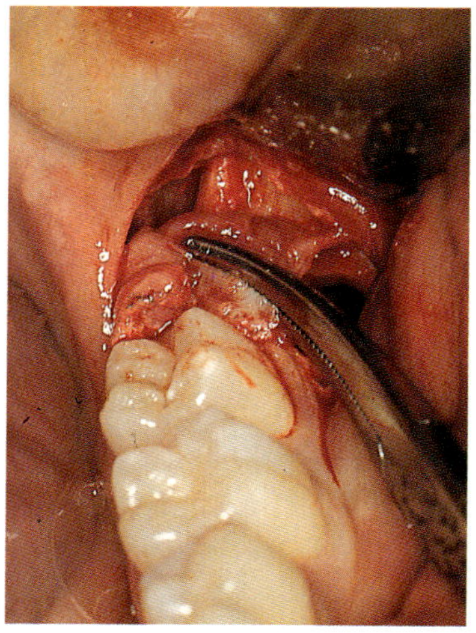

231 Knochenglättung
Glätten der scharfen Knochenränder und der durch den Hebel gequetschten Zonen, um lokale Nekrosen zu vermeiden.

Rechts: Sowohl lingual wie vestibulär müssen die Weichteile geschützt werden.

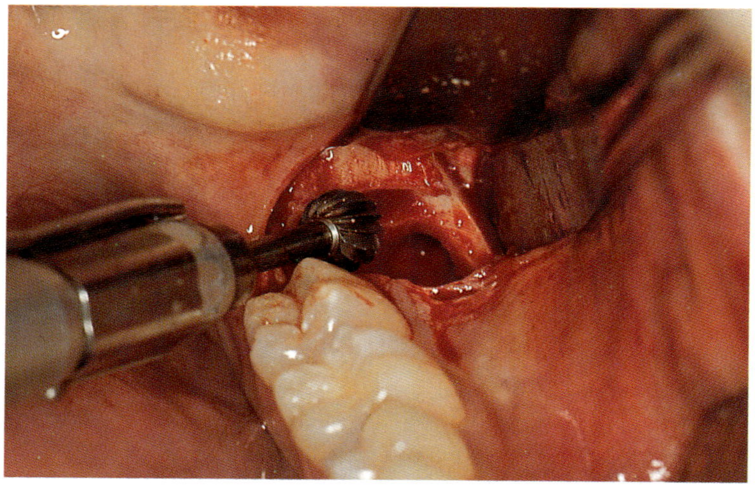

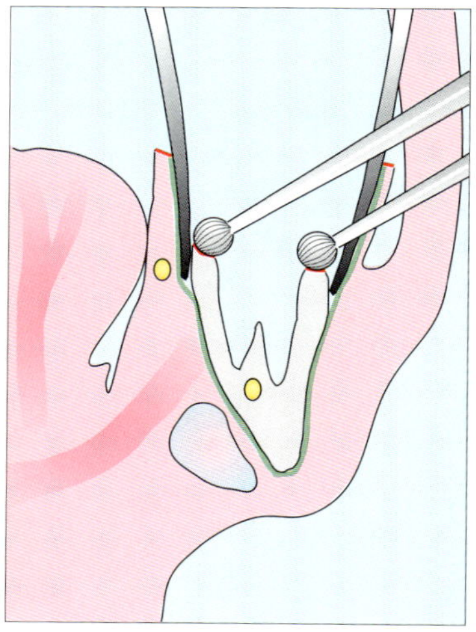

232 Wundspülung
Die Wunde wird gründlich mit physiologischer Kochsalzlösung gespült. Dabei sollen alle Knochenspäne zwischen Kortikalis und Periost ausgeschwemmt werden. Die saubere Wunde wird inspiziert. Die Situation distal des letzten Molaren wird sorgfältig auf freie Wurzeloberflächen kontrolliert und die Lage des evtl. freigelegten N. alveolaris inferior festgehalten. Besonderheiten werden im Operationsbericht notiert.

Rechts: Schematische Übersicht.

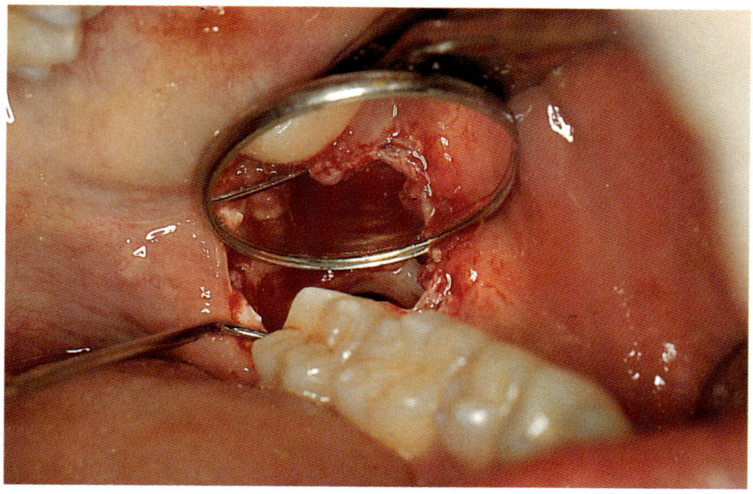

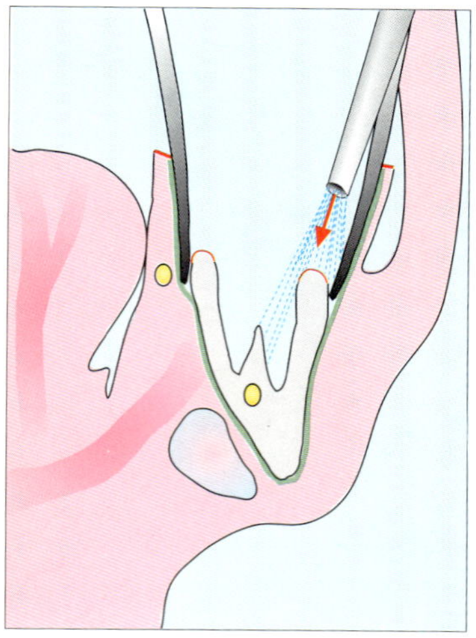

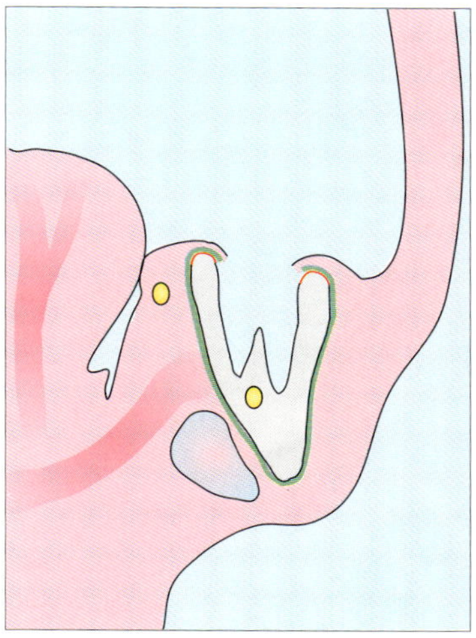

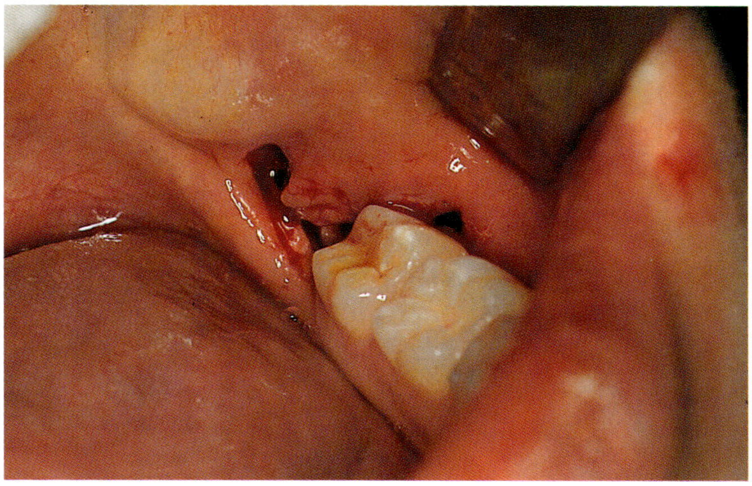

233 Wundverband
Der vestibuläre Mukoperiostlappen wird in den Knochendefekt eingeschlagen. Die Wunde wird grundsätzlich offen behandelt.

Links: Schematische Übersicht nach Reposition der Weichteile.

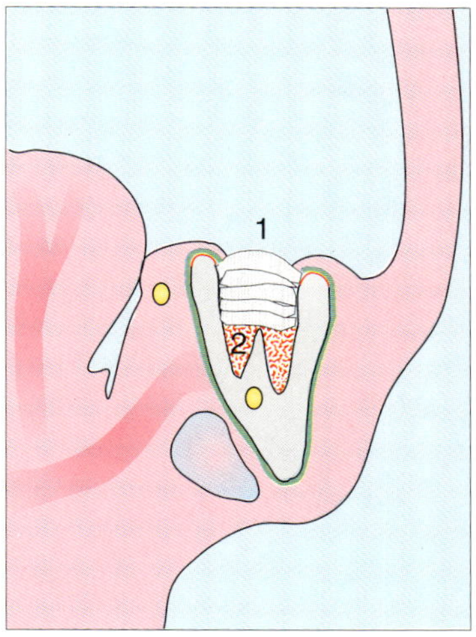

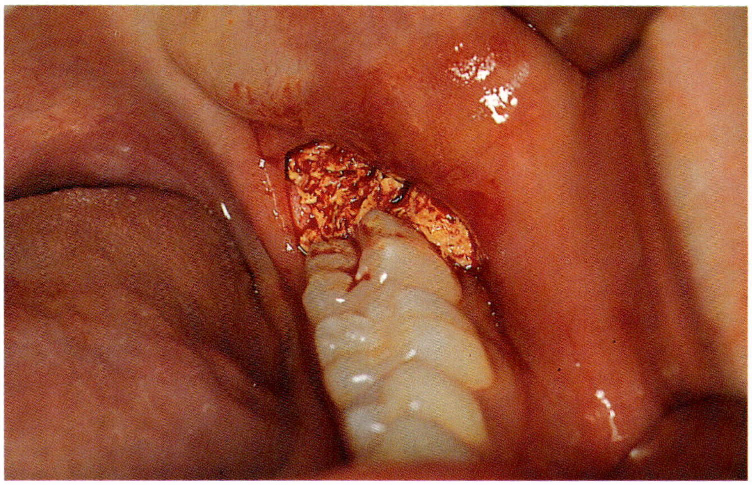

234 Jodoform-Vaseline-Drain
Mit einem lockeren Jodoform-Vaseline-Drain (JVD) wird die Wunde abgedeckt. In der Tiefe soll ein Koagulum erhalten bleiben.

Links:
1 JVD.
2 Koagulum.

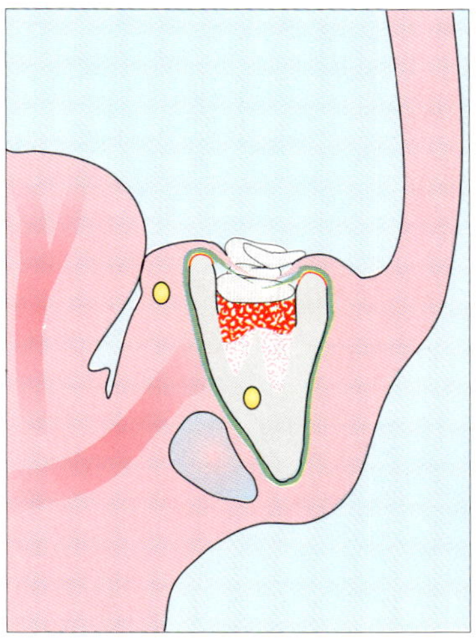

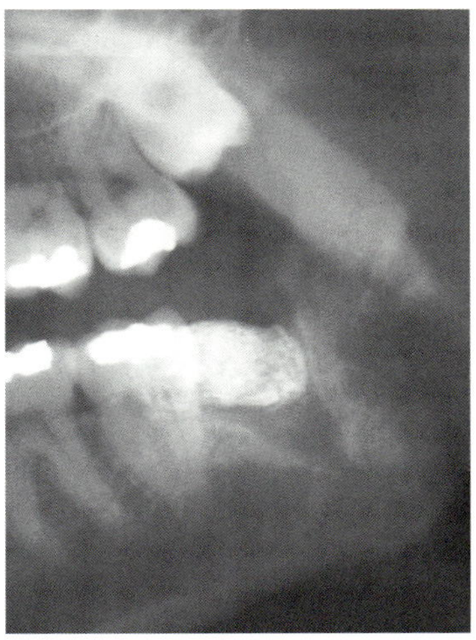

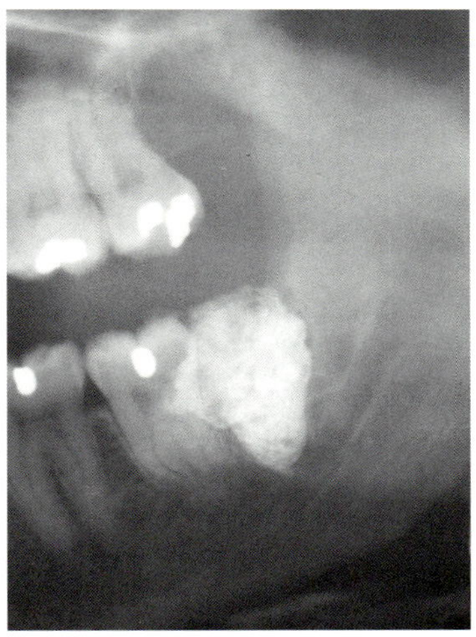

235 Verlauf 1. Woche
Links: Schema zur korrekten Lage des Wundverbandes nach erstem Drainwechsel.

Mitte: Korrekte Position des JVD.

Rechts: Der JVD wurde zu tief in die Wunde gestopft, es kann sich kein Koagulum bilden.

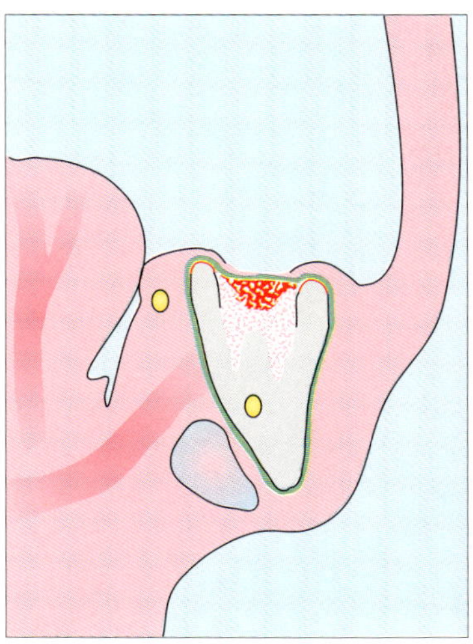

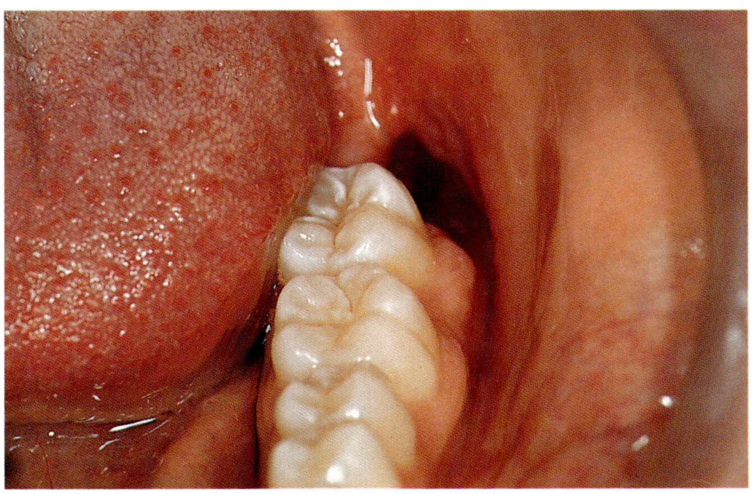

236 Verlauf 2. Woche
Der Verbandwechsel erfolgt 7–10 Tage postoperativ. Die Wunde wird gespült und mit einem neuen, bereits etwas kürzeren JVD versorgt. Dieser Vorgang wird noch 1- bis 2mal in Abständen von 10 Tagen wiederholt. Im Verlauf wird der Operationsdefekt flacher und vom Rand her reepithelisiert.

Links: Schema des Zustandes nach Entfernung des Drains.

Mögliche Komplikationen

Infekte, sofort oder später (Osteomyelitis): Die offene Wundbehandlung nach der Weisheitszahnentfernung im Unterkiefer provoziert selten postoperative Infekte. Die übrigen Komplikationen sind abhängig von der chirurgischen Technik und der lokalen Topographie um den Weisheitszahn.
Fälle von chronischer Osteomyelitis mit entsprechender radiologischer Erscheinung sind bekannt.

Frakturen: Sie sind am ehesten im Anschluß an die Weisheitszahnentfernung im Unterkiefer bei ausgedehnter Ostektomie oder im atrophischen Kiefer zu erwarten und treten erfahrungsgemäß in der 3. postoperativen Woche auf. In kritischen Fällen ist Schonung (kein Sport, weiche Kost) zu empfehlen oder die prophylaktische Schienung indiziert. Ist eine Fraktur erfolgt, entspricht das weitere Vorgehen der Frakturbehandlung (S. 333).

Weitere Komplikationen sind Verletzung von Nerven, Nachblutungen, Empfindungsstörungen am Nachbarzahn, Ostektomiedefekte sowie Wurzelfrakturen und Dislokationen.

237 Komplikationen – Fraktur
Bei diesem 65jährigen Mann mußte Zahn 38 wegen chronischer Infekte entfernt werden. Nach anfänglich normalem Heilungsverlauf traten am 18. Tag nach einem deutlichen Knacken Schwellung und Schmerzen im Kieferwinkel links auf.

Rechts: Die angefertigte Röntgenaufnahme zeigte eine wenig ad axim dislozierte Fraktur im Operationsgebiet.

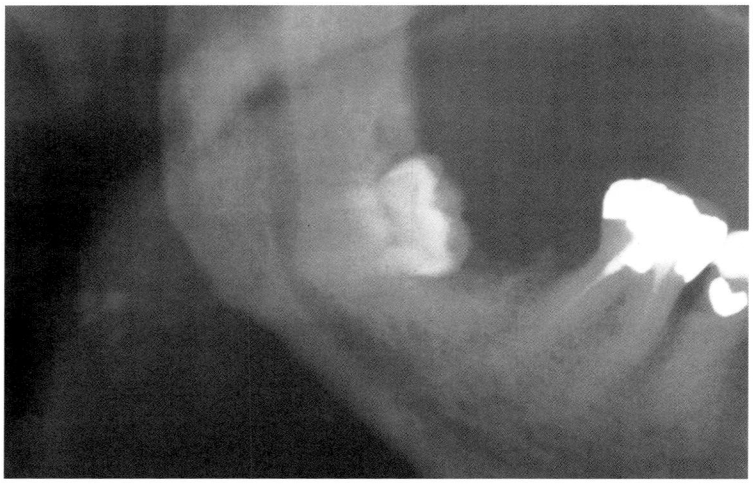

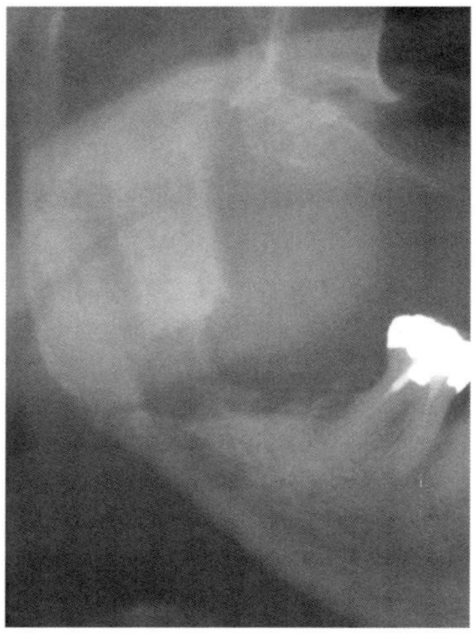

238 Schienung
Nach intermaxillärer Fixation in zentrierter Okklusionsstellung und unter antibiotischer Begleitbehandlung konnte nach 4 Wochen die komplikationslose Verheilung und Konsolidierung festgestellt werden.

Rechts: Zustand im Röntgenbild nach 4 Monaten.

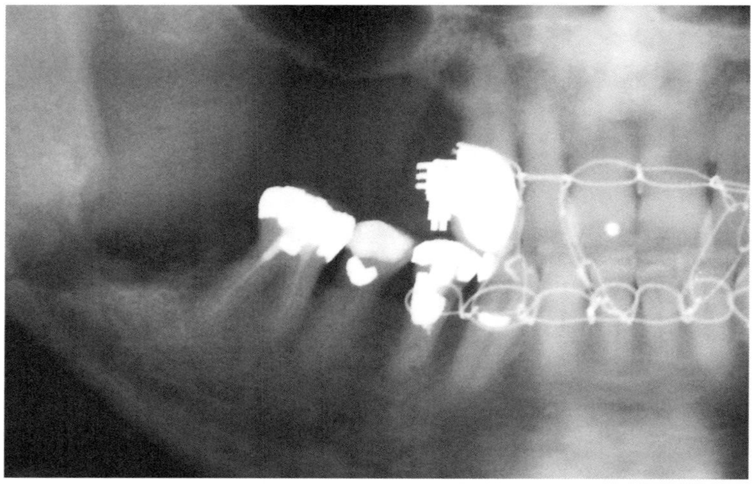

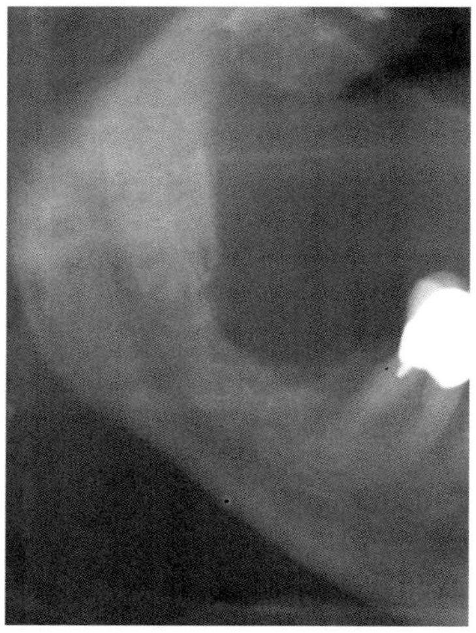

239 Belassen von Fragmenten
Fehlende Übersicht und mangelnde Kontrolle bei der Operation können zu unentdeckter Belassung von Zahnfragmenten führen. Diese verursachen möglicherweise später eine Infektion, einen weiteren operativen Eingriff und auch forensische Probleme.

Rechts: Mangelnde Übersicht im Zahnröntgenbild.

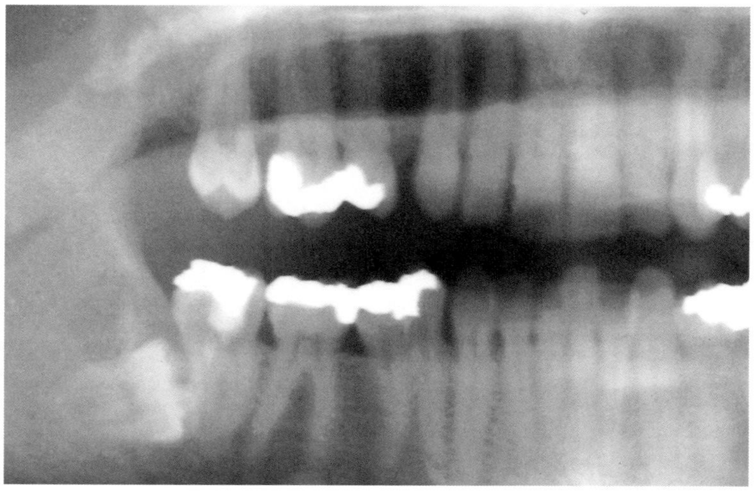

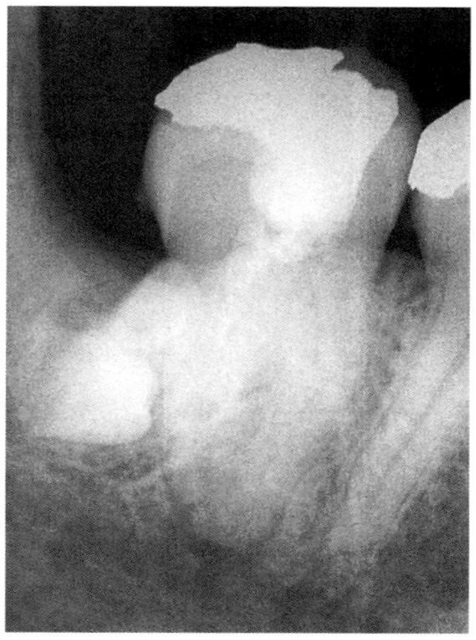

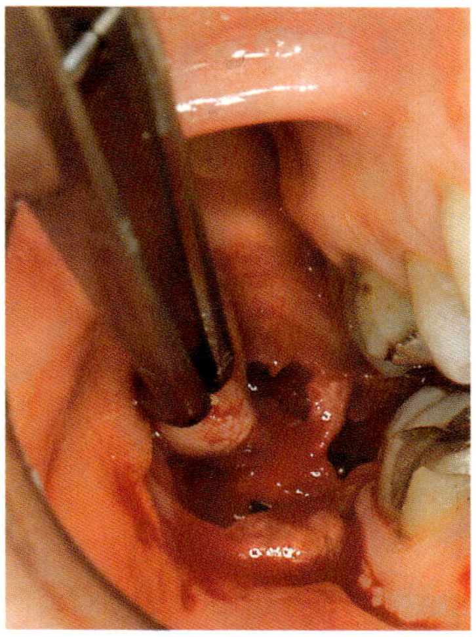

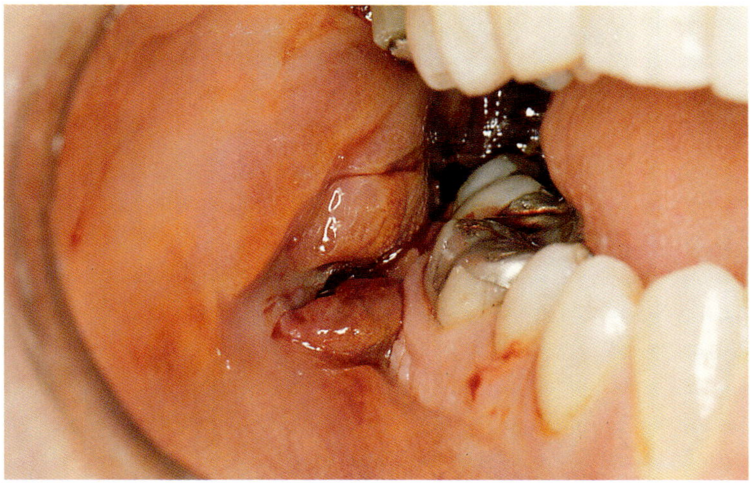

240 Sequesterbildung
Eine verzögerte Wundheilung, begleitet von lokalen Entzündungszeichen und Schmerzen im Operationsgebiet, gibt Anlaß zu einer radiologischen Überprüfung. Ein sklerosiertes Fragment wird entdeckt, die Wunde wiedereröffnet und der Sequester entfernt. Die Nachbehandlung erfolgt offen, wie nach dem Primäreingriff.

Links: Vorsichtiges Aufsuchen und Entfernen des Sequesters.

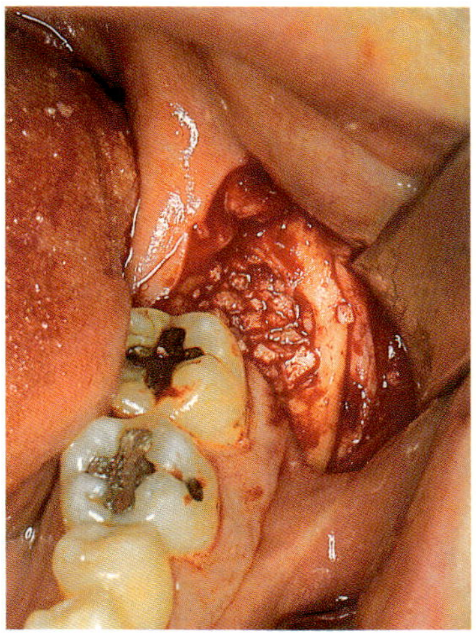

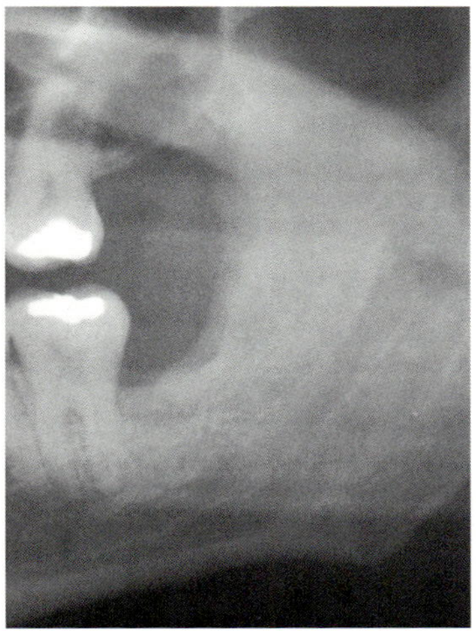

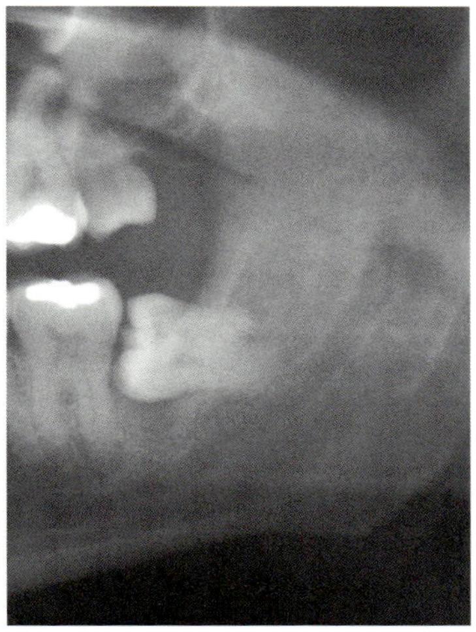

241 Tasche zum Nachbarzahn
Links: Nach Entfernung des Weisheitszahnes (Typ 4) bleibt die Wurzel des 2. Molaren im distalen Anteil bis zu zwei Dritteln vom Knochen entblößt. Der Defekt wird mit Lyoknorpelchips gefüllt und die Wunde primär verschlossen. Antibiotische Begleitbehandlung über 7 Tage.

Mitte: Zustand der knöchernen Regeneration nach einem Jahr.

Rechts: Das Röntgenbild zeigt die Ausgangslage mit retiniertem Zahn 38 und Osteolyse kaudal.

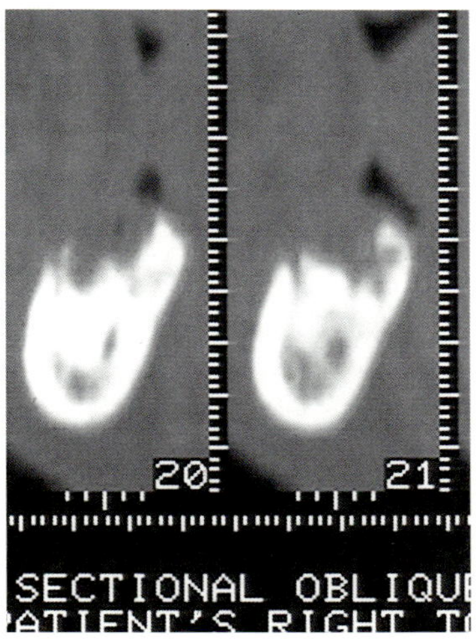

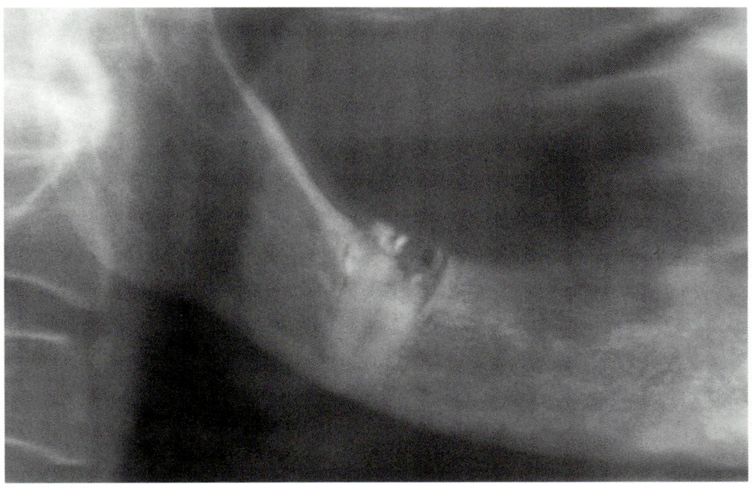

242 Durchtrennung des N. alveolaris inferior
Bei Durchtrennung des N. alveolaris inferior ist eine sofortige Rekonstruktion angezeigt. Im OPT ist der tief retinierte Zahn 48 dargestellt.

Links: In den rechnerisch erhaltenen koronalen Schnitten des CT ist der Verlauf des Mandibularkanals zwischen oder durch die Wurzeln des Zahnes 48 zu erahnen.

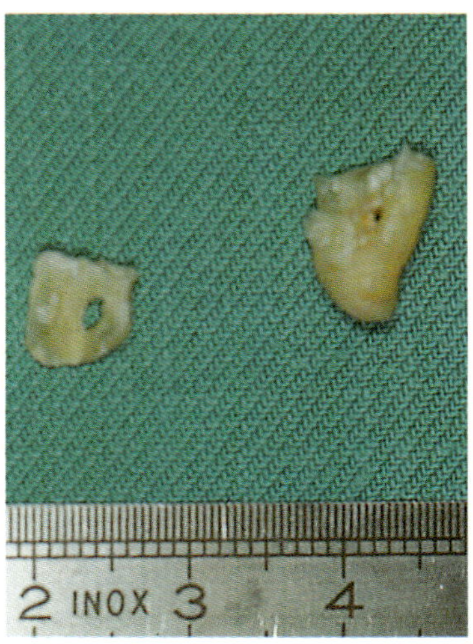

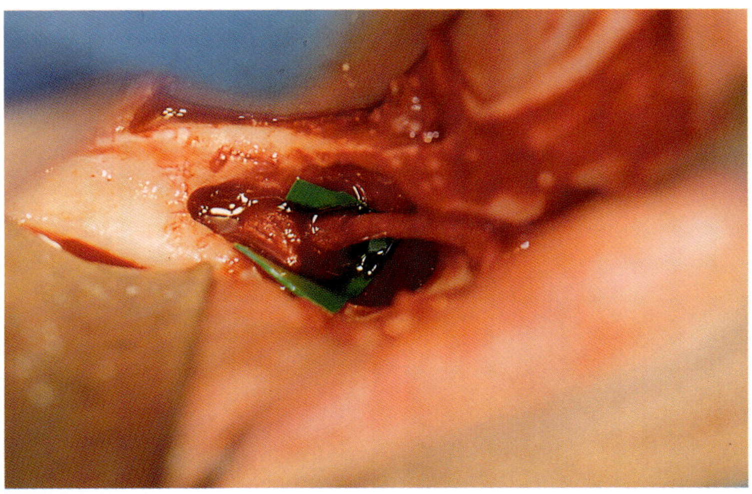

243 Nervennaht
Der Nerv wurde bei der Zahnentfernung durchtrennt. Am gleichen Tag erfolgte die Nervennaht in der Klinik für die Kiefer- und Gesichtschirurgie. Die Sensibilität kehrte nach drei Monaten wieder teilweise zurück.

Links: Der Nerv hat den Weg durch die Wurzel des Zahnes 48 gesucht.

Prämolaren und Eckzähne im Unterkiefer

Indikation zur Entfernung

Retention oder Impaktion von Prämolaren und Eckzähnen im Unterkiefer ist seltener als im Oberkiefer. Meist macht ein persistierender Milchzahn auf die Retention des bleibenden Zahnes aufmerksam. Der Grund des Verbleibens des Milchzahnes muß radiologisch geklärt werden. Die Indikation zur Entfernung wird individuell gestellt. Im sanierten jugendlichen Gebiß sollte ein retinierter Zahn dann entfernt werden, wenn eine Einreihung aussichtslos oder nicht indiziert ist.

Die Lage der Wurzeln der Nachbarzähne ist zu beurteilen, ebenso wie vorhandene pathologische Veränderungen um den retinierten Zahn, wie Sklerosezonen, Zystenbildungen oder Tumoren (z.B. Odontome). Oft wird die Indikation zur Mitentfernung des retinierten Zahnes zusammen mit der Therapie der krankhaften Veränderung im Kiefer gestellt. Die Konsultation des Kieferorthopäden ist zur Klärung der Frage, ob eine Entfernung notwendig ist, empfehlenswert.

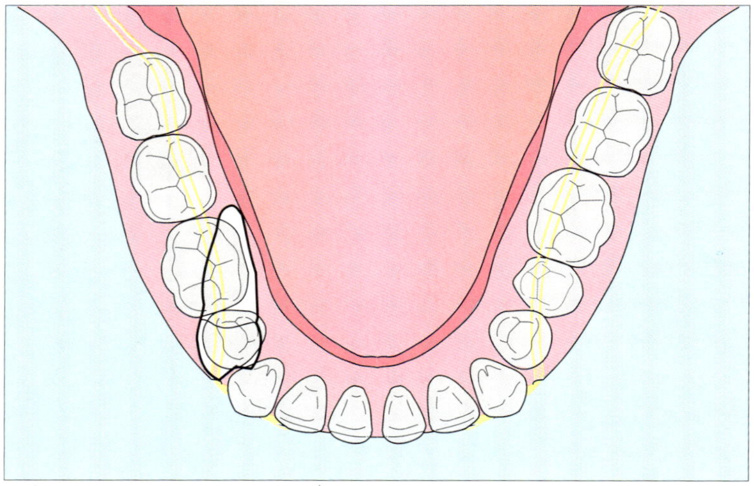

244 Anatomie des N. mentalis
Das Schema verdeutlicht die enge Beziehung des retinierten Prämolaren zum Mandibularkanal und zur Austrittsstelle des Nervs am Foramen mentale.

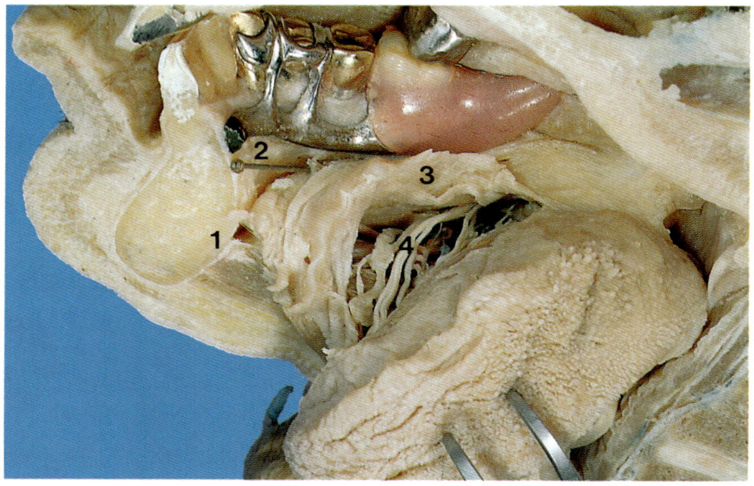

245 Mundboden
Das anatomische Präparat zeigt die Strukturen im vorderen Mundboden.

1 A. lingualis anterior.
2 Ductus glandulae submandibularis.
3 M. mylohyoideus.
4 N. lingualis.

Chirurgisches Vorgehen

Unterlagen

Die klinische Untersuchung umfaßt Zahnstatus, Vitalitätsprobe, Taschenmessung und Palpation. Vor dem Eingriff soll die Sensibilität im Gebiet des N. mentalis festgehalten werden.

Als Übersichtsaufnahme zur Planung des Eingriffs ist ein Orthopantomogramm notwendig. Die genaue Lokalisation des retinierten Zahnes im Kiefer und die Lagebeziehung zu Nachbarzähnen erfolgt mittels Zahnaufnahmen in zwei Richtungen (mesial- und distal-exzentrische Aufnahmen).

Auch die Aufbißaufnahme kann weitere Informationen liefern. In besonders unübersichtlichen Situationen ist ein CT hilfreich.

Die Begründung zur Entfernung und das operative Vorgehen samt möglichen Risiken muß mit dem Patienten oder dessen Eltern besprochen werden. Dabei sollen auch langfristige Lösungen bei persistierenden Milchzähnen zur Sprache kommen.

Anatomie

Der Verlauf des N. alveolaris inferior und die Austrittsstelle durch das Foramen mentale sind von Bedeutung, ebenso die Beziehung von Krone und Wurzeln zu den Nachbarzähnen. Beim lingualen Zugang ist die Kenntnis vom Verlauf der Mundbodenmuskulatur und über den Inhalt der lingualen Weichteile notwendig.

Anästhesie

1. Leitungsanästhesie des N. mandibularis.
2. Infiltrationsanästhesie am Foramen mentale.
3. Infiltrationsanästhesie im Vestibulum und bei lingualem Zugang auch im Mundboden.

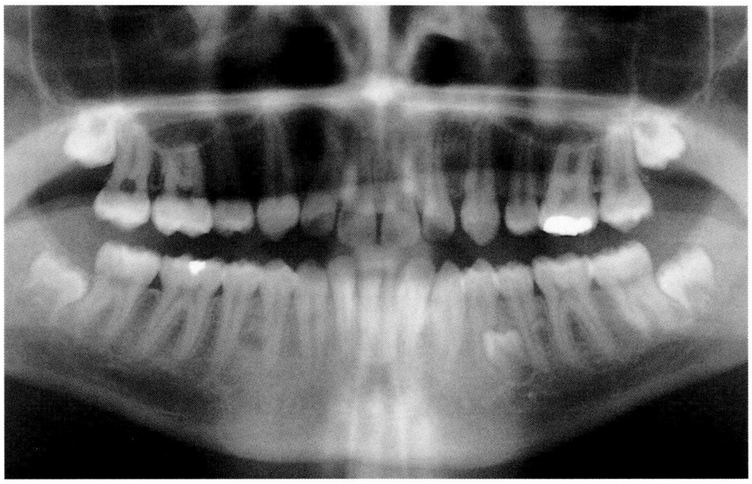

246 Unterlagen – Übersichtsaufnahme
Das OPT liefert eine gute Übersicht und ist zur Indikationsstellung und Planung unerläßlich.

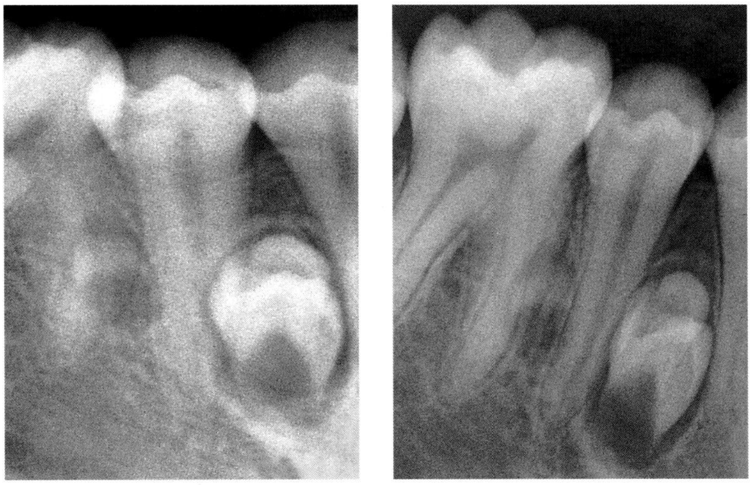

247 Lagebestimmung
Zur Lagebestimmung und Planung des chirurgischen Vorgehens sind Röntgenaufnahmen in zwei Richtungen notwendig.

Distal-exzentrische und mesial-exzentrische Aufnahmen zeigen, daß der überzählige Zahn auf der lingualen Seite der benachbarten Zahnwurzeln liegt.

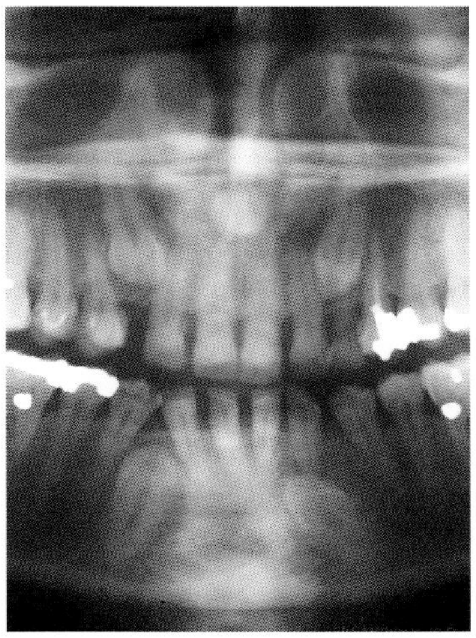

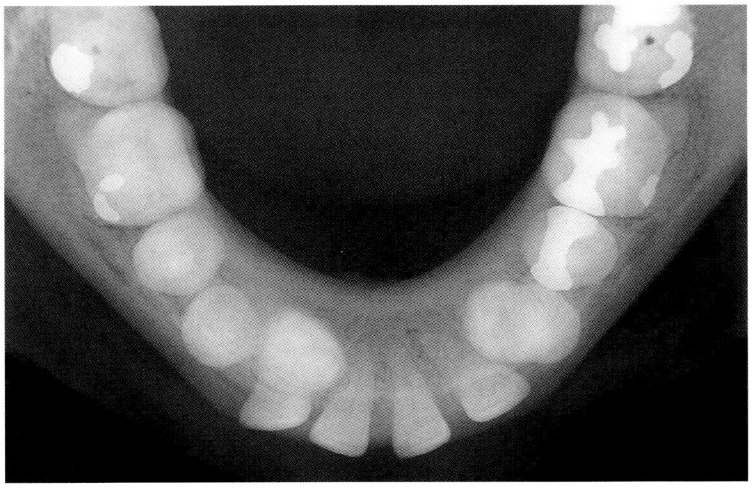

248 Aufbißaufnahme
Die Unterkieferaufbißaufnahme zeigt die exakte Lage der retinierten Zähne nicht in jedem Fall, wie hier bei den retinierten Dreiern.

Links: OPT-Ausschnitt.

Zugang von vestibulär

Bei bukkaler Lage wird der Zugang über eine vestibuläre Aufklappung, wie bei Entfernung von Wurzelresten beschrieben (S. 66), gesucht. Die Entlastungsschnitte ins Vestibulum müssen die Lage des Foramen mentale berücksichtigen. Die Lappenbreite soll je nach Situation von der Eckzahngegend bis zum 1. Molaren oder weiter gewählt werden. Die Darstellung des N. mentalis beim Austritt aus dem Foramen ist unbedingt erforderlich. Während des Eingriffs wird der Nerv mit dem Raspatorium dauernd geschützt.

Zugang von lingual

Bei lingualer Lage wird der Zugang durch einen lingualen Marginalrandschnitt vom Frontzahnbereich bis zur Molarengegend gesucht. Entlastungsschnitte sind nicht erforderlich. Allenfalls wird der Marginalrandschnitt nach der Gegenseite hin erweitert, um eine bessere Mobilisation nach lingual zu ermöglichen.

Linguale Lage der Krone: Abschieben der lingualen Weichteile mit dem Raspatorium in direktem Knochenkontakt, bis die Übersicht genügt. Abhalten der Weichteile zur Zunge mit breitem Raspatorium oder Zungenspatel. Eröffnen des Perikoronarraumes mit

249 Anästhesie
Leitungsanästhesie des N. mandibularis, Terminalanästhesie beim Foramen mentale und Infiltration mesial zur Ausschaltung von Nervenfasern aus der Gegenseite.

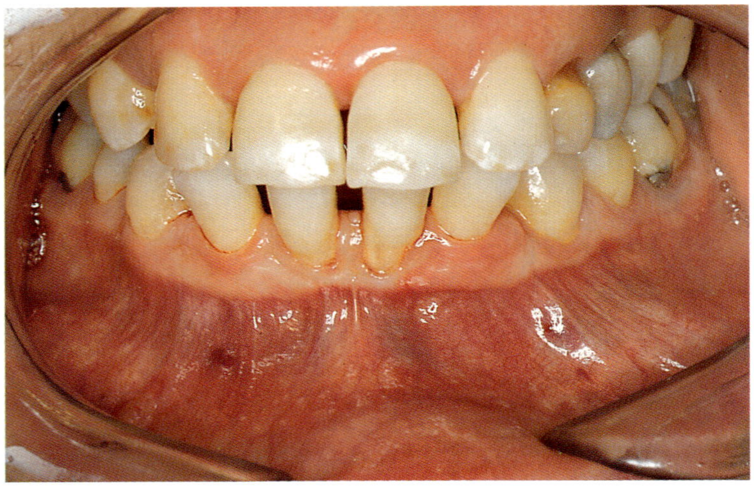

Ⓐ

250 Zugang von vestibulär
Das Schema zeigt die möglichen Inzisionen. Zu beachten ist der Austritt des Nervs am Foramen mentale. Der Entlastungsschnitt muß so gelegt werden, daß eine Traumatisierung des N. mentalis vermieden wird.

Rechts: Ansicht von okklusal.

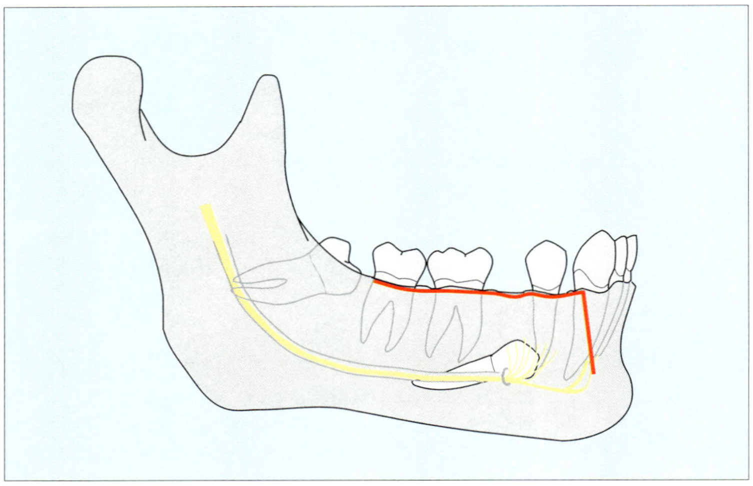

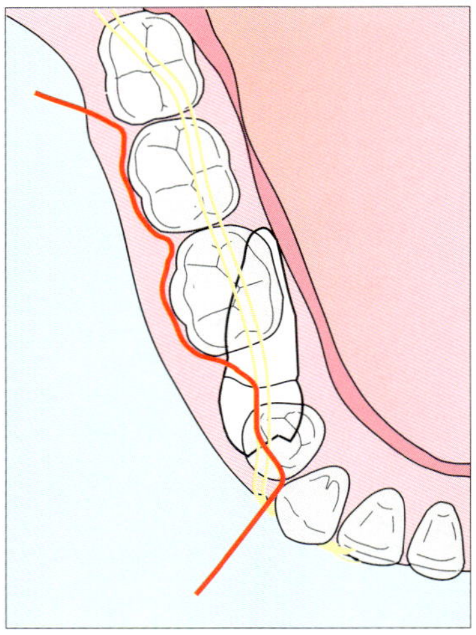

251 Lappenbildung
Zur Entfernung des retinierten Zahnes 23 wird ein Mukoperiostlappen mit Inzision im Sulcus marginalis und vertikal-median gebildet. Die Mobilisation erfolgt soweit, daß der N. mentalis am Foramen mentale sichtbar wird und geschützt werden kann.

Rechts: Darstellung der Lage von Zahn 43 im Röntgenbild: Enge Beziehung der Krone zur Wurzel von 42.

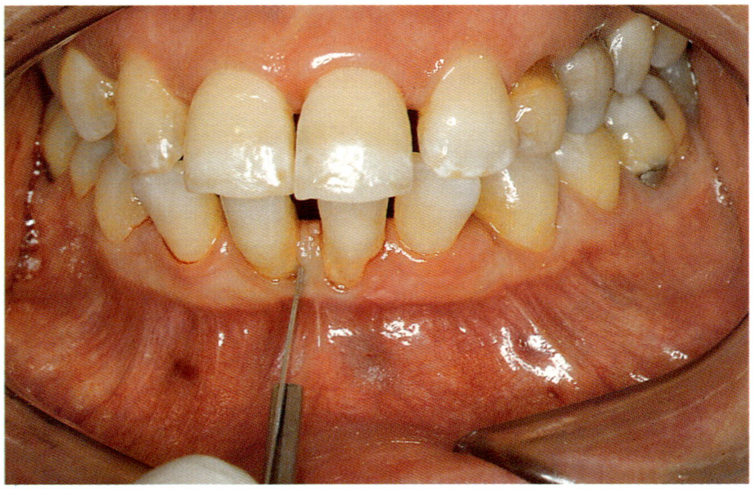

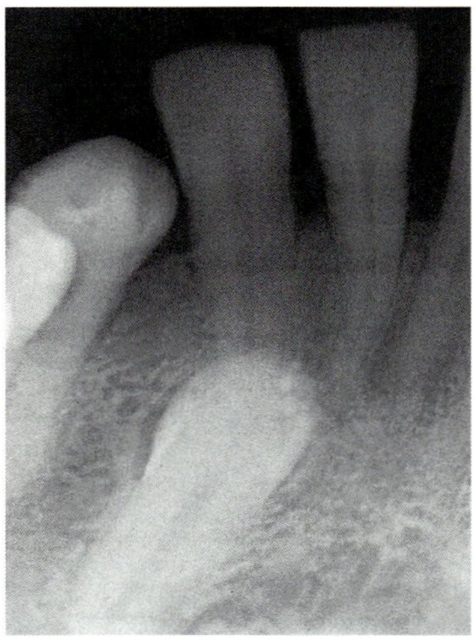

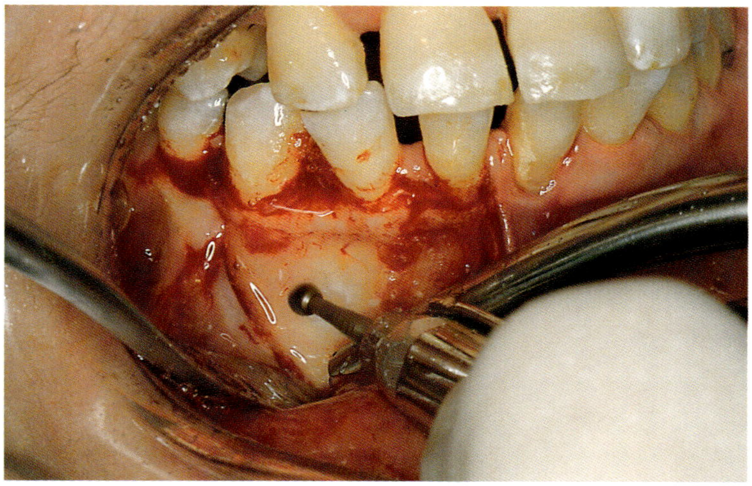

252 Zahnentfernung
Ostektomie im Bereich der Krone und Freilegen derselben unter dauerndem Schutz der Weichteile und des N. mentalis mit dem Raspatorium.

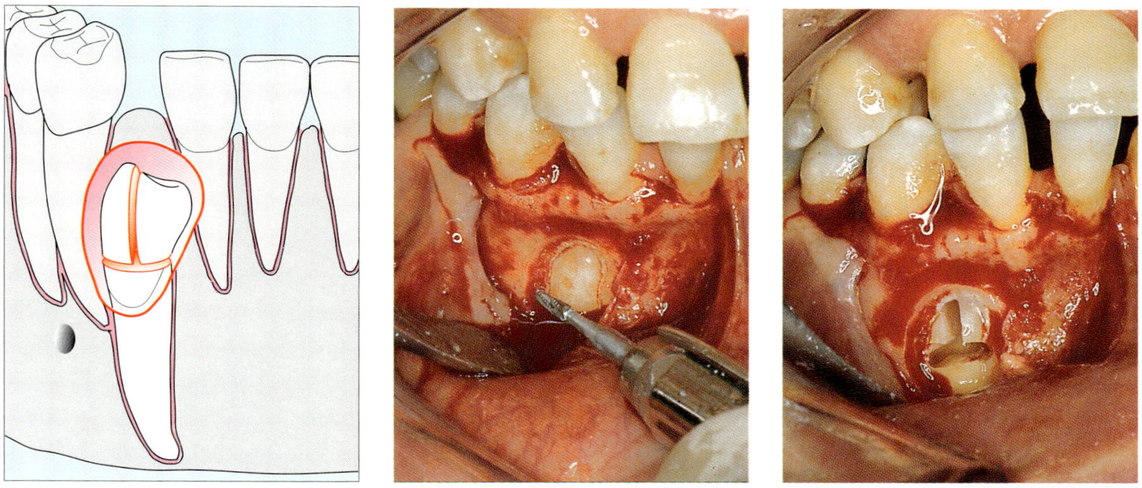

253 Teilung der Krone
Die Krone wird geteilt (*rechts*) und abgetrennt (*Mitte*).

Links: Schema der Teilung der Krone, um die Ostektomie möglichst klein zu halten.

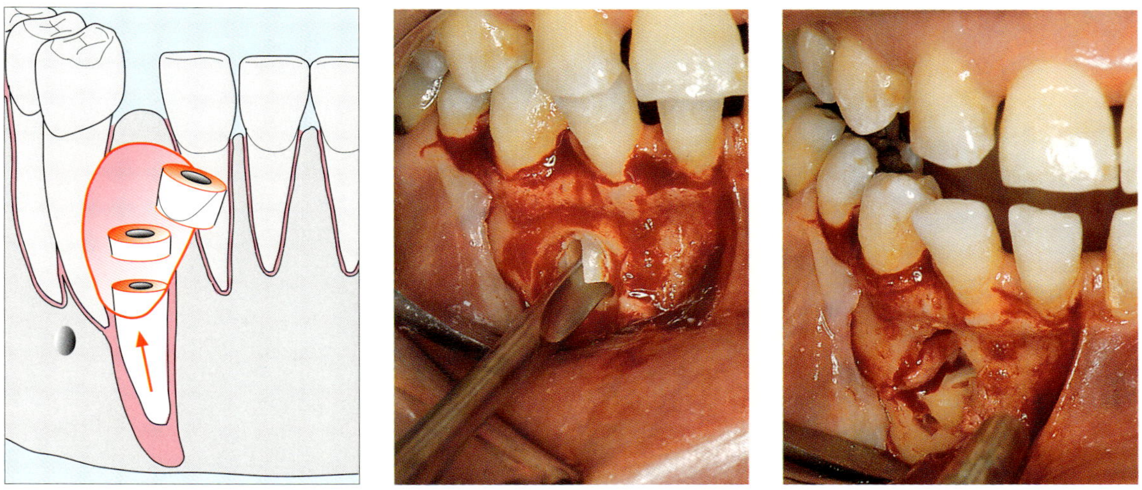

254 Wurzelentfernung
Die Wurzel wird mobilisiert. Der Defekt nach entfernter Krone reicht zur Luxation der ganzen Wurzel nicht aus. Die Ostektomie soll nicht erweitert werden, um die marginale Knochenbrücke zu erhalten und keine Nachbarzähne zu gefährden. Die Wurzel wird deshalb leicht angehoben und scheibenweise entfernt.

Links: Schema der scheibenweisen Entfernung.

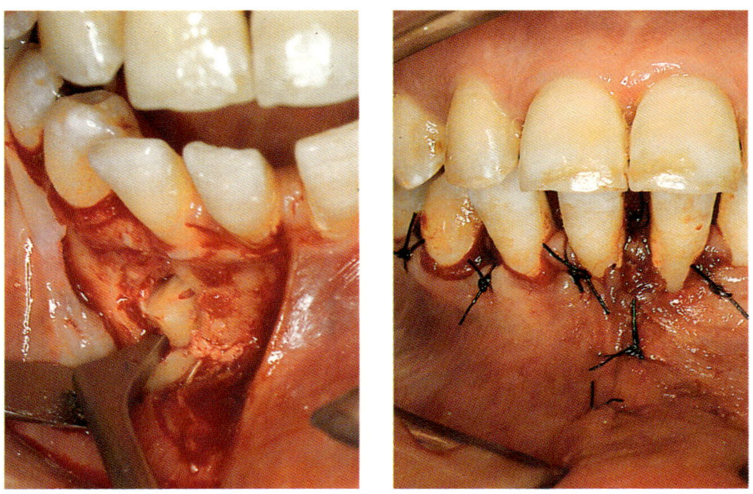

255 Wundversorgung
Nach Entfernung des letzten Wurzelteils durch Anbringen einer Rille für den Winter-Hebel (*Mitte*) wird die Wunde gesäubert, gespült und der Lappen nach Reposition durch Einzelnähte fixiert.

runder Fräse von lingual. Je nach Lage des Zahnes kann die Entfernung mit Winter- oder geradem Hebel erfolgen.
In der Regel ist es vorteilhaft, die Krone von der Wurzel zu trennen.
Bukkolinguale Lage: Beginn der Operation von der Kronenseite her. Bei Wurzeltypen B und C kann auch der zweiseitige Zugang notwendig sein. Der entstehende tunnelierende Defekt bedarf besonderer Behandlung, wie in Kapitel Knochendefekte beschrieben.
Lage unterhalb der Apices der Nachbarzähne: Der bukkale Zugang ist wegen der besseren Übersicht zu bevorzugen (cave Foramen mentale).

Glättung der scharfen Knochenränder, Entfernung von Resten des Follikels mit Exkavator und Klemme. Ausspülen von Fräspartikeln und anderen Fragmenten. Kontrolle, ob die Wurzeln freiliegen oder verletzt wurden.
Reposition des Lappens und Fixation mit interdentalen Rückstichnähten.

Nachbehandlung

Die Nahtentfernung erfolgt nach einer Woche. Die Sensibilität im Bereich des N. mentalis und die Vitalität der Nachbarzähne müssen überprüft werden.

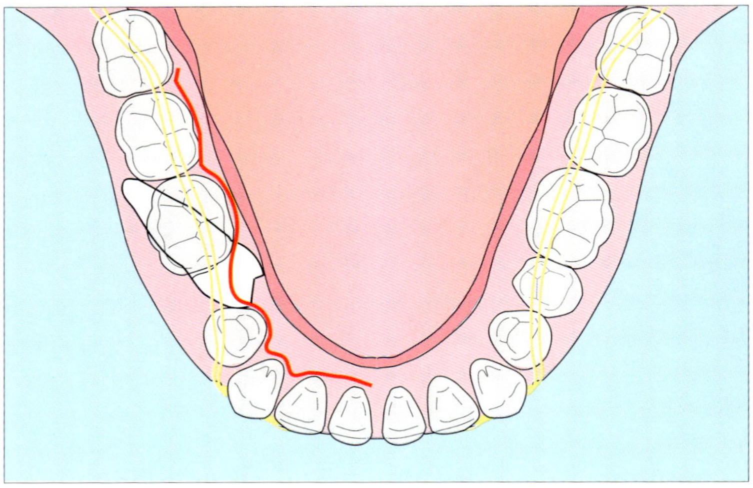
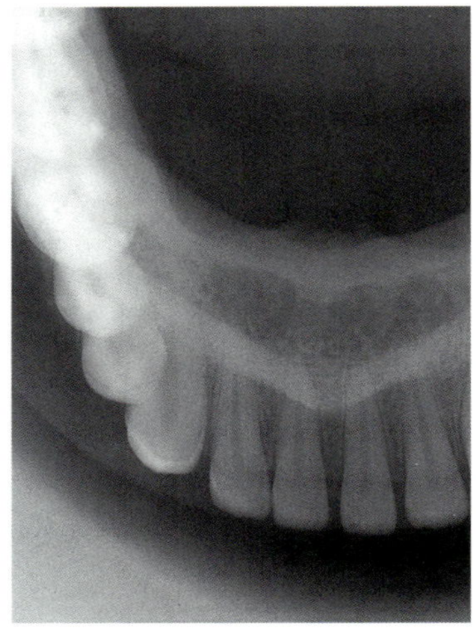

256 Zugang von lingual
Das Schema zeigt die Schnittführung zur Lappenbildung. Ein Entlastungsschnitt ist lingual nicht notwendig. Der Sulkusschnitt wird aber zur besseren Lappenmobilisation auf die Gegenseite geführt. Die Anästhesie wird wie unter Abb. 249 beschrieben durchgeführt.

Rechts: Die Aufbißaufnahme zeigt den lingual liegenden retinierten Zahn 44.

Ⓐ

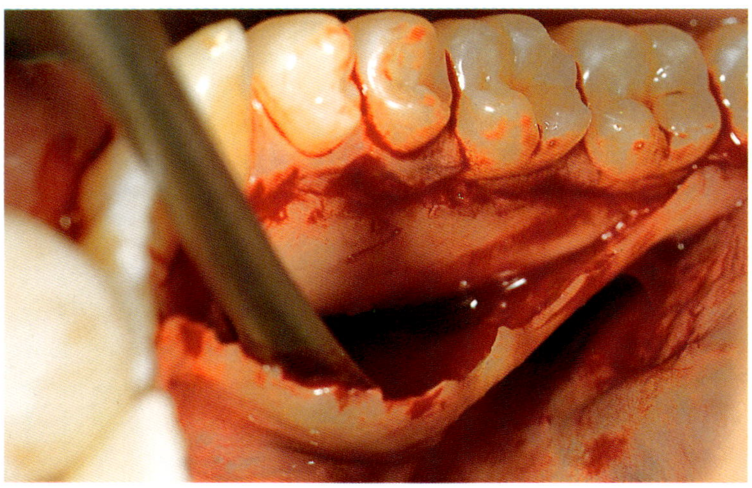
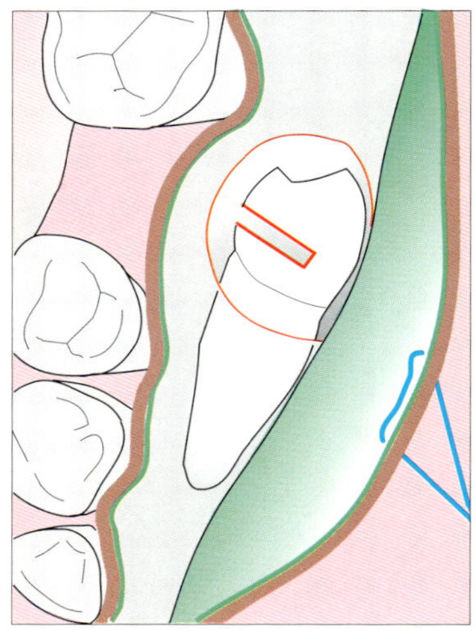

257 Lappenbildung
Sulkusschnitt von Zahn 46 bis Zahn 32 und Abschieben des Mukoperiostlappens nach lingual.

Rechts: Schematische Darstellung der Lappenbildung, Ostektomie und Teilung der Krone.

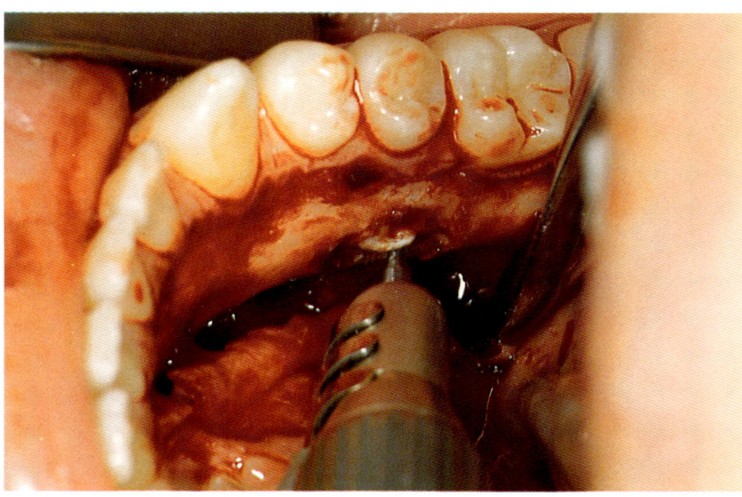
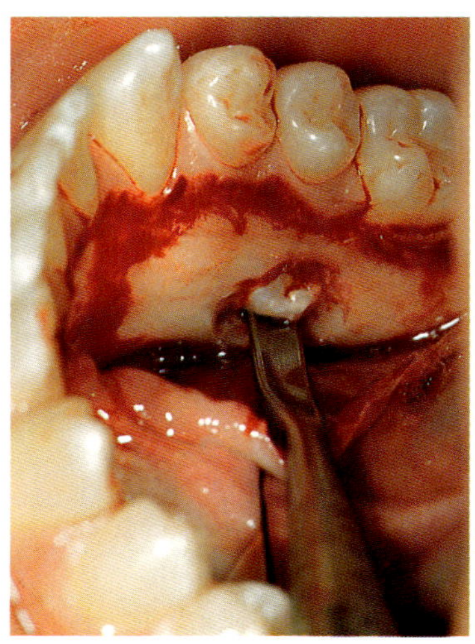

258 Zahnentfernung
Die Krone wird freigebohrt und mit dem geraden Hebel abgetrennt. Es erfolgt Wundtoilette und Nahtverschluß.

Rechts: Absprengung der Krone mit geradem Hebel.

Mögliche Komplikationen

Bei postoperativem Infekt werden die Nähte teilweise entfernt und die Wunde gespült und drainiert. Dies wird täglich wiederholt, bis die akuten Infektionszeichen verschwunden sind. Die Prüfung der Vitalität der benachbarten Zähne soll deren etwaige Mitbeteiligung ausschließen.

Sensibilitätsstörungen im Bereich des V/3 müssen überwacht und deren Verlauf aufgezeichnet werden. Bei sorgfältigem Vorgehen sollte nur eine reversible Hyposensibilität vorkommen.

Blutung aus Mundbodenweichteilen: Temporäre Tamponade, allenfalls lokale Umstechung. Beachte den Ductus submandibularis.

Blutung aus dem Mandibularkanal: Sanfte temporäre Tamponade. Überprüfung einer Sensibilitätsstörung und Verlaufsdokumentation.

Beschädigung von Zahnwurzeln: Ist eine sichere Devitalisation erfolgt (Apex sichtbar), ist die gleichzeitige Wurzelfüllung und Resektion durchzuführen.

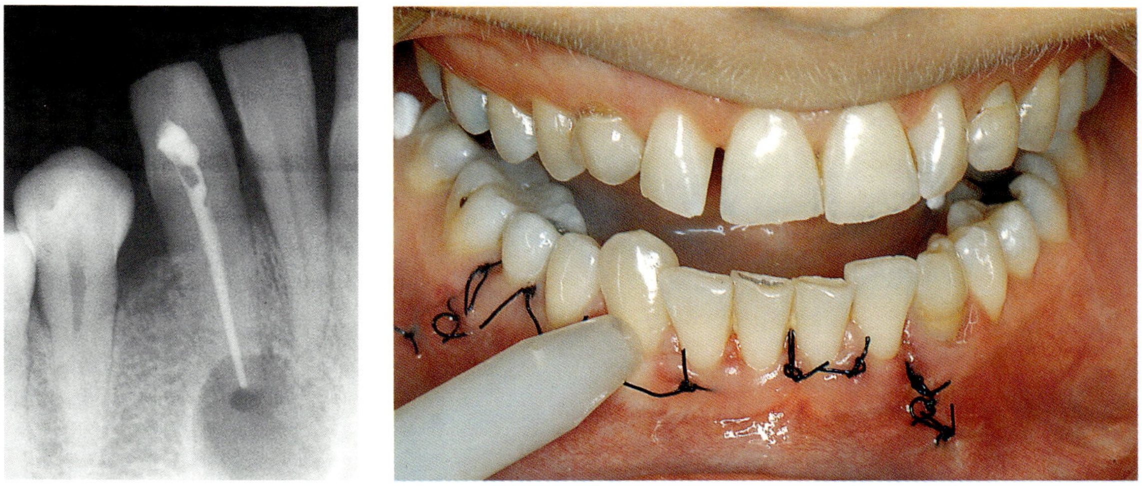

259 Komplikationen – Devitalisation von Nachbarzähnen
Bei der Entfernung des Follikelsackes beim retinierten Zahn 43 wurde die Wurzel 42 am Apex entblößt. Die Nachkontrolle mit Vitalitätsprobe zeigte eine Devitalisation des Zahnes. Er wird mit einer Wurzelfüllung versehen. Bei klarer Situation wird die Wurzelfüllung intra operationem vorgenommen.

Links: Kontrollbild nach der Wurzelfüllung von Zahn 43.

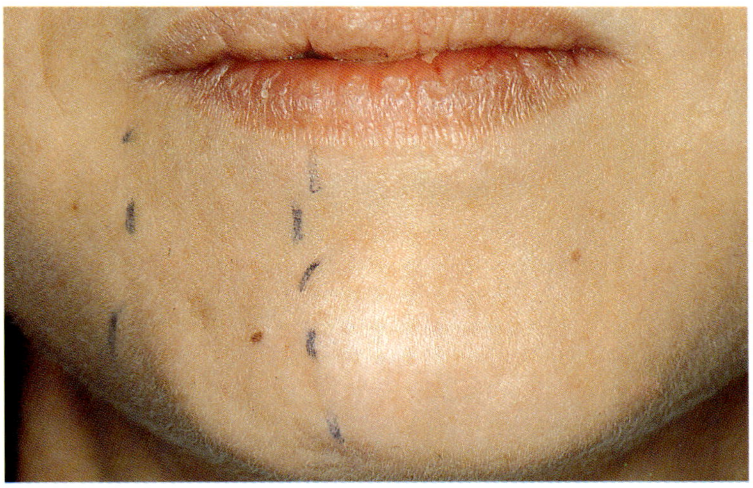

260 Sensibilitätsstörung
Bei der Nachkontrolle zur Nahtentfernung kann möglicherweise eine Hypästhesie im Bereich des N. mentalis auftreten. Das Ausfallgebiet wird dokumentiert.

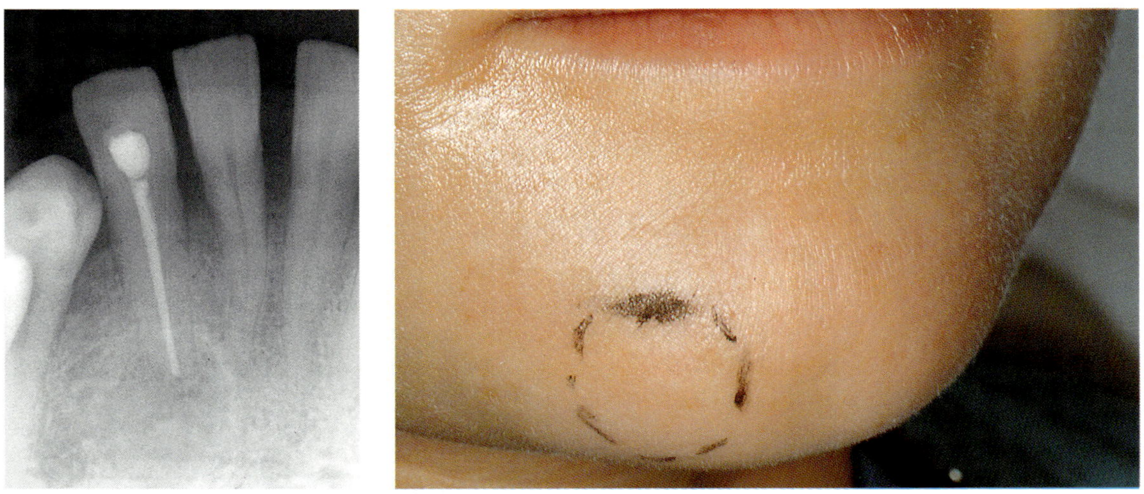

261 Verlaufskontrolle
Die klinische Nachkontrolle nach 2 Wochen zeigt deutliche Regredienz des Ausfallgebietes, was eine günstige Prognose zuläßt.

Links: Röntgenbild nach 6 Monaten zur Überprüfung des Zustandes des Apex von Zahn 43.

Weisheitszähne im Oberkiefer

Indikation zur Entfernung

Etwas weniger häufig als die unteren Weisheitszähne sind die oberen Weisheitszähne impaktiert. Der Grund liegt wohl in den besseren räumlichen Verhältnissen. Der Zahn kann nach bukkal ausweichen. Er ist in dieser Lage auch häufig zu finden, oft direkt unter der Schleimhaut liegend, nur von einer papierdünnen Knochenschicht über der Krone bedeckt. Wegen dieser günstigeren Topographie sind die klinischen Erscheinungsbilder einer Dentitio difficilis im Oberkiefer seltener als im Unterkiefer. Ein enger Kontakt mit den Wurzeln des Siebeners kann je nach Kippung des Achters bestehen. Wurzelverwachsungen sind ebenfalls anzutreffen. Generell ist auch der obere Weisheitszahn nach der Lage zu typisieren (Typ 1–6). Die Formvariation der Wurzeln ist besonders groß und es ist manchmal schwierig, sie radiologisch genau darzustellen. Entsprechend der Anatomie ist die sehr nahe Beziehung zur Kieferhöhle zu beachten.

Grundsätzlich können dieselben Indikationen zur Entfernung wie für die unteren Weisheitszähne gelten.

Chirurgisches Vorgehen

Unterlagen

Neben dem klinischen Befund ist die radiologische Abklärung durch Orthopantomographie und evtl. halbaxiale Oberkieferaufnahme notwendig. Bei starker Verlagerung kann ein Fernröntgenbild oder eine a.-p. Schädelübersichtsaufnahme weiteren Aufschluß über die Lage geben. Besonders klare Informationen über Lage und Beziehung zur Nachbarschaft liefert das CT. Das Zahnröntgenbild gibt Details der Wurzelverhältnisse oft sehr genau wieder.
Trotzdem muß mit einer großen Variabilität der Wurzelformen gerechnet werden.

Cave
Der Processus muscularis mandibulae projiziert sich oft über das Tuber maxillae.

Anatomie

In den wangenseitigen Weichteilen ist der Bichatsche Fettkörper und weiter kranial die A. alveolaris posterior superior gelegen. Palatinal ist die A. palatina beim Foramen palatinum zu erwähnen. Es bestehen meist enge Beziehungen zur Kiefer- und Nasenhöhle.

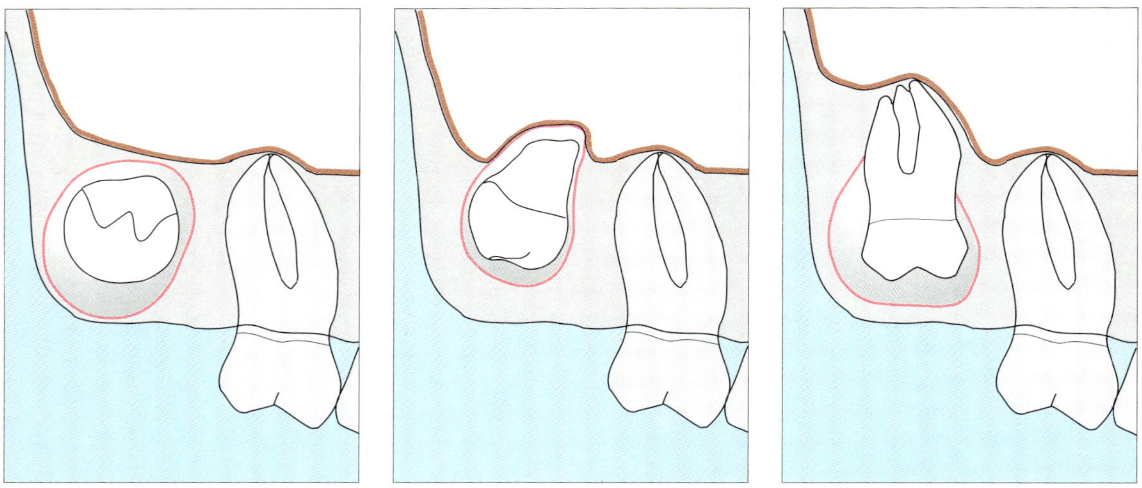

262 Typen der Retention
Links: **Typ 1** – Zahnkeim.

Mitte: **Typ 2** – Wurzelwachstum noch unvollständig.

Rechts: **Typ 3** – Retention in normaler Achsenstellung.

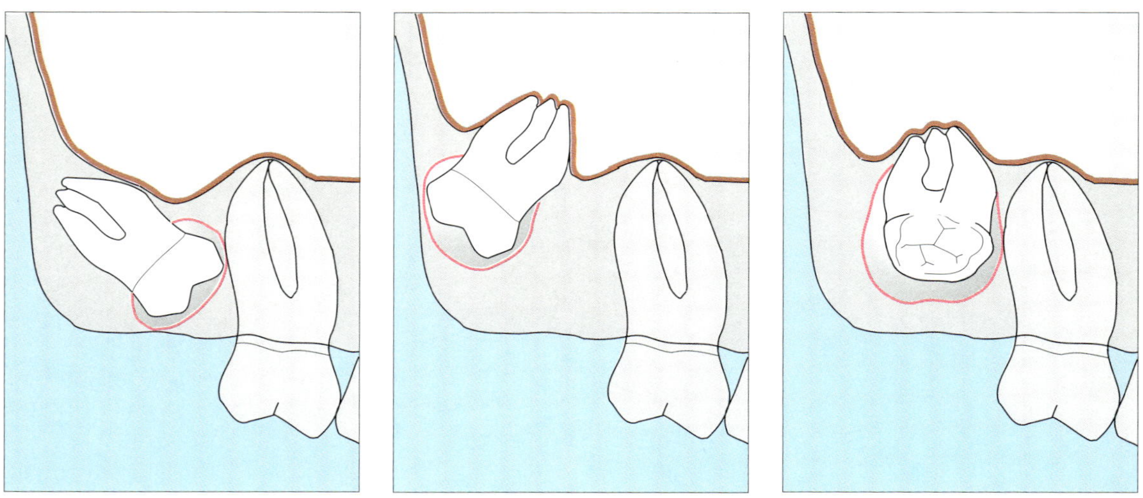

263 Typen der Retention
Links: **Typ 4** – nach mesial gekippter Zahn.

Mitte: **Typ 5** – nach distal gekippter Zahn.

Rechts: **Typ 6** – quer zum Alveolarfortsatz gedrehter Zahn.

Anästhesie

1. Infiltration im Tuberbereich.
2. Infiltration beim Foramen palatinum.
3. Terminale Anästhesie vestibulär beim 1. Molaren.

Zugang

Die Schnittführung ist so zu wählen, daß ein dichter Verschluß der Osteotomiewunde erfolgen kann. Beim Abschieben des Mukoperiostes nach bukkal soll besonders der Bichatsche Fettkörper geschont werden, da er bei der Ritzung des Periostes leicht hervorquellen kann und das weitere Vorgehen erschwert. Weiter kranial muß auf die A. alveolaris posterior superior geachtet werden. Bei der Entfernung des Zahnes ist an die möglicherweise enge Lage zum 2. Molaren zu denken. Die Wurzeln beider Zähne können in sehr engem Kontakt stehen, Verwachsungen sind möglich.

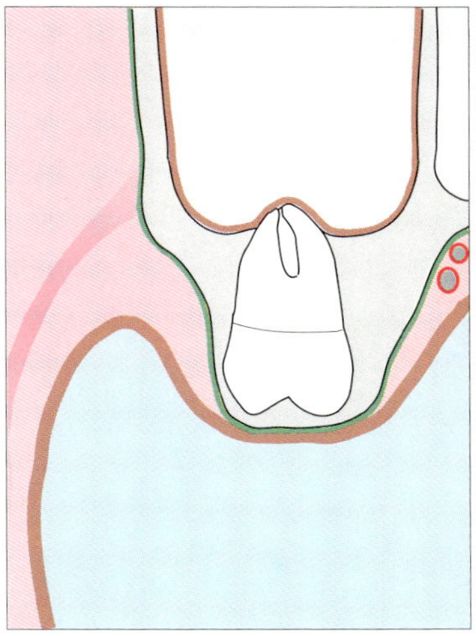

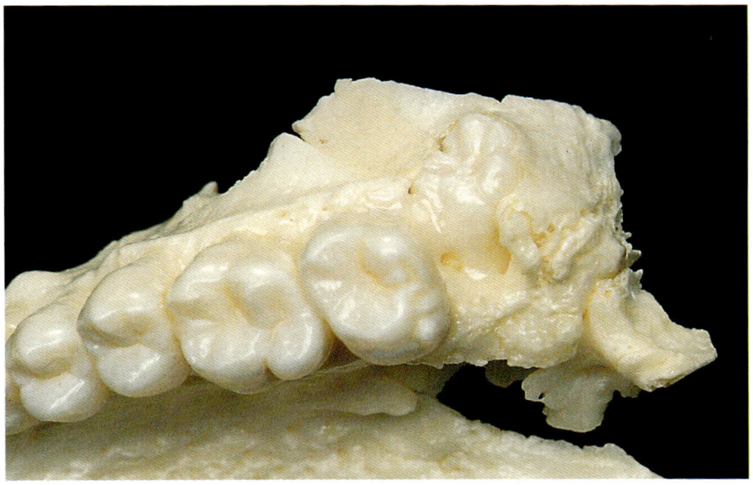

264 Anatomie
Die Knochenstruktur im Oberkiefer ist von dünner Kortikalis und grobmaschiger Spongiosa geprägt. Der retinierte Weisheitszahn liegt meist mit der Krone eher nach bukkal.

Links: Schematische Übersicht: bukkale Lage der Krone, von dünner Kortikalis bukkal bedeckt.

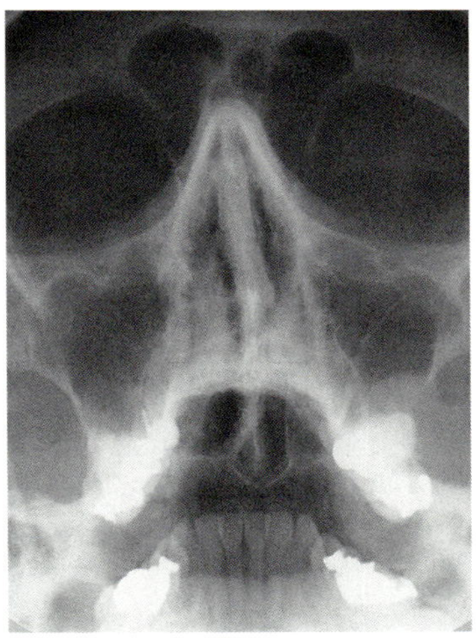

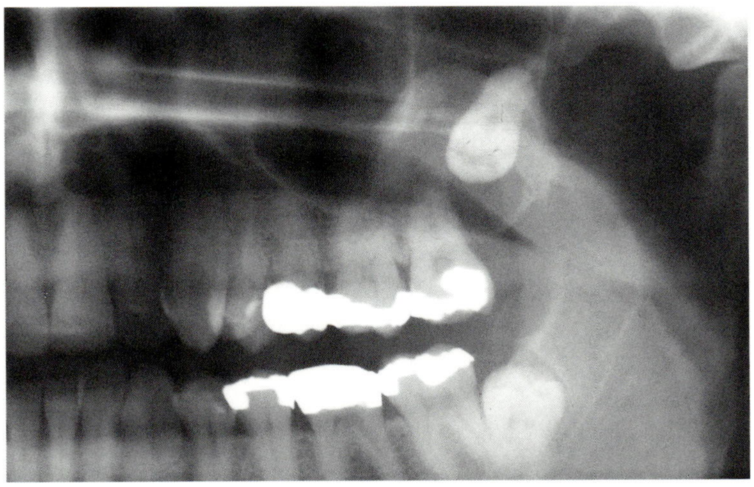

265 Unterlagen – Orthopantomogramm
Meist genügt ein OPT zur Übersicht. Eine Zahnaufnahme kann die Beziehung zur Kieferhöhle oft nicht genügend darstellen.

Links: In besonderen Fällen kann die halbaxiale Oberkieferaufnahme zusätzliche Informationen über den Zustand der Kieferhöhle geben, wie diese kugelige Weichteilverdichtung basal der linken Kieferhöhle als Zeichen einer follikulären Zyste von Zahn 18.

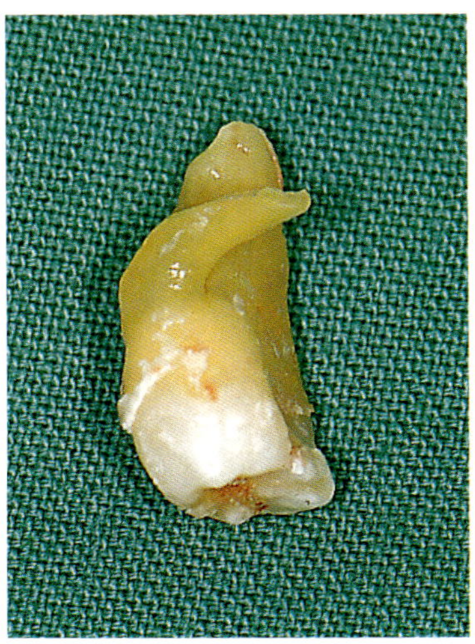

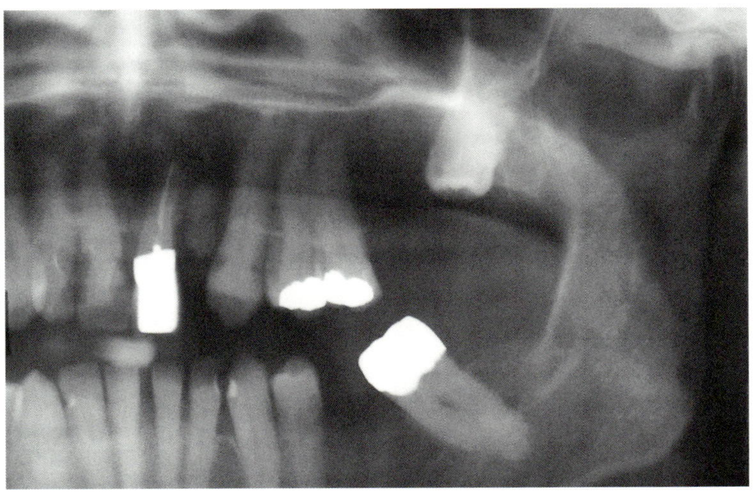

266 Wurzelkrümmung
Die Röntgenaufnahme gibt nicht immer alle Details preis.

Links: Im OPT ist die grazile Wurzelkrümmung des retinierten Zahnes 28 nicht zu erkennen.

Zahnentfernung

Typ 1 und 2: Die Krone wird auf der bukkalen Seite freigelegt. Einsetzen des Winter-Hebels von der palatinalen Seite her und Herausluxieren der Krone nach okklusal. Der Hebel muß die Krone auf der palatinalen Seite untergreifen, sonst besteht die Gefahr der Luxation in die Kieferhöhle oder in die vestibulären Weichteile.

Typ 3: Die nach bukkal freiliegende Krone wird mit dem Winter-Hebel von palatinal her nach distalbukkal luxiert. Die Kraftwirkung des Hebels darf nicht nur nach distal gehen, sonst besteht die Gefahr eines Tuberabrisses.

Bei stark divergierenden Wurzeln lohnt es sich, den Zahn zu teilen und die Wurzeln separat zu entfernen. So können kleine Wurzelfragmente vermieden werden, die sich sehr leicht bei weiteren Entfernungsversuchen in die Kieferhöhle verschieben.

267 Anästhesie
Zur Entfernung des retinierten Zahnes 28 wird palatinal beim Foramen palatinum maius und vestibulär im Tuberbereich infiltriert. Ein drittes Depot wird apikal-vestibulär beim 1. Molaren gelegt.

Rechts: Ausschnitt aus dem OPT.

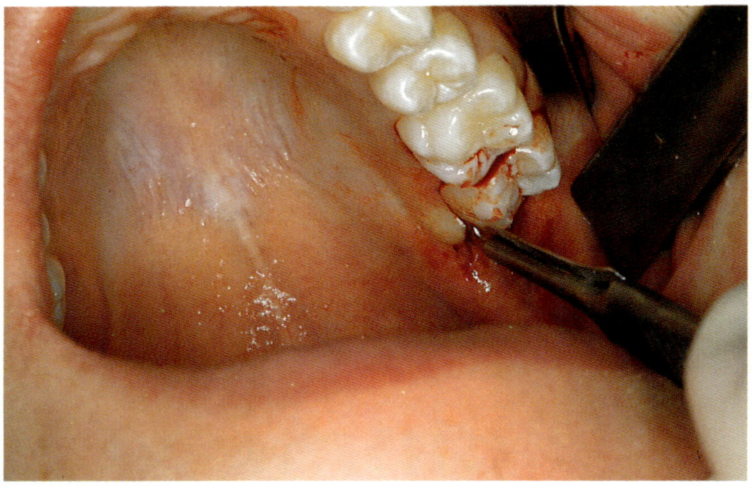

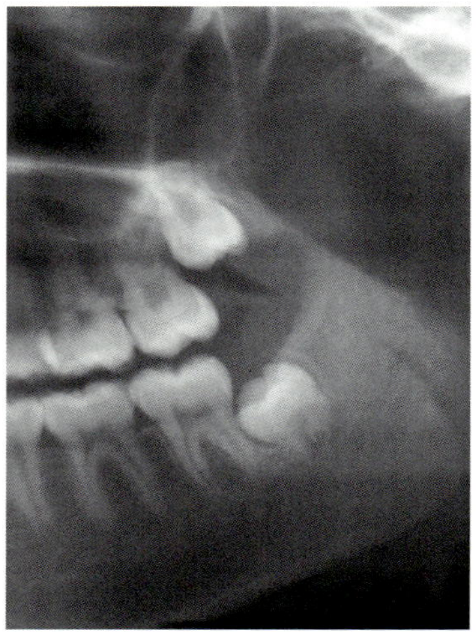

Ⓢ

268 Zugang
Der obere Weisheitszahn liegt in den meisten Fällen nach bukkalwärts. Deshalb erfolgt der Zugang durch eine vestibuläre Lappenbildung.

Rechts: Im Schema sind die Schnittführungen zu sehen.

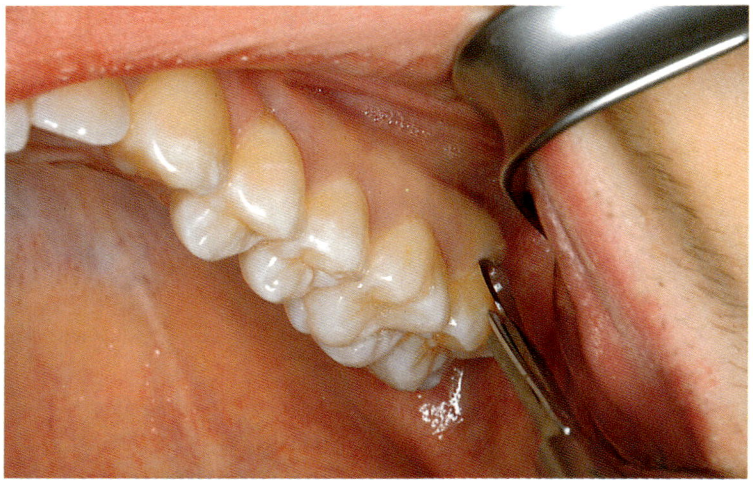

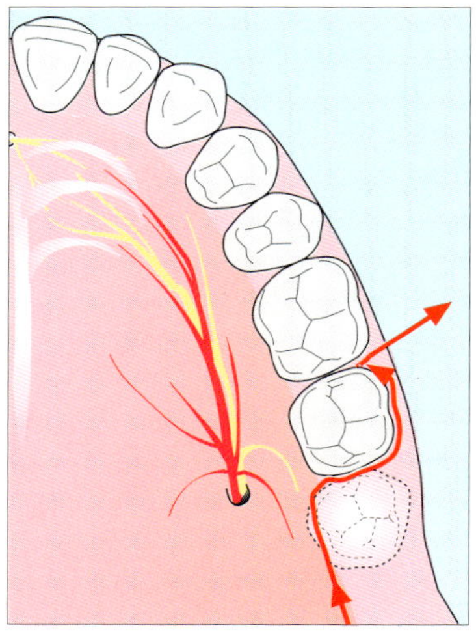

269 Lappenbildung
Die erste Inzision wird vertikal-mesial des 2. Molaren gelegt, die zweite Inzision erfolgt im Sulkus um diesen Zahn herum und die dritte Inzision palatinal über das Tuber maxillae (*Schema oben*). Dadurch kann eine eröffnete Kieferhöhle leicht verschlossen werden.

Rechts: Abschieben des Mukoperiostes, beim Entlastungsschnitt beginnend.

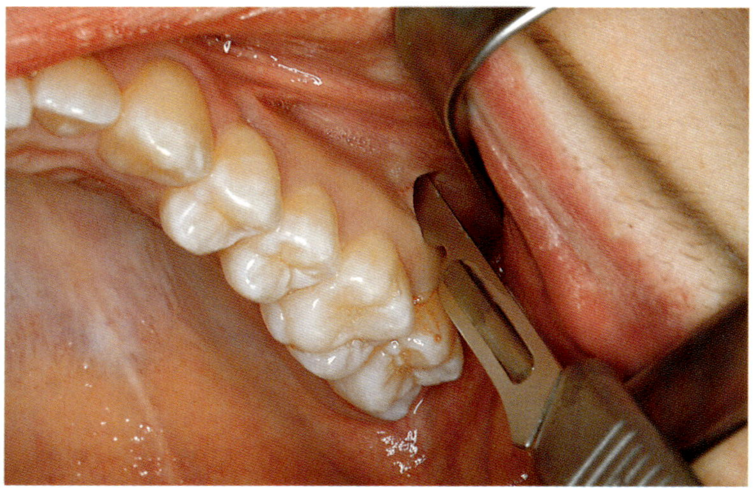

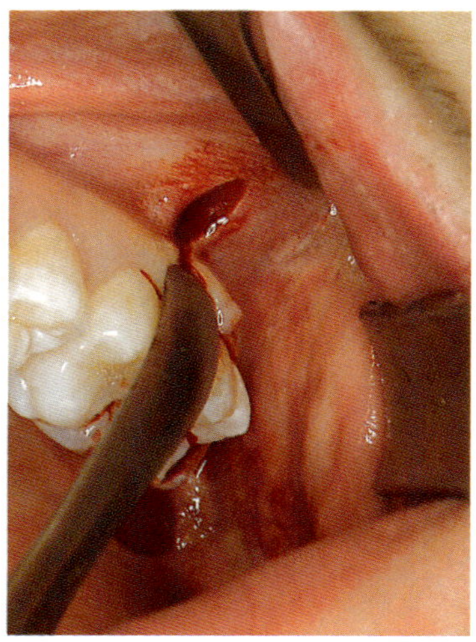

Typ 4 und 5: Meist ist der Kontakt zum 2. Molaren sehr eng. Eine Teilung von Krone und Wurzel ist unbedingt zu empfehlen. Die Situation entscheidet, ob zuerst die Krone luxiert werden kann oder ob die Wurzel vorher entfernt werden muß. Die Kraft des eingesetzten Hebels wirkt immer von apikal nach okklusal. Bei starker Dislokation nach kranial kann die Eröffnung der Kieferhöhle und der Einsatz des Winter-Hebels von oben die einzige Lösung sein.

Typ 6: Bei engem Kontakt zum 2. Molaren lohnt sich die Teilung immer. Sonst Luxation mit dem Winter-Hebel von palatinal.

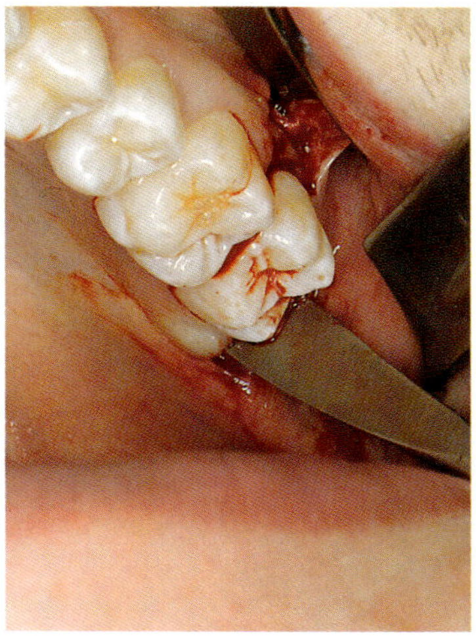

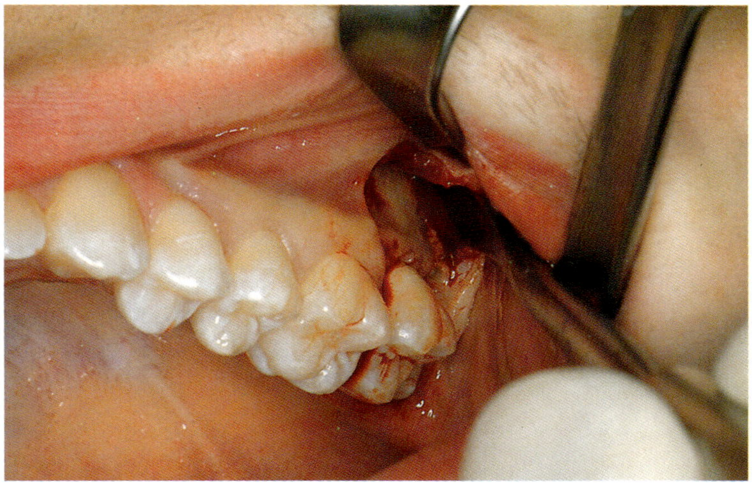

270 Ostektomie
Der Mukoperiostlappen wird mit dem Raspatorium gelöst und mit dem Langenbeck-Haken fixiert. Bei der Ostektomie werden die Weichteile zusätzlich mit dem Raspatorium geschützt.

Links: Lösung des Mukoperiostes im Tuberbereich mit dem Raspatorium.

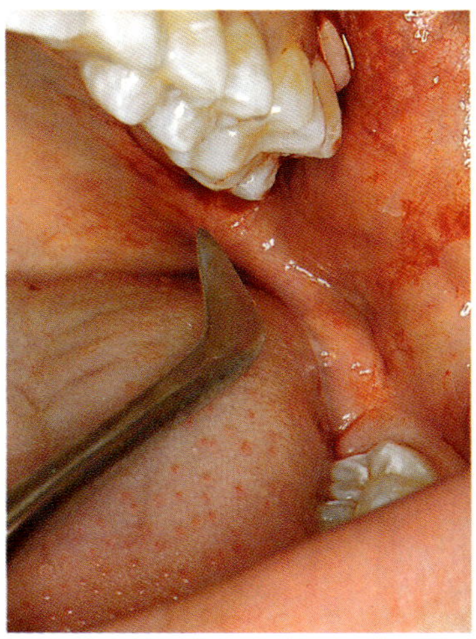

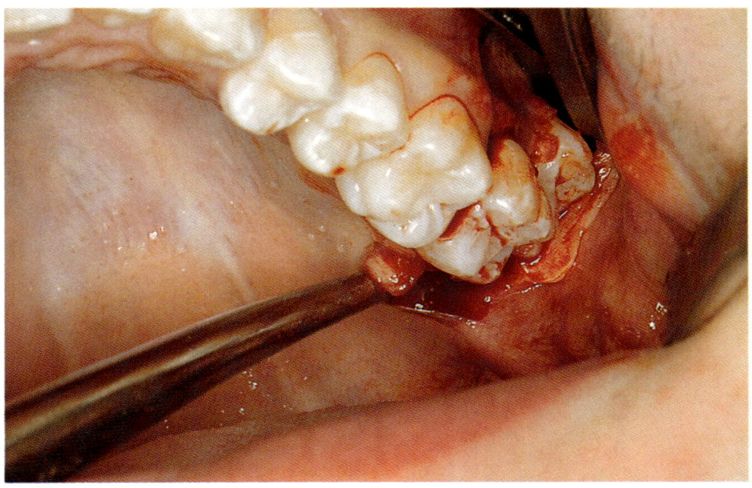

271 Zahnentfernung
Nachdem der Luxationsweg nach bukkal frei ist, kann der Zahn mit dem Winter-Hebel von palatinal her nach bukkal-distal bewegt werden.

Links: Position des Winter-Hebels zum Ansatz palatinal des retinierten Achters.

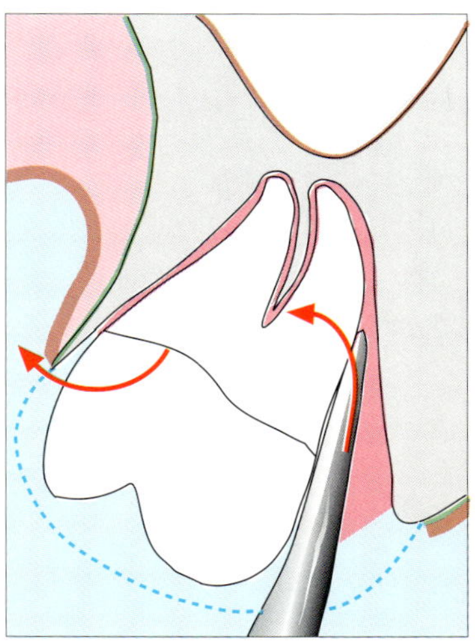

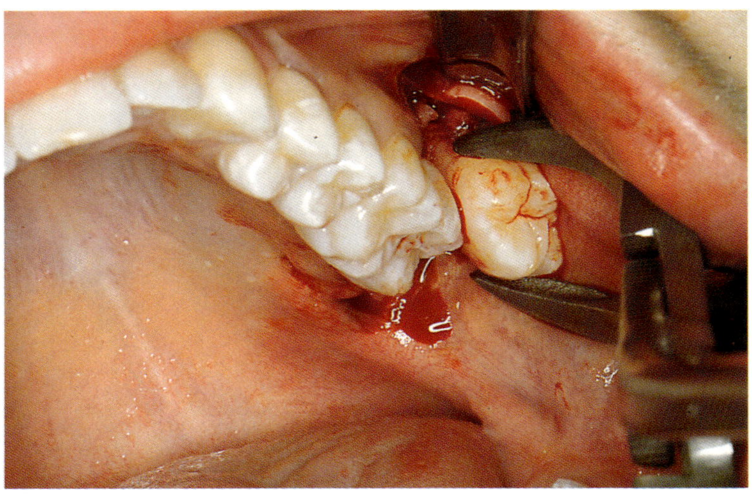

272 Schutz der Weichteile
Der luxierte Zahn wird mit der Zange entfernt. Während des Luxationsvorganges muß bukkal mit dem Raspatorium abgehalten werden, um zu vermeiden, daß der Zahn in die Weichteile verschwindet.

Links: Schema der Luxationsrichtung durch palatinalen Einsatz des Hebels.

Besondere Lagen

In der Regel sind obere Weisheitszähne leicht durch den vestibulären Zugang aufzufinden. Die Probleme bei der Entfernung liegen eher bei den manchmal sehr feinen, stark gekrümmten Wurzeln mit gegenläufigen Biegungen, die leicht abbrechen können. Eine weitere Erschwerung ist die fehlende Übersicht wegen der engen Verhältnisse.

Weit nach kranial verlagerte obere Weisheitszähne sind manchmal durch den vestibulären Zugang nicht zu erreichen. Die Entfernung solcher Zähne kann durch ein vestibuläres Fenster in der Fossa canina zur Kieferhöhle erfolgen.

Perforationen zur Nasenhöhle sind möglich und Blutungen schwierig zu stillen. Fälle mit weiter Verlagerung außerhalb des Alveolarfortsatzes sollen vom Spezialisten behandelt werden. In der ambulanten Praxis sind solche Eingriffe zu riskant.

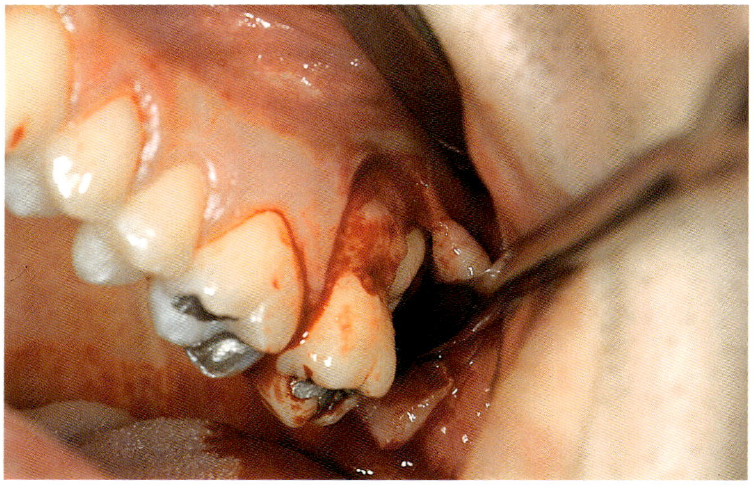

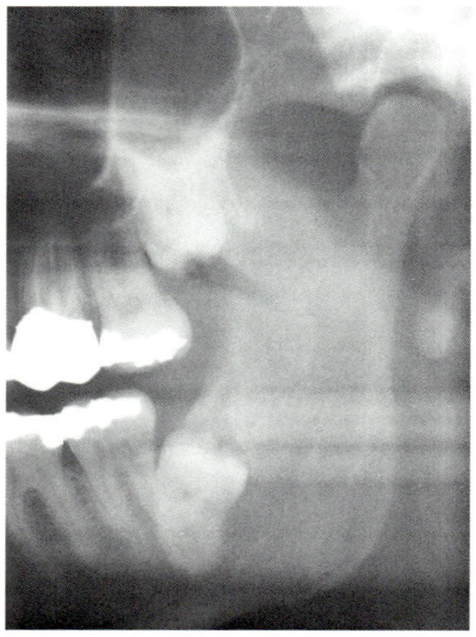

273 Gespreizte Wurzeln
Hat der Weisheitszahn mehrere, möglicherweise gespreizte Wurzeln, wird zuerst die Krone nach bukkaler Ostektomie abgetrennt.

Rechts: Röntgenaufnahme.

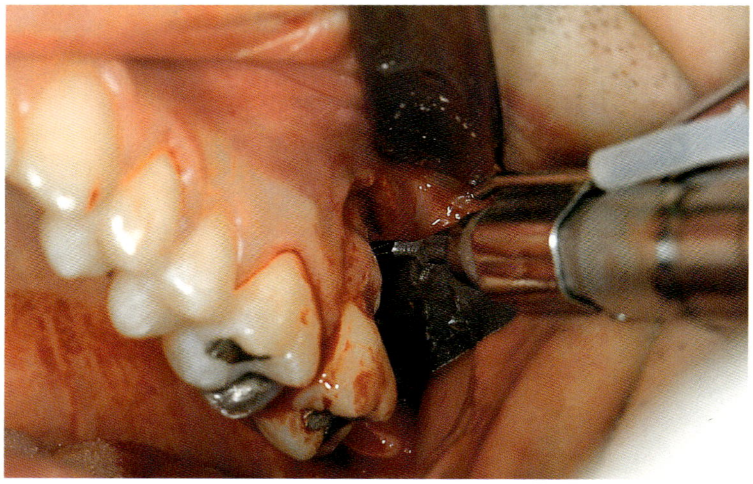

274 Trennung des Zahnes
Von bukkal wird eine Rille in die Krone gefräst und diese mit dem geraden Hebel abgetrennt.

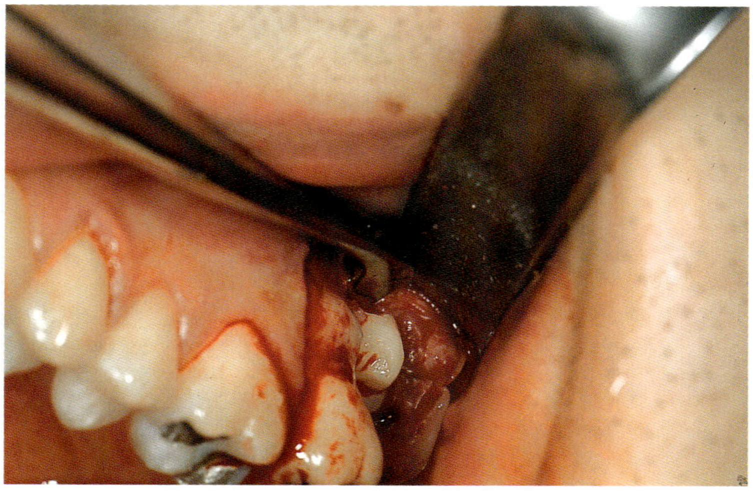

275 Teilungen der Wurzel
Falls notwendig, werden weitere Teilungen der Wurzel vorgenommen und diese einzeln mit dem Winter-Hebel oder geraden Hebel (Vorsicht vor Luxation in die Kieferhöhle) herausluxiert.

Wundbesorgung

Eine vorsichtige Kontrolle mit großer Knopfsonde zusätzlich zur Blasprobe soll eine Sinuseröffnung ausschließen.
Glättung der scharfen Knochenkanten, Entfernung von Resten des Follikels mit scharfem Löffel und Abziehen von der Unterlage mit Klemme, ohne das marginale Desmodont des 2. Molaren zu zerstören. Entfernung von Fräspartikeln durch Spülung. Resposition des Lappens und Fixation mit Einzelknopfnähten am Tuber und vestibulär. Bei eröffnetem Sinus: Dichtere Nähte und Schneuzverbot.

Bei Emphysembildung ist eine Antibiotikaprophylaxe angezeigt.
Im Gegensatz zum Unterkiefer ist der Knochen im Oberkiefer spongiosareich, sehr gut durchblutet und mit einer dünnen Kortikalis versehen.

Nachbehandlung

Postoperative Infekte sind selten. Auf eine streng offene Wundbehandlung kann verzichtet werden. Kontrolle erstmals nach einer Woche zur Nahtentfernung.

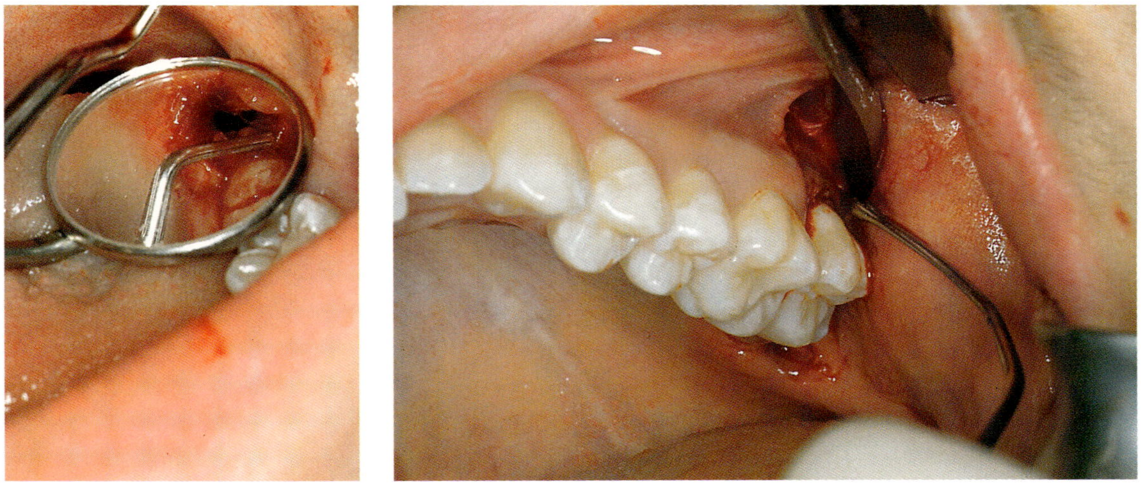

276 Wundversorgung – Wundtoilette
Die Alveole wird gesäubert, scharfe Kanten geglättet und gespült. Die Existenz einer Verbindung zur Kieferhöhle wird mit der Knopfsonde geprüft.

Links: Der Zustand und etwaige Defekte zum Nachbarzahn werden mit Spiegel und Zahnarztsonde kontrolliert.

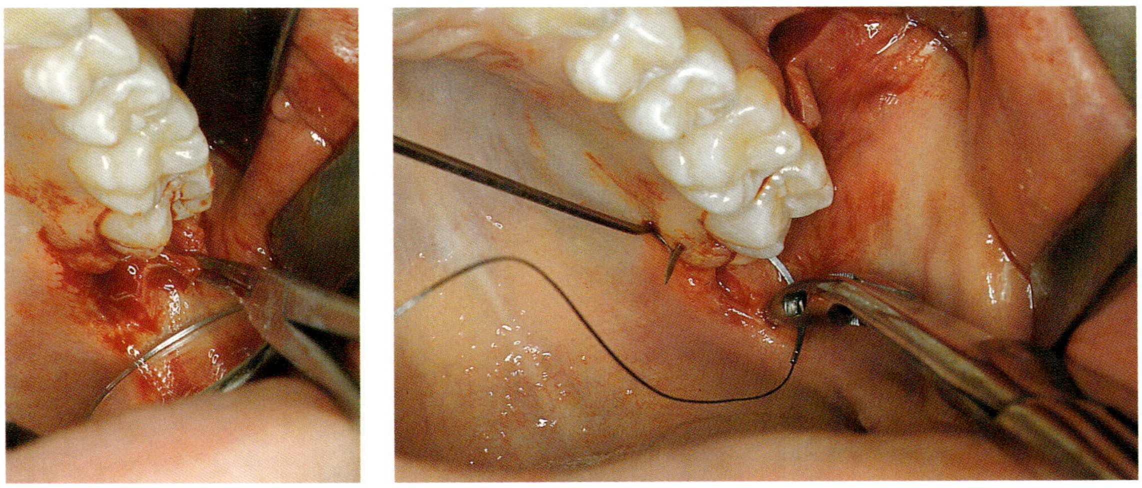

277 Zahnsäckchen
Der Lappen wird reponiert und distal des 2. Molaren nach palatinal vernäht.

Links: Entfernung der Reste des Follikelsackes mit der Klemme.

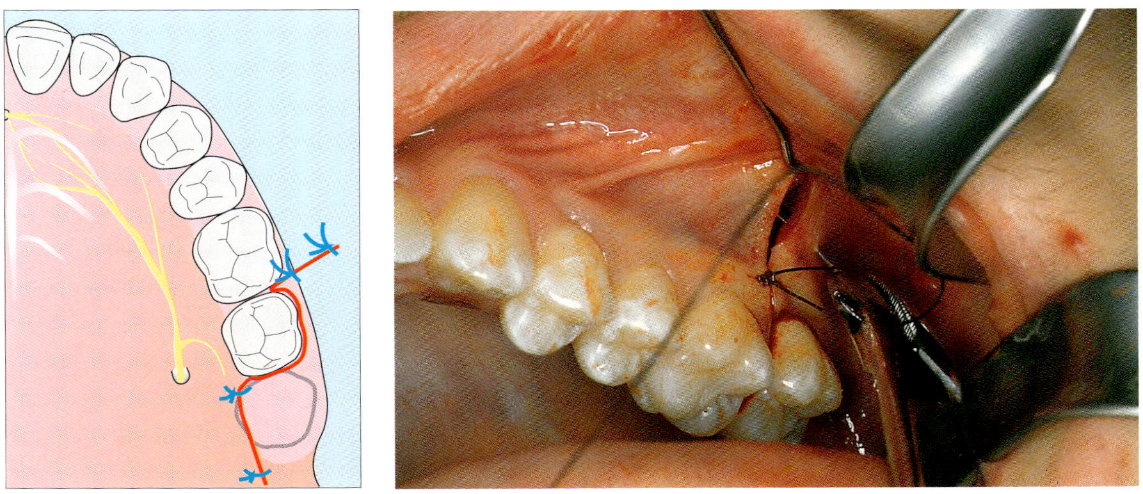

278 Nahtlegung
Weitere Einzelnähte werden am Entlastungsschnitt angebracht. Bei eröffneter Kieferhöhle sind zusätzliche Nähte zum dichten Verschluß notwendig.

Links: Schema des Wundverschlusses.

Mögliche Komplikationen

Komplikationen während der Operation

Während der Operation kann es zu einer Blutung aus den Weichteilen im Tuberbereich kommen. Wegen der schwierigen Sicht kann vorerst durch eine Tamponade der vestibulären Weichteile eine Blutstillung erreicht werden. Bei einer Gefäßverletzung ist die Umstechung mit resorbierbarem Nahtmaterial notwendig.

Ist die Kieferhöhle eröffnet, muß der Lappen nach der Reposition dicht verschlossen werden. Bei einer notwendigen Lappenverlängerung (Periostritzung) kann der Bichatsche Fettkörper hervorquellen, der reponiert werden soll. Der Einsatz des Saugers ist dabei zu vermeiden, da dadurch die weitere Mobilisation des Fettkörpers provoziert wird.

Die distale Wurzeloberfläche des 2. Molaren kann nach Entfernung des Weisheitszahnes entblößt sein. Falls nicht gleichzeitig eine breite Eröffnung zur Kieferhöhle besteht, kann der Knochendefekt durch Einlagerung von Lyoknorpel behoben werden (s. unter Knochendefekte, S. 307).

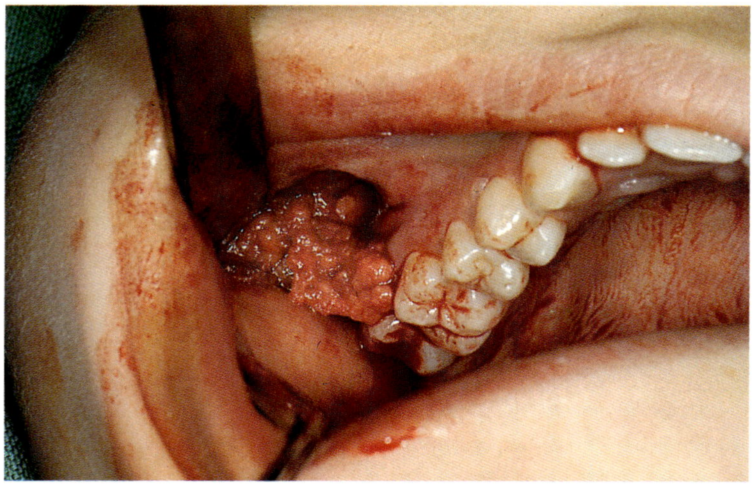

279 Komplikationen – Mobilisation des Wangenfettes (Bichatscher Fettpfropf)
Vorsicht mit dem Sauger, da damit der locker im Weichgewebe liegende Fettkörper herausgesaugt werden kann. Der hervorquellende Fettkörper wird sorgfältig reponiert und die Wunde wie üblich verschlossen.

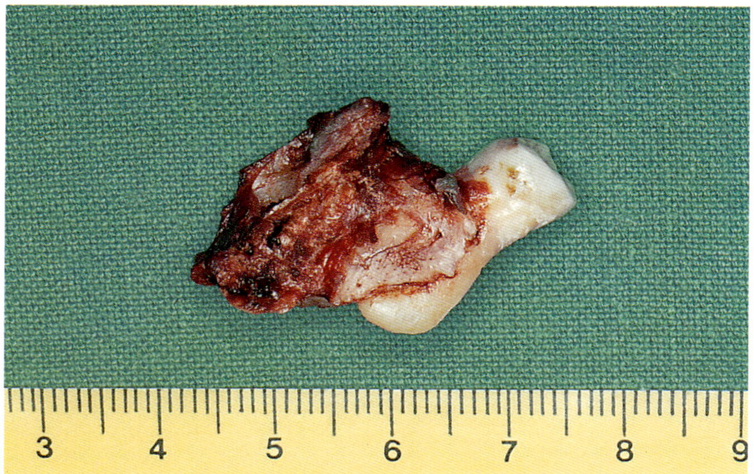

280 Tuberfraktur
Wird bei der Zahnluxation der distale Tuberanteil gelöst, kann leicht eine weite Verbindung zur Kieferhöhle entstehen. Ist das Fragment noch am Periost gestielt, kann es reponiert und unter dem Lappen fixiert werden. Vollständig gelöste Fragmente werden entfernt, und die Wunde wird verschlossen.

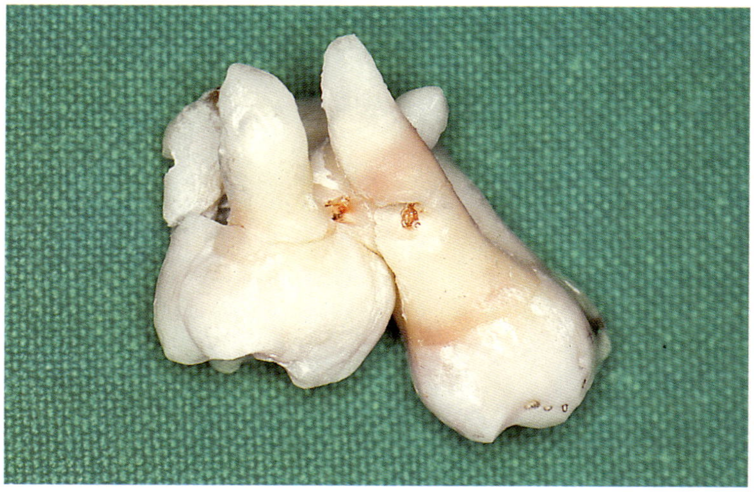

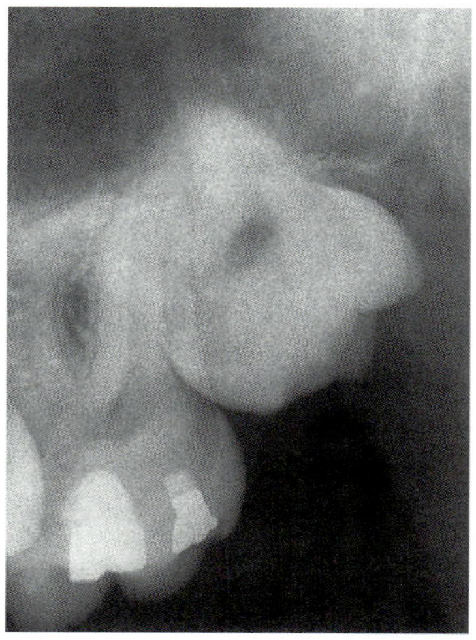

281 Verwachsungen
Die Entfernung ist nicht möglich, ohne den Zahn 17 zu beschädigen. Beide Zähne müssen entfernt werden. Eine präoperative Information des Patienten über das bestehende Risiko ist absolut erforderlich und vermeidet forensische Probleme.

Rechts: Röntgenbild des Zahnes 18 in enger Umschlingung mit Zahn 17.

Bei Fraktur des Tuberknochens ist die Reposition und Fixation des Fragmentes durch Nahtverschluß möglich. Kleine gelöste Fragmente werden entfernt.

Bei Dislokation des Zahnes in die Kieferhöhle muß die sofortige Entfernung vorgenommen werden, allenfalls ist die Überweisung an den Spezialisten angezeigt. Eine antibiotische Abschirmung ist empfehlenswert.

Bei Dislokation des Zahnes nach vestibulär muß radiologisch die Lokalisation geklärt werden und die sofortige Entfernung erfolgen, allenfalls muß die Überweisung an eine Spezialklinik veranlaßt werden. Falls eine Entfernung nicht am gleichen Tag möglich ist, muß antibiotisch abgeschirmt werden.

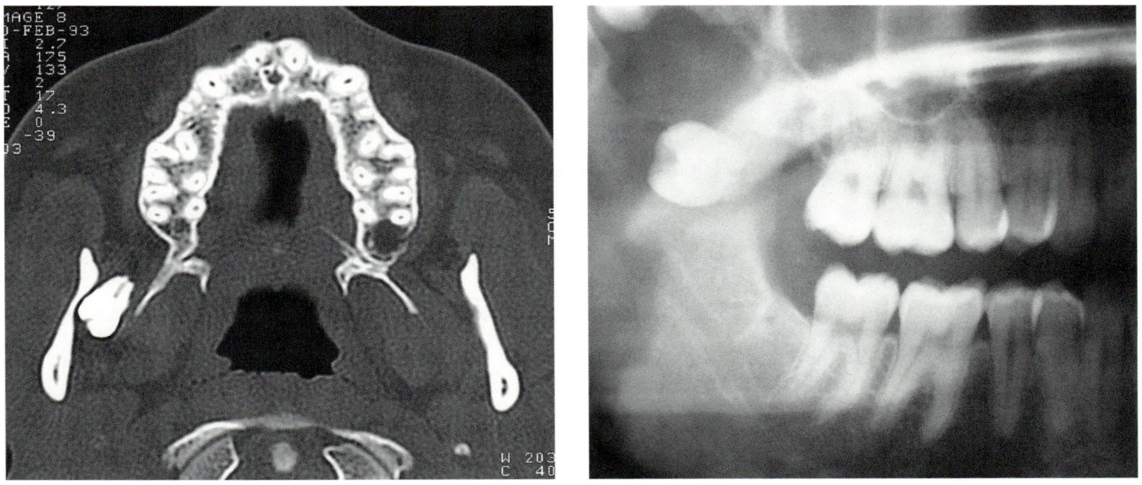

282 Dislokationen
Gelingt die Lokalisation und Mobilisation eines luxierten Zahnes nicht auf Anhieb, ist die Überweisung an den Spezialisten angezeigt.

Links: Im CT ist der zwischen aufsteigendem Ast des Unterkiefers und dem Processus pterygoideus lateralis liegende Weisheitszahn zu sehen.

Rechts: Die Röntgenaufnahmen zeigen den in die Fossa infratemporalis dislozierten Zahn 18 bei einer 22jährigen Patientin.

©

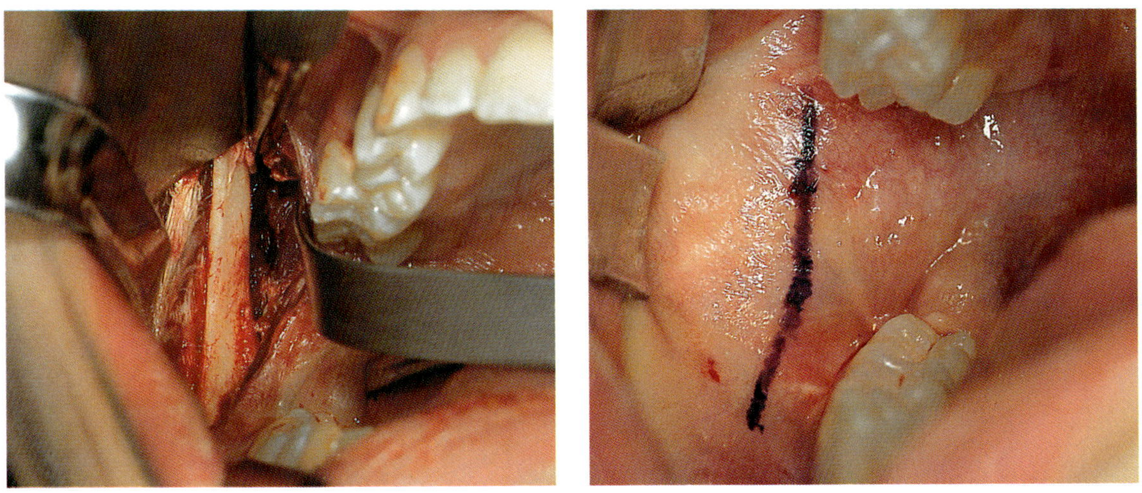

283 Entfernung aus der Fossa infratemporalis
Links: Abschiebung der Weichteile zur Exploration. Mit einer stumpfen Sonde wird der Zahn aufgespürt.

Rechts: In Allgemeinnarkose erfolgt die Inzision auf dem aufsteigenden Ast.

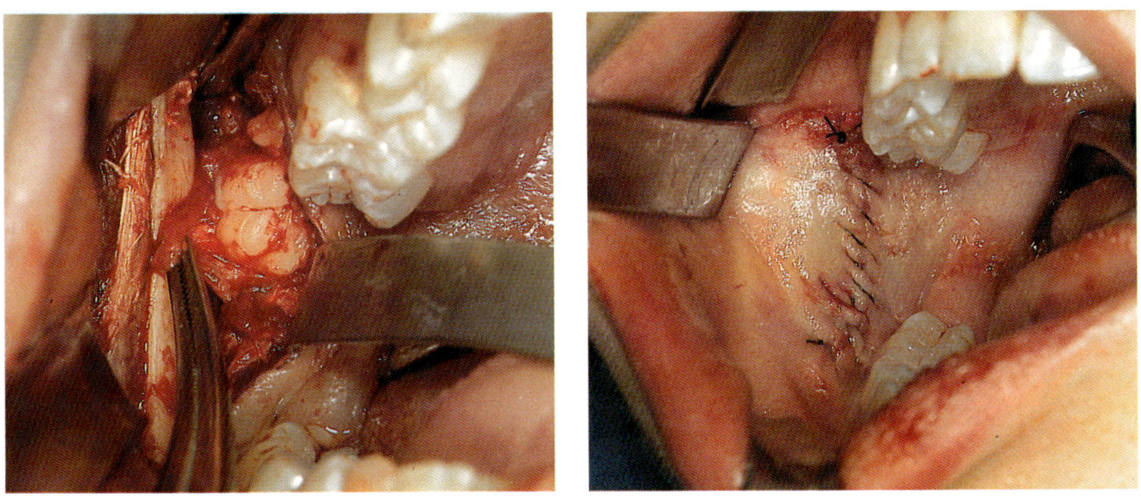

284 Entfernung und Wundverschluß
Links: Entfernung mit der diamantierten Zange oder Klemme.

Rechts: Sorgfältiger Weichteilverschluß.

Komplikationen nach der Operation

Nach der Operation kann eine Infektion auftreten. Diese ist, wie auf S. 155 angegeben, zu behandeln.

Bei Hämatombildung soll das Öffnen einer Naht und die Spülung für Abfluß sorgen.

Cave
Nicht absaugen wegen möglicher Aspiration des Fettkörpers. Eine antibiotische Abschirmung ist empfehlenswert.

Ist ein Emphysem entstanden, z.B. nach Eröffnung des Sinus maxillaris durch Überdruck im Nachen-Rachen-Raum (Niesen, Schneuzen, Pressen), muß der Patient über die Situation orientiert werden, um Ängste zu verhindern. Eine Antibiotikagabe ist angezeigt.

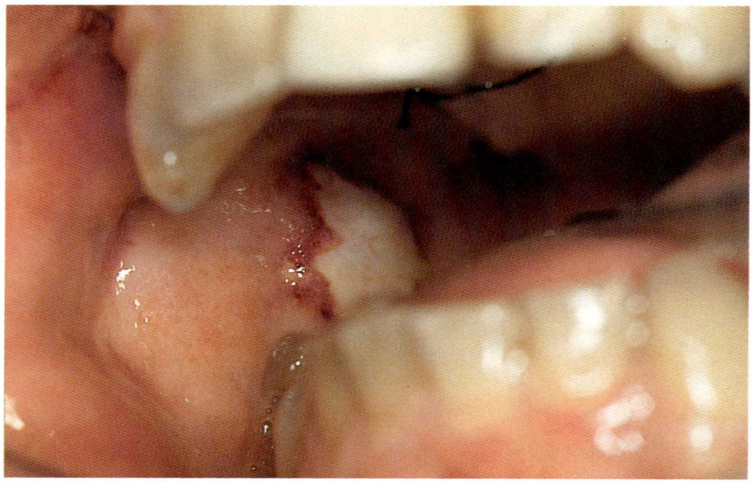
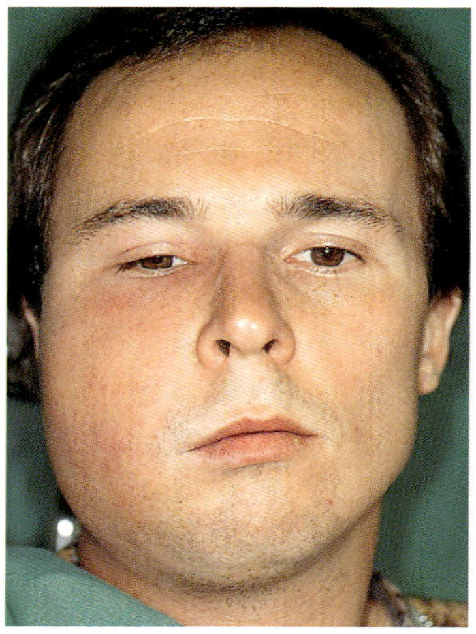

285 Infektionen
Abszeßbildung ist bei langdauernden Eingriffen mit Traumatisierung der Weichgewebe oder bei Hämatombildung zu erwarten. Abszesse können sich in die Fossa infratemporalis retromaxillär und weiter bis orbital ausbreiten (S. 145). Eine sofortige chirurgische Intervention ist angezeigt.

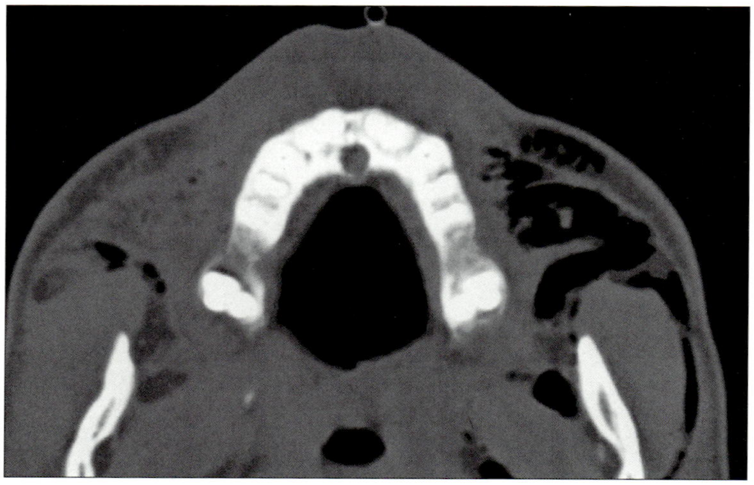
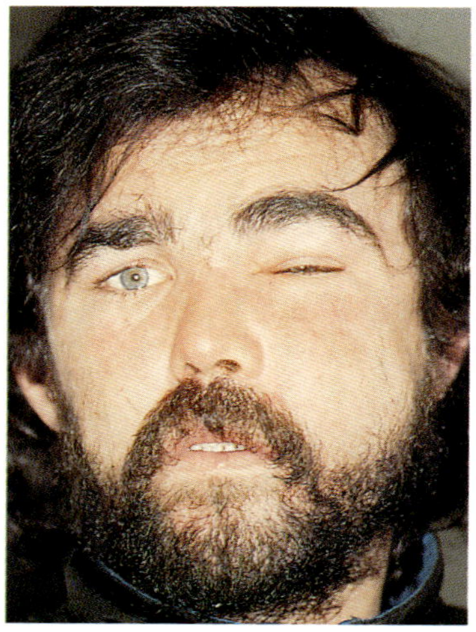

286 Emphysembildung
Bei Eröffnung der Kieferhöhle und besonders, wenn das Periost durchtrennt wurde, kann Luft in die Weichteile entweichen. Druckgefühl, rasch auftretende Schwellung und typisches Knistern bei der Palpation sind die klinischen Zeichen. Das Bild zeigt ein CT mit ausgeprägten lufthaltigen Weichteilen des linken Mittelgesichtes.

Rechts: Nach Schneuzen plötzlich aufgetretene weiche, diffuse Schwellung der linken Gesichtshälfte wenige Stunden nach der Entfernung von Zahn 28.

Prämolaren und Eckzähne im Oberkiefer

Indikation zur Entfernung

Nach den Weisheitszähnen ist die Retention des oberen Eckzahnes am häufigsten. Seltener sind obere Prämolaren im Kiefer impaktiert. Die Indikationsstellung zur Entfernung erfolgt individuell. Oft wird die Diagnose wegen des Verbleibens eines Milchzahnes gestellt. Die ursächliche Pathologie muß untersucht werden. Im Einzelfall muß geklärt werden, ob eine Einreihung (Anschlingung) in Frage kommt. Die Konsultation des Kieferorthopäden beim jugendlichen Patienten ist ratsam.

Die präoperative Vorbereitung umfaßt Lagebestimmung des Zahnes, Abklärung der Begleitpathologie und Information des Patienten und bei Minderjährigen auch deren Eltern.

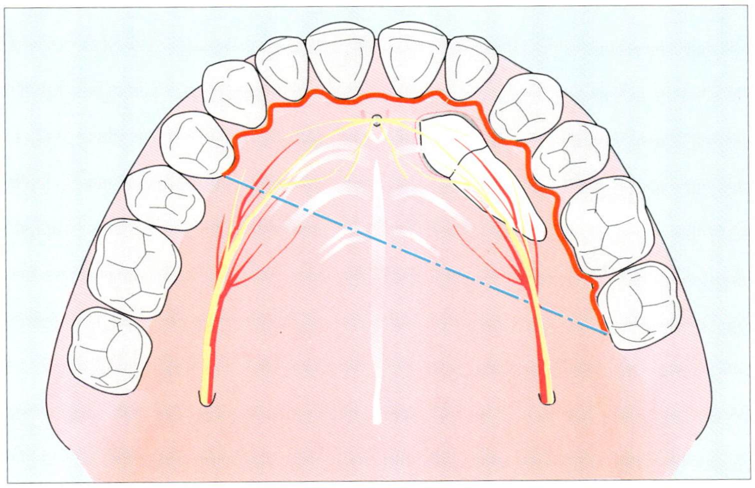

287 Retinierte Eckzähne im Oberkiefer – Anatomie
Im Schema ist die Schnittführung im Sulcus gingivae auf der palatinalen Seite zur Bildung des Mukoperiostlappens zu sehen. Es ist die A. palatina maior mit dem begleitenden Nerven dargestellt.
A. incisiva und N. incisivus können ignoriert werden, sie werden beim Abschieben des Lappens durchtrennt, evtl. koaguliert.

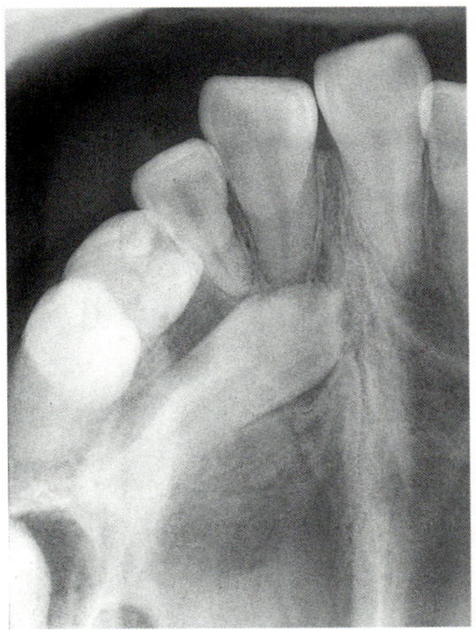

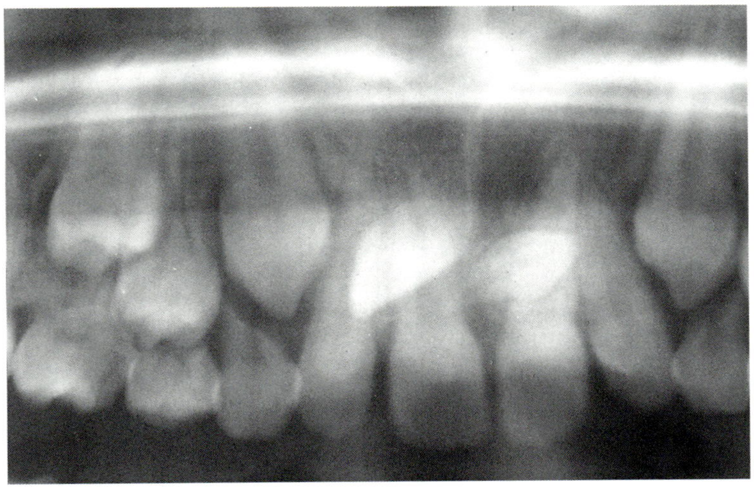

288 Unterlagen – Orthopantomogramm
Zur radiologischen Abklärung gehören Übersichtsaufnahme (OPT), Oberkieferaufbißaufnahme sowie Zahnröntgenbilder.

Links: Oberkieferaufbißaufnahme.

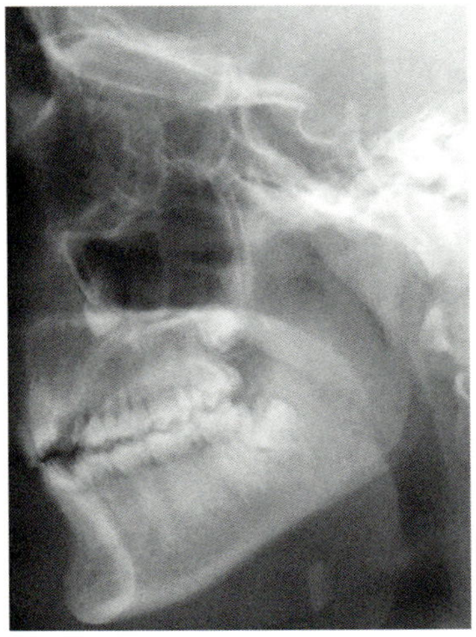

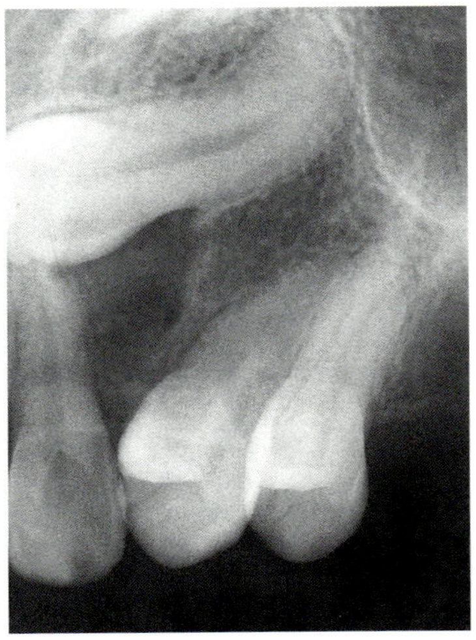

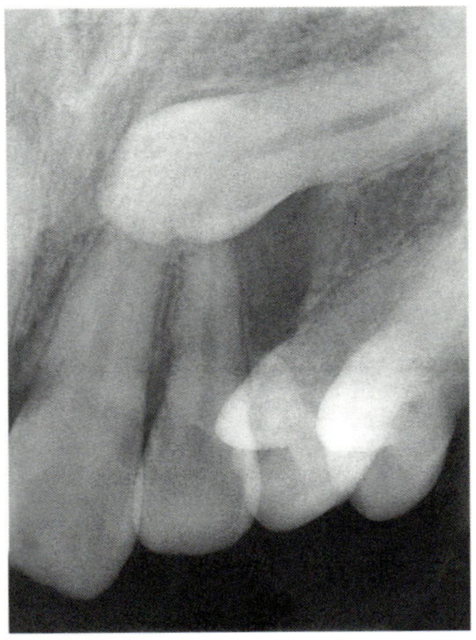

289 Lokalisation
Links: In extremen Fällen kann ein Fernröntgenbild weitere Informationen liefern, wie hier bei dem unter dem Nasenboden liegenden Zahn 21.

Mitte: Distal-exzentrische Aufnahme.

Rechts: Mesial-exzentrische Aufnahme. Die Verschiebung des retinierten Zahnes gegenüber der Wurzel der Zähne 22 und 24 weisen auf eine palatinale Lage hin.

Chirurgisches Vorgehen

Unterlagen

Die Beziehungen des retinierten Zahnes zu Wurzeln von Nachbarzähnen müssen radiologisch geklärt werden. Das Orthopantomogramm als Übersichtsaufnahme kann ergänzt werden durch halbaxiale Aufnahme des Oberkiefers und Fernröntgenaufnahme. Mesial- und distal-exzentrische Zahnaufnahmen geben Auskunft über die genaue Position in vestibulopalatinaler Richtung. Die Aufbißaufnahme des Oberkiefers kann weiteren Einblick zur Lage und Morphologie geben.

Anatomie

Die Beziehungen zu Nasenboden und Kieferhöhle, Canalis incisivus, Foramen palatinum mit Verlauf der A. palatina und Lage des Foramen infraorbitale sind zu beachten.

Anästhesie

1. Infiltration des N. infraorbitalis, evtl. beidseits.
2. Infiltration am Foramen palatinum.
3. Infiltration am Foramen incisivum.

Die sensible Versorgung des Zahnes ist zu berücksichtigen. Eine Weichteilanästhesie genügt nicht.

290 Zugang von palatinal
Dieser 23jährige Patient weist palatinal retinierte Zähne 13 und 23 auf.

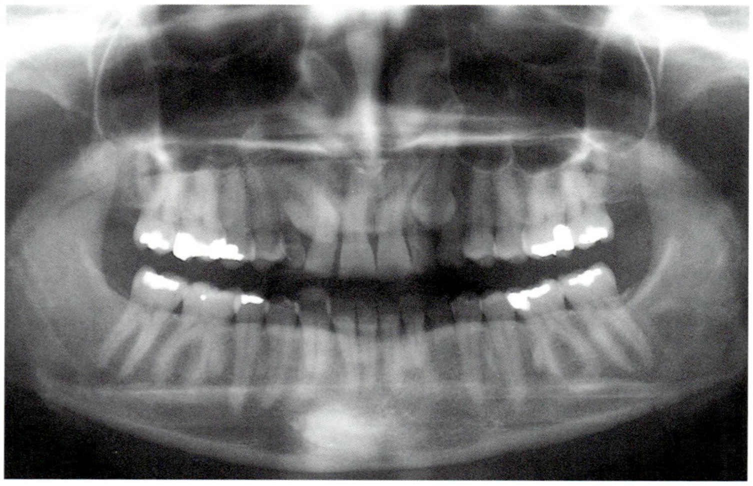

Ⓐ

291 Lagebestimmung
Die Zahnaufnahmen und die Aufbißaufnahme (*rechts*) belegen die palatinale Lage des Zahnes 13.

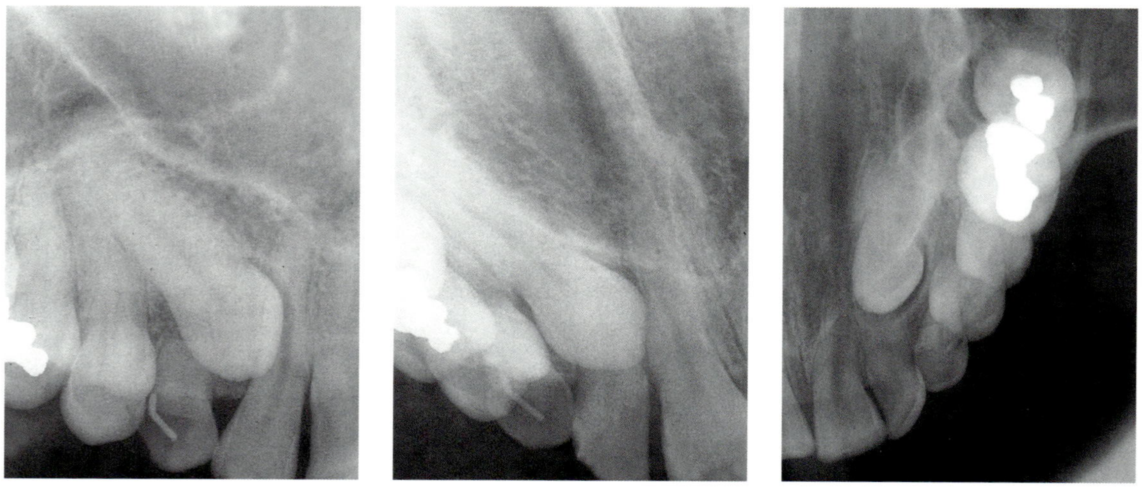

292 Anästhesie und Zugang
Infiltration am Foramen palatinum beidseits, Infiltration am Foramen incisivum, terminale Anästhesie des N. infraorbitalis rechts. Der Lappen wird durch Inzision im Sulkus palatinal von Zahn 16 bis 23 gebildet.

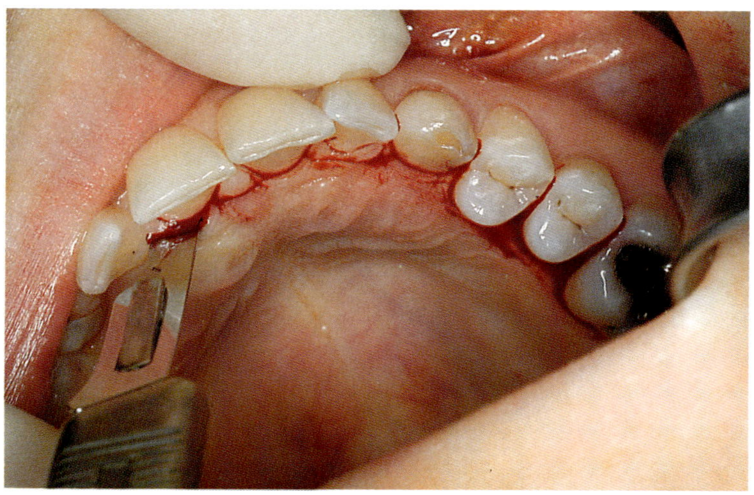

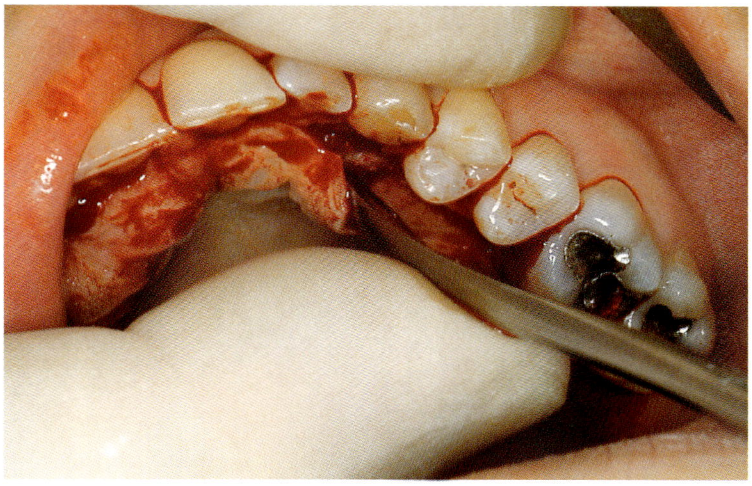

293 Lappenbildung
Der Lappen wird mit dem Raspatorium in direktem Knochenkontakt abgelöst. Die A. palatina verläuft im mobilisierten Lappen.

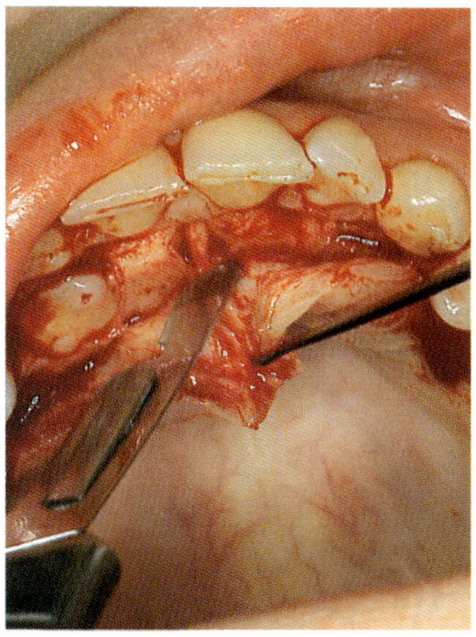

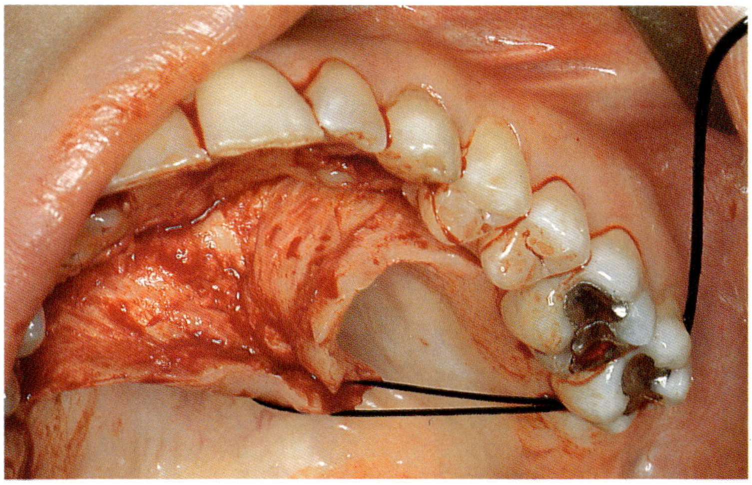

294 Nervus incisivus
Mit einem Faden der Stärke 2 wird der Lappen auf der gegenüberliegenden Seite fixiert.

Der feine Nerven-Gefäß-Strang aus dem Foramen incisivum wird durchtrennt und eine etwaige Blutung aus den Gefäßen mit dem Kanter oder Bipolator gestillt *(links)*.

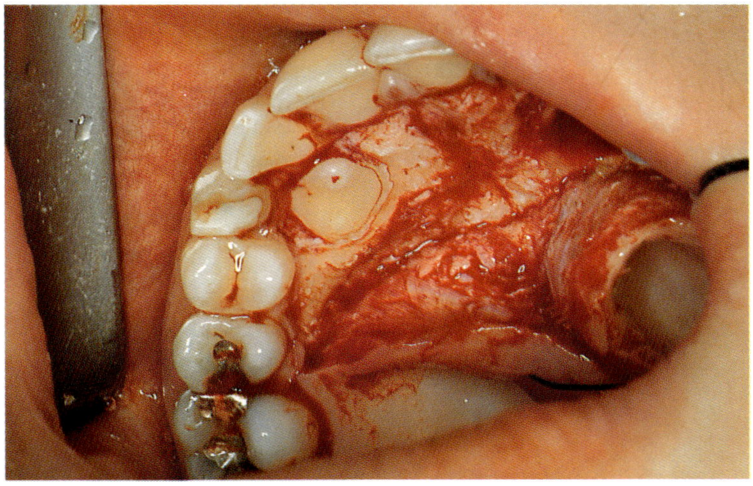

295 Ostektomie
Durch Ostektomie mit der runden Fräse wird die Krone freigelegt.

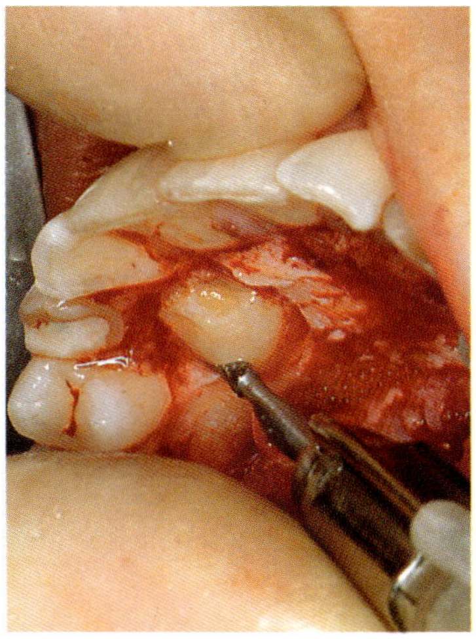

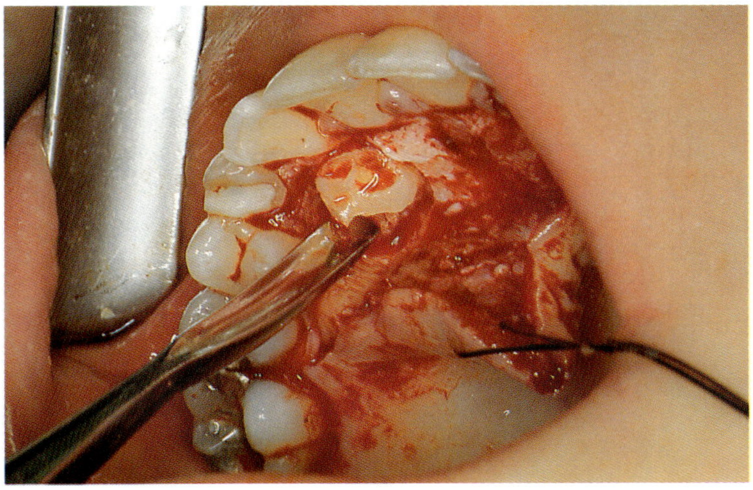

296 Zahnentfernung
Zuerst wird die Krone mit dem Fissurenbohrer eingeschnitten (*links*) und mit dem geraden Hebel abgesprengt. Die Nähe der Nachbarwurzeln muß beachtet werden.

Zugang bei palatinaler Lage

Der Gingivalrandschnitt führt von palatinal der Eckzahngegend der Gegenseite bis zum 1. Molaren der betroffenen Seite. Bei der Abschiebung muß auf streng subperiostale Präparation geachtet werden, da sonst Äste der A. palatina verletzt werden. Die Einziehung beim Foramen palatinum majus ist zu beachten. Der kleine Nerv-Gefäß-Strang am Foramen incisivum wird durchtrennt.

Nach Freibohren der Krone des retinierten Zahnes mit der runden Fräse wird die Krone mit dem Hartstahl-Fissurenbohrer abgetrennt. Bei fast marginaler Lage der Kronenspitze ist die weitere Teilung der Krone notwendig, um die schmale Knochenbrücke nicht zu zerstören.

Die Wurzel wird freigebohrt und mit dem Winter-Hebel entfernt.

Noch vorhandene Reste des Follikels werden mit der Klemme vorsichtig entfernt, um keine Nachbarwurzeln zu verletzen.

Nach Wundtoilette erfolgt die Kontrolle des Operationsdefektes auf etwaige Taschen oder freigelegte Wurzeln.

297 Ostektomie
Meist ist eine weitere Ostektomie um die Wurzel (eher auf der oralen Seite) notwendig, um diese mit dem Hebel bewegen zu können.

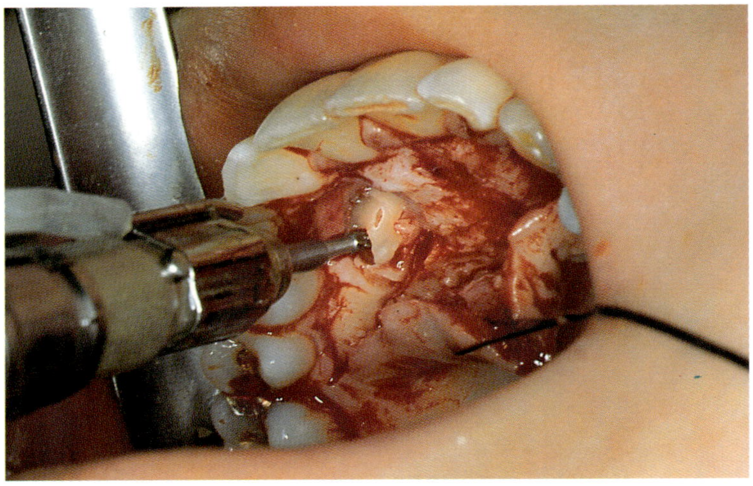

298 Wurzelentfernung
Die luxierte Wurzel wird mit der Klemme oder einer feinen Wurzelzange entfernt.

Rechts: Das Wurzelfragment wird auf intakten Apex überprüft.

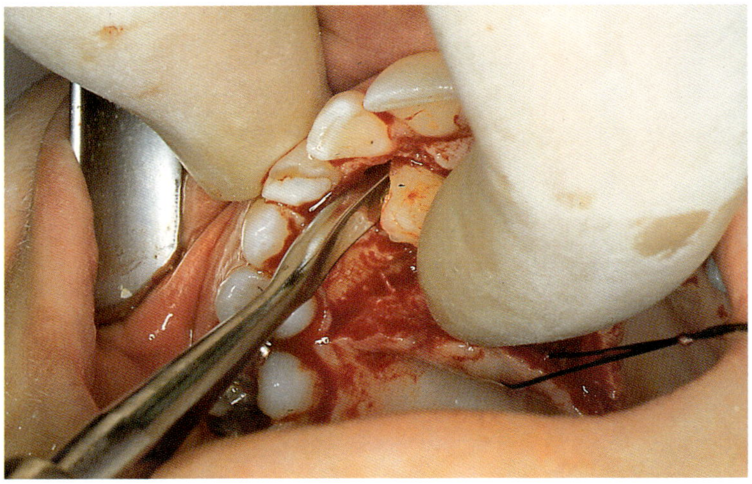

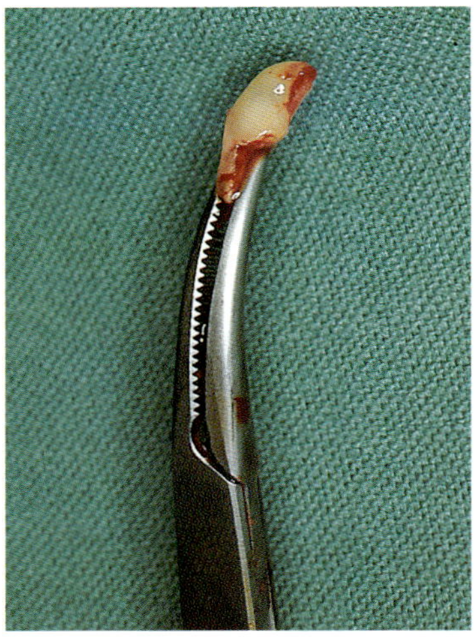

299 Wundversorgung
Nach Entfernung der Reste des Follikelsackes wird die Wunde inspiziert: Besteht eine Verbindung zur Nasen- oder Kieferhöhle, sind Wurzeln freigelegt worden oder besteht eine durchgehende Knochentasche im Operationsdefekt?

Rechts: Sorgfältige Entfernung des Follikelsackes, ohne die marginale Knochenbrücke zu zerstören.

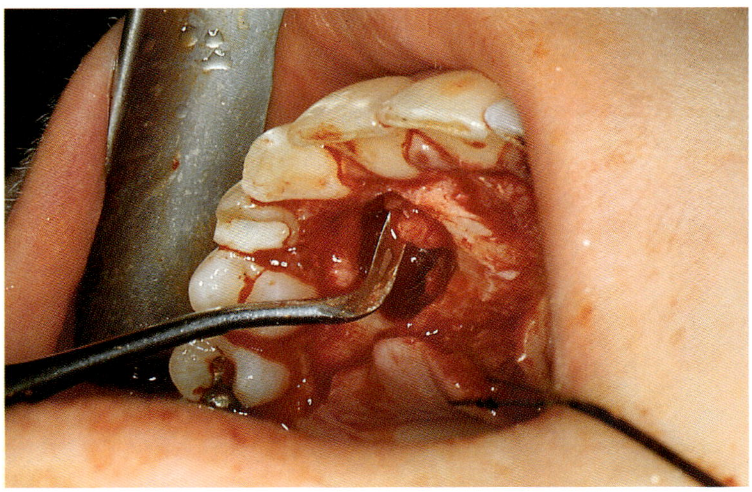

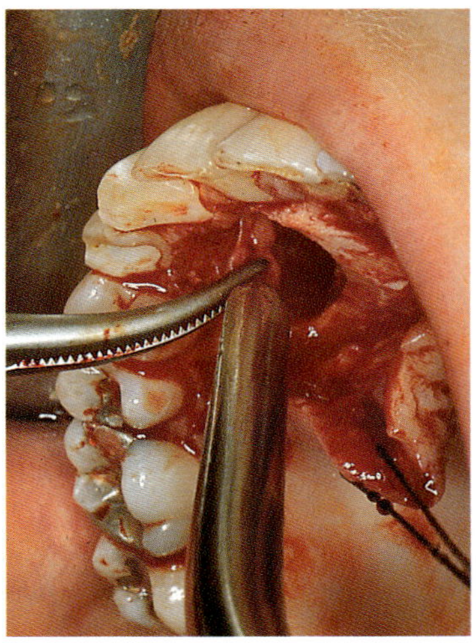

Wundversorgung bei palatinaler Lage
Der Wundverschluß erfolgt nach Reposition des Lappens mit interdentalen Rückstichnähten. Die Hämatombildung und das Risiko einer Infektion werden durch palatinale Kompression mit einem Tupfer vermieden. Bei jungen Patienten kann durch Anpressen des Daumens am Gaumen während der postoperativen Stunden eine Hämatombildung vermieden werden. Eine Verbandplatte ist ein vorzügliches Hilfsmittel, um ein palatinales Hämatom zu verhindern und dient auch der Kompression bei Nachblutungen. Sie ist besonders bei Erwachsenen und wenig kooperativen Kindern angezeigt. Fehlt die Verbandplatte, kann notfalls ein Tupferpaket durch quer über den Gaumen führende Nähte fixiert werden. Diese Maßnahme soll am folgenden Tag überprüft und das Tupferpaket schon aus hygienischen Gründen entfernt werden.

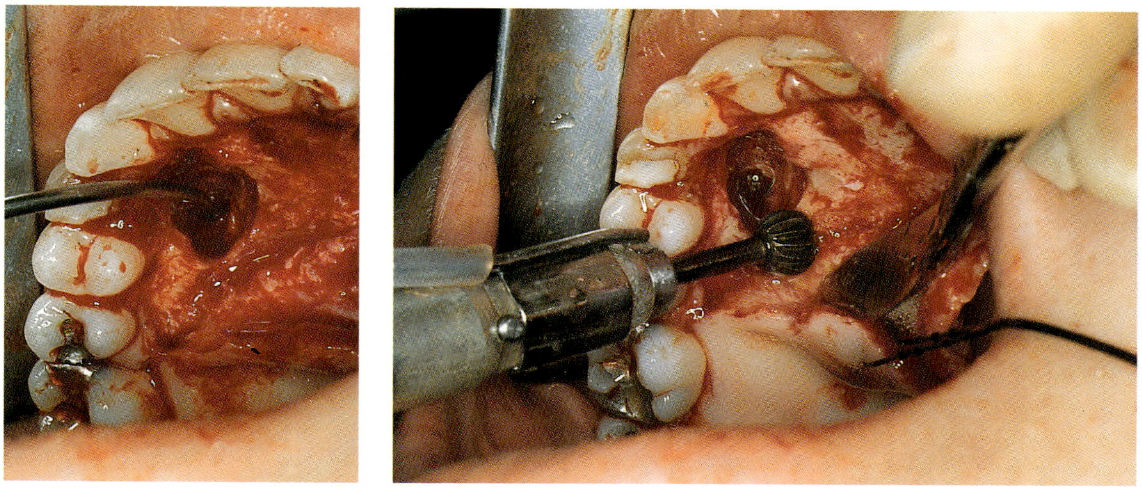

300 Wundtoilette
Nach der Inspektion erfolgt die Wundtoilette mit Glättung scharfer Knochenkanten und gründlicher Spülung. Der Lappen wird reponiert.

Links: Inspektion und Spülung der Operationswunde.

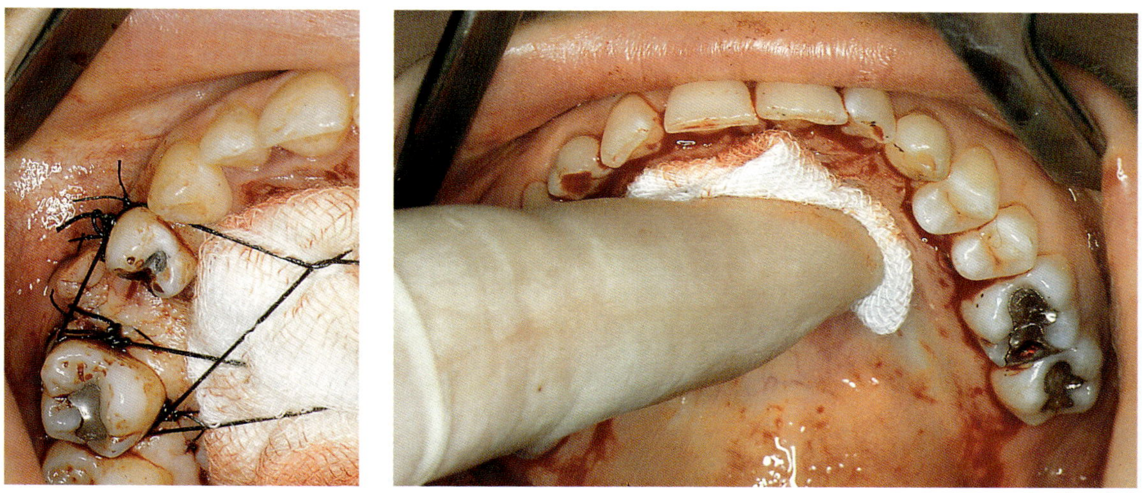

301 Kompression
Um eine Hämatombildung zu verhindern, wird der Lappen an den Gaumen gepreßt.

Links: Als behelfsmäßige Maßnahme kann ein dicker Gazetupfer am Gaumen fixiert werden.

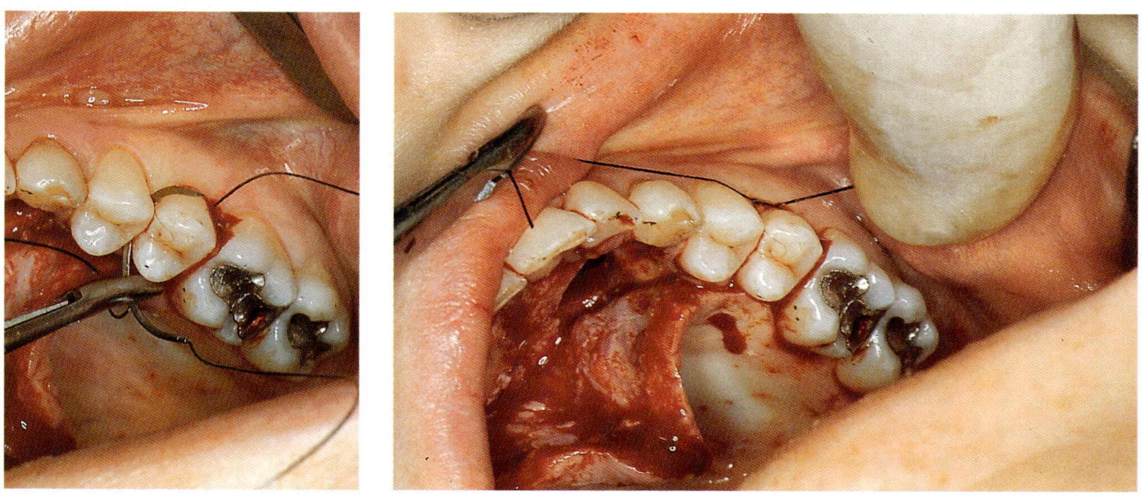

302 Wundnaht
Der Lappen wird durch Rückstichnähte um die Zähne fixiert *(links)*.

Rechts: Der Knoten kommt nach bukkal zu liegen.

303 Verbandplatte
Mit einer präoperativ angefertigten Verbandplatte wird der Lappen am Gaumen angepreßt, um der Bildung eines Hämatoms und damit der Gefahr der Infektion vorzubeugen. Die durchsichtige Platte erlaubt die leichte Wundkontrolle. Der Patient wird über die notwendigen Hygienemaßnahmen instruiert: Entfernung der Platte am Abend, Mundreinigung und Wiedereinsetzen der Platte; Reinigen nach jeder Mahlzeit.

Rechts: Zustand nach Nahtlegung.

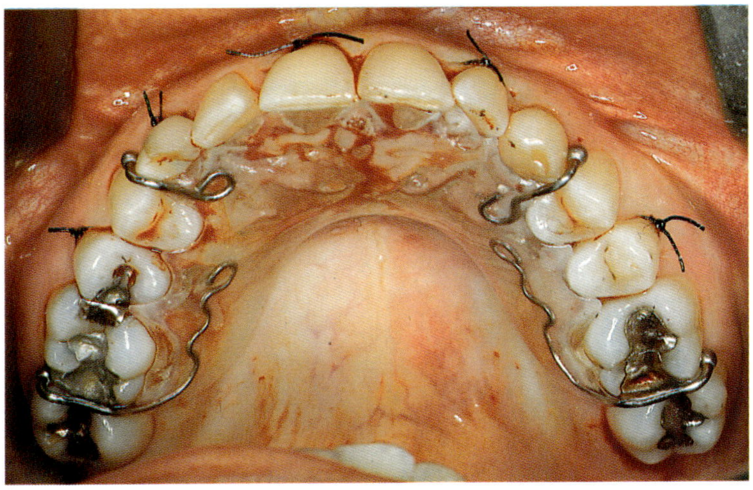

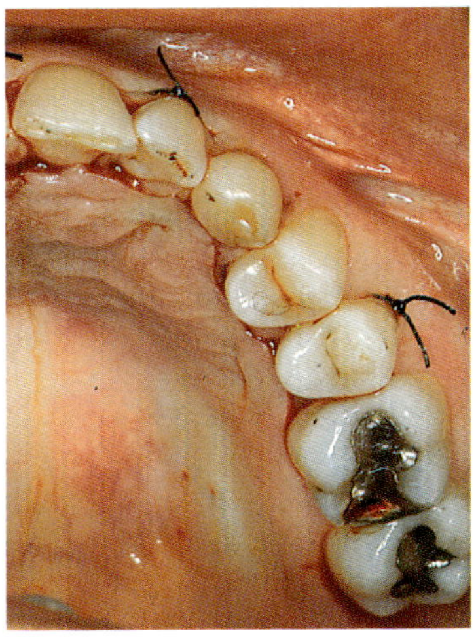

304 Verlaufkontrolle
Die Nachkontrolle erfolgt am dritten postoperativen Tag mit Entfernung der Platte und Reinigung der Wunde. Die Platte kann aus Komfortgründen weiter getragen werden, muß jedoch nach jeder Mahlzeit zusammen mit den Zähnen gereinigt werden.

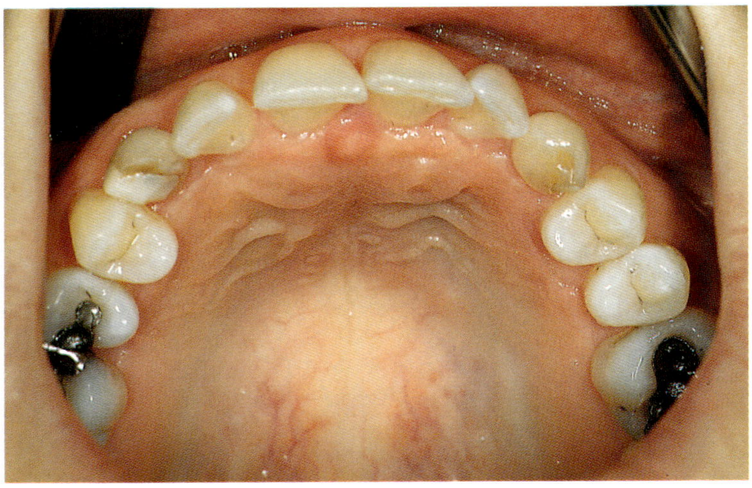

305 Nahtentfernung
Nach einer Woche werden die Nähte entfernt und die Zähne auf erhaltene Sensibilität geprüft. In besonderen Fällen ist eine Spätkontrolle mit radiologischer Überprüfung der Restrukturierung des Knochendefektes angezeigt.

Rechts: Postoperativer Zustand nach 6 Monaten.

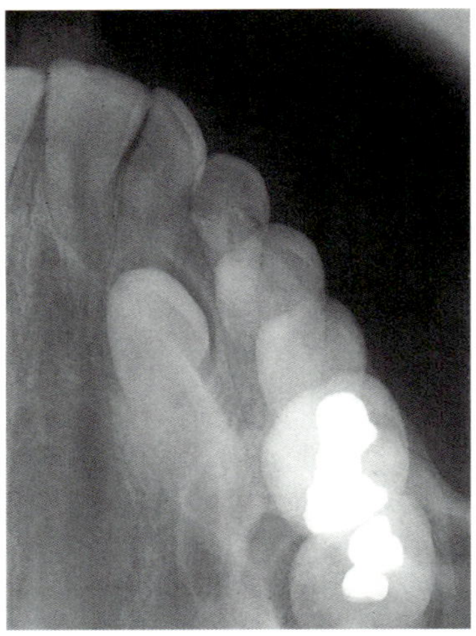

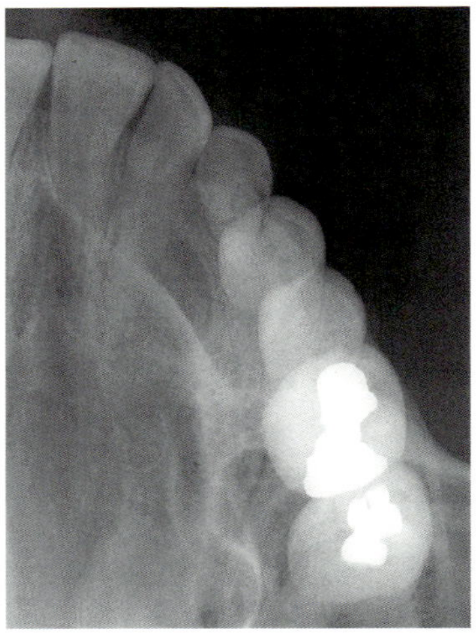

Herstellung einer Verbandplatte beim palatinalen Zugang

Eine Verbandplatte zur Vermeidung eines Hämatoms unter dem Mukoperiostlappen am Gaumen soll präoperativ angefertigt werden. Zur Herstellung ist ein einfacher Alginatabdruck beider Kiefer notwendig. Die Platte wird weitgehend aus vorgefertigten Teilen (Knopfklammern) und glasklarem Material gefertigt. Nach eingesetzter Platte soll das Operationsgebiet mit dem Auge kontrolliert werden können. Die Platte wird postoperativ für zwei Tage an Ort belassen. Die Mundhygiene wird durch Desinfektionsspülungen erhalten. Nach zwei Tagen kann die Platte entfernt werden und dann noch bei Bedarf, z.B. beim Essen, getragen werden.

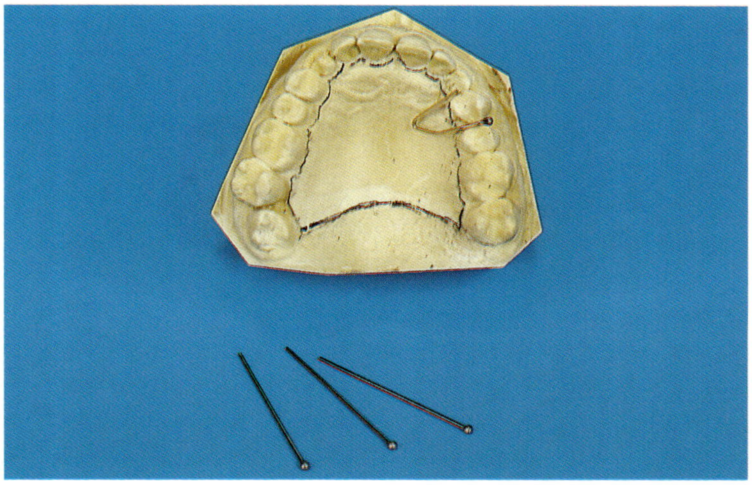

306 Herstellen einer Verbandplatte – Materialien
Benötigt wird ein Modell, Autopolymerisat und vorgebogene Knopfklammern. Diese werden auf dem Modell mit Klebewachs in der Position 14/24 und evtl. 16/26 fixiert.

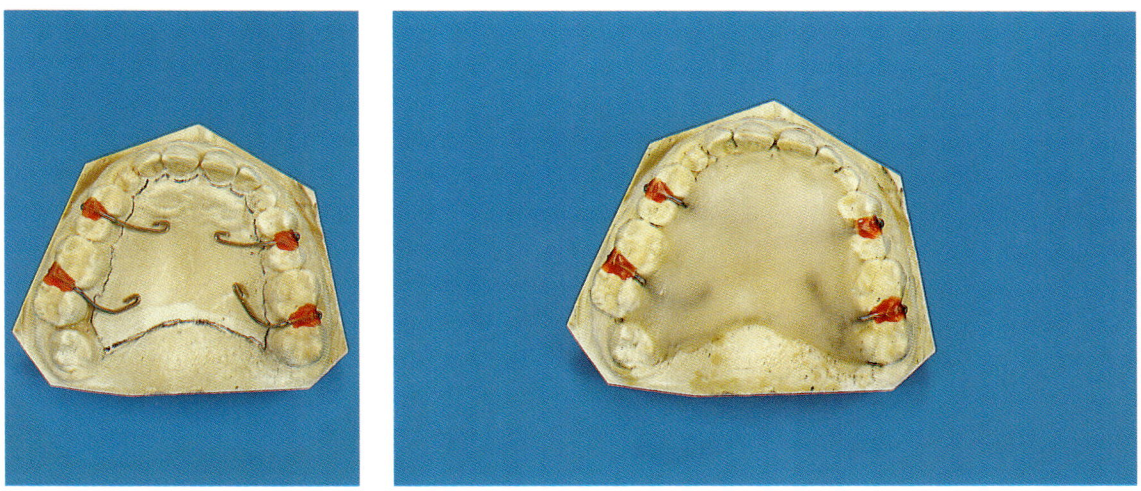

307 Modellierung mit Autopolymerisat
Mit glasklarem Autopolymerisat wird am Gaumen eine ca. 2 mm dicke Platte modelliert.

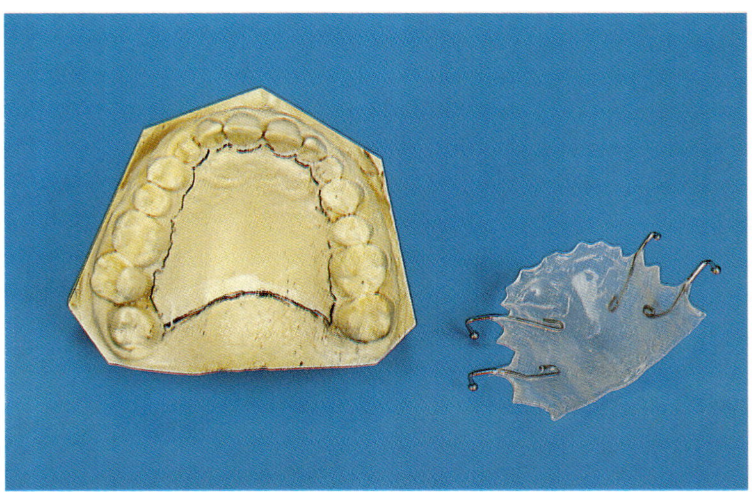

308 Ausarbeitung
Die Platte wird ausgearbeitet und auf Hochglanz poliert.

Zugang bei vestibulärer Lage

Die Aufklappung erfolgt wie bei der Entfernung von Zahnresten durch einen Gingivalrandschnitt und durch seitliche Entlastungsschnitte. Die Lappenbreite soll so gewählt werden, daß eine ausreichende Übersicht erreicht wird und der Nahtverschluß auf knöcherner Unterlage erfolgen kann.

Eine besondere Situation ergibt sich aus der palato-vestibulären Lage: Die Zahnentfernung beginnt von der Kronenseite her. Bei gekrümmten Wurzeln kann ein zweiseitiger Zugang notwendig werden.

Der entstehende tunnelierende Defekt wird durch Implantation von Lyoknorpel behandelt (s. unter Knochendefekt, S. 307).

Nachbehandlung

Kontrolle nach 3 Tagen auf mögliche palatinale Hämatombildung und allenfalls Spülung und Drainage. Die Nahtentfernung kann nach einer Woche vorgenommen werden. Die Vitalität der Zähne im Operationsgebiet muß überprüft und festgehalten werden.

309 Entfernung von vestibulär – Unterlagen
Das OPT zeigt den bei der Spina nasalis anterior liegenden Zahn 11. Eine Oberkieferaufbißaufnahme und ein Fernröntgenbild können in unklaren Fällen weiteren Aufschluß über die Lage des Zahnes geben. Hier handelt es sich um einen Zustand nach Trauma im Alter von 9 Jahren. Die Lücke des Zahnes 11 wurde kieferorthopädisch durch Verschiebung des Zahnes 12 geschlossen. Der Zahn ist hoch im Vestibulum tastbar.

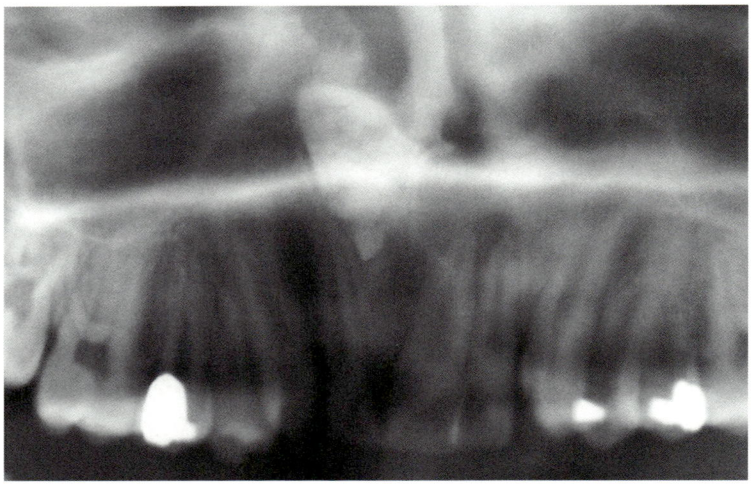

Ⓢ

310 Anästhesie und Zugang
Terminale Anästhesie am N. infraorbitalis rechts, Infiltration im Vestibulum bei Zahn 11 und auf der Gegenseite, Infiltration am Foramen incisivum. Der Nasenboden wird mit einem Oberflächenanästhetikum unempfindlich gemacht.

Rechts: Lappenbildung durch vestibulären Sulkusschnitt mit Entlastungsschnitten distal 12 und 21. Das Raspatorium wird mit dem Daumen am Ausrutschen gehindert.

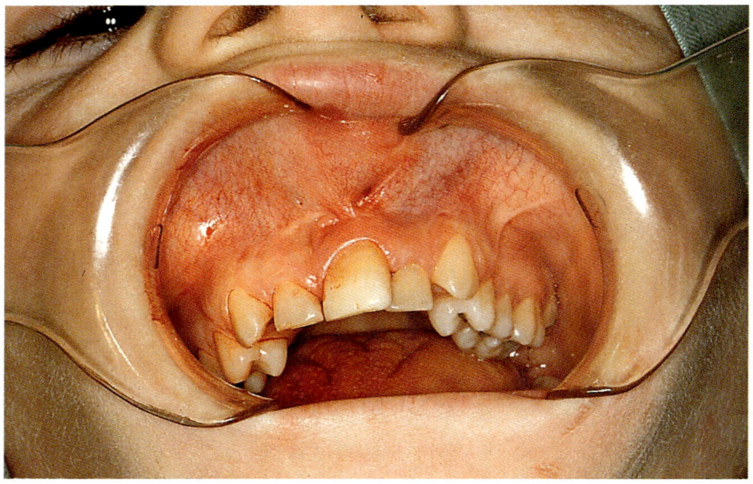

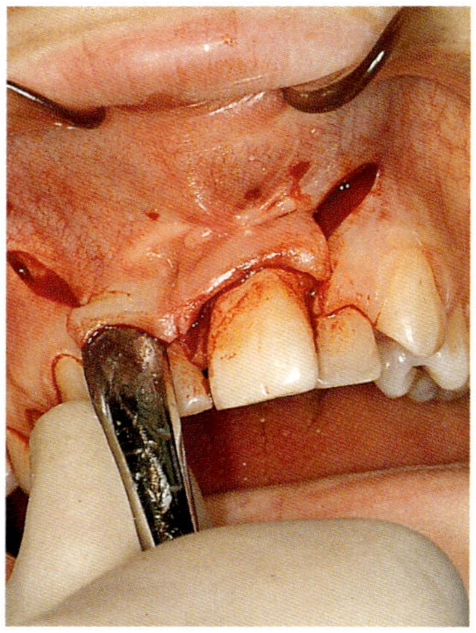

311 Lappenbildung
Nach Abschiebung des Mukoperiostlappens kommt die Vorwölbung der Kortikalis bei Zahn 11 zum Vorschein.

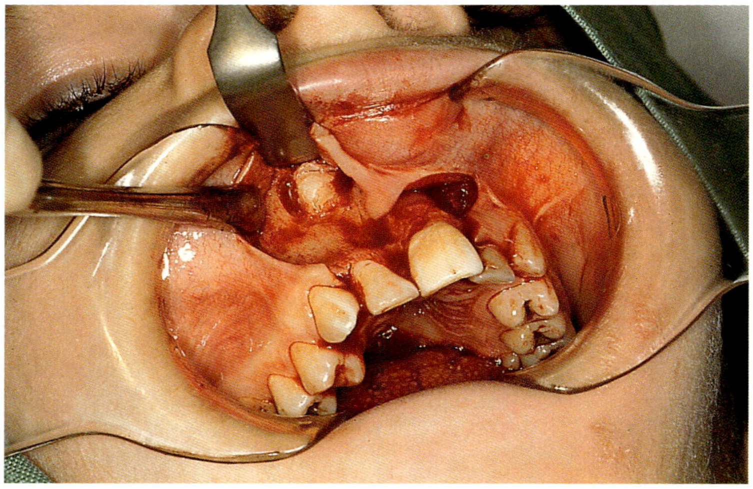

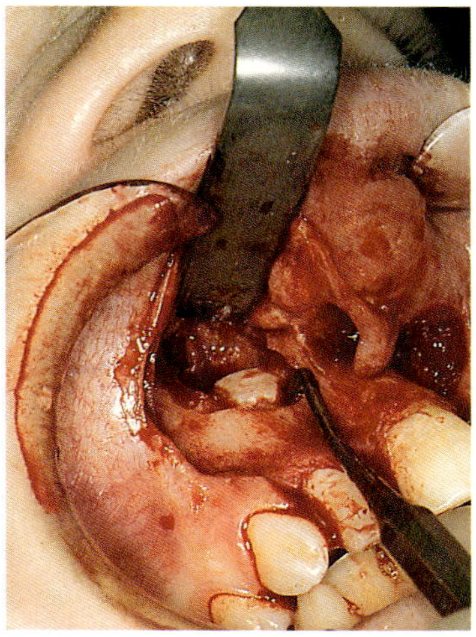

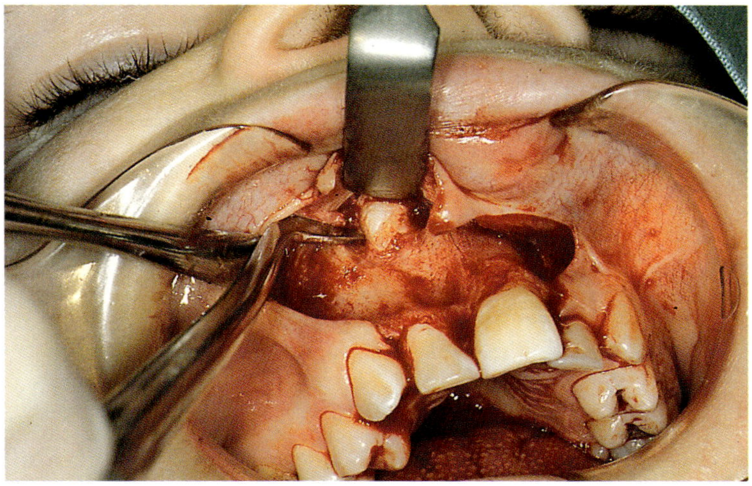

312 Zahnluxation
Nach Freibohren der Krone wird der Zahn mit dem Winter-Hebel luxiert.

Links: Vorsichtige Vorluxation mit dem Black-Exkavator.

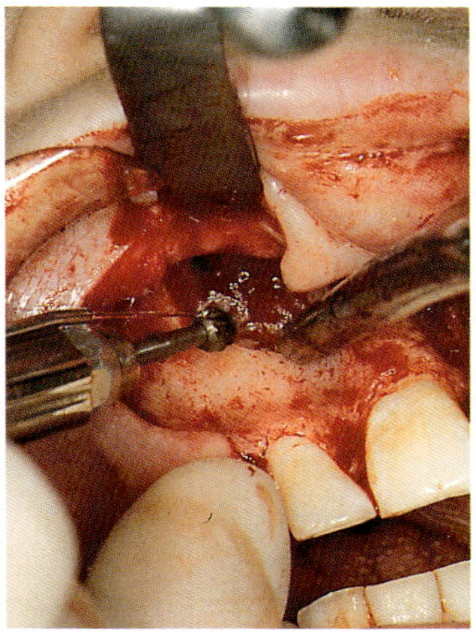

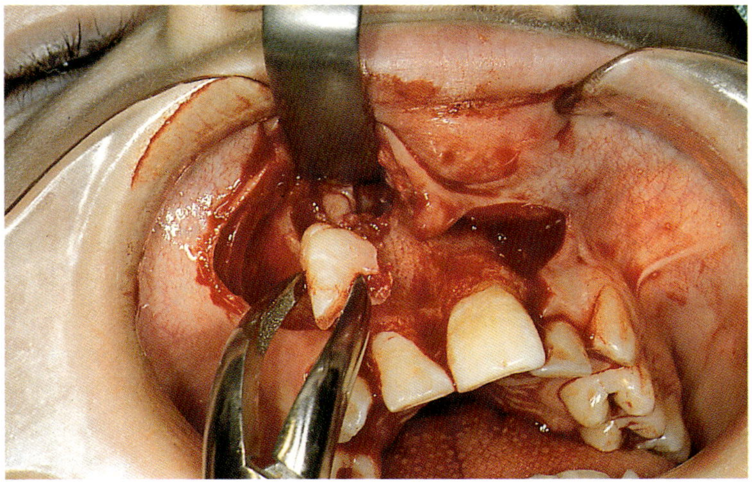

313 Zahnentfernung
Mit der spitzen diamantierten Zange wird das kümmerliche Zahngebilde entfernt.

Links: Glätten den Knochenränder.

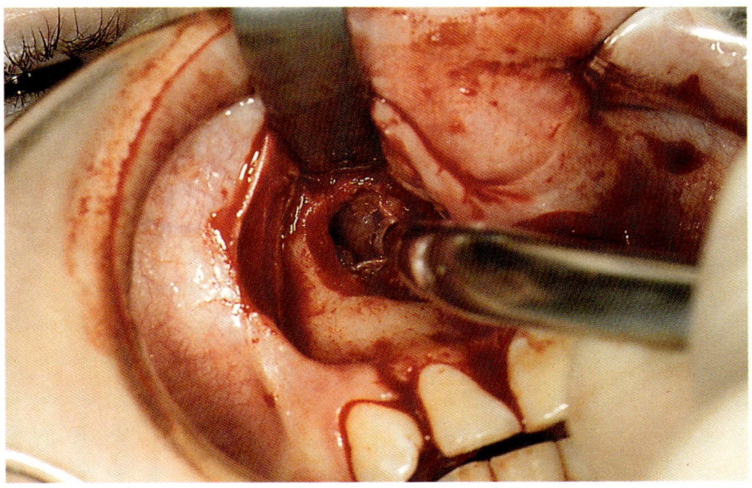

314 Inspektion
Die Inspektion nach Entfernung aller Follikelteile zeigt, daß eine Perforation zur Nase besteht.

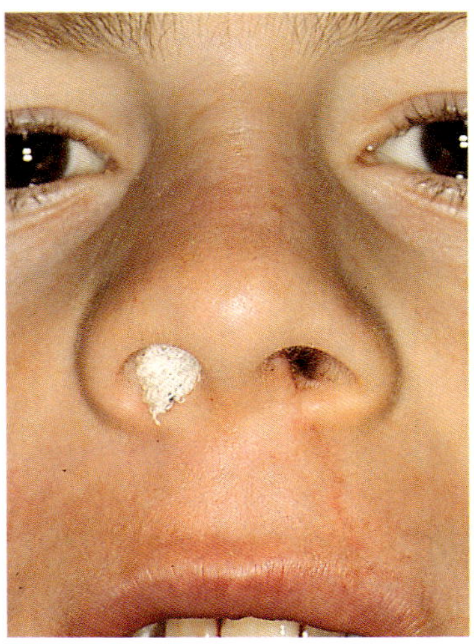

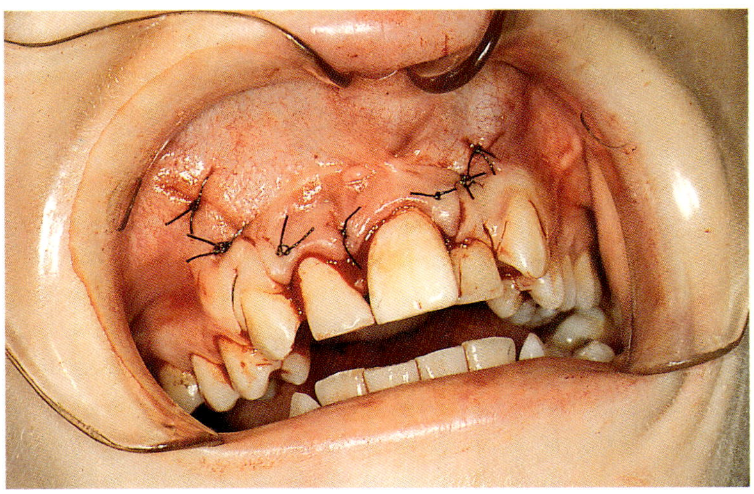

315 Wundversorgung
Der Lappen wird reponiert und mit Einzelnähten an den Entlastungsschnitten und Rückstichnähten am Gingivalrand um die Zähne fixiert.

Links: Wegen Blutungsgefahr wird der Nasenboden im vorderen Anteil mit einem vaselinierten Tupfer tamponiert.

Komplikationen

Komplikationen während der Operation

Bei einer Blutung aus den palatinalen Weichteilen mit Verletzung der Äste der A. palatina wird das Gefäß koaguliert oder lokal umstochen und mit resorbierbarem Nahtmaterial ligiert.

Bei einer Blutung aus dem Foramen palatinum: Kompression oder Verklopfung.

Bei einer Blutung aus dem Operationsdefekt: Kompression oder Verklopfung. Benachbarte Wurzeln sind zu beachten!

Eröffnung der Kieferhöhle: Keine besonderen lokalen Maßnahmen. Der Patient muß über eine mögliche leichte Blutung aus der Nase informiert werden. Eine etwaige Fistelbildung via Operationsdefekt wird bei der Nachkontrolle überprüft.

Eröffung zum Nasenboden: Keine spezielle Behandlung. Eine Blutung aus der Nase kann durch Nasentamponade mit einem vaselinierten Streifen für 2–3 Tage gestillt werden. Die Information des Patienten ist notwendig.

Verletzung von Nachbarzähnen: Endodontische Behandlung bei sicherer Devitalisation, sonst Überprüfung bei Nachkontrolle.

Durchgehender Knochendefekt am Marginalrand bei bloßgelegten Zahnwurzeln: Kontrolle auf dichten Anschluß des Lappens. Eventuell Defektfüllung mit Lyoknorpel. Die Prognose des Zahnes ist fraglich. Die Situation muß nach einem halben Jahr überprüft werden, um evtl. weitere Maßnahmen vorzunehmen.

Komplikationen nach der Operation

Eine trotz aller Vorsichtsmaßnahmen entstandene Hämatombildung wird durch Entfernung einiger Nähte eröffnet und gespült. Die Kompression am Gaumen durch Tupfer oder Platte soll die neue Hämatomentstehung verhindern.

Postoperative Infektionen werden durch Spülung und Drainage behandelt. Dies wird täglich bis zum Abklingen der Symptome wiederholt.

Eine Fistelbildung zur Nasen- oder Kieferhöhle kann nach einem Infekt bestehenbleiben. Falls ein langer Fistelgang vorhanden ist, genügt die Anfrischung der Wunde und eine einfache Naht. Andernfalls muß durch plastische Deckung ein Verschluß vorgenommen werden.

Als seltene Komplikation kann der palatinale Lappen nekrotisieren. Möglicherweise liegt dieser Komplikation eine Störung der Blutversorgung zugrunde. Die nekrotischen Teile werden sorgfältig entfernt und die Wunde der sekundären Verheilung unter einer mit JVD armierten Verbandplatte überlassen. Ist gleichzeitig eine Verbindung zur Kiefer- oder Nasenhöhle vorhanden, muß die plastische Deckung mit einem Verschiebelappen erwogen werden.

Anschlingung retinierter Zähne

Definition

Unter Anschlingung verstehen wir die operative Freilegung der Krone eines retinierten Zahnes und die Befestigung einer Drahtschlinge, um den Zahn in die richtige Durchbruchrichtung zu bewegen.

Indikationen zur Anschlingung

Die Behandlungsplanung erfolgt in der Regel durch den Kieferorthopäden (Hotz 1970). Für den Chirurgen stellt sich deshalb eher die Frage der Kontraindikationen. In den meisten Fällen wird es sich um die Einreihung bleibender Zähne bei falscher Durchbruchrichtung handeln. Dabei muß im Einzelfall eine Ankylosierung ausgeschlossen werden. Oft ist dies erst bei der operativen Freilegung des Zahnes möglich. Bei Teilankylosierung hilft gelegentlich eine leichte Luxation des betreffenden Zahnes und die Anschlingung zum Durchbruch. Eine gute Kooperation des meist jungen Patienten ist notwendig. Meist ist die Retention mit einer Verlagerung verbunden. Dies bedingt dann die operative Freilegung des betreffenden Zahnes, die Befestigung eines Knopfes zur Krafteinwirkung durch kieferorthopädische Maßnahmen und die Freihaltung des Durchbruchweges.

Chirurgisches Vorgehen

Der chirurgische Eingriff erfolgt wie bei den retinierten Zähnen (Bull u. Mitarb. 1976, Lentrodt u. Zentner 1976). Da heute die Fixation der Drahtschlinge an einem mit lichthärtenden Kunststoffen angeklebten Knopf zu empfehlen ist, muß eine effektvolle Blutstillung im Operationsgebiet erfolgen. Dazu dient Tamponade, Infiltration von Lokalanästhetikum, H_2O_2-Spülung und Elektrokoagulation. Mit adrenalinhaltigen Retraktionsfäden kann eine sehr effektvolle Blutstillung perikoronal erreicht werden.

Die ganze Kronenoberfläche muß freigelegt werden. Das Desmodont ist zu schonen. Die Knochenbrücke zum gewünschten Standort im Alveolarfortsatz wird entfernt, um den Durchbruch zu erleichtern.
Der Knochenkanal wird durch einen vaselinierten Jodoformstreifen von Vernarbungen freigehalten. Die Wurzeln benachbarter Zähne sind zu beachten und unbedingt zu schonen.

Cave
Adrenalinwirkung mit der Gefahr eines Kollapses!

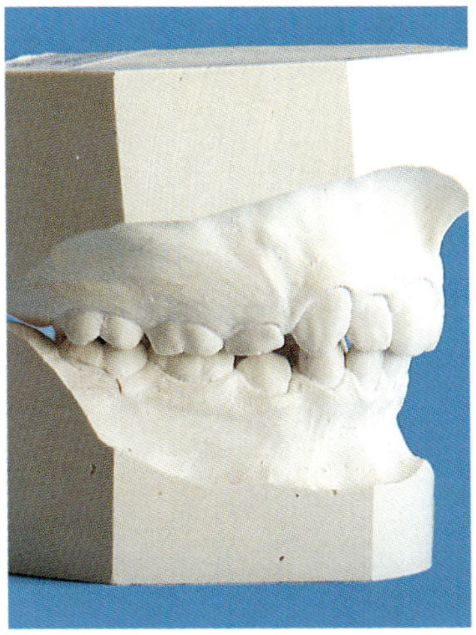

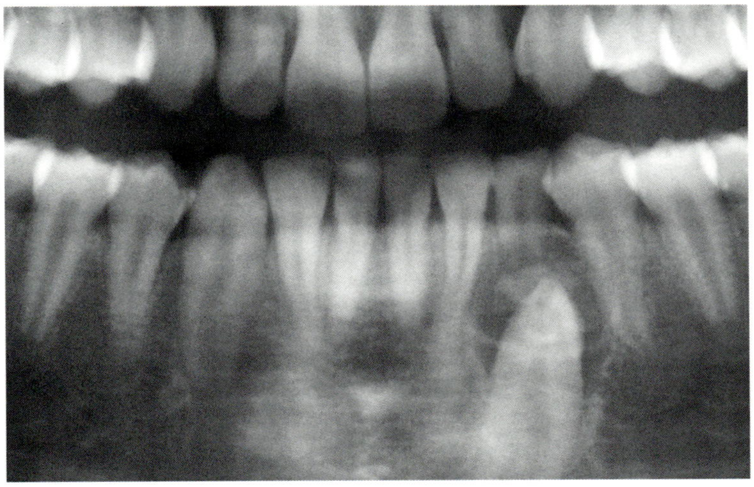

316 Planung
Indikation und Planung werden durch den behandelnden Zahnarzt/Kieferorthopäden und Chirurgen gemeinsam erarbeitet. Für den Eingriff werden Übersichtsröntgenaufnahme zur genauen Lokalisation des Zahnes benötigt. Das OPT zeigt einen retinierten Zahn 33 mit zystischer perikoronaler Osteolyse.

Links: Modelle sind Bestandteile der gemeinsamen chirurgisch-kieferorthopädischen Planung.

Unterlagen

Angaben über das Behandlungsziel sollten aufgezeichnet sein. Zur Beurteilung sind eine Übersichtsaufnahme (Orthopantomographie) und Zahnaufnahmen des anzuschlingenden Zahnes notwendig, diese sollen Aufschluß über den Stand der Wurzelentwicklung und die genaue Lage geben.

Anatomie

Beim Eingriff sind die anatomischen Gegebenheiten für den Zugang und die Freilegung der betreffenden Zahnkrone zu beachten (cave Foramen mentale).

Anästhesie

Die lokale Schmerzausschaltung erfolgt entsprechend der Operationsstelle. Die Weichteilanästhesie ist oft ausreichend.

Zugang im Oberkiefer

Anschlingung vom Vestibulum aus

Wenn möglich, ist der vestibuläre Zugang anzustreben, da die Übersicht und auch die Trockenlegung leichter erreichbar ist.

Die Zahnkrone wird durch Mobilisation eines vestibulären Mukoperiostlappens freigelegt, und es wird ein trockenes Operationsgebiet geschaffen. Die Zahnkrone wird durch sorgfältige Ostektomie ohne Beschädigung der Zahnsubstanz freigelegt.

Nach Anweisung oder auf Vorschlag des Kieferorthopäden wird eine Verankerung für eine Drahtschlinge an der Kronenoberfläche angeklebt. Die Drahtschlinge wird unter dem reponierten Lappen nach außen geführt und an einem Nachbarzahn oder einer kieferorthopädischen Apparatur so befestigt, daß das Drahtende die Schleimhaut nicht traumatisiert.

317 Anschlingung im Oberkiefer vom Vestibulum aus
Es handelt sich um einen 16jährigen Knaben mit retiniertem Zahn 13 in bukkaler Lage. Das OPT ist zur Beurteilung der Umgebung notwendig.

Rechts: Die Aufnahme zeigt den anzuschlingenden Zahn 13.

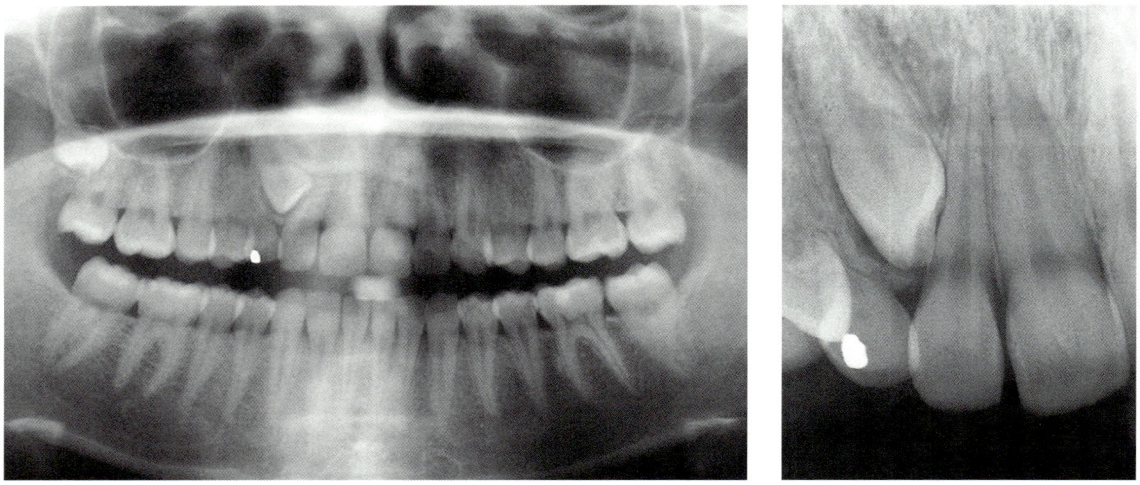

Ⓢ

318 Anästhesie und Zugang
Die Lücke für Zahn 13 wird vom Kieferorthopäden geöffnet. Zur Anästhesie genügt meist die Infiltration im Vestibulum und palatinal. Der Zugang zur Krone 13 wird durch einen im Vestibulum gelegten Bogenschnitt erreicht.

Rechts: Das Röntgenbild zeigt die geöffnete Lücke.

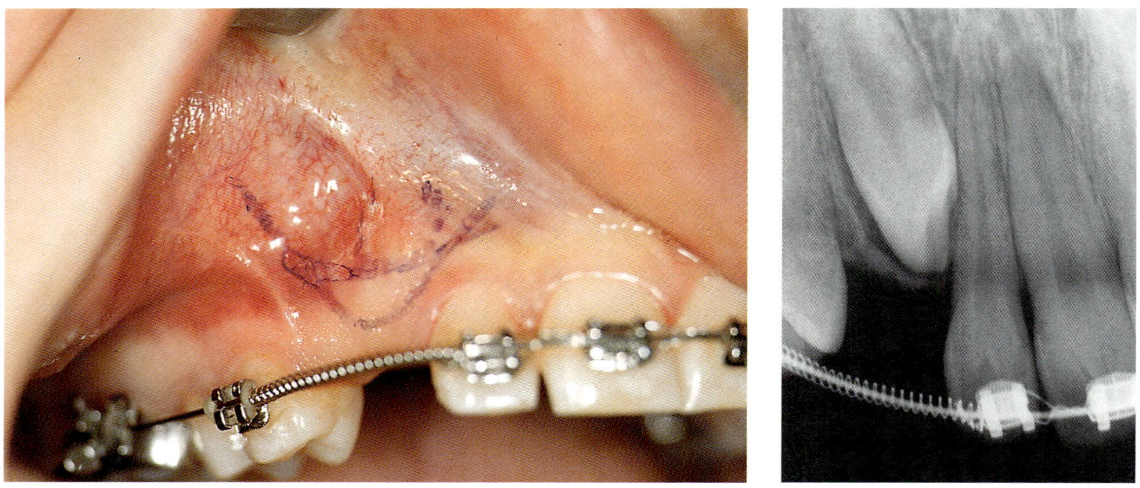

319 Freilegen der Krone
Die Krone wird auf der bukkalen Seite durch Osteotomie mit der Kugelfräse freigelegt. Die Schmelzoberfläche soll nicht berührt werden.

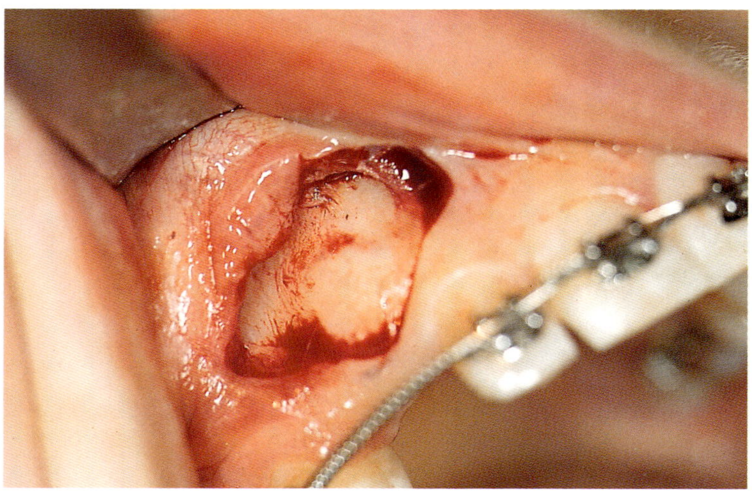

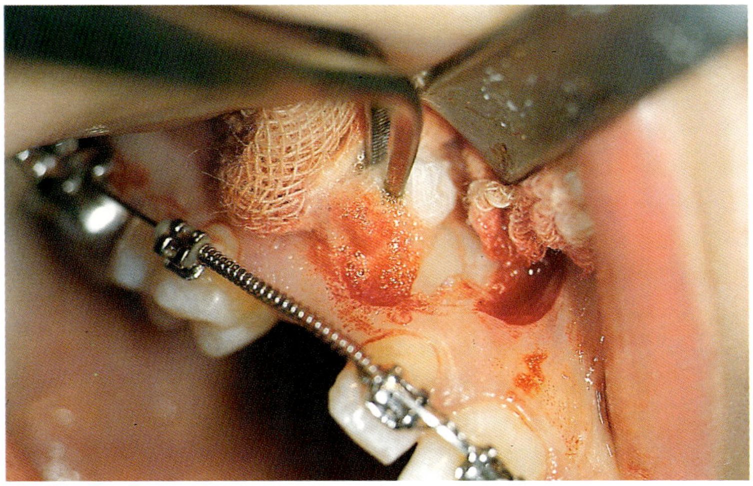

320 Blutstillung
Die Wunde wird getrocknet durch Blutstillung mit dem Elektrotom und Betupfen mit H_2O_2.

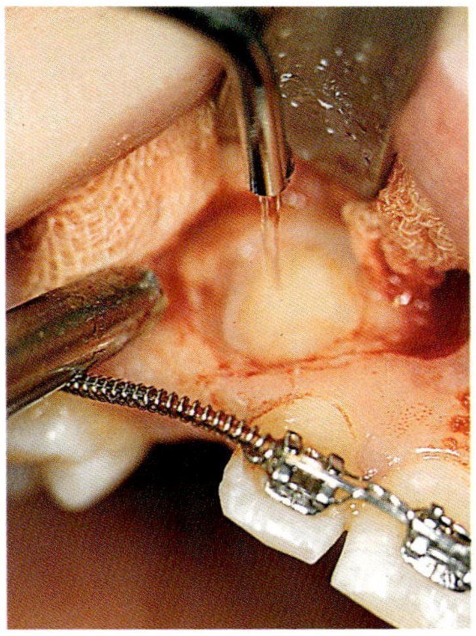

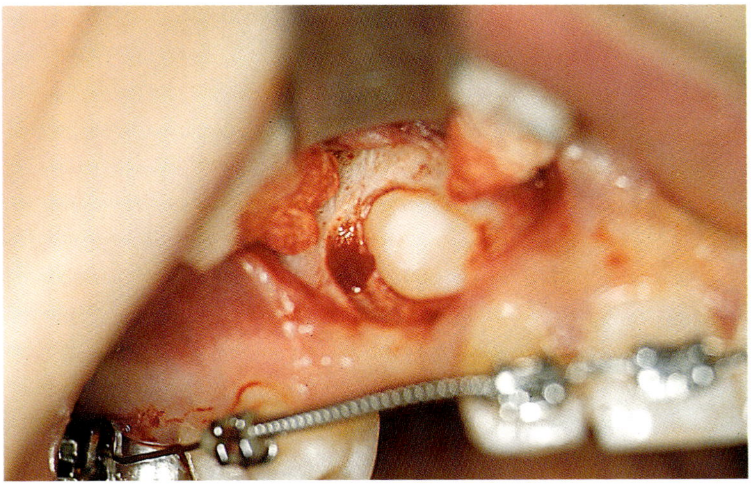

321 Schmelzätzung
Die getrocknete Zahnoberfläche wird angeätzt.

Links: Nach gründlicher Wasserspülung und Trocknung erscheint die kreidigweiße Schmelzfläche.

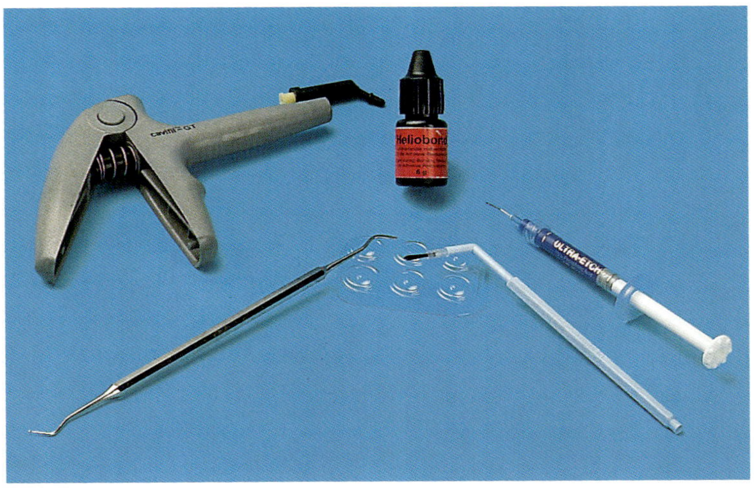

322 Kompositmaterial
Als Klebstoff eignet sich ein selbsthärtendes Zweikomponentenkomposit.

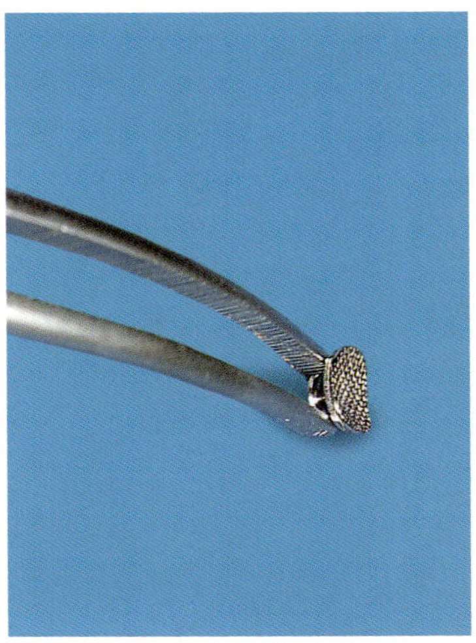

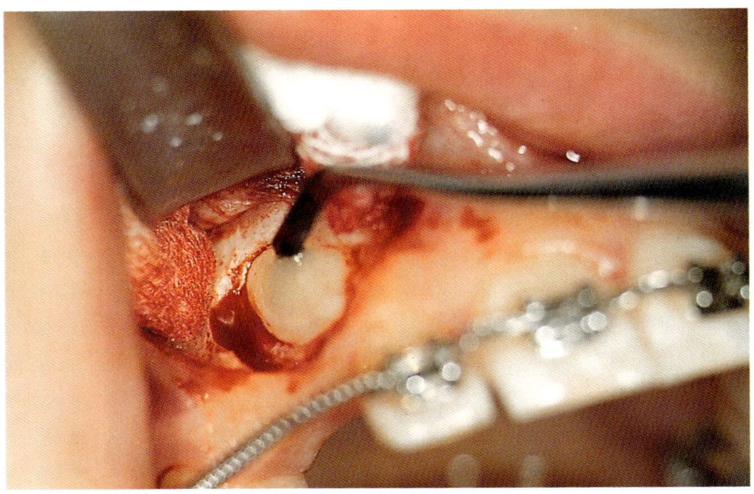

323 Retention zur Anschlingung
Die Schmelzoberfläche wird mit einem Kompositklebstoff beschickt. Auf stetige Trockenhaltung muß geachtet werden.

Links: Der anzuklebende Knopf für die Drahtschlinge ist mit einer rückseitigen Retention für den Klebstoff versehen.

324 Fixation der Retention
Der Knopf wird nun auf den Schmelz gebracht und unbeweglich bis zur Aushärtung des Komposits fixiert. Dazu eignet sich eine Klemme, mit der der Knopf festgehalten wird.

Rechts: Die Rückseite des Knopfes wird mit flüssigem Komposit bestrichen.

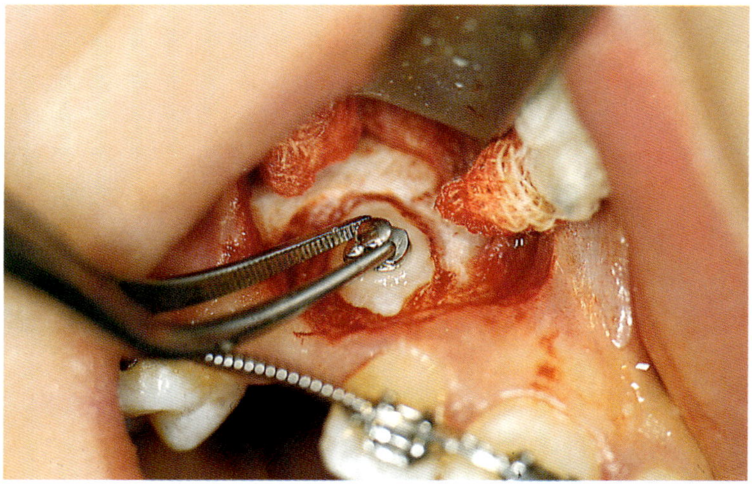

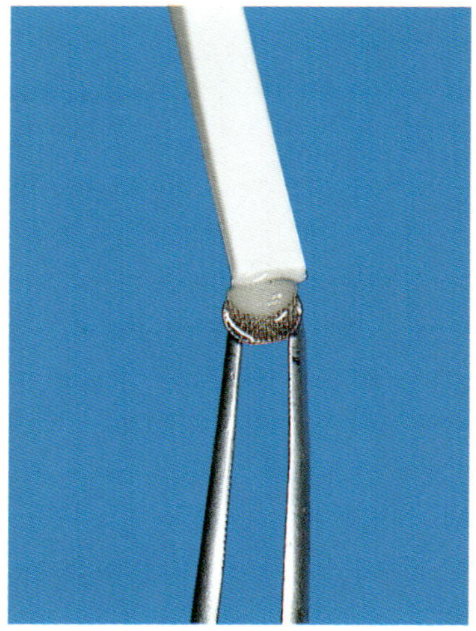

325 Zugschlinge
Wenn der Kunststoff hart geworden ist, wird eine Drahtschlinge (Remanit weich 0,4 mm) angebracht und zusammengedreht.

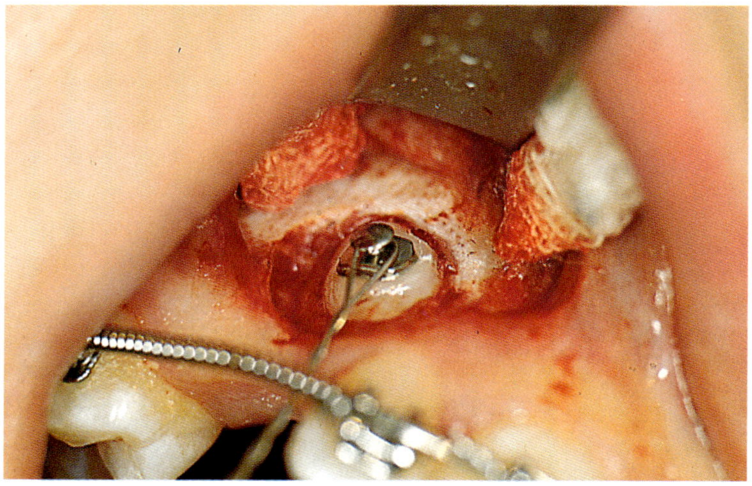

326 Wundversorgung
Die Wunde wird verschlossen und das zusammengedrehte Ende der Drahtschlinge unter der Schleimhaut herausgeführt. Der Kieferorthopäde kann nach der Nahtentfernung mit der Aktivierung des Zahnes beginnen.

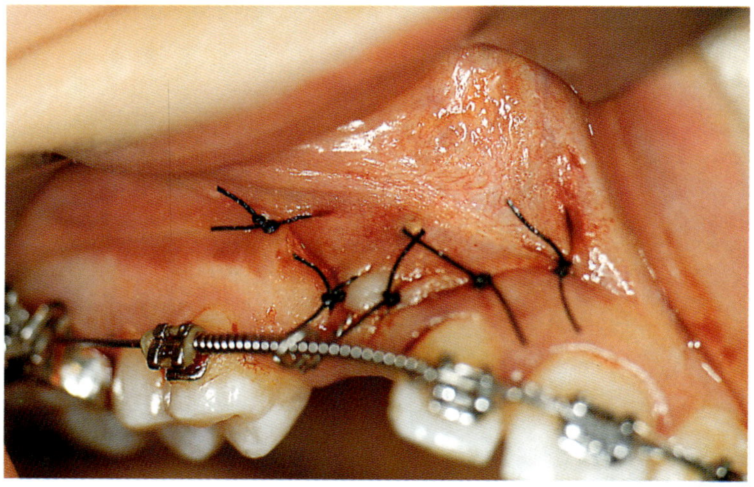

327 Verlauf
Das Bild zeigt den Zustand nach 8 Monaten.

Rechts: Röntgenbild.

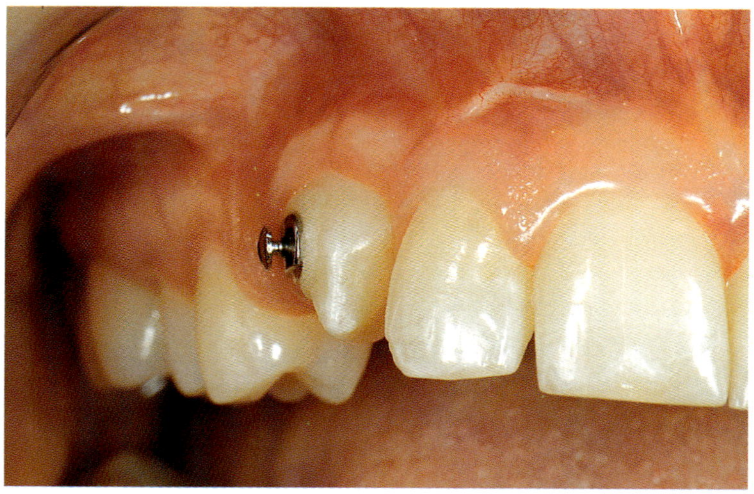

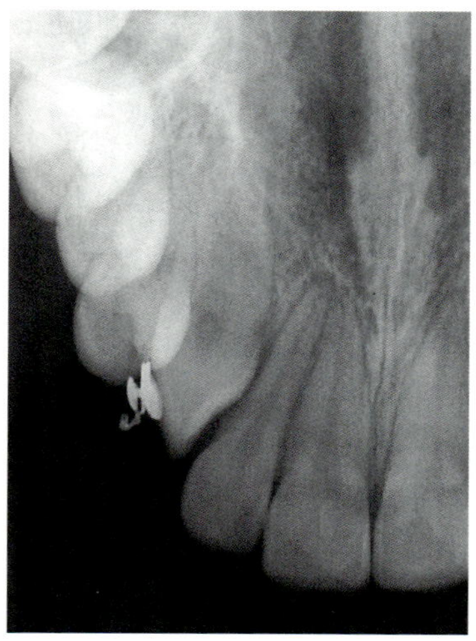

Anschlingung von palatinal her

Es wird wie zur Entfernung eines retinierten Zahnes vorgegangen. Die Ostektomie muß unter Schonung der Zahnsubstanz erfolgen.

Die an der Krone fixierten Drahtenden werden unter dem Lappen nach außen geführt und an einem Nachbarzahn fixiert. Die Drahtenden müssen so abgebogen werden, daß keine Traumatisierung erfolgt. Eine abnehmbare orthodontische Apparatur kann, falls vorhanden, als Verbandplatte dienen.

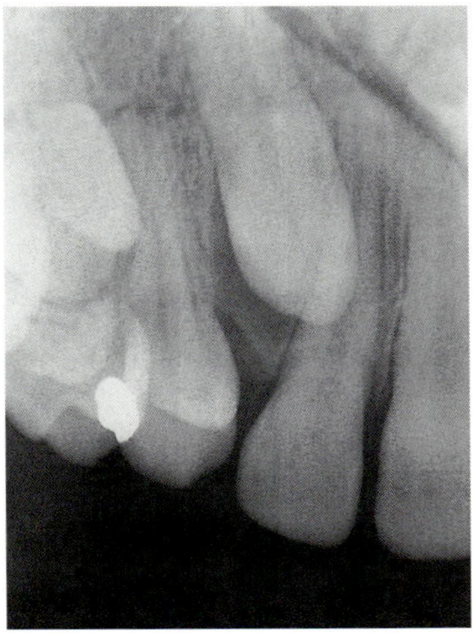

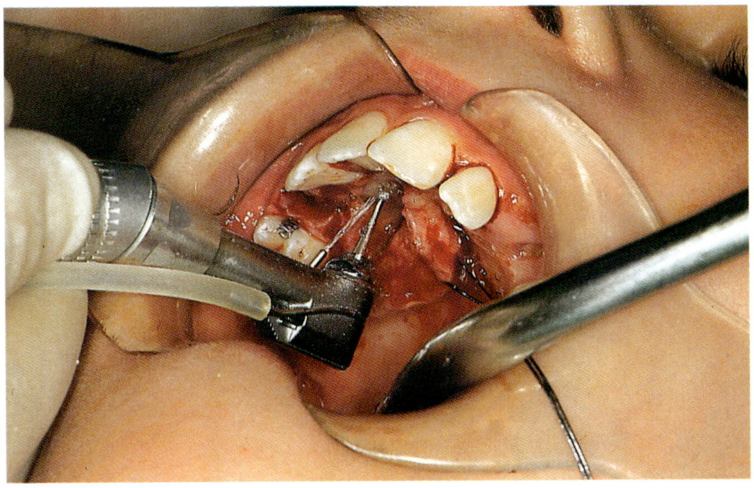

328 Anschlingung im Oberkiefer von palatinal
Anästhesie und Zugang wie zur Entfernung des Zahnes, allerdings ist die Lappenbildung etwas kleiner. Die Krone wird oberflächlich freigelegt.

Links: Das Röntgenbild zeigt den Anfangszustand.

Ⓢ

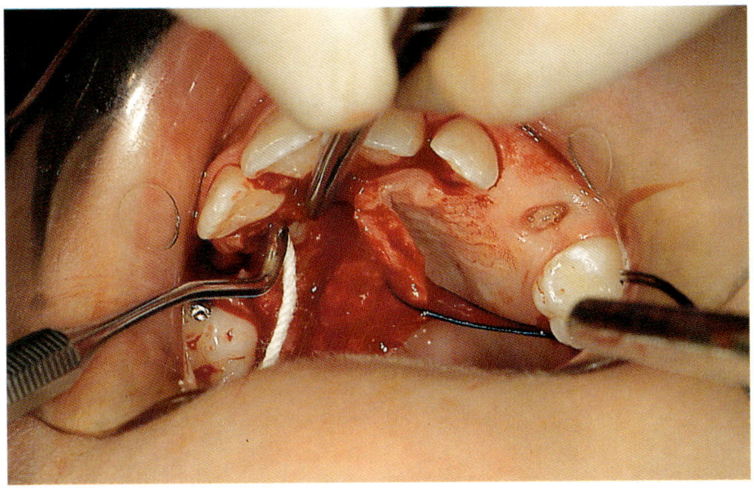

329 Trocknen der Schmelzoberfläche
Bei Sickerblutungen kann mit einem Retraktionsfaden die Krone trockengehalten werden.

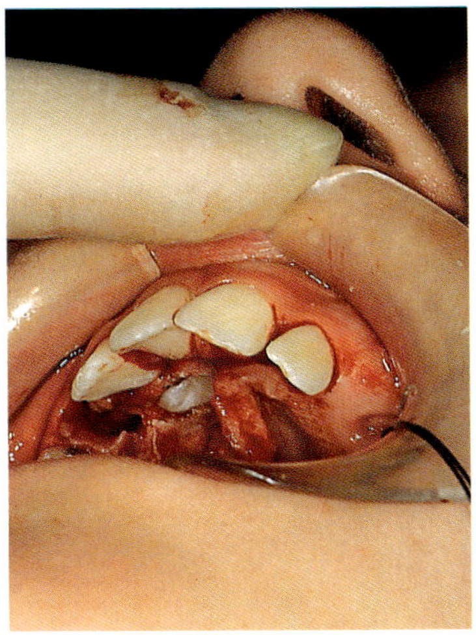

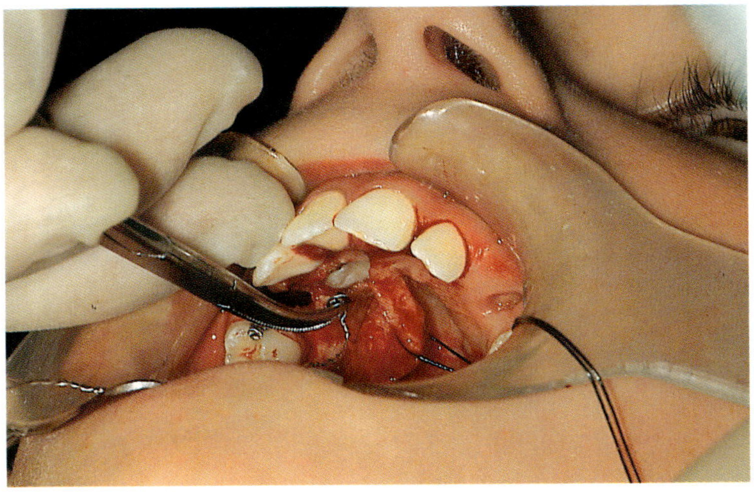

330 Fixation der Retention
Nach der Ätzung des Schmelzes wird der Knopf mit Komposit angeklebt.

Links: Die angeätzte Oberfläche auf der palatinalen Seite der Krone.

331 Wundversorgung
Der Lappen wird reponiert und fixiert. Das Drahtende schaut am Gingivalrand heraus.

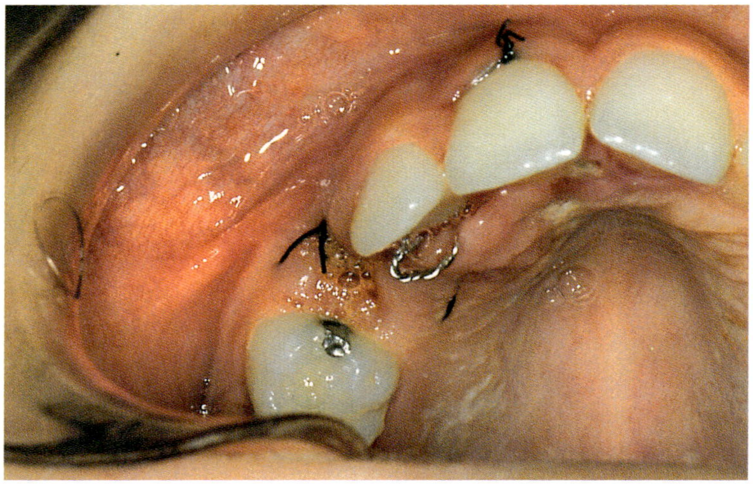

332 Zahnbewegung
Mit einer abnehmbaren Apparatur wird in diesem Fall mittels Gummizug der Zahn bewegt. Die aktive Einwirkung kann nach Nahtentfernung beginnen.

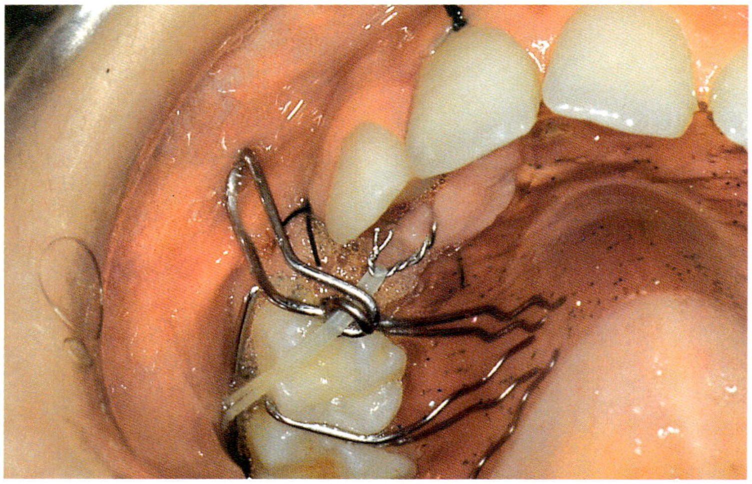

333 Verlauf
Im Verlauf wird der Knopf auf der bukkalen Seite befestigt, um die Durchbruchsrichtung zu optimieren.

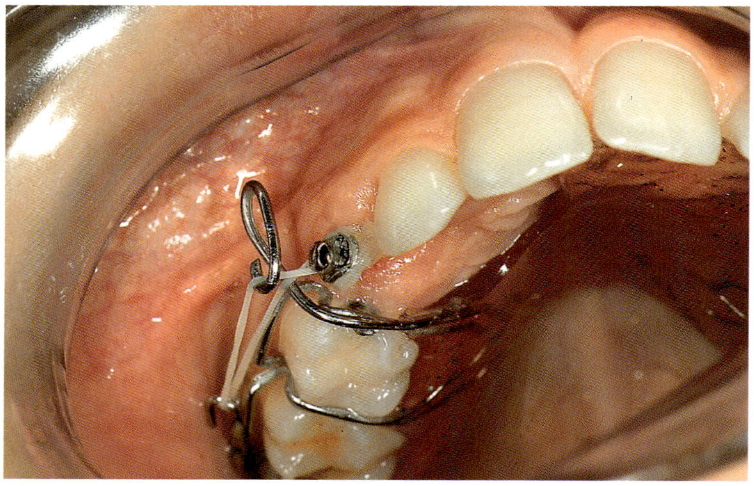

334 Abschluß der Behandlung
Zustand nach 1 $^1/_2$ Jahren: Zahn 13 steht am richtigen Ort.

Rechts: Das Röntgenbild zeigt die intakte Wurzel mit normalem Desmodontalspalt bei Abschluß der Behandlung.

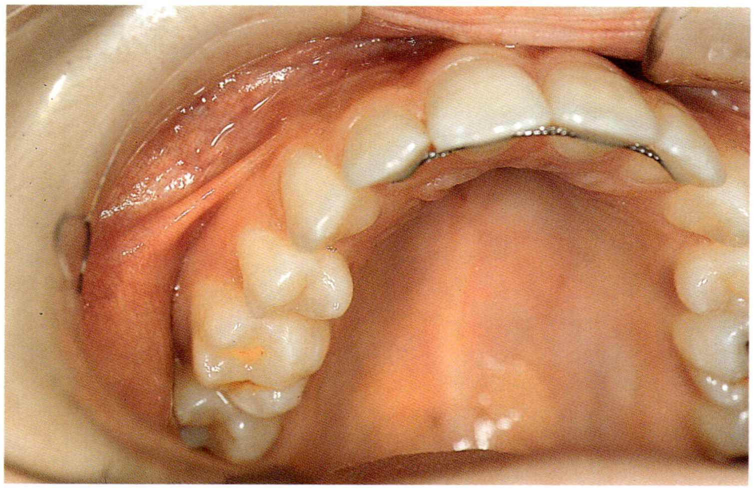

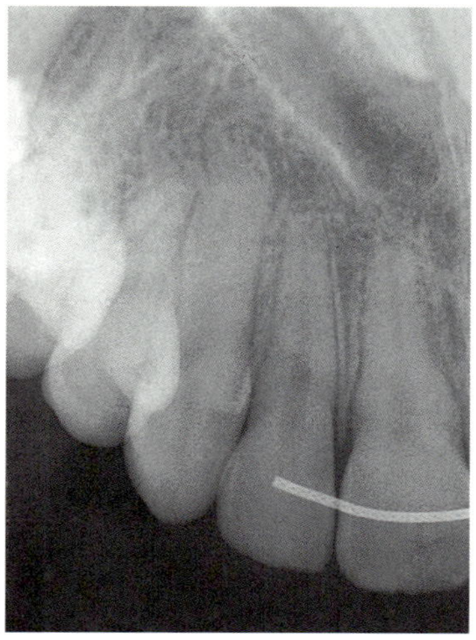

Zugang im Unterkiefer

Im Unterkiefer erfolgt der Zugung meist von lingual durch Abschieben der lingualen Gingiva wie bei der Zahnentfernung. Entlastungsschnitte werden nicht angebracht. Durch Verlängerung des Gingivalrandschnittes über die Mittellinie hinaus kann eine verbesserte Übersicht erreicht und die Trockenlegung beim Ankleben des Retentionsknopfes erleichtert werden.

Der Zugang von vestibulär ist identisch mit dem Vorgehen bei der Zahnentfernung (S. 102).

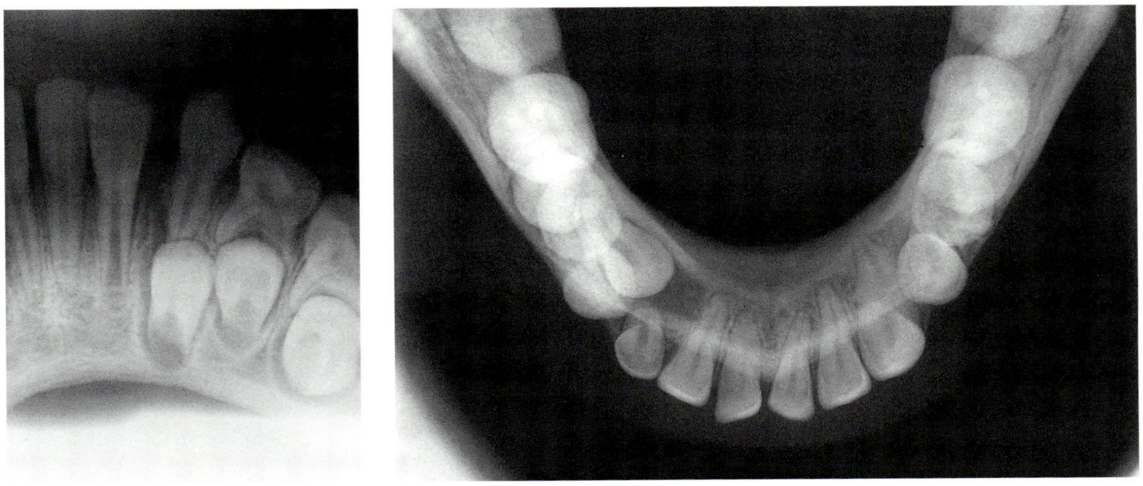

335 Anschlingung im Unterkiefer von lingual
Die Unterkieferaufbißaufnahme zeigt den lingual liegenden Zahn 44 bei einem 14jährigen Patienten.

Links: Im Zahnröntgenbild sind die Platzverhältnisse erkennbar. Der persistierende Milchmolar garantiert für genügend Platz bei der Einreihung.

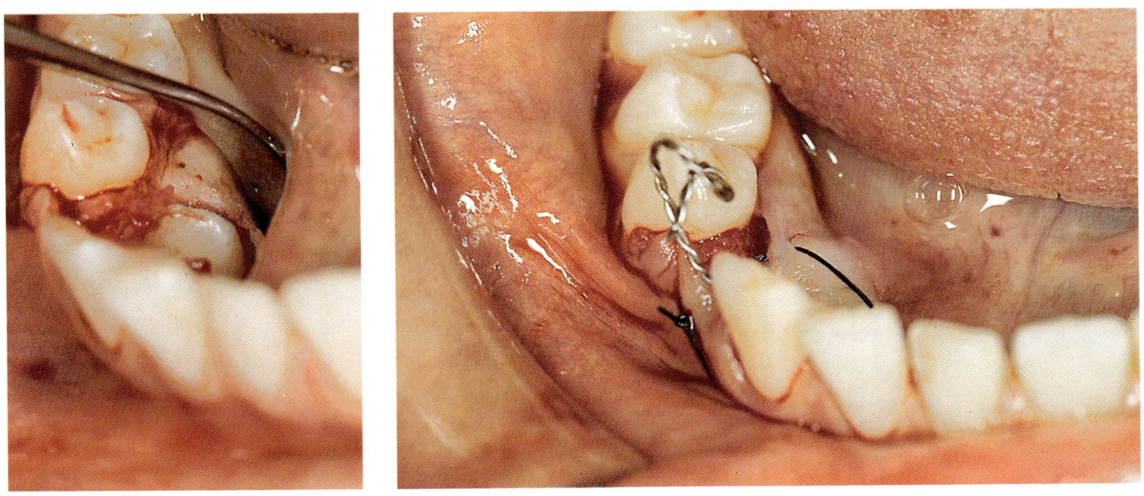

336 Zustand nach Nahtverschluß
Das chirurgische Vorgehen entspricht demjenigen zur Entfernung des Zahnes. Durch Ostektomie wird der Kronenteil zur Befestigung einer Retention freigelegt. Im Bild der Zustand nach Nahtverschluß und angeklebter Drahtligatur.

Links: Freigelegte Krone nach Anätzung des Schmelzes.

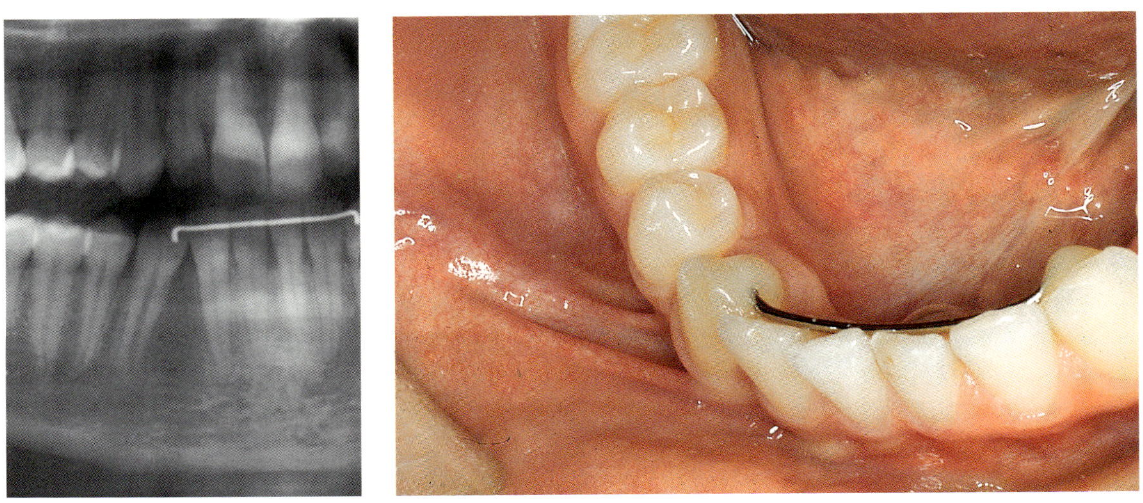

337 Verlauf
Die Ansicht zeigt den Zustand nach Abschluß der Einreihung von Zahn 44 nach 14 Monaten.

Links: Röntgenbild nach Abschluß der Behandlung.

Zahntransplantation

Definition

Unter Zahntransplantation versteht man die Einpflanzung eines autologen simultan entfernten Zahnes in eine vorbereitete neue Alveole, sog. Autotransplantation.
Die homologe Transplantation von Zähnen führen wir nicht durch.

Indikationen zur Transplantation

Die Planung und Indikationsstellung erfolgt meist durch den Kieferorthopäden. Sinnvoll erscheint eine Zahntransplantation dann, wenn Nichtanlagen im einen Kiefer vorhanden sind und ein Engstand im Gegenkiefer die Entfernung bleibender Zähne nötig macht oder wenn ein frühzeitiger Zahnverlust die Transplantation eines Zahnes, am ehesten eines Weisheitszahnes, als Ersatz sinnvoll erscheinen läßt. Weitere Indikationen können Zahnverluste durch Trauma, durch Tumoren oder iatrogene Gründe sein. In jedem Fall spielt der Entwicklungszustand des zu transplantierenden Zahnes (Wurzelwachstum) die wesentliche Rolle.

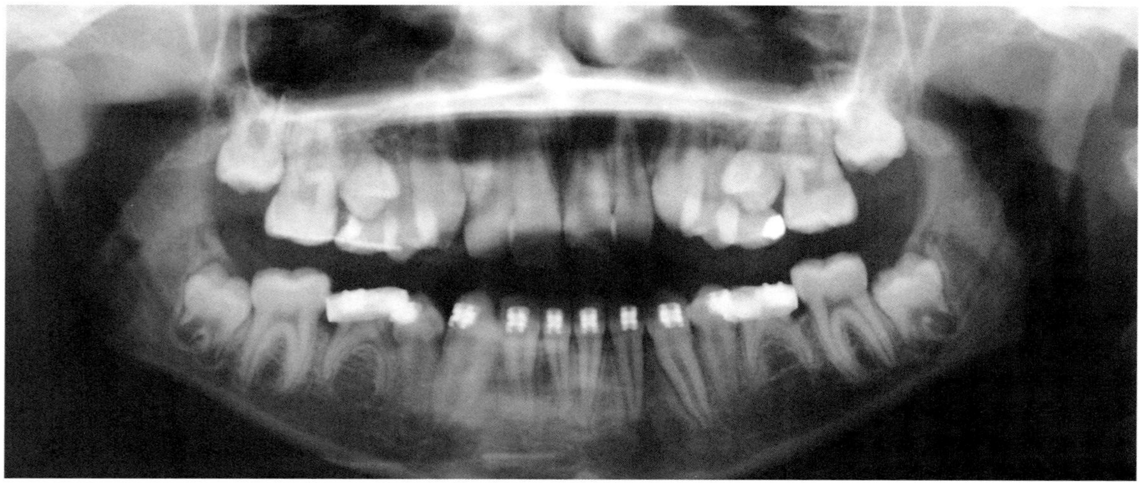

338 Transplantation – Unterlagen
Das OPT als Übersichtsaufnahme zeigt die Nichtanlage der Zähne 35 und 45. Im Oberkiefer zeichnet sich ein drohender Engstand ab.

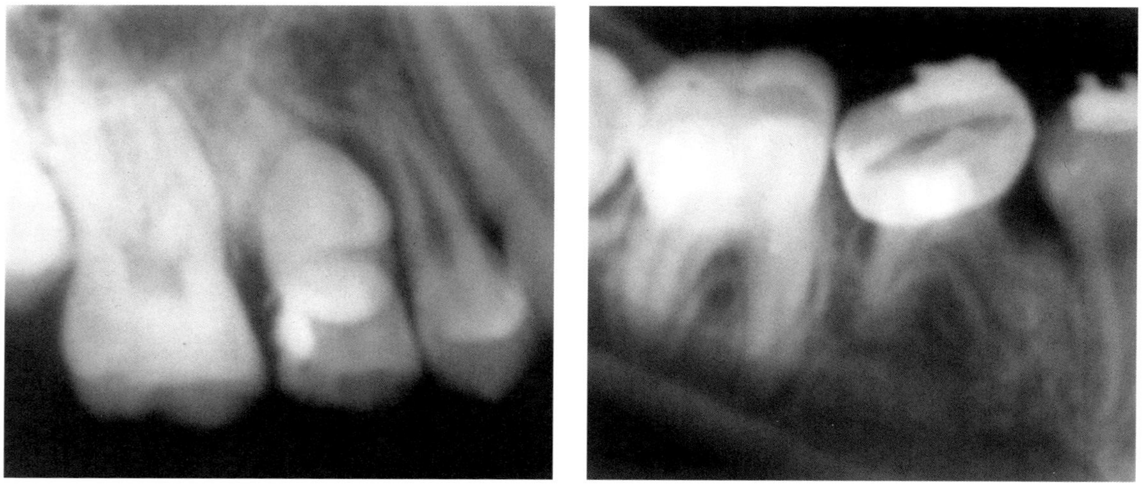

339 Indikation und Planung
Die Indikation zur Transplantation wird zusammen mit dem Zahnarzt gestellt. Die Situation spricht für die Entfernung der Prämolaren im Oberkiefer. Diese Zähne könnten an die Stelle der Milchzähne im Unterkiefer gesetzt werden. Die Zahnaufnahmen zeigen die Situation im Detail: das Wurzelwachstum des rechten oberen Vierers ist zu ca. zwei Dritteln fortgeschritten *(links)*.

Rechts: Die Wurzeln des Zahnes 85 sind in Resorption. Genügend Platz ist vorhanden.

Der optimale Zeitpunkt liegt bei einem Wurzelwachstum von der Hälfte bis zu drei Viertel der zu erwartenden Wurzellänge mit noch weitem apikalen Foramen (Schultze u. Mitarb. 1994).
Im Einzelfall ist auch eine Implantatlösung zu erwägen.

Cave
Mangelhafte Orientierung des Patienten und/oder der Eltern können Haftpflichtansprüche an den Behandler bedeuten.

Nota bene
Die oberen Weisheitszähne eignen sich meist gut als Ersatz unterer Milchmolaren. Die Kronenkonfiguration kann manchmal die Positionierung in gedrehter Lage (von palatinal nach bukkal) notwendig machen, um die Okklusion und Artikulation zu ermöglichen.
Bei der Transplantation oberer Prämolaren in den Unterkiefer ist ebenfalls eine Drehung des palatinalen Höckers nach bukkal erforderlich.

Chirurgisches Vorgehen

Unterlagen

Angaben über das Behandlungsziel sollten aufgezeichnet sein. Zur Beurteilung sind eine Übersichtsaufnahme (Orthopantomographie) und Zahnaufnahmen des zu transplantierenden Zahnes und des Implantatbettes notwendig, die Aufschluß über den Stand der Wurzelentwicklung, die genaue Lage und die Knochenstruktur (Restostitis, Wurzelreste usw.) geben sollen.

Anatomie

Beim Eingriff sind die anatomischen Gegebenheiten für den Zugang und die Entfernung des zu transplantierenden Zahnes zu beachten.

Anästhesie

Die lokale Schmerzausschaltung erfolgt entsprechend der Operationsstelle.

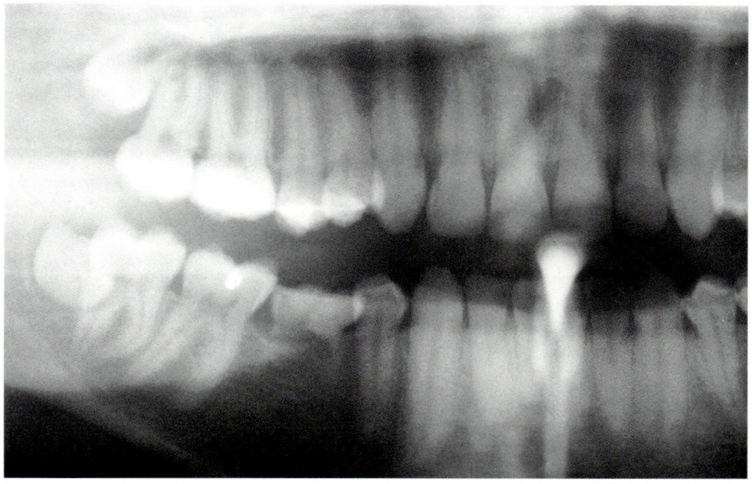

340 Transplantation von Zahn 18 in Regio 45
Das OPT zeigt die Nichtanlage des Zahnes 85 und einen Zahn 18 mit Zweidrittelwurzelwachstum. Der Zeitpunkt zur Transplantation ist günstig.

Ⓐ

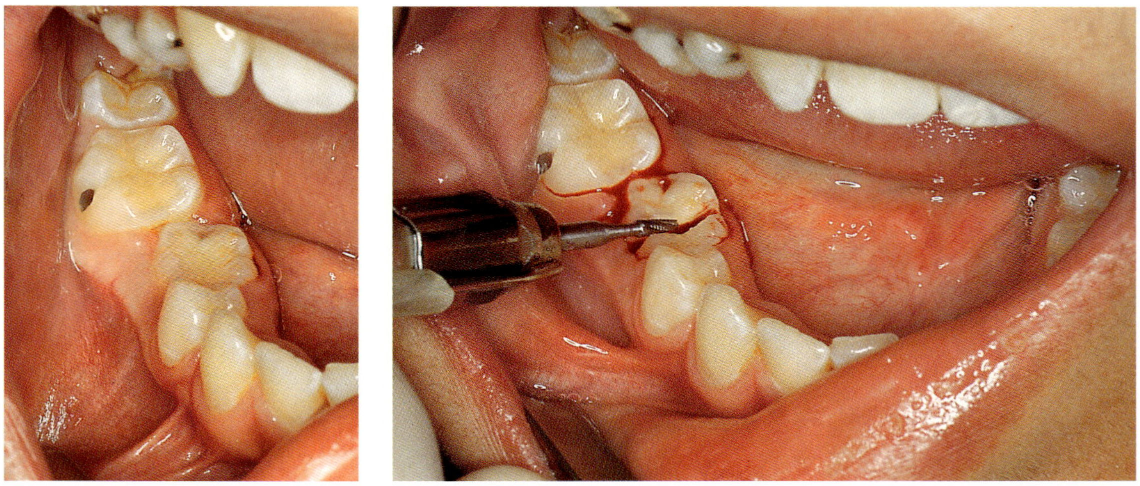

341 Entfernung des Milchzahnes
Zuerst wird Zahn 85 durch Teilung entfernt.

Rechts: Lokale Situation des rechten Unterkiefers.

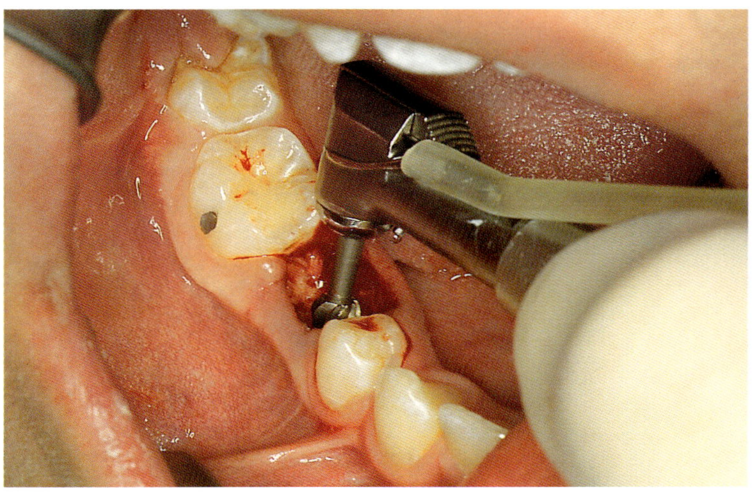

342 Herstellung der Alveole
Mit der Kugelfräse wird eine Alveole für Zahn 18 geschaffen.

343 Entfernung von Zahn 18
Zahn 18 wird vorsichtig entfernt und gemessen und wieder in seine Alveole verbracht.

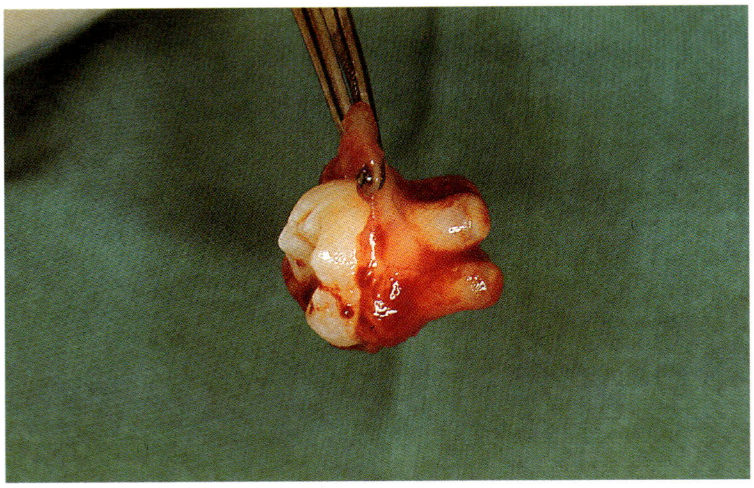

344 Transplantation
Nach entsprechender Anpassung der Alveole kann Zahn 18 am neuen Platz eingesetzt werden. Das überschüssige Gewebe des Follikelsackes wird vorsichtig mit der Schere entfernt.

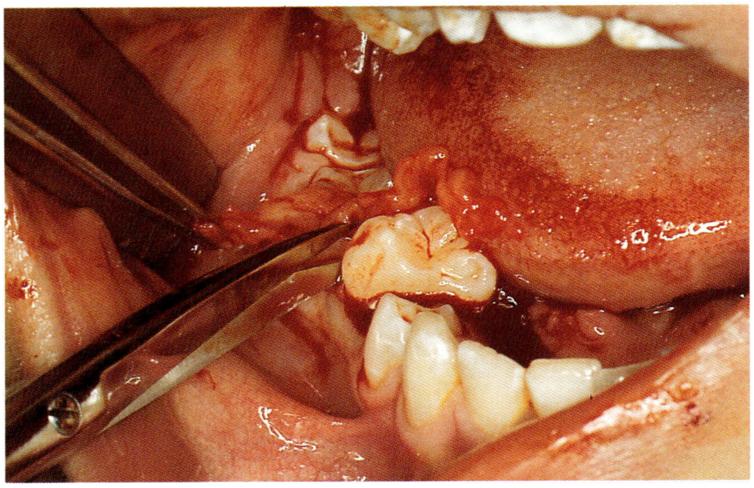

345 Fixation des Transplantates
Zahn 18 wird mit einer Schlinge um die Nachbarzähne in der neuen Alveole fixiert. Eine leichte Beweglichkeit im physiologischen Bereich ist zulässig. Starre Immobilisation führt zu Ankylose und Resorption der Wurzeln.

Rechts: Kontrolle im Röntgenbild.

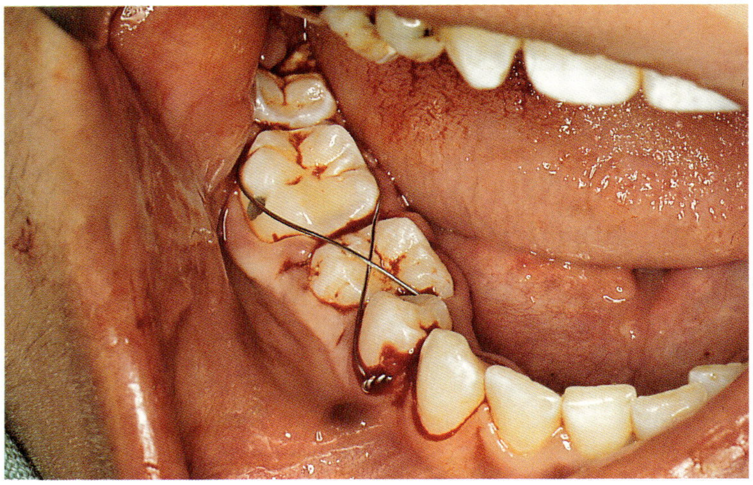

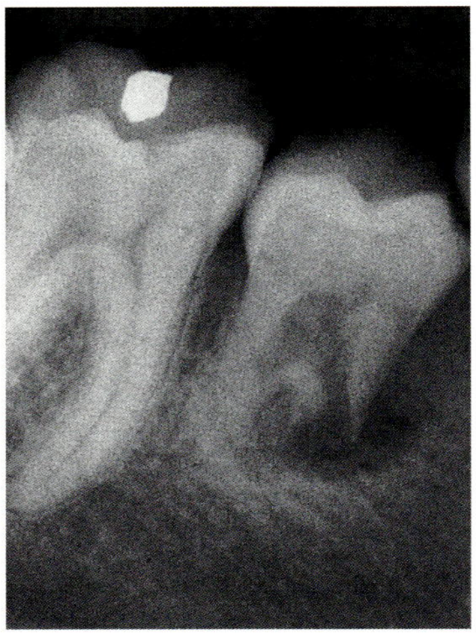

346 Verlauf
Zustand nach 6 Monaten. Der Zahn ist fest, parodontal intakt und zeigt keine Anzeichen von Pulpanekrose, obwohl die Vitalitätsprobe mit CO_2-Schnee negativ ist.

Rechts: Im Röntgenbild ist ein Wurzelwachstum mit Einengung der Kanäle als vitale Reaktion zu erkennen. Die Knochenregeneration ist noch unvollständig.

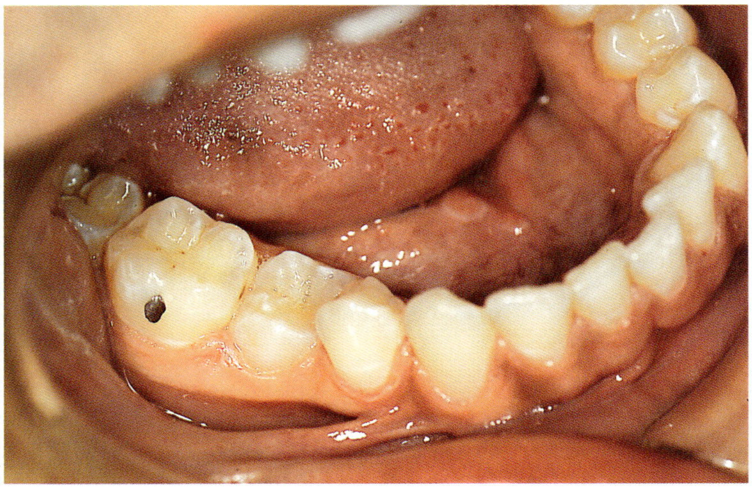

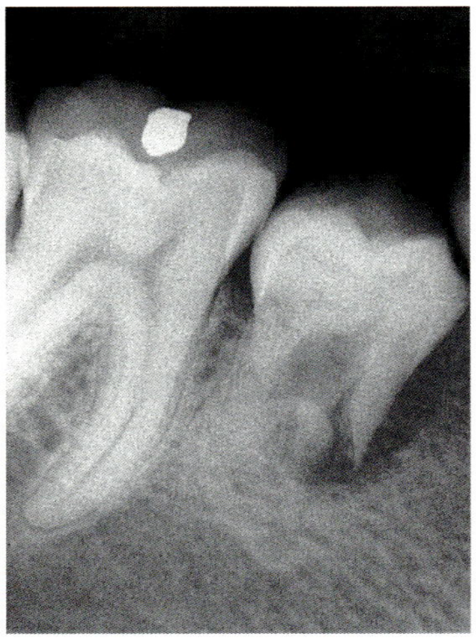

Operativer Eingriff

Der operative Eingriff entspricht weitgehend dem Vorgehen bei retinierten Zähnen. Allerdings darf der zu transplantierende Zahn durch Manipulationen nicht verletzt werden. Das Zahnsäckchen soll als Kragen am Ansatz erhalten werden. Falls der Zahn nicht auf Anhieb in die neue Alveole paßt, wird er an seinen Ursprungsort zurückverlegt.

Oft findet sich ein persistierender Milchzahn. Nach Entfernung des Milchzahnes und Abheilung der Alveole (ca. einen Monat später) Transplantation des gewählten Zahnes. Der transplantierte Zahn soll etwas unter der Okklusalebene zu liegen kommen, um dem zu erwartenden Wurzelwachstum Raum zu geben.

Nachkontrolle

Die radiologische Kontrolle erfolgt postoperativ zur Dokumentation und Überwachung der Weiterentwicklung des transplantierten Zahnes. Eine weitere Kontrolle wird nach drei Monaten zur Vitalitätsprüfung, Taschenmessung und Zahnbeweglichkeit durchgeführt. Weitere Kontrollen finden halbjährlich bis zum Abschluß der Einreihung statt. Orthodontische Bewegungen können nach drei Monaten beginnen.

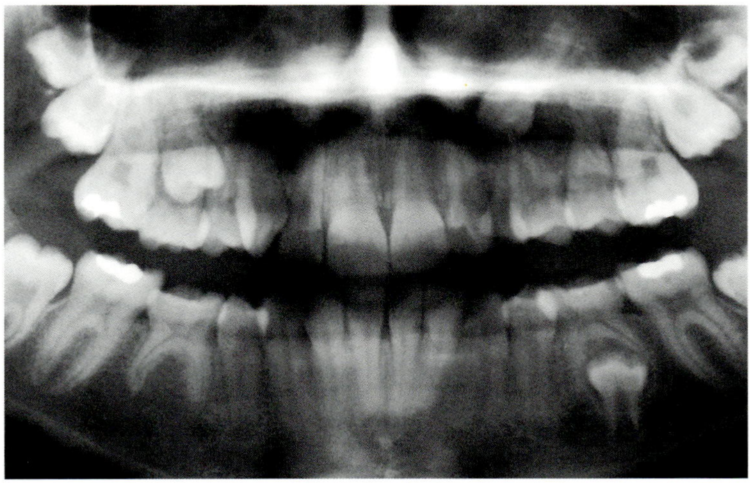

347 Transplantation von Zahn 14 in Regio 45 – Unterlagen und Planung
Das OPT zeigt die Übersicht bei Nichtanlage von Zahn 45. Die Planung sieht die Entfernung eines Prämolaren im Oberkiefer rechts und links vor. Der Zeitpunkt ist eher ungünstig, da das Wurzelwachstum der Prämolaren bereits zu drei Viertel fortgeschritten ist.

Ⓐ

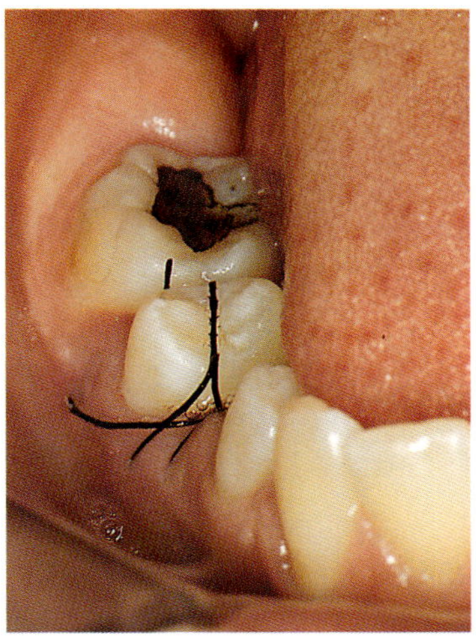

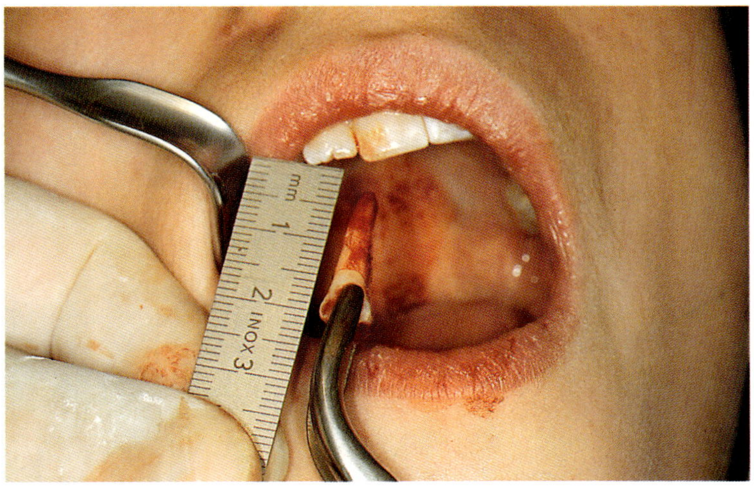

348 Transplantation
Nach schonungsvoller Entfernung des Milchzahnes 5 im Unterkiefer wird Zahn 14 entfernt und gemessen.

Links: Nach Vertiefung der neuen Alveole kann Zahn 14 eingepflanzt und mit einer Ligatur befestigt werden.

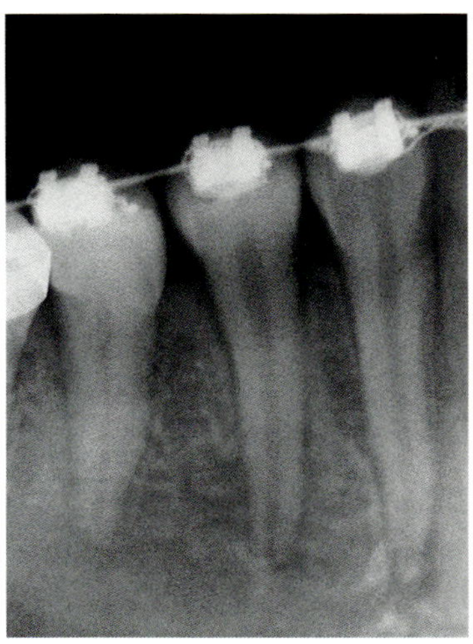

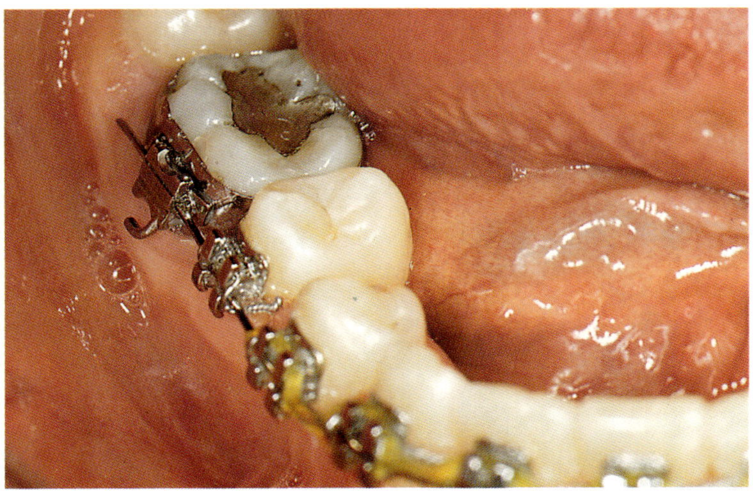

349 Verlauf
Der transplantierte Zahn 14 wird nach einer Einheilungsphase von 3 Monaten kieferorthopädisch in seine gewünschte Lage bewegt.

Links: Das Röntgenbild zeigt den Zustand nach 12 Monaten. Das Wurzelwachstum ist zum Stillstand gekommen, der Wurzelkanal ist etwas verengt als Zeichen eines vitalen Vorganges.

Transplantation aus dem Oberkiefer in den Unterkiefer

Der obere Weisheitszahn eignet sich nach Form und Größe meist sehr gut zum Ersatz eines Milchfünfers bei Nichtanlage des bleibenden Zahnes. Obere Prämolaren müssen aus okklusalen Gründen mit dem palatinalen Höcker auf der bukkalen Seite eingesetzt werden. Wegen der Größenverhältnisse wird die Lücke im Unterkiefer meist kieferorthopädisch geschlossen. Wird die Transplantation simultan mit der Entfernung eines Milchmolaren vorgenommen, soll die neue Alveole entweder im Bereich der distalen oder mesialen Wurzel angelegt werden. Bei der Planung soll die Zweckmäßigkeit des Ersatzes bezüglich Platzverhältnisse und Okklusionslage überprüft werden.

Nota bene
Der transplantierte Prämolar muß bei der Positionierung im Unterkiefer wegen der Okklusalform gedreht werden: Der palatinale Höcker liegt bukkal.

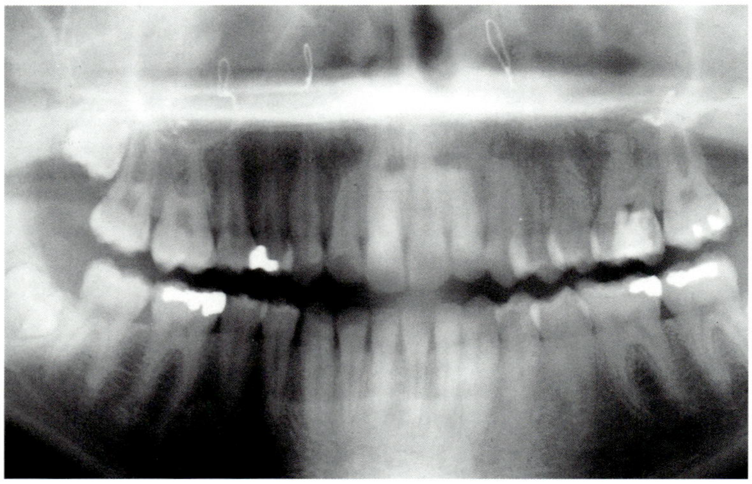

350 Transplantation von Zahn 18 in Regio 26 – Unterlagen und Planung
Das OPT zeigt den stark zerstörten Zahn 26. Dieser Molar muß entfernt werden. Das Wurzelwachstum von Zahn 18 ist zu zwei Drittel erfolgt. Die Transplantation erfolgt gleichzeitig mit der Entfernung des Zahnes 26. (Die Drahtnähte gehen auf eine frühere Le-Fort-I-Osteotomie zurück.)

Ⓐ

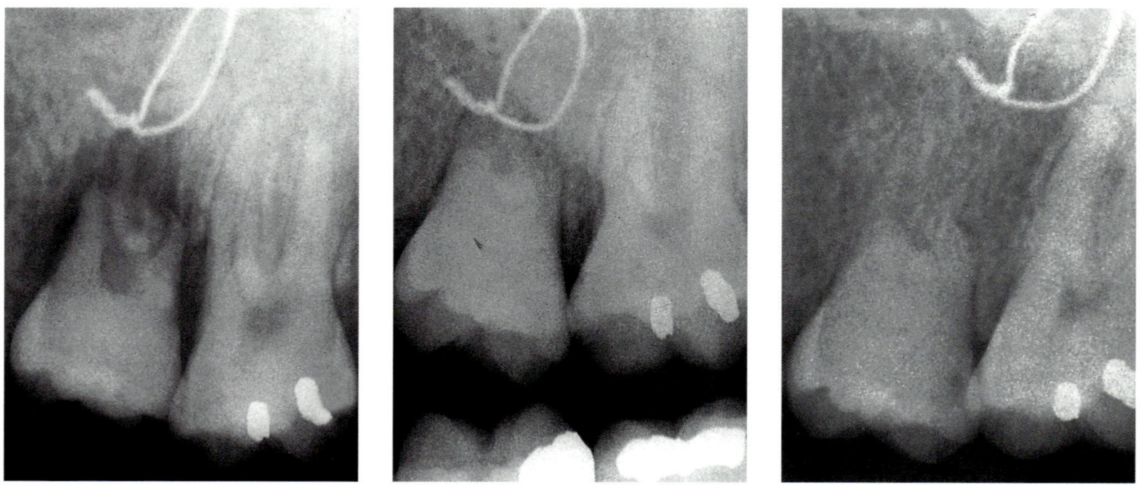

351 Verlauf
Die Röntgenbilder zeigen den Einheilungsverlauf des Zahnes 18 in Regio 26: Das Wurzelwachstum schreitet wenig voran.

Rechts: Zustand nach 18 Monaten: Die Apices sind verengt, und es ist ein intakter Desmodontalspalt vorhanden.

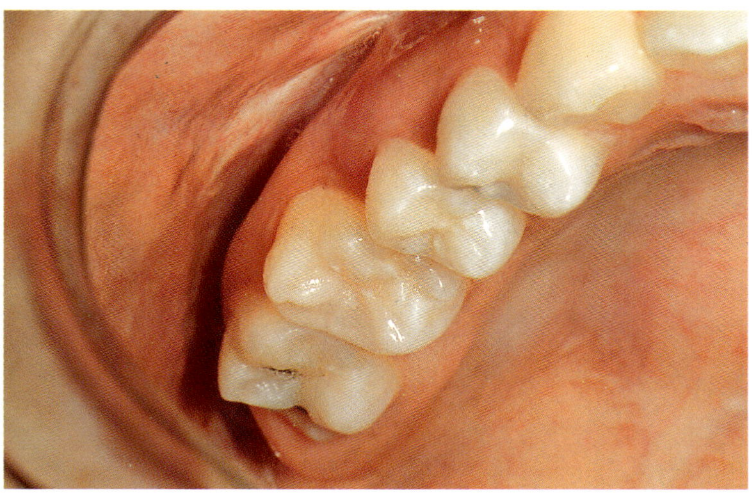

352 Abschluß der Behandlung
Reizlose und physiologische Verhältnisse 18 Monate nach Transplantation des Zahnes 18 in Regio 26. Die Beweglichkeit ist normal, das Parodont intakt.

Transplantation innerhalb des Oberkiefers

Bei der Planung muß das Knochenangebot am Transplantatort überprüft werden. Der Boden der Kieferhöhle darf nicht perforiert werden. Das simultane Vorgehen mit Entfernung des Milchmolaren und Transplantation ist möglich. Bei Ersatz eines Molaren (meist wegen der Unmöglichkeit, diesen Zahn langfristig zu sanieren) ist das zweiseitige Vorgehen sinnvoll, da der entfernte Zahn meist eine chronische apikale Entzündung aufweist. Nach Entfernung des Molaren soll die Alveole für vier Wochen der Heilung überlassen werden. In dieser Zeit ist der Entzündungsherd meist ausgeheilt.

Für Prämolaren gelten dieselben Kriterien und Vorgehensweisen wie für die Transplantation eines Molaren. In der Prämolarengegend ist die Gefahr der Sinusperforation meist kleiner. Die Situation muß mit dem Kieferorthopäden besprochen werden, um die Indikation zur Entfernung eines Prämolaren auf einer Seite als Ersatz einer Nichtanlage auf der anderen Seite zu klären. Die Aktion muß so koordiniert werden, daß keine Verschiebungen stattfinden, die die Lage der Mittellinie ungewollt verändern.

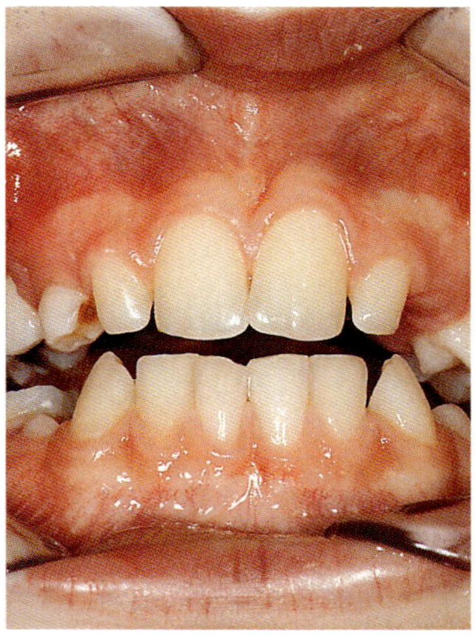
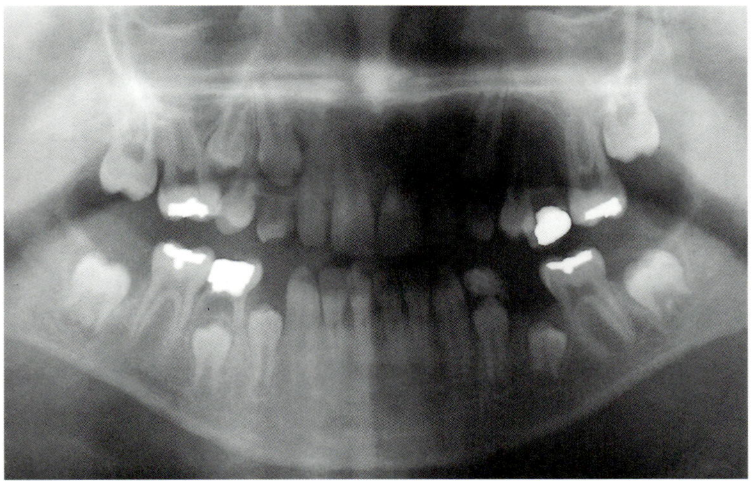

353 Transplantation von Zahn 15 in Regio 25 – Unterlagen und Planung
Das OPT eines 12jährigen Mädchens mit Engstand im rechten Oberkiefer und Nichtanlage von Zahn 25. Die Planung des Kieferorthopäden sieht die Entfernung von Zahn 15 und Transplantation in Regio 25 vor, da auf der linken Seite kein Lückenverschluß erfolgen darf.

Links: Situation vor der Transplantation.

(A)

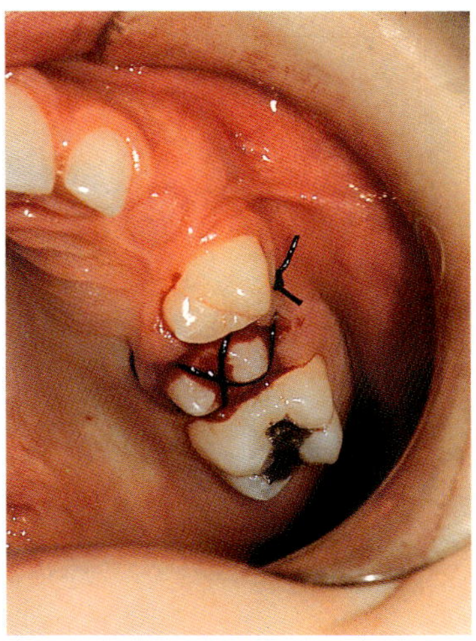
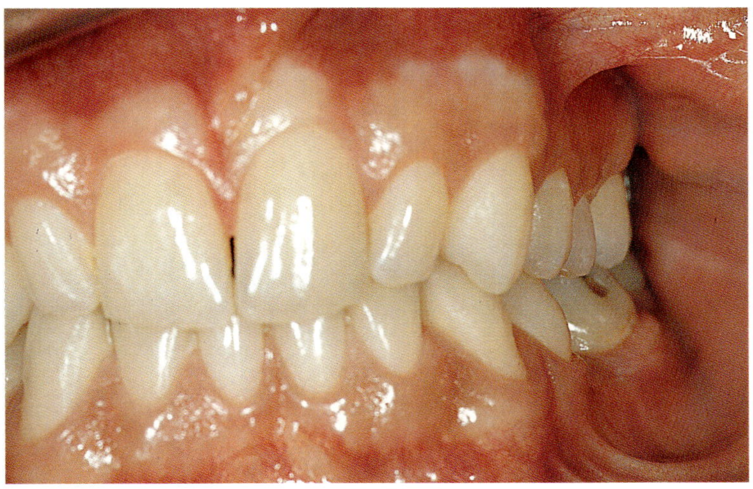

354 Verlauf
Befund nach 6 Monaten: Der transplantierte Zahn hat sich in die Okklusion eingestellt.

Links: Postoperative Situation, Zahn 15 wird entsprechend dem Knochenangebot etwas palatinal eingesetzt.

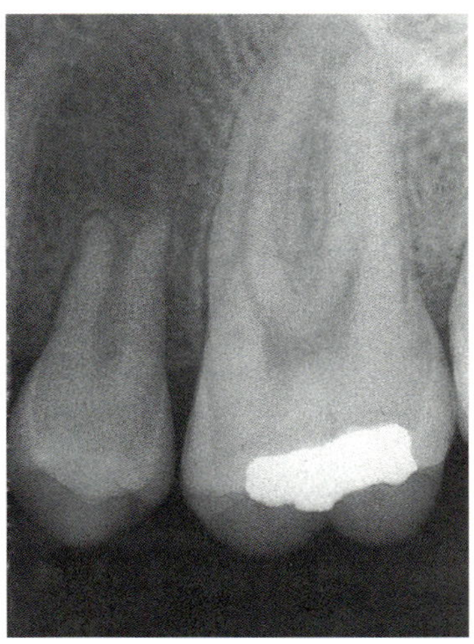
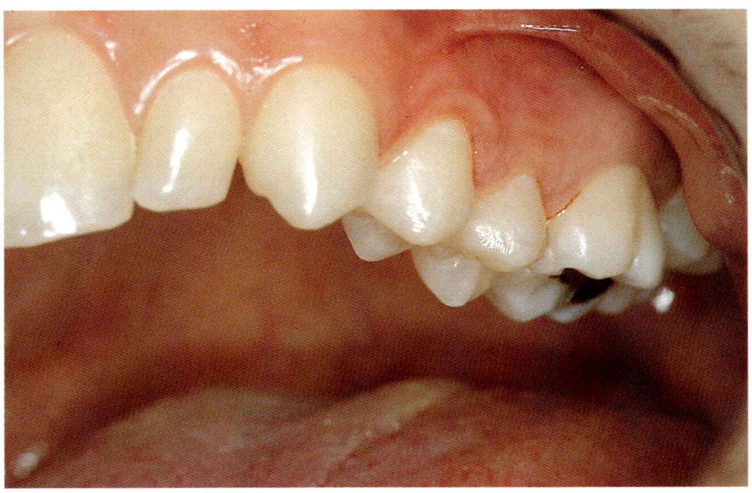

355 Ende der Behandlung
Zustand nach 16 Monaten: Die Situation ist stabil.

Links: Das unvollständige Wurzelwachstum mit offenem Apex und normalem Desmodontalspalt. Resorptionen sind nicht zu erkennen.

Transposition eines Zahnes

Unter Transposition verstehen wir die Lageänderung eines Zahnes am Ort durch Osteotomie und temporäre Entfernung des Zahnes.

Die Planung wird mit dem Kieferorthopäden abgesprochen. Der Eingriff ist risikoreich bezüglich Erreichung des Zieles. Die Planung umfaßt deshalb auch die Behandlungsvariante beim Mißerfolg. Die Information des Patienten über das Risiko ist besonders wichtig.

Das chirurgische Vorgehen erfolgt individuell. Grundsätzlich muß beachtet werden, daß der transplantierte Zahn ohne Trauma entfernt werden kann und der entstandene Defekt die Replantation am gewünschten Ort zuläßt.
Feinkorrekturen durch kieferorthopädische Maßnahmen können nach 4–8 Wochen eingeleitet werden, wobei die lokale Situation des transplantierten Zahnes berücksichtigt werden muß. Die Bewegung des Zahnes in einen entstandenen Defekt kann erst nach angelaufener Knochenregeneration erfolgen.

356 Transposition von Zahn 45 – Planung und Indikation
Der retinierte Zahn 45 kann durch Anschlingung nicht in die richtige Position gebracht werden. Der Zahn müßte eigentlich entfernt werden. Nach Absprache mit dem jungen Patienten und dessen Eltern wird der Versuch einer Einreihung durch Transposition unternommen. Zahn 75 wird zuerst entfernt und der Platz offengehalten.

Links: Das OPT zeigt den Zustand vor der Operation.

Ⓒ

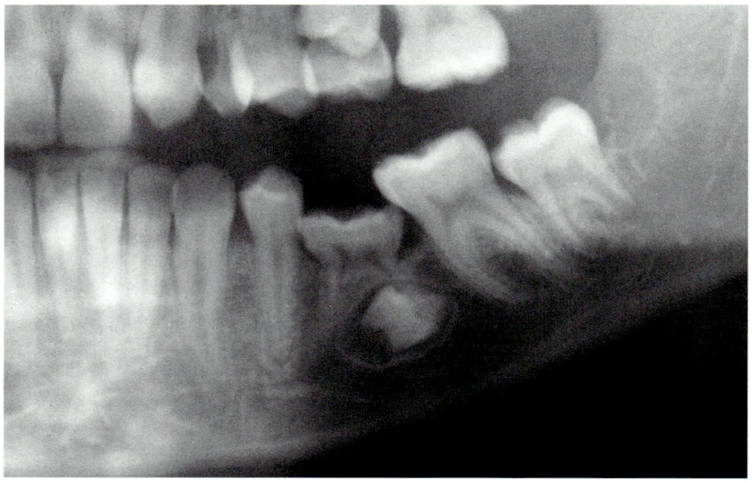

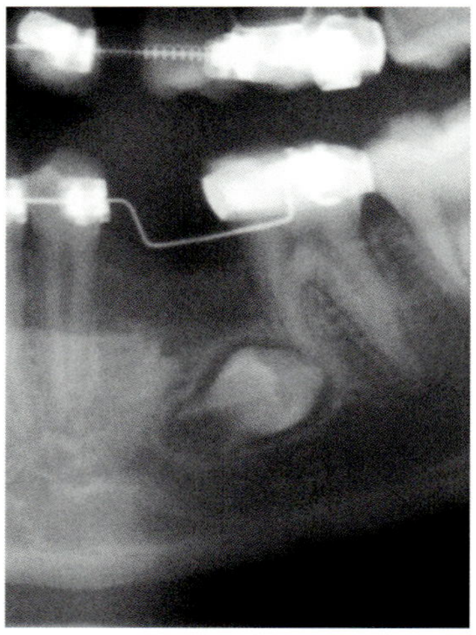

357 Verlauf
Der Verlauf im Röntgenbild zeigt den Zustand nach einem Monat. Der Zahn muß noch in seine regelrechte Position gebracht werden. Die kieferorthopädische Bewegung kann nach einem weiteren Monat erfolgen.

Rechts: Zustand postoperativ mit der bukkalen Lage des Zahnes.

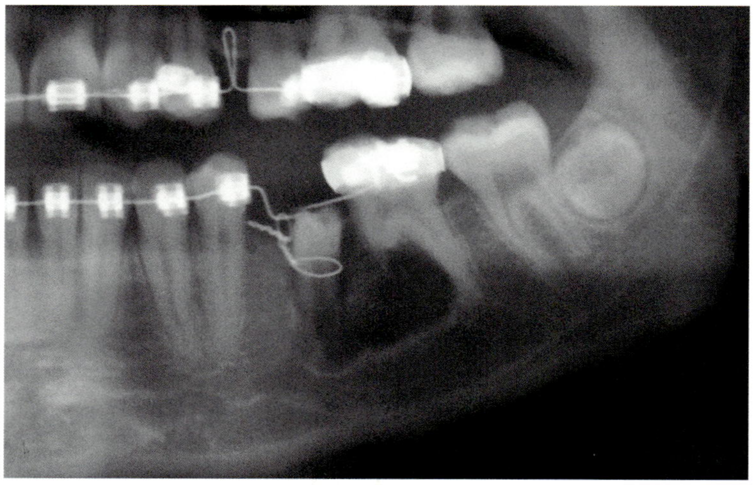

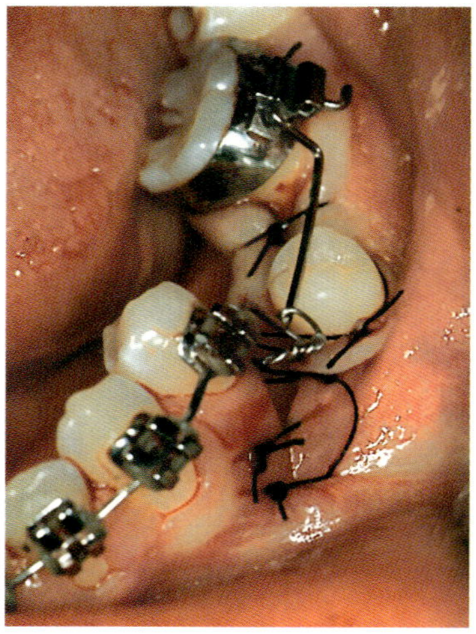

358 Ende der Behandlung
Im Bild der Zustand nach einem Jahr, der Zahn steht in seiner definitiven Lage.

Rechts: Im Röntgenbild der unauffällige Befund des transponierten Zahnes 35 (*oben*) und das Zwischenstadium nach 6 Monaten bei Beginn der Einreihung.

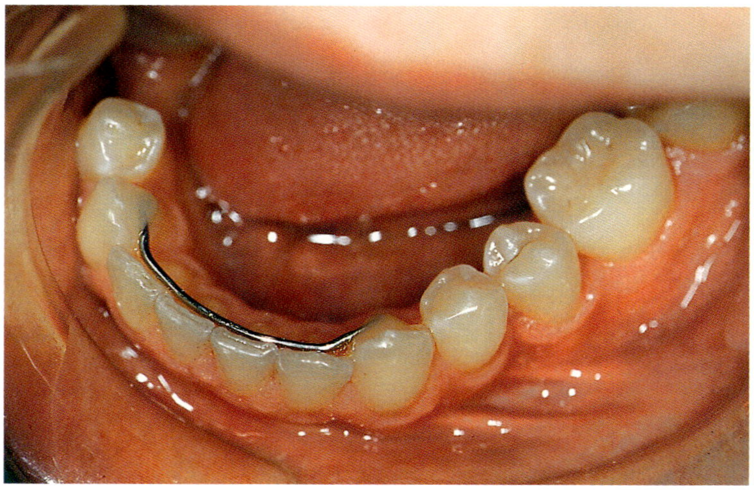

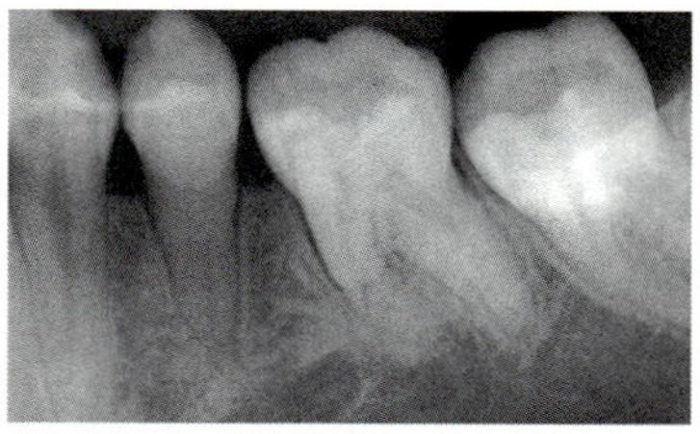

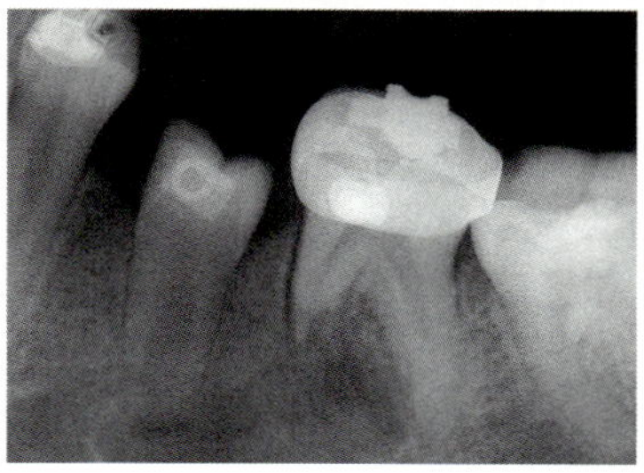

Besonders zu beachtende Probleme

Zeitpunkt der Transplantation: Eine ausgereifte Wurzelbildung führt nach Transplantation zur Pulpanekrose mit möglichem Infekt und eventuell zur Wurzelresorption.

Wahl des zu transplantierenden Zahnes: Er muß leicht erreichbar und schonend entfernbar sein. Seine Größe muß mit dem Raumangebot übereinstimmen. Schleifkorrekturen am transplantierten Zahn sind zu unterlassen.

Transplantationsort: Das Transplantatlager soll aus gut durchbluteter Spongiosa bestehen, es muß eine Alveolenbildung zulassen. Dadurch dürfen Nachbarstrukturen (N. mandibularis, Kieferhöhle) nicht tangiert werden.

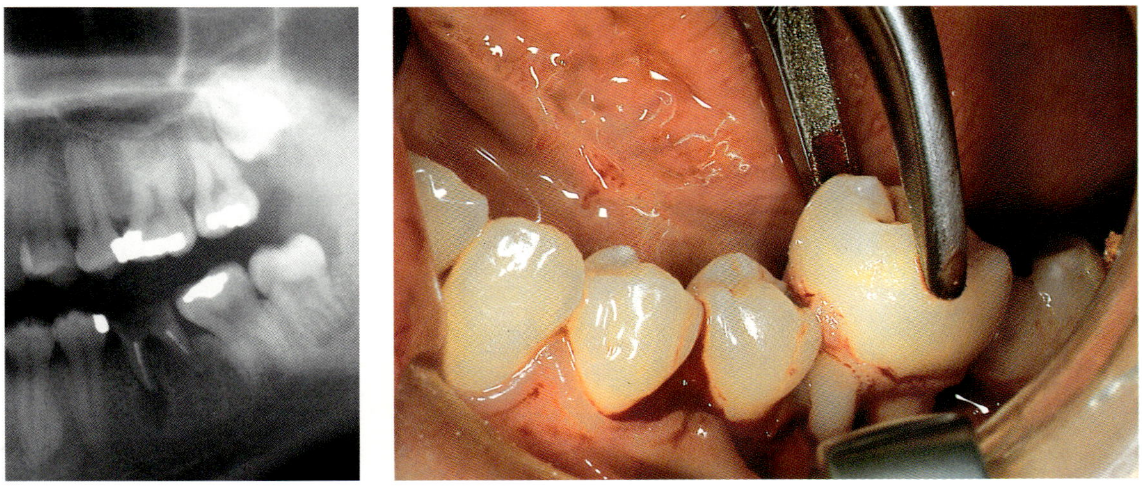

359 Komplikationen – Platzmangel
Fehlender Platz für den zu transplantierenden Zahn: Die Lücke bei Zahn 36 ist für Zahn 38 zu klein. Meist paßt der obere Weisheitszahn eher in die Lücke eines unteren Milchmolaren.

Links: Präoperatives Röntgenbild mit dem nicht erhaltungswürdigen Zahn 36.

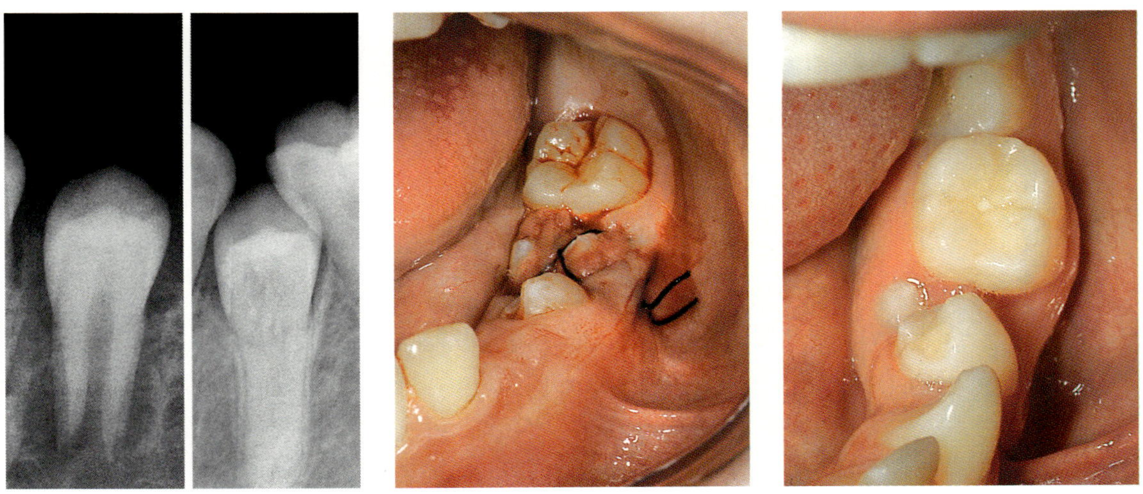

360 Mangelnde Kooperation
Links: Die Transplantation von Zahn 24 in Regio 35 ist wohl geglückt, jedoch wurde die kieferorthopädische Weiterbehandlung verpaßt mangels Kooperation des Patienten.

Mitte: Zustand nach der Operation, der Platz ist ausreichend.

Rechts: Zustand zwei Jahre nach Transplantation. Zahn 35 wird retiniert.

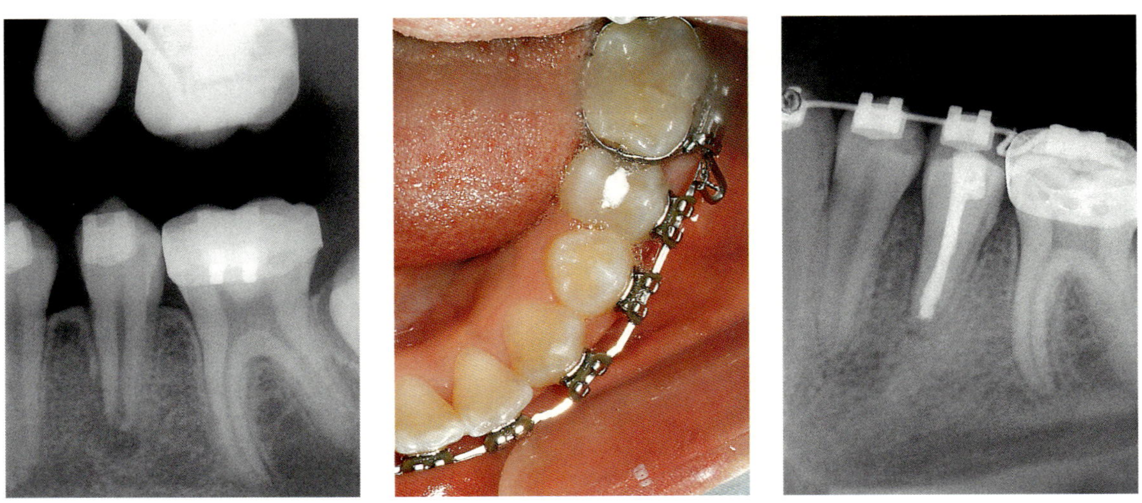

361 Pulpagangrän
Links: Der in Regio 35 transplantierte Zahn 24 wurde gangränös und muß wurzelbehandelt werden. Im Röntgenbild apikal eine entzündliche Osteolyse nach 6 Monaten.

Mitte: Dank sorgfältiger endodontischer Behandlung sind klinisch und radiologisch wieder gesunde Verhältnisse erkennbar.

Rechts: Röntgenbild zum gleichen Zeitpunkt mit durchgehendem Periodontalspalt, ohne Anzeichen von Entzündung.

Offene versus halbgeschlossene Nachbehandlung nach Entfernung unterer Weisheitszähne

In unseren Darstellungen haben wir bei der Entfernung der unteren Weisheitszähne ausschließlich die offene Wundversorgung gezeigt. Wir wissen, daß diese Methode nicht sehr verbreitet ist, jedoch in der Praxis große Vorteile gegenüber den anderen Nachbehandlungsarten hat.

Komplikationsrate

Klare Unterschiede bestehen zwischen den Behandlungsmethoden bezüglich der Komplikationsrate. Dabei zeigen sich besonders die Kriterien Heilungsstörungen und postoperative Infekte als methodenabhängig. Bei der offenen Wundbehandlung kann insgesamt mit 3 % Komplikationen (1 % Infektionen und 0,6 % Heilungsstörungen, 1,4 % verschiedene andere Komplikationen) gerechnet werden, bei der halbgeschlossenen Wundbehandlung ist eine Komplikationsrate von 26 % (6 % Infektionen und 19,3 % Heilungsstörungen, davon 7,3 % Dolor post extractionem und 12 % Wunddehiszenzen, zu erwarten. Der hohe Anteil an Wunddehiszenzen zeigt deutlich die Problematik des Wundverschlusses nach entsprechender sicherer Lappenbildung (N. lingualis) und Ostektomie nach Weisheitszahnentfernung im Unterkiefer. Der Wundrand liegt zwangsläufig nur teilweise auf knöcherner Unterlage. Eine primäre Verheilung des Mukoperiostlappens auf einem Knochendefekt ist aber schwer zu erzielen.

Auswirkungen der Mundhygiene

Die offene Nachbehandlung wird durch mangelhafte Mundhygiene (PBI > 12) nicht verzögert. Bei der halbgeschlossenen Wundbehandlung muß bei Patienten mit ungenügender Mundhygiene mit deutlich mehr Infekten und damit einer Verzögerung des Behandlungsabschlusses gerechnet werden.

Wirtschaftlichkeit

Die Wirtschaftlichkeit der Wundbehandlung kann anhand der Behandlungsdauer und der dazu notwendigen Kontrollsitzungen beurteilt werden. Weniger Sitzungen bedeuten logischerweise weniger Kosten und geringeren Zeitaufwand für Behandler und Patient.

Die offene Nachbehandlung erfordert durchschnittlich drei Kontrollsitzungen zum Verbandwechsel bzw. zur Verbandentfernung. Die Behandlungsdauer beträgt durchschnittlich 17 Tage.

Die halbgeschlossene Methode benötigt zwei Kontrollsitzungen bei einer Behandlungsdauer von durchschnittlich 12 Tagen. 50 % der Fälle ziehen sich bei der halbgeschlossenen Methode jedoch in die Länge. Die höhere Komplikationsrate erforderte hier einen deutlichen Mehraufwand. Der Vorteil der kürzeren Behandlungsdauer der 50 % komplikationslosen Fälle gegenüber der offenen Nachbehandlung geht damit verloren.

Schlußfolgerungen

Die gezeigten Resultate stammen aus Untersuchungen an unserer Klinik. Sie dürften für die Tätigkeit des Allgemeinpraktikers relevant und von Interesse sein, da an unserer Poliklinik zur Zeit ähnlich wie in der Allgemeinpraxis für die operative Weisheitszahnentfernung keine absolut aseptischen Bedingungen herrschen. So wird beispielsweise zur Kühlung der rotierenden Instrumente Wasser aus dem öffentlichen Trinkwassernetz verwendet, das bekanntlich nicht ganz keimfrei ist.

Das Ziel unserer Untersuchungen war es, die offene Nachbehandlungsmethode mit lockerer Streifeneinlage auf ihre Zweckmäßigkeit und Sicherheit zu überprüfen und die Resultate mit anderen Nachbehandlungsmethoden zu vergleichen.

Abschließend kann die offene Nachbehandlungsmethode mit Streifeneinlage unter Berücksichtigung vieler Kriterien als sehr sicher und praxistauglich beurteilt werden. Der Nachbehandlungsumfang ist vertretbar und aufgrund der geringen Komplikationsrate auch in der modernen Praxis gerechtfertigt.

Nota bene

Die offene Nachbehandlung nach operativer Weisheitszahnentfernung im Unterkiefer ist nach wie vor die komplikationsärmste Methode. Die Infektionsrate ist mit 1 % sehr niedrig. Eine antibiotische Unterstützung ist nicht notwendig. Die Indikationsstellung für die Weisheitszahnentfernung sollte zwischen dem 18. und 24. Lebensjahr erfolgen. In diesem Alter ist die Behandlungsdauer am kürzesten und die Komplikationsrate am kleinsten.

Wird das Komplikationsrisiko der halbgeschlossenen Methode berücksichtigt, so ist die offene Nachbehandlung nach operativer Weisheitszahnentfernung im Unterkiefer sogar noch wirtschaftlicher.

Die halbgeschlossene Methode der Wundbehandlung nach operativer Weisheitszahnentfernung im Unterkiefer kann nur bei einwandfreier Mundhygiene und unter aseptischen Bedingungen durch den chirurgisch erfahrenen Behandler gerechtfertigt werden.

Abszeßbehandlung

Nota bene
Eine Abszedierung ist eine chirurgische Erkrankung. Antibiotika ersetzen die chirurgische Behandlung nicht.

Pathologie und Diagnostik

Beurteilungskriterien

Die Beurteilung eines Infektes umfaßt das lokale Ausmaß des Prozesses, den Zustand des Patienten und die Virulenz der Erreger.
Bei der Untersuchung muß geklärt werden, ob es sich um eine lokalisierte Infektion handelt oder ob eine Ausbreitung in die Umgebung und eine Beteiligung des Gesamtorganismus vorliegt.

Lokaler Befund
Dentogene Infekte zeigen meist in der direkten Umgebung der Ursache die Symptome der Entzündung. Verursacher sind meist Streptokokken und Staphylokokken aus einer Pulpagangrän eines devitalen Zahnes. Am häufigsten ist der Streptococcus viridans zu finden. Sehr häufig kann in Punktaten der Staphylococcus aureus nachgewiesen werden, allein oder meist als Mischerreger.

Parodontalabszesse entstehen bei Taschenbildungen und zeigen eine andere bakteriologische Ursache, nämlich vorwiegend gramnegative Erreger, Anaerobier und auch Aktinomyzeten (Obwegeser u. Mitarb. 1989, Schmelzle u. Mitarb. 1978).

Wir unterscheiden subperiostale Abszesse und submuköse Abszesse.

Hautfisteln
Chronische granulierende Infektionen, meist ausgehend von apikalen Infekten der Unterkieferfrontzähne und -molaren, können sich einen Weg durch Knochen und Periost zur Hautoberfläche suchen.
Die Therapie besteht in der Beseitigung der Ursache. Die Hautfistel heilt spontan ab. Eine Exzision oder plastische Korrektur ist meist nur bei epithelisierten Fistelgängen notwendig.

Ausgebreitete Infekte
Logenabszesse gehen meist von einem lokalen Abszeß aus und breiten sich in den anatomisch präformierten Bindegewebsräumen aus.
Solche Infekte, falls nicht kontrolliert, können sich zu einer lebensbedrohenden Erkrankung entwickeln. Es entsteht eine Sepsis, und/oder der Abszeß erreicht funktionell wichtige Zentren. Dentogene Hirnabszesse sind mehrfach beschrieben worden. Abszesse im Oberkiefer können über die V. facialis (es fehlen die Ventilklappen) oder die V. angularis in den Sinus cavernosus verbreitet werden. Symptome wie periorbitales Ödem oder die verstrichene Nasolabialfalte sind entsprechende Warnzeichen.

Die nicht abgegrenzte, diffuse Eiterbildung wird Phlegmone genannt. Typischerweise tritt sie z. B. im Mundboden mit Ausbreitungsmöglichkeiten nach kaudal bis ins Mediastinum (Mundbodenphlegmone) auf. Solche Situationen sind lebensbedrohend!

Nota bene
Außerhalb des Alveolarfortsatzes gelegene Abszesse gehören in die Hand des Spezialisten.

Abwehrlage des Patienten
Allgemeinzustand oder systemische Erkrankungen können die körpereigene Abwehrmöglichkeit eines Infektes wesentlich beeinflussen. Bei schlecht eingestelltem Diabetes besteht eine reduzierte Abwehr gegen eine bakterielle Infektion. Bei Immunsuppression, Chemotherapie, leukämischen Erkrankungen und aplastischer Anämie ist die Infektabwehr stark reduziert oder nicht vorhanden. In solchen Fällen ist eine aggressive Infektbehandlung, meist unter stationären Bedingungen, angezeigt.

Kardinalsymptome des Abszesses

Ein Abszeß stellt das akute Stadium einer Infektion dar und zeigt die klassischen Zeichen einer Entzündung.

- Tumor: durch die Eiteransammlung und Ödem bedingt.
- Dolor: durch Druck an den Nervenendigungen und im Gewebe verursacht.
- Calor: durch den erhöhten lokalen Stoffwechsel hervorgerufen.
- Rubor: durch die erhöhte Durchblutung bedingt.
- Functio laesa: schmerzreflektorisch bedingt.
- Fluctuatio: typisches Zeichen einer Flüssigkeitsansammlung (Eiter).

Die vorhandenen Befunde sind nicht immer vollständig. Die Diagnose läßt sich aus dem Verlauf, der möglichen Ursache und den gefundenen pathologischen Veränderungen erstellen. Wichtig ist die genaue Lokalisation und Ausbreitung des Abszesses. Diese Feststellungen führen zur chirurgischen Therapie, welche in der Eröffnung und Drainage der Abszeßhöhle besteht und, wenn immer möglich, in der gleichzeitigen Beseitigung der Ursache (Andrä u. Naumann 1991, Becker 1968).

Ausgedehnte oder atypisch verlaufende Abszesse gehören in die Hand des Spezialisten (Grätz 1989, Schottland u. Mitarb. 1979).

362 Kardinalsymptome Tumor, Dolor und Rubor

Die vestibuläre Schwellung bei dieser 47jährigen Frau im rechten Oberkiefer verursacht eine pralle gerötete schmerzhafte Schwellung.

Rechts: Extraorale Schwellung der rechten Wange mit Unterlidödem, Rötung und leicht hängender Oberlippe rechtsseitig.

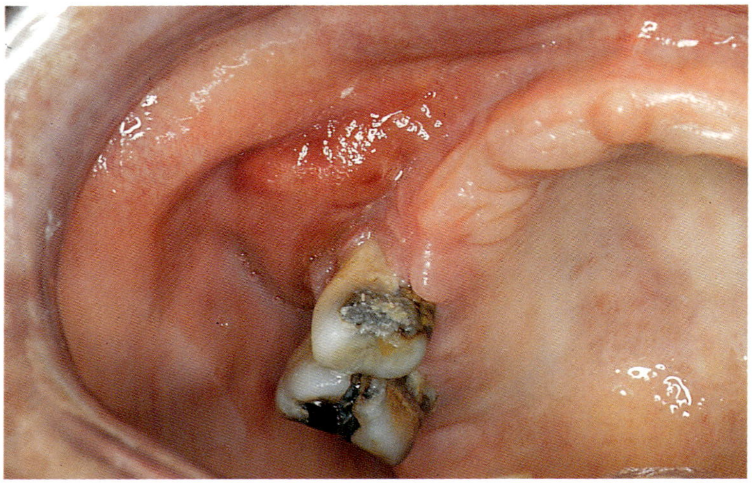

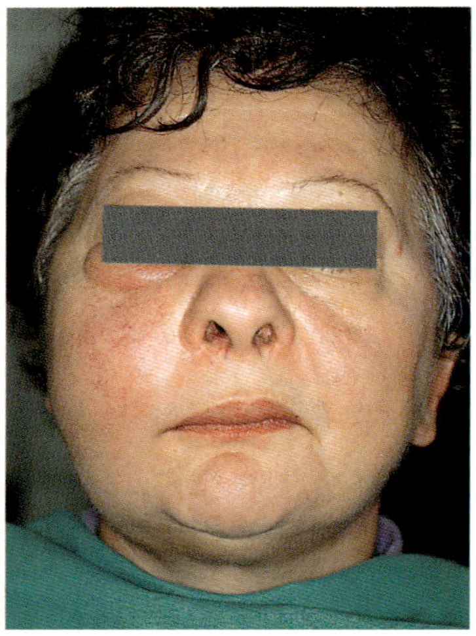

363 Kardinalsymptom Calor

Die Erwärmung bei einem entzündlichen Prozeß kann mit der flachen Hand auf der angeschwollenen Stelle gefühlt werden.

Rechts: Thermogramm, das die Erwärmung bei einem Perimandibulärabszeß im rechten Unterkiefer zeigt (Bild N. Hardt).

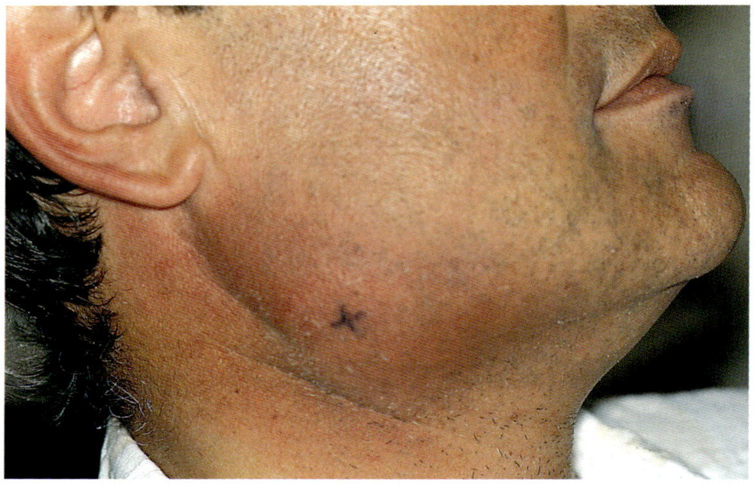

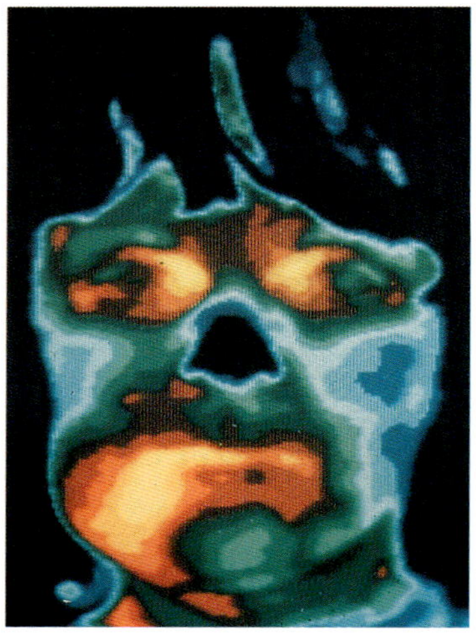

Osteomyelitis

Im Rahmen einer Abszeßbildung kann es zu einer Knochenmarksentzündung, speziell des Unterkiefers kommen.

Klinische Symptome sind Schmerzen, Fistelbildungen, Knochenauftreibungen und Sensibilitätsstörungen. Der Verlauf kann wechselnd sein und über Wochen bis Monate mit symptomlosen Zwischenstadien persistieren.

Als Ursache kommen in Frage Fremdkörper, chronische dentogene Infekte ohne Ausheilung nach Entfernung der Ursache, Sequester und Allgemeinerkrankungen wie Diabetes und periphere Durchblutungsstörungen.

Radiologische Zeichen sind unscharf begrenzte Osteolysen, auch fern ab vom ursprünglichen Infektionsherd. Oft ist auch die Kortikalis betroffen. Daneben sind auch reaktive Sklerosierungen, Sequesterbildungen und subperiostale Knochenneubildungen zu sehen. Ein maligner Prozeß kann radiologisch nicht ausgeschlossen werden. Ausgezeichnete Informationen liefert die CT und das MRI (Hardt 1991).

Radioosteomyelitis

Eine besondere Form ist die Radioosteomyelitis (ROM). Oft kann die Dichte der Spongiosa nicht mehr von derjenigen der Kortikalis unterschieden werden (Radioosteonekrose). Die Anamnese führt zur Diagnose. Noch Jahre nach Abschluß der Radiotherapie ist im Anschluß an einen kleinen chirurgischen Eingriff im Kiefer (Taschenkürettage, Zahnextraktion, Parodontalchirurgie) eine Radioosteomyelitis möglich.

Nicht heilende Schleimhautareale über dem Knochen können ein erstes Zeichen einer ROM sein, ebenso unklare Schmerzen im Kieferbereich (Obwegeser u. Sailer 1978, Sailer 1976).

Nota bene
Die Osteomyelitisbehandlung gehört in die Hand des Spezialisten.

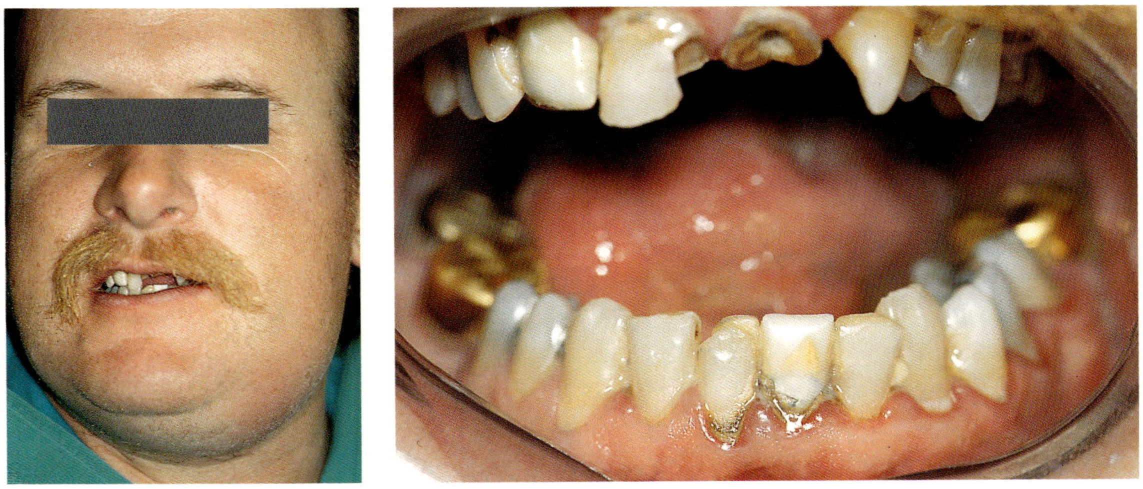

364 Kardinalsymptom Functio laesa
Die Einschränkung der Beweglichkeit wird im Kieferbereich durch die verminderte Mundöffnung angezeigt.

Links: Der 44jährige Patient mit deutlichen Zeichen der Mundöffnungsbehinderung, Schwellung und Rötung.

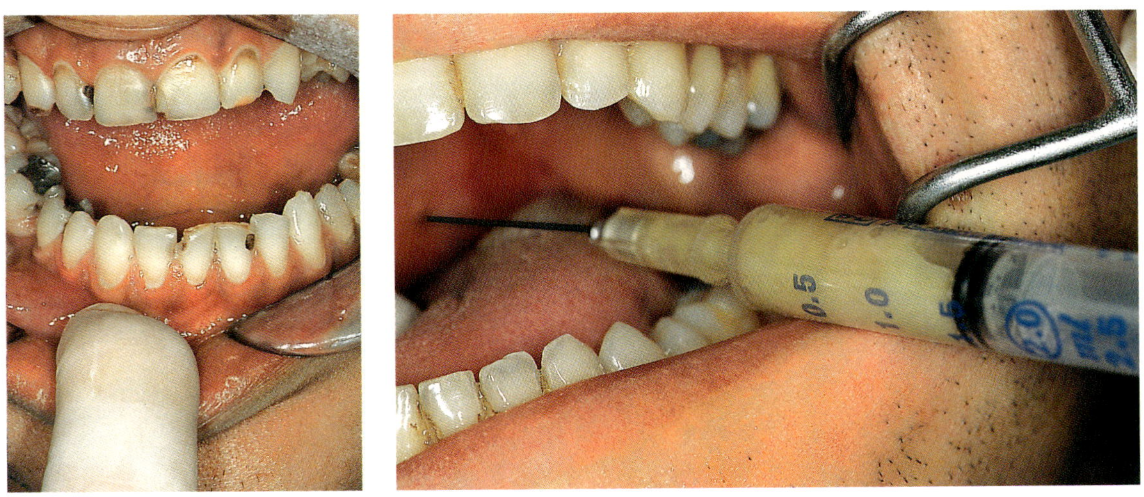

365 Kardinalsymptom Fluktuation
Als Zeichen der Eiteransammlung in einem Abszeß entsteht eine Fluktuation im Gewebe. Diese wird durch die Palpation mit zwei Fingern (*links*) und durch Punktion und Eitergewinnung bestätigt.

Nachweis der Erreger

Bei Verdacht auf besondere Virulenz der Erreger und bei entsprechend bedrohlichen lokalen Symptomen ist die erweiterte Abklärung notwendig. Dazu gehören ein weißes und ein differenziertes Blutbild. Die erhöhte Blutsenkung bestätigt eine infektiöse Erkrankung.

Bakteriologische Untersuchungen bei dentogenen Abszessen sind in der Regel nicht notwendig. Die Erreger sind weitgehend bekannt und empfindlich auf Penicillin.
Im Falle fehlender Abheilungstendenz nach chirurgischer Intervention und Ursachenbehandlung ist jedoch die Resistenzprüfung vor Anwendung eines neuen Antibiotikums angezeigt. Bei ausgedehnten Infektionen soll in jedem Fall eine Blutkultur mit Untersuchung auf anaerobe und aerobe Erreger durchgeführt werden.

Nota bene
Bei banalen submukösen Abszessen ist eine bakteriologische Analyse nicht erforderlich. Dagegen ist sie angezeigt bei Abszeßrezidiven unklarer Genese, bei schlechter Abwehrlage des Patienten mit Diabetes, HIV-Infektion u.a.

366 Eiter
Die lichtmikroskopische Aufnahme von Eiter eines dentogenen apikalen Abszesses zeigt nekrotisches Gewebe. Das Zentrum des bakteriellen Infektes ist umgeben von polymorphkernigen Granulozyten, einigen Lymphozyten und Zelltrümmern. (Bild B. Guggenheim.)

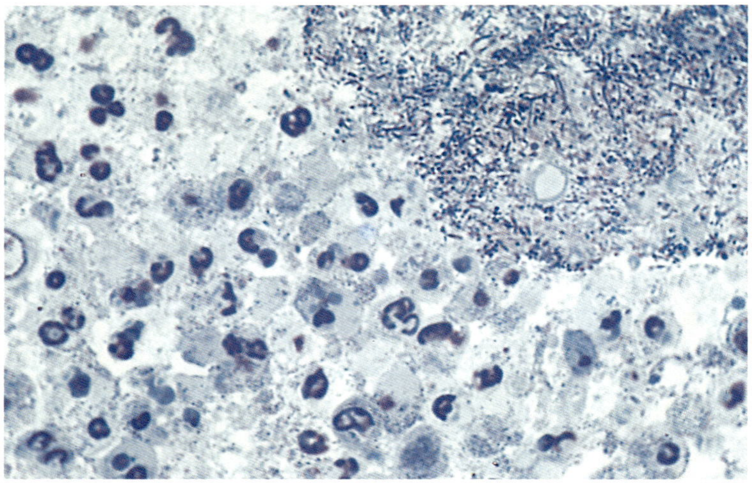

367 Eiter
Im Transmissionselektronenmikroskop sind im Eiter sowohl intakte als auch teilweise aufgelöste polymorphkernige Granulozyten und Bakterieninfiltrate, vorwiegend Kokken, zu erkennen. (Bild B. Guggenheim.)

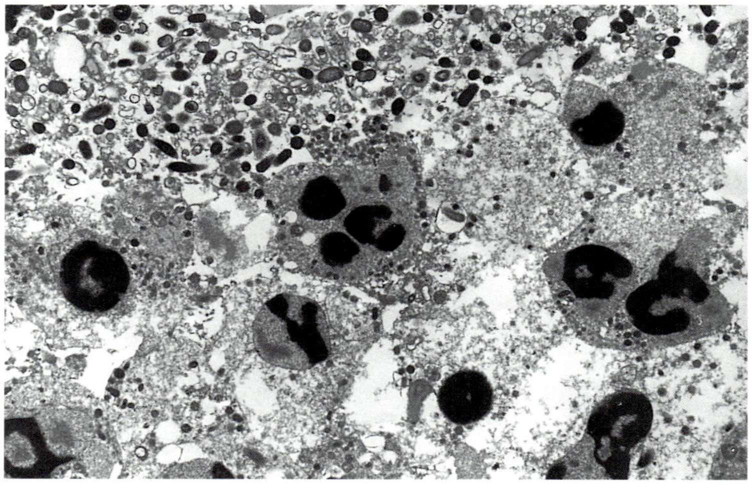

368 Eiter
Bei noch stärkerer Vergrößerung werden polymorphkernige Granulozyten und große Phagosomen erkannt, welche intakte und teilweise abgebaute Bakterien enthalten. (Bild B. Guggenheim.)

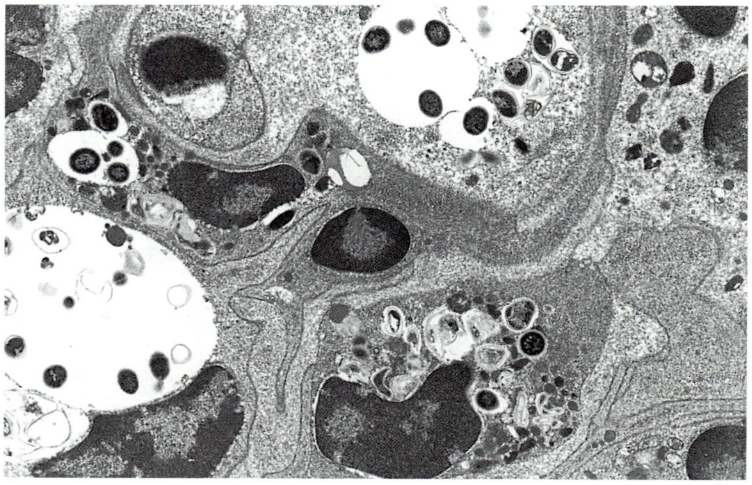

369 Eiter
Lichtmikroskopische Aufnahme eines apikalen Granuloms mit Wurzelresorptionen und Aktinomyceshaufen. (Bild B. Guggenheim.)

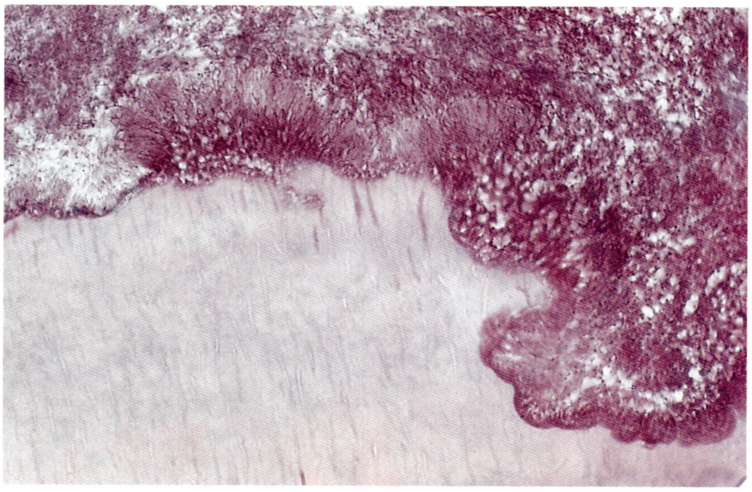

Abszeßinzisionen und Drainage

„Ubi pus ibi evacua." Bei der Abszeßbehandlung jeder Art steht die chirurgisch aktive Behandlung im Vordergrund. Eine Unterscheidung zwischen subperiostalem und submukösem Abszeß ist für die Therapie nicht bedeutsam, vielmehr spielt die anatomische Lage eine Rolle.

Einsatz von Antibiotika

Antibiotika sollen nur bei unklarer Ursache, bedrohlichen Allgemeinerscheinungen, ungünstigen Ausbreitungsformen und bei geschwächter Abwehrlage verwendet werden. Der Einsatz von Antibiotika ist im Einzelfall möglichst gezielt, entsprechend den anzunehmenden oder nachgewiesenen Erregern, durchzuführen (Parodontalinfekte, apikale, radikuläre, spezifische Infekte). Eine generelle Verabreichung von Antibiotika ist nicht indiziert (Becker 1968, Rahn 1989, Fleming u. Mitarb. 1990, Berthold 1993).

Chirurgisches Vorgehen im allgemeinen

Anästhesie

Wenn immer möglich, soll eine Leitungsanästhesie mit Umgebungsinfiltration durchgeführt werden. Die Schleichsche Infiltrationsanästhesie dient vorwiegend der Blutstillung an der Inzisionsstelle, für die Eröffnung und Spreizung eines Abszesses reicht sie meist nicht aus. Ist die Schmerzausschaltung durch Lokalanästhesie nicht möglich, muß in Allgemeinnarkose behandelt werden, besonders bei stark eingeschränkter Mundöffnung, unzugänglicher Inzisionsstelle oder bei Inzision von extraoral.

Inzision

Mit dem Skalpell (Klinge Nr. 15) wird die Schleimhaut und das Periost inzidiert. Das Skalpell muß senkrecht zum Knochen geführt werden. Die Inzisionsstelle soll möglichst am tiefsten Punkt des Abszesses liegen, um eine natürliche Drainage zu erleichtern. Bei oralen Abszessen ist diese Forderung oft nicht erfüllbar.
Bei der Spreizung wird mit dem Raspatorium das Mukoperiost abgeschoben, die geschlossene Klemme in die Abszeßhöhle eingeführt und gespreizt herausgezogen. Menge, Farbe und Konsistenz des Sekrets werden im Operationsbericht festgehalten.
Anschließend erfolgt die Spülung der Abszeßhöhle mit Neomycin- oder Kochsalzlösung.
Mit getränktem Gazestreifen oder durch Naht fixiertem Gummidrain wird die Inzisionsstelle offen gehalten (Drainage).

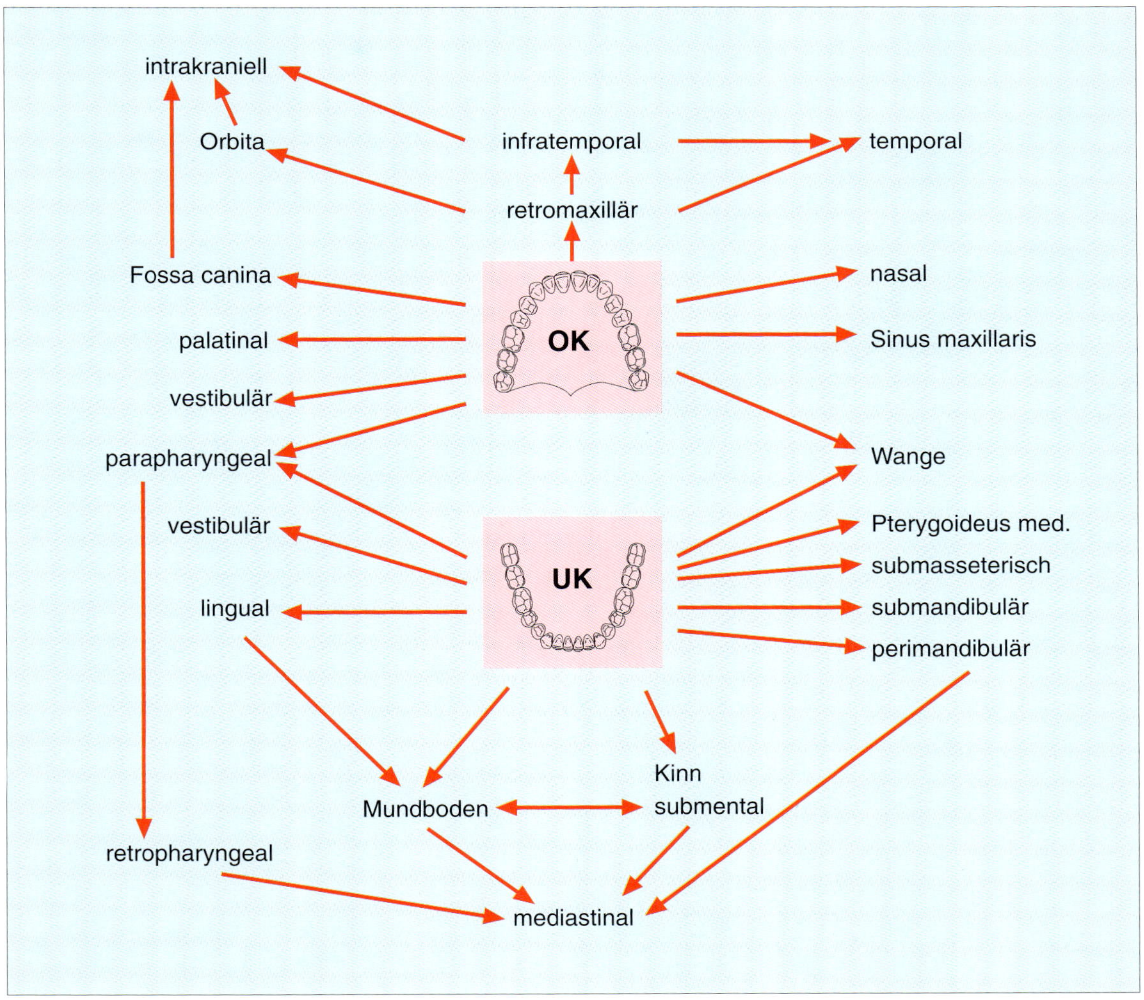

370 Ausbreitungsmöglichkeiten dentogener Abszesse
Einfache Abszeßbildungen am Alveolarfortsatz können sich entlang vorgegebener Logen bei ausbleibender gezielter Behandlung ausbreiten und je nach Virulenz der Erreger und schlechter Abwehrlage auch eine lebensbedrohliche Sepsis hervorrufen (Schema modifiziert nach Obwegeser).

Chirurgisches Vorgehen bei Abszessen am Unterkiefer

Vestibulärer Abszeß

Meist ist der horizontale, senkrecht zur knöchernen Unterlage geführte Schnitt mit Durchtrennung von Mukosa und Periost in einem Zuge am zweckmäßigsten. Die eröffnete Abszeßhöhle wird gespreizt, um den notwendigen Abfluß von Eiter zu ermöglichen. Anschließend Spülung und Drainage.

Nota bene
Die Messerklinge muß senkrecht zur Knochenoberfläche geführt werden, nicht schräg. Lage des Foramen mentale beachten.

Eine vertikale Inzision wird dann durchgeführt, wenn später eine Aufklappung (Wurzelspitzenresektion, Zystenoperation) geplant ist.

Bei starker Blutung kann die Ligatur oder Kanterisation am Inzisionsrand helfen. Tamponade vermeiden, da sonst der Sekretabfluß behindert wird.

371 Submuköser Abszeß am Alveolarfortsatz des Unterkiefers
26jährige Frau mit Schmerzen am Zahn 44 seit Wochen, dann Abklingen der Schmerzen und zunehmende Schwellung am rechten Unterkiefer seit drei Tagen.

Rechts: Die Röntgenaufnahme zeigt die Wurzel von Zahn 44 mit apikaler rundlicher Osteolyse mit stellenweiser reaktiver Sklerosierung (mesial).

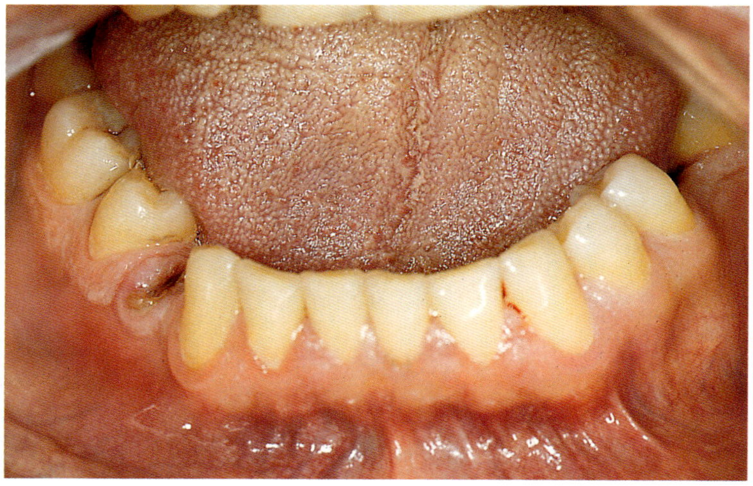

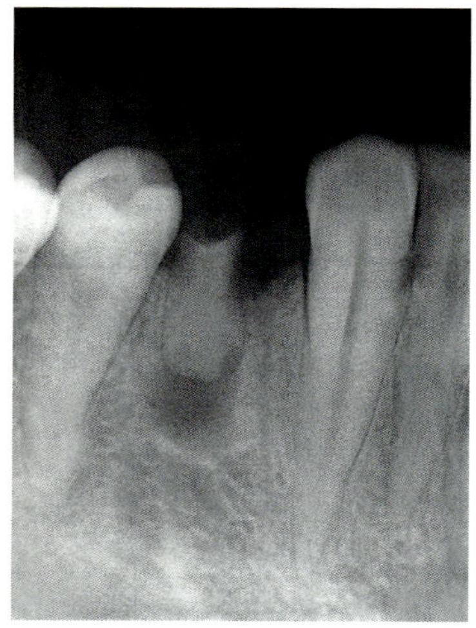

Ⓢ

372 Anästhesie
Neben der Leitungsanästhesie am N. mandibularis und N. buccalis wird die Schleimhaut an der Inzisionsstelle oberflächlich infiltriert (Schleichsche Anästhesie), um jeden Schmerz bei der Inzision zu vermeiden und die Blutung zu reduzieren.

Rechts: Schema der geplanten Inzision: Die Schnittführung erfolgt senkrecht zur Knochenoberfläche, beim Abschieben des Periostes muß auf den N. mentalis am Foramen mentale geachtet werden.

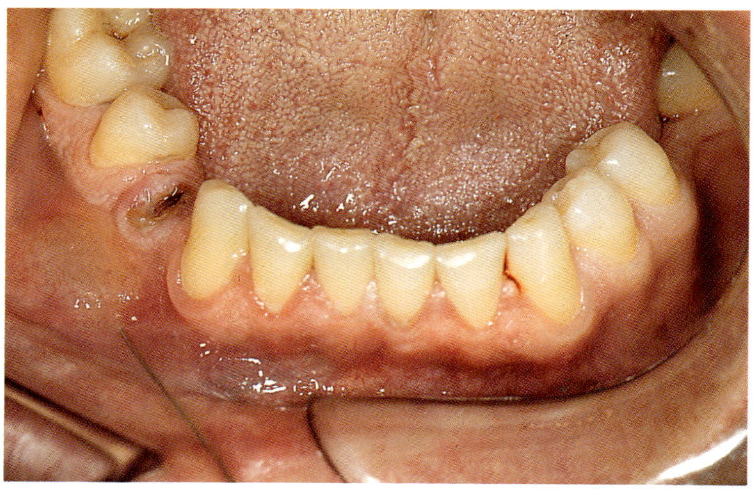

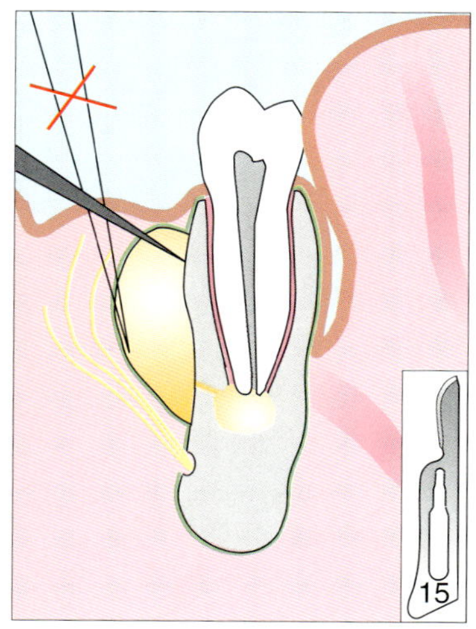

373 Inzision
Das Messer wird senkrecht zur Knochenoberfläche geführt und durchtrennt Mukosa und Periost.

Rechts: Mit einem Raspatorium wird der Abszeßhohlraum erweitert, damit der Abfluß des Eiters vollständig erfolgen kann.

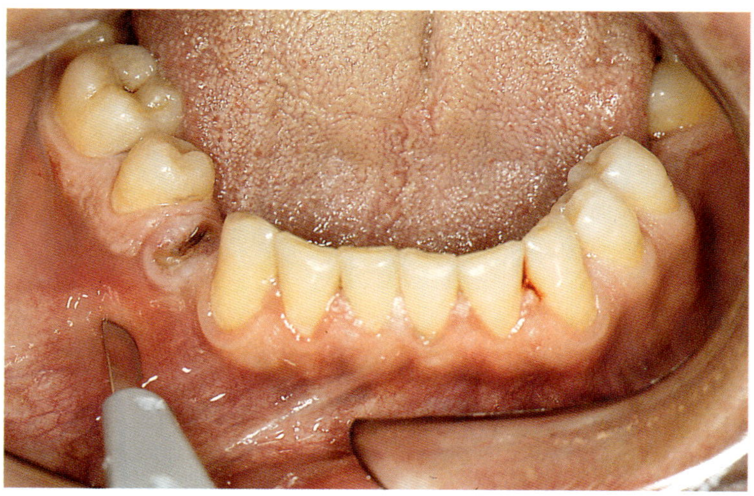

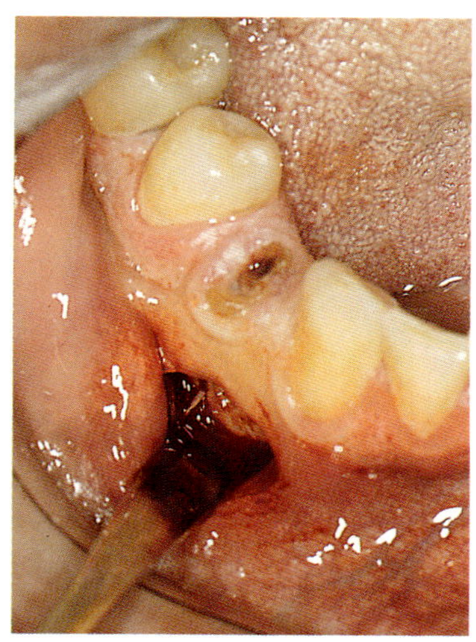

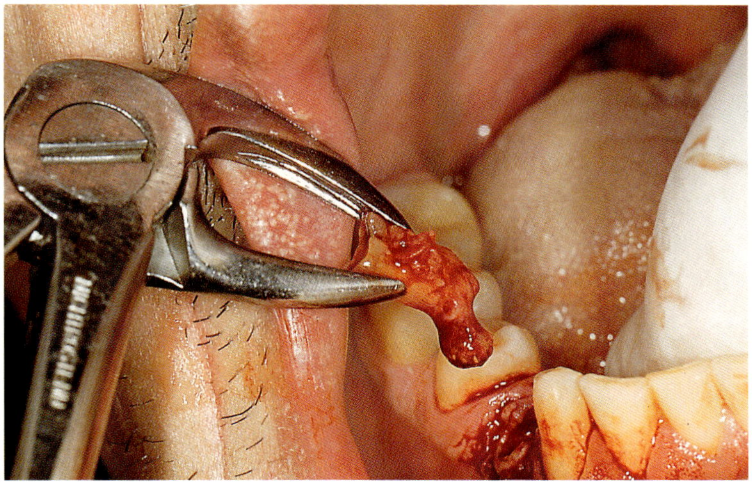

374 Behandlung der Ursache
In diesem Falle muß der ursächliche Zahn entfernt werden. Die Extraktion erfolgt in der Regel nach der Inzision, um die Ausbreitung von Eiter durch quetschende Manipulationen am Alveolarfortsatz zu vermeiden.

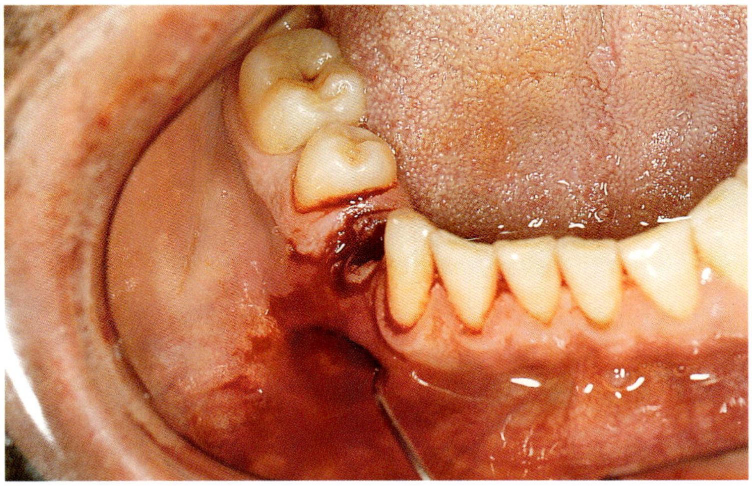

375 Spülung
Spülung der Abszeßhöhle, damit verbliebener Eiter vollständig entfernt wird.

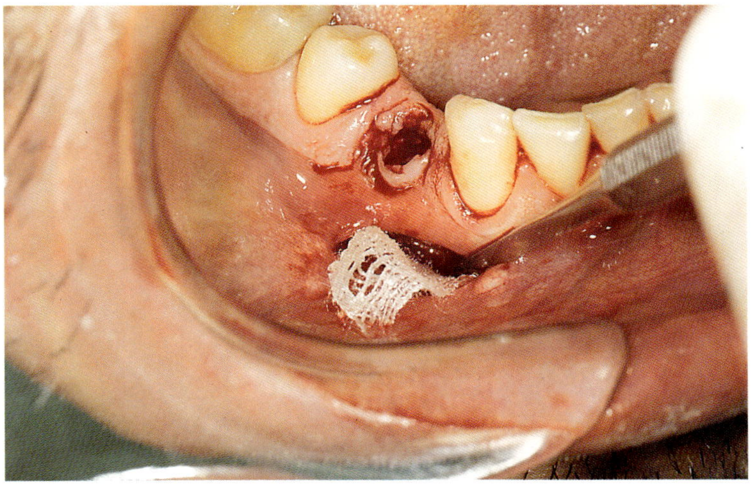

376 Drainage
Der eröffnete Hohlraum wird mit einem Gazestreifen offengehalten, um den Abfluß von weiterer Sekretion zu ermöglichen. Der Gazestreifen wird mit einer desinfizierenden Lösung getränkt, z.B. Chlumsky-Lösung.

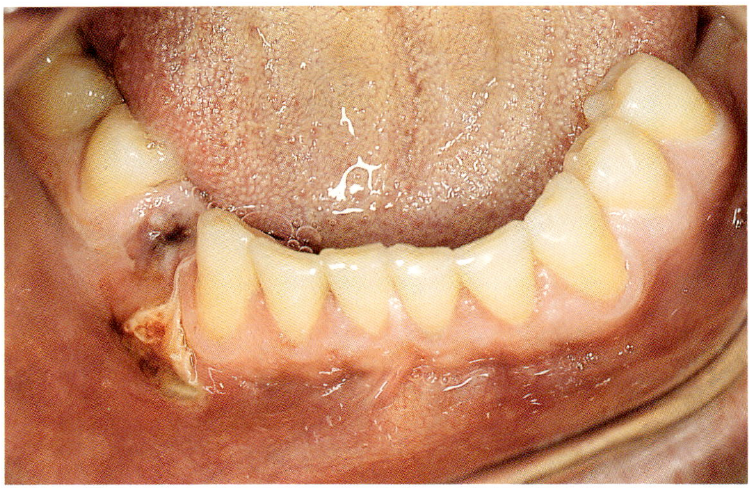

377 Nachkontrolle
Die erste Kontrolle erfolgt am nächsten Tag, um eine etwaige Sekretion weiterhin zu drainieren. Der Abszeßhohlraum wird gespült und bei Sekretion wieder mit einem Gazestreifen versehen. Weitere Kontrolle am nächsten Tag und dann solange, bis die entzündlichen Zeichen verschwunden sind.

Lingualer Abszeß

Entsprechend der Lage des Diaphragma oris (M. mylohyoideus) ist die Lokalisation des Abszesses zu beachten. Auch hier gilt grundsätzlich die Regel der horizontalen, senkrecht zur knöchernen Unterlage geführten Inzision.

Wegen der Zugangsbehinderung, besonders bei reduzierter Mundöffnung, ist eine geringe Abweichung vom Prinzip notwendig: Durchtrennung von Mukosa und Periost lingual beim Übergang in den Mundboden, eher mesial vom Abszeß, und Erweiterung mit dem Raspatorium, allenfalls zusätzliche Spreizung der Weichteile mit der Klemme. Spülung und Drainage wie üblich.

Cave

Anterior: Durchtrennung des Ductus glandulae submandibularis.
Posterior: Durchtrennung des N. lingualis.

Nota bene

Bei massiver Schwellung im Mundboden den Kontakt zum Alveolarfortsatz unbedingt beibehalten. Nicht in Mundbodenweichteile inzidieren!

378 Lingualer Abszeß am Alveolarfortsatz des Unterkiefers
74jährige Frau mit Schmerzen und zunehmender Schwellung unter der Zunge links nach Entfernung des Zahnes 33 vor einem Monat.

Rechts: Das Röntgenbild zeigt im OPT-Ausschnitt eine unregelmäßig begrenzte Osteolyse im Alveolarfortsatz Regio 33.

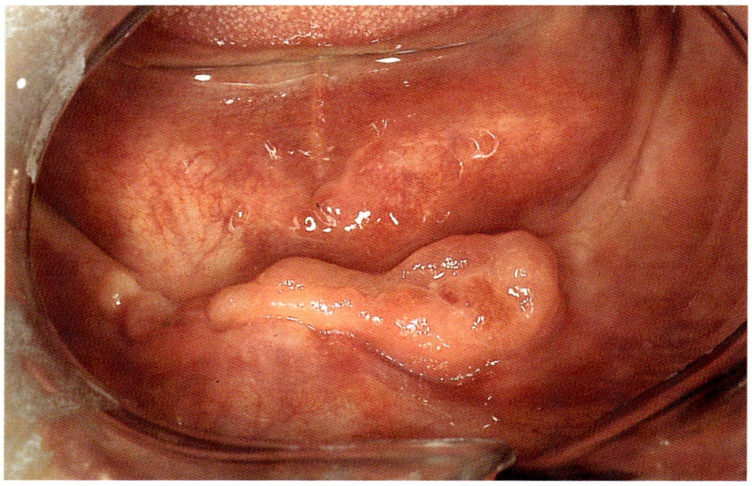

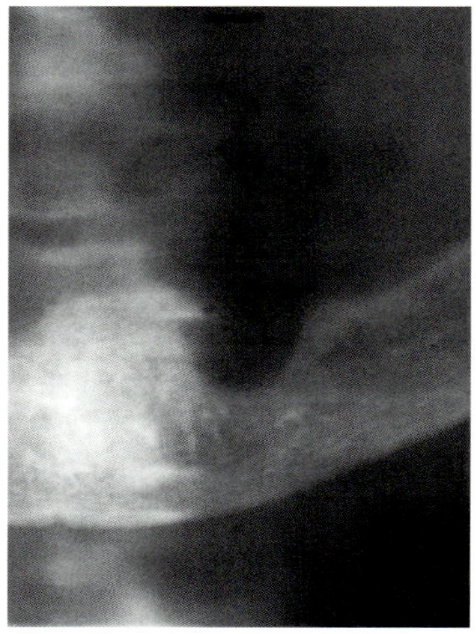

Ⓢ

379 Abszeßeröffnung
Der Abszeß wird mit dem senkrecht zum Alveolarfortsatz in horizontaler Richtung geführten Skalpell eröffnet.

Rechts: Schema der Abszeßinzision von lingual.

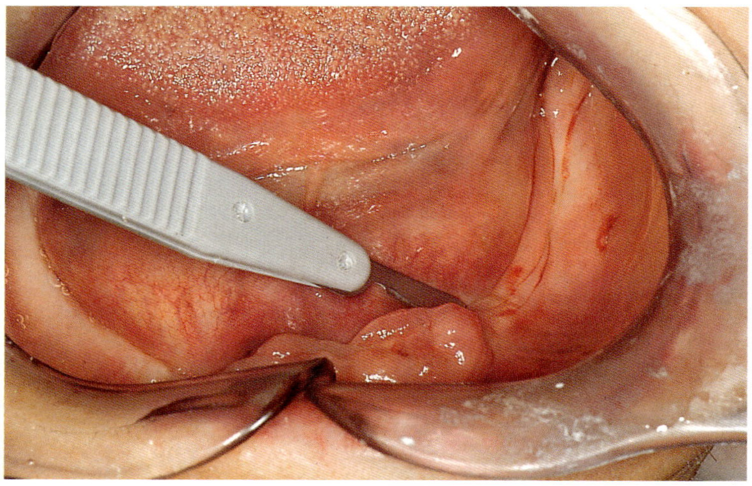

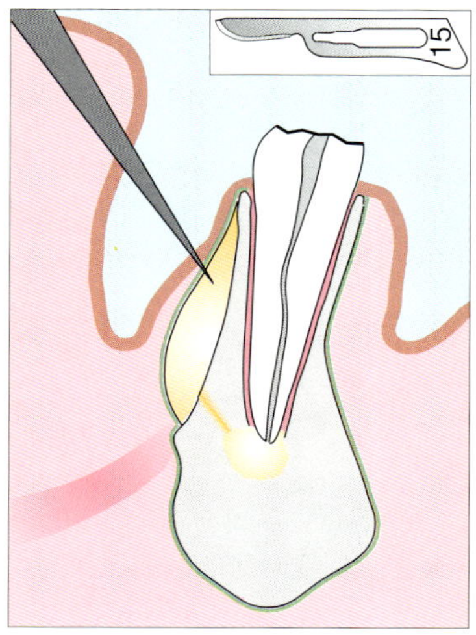

380 Nachbehandlung
Nach zweimaliger Spülung und Drainwechsel sind die akuten Infektionszeichen verschwunden.

Rechts: Die Nachkontrolle erfolgt in diesem Fall nach 3 Monaten durch eine Röntgenaufnahme, um die Knochenregeneration zu überprüfen.

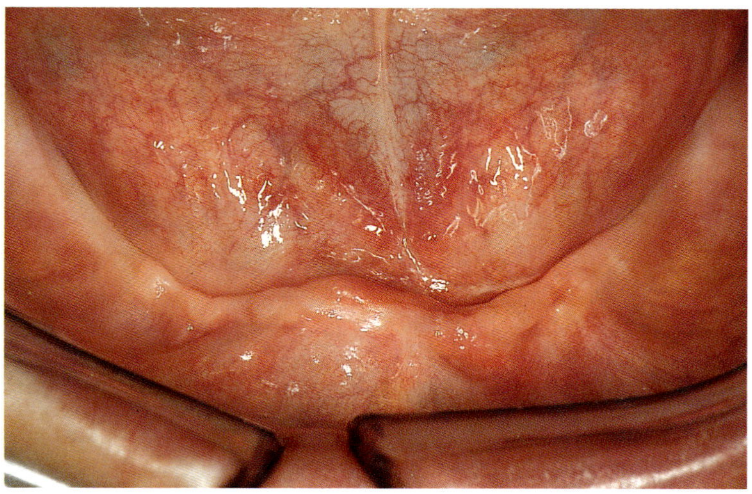

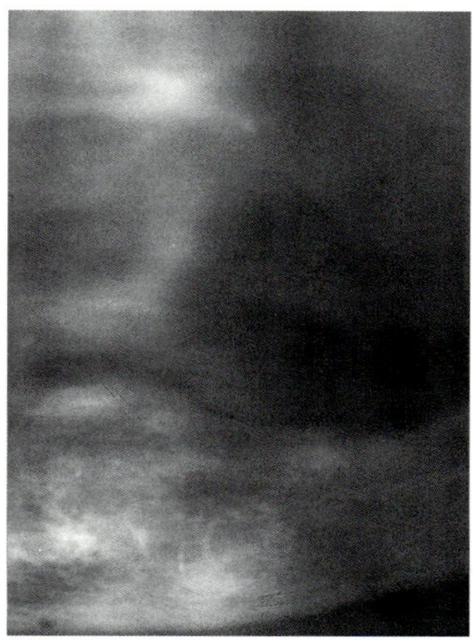

Kinnabszeß

Ausgehend von Unterkieferfrontzähnen kann sich ein Abszeß unterhalb des M. mylohyoideus entwickeln und submental unter der Haut auftreten. Der Abszeß ist gut begrenzt, die Haut darüber meist gerötet. Existiert keine klare Abszeßhöhle, besteht die Gefahr der Ausbreitung entlang der Halslogen bis ins Mediastinum.

Inzision von extraoral in die Submentalfalte.

Submasseterischer Abszeß

Ausgehend von Infektionen der Unterkieferseitenzähne, v. a. der Molaren mit Ausbreitung nach lateral. Unterkieferrand noch tastbar. Die massive Mundöffnungsbehinderung erschwert die Leitungsanästhesie und den Zugang.

Die Inzision erfolgt vestibulär im Molarenbereich. Subperiostales Vorschieben des Raspatoriums in den submasseterischen Raum und Spreizung mit der Klemme.

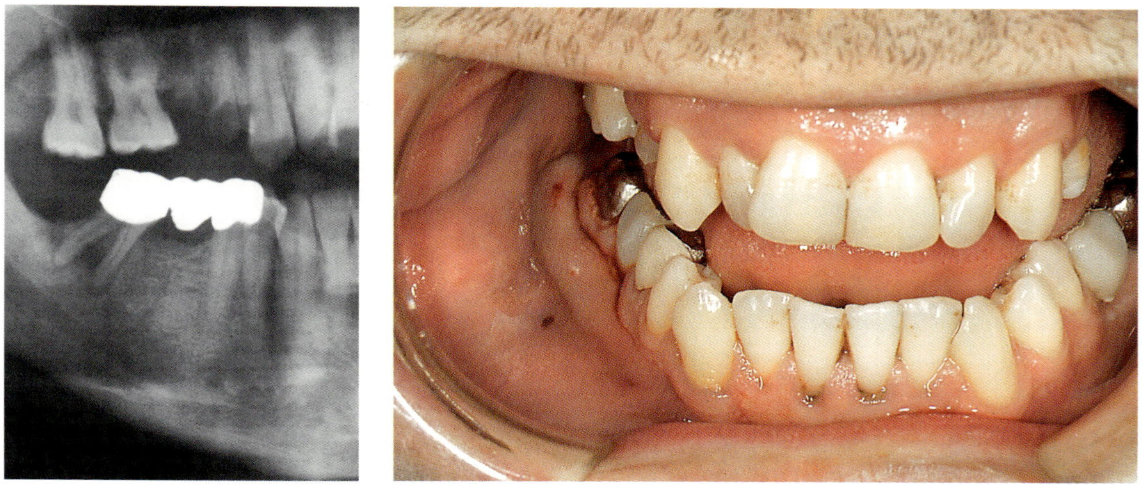

381 Submasseterischer Abszeß
36jähriger Mann mit zunehmender Mundöffnungsbehinderung und Schmerzen im rechten Unterkiefer. Es imponiert extraoral eine derbe, dolente Schwellung im Kieferwinkelbereich bei normaler Sensibilität. Oral kann eine schmerzhafte, pralle Schwellung im distalen Bereich des rechten Unterkiefers festgestellt werden. Die Zähne 47 und 48 sind devital, Zahn 48 zeigt distal eine mehr als 7 mm tiefe Tasche mit Sekretion, Mundöffnung 4 mm Schneidenkantenabstand.

Ⓢ *Links:* Röntgenbild mit interradikulärer Osteolyse 47.

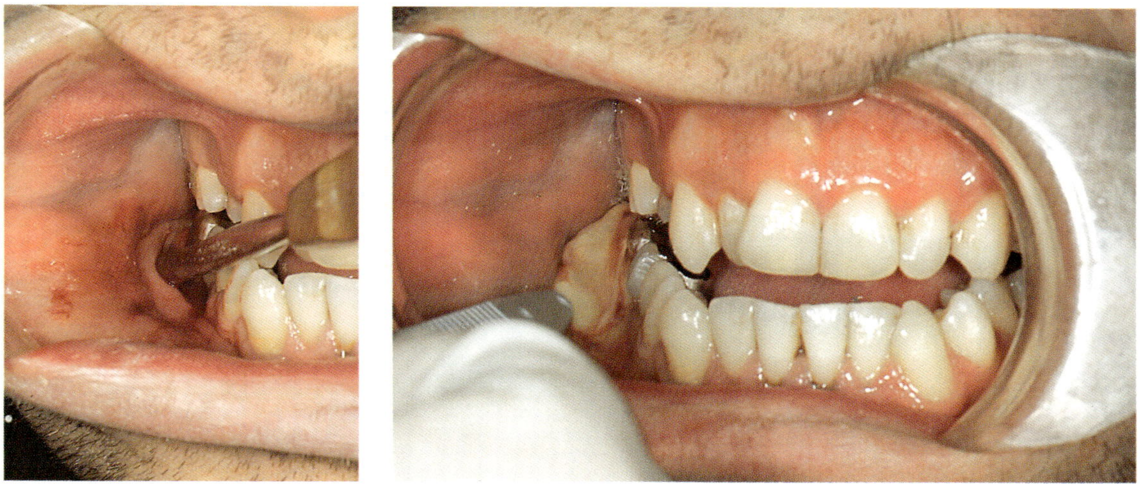

382 Inzision und Drainage
Der Abszeß wird nach Leitungsanästhesie und Infiltration über dem Abszeß von bukkal-distal her inzidiert und das Periost nach distal-kaudal mit dem Raspatorium abgehoben. Es entleert sich sofort viel Pus. Die Zähne 47 und 48 werden wegen schlechter Prognose und fehlender Motivation des Patienten entfernt.

Links: Abschieben des Mukoperiostes mit dem Raspatorium.

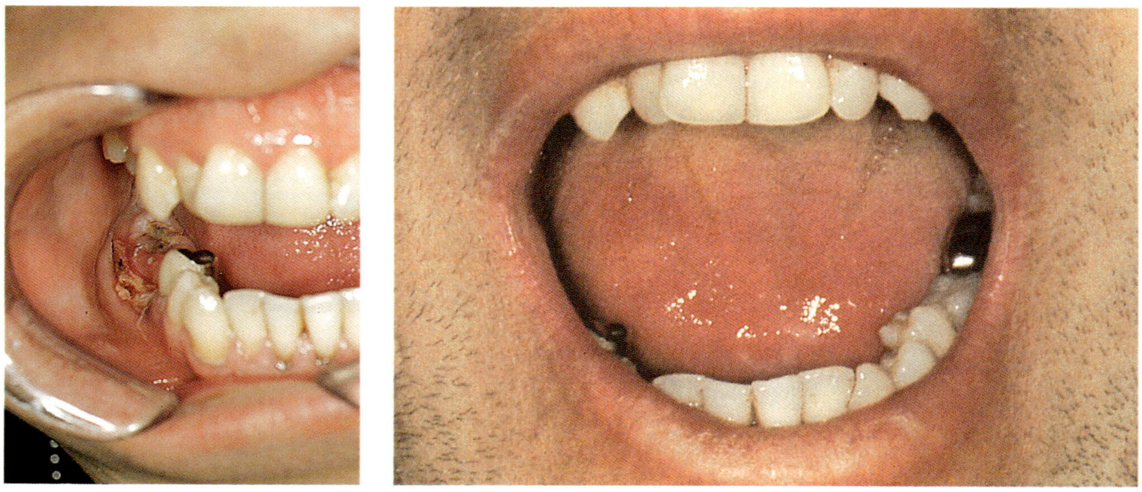

383 Nachbehandlung
Nach sieben Tagen sind die akuten Symptome verschwunden, die Mundöffnung beträgt 28 mm und kann mit Fingerdruck auf 35 mm erhöht werden.

Links: Nach täglicher Spülung und Drainwechsel bis am dritten Tag klingen die Schwellung und die Schmerzen ab, der Mund läßt sich etwas weiter öffnen.

Parapharyngealer Abszeß

Meist aus einer Dentitio difficilis hervorgegangen oder nach Entfernung unterer Weisheitszähne bei bestehender Tascheninfektion. Ein Hämatom bei der Leitungsanästhesie kann auch als Ursache in Frage kommen. Es besteht Mundöffnungsbehinderung verbunden mit Schluckbeschwerden.

Vertikale Inzision im Trigonum retromolare und Spreizung nach dorsal auf dem Knochen. Zusätzliche Eröffnung des Parapharyngealraumes mit der Klemme.

Pterygoideus-internus-Abszeß

Meist fortgeleiteter Abszeß vom Unterkiefer ausgehend, ähnlich dem Parapharyngealabszeß. Hier besteht jedoch meist eine ausgeprägtere Mundöffnungsbehinderung mit Erschwerung des Zugangs.

Inzision vertikal am aufsteigenden Ast des Unterkiefers mit Spreizung im Bereich der Ramusinnenseite.

384 Parapharyngealabszeß
Der 42jährige Patient leidet seit drei Tagen an zunehmender Mundöffnungsbehinderung und Schluckbeschwerden. Leichte Schmerzen wurden im rechten Unterkiefer schon vor einigen Wochen verspürt. Zahn 48 wurde wegen einer Dentitio difficilis vor drei Monaten entfernt.

Rechts: Das Röntgenbild zeigt die leere Alveole des 48 mit reaktiver Sklerosierung im Randgebiet mesial und Osteolyse distal.

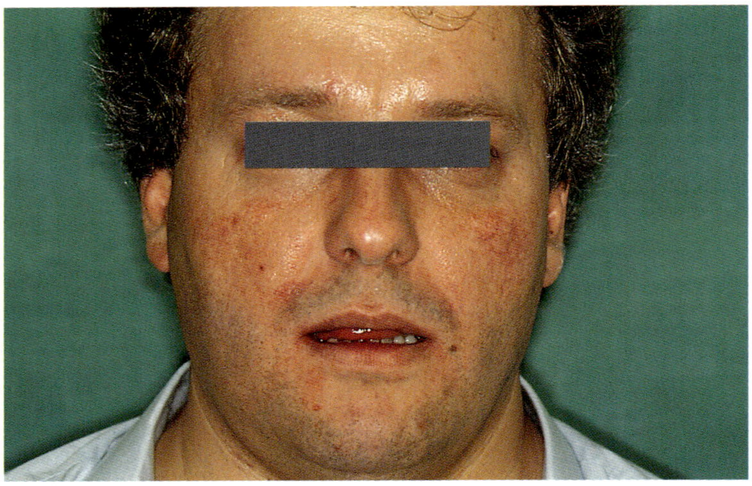

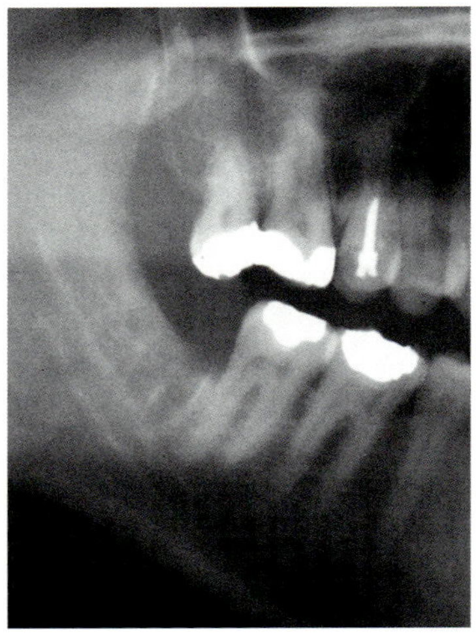

Ⓐ

385 Anästhesie
Leitungsanästhesie am N. mandibularis und Infiltration am Gaumensegel links.

Rechts: Im Schema axialer Querschnitt mit Inzisionsstelle.

1 Unterkiefer.
2 M. masseter.
3 M. pterygoideus medialis.
4 Abszeß.
5 Tonsillenregion.

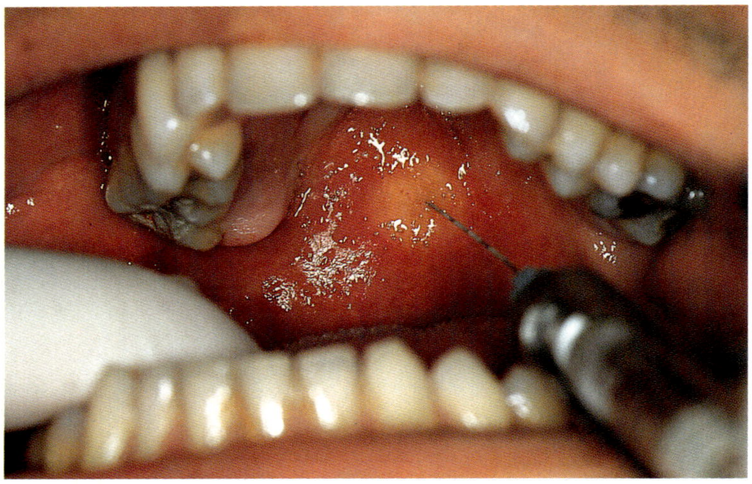

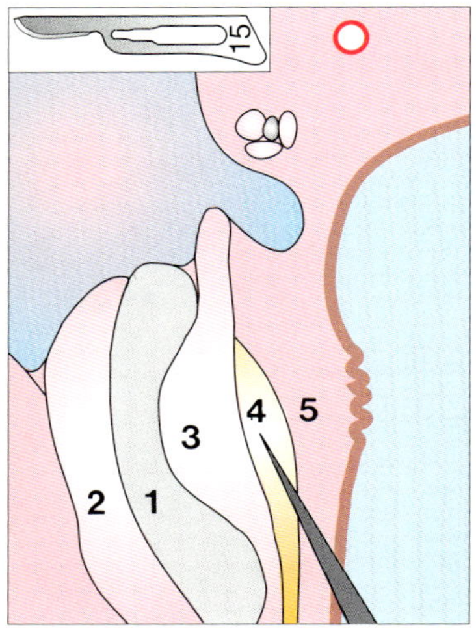

386 Inzision
Stichinzision und Erweiterung mit dem Skalpell im Gaumensegel links.

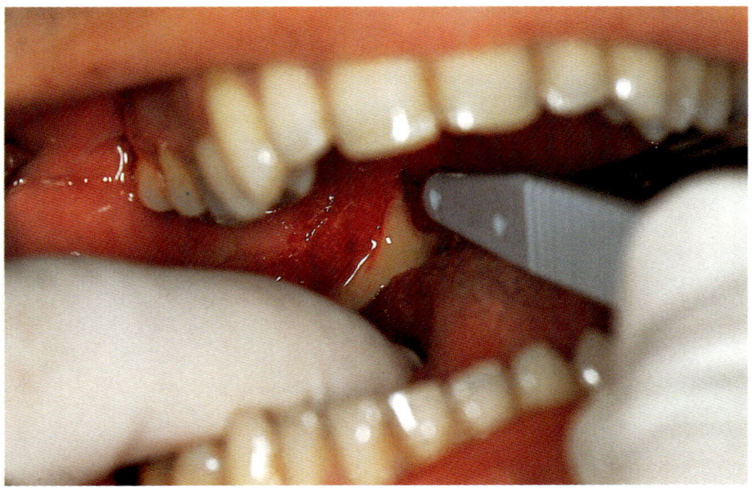

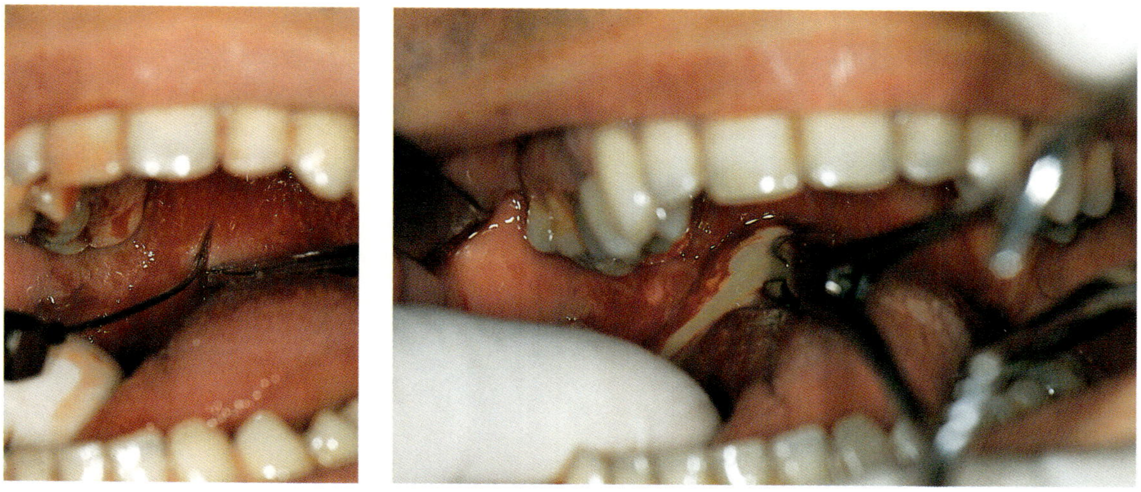

387 Spreizung
Mit der Klemme wird die Abszeßhöhle nach stumpfem Vordringen zum inneren Kieferwinkel erweitert. Es entleert sich viel Pus, und die Möglichkeit der Mundöffnung nimmt sogleich zu.

Links: Spülung der Abszeßhöhle.

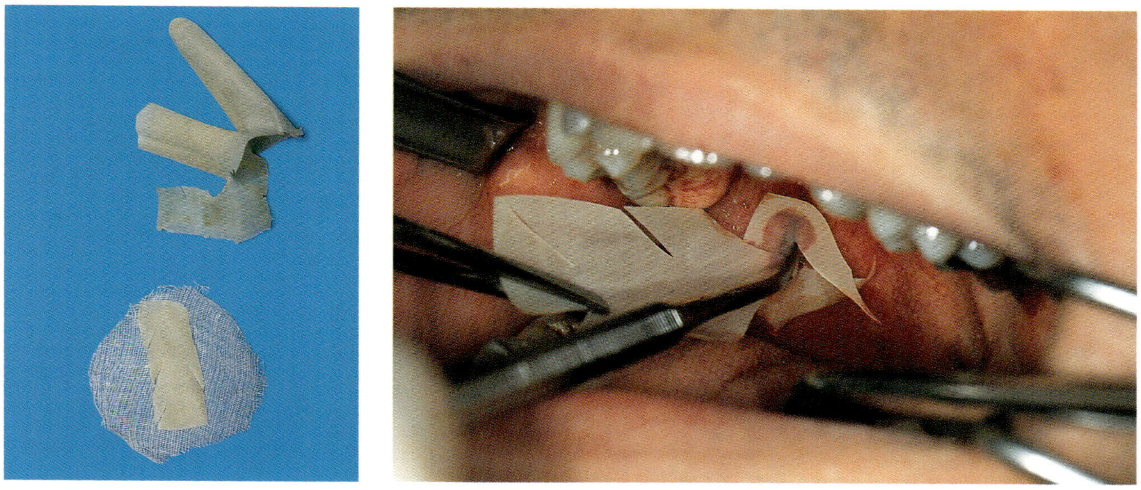

388 Drainage
Wegen des langen Inzisionsweges ermöglicht der Gazestreifen keinen ausreichenden Abfluß weiterer Sekretion. Deshalb wird ein Gummidrain eingelegt.

Links: Einfache Herstellung geeigneter Gummistreifen aus einem Handschuh.

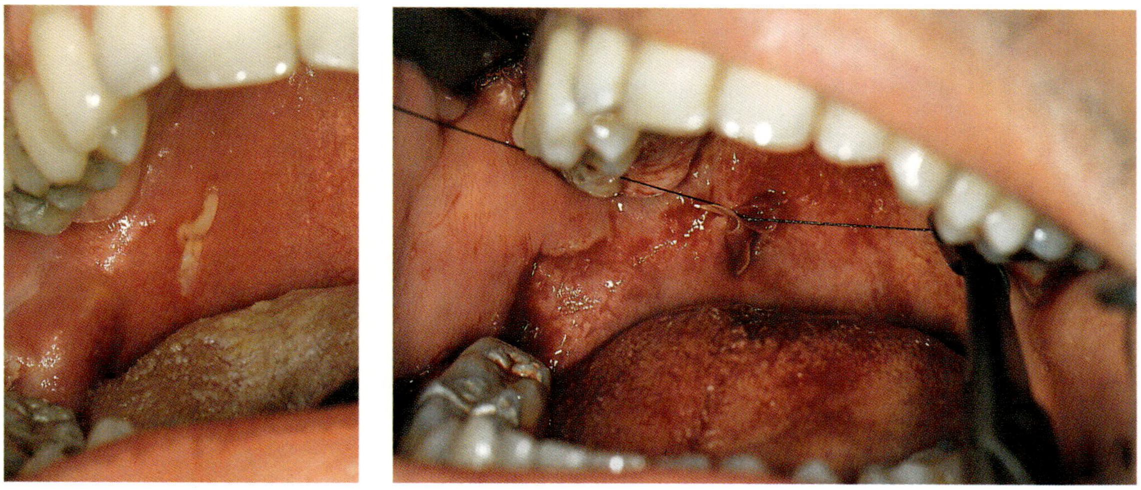

389 Fixation des Drains
Der Gummidrain wird zur Verhinderung einer Aspiration mit einer Naht fixiert. Die Ursache, ein persistierender Tascheninfekt von Zahn 48 (Dentitio difficilis), wird durch separate Inzision behandelt.

Links: Nach 3 Tagen ist die Inzisionsstelle fibrinös verschlossen und keine Sekretion mehr feststellbar.

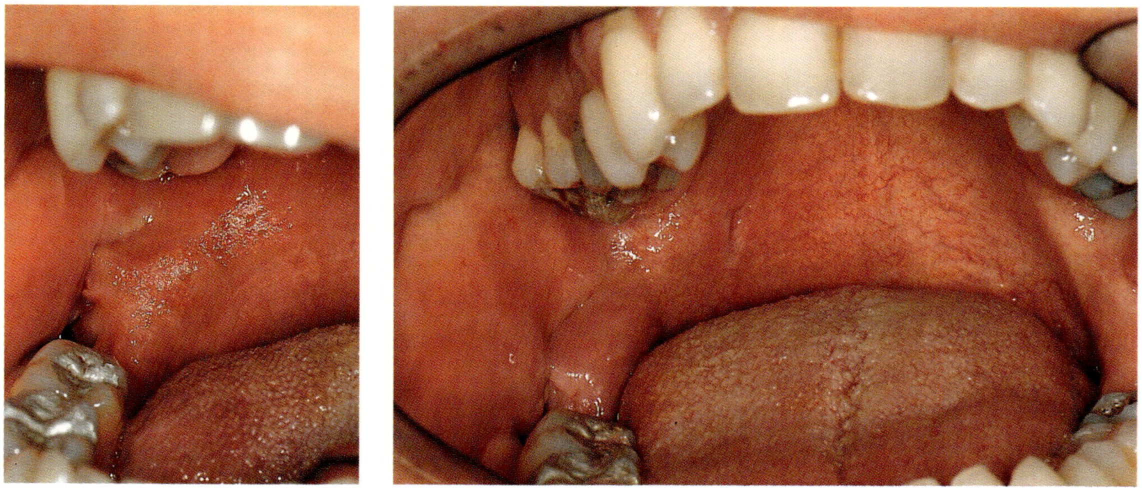

390 Nachkontrolle
Kontrollen finden täglich statt bis zur deutlichen Besserung der klinischen Infektionszeichen.

Nach ausbleibender Sekretion wird der Drain am 3. Tag weggelassen *(links)*.

Rechts: Die Kontrolle vom 7. Tag zeigt wieder eine normale Mundöffnung (SKA 48 mm) und Abheilung der Inzisionswunde. Zahn 48 wird bei nächster Gelegenheit entfernt.

Paramandibulärer Abszeß

Meist ist eine apikale Infektion der unteren Molaren ohne adäquate Behandlung als Ursache erkennbar. Es besteht eine massive dolente Schwellung um den Unterkiefer, der Kieferrand ist noch tastbar. Die Mundöffnungsbehinderung erschwert die Inspektion und den Zugang, besonders bei lingualer Mitbeteiligung.

Der Übergang zum perimandibulären Abszeß ist fließend.
Ob die Behandlung ambulant erfolgen kann oder ob eine stationäre Einweisung vorzuziehen ist, muß im Einzelfall erwogen werden.

Im Prinzip erfolgt die Inzision von extraoral in Narkose. Ist die Schmerzausschaltung durch Lokalanästhesie möglich, kann von oral-bukkal und lingual inzidiert werden. Der lange Inzisionsweg erfordert die Sicherung des Abflusses durch einen Gummidrain. Spreizung mittels Klemme sowohl der vestibulären als auch lingualen Anteile der Loge.

Cave
Verlauf des R. marginalis des N. facialis. Die Inzision erfolgt zwei Finger breit kaudal des Unterkieferunterrandes.

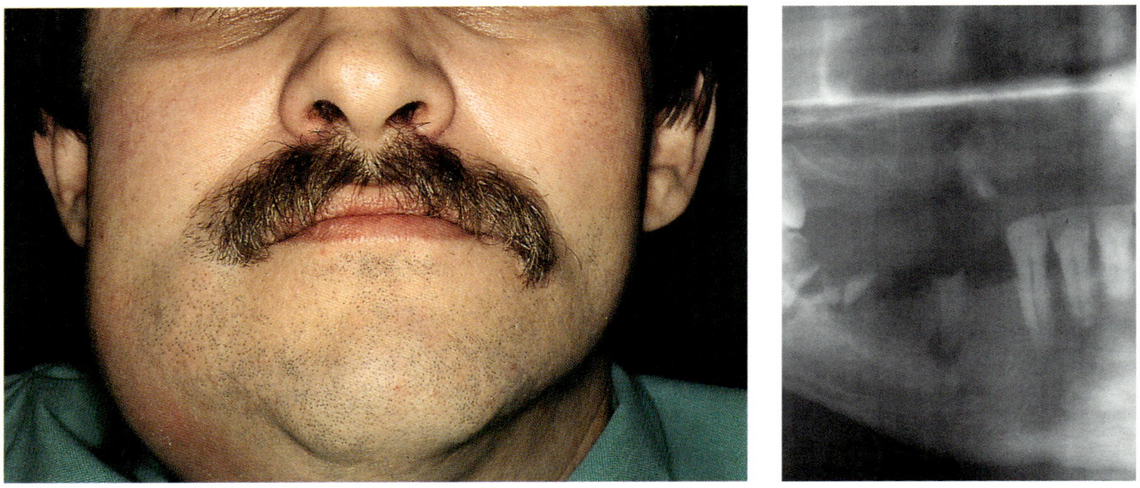

391 Paramandibulärabszeß vestibulär und lingual
58jähriger Mann mit stark kariös zerstörten Zähnen und einer prallen Schwellung paramandibulär rechts, oral-vestibulär und lingual am rechten Unterkiefer; die Linea obliqua interna ist nicht tastbar.

Rechts: Im Röntgenbild die Wurzelreste von Zahn 47 und 48 mit apikaler Osteolyse ohne Sklerosierung.

Ⓐ

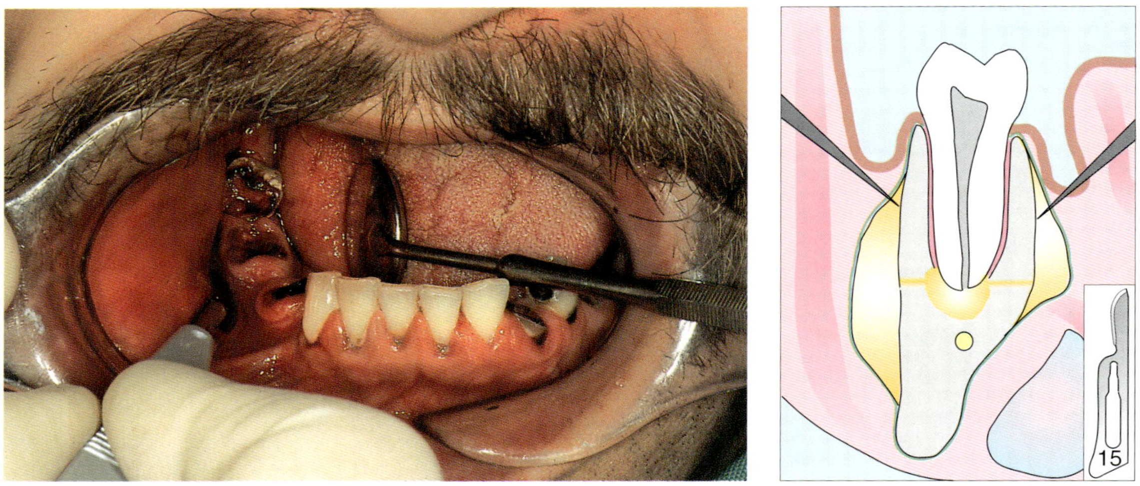

392 Inzision
Nach Leitungsanästhesie und lokaler Infiltration beim N. buccalis wird der Abszeß durch eine senkrecht zum Knochen geführte Inzision zuerst vestibulär eröffnet.

Rechts: Schema des vestibulären und lingualen Zugangs. Lingual erfolgt die Inzision horizontal am Übergang zum Mundboden in Höhe des 1. Molaren.

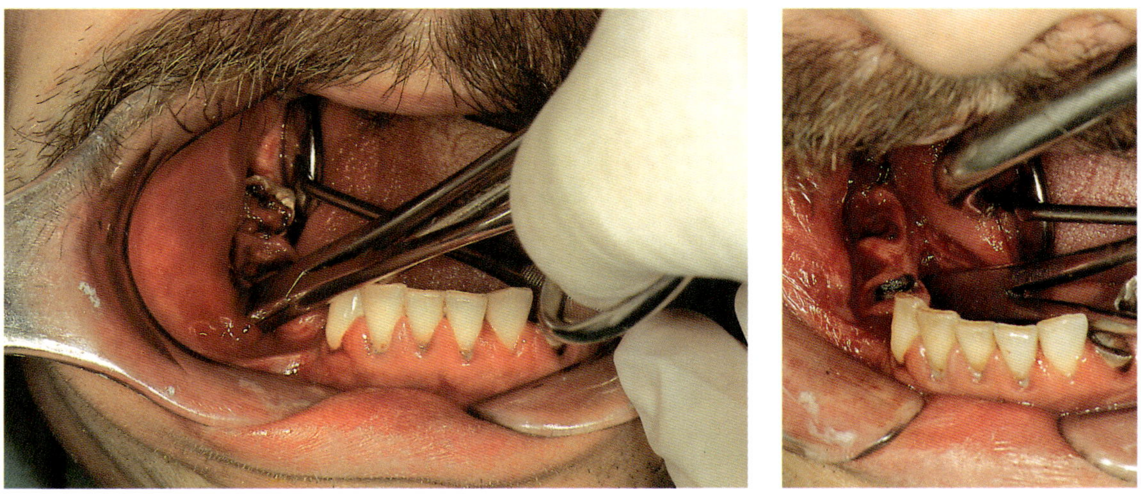

393 Spreizung
Sowohl vestibulär wie lingual (*rechts*) muß der Abszeß in der Tiefe mit der Klemme stumpf aufgesucht und durch Herausziehen der Klemme in geöffnetem Zustand gespreizt werden. Der Zugang von lingual erfolgt von der Gegend des 1. Molaren nach distal-kaudal unter Knochenkontakt. Damit wird eine Verletzung des N. lingualis vermieden.

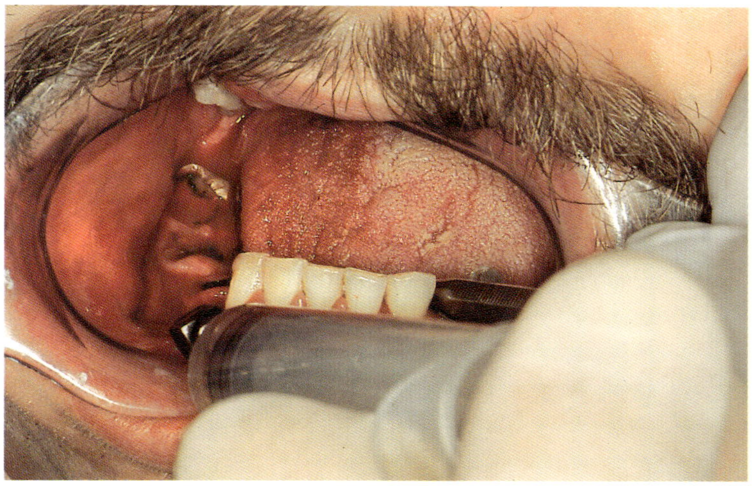

394 Spülung
Die eröffneten Abszeßräume werden mit stumpfer Kanüle gründlich gespült, wobei durch sanfte Massage von außen der Eiter nach oral befördert wird. Die ursächlichen Wurzelreste werden gleichzeitig entfernt.

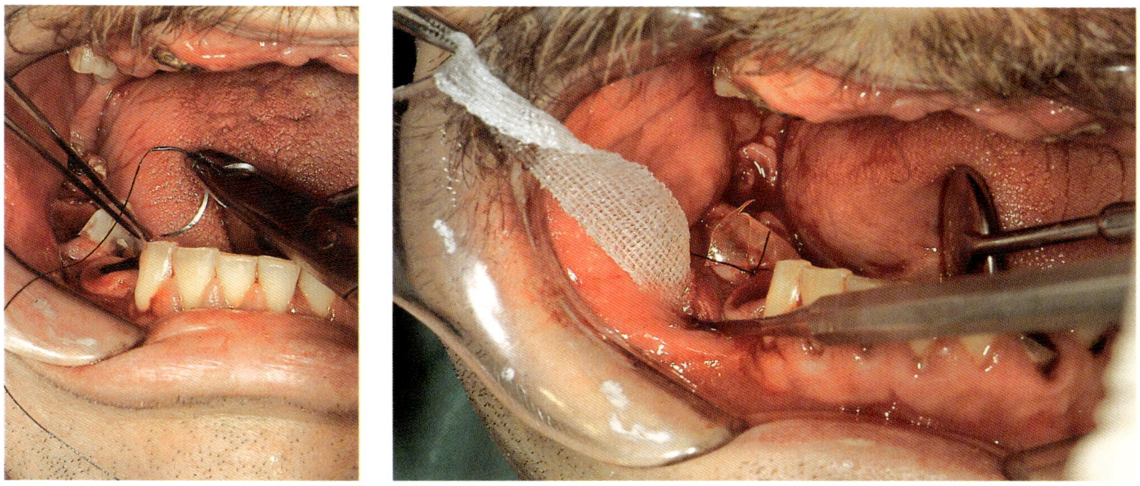

395 Drainage
Der lange Drainageweg auf der lingualen Seite wird mit einem anligierten Gummidrain offengehalten.

Links: Auf der vestibulären Seite mit oberflächlich gelegenem Abszeß genügt die Einlage eines Gazestreifens.

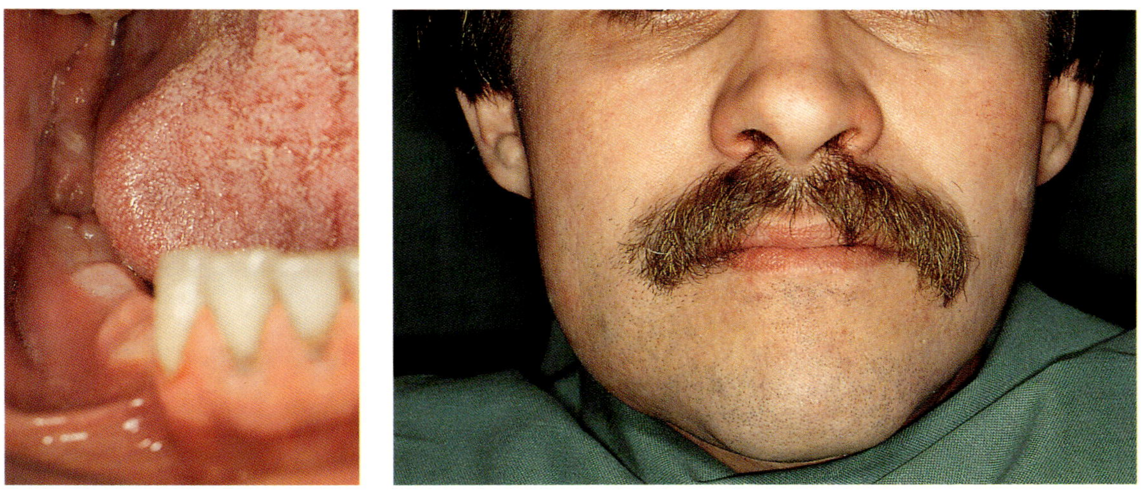

396 Nachkontrolle
Bei täglichem Streifenwechsel nach Spülung sowohl lingual wie vestibulär wird nach drei Tagen keine Sekretion mehr festgestellt. Eine Drainage ist nicht mehr notwendig *(links)*.

Rechts: Nach insgesamt 5 Tagen ist nur noch eine indolente, nicht fluktuierende Schwellung am Unterkiefer rechts festzustellen.

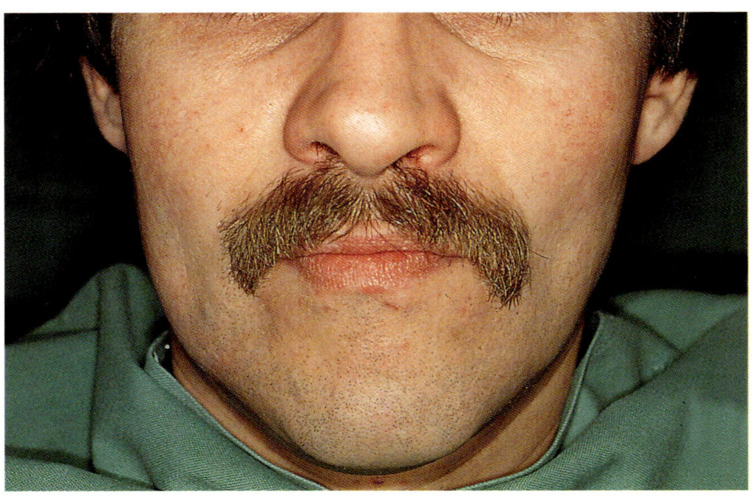

397 Behandlungsende
Nach 10 Tagen sind die entzündlichen Symptome verschwunden, die Extraktionswunden reizlos und mit Granulationen bedeckt.

Aktinomykose

Meist entsteht eine Aktinomykose aus einer nicht völlig ausgeheilten Infektion. Erreger ist der Strahlenpilz, Actinomyces israeli, ein saprophytischer Bewohner der Mundhöhle. Unter anaeroben Bedingungen wird er pathogen. Der Erreger gelangt über eine nekrotische Zahnpulpa, über Zahnfleischtaschen, Extraktionswunden oder ulzerierte Schleimhaut in die Tiefe des Gewebes, wo anaerobe Bedingungen herrschen. Die pathogene Wirkung ist abhängig von anderen Begleiterregern, die Hyaluronidase zur Gewebslockerung produzieren. Es handelt sich also um eine aktinomykotische Mischinfektion, entstanden aus einem odontogenen pyogenen Infekt. Diese Infektionsform ist als zervikofaziale Aktinomykose bekannt.

Die klinische Erscheinungsform imponiert als brettharte Schwellung mit bläulichroter Hautoberfläche, oft mit Fistelbildung und subkutaner Ausbreitung. Der Nachweis erfolgt mikrobiologisch durch Anaerobierkultur. Der Nachweis von Drusen im Gewebe ist eher zufällig und schließt im negativen Befund eine Aktinomycesinfektion nicht aus.

Die Behandlung erfolgt chirurgisch unter Verabreichung hoher Antibiotikadosen und eventuell Jontophorese. Eine stationäre Behandlung ist im Einzelfall zu erwägen.

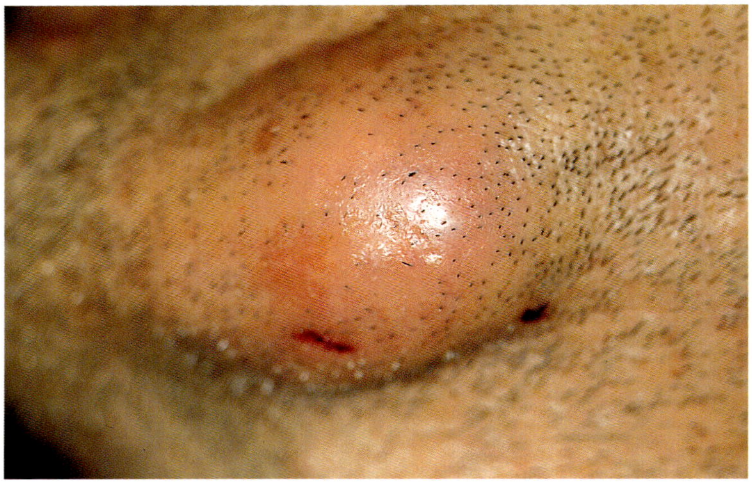
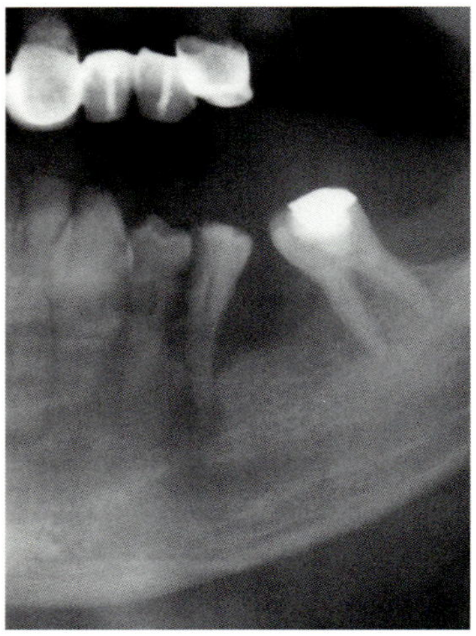

398 Aktinomykose
47jähriger Mann mit einer seit zwei Wochen eher zunehmenden, wenig schmerzhaften Schwellung und Rötung an der Haut am linken Unterkieferrand.

Rechts: Das Röntgenbild zeigt kariöse Zähne, parodontale Einbrüche und eine apikale Osteolyse bei Zahn 35. Verlauf wie klinisches Erscheinungsbild sprechen für eine Aktinomykose.

Ⓒ

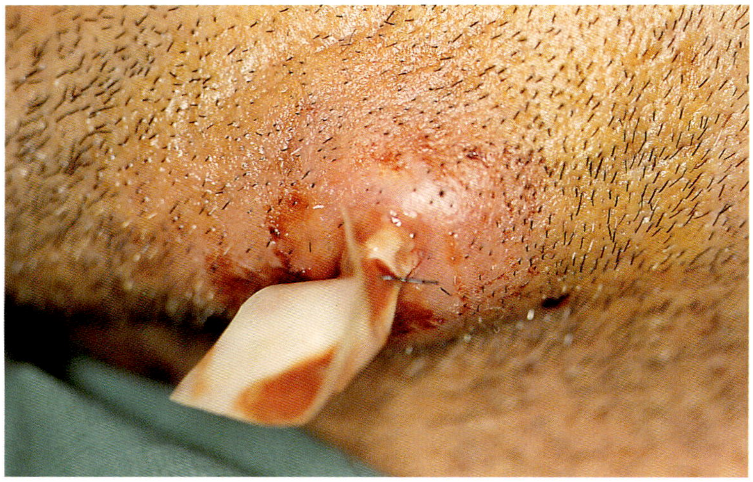
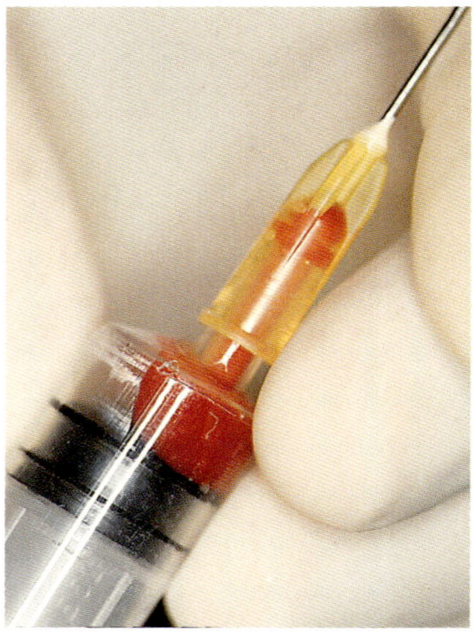

399 Hautinzision
Der Abszeß wird sowohl von oral (vestibulärer Abszeß) wie von extraoral inzidiert. Die Hautinzision wird mit einem Gummidrain versorgt. Dies ergibt eine reizlosere Schnittwunde. Die ursächlichen Zähne werden gleichzeitig entfernt.

Rechts: Die Punktion ergibt blutigtrübes Sekret. Ein Ausstrich läßt Actinomycesdrusen erkennen.

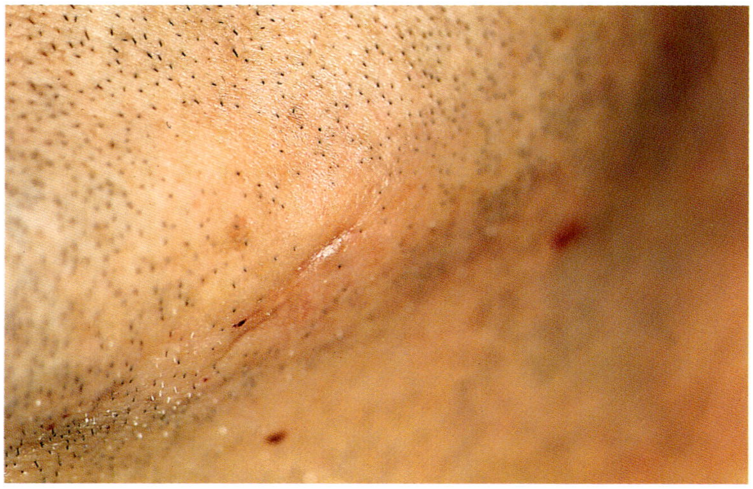

400 Verlauf
Nach zweimaligem Drainwechsel außen kann keine Sekretion mehr festgestellt werden. Das Bild zeigt den Zustand nach spontaner Abheilung der Hautwunde nach 7 Tagen. Der Verlauf ist kurz und ohne Komplikationen. Im anaerob entnommenen Abstrich kann kein Wachstum von Actinomyces beobachtet werden.

Chirurgisches Vorgehen bei Abszessen am Oberkiefer

Fossa-canina-Abszeß

Ursache sind meist die Frontzähne, seltener die Prämolaren. Klinisch imponiert die erhebliche Schwellung der oberen Wangenpartie mit dem Schmerzzentrum in der Fossa canina. Die Haut ist gespannt, gerötet, manchmal glänzend. Das kollaterale Ödem erfaßt oft die Oberlippe und die Augenlider. Auch die Nasenweichteile können betroffen sein. Die strangförmige, sehr schmerzhafte Verhärtung gegen den medianen Augenwinkel deutet auf eine mögliche Infektbeteiligung der V. angularis hin. Die Ausbreitung via diese Vene zum Sinus cavernosus ist möglich.

Die Therapie besteht in oraler Abszeßeröffnung, Drainage und Ursachenbeseitigung. Bei der Abszeßspreizung ist auf die Austrittsstelle des N. infraorbitalis Rücksicht zu nehmen. Die Anästhesie am Foramen infraorbitale erfolgt von extraoral.

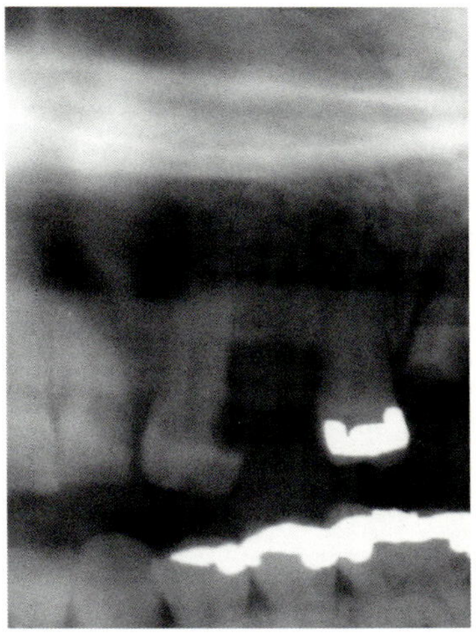
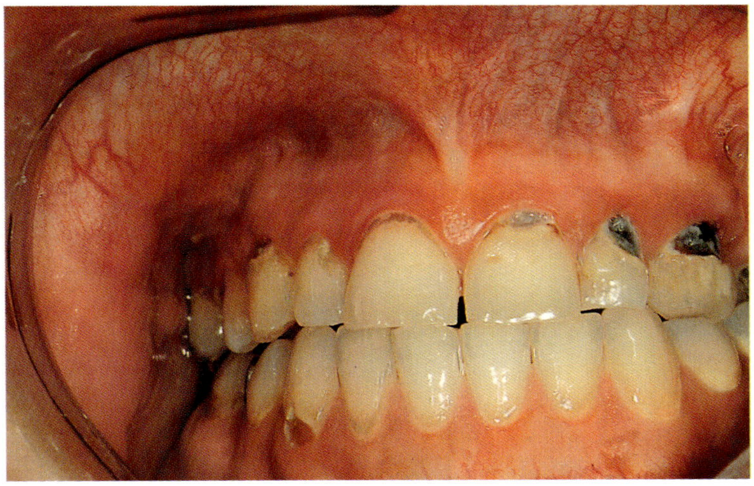

401 Abszeß in der Fossa canina

Rechts: Vestibulär im rechten Oberkiefer kann eine diskrete, pralle und dolente Schwellung hoch getastet werden.

Links: Röntgenbild bei devitalem Zahn 15. Die Situation ist nicht typisch und eine Beteiligung anterior gelegener Zähne muß ausgeschlossen werden.

Ⓢ

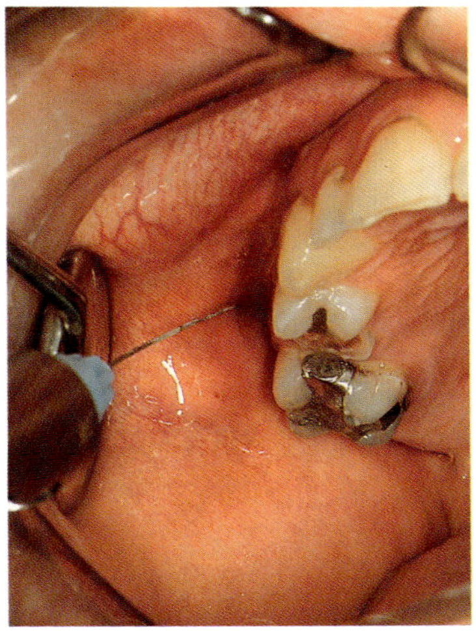
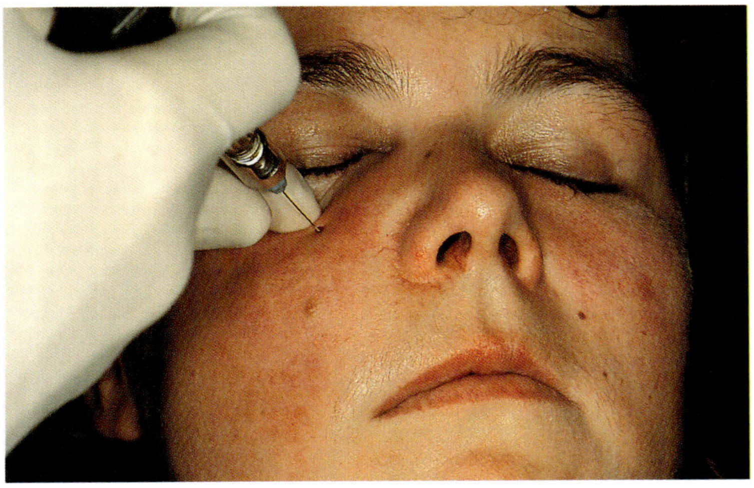

402 Anästhesie

Extraorale Infiltration am Foramen infraorbitale rechts, da der orale Zugang durch das Abszeßgebiet führt.

Links: Infiltration im distalen Bereich bei Zahn 16.

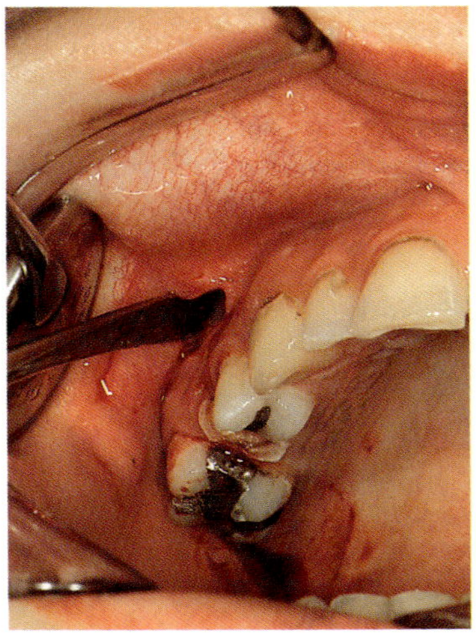
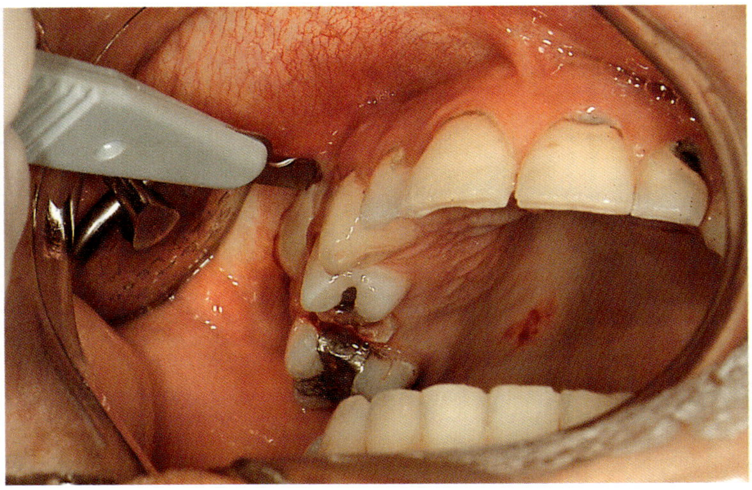

403 Abzeßeröffnung

Inzision vestibulär am Übergang zur beweglichen Schleimhaut in horizontaler Richtung mit senkrecht zum Knochen gerichteter Messerführung.

Links: Abschiebung des Periostes mit dem Raspatorium. Das Abschieben soll nicht zu weit nach kranial erfolgen wegen der Austrittsstelle des N. infraorbitalis.

Vestibulärer Abszeß

Ursache sind meist die Prämolaren und Molaren des Oberkiefers. Klinisch finden wir eine pralle, schmerzhafte Schwellung im Vestibulum nahe dem ursächlichen Zahn.
Die Therapie besteht in Abszeßeröffnung, Drainage und Ursachenbeseitigung.

Nota bene
Die Inzision soll bei geplanter Aufklappung vertikal an der Stelle des vorgesehenen Entlastungsschnittes gelegt werden. Die spätere Lappenbildung bei einem notwendigen Sinusverschluß ist problemlos.

Wangenabszeß

Vestibuläre Abszesse vom Ober-, aber auch vom Unterkiefer können sich in die Wangenweichteile ausbreiten. Entwickelt sich ein Abszeß nach kranial, wird der Wangenfettkörper erreicht und die Ausbreitung erfolgt in weitere Logen nach der Fossa infratemporalis oder in die Fossa pterygopalatina. Eine weitere Ausbreitung nach kranial und dorsal ist möglich.
Die Therapie besteht in Eröffnung des Abszesses und stumpfem Erweitern der Abszeßhöhle. In den Wangenweichteilen laufen Äste der A. facialis, welche beachtet werden müssen. Zur Anästhesie wird der N. buccalis am Vorderrand des aufsteigenden Astes infiltriert.

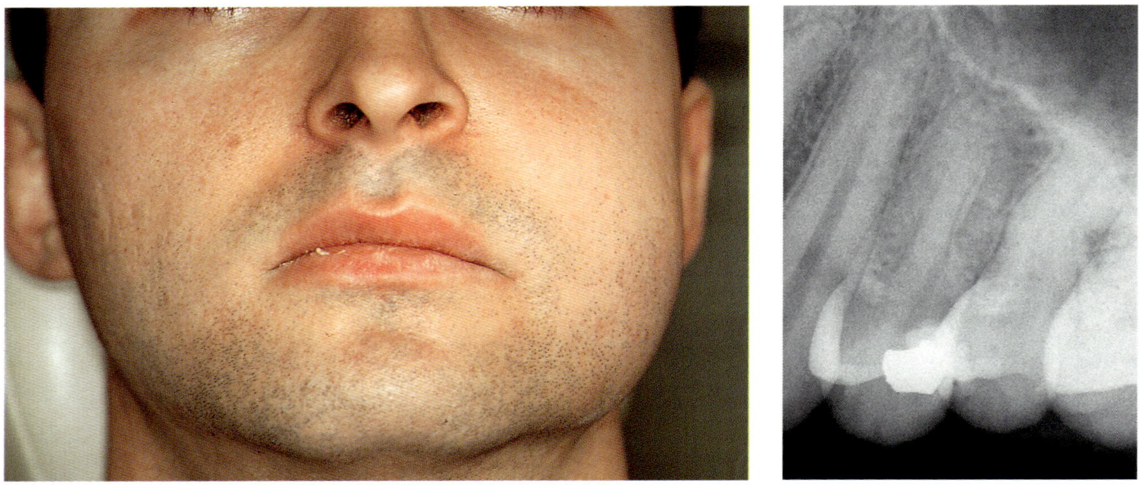

404 Abszeß vestibulär am Alveolarfortsatz im Oberkiefer
Dieser 31jährige Mann litt seit drei Tagen an zunehmenden Zahnschmerzen im linken Oberkiefer, anfänglich temperaturbedingt und seit einer Nacht dauernd mit beginnender Schwellung der linken Wange mit absinkender Tendenz.

Rechts: Röntgenaufnahme. Der CO_2-Test verläuft bei Zahn 24 negativ.

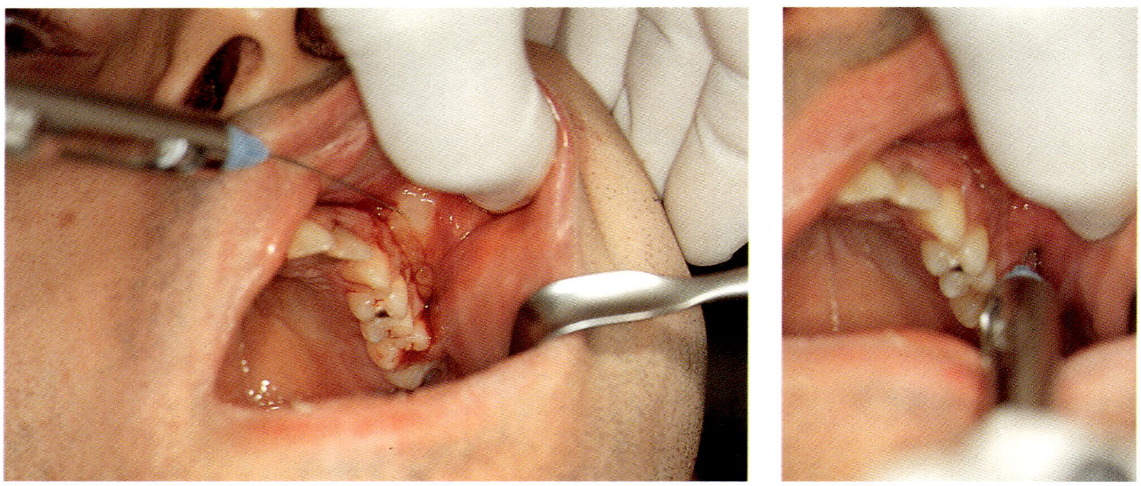

405 Anästhesie
Infiltration der oberflächlichen Schleimhaut (Schleich-Anästhesie).

Rechts: Terminale Anästhesie im Tuberbereich außerhalb der Abszeßregion.

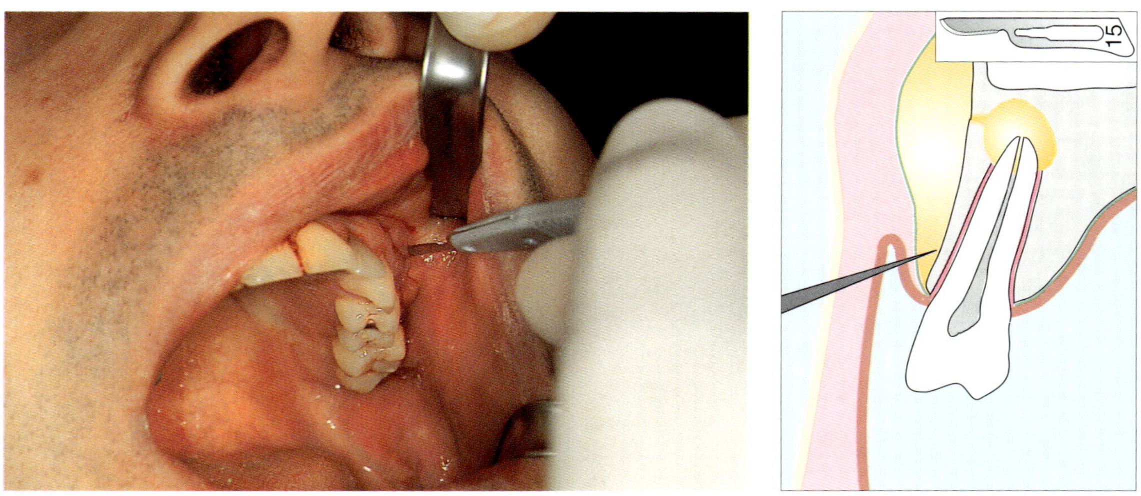

406 Inzision
Die Klinge wird horizontal senkrecht zur knöchernen Unterlage am Übergang zur beweglichen Schleimhaut geführt.

Rechts: Im Schema die Stelle der Inzision.

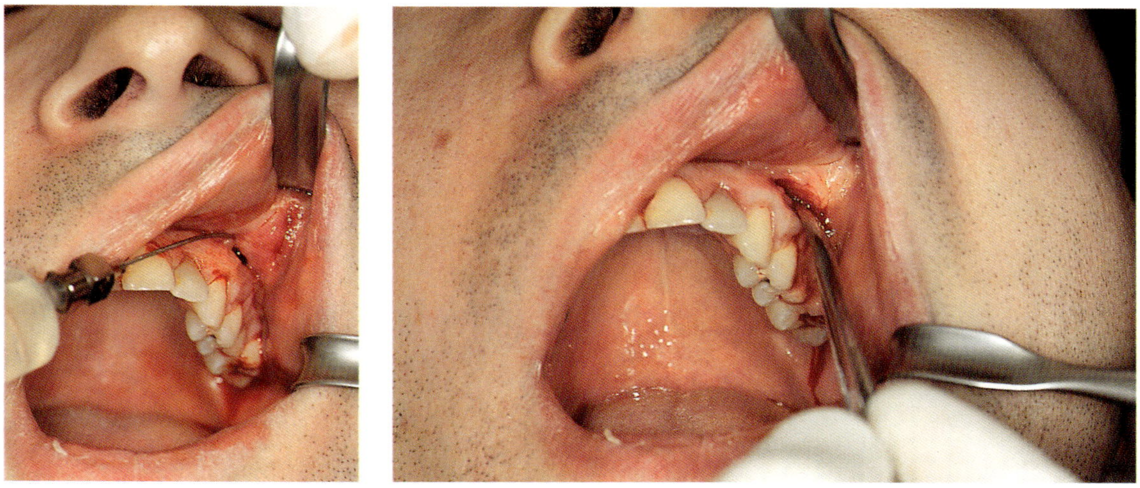

407 Spreizung
Der Abszeßzugang wird mit dem Raspatorium und/oder der stumpfen Klemme erweitert und der Eiter ausmassiert.

Links: Spülung der Abszeßhöhle mit Kochsalz- oder Neomycinlösung.

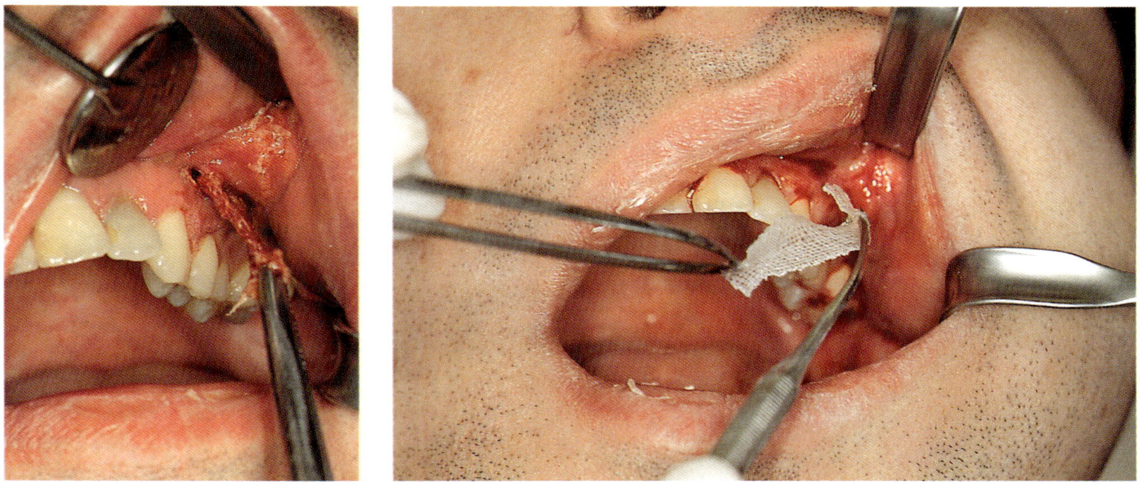

408 Drainage
Der Sekretabfluß wird mit einem Chlumsky-Streifen gesichert. Die Zahnbehandlung wird in der ersten Sitzung begonnen. Der Zahn soll erhalten bleiben.

Links: Drainwechsel erfolgt täglich.

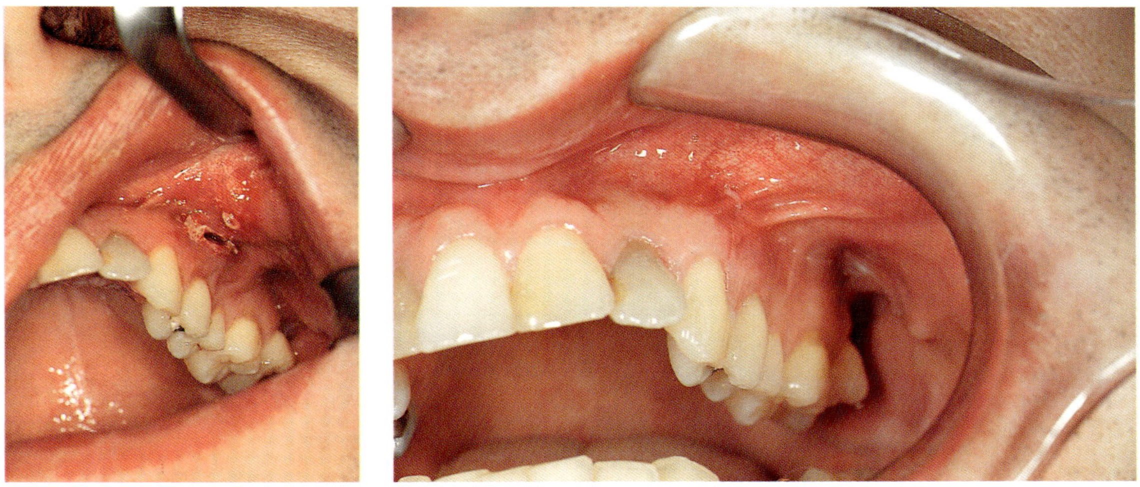

409 Nachbehandlung
Die Abszeßspülung und Drainage erfolgt täglich, bis keine Sekretion mehr erkennbar ist. Nach drei Tagen ist kein Drainwechsel mehr notwendig.

Links: Die Wurzelbehandlung des Zahnes soll vor Abschluß der Abszeßbehandlung erfolgen.

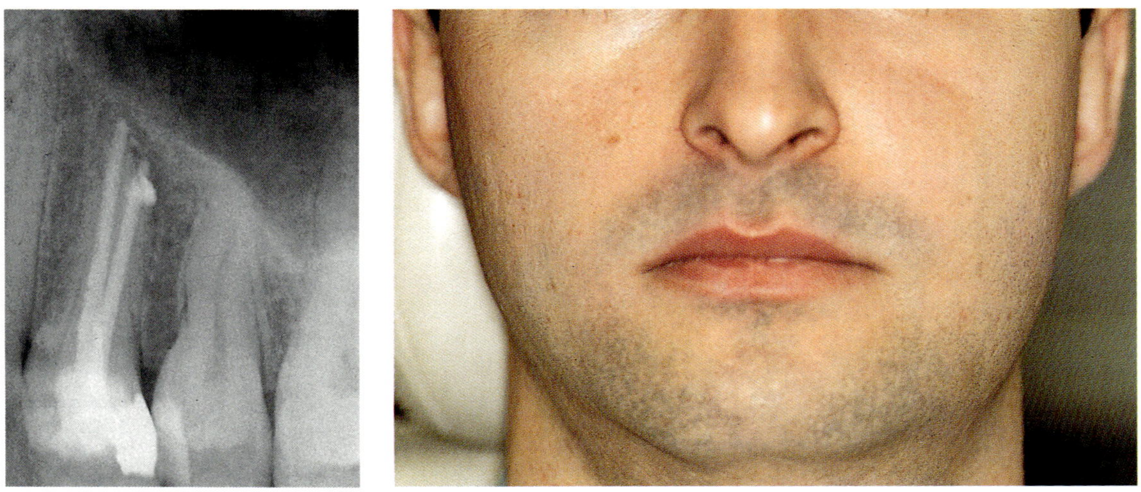

410 Behandlungsende
Nach 14 Tagen ist die chirurgische Behandlung mit der Schlußkontrolle abgeschlossen.

Links: Röntgenkontrolle nach Wurzelbehandlung.

Palatinaler Abszeß

Die Ursache ist meist bei der nach palatinal reichenden Wurzel des 2. Frontzahnes oder des 1. Prämolaren zu finden. Die Schleimhautbedeckung der palatinalen ballonartigen Schwellung kann durch Hämostase zyanotisch und atrophisch erscheinen.

Die Inzision erfolgt parallel zum Verlauf der A. palatina. Wegen der Straffheit der palatinalen Schleimhaut besteht die Gefahr, daß sich die Inzision durch den Weichteildruck wieder verschließt. Deshalb muß beim Gaumenabszeß eine linsenförmige Exzisionsinzision durchgeführt werden. Drainage und Nachsorge sollen dazu führen, daß sich die palatinale derbe Schleimhaut am Knochen wieder anlegt. Die Drainage sollte nicht über drei Tage dauern.

Nota bene
Verlauf der A. palatina beachten, auch aus Seitenästen kann eine starke Blutung entstehen. Ligatur am Inzisionsrand oder Koagulation.

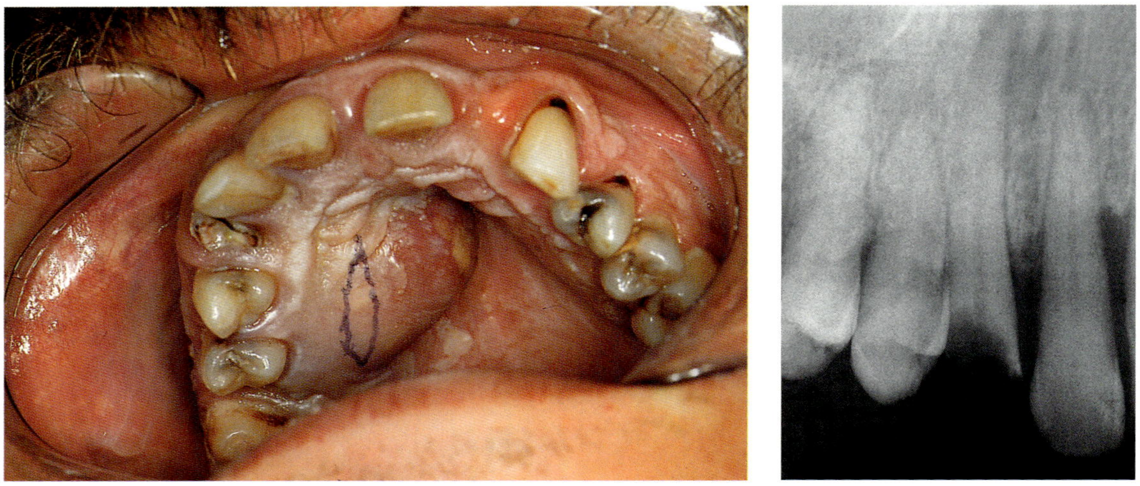

411 Palatinaler Abszeß
Zahn 13 ist bei diesem 39jährigen Mann schon vor einigen Wochen abgebrochen. In den letzten Tagen trat am Gaumen eine zunehmend pralle dolente Schwellung auf. Eine Fluktuation ist palpierbar. Vestibulär besteht keine Infiltration.

Rechts: Das Röntgenbild zeigt den Wurzelrest von Zahn 13 mit apikaler Erweiterung des Periodontalspaltes.

S

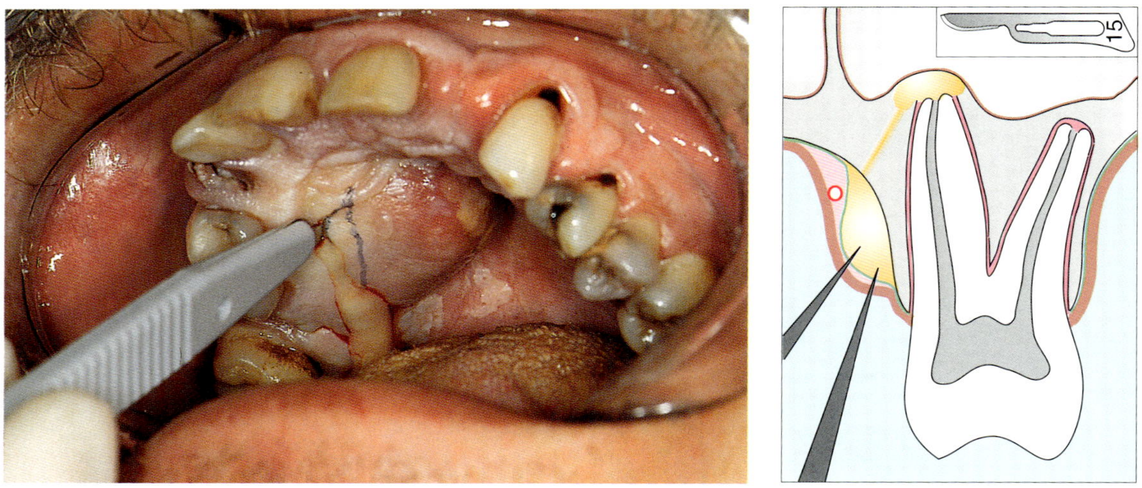

412 Exizisionsinzision
Die sehr derbe palatinale Schleimhaut wird bei einfacher Inzision kollabieren und eine Drainage verhindern. Deshalb wird eine spindelförmige Exzision der Schleimhaut eher an der marginalen Seite entnommen und damit der Abszeß eröffnet.

Rechts: Die Lage der A. palatina muß berücksichtigt werden.

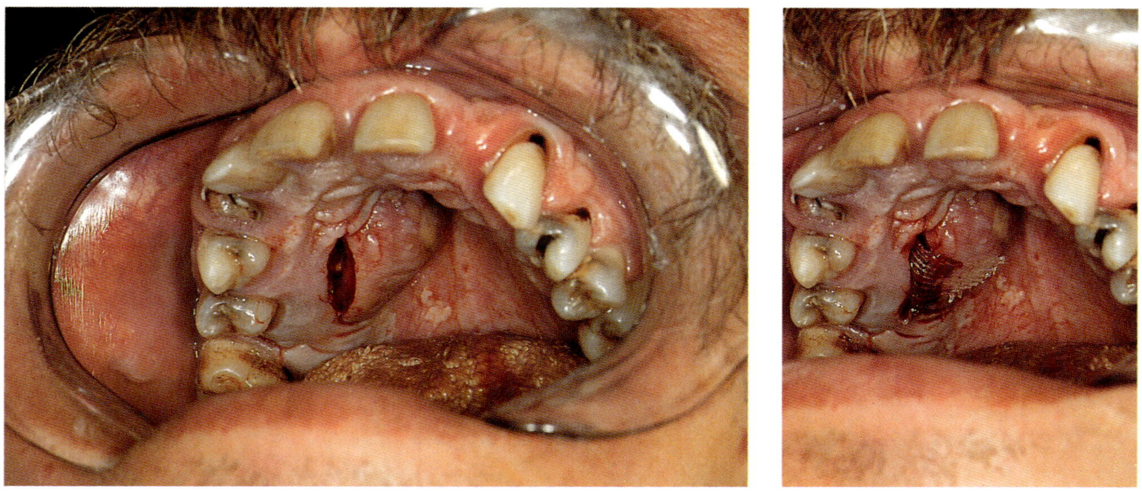

413 Nachbehandlung
Nach Exzision bleibt der Abszeßhohlraum weit offen. Durch Kollaps der Inzisionsränder bleibt doch noch ein Sekretausgang offen.

Links: der eingelegte Chlumsky-Drain. Die Kontrollen erfolgen täglich, bis keine Sekretion mehr festgestellt werden kann. Die Zahnbehandlung wird in der ersten Sitzung begonnen und weitergeführt.

Chirurgisches Vorgehen bei ausgebreiteten Infekten

Logenabszesse

Die Maßnahmen beim Logenabszeß sind grundsätzlich gleich wie beim Abszeß am Alveolarfortsatz. Wegen der tieferen Lage und dem längeren Drainagegang ist eine Drainage mit Gummischläuchen zweckmäßig. Der Zugang erfolgt meist von extraoral und in Narkose. Wir bevorzugen die intravenöse Kurznarkose. Keinesfalls darf bei Kieferklemme gewaltsam eine Intubation versucht werden, da eine Spontaneröffnung des Abszesses mit folgender Aspiration möglich ist. Außerdem besteht bei forcierter Mundöffnung zum Zwecke der Intubation die Gefahr, die Eitermassen innerhalb der präformierten Faszienräume zu verschleppen. Bei Kieferklemme kommt daher nur eine intravenöse Kurznarkose oder eine pernasale endoskopische Intubationsnarkose in Frage.

Nota bene
Risikovolle Ausbreitungsmöglichkeiten. Der Patient muß dem Spezialisten überwiesen werden.

Temporalisabszeß

Meist als Folgeerscheinung bei retromaxillärem Abszeß zu beobachten.

Die Inzision erfolgt von extraoral und enoral mit gleichzeitigem Durchziehen von Gummischläuchen unter dem Jochbeinkomplex hindurch. Die Behandlung wird stationär durchgeführt.

Retromaxillärer Abszeß

Außer Schmerzen im Oberkiefer und zunehmender Mundöffnungsbehinderung sind wenig Symptome erkennbar. Vorausgegangene Behandlungsmaßnahmen wie Entfernung oberer Weisheitszähne, Taschenkürettagen im Oberkiefermolarenbereich oder Hämatom nach Lokalanästhesie sind mögliche Ursachen. Inzision vestibulär des 2. oberen Molaren mit Spreizung posterior und kranial.

Nachsorge

Die Behandlung von Abszessen dauert, bis alle Infektionssymptome verschwunden sind und auch die Ursache behandelt ist.

Neben der Fortsetzung der Ursachentherapie wird die Abszeßhöhle täglich gespült und drainiert (s. u.), um den Sekretabfluß zu sichern. Bei Behandlungsabschluß ist keine Sekretion mehr vorhanden, Schwellung, Schmerz und Kieferklemme sind abgeklungen.

Die Nachsorge muß immer die Herstellung einer normalen Mundöffnung (mindestens 35 mm SKA) beinhalten. Öffnungsübungen mit Holzspateln oder dem Heister sind mit dem Patienten einzuüben.
Bei hartnäckigen persistierenden derben Schwellungen ist die Applikation von feuchter Wärme (warme Umschläge) angezeigt.

Herstellung einer Drainage

Sterile Gazebinde, 1 cm breit.

Chlumsky-Lösung:

– Camphorum:	600
– Phenolum:	300
– Aethylum abs.:	100

Wurzelspitzenresektion

Definition

Unter Wurzelspitzenresektion verstehen wir die chirurgische Entfernung des apikalen pathologischen Gewebes, die Beseitigung von apikalen Ramifikationen des Wurzelkanals (Resektion) und den gleichzeitigen bakteriendichten Verschluß des oder der Wurzelkanäle. Die Methode wurde von C. Partsch 1899 beschrieben und ist seither als Eingriff der oralen Chirurgie etabliert.

Indikation

Die Indikation zu einer Wurzelspitzenresektion erfolgt nach Mißerfolg eines endodontischen Eingriffs aus welchen Gründen auch immer oder wegen der Art und Ausdehnung der apikalen pathologischen Veränderung des betroffenen Zahnes, falls dessen Erhaltung wünschenswert erscheint (Obwegeser u. Tschamer 1957, Nair u. Schroeder 1983, Morse u. Satish 1990, Negm 1990, Orstavic 1991).

414 Indikationen zur Wurzelspitzenresektion – Fistelbildung
Keine parodontale Tasche, der Zahn ist fest.

Rechts: im Röntgenbild die apikale Osteolyse als Zeichen des chronischen Infektes der Wurzel.

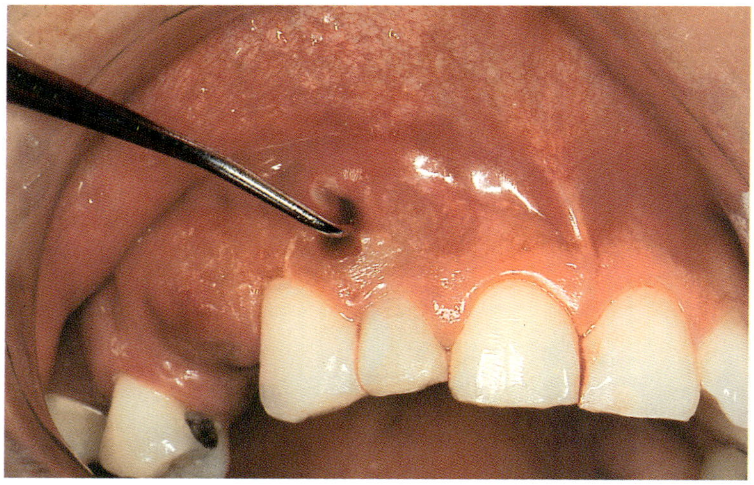

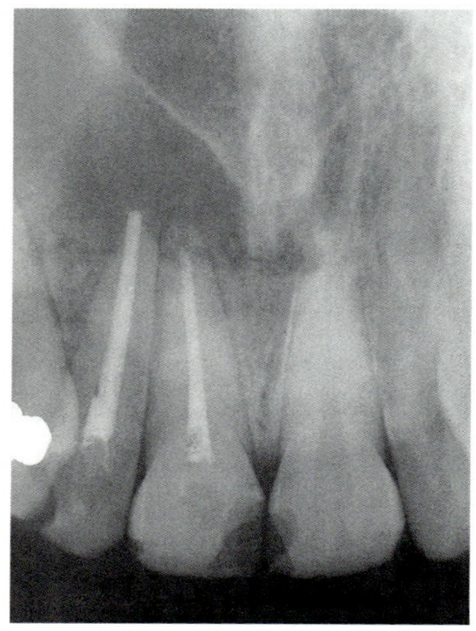

415 Ungenügende Wurzelfüllung
Die Erweiterung des apikalen Periodontalspaltes ist das Zeichen der chronischen Entzündung an der Wurzel des Zahnes 25. Die bestehende Wurzelbehandlung kann auf orthogradem Weg, d.h. via bestehendem Kanal nicht erneuert werden.

Rechts: Situation bei Zahn 12 mit Wurzelnadel in situ. Eine Via falsa (iatrogener Wurzelkanal) wird vermutet.

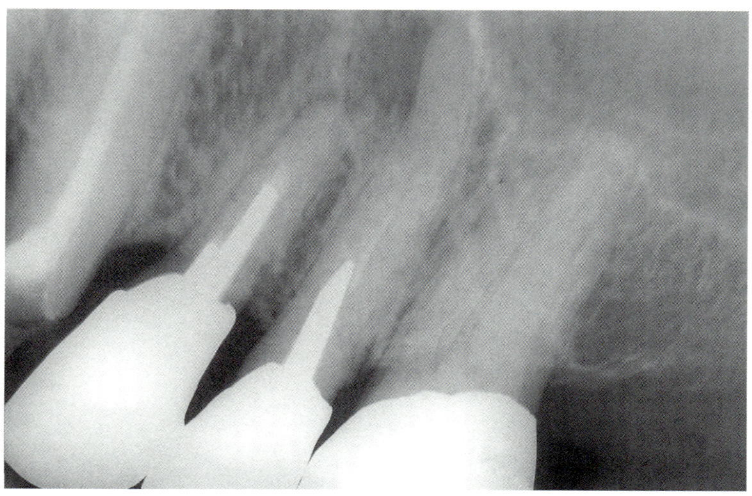

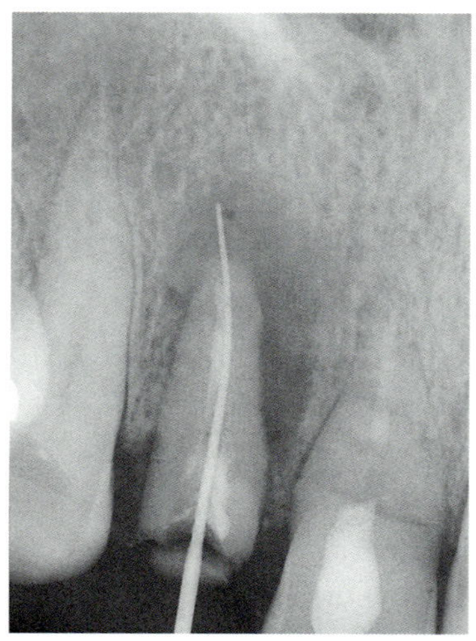

Chirurgisches Vorgehen

Unterlagen

Der Zustand der Nachbarzähne ist zu beurteilen auf Taschenbildungen, Beweglichkeit und Vitalität.

Die apikale Region des zu behandelnden Zahnes und seiner Nachbarzähne muß radiologisch beurteilt werden.

- Die Zahnröntgenaufnahme gibt eine sehr genaue Charakteristik der Knochenstruktur wieder.
- Die Aufbißaufnahme im Oberkieferfrontbereich dient zur Darstellung der Ausdehnung osteolytischer Prozesse nach palatinal.
- Das OPT stellt eine ergänzende Übersichtsaufnahme zur Erhellung der Indikation zum Eingriff dar.

Schnittführungen

Eine gute Übersicht über das zu erwartende Operationsfeld ist der Maßstab für die Lappenbildung. Ebenso muß eine ausreichende Blutversorgung des Lappens gesichert sein. Bei narbiger Schleimhaut infolge vorausgegangener Inzisionen ist eine entsprechend großzügigere Lappenbildung angezeigt. Die Lappenbreite sollte zwei Zahnbreiten nicht unterschreiten.

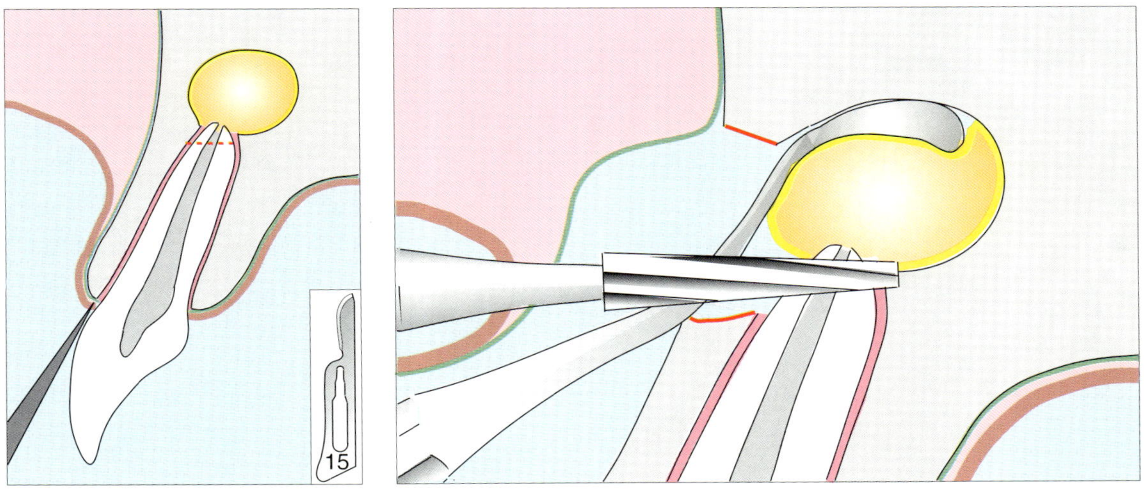

416 Zugang
Zugang via Lappenbildung am Gingivalrand (Sulkusschnitt) *(links)*.

Rechts: Nach Eröffnung des apikalen Gebietes wird das Granulationsgewebe sorgfältig und vollständig entfernt. 2 mm der apikalen Wurzel werden reseziert.

417 Orthograde Wurzelfüllung
Bei der Resektion am Apex kann der bakteriendichte Verschluß des Wurzelkanals mit einer simultan erfolgten Wurzelfüllung intra operationem unter direkter Sicht vorgenommen werden. Ein röntgenopaker, nicht resorbierbarer Zement, mit einem Guttastift kondensiert, erfüllt die Anforderungen an den bakteriendichten und kontrollierbaren Verschluß.

Links: Instrumentarium zur Wurzelbehandlung.

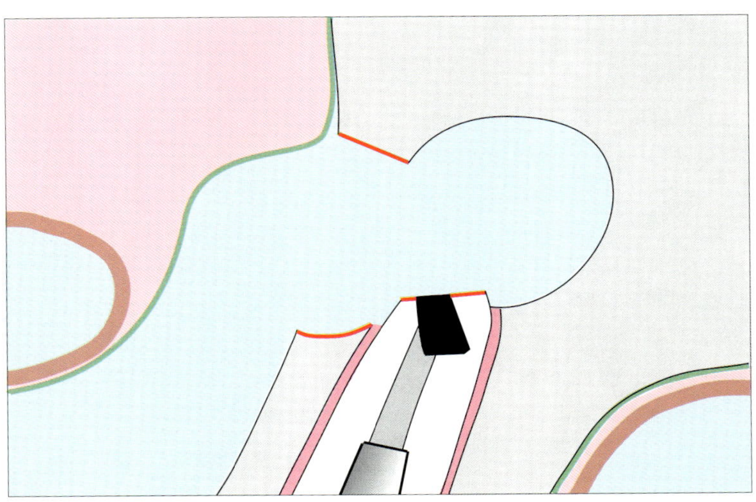

418 Retrograder Verschluß des Apex
Ist der bakteriendichte Verschluß des Kanals durch Wurzelfüllung nicht möglich, wird eine neue Besiedlung des Apex mit Bakterien durch einen retrograd angebrachten Verschluß verhindert. Das Abschlußmaterial soll röntgenopak, auch unter nicht ganz trockenen Bedingungen aushärten und nicht resorbierbar sein. Amalgam erfüllt diese Bedingungen, wird jedoch mehr und mehr durch Glasionomerzemente oder Kombinationen von Kunststoffen (Komposite) mit einem Zinkoxidzement ersetzt.

Pathogenese der apikalen Ostitis

Die genauen pathologischen Abläufe, die zu einer chronischen apikalen Ostitis mit Granulombildung führen, sind noch weitgehend hypothetisch. Immerhin liegen Untersuchungen vor, welche eine Erklärung des multifaktoriellen Geschehens bieten (Nair u. Schröder 1983). Der primäre Infektionsweg ist die Besiedelung des Wurzelkanals mit der oralen Flora. Wegen der lokalen Verhältnisse wird sich eine selektiv anaerobe Mischflora etablieren. Die Produkte dieser Mischflora haben unterschiedliche biologische Eigenschaften, wie Antigenität, mitogene Aktivität, Chemotaxie, enzymatische Histolyse, Endo- und Exotoxinbildungen. Innerhalb des Wurzelkanals sind diese Bakterien durch körpereigene Abwehrmechanismen nicht eliminierbar, folglich zeigt die Läsion auch keine Heilungstendenz. Allerdings kann die Körperabwehr die Ausbreitung der Bakterien ins periapikale Gewebe verhindern. Aus diesem Grund werden im periapikalen Granulom auch höchst selten Bakterien nachgewiesen.

Die apikale Entzündung wird durch bakterielle Produkte hervorgerufen. Dies hat Gewebeeinschmelzung und Aktivierung von Osteoklasten zur Folge. Dadurch entsteht die apikale Osteolyse, welche der Granulombildung vorausgeht.

Die Entzündung kann je nach Abwehrkapazität als akute Infektion in Erscheinung treten, mit Durchbruch nach außen und Abszeßbildung oder Knochenmarksentzündung (Osteomyelitis). Bei chronischer Entwicklung wird ein Ruhezustand erreicht mit Abkapselung der entzündlichen Läsion (Granulom); die Ausbreitung von Bakterien in den Periapex wird unterbunden. Dieser Zustand kann über längere Zeit bestehenbleiben. Das Gleichgewicht zwischen bakterieller Flora im Apex und der Abwehrreaktion kann durch Veränderung der immunologischen Abwehr jederzeit umkippen und so wieder zu einem akuten Entzündungszustand werden. Diese Vorstellung spielt auch bei der Beurteilung potentieller oder manifester Infektionsherde eine Rolle.

Die chronische periapikale Ostitis ist wohl die Erkrankung, die am häufigsten durch eine Wurzelspitzenresektion behandelt wird. Wenn auch endodontische Methoden der raffinierten Art grundsätzlich apikale Entzündungen zur Abheilung bringen können, so bestehen doch anatomische und technische Probleme, die die Ursache des apikalen Infektes, nämlich die permanente bakteriologische und toxische Auswirkung auf das periapikale Gewebe, nicht eliminieren können (Lin u. Mitarb. 1991).

Abdichtung am Apex

Entsprechend den Vorstellungen über die Pathogenese einer apikalen Ostitis ist der bakteriendichte Verschluß des Wurzelkanals die wesentliche Voraussetzung für einen Erfolg der Resektion.

Auch parodontale Tascheninfekte können als kombinierte endodontisch-parodontal bedingte Entzündungen zur apikalen Ostitis führen. In solchen Fällen soll primär der endodontische Faktor der Infektion eliminiert werden (König u. Mitarb. 1994).

Orthograder Verschluß

Falls nicht bereits präoperativ eine definitive Wurzelfüllung erfolgt ist, muß der Wurzelkanal nach den Regeln der Endodontie während der Operation abgefüllt werden. Auf jeden Fall soll im apikalen Bereich eine Verdichtung mit Gutta- oder Titanstift erfolgen (Ackermann 1951, Berthold 1992, Bhaskar 1966, Ehrl 1990, Rehrmann 1951). Wir verwenden seit 10 Jahren einen auf Calciumhydroxidbasis hergestellten Zement (CRCS) mit Guttastift zur Kondensation (Briseño 1991). Die intraoperative Wurzelfüllung erlaubt eine Aufbereitung des Wurzelkanals und dessen Reinigung unter Sicht. Insbesondere kann die Abdichtung des ganzen Kanalquerschnittes beurteilt werden.
Die Resektion erfolgt nach abgeschlossener Kanalfüllung, möglichst senkrecht zum Wurzelquerschnitt.

Bei Verschluß mit apikalem Titanstift kann das über den Apex herausragende Ende belassen werden. Der restliche Wurzelkanal wird mit Zement und Guttastift verschlossen.

Retrograder Verschluß

Ist eine orthograde Füllung nicht möglich, muß der Kanal von retrograd verschlossen werden.

Zuerst wird die Wurzelspitze um ca. 2 mm reseziert. Dies erfolgt möglichst senkrecht zum Wurzelquerschnitt, läßt sich aber aus technischen Gründen nicht immer so durchführen. Eine leicht tangentiale Resektion ermöglicht in schwierigen Fällen doch den nötigen Zugang zum Verschluß. Die Minikavität wird mit einem Mikrowinkelstück oder mit einem Ultraschallgerät präpariert und mit Amalgamfüllung verschlossen. Als Alternative kann ein Glasionomerzement (Ketac-Fill) oder ein Zinkoxid-Eugenol-Zement (Super EBA) verwendet werden (Pantschev u. Mitarb. 1994, Smee u. Mitarb. 1987). Als Minimalforderung sollte das Füllmaterial unempfindlich gegenüber Feuchtigkeit und im Röntgenbild sichtbar sein (Friedman 1991, Hickel 1990, Halse u. Mitarb. 1991, Smee u. Mitarb. 1987).

Mögliche Probleme bei der Abdichtung

Blutungsstillung während der Kanalabdichtung: Spülung mit 30 %igem H_2O_2, Tamponade, Verklopfen, Knochenwachs.

Beschädigung von Nachbarwurzeln: Notwendige Wurzelbehandlung und Resektion in gleicher Sitzung.

Eröffnen des periapikalen Raumes

Außer bei durch die Kortikalis durchgebrochenen apikalen Prozessen können lokale Blutungspunkte die Lokalisation des entzündeten Periapex erkennen lassen. Im Zweifelsfall kann mit einer am Röntgenbild kalibrierten Sonde oder Nervnadel die Apexregion gefunden werden.

Mit einer Kugelfräse wird die Kortikalis über der Wurzelspitzenregion weggefräst. Die darunterliegende Wurzelspitze kann an Konsistenz und Farbe erkannt werden. Mit einer feineren Fräse wird nun der Apex freigelegt und das umliegende Granulationsgewebe kürettiert (Blackscher Exkavator, feine Küretten, Skaler). Stellt die Wurzelspitze ein Hindernis bei der Kürettage dar, wird bereits jetzt reseziert und die Entfernung des periapikalen Granulationsgewebes vorgenommen. Üblicherweise wird das entfernte Gewebe der pathohistologischen Untersuchung zugeführt. In eindeutigen Fällen mit geringer periapikaler Granulationsbildung kann auf die histologische Untersuchung verzichtet werden.

Mißerfolge nach Wurzelspitzenresektion

Nach der dargestellten Methode resezierte Zähne zeigen nach Untersuchungen an unserer Klinik (Maienfisch 1980) eine Erfolgsquote von 85 % über 3–6 Jahre mit perfekter Heilung. Dabei handelt es sich um Fälle, bei denen bei der Spätkontrolle radiologisch eine perfekte Erneuerung des periapikalen Desmodontalspaltes bei fehlenden klinischen Symptomen vorlag. Als imperfekte Heilung wurden Fälle mit einer periapikalen Aufhellungszone bei klinischer Symptomlosigkeit gewertet. Darunter fielen 11 % der resezierten Wurzeln. Mißerfolge sind ausbleibende Knochenregeneration, Fistelbildungen und entzündliche Weichteilreaktionen. Weniger als 4 % mußten unter dieser Kategorie eingeordnet werden.

Beurteilung des Erfolges

Als zuverlässigstes Beurteilungskriterium des Heilungserfolgs nach Wurzelspitzenresektion ist neben der Beobachtung der klinischen Symptome das Zahnröntgenbild zu nennen. In einer Untersuchung von Halse u. Mitarb. (1991) zeigen 5 von 474 Zähnen nach Wurzelspitzenresektion nach einem Jahr noch keine ossäre Regeneration am Apex, und auch die weitere Kontrolle dieser Fälle konnte keine Besserung der Situation erkennen lassen. Daraus ist zu schließen, daß nach Wurzelspitzenresektion nach spätestens einem Jahr eine Ausheilung erwartet werden muß, ansonsten ist ein Mißerfolg zu verzeichnen, und weitere Maßnahmen sind zu planen.

Gingivalrandschnitt

Die Lappenbildung durch einen Gingivalrandschnitt als Standardmethode ergibt die beste Übersicht und ist problemlos reponierbar (Mühlemann 1963, Pichler 1921). Die Entlastungsschnitte werden nach distal divergierend angelegt, so daß eine breitere Lappenbasis entsteht; die Schnitte sollen die Papillen nicht teilen. Diese Art der Lappenbildung ermöglicht auch im Falle einer Zahnentfernung einen problemlosen Wundverschluß. Die vertikal gelegenen Entlastungsschnitte führen in keinem Fall zu Problemen mit der Durchblutung im peripheren Lappenanteil.
Bei gesunden parodontalen Verhältnissen ist nicht mit Rezessionen zu rechnen. Bei bestehenden Rekonstruktionen mit unter der Gingiva liegenden Kronenrändern muß im Einzelfall besonders bei bestehenden Taschen über 3 mm mit einem geringen Rückzug der Gingiva gerechnet werden. Bei möglichen unerwünschten ästhetischen Folgen kann als Alternative die vestibuläre Schnittführung gewählt werden. Über die Vor- und Nachteile ist der Patient vor der Operation zu informieren.

Nota bene
In jedem Fall muß die Ausdehnung des Lappens so gewählt werden, daß auf knöcherner Unterlage vernäht werden kann.

Vestibulärer Mukoperiostlappen/ Paragingivalrandschnitt (nach Partsch)

Es empfiehlt sich eine horizontale Inzision mit vertikaler Entlastung ein oder beidseits. Dabei soll der Übergang zum Entlastungsschnitt ein spitzer bzw. rechter Winkel sein. Dadurch kann eine präzise Reposition beim Nahtverschluß erreicht werden. Die horizontale Inzision verläuft am einfachsten am Übergang zur beweglichen Schleimhaut. Marginale fixe Schleimhautanteile sollen vor der Nahtlegung unterminiert werden. Diese Art der Lappenbildung ist mit einer eingeschränkten Übersicht verbunden und entspricht keinesfalls der vertikal verlaufenden Blutversorgung in der Gingiva. Die Reposition des Lappens ist nicht immer eindeutig, und mit Narbenbildung ist zu rechnen.

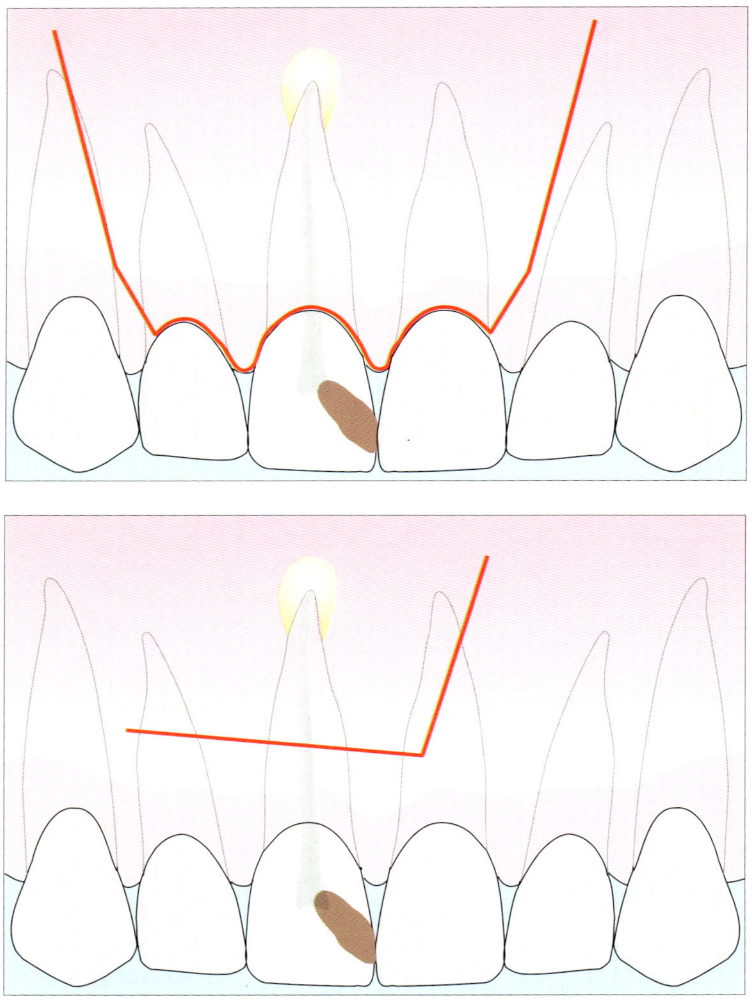

419 Lappenbildung – Gingival- und Paragingivalrandschnitt
Der Gingivalrandschnitt (Sulkusschnitt) führt über mindestens zwei Zahneinheiten und wird mit einem oder zwei divergierend ins Vestibulum führenden Entlastungsschnitten ergänzt. Die Papille soll immer innerhalb oder außerhalb des Lappens liegen, aber nie geteilt werden. Nachteil ist eine mögliche Gingivarezession bei bestehenden parodontalen Taschen.

Unten: Paraginalrandschnitt: Um Gingivarezessionen im Frontzahngebiet (Kronenränder) zu vermeiden, kann der vestibuläre Lappen sinnvoll sein. Der Entlastungsschnitt soll zur leichteren Orientierung in spitzem Winkel zur horizontalen Inzision angelegt werden. Nachteile sind die erschwerte Übersicht und Reposition mit Narbenbildung. Es besteht auch das Risiko der Lage des Wundverbandes auf einem unerwarteten Knochendefekt.

Resektion mit orthograder Wurzelfüllung in der Unterkieferfront

Anästhesie

Der Eingriff im Frontbereich erfordert eine Leitungsanästhesie auf der betroffenen Seite mit lokaler Infiltration jenseits der Mittellinie.

Anatomie

Die Austrittsstelle mit N. mentalis am Foramen muß berücksichtigt werden. Während des Eingriffs muß der Nerv mit dem Raspatorium dauernd vor Traumatisierung geschützt werden.

Lappenbildung

Im Frontzahnbereich soll der Lappen mindestens drei Zahnbreiten umfassen mit einem distalen und mesialen nach kaudal divergierenden Entlastungsschnitt. Andernfalls ist die Basis möglicherweise für eine gesicherte Blutversorgung zu schmal und die Übersicht zu eng oder der Lappen wird wegen Spannungen traumatisiert. In einfachen Fällen kann auch mit einem Entlastungsschnitt (Türflügelschnitt) eine gute Übersicht erreicht werden.

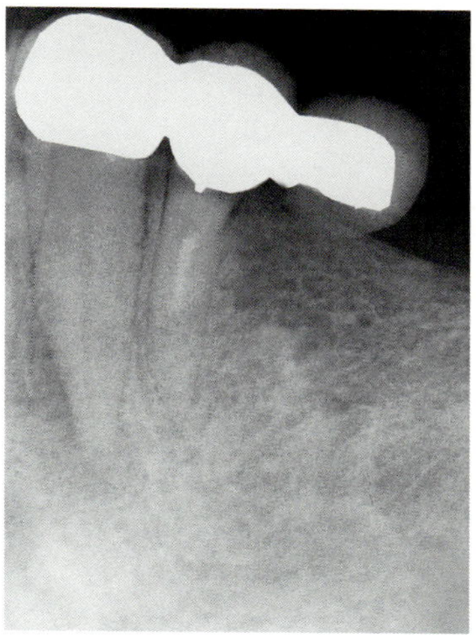

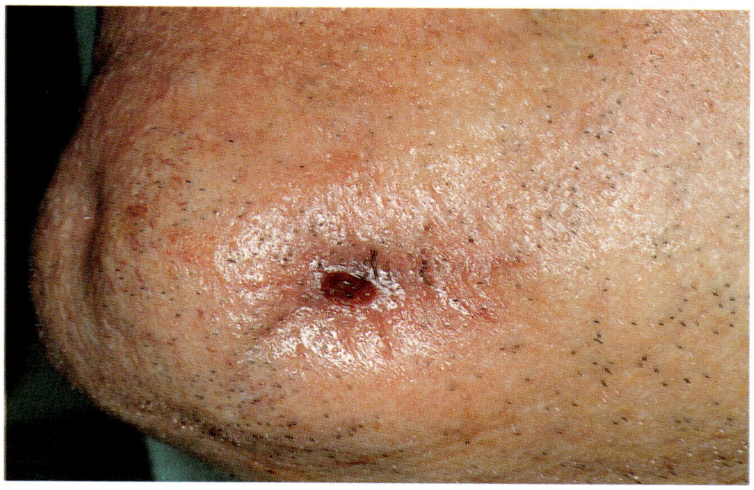

420 Orthograde Wurzelfüllung und Resektion im Unterkiefer
42jähriger Patient mit seit zwei Jahren bestehender, mehrfach (alio loco) plastisch operierter Kinnfistel.

Links: Das Röntgenbild zeigt den apikalen ostitischen Herd bei devitalem Zahn 33 und den wurzelgefüllten ebenfalls ostitischen Zahn 34.

Ⓐ

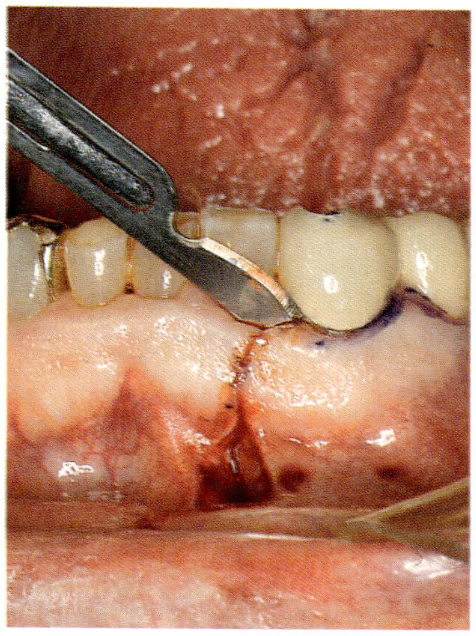

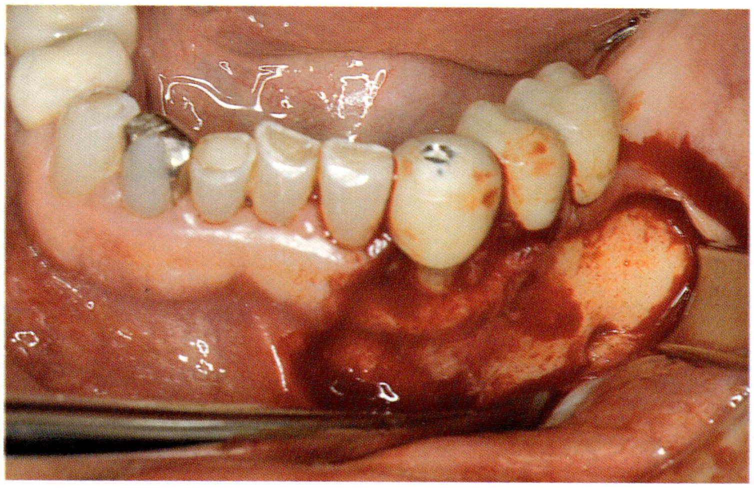

421 Zugang
Gingivalrandschnitt mit mesialer Entlastung von Zahn 33 und distaler von Zahn 35. Der N. mentalis beim Austritt aus dem Foramen mentale muß dargestellt werden. Nur so ist ein sicherer Schutz vor unbeabsichtigter Verletzung desselben gegeben.

Links: Ansatz der Skalpellklinge im Bereich der Papille. Diese bleibt am Lappen erhalten.

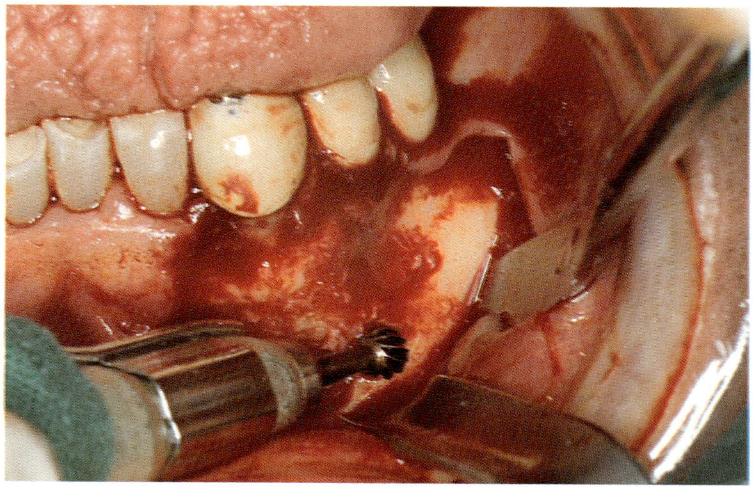

422 Ostektomie
Unter dauerndem Schutz des N. mentalis am Foramen mit einem Raspatorium wird die Kortikalis im Bereich des Apex des Zahnes 33 mit einer Kugelfräse unter Wasserkühlung abgetragen.

423 Freilegen des Apex
Durch sorgfältige weitere Ostektomie wird der Apex des Zahnes 33 freigelegt und durch Entfernung von Granulationsgewebe dargestellt.

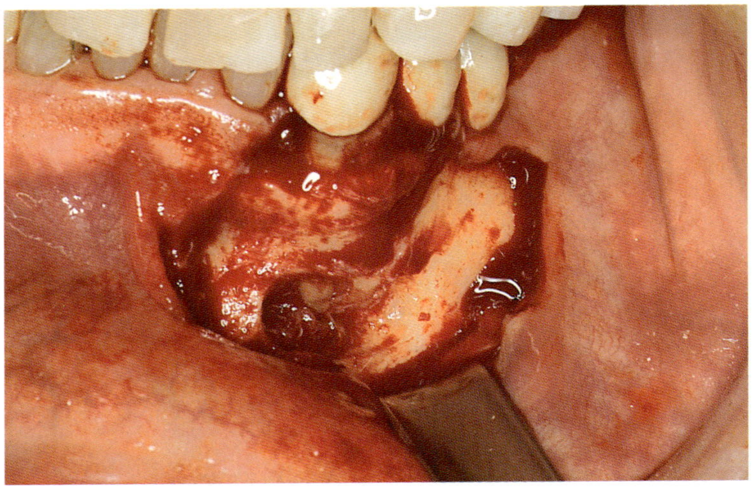

424 Resektion
Mit einem Fissurenbohrer werden an der Wurzelspitze 2 mm reseziert.

Rechts: Das abgetragene Wurzelende wird entfernt.

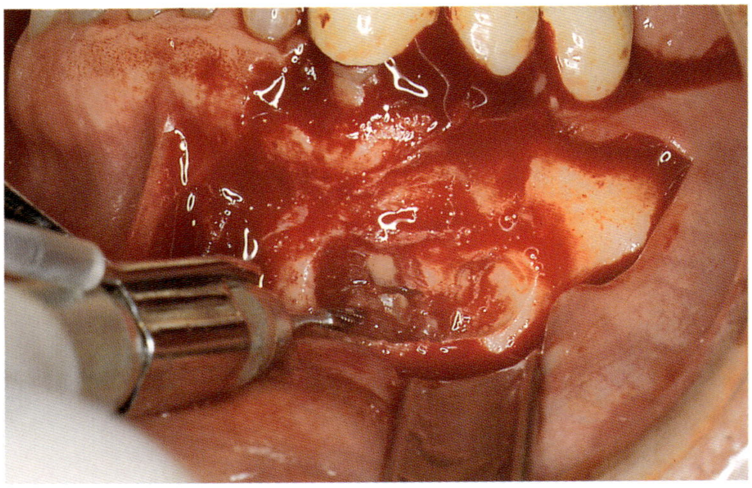

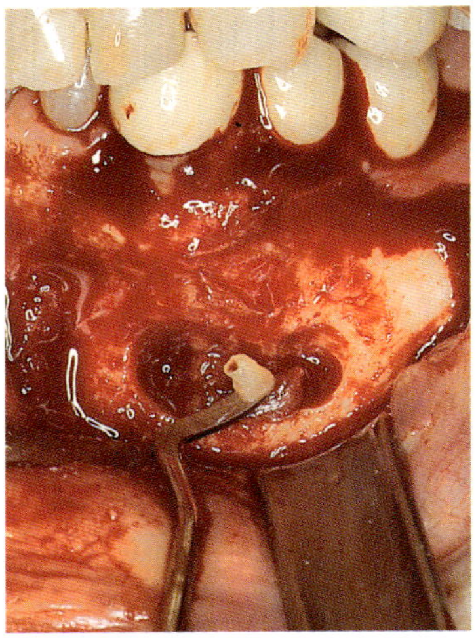

425 Granulationsgewebe
Das noch vorhandene Granulationsgewebe wird entfernt. Im Zweifelsfalle wird das entnommene Gewebe histologisch untersucht (Zyste?). Der Hohlraum wird inspiziert und Blutungen aus Knochen und Weichteilen gestillt, indem die Wundfläche mit 3%iger H_2O_2-Lösung tamponiert oder Gefäße ligiert oder mit dem Elektrotom koaguliert werden. In seltenen Fällen kann Nachinfiltration von Lokalanästhetikum oder Einpressen von Knochenwachs eine diffuse Blutung zum Stehen bringen.

Rechts: Lösen des Granuloms mit dem Black-Exkavator.

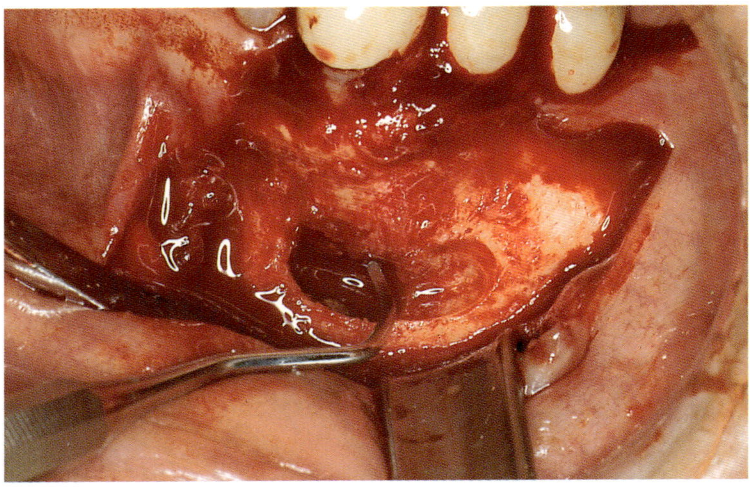

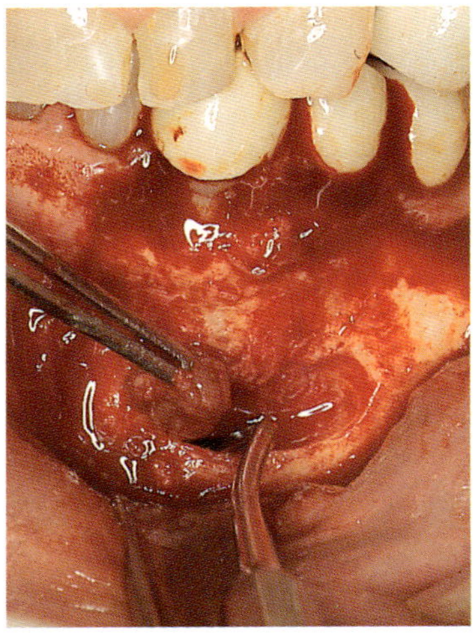

426 Reinigung des Wurzelkanals
Der präoperativ eröffnete Wurzelkanal wird erweitert und gesäubert.

Rechts: Der Wurzelkanal wird mit Alkohol getrocknet, dazu wird ein kantiger, mit Watte beschickter Stahlstift verwendet.

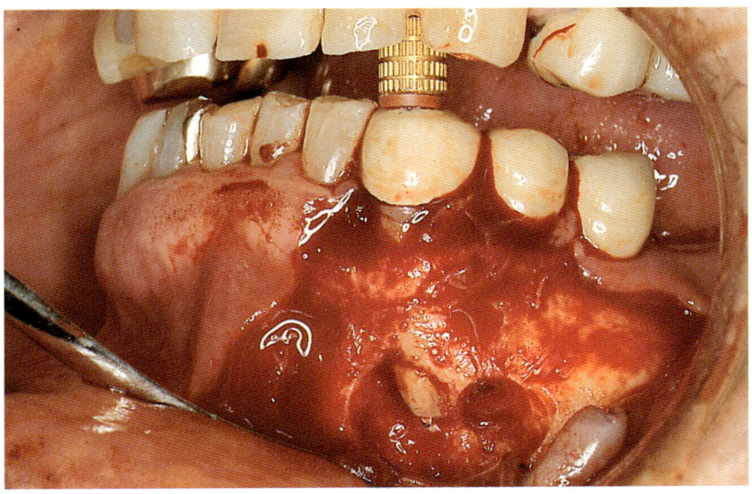

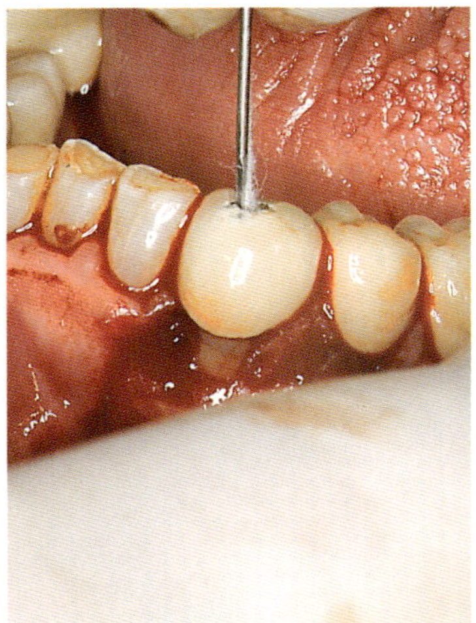

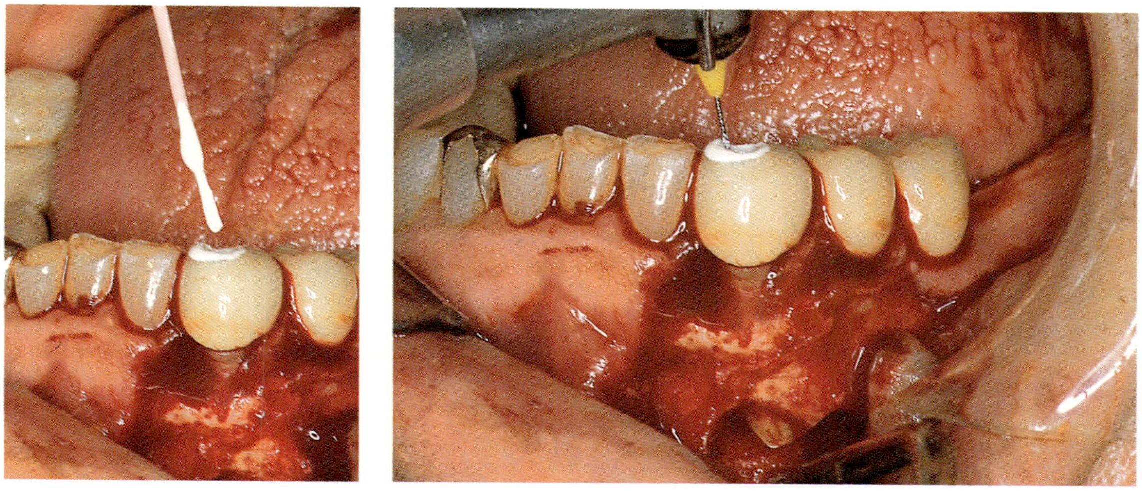

427 Wurzelfüllung
Mit einem oder mehreren Guttastiften wird der Zement im Wurzelkanal kondensiert. Der präoperativ eröffnete Wurzelkanal wird erweitert und gesäubert *(links)*.

Rechts: Nach Trocknen des gesäuberten Wurzelkanals wird mit dem Lentulo Zement einrotiert.

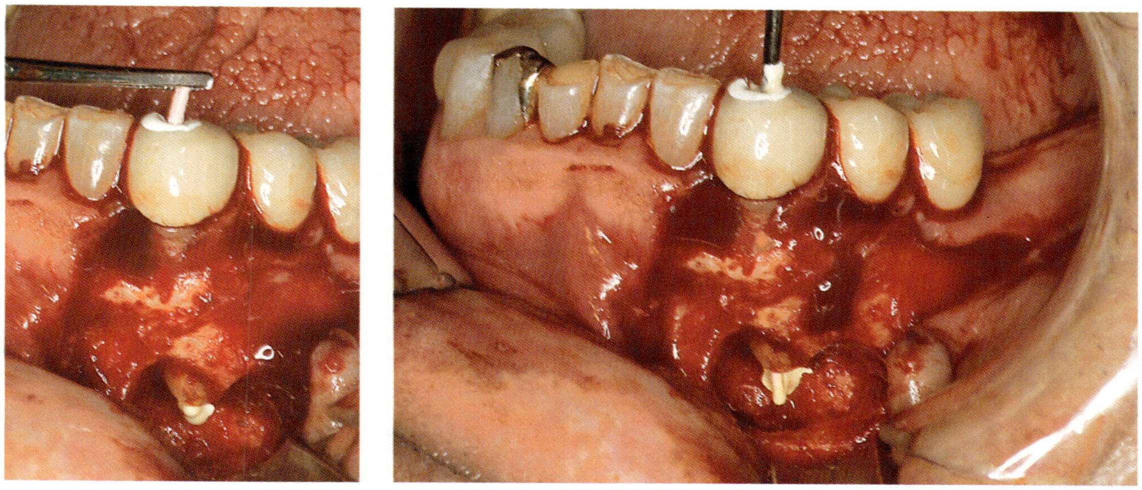

428 Wurzelfüllung
Alle Manipulationen erfolgen unter direkter Sicht, was eine einwandfreie Beschickung des Wurzelkanals sichert *(links)*. Das Austreten von Zement und Guttastift am Apex muß sichtbar sein.

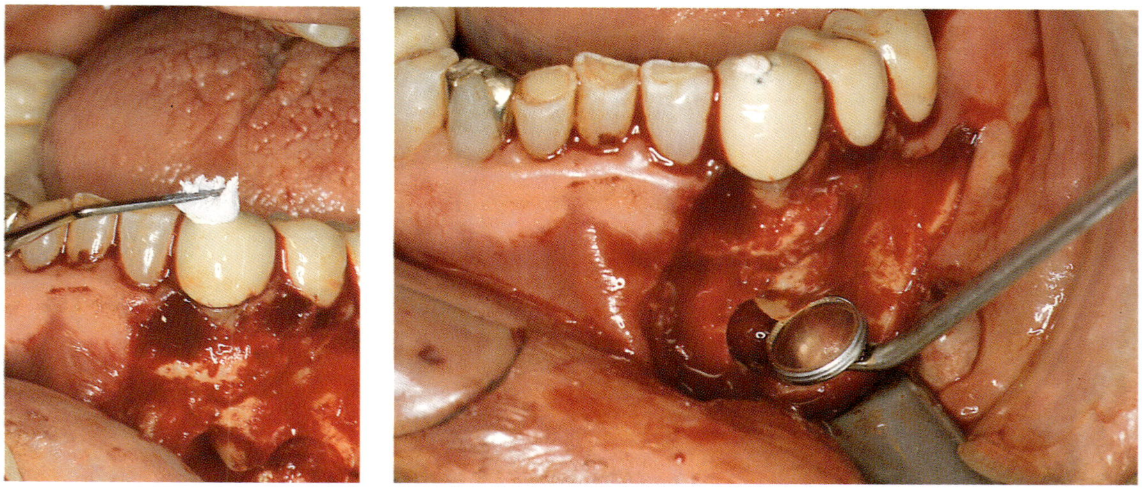

429 Prüfung der Abdichtung
Abtragen der überschüssigen Reste des Guttastiftes mit einem heißen Spatel.

Links: Die Abdichtung am Apex wird durch Nachstopfen von koronal her mit provisorischem Füllungsmaterial überprüft.

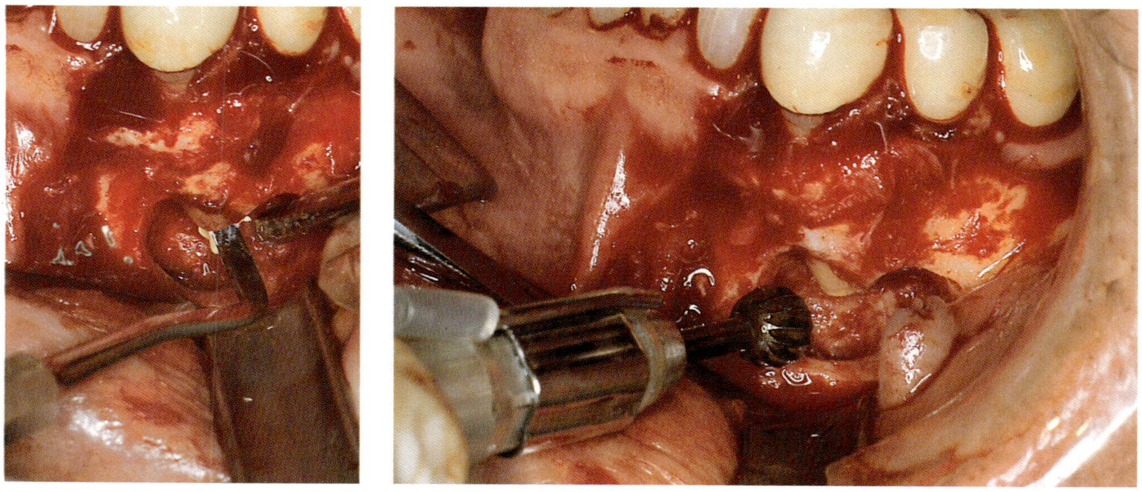

430 Wundversorgung und Nachbehandlung
Nach Entfernung überschüssiger Zemente werden die Knochenränder mit der Kugelfräse geglättet. Danach gründliche Spülung der Wunde, Inspektion des Situs (v.a. auf den unverletzten Zustand des N. mentalis achten) und Nahtverschluß. Unmittelbar postoperativ Zustand radiologisch dokumentieren. Nahtentfernung nach 7–10 Tagen, Spätkontrolle nach $^1/_2$ Jahr.

Links: Entfernung überschüssigen Füllungsmaterials am Apex mit heißem Spatel.

431 Resektion und retrograde Füllung im Unterkiefer
Gleicher Patient wie Abb. 420 ff: Bei bestehender alter Wurzelfüllung am Zahn 34 kann nicht orthograd verschlossen werden. Nach Resektion wird retrograd eine kleine Kavität angebracht. Dazu wird ein Mikrowinkelstück verwendet.

Rechts: Resektion der Wurzelspitze mit dem Fissurenbohrer.

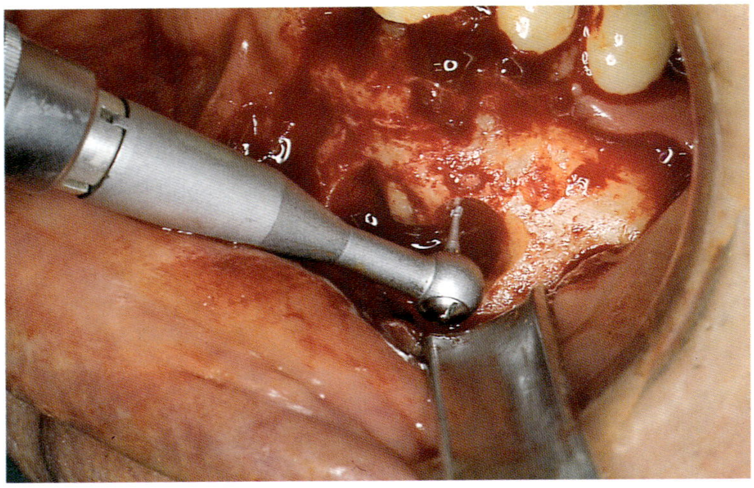

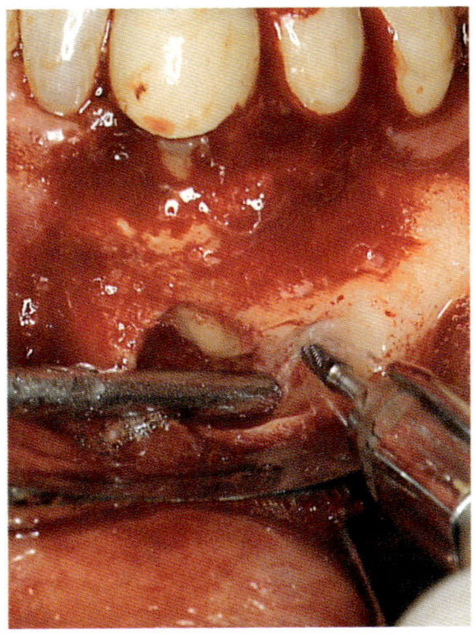

Ⓐ

432 Blutstillung
Die retrograde Füllung bedingt weitgehende trockene Verhältnisse im Behandlungsgebiet. Lokale Blutungen aus dem Knochen werden durch Verklopfen mit einem stumpfen Instrument gestillt.

Rechts: Die oberflächliche Abdichtung der blutenden Spongiosa kann auch mit Knochenwachs erfolgen.

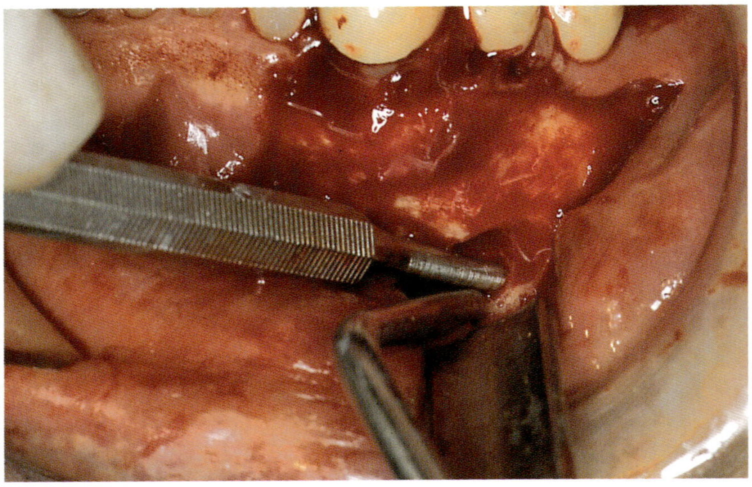

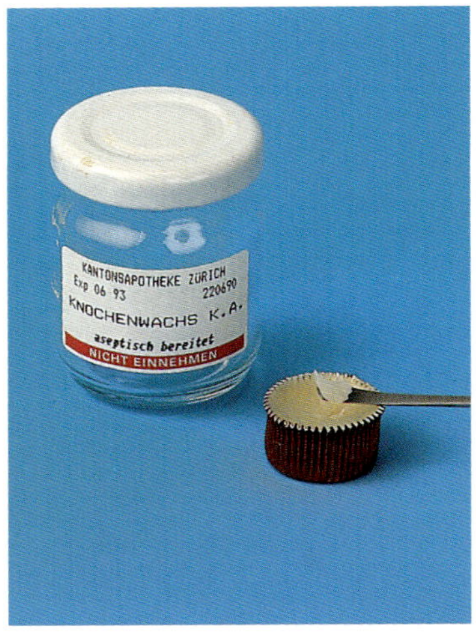

433 Retrograde Abdichtung
In die Kavität am Apex 34 wird mit einem speziellen Instrument Amalgam eingebracht. Hier wird eine zum Zwecke der Amalgamplazierung umgebaute Pinzette verwendet.

Rechts: Miniaturisierte Applikatoren für Amalgamfüllung.

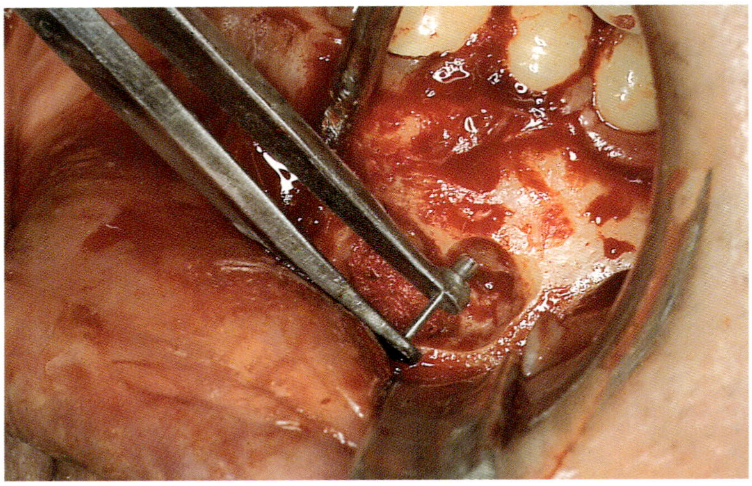

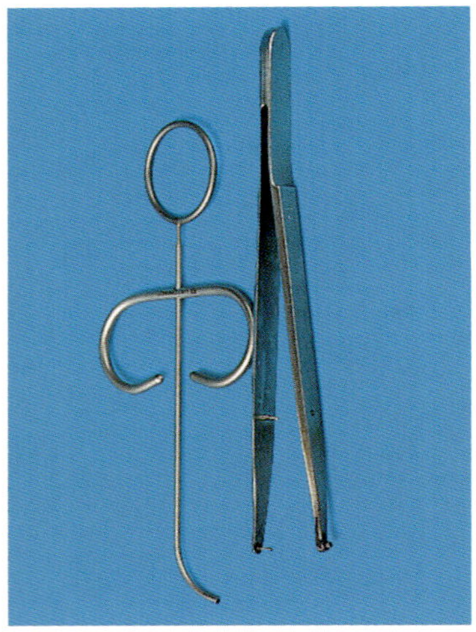

434 Wundversorgung
Die Amalgamfüllung wird kontrolliert, ob mindestens optisch eine perfekte Abdichtung der Kavität erreicht wurde.

Rechts: Kontrolle der Unversehrtheit des N. mentalis vor Reposition des Mukoperiostlappens.

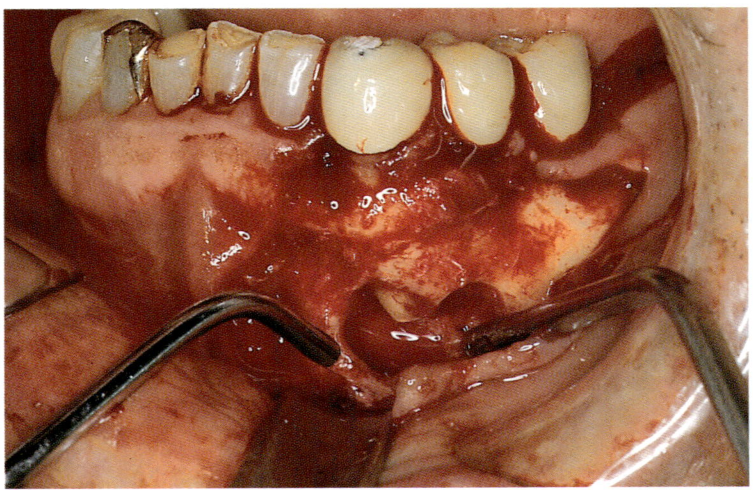

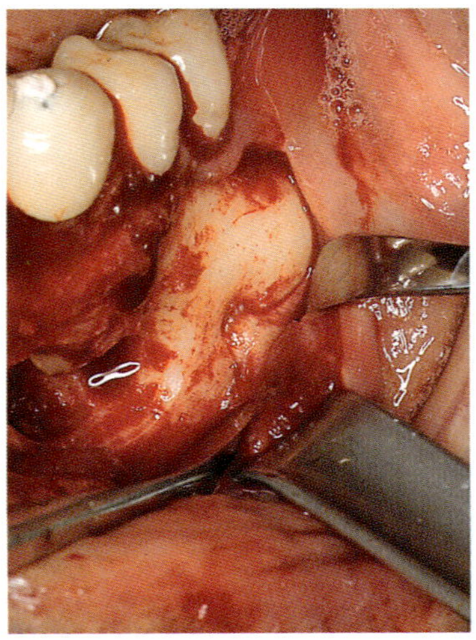

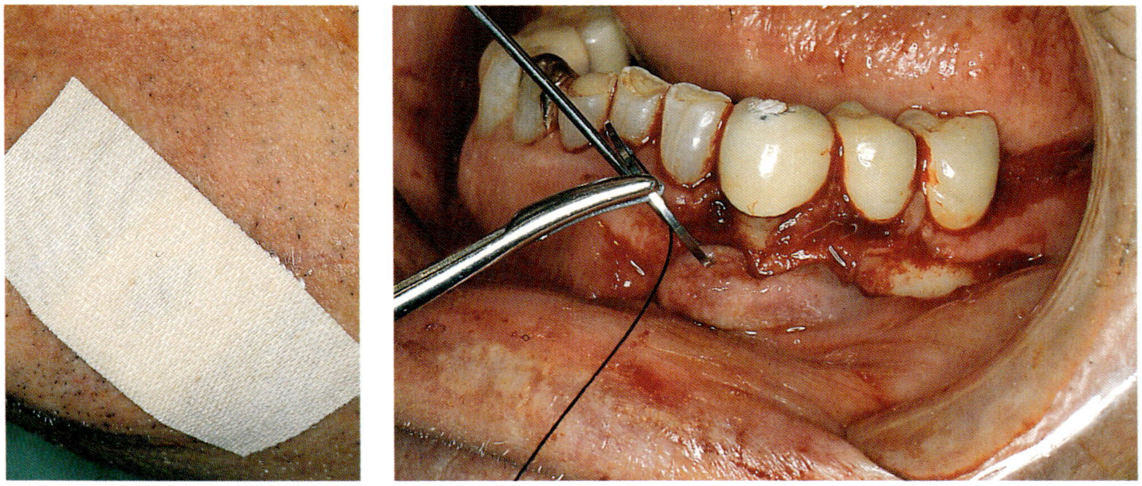

435 Fistelgang
Vor dem Nahtverschluß wird der Fistelgang nach extraoral kürettiert und dann die Wunde nach Spülung verschlossen.

Links: Die Hautfistel wird mit einem Heftpflasterverband bedeckt.

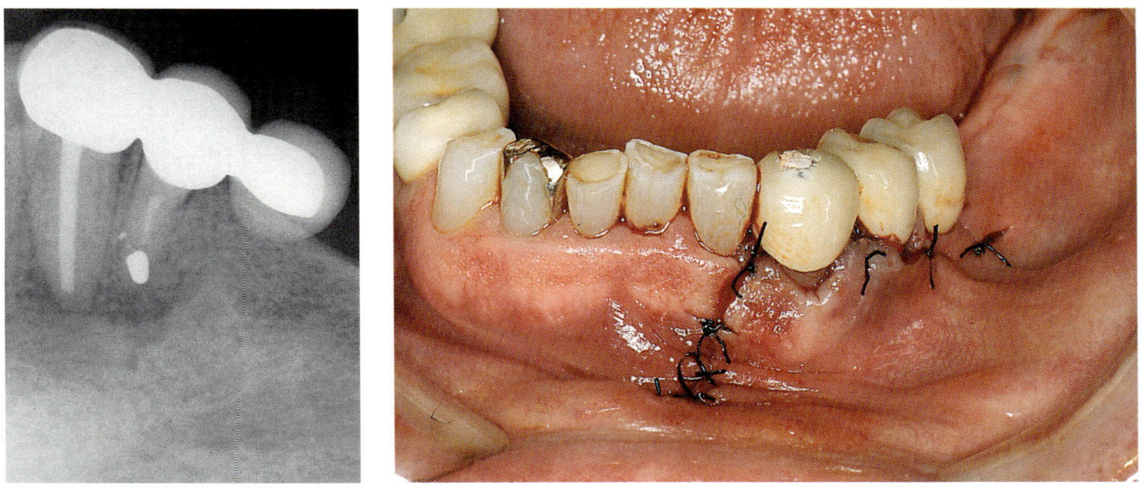

436 Nachkontrolle
Der Lappen wird reponiert und mit Einzelnähten fixiert. Die Nahtentfernung wird nach 7–10 Tagen vorgenommen.

Links: Postoperative Kontrolle im Röntgenbild mit der orthograden Wurzelfüllung bei Zahn 33 und dem retrograden Verschluß bei Zahn 34.

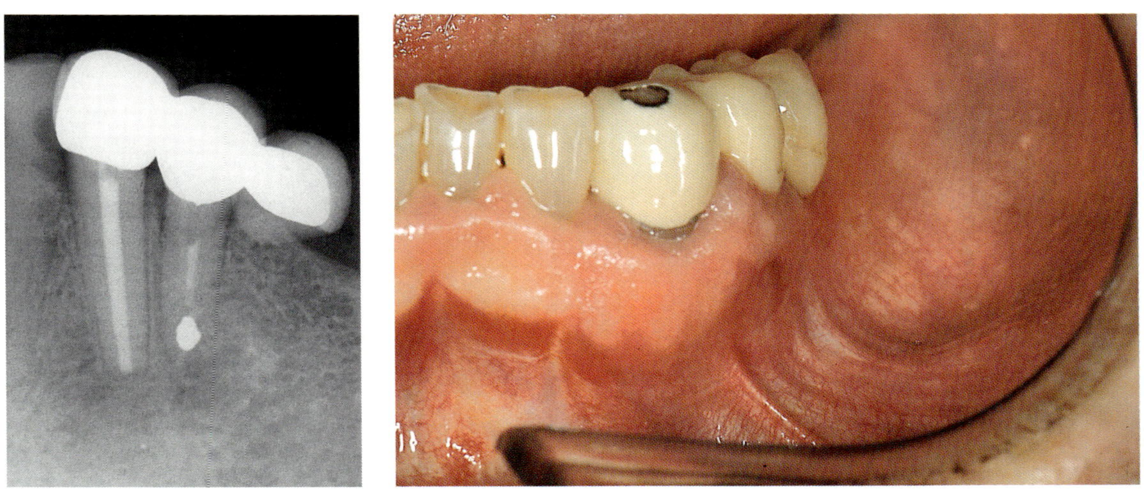

437 Verlauf
Die Spätkontrolle nach einem halben Jahr zeigt lokal reizlose Verhältnisse und eine intakte Sensibilität.

Links: Das Röntgenbild zeigt die ossäre apikale Regeneration der Zähne 33 und 34.

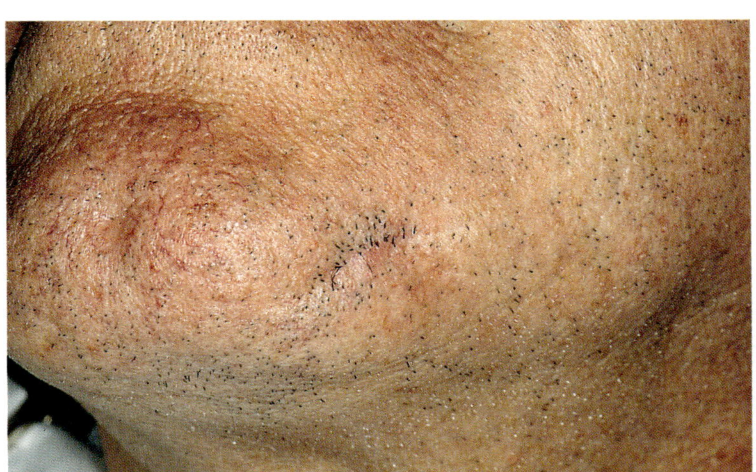

438 Behandlungsende
Die Hautfistel ist auch ohne weitere chirurgische Intervention fast nicht mehr erkennbar.

Resektion mit retrograder Wurzelfüllung in der Oberkieferfront

Anästhesie

Sowohl vestibulär als auch palatinal muß anästhesiert werden. In der Regel wird auf der betroffenen Seite am Foramen infraorbitale infiltriert und auf der Gegenseite ein terminales Depot gelegt. Palatinal wird an der Papilla incisiva und lateral davon auf der betroffenen Seite infiltriert.

Lappenbildung

Der Gingivalrandschnitt ist in jedem Fall der sicherste Zugangsweg. In der Regel werden zwei divergierende Entlastungsschnitte gelegt. In einfachen Fällen ist auch mit einem Entlastungsschnitt eine gute Übersicht erreichbar.

439 Resektion im Oberkiefer – Zugang
Der Gingivalrandschnitt führt von Regio 12 bis 23 und wird durch zwei Entlastungsschnitte ergänzt.

Rechts: Das Röntgenbild zeigt die zystische Osteolyse bei Regio 22, ebenso eine Aufhellung bei Zahn 11.

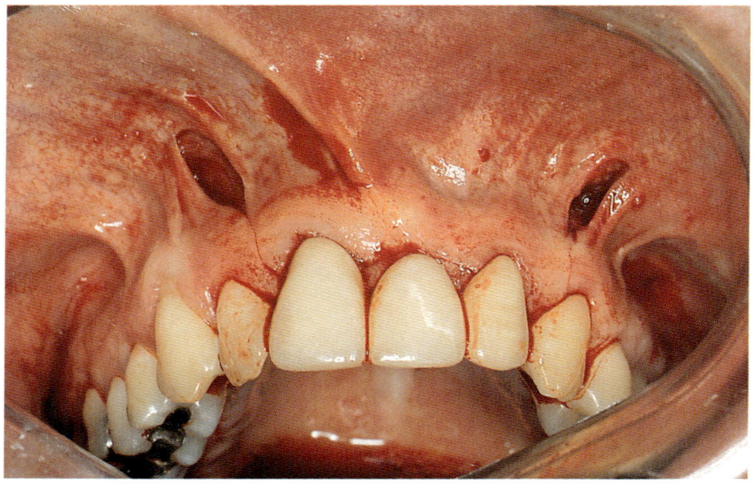

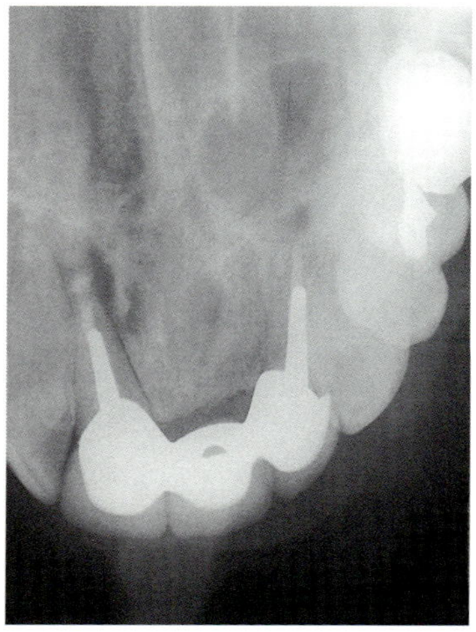

Ⓢ

440 Lappenbildung
Der Mukoperiostlappen wird mit dem Raspatorium bis zur vollständig übersehbaren apikalen Situation der betroffenen Zähne abgeschoben.

Rechts: Ansatz des Raspatoriums an der Papille bei Zahn 11.

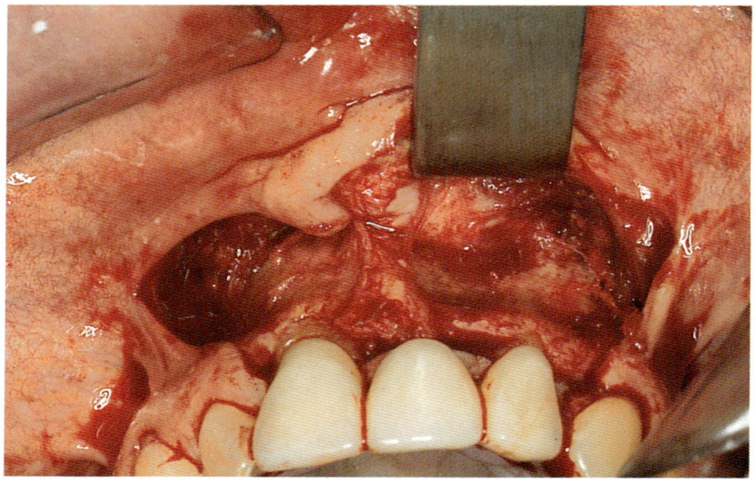

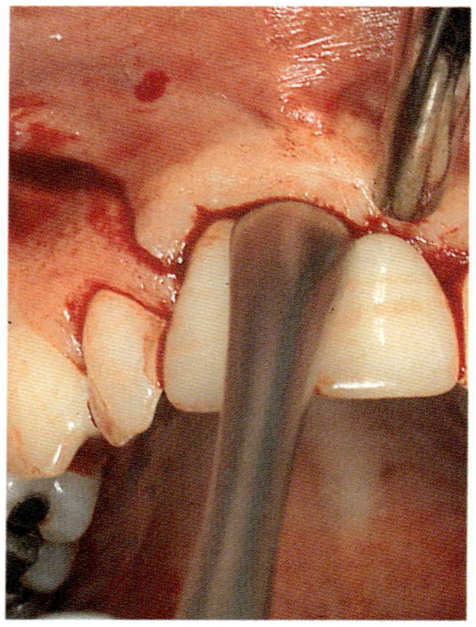

441 Granulationsgewebe
Der mit der Kugelfräse freigelegte apikale Hohlraum wird sorgfältig sondiert. Das ziemlich kompakte Gewebe wird vom Rand her mit dem Rücken eines Blackschen Exkavators gelöst.

Rechts: Freigelegte bukkale Oberfläche bei Zahn 12.

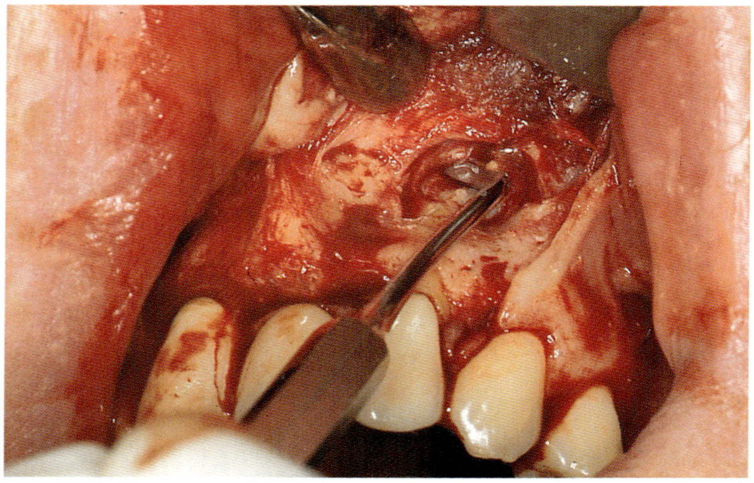

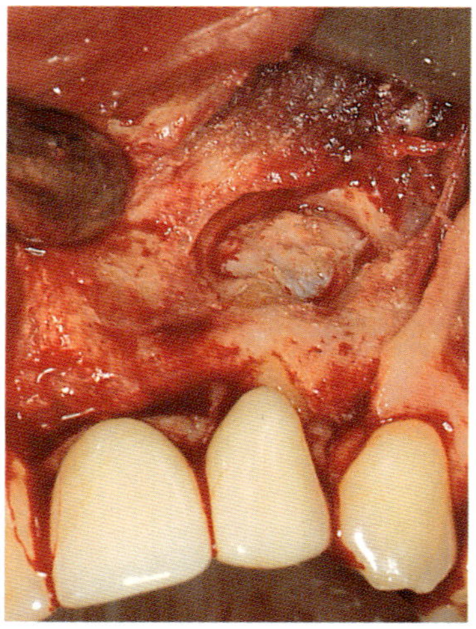

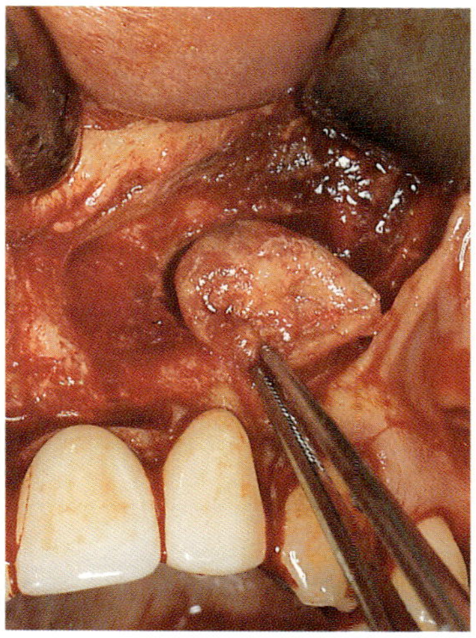

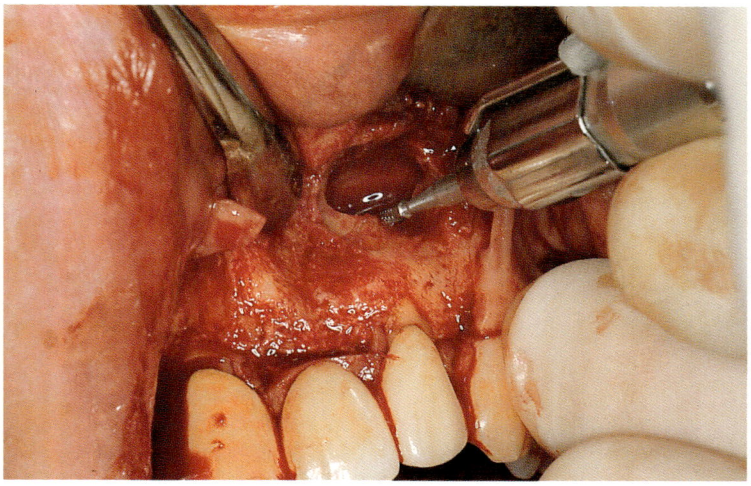

442 Resektion
Die Wurzel wird mit dem Fissurenbohrer am Apex gekürzt.

Links: Der Balg eines zystischen Gebildes wird in toto herausgelöst. Das Gewebe wird pathohistologisch untersucht.

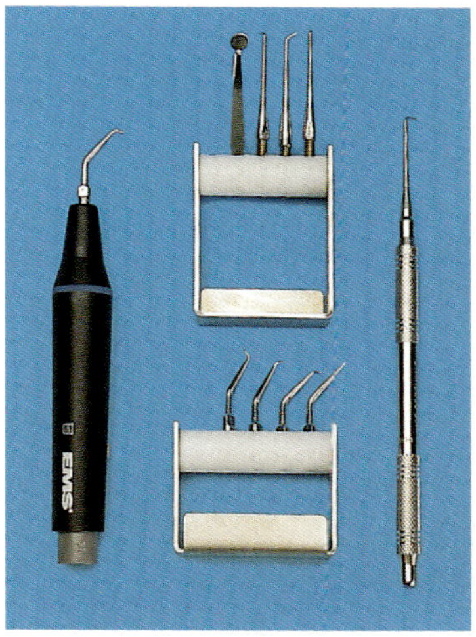

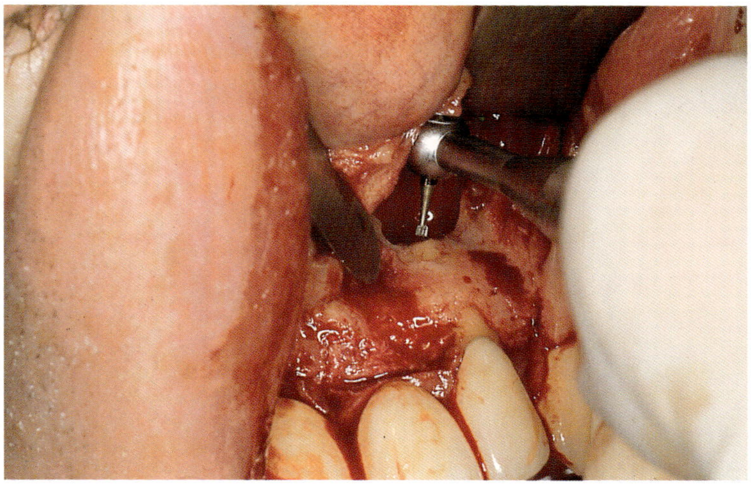

443 Minikavität
Am Apex wird eine Minikavität angebracht, dazu wird ein Mikrowinkelstück verwendet.

Links: Die Kavitätenpräparation kann auch mit einem Ultraschallgerät mit besonders geeigneten Ansätzen erfolgen.

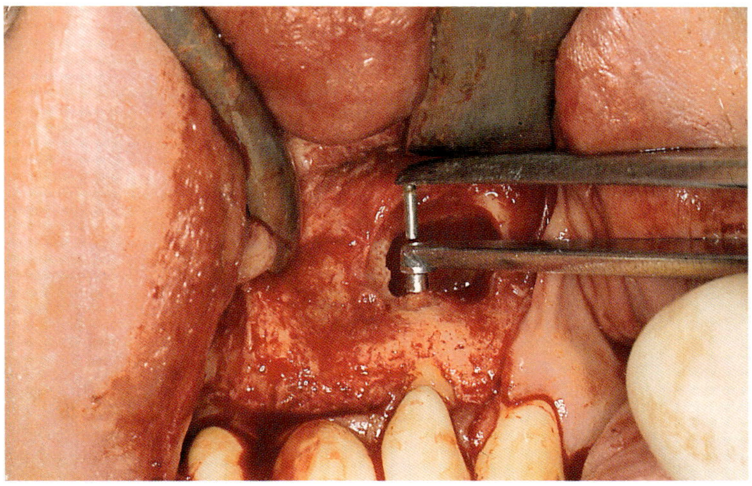

444 Retrograde Abdichtung
Die retrograde Füllung wird mit Amalgam vorgenommen. In Fällen, bei denen dieses Material nicht zur Anwendung kommen soll, kann ein Glasionomer- oder Zinkoxidzement verwendet werden.

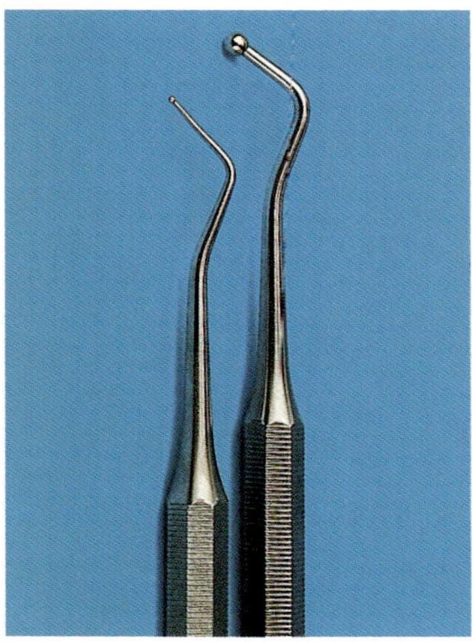

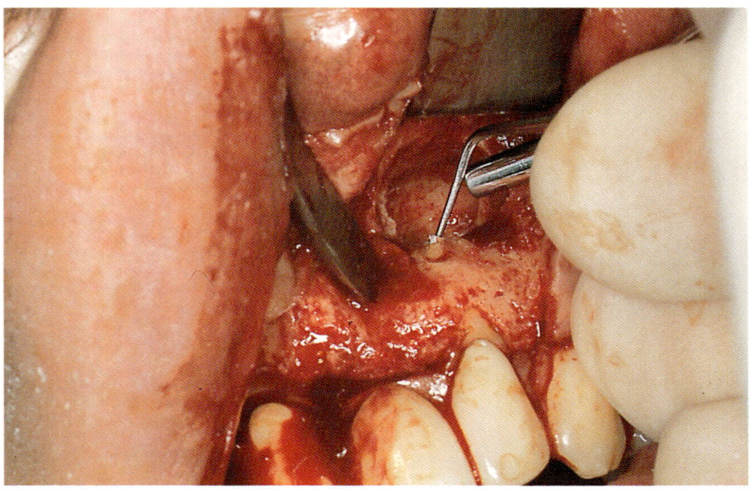

445 Kondensierung
Die Amalgammasse wird mit feinen Kugelstopfern in die Kavität gepreßt.

Links: Instrumente zur Amalgamkondensierung für retrograde Füllungen.

446 Wundversorgung
Die Resektionsstelle wird auf optisch perfekten Abschluß kontrolliert.

Rechts: Das entfernte zystische Gebilde wird zur pathohistologischen Untersuchung gebracht.

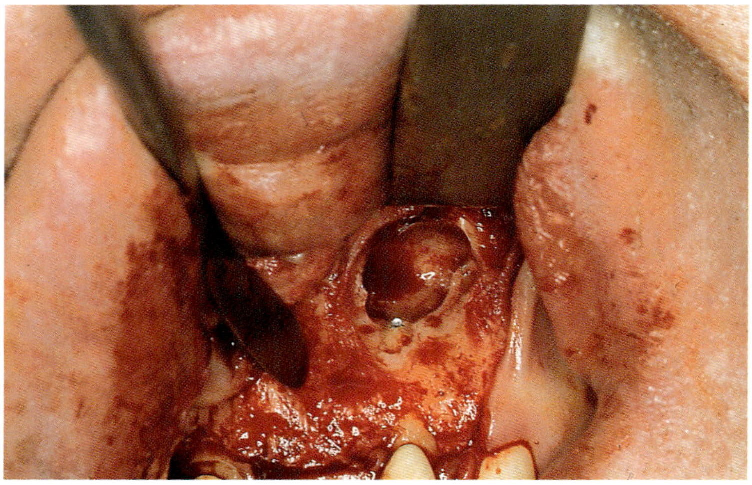

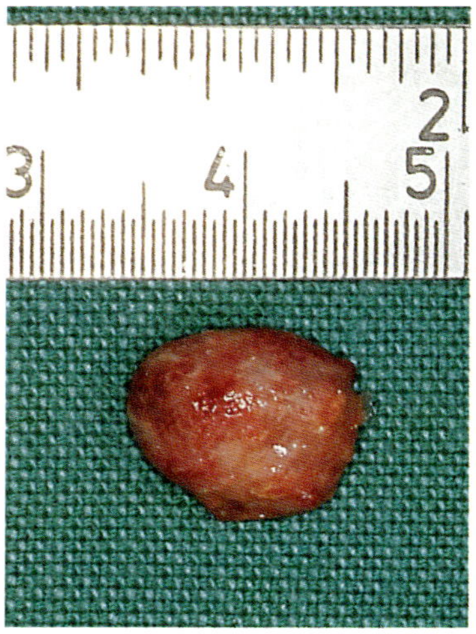

447 Lappenreposition
Der Lappen wird reponiert und fixiert.

Rechts: Das postoperative Röntgenbild zeigt die retrograd verschlossene Wurzel des Zahnes 22.

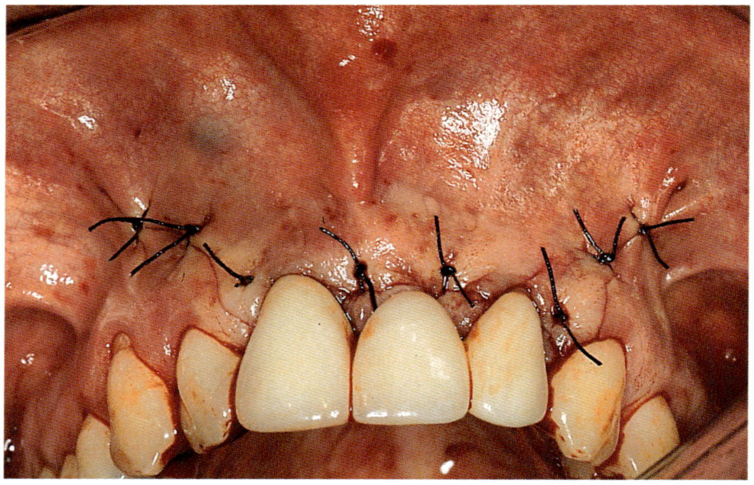

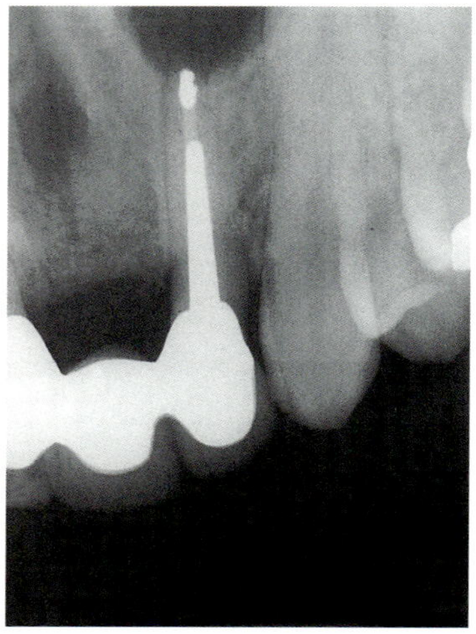

448 Nachkontrolle
Die Nahtentfernung erfolgt bei komplikationsloser Verheilung nach einer Woche.

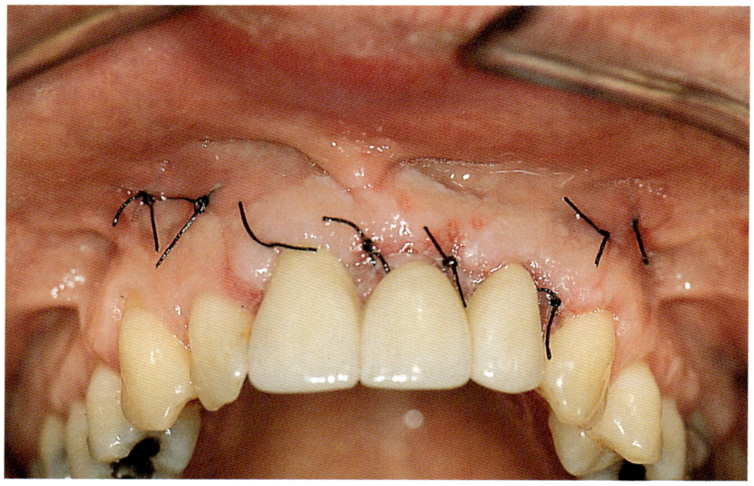

449 Verlauf
Die Spätkontrolle erfolgt in einem halben Jahr. Das Bild zeigt den reizlosen, narbenfreien Zustand im Operationsgebiet ohne Rezessionen an den Kronen.

Rechts: Im Röntgenbild ist die vollständige Reossifizierung des Zystenhohlraumes zu erkennen.

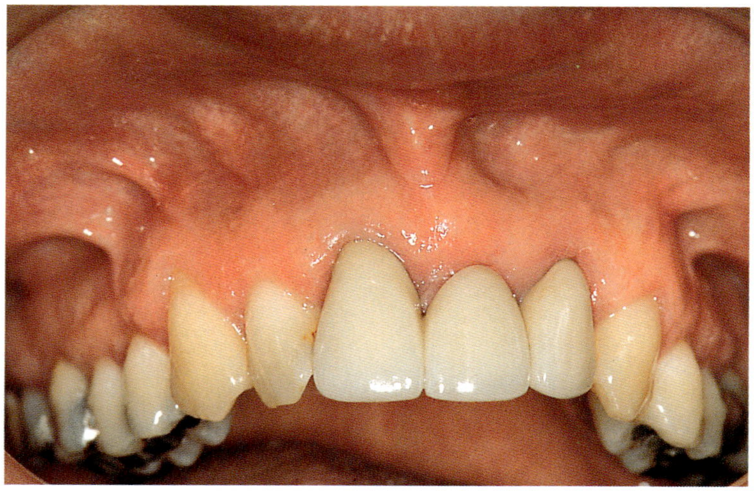

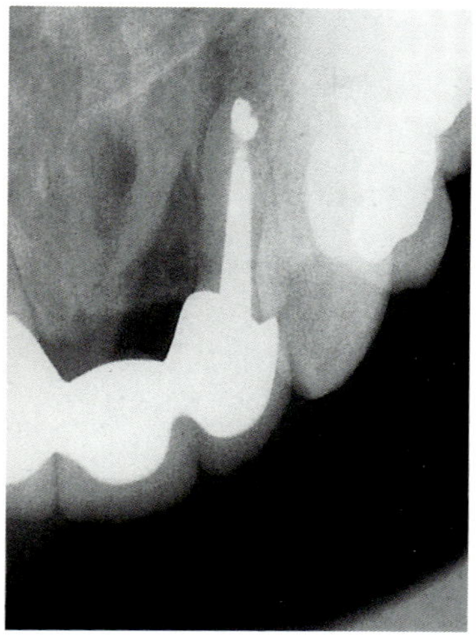

Durchgehende Tasche

Ein über der Wurzeloberfläche bestehender Knochendefekt ist nicht immer präoperativ zu erkennen. Durchgehende Taschenbildungen können auch bei symptomlosem Parodont bestehen. Die vestibuläre Schnittführung wird gerade in diesen Fällen zusätzliche Probleme der Defektdeckung erzeugen: Sowohl wenn der Zahn entfernt wird als auch falls die bukkale Alveolenwand rekonstruiert werden soll. Falls der Zahn erhalten werden soll, kann nach Entfernung der apikalen Läsion (Zyste bzw. Granulom) der Hohlraum mit Knochenersatzmaterial, vorzugsweise Lyknorpelchips, gefüllt werden und der apikale Anteil der Wurzel mit demselben Material überdeckt werden. Dadurch wird über eine Phase der Verkalkung des Lyknorpels langfristig Knochen regenerieren. Bei ausgeprägten Defekten mit erhöhter Zahnbeweglichkeit ist eine Schienung der Zähne über vier Wochen sinnvoll.

Ob die gesteuerte Gewebsrekonstruktion mittels Barrieretechnik in solchen eher hoffnungslosen Fällen eine Zahnerhaltung ermöglichen kann, ist noch unklar.

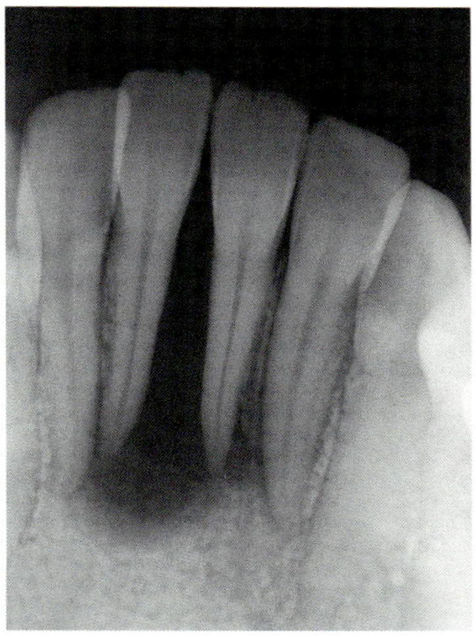

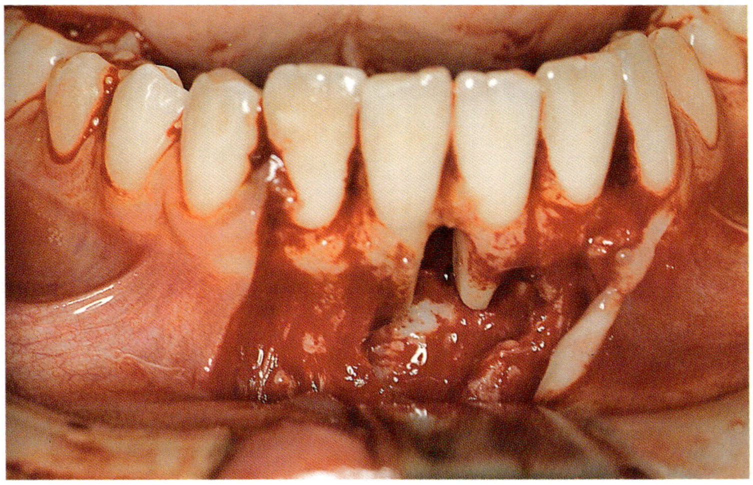

450 Durchgehende Taschen
Operationssitus mit durchgehendem Knochendefekt auf der lingualen Fläche der Zähne 31/41. Die durchgehende parodontale Tasche stellt meist die Ursache für einen Mißerfolg dar. In besonderen Fällen kann eine knöcherne Regeneration in begrenztem Ausmaß auch entlang der Wurzeloberfläche erreicht werden, wenn der Defekt gefüllt wird. Am besten eignen sich dazu lyophilisierte Knorpelchips.
Links: Das Röntgenbild zeigt den apikalen ostitischen Defekt dieser Zähne.

Ⓐ

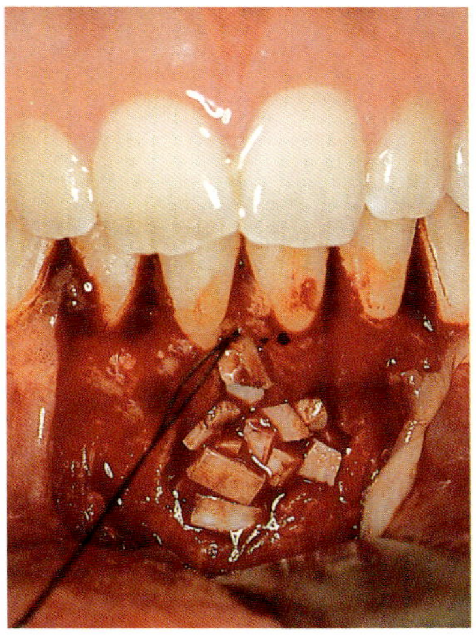

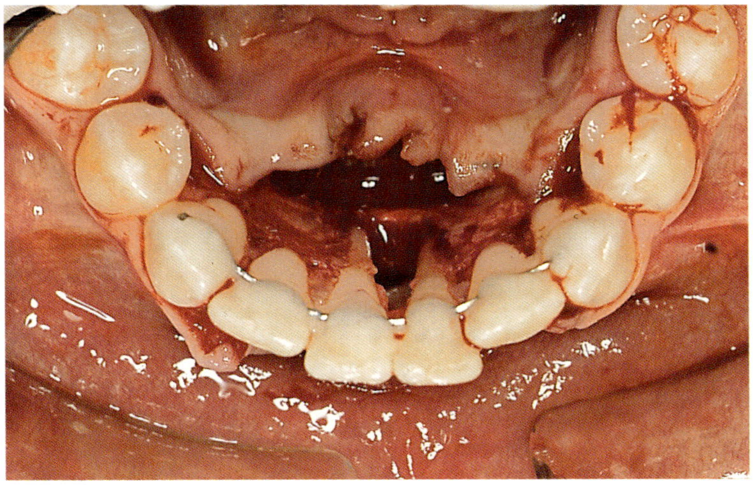

451 Lyophilisierte Knorpelchips
Die wurzelgefüllten und resezierten Zähne müssen wegen fehlendem Knochenhalt geschient werden.

Links: Der Knochendefekt wird mit Lyochips gefüllt und die Wunde dicht verschlossen. Eine antibiotische Begleitbehandlung zur Infektprophylaxe ist angezeigt.

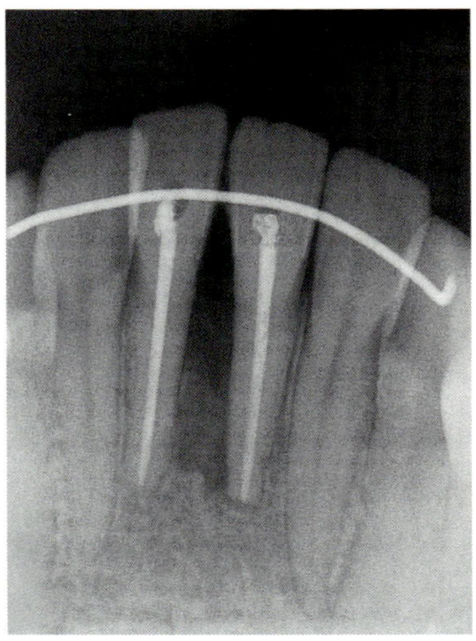

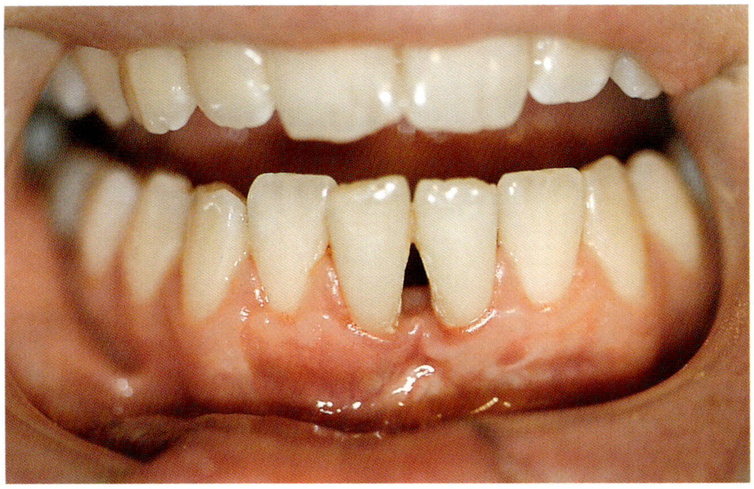

452 Spätkontrolle
Lokal reizloser und akzeptabler parodontaler Zustand bei den Zähnen 31 und 41 nach einem Jahr.

Links: Das Röntgenbild zeigt bereits eine partielle Verknöcherung der Defekte.

Nachsorge

Unmittelbar postoperativ soll das Operationsresultat radiologisch festgehalten werden.

Kalte Umschläge im Operationsgebiet, gute Mundhygiene durch Spülungen mit 0,2%iger Chlorhexidinlösung, Gabe von Antiphlogistika.

Nahtentfernung nach 7–10 Tagen.

Spätkontrolle klinisch und radiologisch nach sechs Monaten (Rud u. Mitarb. 1972 a, b).

Mögliche Komplikationen

Der Eingriff zeigt außer den immer möglichen postoperativen Problemen wenig spezielle Komplikationen. Persistierende apikale Osteolysen bei der radiologischen Nachkontrolle nach sechs Monaten deuten meist darauf hin, daß die apikale Abdichtung nicht vollständig ist. Im Einzelfall muß geklärt werden, ob eine Revision des Eingriffs erfolgversprechend sein kann oder ob der Zahn entfernt werden muß. Auch eine vertikale Wurzelfraktur ist in Betracht zu ziehen.

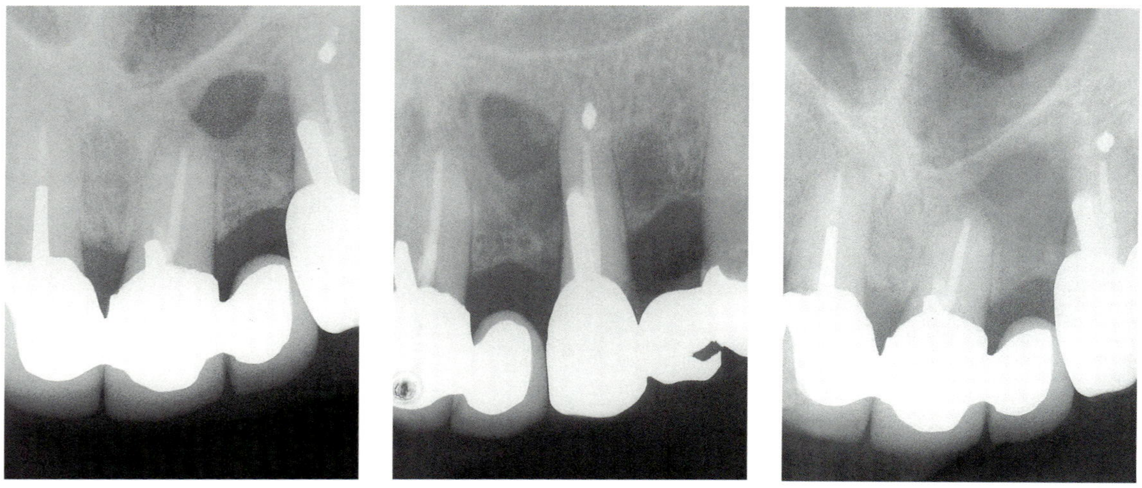

453 Komplikationen – Persistenz des knöchernen Defektes
Meist ist eine Via falsa, die nicht verschlossen wurde, oder weitergehende bakterielle Besiedelung am Apex bei undichtem Verschluß die Ursache. Als andere Infektionsquelle muß die durchgehende Tasche zum Operationsdefekt erkannt werden. Die Bildserie zeigt im Röntgenbild das Rezidiv nach Resektion bei Zahn 23 mit tunnelierendem Defekt und dessen Ausheilung (*rechts*) nach Füllung mit Lyochips innerhalb von 18 Monaten.

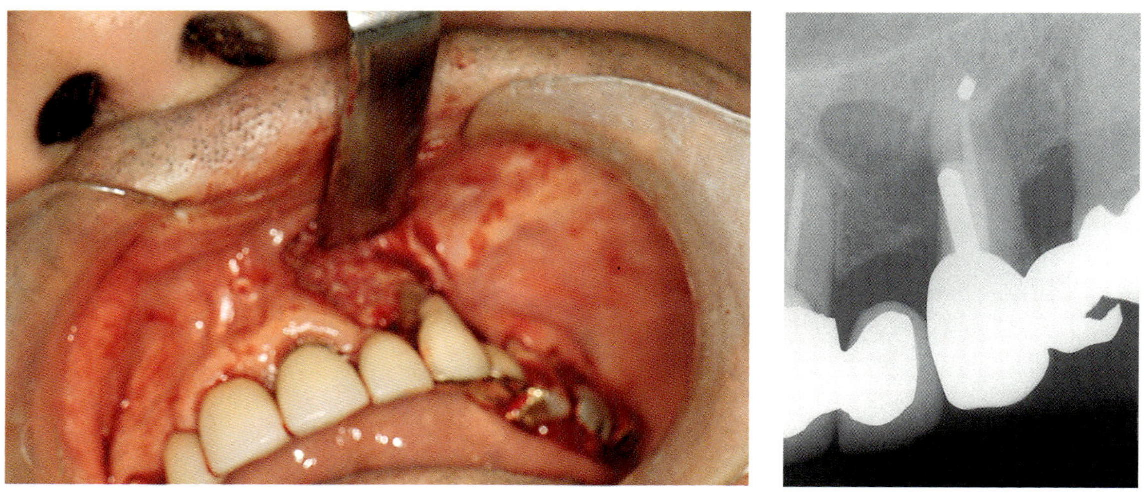

454 Defektfüllung
Die Defektfüllung erfolgte sekundär nach Auftreten einer infizierten Tasche mesial von Zahn 23. Im Bild der Operationssitus nach Defektfüllung mit Lyochips.

Rechts: Spätzustand nach 24 Monaten im Röntgenbild mit weitgehend knöchernem Durchbau.

Zysten

Definition

Als Zyste bezeichnen wir einen pathologischen Hohlraum, der mit Epithel ausgekleidet ist und einen zentrifugalen, verdrängenden Wachstumsmodus aufweist. Die typische Zystenform ist deshalb kugelig und ballonartig. Die benachbarten anatomischen Strukturen werden verdrängt. Wurzelresorption an beteiligten Zähnen ist möglich.

Der Zysteninhalt besteht aus cholesterinhaltiger, seröser Flüssigkeit oder Cholesterinbrei. Die Ätiologie ist sehr unterschiedlich. Zystenähnliche Hohlräume ohne epitheliale Auskleidung werden als Pseudozysten bezeichnet.

Einteilung

Zysteneinteilung nach WHO

Bedingt durch Entwicklungsstörungen
Odontogene Zysten:
- Keratozysten (Primordialzysten),
- Gingivazyste,
- Durchbruchszyste,
- follikuläre Zyste,
- kalzifizierende odontogene Zyste.

Nichtodontogene Zysten:
- Zyste des Ductus nasopalatinus,
- globulomaxilläre Zyste,
- nasolabiale (nasoalveoläre) Zyste.

Bedingt durch Entzündungen
Radikuläre Zyste
Parodontale Zyste
Residuale Zyste

Klinische Zysteneinteilung

(Killey u. Mitarb. 1977, Shear 1992, van der Waal 1993)

Knochenzysten
Dentogene Zysten:
- entzündliche radikuläre Zyste, Residualzyste,
- entzündliche parodontale Zyste,
- follikuläre Zyste,
- parodontale Zyste,
- Keratozyste,
- Eruptionszyste.

Fissurale Zysten:
- mediane fissurale Zyste (Canalis-incisivus-Zyste),
- laterale fissurale Zyste (globulomaxilläre Zyste).

Nasopalatinalzyste

Pseudozysten:
- Stafne-Zyste (lingualer kortikaler Defekt),
- traumatische Zyste,
- hämatopoetischer Knochendefekt.

Weichteilzysten
Speichelretentionszysten
Mißbildungszysten (mediane und laterale Halszysten)
Gingivazyste
Dermoidzysten

Entstehung der Zysten

Zysten können immer dort auftreten, wo in der embryonalen Entwicklung Epithelreste im Gewebe zurückgeblieben sind. Eine andere Möglichkeit ist die Fehlentwicklung. Im Kieferbereich sind Zysten besonders häufig wegen der ektodermalen Gebilde im Knochen, der Zahnleiste. Aus den nach dem Zahndurchbruch im Knochen verbliebenen Epithelresten (Malassezsche Epithelreste) können bei entsprechenden Reizen diese Epithelien verschmelzen, zentral nekrotisieren und so zur Zystenbildung Anlaß geben. Die genaue Pathogenese der Zysten ist nicht gesichert. Als Wachstumsursache wird der durch Epithelnekrose entstandene osmotische Innendruck anerkannt, wobei der Zystenbalg als semipermeable Membran funktioniert. Dadurch erklärt sich auch die Schrumpfung des Hohlraumes nach Fensterung und Drainage (Dekompression) einer Zyste.

Odontogene Zysten

Multiple Zystenbildungen sind bei folgenden Syndromen anzutreffen:
- Gorlin-Goltz-Syndrom (Keratozysten),
- Dentindysplasien (follikuläre Zysten),
- Dysostosis cleidocranialis (follikuläre Zysten),
- Klippel-Feil-Syndrom (follikuläre Zysten).

Radikuläre Zyste

Histologisch findet sich ein mehrschichtiges, nichtverhornendes Plattenepithel. Die Zystenwand kann Ansammlungen von Lymphozyten enthalten, Cholesterinkristalle, Aktinomyceskolonien, Makrophagen und Becherzellen. Die Zystenbegrenzung besteht aus faserarmem kollagenen Bindegewebe.

Die Residualzyste ist eine nach Zahnentfernung im Kiefer verbliebene radikuläre Zyste.

Neuere Untersuchungen mit konsequenten Serienschnitten der am Zahn adhärenten Zystengebilde (Nair u. Pajarola 1995) zeigen, daß bei den radikulären Zysten zwischen echten Zysten (true cyst) und Taschenzysten (pocket cyst) unterschieden werden muß. Ebenso wurden Epithelstränge auch in apikalen Abszessen und Granulomen gefunden, was für den Pathologen in der Regel die Diagnose Zyste bedeutet. Dies ist von klinischer Bedeutung, da bei den epithelhaltigen Abszessen und Granulomen wie auch bei der Taschenzyste, bei denen das Zystenepithel mit dem Apex in Verbindung steht, nach Elimination der Infektionsquelle (Wurzelbehandlung) eine Ausheilung erwartet werden kann, während bei der echten Zyste, bei der das Zystenepithel einen isolierten Hohlraum abschließt, nur die chirurgische Intervention eine Ausheilung bewirken kann.

Aggressive Kieferzysten

Stoelinga und Bronkhorst (1988) beschreiben das Verhalten gewisser zystischer Läsionen des Kiefers als aggressiv, wenn diese ein destruktives und infiltratives Wachstum, ein besonderes Wachstumspotential und eine Tendenz zum Rezidiv aufweisen. Dazu werden solche Zysten gerechnet, in denen sich ein Karzinom oder Ameloblastom entwickelt, die Keratozysten und die odontogene kalzifizierende Zyste. Solche Zysten belegen oft über ein Drittel oder mehr eines Kiefers und können in die Weichteile proliferieren.

Follikuläre Zyste

Die follikuläre Zyste beinhaltet in ihrem Lumen immer die Krone eines Zahnes und wird deshalb auch „zahnhaltige Zyste" (dentigerous cyst) genannt. Das Zystenepithel entsteht aus dem Schmelzepithel nach der Bildung der Zahnkrone. Histologisch findet sich ein mehrschichtiges, selten verhornendes Plattenepithel, das auch schleimbildende Zellen enthalten kann. Follikuläre Zysten sind relativ häufig und treten meist im bleibenden Gebiß auf. Sie sind beim impaktierten Weisheitszahn meist im Unterkiefer oder beim Eckzahn im Oberkiefer lokalisiert. Klinische Symptome sind selten, außer bei der Zysteninfektion. Radiologisch imponiert die follikuläre Zyste meist als Zufallsbefund als eine rundliche, deutlich begrenzte Osteolyse um eine manchmal weit verdrängte Zahnkrone. Die Ausdehnung kann von wenigen Zentimetern bis hin zu groteskem Umfang reichen. Im Unterkiefer wird der Mandibularkanal verdrängt.

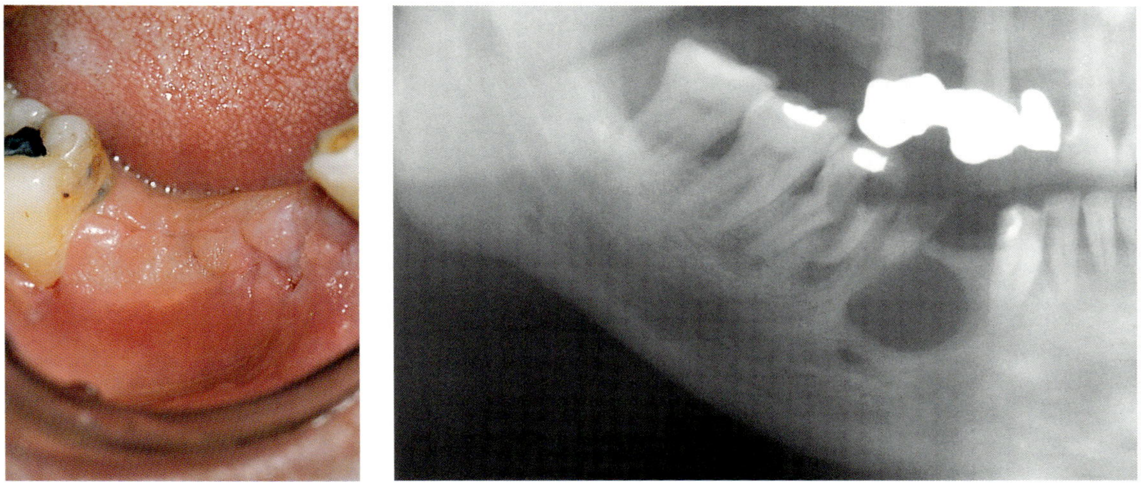

455 Radikuläre Zyste – Auftreibung und Osteolyse
Im Röntgenbild imponiert die radikuläre Zyste als kreisrunde, scharf begrenzte Strukturauslöschung in der Apexregion eines Zahnes.

Links: Klinisch können im nicht akuten Zustand lediglich eine indolente Auftreibung und bei sehr dünner Knochenbedeckung evtl. eine Fluktuation festgestellt werden. Immer ist ein devitaler Zahn (behandelt oder unbehandelt) in der Zystenregion zu erkennen.

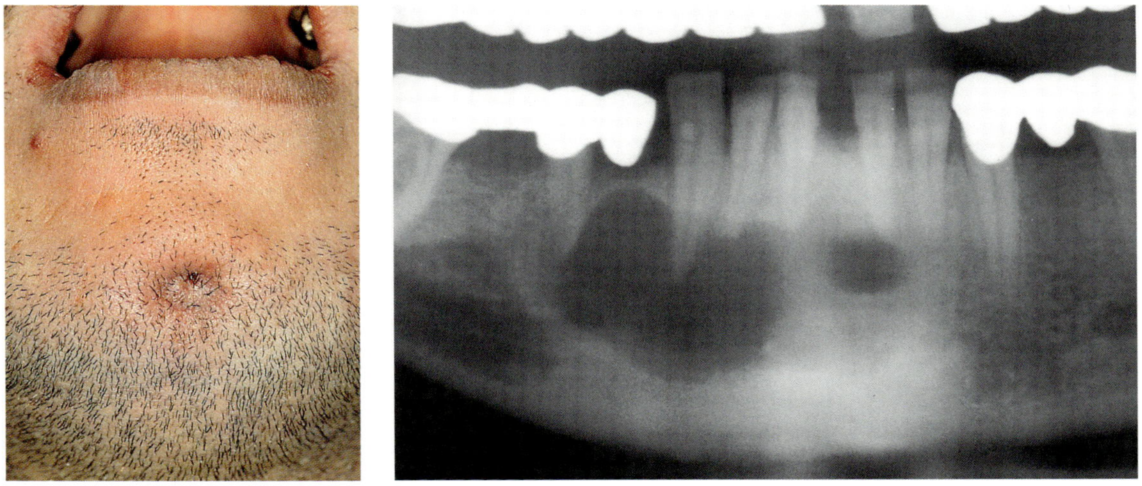

456 Fistelbildung
Im Röntgenbild die Ursache der Fistelbildung: eine zystische Osteolyse apikal der Zähne in der Unterkieferfront.

Links: Als klinische Zeichen können auch therapieresistente Fistelbildungen auf der Haut festgestellt werden.

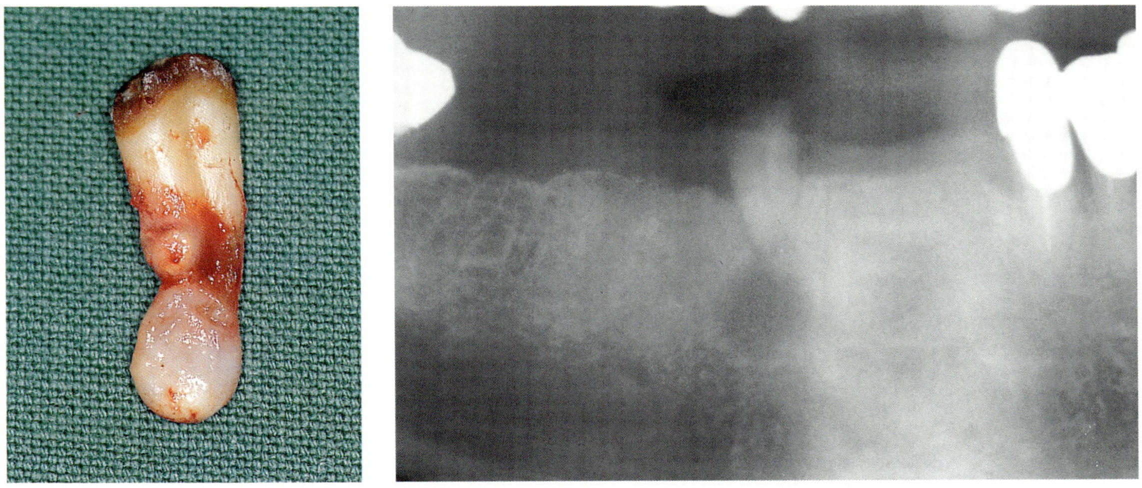

457 Zystische Osteolyse
Die typische zystische Begrenzung apikal Zahn 44 im OPT.

Links: Der entfernte Zahn mit der anhängenden radikulären Zyste.

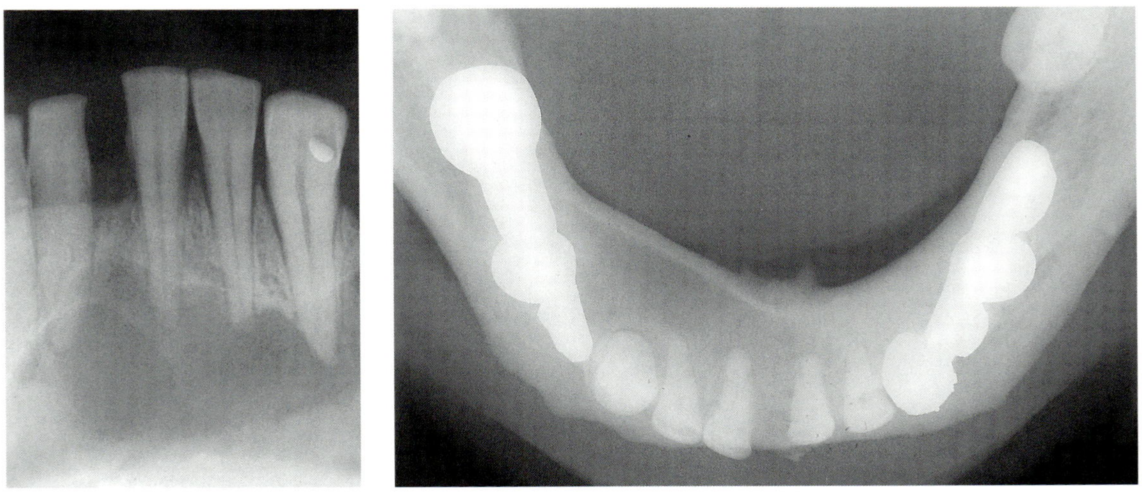

458 Verdrängung
Das expansive, verdrängende Wachstum der radikulären Zyste zeigt sich sehr schön in der Aufbißaufnahme: Die linguale Kortikalis ist verdünnt und rundlich aufgetrieben.

Links: Die entsprechende Zahnröntgenaufnahme.

Keratozyste

Synonym werden die Begriffe primordiale Zyste oder odontogene Keratozyste verwendet. Die Keratozyste entsteht entweder im zahntragenden Kieferknochen oder distal des Weisheitszahnes, bevorzugt im Unterkiefer. Männer sind häufiger betroffen als Frauen, und die Altersmaxima liegen im zweiten, dritten und fünften Lebensjahrzehnt. Histologisch wird das Zystenlumen von einem flachen, selten höheren mehrschichtigen Plattenepithel ausgekleidet. Die Basalzellschicht ist typischerweise stark angefärbt, und das Epithel zeigt eine Hyperpara- oder Hyperorthokeratose. Der Zystenbalg besteht aus faserarmem kollagenen Bindegewebe. Am Zystenrand können Tochterzysten vorkommen. Diese Erscheinung ist möglicherweise eine Ursache der hohen Rezidivneigung. Radiologisch ist die Keratozyste nicht leicht von der follikulären Zyste zu unterscheiden. Ist ein retinierter Zahn involviert, liegt dessen Krone nicht im Lumen des Zystenhohlraumes, sondern am Rand. Die typische zystoide rundliche Begrenzung fehlt meist. Die Osteolyse ist glattrandig, manchmal auch multilokulär. Die Größe ist variabel, von einigen Millimetern bis zur grotesken Ausdehnung

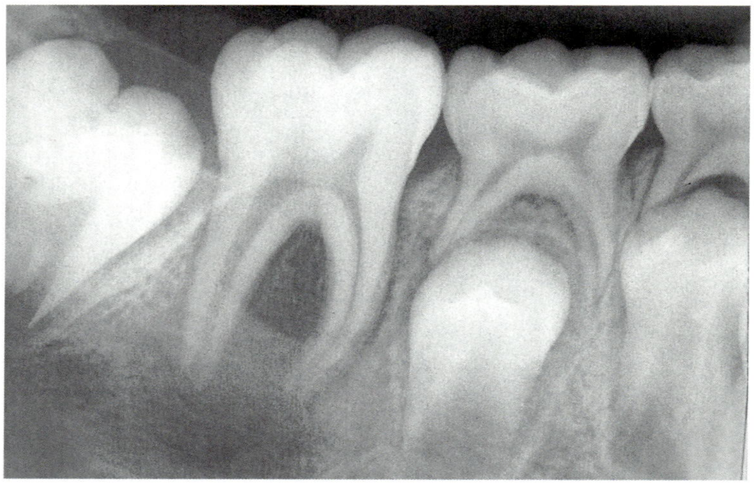

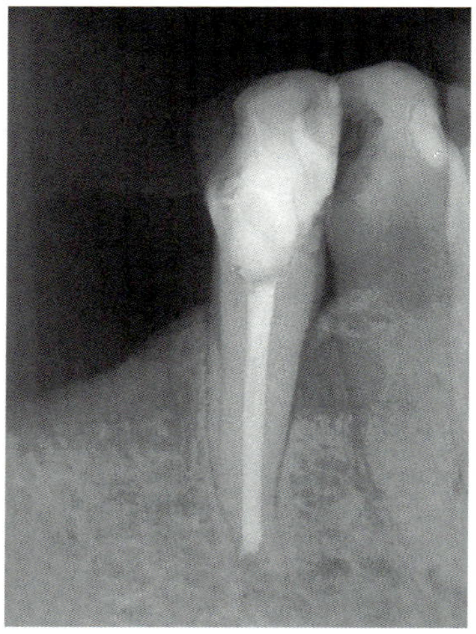

459 Parodontale Zyste
Aus dem parodontalen Epithel sind auch Zystenbildungen möglich. Das Bild zeigt Zahn 46 kurz nach seinem Durchbruch mit einer scharfbegrenzten Aufhellung über den Wurzeln.

Rechts: Kleine, kugelige Zystenbildung distal der Wurzel von Zahn 42.

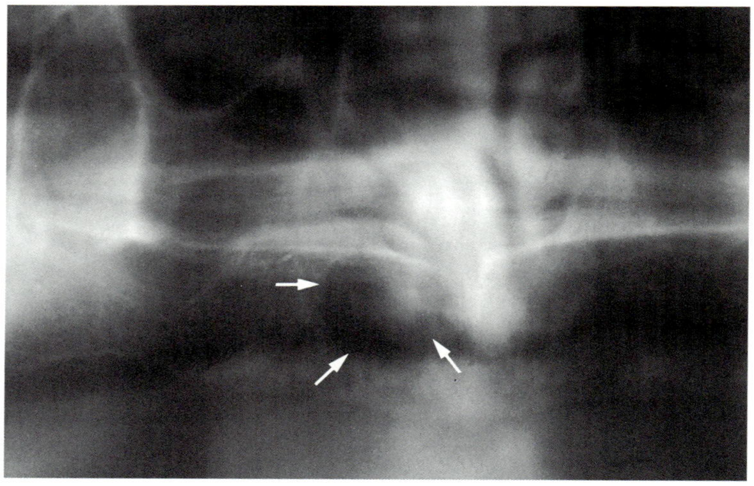

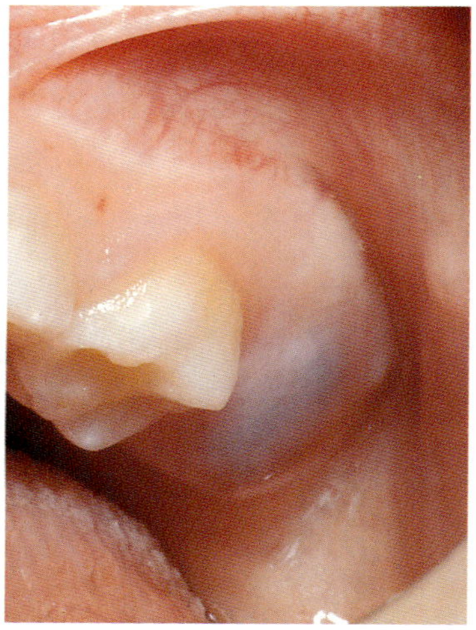

460 Residualzyste
Es handelt sich um die gleiche Ätiologie wie bei der radikulären Zyste. Das Eigenleben der Zyste hat sich jedoch nach Entfernung des schuldigen Zahnes ohne die Zyste selbst fortgesetzt.

Rechts: Eruptionszyste: Beim Durchbruch von Zähnen, am häufigsten der ersten Molaren, können sich bei verzögertem Epitheldurchbruch Zysten bilden. Im Bild die typische Erscheinung der bläulichen Gingivaschwellung über dem zu erwartenden Zahn 26.

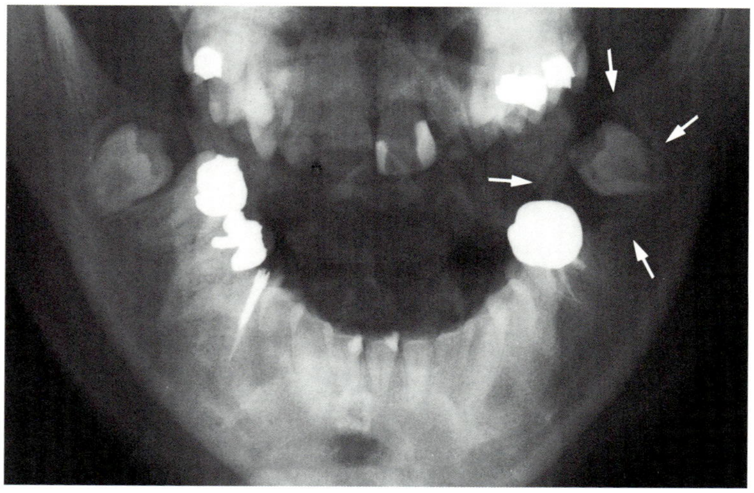

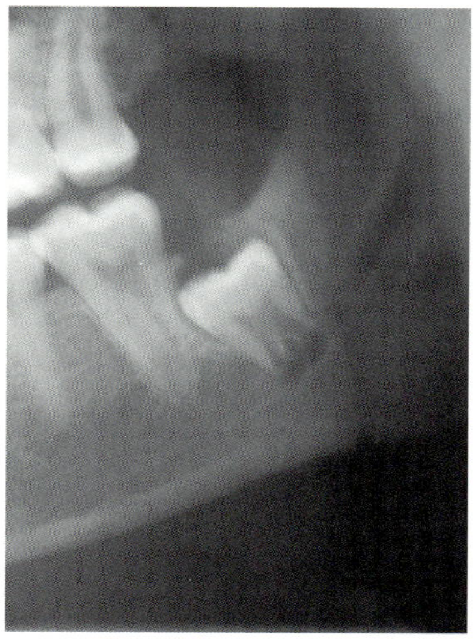

461 Follikuläre Zyste
Diese Zyste entsteht aus dem Schmelzepithel bei der Zahnentwicklung. Die Krone des schuldigen Zahnes 48 ist von der Zyste vollständig umgeben. Die Größe der Zysten kann groteske Formen annehmen (Pfeile).

Rechts: Ausschnitt aus einem OPT: Der retinierte Zahn 38 mit erweitertem Perikoronalraum als Zeichen der Tendenz zur Zystenbildung.

über ganze Kieferabschnitte. Im Unterkiefer ist der Mandibularkanal nicht verdrängt. Nach neueren Ansichten (Scharffetter u. Mitarb. 1989, Voorsmit 1990) sind Enzymaktivität und Prostaglandininduktion oder auch aktives Wachstum im benachbarten Bindegewebe mit gleichzeitiger Epithelproliferation in mehreren Wachstumszentren für die Entwicklung der Keratozyste verantwortlich (Tochterzellen im Zystenbalg). Durch diese Hypothesen läßt sich auch die hohe Rezidivrate erklären. Viele Autoren haben einzelne Fälle mit malignen Entartungen in der Zyste beschrieben.

Gorlin-Goltz-Syndrom

Das Syndrom zeichnet sich durch Basalzellnävi der Haut, gespaltene Rippen und mehrfach auftretende (multiple) Keratozysten aus; es wird autosomal dominant vererbt. Außer dem fast konstanten Symptom der multiplen Keratozysten treten neben den Hauterscheinungen auch Veränderungen an den Augen und ziemlich typische Gesichtsanomalien auf, wie vorgewölbte Stirn und Hypertelorismus (Roth u. Mitarb. 1989).

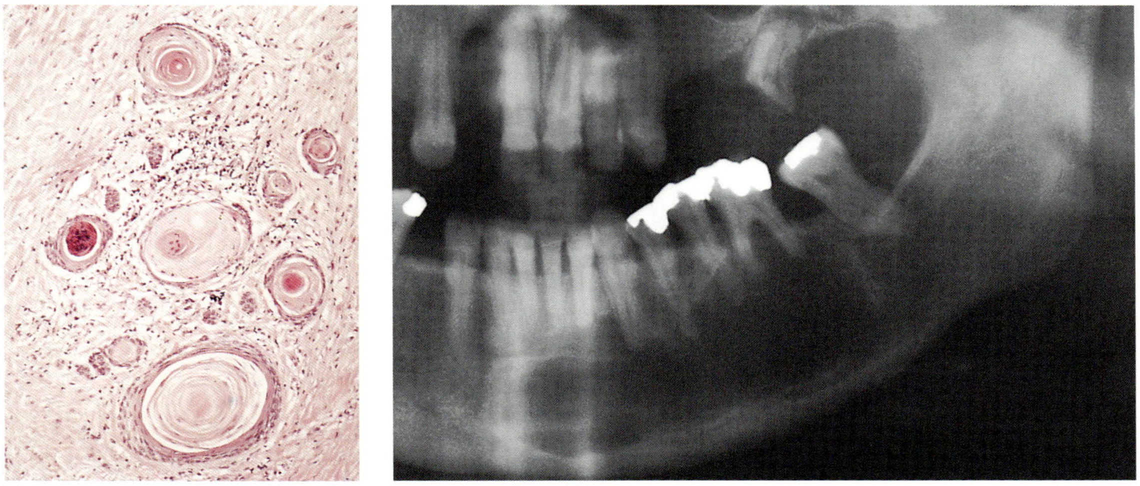

462 Keratozyste
Das OPT zeigt die ausgedehnte zystische Osteolyse, die vom linken Molarengebiet des Unterkiefers bis über die Mittellinie nach rechts reicht. Die Kortikalis ist stellenweise mitbeteiligt, die Charakteristik ist multilokulär. Die Zähne sind vital.

Links: Das histologische Bild zeigt die typischen Keratininseln im Zystenepithel.

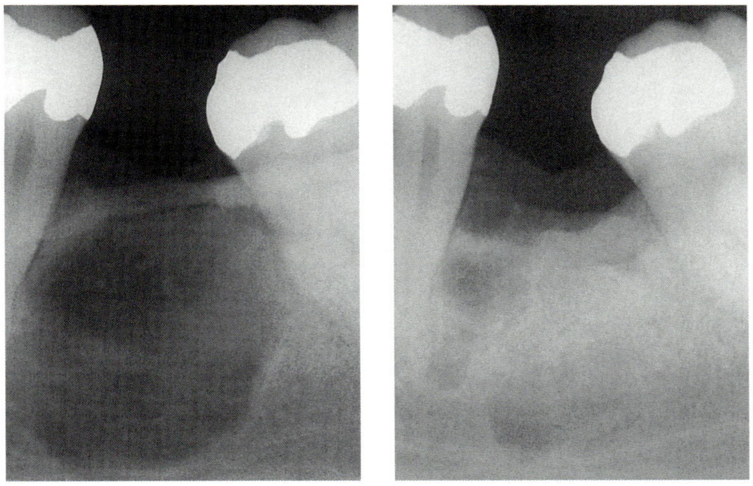

463 Rezidivneigung
Eine als Residualzyste imponierende Aufhellung im Zahnröntgenbild wurde als Keratozyste diagnostiziert.

Rechts: 5 Jahre postoperativ (Zystektomie) zeigt die Kontrolle eine weitgehende knöcherne Ausheilung des Zystendefektes. Das Verknöcherungsmuster entspricht jedoch nicht dem üblichen radiären Knochenanbau wie bei den übrigen Zysten. Eine langfristige Verlaufskontrolle ist angebracht.

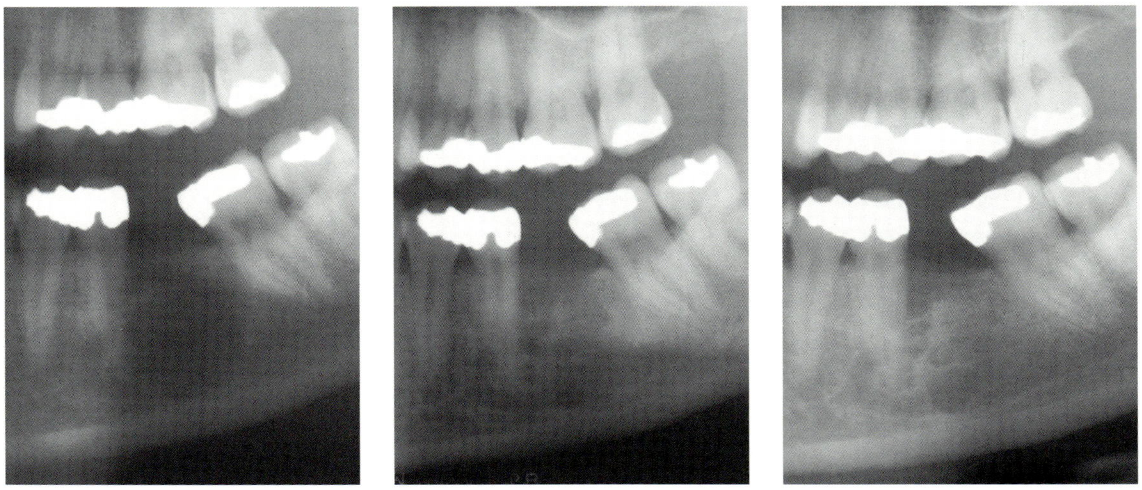

464 Rezidivneigung
Die Röntgenserie zeigt die Ausheilung und Rezidivbildung innerhalb von 4 Jahren.

Links: Nach 1 Jahr.

Mitte: Nach 2 Jahren.

Rechts: Nach 4 Jahren: Im kaudalen Bereich der ehemaligen Zyste scheint sich eine neue Osteolyse zu bilden.

Umgang mit Keratozysten

Keratozysten zeichnen sich durch ihre hohe Rezidivrate aus. Ihr Verhalten kann auch als aggressiv eingestuft werden. Patienten mit einer diagnostizierten Keratozyste sind deshalb in ein Recallsystem aufzunehmen, um sie nach der Zystenbehandlung während 6–10 Jahren kontrollieren zu können. Wegen der Größe der Zysten wird meist eine mehrstufige Behandlung erfolgen. Da die Diagnose präoperativ ohne histologischen Befund nicht mit Sicherheit gestellt werden kann, wird als erster Schritt eine Biopsie des Zystenbalges erfolgen müssen. Dies geschieht meistens anläßlich der Entfernung des oft mit der Zyste vergesellschafteten Zahnes. Bei dieser Gelegenheit kann ein Teil des Zystenbalges als Biopsie entnommen und der Zystenhohlraum offengelassen werden (Fensterung). Wird eine Zystenmarsupialisation mit Entfernung des Balges vorgenommen, kann nach halbjährlicher Überprüfung der eingetretenen Reduktion der Osteolyse im Röntgenbild das weitere Vorgehen erwogen werden. Meist ist eine anfängliche Schrumpfung des Zystenlumens durch Knochenapposition feststellbar, so daß an eine Ausheilung der Knochenläsion geglaubt wird.

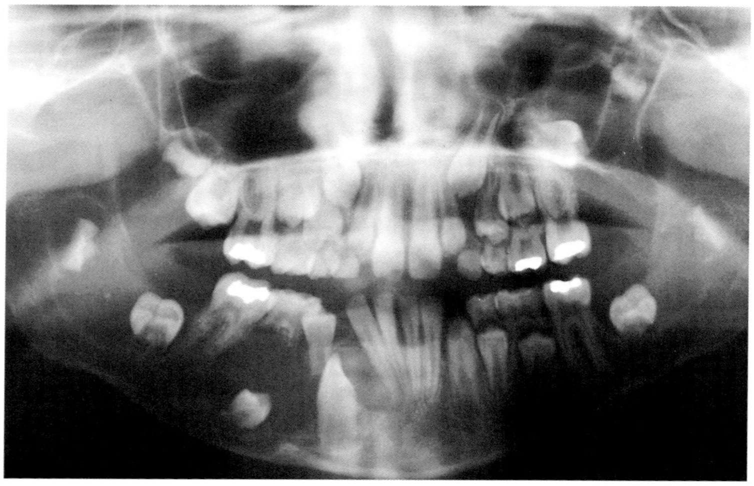

465 Dynamik der Entwicklung der Keratozysten
Bei einzelnen Syndromen werden multiple Zystenbildungen beobachtet, wie in diesem Fall eines Patienten mit Gorlin-Goltz-Syndrom. Bereits im Alter von 7 Jahren wurden die ersten Zystenmarsupialisationen zur Steuerung eines möglichst geregelten Zahndurchbruchs vorgenommen. Die Entwicklung läßt sich an der Region 45 erkennen.

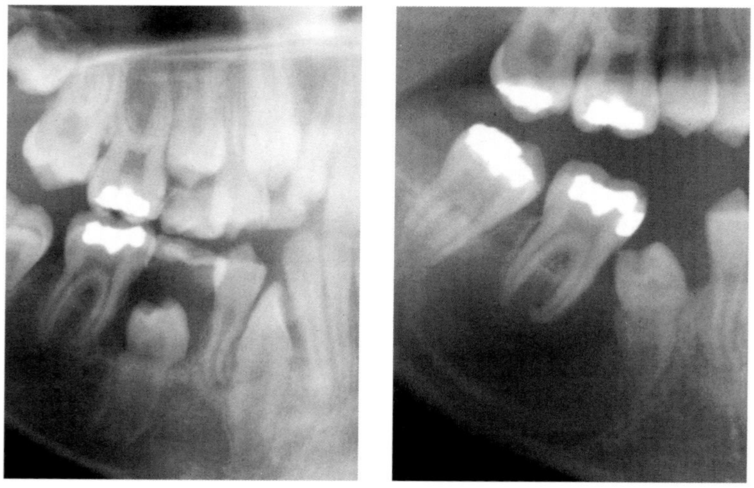

466 Entwicklung der Keratozysten
Im Alter von 13 Jahren wird die Zyste bei Zahn 45 marsupialisiert. Die Histologie ergibt erwartungsgemäß die Diagnose Keratozyste. Der Zystenhohlraum wird deshalb noch mit Carnoyscher Lösung gespült, möglichst ohne den Zahn 45 allzustark mitzuätzen (*links*).

Rechts: Wie aus dem Röntgenbild zu erkennen ist, beginnt Zahn 45 sich nach okklusal zu bewegen. Die Zyste scheint verschwunden.

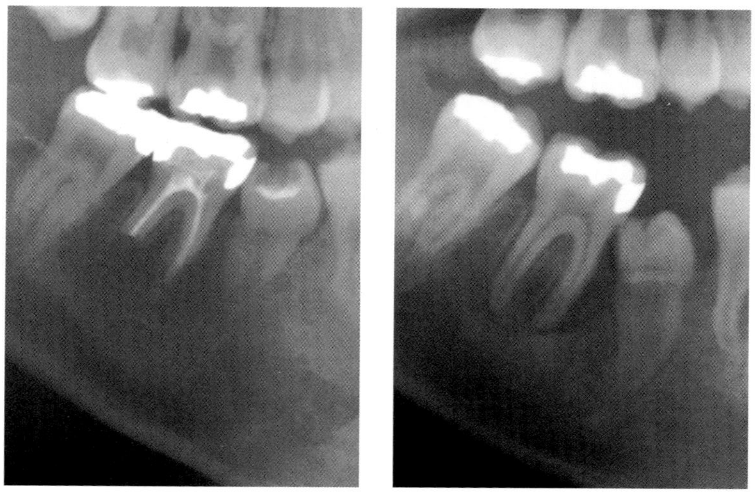

467 Entwicklung der Keratozysten
Ein halbes Jahr später erscheint die Zyste distal erneut.

Links: Im Alter von 17 Jahren scheint die Situation ruhig zu sein, Zahn 46 mußte wegen Devitalisation wurzelbehandelt und reseziert werden.

Nachkontrolle bei Keratozysten

Die weitere klinische und radiologische Nachkontrolle in jährlichen Intervallen fördert möglicherweise eine neue Radioluzenz an früherer Regenerationsstelle zutage. Immerhin ist in solchen Fällen zu erwarten, daß die Knochenapposition wesentliche anatomische Strukturen, wie den Mandibularkanal oder umliegende vitale Zähne vom Rezidiv getrennt hat und somit eine neue radikalere chirurgische Intervention zuläßt. Die rezidivierte Zyste kann in toto nach Spülung mit Carnoyscher Lösung und Ausschleifen des Knochens ektomiert werden (S. 213 u. 220).

Nichtodontogene Zysten

Unter die nichtodontogenen Zysten fallen aneurysmatische Knochenzysten, globulomaxilläre Zysten, Nasolabialzysten, Canalis-incisivus-Zysten (Zysten des Nasopalatinalganges, Papilla-incisiva-Zysten), mediane Unterkieferzysten, mediane Oberkieferzysten und Pseudozysten (Stafne-Zyste, hämatopoetischer Defekt). Außer den Pseudozysten und aneurysmatischen Knochenzysten können die anderen Zystenarten zu den entwicklungsgeschichtlich entstandenen Zysten gezählt werden. Allerdings wird bei dieser Einteilung die klassische Definition der Zyste (Hohlraum mit Epithel) verlassen.

Aneurysmatische Knochenzyste

Sie ist eine meist im Unterkieferhorizontalast zufällig im Röntgenbild entdeckte zystoide Osteolyse, unilobulär oder multilobulär, auch unregelmäßig begrenzt. Histologisch findet man etwas Bindegewebe mit Ansammlungen von Erythrozyten und Thrombosierungen. Zarte, riesenzellhaltige Septen umschließen verschieden große blutgefüllte Areale, nicht zystisch umgewandelte Hohlräume enthalten Riesenzellen vom Osteoklastentyp. Klinisch kann diese Zyste als Knochenauftreibung ohne Schmerzen in Erscheinung treten. Die Therapie besteht in sanfter Kürettage und Vollblutenlassen des Hohlraumes.

Hämatopoetischer Defekt

Diese Erscheinung ist vorwiegend im jugendlichen Alter als Zufallsbefund im Röntgenbild zu entdecken. Es handelt sich um eine gegen mesial meist unscharf begrenzte, im distalen Anteil zystisch charakterisierte umschriebene Osteolyse im Unterkieferhorizontalast. Die Zähne sind nicht beteiligt. Bei der Inspektion findet man einen leeren Knochenhohlraum, ausgekleidet von einem äußerst feinen Bindegewebe. Der N. alveolaris inferior kann wie ein Seil frei im Hohlraum liegen. Histologisch ist allenfalls blutzellenbildendes Knochenmark zu finden. Die Therapie beschränkt sich auf Inspektion und radiologische Überwachung.

Ein ungünstiger Knochendefekt wird mit lyophilisiertem Knorpel gefüllt.

Die Nachkontrollen finden halbjährlich und nach Ausbleiben eines Rezidivs über 2 Jahre in ein- bis zweijährigen Intervallen während der folgenden 6 Jahre statt (Stefani 1994).

Traumatische Zyste

Synonym werden die Begriffe solitäre Knochenzyste, hämorrhagische Zyste und Extravasationszyste verwendet. Diese Pseudozyste wird vorwiegend als symptomlose, gut begrenzte Osteolyse, selten mit Auftreibung oder Kortikalisbeteiligung, im Unterkieferhorizontalast vor dem 20. Lebensjahr entdeckt. Bei der Exploration findet sich ein leerer Hohlraum, eventuell mit seröser Flüssigkeit gefüllt. Die Zähne sind nicht beteiligt. Eine besondere Therapie erübrigt sich, da die Erscheinung nach der Eröffnung meist spontan knöchern regeneriert.

Globulomaxilläre Zyste

Diese Zystenform wurde früher mit der nasolabialen Zyste in Verbindung gebracht, aus der Vorstellung heraus, daß beide Erscheinungen aus Epithelresten bei der Vereinigung von Nasen- und Kieferfortsatz entstehen. Die globulomaxilläre Zyste ist möglicherweise eine fissurale Zyste, entstanden nach obiger Vorstellung. Andere Autoren betrachten diese Läsion als eine Erscheinung verschiedener Zysten (radikuläre, parodontale oder Keratozyste). Ob die laterale fissurale Zyste oder globulomaxilläre Zyste nicht doch eher eine dentogene Zyste ist, wird noch immer diskutiert. Klinisch tritt die Zyste als Schwellung im Vestibulum zwischen 2. Frontzahn und Eckzahn in Erscheinung. Im Röntgenbild stellt sie sich als zystisch begrenzte ovaläre Osteolyse dar, meist mit Verdrängung der Wurzeln des 2. Inzisivus und des Eckzahnes. Die Zähne sind vital.

Canalis-incisivus-Zyste

Diese Zyste entsteht im Nasopalatinalgang. Die mediane Gaumenzyste und die Papilla-incisiva-Zyste sind andere Erscheinungsformen derselben Zystenart. Die Entstehung erklärt sich aus der Lage im Nasolabialgang, wobei bei der Entwicklung Epithelreste eingeschlossen werden und sich gelegentlich zu einer Zyste entwickeln können. Klinisch manifestiert sich diese Zystenform durch eine Schwellung an entsprechender Stelle am Gaumen. Diese Zyste kann auch ohne Entzündung nur durch Schmerzen imponieren. Radiologisch findet sich palatinal eine rundliche, ovaläre bis herzförmige Osteolyse anterior-median. Zähne sind nicht betroffen oder bei größerer Zystenausdehnung verdrängt. Histologisch kann entsprechend der Herkunft der Epithelreste sowohl geschichtetes Plattenepithel und/oder respiratorisches Epithel gefunden werden, ebenfalls evtl. Nervengewebe (N. incisivus).

468 Nichtodontogene Zysten – fissurale Zysten
Sie entstehen möglicherweise bei der Verwachsung der Kieferknochen. Die Aufbißaufnahme zeigt die zystische Osteolyse im Canalis-incisivus-Bereich.

Rechts: Die Zahnaufnahme zeigt die Osteolyse einer lateralen fissuralen Zyste.

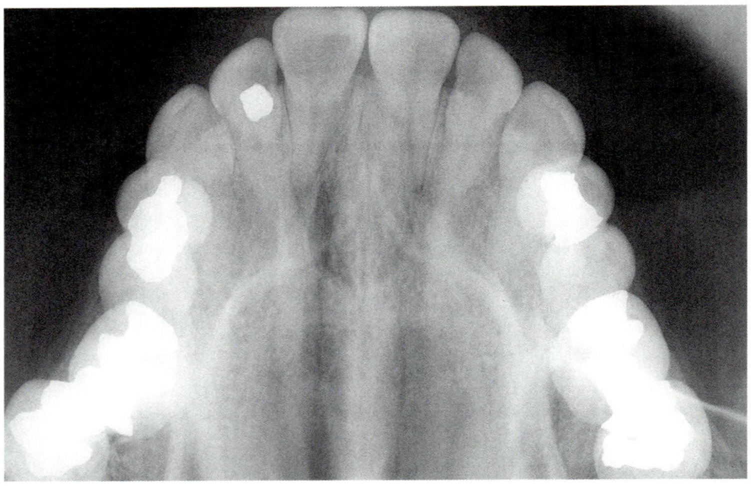

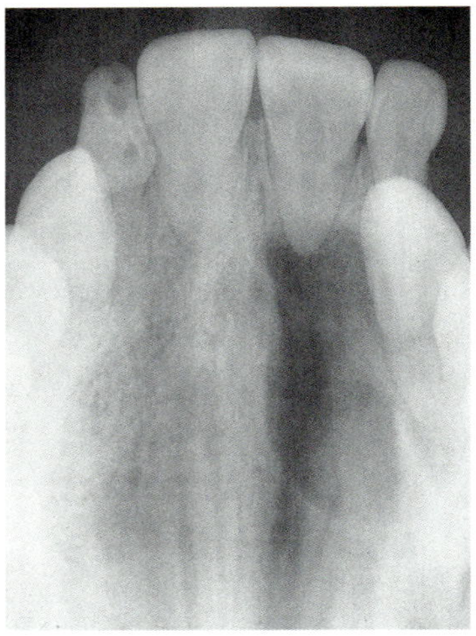

469 Nasoalveoläre Zyste
Die nasoalveoläre bzw. nasopalatinale Zyste liegt nicht völlig im Knochen und weist deshalb nicht immer radiologisch erkennbare Befunde auf. Die Abbildung zeigt die paranasal liegende Schwellung, welche von der auf der vestibulären Kortikalis aufliegenden Zyste verursacht wird.

Rechts: Operationssitus mit dem gut abgegrenzten kugeligen Gebilde vestibulär Regio 21/22.

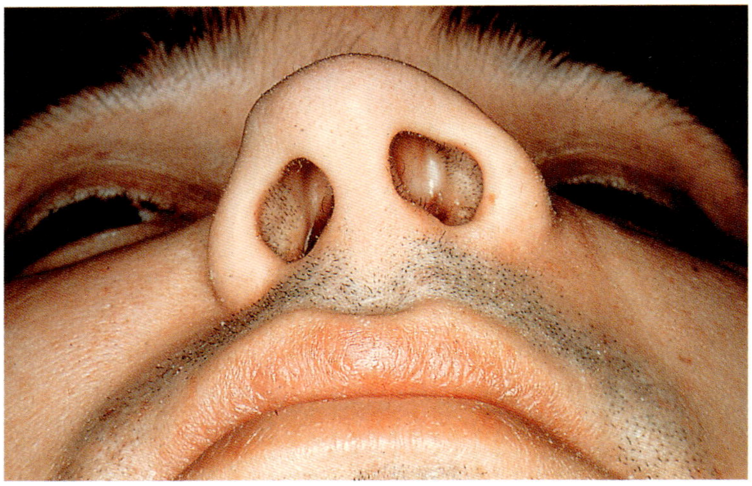

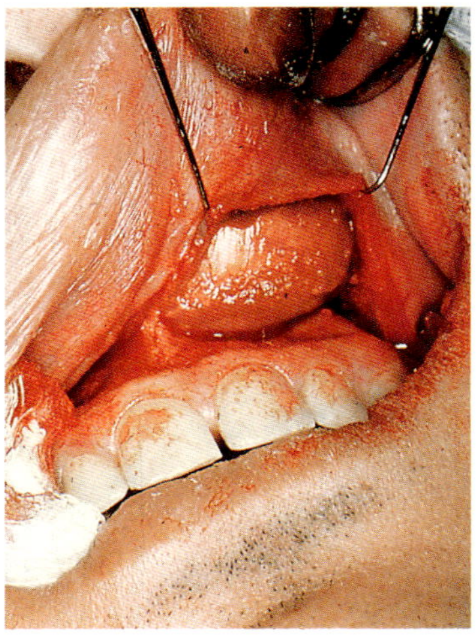

470 Pseudozyste
Diese Form der Zyste ist auf den dorsalen Unterkieferunterrand beschränkt und imponiert nur radiologisch als typisch zystisch begrenzter Defekt, wie auf dieser seitlichen Unterkieferaufnahme zu erkennen ist.

Rechts: Das CT liefert den Beweis einer lingualen Eindellung, wohl durch einen Lappen der Glandula submandibularis verursacht: eine typische Stafne-Zyste.

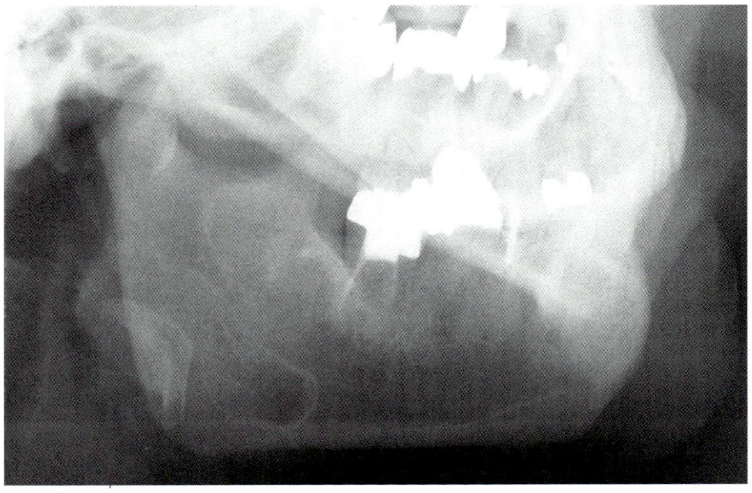

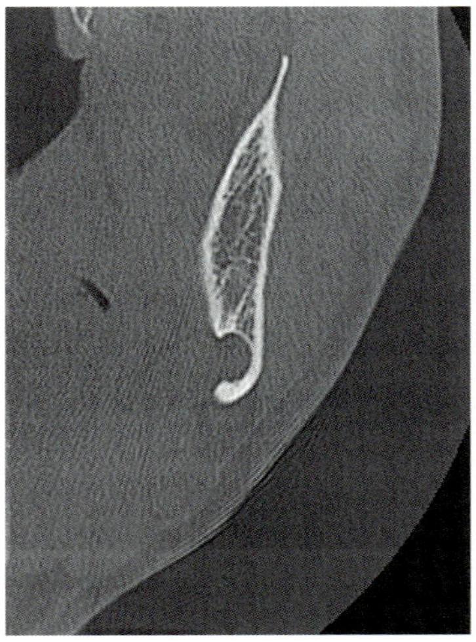

Diagnostik der Zysten

Die klinische Diagnostik kann ein ganzes Spektrum von histologischen Differentialdiagnosen umfassen. Entsprechend dem biologischen Verhalten der einzelnen odontogenen Zystenformen ist eine exakte histologische Diagnose zusammen mit den klinischen Daten einschließlich Röntgenbefund für eine adäquate Therapie unerläßlich (Donath 1980).

Klinischer Befund

Eine Zyste kann sich durch Konturveränderungen und Vorwölbungen bemerkbar machen. Zu beurteilen ist die palpatorische Charakteristik der Veränderung (prall, eindrückbar, knochenhart, pergamentartiges Knistern).
Weiteren Aufschluß ergibt die Punktion: Flüssigkeit unterschiedlicher Farbe und Konsistenz ist zu erwarten. Typischerweise finden sich in der Zystenflüssigkeit Cholesterinkristalle.

Radiologischer Befund

Röntgenaufnahmen in mindestens zwei Ebenen sollen die vollständige Ausdehnung erkennen lassen. Der zystische Prozeß wird als eine rundliche, scharf begrenzte Strukturauslöschung mit feinem Kortikalissaum dargestellt. Nachbargebilde werden in der Regel verdrängt. Bei infizierten Zysten geht der Kortikalissaum verloren.
Hilfreich sind Kontrastdarstellungen, vor allem für Weichteilzysten. Ausgezeichnete Informationen liefert das CT oder MRI.

Histologischer Befund

Entscheidend ist das den Zystenbalg bildende Epithel. Es lassen sich radikuläre, follikuläre, fissurale Zysten, Keratozysten und zystische Tumoren differenzieren.

Chirurgisches Vorgehen

Wahl des Operationsmodus

Die Dynamik der Pathophysiologie der Zysten erfordert viel Erfahrung des Chirurgen, um die entsprechende Behandlungsart zu wählen. Eine differenzierte Betrachtungsweise in der Beurteilung und Wahl der Behandlungsmethode ist bei den unterschiedlichen zystischen Krankheitsbildern unbedingt erforderlich (Baumann 1976, Becker 1971, Berthold u. Burkhardt 1989, Berthold u. Buser 1982, Egyedi u. Beyazit 1971, Fowler u. Brannon 1989, Hardt u. von Arx 1990, Holtgrave u. Spiessl 1975, Nielsen u. Mitarb. 1986, Richter u. Mitarb. 1975, Robinson, Koch, Kolas 1956, Roth u. Mitarb. 1984, Sailer u. Makek 1985, Schmidt u. Mitarb. 1993, Schroll 1976, Schwimmer u. Mitarb. 1991, Stoelinga u. Bronkhorst 1988, Zetzmann u. Mitarb. 1955).

Grundsätzlich soll eine Behandlungsart gewählt werden, die keine funktionellen (z.B. Defekt des zahnlosen Alveolarfortsatzes) oder ästhetischen Störungen (z.B. vorderes oberes Alveolarfortsatzgebiet beim Bezahnten) zurückläßt.

Nota bene
Große zystische Veränderungen im Kieferbereich sollten vom Spezialisten betreut werden.

Entscheidungskriterien für die Operation

Lage der Zyste
Oberkiefer:
- Kieferhöhle,
- Nasenhöhle,
- Kiefer- und Nasenhöhle,
- Orbita,
- Mundhöhle oder Palatinum,
- Canalis incisivus,
- Bezahnte, unbezahnte Region.

Unterkiefer:
- Kieferwinkel, aufsteigender Ast, Kondylusregion,
- Canalis mandibularis, Foramen mentale,
- lateraler oder frontaler Alveolarfortsatz,
- Bezahnte, unbezahnte Region.

Größe der Zyste
Statik des umgebenden Knochens, Frakturgefahr.

Histologischer Befund
Keratozysten, andere dentogene Zysten, fissurale Zysten, zystische Tumoren usw.

Zeitfaktor
Kann oder soll eine Verkleinerung der Zyste durch Fensterung abgewartet werden?

Zustand des Patienten
- Allgemeinzustand.
- Alter.
- Patientenansprüche.
- Compliance.

471 Klinische Diagnostik
Zunehmende Auftreibung bei fehlender Infektion ohne Schmerzen. Die Umgebung wird verdrängt, Zähne können zunehmende Kippungen aufweisen.

Rechts: Röntgenaufnahme zu diesem Befund: scharf begrenzter Defekt mit Randsklerose und Verdrängung der Wurzel von Zahn 24.

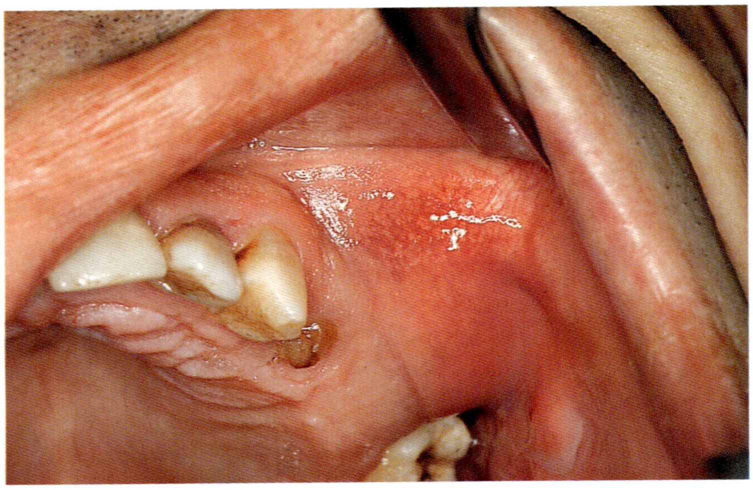

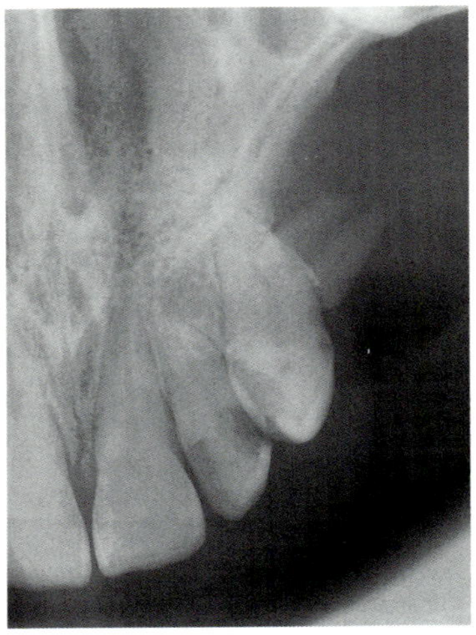

472 Fisteln
Bei chronisch infizierten Zysten können Fistelbildungen auftreten, die manchmal kaum zu erkennen sind.

Rechts: Nur die feine Sondierung läßt den Ursprung der Fistel erkennen.

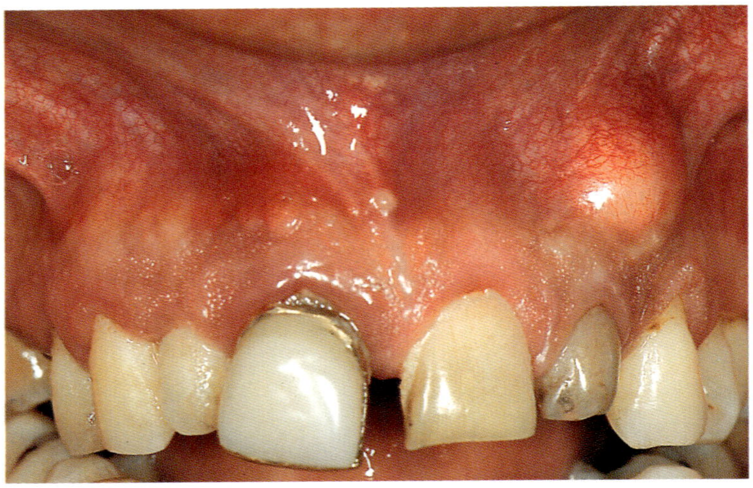

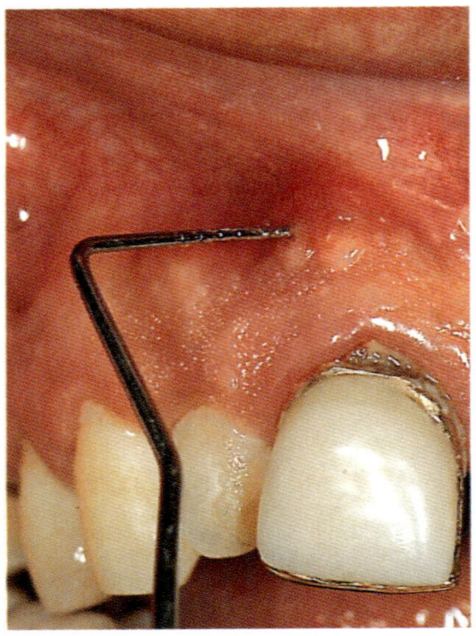

473 Radiologische Abklärung
Rundliche, scharf begrenzte Strukturauslöschung mit Randsklerosierung, Auftreibung und Verdrängung, wie diese Aufbißaufnahme sehr schön zeigt (Pfeile).

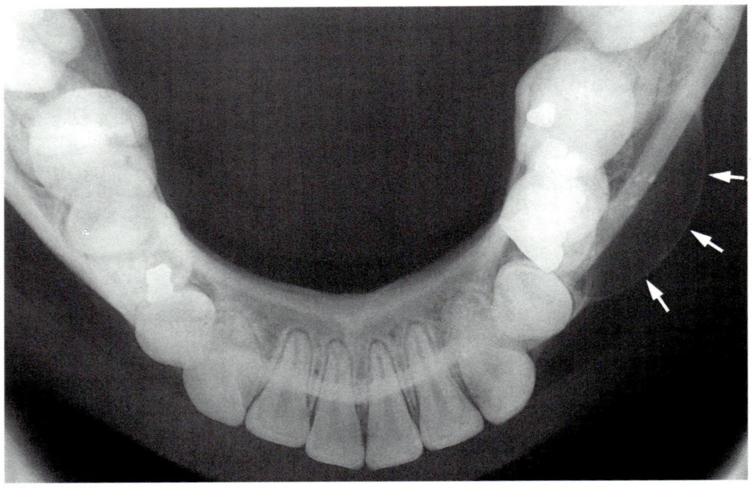

474 Orthopantomogramm
In diesem OPT kommt die klare, jedoch nur teilweise zystische Begrenzung distal des Zahnes 34 zur Geltung.

Rechts: Die Zahnaufnahme zeigt den Befund einer radikulären zystischen Osteolyse mit Randsklerosierung, kann die vollständige Ausdehnung jedoch nicht darstellen. Immer muß eine Läsion in ihrer ganzen Ausdehnung dargestellt werden.

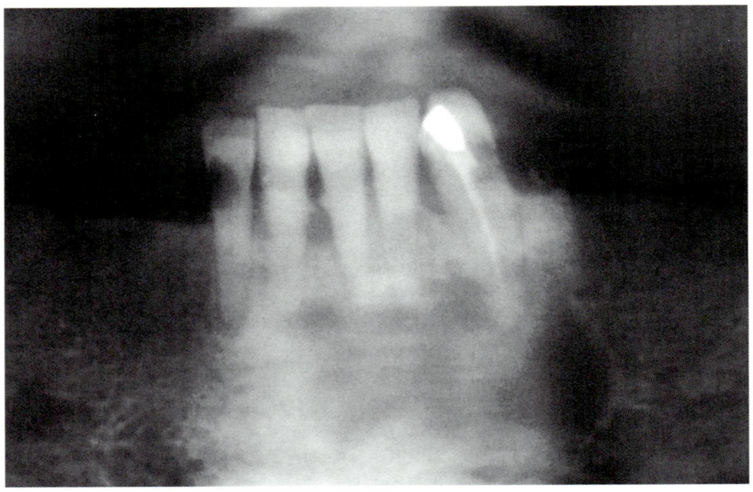

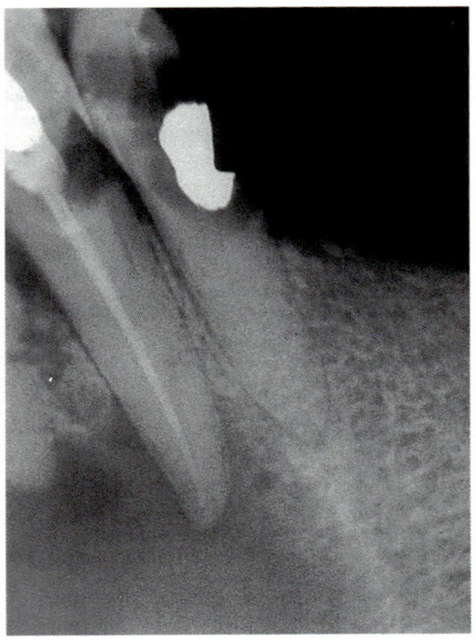

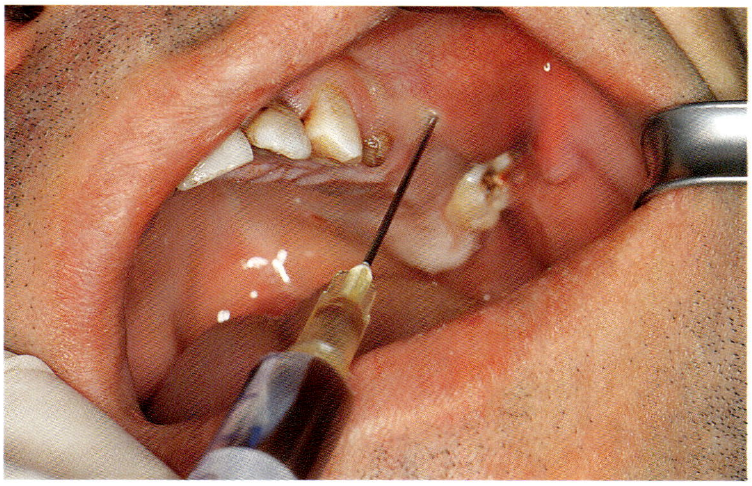

475 Punktion
Die Gewinnung von Zystenflüssigkeit bei einer Punktion ist ein fast untrüglicher Hinweis auf ein zystisches Geschehen.

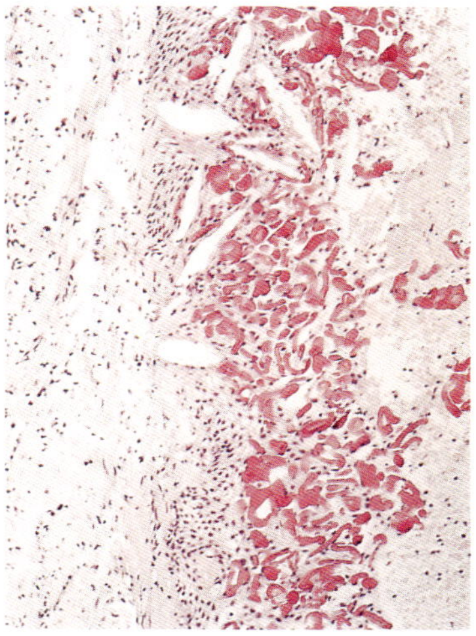

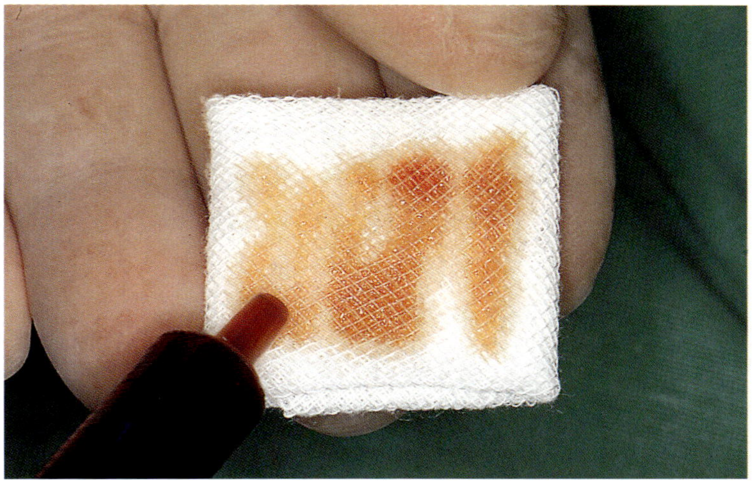

476 Cholesterinkristalle
Auf dem Tupfer ausgebrachte Flüssigkeit läßt bei entsprechender Beleuchtung die einzelnen Cholesterinkristalle glitzern.

Links: Epithel einer radikulären Zyste mit den Hohlräumen der herausgelösten Cholesterinkristalle.

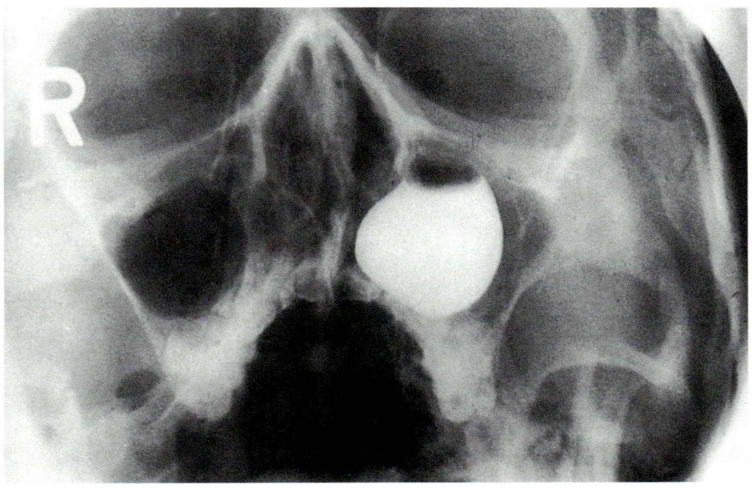

477 Kontrastfüllung
Die radiologische Ausdehnung einer Zyste kann durch Kontrastfüllung im Röntgenbild exakt dargestellt werden, wie hier die Oberkieferaufnahme bei einer Zyste in der Kieferhöhle zeigt.

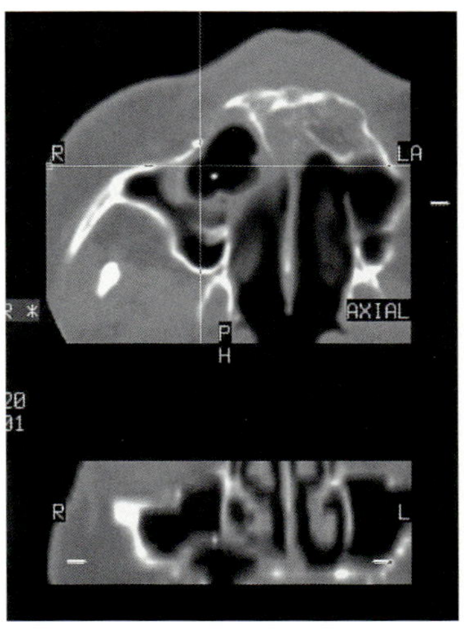

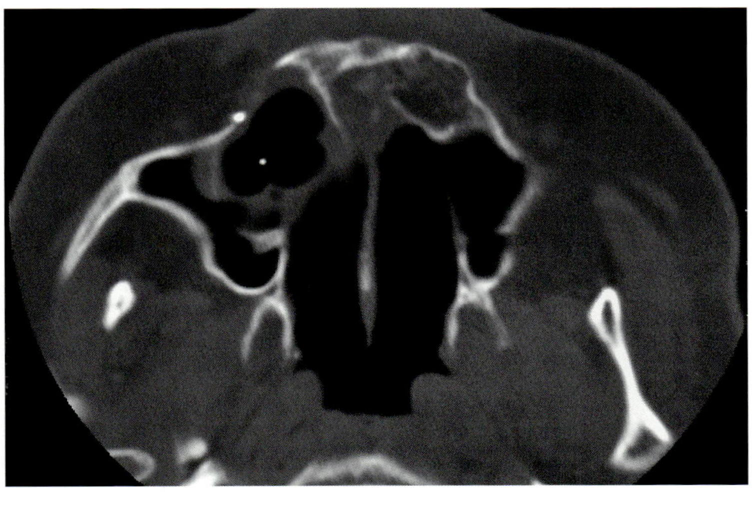

478 Computertomographie
Präzise Information über die dreidimensionale Ausdehnung einer Zyste gibt uns das CT. Diese Aufnahmen zeigen eine im Oberkiefer liegende Zyste mit ihrer Begrenzung zur Kieferhöhle in den axialen Schnitten.

Links: Weitere Informationen liefern koronale Schnitte, welche rechnerisch erstellt werden.

Unterlagen

Anamnese und klinischer Befund werden vollständig erhoben. Der Zustand der Nachbarzähne ist zu beurteilen auf Taschenbildungen, Beweglichkeit und Vitalität. Die apikale Region des verursachenden Zahnes und seiner Nachbarzähne muß durch Einzelaufnahmen dokumentiert werden. Das Orthopantomogramm dient als Übersichtsaufnahme. Ergänzende Aufnahmen in anderer Ebene, evtl. CT oder MRI, sind für die Entscheidung über den Behandlungsmodus hilfreich.

Instrumentarium

Das Grundset wird mit den Instrumenten für die Wurzelbehandlung analog der Wurzelspitzenresektion ergänzt. Zusätzliche Klemmen dienen der momentanen Blutstillung. Die Bereitstellung von Elektrotom oder Bipolator vermeidet Hektik bei überraschenden Blutungen. Blacksche Exkavatoren dienen zum Lösen des Zystenbalges.

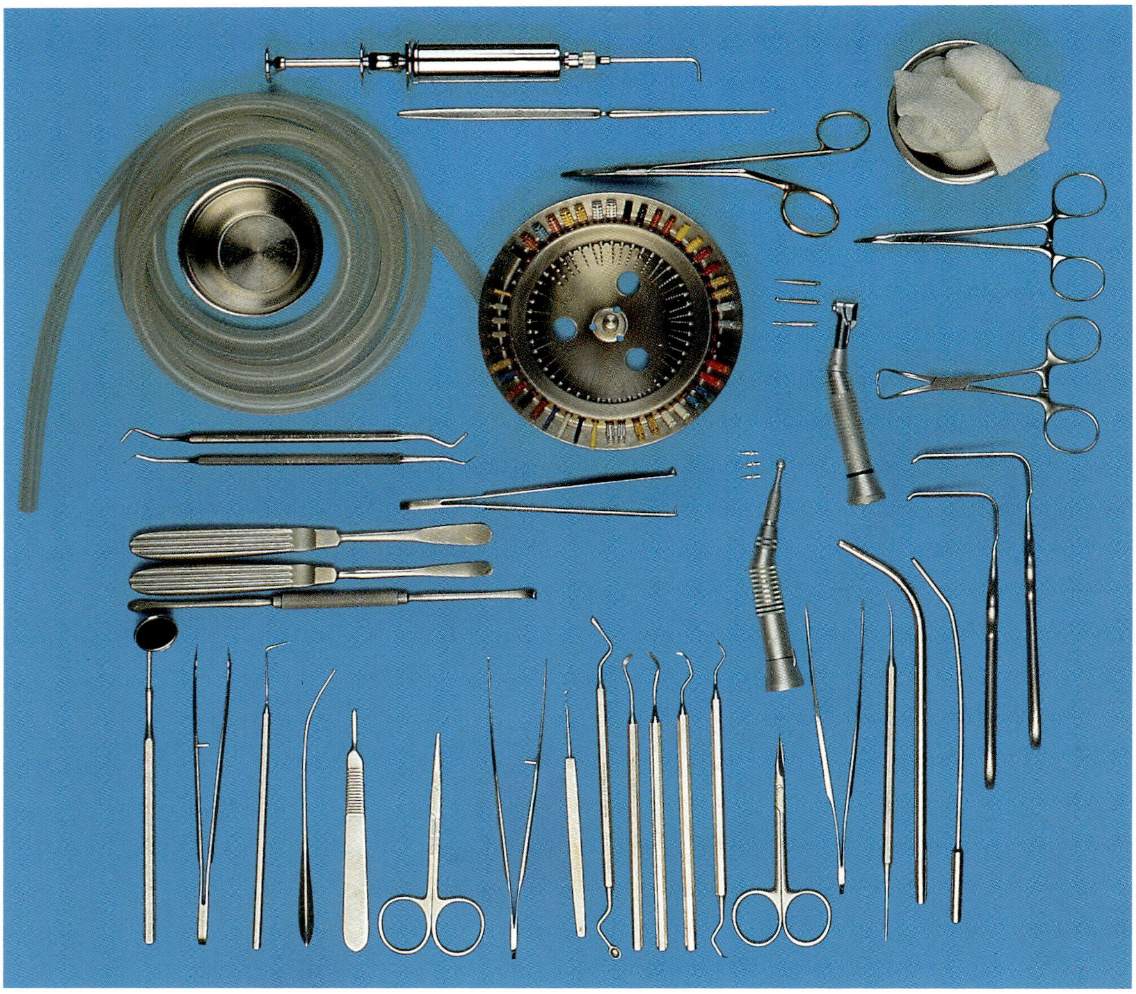

479 Instrumentarium zur Zystenoperation
Das Grundset wird durch Instrumente für die Wurzelfüllung ergänzt: Nadeln zur Wurzelkanalaufbereitung, Instrumente zur retrograden Kanalabdichtung, Exkavatoren zur Entfernung des Zystenbalges und zusätzliche Klemmen zur Blutstillung. Elektrotom oder Bipolator steht einsatzbereit.

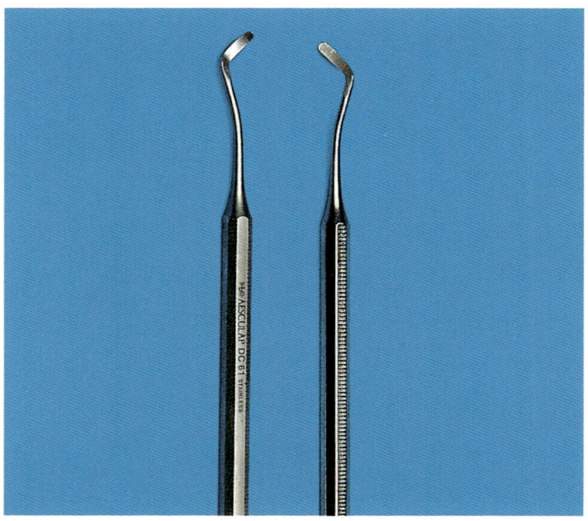

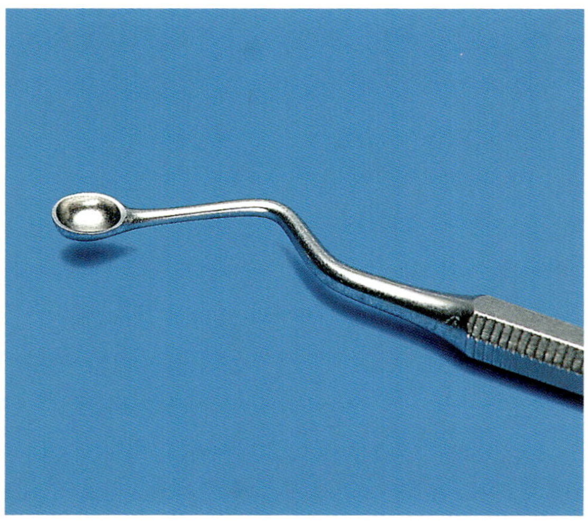

480 Exkavatoren
Zur Enukleation eignen sich die Blackschen Exkavatoren vorzüglich. Mit dem Rücken des Instrumentes kann der Zystenbalg meist in toto von der Knochenoberfläche gelöst werden.

Rechts: Doppelendige scharfe Löffel sind ebenso zur Enukleation von kleineren Zysten geeignet.

Zystektomie (Partsch I)

Definition

Eröffnung der Zyste, vollständige Entfernung des Zystenbalges und primärer Verschluß des Hohlraumes. Die knöcherne Ausheilung des Defektes wird angestrebt (Becker 1971, Buser u. Berthold 1986, Clark u. Seldin 1980, Hjorting-Hansen 1970, Roth u. Mitarb. 1984, Schmutziger 1951, Schulte 1965, Steiner 1965).

Indikation

Die Zystektomie eignet sich zur Behandlung kleiner Zysten mit einem Durchmesser bis zu 2 cm.
Radikuläre Zysten, Residualzysten, parodontale Zysten (falls ohne Verbindung nach außen) und globulomaxilläre Zysten können zystektomiert werden.
Der Eingriff dient auch der Gewinnung von Material zur histologischen Untersuchung.

Nota bene
Die Behandlung der Ursache, wie Wurzelbehandlung, Resektion, Zahnextraktion, Wurzelrestentfernung und Fremdkörperentfernung, ist unbedingt notwendig.

Zystektomie im Unterkiefer

Die Operationsplanung muß anatomische Lage, die Ausdehnungsgröße und die Nachbarstrukturen umfassen. Anhand der klinischen und radiologischen Befunde werden Zysten, die kleiner als 2 cm im Durchmesser sind, in toto ektomiert. Die histopathologische Untersuchung ist obligat. Der Zugang erfolgt durch einen Mukoperiostlappen mit vestibulärem oder Gingivalrandschnitt und mesialer und, falls notwendig, distaler Entlastung ins Vestibulum. Die Extension der Aufklappung muß einen Wundverschluß auf knöcherner Unterlage gestatten. Auf die Austrittsstelle des N. mentalis muß besonders geachtet werden. Auch auf den möglichen direkten Kontakt des Zystenbalges mit dem N. alveolaris inferior muß bei der Manipulation geachtet werden, ebenso auf benachbarte Zahnwurzeln und besonders deren Apices. Bei akzidenteller Freilegung des Apex eines vorher vitalen Zahnes muß die endodontische Behandlung gleichzeitig erfolgen. Die Zystenhöhle füllt sich mit einem Koagulum. Eine Füllung des Hohlraumes mit Knochenersatzmaterial ist in der Regel nicht notwendig. Bei möglichen Defektbildungen kann das Zystenlumen mit lyophilisiertem Knorpel oder allenfalls Hydroxyapatitgranulat gefüllt werden (S. 213).

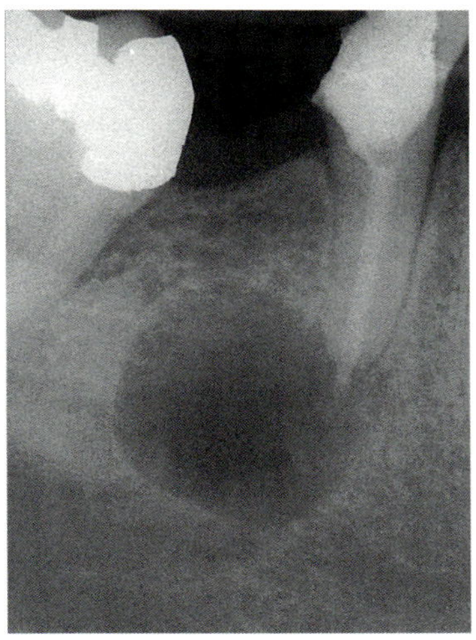

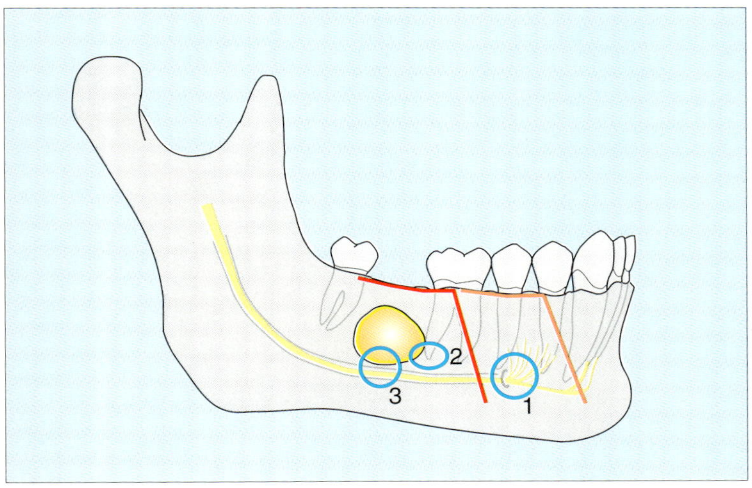

481 Zystektomie – Anatomie im Unterkiefer
Zu beachten sind die umgebenden anatomischen Strukturen.

1 Foramen mentale
2 Wurzeln unbeteiligter Nachbarzähne
3 Mandibularkanal

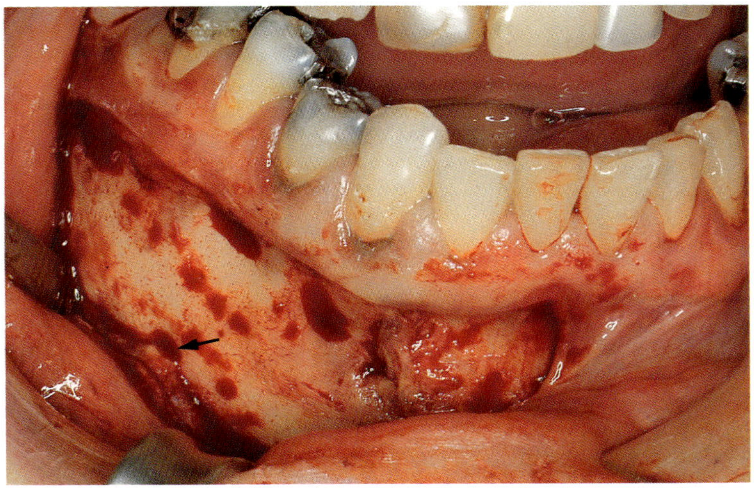

482 Foramen mentale
Das Operationsbild zeigt den Austritt des N. mentalis am Foramen mentale, der immer dargestellt und dann geschont werden muß (Pfeil).

483 Zystektomie im Unterkiefer – Unterlagen
Die Ausdehnung der Zyste muß in drei Dimensionen erkannt werden, deshalb sind minimal zwei Aufnahmeebenen notwendig: Aufbiß- und Zahnaufnahme.

Rechts: Zahnaufnahme mit unvollständiger Darstellung der radikulären Zyste bei Zahn 42.

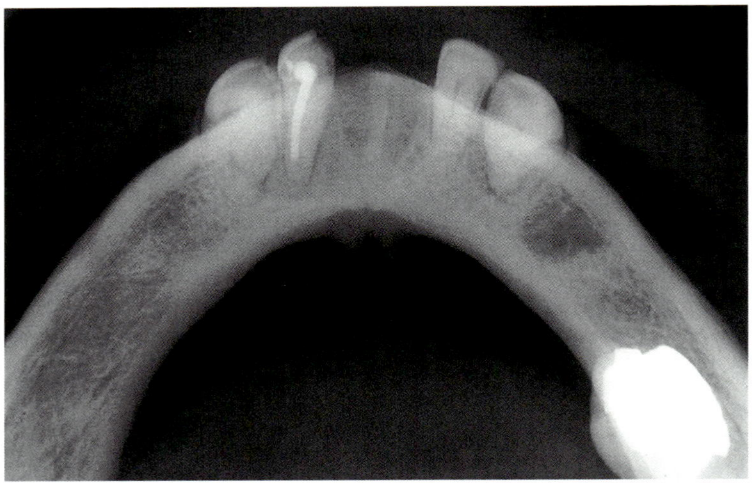

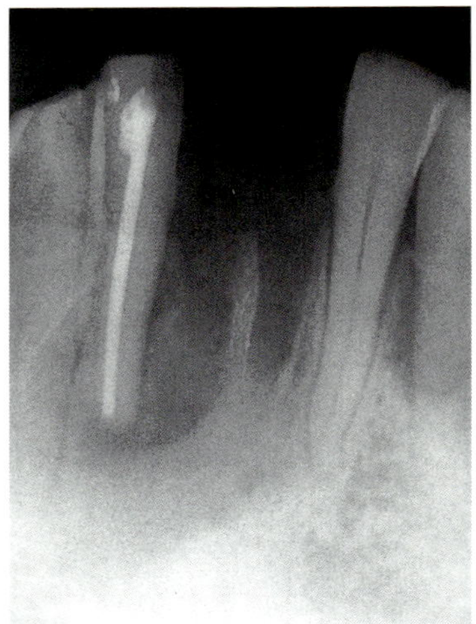

484 Orthopantomogramm
Das OPT gibt in der Regel eine gute Übersicht, zeigt aber nicht immer alle Details um die Zahnwurzel.

Rechts: Die erkennbare Zyste bei Zahn 42 verursachte eine Kinnfistel.

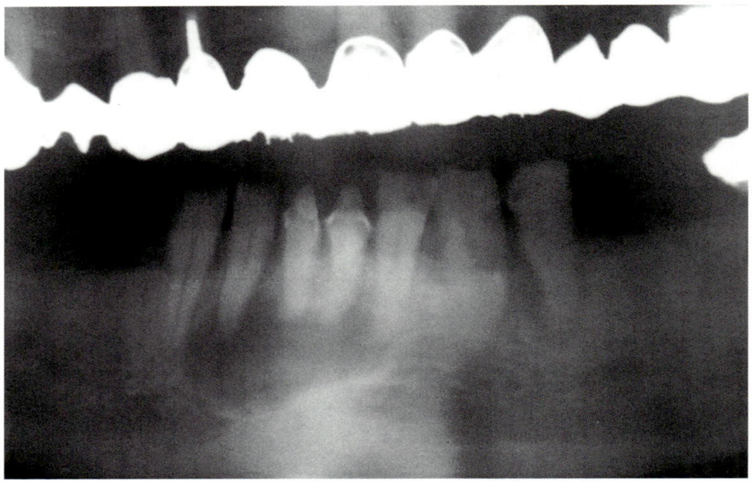

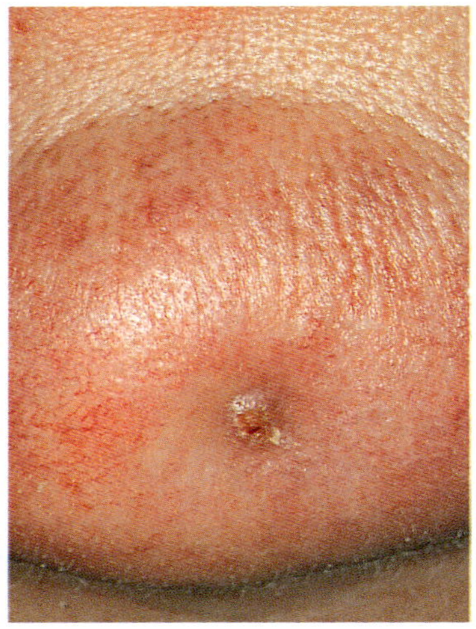

485 Anästhesie
Leitungsanästhesie des N. mandibularis (1), Infiltration am Foramen mentale (2) sowie im Vestibulum der Gegenseite (3).

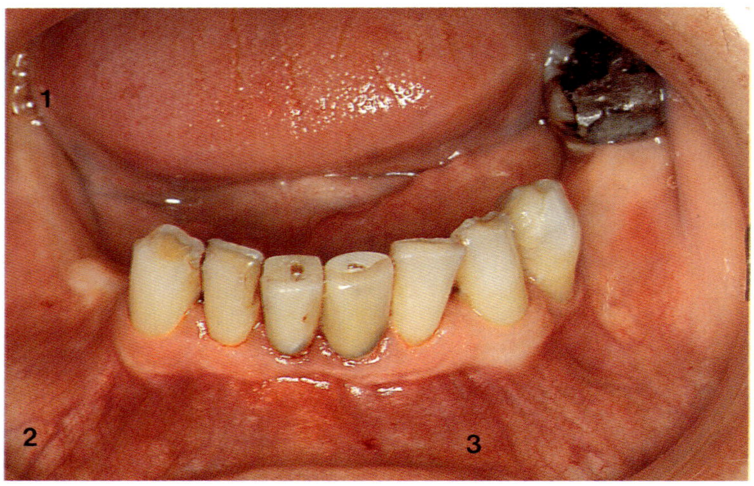

S

486 Zugang
Durch Lappenbildung mit Gingivalrandschnitt und zwei Entlastungsschnitten ins Vestibulum bei den Zähnen 43 und 32 wird eine gute Übersicht erreicht.

Rechts: Schema der Lappenbildung: Der Entlastungsschnitt wird entweder klar distal oder mesial des Foramen mentale gelegt. Kriterium ist die notwendige Übersicht.

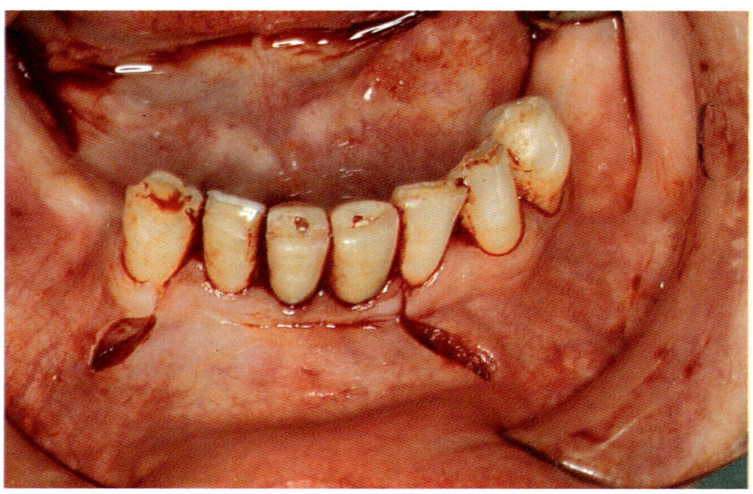

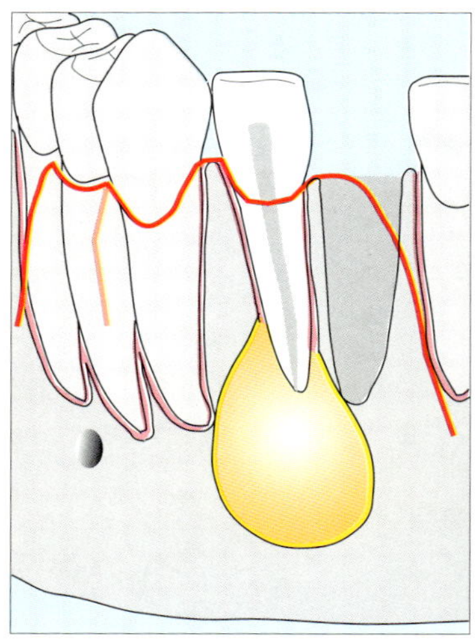

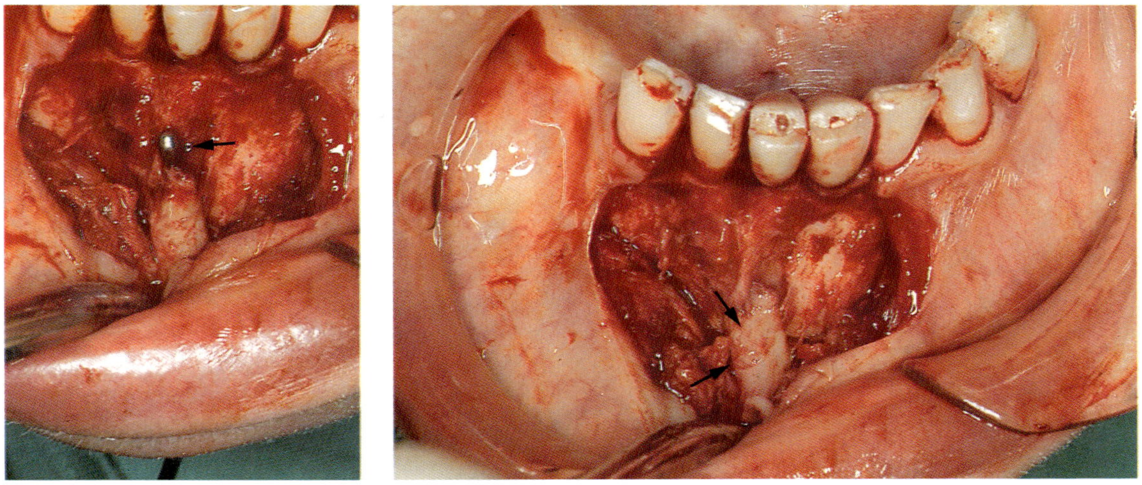

487 Eröffnung der Zyste
Die Zyste wird durch vorsichtige Ostektomie der Kortikalis freigelegt, möglichst ohne den Balg zu öffnen. Im Bild ist der Fistelgang basal des Lappens zu erkennen (Pfeile).

Links: Der Apex des ursächlichen Zahnes kommt nach Eröffnung der Zyste zum Vorschein (Pfeil).

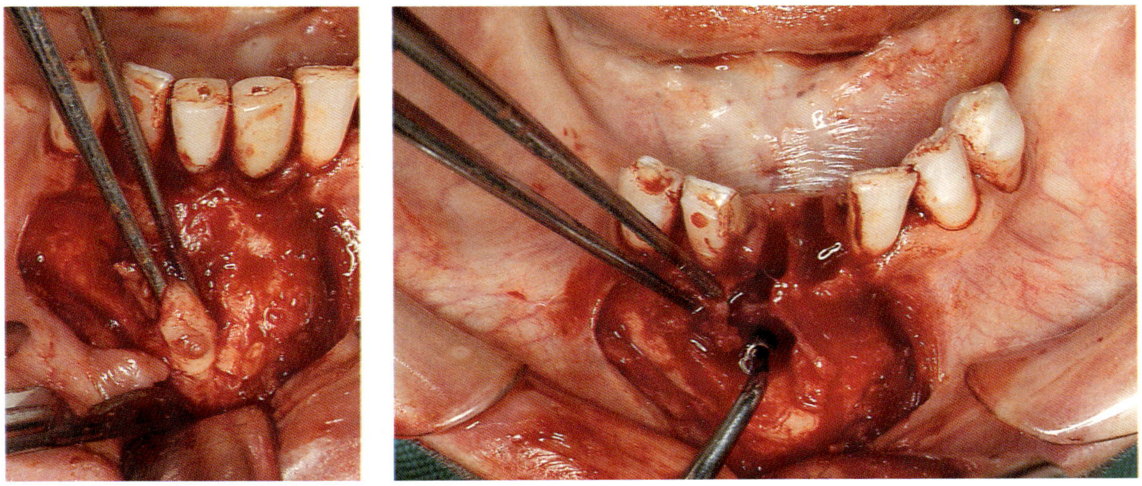

488 Zystektomie
Der Zystenbalg wird mit dem Exkavator am Rande gelöst.

Links: Der präparierte und sondierte Fistelgang wird durchtrennt.

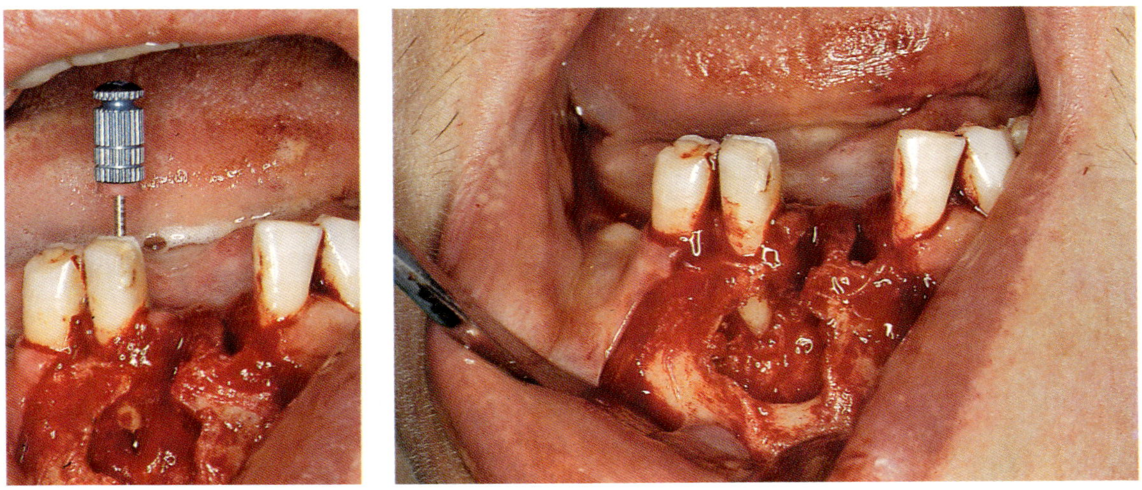

489 Behandlung der Ursache
Enukleation des Zystenbalges und gleichzeitig Behandlung des ursächlichen Zahnes (Wurzelfüllung, Resektion). Wegen des massiven Knochendefektes mußten die ebenfalls mit der Zyste verbundenen Zähne 31/41 entfernt werden.

Links: Aufbereitung des Wurzelkanals nach Resektion von Zahn 42.

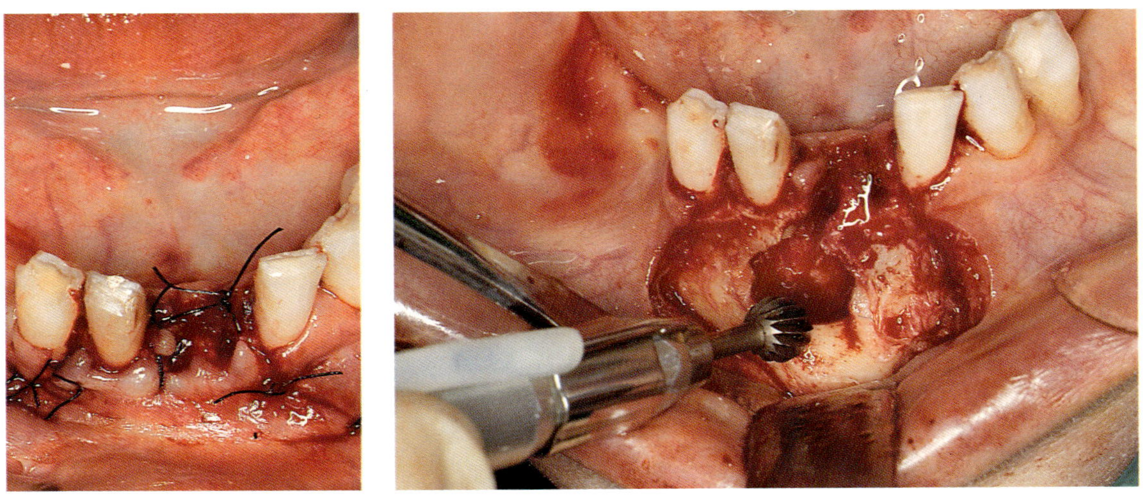

490 Wundversorgung
Die scharfen Knochenkanten werden geglättet, der Hohlraum gespült und mit Koagulumbildung belassen.

Links: Der Mukoperiostlappen wird nach präziser Reposition fixiert, die Extraktionsalveolen bleiben offen.

491 Hautfistel
Die extraorale Fistel wird wegen ihrer Größe mit einer Naht versorgt.

Rechts: Zur Beurteilung des Heilungsverlaufes wird der postoperative Befund mit einem Röntgenbild dokumentiert.

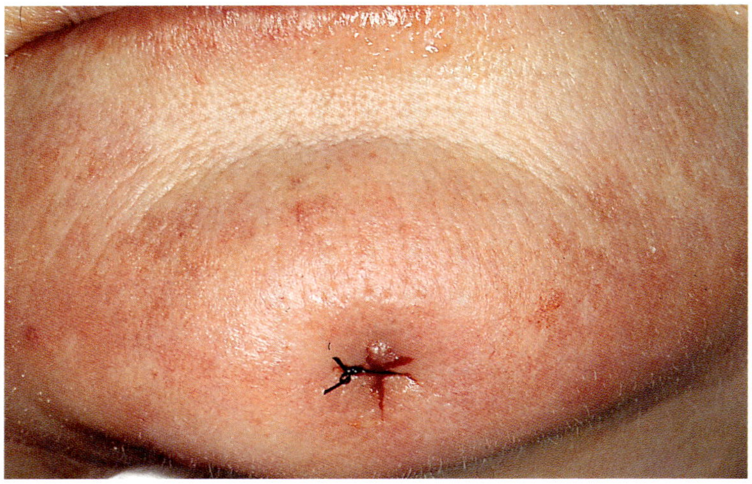

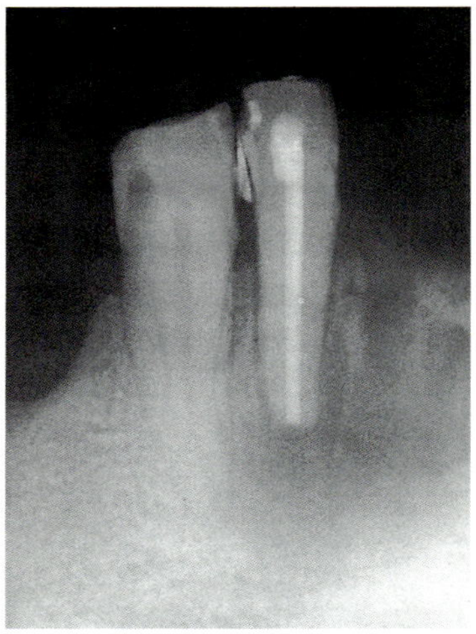

492 Verlauf
Die Spätkontrolle nach einem Jahr zeigt lokal reizlose Verhältnisse.

Rechts: Die extraorale Fistel ist nicht mehr erkennbar.

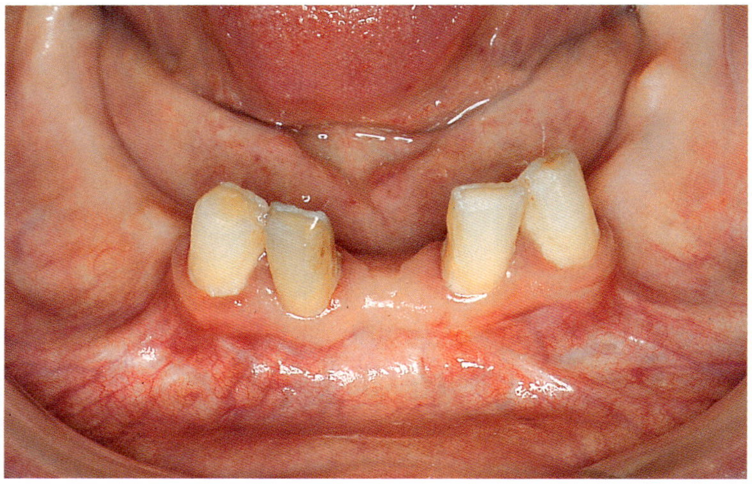

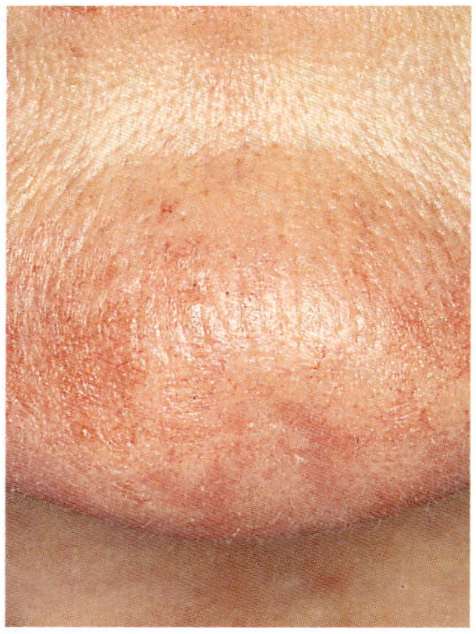

493 Radiologische Kontrolle
Im OPT und im Zahnröntgenbild kann die vollständige knöcherne Regeneration des Zystenhohlraumes festgestellt werden.

Rechts: Das Zahnröntgenbild zeigt die vollständig durchgehende Periodontalspalte im apikalen Bereich.

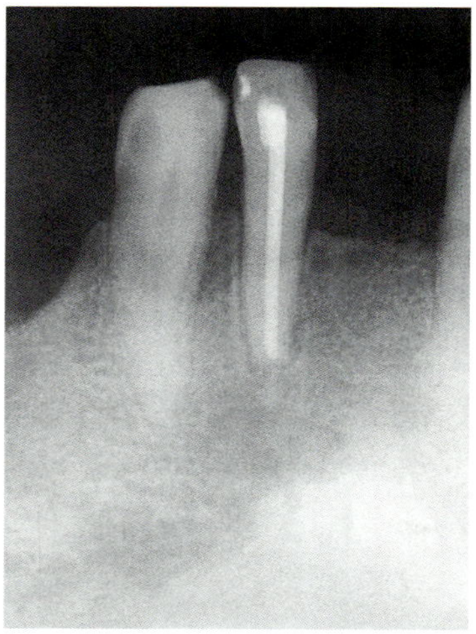

Zystektomie im Oberkiefer

Bei der Operationsplanung müssen die besondere Knochenstruktur und die anatomischen Gegebenheiten beachtet werden. Die Nachbarschaft von Kiefer- und Nasenhöhle läßt oft die Verbindung der Zyste zu einem dieser Hohlräume zu (siehe Zystostomie). Der Zugang ist wie im Unterkiefer am besten über eine Lappenbildung mit Gingivalrandschnitt zu suchen. Der Wundverschluß auf knöcherner Unterlage ist besonders wichtig, falls in die Kiefer- oder Nasenhöhle perforiert wird. Kleine Zysten werden in toto ektomiert. Die histopathologische Untersuchung ist obligat.

Generell gilt auch hier die Berücksichtigung von nicht beteiligten Nachbarwurzeln. Die Zystenhöhle füllt sich mit einem Koagulum. Eine spezielle Hohlraumbehandlung ist nur bei zu erwartenden ungünstigen Defekten angezeigt.

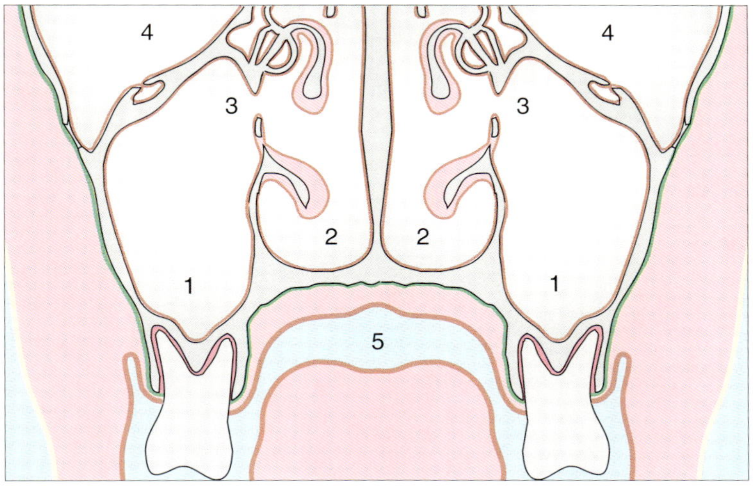

494 Zystektomie im Oberkiefer – Anatomie

Das Schema zeigt einen koronalen Schnitt durch den Oberkieferbereich.

1 Kieferhöhle
2 Unterer Nasengang
3 Foramen naturale
4 N. infraorbitalis
5 A. palatina major

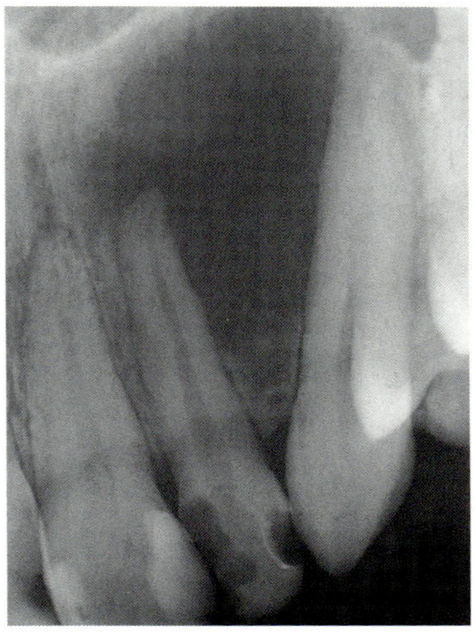

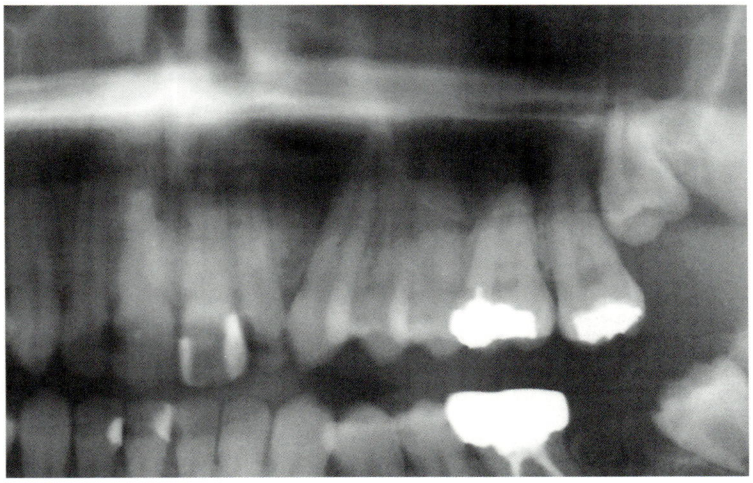

495 Unterlagen

Die Röntgenaufnahmen zeigen die Ausdehnung der fissuralen Zyste zwischen den Zähnen 22 und 23. Die Zähne sind verdrängt, der klinische Befund zeigt eine diskrete Auftreibung im Vestibulum ohne Schmerzen und vitale Zähne in der Umgebung.

Links: Die Zahnaufnahme zeigt die zur Zyste gebogene Wurzel des devitalen Zahnes 22.

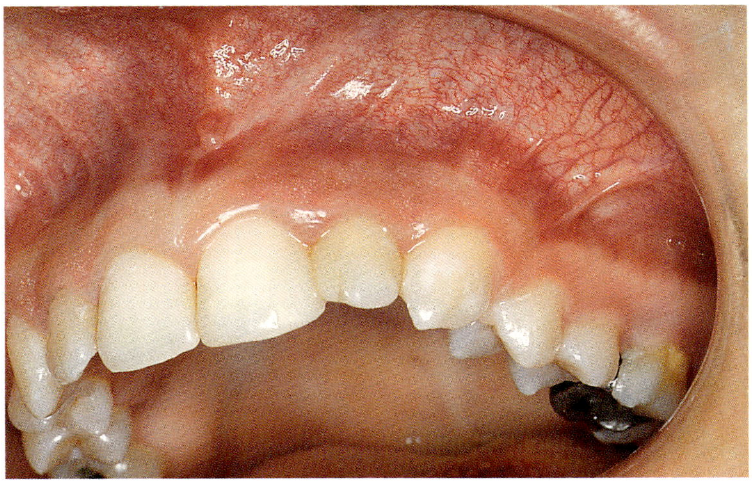

496 Anästhesie

Infiltration am Foramen infraorbitale, im Vestibulum bei Zahn 23 und distal davon und an der Spina nasalis anterior sowie palatinal.

497 Zugang
Lappenbildung durch Gingivalrandschnitt mit einer Entlastung bei Zahn 21. Die distale Entlastung ist nicht unbedingt notwendig, erlaubt aber eine noch bessere Übersicht.

Rechts: Die Papille bei Zahn 21 wird mit dem Lappen mobilisiert.

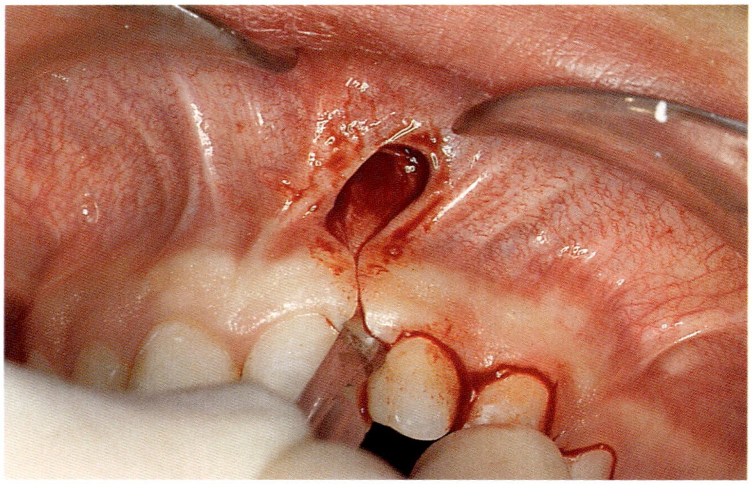

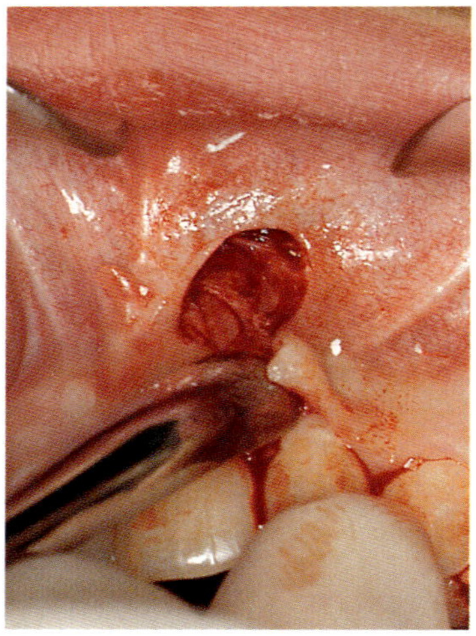

(S)

498 Eröffnung der Zyste
Nach Abschieben des Lappens wird die geringe Vorwölbung der Kortikalis sichtbar.

Rechts: Die Bedeckung kann mit dem Exkavator beseitigt werden.

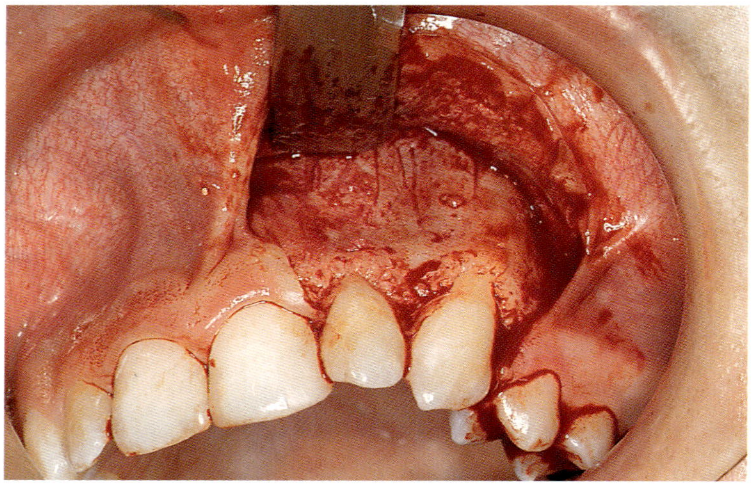

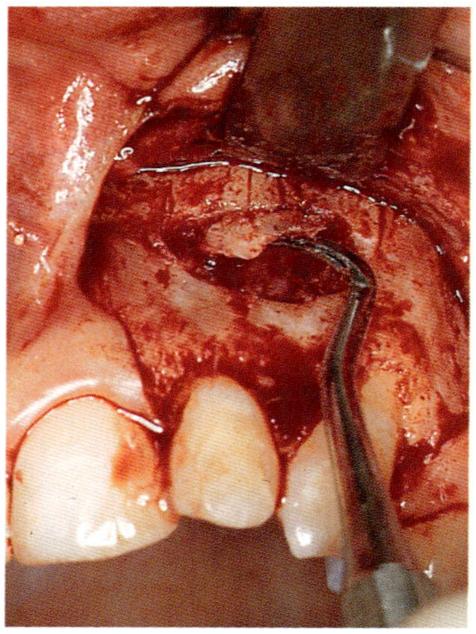

499 Zystektomie
Der Zystenbalg wird mit dem Rücken des Blackschen Exkavators sorgfältig von der Unterlage gelöst.

Rechts: Die Oberfläche des Zystenbalges wird nach Entfernung der Kortikalis sichtbar.

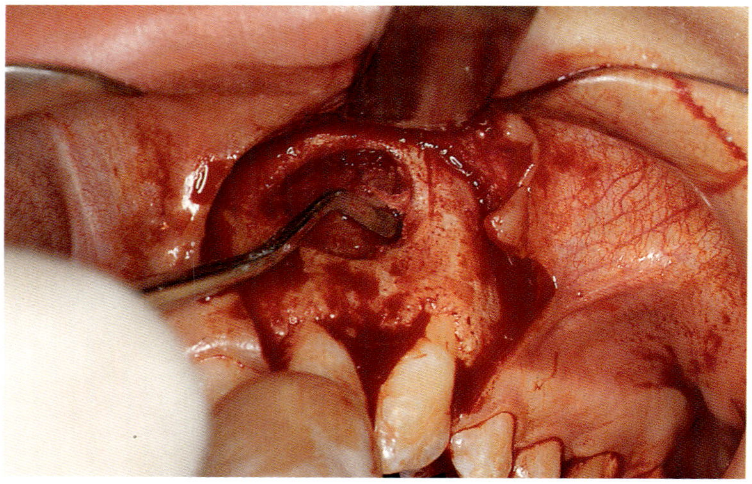

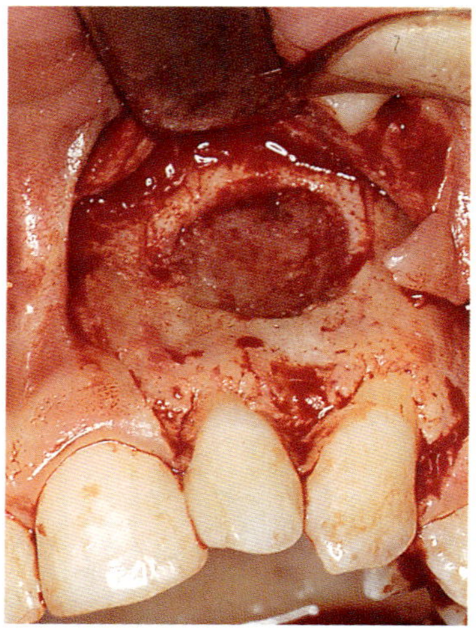

500 Zystektomie
Der Zystenbalg wird vollständig in toto entfernt. Die palatinalen Weichteile sind tastbar.

Rechts: Der sackartige Zystenbalg wird zur pathohistologischen Untersuchung gebracht.

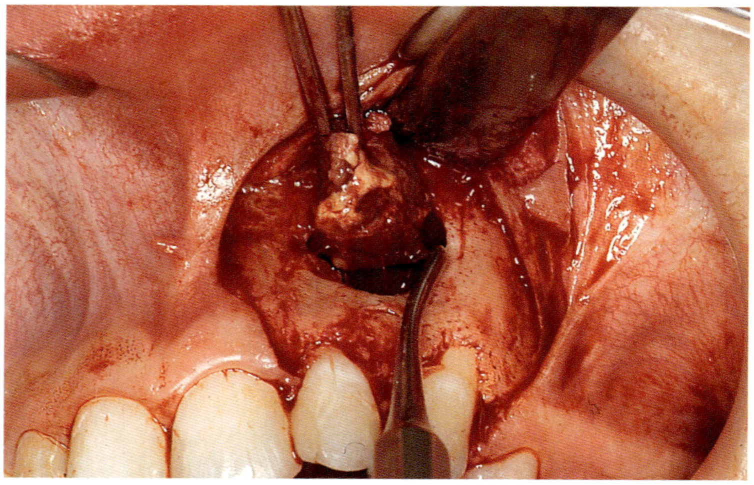

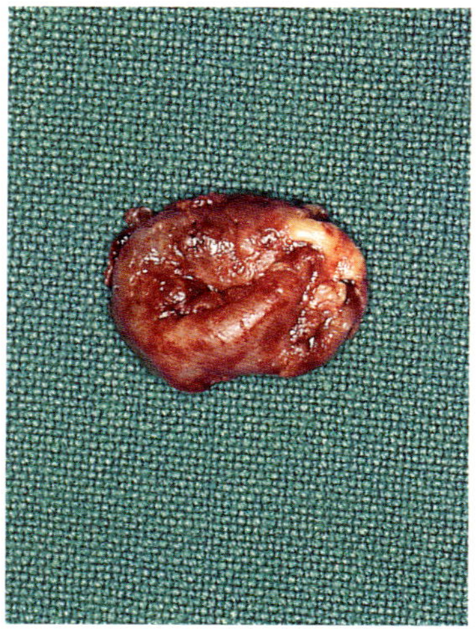

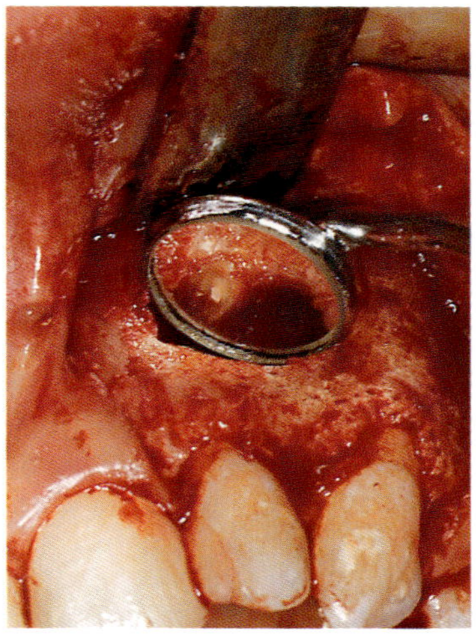
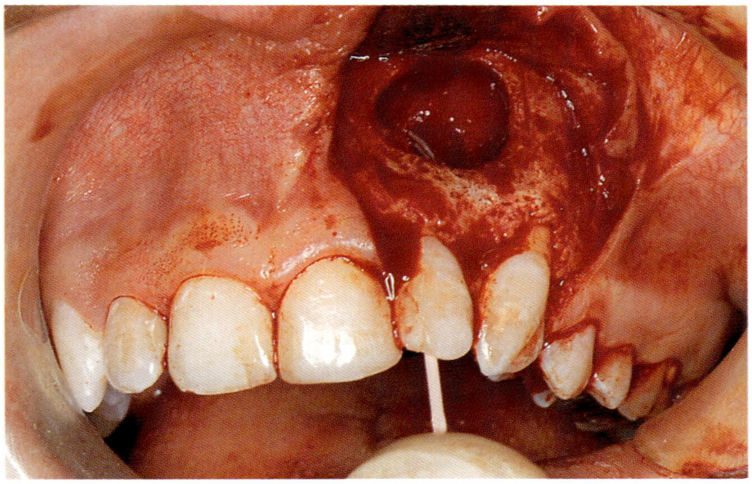

501 Devitalisation eines Zahnes
Die Wurzel des Zahnes 22 wird apikal entblößt, so daß eine Devitalisation erfolgen muß. In gleicher Sitzung wird der Zahn wurzelgefüllt und reseziert, nachdem zur besseren Übersicht ein zweiter Entlastungsschnitt angebracht wurde.

Links: Kontrolle des Verschlusses am resezierten Apex des Zahnes 22.

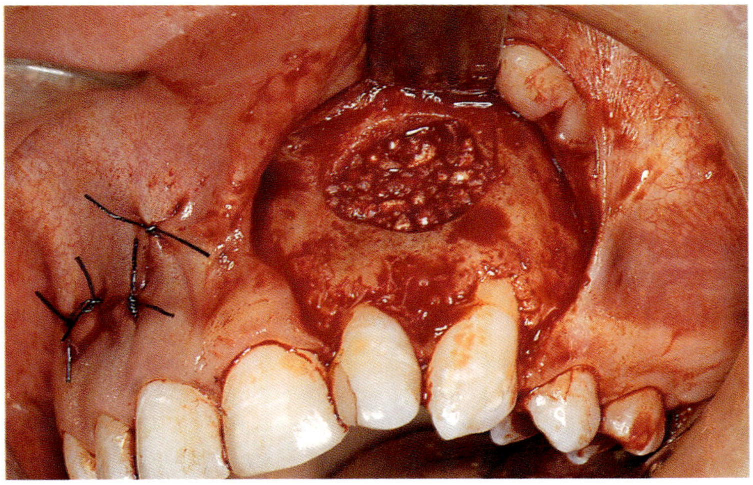

502 Behandlung des Hohlraumes
Der Hohlraum wird zur rascheren Regeneration mit Lyochips und BMP gefüllt, da nur noch eine Weichteilbedeckung nach palatinal besteht. Andernfalls wäre ein tunnelierender Defekt zu erwarten. Solche Defekte können neurale Schmerzen provozieren.

Links: Einbringen des pastenartigen BMP-Lyoknorpel-Gemisches in den Zystendefekt.

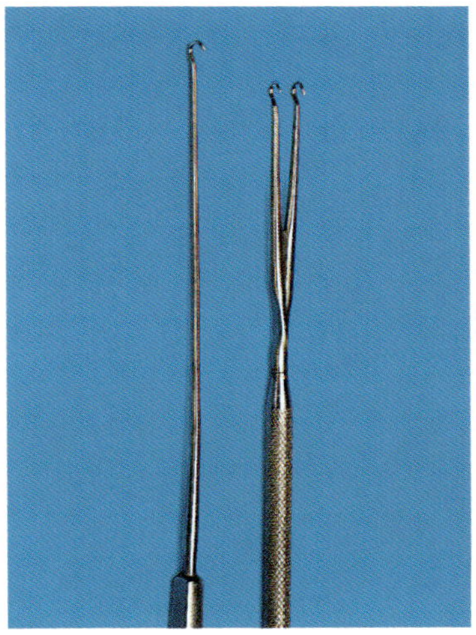
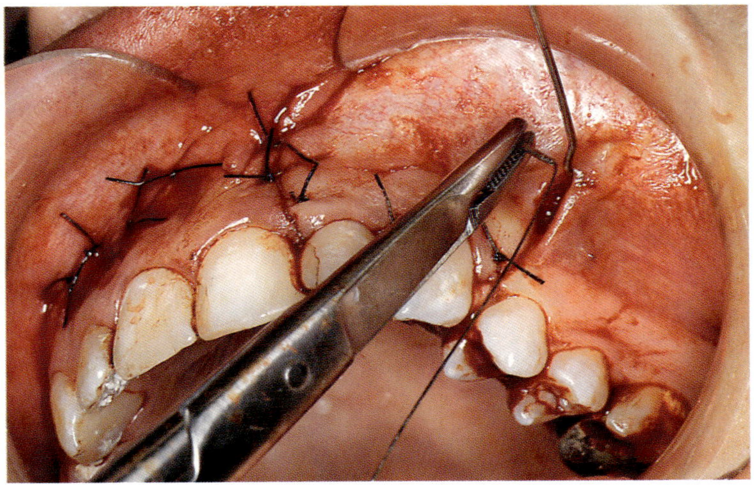

503 Wundversorgung
Der Lappen wird sorgfältig vernäht.

Links: Um eine Traumatisierung der zarten Schleimhaut im Vestibulum zu vermeiden, kann diese mit dem Gillies-Haken anstelle der chirurgischen Pinzette gehalten werden.

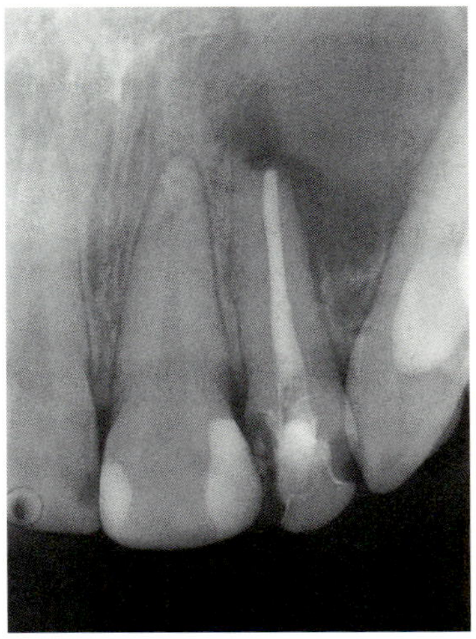
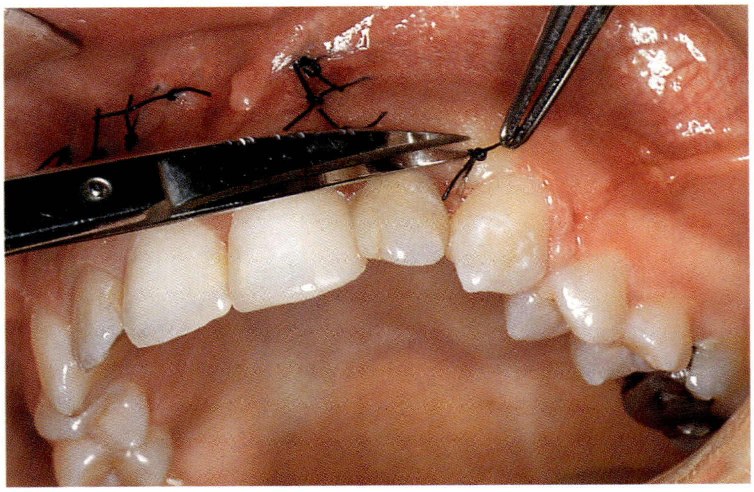

504 Verlauf
Die Situation bei Nahtentfernung nach einer Woche zeigt einen reizlosen Zustand ohne Nahtdehiszenzen oder Infekt im Operationsgebiet.

Links: Die Spätkontrolle nach einem halben Jahr zeigt eine teilweise knöcherne Regeneration im Röntgenbild (vgl. Abb. 495).

Komplikationen

Während der Operation

Blutungen werden durch Kompression, Ligatur mit resorbierbarem Faden und Koagulation oder im Knochen durch Verklopfung gestillt.

Verletzung eines Nachbarzahnes: Falls eine Devitalisation erfolgte, wird sofort endodontisch behandelt. Leichte Schäden an der Nachbarwurzel durch die Fräse können belassen werden. Der Patient ist über die Situation zu informieren. Spätschäden durch Resorptionen und Ankylosen sind möglich.

Eröffnungen der Kieferhöhle bedürfen bei sachgerechter Lappenbildung keiner besonderen Behandlung. Information des Patienten, daß postoperativ eine geringe Blutung zur Nase möglich ist, sowie Schneuzverbot.

Tunnelierender Defekt: Kleine bis auf die Schleimhaut reichende Defekte können belassen werden, größere müssen mit Knochen oder Knochenersatzmaterial gefüllt werden (vgl. S. 203 u. 205).

Nach der Operation

Ein postoperativer Infekt ist allenfalls nach dem 2. oder 3. Tag nach der Zystektomie zu erwarten. Er wird sich in einer persistierenden Schwellung und zunehmenden, pochenden Schmerzen anzeigen. Durch Entfernung weniger Nähte beim Entlastungsschnitt wird die Wunde gespreizt, gespült und mit einem Drain versorgt. Die Spülungen werden täglich wiederholt, bis die akuten Infektionszeichen abgeklungen sind. Dies sollte nach 3 Tagen der Fall sein. Bei fortbestehenden akuten Infektionszeichen muß nach einer besonderen Ursache geforscht werden wie Fremdkörper, Infektneigung des Patienten (Anamnese), Gangrän eines Nachbarzahnes usw. Die erkannte Ursache ist umgehend zu beseitigen. Bei gestörter Abwehrlage des Patienten ist der Einsatz von Antibiotika angezeigt.

Ist ein Hämatom entstanden, ist eine antibiotische Infektprophylaxe zu erwägen. Falls der Bluterguß unter dem Lappen liegt, kann durch Nahtentfernung beim Entlastungsschnitt der Abfluß erreicht werden.

Eine Wunddehiszenz kann allenfalls 3 Tage nach der Operation durch Sekundärnaht noch korrigiert werden. Meist wird eine Verheilung per secundam eintreten. Bei einem ungünstigen Schleimhautdefekt muß die sekundäre Korrektur erwogen werden.

Eine Fistelbildung nach Abheilung der Operationswunde deutet auf einen chronischen Infekt hin. Die Abklärung muß Fremdkörperreaktionen, Perforationen zur Kieferhöhle, endodontische oder parodontale Ursachen ausschließen. Falls keine Ursache erkannt wird, ist eine neue chirurgische Intervention zu erwägen.

Ein Rezidiv der Zyste kann nach ca. 6 Monaten radiologisch festgestellt werden. Zu diesem Zeitpunkt ist auch bei größeren Zysten mindestens eine deutliche Verkleinerung der Osteolyse zu finden. Die Hohlraumbegrenzung ist unscharf, der Sklerosesaum verschwunden, und die Restrukturierung der Spongiosa zeigt eine radiäre Anordnung der Knochenbälkchen. Bei persistierender Osteolyse ist auch an einen tunnelierenden Defekt zu denken. Die Therapie ist im Einzelfall mit dem Patienten zu besprechen. Meist ist eine zweite chirurgische Intervention angezeigt.

Bei ausgedehnten Unterkieferzysten muß a priori die Möglichkeit der Spontanfraktur berücksichtigt werden. Bei bereits erfolgter Fraktur sollte antibiotisch abgeschirmt werden und Notschienung sowie die Überweisung in eine kieferchirurgische Klinik erfolgen.

Recall

Die postoperative Kontrolle nach Abheilung der Wunde erfolgt in der Regel nach 6 Monaten. Die konsequente Überwachung des knöchernen Ausheilungszustandes ist bis zur völligen Restrukturierung notwendig. Die Nachkontrolle ist auch abhängig von der Art der Zyste. Keratozysten müssen noch über 6–8 weitere Jahre radiologisch kontrolliert werden. Festsitzende rekonstruktive Maßnahmen können erst nach der Feststellung der knöchernen Ausheilung durchgeführt werden. Es empfiehlt sich, für diese Nachkontrollen den Patienten im notwendigen Intervall zur Konsultation einzuladen. Diese Nachsorgemaßnahmen sollen mit dem Patienten bei der Operationsplanung besprochen werden.

Zystostomie (Partsch II)

Definition

Eröffnung der Zyste, um sie mit einem präformierten Hohlraum in der Nachbarschaft (Mund-, Kiefer- oder Nasenhöhle) zu verbinden. Teile des Zystenbalges werden zur Knochenbedeckung zurückgelassen. Sonderformen sind die Fensterung (kleine Eröffnung) und die Marsupialisation (Eröffnung in der größten Ausdehnung, mindestens in Höhe des Zystenäquators) (Baumann 1976, Becker 1971, Brosch 1957, Clark u. Mitarb. 1980, Möbius 1950, Partsch 1892, Seldin 1980, Schroll 1976).

Indikation

Größere Zysten und Canalis-incisivus-Zysten.

Gewinnung von Material zur histologischen Diagnostik.

Nota bene
Bei Verdacht auf andere als radikuläre oder follikuläre Zysten ist die Überweisung an eine Spezialklinik empfehlenswert.

Zystostomie zum Vestibulum

Für die Zystostomie muß die orale Bedeckung in möglichst großem Umfang entfernt werden. Die Lappenbildung orientiert sich an dieser Forderung unter Berücksichtigung der anatomischen Gegebenheiten.

Nota bene
Je größer die Zirkumferenz der Zystostomie ist, desto sicherer wird eine knöcherne Ausheilung erreicht. Ein Obturator ist bei großer Zystostomie überflüssig.

Bei präoperativ bestehendem differentialdiagnostischen Verdacht auf eine Keratozyste oder einen zystischen Tumor sollte die Möglichkeit des intraoperativen histologischen Befundes (Schnellschnitt) genutzt werden.

Nota bene
Die Belassung von Teilen des Zystenbalges kann nur bei plattenepithelialen Zysten vom Typ der radikulären Zyste verantwortet werden. Bei allen anderen Zystenarten (Keratozyste, zystische Tumoren) ist eine zweite Intervention notwendig.

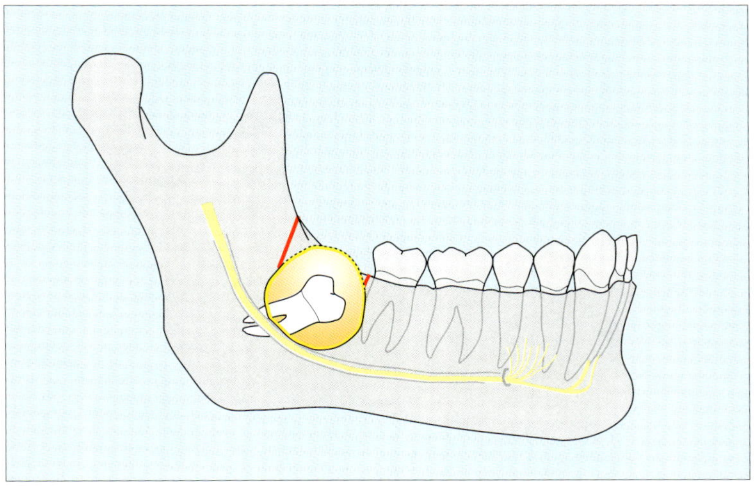

505 Zystostomie im Unterkiefer
Das Schema zeigt das Prinzip der Zystenverbindung zur Umgebung im Unterkiefer: Die orale Bedeckung der Zyste wird entfernt und der eigentliche Zystenhohlraum zu einem Bestandteil der Mundhöhle gemacht. Dadurch wird der Zysteninnendruck als Wachstumsfaktor beseitigt, und das Lumen schrumpft im Idealfall bis zum völligen Verschwinden. Ein verbleibendes Restlumen kann allenfalls in einem zweiten Eingriff korrigiert werden.

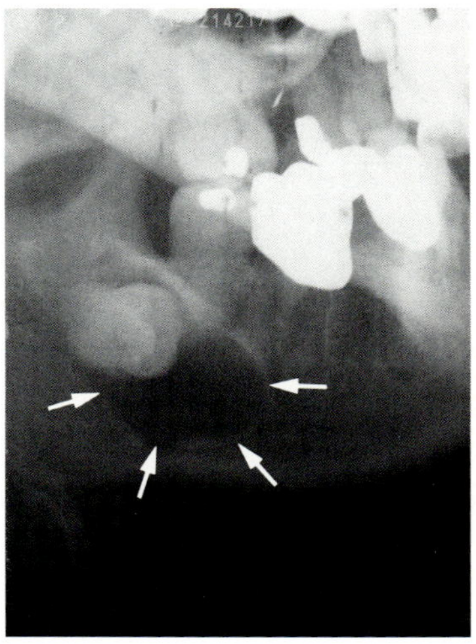

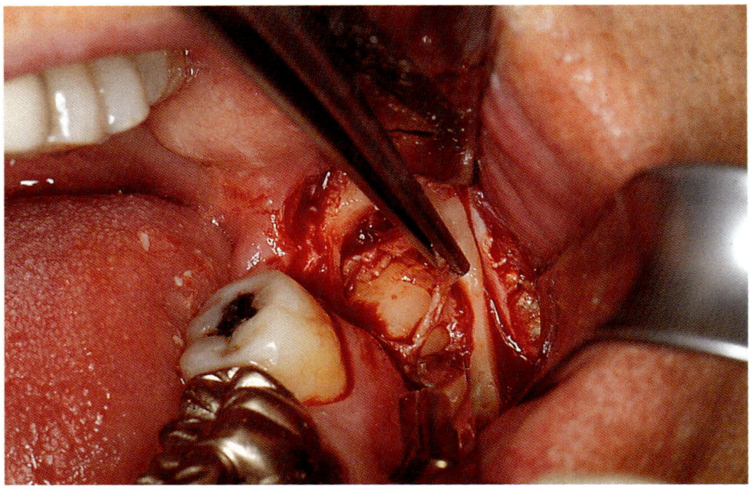

506 Indikation
Zur Zystostomie eignen sich große Zysten > 2 cm Durchmesser, die an die Mund- oder Kieferhöhle (Nasenhöhle) angrenzen. Die Vorteile liegen in der Verschonung angrenzender Zahnwurzeln und Nerven.

Links: Dazugehörendes Röntgenbild einer follikulären Zyste (Pfeile) mit der im Lumen liegenden Krone des Zahnes 38.

507 Operatives Vorgehen – Parodontale Zyste
Klinisch imponieren die vestibuläre Vorwölbung und die tief sondierbare Tasche bukkal Zahn 46.

Rechts: Das Röntgenbild zeigt die über die Wurzeln des Zahnes 46 projizierte kreisrunde zystische Osteolyse.

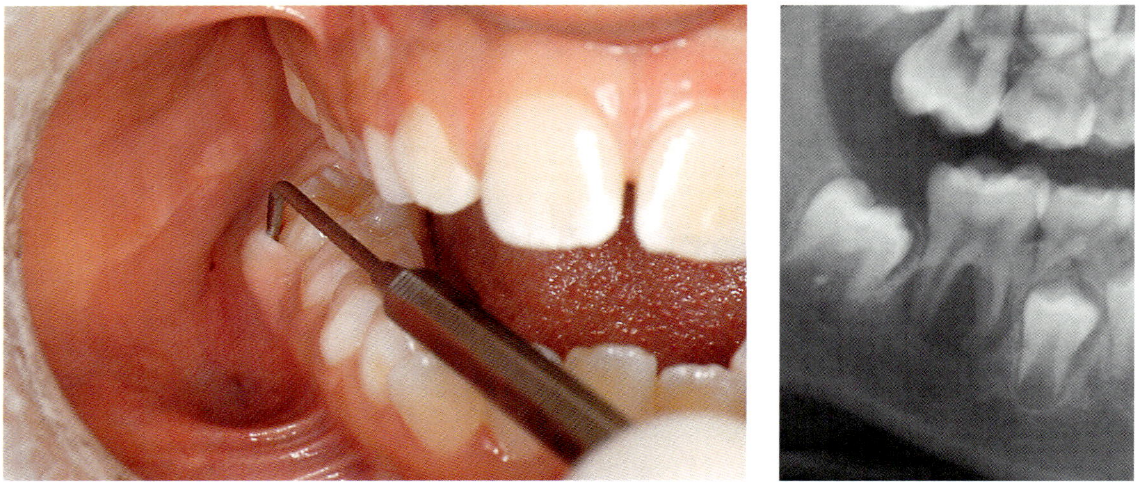

S

508 Eröffnung der Zyste
Die bukkale Bedeckung der Zyste wird, ohne das marginale Parodont zu verletzen, abgelöst.

Rechts: Im Schema die Stelle der Inzision zur Eröffnung der Zyste.

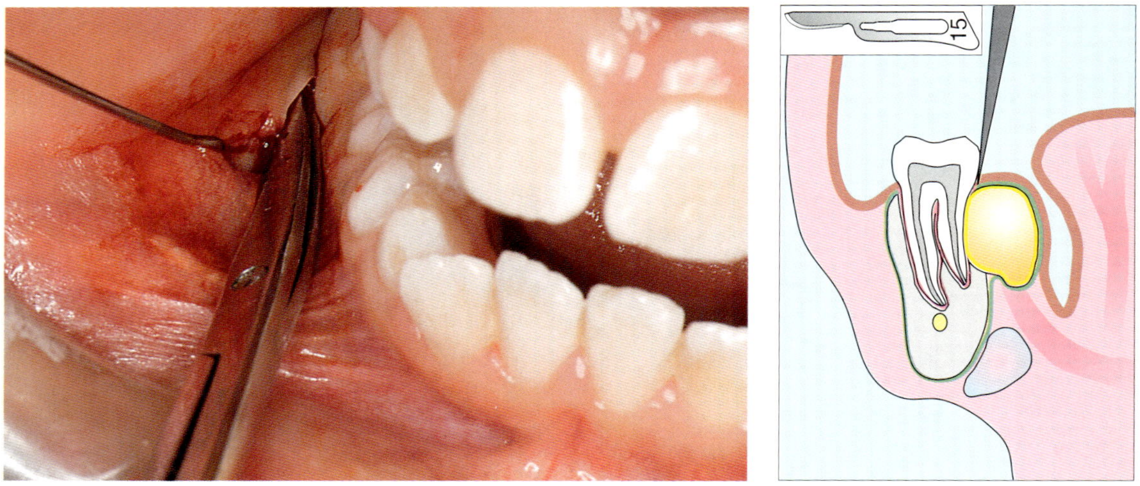

509 Fixation des Lappens und Heilungsverlauf
Links: Der bedeckende Schleimhautlappen wird kaudal mit resorbierbarem Faden am knöchernen Zystenrand fixiert und der Zystenhohlraum mit einem JVD bedeckt.

Mitte: Zustand nach 10 Tagen.

Rechts: Zustand nach 1 Monat, der Hohlraum ist stark abgeflacht und kann ohne Verband belassen werden. Der Patient spült selbst täglich mit einer Spritze aus.

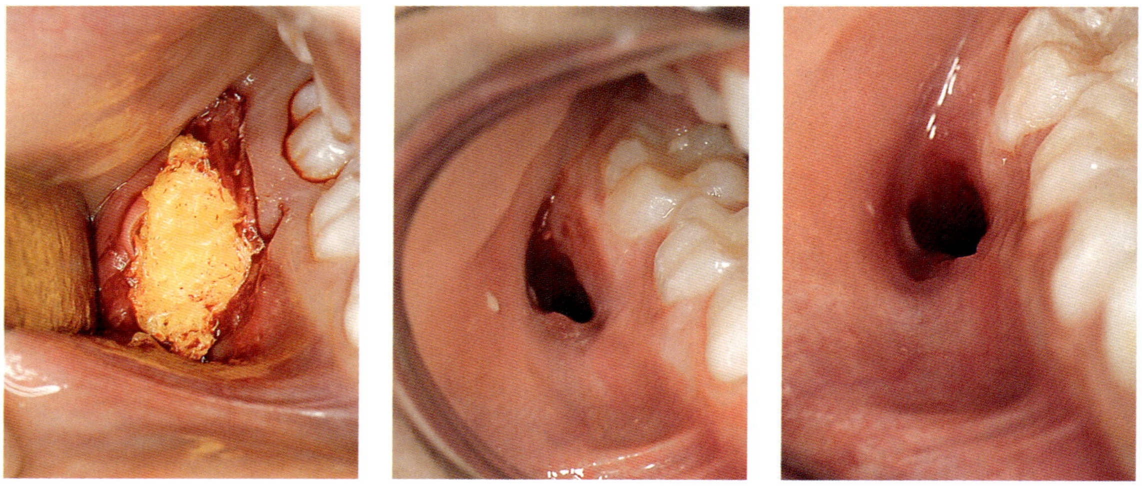

510 Behandlungsende
Nach einem halben Jahr ist klinisch noch eine narbige Stelle vestibulär des Zahnes 46 zu erkennen. Der Zahn ist nach wie vor vital, und die Tasche bukkal beträgt noch 2 mm.

Rechts: Im Röntgenbild ist die zystische Osteolyse nicht mehr erkennbar, auch interradikulär hat sich die Struktur völlig regeneriert (vgl. Abb. 507 rechts).

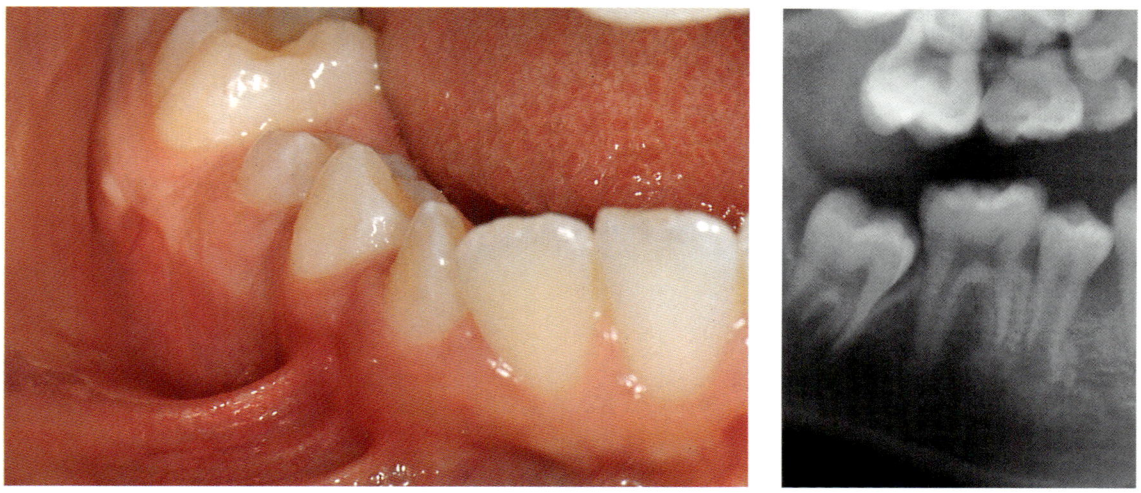

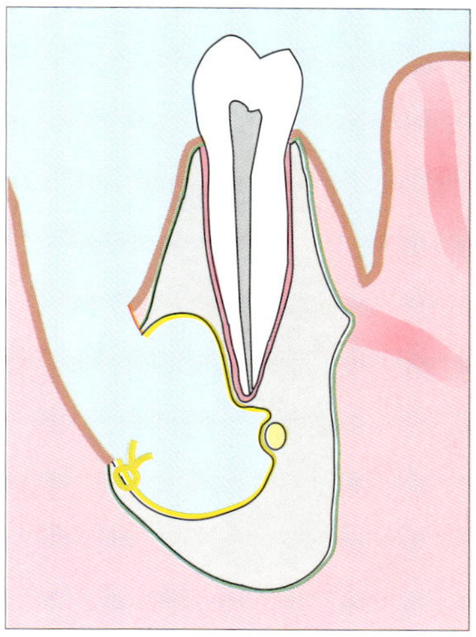

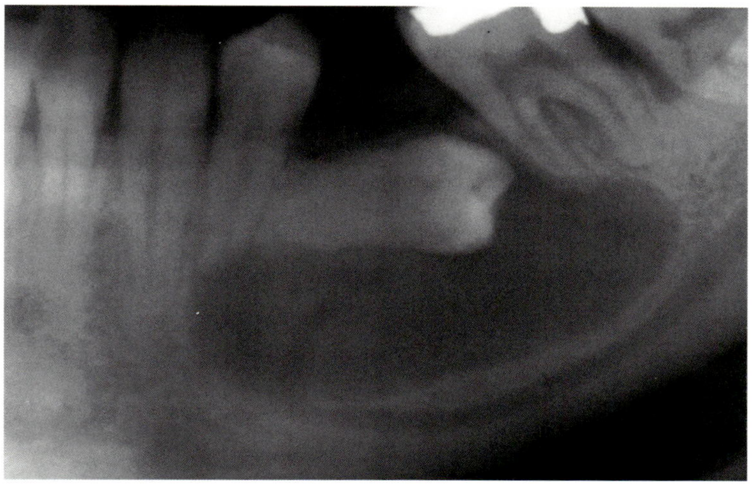

511 Follikuläre Zyste
Im OPT-Ausschnitt ist der nach distal gekippte Zahn 35 mit der großen zystischen Osteolyse zu erkennen. Der Mandibularkanal ist nach kaudal verdrängt, und die Wurzel der Zähne 36 und 34 stehen in Verbindung zum Zystenhohlraum. Die Zähne sind vital, und die Sensibilität des N. mentalis ist normal.

Links: Schema des Prinzips des chirurgischen Vorgehens mit Eröffnung des Zystenlumens nach vestibulär.

Ⓐ

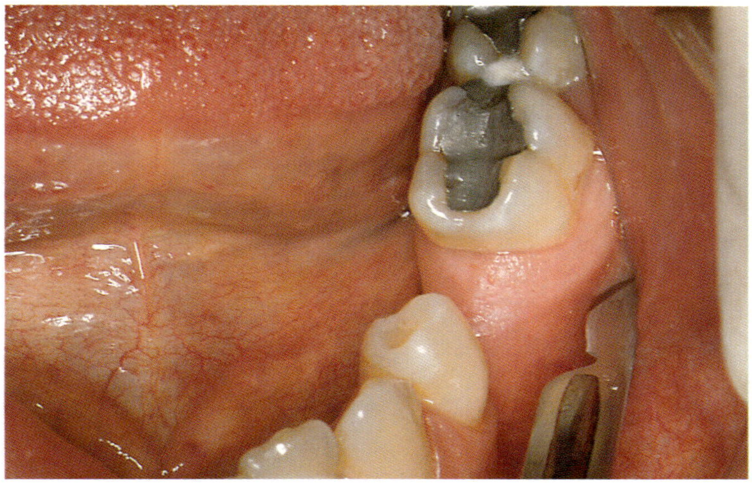

512 Anästhesie und Zugang
Nach Leitungsanästhesie und Infiltration im Vestibulum wird eine horizontale, leicht bogenförmige, der Grenze zur beweglichen Schleimhaut der Zystenrundung entsprechende Inzision gelegt.

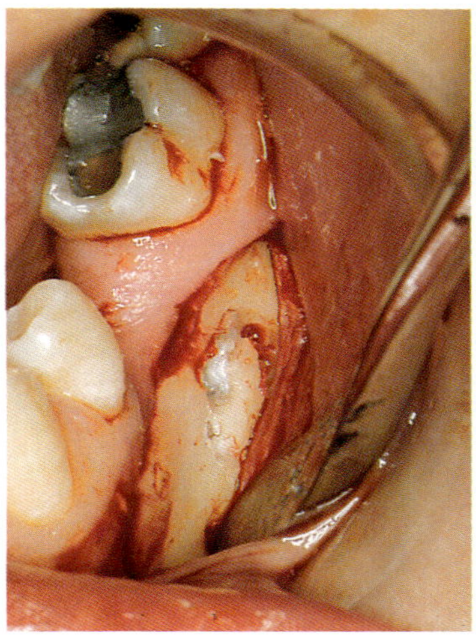

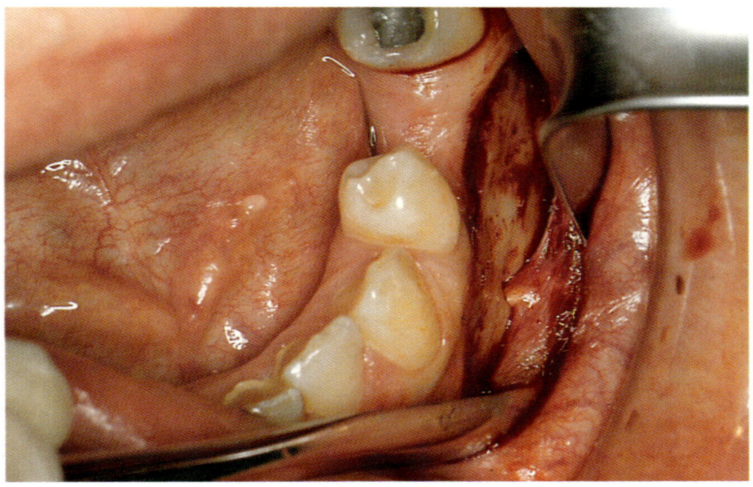

513 Anästhesie und Zugang
Die bukkale Schleimhaut wird über dem papierdünnen Knochendeckel der Zyste vorsichtig abgeschoben.

Links: Der N. mentalis wird am Foramen dargestellt und mit dem Raspatorium geschützt, um eine unbeabsichtigte Verletzung zu vermeiden.

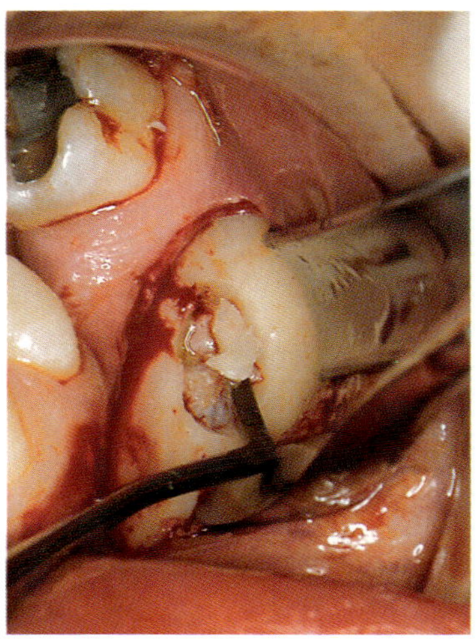

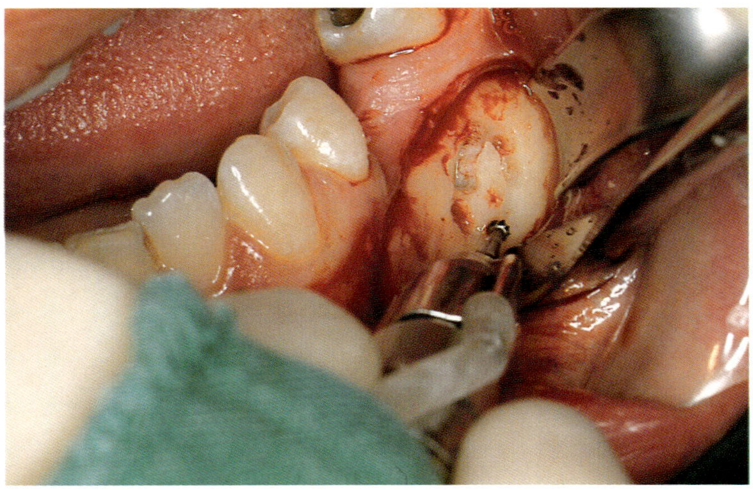

514 Eröffnung der Zyste
Die knöcherne Bedeckung der Zyste wird nach Anbringen einer Reihe kleiner Bohrlöcher mit dem Blackschen Exkavator angehoben und entfernt.

Links: Entfernung der Kortikalis mit dem Black-Exkavator.

515 Zystostomie
Mit einer Kugelfräse wird der Knochen über dem Hohlraum in größtmöglichem Umfang entfernt, wobei das Foramen mentale und die Wurzeln der Nachbarzähne unberührt bleiben.

Rechts: Mit dem Skalpell wird der unbedeckte Zystenbalg entlang der knöchernen Begrenzung ausgeschnitten und pathohistologisch untersucht.

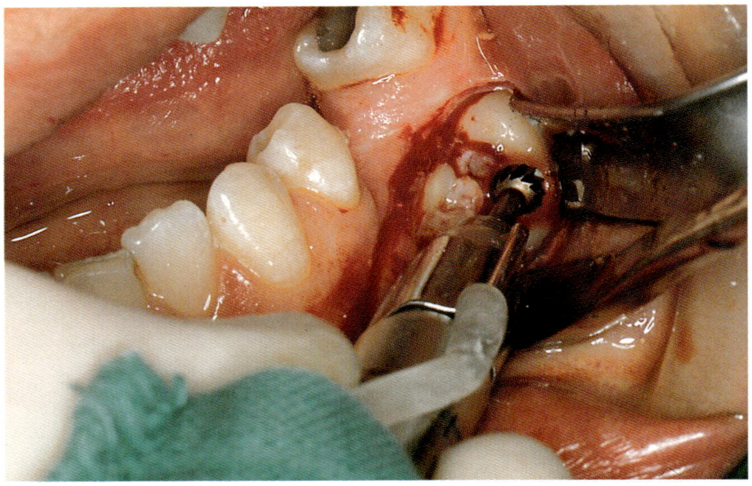

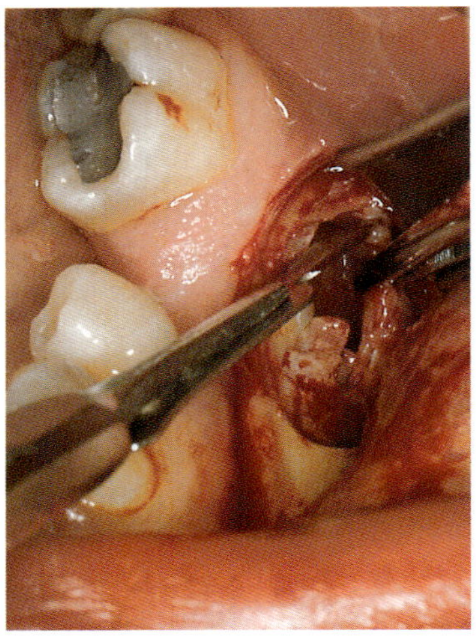

516 Zahnentfernung
Der retinierte Zahn 35 wird geteilt und unter dem Kamm herausluxiert.

Rechts: Histologisches Präparat der follikulären Zyste: mehrschichtiges feines Zystenepithel mit breitem fibrösen Balg.

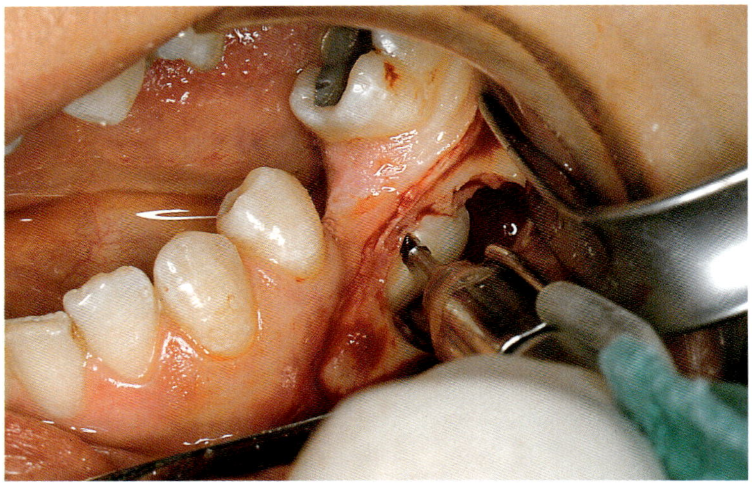

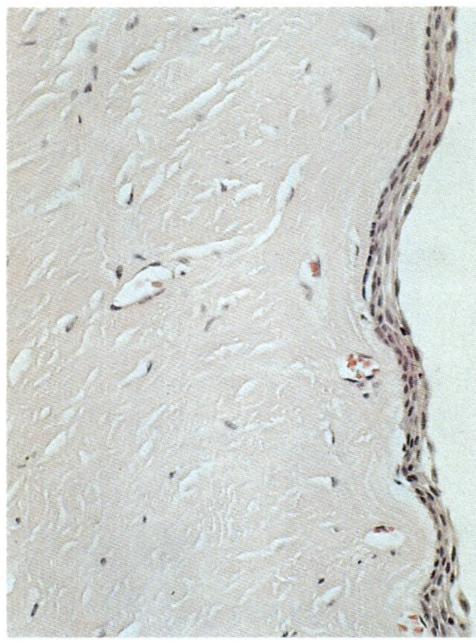

517 Wundversorgung – Wundtoilette
Der Knochen wird mit einer Kugelfräse so weit entfernt, daß eine Verbindung zur Mundhöhle in größter Zirkumferenz der Zyste entsteht. Die Nachbargebilde, wie Zähne und Nerven, werden unbedingt geschont.

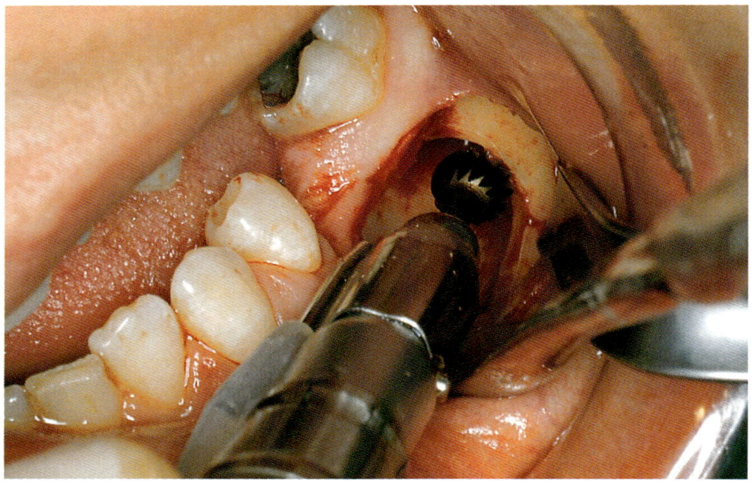

518 Lappenfixation
Mit einem feinen Rosenbohrer werden am bukkalen Zystenrand Löcher angebracht.

Rechts: Fixation der vestibulären Schleimhaut an der Kortikalis.

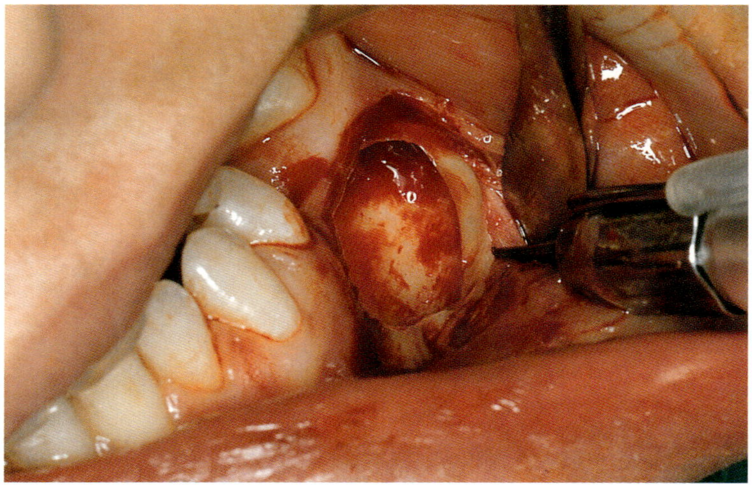

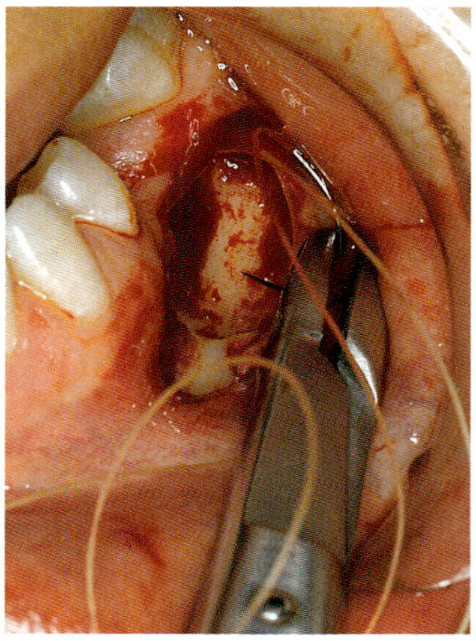

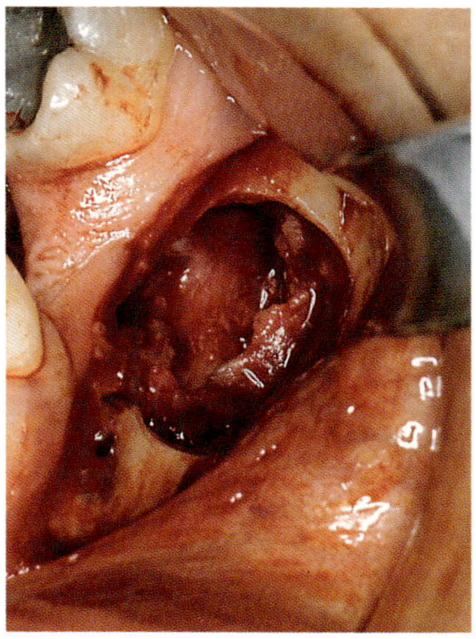
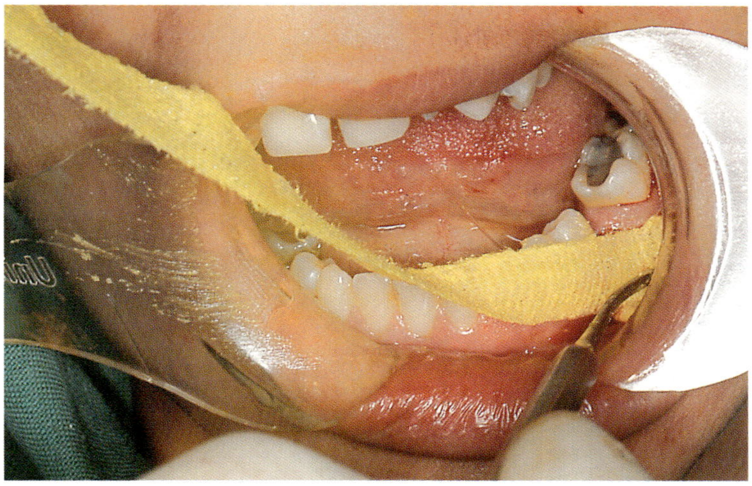

519 Wundverband
Der weit zur Mundhöhle eröffnete Hohlraum wird mit einem JVD locker ausgekleidet, um eine Verschmutzung mit Speiseresten zu verhindern.

Links: Offene Zystenhöhle nach Fixation des vestibulären Mukoperiostlappens.

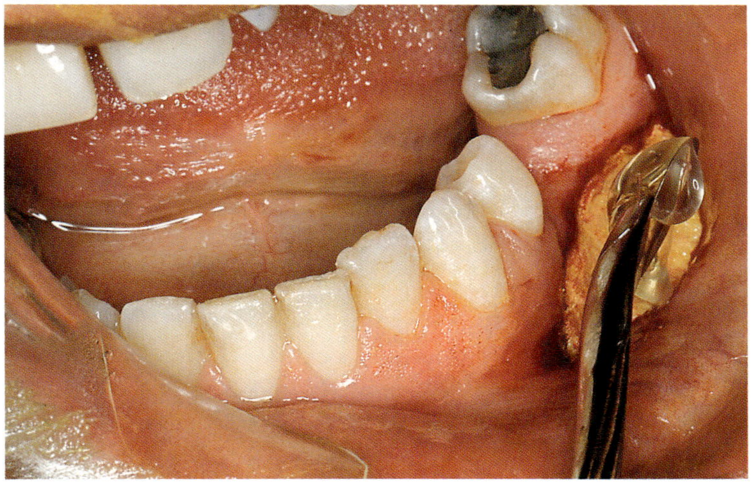

520 Abdichten des Wundverbandes
Die Oberfläche des Verbandes wird mit einem Acetonkleber bestrichen. Dadurch wird das Vollsaugen mit Speichel verhindert.

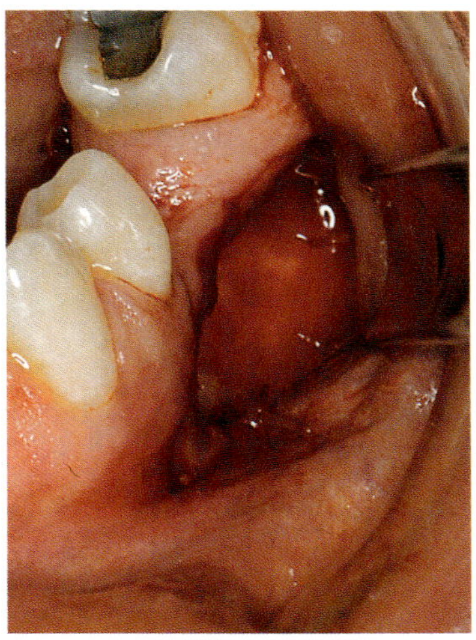
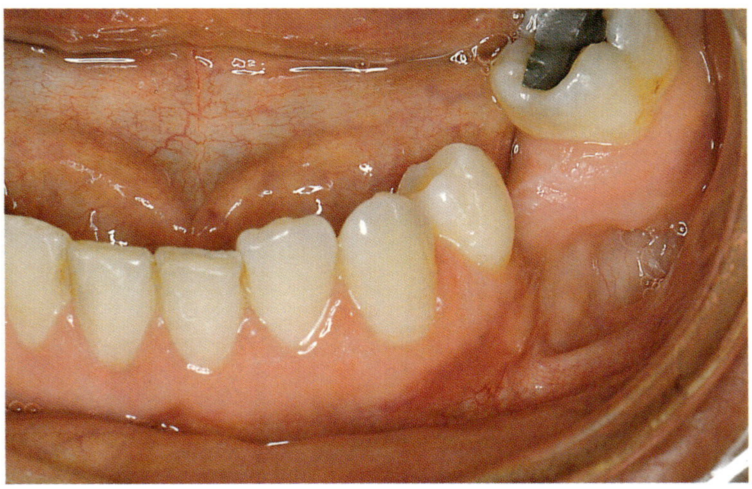

521 Nachsorge
Der Wundverband wird erstmals nach einer Woche ersetzt. Zustand nach 14 Tagen, beim zweiten Verbandwechsel. Nach weiteren 2–3 Kontrollen zur Wundpflege in Abständen von 3 Wochen ist der Hohlraum so weit abgeflacht, daß er der weiteren Spontanregeneration überlassen werden kann (*links*).

Rechts: Der Zustand 12 Monate nach der Marsupialisation läßt noch eine leichte Eindellung erkennen.

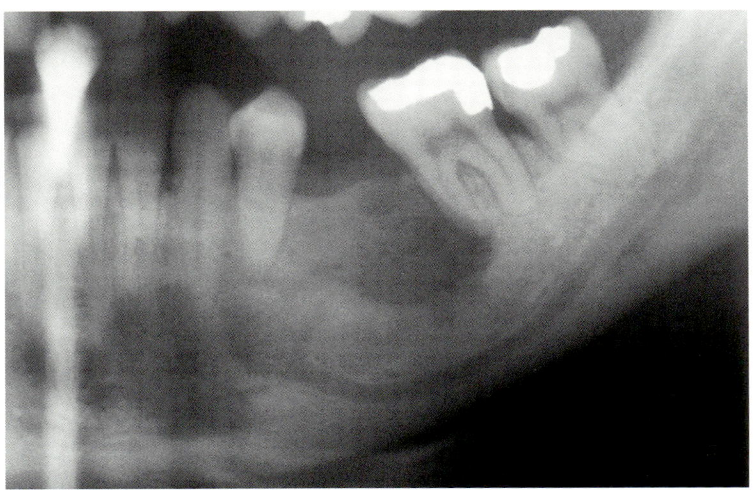

522 Verlauf
Das Röntgenbild zeigt 12 Monate nach der Marsupialisation eine weitgehend knöcherne Regeneration mit trabekulärem Durchbau im Bereich der ehemaligen Zyste (vgl. Abb. 511). Die Versorgung der Zahnlücke muß veranlaßt werden.

523 Follikuläre Zyste bei Zahn 38
Die Röntgenaufnahmen zeigen die Ausdehnung der Zyste beim retinierten Zahn 38: im OPT der retinierte Zahn 38, Typ 4, dessen Krone in einem ca. 4 cm großen, zystisch begrenzten Hohlraum liegt. Der Mandibularkanal ist verdrängt.

Rechts: Die p.-a. Unterkieferübersichtsaufnahme bei maximaler Mundöffnung zur Darstellung der Ausdehnung der Zyste nach lingual und bukkal.

Ⓐ

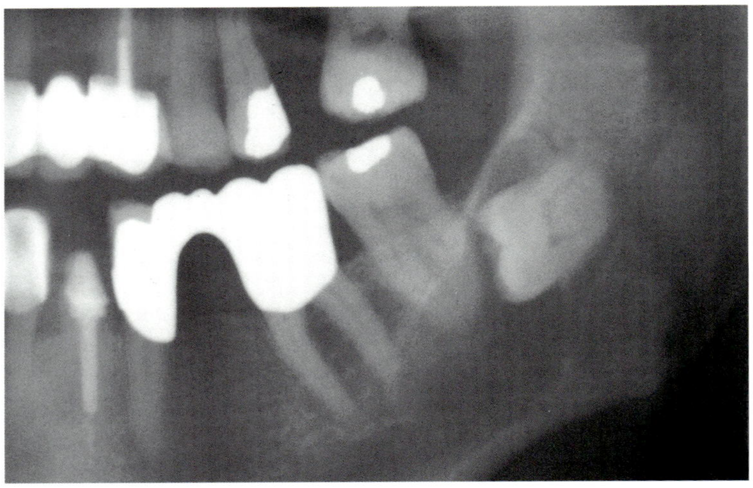

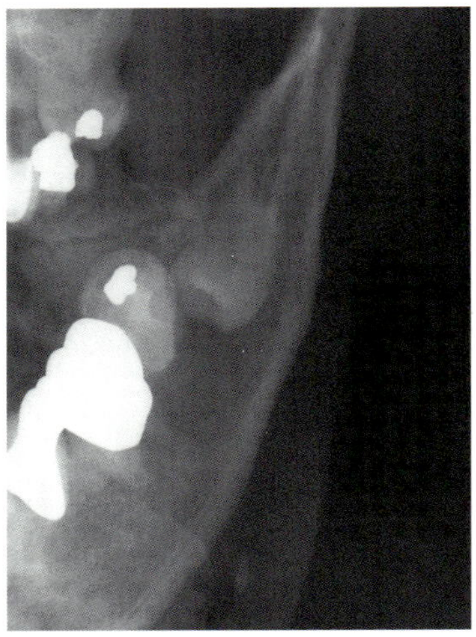

524 Zugang
Die Lappenbildung entspricht dem Vorgehen zur Entfernung des retinierten Zahnes.

Rechts: Vestibulärer Lappen und breite Eröffnung des Hohlraumes durch Osteotomie mit der Kugelfräse.

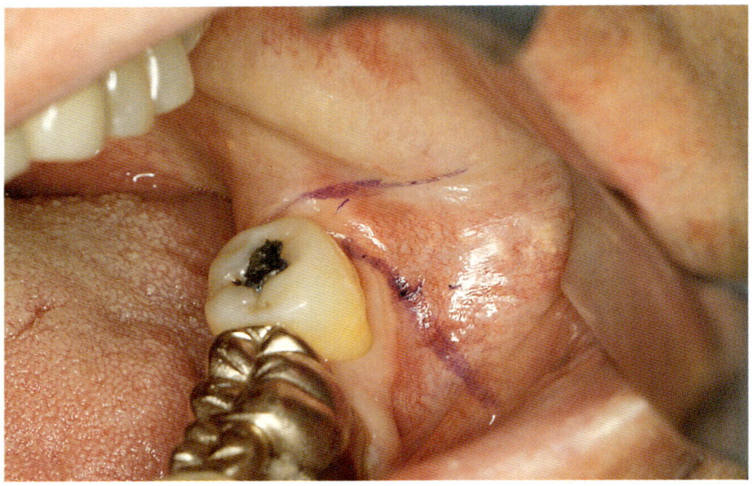

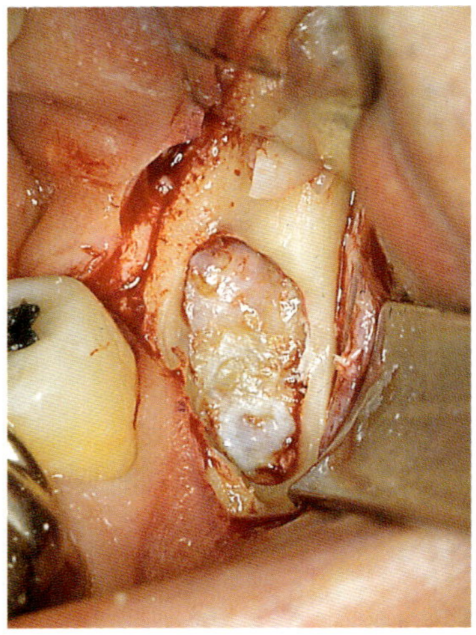

525 Eröffnung der Zyste
Erweiterung der Osteotomie zur Entfernung des retinierten Zahnes. Der Zystenbalg bleibt intakt.

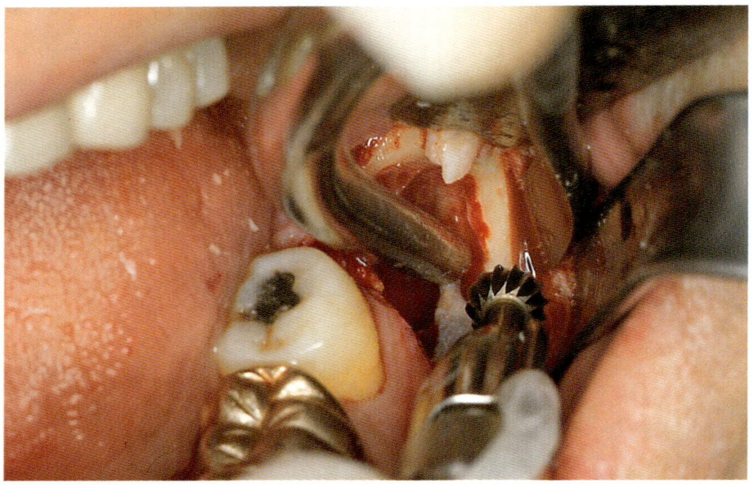

526 Material für Histologie
Entfernung des im Knochenfenster gelegenen Zystenbalges mit dem Skalpell und Versand zur pathohistologischen Untersuchung. Der restliche Zystenbalg wird belassen.

Rechts: Das Gewebe wird auch makroskopisch beurteilt. Es handelt sich um ein relativ dünnes, glattes, hautartiges Gebilde.

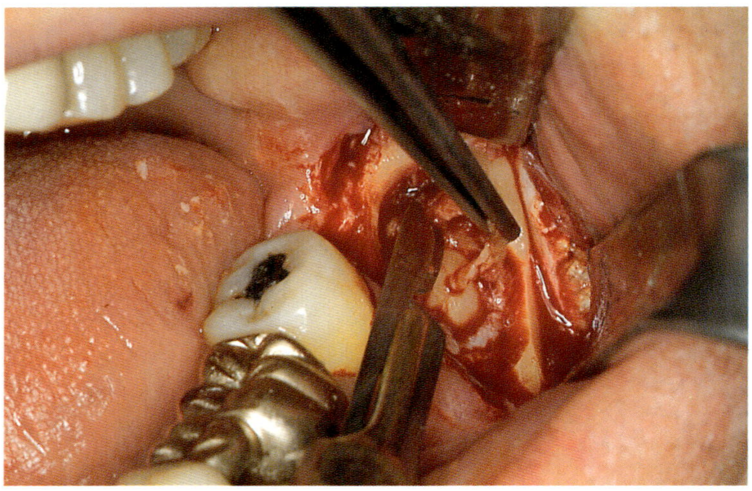

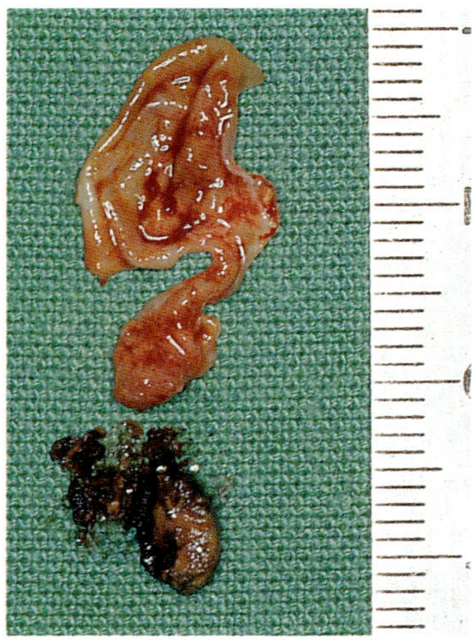

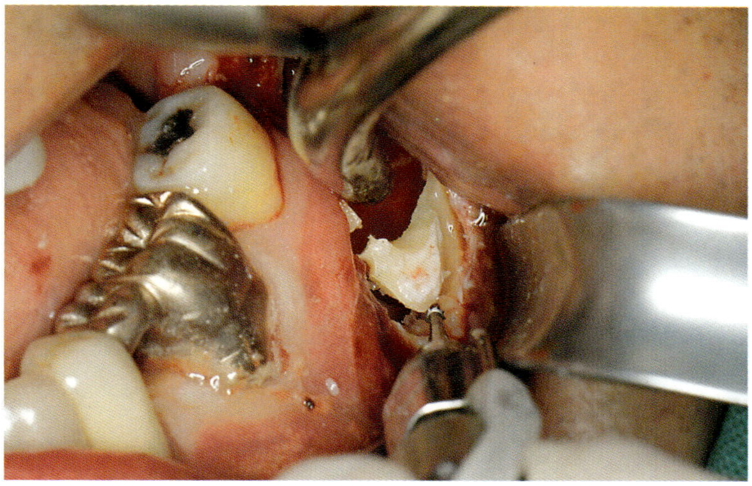

527 Zystostomie
Nach Entfernung des Zahnes wird die knöcherne Begrenzung mit der Fräse oder dem Meißel so weit abgetragen, daß eine möglichst weite Verbindung zur Mundhöhle entsteht.

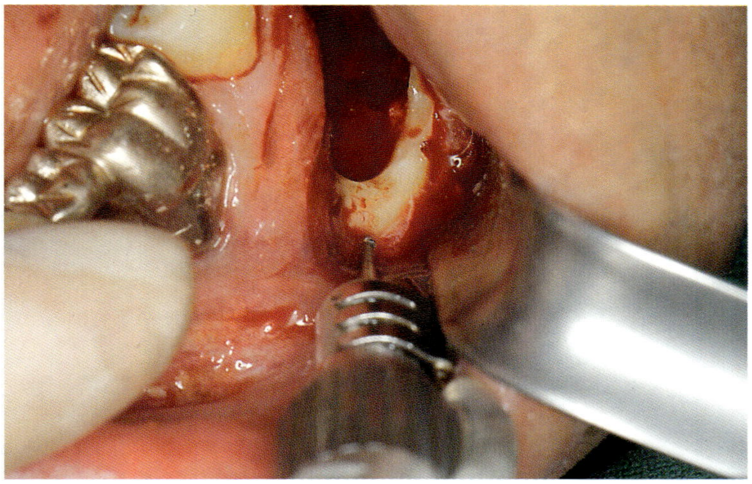

528 Fixation der Mukosa
Am basalen Knochenrand werden einzelne Bohrlöcher zur Fixation des Mukosalappens angebracht.

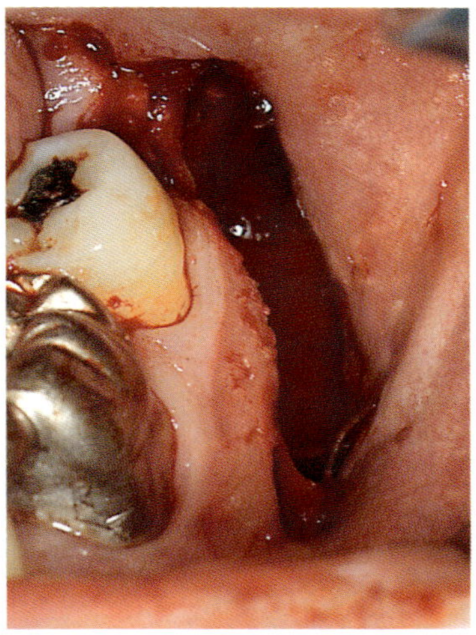

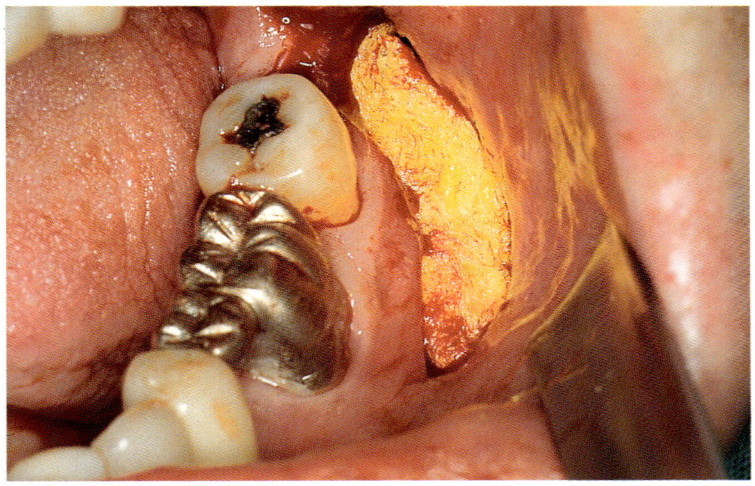

529 Wundversorgung und Nachsorge
Die vestibuläre Schleimhaut wird nun mit resorbierbarem Nahtmaterial an den Bohrlöchern fixiert und der Hohlraum mit einem JVD gefüllt. Der Verband wird mit Acetonkleber beschickt. Die Wundpflege erfolgt nun in Abständen von 10–18 Tagen mit Auswechseln des Verbandes. Nach ca. 3 Monaten kann der abgeflachte Hohlraum der selbständigen Regeneration überlassen werden.

Links: Der offene Hohlraum nach der Zystostomie vor dem Verband.

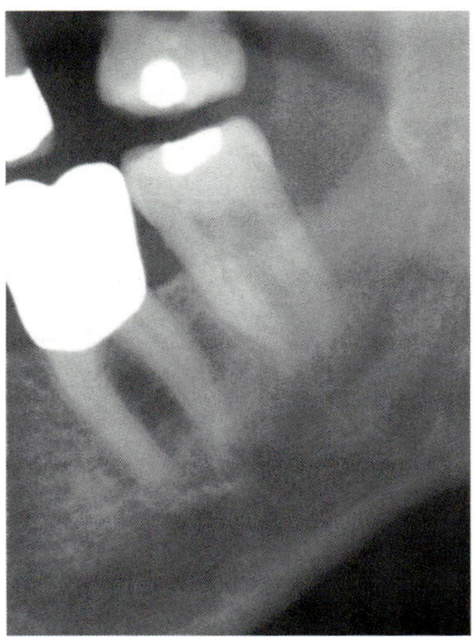

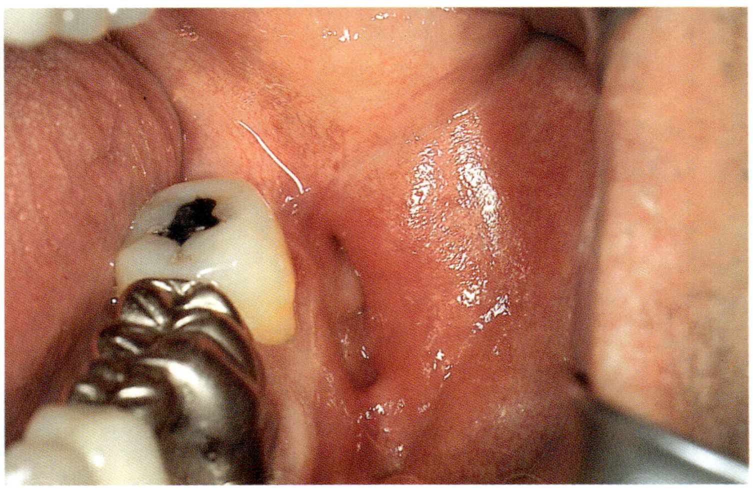

530 Verlauf
Das Bild zeigt den Zustand 8 Monate nach der Operation. Es ist noch eine narbige Einziehung in der Regio 38 zu finden.

Links: Das Röntgenbild zeigt zum selben Zeitpunkt einen bereits fast vollständigen Durchbau des Zystendefektes (vgl. Abb. 523).

Zystostomie zum Gaumen

Im Frontbereich ist immer das Vorhandensein einer knöchernen Bedeckung wenigstens einer Seite (vestibulär oder palatinal) von Bedeutung. Fehlt die knöcherne Bedeckung beidseits, ist ein tunnelierender Defekt zu erwarten. In solchen Fällen ist die Zystostomie zum Gaumen in Erwägung zu ziehen.

Die breite Verbindung zum Gaumen ist vor allem für die Canalis-incisivus-Zyste die Methode der Wahl. Bei nach palatinal entwickelten radikulären Zysten der Frontzähne, insbesondere des zweiten Inzisivus, kann dieses Vorgehen ebenfalls die einfachste Behandlung zur Beseitigung der Zyste sein.

Bei gleichzeitiger Wurzelspitzenresektion ist in schwierigen Fällen ein zusätzlicher vestibulärer Zugang erforderlich. Dabei muß aber beachtet werden, daß die bukkale Knochenbedeckung wieder hergestellt wird. Dies kann mit einem am Periost gestielten Knochendeckel erreicht werden.

Bei der Marsupialisation zum Gaumen kann aus Komfortgründen eine Verbandplatte eingesetzt werden.

531 Zystostomie im Oberkiefer – radikuläre Zyste im Frontbereich
Die Oberkieferaufbißaufnahme zeigt in der Regio 12/11 eine ca. 3 cm große zystische Osteolyse. Klinisch ist eine palatinale, eindrückbare, nach vestibulär fluktuierende Auftreibung zu finden. Die Zähne 11 und 12 reagieren devital.

Rechts: Es hat bereits eine Fistelung nach vestibulär und palatinal stattgefunden. Zur Zeit der Operation sind keine akuten Infektionssymptome mehr vorhanden.

©

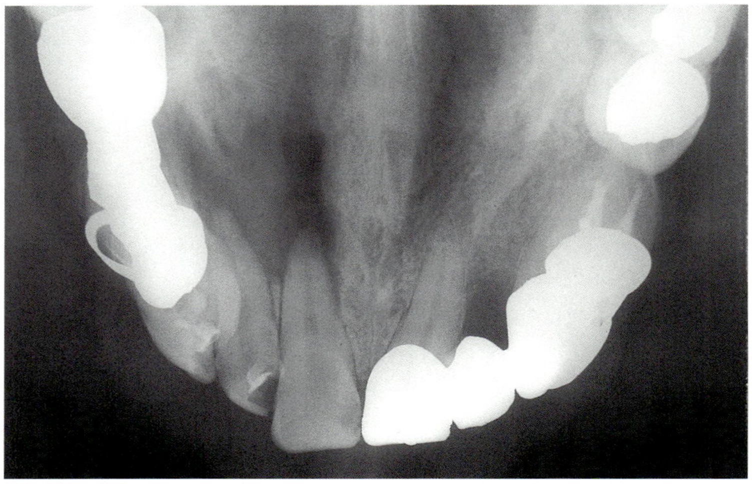

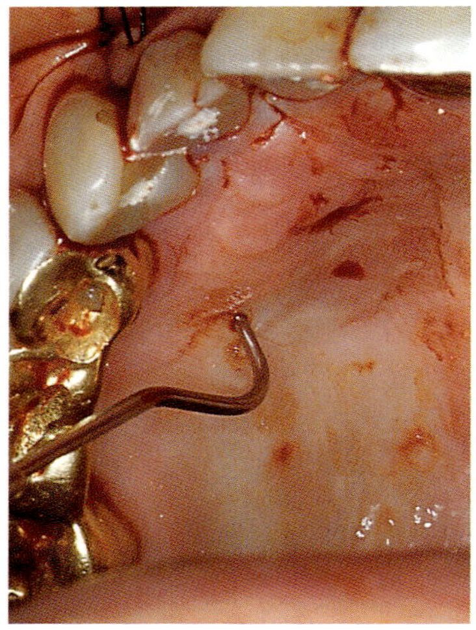

532 Zugang
Bei fehlender knöcherner Begrenzung der Zyste nach palatinal ist dieser Zugang angezeigt. Gleichzeitig müssen jedoch die Zähne wurzelbehandelt und reseziert werden, was von der palatinalen Seite her nicht zu bewerkstelligen ist. Deshalb werden beide Zugänge, von vestibulär (A) zur Wurzelspitzenresektion und von palatinal (B) zur Marsupialisation, gewählt. Der bukkale Knochendeckel bleibt am Periost gestielt, um einen tunnelierenden Defekt zu vermeiden.

Rechts: Schema mit den beiden Zugängen.

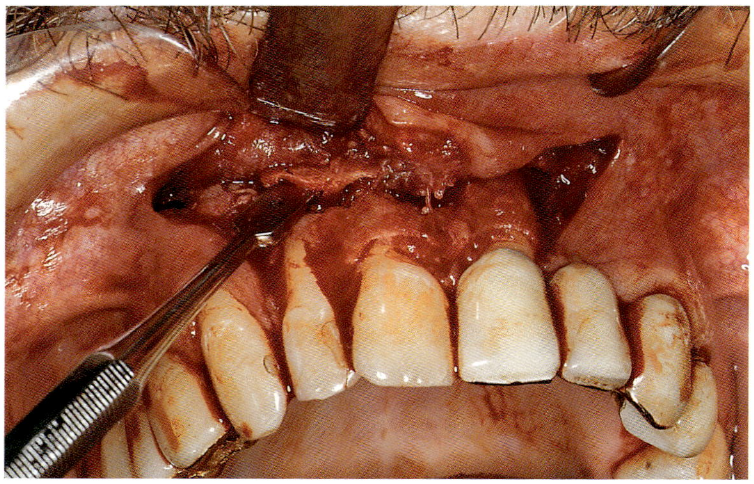

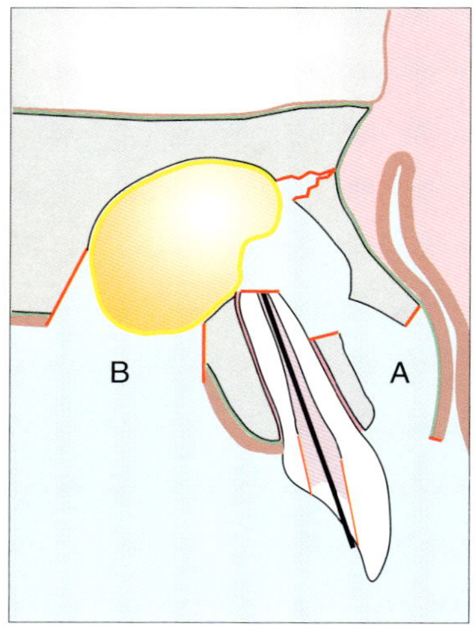

533 Verschluß des Zugangs
Im Spiegel werden die verschlossenen Wurzelkanäle der Zähne 12 und 11 kontrolliert.

Rechts: Nach Wurzelfüllung und Resektion der beiden Zähne wird der vestibuläre Zugang verschlossen.

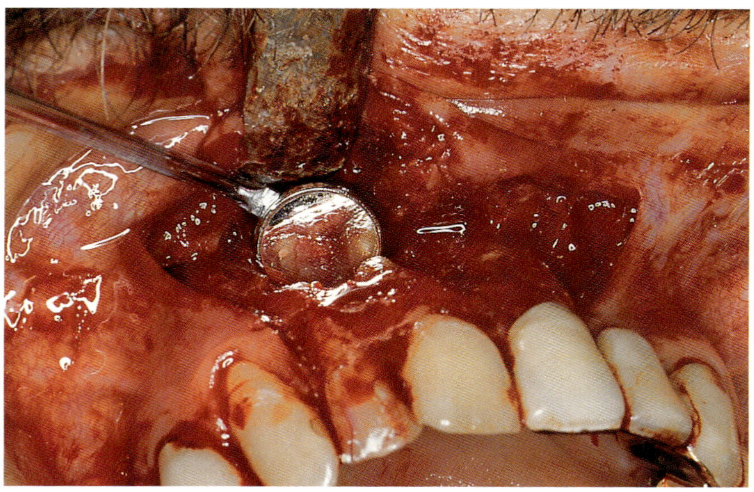

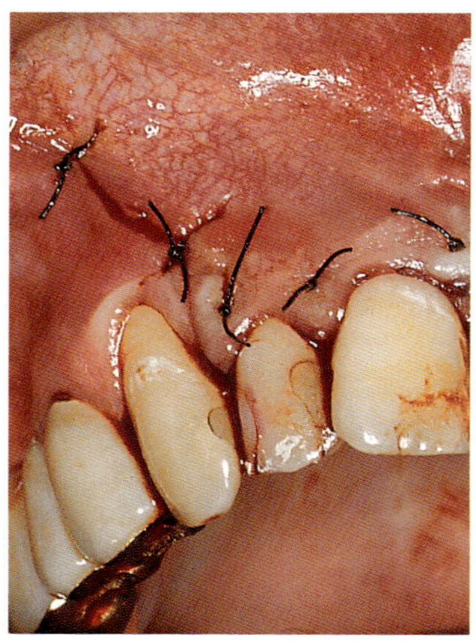

Tunnelierender Defekt

Als tunnelierenden Defekt benennen wir eine den Alveolarfortsatz durchquerende Perforation. Je nach Geometrie des Defektes kann bei der Ausheilung die Knochenregeneration im Zentrum des röhrenförmigen Defektes ausbleiben. Dies ist dann der Fall, wenn die Knochenneubildung vom Defektrand her dem Einwachsen von Bindegewebe aus der Weichteildecke nicht folgen kann. Im Zentrum bleibt ein Narbengewebe zurück, das relativ häufig zu wetterabhängigen Beschwerden oder konstanten Schmerzen führen kann.

Zur Behebung eines tunnelierenden Defektes können alle Möglichkeiten der Knochenregeneration eingesetzt werden: autologer Knochen, lyophilisierter Knorpel, Hydroxylapatit und evtl. Membrantechnik (GTR).

Das operative Vorgehen zur Defektkorrektur im Knochen wird auf S. 305 beschrieben.

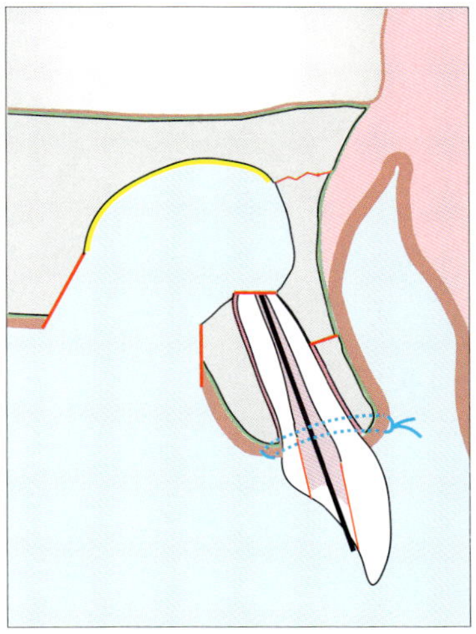

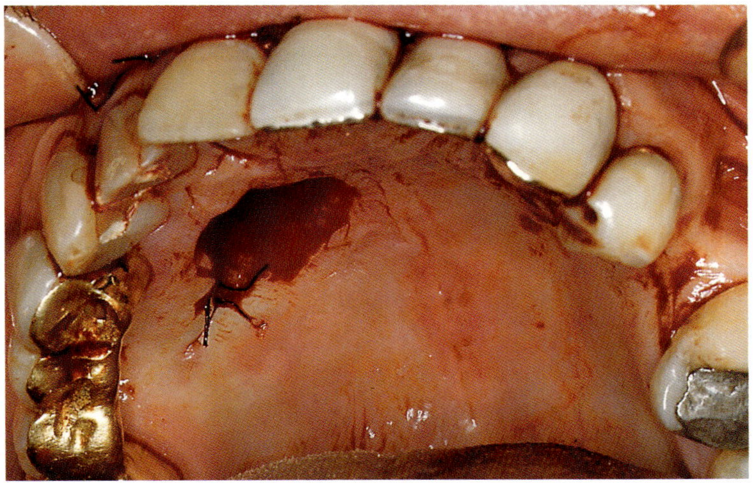

534 Marsupialisation
Nach Sondierung des knöchernen Defektes wird ein entsprechender Schleimhautlappen am Gaumen gelöst. Marginal wird eine ca. 2 mm breite Gingivabrücke belassen. Die mobilisierte Gingiva wird nach möglichst breiter Eröffnung des Zystenhohlraumes ausgeschnitten, Gewebe für die Histologie entnommen, die übrige Schleimhaut reponiert und mit einzelnen Nähten fixiert.

Links: Im Schema das chirurgische Prinzip nach Verschluß des vestibulären Zuganges..

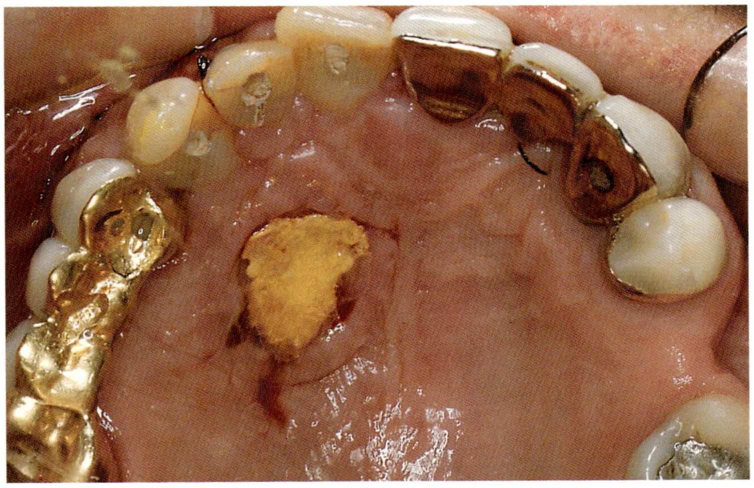

535 Wundversorgung
Der Hohlraum am Gaumen wird mit einem JVD ausgelegt und mit Acetonkleber bestrichen. Der Verband wird nach einer Woche und dann in Abständen von 2–3 Wochen bis zur Abflachung des Defektes gewechselt.

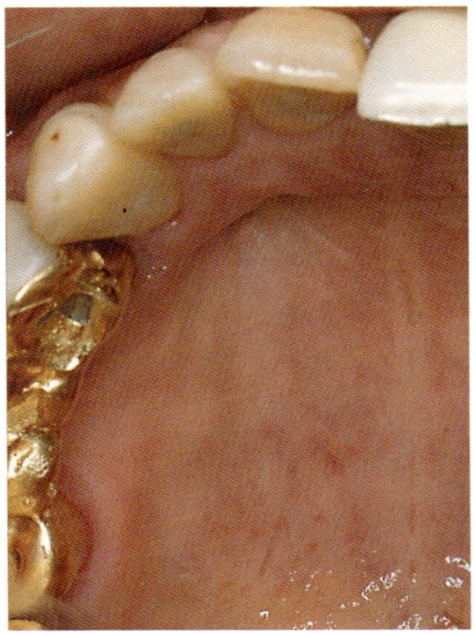

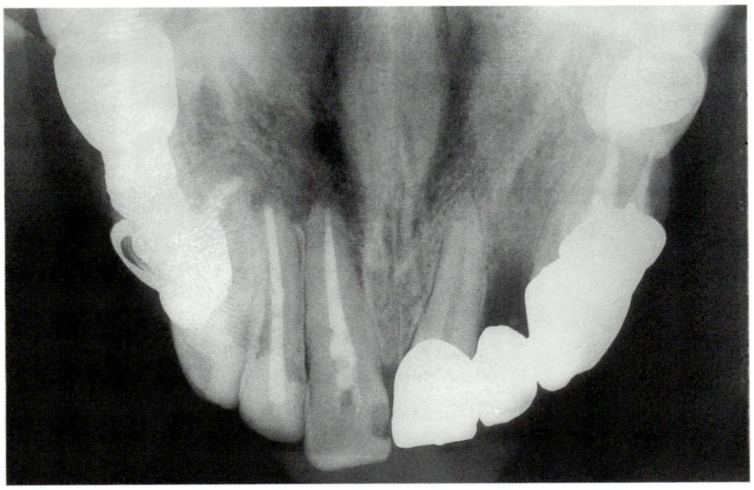

536 Verlauf
Die Nachkontrolle nach einem halben Jahr zeigt im Röntgenbild eine deutliche Verkleinerung des Defektes durch zirkuläre Apposition (vgl. Abb. 531).

Links: Im klinischen Befund ist eine flache Einziehung im Operationsgebiet zu erkennen, die vom Patienten nicht bemerkt wird. Die Zähne sind fest und ohne parodontale Probleme.

Zystostomie zur Nase

Indikation

Meist sind es Zysten der Inzisiven, die eine Ausdehnung bis gegen den Nasenboden erreichen können. Zysten vom Eckzahn entwickeln sich möglicherweise sowohl zur Nasen- wie zur Kieferhöhle. Klinisch ist eine Vorwölbung im vorderen Nasenboden zu erkennen (Nasenspekulum).

Anästhesie

Die Anästhesie der Nasenschleimhaut wird mit einem Oberflächenanästhetikum (Tetracain) erreicht.

Operatives Vorgehen

Der vestibuläre Zugang ist vorteilhaft. Eröffnung der Zyste (Gewebe für die Histopathologie) und möglichst breite Verbindung zum Nasenboden unter direkter Sicht. Vor Wundverschluß im Vestibulum wird ein JVD via Nase eingelegt. Das Streifenende wird nach Umwicklung eines Tupfers in den vorderen Nasengang eingebracht. Die Wundkontrolle erfolgt nach 3 Tagen zur Kürzung des Streifens. Weitere Kontrollen finden nach jeweils weiteren 10 Tagen statt, bei denen sukzessive der Streifen gekürzt wird. Der Verlauf der Knochenregeneration wird in Intervallen von einem halben Jahr überprüft.

537 Zystostomie zur Nasen- oder Kieferhöhle
Das OPT als Übersicht zeigt eine zystische Osteolyse im Bereich der Zähne 13 und 12, welche sich bis in den Nasenboden ausbreitet (laterale fissurale Zyste). Die beiden Zähne sind verdrängt, aber vital. Die Inspektion des vorderen Nasenbodens zeigt eine leichte Anhebung im rechten Nasengang im Vergleich zur linken Seite.

Rechts: Schema der Zystostomie zum Nasenboden und zur Kieferhöhle (von lateral).

Ⓒ

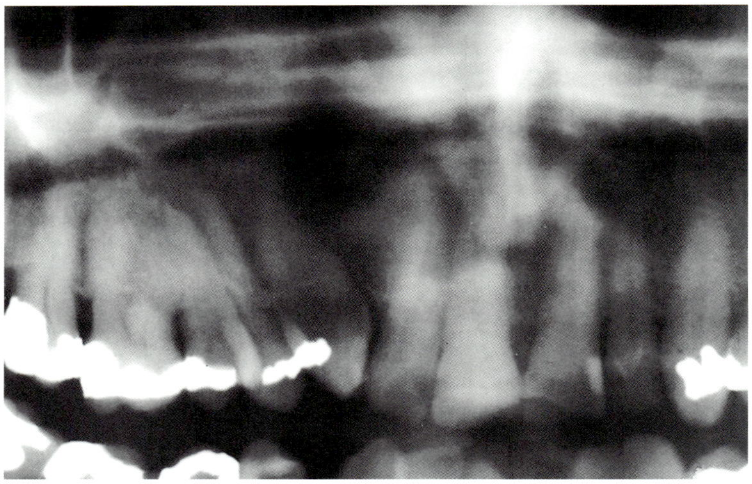

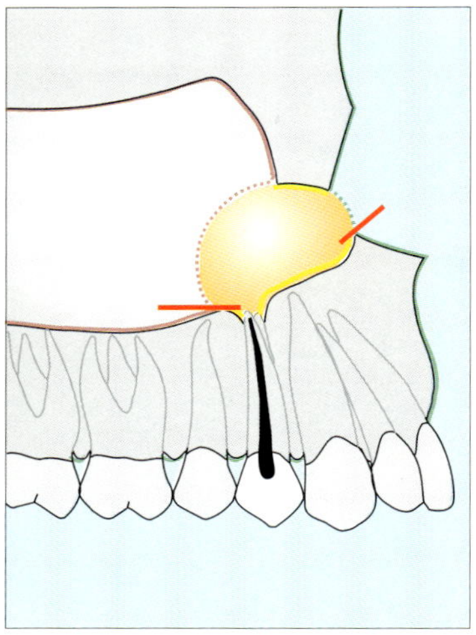

538 Anästhesie
Leitungsanästhesie am Foramen infraorbitale rechts, Infiltration am Foramen palatinum und incisivum, Infiltration an der Spina nasalis anterior und im Vestibulum links.

Rechts: Zur Anästhesie des Nasenbodens wird eine Oberflächenanästhesie im vorderen Nasengang rechts mit einem tetracaingetränkten Tupfer vorgenommen.

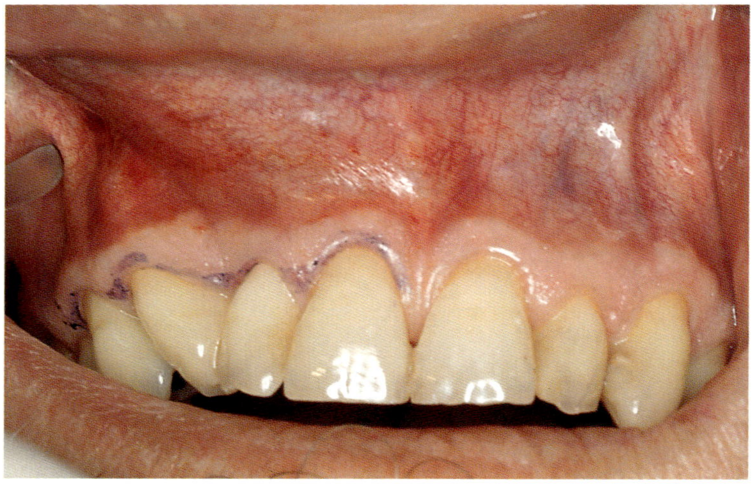

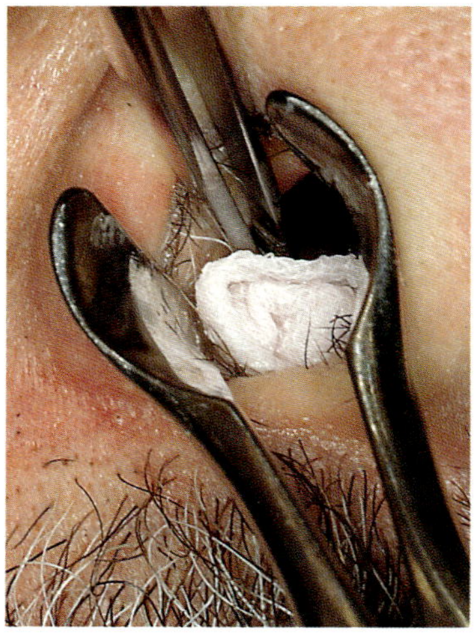

539 Eröffnung der Zyste
Der Zystenhohlraum wird durch Ostektomie mit der Kugelfräse freigelegt. Anschließend wird die Zyste eröffnet.

Rechts: Der Zystenbalg wird bukkal mit dem Skalpell ausgeschnitten.

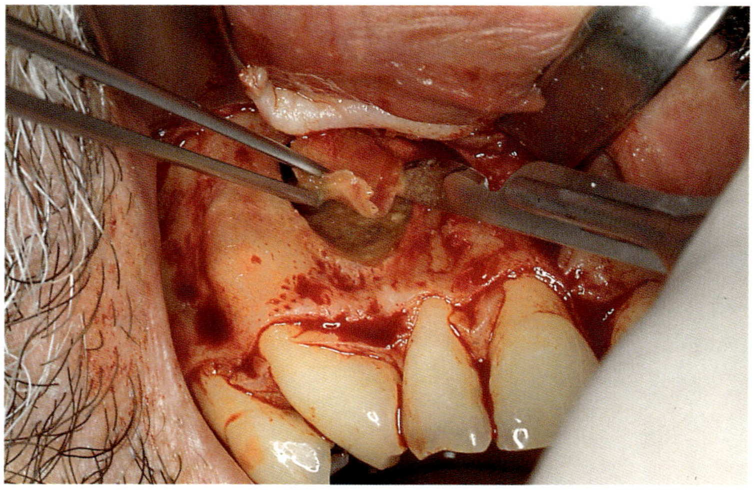

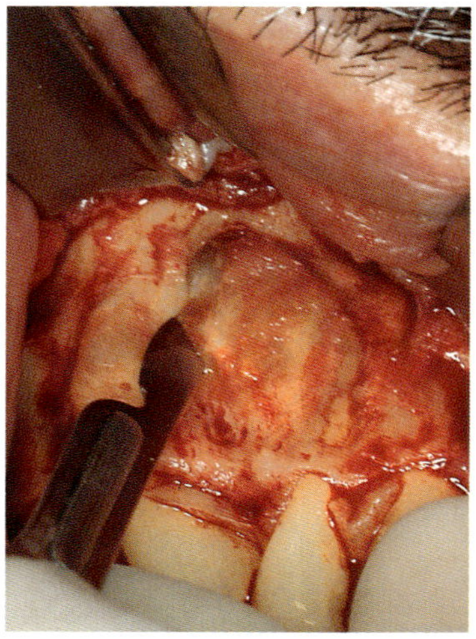

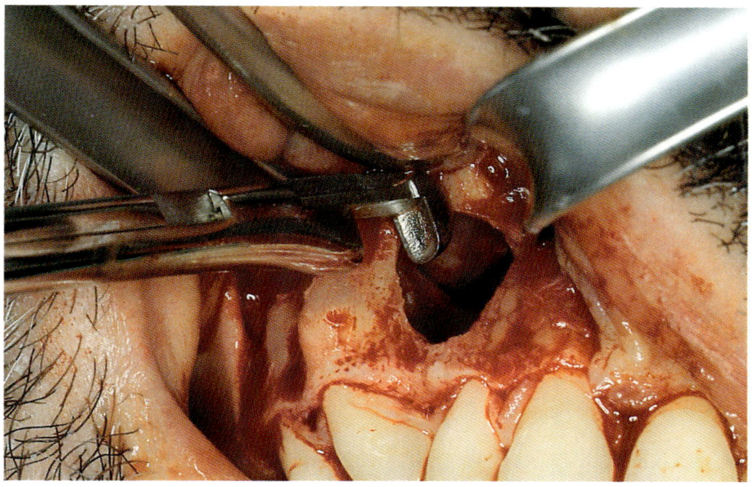

540 Zystostomie
Die knöcherne Begrenzung wird nun so weit sorgfältig erweitert, daß die Übersicht zum Nasenboden von kaudal gegeben ist. Dazu eignet sich in gewissen Fällen die Knochenstanze sehr gut.

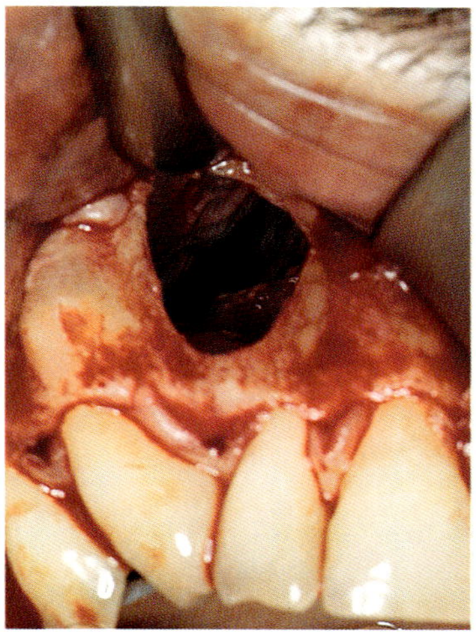

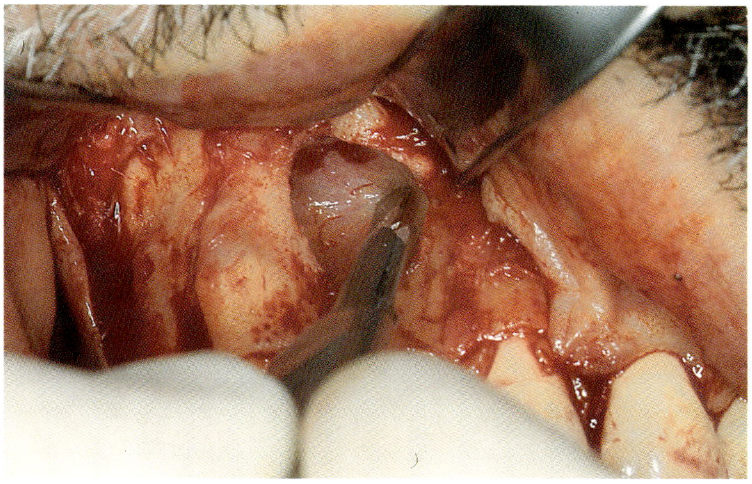

541 Verbindung zur Nase
Nach Inspektion und Abtastung des noch durch Weichgewebe verschlossenen Nasenbodens wird mit dem Skalpell unter direkter Sicht die Verbindung zur Nasenhöhle ausgeschnitten.

Links: Sicht in die Nasenhöhle nach Entfernung der Weichgewebsbegrenzung.

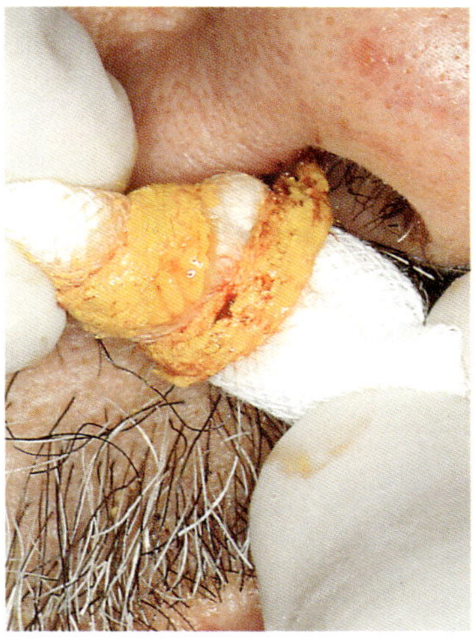

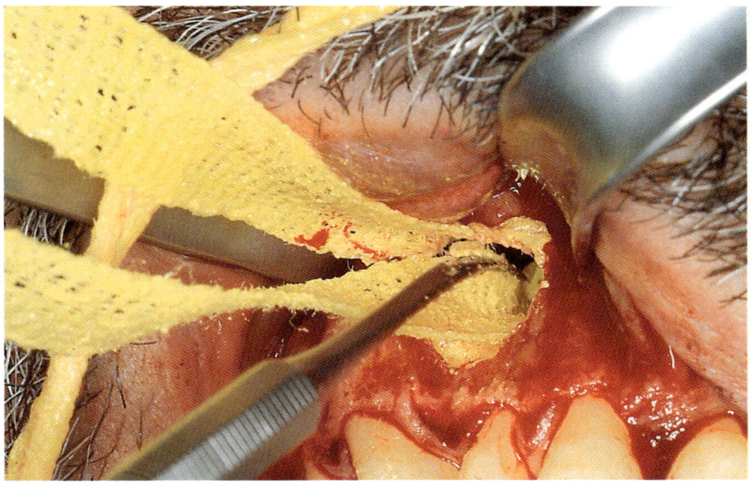

542 Wundversorgung
Durch den Naseneingang wird nun ein entsprechend langer JVD schichtweise eingelegt, so daß eine spätere Entfernung via Nase in umgekehrter Richtung erfolgen kann.

Links: Das Streifenende wird um einen Tampon gewickelt, um ein Verschwinden im hinteren Nasengang zu verhindern.

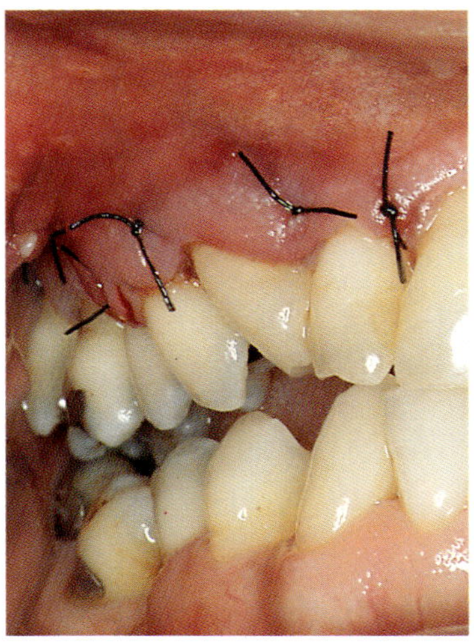

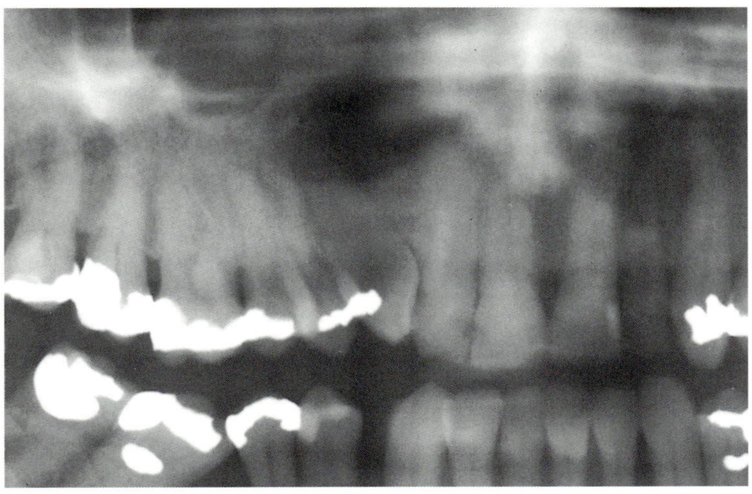

543 Nachkontrolle
Die Wunde wird zur Überwachung von Blutungen oder Nahtdehiszenzen nach 3 Tagen inspiziert. Der JVD wird bereits etwas gekürzt. Weitere Kontrollen nach einer Woche und 10 Tagen. Der Lappen wird reponiert und mit Einzelnähten fixiert (*links*).

Rechts: Das OPT zeigt den Zustand nach einem Jahr mit deutlicher Reduktion des Zystendefektes. Klinisch sind keine Symptome zu finden, die Zähne sind unverändert vital. Der Patient bemerkt keine Störungen im Bereich des Nasenbodens.

Zystostomie zur Kieferhöhle

Indikation

Die Indikation ergibt sich aus der Nachbarschaft der Kieferhöhle zum Zystenhohlraum und durch benachbarte unbeteiligte vitale Zähne, die bei der Entfernung des gesamten Zystenbalges gefährdet werden könnten. Der Patient wird über eine postoperativ mögliche Blutung zur Nase informiert. Schneuzverbot, um eine Emphysembildung und Nahtdehiszenz zu verhindern.

Anästhesie

Sie umfaßt sowohl die Infiltration am Foramen infraorbitale wie auch die Tuberanästhesie und die palatinale Lokalanästhesie.

Operatives Vorgehen

Der Zugang wird über eine vestibuläre Lappenbildung erreicht. Die primäre Deckung auf knöcherner Unterlage muß sichergestellt sein. Nach Eröffnung der Zyste, Entnahme von Material für die pathohistologische Untersuchung und etwaiger Resektion beteiligter Wurzeln, wird der Zystenhohlraum zur Kieferhöhle verbunden. Nach Prüfung der unbehinderten Belüftung der Kieferhöhle wird der Zugang verschlossen. Bei kleineren Zysten ist die Anbringung eines Nasenfensters nicht notwendig.

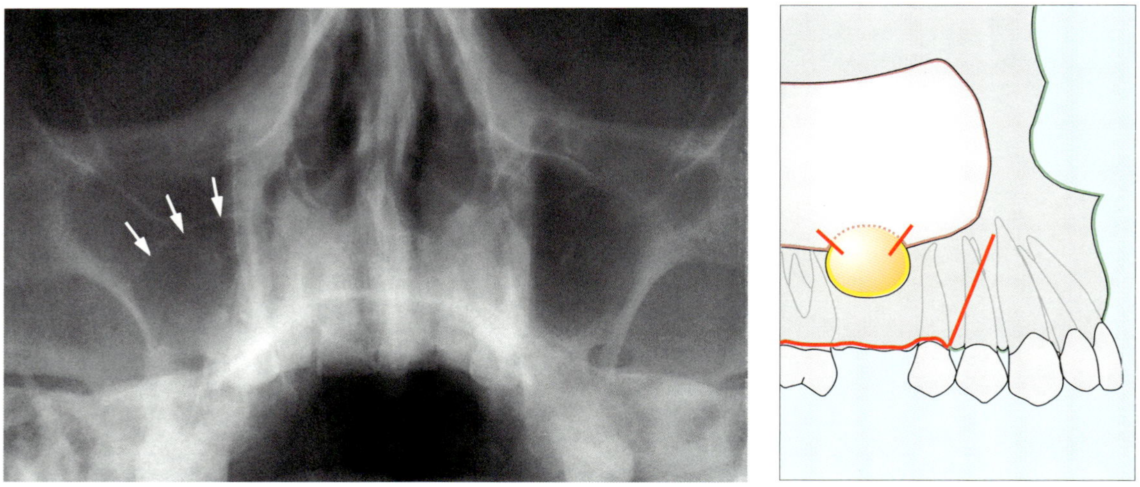

544 Zystostomie zur Kieferhöhle
Die halbaxiale Oberkieferröntgenaufnahme zeigt im rechten Sinus maxillaris eine kreissegmentförmige Skleroselinie als Zeichen einer Zystenbildung (Residualzyste) zur Kieferhöhle (Pfeile).

Rechts: Schema des chirurgischen Prinzips der Marsupialisation zur Kieferhöhle.

Ⓐ

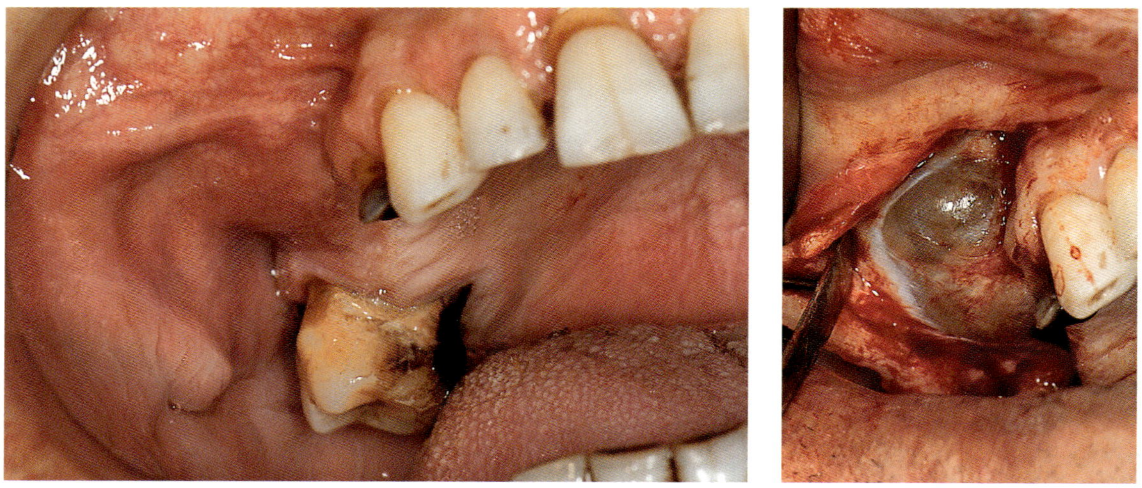

545 Zugang
Klinisch ist eine eindrückbare, pergamentartige, derbe Auftreibung im Bereich des rechten Oberkiefers tastbar. Der Zugang erfolgt durch eine Inzision auf dem Kamm und durch Entlastungsschnitte ins Vestibulum bei Regio 17 und 13.

Rechts: Der Mukoperiostlappen wird vorsichtig abgeschoben, ohne den Zystenbalg zu durchschneiden.

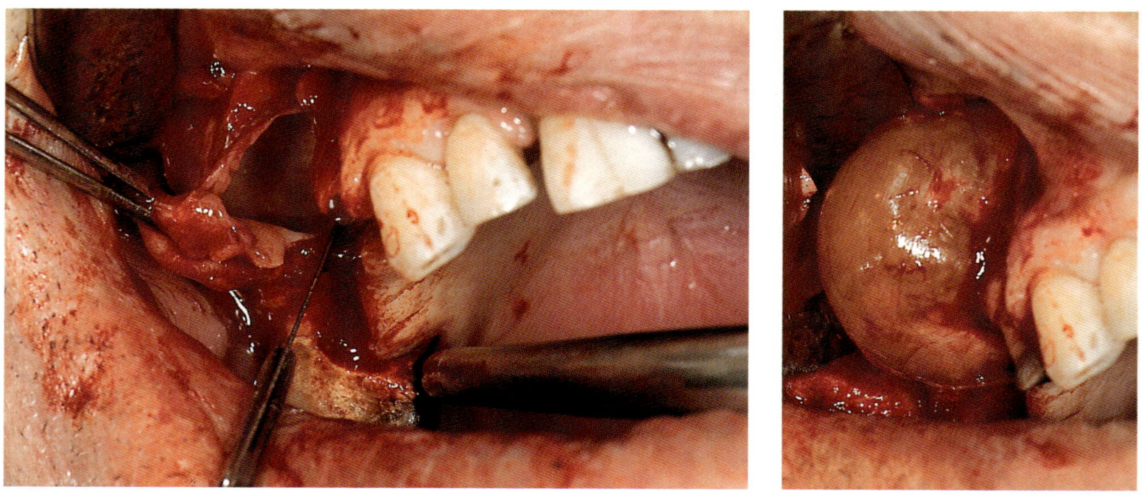

546 Eröffnung der Zyste
Exzision der bukkalen Anteile des Zystenbalges, dadurch kann die Ausdehnung zur Kieferhöhle direkt inspiziert werden.

Rechts: Das Ballonartige ist wenig adhärent und wird vorsichtig herausgelöst.

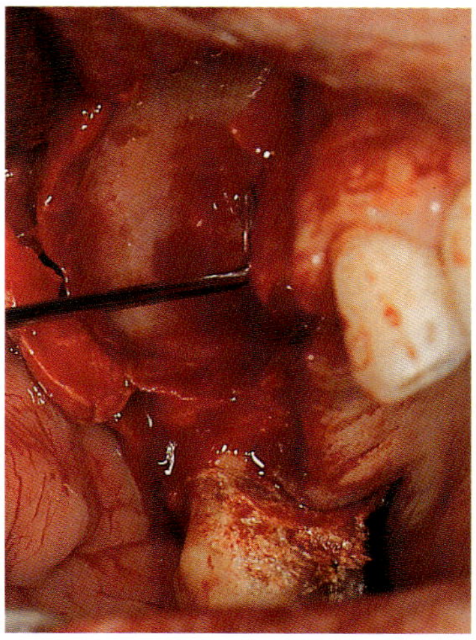

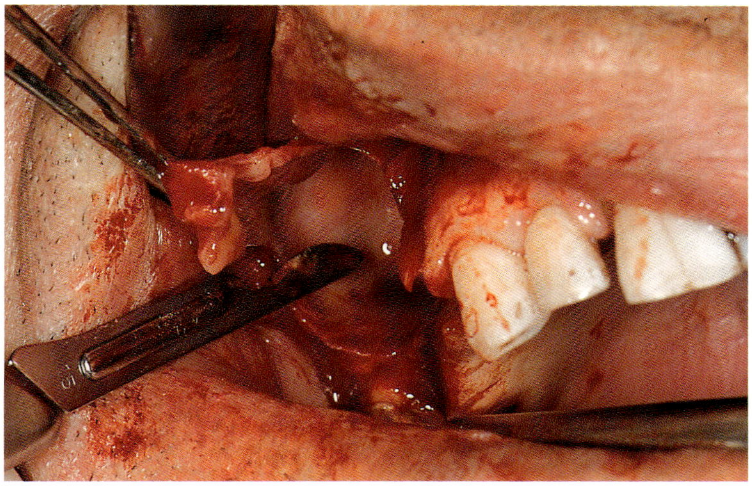

547 Marsupialisation
Nach Sondierung der Begrenzung der Zyste zur Kieferhöhle kann mit dem Skalpell die Trennwand zum Sinus ausgeschnitten werden.

Links: Beurteilung der Begrenzung zur Kieferhöhle durch Abtastung mit spitzer Sonde.

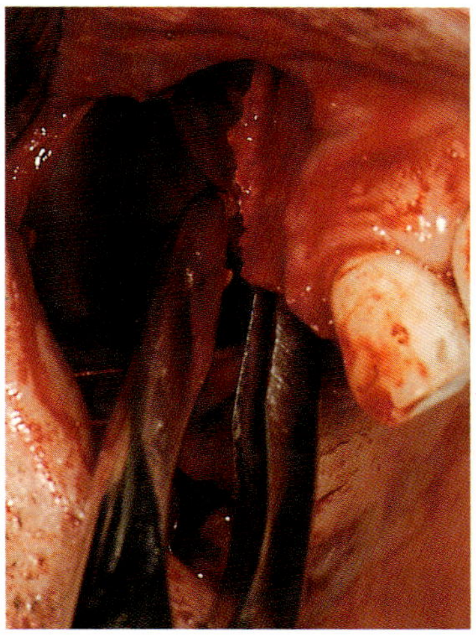

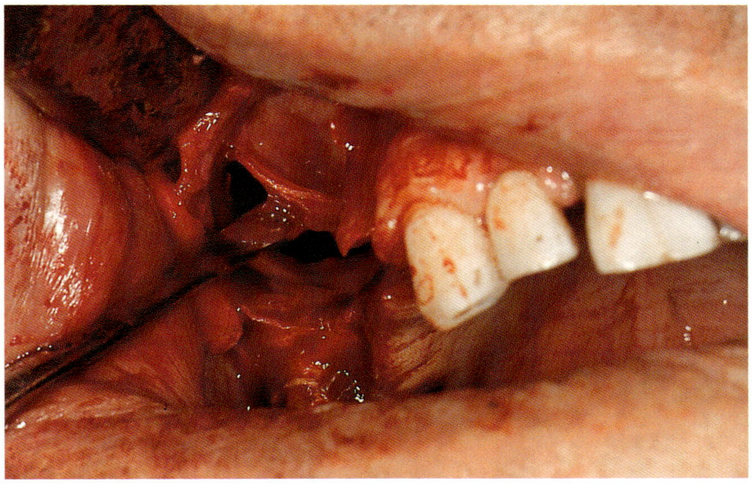

548 Erweiterung der Zystenöffnung
Mit dem Frierschen Raspatorium wird der ganze Deckel herausluxiert.

Links: Die Verbindung kann nun mit einer Kugelfräse oder mit der Knochenstanze erweitert werden. Die Kieferhöhlenschleimhaut wird inspiziert, etwaige Polypen werden abgesaugt oder sanft herausgeschabt, ohne Knochen über den Nachbar-Zähnen freizulegen und diese möglicherweise zu devitalisieren.

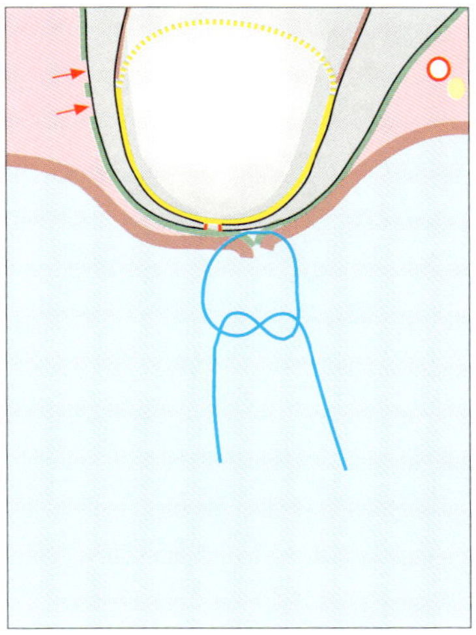

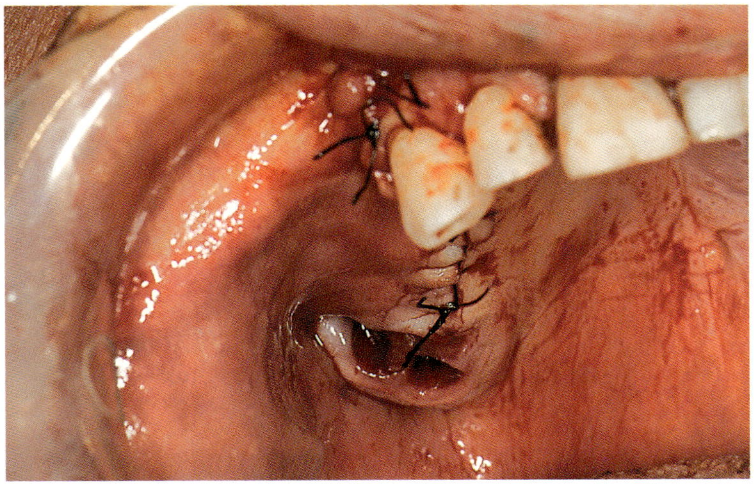

549 Wundversorgung
Der Lappen wird reponiert und mit Matratzennähten dicht verschlossen. Zahn 17 wurde wegen durchgehender Tasche ebenfalls entfernt.

Links: Im Schema wird die Technik zum dichten Verschluß durch Lappenverlängerung (Periostritzung durch Pfeile markiert) ersichtlich.

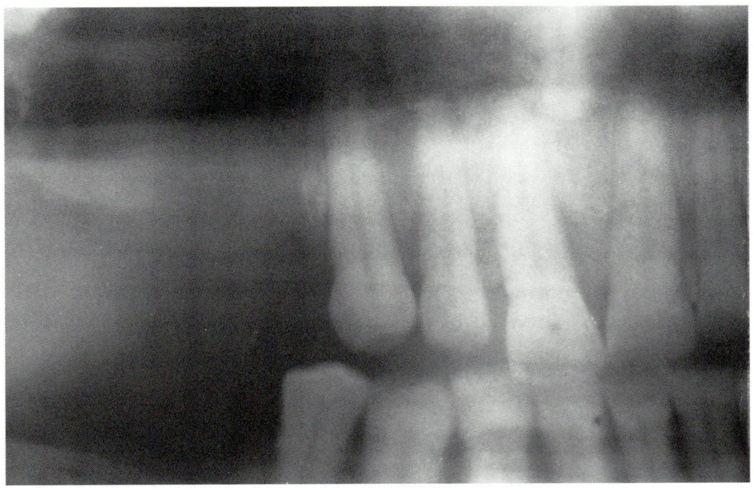

550 Nachkontrollen
Nach 3 Tagen Kontrolle der Naht und etwaiger Blutungen aus der Nase. Nach 10 Tagen Nahtentfernung. Die Spätkontrolle nach einem halben Jahr zeigt reizlose Verhältnisse mit unveränderter Vitalität der Zähne und im Röntgenbild einen gutbelüfteten hellen Sinus maxillaris rechts.

551 Zystostomie einer Canalis-incisivus-Zyste
Die Oberkieferaufbißaufnahme zeigt den typisch herzförmigen, zwischen die Wurzeln der Inzisivi projizierten Defekt mit Abbruch des Canalis incisivus am Zystenrand.

Rechts: Die Zahnaufnahme läßt eine radikuläre Zyste des Zahnes 21 vermuten. Der Zahn ist jedoch vital.

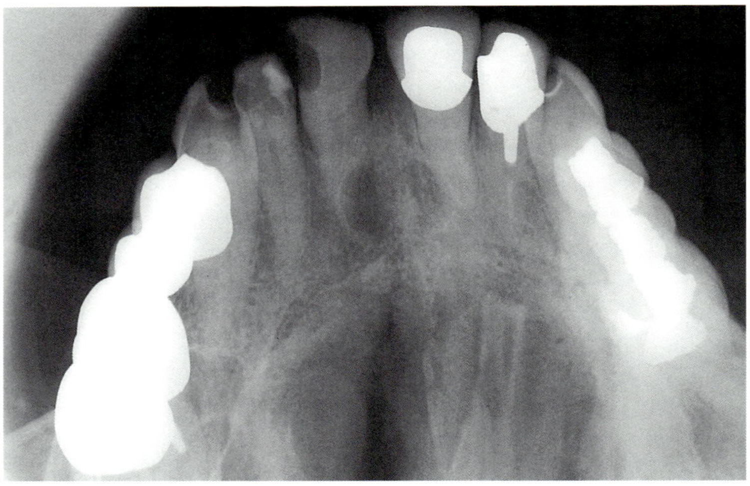

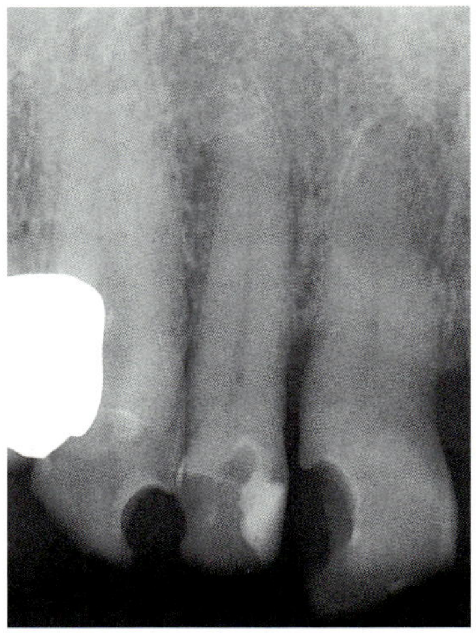

Ⓢ

552 Anästhesie und Zugang
Infiltration des Foramen incisivum lateral-rechts und -links.
Die Zyste wird im Umfang sondiert und eine entsprechende bogenförmige Inzision vorgenommen zur Mobilisation eines distal gestielten Mukoperiostlappens.

Rechts: Seitliches Schema des chirurgischen Prinzips. Die Zyste liegt zwischen den Inzisivi.

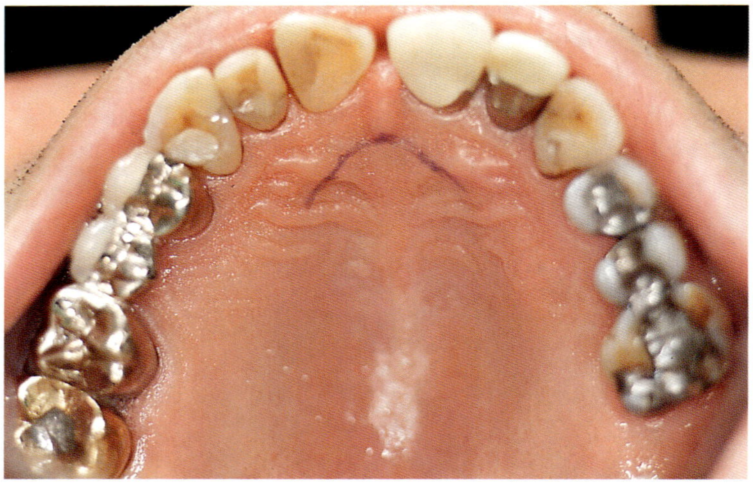

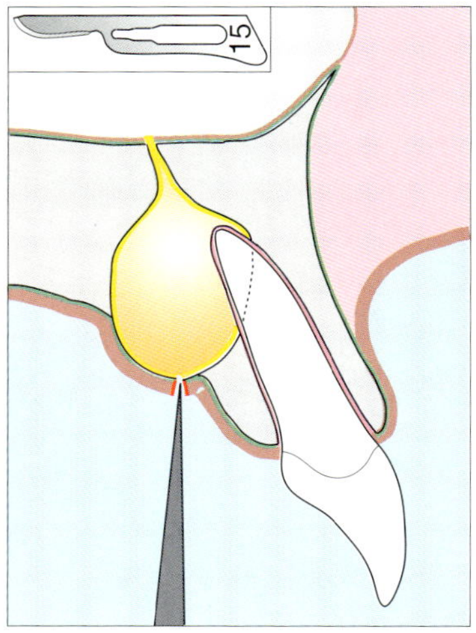

553 Eröffnung der Zyste
Der Lappen wird mit dem Raspatorium abgeschoben und mit einem Faden fixiert. Damit erreicht man eine freie Übersicht über die Zystenhöhle.

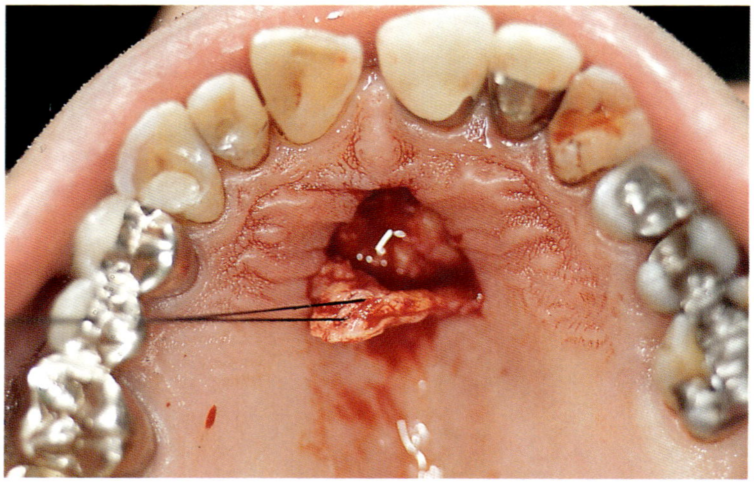

554 Zystostomie und Wundversorgung
Der Lappen wird entsprechend dem Radius der Zyste ausgeschnitten. Eine etwaige Blutung kann durch eine gezielte Umstechungsligatur gestillt werden.
Rechts: Der Hohlraum wird mit einem JVD tamponiert. Der Verbandwechsel erfolgt alle 10–14 Tage, bis der Hohlraum abgeflacht ist und keine Speiseresteretention stattfindet. Die radiologische Kontrolle nach einem halben Jahr soll die Ausheilung des Defektes bestätigen.

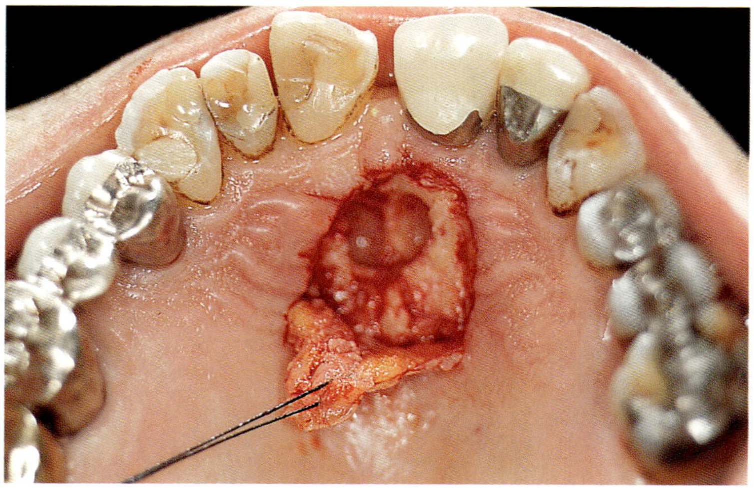

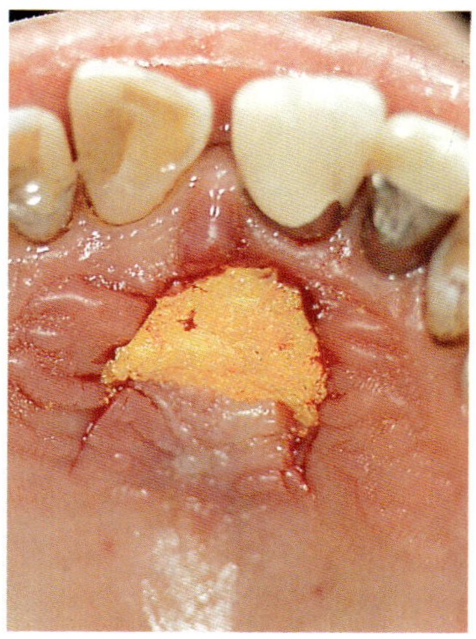

Fensterung

Definition

Eröffnung und Offenhalten des Zystenhohlraumes mit dem Ziel, durch Knochenapposition eine Verkleinerung der Zyste zu erreichen. Eine temporäre Maßnahme bis zur definitiven Zystenbehandlung. Es kommt zur Knochenneubildung, Abnahme der Frakturgefahr im Unterkiefer, Knochenanbau über freiliegenden Wurzelanteilen und dem Canalis mandibularis gegen den Zystenbalg. (Brøndum u. Jensen 1991).

Marsupialisation

Definition

Verbindung des Zystenhohlraumes mindestens in Höhe seines Äquators oder darüber zu einem präformierten, benachbarten Hohlraum als definitive Behandlungsmaßnahme; z.B. bei einer großen Zyste im Bereich des Sinus maxillaris soll nur noch der die Wurzelspitzen bedeckende Zystenwandanteil belassen werden.

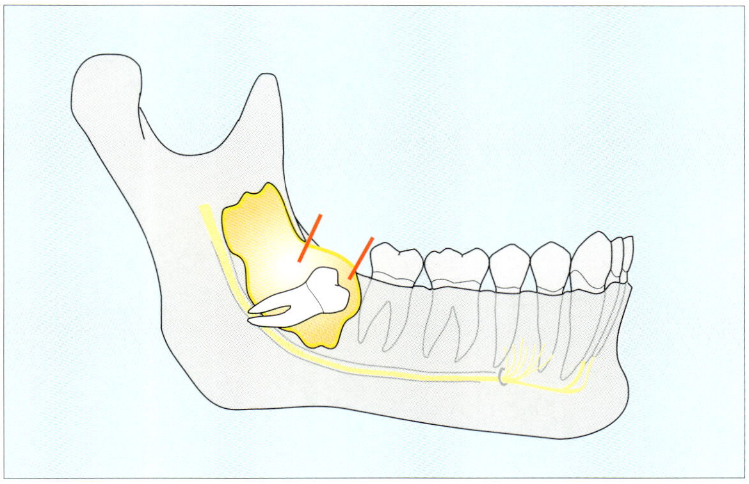

555 Zystenfensterung
Das Schema zeigt das chirurgische Prinzip: teilweise Eröffnung eines großen Hohlraumes, um eine spontane Schrumpfung des Lumens zu erreichen.

Ⓐ

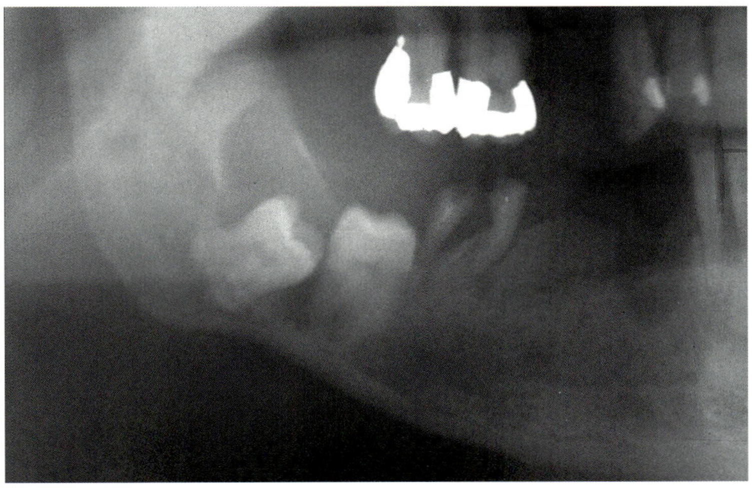

556 Unterlagen
Die Ausdehnung der Zyste wird mit OPT und p.-a. Unterkieferübersichtsaufnahme bei maximaler Mundöffnung beurteilt. Das OPT des Patienten zeigt die zystische Osteolyse beim retinierten Zahn 48. Zahn 47 ist ebenfalls retiniert, und das ossäre Kieferprofil wird durch die Osteolyse weitgehend geschwächt. Es handelt sich um einen Zufallsbefund bei einer Infektion, ausgehend von den Wurzelresten des Zahnes 46.

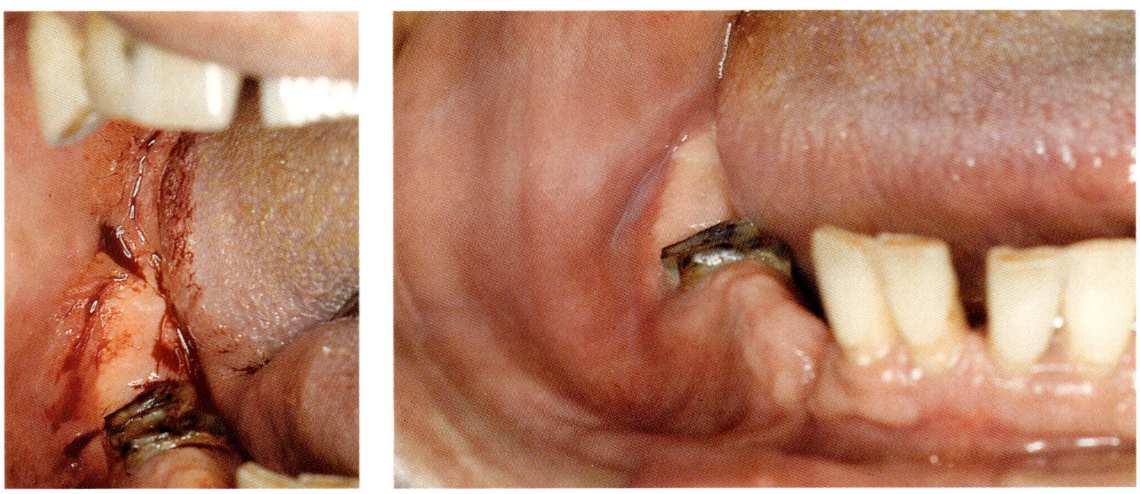

557 Vorgehen
Wegen der Frakturgefahr bei gleichzeitiger Entfernung der beiden Zähne wird dem Patienten ein zweizeitiges Vorgehen empfohlen: Im ersten Eingriff Entfernung der Wurzelreste und des retinierten Zahnes 47 und Fensterung der Zyste bei Zahn 48. Im zweiten Eingriff nach ca. 6 Monaten wird der Zahn 48 mit der inzwischen geschrumpften Zyste entfernt.

Links: Inzision zur Lappenbildung nach vestibulär.

558 Eröffnung der Zyste
Der Knochendeckel über der Zyste wird mit Fräse und Luer-Zange bei gleichzeitigem Schutz der lingualen Weichteile (cave N. lingualis) abgetragen.

Rechts: Freigelegte Zystenregion 48 mit subperiostaler Mobilisation der Weichteile nach lingual.

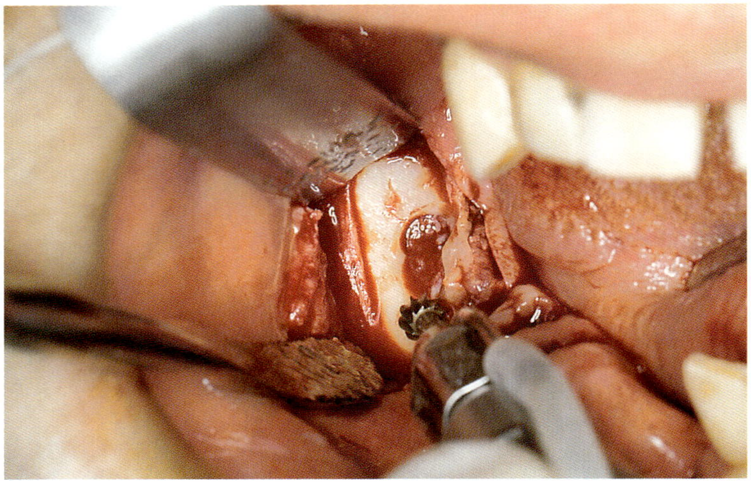

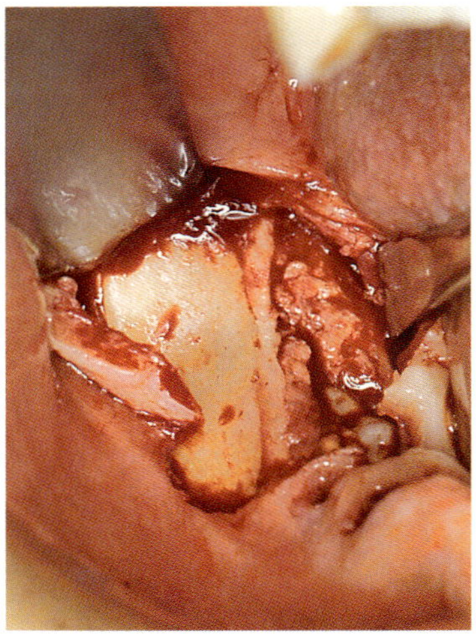

559 Fensterung
Der kraniale Anteil des Zystenbalges wird entfernt und pathohistologisch untersucht. Der retinierte Zahn 47 ist sichtbar.

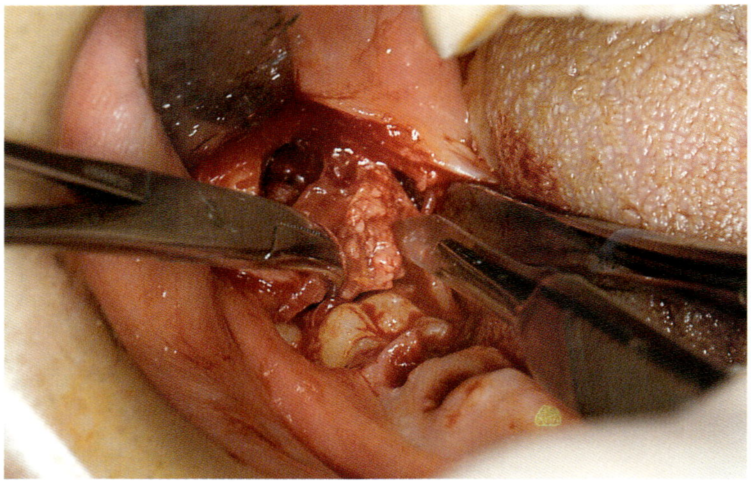

560 Freilegung der Kronen
Die Zystenöffnung wird mit der Kugelfräse etwas erweitert, und die Kronen der retinierten Zähne 47 und 48 werden freigelegt.

Rechts: Die freigelegte Krone des Zahnes 48.

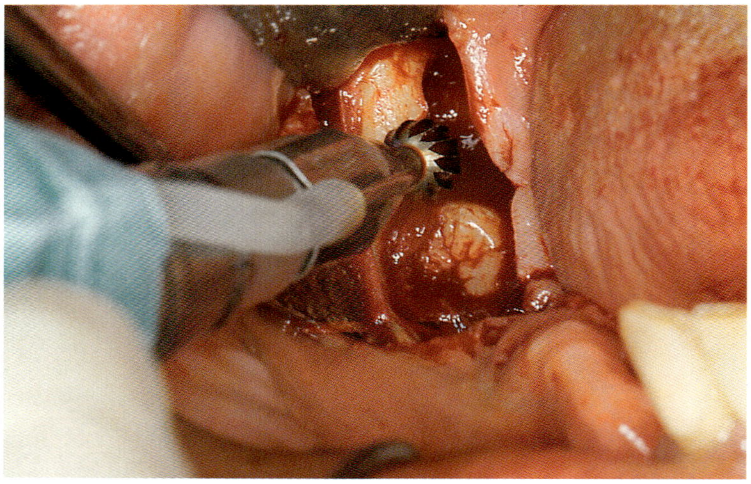

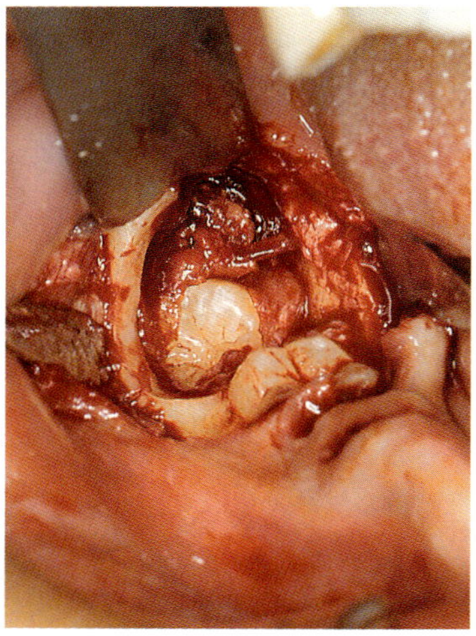

561 Entfernung des Zahnes
Der retinierte Zahn 47 wird analog Typ 4 nach Anbringen einer Retention für den Winter-Hebel vorsichtig entfernt.

Rechts: Fräsen einer Rille zur Luxation des Zahnes 47.

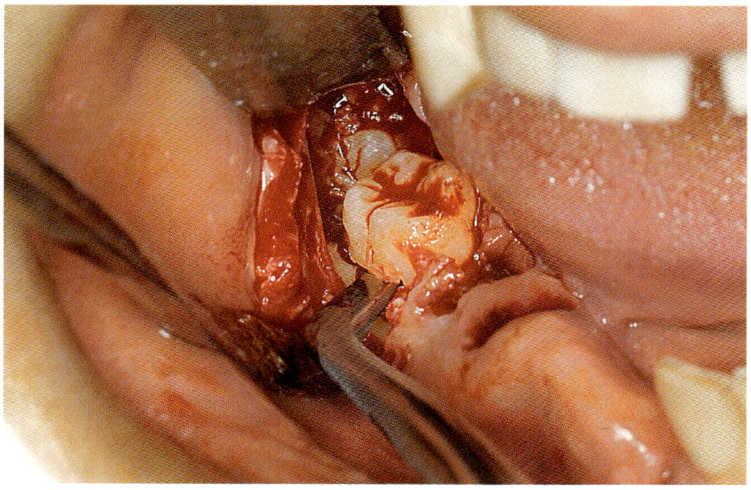

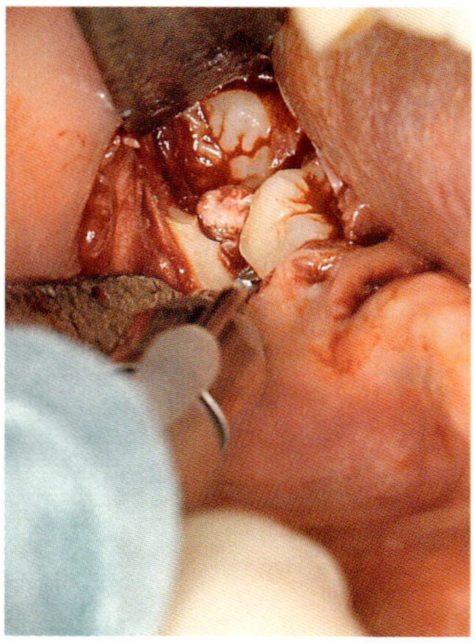

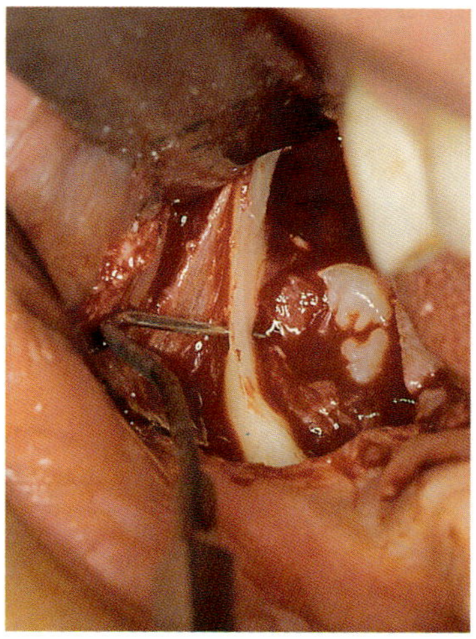

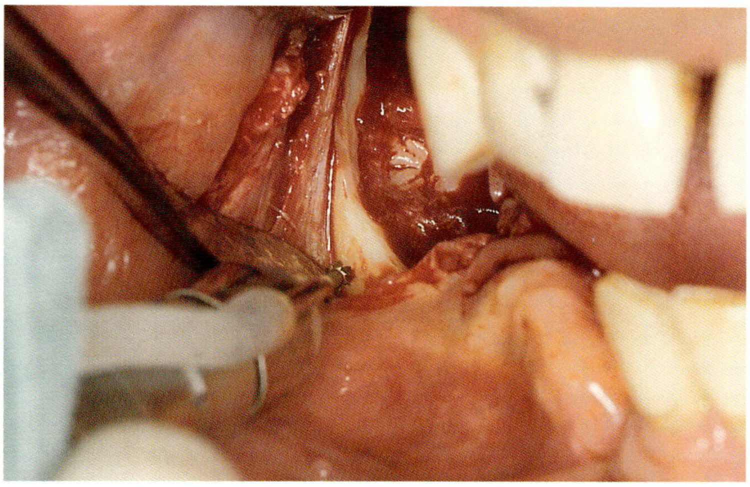

562 Offenhaltung
An der bukkalen Kortikalis werden einzelne Bohrlöcher zur Fixation des Schleimhautlappens angebracht.

Links: Bohrloch mit Sonde (zur Demonstration) in der bukkalen Kortikalis.

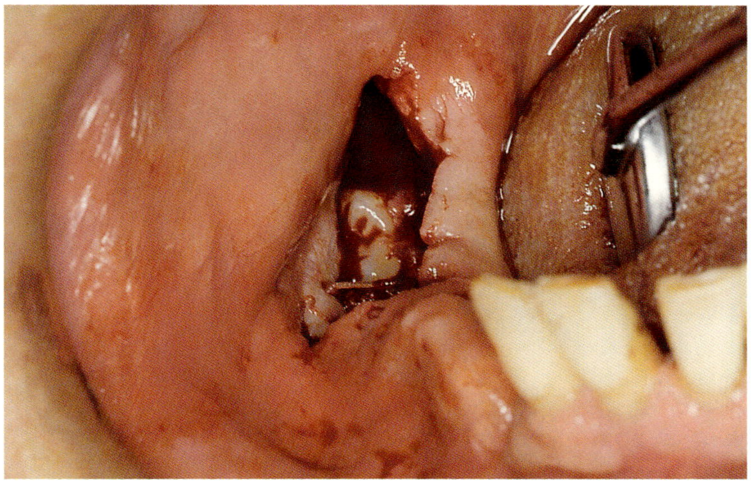

563 Wundversorgung
Mit einigen resorbierbaren Fäden wird der Lappen bukkal-kaudal fixiert.

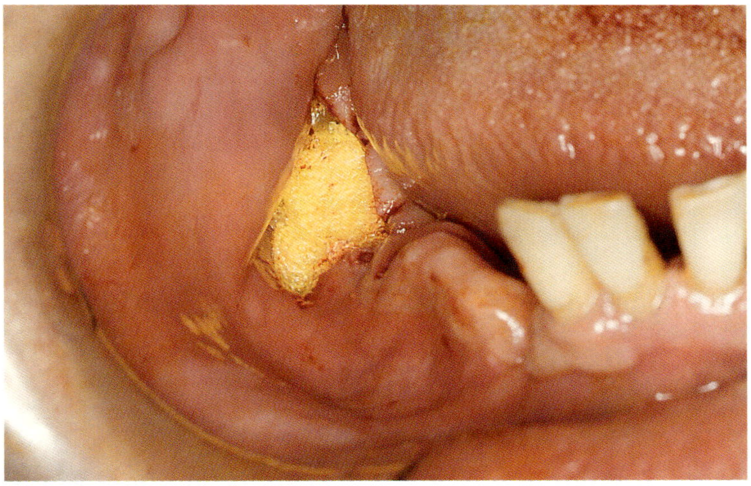

564 Wundversorgung
Die freiliegende Oberfläche wird mit einem JVD und Acetonkleber bedeckt.

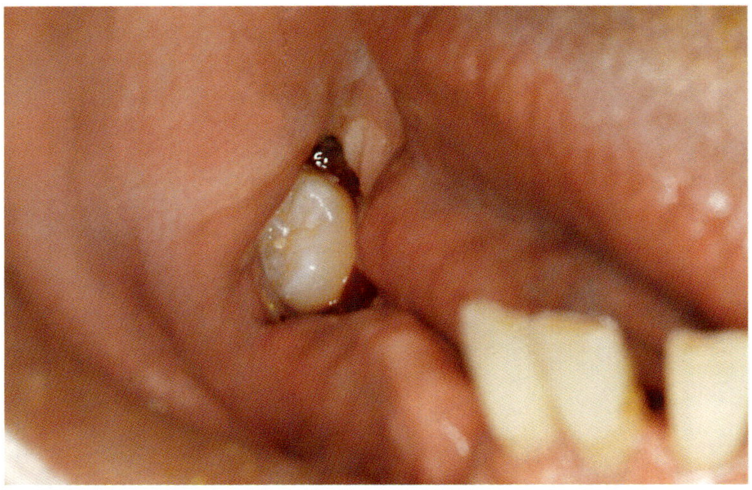

565 Nachkontrollen
Der Verband wird nach 10 Tagen gewechselt und kann nach ca. 3 Wochen ganz entfallen. Der Zustand nach 10 Tagen zeigt reizlose Verhältnisse im Operationsgebiet. Sichtbar ist die Krone des belassenen Zahnes 48.

566 Verlauf
Nach 6 Monaten zeigt das OPT eine deutliche Knochenapposition im Bereich der follikulären Zyste und eine knöcherne Regeneration der Alveole von Zahn 47.

Rechts: Der klinische Zustand mit Kollaps der Weichteile über dem retinierten Zahn 48. Wie geplant erfolgt nun der zweite Eingriff.

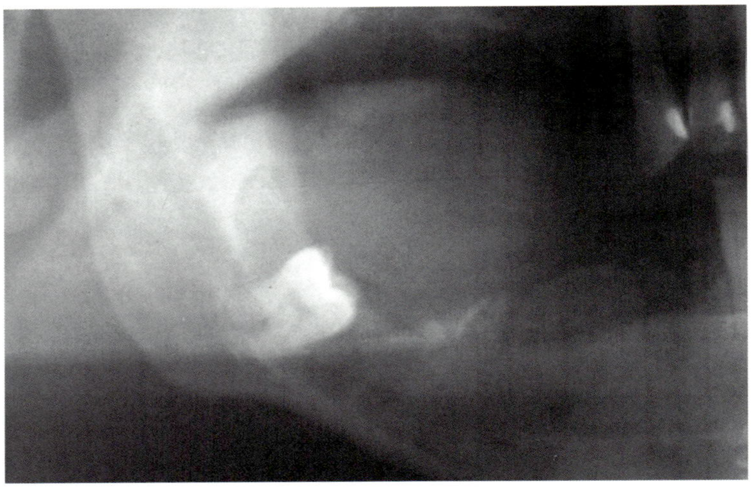

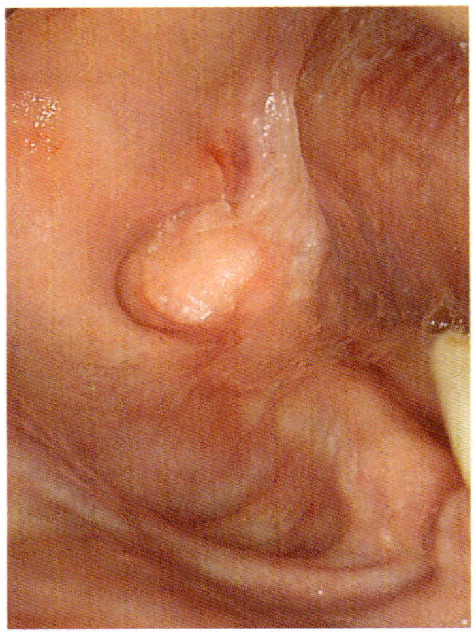

567 Zweiter Eingriff
Bei gleichem Zugang wie beim ersten Eingriff wird nach zusätzlicher Ostektomie der retinierte Zahn 48 in zwei Teilen entfernt, um den N. mandibularis zu schonen, und die Wunde offen nachbehandelt.

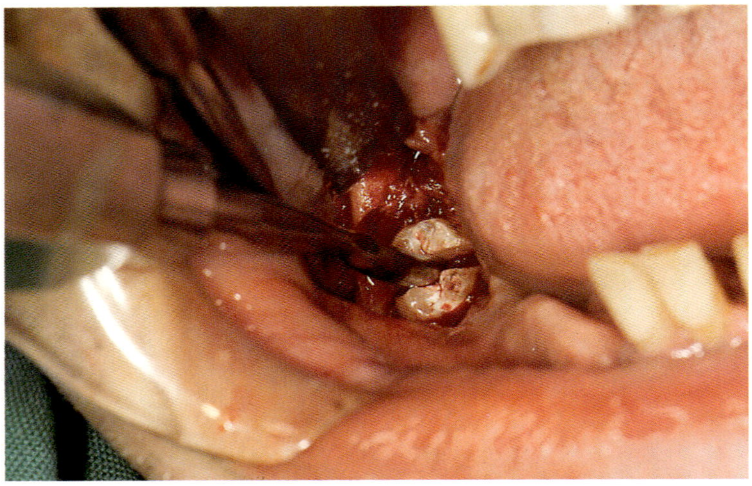

568 Behandlungsende
Es traten keine Komplikationen auf. Der Patient war nie besonders behindert in der Nahrungsaufnahme. Im Bild der Zustand 18 Monate nach dem letzten Eingriff. Die Kontur des Alveolarfortsatzes ist weitgehend erhalten. Eine prothetische Versorgung wird problemlos toleriert.

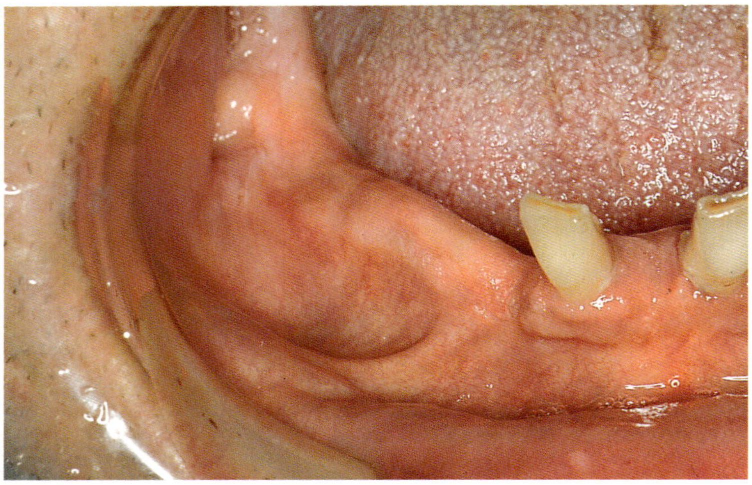

569 Behandlungsende
Das OPT zum gleichen Zeitpunkt zeigt die völlige Regeneration des Knochendefektes mit regelrechter trabekulärer Strukturierung. Die Sensibilität im Versorgungsbereich des N. mandibularis ist voll erhalten.

Rechts: Zum Vergleich die Ausgangslage vor 18 Monaten.

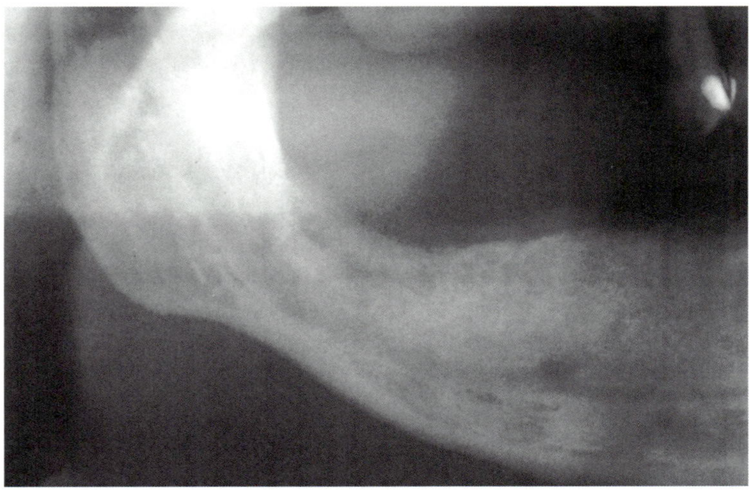

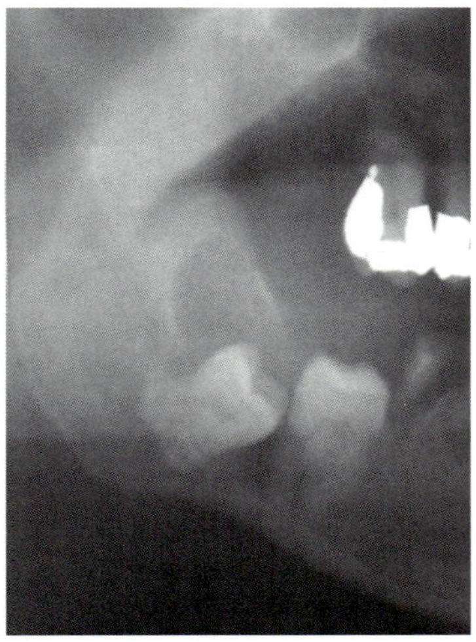

Behandlung des Zystenhohlraumes

Entscheidungskriterien

Kleine Zystenhohlräume (Durchmesser bis ca. 1 cm) bedürfen nach Zystektomie meist keiner besonderen Behandlung, es sei denn, sie verursachen eine funktionelle oder ästhetische Störung.
Eine Defektfüllung ist immer indiziert, wenn solche Störungen nach der Zystenbehandlung zurückbleiben würden, dies gilt vor allem für größere Zysten im Bereich der Alveolarfortsätze. Dasselbe gilt auch nach Zystostomie und Marsupialisation.
Besondere Maßnahmen sind bei der Behandlung der Keratozyste notwendig.

Nota bene
Die Steuerung der Ausheilung eines zystischen Hohlraumes muß vorausschauend differenziert betrachtet werden. Lokale Situation und langfristige Planung sind die Faktoren für die Wahl der entsprechenden Methoden. Ein klares Einverständnis des informierten Patienten zur Wahl der Mittel bei der Defektfüllung ist unbedingt erforderlich.

Besonderes Vorgehen bei Keratozysten

Nekrotisierung des Zystenbalgs
Das Auftreten von Rezidiven bei Keratozysten hängt mit der Zurücklassung von Zystenbestandteilen nach der Zystektomie zusammen. Um die vollständige Entfernung des Zystenbalges mit Bindegewebskapsel und Epithel zu erreichen, wird die Zyste vor und nach der Ektomie mit Carnoyscher Lösung (S. 181, 213 u. 220) behandelt. Die Instillation wird 2 x 5 Minuten vorgenommen. Ein freiliegender Nerv wird dadurch nicht bleibend geschädigt (Voorsmith u. Mitarb. 1981, Voorsmith 1990, Frerich u. Mitarb. 1994).

Ausschleifen
Bei Keratozysten empfehlen wir die radikale Entfernung des Zystenbalges und zusätzlich ein gründliches Ausschleifen des Zystenhohlraumes, soweit die benachbarte Anatomie dies zuläßt.

Knochenersatzmaterialien zur Defektfüllung

Anforderungen
An Knochenersatzmaterialien werden bestimmte Anforderungen gestellt. Sie dürfen
- keine entzündlichen Umgebungsreaktionen (nur bedingt, evtl. nur temporär im physiologischen Rahmen) hervorrufen,
- keine bindegewebige Abkapselung verursachen,
- keine immunologische Reaktion entstehen lassen,
- keine Malignominduktion erzeugen,
- keine toxischen Abbauprodukte liefern,
- keine elektrolytischen oder galvanische Eigenschaften besitzen,
- keine Infektionen übertragen.

Oder positiv formuliert: Knochenersatzmaterialien sollen
- den Umbau in patienteneigenen Knochen vollziehen können,
- mit physiologischer Festigkeit ausgestattet sein,
- eine dauerhafte funktionelle Belastbarkeit ermöglichen,
- kontrollierbar (Röntgenkontrast) sein,
- leicht verfügbar sein,
- einfach appliziert werden können.

Spezielle Begriffe
Autogen = autolog = vom gleichen Individuum.
Allogen = homolog = von der gleichen Spezies.
Xenogen = heterolog = Fremdmaterial anderer Spezies.

Biologisch aktive Knochenersatzmaterialien

- Autologes Knochentransplantat: Spongiosa, Kortikalis.
- Steriler lyophilisierter allogener Knochen.
- Steriler lyophilisierter allogener Knorpel.
- Kombination mit BMP (bone morphogenetic protein).

Diese Knochenersatzmaterialien werden ein- oder abgebaut und durch patienteneigenen Knochen ersetzt.

Lyophilisierte Knorpelchips

Lyophilisierter Knorpel wird über ein Stadium der Verkalkung durch körpereigenen Knochen ersetzt. Diese Eigenschaft wird bei verschiedenen Defektproblemen ausgenützt. Die Bedeutung dieses Materials wurde schon bei der durchgehenden Tasche im Zusammenhang mit der Wurzelspitzenresektion und nochmals beim tunnelierenden Defekt dargestellt. Bei ungünstigen Knochendefekten am Alveolarfortsatz nach Zystektomie kann dieses Material viele Probleme reduzieren oder zu deren Behebung beitragen. Die antibiotische Rehydrierung erlaubt den Einsatz dieses Materials auch in Situationen, wo eine Infektion besteht. Dies ist bei Zysten häufig der Fall.

Das Vorgehen ist einfach. Vor dem Wundverschluß wird das rehydrierte, in Krümeln vorliegende Material in die Knochenhöhle eingebracht. Eine antibiotische Abschirmung erübrigt sich. Ein sorgfältiger Wundverschluß verhindert das Eindringen von Speichel und eine entzündliche Entwicklung. Die Verwendung dieses Materials erlaubt auch die Ektomie bei Zysten, die größer sind als 2 cm, ohne postoperative Komplikationen erwarten oder andere Methoden mit Blutentnahmen oder Fremdmaterial und Antibiotikaeinsatz anwenden zu müssen.

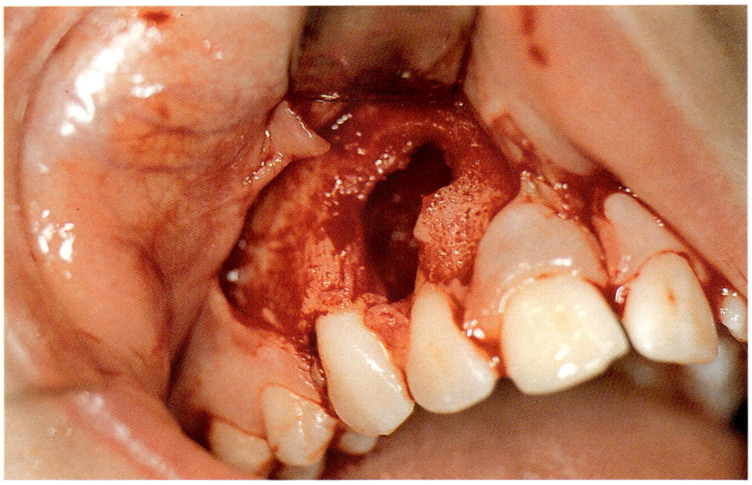
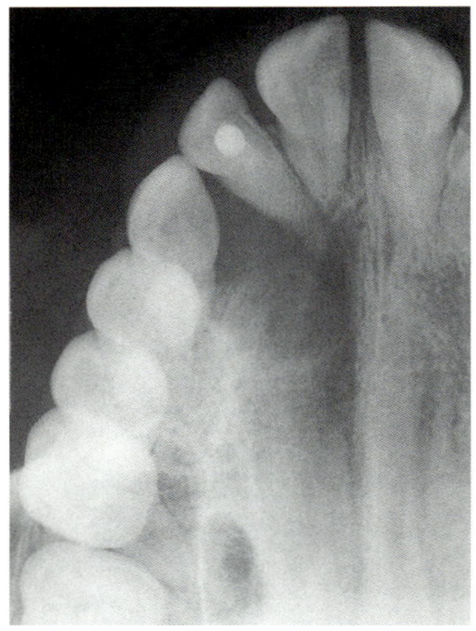

570 Behandlung des Hohlraumes – durchgehende Tasche
Bei diesem in den Alveolarfortsatz reichenden Defekt und freiliegender Wurzel von Zahn 12 bei einer großen radikulären Zyste kann eine knöcherne Spontanregeneration über Granulationsgewebe nicht erwartet werden.

Rechts: Die Aufbißaufnahme zeigt den Knochendefekt distal-palatinal der Wurzel von Zahn 12.

(S)

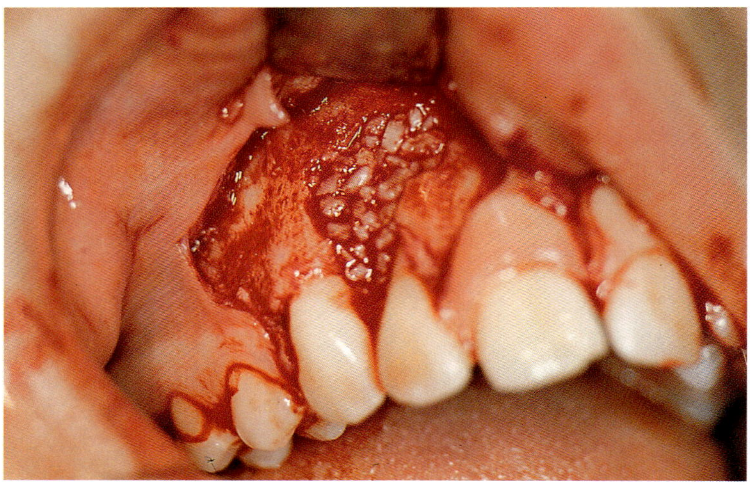
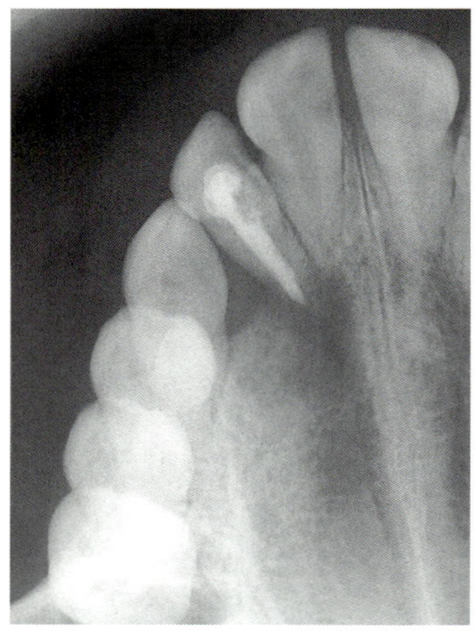

571 Lyophilisierter Knorpel
Nach Zystektomie und Wurzelspitzenresektion wird der Hohlraum mit Lyochips gefüllt. Eine antibiotische Begleitbehandlung über eine Woche ist angezeigt.

Rechts: Postoperative Röntgenaufnahme (Lyoknorpel ist im Röntgenbild nicht sichtbar).

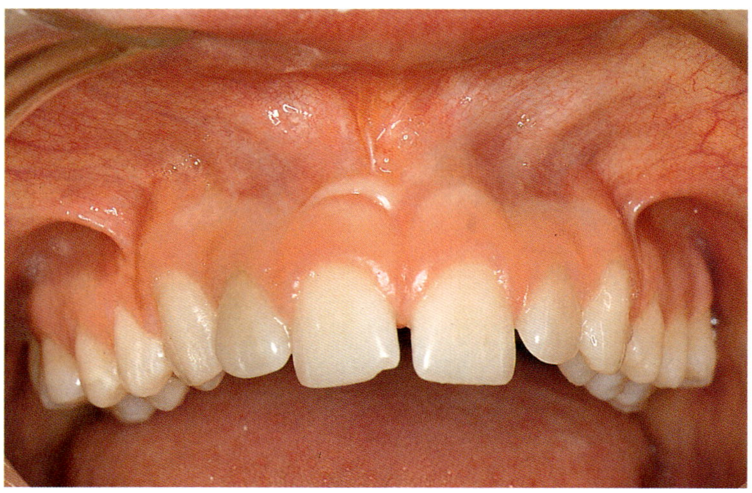
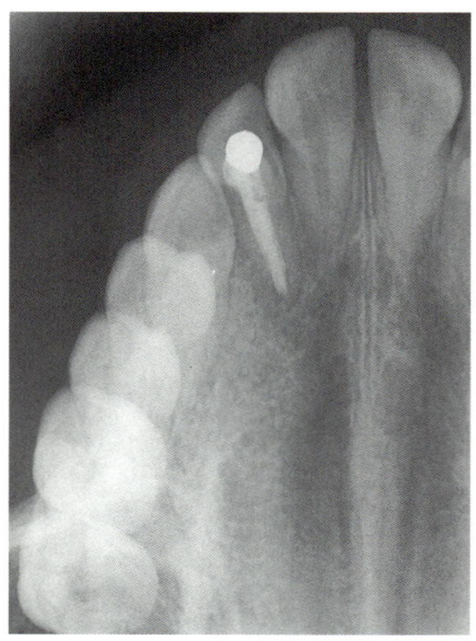

572 Verlauf
Der Zustand nach 24 Monaten post operationem zeigt reizlose Verhältnisse, ohne Taschenbildung bei Zahn 12.

Rechts: Im Röntgenbild ist eine vollständige knöcherne Regeneration zu erkennen.

Der postoperative Verlauf nach Zystenfüllung mit Lyoknorpel ist identisch wie nach alleiniger Zystektomie. Die Verknöcherung des Hohlraumes ist radiologisch verzögert nachweisbar. Bei Zysten mit einem Umfang von 2 cm ist noch nach mehr als einem Jahr eine Osteolyse zu erkennen. Die Randbegrenzung ist zwar nicht mehr scharf gezeichnet, eine Verknöcherung aber noch nicht zu erkennen. Erst nach über zwei Jahren kann mit dem vollständigen Umbau des Knochens gerechnet werden. Dabei ist der Verlauf im Unterkiefer gegenüber dem im Oberkiefer verzögert.

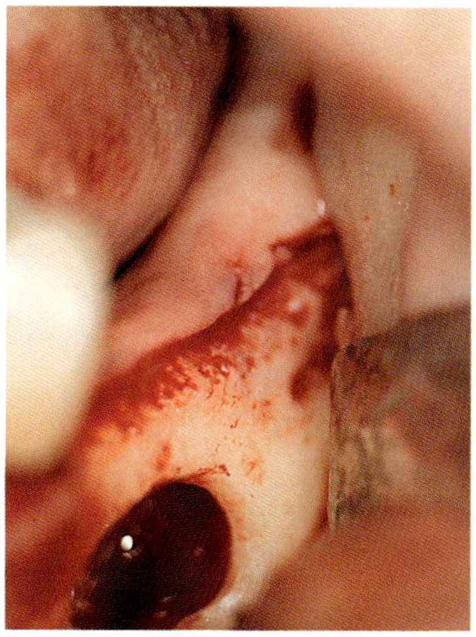

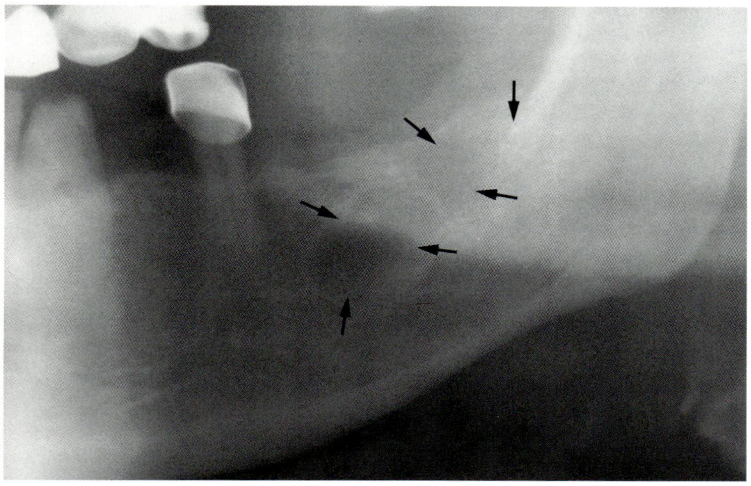

573 Residualzyste
Das Röntgenbild zeigt eine ausgedehnte Residualzyste im Unterkieferhorizontalast (Pfeile). Aus prothetischen Gründen soll keine Zystostomie durchgeführt werden.

Links: Situation nach Zystektomie.

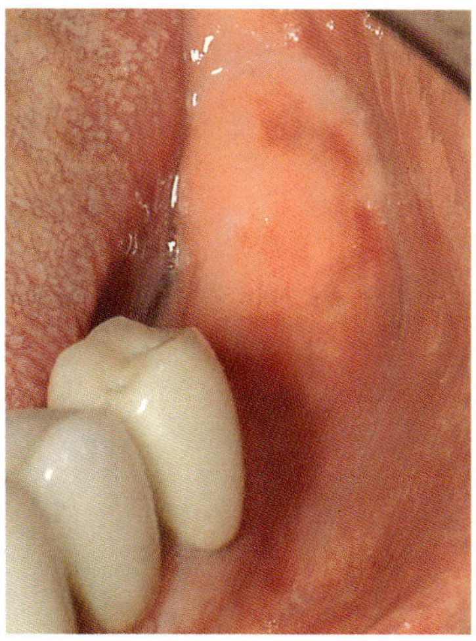

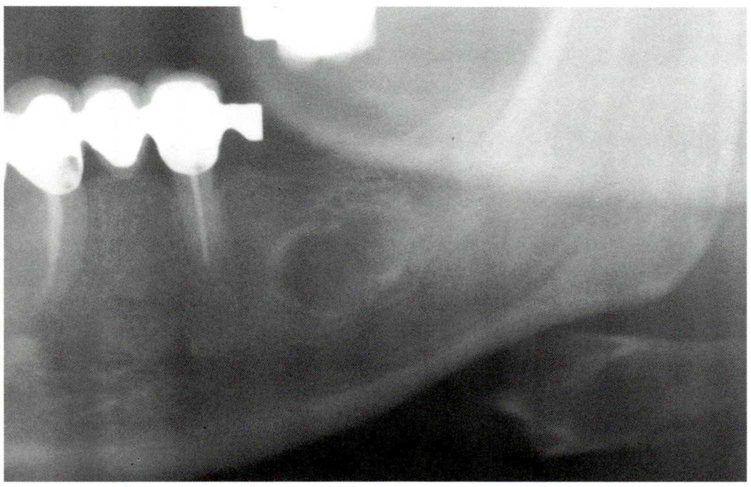

574 Verlauf
Im Röntgenbild nach 18 Monaten ist ein Knochendurchbau distal feststellbar; anterior ist der Prozeß noch nicht abgeschlossen.

Links: Der Alveolarfortsatz ist vollständig erhalten und durch die Prothese belastbar.

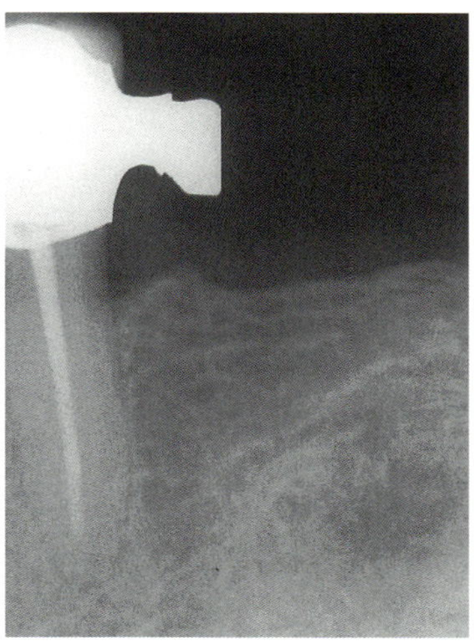

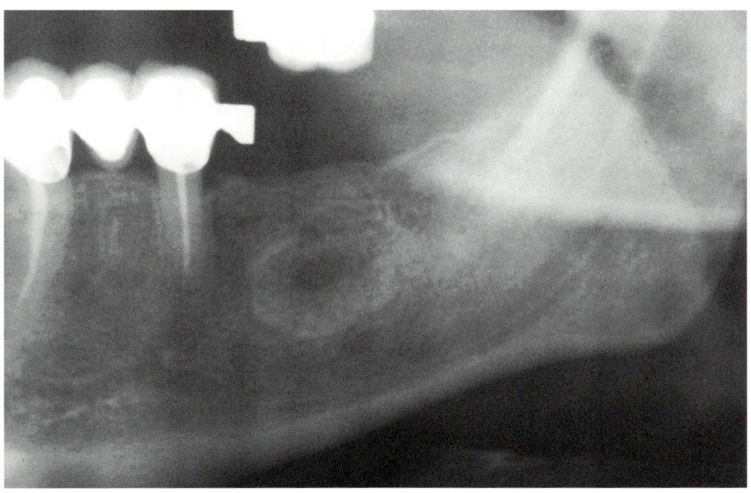

575 Spätkontrolle
Nach 3 Jahren zeigt das OPT den vollständigen Knochendurchbau im ehemaligen Zystendefekt.

Links: Im Zahnröntgenbild ist die trabekuläre Struktur des neugebildeten Knochens gut zu erkennen.

Lyochips und BMP

Bone morphogenetic protein (BMP) aktiviert die Differenzierung von unreifen Bindegewebszellen zu Osteozyten. Die Kombination von Lyochips und BMP wird eine beschleunigte Knochenneubildung im Hohlraum der auf diese Weise behandelten Zysten erbringen. Die kombinierte Anwendung dieser Materialien führt bereits nach einem halben Jahr zu einer deutlichen Verknöcherung in der ehemaligen Zystenhöhle.

Lyoknorpelstück

Aus ästhetischen oder funktionellen (Prothesenbasis) Gründen ist es manchmal indiziert, Defekte am Alveolarfortsatz zu beheben. Dazu kann autologer Knochen, Hydroxylapatit und lyophilisierter Knorpel im Stück verwendet werden. Die Eigenschaften des Lyknorpels, seine geringe Schrumpfungsneigung und sein Widerstand gegen Infekte, bringen auch in solchen Situationen große Vorteile. Das Knorpelstück wird als Inlay oder Onlay möglichst genau in den Defekt eingepaßt und fixiert. Die Immobilisation ist Voraussetzung für eine komplikationslose Einheilung, ebenso eine komplette Deckung mit Weichteilen.

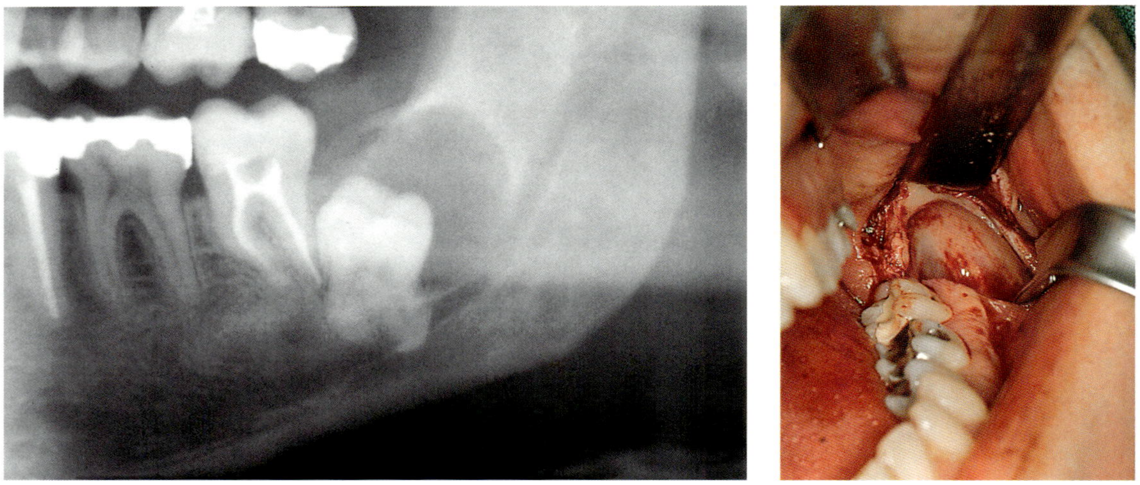

576 Lyophilisierter Knorpel und BMP
Im OPT ist die ausgedehnte follikuläre Zyste bei Zahn 38 mit Beteiligung der Wurzeln des vorbehandelten Zahnes 37 zu erkennen.

Rechts: Defekt nach Zystektomie und Entfernung von Zahn 38. Die Wurzel des Zahnes 37 ist distal auf ganzer Länge vom Knochen entblößt. Eigentlich müßte dieser Zahn entfernt werden.

Ⓐ

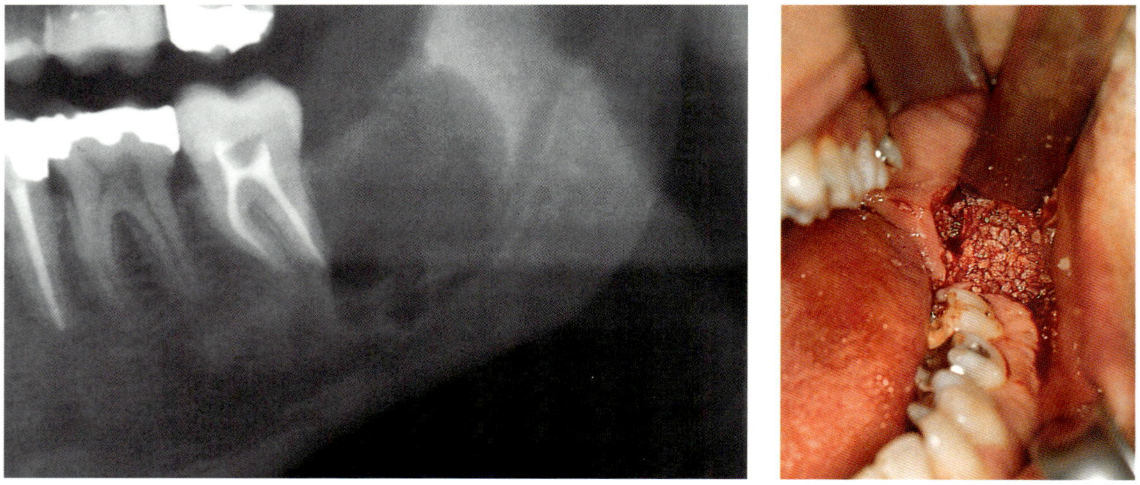

577 Verlauf
Ein OPT wird postoperativ zur Kontrolle des Heilungsverlaufs im Knochen angefertigt. Es zeigt den zurückbleibenden Defekt im linken Kieferwinkel.

Rechts: Der Hohlraum wird mit der Mischung aus Lyochips und BMP gefüllt.

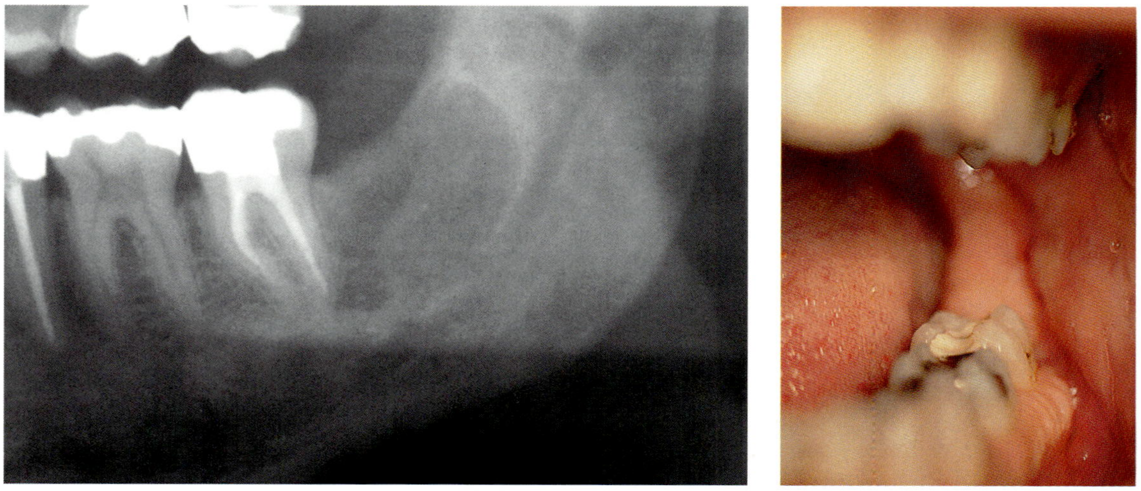

578 Behandlungsende
Die radiologische Nachkontrolle nach 7 Monaten zeigt bereits eine durchgehende knöcherne Regeneration mit noch unorganisierter Trabekelstruktur.

Rechts: Der klinisch reizlose Zustand ohne Taschenbildung distal von Zahn 37.

Biologisch passive Knochenersatzmaterialien

Tricalciumphosphate.
Synthetische und biologische (Algen, Rind) Hydroxylapatite.
Glasionomere.

Diese Materialien sind teilweise inert, andere werden mit unterschiedlicher Geschwindigkeit (Phagozytose, Hydrolyse) abgebaut. Sie zeigen eine gewisse Osteoinduktion, d.h. der Knochen wächst ein. Der Anforderungskatalog (s. S. 213) wird nur teilweise erfüllt. Die Anwendung solcher Materialien ist nur bedingt möglich und in belasteten Kieferabschnitten fraglich. Die Folgen sind oft erst nach Jahren beurteilbar.
Die leichte Verfügbarkeit ist der einzige Vorteil.

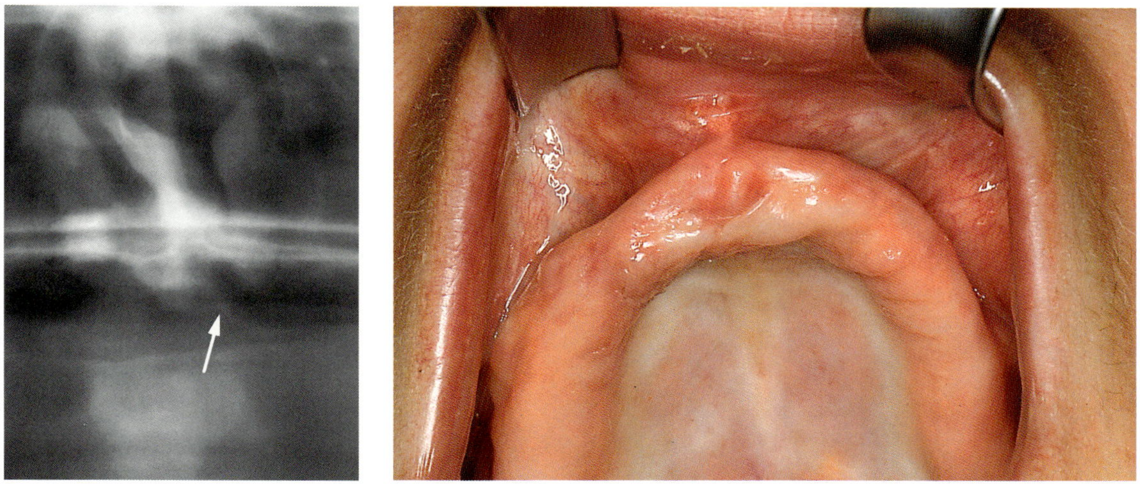

579 Lyophilisiertes Knorpelstück
Im Röntgenbild ist im Bereich der rechten Oberkieferfront eine ca. 1 cm große Residualzyste zu erkennen (*links*).

Rechts: Ein Operationsdefekt in diesem Bereich würde die Stabilität einer Totalprothese unmöglich machen.

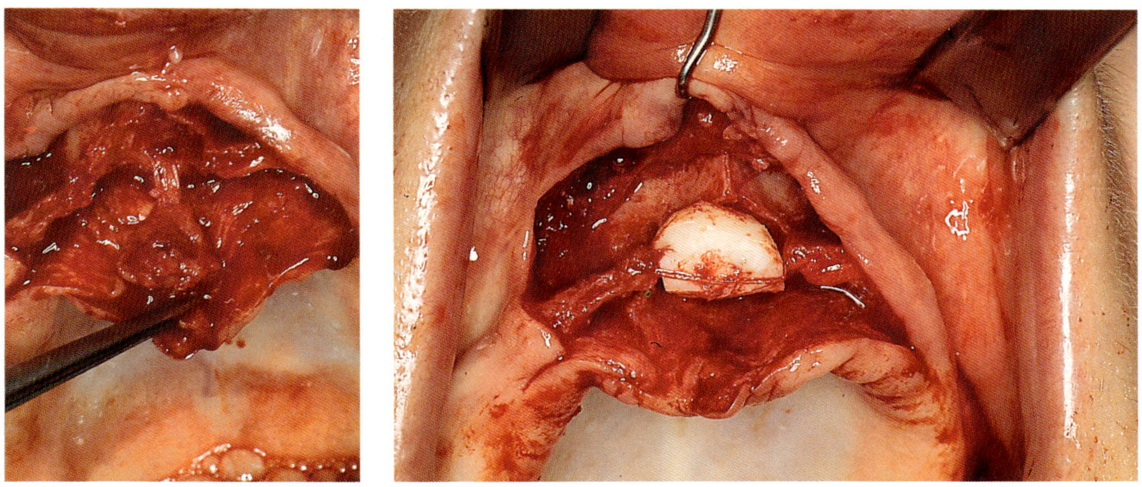

580 Defektkorrektur
In den auf dem Kamm liegenden Defekt wird ein Knorpelstück als Onlay eingepaßt und mit resorbierbaren Fäden auf der Unterlage fixiert.

Links: Die freigelegte Residualzyste.

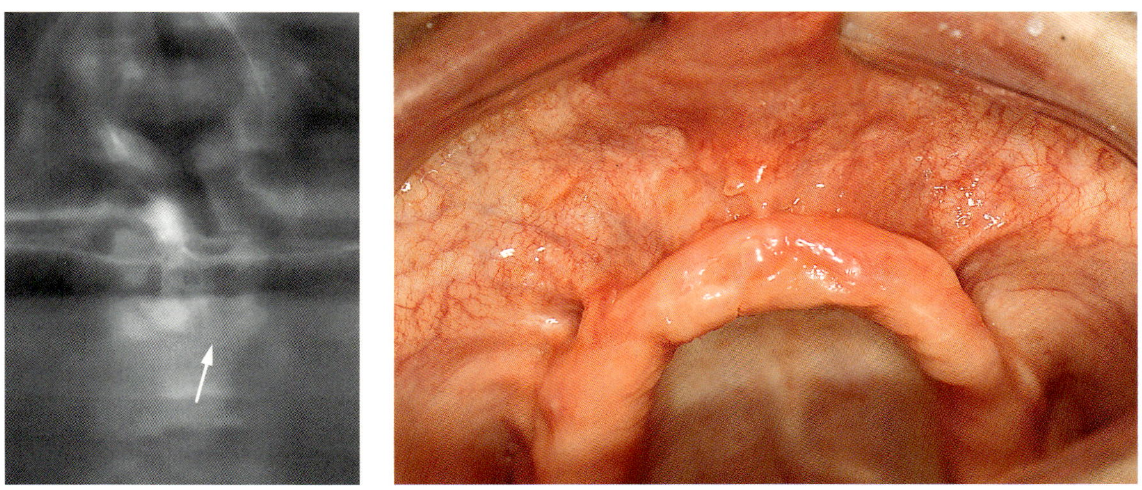

581 Verlauf
Im Röntgenbild zeigt sich 18 Monate nach der Operation eine Verknöcherung im Bereich des ursprünglichen Defektes (*links*).

Rechts: Im klinischen Bild ist das gute Profil des Alveolarfortsatzes zu sehen. Zustand nach einem Jahr.

Hydroxylapatit

Die Verwendung von Knochenersatzmaterial auf der Basis von Hydroxylapatit (S. 305) ist eine sehr praktikable Möglichkeit, Knochenhohlräume zu füllen. Dabei ist zu beachten, daß nur eine beschränkte Durchwachsung des Materials stattfindet und eine ossäre Integration nur am Rand erreicht wird. Im Normalfall wird das Hydroxylapatit als harmloses Fremdmaterial im Knochen toleriert. Je nach Körnung findet eine mehr oder weniger geringe Resorption statt. Das Material hat keine antiinfektiöse Wirkung und sollte deshalb nur in entzündungsfreie Areale eingebracht werden. Der große Vorteil liegt in der freien Verfügbarkeit.

In einzelnen Fällen wird das Hydroxylapatitgranulat als Fremdkörper erkannt und bindegewebig abgekapselt. Bei Einsatz dieses Materials muß die Konsequenz eines langfristigen Locus minoris resistentiae in Kauf genommen werden. In belasteten Kieferabschnitten kann sich bei dünner Schleimhautbedeckung das Material infizieren und über lange Zeit Entzündungen unterhalten, die zur Entfernung zwingen. Allerdings ist dieses Unternehmen meist sehr mühsam und eine vollständige Entfernung aus der Knochenunterlage und den Weichteilen kaum möglich.

582 Hydroxylapatitgranulat – palatinale Zyste
Das Röntgenbild zeigt den zystischen Hohlraum mit einem Mesiodens bei einem 35jährigen Patienten.

Rechts: Die Situation nach Eröffnung der Follikularzyste von palatinal.

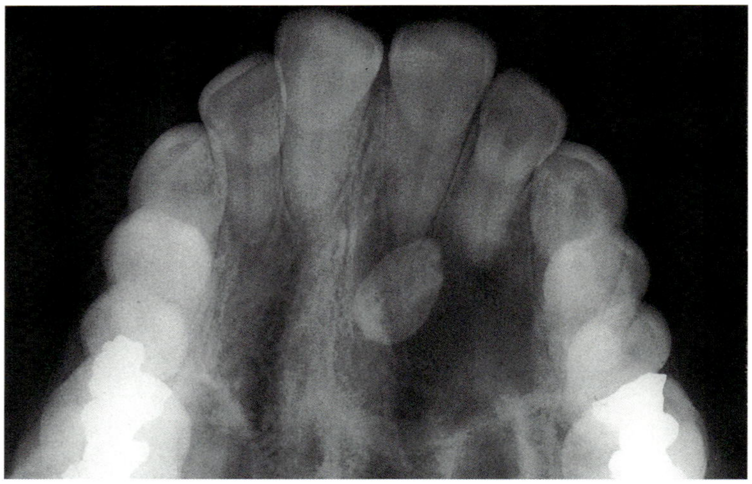

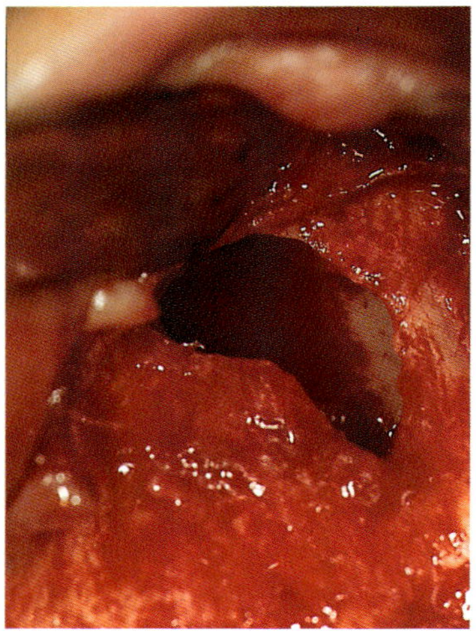

Ⓢ

583 Vorgehen
Der Zahn wird mit dem Zystenbalg entfernt und der Defekt mit in antibiotischer Lösung getränktem Hydroxylapatitgranulat gefüllt (*rechts*).

Links: Das Röntgenbild zeigt den Zustand nach 6 Monaten mit verschwommenen Defekträndern im Zystenbereich und dem Granulat als leicht erkennbare Verkalkungskerne.

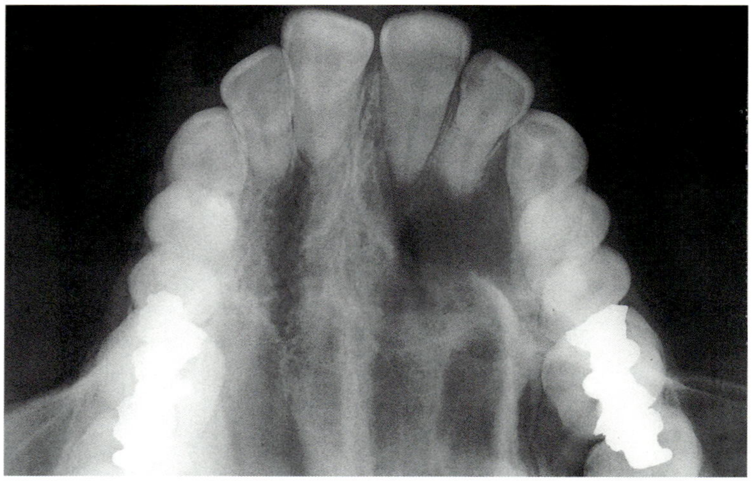

584 Verlauf
Nach 18 Monaten ist im Röntgenbild ein fast vollständiger Knochendurchbau erkennbar.

Rechts: Das klinische Bild zeigt reizlose Verhältnisse im Operationgebiet mit normaler Vitalität der Zähne.

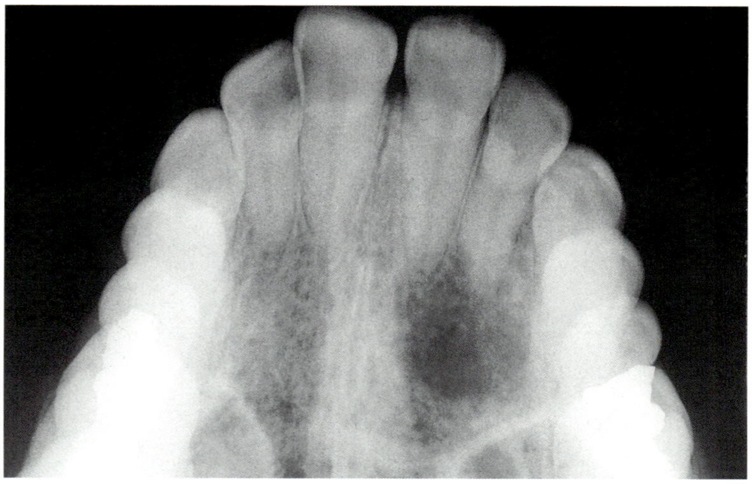

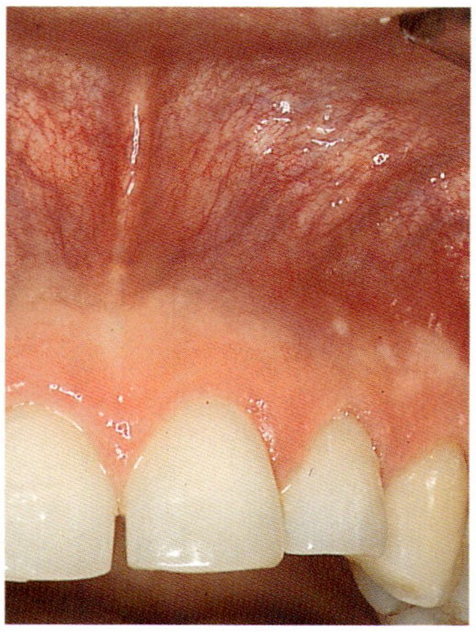

Gesteuerte Geweberegeneration (GTR)

Das Behandlungsprinzip besteht in der Schaffung eines Hohlraumes durch zeltartige Überdeckung eines knöchernen Defektes, um darunter die ungestörte Differenzierung von Mastzellen in Osteoblasten und Osteozyten zu ermöglichen. Dadurch soll ein bindegewebiger Ersatz des Knochengewebes vermieden werden.

Wir sehen keine Indikation für die Verwendung von Folien oder Membranen (Barrieren) bei der Behandlung zystischer Hohlräume.

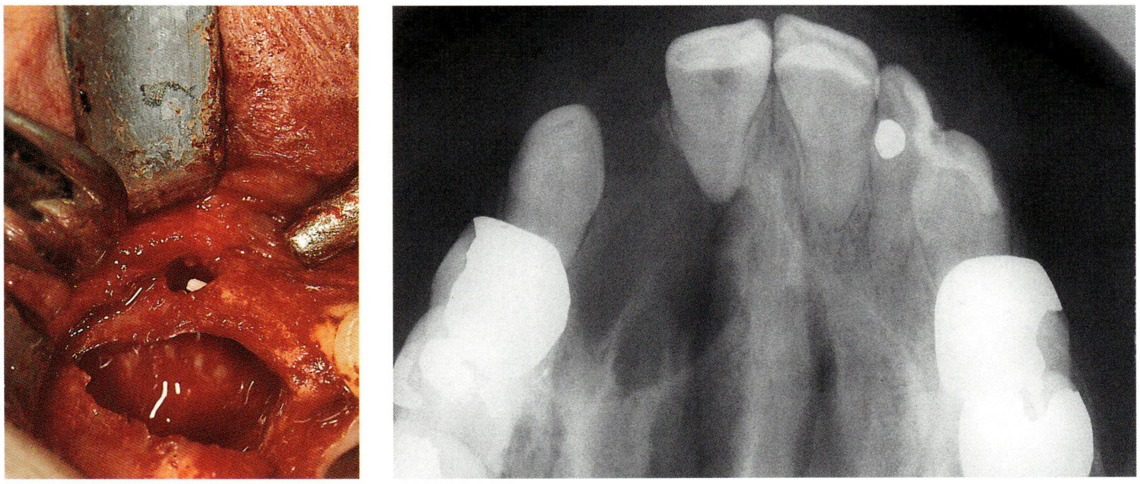

585 Zyste im Alveolarfortsatz
Das Röntgenbild eines 26jährigen Patienten zeigt einen Zustand nach Trauma mit Verlust des Zahnes 22 und einer Zystenbildung beim devitalen Zahn 21.

Links: Operationssitus mit dem in den Alveolarfortsatz reichenden Defekt.

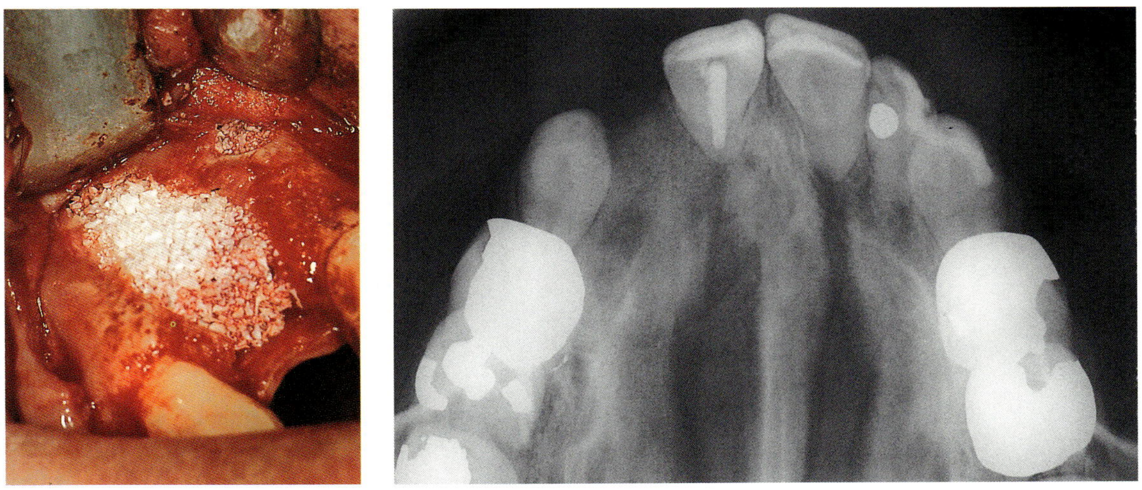

586 Verlauf
Das postoperative Röntgenbild zeigt den mit Hydroxylapatit gefüllten Defekt.

Links: Der mit Hydroxylapatitgranulat gefüllte Defekt vor Wundverschluß.

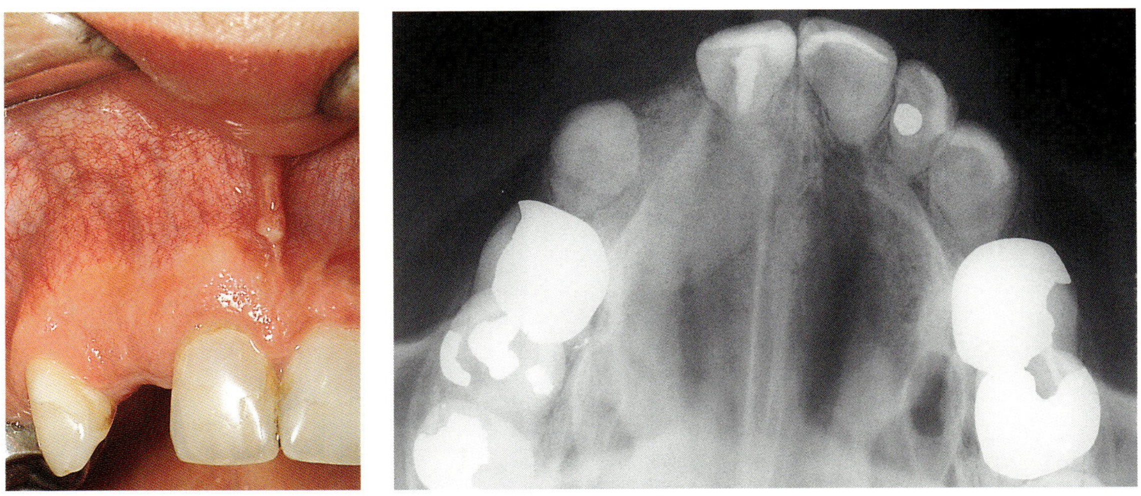

587 Behandlungsende
Das Röntgenbild zeigt 6 Monate nach der Operation den zystischen Defekt und das Fremdmaterial in deutlicher Abgrenzung zur Umgebung. Die radioluzente Zone um das Granulat deutet auf eine bindegewebige Abkapselung ohne weitere Ossifizierung hin.

Links: Klinisch ist die Situation reizlos und das Kammprofil optimal erhalten.

Behandlung mit Carnoyscher Lösung (vgl. S. 213)
Voorsmit (1990) hat im Zuge seiner Untersuchungen über das Verhalten von Keratozysten den Einsatz eines Mittels zur Gewebefixierung vorgeschlagen. Dadurch sollen Rezidive dieser gern wiederkehrenden Zyste verhindert werden. Die Überprüfung von an unserer Klinik behandelten Keratozysten bestätigt diese Methode. Die ätzende Flüssigkeit wird nach Zysteneröffnung in das Lumen eingebracht und über 5 Minuten belassen. Dabei muß darauf geachtet werden, möglichst keine Schleimhautpartien oder gar Zähne damit in Berührung zu bringen. Der Vorgang wird nach Absaugen und Nachspülen mit Kochsalzlösung 1mal wiederholt. Erst jetzt wird der fixierte Zystenbalg vollständig entfernt.

Die Behandlung mit Carnoyscher Lösung wird nun wiederholt.
Bei korrekter Anwendung sind keine nachteiligen Folgen zu erwarten. Insbesondere der freiliegende Nerv (z.B. der N. alveolaris inferior) nimmt keinen Schaden.

Zusammensetzung der Carnoyschen Lösung:
600 ml absoluter Alkohol,
300 ml Chloroformium,
100 ml 98%ige Essigsäure.

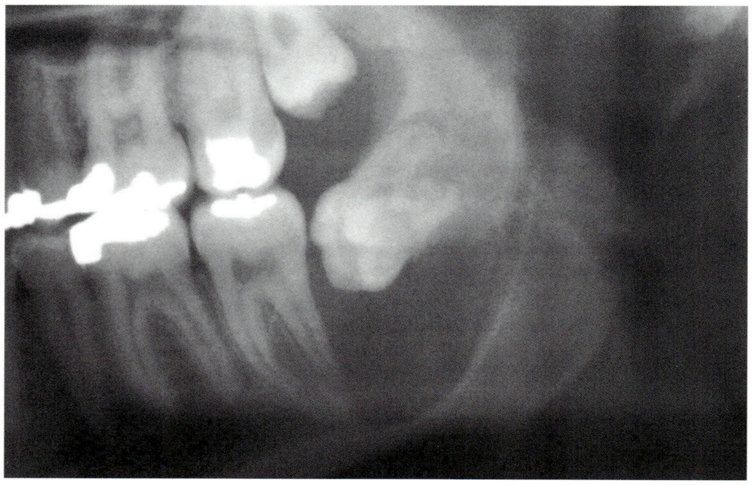
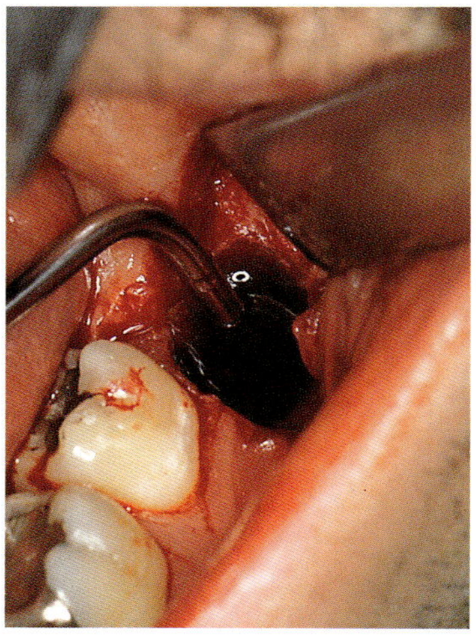

588 Carnoysche Lösung
Das Röntgenbild zeigt eine Keratozyste mit retiniertem Zahn 38 bei einem 20jährigen Patienten.

Rechts: Situation nach Eröffnung der Zyste und Extraktion des Zahnes. Der Hohlraum wird nach vollständiger Entfernung des Zystenbalges und oberflächlicher Ausfräsung des Knochens 2x5 Minuten mit Carnoyscher Lösung behandelt. Die Spüllösung soll wegen der starken Ätzwirkung nicht mit anderen Zähnen (Schmelzauflösung) oder umgebender Schleimhaut in Berührung kommen.
Ⓐ

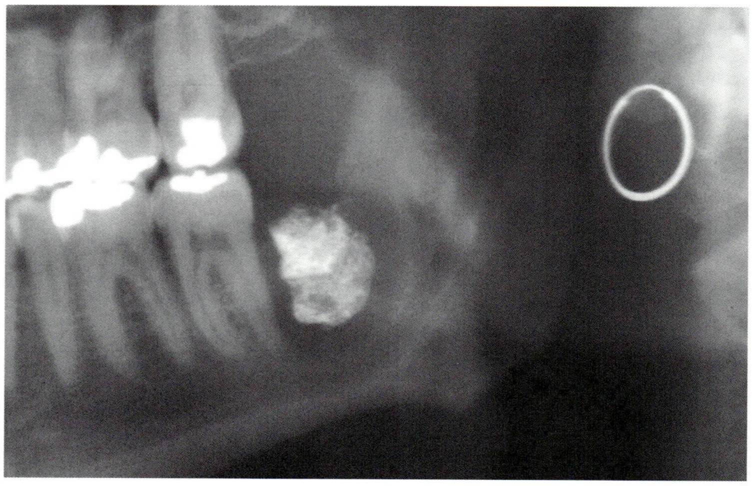
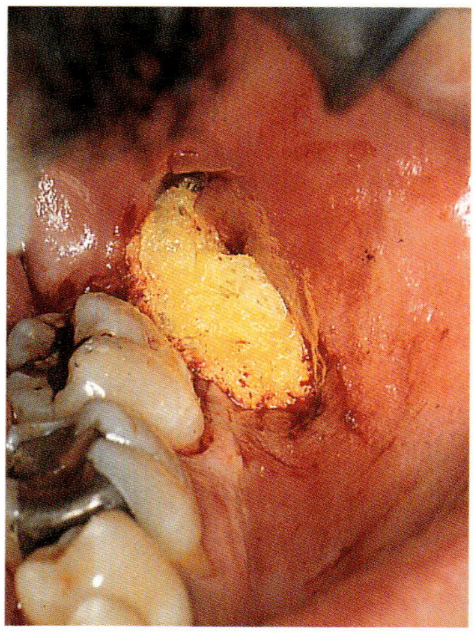

589 Verlauf
Das postoperative OPT zum Vergleich.

Rechts: Der Zystenhohlraum wird wie bei einer Marsupialisation offen nachbehandelt.

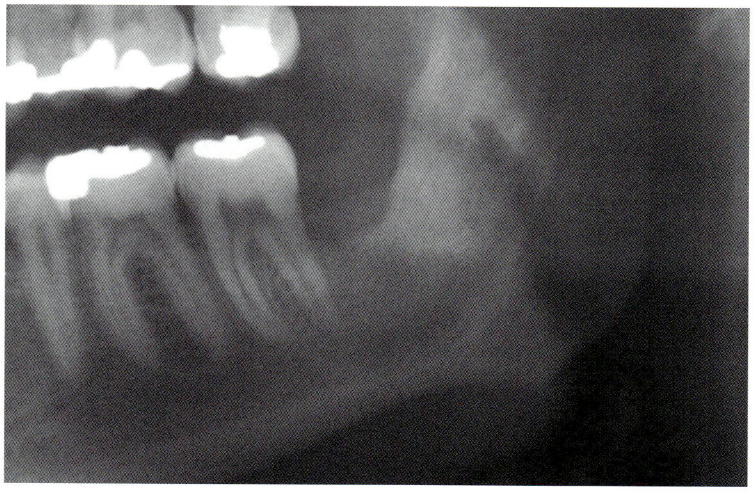
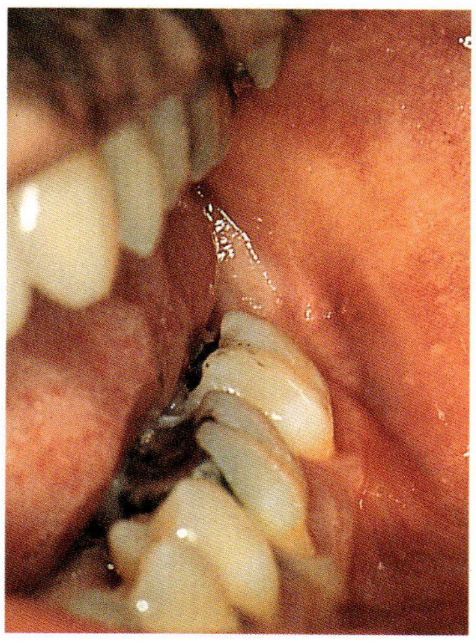

590 Nachkontrolle
Die Nachkontrollen bei Keratozysten erfolgen über 10 Jahre. Das OPT zeigt den Zustand nach 4 Jahren mit knöcherner Regeneration ohne Anzeichen eines Rezidivs.

Rechts: Klinisches Bild mit einer noch erkennbaren narbigen Einziehung im Operationsgebiet. Der Patient ist beschwerdefrei.

Weichteilzysten

Die Zysten der Weichteile sind sowohl in ihrem Aufbau und Erscheinungsbild als auch in ihrem Verhalten den Kieferzysten ähnlich. Sie sind der Inspektion und Palpation leicht zugänglich, die Punktion kann die Diagnose meist bestätigen. Weichteilzysten zeigen Volumenzunahme und Fluktuation und unterscheiden sich anamnestisch von einem Abszeß durch fehlende Schmerzen sowie durch ihre Verschieblichkeit.

Wir unterscheiden:
- Retentionszysten,
- Mißbildungszysten (nasolabiale Zysten, Naseneingangszysten),
- Gingivazysten,
- Dermoidzysten.

Am häufigsten sind in den Schleimhautbezirken des Mundes Speichelretentionszysten (Mukozelen) zu finden. Darunter nimmt die Ranula, die Retentionszyste des Mundbodens, einen besonderen Platz in der oralen Chirurgie ein.
Die übrigen Zysten sind sehr selten und gehören in die Hand des Spezialisten (Galloway u. Mitarb. 1989, Skouteris u. Sotereanos 1987, van den Akker u. Mitarb. 1978).

Chirurgisches Vorgehen

Retentionszysten werden entweder ektomiert oder im Falle der Ranula zur Mundhöhle marsupialisiert. Wegen der Zartheit des Zystenbalges kommt es bei der Präparation leicht zum Platzen der Zyste. Eine weitere chirurgische Exstirpation ist dann meist unmöglich. Bei Ersatz des Zysteninhaltes durch ein Gummimaterial kann diese Komplikation vermieden werden.

Kleine Retentionszysten können auch kryochirurgisch behandelt werden.

Durch die Operationsnarbe können neue Stenosen provoziert werden. Rezidive sind immer möglich. Der Patient ist entsprechend zu informieren.

Cave
Ductus sublingualis und N. lingualis müssen bei der Operation der Ranula beachtet werden.

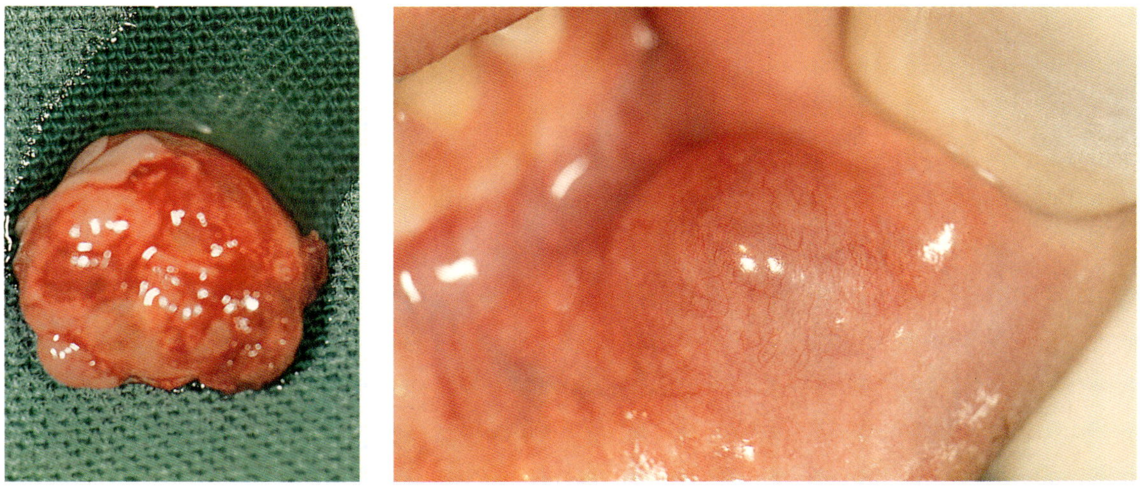

591 Weichteilzysten – Speichelretentionszyste
Das Bild zeigt eine in der Unterlippe eines 17jährigen jungen Mannes mehrfach aufgetretene, pralle, nicht ausdrückbare, schmerzlose Schwellung. Die Schleimhautbedeckung ist intakt.

Links: Das Exzidat zeigt ein glasiges Gebilde, das mit zähflüssigem Schleim gefüllt ist.

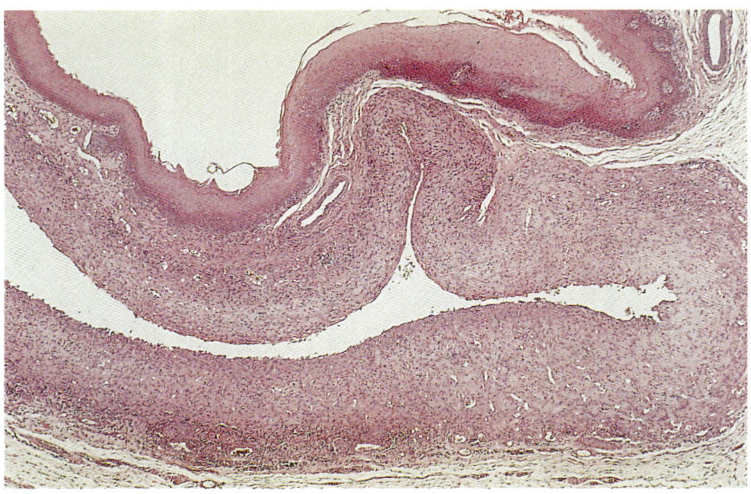

592 Histologie
Der Schnitt in HE-Färbung zeigt oben das Epithel der Mundschleimhaut und darunter den Speichelgang mit entzündlichem Infiltrat in der bindegewebigen Umgebung.

Retentionszysten im Lippenbereich

Der Lippenbereich ist ein häufiger Lokalisationsort für die Entstehung von Speichelretentionszysten. Meist liegen die wenige Millimeter großen, oft bläulich durchschimmernden prallen Schwellungen auf der oralen Seite des Lippenrotes. Bei der chirurgischen Entfernung ist auf die Konfiguration des Lippensaumes Rücksicht zu nehmen. Die Zyste wird entweder unter der Schleimhaut herauspräpariert (exstirpiert) unter Erhalt der Epitheldecke oder exzidiert. Das Material wird pathohistologisch untersucht.

Die Exzision soll nicht zu tief erfolgen, da bei der Inzision in die Muskulatur kleine Gefäße durchtrennt werden können und eine nicht erwartete Blutung entstehen kann. Vor Nahtverschluß ist jede Blutung zu stillen, da sonst mit unangenehmen Hämatomen in der Lippe zu rechnen ist. Kleine Retentionszysten unter 3 mm Durchmesser können auch durch Kryochirurgie beseitigt werden. Nachteil dieses Vorgehens ist das Fehlen von Material für die histologische Diagnose.

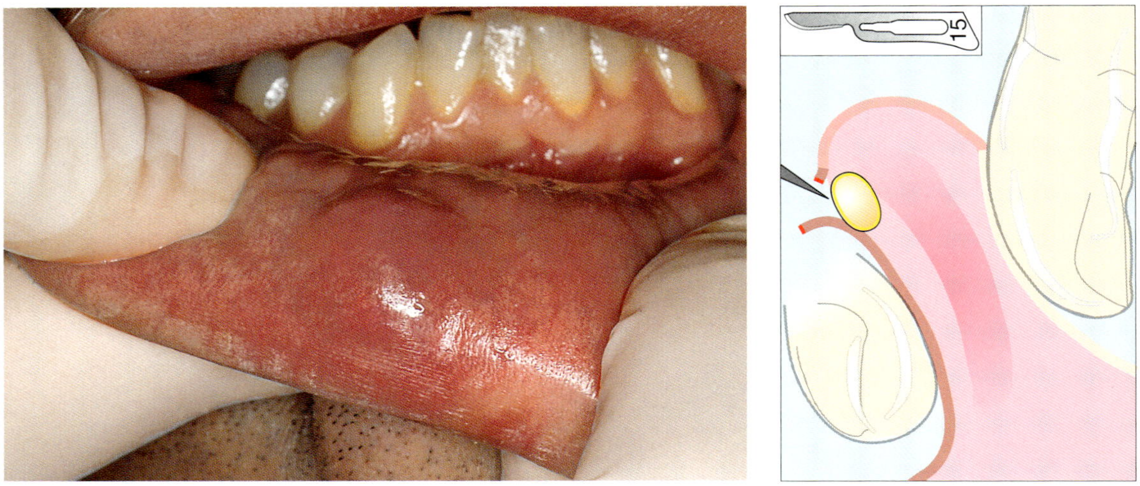

593 Retentionszyste an der Unterlippe – Anästhesie und Exzision
Infiltrationsanästhesie in der Umschlagfalte genügt.
Die in der oralen Schleimhaut gelegene Retentionszyste wird mit zwei Händen an der Lippe nach außen gehalten. Mit Fingerdruck lateral rechts und links wird die Durchblutung reduziert.

Rechts: Schema des chirurgischen Prinzips: Entfernung in toto unter Belassung der bedeckenden Schleimhaut.

S

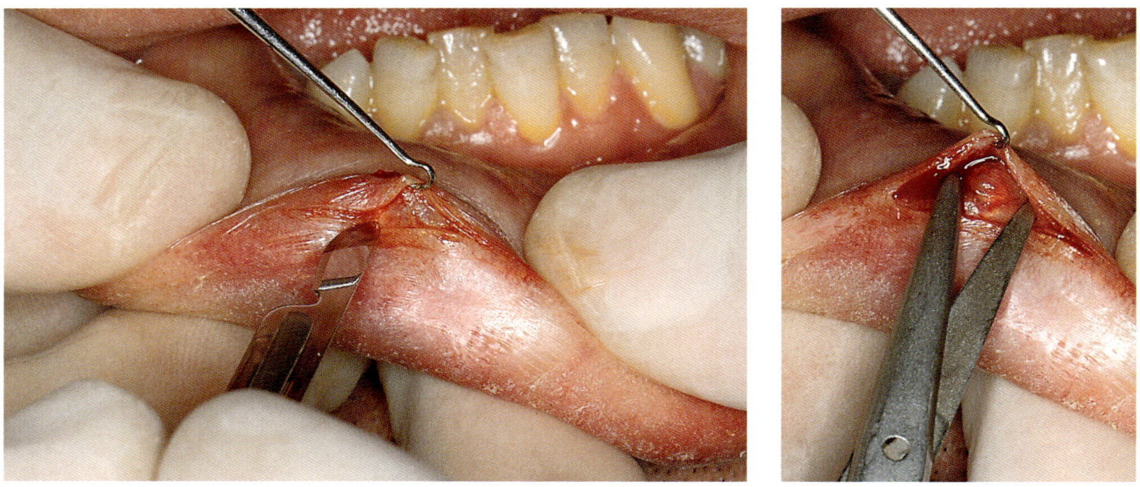

594 Darstellung der Zyste
Mit einer oral am Lippenrot verlaufenden Inzision wird die Schleimhaut von der Unterlage sorgfältig mit der stumpfen Schere gelöst. Die Zyste darf nicht berührt werden, denn falls diese ausläuft, ist die Abgrenzung vom umgebenden Gewebe nicht mehr möglich.

Rechts: Die Schleimhaut wird mit dem Gillies-Haken abgehalten und die Zyste durch stumpfe Präparation dargestellt.

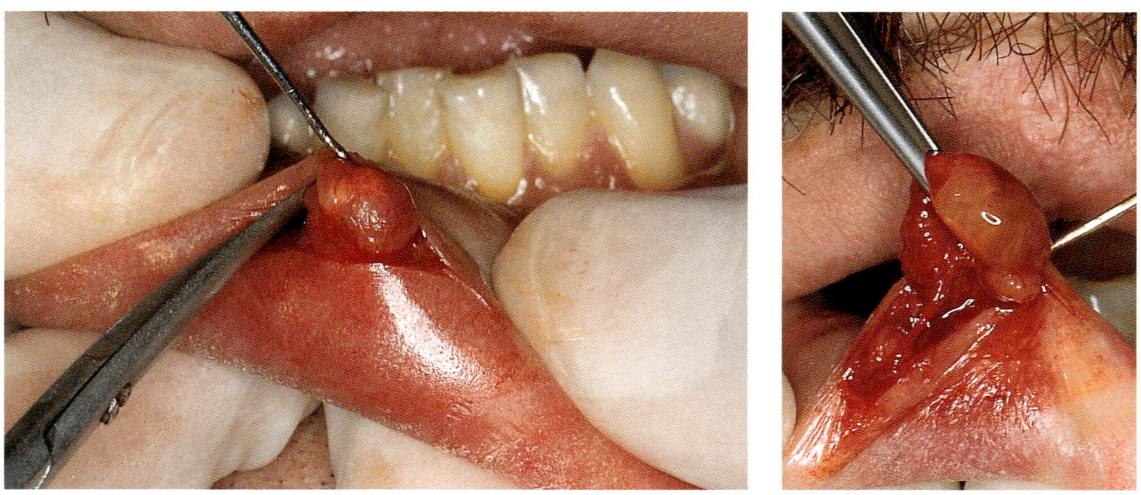

595 Entfernung der Zyste
Das pralle Zystengebilde wird unter der Schleimhaut herauspräpariert und von der Unterlage gelöst.

Rechts: Die Retentionszyste ist sehr zart. Durch Anfassen mit der chirurgischen Pinzette kann sie platzen und das weitere Vorgehen erschweren.

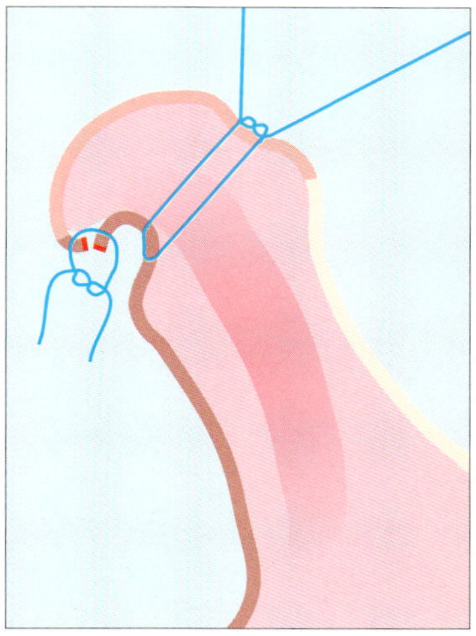

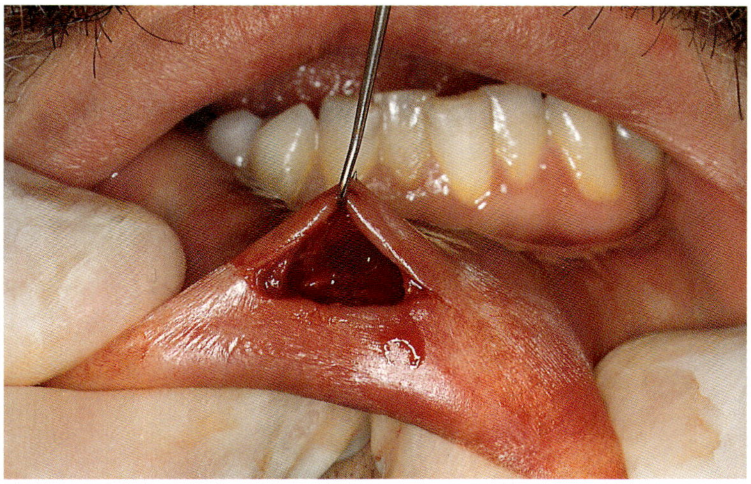

596 Wundversorgung
Es entsteht ein Weichteilhohlraum in der Lippe mit Tendenz zur Hämatombildung.

Links: Das Schema zeigt die translabiale Naht zur Elimination des Hohlraumes.

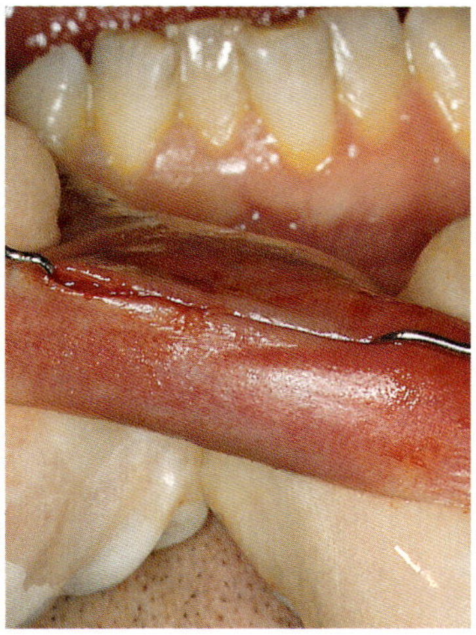

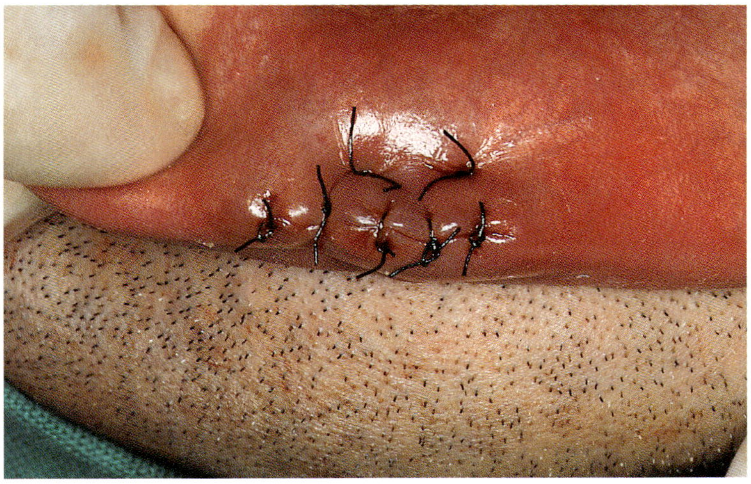

597 Naht
Die Wundränder werden sorgfältig adaptiert, mit Einzelnähten und zusätzlich mit zwei translabialen Nähten (Pfeile) verschlossen.

Links: Zur präzisen Wundrandannäherung wird die Lippe mit zwei Gillies-Häkchen in Inzisionsrichtung gespannt.

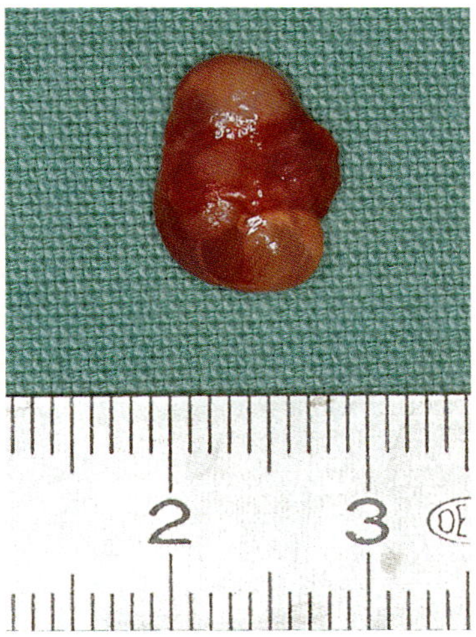

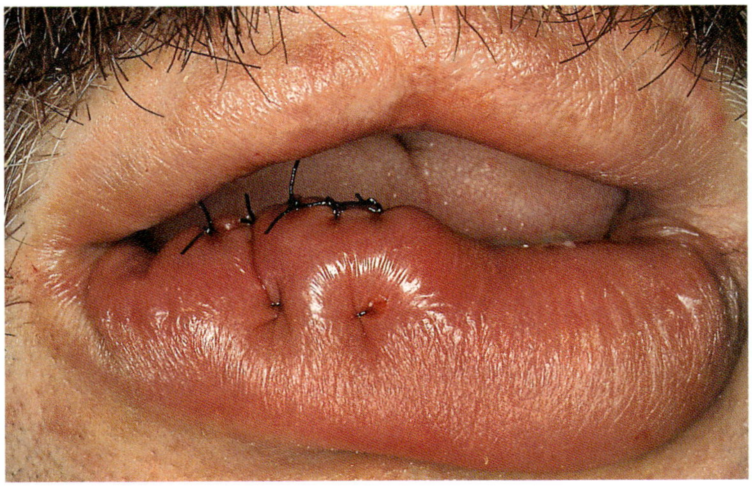

598 Verlauf
Die translabialen Nähte werden nach 3 Tagen entfernt. Nach weiteren 5 Tagen werden die restlichen Nähte entfernt.

Links: Das Exstirpat wird zur pathohistologischen Untersuchung eingesandt.

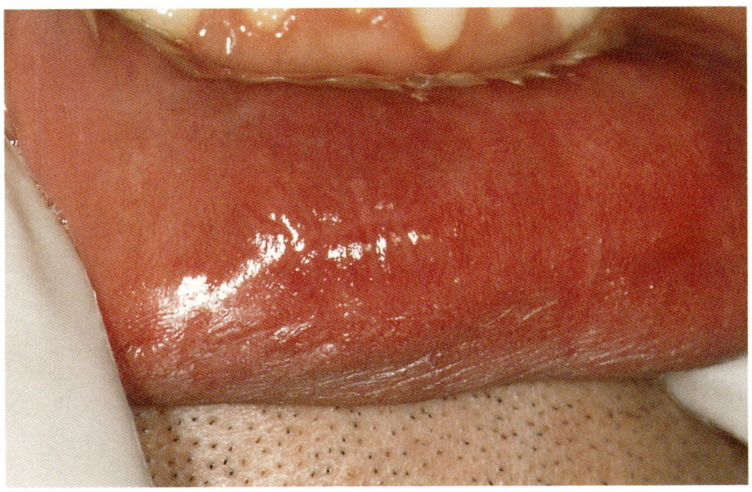

599 Behandlungsende
Der Zustand nach 8 Monaten zeigt eine diskrete Narbe ohne Defekt in der Lippe.

Retentionszysten in der oralen Schleimhaut

In der dehnbaren Schleimhaut können Retentionszysten durch eine spindelförmige Schnittführung exzidiert werden. Mit der stumpfen Schere kann das pralle Gebilde vom umgebenden Gewebe gelöst und ausgeschält werden. Der Umgang mit Skalpell und Schere muß sehr sorgfältig geschehen, da der dünne Zystenbalg sonst leicht verletzt wird, die Zyste kollabiert und nicht mehr kontrolliert exzidiert werden kann. Jede Blutung wird vor Nahtverschluß gestillt, um die Hämatombildung zu verhindern. Der Wundverschluß erfolgt mit Einzelknopfnähten.

Zur leichteren Adaptation der Wundränder können diese bei größeren Exzisionen lateral mit der stumpfen Schere unterminiert werden.
Bei kleinen Zysten kann auch mittels Kryochirurgie vorgegangen werden. Dabei muß allerdings auf die histologische Diagnose verzichtet werden.

Nota bene
Speichelretentionszysten neigen zu Rezidiven. Der Patient ist entsprechend zu informieren.

600 Exzision der Retentionszyste aus der Wange
Der 66jährige Mann verspürt eine indolente Schwellung an der linken Wangeninnenseite, welche manchmal verschwindet und nach einigen Wochen wieder auftritt. Klinisch imponiert eine ca. 0,5 cm große, prall-weiche, gut abgrenzbare Schwellung mit intakter Schleimhautbedeckung.

Rechts: Das Schema zeigt das chirurgische Prinzip, die Exzision der Zyste samt bedeckender Schleimhaut.

S

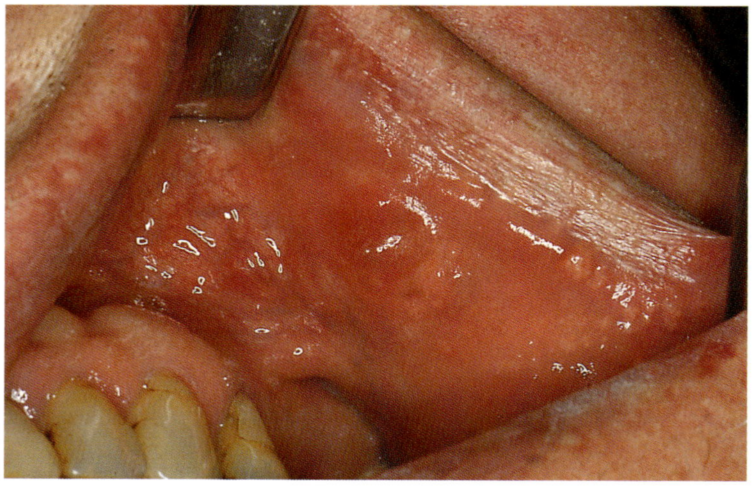

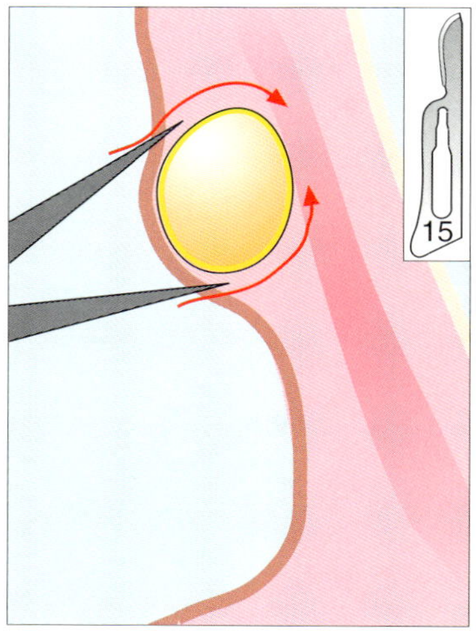

601 Exzision
Nach Infiltration des Anästhesiemittels distal der Exzisionsstelle wird das Gewebe spindelförmig umschnitten.

Rechts: Das Skalpell wird so geführt, daß eine keilförmige Inzision in die Tiefe erreicht wird.

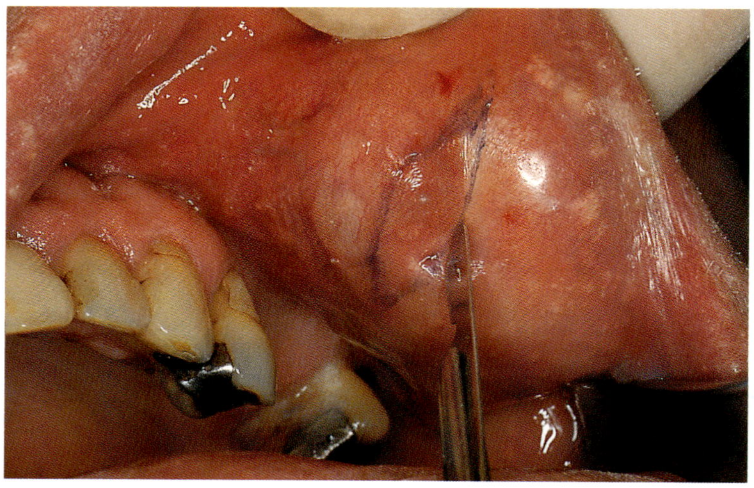

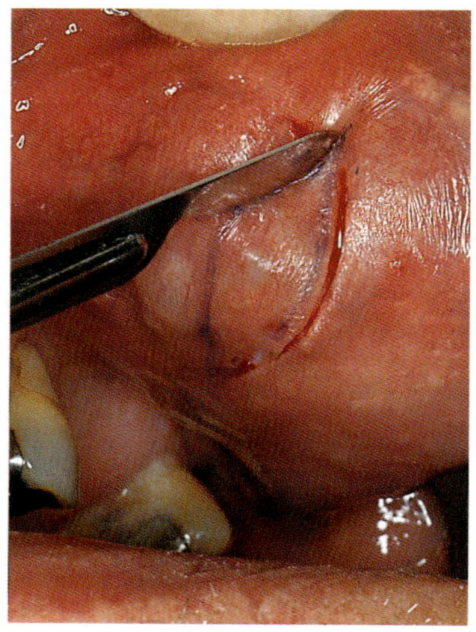

602 Exzision
Mit der stumpfen Schere wird das zu entfernende Gewebe von der Umgebung gelöst.

Rechts: Um das kleine Exzidat nicht zu traumatisieren, wird es mit dem Gillies-Haken gehalten.

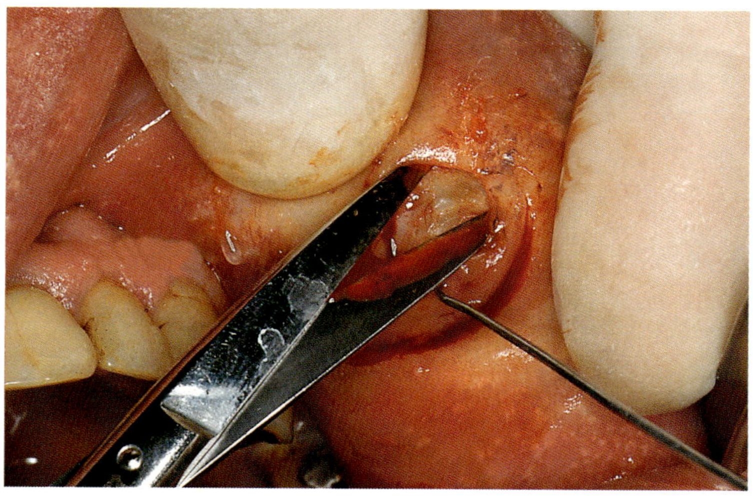

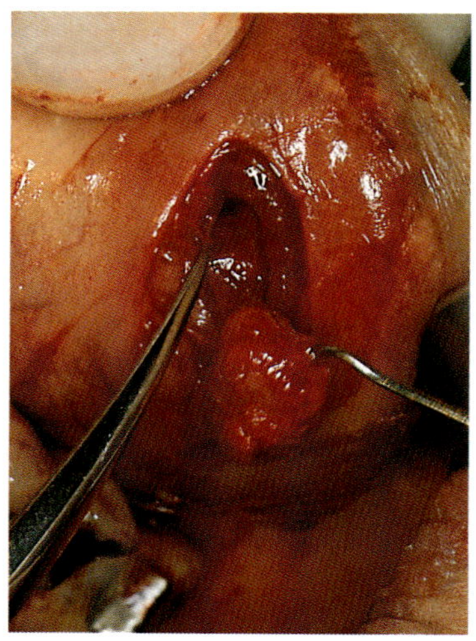

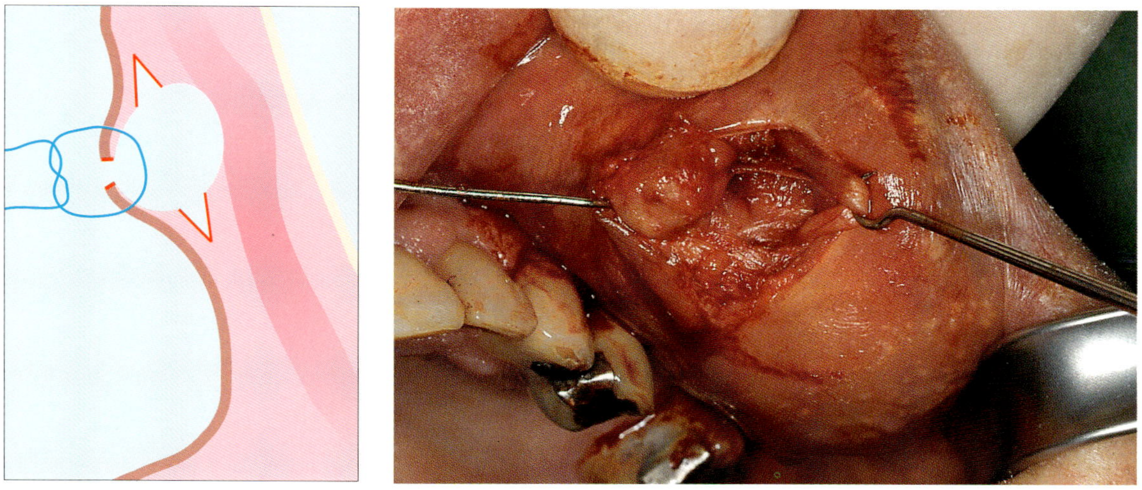

603 Schonung von Gefäßen
Bei der sorgfältigen Präparation wird ein Gefäßstrang entdeckt, der geschont werden kann.

Links: Schema nach Exzision und Schleimhautnaht.

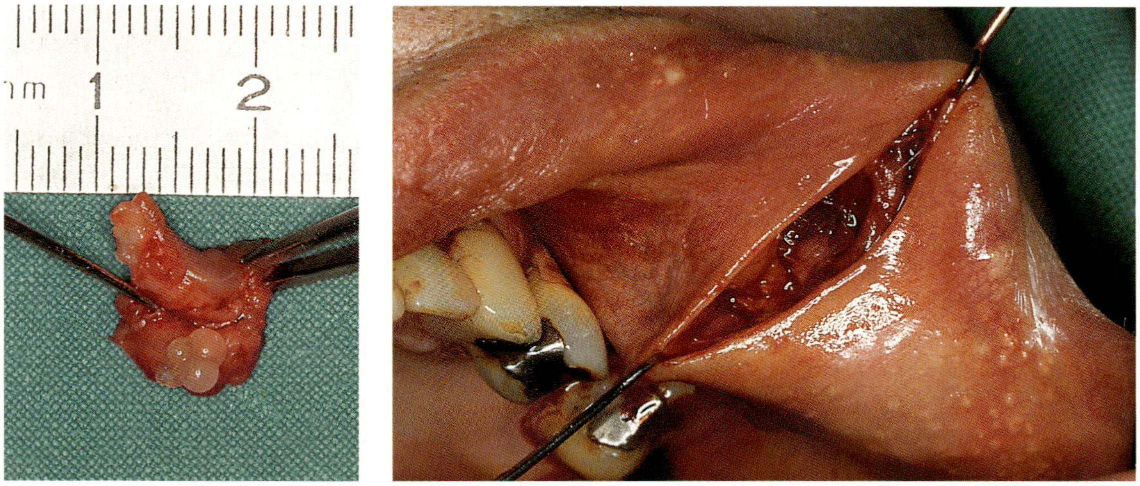

604 Wundverschluß
Die spindelförmige Exzisionswunde kann leicht durch zwei spitze Wundhaken gespannt werden, so daß sich die Wundränder spontan annähern.

Links: Das im Durchmesser ca. 1 cm große Exzidat, dem einige winzige Fettzellen aufsitzen.

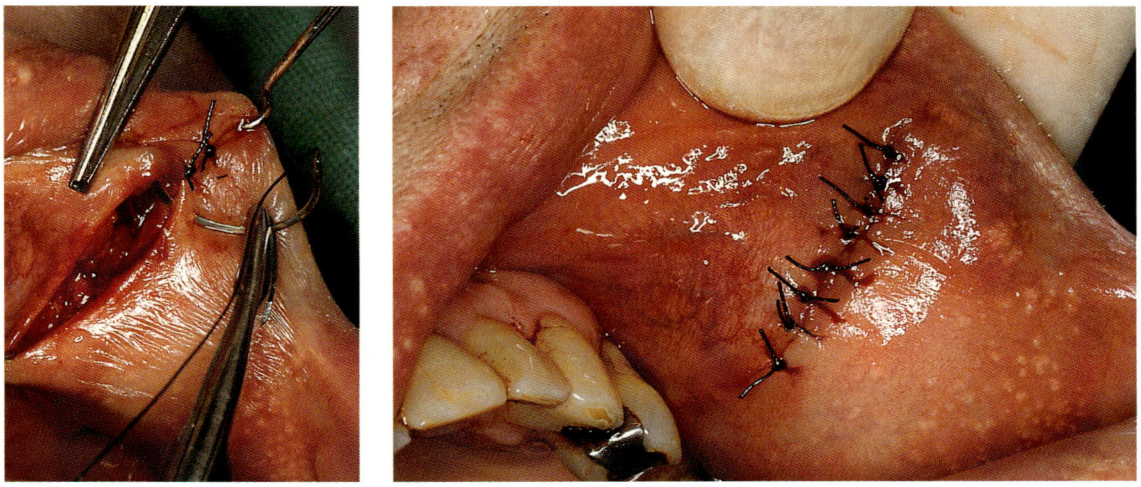

605 Wundverschluß
Die Schleimhaut wird durch Einzelnähte verschlossen.

Links: Die chirurgische Pinzette kann, ohne den Wundrand zu halten, die schonende Nahtlegung unterstützen.

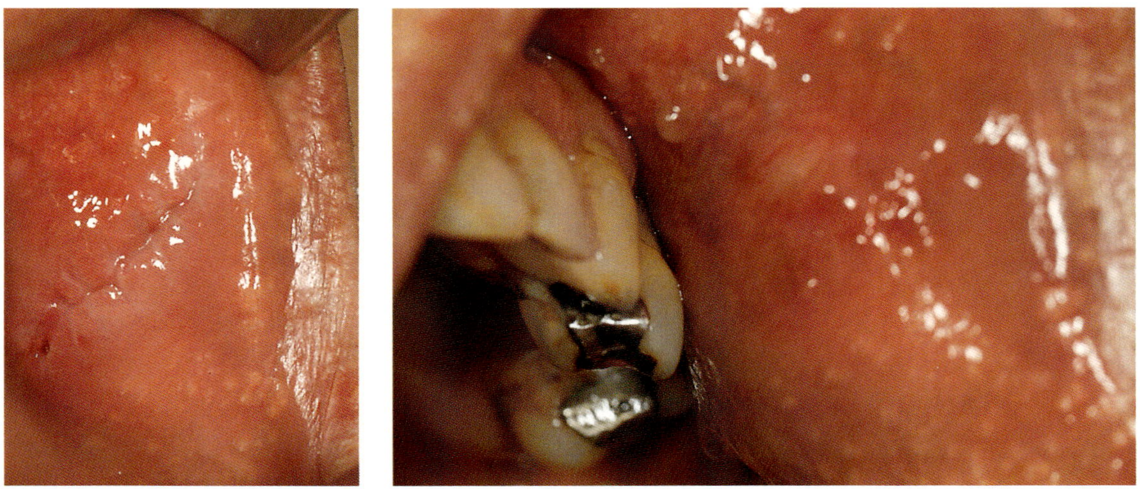

606 Verlauf
Nach einer Woche werden die Nähte entfernt (*links*).

Rechts: Die Spätkontrolle nach 2 Monaten zeigt eine reizlose Wangenschleimhaut im Operationsgebiet ohne Anzeichen eines Rezidivs.

Exzision nach Zystenfüllung

Größere Retentionszysten, die häufig dünne Wände aufweisen, platzen leicht bei der Präparation. Diese unangenehme Erscheinung kann vermieden werden, wenn das Zystenlumen vor der Operation entleert und mit einer dünnflüssigen gummiartigen Abdruckmasse gefüllt wird. Dadurch ist die Zystenbegrenzung auch bei kleinen Perforationen immer erkennbar und die präzise Exstirpation möglich.

Das Vorgehen ist einfach: Mit einer großkalibrigen Injektionsnadel wird die Zyste nach Lokalanästhesie angestochen und der Inhalt aspiriert, der geschrumpfte Zystenbalg wird durch die gleiche Nadel mit einer dünnflüssigen Abdruckmasse wieder gefüllt. Nun kann die Exzision erfolgen, unabhängig davon, ob die Schleimhautdecke erhalten bleiben soll oder nicht.

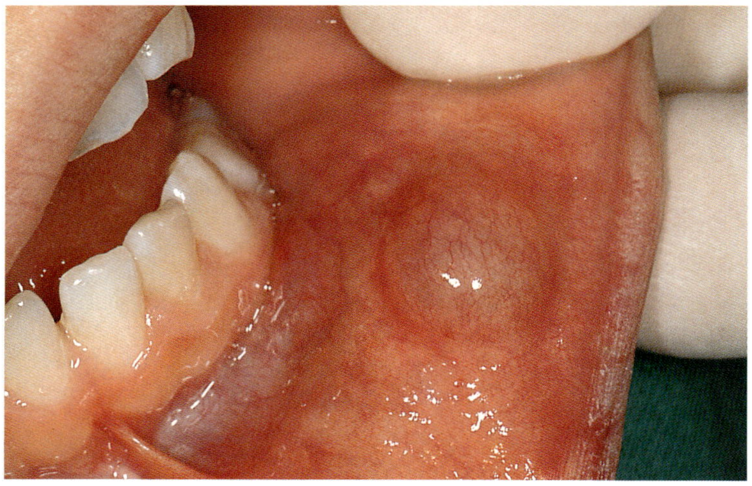

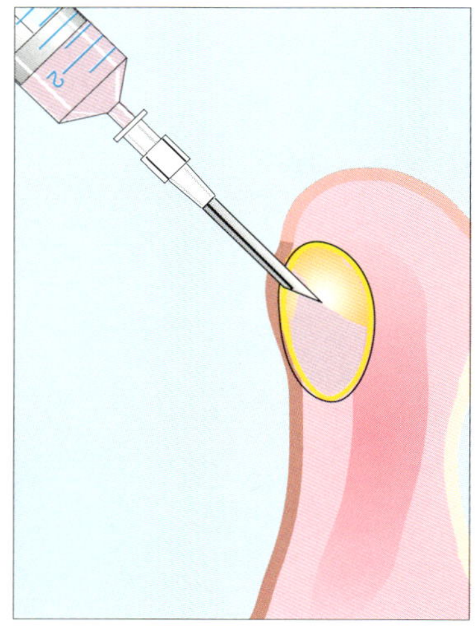

607 Größere Retentionszyste und Gummifüllung
Bei diesem 10jährigen Mädchen trat innerhalb eines Monats diese glasige, pralle Schwellung an der linken Unterlippe auf.

Rechts: Schema des chirurgischen Prinzips: Aspiration des Inhaltes und Ersatz durch ein leichtfließendes Gummiabdruckmittel.

Ⓢ

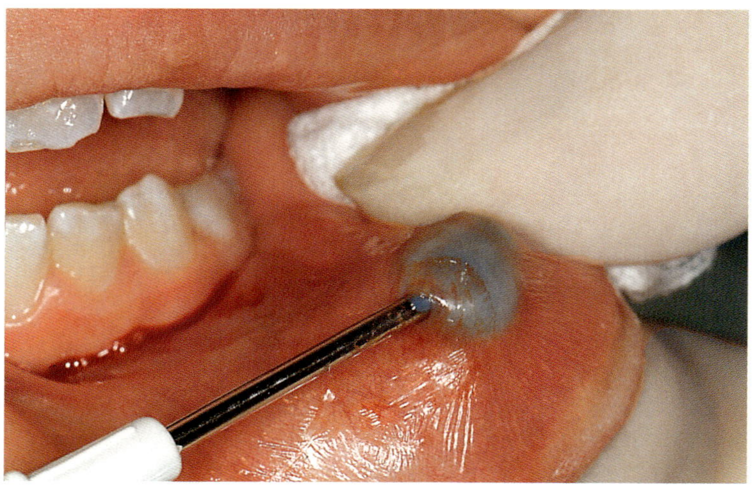

608 Füllung der Zyste
Nach Aspiration des zähflüssigen Speichels aus der Zyste wird der Hohlraum vorsichtig mit der Gummimasse gefüllt.

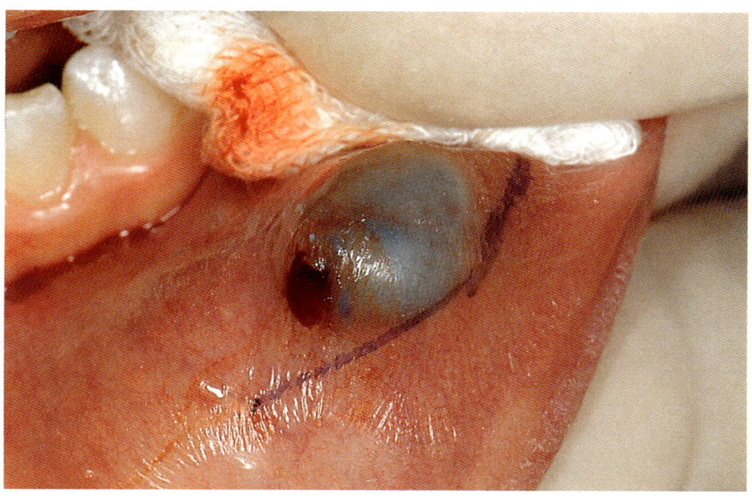

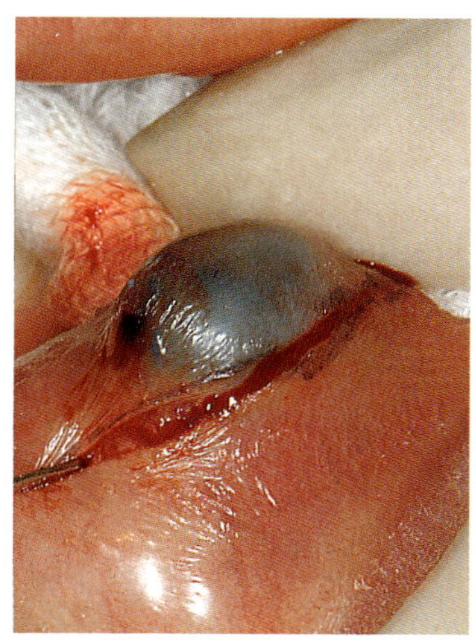

609 Schnittführung
Die Inzision folgt dem Rand des Lippenrotes.

Rechts: Das Skalpell muß sehr leicht und nicht tief geführt werden, um eine Verletzung der Zyste zu vermeiden.

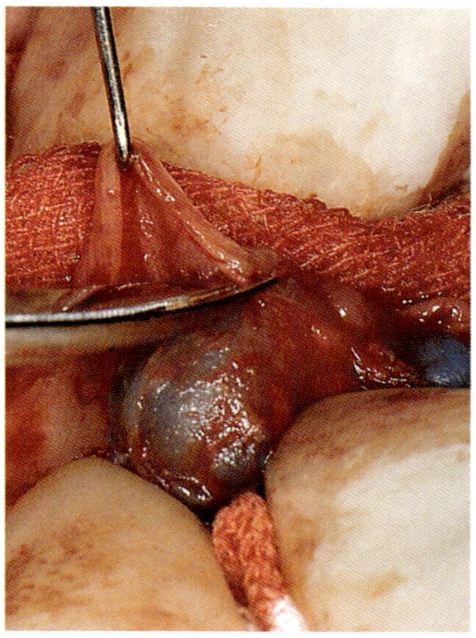

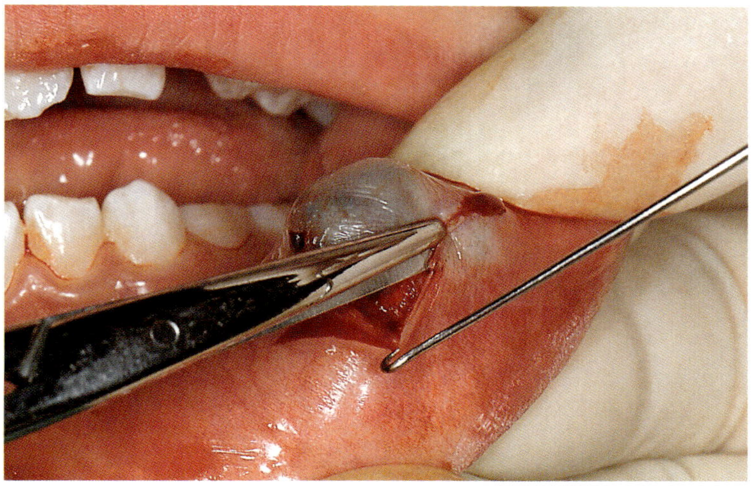

610 Zystektomie
Mit der stumpfen Schere kann der mit der Gummimasse gefüllte Zystenbalg unter der Schleimhaut herauspräpariert werden.

Links: Die zarte Schleimhaut wird zur Präparation mit dem Gillies-Haken gespannt.

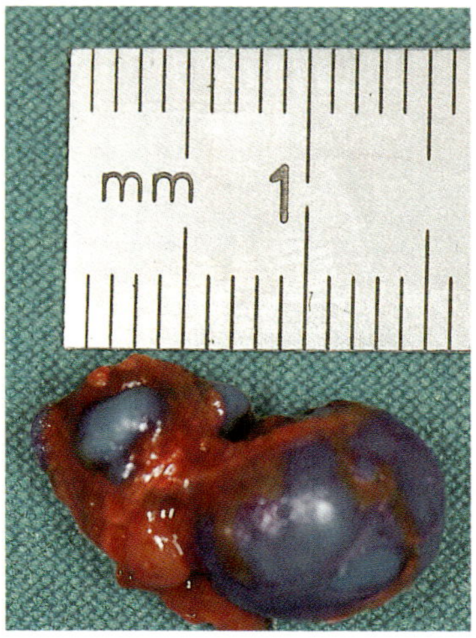

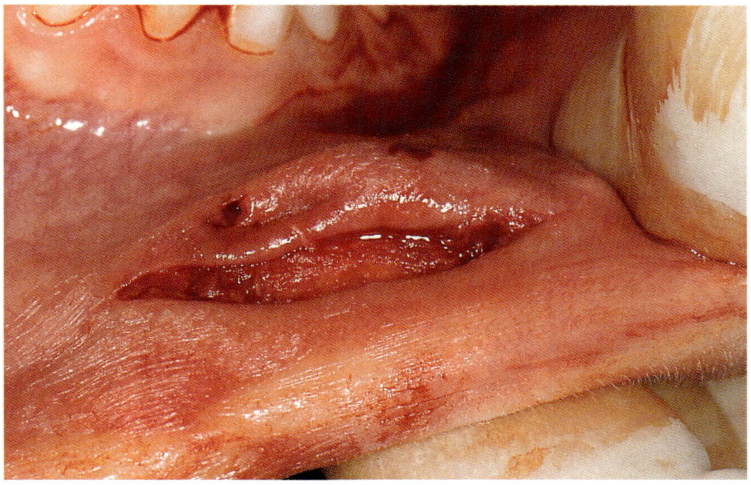

611 Zystektomie
Durch Gegendruck von außen kann das kugelige Gebilde leichter präpariert werden.

Links: Die entfernte Zyste, die aus zwei Kammern besteht. Dank der Füllung ist der Zystenbalg intakt geblieben.

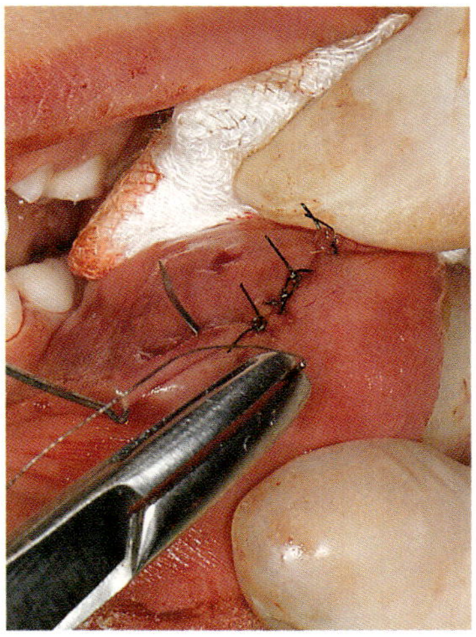

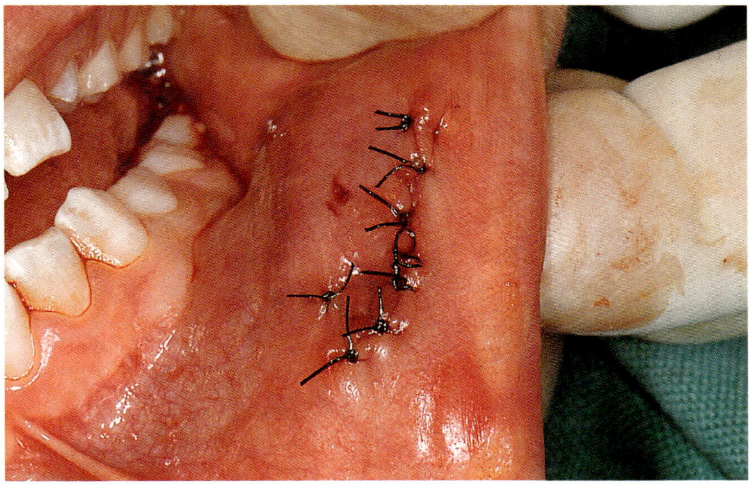

612 Wundversorgung
Die Inzision der Lippe wird primär vernäht.

Links: Bei der Enukleation der Retentionszyste ist die Schleimhautbedeckung intakt geblieben und kann einfach reponiert und verschlossen werden.

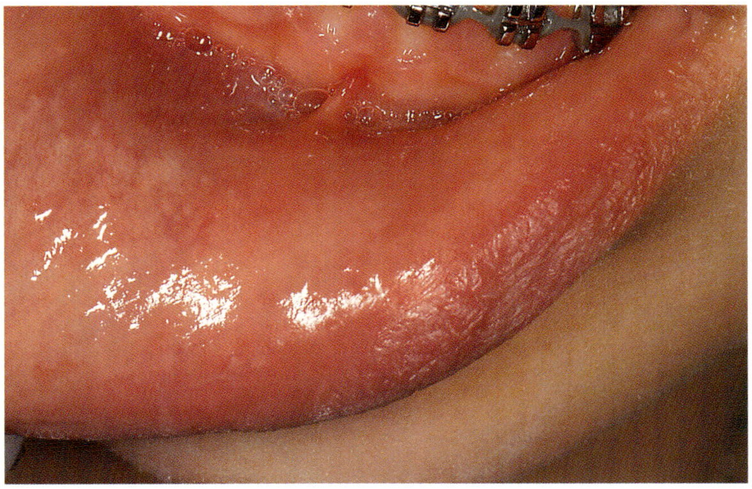

613 Verlauf
Nach einer Woche werden die Nähte entfernt. Eine weitere Kontrolle erfolgt nach einem Monat: keine Anzeichen für ein Rezidiv.

Ranula

Größere Retentionszysten im Mundboden werden wegen ihrer Erscheinungsform Ranula (Froschblase) genannt. Sie erscheinen meist unilateral und imponieren durch eine glasige, sehr oft vom Patienten selbst feststellbare kugelige Schwellung unter der Zunge. Die Ranula ist meist oberflächlich gelegen, kann in seltenen Fällen jedoch die Mundbodenmuskulatur durchdringen und gegen zervikal vorstoßen.

Die Retentionszyste des Mundbodens wird in der Regel marsupialisiert. Zu beachten ist der Ductus submandibularis und der N. lingualis. Durch Einführung einer Sonde in den Duktus wird die Orientierung erleichtert. Die Nahtlegung erfolgt zirkulär mit Einzelknopfnähten vor Entfernung des Zystendaches. Dadurch wird die gezielte Ausdehnung der Marsupialisation ermöglicht, bevor sich die Zyste entleert und das Gewebe kollabiert. Die präoperative Zystenfüllung mit gummiartigem Material erleichtert den Eingriff und besonders die Übersicht.

614 Marsupialisation einer Ranula
Bei dem 17jährigen Mädchen trat innerhalb eines Jahres langsam eine Schwellung im linken Mundboden auf. Sie liegt in der Plica sublingualis, ist prall, unverschieblich, schmerzlos, die Schleimhautbedeckung ist glasig und intakt. Die Punktion ergibt zähflüssigen Speichel.

Rechts: Schema des chirurgischen Prinzips: Marsupialisation durch Entfernung der bedeckenden Schleimhaut und vorheriger Hohlraumfüllung.

(S)

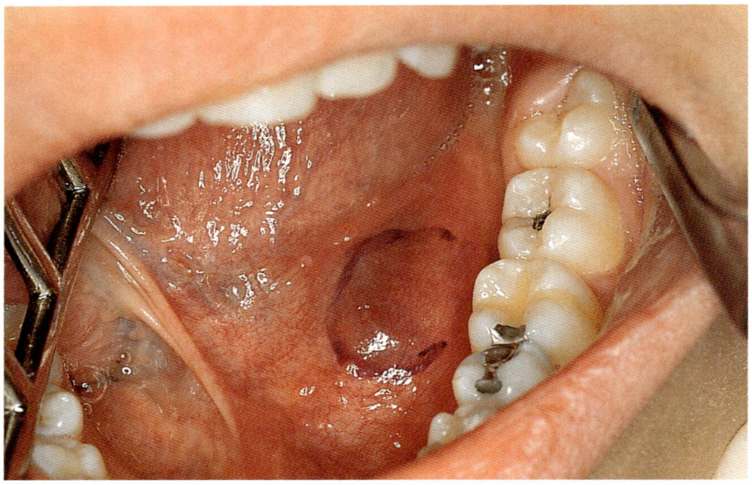

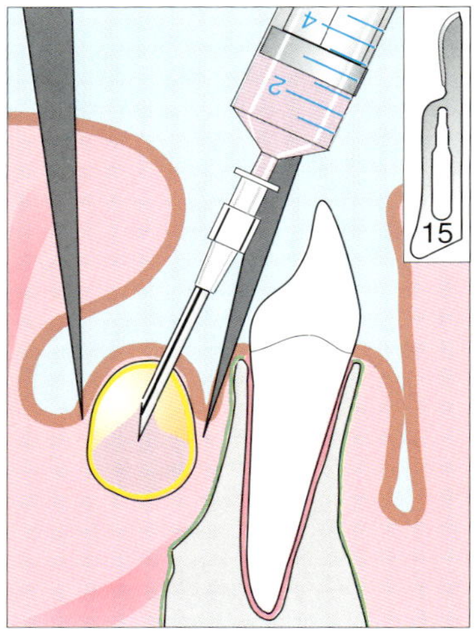

615 Zystostomie
Vor Exzision des Schleimhautdaches werden zirkulär am Äquator Haltenähte gelegt. Dadurch wird ein Kollaps des Gebildes durch Ausfließen des Inhalts vermieden.

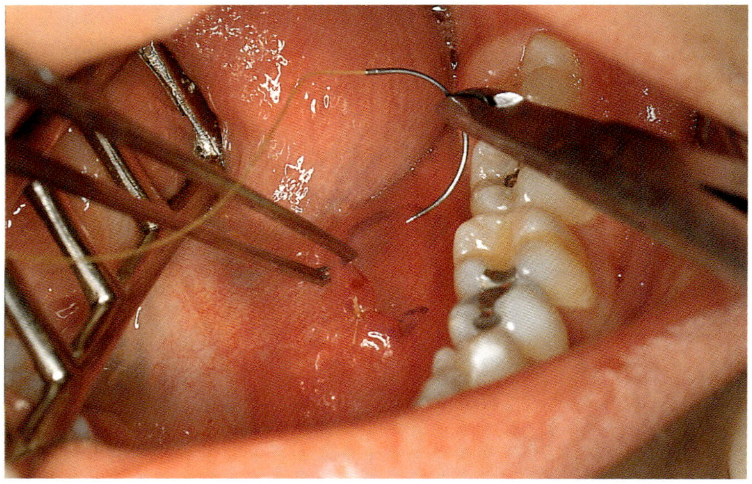

616 Offenhaltung
Nach kreisförmiger Exzision der Schleimhaut innerhalb des Nahtkranzes kollabiert die Zyste sofort. Um ein Rezidiv durch Narbenverengung zu verhindern, wird das Lumen der Zyste mit einem JVD offengehalten.

Rechts: Zustand nach 6 Monaten, ohne Anzeichen eines Rezidivs.

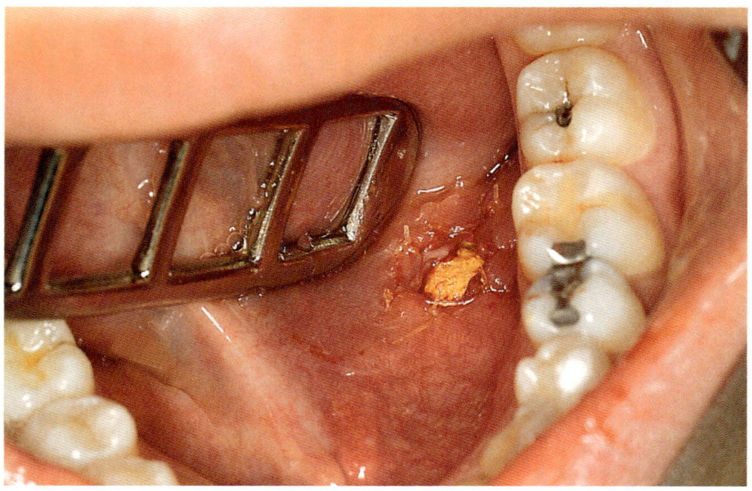

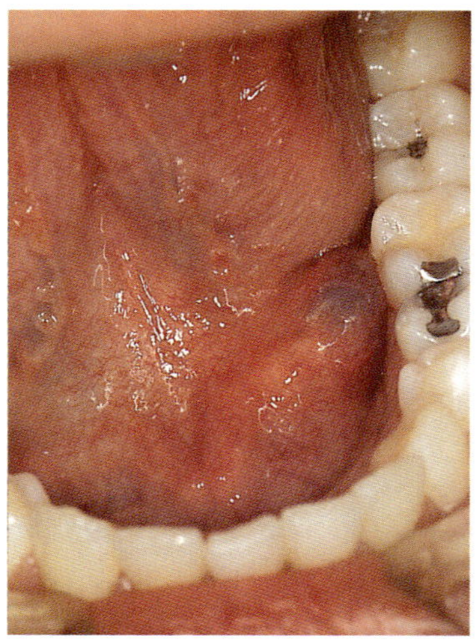

Plunging ranula

Über die Entstehung der Plunging ranula gibt es kontroverse Meinungen. Einige Autoren konnten zeigen, daß diese Zystenform durch Extravasation von Speichel der Glandula sublingualis entsteht. Andere finden eine Erklärung in der ektopischen Lage der Sublingualdrüse mit Hernienbildung durch eine Lücke im M. mylohyoideus. Durch die Strangulation könnte es zur Extravasation von Speichel kommen und so ein zystischer, speichelgefüllter Hohlraum entstehen (Skouteris u. Mitarb. 1987).

Eine Plunging ranula ist selten durch Exstirpation zu behandeln. Die Marsupialisation ist die Methode der Wahl. Rezidive sind aber möglich. In einem solchen Fall muß die Glandula sublingualis entfernt werden. Eine langfristige Kontrolle der Patienten ist angezeigt. Die Behandlung gehört in die Hand des Spezialisten.

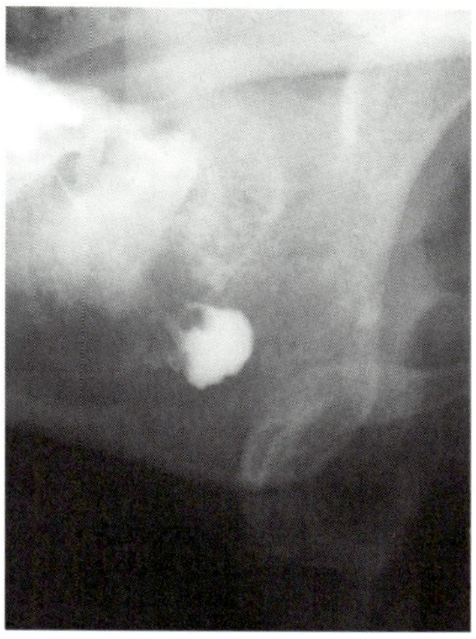
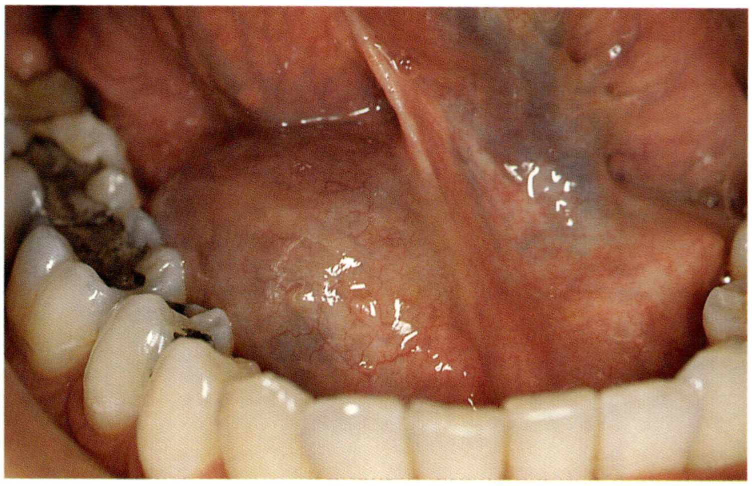

617 Plunging ranula
Bei diesem 28jährigen Mann trat innerhalb eines halben Jahres eine schmerzlose Schwellung im rechten Mundboden auf, welche zeitweise auch äußerlich manifest wurde. Klinisch imponiert eine kugelige, pralle, nach außen fluktuierende Schwellung im rechten Mundboden. Die Punktion ergibt klaren, zähflüssigen Speichel.

Links: Die Kontrastmittelfüllung zeigt, daß sich die Zyste weit nach dorsal und kaudal ausdehnt.

Ⓐ

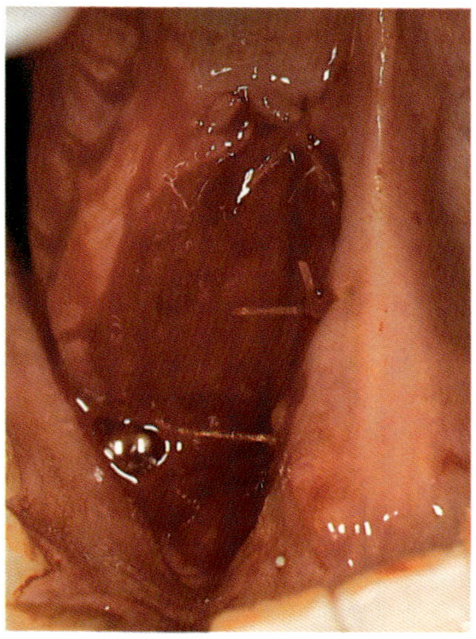
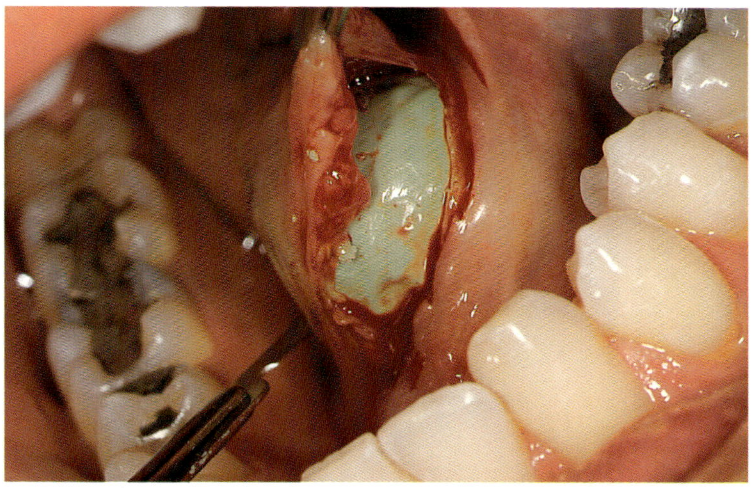

618 Marsupialisation nach Gummifüllung
Um eine weite Eröffnung der Ranula zu ermöglichen, wird die Speichelfüllung durch ein dünnflüssiges Gummiabdruckmaterial ersetzt. Dadurch bleibt die Form auch bei der Exzision intakt und die Präparation wird erleichtert.

Links: Der eröffnete und mit resorbierbaren Nähten abgegrenzte Zystenhohlraum.

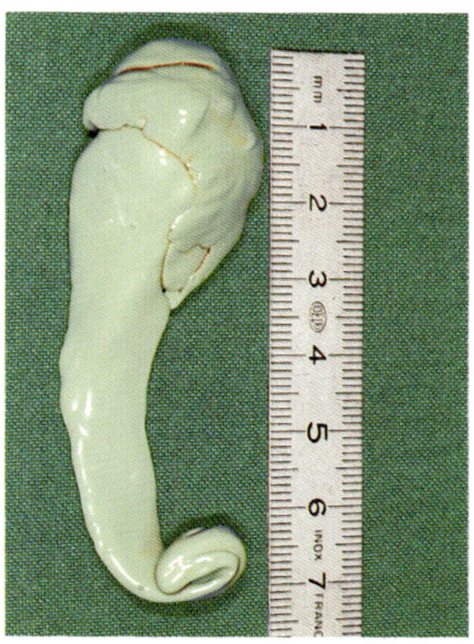
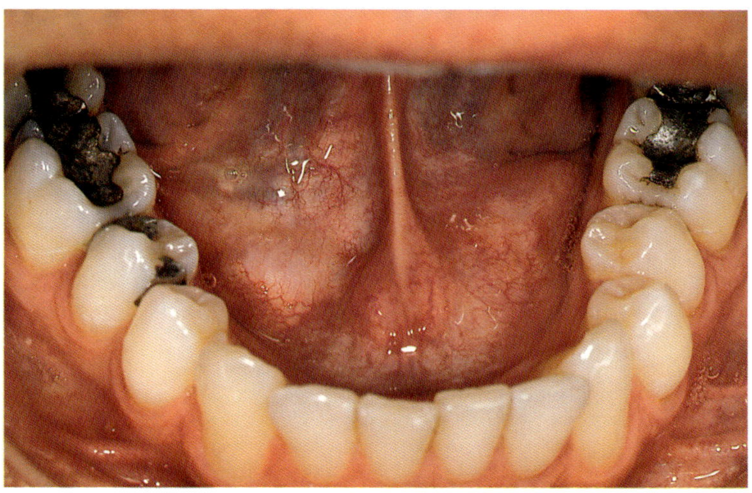

619 Nachbehandlung
Der Hohlraum wird für eine Woche mit einem JVD offengehalten. Das Bild zeigt den Zustand nach 2 Jahren ohne Anzeichen eines Rezidivs.

Links: Das entfernte Abdruckmaterial, das die Ausdehnung der Zyste anschaulich wiedergibt.

Ätiologie der Retentionszysten

Speichelretentionszysten sind durch Stauung der Speichelsekretion der Schleimdrüsen der Mundschleimhaut oder durch Extravasation des Speichelganges entstanden. Sie werden kollektiv als Mukozelen bezeichnet. Meist ist die Stenose des Ausführganges durch eine Vernarbung nach unbemerktem Trauma entstanden. Dabei werden histologisch zwei Arten unterschieden: die Extravasationszyste mit einem Balg aus komprimiertem Granulationsgewebe und die seltenere echte Retentionszyste mit Epithelauskleidung des Hohlraumes. Ihre Größe liegt zwischen wenigen Millimetern bis einigen Zentimetern und kann je nach Stauungszustand variieren. Ein spontanes Aufplatzen führt zur sofortigen Regression der Zyste, ein Rezidiv wird aber meist wieder auftreten. Als klinisches Bild finden wir eine glasige, klare bis bläuliche Auftreibung in der Schleimhaut. Bevorzugte Stellen sind Lippe und Wangenschleimhaut. Auf der Zunge sind Retentionszysten eher selten zu finden. Der Inhalt der Retentionszysten besteht aus zähflüssigem Speichelsekret. Die Retentionszyste der Glandula sublingualis wird Ranula genannt (Pindborg 1992, Cohen 1965, Galloway u. Mitarb. 1989). Sie manifestiert sich im Mundboden durch eine kugelige, blasenartige, störende, aber schmerzlose Vorwölbung. Die Zyste kann sich bis unterhalb des M. mylohyoideus ausdehnen. Solche Zysten werden Plunging ranula genannt.

Nasolabiale Zysten

Die nasolabiale Zyste entwickelt sich außerhalb des Knochens in der Gegend der Nasolabialfalte. Ihr Ursprung liegt wahrscheinlich im unteren Teil des Ductus nasolacrimalis. In der Literatur ist die Zyste früher auch mit der globulomaxillären Zyste in Verbindung gebracht worden. Diese Ansicht ist aus der Vorstellung entstanden, daß diese Zysten sich aus Epithelresten bei der Vereinigung des Processus nasalis und maxillaris entwickeln. Die Art des Epithels der nasolabialen Zyste spricht aber eher für eine Entstehung aus dem Ductus nasolacrimalis. Klinisch imponiert eine fluktuierende Schwellung mit Anhebung des Nasenflügels im Vestibulum zwischen dem 2. Frontzahn und dem Eckzahn. Die Zyste kann auch gegen den seitlichen Nasenboden vorgewölbt sein. In einigen Fällen kann im Röntgenbild eine zystische Osteolyse erkannt werden, so daß der Eindruck einer Kieferzyste entsteht. Es existiert deshalb auch der Terminus nasoalveoläre Zyste.

Histologisch findet sich ein geschichtetes Zylinderepithel.

Dentogene Kieferhöhlenerkrankungen

Definition

Unter dentogenen Erkrankungen der Kieferhöhle verstehen wir die pathologischen Erscheinungsbilder im Bereich des Sinus maxillaris, die von den Zähnen oder Zahnanlagen ihren Ausgang nehmen. Es handelt sich vorwiegend um Infektionen, Zysten, Tumoren und tumorähnlichen Veränderungen.

Die Behandlung von Tumoren gehört in die Hand des Spezialisten (Kiefer-Gesichts-Chirurg).

Pathologie und Diagnostik

Dentogene Sinusitis

Ursachen

Mund-Antrum-Verbindung: akzidentell bei Zahnextraktionen oder, falls unerkannt, als Mund-Antrum-Fistel.
Apikale Ostitiden.
Radikuläre Zysten oder Residualzysten.
Parodontale Taschen.
Retinierte Zähne.
Fremdmaterial im Sinus (Wurzelfüllmaterial, Aspergillose).

Häufig tritt eine Sinusitis bei unbehandelten Mund-Antrum-Verbindungen (MAV) auf. Dabei spielt der Zeitfaktor zwischen Eröffnung und Infektionsausbruch eine deutliche Rolle. Bereits 24 Stunden nach Eröffnung der Kieferhöhle kann eine radiologische Veränderung festgestellt werden (Lehnert 1967).

Anamnese

Dumpfe Schmerzen im Bereich des Oberkiefers, ausstrahlend nach Stirn und Augenhöhle.
Schnupfen, Sekretion in Nase und Rachen, meist übelriechend, eitrig.
Pochende Schmerzen, besonders beim Bücken intensiviert, akut auftretend oder sich über Tage verschlimmernd.
Möglicherweise Fieberzustände und Hitzegefühl.

Klinischer Befund

Die dentogene Sinusitis zeigt typischerweise eine einseitige Symptomatik:

- Nasensekretion, Rötung des Naseneingangs,
- Eiterstraße im Pharynx,
- Druckdolenzen im Bereich der Kieferhöhle,
- Hautrötung auf der betroffenen Seite,
- Druckdolenzen im Vestibulum, besonders im Jochbein- und Molarenbereich,
- klopfempfindliche Zähne, auch bei intakter Vitalität,
- diffuse Schwellung der vestibulären Weichteile möglich,
- devitaler Zahn (Zähne), v.a. Molaren,
- sondierbare Verbindung vom Mund zur Kieferhöhle, auch als durchgehende parodontale Tasche,
- Abszeßbildung, vestibulär oder palatinal.

Punktion und Spülung

Die Beurteilung der aufgefangenen Spüllösung ist von diagnostischem Wert: ist sie eitrig oder putrid, faulig übelriechend oder klar?

Radiologische Abklärung

Standardröntgenaufnahme: halbaxiales Oberkieferbild.
Tomogramme: Zonarc-Aufnahme des Mittelgesichts.
CT.

- Die Kortikalisbegrenzung der Kieferhöhle verschwindet.
- Die Kieferhöhle ist diffus verschattet.
- Die Kieferhöhle zeigt einen horizontal scharf begrenzten basalen Schatten (Spiegel) als Zeichen der Eiteransammlung (Kieferhöhlenempyem).
- Zystenformation im Bereich der Kieferhöhle.
- Fremdmaterial im Bereich der Kieferhöhle (Zahnreste, Wurzelfüllmaterial).

Endoskopie

Zart rosafarbene glatte Schleimhaut mit feiner Gefäßzeichnung bei normalem Sinus. Dagegen ist die Schleimhaut polypös verdickt und zeigt eine verstärkte Vaskularisierung und evtl. Eiteransammlung bei Sinusitis.

620 Dentogene Sinusitis
Einseitige Symptomatik: Eiterspur im Rachen links bei einem 66jährigen Mann mit einer akuten dentogenen Sinusitis.

Rechts: Rötung des rechten Naseneingangs bei einer 22jährigen Patientin mit subakuter dentogener Sinusitis rechts.

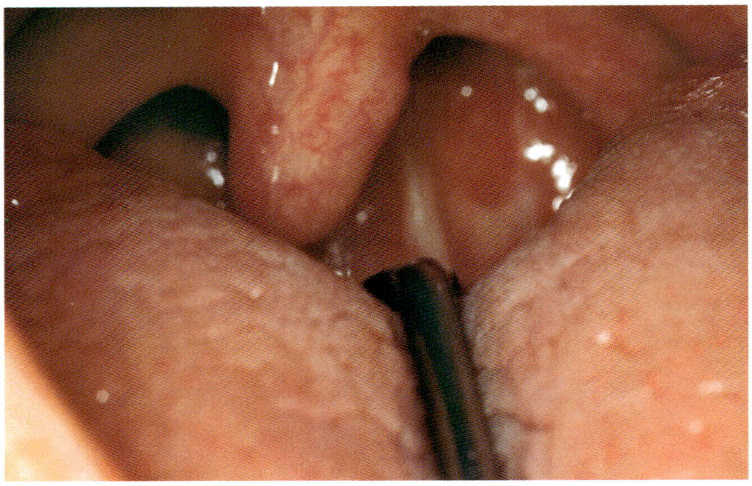

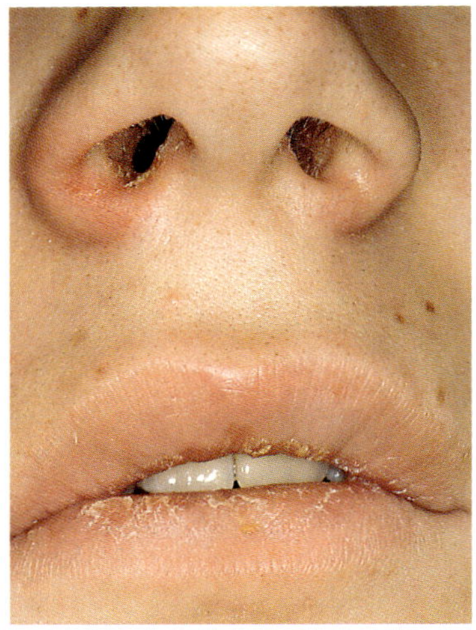

621 Ursachen
Meist eine bestehende Verbindung vom Mund zur Kieferhöhle, wie hier bei einer 42jährigen Patientin zwei Monate nach Entfernung des Zahnes 17. Weiter kommen Zystenbildungen, dentogene radikuläre Infekte, parodontale Taschen und Tumorbildungen in Frage.

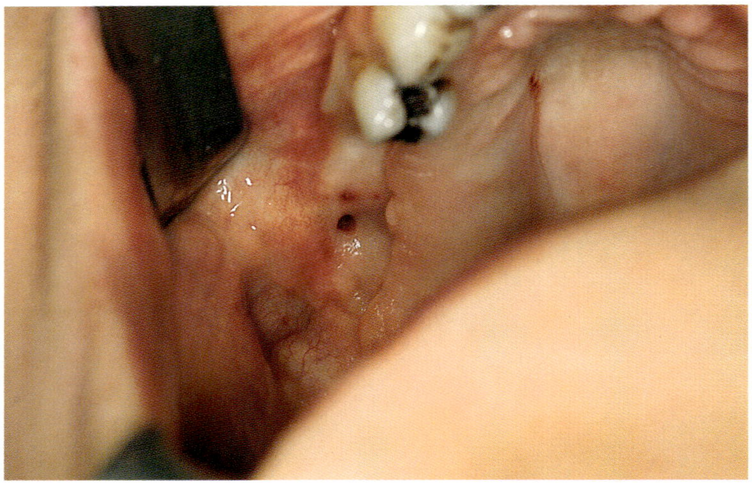

622 Diagnostische Sinusspülung
Instillation von Kochsalz- oder Neomycinlösung via Alveole oder Fossa canina in die Kieferhöhle und Ausblasen durch die Nase. Die gegenüberliegende Nasenöffnung wird durch den Patienten zugehalten. Die Qualität als auch die freie Verbindung via Ostium naturale zur Nase kann beurteilt werden.

Rechts: Schema der Spülung via Fossa canina. Die Einstichstelle liegt oberhalb der Apices der Zähne.

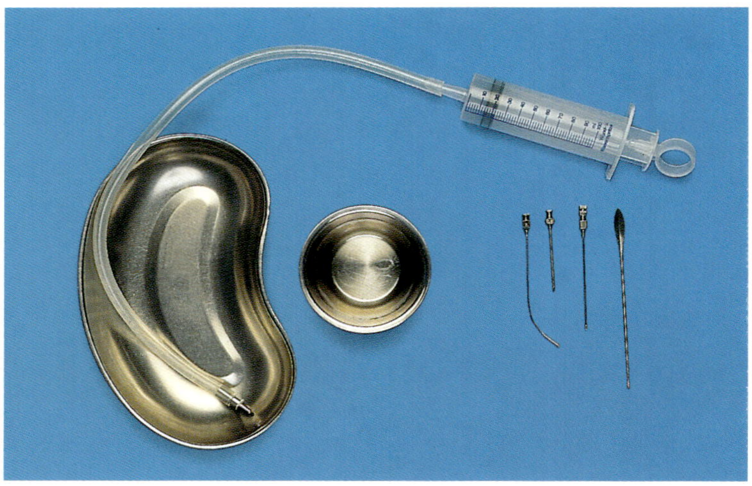

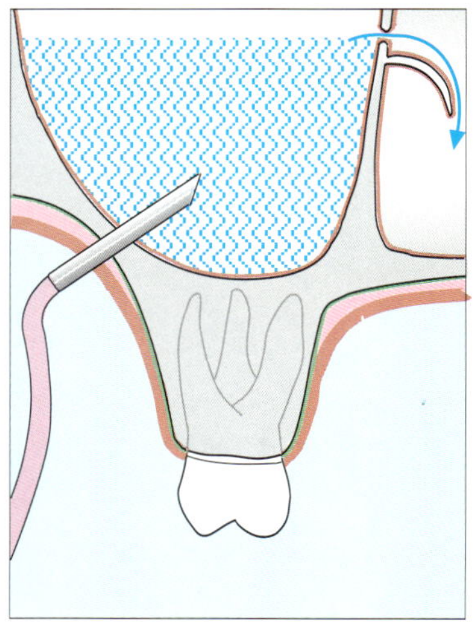

623 Endoskopie – Sinuskopie
Durch eine mit dem Kreistrepan geschaffene Öffnung in der Fossa canina kann die Kieferhöhle mit entsprechender Optik direkt inspiziert werden.

Rechts: Aufnahme aus der rechten Kieferhöhle mit einem glasigen, kugeligen Gebilde und feingeäderter Schleimhaut: es handelt sich um einen Sinuspolyp.

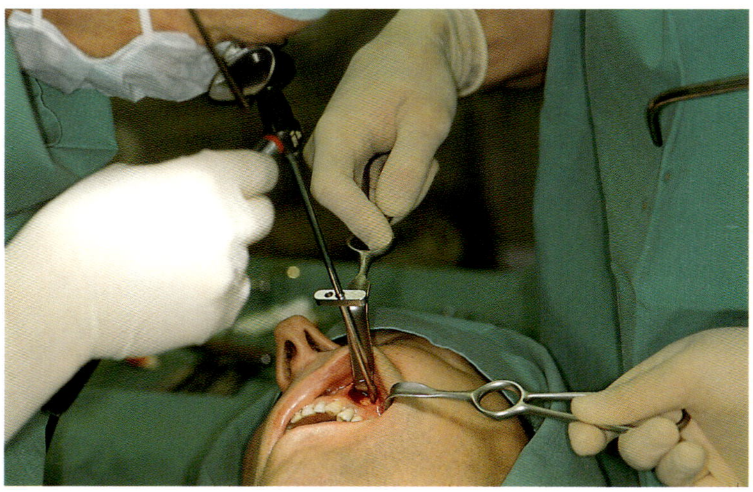

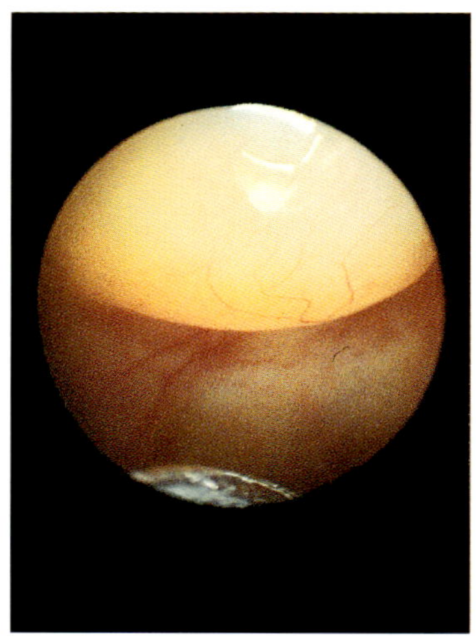

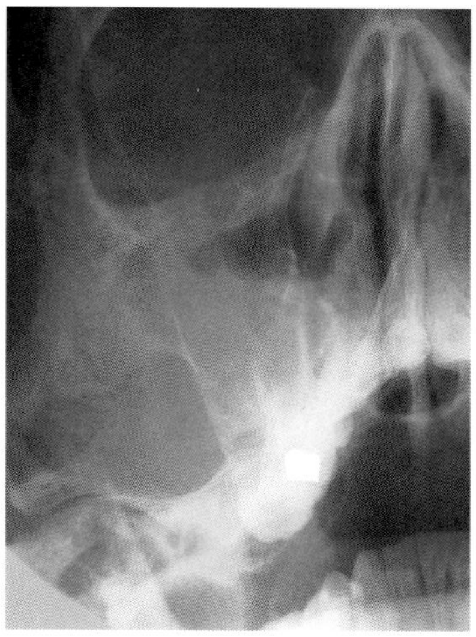

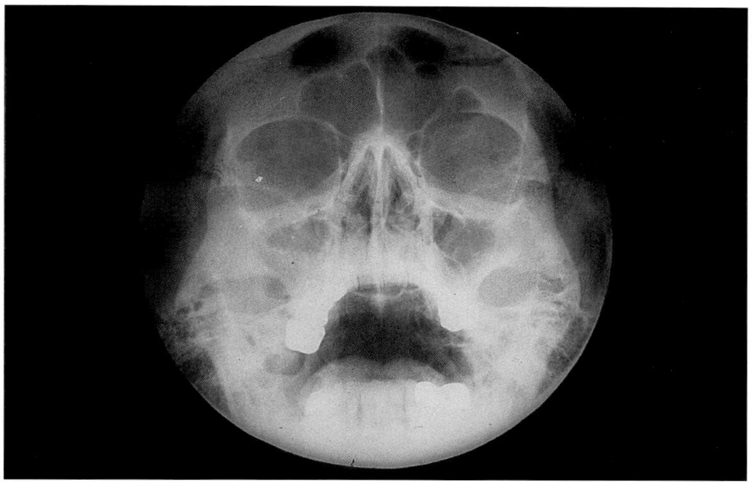

624 Radiologische Abklärung – halbaxiale Oberkieferaufnahme
Die klassische Röntgenaufnahme zur Beurteilung des Zustandes der Kieferhöhlen ist die p.-a. halbaxiale Oberkieferprojektion: Die dentogene Sinusitis rechts ist als diffuse Verschattung der Kieferhöhle mit Abnahme der sklerosierten Begrenzung erkennbar.

Links: Bei der akut eitrigen Sinusitis kann eine Spiegelbildung der Eiteransammlung in der Kieferhöhle dargestellt sein.

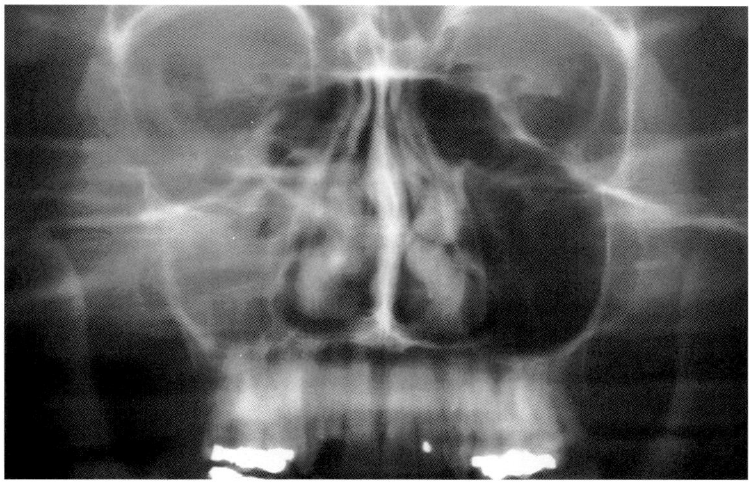

625 Zonarc-Aufnahme
Eine besondere Information über etwaige raumfordernde Prozesse in der Kieferhöhle kann durch die Tomographie des Mittelgesichtes erbracht werden.

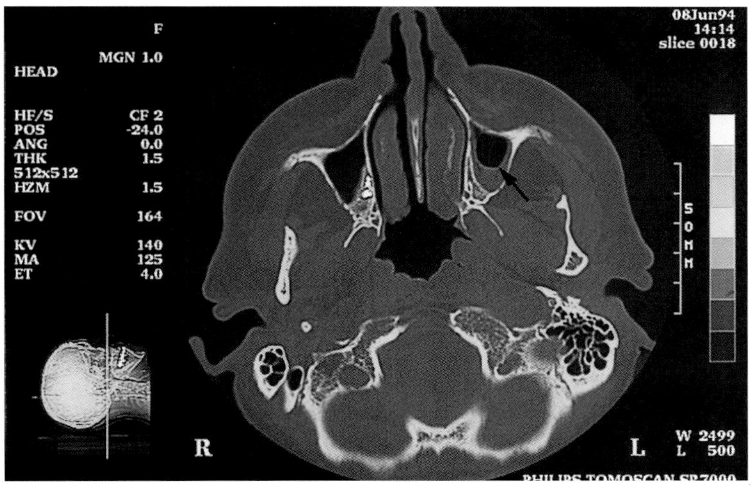

626 Computertomogramm
Das CT in axialer oder koronaler Projektion liefert perfekte Informationen in dreidimensionaler Richtung. Im linken Sinus maxillaris ist posterior eine Verdickung der Schleimhaut dargestellt (Pfeil).

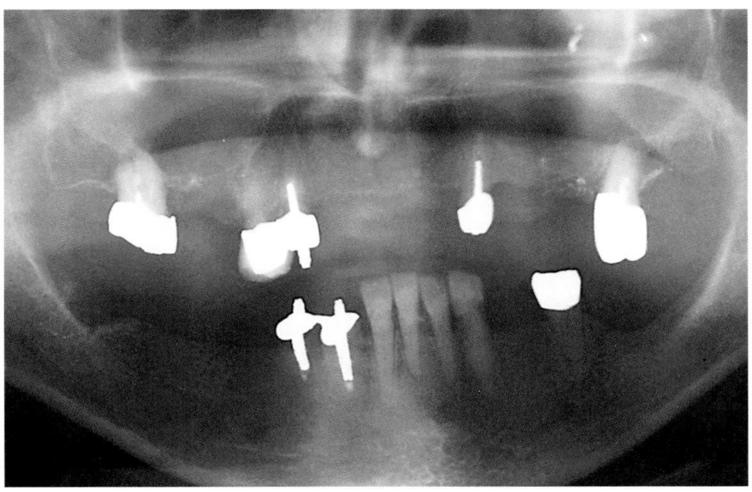

627 Orthopantomogramm
Das OPT kann als Übersichtsaufnahme Informationen über Veränderungen in der knöchernen Struktur liefern, eignet sich aber nicht zur Beurteilung eines entzündlichen Prozesses der Kieferhöhle.

Therapie

Die dentogene Sinusitis wird nach Beseitigung der Ursache ausheilen (Baumann u. Pajarola 1975, Schmidseder u. Lambrecht 1978). Die ursächliche Infektionsquelle, der Zahn oder die Mund-Antrum-Verbindung ist zu beseitigen (Wurzelbehandlung, Extraktion, Sinusverschluß). Bei der eitrigen Sinusitis wird die Kieferhöhle vor jedem chirurgischen Eingriff gespült. Die Sinusspülungen werden solange alle 3 Tage wiederholt, bis die Spüllösung makroskopisch sauber ist.

Sinusspülung via Fossa canina

Indikation

Bei akuter dentogener Sinusitis ohne Mund-Antrum-Verbindung, also wenn kein anderer präformierter Zugang besteht:
- vor Zystenoperation via Kieferhöhle,
- vor Wurzelspitzenresektion,
- nach operativem Eingriff in der Kieferhöhle.

Anästhesie

Terminale Infiltration in die Fossa canina.

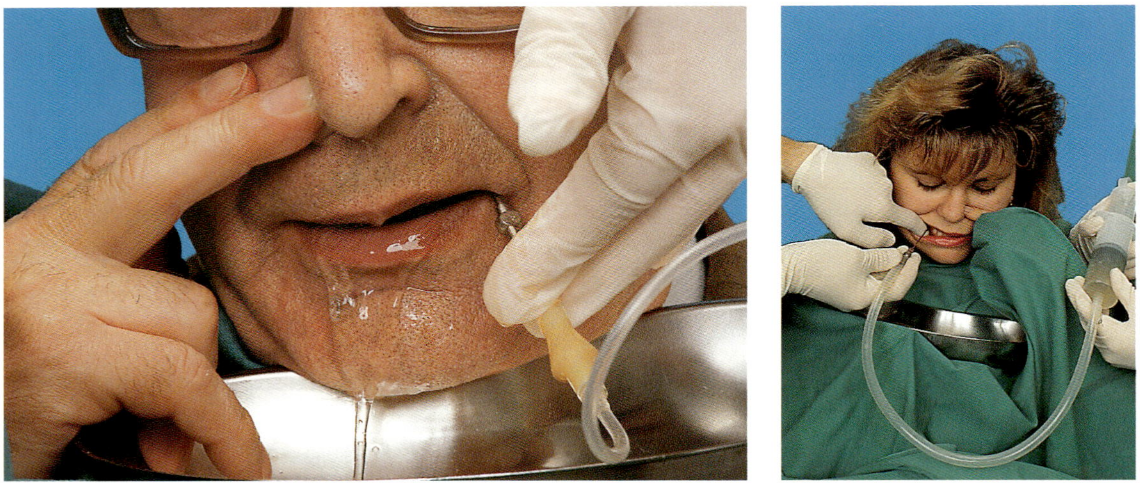

628 Behandlung der dentogenen Sinusitis – Sinusspülung
Die Spülung führt zur Ausschwemmung von Eiter und Detritus aus der Kieferhöhle. Bei verhindertem Durchgang zur Nase darf nicht mit erhöhtem Druck gespült werden, da sonst eine Auspressung des infektiösen Inhaltes der Kieferhöhle in die Umgebung, z.B. die Orbita, erfolgen kann.

Rechts: Um eine Verschmutzung der Umgebung durch Sprühtröpfchen zu verhindern, wird während des Spülvorganges ein Tuch über das Gesicht des Patienten gehalten.

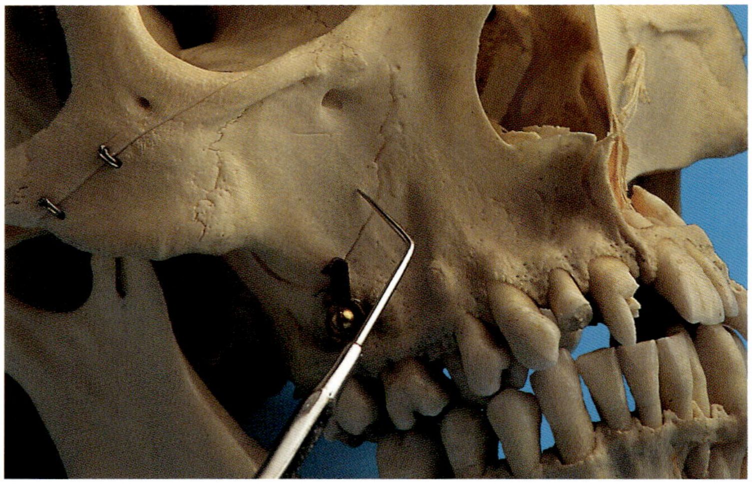

629 Fossa canina
Die Sonde zeigt die dünne Stelle der fazialen Kieferhöhlenwand oberhalb der Apices der Zähne.

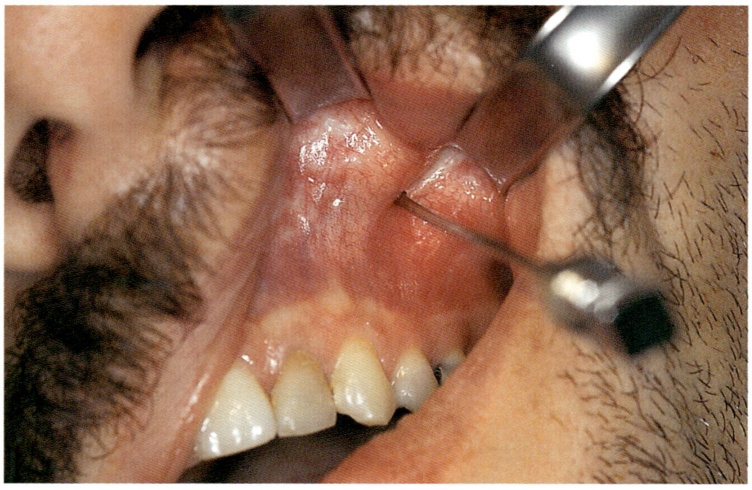

630 Spülung via Fossa canina
Bei der Spülung via Fossa canina wird in Lokalanästhesie und nach Inzision der Schleimhaut die Trepanation der vestibulären Kieferhöhlenwand mit einer scharfen Kanüle mit Mandrin (Verstopfung verhindern) oder mit dem Kreistrepan vorgenommen.

Zugang zum Sinus maxillaris

Durchstoßen der Sinuswand: Die knöcherne Begrenzung ist in der Fossa canina sehr dünn. Hier kann die bukkale Sinuswand mit scharfer Nadel und eingelegtem Mandrin, um die Verstopfung der Nadel zu vermeiden, leicht durchstoßen werden.

Spülung: Die Instillation der Spülflüssigkeit folgt dem Blasrhythmus des Patienten (Neomycinlösung oder physiologische Kochsalzlösung verwenden).
Die Spülflüssigkeit wird nach Klarheit und Geruch beurteilt:
Wiederholung alle 3 Tage, bis die Spülflüssigkeit sauber ist. Eventuell Begleitbehandlung mit Antibiotika.
Falls nach 3–4 Spülungen und trotz Antibiotikatherapie immer noch putride Spülflüssigkeit beobachtet wird, muß die Ursache der Sinusitis nochmals abgeklärt werden.

Nota bene
Die Spülung darf nicht unter Druck erfolgen, der Abfluß via Nase muß frei sein. Bei Spülung unter Druck ohne Abflußmöglichkeit besteht das Risiko der Ausbreitung des Infektes in die Umgebung (Orbita!).

Weiteres Vorgehen: Für kleine Eröffnungen (Spülung, Endoskopie, Entfernung von Wurzelresten oder Fremdkörpern) eignet sich die Fossa canina am besten als Zugang. Die Knochenränder werden vor Reposition der Weichteile geglättet. Der Verschluß erfolgt durch Zurückschlagen des Mukoperiostlappens und dichte Adaptation mit Matratzennähten. Dabei bildet sich darunter eine narbige Platte. Der knöcherne Defekt regeneriert nur teilweise. Nach dem Eingriff soll der Patient die Kieferhöhle während ca. 2 Wochen nicht unter Druck setzen (Nies- und Schneuzverbot), um eine Emphysembildung und Nahtdehiszenzen zu vermeiden. Er muß auch auf eine mögliche geringe Blutung aus der Nase aufmerksam gemacht werden.

Eröffnung der Kieferhöhle

In der Oralchirurgie wird der Zugang zur Kieferhöhle von vestibulär her gesucht. Dabei muß die knöcherne faziale Kieferhöhlenwand entfernt werden. Bei der Osteotomie muß auf die vorhandenen Wurzeln vitaler Zähne Rücksicht genommen werden. Der Zugang ist entsprechend hoch genug im Vestibulum zu suchen. Der Austrittspunkt des N. infraorbitalis muß besonders beachtet werden. Die Lappenbildung erfolgt durch eine horizontale Inzision im Vestibulum und eine Entlastung am mesialen Ende im rechten Winkel zur Erstinzision. Die Knochenbedeckung ist an der anterioren Wand der Crista zygomaticoalveolaris am dünnsten.

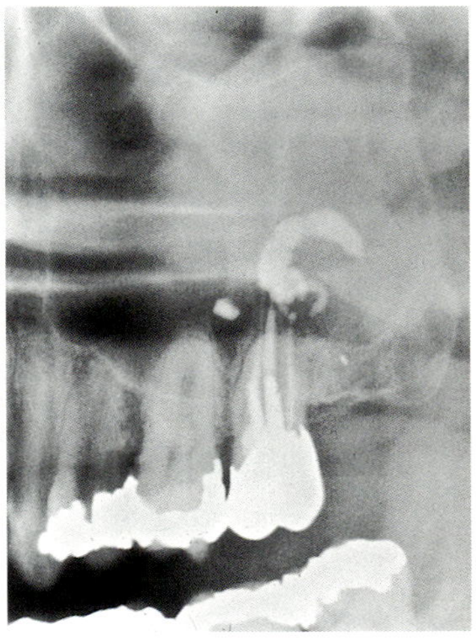

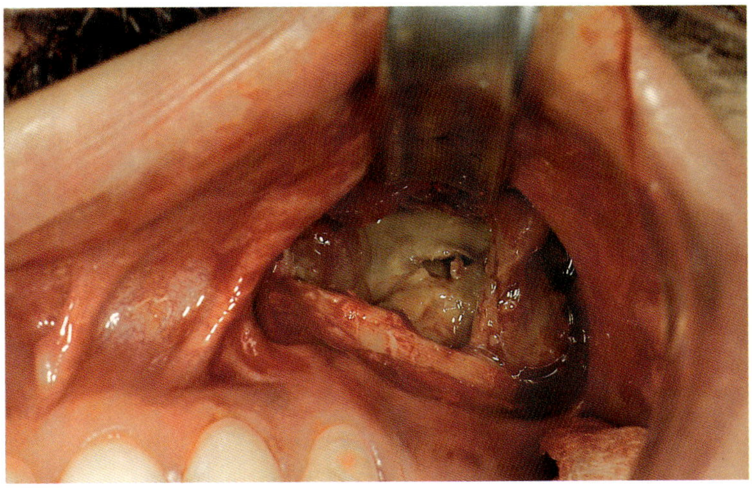

631 Aspergillose
Die Aspergillose der Kieferhöhle wird meist durch Fremdmaterial verursacht, wie hier durch Wurzelfüllmaterial bei einem 48jährigen Patienten. Die eröffnete Kieferhöhle ist angefüllt mit stark putrid riechendem nekrotischen Gewebe und Fremdmaterial; eine alleinige antibiotische Therapie ist aussichtslos.

Links: Das OPT zeigt das radiopake Fremdmaterial im linken Sinus maxillaris.

Aspergillose

Aspergillus ist ein Schimmelpilz, der überall vorkommen kann und fakultativ pathogen ist. Bei der Aspergillose der Kieferhöhle wird eine Affinität zu Fremdmaterial angenommen. Beck-Mannagetta u. Mitarb. (1983) sowie Zimmerli u. Mitarb. (1988) weisen auf einen Zusammenhang von Aspergillusinfektion und Wurzelfüllmaterial (v.a. zinkhaltige Materialien) in der Kieferhöhle hin. Auch De Foer u. Mitarb. (1990) stellen im europäischen Raum eher dentogene Ursachen (eugenolhaltige Wurzelfüllpasten) für eine Aspergillose der Kieferhöhle in den Vordergrund.

Diagnose
Die Symptome gleichen denen der dentogenen Sinusitis. Radiologisch findet sich eine meist komplette diffuse Verschattung der betroffenen Kieferhöhle mit radiopakem Fremdmaterial, dessen Herkunft aus einem überfüllten Wurzelkanal offensichtlich ist. Der betroffene Zahn kann allerdings bereits fehlen. Hinweise auf eine Aspergillose kann auch eine persistierende Kieferhöhlenentzündung nach Spülungen und Antibiotikatherapie geben.

Plastischer Verschluß der Mund-Antrum-Verbindung (MAV)

Nota bene
Bei eröffneter Kieferhöhle wird Gewebe zur histologischen Beurteilung entnommen. Polypenbildung durch eine MAV kann auch Tumorbildung bedeuten.

Vestibulärer Lappen

Indikation

Der vestibuläre Lappen wird bei eher vestibulär gelegenem Defekt verwendet. Als Nachteil resultiert ein verstrichenes Vestibulum. Falls notwendig, kann nach 6 Monaten eine lokale Vestibulumplastik (s. S. 292) durchgeführt werden.

Chirurgisches Vorgehen

Exzision des Fistelmauls, Einpassen und Fixation auf knöcherner Unterlage des verlängerten (Periostritzung) vestibulären Mukoperiostlappens. Begleitmedikation mit Antiphlogistika, Analgetika und abschwellendem Nasenspray. Nachkontrolle nach 3 Tagen, Nahtentfernung nach 10 Tagen, Spätkontrolle nach 3 Monaten.

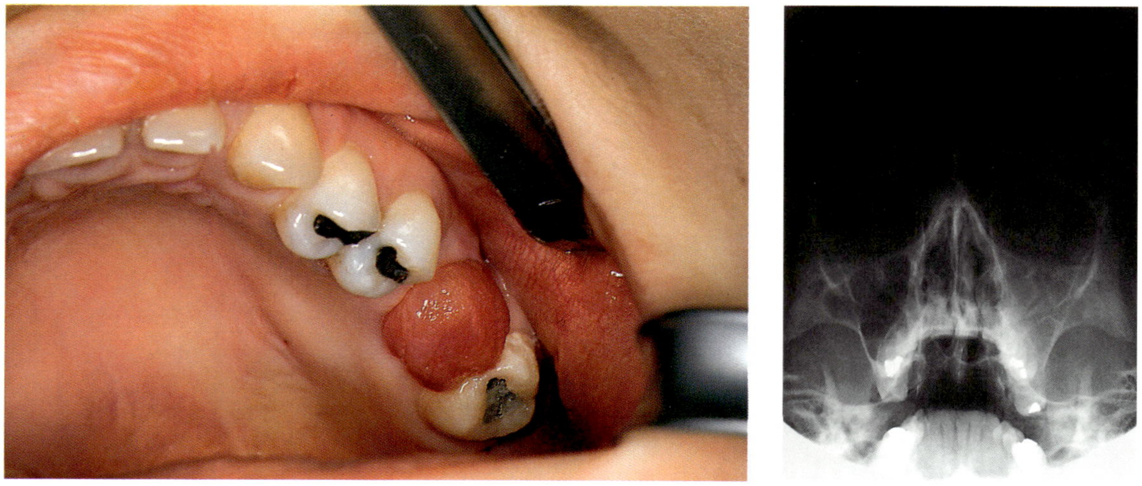

632 Vestibulärer Lappen
Bei dieser 31jährigen Frau wurde Zahn 26 vor 4 Monaten entfernt. Nach einem Monat entwickelten sich dumpfe Schmerzen im linken Oberkiefer und pochende Schmerzen beim Bücken. Die linke Fossa canina ist druckdolent. Durch die Alveole des Zahnes 26 kann die Kieferhöhle widerstandslos sondiert werden.

Rechts: Das Röntgenbild zeigt die totale Verschattung des linken Sinus maxillaris.

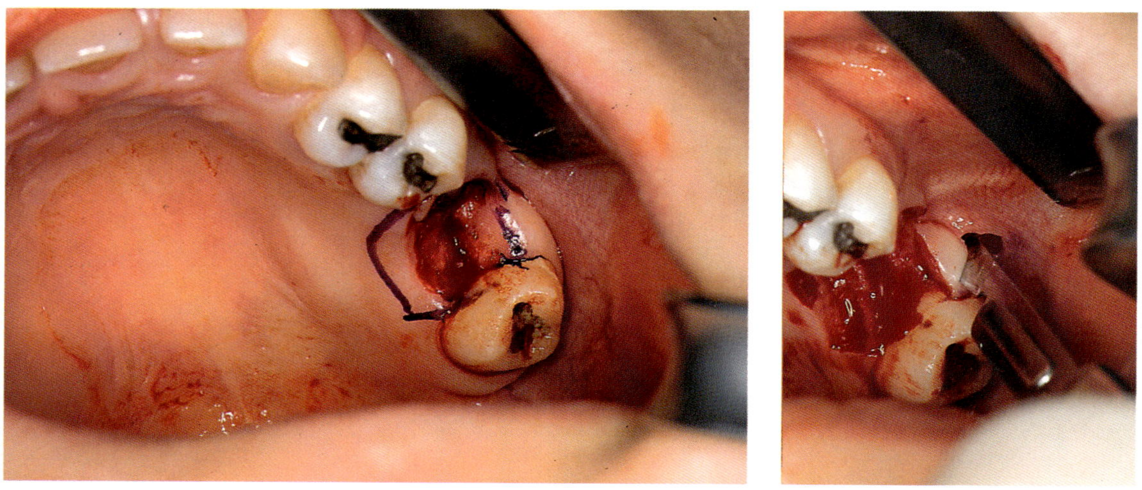

633 Fistelexzision
Um einen dichten Verschluß der Verbindung zu erreichen, muß auf knöcherner Unterlage vernäht werden, d.h. das Fistelmaul muß lateral und palatinal der Öffnung soweit exzidiert werden, daß ca. 2 mm Knochenrand entstehen.

Rechts: Durch zwei vertikale, leicht divergierende Inzisionen wird ein trapezförmiger Mukoperiostlappen im Vestibulum gebildet.

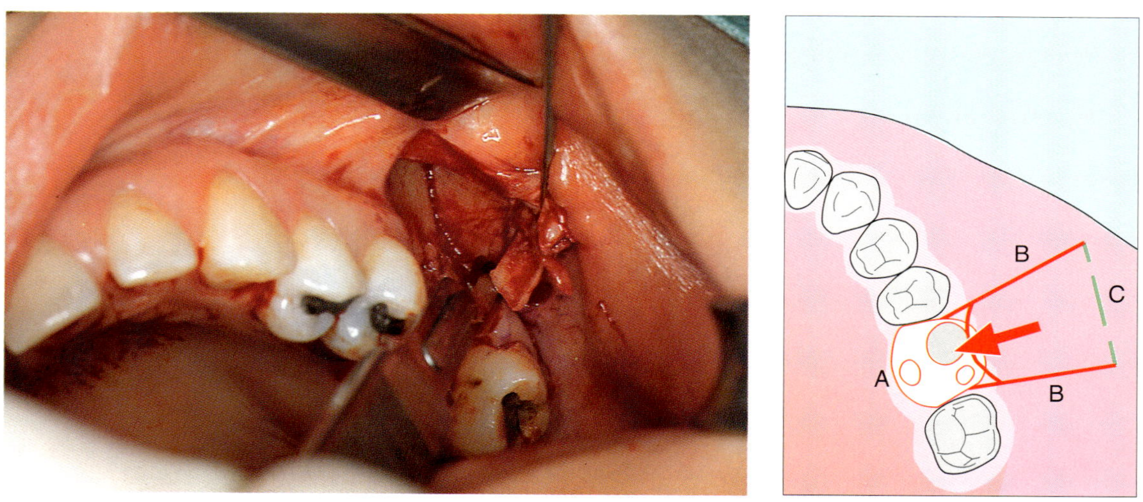

634 Lappenverlängerung
An der Basis (C im Schema) des abgehobenen Lappens wird das Periost durch mehrere horizontale Inzisionen durchtrennt, bis der Lappen spannungsfrei über die Alveole nach palatinal gezogen werden kann.

Rechts: Schema des chirurgischen Prinzips.

A = palatinale Exzision
B = seitliche Inzisionen
C = Periostritzung

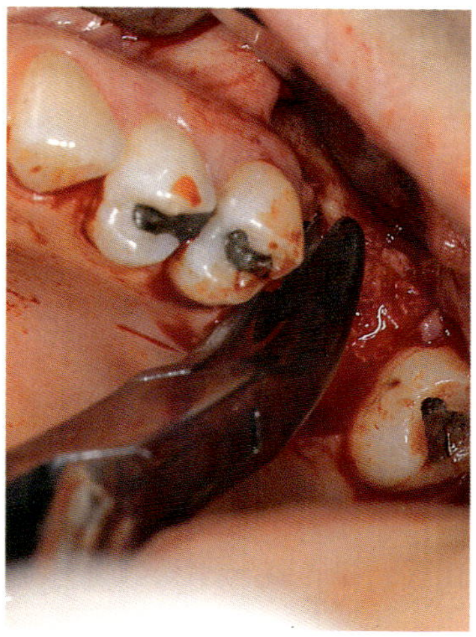

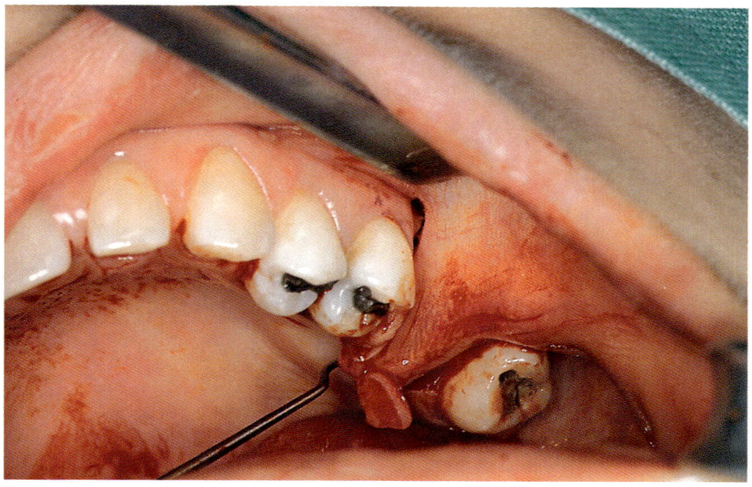

635 Wundversorgung
Der frei mobilisierte Lappen wird nun der Geometrie der Öffnung entsprechend zugeschnitten.

Links: Scharfe bukkale Knochenkanten werden geglättet, um Druckstellen und Nekrosen im Lappen zu vermeiden.

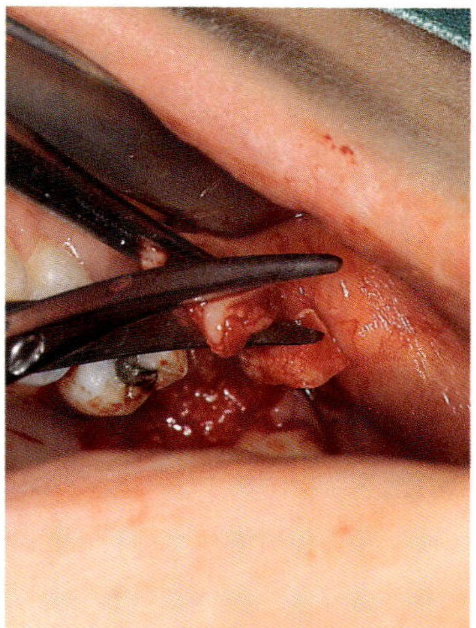

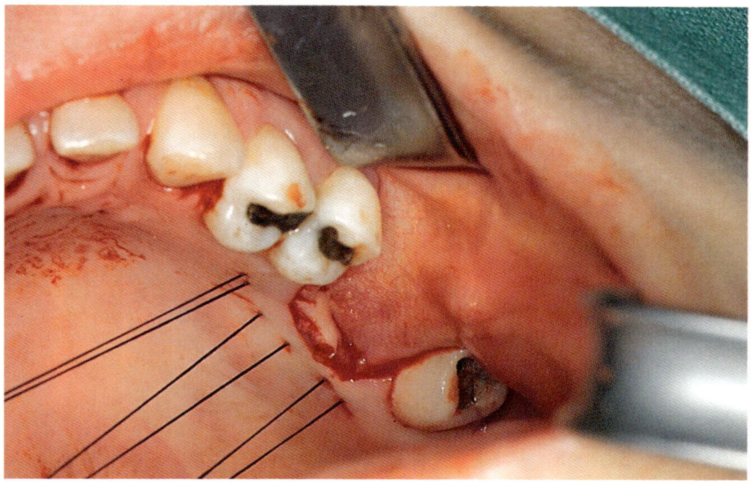

636 Nahtlegung
Mit einigen vorgelegten Matratzennähten wird der Lappen in der Öffnung fixiert.

Links: Kleine Anpassungskorrekturen können noch vorgenommen werden. Nach der letzten Naht kann die Dichtigkeit durch Blasprobe geprüft werden. Dabei muß vestibulär mit einem Tupfer Gegendruck gegeben werden, um ein Auspressen der Luft in die Weichteile zu verhindern (Emphysem).

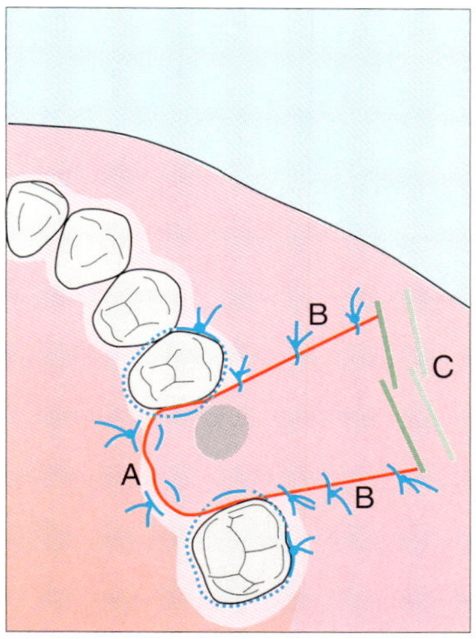

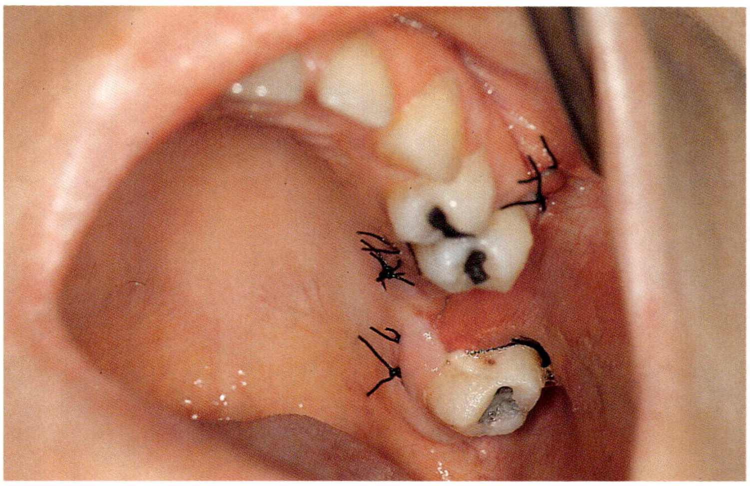

637 Nachbehandlung
Die Einheilung des Lappens wird nach 3 Tagen kontrolliert auf Hämatombildung, Nahtdehiszenzen und Vitalität des Lappens. Wunde mit Tupfer und H_2O_2-Lösung säubern. Die Nahtentfernung erfolgt 10 Tage postoperativ.

Links: Schema der Plazierung der Nähte zum dichten Verschluß.

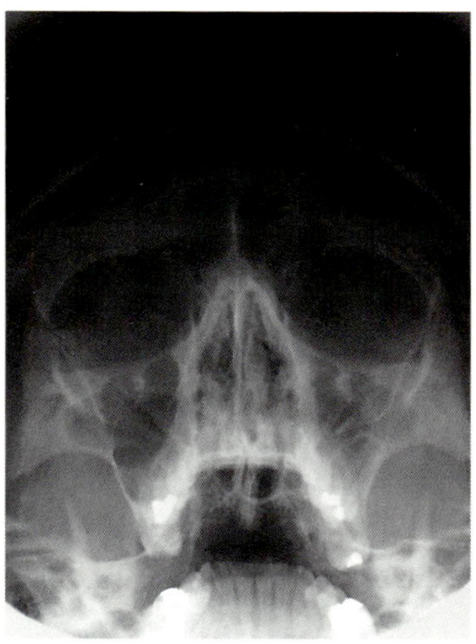

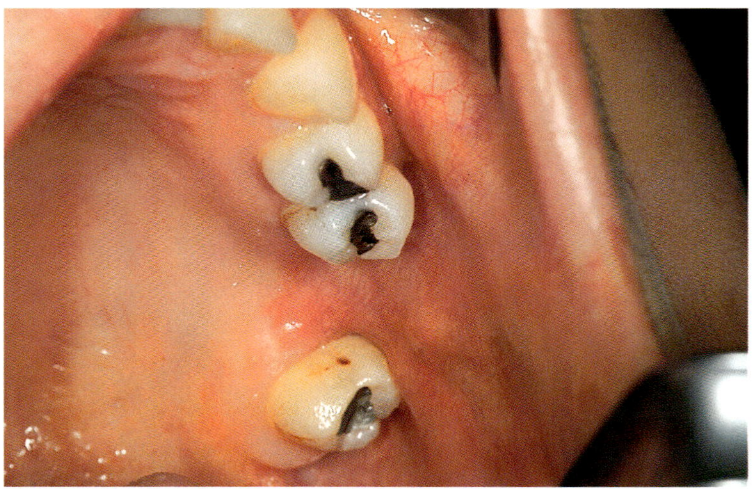

638 Spätkontrolle
Die lokale Situation zeigt den eingeheilten Lappen nach 3 Monaten mit Abflachung des Vestibulums. Sollten Weichteilkorrekturen vorgenommen werden, muß noch weitere 3 Monate zugewartet werden, um die Durchblutung des Lappens nicht zu gefährden.

Links: Kontrollaufnahme mit beidseits klaren, d.h. pneumatisierten Kieferhöhlen (vgl. Abb. 632).

Palatinaler Lappen

Indikation

Der palatinale Lappen wird verwendet, wenn der Defekt auf dem Kamm eher palatinal liegt und der vestibuläre Lappen ungünstig erscheint wegen der Lage der MAV oder weil das Vestibulum auf keinen Fall reduziert werden soll.

Chirurgisches Vorgehen

Exzision des Fistelmauls, damit vestibulär und lateral eine knöcherne Unterlage erreicht wird. Entsprechend der Defektgröße wird palatinal ein Mukoperiostlappen gebildet und um das Foramen palatinum majus mobilisiert. Die A. palatina major liegt im Lappen und dient seiner Blutversorgung. Der frei schwenkbare Lappen wird durch Matratzennähte über dem Defekt fixiert. Die freiliegende Knochenoberfläche wird mit einem JVD belegt und mit einer glasklaren Verbandplatte geschützt. Die Wundkontrolle findet nach 3 Tagen statt, die Nahtentfernung nach 10 Tagen. Weitere Kontrollen sollen wöchentlich erfolgen, bis die Knochenfläche epithelisiert ist. Die Verbandplatte kann bereits früher weggelassen werden.

Nach 3 Monaten, wie beim vestibulären Lappen, soll die Spätkontrolle erfolgen.

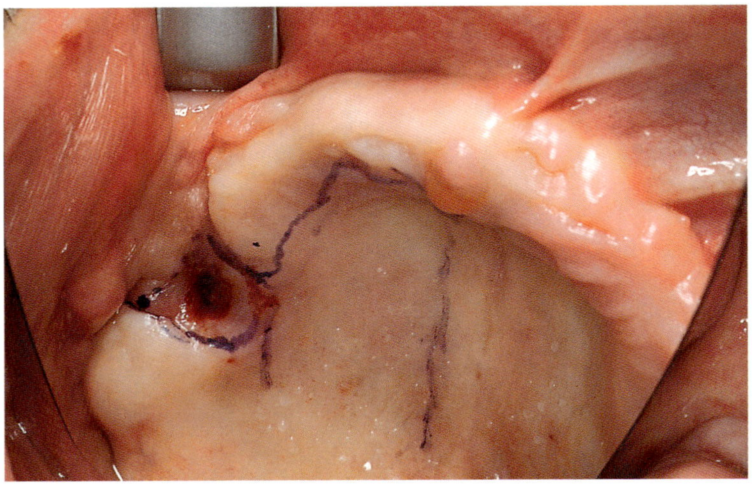
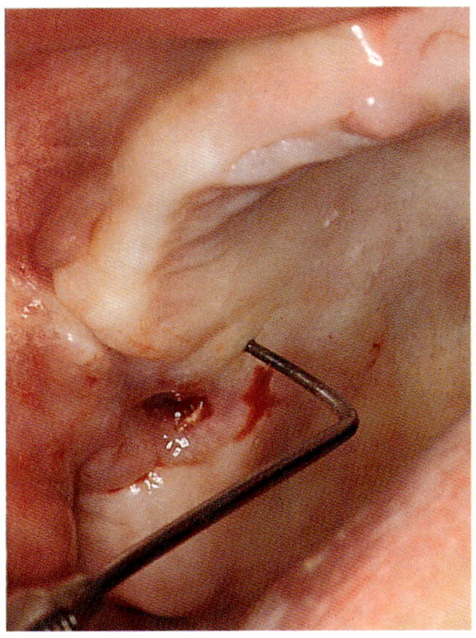

639 Palatinaler Lappen
Bei dieser 46jährigen Frau wurde der Zahn 16 vor einem Monat entfernt. Es wurde erfolglos versucht, den weit eröffneten Sinus mit einem vestibulären Lappen zu verschließen. Nach Behandlung der Sinusitis mit Antibiotika und mehrfacher Spülung der Kieferhöhle soll der eher palatinal gelegene Defekt mit einem palatinalen Lappen verschlossen werden. Die vestibuläre Schleimhaut ist narbig und fibrös. Die Inzisionen sind bereits eingezeichnet.

Rechts: Sondierung der knöchernen Begrenzung der MAV.

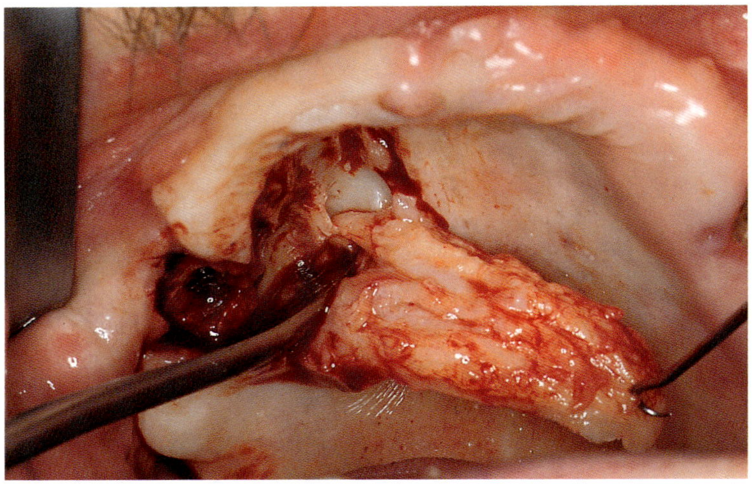
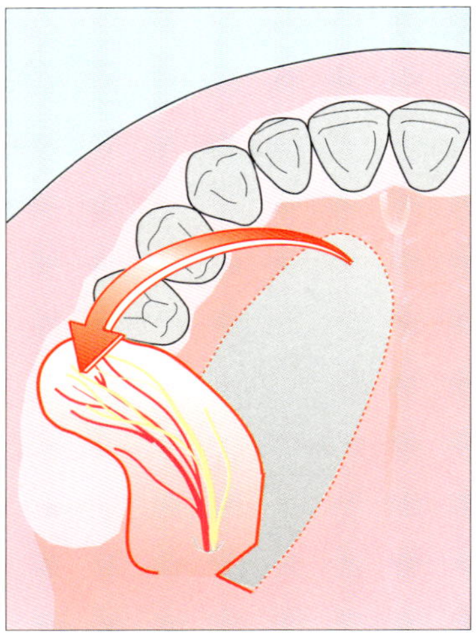

640 Fistelexzision
Durch zirkuläre Exzision wird die Schleimhaut um das Fistelmaul soweit exzidiert, bis eine gute knöcherne Unterlage für den neuen Lappen erzielt ist. Dann wird ein passender Mukoperiostlappen vom Gaumen gelöst. Der Verlauf der A. palatina muß beachtet werden. Die Arterie verläuft ungefähr im Zentrum des Lappens.

Rechts: Schema des chirurgischen Prinzips.

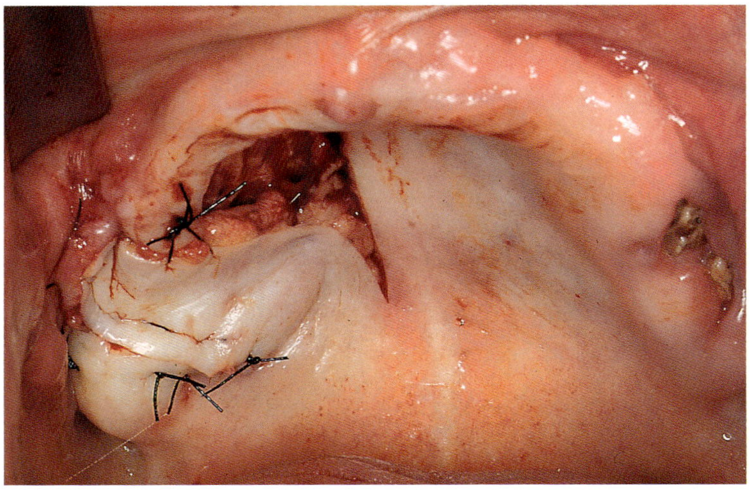
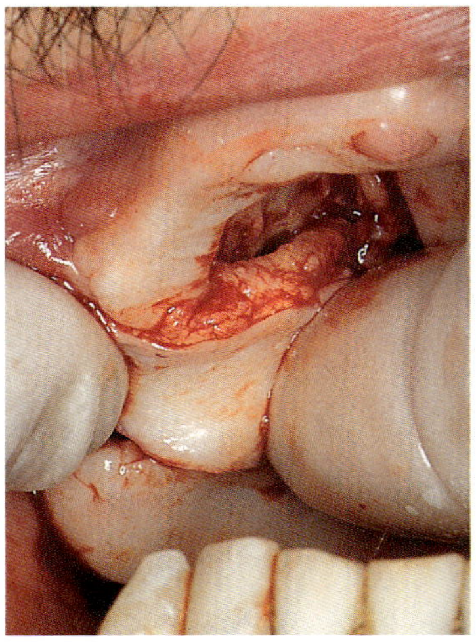

641 Lappenanpassung
Der Lappen wird palatinal bis zum Foramen palatinum mobilisiert, damit er ohne Strangulation der Arterie nach der Seite geschwenkt werden kann.

Rechts: Der Lappen wird nach Einprobe mit Einzelnähten über dem Defekt bukkal fixiert.

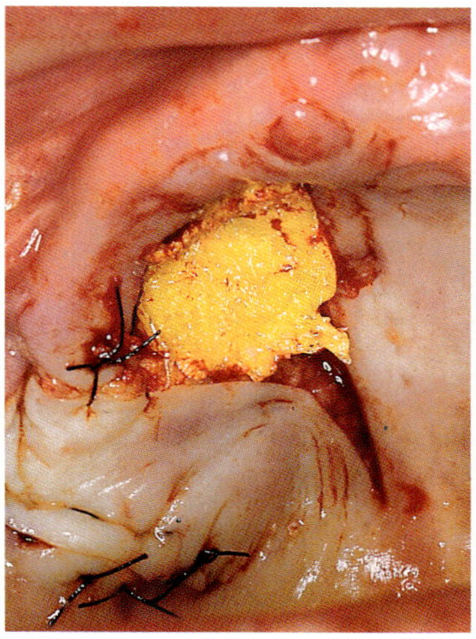

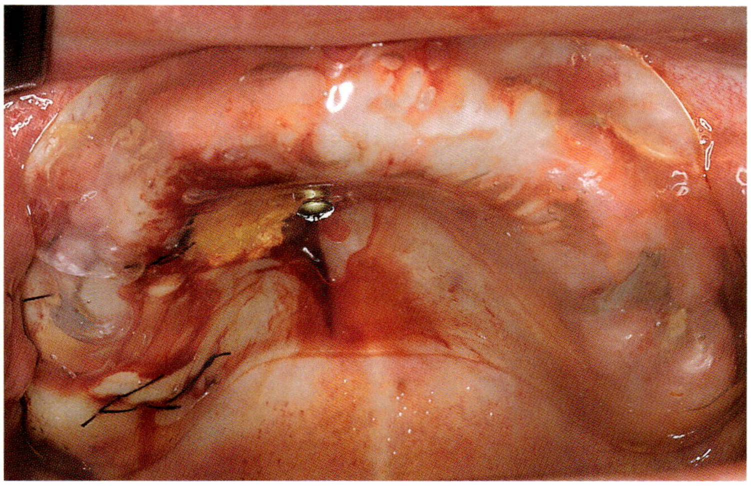

642 Wundversorgung
Die freie Knochenoberfläche wird mit einem JVD bedeckt und mit einer durchsichtigen Schutzplatte versehen. Der Lappen darf nicht gequetscht werden, am Rand sollen keine Druckstellen entstehen (anämische Stellen können durch die glasklare Schutzplatte erkannt werden). Diese Platte kann im zahnlosen Kiefer mit einer Schraube in der Mitte am Gaumen befestigt werden.

Links: Der durch die Lappenentnahme entstandene Defekt wird mit JVD bedeckt und der sekundären Heilung überlassen.

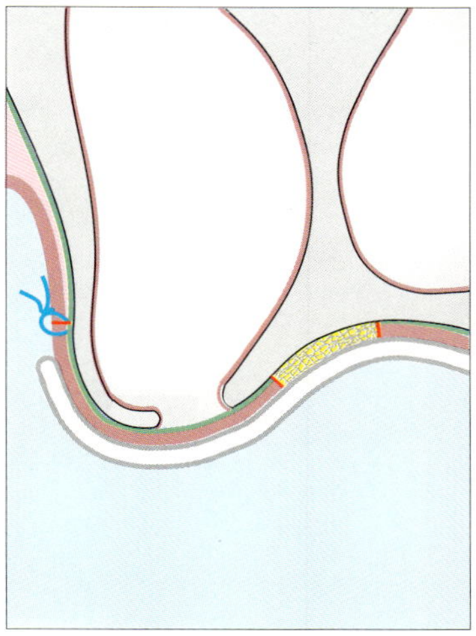

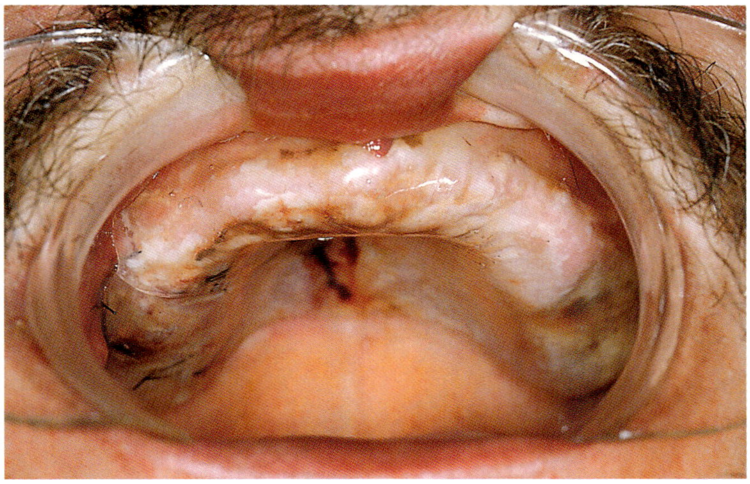

643 Nachbehandlung
Nach 3 Tagen wird der Zustand des Lappens überprüft auf Durchblutung, Nahtdehiszenzen und Druckstellen.

Links: Die Verbandplatte kann bei problemloser Situation ebenfalls entfernt werden. Die Wunde wird wieder mit einem JVD und Acetonkleber bedeckt.

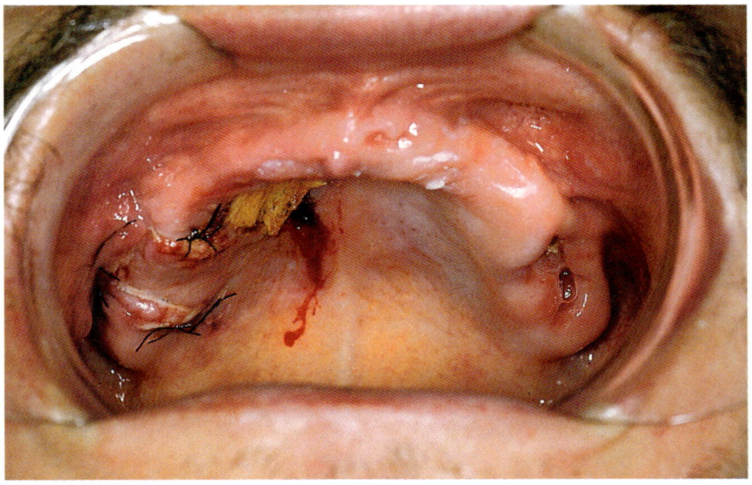

644 Verlauf
Nach 10 Tagen werden die Nähte entfernt. Der Lappen ist rosafarbig als Zeichen intakter Blutversorgung.

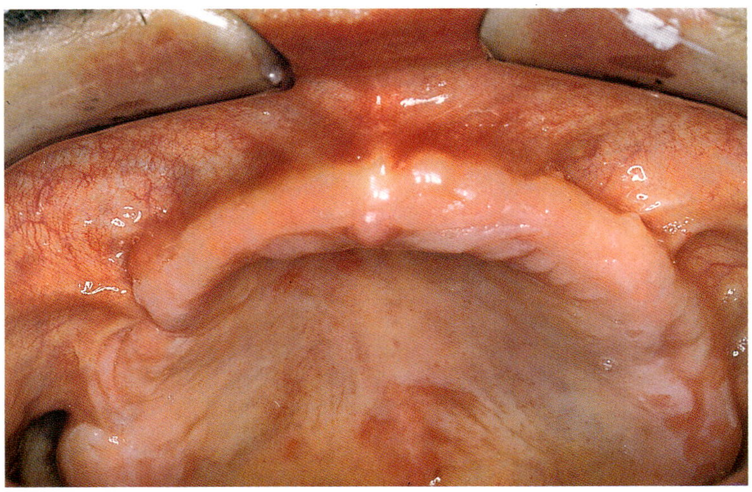

645 Behandlungsende
Nach 3 Monaten ist auch der palatinale Defekt nach Lappenbildung wieder epithelisiert. Eine partielle Vestibulumplastik sollte nach mißglückter vestibulärer Lappenbildung (Abb. 639) und entsprechender Abflachung und Vernarbung erfolgen.

Brückenlappen

Indikation

Bei MAV im zahnlosen Bereich auf dem Kamm; Vestibulum soll erhalten werden.

Chirurgisches Vorgehen

Durch zwei Querinzisionen über den Kamm wird ein palatinal und bukkal gestielter Mukoperiostlappen gebildet, durch Trennung des Periostes an der vestibulären Basis seitlich verschoben und über dem Defekt fixiert. Der entstandene palatinale Schleimhautdefekt auf dem Kieferkamm wird mit einem JVD bedeckt, evtl. Verbandplatte. Die weitere Behandlung erfolgt wie beim vestibulären Lappen (S. 236).

Komplikationen

Dehiszenzen

Innerhalb der ersten 3 Tage kann eine Sekundärnaht gelegt werden. Eine persistierende MAV nach diesem Intervall muß mit einer Zweitoperation behoben werden.

Lappennekrose

Entfernung aller Nähte, Abwarten der Demarkation und neue Operationsplanung.

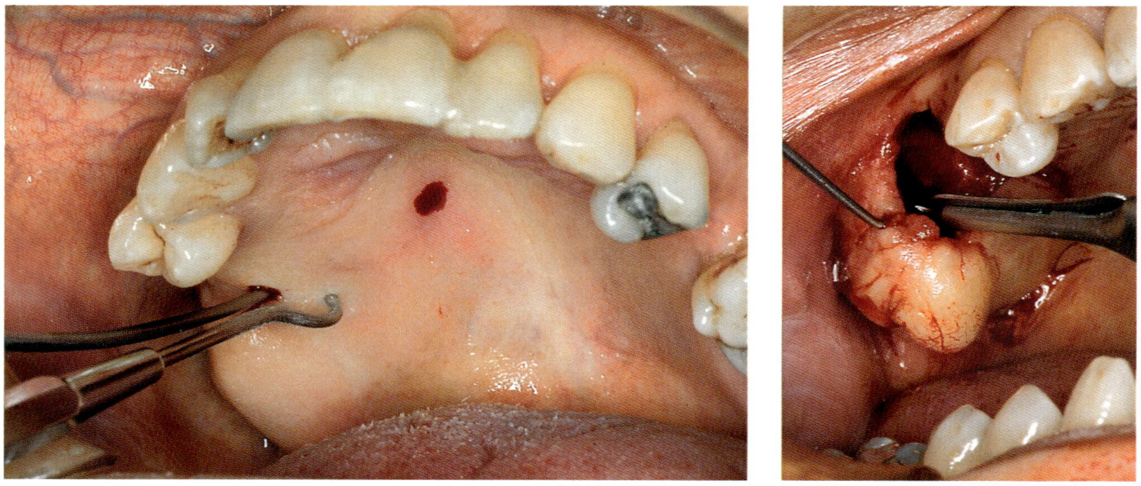

646 Brückenlappen
Der Vorteil liegt in der Erhaltung des Vestibulums bei zahnlosen Patienten und bei nach vestibulär und palatinal extendiertem Defekt im Knochen. Diese 40jährige Patientin zeigt eine relativ kleine Verbindung zur Kieferhöhle bei Zahn 16. Die Sondierung des Knochens in der Umgebung zeigt allerdings einen weit nach palatinal reichenden Defekt.

Rechts: Die unterminierende Präparation des vestibulär und palatinal gestielten Lappens.

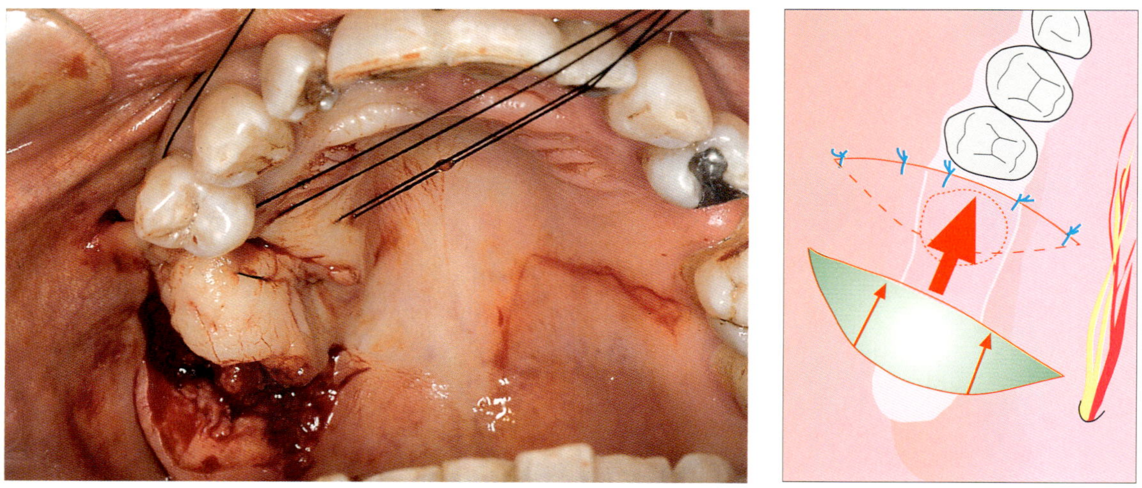

647 Fixieren des Lappens
Mit Matratzennähten wird der Brückenlappen mesial fixiert.

Rechts: Schema des chirurgischen Prinzips der Verschiebung eines beidseits gestielten Lappens über die Öffnung zur Kieferhöhle.

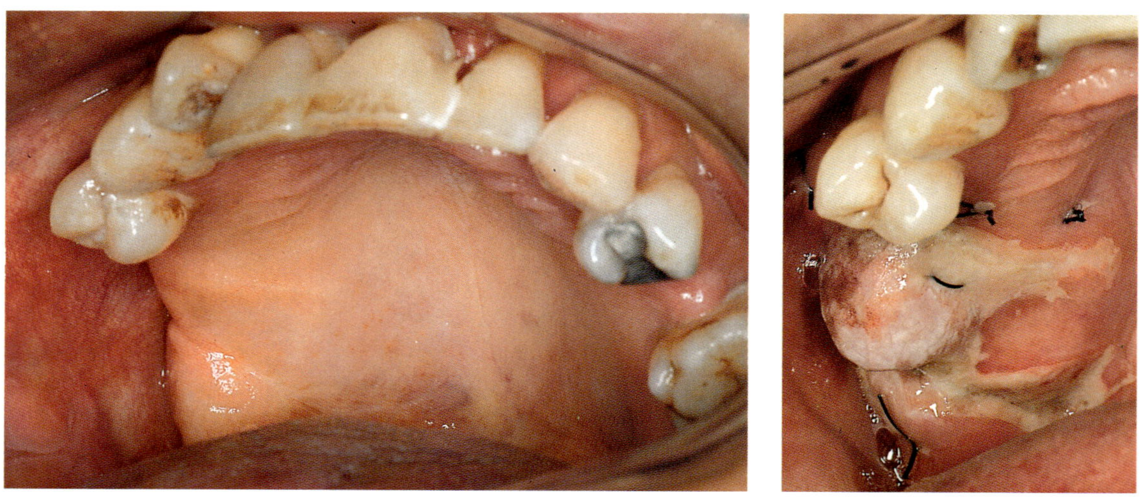

648 Nachbehandlung
Die erste Kontrolle erfolgt am 3. Tag nach der Operation: Der Lappen und der Entnahmedefekt sind mit Fibrin belegt (*rechts*). Die Nahtentfernung wird eine Woche danach und die Spätkontrolle nach 3 Monaten durchgeführt.
Das Bild zeigt den Zustand nach 1 Jahr (*links*).

Speicheldrüsenerkrankungen

Physiologie

Speicheldrüsen

Es gibt große und kleine Speicheldrüsen, ihr Ursprung ist ektodermal. Die Sekrete der verschiedenen Speicheldrüsen unterscheiden sich erheblich in ihrer Zusammensetzung und Viskosität. Der in die Mundhöhle abgegebene Speichel (Endspeichel) ist im Vergleich zum Blutserum hypoton und eiweißreicher. Die Speichelflüssigkeit besteht zu 99 % aus Wasser. 1 % besteht vorwiegend aus großen und kleineren organischen Molekülen, wie Proteine, Glykoproteine und Lipide, Glucose und Harnstoff. Dazu kommen Elektrolyte, v.a. Natrium, Calcium, Chloride und Phosphate. Die Speichelsekretion wird durch das autonome Nervensystem reguliert. Die täglich produzierte Speichelmenge liegt bei 500–1000 ml. Die Speicheldrüsen machen typische Altersveränderungen mit, wobei der Azinusanteil gegenüber dem fibrösen und fibrolipösen Gewebeanteil abnimmt. Dadurch wird auch die Speichelzusammensetzung verändert. Die Speichelmenge bleibt aber beim gesunden Menschen ohne Medikamenteneinwirkung etwa konstant (Baum 1986, Mandel 1987).

Kleine Speicheldrüsen

Es gibt etwa 300 – 400. Sie liegen in der Lippen-, Wangen- und Gaumenschleimhaut und produzieren eher mukösen Speichel.

Große Speicheldrüsen

Glandula parotis (seröser Speichel).
Glandula submandibularis (vorwiegend seröser Speichel).
Glandula sublingualis (vorwiegend muköser Speichel).

Hauptfunktionen des Speichels

Schutzfunktion durch Schmierung, Reinigung, Pufferung (Karies), Keimverminderung und Remineralisation der Zähne.
Speichel ist notwendig für gewisse Verdauungsschritte (Amylase, Lipase, Proteasen, Ribonukleasen), die Wässerung und Befeuchtung der Schleimhäute zur Erhöhung der Beweglichkeit (Sprache) und für den Temperaturausgleich.

Pathologie und Diagnostik

Speicheldrüsenentzündungen

Akut: Schmerzen, Schwellung, Eiter.
Chronisch: Fibrosierung, fehlende Sekretproduktion.

Speichelsteine

Sie sind häufig Ursache oder Folge einer Speicheldrüsenentzündung, besonders der Glandula submandibularis (80 %), seltener der Glandula parotis oder sublingualis. Durch Ausfällung von Calciumsalzen bei Ausfall der Schutzkolloide können Konkremente entstehen, welche die Speichelsekretion stauen. Speichelsteine in den peripheren Ganganteilen sind leicht tastbar, die Ausmündungsstellen in der Mundhöhle sind oft entzündlich gerötet. Der Speichel ist meist getrübt.

Sialadenose

Nichtentzündliche Parenchymveränderungen, die oft mehrere Speicheldrüsen betreffen, meist die Glandula parotis. Die Schwellungen sind ohne erkennbare Ursache rezidivierend. Ein möglicher Zusammenhang mit Mangelzuständen, Avitaminosen, Hypophysen- und Schilddrüsenerkrankungen sollte internistisch abgeklärt werden.

Syndrome

Sjögren-Syndrom (rheumatische Erkrankung).
Herfordt-Syndrom (Sarkoidose).
Mikulicz-Syndrom (malignes Lymphom, lymphoretikuläre Hyperplasie, Sialosen).

Tumoren

Adenom (pleomorphes bzw. monomorphes Adenom).
Adenolymphom.
Onkozytom.
Mukoepidermoidtumor.
Karzinome.

Sialometaplasie

Lokale schmerzlose Schwellungen der kleinen Speicheldrüsen, meist am harten Gaumen. In der Regel sind sie gut abgegrenzt, die Umgebung ist gerötet. Ursache ist ein Speicheldrüseninfarkt bei vaskulärer Insuffizienz (Makek u. Sailer 1985).

Differentialdiagnose: Pleomorphes Adenom, Karzinom.

Therapie: Bei kleinen Speicheldrüsen am Gaumen und bei guter Begrenzung kann das ganze Drüsengewebe entfernt werden. Cave Anatomie des umgebenden Gewebes.

Wundversorgung: Sie erfolgt durch Naht oder bei Defekten, die nicht primär verschlossen werden können, durch sekundäre Verheilung mit Verband und Schutzplatte.

Nota bene
Ausgedehntere und nicht klar abgrenzbare Veränderungen sollen dem Spezialisten überlassen werden.

649 Sialographie – Glandula parotis
Neben dem klinischen Befund mit Anamnese gibt die Kontrastaufnahme des Drüsengewebes weiteren Aufschluß über den morphologischen Zustand der Speicheldrüsen: Gangstenosen, Konkremente, Atrophie des Parenchyms und weitere Veränderungen im Gangsystem. Die Sialographie der Parotis in der seitlichen und der p.-a. Ansicht (*rechts*) zeigt ein gut verzweigtes Gangsystem ohne Anzeichen eines Staus oder einer Stenose.

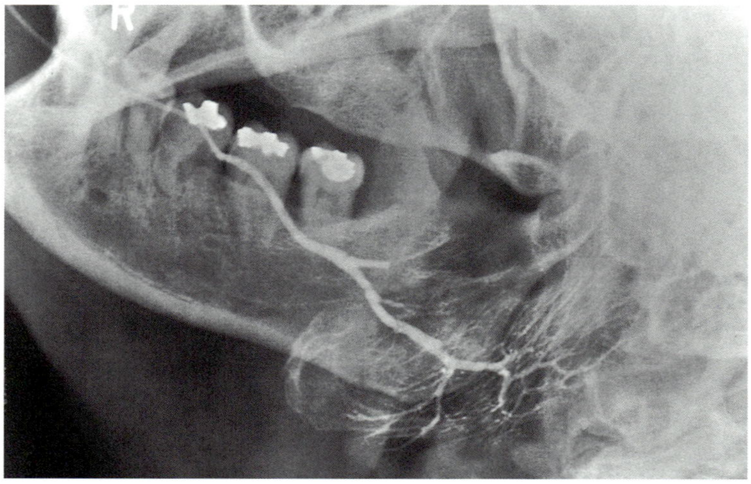

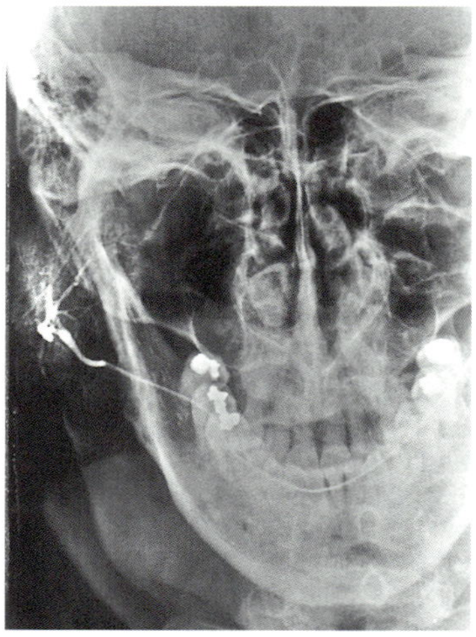

650 Sialographie – Glandula submandibularis
Die Kontrastdarstellung der Glandula submandibularis zeigt eine verkümmerte Verästelung mit peripheren Erweiterungen bei einer Sialoadenitis.

Rechts: Sialographie der Glandula submandibularis in p.-a. Projektion.

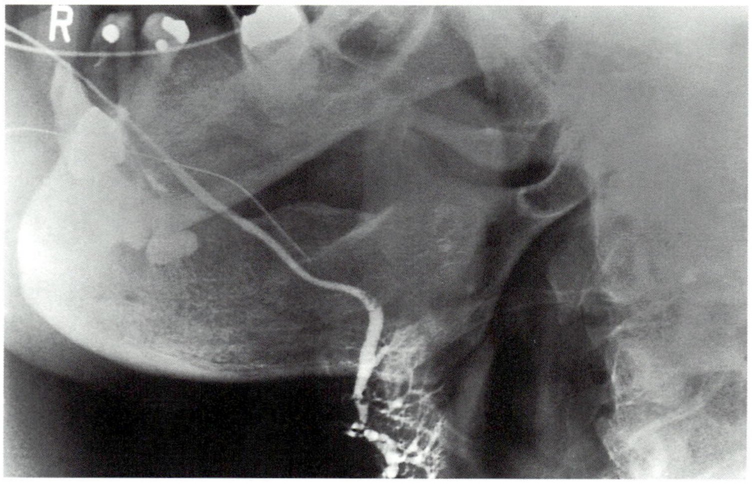

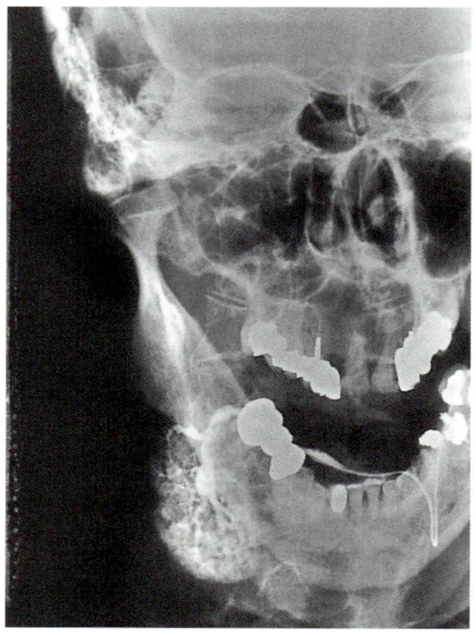

651 Sialolithiasis
Das OPT zeigt einwandfrei ein im vorderen Ganganteil liegendes Konkrement, einen Speichelstein (Sialolith).

Rechts: Enukleation nach Schlitzung des Ganges des sehr großen Speichelsteins.

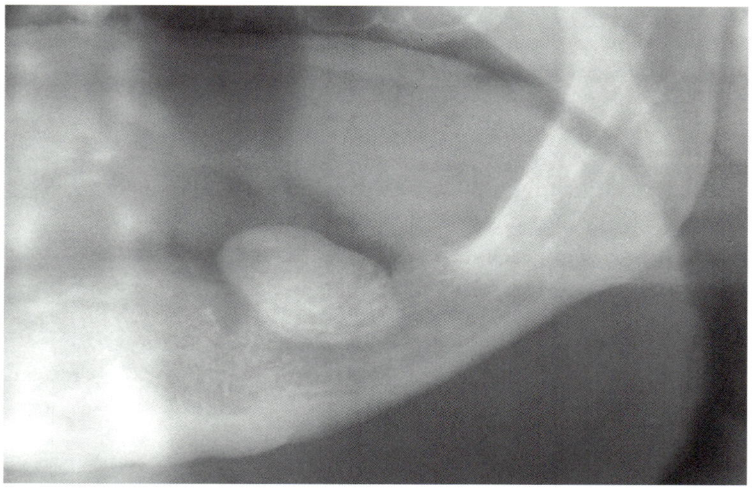

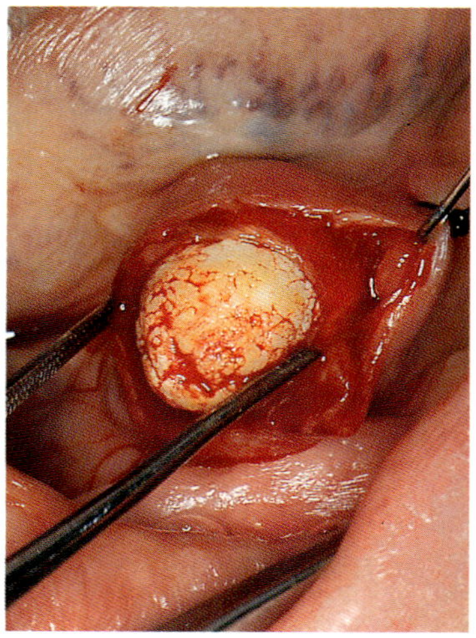

Untersuchungsmöglichkeiten der Speicheldrüsen

(Delbalso 1990, FDI Working Group 1992)

Beurteilung der Speicheldrüsenfunktion

Die Speichelflußrate beträgt im Ruhezustand ca. 0,3–0,4 ml/min. Bei Stimulation steigt die Flußmenge auf 1–2 ml/min an. Die individuellen Unterschiede sind aber groß, so daß kaum verbindliche Mindestmengen angegeben werden können. Nur selten wird über Hypersalivation geklagt (etwa beim Morbus Parkinson), hingegen sind Beobachtungen über Mundtrockenheit bedeutend häufiger. Die Messung der Speicheldrüsenfunktion erfolgt durch Sialometrie (flow rate), Szintigraphie (Aufnahme und Ausscheidung eines Radionukleids) und Sialographie. Weiter können Laboruntersuchungen bezüglich Bakteriologie und Sialochemie veranlaßt werden.

Die durch verminderten Speichelfluß bedingte Mundtrockenheit wird als Xerostomie bezeichnet.

Ursachen der Xerostomie

- Medikamente und Drogen.
- Radiotherapie.
- Systemerkrankungen wie Sjögren-Syndrom, Kollagenosen, Bindegewebserkrankungen, hormonelle Störungen (Diabetes), neurologische Erkrankungen, Dehydrierung und AIDS.
- Psychogene Störungen wie Depression.
- Speicheldrüsenatrophie mit zunehmendem Alter oder bei chronischer Unterstimulation.

Sialographie und Szintigraphie

Die Darstellung der Drüsengänge im Röntgenbild durch ein Kontrastmittel soll nicht im akuten Entzündungszustand durchgeführt werden, da sie eine zusätzliche Traumatisierung der Drüse darstellt.

Die Sialographie eignet sich zur Sichtbarmachung des Drüsenparenchyms bei unklaren Schwellungen der Speicheldrüsen und zur Darstellung von Hindernissen (Speichelsteine) in den Ausführungsgängen. Auch bei Xerostomie kann diese Kontrastdarstellung zur Bestätigung einer Drüsenatrophie herangezogen werden. Die Aktivität einer Speicheldrüse kann jedoch besser durch die Szintigraphie beurteilt werden. Dabei wird die Aufnahme- und die Ausscheidungsrate eines injizierten Radionukleids (z.B. Technetium) durch die Speichelproduktion gemessen und bildlich dargestellt.

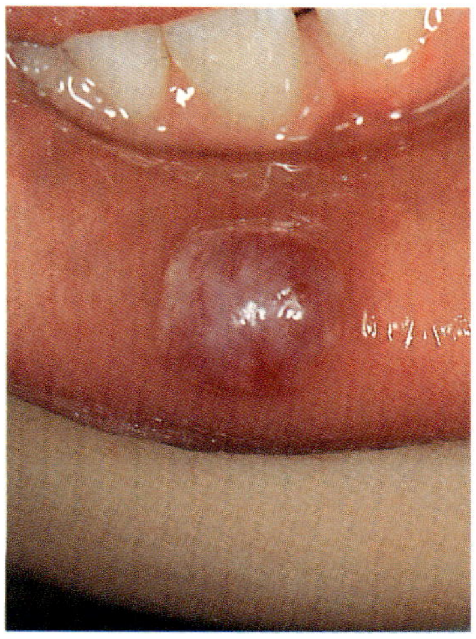

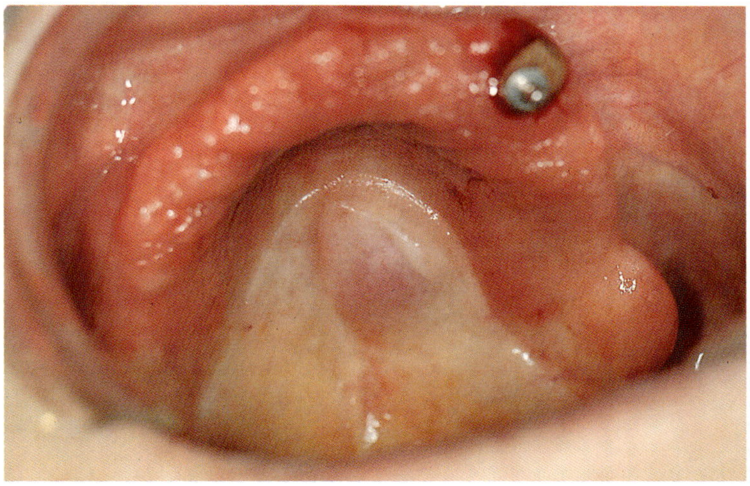

652 Speichelretentionszysten

Die pralle, bläuliche Schwellung am harten Gaumen links läßt sich anamnestisch und qualitativ meist vom pleomorphen Adenom unterscheiden.

Links: Der klinische Befund zeigt eine pralle, umschriebene, nicht auspreßbare Schwellung, die innerhalb von Tagen entstehen kann. Diese Form der Speicheldrüsenerkrankung wurde bei Weichteilzysten (S. 221 ff.) behandelt.

Ultraschalldiagnostik

Sowohl die Glandula parotis wie auch die Glandula submandibularis sind der Ultraschalluntersuchung leicht zugänglich. Beide Strukturen liefern ein klares Echo, das dem der Glandula thyroidea ähnlich ist. Die Ultraschalluntersuchung läßt einwandfrei zwischen intra- und extraglandulären Gewebemassen differenzieren und auch solide von zystischen und komplexen Läsionen unterscheiden.

CT und MRI

Obwohl das CT bei entsprechendem Weichteilfenster eine einwandfreie Beurteilung von Drüsen- und umliegenden Geweben zuläßt, liefert das MRI überlegene Darstellungen der Weichgewebe. Diese Aufnahmetechnik kann die Gewebebegrenzungen besser darstellen und läßt auch die Abgrenzung zum N. facialis und Parotistumoren erkennen. Der Vorteil des MRI liegt im Fehlen von Artefakten durch zahnärztliche Materialien an den Zähnen, welche eine CT unlesbar machen können.

Chirurgische Behandlung

Speichelsteine im Ductus submandibularis

Unterlagen

OPT, Zahnröntgen, Unterkieferaufbißaufnahme und evtl. CT. Sialographie zur Darstellung des Gangsystems und zur Erkennung der Konkremente; sie dient auch der Kontrolle nach der Entfernung von Speichelsteinen.

Anästhesie

Infiltration am N. lingualis und Infiltration im Mundboden.

Operatives Vorgehen

Ligatur des Ductus submandibularis proximal des Steins, um ein Verschieben desselben zu verhindern, Sondierung des Duktus und Inzision über der Sonde (Schonung der begleitenden Gefäße und Nerven (v.a. N. lingualis). Der Stein wird luxiert, der Duktus nachgespült. Entfernung der Ligatur, Einlegen eines Gummiröhrchens zur Offenhaltung des Duktus und Verhinderung einer Narbenstriktur. Der Speichelfluß wird durch die neue Austrittsstelle (Gummiröhrchen) kontrolliert.

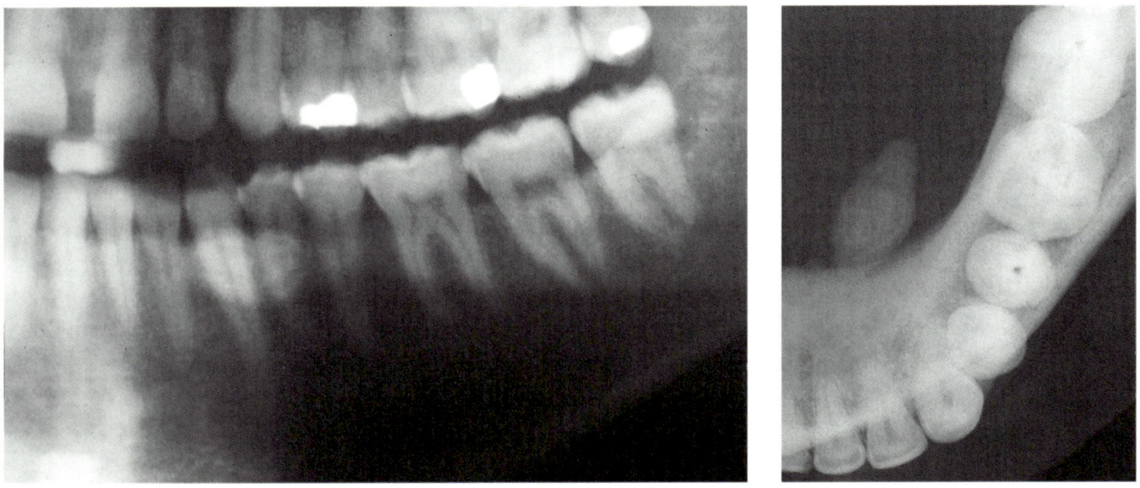

653 Sialolith im Ductus submandibularis
Dieser 34jährige Mann leidet periodisch bei den Mahlzeiten unter einer submandibulären Schwellung links, verbunden mit ziehenden Schmerzen. Die Übersichtsaufnahme zeigt eine diskrete Verdichtung in der Gegend der Wurzeln der Zähne 34/35.

Rechts: Die Aufbißaufnahme (Ausschnitt) zeigt den im vorderen Drittel des Ductus submandibularis liegenden Stein.

Ⓢ

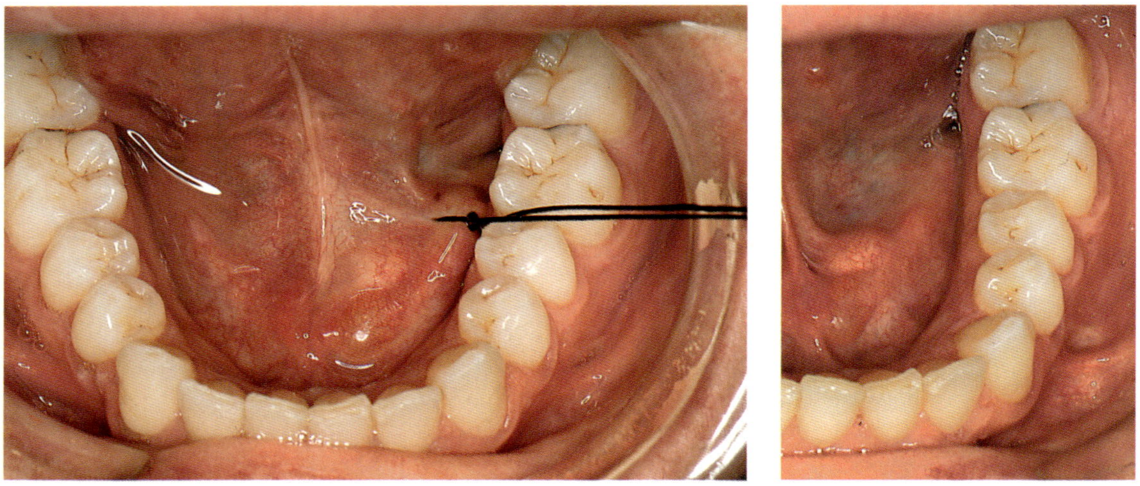

654 Operatives Vorgehen – Gangligatur
Zuerst wird nach Anästhesie des N. lingualis proximal des Steines der Duktus ligiert, um ein weiteres Abgleiten des Steines zu verhindern.

Rechts: Klinischer Zustand vor der Operation mit der Schwellung im rechten Mundboden.

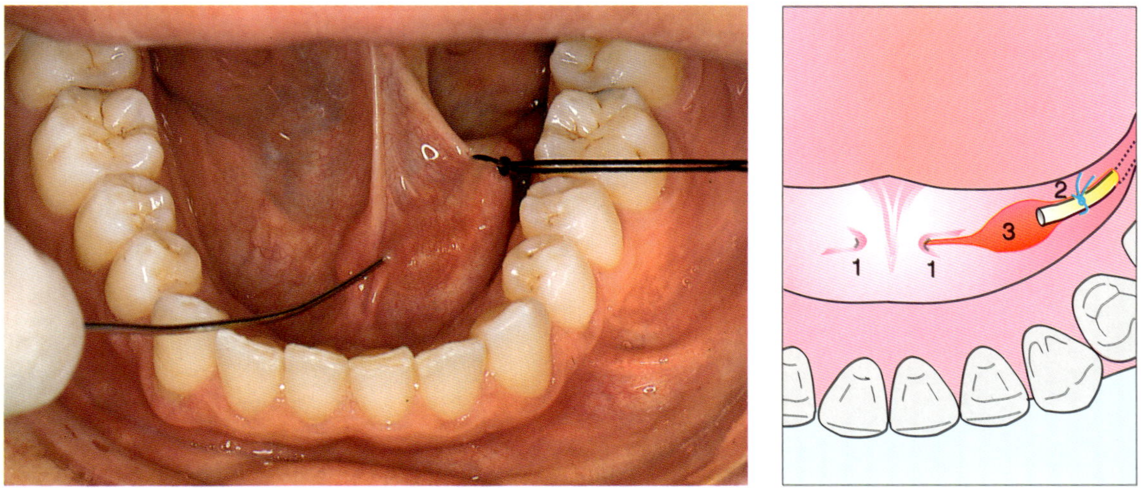

655 Sondierung
Der Gang wird sondiert und unter der Schleimhaut angehoben.

Rechts: Schema des chirurgischen Prinzips.

1 Caruncula sublingualis
2 Gummiröhrchen mit Fixationsnaht
3 Gespaltener Gang

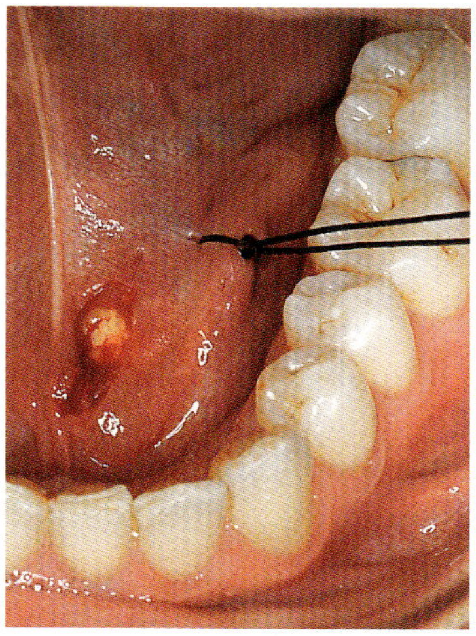

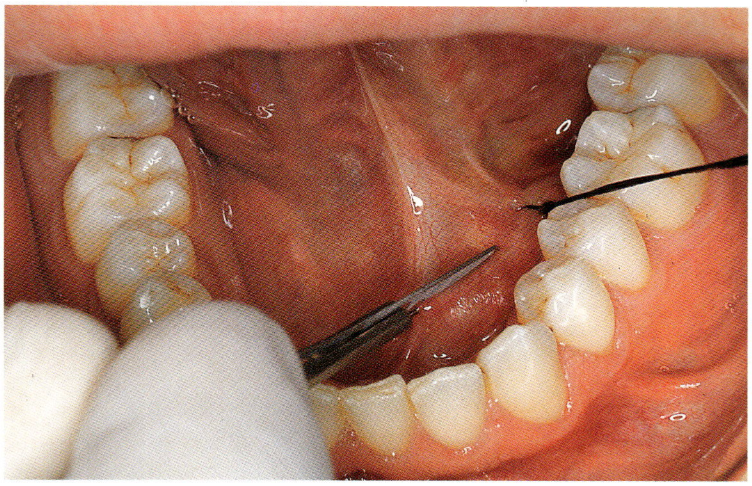

656 Eröffnung
Der Gang wird entlang der Sonde mit dem Skalpell aufgeschlitzt.

Links: Der Stein wird sichtbar.

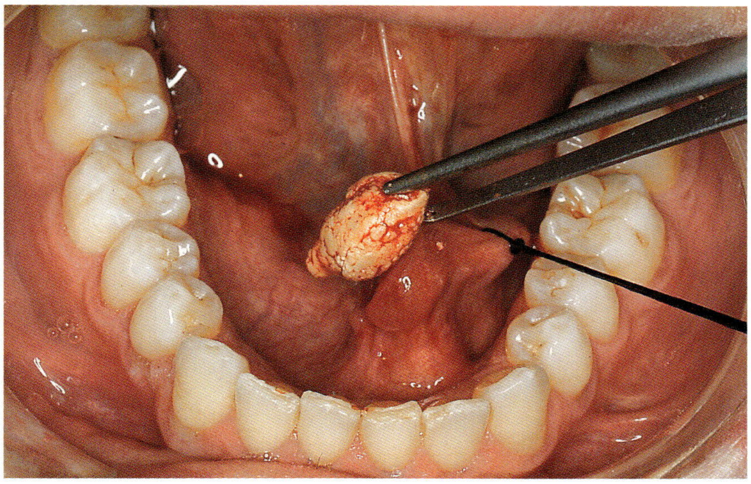

657 Steinentfernung
Mit der Klemme oder der chirurgischen Pinzette kann der Stein aus seiner Lage entwickelt werden.

Links: Der über 1 cm große Stein wird makroskopisch begutachtet.

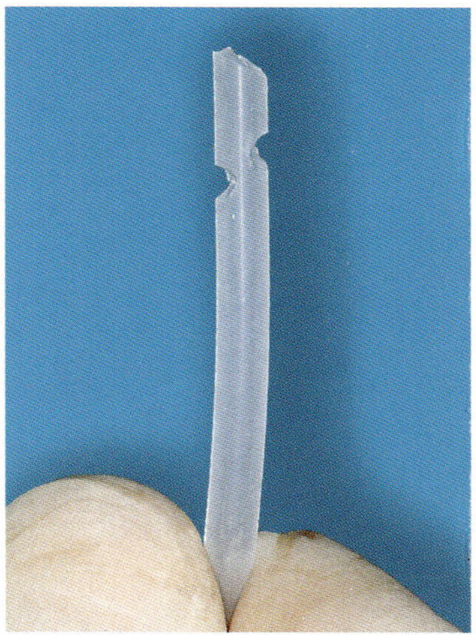

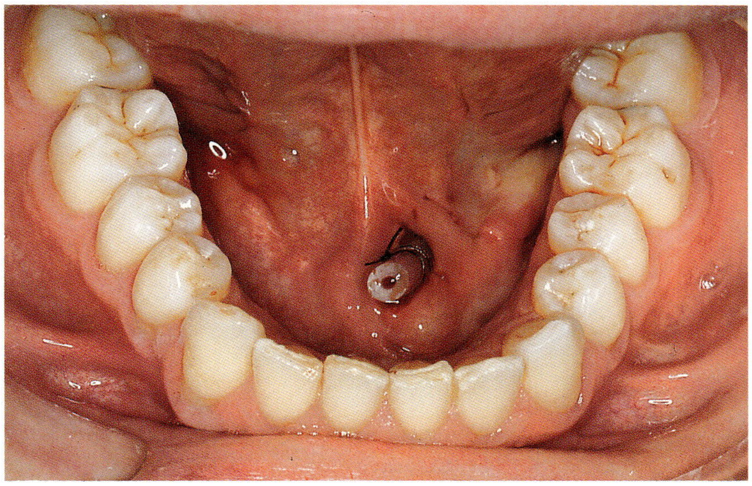

658 Wundversorgung
Um eine Stenose des Ganges durch Vernarbung zu verhindern, wird bei der neuen Ausgangsstelle ein kleiner Gummischlauch für 8 Tage eingenäht.

Links: Um dem Speichel leichteren Abfluß zu ermöglichen, werden seitliche Perforationen angebracht. Das im Gang liegende Ende wird etwas gerundet.

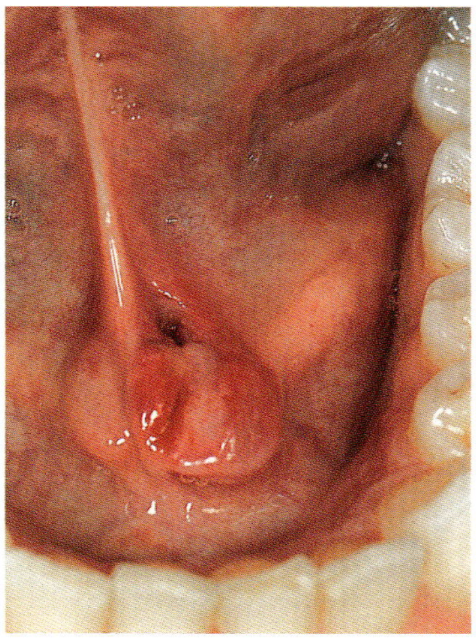

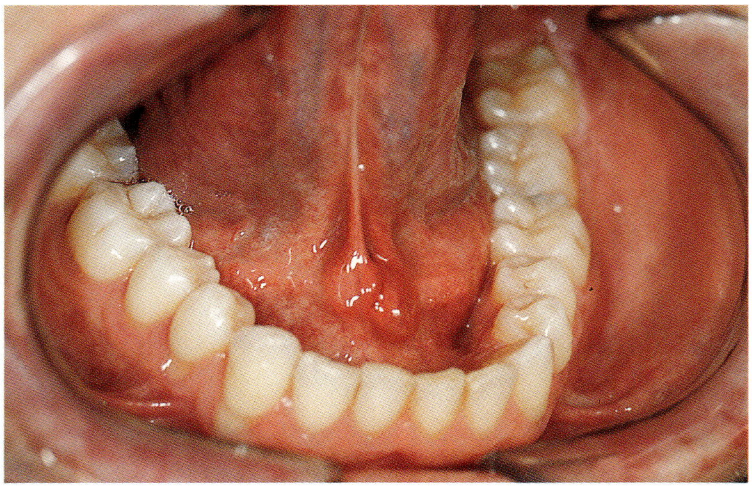

659 Nachbehandlung und Behandlungsende
Nach einer Woche wird das Röhrchen entfernt. Der Patient wird angewiesen, bereits postoperativ speichelprovozierende Nahrung aufzunehmen oder saure Tabletten zu lutschen (*links*).

Die Spätkontrolle nach einem Jahr zeigt normalen Speichelabfluß aus der nun mehr distal gelegenen Mündung des Ductus submandibularis (*rechts*).

Speichelstein im Ductus parotideus

Klinisches Bild

Die zeitlich mit der Speichelstimulation auftretende einseitige Schwellung der Glandula parotis läßt einen Speichelstein im Gang vermuten. Differentialdiagnostisch müssen andere Erkrankungen ausgeschlossen und der Stein radiologisch durch ein Sialogramm nachgewiesen werden. In seltenen Fällen können auch Parafunktionen mit Hypertrophie des M. buccinator oder M. masseter zeitweilige Stenosen im Speichelgang verursachen.

Operatives Vorgehen

Die Entfernung des Speichelsteins aus dem peripheren Anteil des Ductus parotideus kann durch Schlitzung des Ganges über der eingelegten Sonde erfolgen. Tiefer gelegene Steine sollen durch den Spezialisten abgeklärt und behandelt werden.

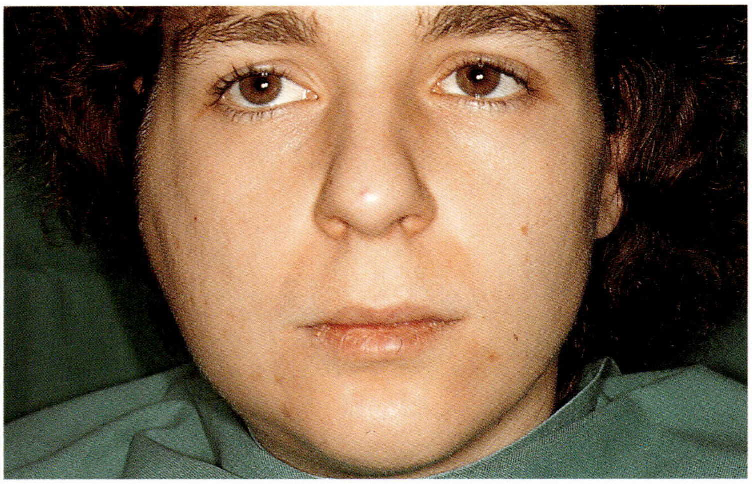

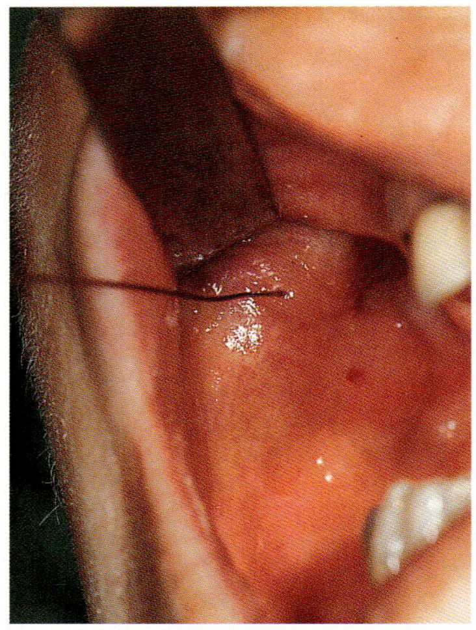

660 Sialolithen im Ductus parotideus
Diese 31jährige Frau leidet seit Monaten unter rezidivierenden Schwellungen am Kieferwinkel und im Ohrbereich rechts mit ziehenden Schmerzen, die vorwiegend beim Essen auftreten. Extraoral imponiert die relativ pralle druckdolente Schwellung im Parotisbereich rechts.

Rechts: Die Papilla parotidea ist gerötet, Speichel kann nur unter Schmerzen und in geringer Menge ausmassiert werden. Der Speichel ist anfänglich leicht trübe.

Ⓐ

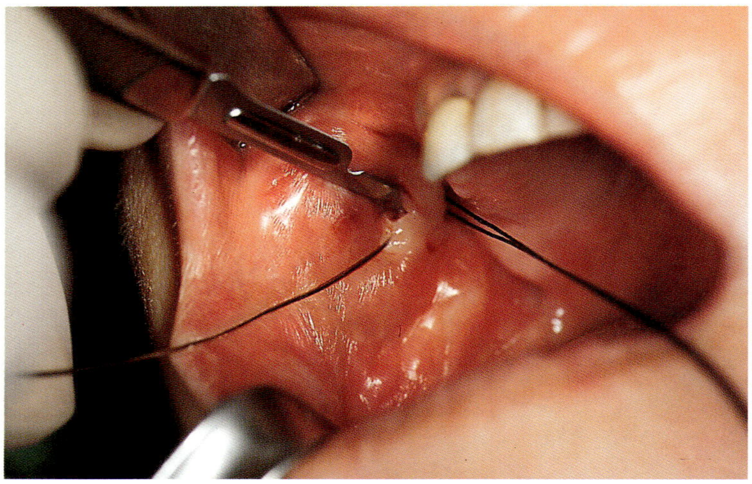

661 Chirurgisches Vorgehen – Gangligatur
Vor jeder weiteren Sondierung des Ganges wird distal des tastbaren Steines ligiert. Die Schleimhaut wird bis auf den Stein inzidiert.

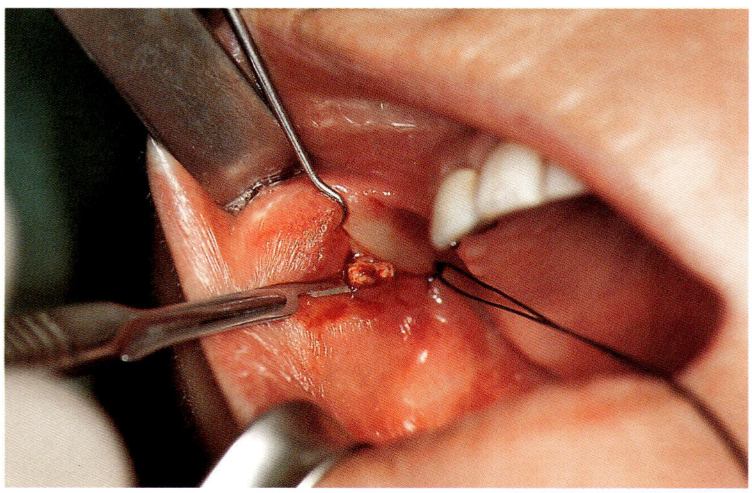

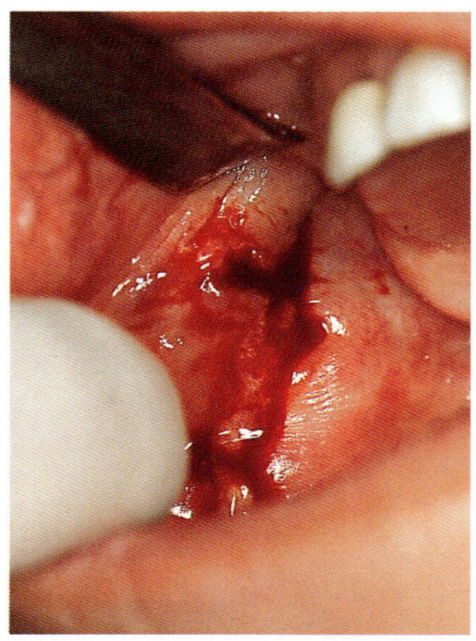

662 Entfernung des Steins und Nachkontrolle
Der Stein kann leicht aus dem Duktus mit einer Pinzette entfernt werden. Die Wunde wird bei dieser kurzen Inzision der Spontanheilung überlassen. Zur Offenhaltung der Mündung wird Kaugummi mit Zitronengeschmack empfohlen.

Rechts: Die kleine Inzisionswunde wird offengelassen und der Speichelausfluß kontrolliert.

Tumoren

Definition

Als Tumor bezeichnen wir eine anarchistische, autonome und progressive Neubildung aus körpereigenen Zellen.

Pathologie und Diagnostik

Die Erkennung von tumorösen Erkrankungen und ihre Abgrenzung gegenüber entzündlichen Erscheinungen bedingt eine umfassende Anamnese- und Befunderhebung. Im Zweifelsfall muß der Spezialist beigezogen werden (Mittermeier u. Mitarb. 1980, Schroeder 1991, Shafer u. Mitarb. 1974, Van der Waal 1993).

Diagnoseweg

	gutartig	bösartig
Anamnese:		
Schmerzen:	ja/nein	nein
Beobachtungszeit:	lang	kurz
Gewichtsverlust:	nein	möglich
Generelle Befunde:		
Schwellung abgegrenzt:	ja	nein
Schwellung verschieblich:	ja	nein
Oberfläche verschieblich:	ja	nein
Oberfläche intakt:	ja	nein
Regionale Lymphknoten:	keine	möglich

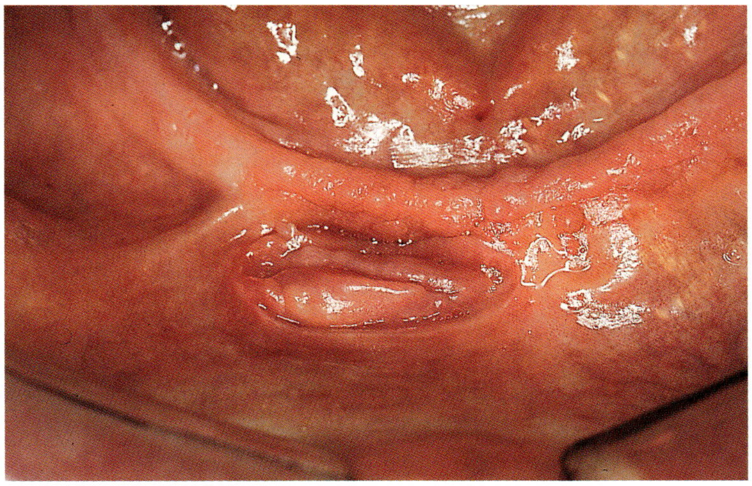

663 Gutartige Veränderung
Die gutartige Veränderung zeigt meist eine klare Ursache und ist gut abgrenzbar. Die Ulzeration ist schmerzhaft und die lokalen Therapiemaßnahmen zeigen eine entsprechende Wirkung. Im Bild ist eine schmerzhafte Ulzeration im Vestibulum des Unterkiefers zu sehen, ihre Begrenzung ist gut sichtbar und tastbar. Als Ursache ist die Traumatisierung durch die Prothesenbasis festgestellt worden. Die Ulzeration heilt nach Korrektur der Prothese innerhalb von 10 Tagen ab.

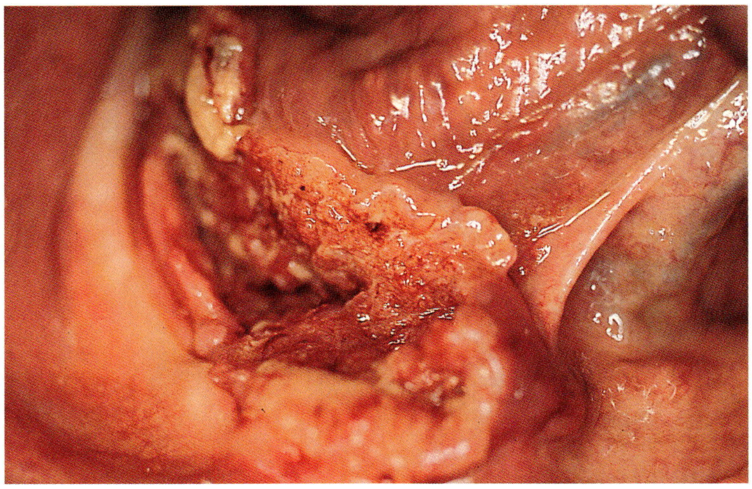

664 Bösartige Veränderung
Die bösartige Veränderung zeigt meist keine erkennbare Ursache und ist eher unklar begrenzt. Die Ulzeration ist schmerzlos und die lokalen Therapiemaßnahmen sind wirkungslos. Im Bild ist eine seit einem Monat beobachtete und mit Tinkturen bepinselte Veränderung zu sehen, die keine Schmerzen verursacht, gegen die Umgebung unklar abgegrenzt und verrukös ulzeriert ist.

Chirurgische Behandlung

Kleinere gutartige Tumoren werden, wenn möglich, als Gesamtes entfernt. Meist ist eine Exzision oder Exstirpation als Exzisionsbiopsie durchzuführen. Die Entfernung gutartiger Tumoren rechtfertigt die Verletzung von Nerven mit möglicher Gefühls- oder Bewegungsstörung nicht. Bei Schleimhautveränderungen wird bei flächenhaften Erscheinungen meist eine Teilbiopsie entnommen (S. 254).

Zur Nachsorge gehört auch die langfristige Kontrolle der biopsierten Patienten. Bei histologisch gesicherten, im Gesunden entfernten gutartigen Läsionen kann nach 1jähriger Rezidivfreiheit auf weitere Kontrollen verzichtet werden.

Nota bene
Tumoröse Veränderungen müssen diagnostiziert werden! Die Diagnose muß mittels Biopsie und durch den Pathologen erfolgen. Überweisung von fraglichen Fällen an den Spezialisten, der auch die Behandlung übernehmen kann.

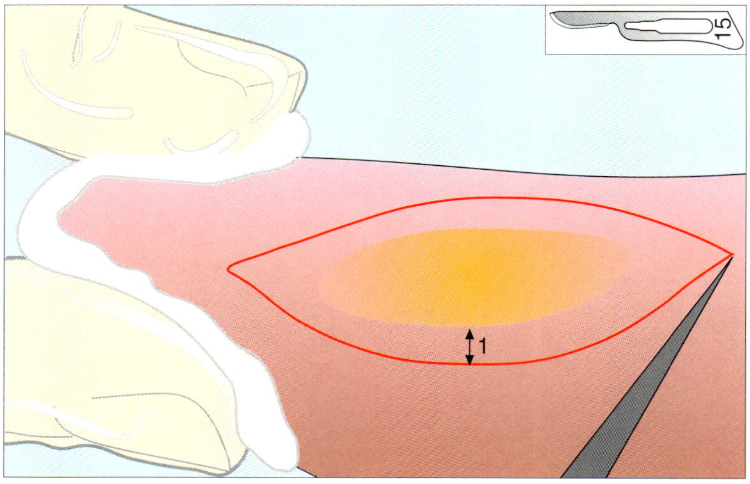

665 Exzisionsbiopsie – Indikation
Veränderungen, die im Durchmesser kleiner als 1 cm sind und keinen Verdacht auf Bösartigkeit wecken, können in toto exzidiert werden.

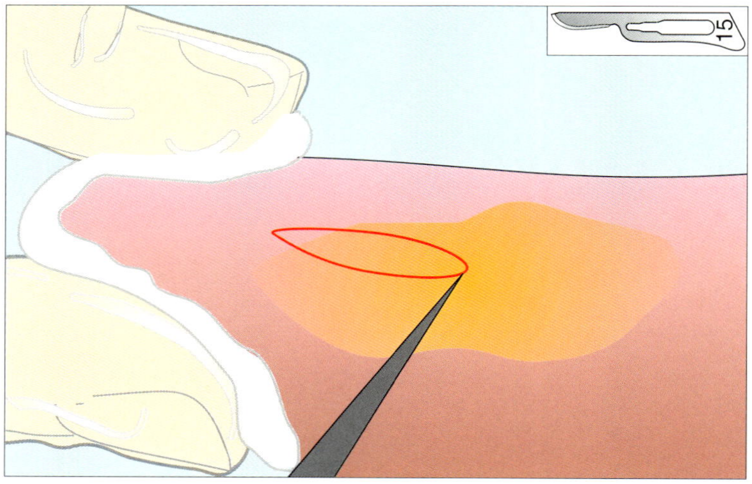

666 Teilbiopsie – Indikation
Veränderungen, die größer als 1 cm sind und keinen Verdacht auf Bösartigkeit wecken, werden durch eine Teilbiopsie weiter abgeklärt. Die Exzision ist keil- oder spindelförmig und reicht vom Zentrum der Veränderung in genügender Tiefe bis in die gesunde Umgebung. Bei Verdacht auf Bösartigkeit ist die Abklärung durch den Spezialisten zu veranlassen.

Anästhesie

Möglichst keine Infiltration im Bereich der Exzisionsstelle. Durch die Anästhesielösung wird das Gewebe aufgeschwemmt und kann schwer interpretierbare Artefakte verursachen.

Operatives Vorgehen

Die Gewebeentnahme soll mit dem Messer (Skalpell, Stanze) oder der Schere erfolgen. Durch das Elektrotom oder den Laser werden die Geweberänder verbrannt und können Artefakte erzeugen.

Der Bericht an den Pathologen muß folgende Angaben umfassen:

- Angaben zu Person, Alter und Geschlecht.
- Angaben zur Anamnese: Beobachtungsdauer und Beschwerden.
- Angaben zum klinischen Befund: Symptome, Umgebungsreaktionen, Ausdehnung, Oberflächenbeschaffenheit, Verschieblichkeit, Lokalisation.
- Angaben zur radiologischen Abklärung (evtl. Röntgenaufnahmen mitgeben).
- Differentialdiagnosen.
- Spezifische Fragestellungen, z.B. Art des Epithels, Dysplasiegrad.

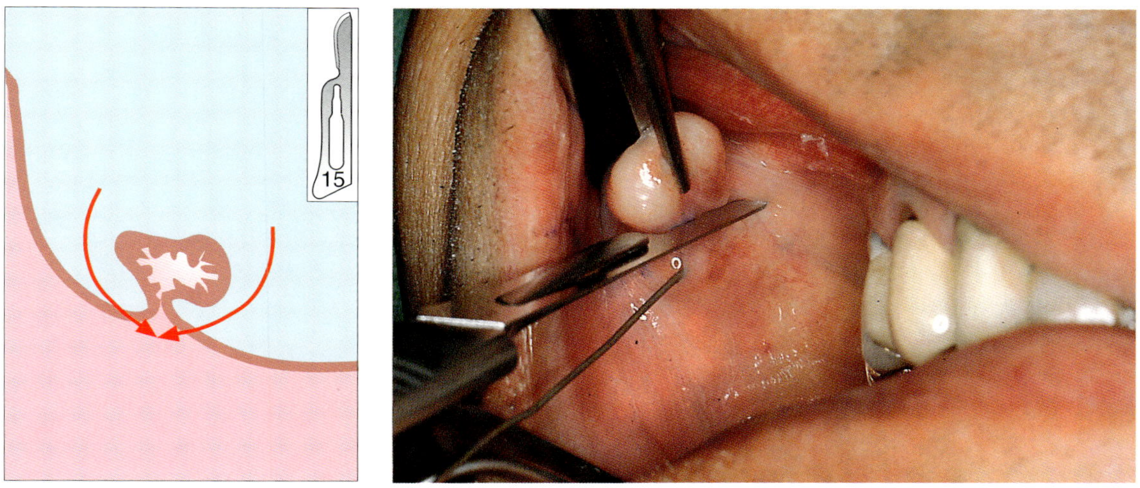

667 Exzision eines gestielten Fibroms
Nach terminaler Anästhesie in der Umgebung wird das Fibrom mit der chirurgischen Pinzette gefaßt und an der Basis zirkulär abgetrennt. Die Mündung des Ductus parotideus, in dem eine Sonde liegt, ist zu beachten.

Links: Schema der Exzision an der Basis der exophytischen Gewebswucherung.

S

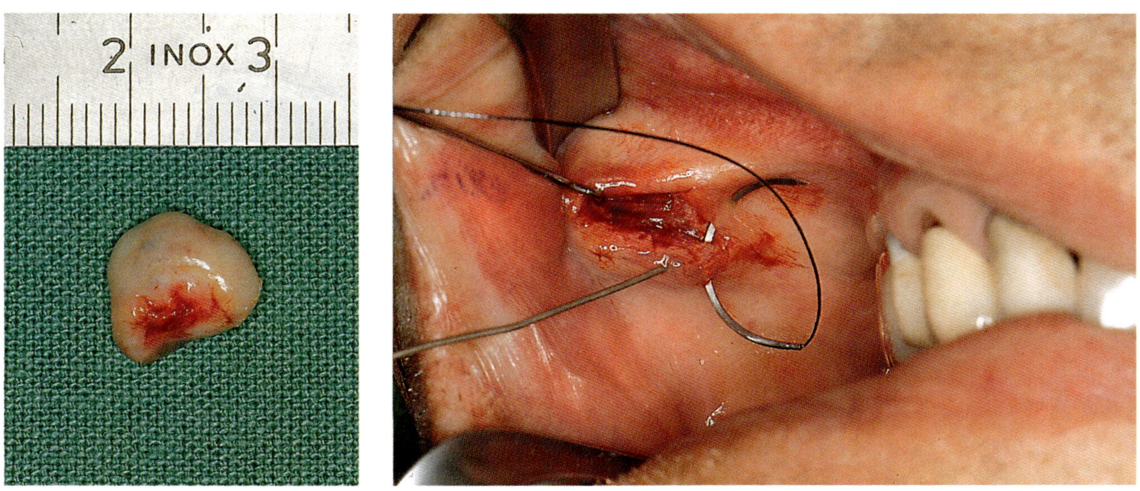

668 Wundversorgung
Es entsteht eine lanzettförmige Wunde, welche mit Einzelnähten verschlossen wird.

Links: Exzidat, das zur pathohistologischen Beurteilung gebracht wird.

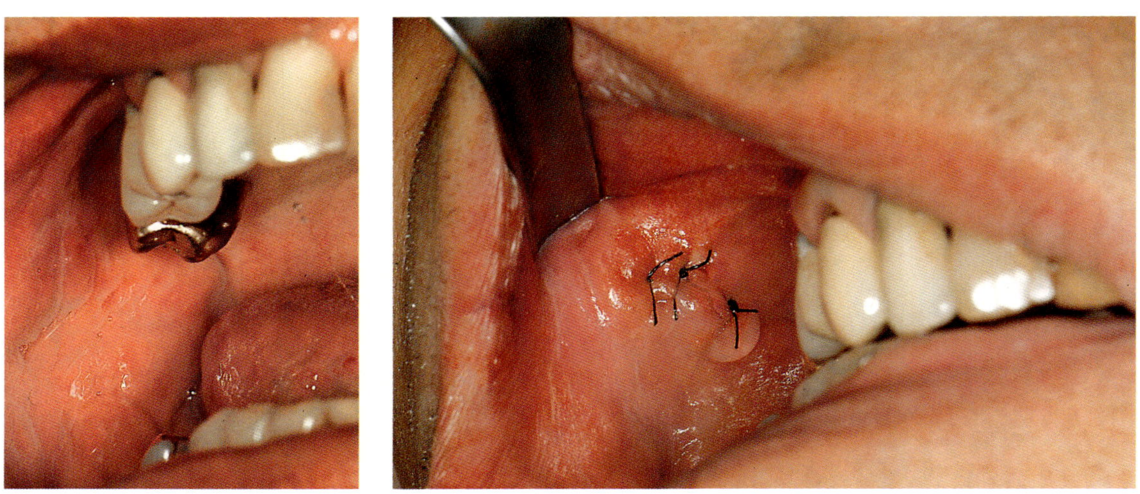

669 Verlauf und Behandlungsende
Nach einer Woche werden die Nähte entfernt. Der Speichel fließt ungehindert aus der Papille.

Links: Zustand nach einem halben Jahr.

670 Leukoplakie am Zungenrand
Bei der Nachkontrolle nach 6 Monaten wurde das Rezidiv der Leukoplakie entdeckt.

Rechts: Bereits vor 4 Jahren ist bei dieser 62jährigen Frau eine leukoplakische, etwas verruköse Veränderung am rechten Zungenrand entfernt worden. Der damalige Befund ergab eine Hyperplasie mit Hyperkeratose der Mundschleimhaut mit schwerer Dysplasie des Epithels und Carcinoma in situ. Die Patientin ist Zigarettenraucherin.

S

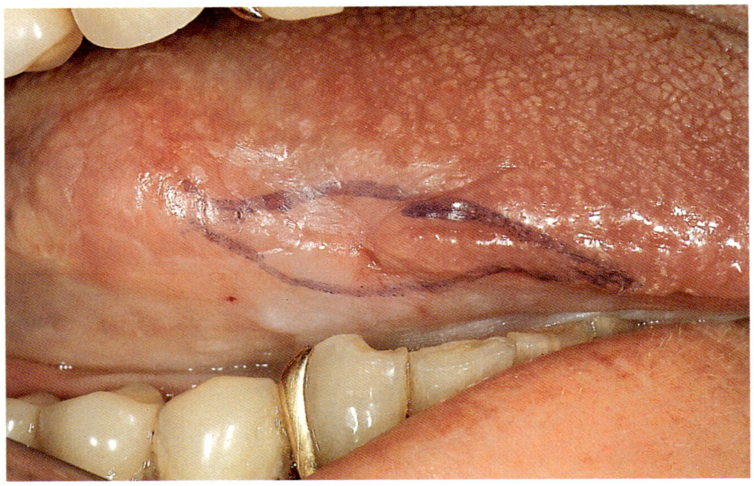

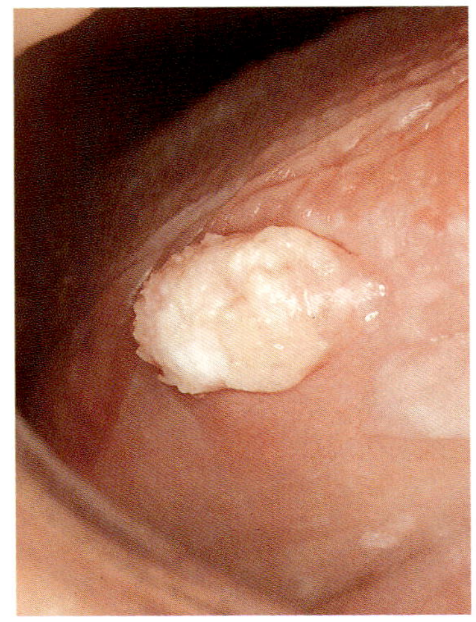

671 Exzision
Nach Anästhesie des N. lingualis rechts und Infiltration im distalen Zungenrand wird die Veränderung durch lanzettförmige Inzisionen keilförmig aus dem Zungenrand entfernt.

Rechts: Das ca. 2 cm große Exzidat.

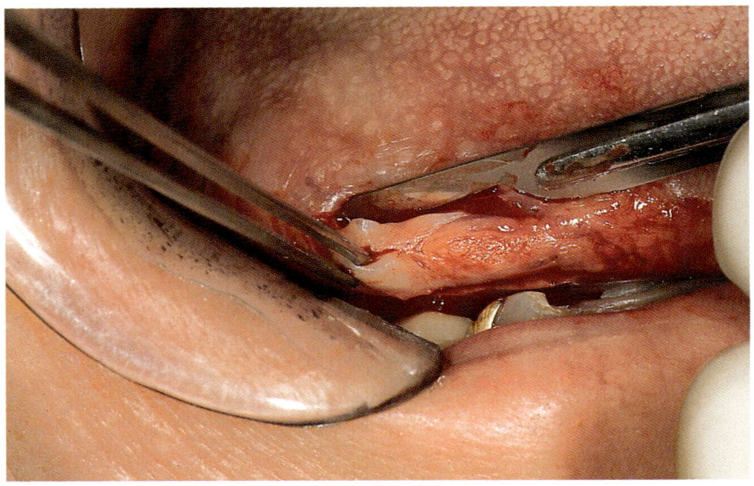

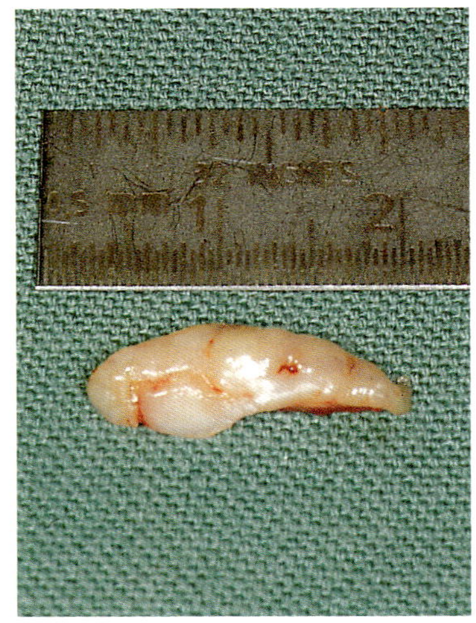

672 Wundversorgung
Situs nach der Exzision.

Rechts: Die längsovaläre Wunde wird nach leichter Unterminierung der randständigen Schleimhaut mit Einzelnähten verschlossen.

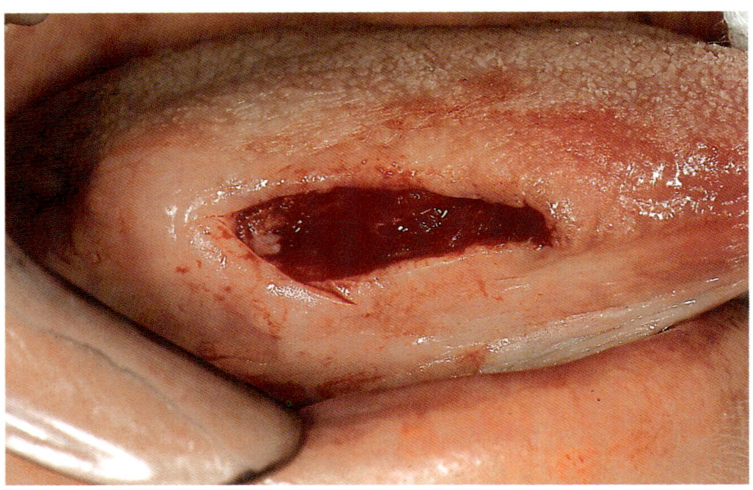

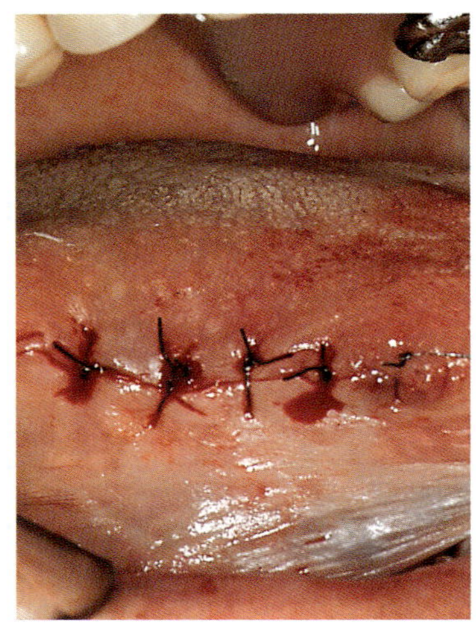

673 Verlauf
Die Nachkontrolle wird weiterhin alle 6 Monate durchgeführt. Das Bild zeigt den Zustand 1 Jahr nach der letzten Exzision. Die Patientin hat das Rauchen aufgegeben.

Rechts: Der pathologische Befund lautet: mittelschwere Epitheldysplasie.

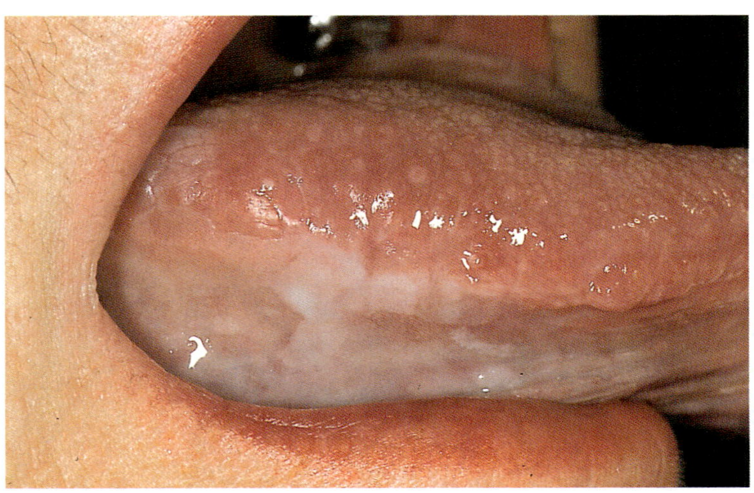

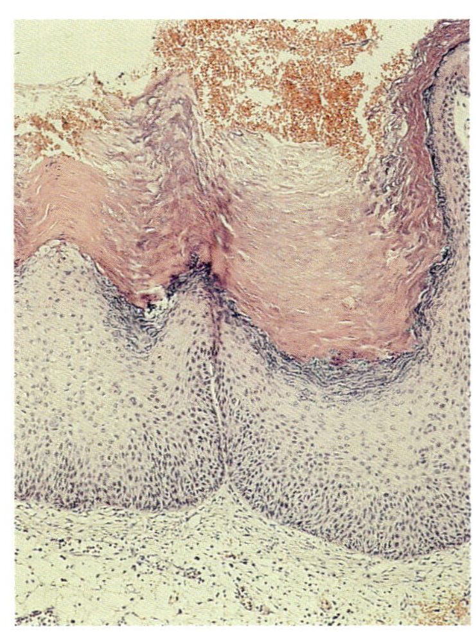

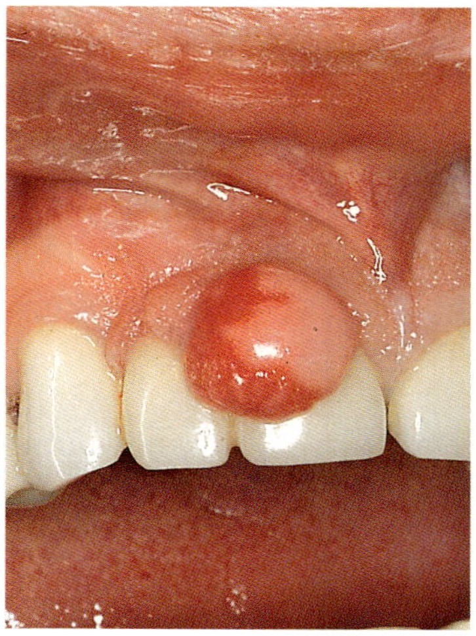

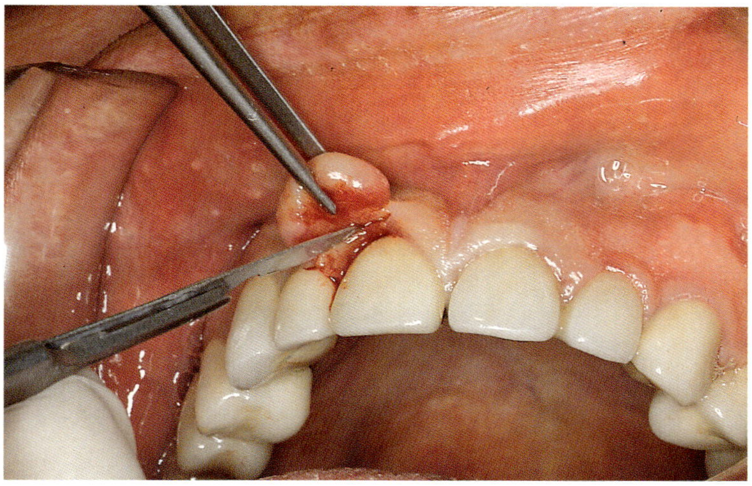

674 Epulis an der Gingiva
Am Gingivalrand gestielte, leicht von der Zahnoberfläche abhebbare Gewebsneubildung.

Links: Den 58jährigen Mann störte eine am Zahnfleischrand langsam wachsende Wucherung. Es handelt sich um eine am Gingivalrand gestielte, glatte, derbe Tumorbildung. Das Röntgenbild zeigt keine ossären Läsionen in diesem Bereich.

Ⓢ

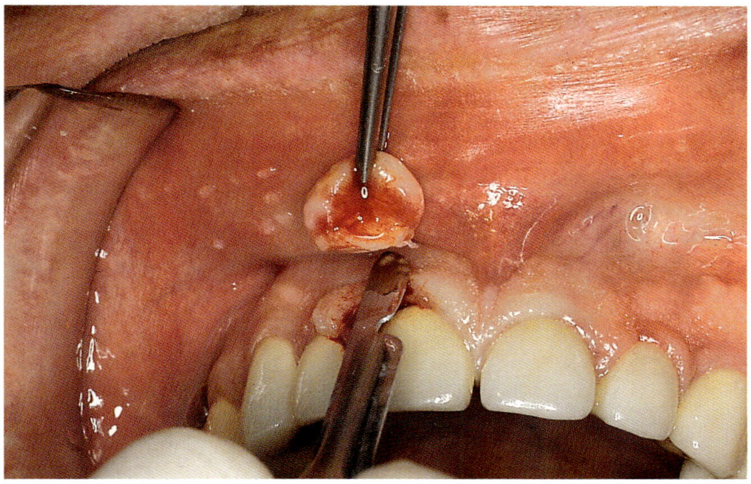

675 Exzision
Die Epulis wird mit dem Messer an der Basis abgetragen, ohne die Gingivamorphologie zu verändern.

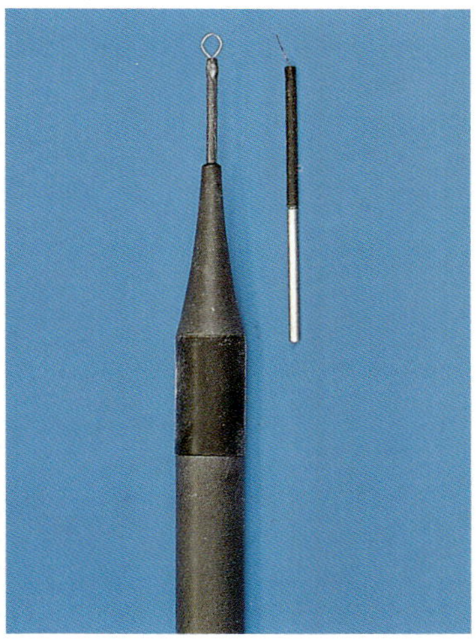

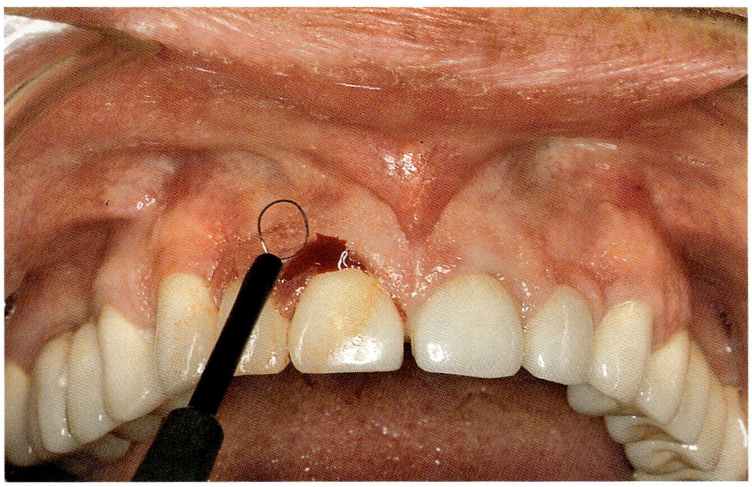

676 Elektrotom
Feinkorrekturen an der Gingiva werden mit der Schlinge des Elektrotoms vorgenommen.

Links: Die Arbeitsenden des Elektrotoms erlauben sehr grazile Weichteilmodellationen, sowohl mit der Schlinge als auch mit der feinen nadelförmigen Instrumentenspitze.

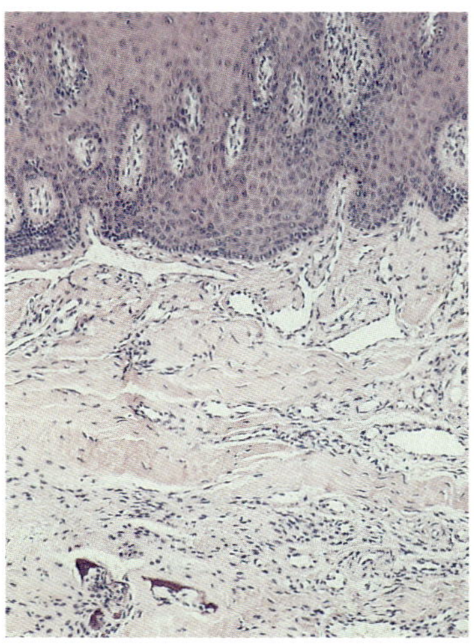

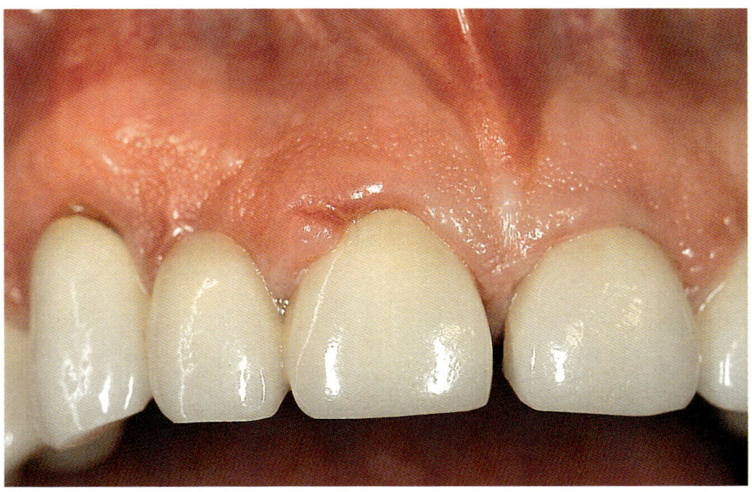

677 Behandlungsende
Die Nachkontrolle nach 2 Jahren ergab keinen Hinweis auf ein Rezidiv, lediglich eine kleine Vernarbung.

Links: Der pathologische Befund ergibt, daß es sich um eine von normaler Schleimhaut bedeckte fibröse Tumorbildung ohne Anzeichen von Malignität, eine Epulis fibrosa, handelt.

Wangenfibrom

Es handelt sich um kugelige, gestielte bis breitbasig aufliegende, prall-derbe Gebilde mit intakter, manchmal hyperkeratotischer Oberfläche. Ihre Entstehung kann sehr oft auf ein Trauma zurückgeführt werden. Wangenfibrome werden meist zufällig entdeckt und verursachen keinerlei Beschwerden.

Die Exzision erfolgt durch eine spindelförmige Inzision an der Basis und Lösung von der Unterlage mit der Schere. Die Wunde wird mit einzelnen Nähten verschlossen.

Hämangiom der Lippe

Hämangiome sind entweder knäuelartige Gefäßbildungen oder multiple Gefäßerweiterungen. So wird zwischen kapillären und kavernösen Hämangiomen unterschieden. Sie können in jedem Alter und bei beiderlei Geschlecht beobachtet werden. Meist sind sie angeboren. Am häufigsten betroffen ist die Lippe. Die von Geburt an sichtbaren Hämangiome werden auch als vaskuläre Nävi beschrieben. In diesen Fällen können oft an verschiedenen Lokalisationen ähnliche Erscheinungen auf der Haut beobachtet werden. Ausgedehntere kavernöse Hämangiome können zu bedrohlichen Blu-

678 Hämangiom der Lippe
Dieser 28jährige Mann hat sich vor mehreren Jahren auf die Lippe gebissen. Seither ist eine pralle, bläuliche, auspreßbare Schwellung an der Lippeninnenseite gewachsen. Der klinische Befund entspricht einem kleinen Hämangiom. Die Wucherung von Blutgefäßen soll in toto exzidiert werden, entsprechend dem eingezeichneten Umfang.

Rechts: Der Preßtest läßt die fragliche Stelle blaß werden.

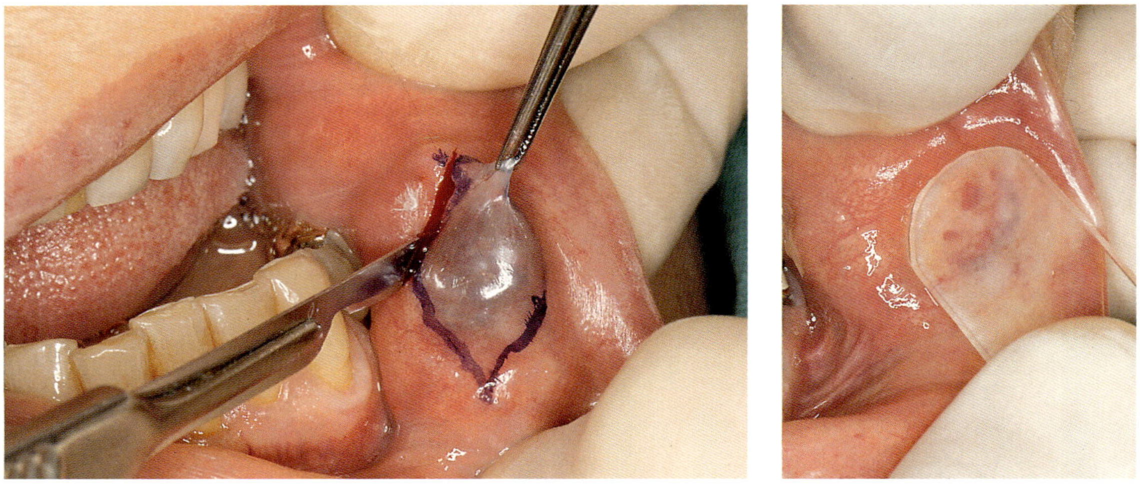

Ⓢ

679 Exzision
Die Inzisionen sind so zu führen, daß das bläuliche Gebilde nicht berührt wird. Die Lippe wird durch die Assistenz mit beiden Händen und mit Druck abgehalten, wodurch die Blutung stark reduziert wird. Nach Durchtrennung der Mukosa wird der Knäuel mit der Präparationsschere von der Umgebung gelöst.

Rechts: Die Wundränder werden etwas unterminiert.

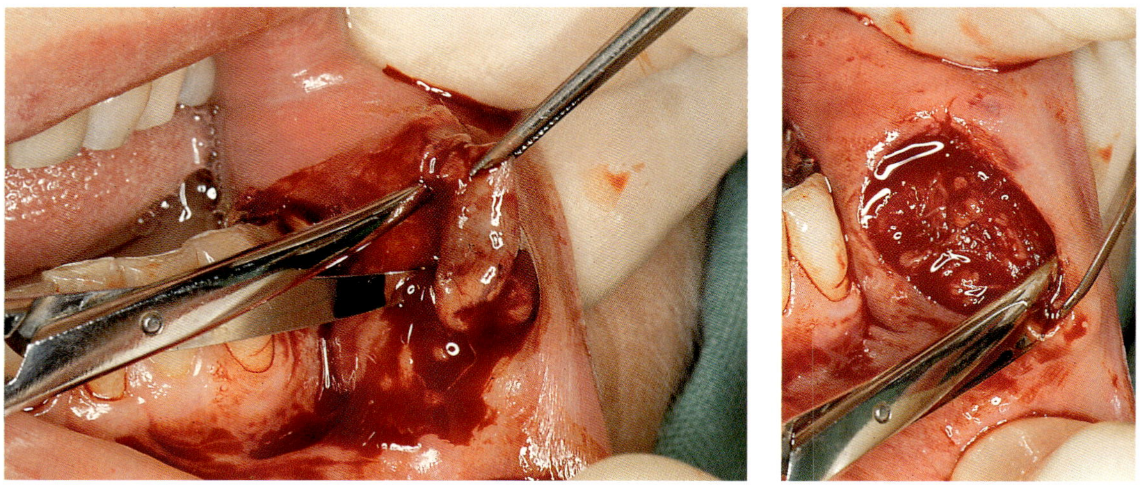

680 Wundversorgung
Die parallel dem Lippenverlauf gelegte Wunde wird mit Einzelnähten verschlossen. Das Exzidat wird pathohistologisch untersucht. Bei den multiplen dünnen Gefäßen in einem lockeren fibrösen Stroma bei intakter Schleimhaut handelt es sich um ein Haemangioma cavernosum.

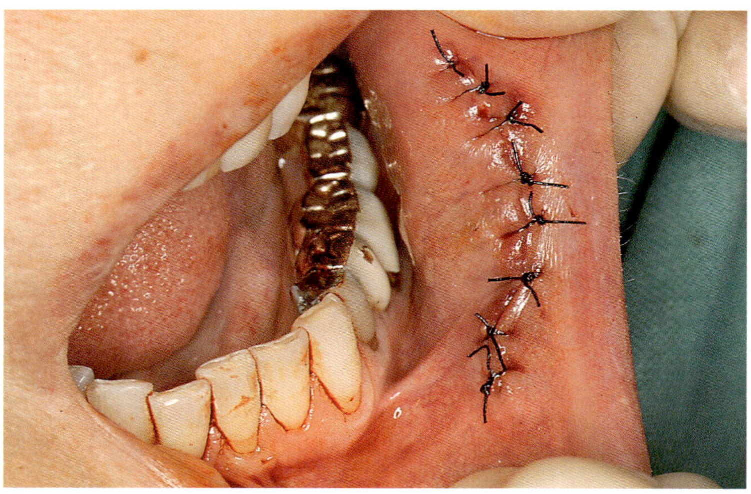

tungen führen. Die Beurteilung und Therapie gehört in die Hand des Spezialisten.

Therapie: Kleine kapilläre Hämangiome werden exzidiert, koaguliert oder vereist. Letzteres ist nur bei oberflächlichen Hämangiomen möglich, da die gute Durchblutung viel Kälte ab- und Wärme zuführt.

Exzisionen in der Gesichtshaut

Exzisionen in der Gesichtshaut müssen die Faktoren der Wundheilung und Narbenbildung berücksichtigen. Bei Inzisionen soll den Spannungslinien der Haut gefolgt werden. Bei Exzisionen ist präoperativ auch der plastische Verschluß zu planen.
Der Wundverschluß erfolgt am sichersten mit feinen atraumatischem Nahtmaterial (5-0 bis 6-0) und fortlaufenden Nähten. Die Nahtentfernung erfolgt zwischen 4 und 8 Tagen. Das Resultat der Narbenbildung kann bereits nach 6 Wochen beurteilt werden (Lauer u. Mitarb. 1995).

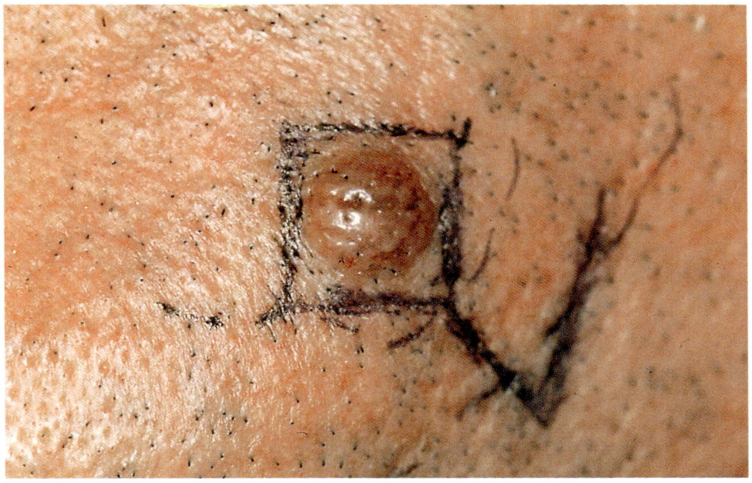

681 Hautexzisionen
Exzisionen an der Gesichtshaut bedürfen einer Planung, um entstellende Narben zu verhindern. Diesen 62jährigen Mann störte ein warzenartiges Gebilde beim Rasieren. Die Läsion wird exzidiert und der Defekt durch einen kleinen rhomboiden Schwenklappen gedeckt, entsprechend der eingezeichneten Schnittführung.

Ⓐ

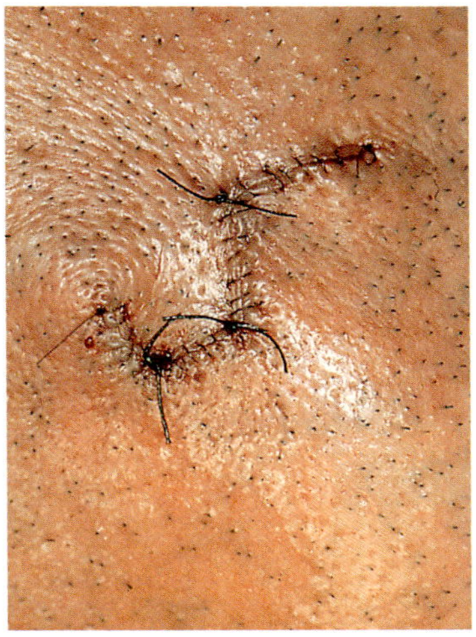

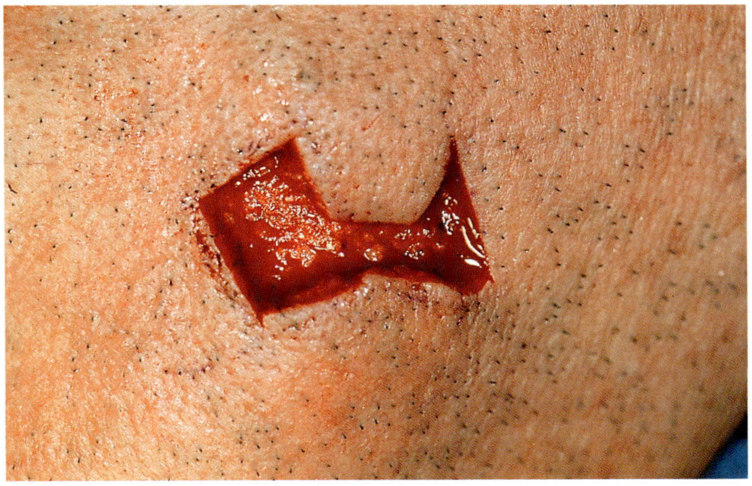

682 Schwenklappen
Die rechteckige Exzision und die Inzisionen zur Mobilisation des kaudalen Läppchens lassen eine primäre Defektdeckung zu.

Links: Wundverschluß mit Einzelnähten an den Ecken und fortlaufender kosmetischer Naht entlang den Wundrändern mit Supramidfäden der Stärke 5-0.

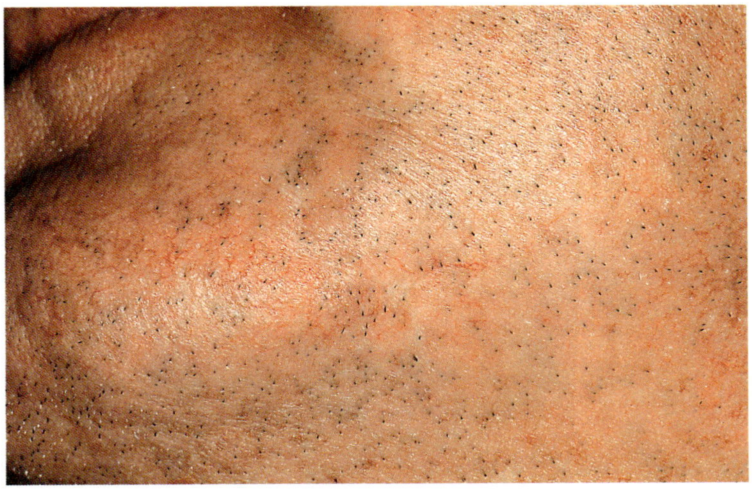

683 Verlauf
Die Kontrolle nach 2 Monaten zeigt eine praktisch unsichtbare Exzisionsstelle.

Bemerkungen zur Biopsie

Weichteilbiopsie

Die Exzision soll nach Markierung der Inzision erfolgen, um die Abgrenzung auch während des Eingriffs klar erkennen zu können. In der Tiefe soll das Exzidat die nächste unveränderte Gewebeschicht erreichen.

Das Exzidat wird in Formalin zur pathohistologischen Aufarbeitung eingesandt. Immunhistologische Untersuchungen können nur bei frischen Exzidaten durchgeführt werden, die auf mit NaCl-Lösung getränktem Trägermaterial (z.B. Tupfer in Petri-Schale) transportiert werden.

Besondere Untersuchungen sollen mit dem Pathologen abgesprochen werden.

Die korrekte Entnahme einer Biopsie bedarf einiger Erfahrung, nicht zuletzt auf dem Gebiet der plastischen Deckung der Entnahmestelle. Meist kann die Wunde durch mehrere Situationsnähte geschlossen werden, wodurch auch die Blutstillung erreicht wird. Bei „schwammigem" Gewebe, wo direkte Nähte das Gewebe zerreißen würden, eignet sich das Einnähen einer vaselinierten Tamponade mittels „Tie over", wobei die Fäden im gesunden Gewebe plaziert werden. Exzisionen an der Gingiva sollten ovalär und vertikal zum Zahnfleischrand oder keilförmig mit der Basis am Zahnhals erfolgen. Die Gingiva kann dann ein- oder beidseits völlig abgelöst und wie ein Vorhang in den Defekt hinein verlagert und vernäht werden. Biopsien im Bereich des N. mentalis am Foramen sowie der Mündung des Ductus parotideus sollten, wenn möglich, eher gingivanahe erfolgen, da die Verletzungsgefahr für diese Gebilde so geringer ist.

Für kleine Biopsien der Mundschleimhaut haben sich bei uns auch die runden dermatologischen Gewebestanzen bewährt: die runden Defekte lassen sich sehr gut mit einer einzigen Situationsnaht schließen.

Bei großen Exzisionsbiopsien am Gaumen mit freiliegendem Knochen und der Gefahr einer Blutung aus der A. palatina empfehlen wir die Anfertigung einer Platte. Alternativ kann auch ein Jodoform-Vaseline-Tupfer eingenäht bzw. an den Zähnen fixiert werden.

Knochenbiopsie

Für die Gewebeentnahme aus dem Knochen gelten ähnliche Regeln wie für die Biopsie der Weichteile. Sie soll immer sowohl gesunde wie krankhafte Teile umfassen. Der Zugang wird durch eine Lappenbildung entsprechend der Lokalisation im Kiefer erreicht, wobei auf genügende Übersicht und die Möglichkeit des Wundverschlusses auf intakter knöcherner Unterlage zu achten ist.

Die Entnahme von Knochenmaterial erfolgt meist mit der Zylinderfräse. Das Untersuchungsgut sollte weder mechanisch noch thermisch verändert sein. Es muß daher gut gekühlt werden, und das Handstück muß mit niedriger Tourenzahl laufen. Die bedeckenden Weichteile sind meist nicht von diagnostischer Bedeutung und sollen nicht mit exzidiert werden. Knochenbiopsien in anatomisch heiklen Situationen (besonders im Unterkieferhorizontalast) oder bei fehlender Erfahrung mit Knochenerkrankungen sollen vom Spezialisten durchgeführt werden. Besteht radiologisch der geringste Verdacht auf eine Blutgefäßanomalie, darf nur in einer Klinik unter guter Vorbereitung biopsiert werden. Enossale Hämangiome führen zu stärksten, nur schwer stillbaren, lebensbedrohenden Blutungen.

Beurteilung des Befundes

Stimmt der Befund des Pathologen nicht mit der klinischen Verdachtsdiagnose überein, muß ein klärendes kollegiales Gespräch stattfinden. Der Pathologe sollte u.U. einen Kollegen des in Frage kommenden pathohistologischen Spezialgebietes zu Rate ziehen. Falls die Beurteilung des Pathologen den Befund nicht erhellt, ist eine erneute Biopsie notwendig. Im Zweifel wird nach der klinischen Diagnose gearbeitet und ein entsprechender Verlauf überprüft („Arbeitshypothese").

Die Differentialdiagnose mancher fibroosseozementalen Läsionen im Kieferbereich ist vielfältig und schwierig.

Bei größeren Veränderungen empfiehlt sich die Entnahme mehrerer Biopsien, um zu verhindern, daß bei Inhomogenität der Läsion das Überwiegen einer bestimmten Gewebekomponente den Pathologen auf eine falsche diagnostische Fährte führt.

Plastische Korrekturen an Weichteilen und Knochen

Definition

Plastische Korrekturen sind Eingriffe, die der Korrektur der Quantität und/oder Qualität von Gewebe dienen. Zu diesen Maßnahmen gehören vor allem die präprothetisch-chirurgischen Eingriffe, die zur Verbesserung oder zur Ermöglichung der Eingliederung zahnärztlicher Rekonstruktionen beitragen. Sie können aber funktionelle und/oder ästhetische Korrekturen beinhalten oder beide. Wir zählen dazu auch Eingriffe, die die Insertion zahnärztlicher Schraubenimplantate ermöglichen. Dazu gehören Eingriffe an den Weichteilen und am Alveolarfortsatz und Kombinationen von beiden (Obwegeser 1987).

Korrekturen der Weichteile

Durch die Ansprüche an die Ästhetik im Gesichtsbereich – dazu gehört auch die Mundhöhle – werden plastische Korrekturen von Defekten, Narbenbildungen und anderen störenden Veränderungen der Haut und Schleimhaut immer häufiger gefordert. Die plastische Chirurgie hat dazu viele Methoden zur Gewebekorrektur entwickelt.

Die klassischen Methoden der plastischen Chirurgie der Weichteile sind Verschiebelappen, Rotationslappen, VY-Plastik, Z-Plastik und freie Spalthaut- oder Schleimhautverpflanzung.

Grundsätzlich kann festgehalten werden, daß zwischen äußerer Haut und Schleimhaut gewisse Unterschiede bei der Durchblutung, Dehnbarkeit und Narbenbildung bestehen. Die Schleimhaut ist besser durchblutet und dehnbarer als die äußere Haut, die Narbenbildung ist geringer. Nie kommt es zu einer Keloidbildung an der Schleimhaut. Verglichen mit der funktionellen Wangenschleimhaut sind die Gingiva und die Schleimhaut des Gaumens jedoch kaum dehnbar und werden immer zusammen mit dem Periost abgehoben.

Kriterien zur Wahl des Operationsmodus

Die Wahl der geeignetsten Methode zur Weichgewebskorrektur ist abhängig von folgenden Faktoren:

- der Größe des Defektes und der Distanz zu verwendbarem Gewebe in der Umgebung,
- der Art des gesuchten Gewebes zur Korrektur der funktionellen und ästhetischen Störung,
- vorausgegangenen Behandlungen, die die Wundheilung beeinflussen, z.B. einer Radiotherapie,
- anatomischen Strukturen, die geschont werden müssen, wie Nerven und Blutgefäße,
- Prioritäten bei der Defektdeckung oder der qualitativen Korrektur der Weichteile bezüglich Funktion oder Ästhetik.

Präprothetische Chirurgie

Obwegeser (1965) hat in einer umfassenden Darstellung die Indikationen der einzelnen chirurgischen Methoden der Vestibulum- und Mundbodenplastik zusammengefaßt. Grundsätzlich ist es die Aufgabe des Prothetikers, zu entscheiden, ob durch chirurgische Maßnahmen die Retentionsverhältnisse für eine Prothese verbessert werden können. Die Indikation für chirurgische Korrekturen im zahnlosen Kiefer soll möglichst frühzeitig gestellt werden, da dann mit relativ kleinen Eingriffen bessere operative Resultate erzielt werden können. Die Aufgabe des Chirurgen ist es, über das operative Vorgehen zur Erreichung des Behandlungszieles zu entscheiden. Zur Erreichung eines genügend tiefen Vestibulums oder Mundbodens gibt es standardisierte Eingriffe. Mit diesen kann wohl ein vertiefter Sulkus erreicht werden. Die Schwierigkeit besteht aber in der Schaffung einer unbeweglichen Epitheldecke als tragendes Prothesenlager. Möglichkeiten der Weichteildeckung:

- die Verwendung von Schleimhaut aus der Umgebung zur Deckung der auf dem Periost und an den Weichteilen entstehenden Wundflächen,
- die Gewinnung von Epithel durch Überlassung der Wundflächen zur sekundären Epithelisation,
- die Deckung der Wundflächen mit frei verpflanzter Haut.

Qualitativ ist die gesunde vestibuläre Schleimhaut die beste Epitheldecke. Sie zeigt Resilienz, ist befeuchtet und kann sich dank ihrer Dehnbarkeit der Prothesenbasis leicht anschmiegen.
Bereits etwas weniger gut muß die durch sekundäre Epithelisation gewonnene Schleimhaut bezeichnet werden. Es mangelt ihr an Resilienz und Geschmeidigkeit.
Die schlechtesten Eigenschaften zeigt die frei verpflanzte Haut. Sie ist trocken und kann sich mangels Geschmeidigkeit dem Prothesenrand nicht anpassen. Bezüglich Belastbarkeit durch Druck ist die transplantierte Haut jedoch allen Schleimhautarten überlegen.
Bei der Wahl der Methode müssen die unterschiedlichen Mechanismen der Prothesenstabilisation im Oberkiefer (Adhäsion) und im Unterkiefer (Retention) berücksichtigt werden. Aus diesem Grund wird man im Oberkiefer die Schleimhautdeckung (primär oder sekundär) und im Unterkiefer die Hauttransplantation bevorzugen.

Im folgenden sollen nur die operativen Verfahren der Schleimhautdeckung dargestellt werden, die problemlos in Lokalanästhesie und ambulant durchgeführt werden können.

Schleimhautbänder

Am häufigsten sind Korrekturen von Lippen-, Wangen- und Zungenbändchen erforderlich, wenn diese funktionelle oder ästhetische Störungen verursachen. Gelegentlich verhindern kammnah ansetzende Wangenbänder die Extension von Prothesenrändern oder führen beim Bezahnten zu Gingivarezessionen. Sind diese bereits eingetreten, kann durch eine freie palatinale Schleimhaut- bzw. Schleimhaut-Bindegewebe-Tranplantation der freiliegende Zahnhals gedeckt werden (Schädle u. Matter 1993, Strub u. Kopp 1980).

Es gibt Syndrome mit multiplen Bandbildungen in der Mundhöhle (orodigitales Syndrom). Während die kurzen Schleimhautbänder meist angeboren sind, können solche aber auch später auftreten und zwar bei der progressiven systemischen Sklerose (Sklerodermie).

684 Formen von Bändchenbildungen
Links: Typisches Lippenband mit Einstrahlung zwischen die Frontzähne mit Diastema.

Mitte: Tiefansetzendes Wangenband im zahnlosen Unterkiefer.

Rechts: Ausgeprägtes kurzes Zungenband: Zungenankylose.

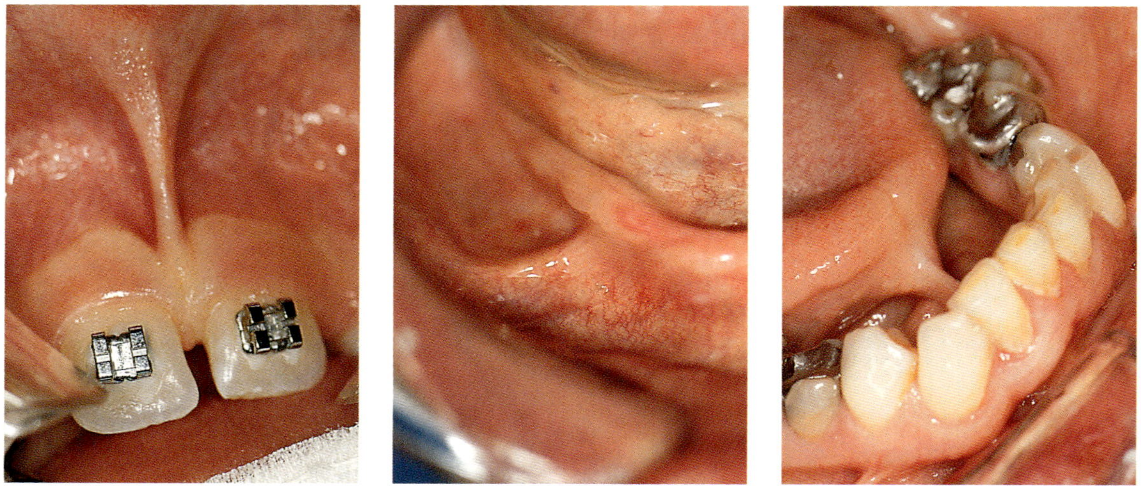

Oberlippenband

Die in der Mittellinie gelegenen Bändchen sind angeboren und zeigen unterschiedliche Beschaffenheit. Ein derbes Lippenband, das von fazial zwischen den beiden Frontzähnen nach palatinal zieht, kann ein Diastema verursachen.

Indikation

Die Prüfung der funktionell störenden Bedeutung des Lippenbandes kann durch Anheben der Lippe erfolgen. Die Papille zwischen den Frontzähnen mit der Insertionsstelle des Bandes wird anämisch.

Die Entfernung des Lippenbandes soll auch dann erwogen werden, wenn die Inzisalkanten der zentralen Schneidezähne deutlich lateral des Bindegewebsstranges erscheinen. Die prophylaktische Entfernung bereits in der Milchdentition ist nicht indiziert (Stöckli 1994), da Umbauvorgänge beim Zahnwechsel in der Oberkieferfront die Situation meist spontan bereinigen.

Unterlagen

Im Einzelfall ist zu klären, ob nicht eine andere Ursache, wie ein Mesiodens oder eine Inzisivuszyste, für die divergierende Zahnstellung verantwortlich ist. Eine Röntgenaufnahme wird die Situation klären.

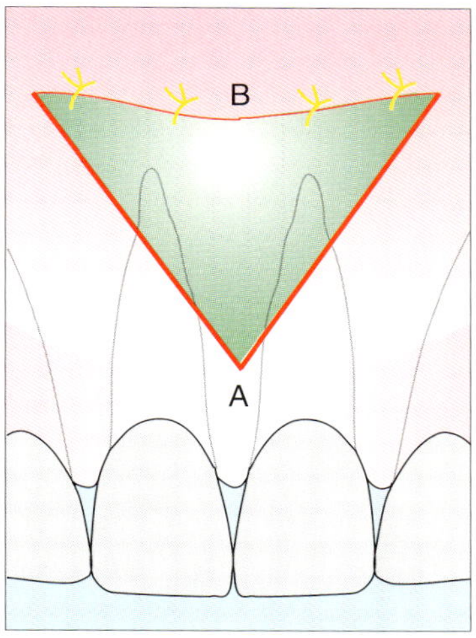

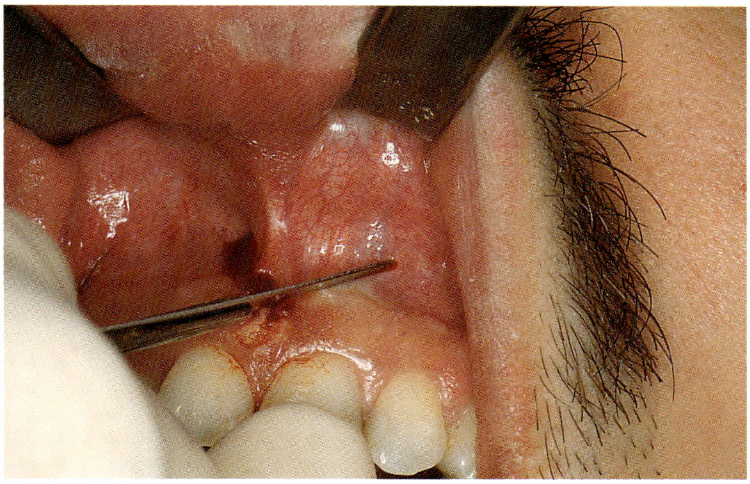

685 Korrektur des Lippenbandes durch lokale Vestibulumplastik
Das Lippenband bei diesem 22jährigen Patienten wird an seiner Basis im Vestibulum breit durchtrennt.

Links: Schema des Prinzips der Methode: Querdurchtrennung und Längsvernähung. Dadurch wird meist keine vollständige Beseitigung des funktionell störenden Lippenbandes erreicht. Die Schleimhaut wird bei A gelöst und bei B fixiert (Periostnähte).

Ⓢ

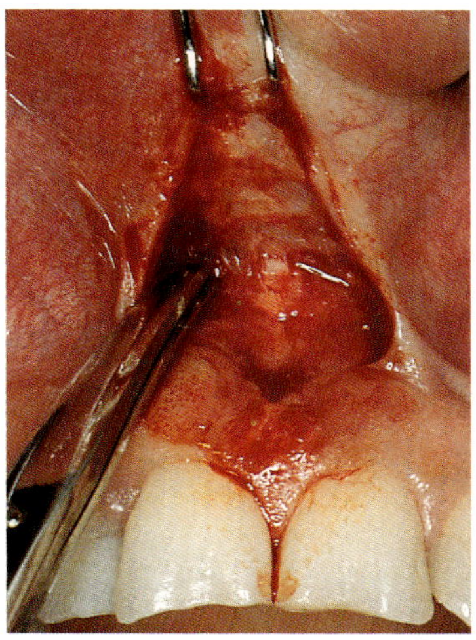

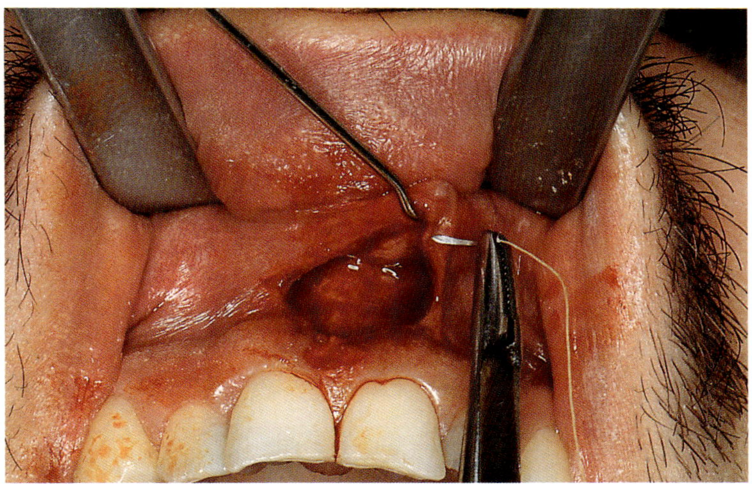

686 Fixation der Schleimhaut
Mit wenigen resorbierbaren Nähten wird die abgelöste Schleimhaut am Periost fixiert.

Links: Die Schleimhaut wird epiperiostal nach kranial abpräpariert.

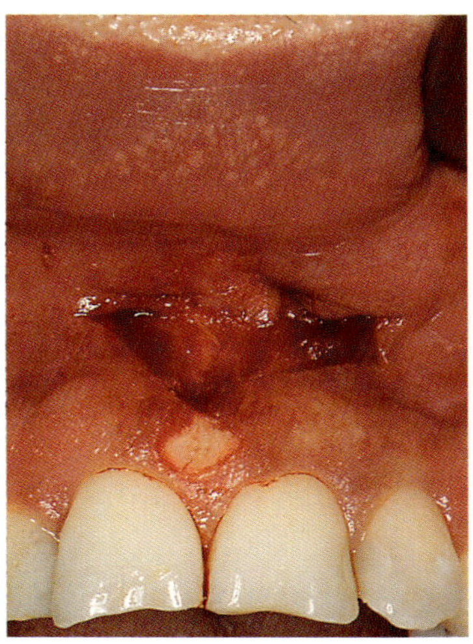

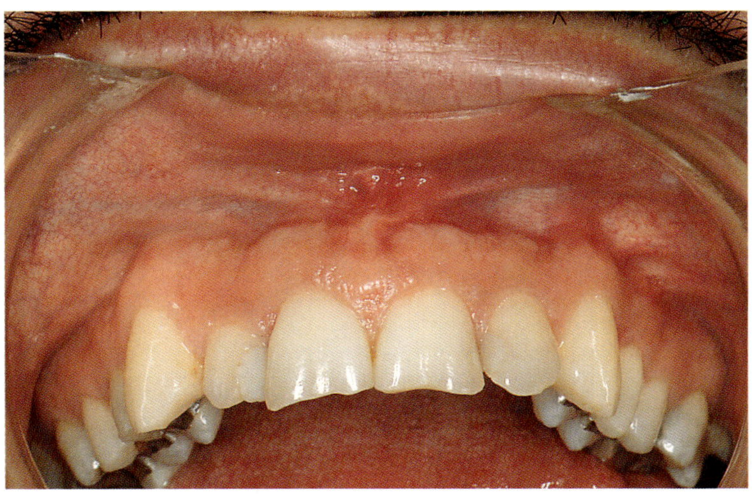

687 Verlauf
Die Wundfläche wird der sekundären Epithelisation überlassen. Die Spätkontrolle nach einem Jahr zeigt ein flaches Vestibulum ohne Bändchen.

Links: Zustand nach 1 Woche mit fibrinbelegter Wundfläche.

Operatives Vorgehen

Steht die Notwendigkeit einer Korrektur des Lippenbandes fest, so muß auf vollständige Exzision bis auf die knöcherne Unterlage geachtet werden. Der Bindegewebsstrang zwischen den Frontzähnen wird keilförmig von vestibulär bis zur Papilla incisiva eingeschnitten. Die derben zwischen den Zähnen in die Tiefe wachsenden Gewebeteile müssen gründlich mit einem Instrument abgelöst werden. Dabei wird die Oberlippe nach kranial gezogen. Der mobilisierte Strang wird vestibulär mit einem Scherenschlag quer durchtrennt.

Es bestehen grundsätzlich zwei Möglichkeiten zur Korrektur:

Primärer Verschluß: Der entstandene rhomboide Defekt wird lateral beidseits und an der vertikalen Seite der Schleimhaut mit Einzelnähten verschlossen. Der zurückbleibende kleine Defekt kann der sekundären Verheilung überlassen werden.

Sekundäre Epithelisation: Präparation epiperiostal, wie zur Vestibulumplastik (S. 292). Die freiliegende Periostfläche kann der sekundären Epithelisation überlassen werden. Dadurch wird eine Verkürzung des Vestibulums vermieden (S. 257).

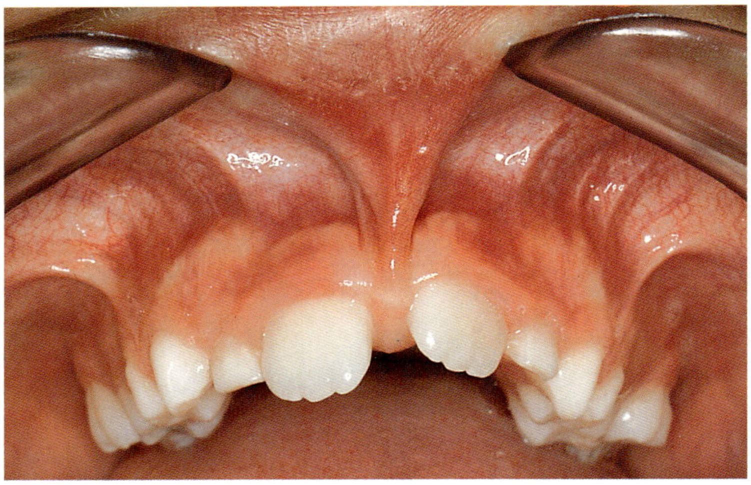

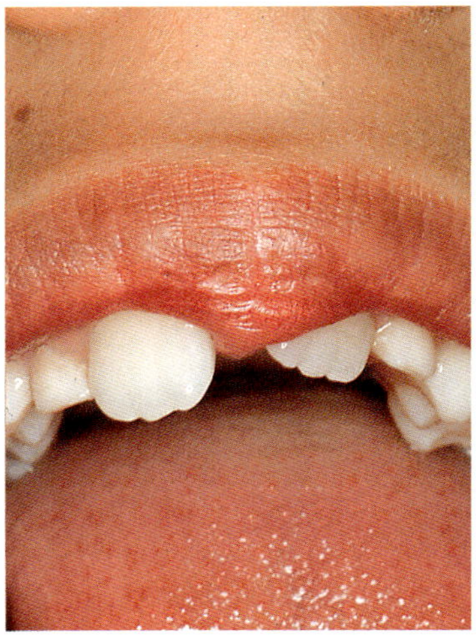

688 Diastema
Das derbe Band bei diesem 8jährigen Mädchen verhindert mit seiner fibrösen Ausdehnung nach palatinal den Lückenschluß zwischen den Frontzähnen im Oberkiefer.

Rechts: Durch das Lippenband wird auch die Lippe selbst zwischen die Frontzähne gezogen.

Ⓢ

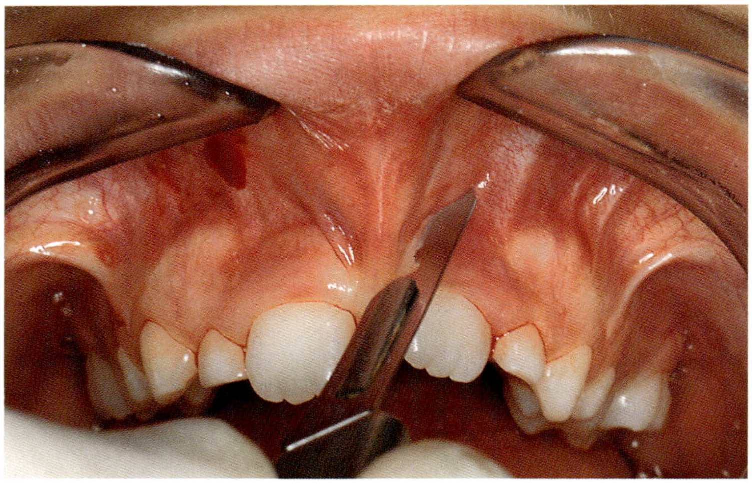

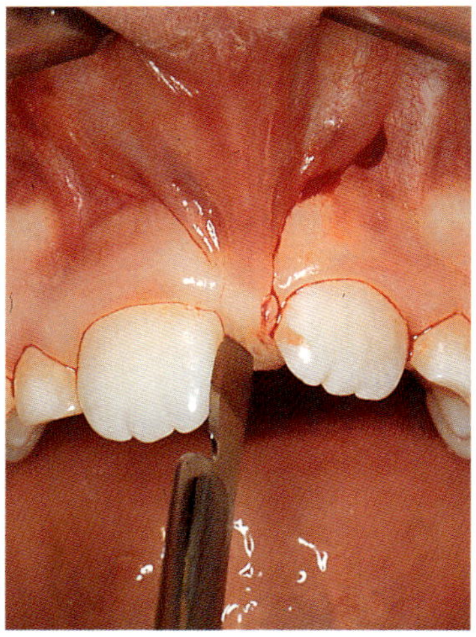

689 Schnittführung
Das Lippenband wird durch vestibuläre breitbasige V-förmige Inzisionen mobilisiert.

Rechts: Der derbe Strang wird keilförmig exzidiert.

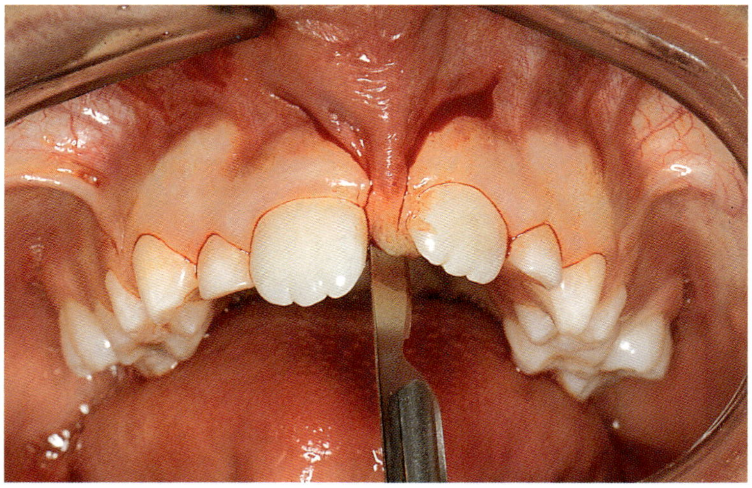

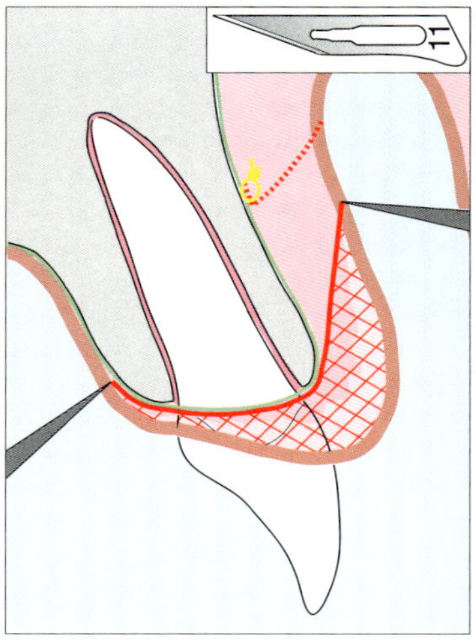

690 Interdentale Exzision
Die Entfernung des fibrösen Stranges interdental muß bis nach palatinal erfolgen.

Rechts: Schema der Mobilisation und Exzision des Bandes von vestibulär bis nach palatinal über dem Periost.

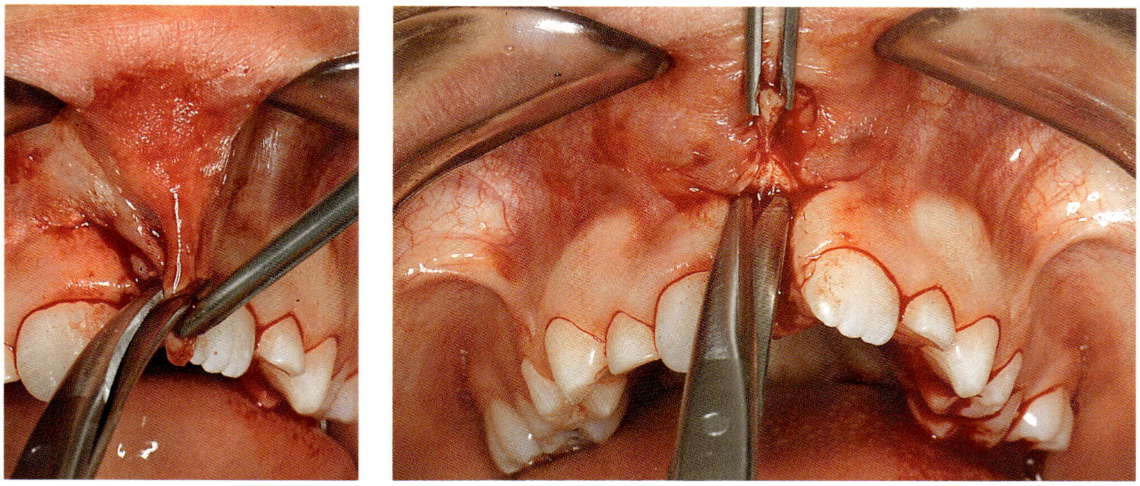

691 Exzision des Stranges
Die das Band bildende Schleimhaut wird im Vestibulum epiperiostal nach kranial mobilisiert. Dazu eignet sich die stumpfe Schere.

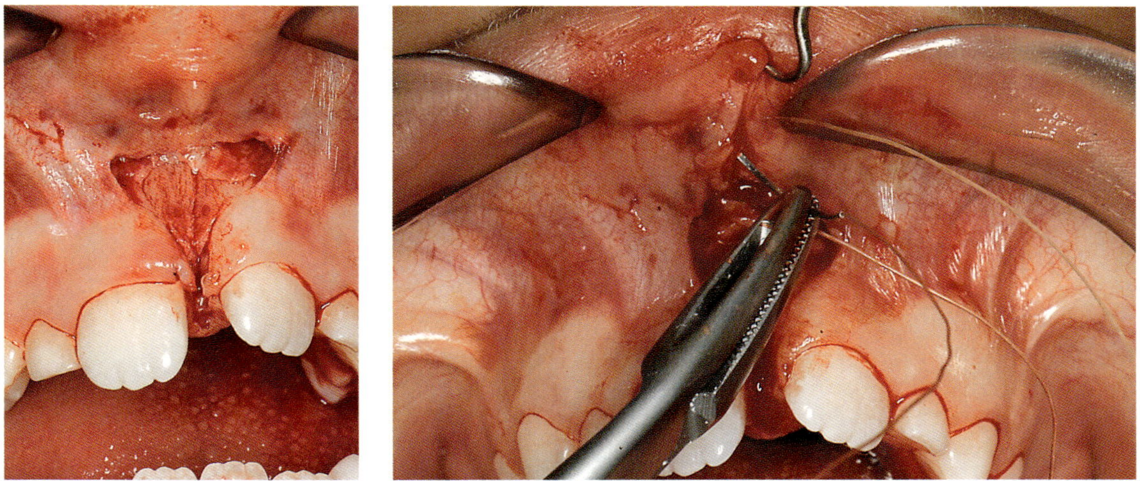

692 Fixation der Schleimhaut
Der Lappen wird oben mit resorbierbarem Faden am Periost fixiert.

Links: Bereits der Zug der Lippe bewegt das ehemalige Lippenband nach kranial.

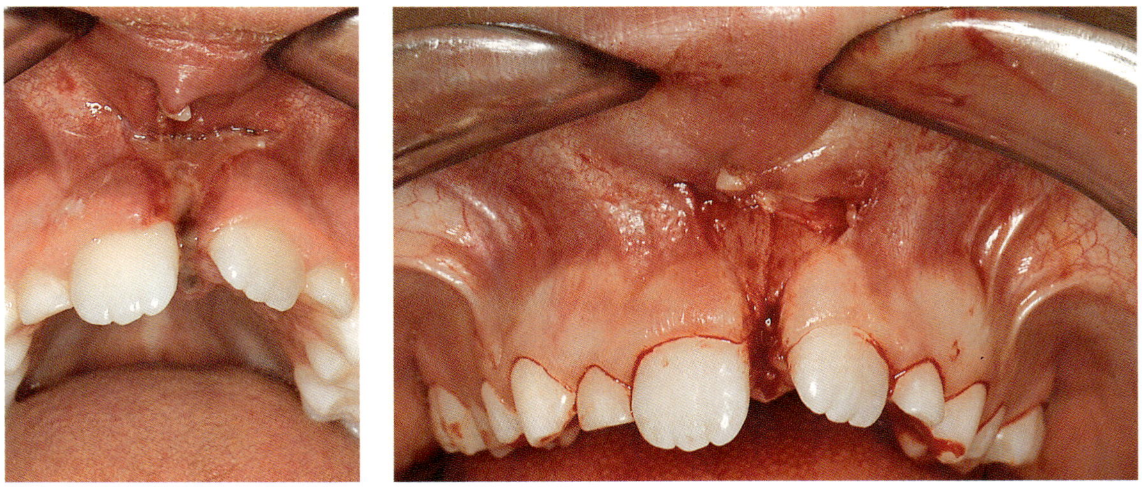

693 Verlauf
Es entsteht eine dreieckige Wundfläche. Diese wird der sekundären Epithelisierung überlassen.

Links: Zustand nach einer Woche: Die Periostfläche ist mit Fibrin belegt.

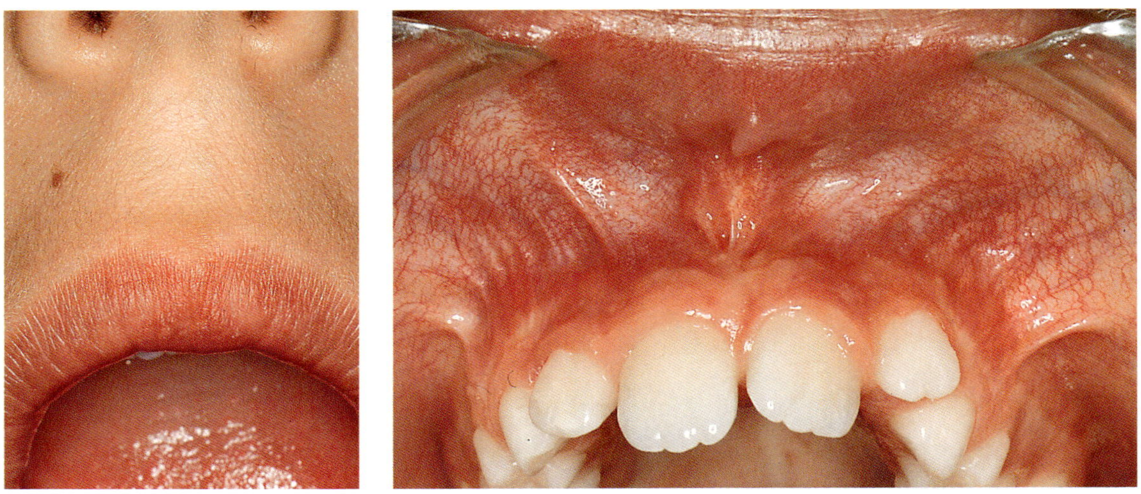

694 Behandlungsende
Die Kontrolle nach 1 Jahr zeigt einen spontanen Lückenschluß.

Links: Auch die Lippenkonfiguration ist normal (vgl. Abb. 688).

Unterlippenbändchen

Ein straffes Lippenband im Unterkiefer führt selten zu Störungen. Immerhin kann beim Erwachsenen bei Verlust der marginalen Gingiva infolge einer parodontalen Infektion die Insertion eines Bindegewebsstranges nahe des Gingivalrandes die parodontale Rezession beschleunigen. In solchen Fällen ist die Korrektur der Weichteilkonfiguration indiziert. Die Exzision erfolgt mittels zwei lateral etwas bogenförmig angelegter Inzisionen durch die bewegliche Schleimhaut und der nach kaudal durchgeführten epiperiostalen Präparation. Dabei soll der sehr schmale Gingivalrand erhalten bleiben. Der mobilisierte Schleimhautlappen wird mit einigen resorbierbaren Nähten im Vestibulum am Periost fixiert. Die offene Wundfläche wird der sekundären Epithelisation überlassen. Die Sicherung des Resultates durch ein freies Schleimhauttransplantat aus dem Gaumen muß erwogen werden (s. Abschnitt „Korrektur der Schleimhautqualität“, S. 268).

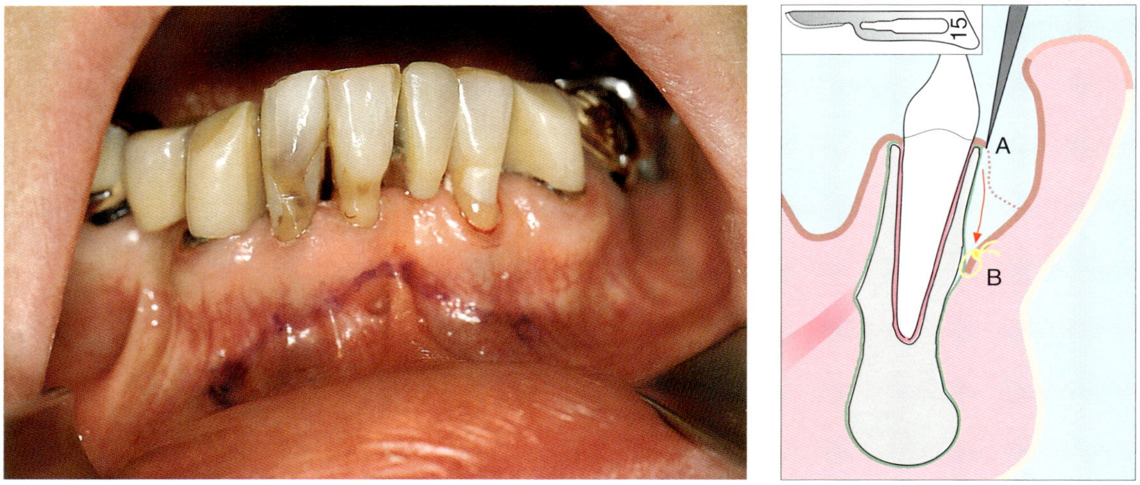

695 Lippenband im Unterkiefer
Bei dieser 67jährigen Frau bestanden parodontale Taschen im Frontbereich, welche behandelt wurden. Um eine zusätzliche Rezession der Gingiva zu verhindern, schlägt der Zahnarzt die Beseitigung des ohnehin störenden Lippenbandes vor.

Rechts: Schema des chirurgischen Prinzips: epiperiostale Präparation und sekundäre Epithelisation durch Verschiebung der Schleimhaut von A nach B.

S

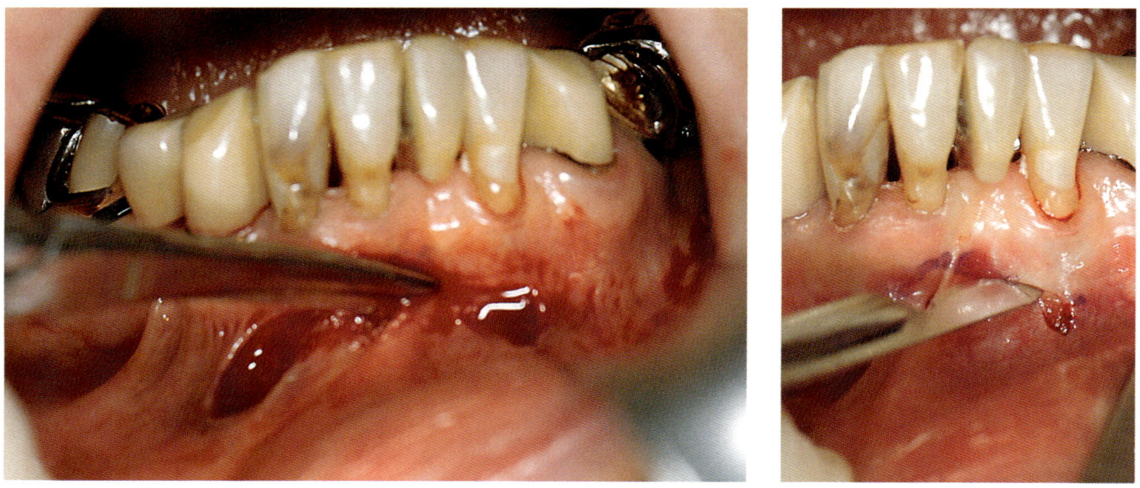

696 Schnittführung
Das Lippenband wird am Ansatz durch eine bogenförmige Inzision durch die Mukosa gelöst.

Rechts: Die Messerklinge durchtrennt nur die Mukosa, das Periost bleibt intakt.

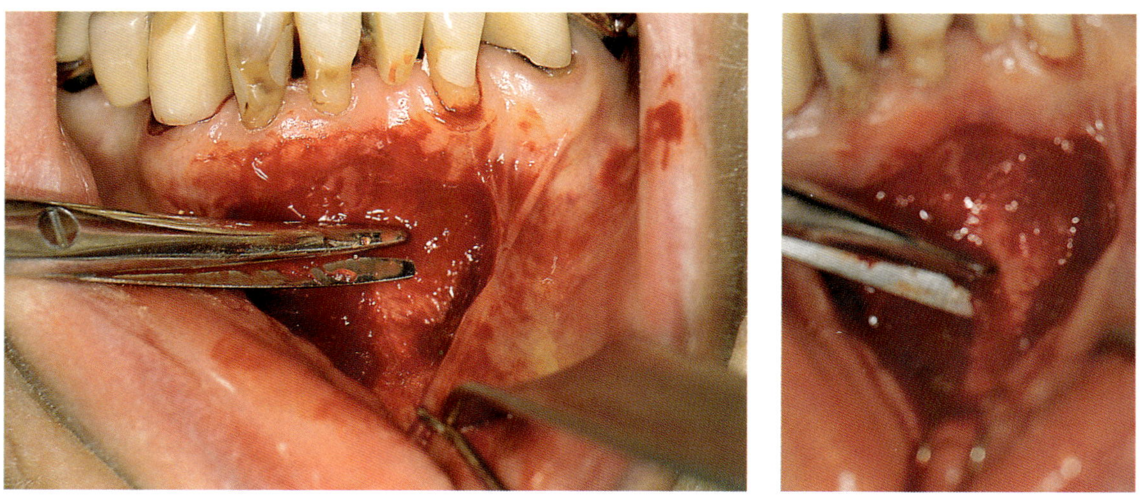

697 Epiperiostale Präparation
Mit der stumpfen Schere wird die Schleimhaut mit Submukosa und Muskelansätzen vom Periost getrennt.

Rechts: Durch Spannung der Mukosa mit dem Wundhaken wird die Präparation epiperiostal erleichtert.

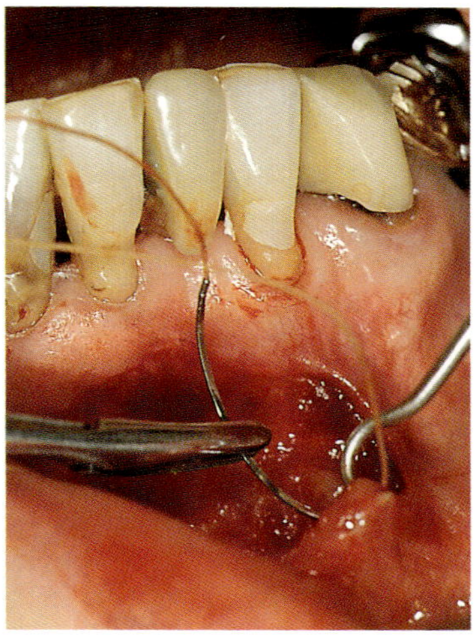

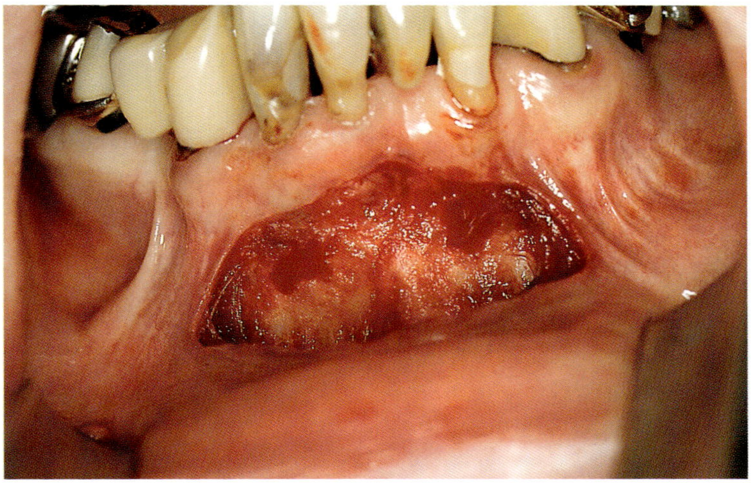

698 Fixation der Schleimhaut
Die Manipulation der Schleimhaut erfolgt möglichst atraumatisch mit dem Gillies-Haken.

Links: Die Schleimhaut wird kaudal mit einzelnen resorbierbaren Nähten am Periost fixiert.

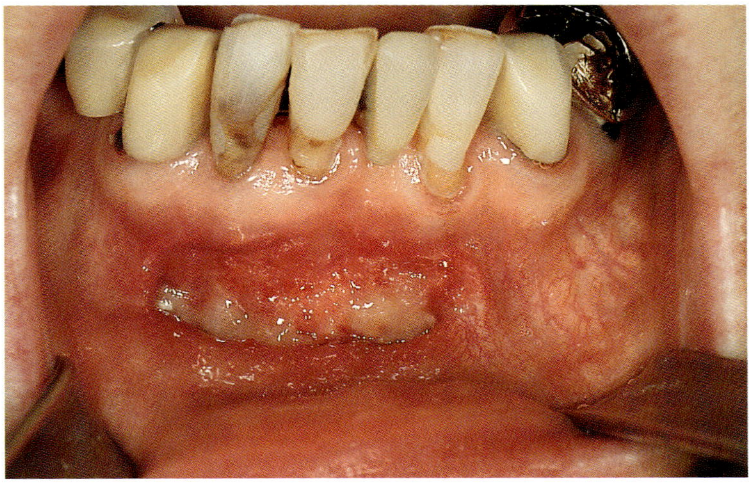

699 Verlauf
Der Lappen ist ohne Zug fixiert. Die Wundfläche wird der sekundären Epithelisation überlassen.

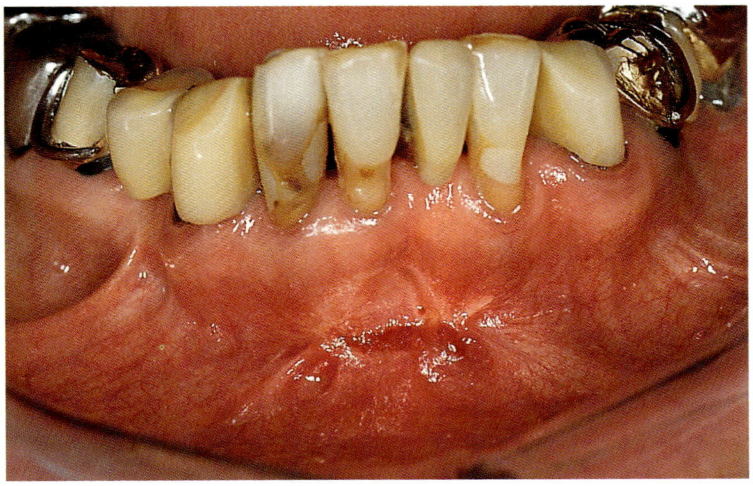

700 Sekundäre Epithelisation
Schon nach 3 Wochen ist der Epitheldefekt regeneriert.

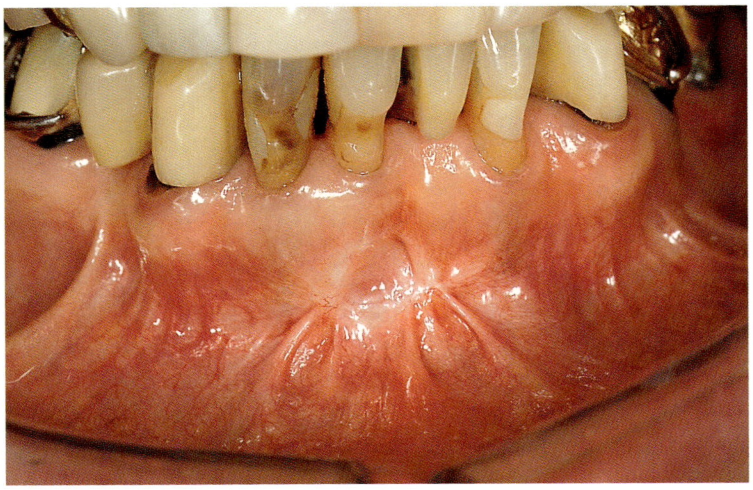

701 Behandlungsende
Auch nach mehr als 6 Monaten ist die Situation stabil, ein Rezidiv ist nicht zu erkennen. Eine gewisse Narbenbildung ist nicht zu vermeiden. Als Alternative käme auch die lokale epiperiostale Verschiebung der Schleimhaut mit Deckung durch ein freies Schleimhauttransplantat vom Gaumen in Frage. Allerdings entstehen dabei zwei Wundflächen.

Zungenband

Indikation

Die Fixierung der Zunge durch ein abnorm verkürztes Zungenbändchen kann bereits in den ersten Lebenswochen Probleme beim Saugen verursachen. Oft werden solche Zungenankylosen kurz nach der Geburt mittels Durchtrennung mit einem Scherenschlag behoben. Bleibt die Zungenbeweglichkeit durch ein kurzes und straffes Band eingeschränkt, kann es später zu Sprachstörungen und möglicherweise auch zu einer erhöhten Kariesanfälligkeit im Molarenbereich kommen, da die Selbstreinigung im Vestibulum behindert ist. In extremen Situationen kann der Bindegewebsstrang zwischen den Frontzähnen bis nach vestibulär reichen und ein Diastema verursachen. Auch eine parodontale Schädigung der lingualen Seite der Frontzähne ist möglich. Zungenbändchen werden einerseits als derbe sehnenartige Verbindung zum Mundboden und andererseits als Bindegewebsstrang zum Alveolarfortsatz beobachtet. Die zunehmende Verkürzung des Zungenbändchens haben wir wiederholt bei Sklerodermiepatienten beobachtet.

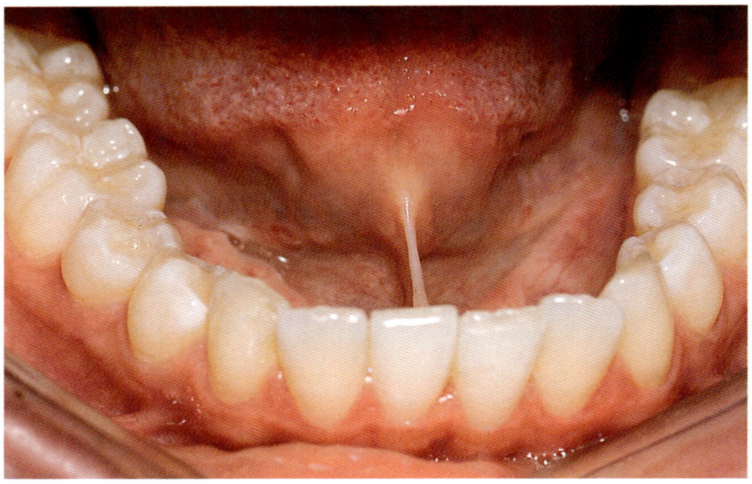

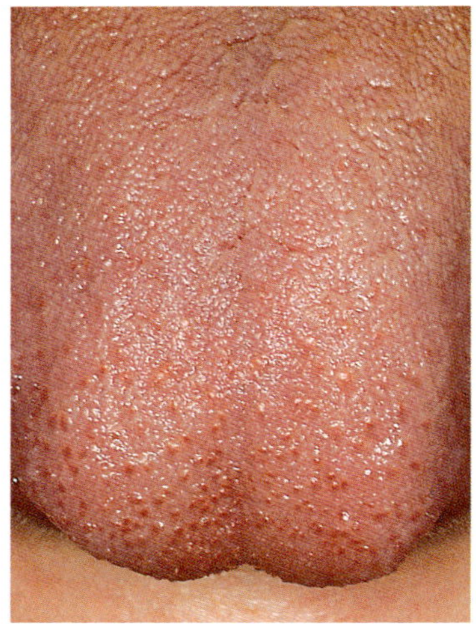

702 Zungenband – Exzision an der Zungenseite
Bei diesem 13jährigen Mädchen ist die Zungenbeweglichkeit wegen des kurzen derben Bandes zum Alveolarfortsatz eingeschränkt.

Rechts: Die Zunge erreicht bei maximalem Herausstrecken gerade das Lippenrot.

Ⓢ

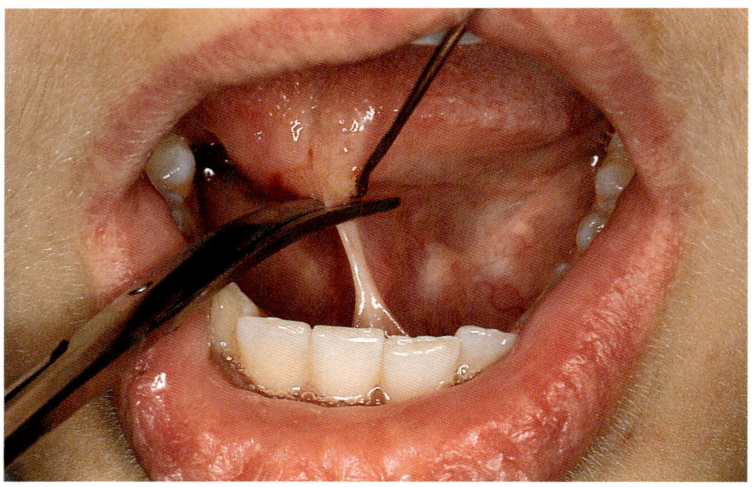

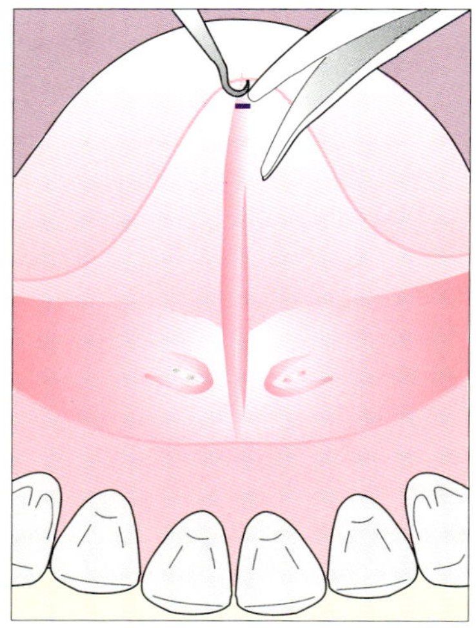

703 Schnittführung
Die Zunge wird durch Absetzen des Bandes an der Zungenseite befreit: Mit einem Scherenschlag wird das Band abgetrennt.

Rechts: Schema des chirurgischen Prinzips: Abtrennung des Bandes an der Zungenbasis.

Ⓢ

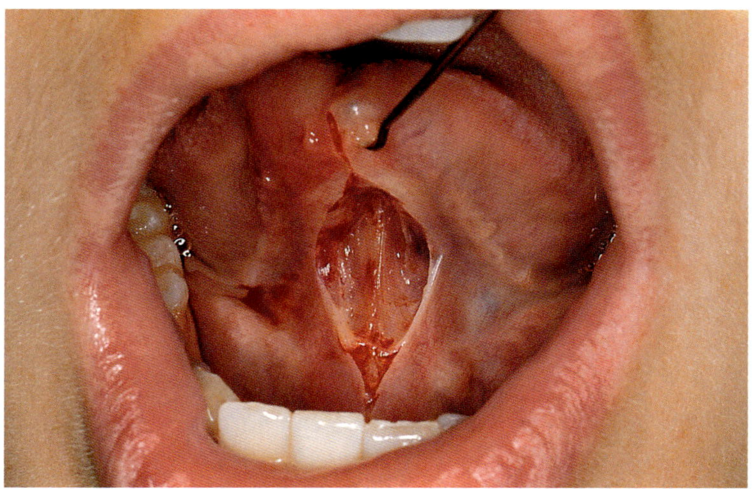

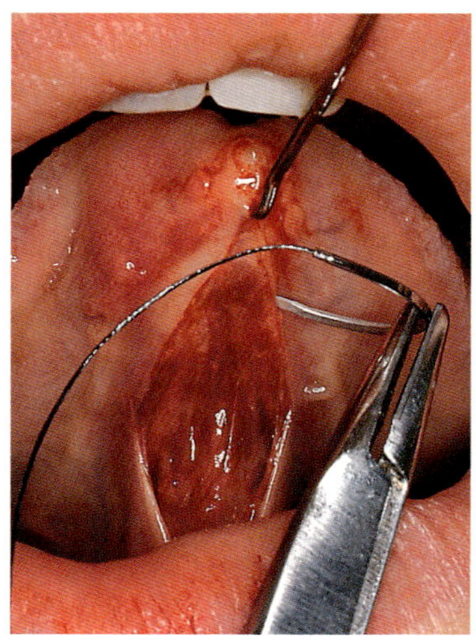

704 Nahtlegung
Es entsteht ein rhomboider Defekt.

Rechts: Der Defekt wird in Längsrichtung mit Einzelnähten verschlossen.

Operatives Vorgehen

Entsprechend der Erscheinungsform ist auch das operative Vorgehen unterschiedlich.
Die einfachste Art, die Zungenbeweglichekit wieder zu vergrößern, ist die Querdurchtrennung und Längsvernähung ungefähr in der Mitte des Zungenbandes. Dadurch werden keine wichtigen anatomischen Strukturen betroffen. Die Wahl des Vorgehens ist aber von der Konfiguration und dem Ausmaß der Bandbildung abhängig.

Im Mundboden inserierendes Band

Der bindegewebige Strang wird entlang der Zungenunterseite quer durchtrennt und die Wunde längs vernäht.

Am Alverolarfortsatz inserierendes Band

Die Durchtrennung erfolgt quer am Alveolarfortsatz bis in die Mundbodenweichteile. Die Austrittsöffnungen der Ductus submandibulares an den Carunculae sublinguales müssen beachtet werden. Eine Verletzung dieser Strukturen kann zu einer Narbenstriktion und damit zum Speichelstau führen. Die erreichte Verbesserung der Zungenbeweglichkeit wird vor der Nahtlegung überprüft. Der Verschluß erfolgt durch Einzelknopfnähte quer zur Längsrichtung der Wundfläche. Der eventuell zurückgebliebene Defekt am Alveolarfortsatz wird der sekundären Epithelisation überlassen.

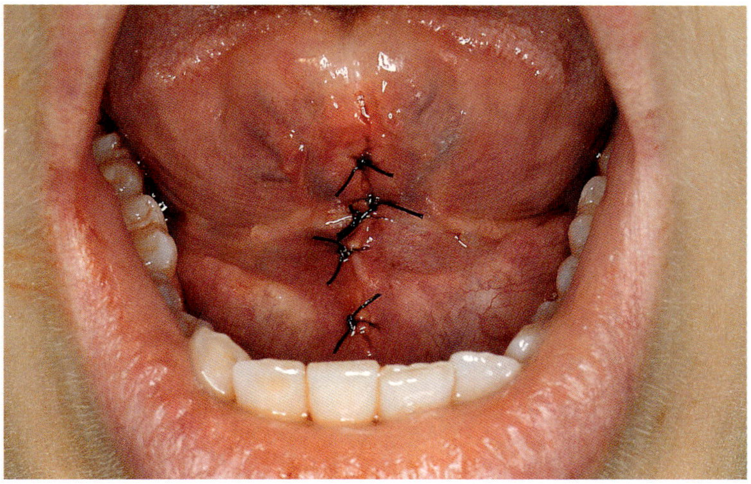

705 Ergebnis
Die Zungenbeweglichkeit ist sogleich verbessert.

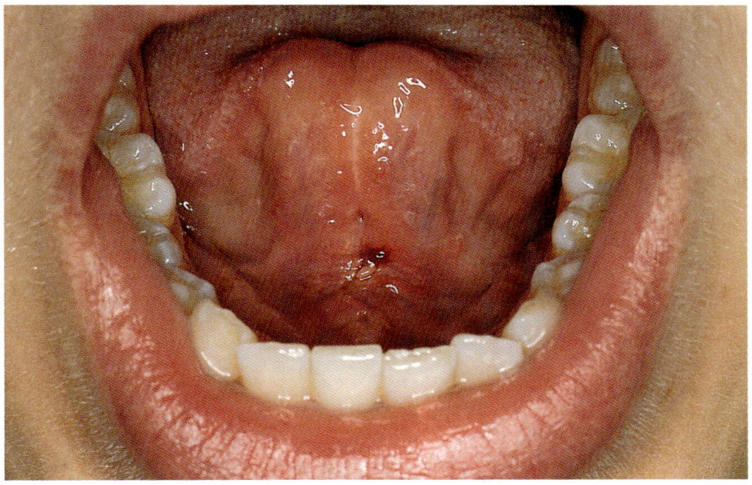

706 Verlauf
Nach einer Woche werden die Nähte entfernt, die Zunge kann frei angehoben werden.

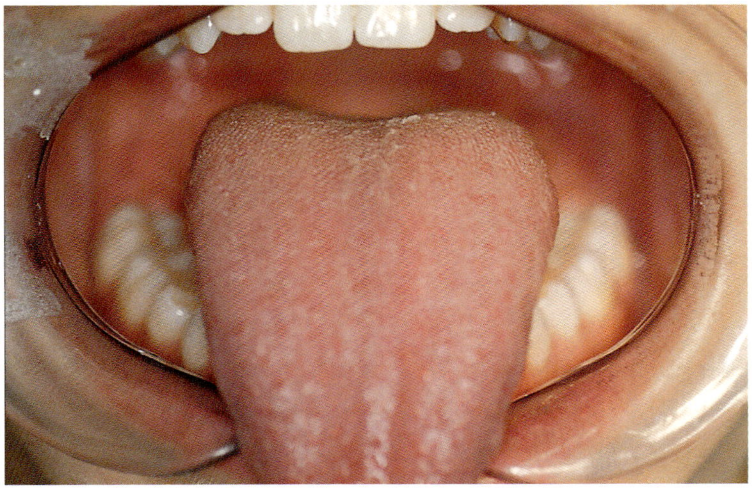

707 Behandlungsende
Die Kontrolle nach 1 Monat zeigt nun eine normale Beweglichkeit der Zunge.

Freies Schleimhauttransplantat für den Gingivaersatz

Die Qualität der Schleimhautoberfläche, ihre Schichtung und Keratinisierung hängt von der Beschaffenheit des epithalen Bindegewebes ab. Unter diesem Gesichtspunkt ist die Auswahl der Schleimhaut für die Transplantation zu treffen. Die Dicke des Transplantates ist ebenfalls für den Erfolg der Transplantation maßgebend, sie muß mehr als 1 mm betragen.

Indikation

Freie Schleimhauttransplantate werden vorwiegend in der parodontalen Chirurgie zur Behebung lokaler Rezessionen und fehlender „attached" Gingiva verwendet. Die Korrektur von unerwünschten beweglichen Schleimhautzonen oder Wangenbändchen kann ebenfalls durch transplantierte Gingiva erfolgen.
Zur Korrektur von Defekten im Gingivabereich eignet sich besonders die gut keratinisierte Schleimhaut des hinteren Abschnitts des harten Gaumens. Die anterioren Anteile mit den Rugae sind weniger geeignet, da letztere nach der Einheilung immer noch erhaben und sichtbar sind.

708 Exzision an der Kieferseite
Bei diesem 10jährigen Mädchen setzt das Zungenband hoch am Kieferkamm an. Die Zungenmobiliät ist stark gestört.

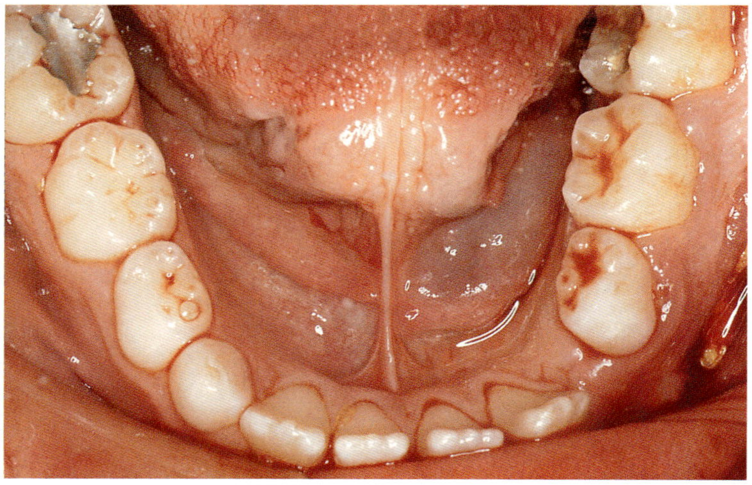

Ⓢ

709 Schnittführung
Das Band wird zungenbasiswärts mit einem Scherenschlag durchtrennt und längs vernäht. An der Kammseite kann ein schmaler Defekt entstehen, der der sekundären Verheilung überlassen wird.

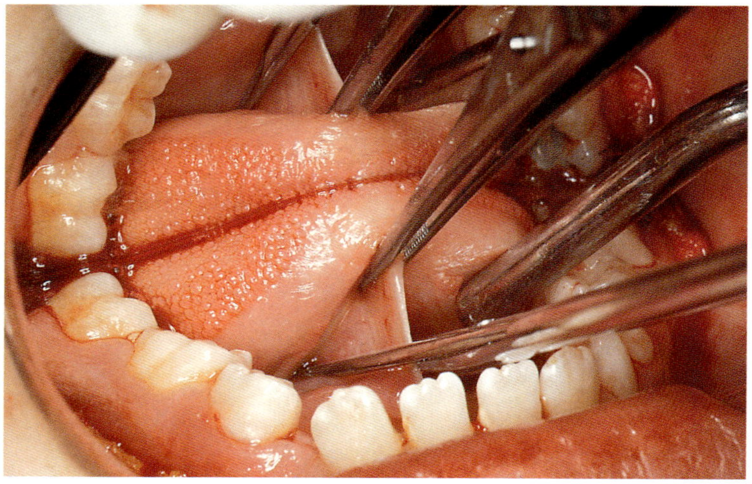

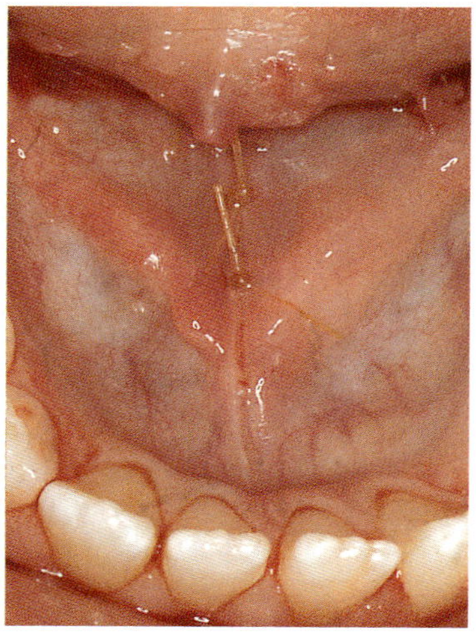

710 Ergebnis
Die Spätkontrolle nach einem halben Jahr zeigt freie Beweglichkeit der Zunge und normale Topographie des vorderen Mundbodens.

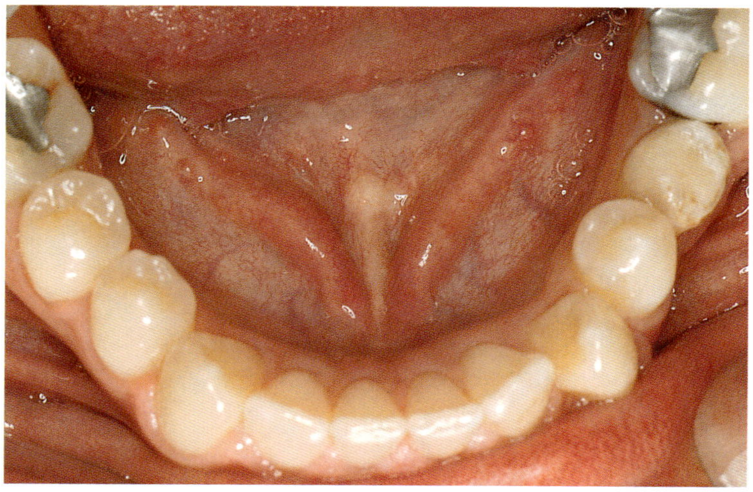

Operatives Vorgehen

Zuerst wird in Lokalanästhesie das Transplantatbett vorbereitet. Die Präparation erfolgt präzis epiperiostal. Die Mukosa wird mit resorbierbaren Nähten im neugebildeten Vestibulum fixiert.

Zur Transplantatentnahme am Gaumen wird am Foramen palatinum das Anästhetikum infiltriert und ein passendes Gingivastück mit dem Mukotom entnommen.

Das Transplantat wird auf das freiliegende Periost gepreßt und mit Einzelnähten (Faden der Stärke 4-0) an den Ecken fixiert. Ein Wundverband verhindert die Traumatisierung durch Zunge oder Zahnbürste. Mundspülungen mit 0,2%iger Chlorhexidinlösung ersetzen vorübergehend das Zähneputzen im Operationsgebiet. Beim Heilungsablauf wird die Epithelschicht des Transplantates nekrotisch, obwohl das subepitheliale Bindegewebe rasch revaskularisiert wird. Das Transplantat ist bereits 2 Tage nach der Transplantation am neuen Ort revaskularisiert. Die vollständige Einheilung ist nach ca. einer Woche abgeschlossen.

Die Epithelisierung des Transplantates erfolgt von der Umgebung her (Bernimoulin u. Lange 1972, Mörmann u. Mitarb. 1975) und dauert noch weitere 2 Wochen.

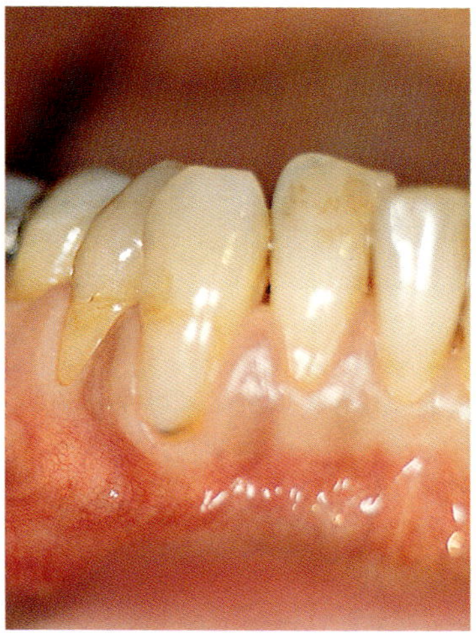
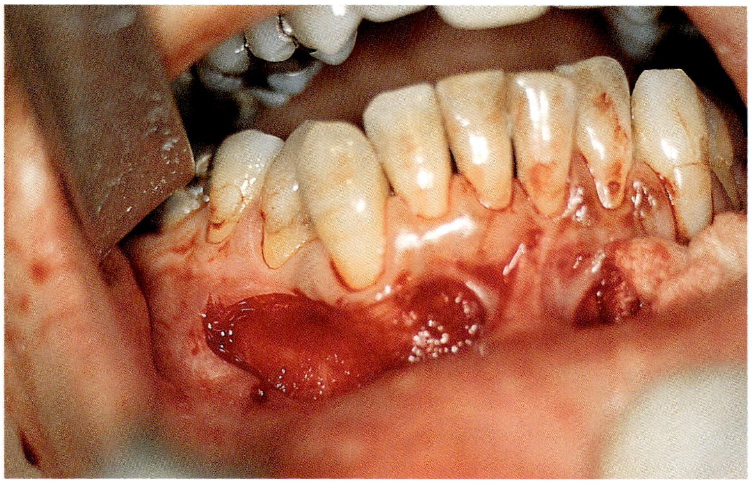

711 Schleimhauttransplantat
Bei dieser 44jährigen Patientin ist eine zunehmende Rezession der Gingiva bei Zahn 43 festzustellen. Ein hochansetzendes Bändchen scheint an der Gingiva zu inserieren. Da nur noch wenig keratinisierte marginale Gingiva vorhanden ist, wird ein Schleimhauttransplantat vom Gaumen in das Vestibulum bei Zahn 43 geplant (*links*).
Die Schleimhaut bei Zahn 43 wird am Rand der vorhandenen Gingiva epiperiostal nach kaudal präpariert und dort am Periost mit resorbierbarem Nahtmaterial fixiert (*rechts*).

Ⓐ

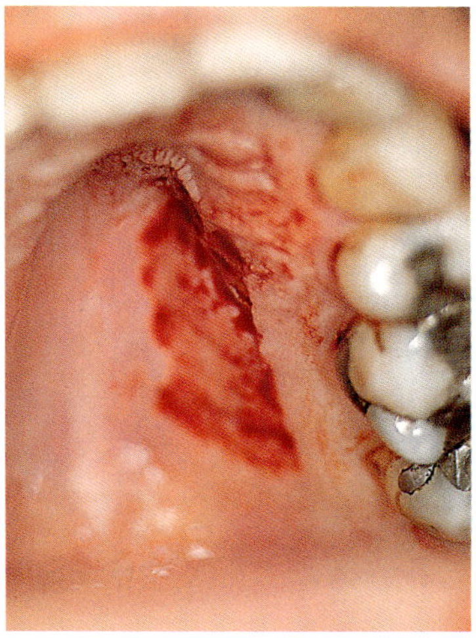
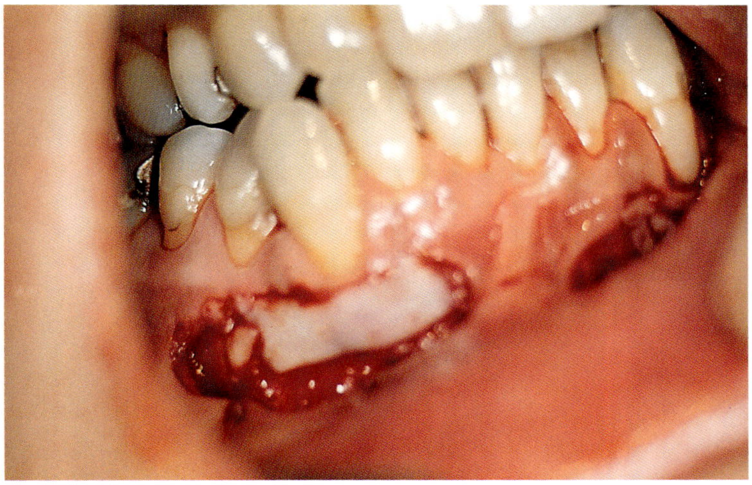

712 Transplantat – Entnahme und Fixation
Das freie Transplantat kann am Rand mit einzelnen feinen Nähten befestigt werden oder mit einem Parodontalverband (z.B. Peripac) bedeckt werden. Der Verband wird nach 3 Tagen und die Nähte nach einer Woche entfernt.

Links: Am Gaumen wird mit dem Mukotom ein ca. 0,5 cm breiter Schleimhautstreifen entnommen und vestibulär bei Zahn 43 auf dem Periost angepreßt.

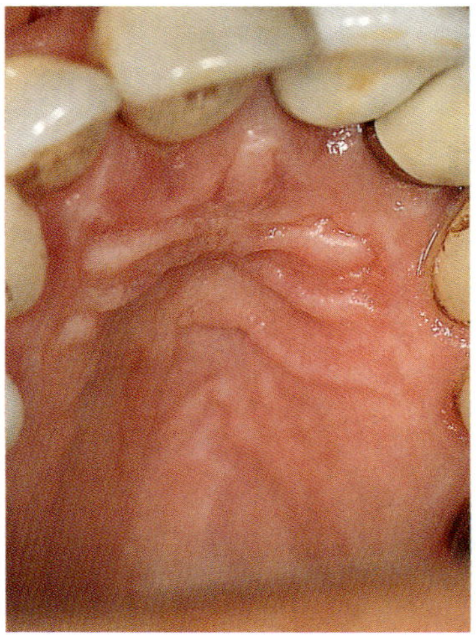
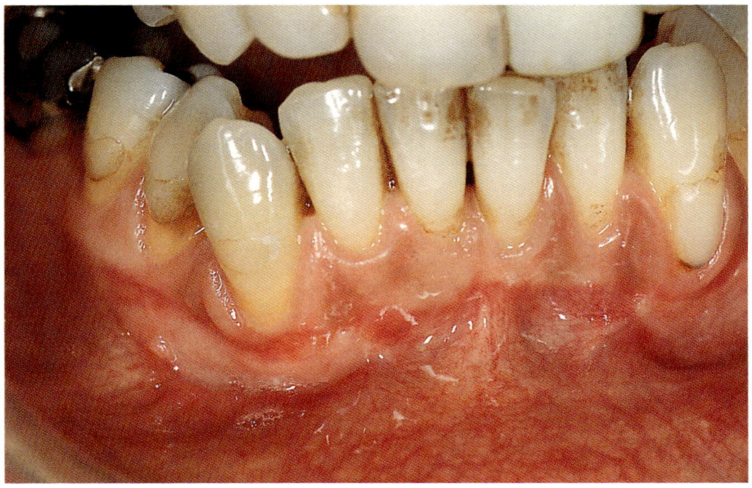

713 Ergebnis
Die Spätkontrolle nach einem halben Jahr zeigt eine deutlich verbreiterte Gingiva bei Zahn 43.

Links: Die Entnahmestelle am Gaumen hat sich völlig regeneriert.

Gingiva-Bindegewebe-Transplantat

Das freie Schleimhauttransplantat wird von der Unterlage her (Periost) revaskularisiert. Es benötigt deshalb ein gesundes, gut durchblutetes Implantatbett. Befindet sich ein Gingivadefekt über nicht oder schlecht durchbluteter Unterlage, wie z.B. über einer Zahnwurzel, müssen andere Wege der Deckung gesucht werden. Eine Möglichkeit ist der Verschiebelappen (Vorhangplastik). Eine andere Möglichkeit soll hier dargestellt werden: eine Bindegewebs-Sandwich-Plastik. Langer (1985) hat eine Methode zur marginalen Defektdeckung mittels eines kombinierten Gingiva-Bindegewebe-Transplantates aus dem Gaumen vorgestellt. Das Vorgehen nutzt den dadurch möglichen intensiven Kontakt des Transplantates zu vitalem Gewebe in der Umgebung.

Indikation

Die Methode erlaubt, in ästhetisch kritischen Positionen eine störende Gingivarezession oder oberflächliche Defekte zu beheben.

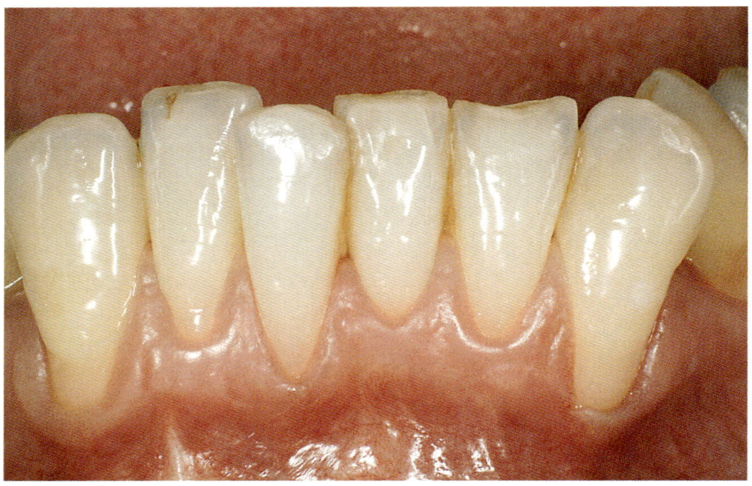

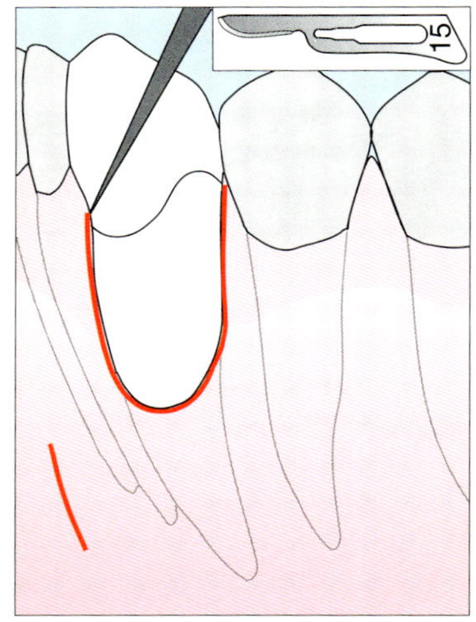

714 Schleimhaut-Bindegewebe-Transplantat – Schnittführung
Bei dieser 33jährigen Patientin soll die Rezession bei Zahn 33 und 34 wegen Zahnhalsüberempfindlichkeit behoben werden. Dazu soll ein kombiniertes Transplantat aus Schleimhaut und Bindegewebe verwendet werden.
Rechts: Schema der notwendigen Inzisionen: Zuerst wird eine Inzision ausgehend von der mesialen Papille entlang des Sulkus und eine zusätzliche vertikale Inzision durch die Schleimhaut im Vestibulum mesial des Zahnes 33 gelegt.

Ⓐ

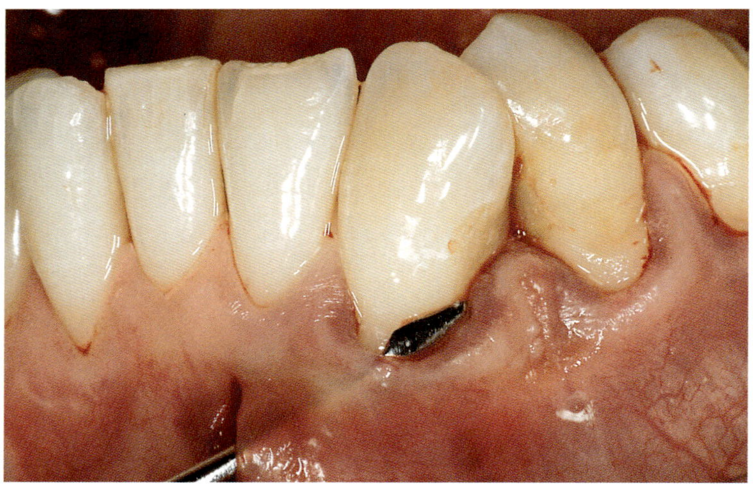

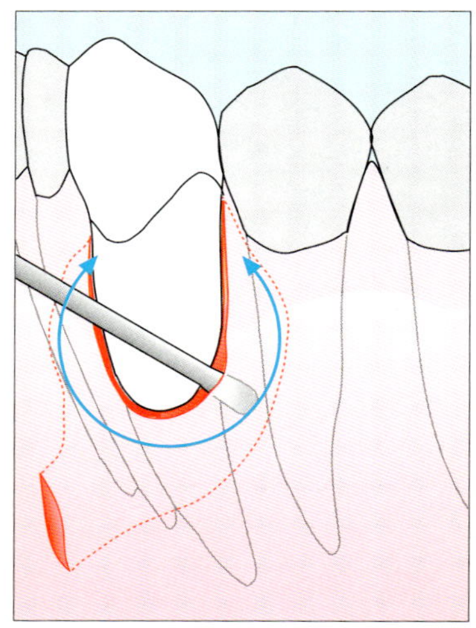

715 Transplantatbett
Mit einem feinen Raspatorium oder einem Desmotom wird die Gingiva im Sulkus und von der vertikalen Inzision her mobilisiert. Auch die Papillen müssen unterminiert werden.

Rechts: Schema dazu: Unterminierung und Mobilisation der Schleimhaut.

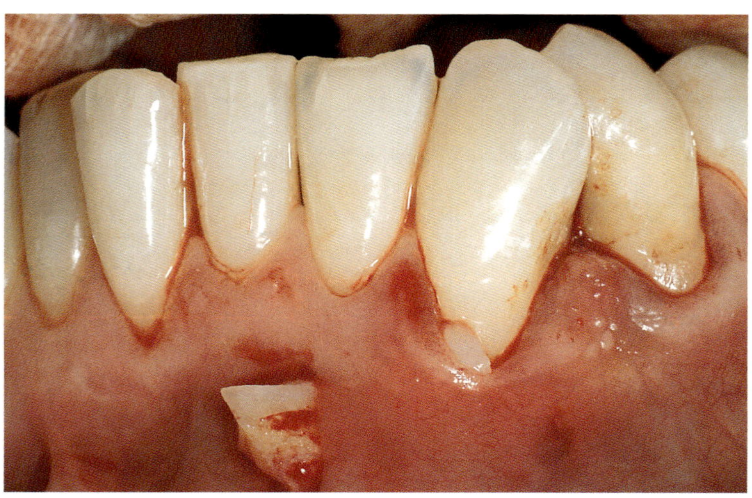

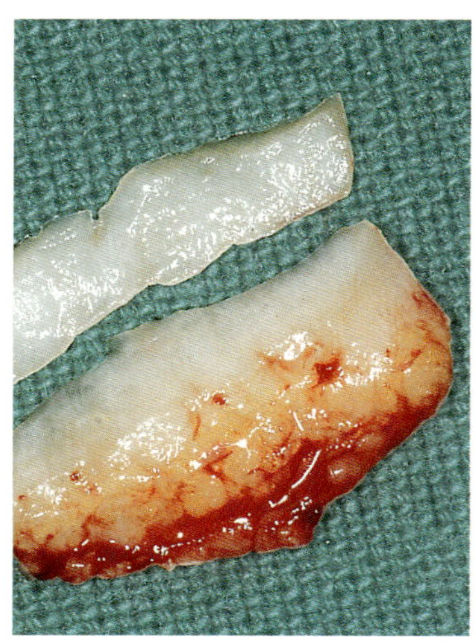

716 Positionierung des Transplantates
Das Bindegewebstransplantat wird entsprechend der Morphologie des Sulkus in der Breite angepaßt und durch die vertikale Inzision unter der Schleimhaut soweit nach kranial geschoben, daß der entblößte Zahnhals von der anhaftenden Gingiva des Transplantates bedeckt wird.

Rechts: Vom Transplantat wird das Epithel teilweise entfernt.

Operatives Vorgehen

Schädle u. Matter-Grütter (1993) haben eine Modifikation der Methode von Langer vorgeschlagen, welche die Nachteile der vertikalen Inzision in der Gingiva vermeidet. Zur Gewinnung des Bindegewebstransplantates als Sandwich wird eine vertikale Inzision in der beweglichen Schleimhaut lateral des Defektes durchgeführt und das Mukoperiost unterminierend mobilisiert. Die Papillen bleiben dabei erhalten und werden bei Bedarf durch die Mobilisation angehoben. Das Bindegewebstransplantat wird durch die Inzision nach marginal geschoben. Eine besondere Fixation ist nicht notwendig.

Zur Vermeidung der Austrocknung kann das Transplantat mit Fibrinkleber (Tissucol) oder einem Gewebekleber (Histoacryl) bedeckt werden. Die Vertikalinzision wird mit einer Naht verschlossen.

Die Mundhygiene wird postoperativ durch Spülungen mit 0,2%iger Chlorhexidinlösung aufrecht erhalten.

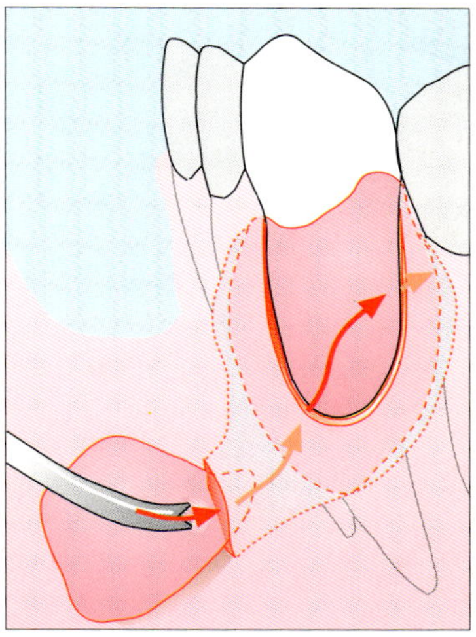

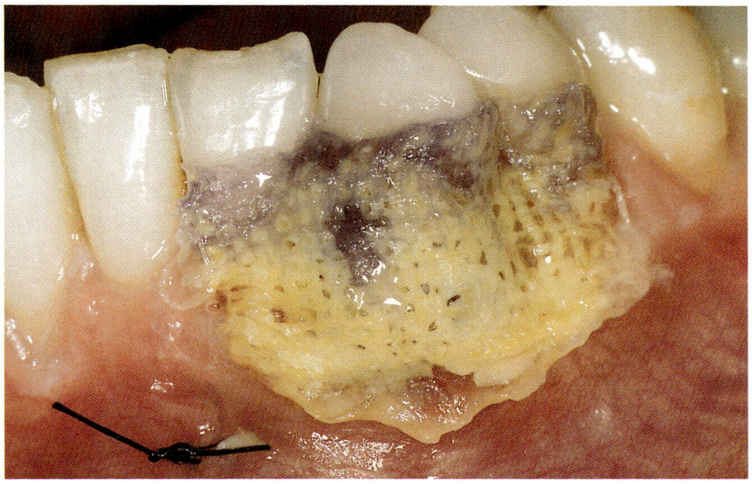

717 Wundverband
Das Transplantat wird mit einem Verband aus JVD und Gewebekleber (Histoacryl) bedeckt.

Links: Schema: Das Transplantat wird durch die vertikale Inzision mit einem Tamponstopfer nach marginal verschoben.

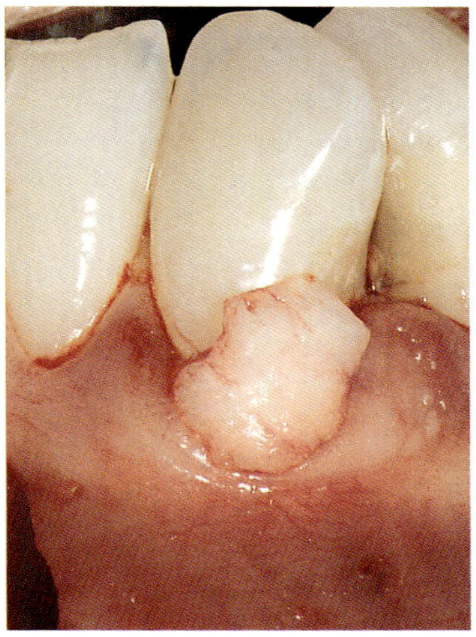

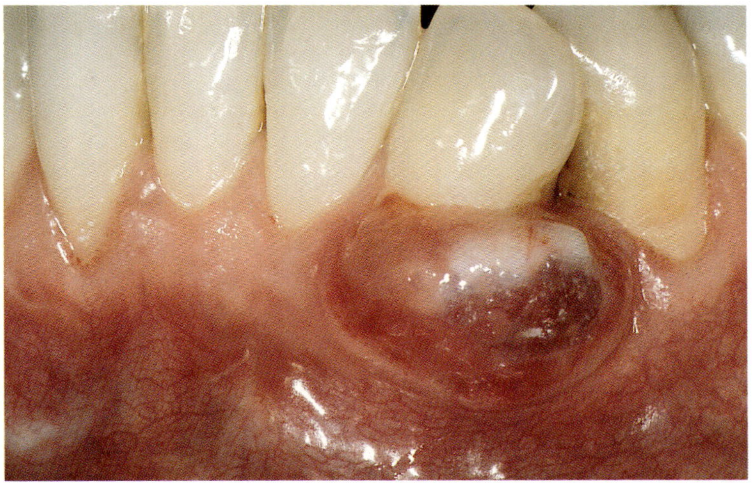

718 Verlauf
Der Verband wird nach 5 Tagen entfernt. Nach 10 Tagen ist ein vitales, gut durchblutetes Transplantat erkennbar.

Links: Unmittelbar postoperative Situation. Das Transplantat wird wegen der zu erwartenden Schrumpfung etwas überdimensioniert.

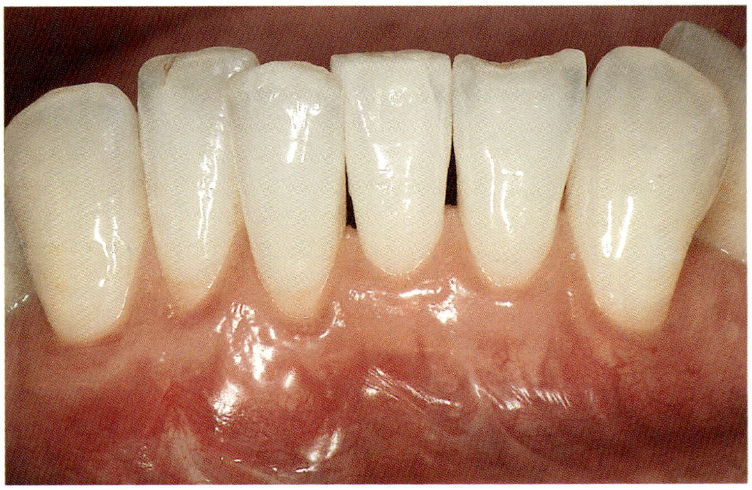

719 Ergebnis
Die Spätkontrolle nach 16 Monaten zeigt die weitgehend reduzierte Rezession am Zahn 33 und ebenfalls bei Zahn 34, wo dasselbe Verfahren angewendet wurde. Die Patientin kann die Stelle wieder einwandfrei reinigen, die Zahnhalsempfindlichkeit ist verschwunden.

Korrekturen der Schleimhautqualität

Indikation

Nischenbildung für Infektionen (Kandidose).
Prothetisch störender Zustand.
Fehlende angewachsene Schleimhaut.
Verbesserung der Weichteilästhetik.

Operatives Vorgehen

Veränderungen an der Schleimhautqualität können durch Konditionierung oder Exzision und Ersatz durch neues Gewebe erreicht werden. Dabei können sowohl die sekundäre Epithelisierung über das Periost am Alveolarfortsatz wie auch die submuköse Präparation oder Schleimhauttransplantationen zum Ziele führen. Die Wahl der Methode richtet sich nach dem Umfang der zu korrigierenden Fläche als auch nach dem Zweck der Qualitätsverbesserung. Feinpapilläre, flächenhafte Veränderungen, wie bei hypertropher Kandidose, werden neben der medikamentösen Therapie durch modellierendes Abtragen der erkrankten Schleimhaut behandelt. Dazu eignet sich die Schlinge des Elektrotoms. Hyperkeratosen lassen sich auch durch Kryochirurgie beseitigen.

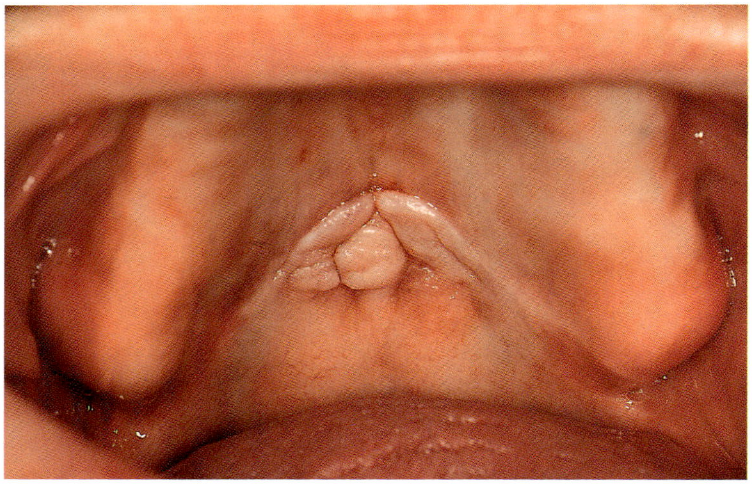

720 Papillomatose am Gaumen
Die 51jährige Prothesenträgerin stört die fibröse Wucherung an der A-Linie. Auch nach der Korrektur der Prothese ist das lappige Fibrom verblieben.

(S)

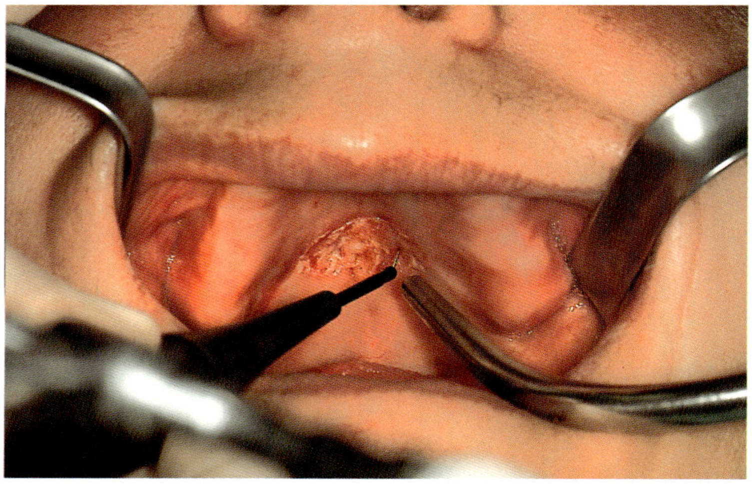

721 Abtragen mit dem Elektrotom
Mit der Schlinge des Elektrotoms wird das Fibrom in streichenden Bewegungen abgetragen. Es entsteht kaum eine Blutung. Das Periost bleibt intakt.

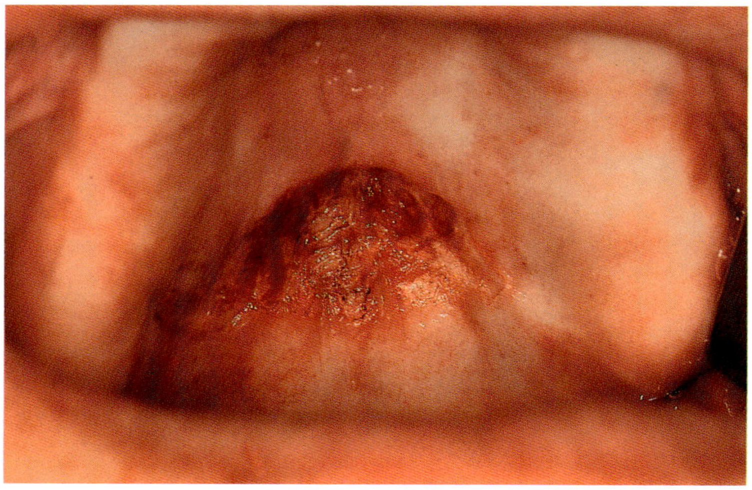

722 Sekundäre Epithelisation
Die Wunde wird der sekundären Verheilung überlassen. Ein Verband ist nicht notwendig.

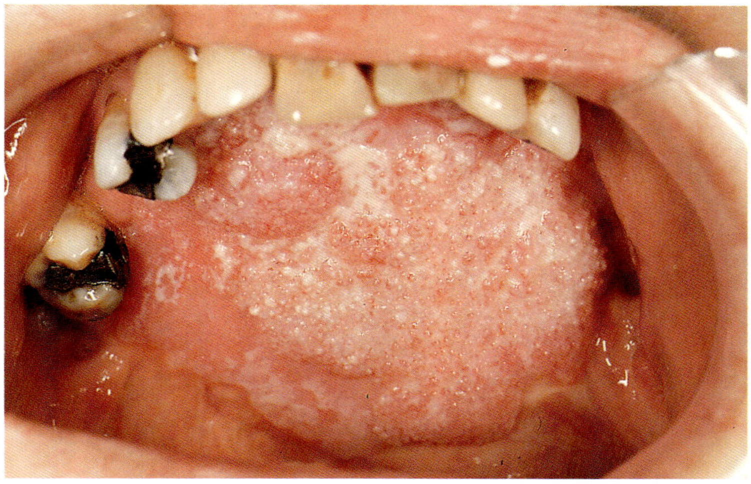

723 Papillomatose am Gaumen bei Kandidose
Bei dieser 60jährigen Patientin wurde vor über 10 Jahren der Oberkiefer teilreseziert und der Gaumen mit Haut rekonstruiert. Seit einigen Monaten leidet die Patientin unter einer therapieresistenten Kandidose, welche zu einer feinpapillären Fibrose des ganzen Gaumentransplantates führte.

Ⓐ

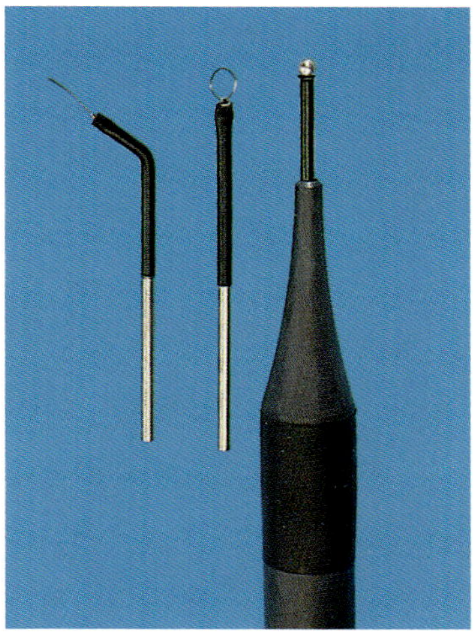

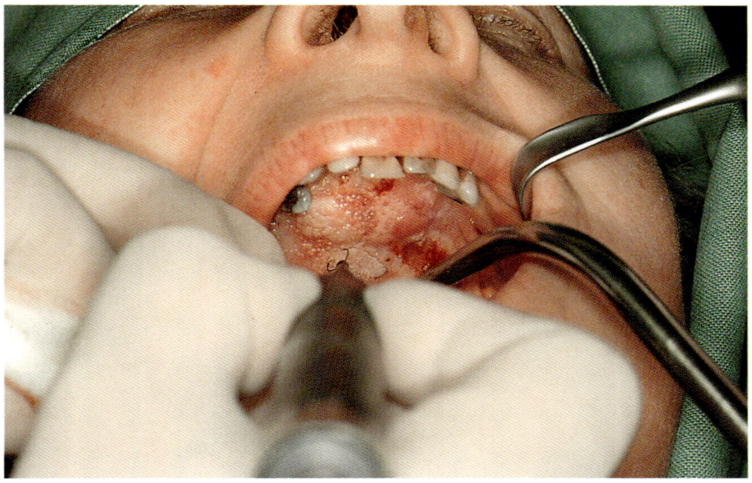

724 Abtragen mit dem Elektrotom
Die modellierende Entfernung der papillären Veränderungen erfolgt in Etappen.

Links: Mit der Schlinge des Elektrotoms wird die ganze Gaumenfläche abgeschält.

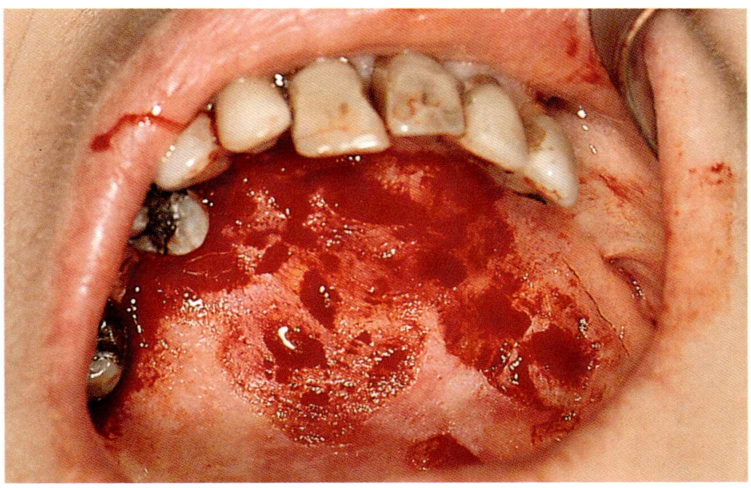

725 Verbandplatte
Die Sickerblutung wird durch Kompression mit JVD und Verbandplatte beherrscht. Die Platte dient auch zum Schutz bei der Nahrungsaufnahme.

Links: Die glasklare Kunststoffplatte, die durch zwei einfache Drahtklammern am Restgebiß festgehalten und mit vaselinierter Jodoformgaze belegt wird.

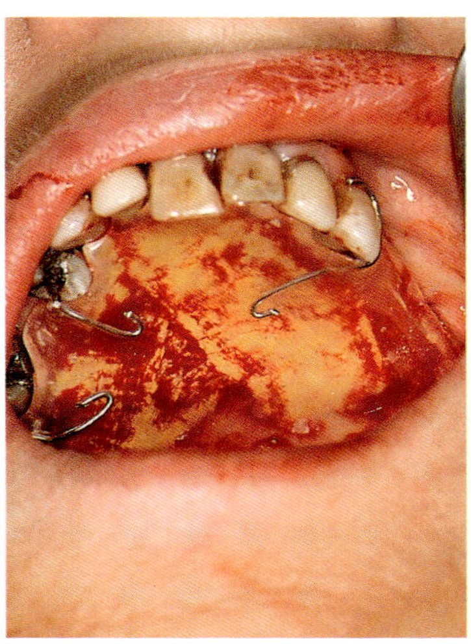

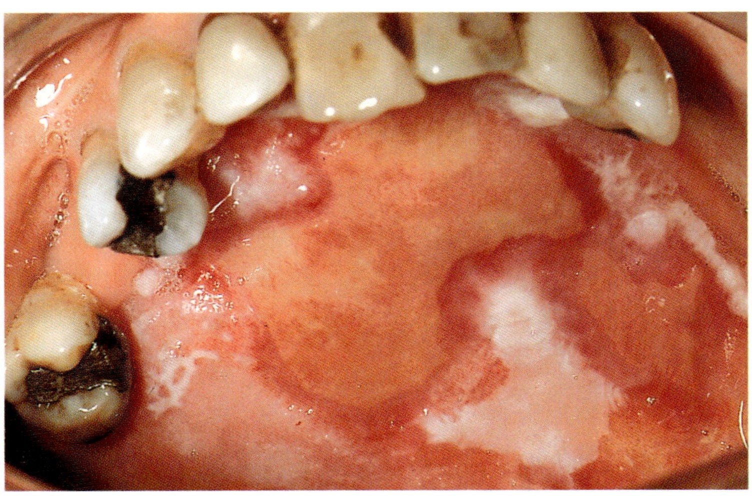

726 Nachsorge
Die Wunde wird wöchentlich kontrolliert und gesäubert. Nach 3 Wochen ist die Regeneration im Gange, und eine zarte Epithelschicht wächst vom Rande in die abgetragene Fläche. Einzelne Areale sind weiterhin papillär verändert und werden in weiteren Etappen noch abgetragen.

Links: Die glasklare Verbandplatte in situ.

Gingivakorrekturen um Implantate

Indikation

Die Weichgewebssituation wird durch eine keratinisierte Gingivamanschette um das Implantat gesunderhalten, ebenso werden auch Knocheneinbrüche vermieden (Schlegel u. Mitarb. 1994). Perfekte Mundhygiene kann das Ausmaß des periimplantären Entzündungszustandes in Grenzen halten (Marinello u. Mitarb. 1993). In einzelnen Fällen kann die Plazierung der Implantatpfeiler in beweglicher, nicht keratinisierter Schleimhaut toleriert werden. Weichteilkorrekturen können im Nachhinein vorgenommen werden.

Operatives Vorgehen

Freies Schleimhauttransplantat aus dem Gaumen. Es wird als ca. 10–12 mm breites Transplantat aus den lateralen Gaumenseiten entnommen, perforiert und wie ein Kragen über die von der Schleimhaut entblößte Periostfläche um die Pfeiler gelegt und angepreßt. Buser (1987) hat ein zweizeitiges Vorgehen vorgeschlagen, bei dem vor Implantierung die Weichteilsituation im Implantatgebiet durch Vestibulumplastik und Deckung mit freier Gaumenschleimhaut verbessert wird.

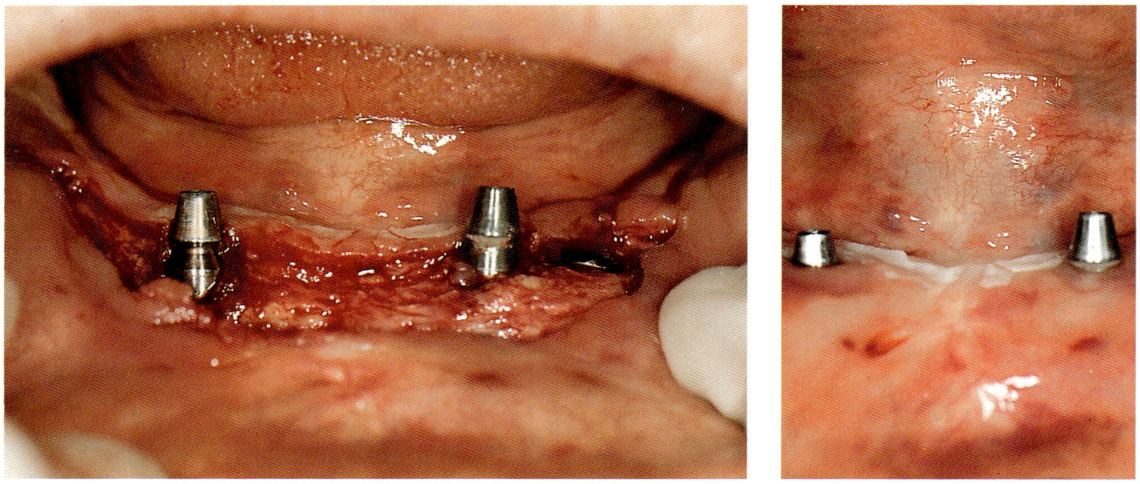

727 Gingivakorrektur periimplantär – Schleimhauttransplantation
Epiperiostale Präparation der Schleimhaut nach vestibulär vor Deckung mit den Gingivatransplantaten.

Rechts: Bei der 68jährigen Frau wurden vor 2 Jahren Implantate gesetzt. Die Schleimhaut war um die Pfeiler verschieblich. Es bildete sich eine Periimplantitis. Die Schleimhautqualität wird mit zwei um die Pfeiler gelegten freien Schleimhauttransplantaten korrigiert.

Ⓐ

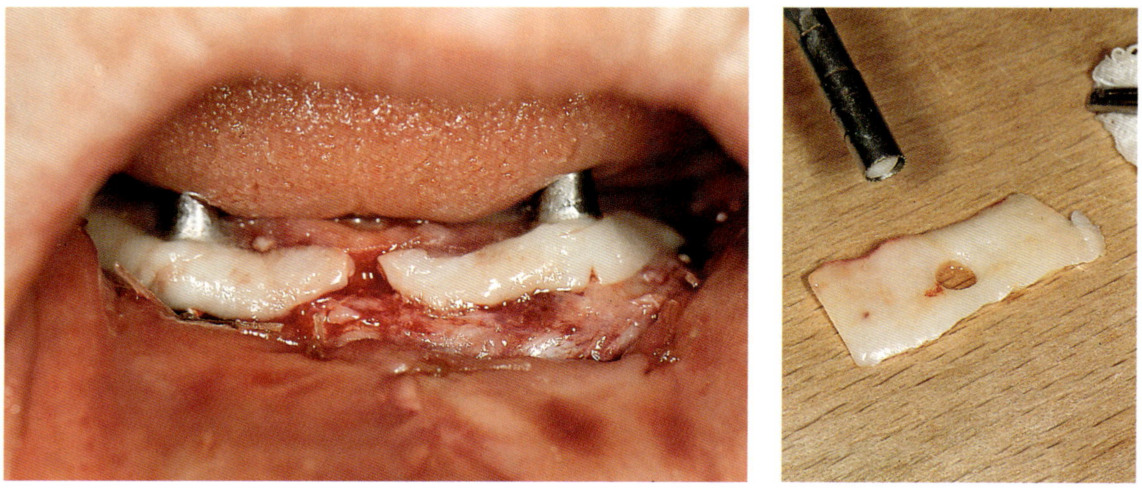

728 Präparation des Transplantates
Dem Gaumen werden zwei je ca. 2 x 1 cm große Transplantate entnommen und kragenförmig um die Implantate gelegt.

Rechts: Das Transplantat wird mit einer Schleimhautstanze perforiert, so daß es um das Implantat gelegt werden kann.

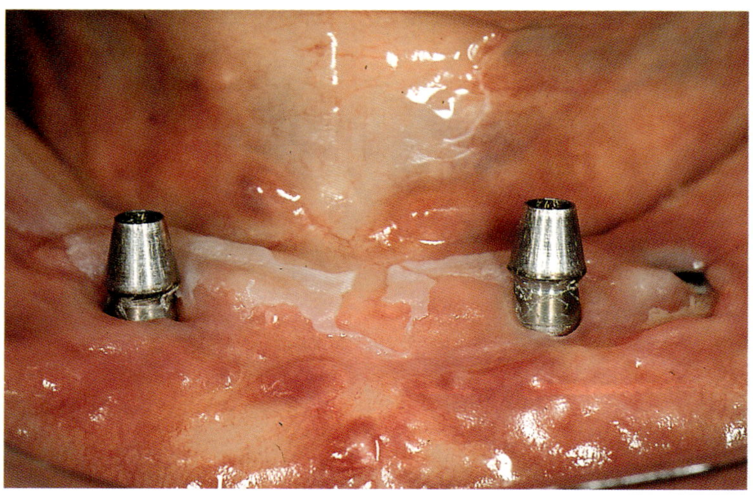

729 Ergebnis
Die Spätkontrolle nach 9 Monaten zeigt weitgehend reizlose periimplantäre Gewebe.

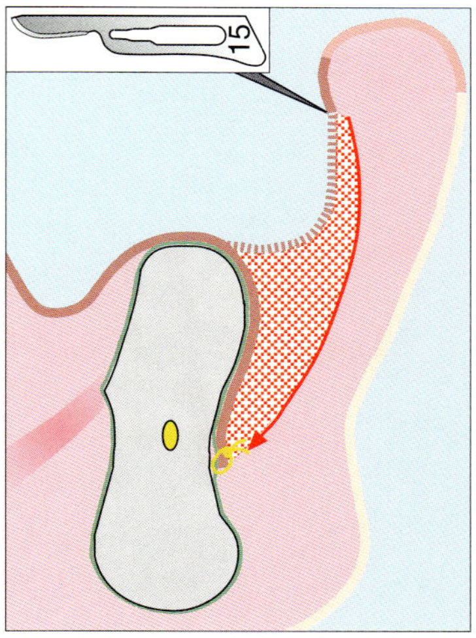

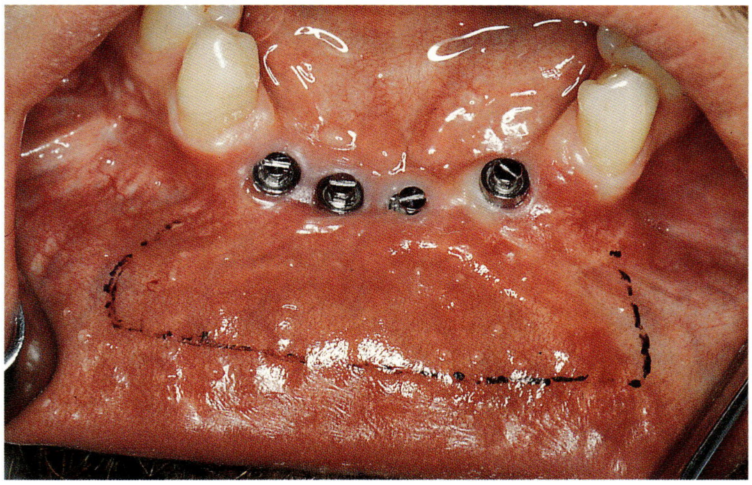

730 Schleimhautkorrektur nach Edlan

Diese 22jährige Frau hat die Unterkieferfrontzähne wegen eines Unfalls verloren. Nach Rekonstruktion mit autologem Knochen und Insertion von 4 Implantaten ist kein Vestibulum mehr vorhanden. Dies erschwert die Eingliederung eines Zahnersatzes.

Links: Schema des chirurgischen Prinzips: Die Schleimhaut wird von labial her epiperiostal unterminiert und bleibt am Kamm gestielt.

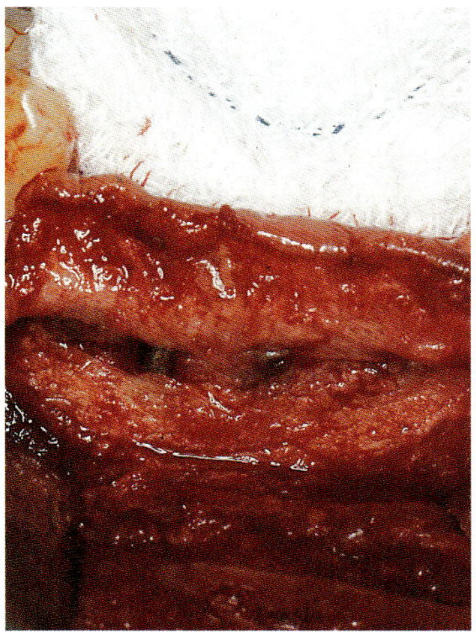

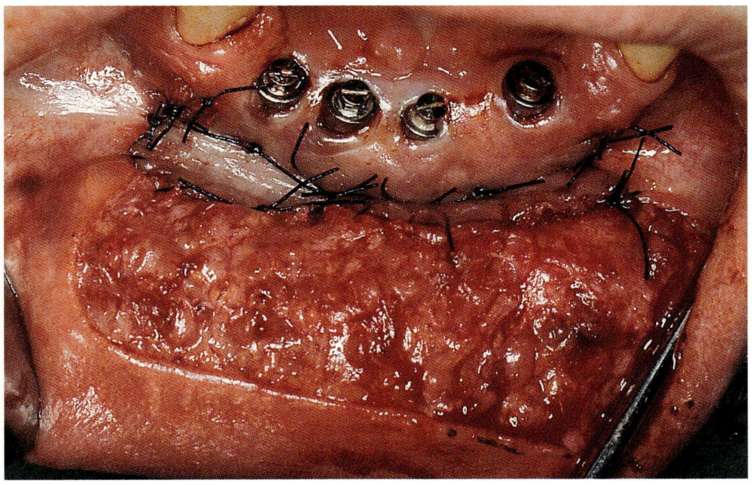

731 Schleimhautpräparation

Die Schleimhaut wird nach einer Inzision im Vestibulum submukös und epiperiostal abgelöst. Das submuköse Gewebe im Vestibulum wird exzidiert.

Links: Der am Kamm gestielte Schleimhautlappen wird im Vestibulum durch einzelne Matratzennähte, welche vorgelegt werden, am Periost fixiert.

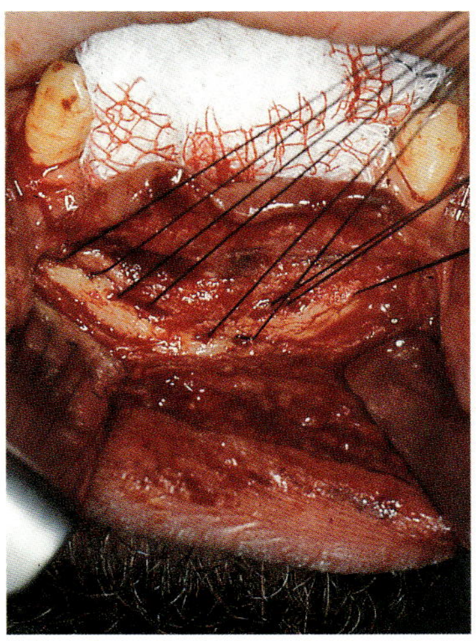

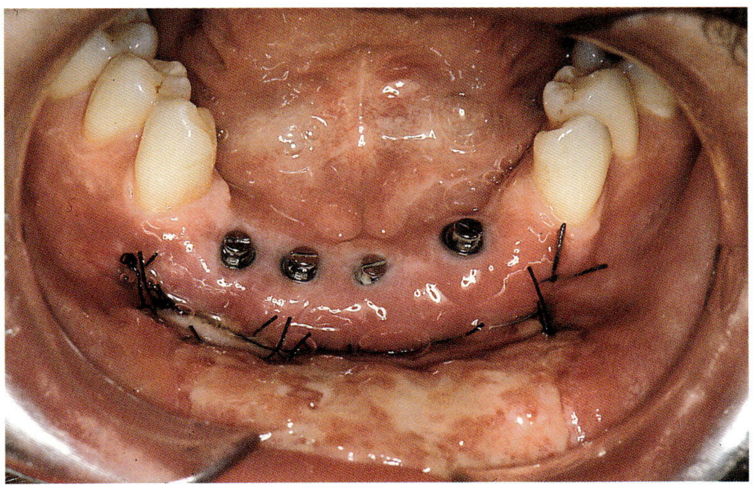

732 Verlauf

Nach Fixation der Schleimhaut bleibt ein breiter Defekt der labialen Schleimhaut zurück.

Links: Situs nach 10 Tagen vor der Nahtentfernung: Die labiale Fläche ist reizlos und mit einem Fibrinbelag bedeckt.

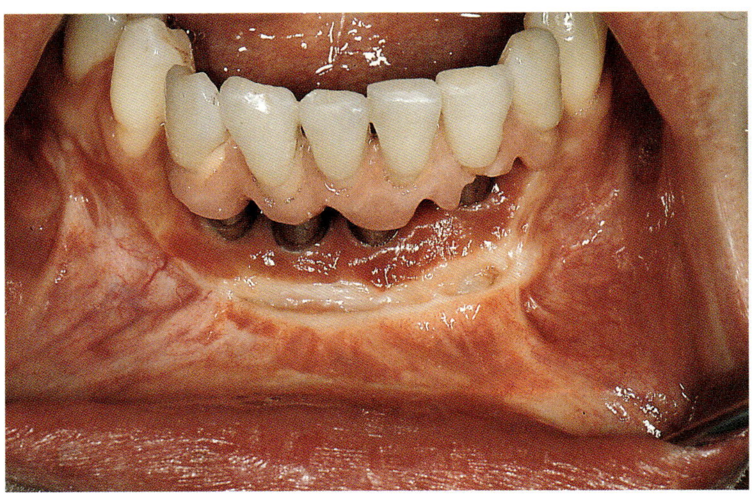

733 Ergebnis

Zustand 2 Monate nach Eingliederung der provisorischen Versorgung: Ein straffes, unbewegliches Schleimhautband umgibt die Implantate.

Z-Plastik

Indikation

Die Z-Plastik dient beispielsweise der Verlängerung bei Narbenkontraktionen, dem „Brechen" eines geraden Narbenverlaufs, um besagte Narbenkontrakturen zu verhindern, der Verlängerung kurzer Lippen- und Zungenbändchen usw. Bei der Anlage einer Z-Plastik müssen die Dehnbarkeit der Hautareale berücksichtigt und gewisse mathematisch-geometrische Bedingungen eingehalten werden. Schräg zur Hauptinzision, welche parallel zum Narbenzug angebracht wird, werden an beiden Enden (in gegenläufigem Sinn) in einem Winkel von ca. 60° je eine Inzision gelegt, die dreiecksförmigen Lappen und ihre Umgebung unterminiert, mobilisiert und gegeneinander ausgetauscht.

734 Defektdeckung durch Z-Plastik
Dieser 44jährige Patient aus Pakistan zeigt als Folge intensiven Kauens von Betelnuß eine ausgeprägte Hyperkeratose und Fibrose oral im Mundwinkelbereich rechts. Die Inzisionen sind eingezeichnet.

Rechts: Schema des chirurgischen Prinzips: Der nach Exzision entstandene ovaläre Defekt wird durch zwei über Kreuz verschobene Lappen gedeckt (A nach B und umgekehrt).

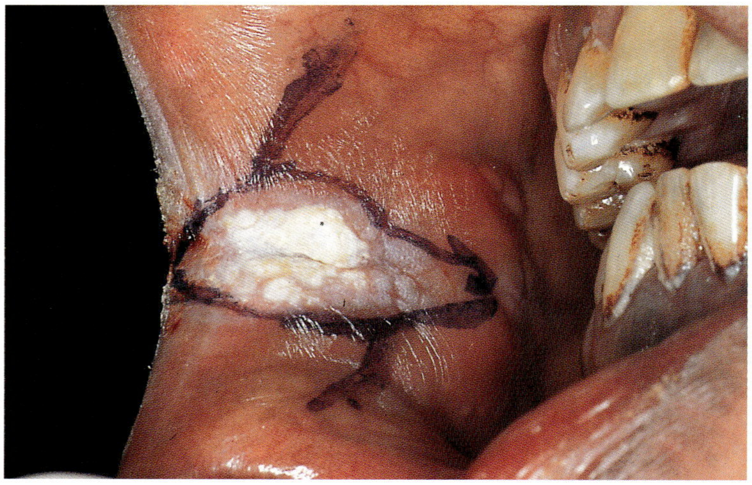

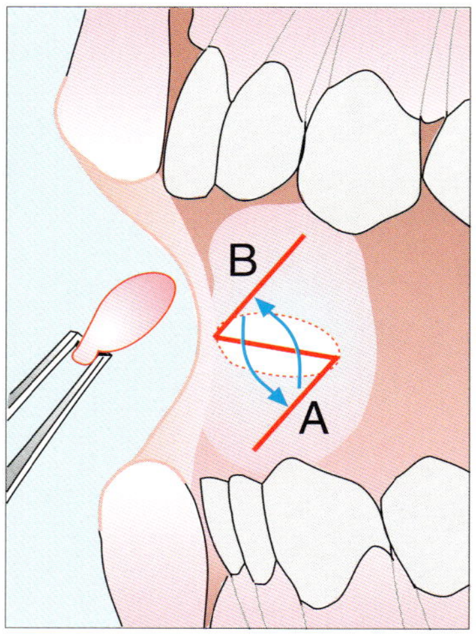

Ⓐ

735 Exzision
Der hyperkeratotische Bereich wird exzidiert und von der Unterlage gelöst.

Rechts: Im histopathologischen Bild ist die ausgeprägte Hyperkeratose und Hyperplasie des Epithels mit intakter Schichtung zu erkennen.

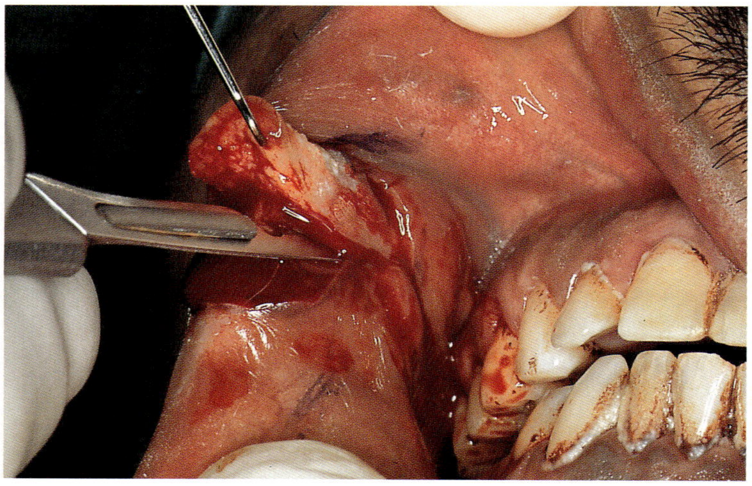

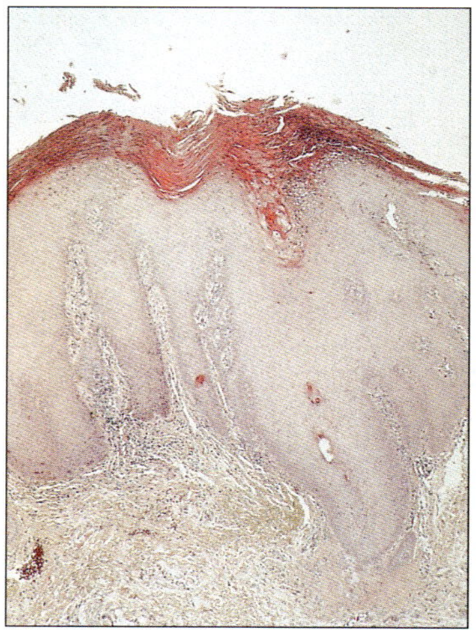

736 Schleimhautdefekt
Nach der Exzision bleibt ein ovalärer Defekt zurück, der durch einfache Wundnaht nicht verschlossen werden kann, ohne die Funktion zu stören.

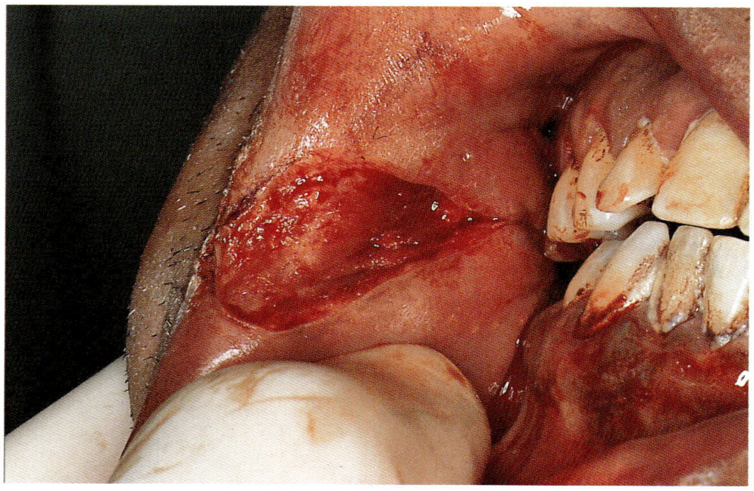

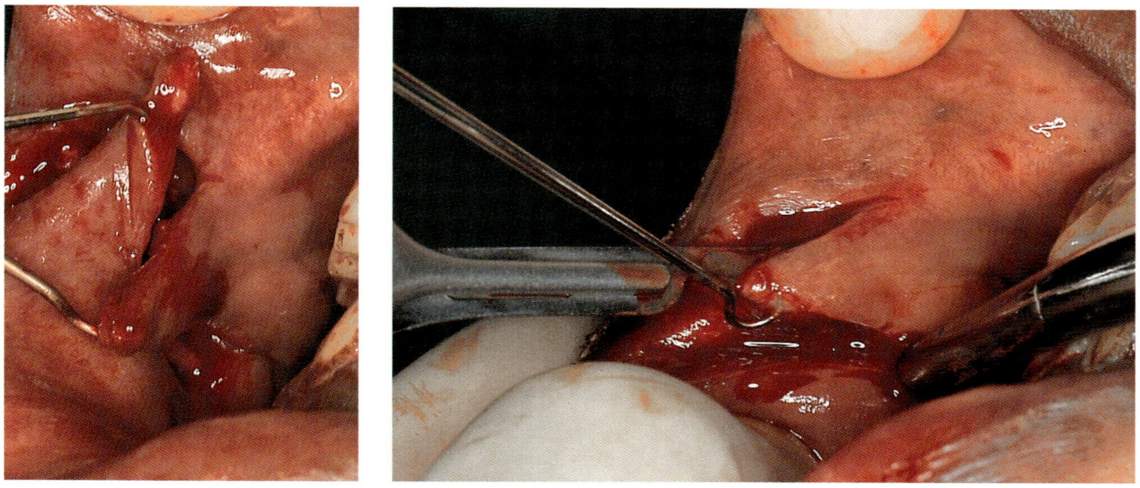

737 Z-Plastik
Nach weiteren Inzisionen der Schleimhaut (gemäß Abb. 734) und Unterminierung der Wangenschleimhaut können zwei Dreieckslappen gewonnen werden.

Links: Sie werden überkreuzt in den Defekt eingeschlagen.

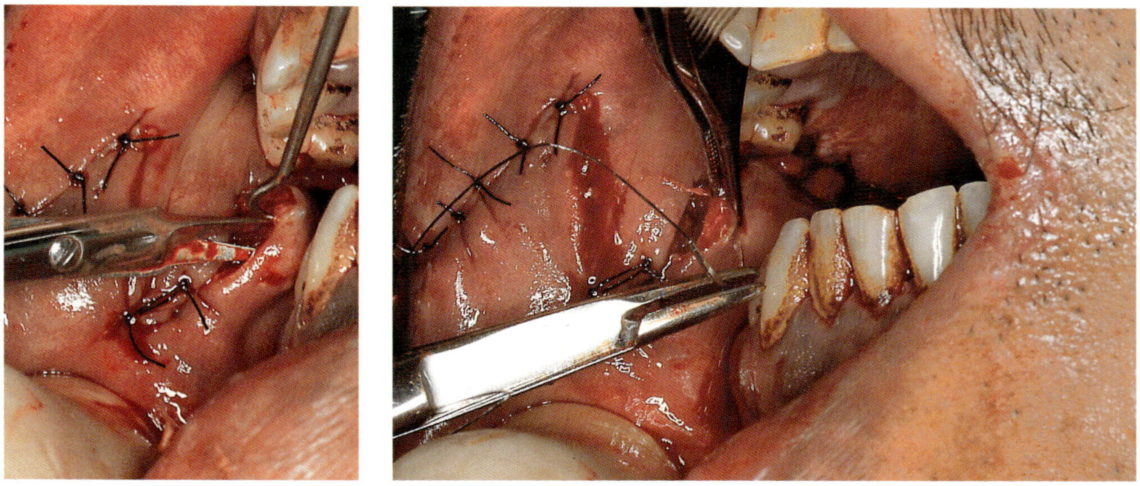

738 Wundverschluß
Die Schleimhaut wird sorgfältig mit Einzelnähten fixiert.

Links: Bei der Verschiebestelle entstehende Aufwerfungen (dog ears) werden zusätzlich korrigiert.

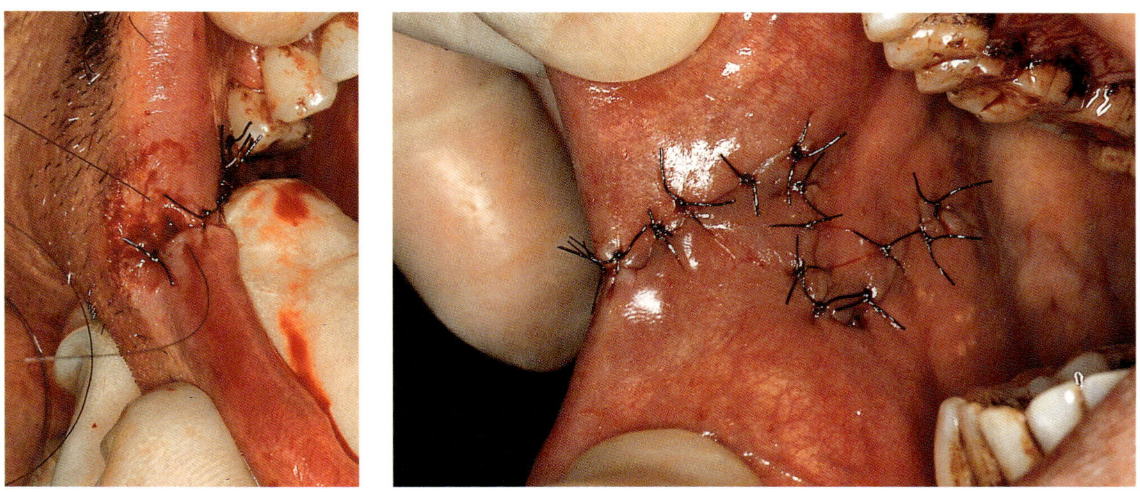

739 Verlauf
Nach vollständiger Nahtlegung kommt die Z-Form, die der Lappenplastik den Namen gegeben hat, zur Geltung.

Links: Besonders in der Kommissur sind sorgfältige Adaptation der Wundränder und feine Naht erforderlich.

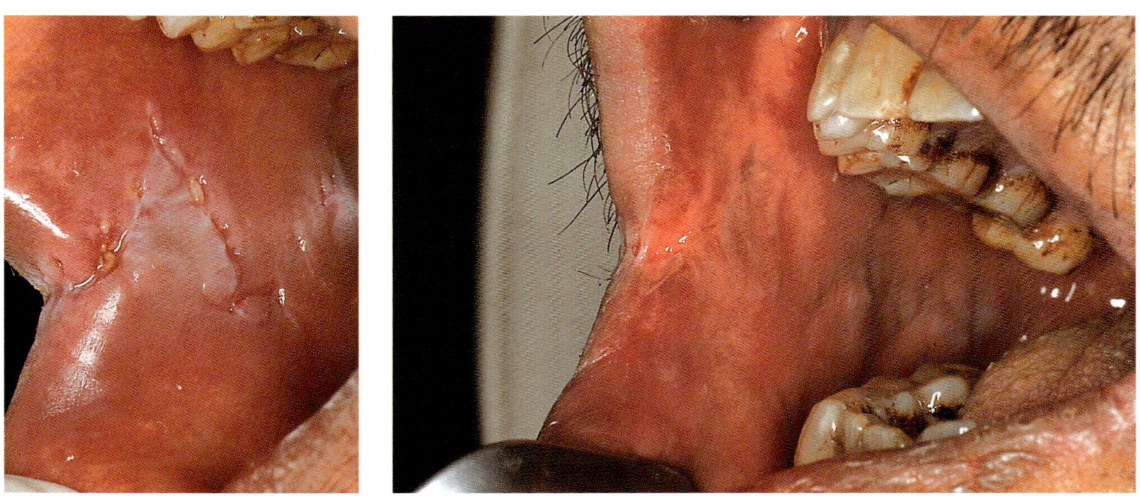

740 Nahtentfernung und Ergebnis
Die Spätkontrolle nach einem Jahr zeigt Rezidivfreiheit und eine einwandfreie Beweglichkeit der Schleimhaut.

Links: Nach 10 Tagen werden die Nähte entfernt.

Exzisionen an der Zunge

Bei Exzisionen an der Zunge ist zu berücksichtigen, daß Läsionen des N. lingualis zu großen Problemen führen können. Exzisionen sollten daher parallel zum antizipierten Verlauf des Nervs vorgenommen werden. Exzisionen aus den zentralen Zungenabschnitten sind in dieser Hinsicht weniger risikoreich als jene aus dem lateralen Randbereich, speziell jenen aus der lateralen Unterzungenseite. Bei ausgedehnten oberflächlichen Hyperkeratosen ohne Malignomverdacht ziehen wir die Kryochirurgie der Exzision vor, da unserer Erfahrung nach weniger Sensibilitätsstörungen auftreten.

Bei Exzisionen kann es zu starken Blutungen aus mittelgroßen Arterien kommen, die am besten mit der Moskitoklemme gefaßt und mit resorbierbarem Faden (z.B. Dexon 3-0/4-0) ligiert werden. Diffuse Blutungen aus der Zungenmuskulatur werden mit dem Bipolator gestillt oder durch die Naht der Exzisionsstelle selbst. Bei sehr tiefen Exzisionen empfehlen wir eine muskuläre Adaptation mittels eines leicht resorbierbaren Nahtmaterials (z.B. Chromcat 3-0). Diese tiefe Naht soll parallel zum Verlauf des N. lingualis angelegt und nicht zu straff festgezogen werden.

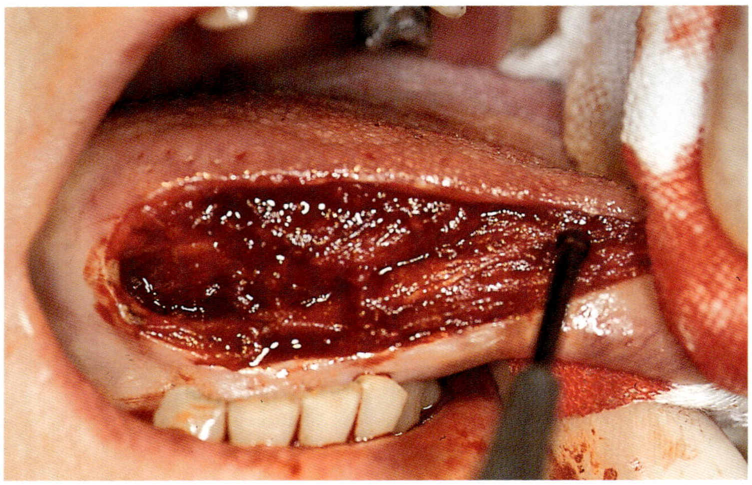

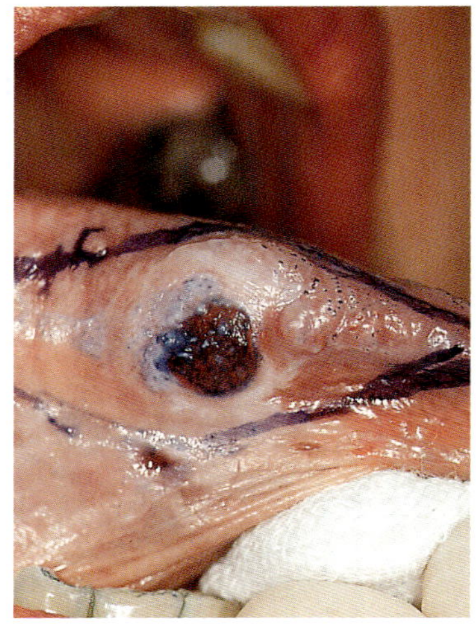

741 Exzision am Zungenrand
Bei dieser 58jährigen Frau wird eine störende hyperkeratotische Induration ovulär mit einem 0,5 cm großem Sicherheitsabstand exzidiert.

Rechts: Die knotige, hyperkeratotische Zone am rechten Zungenrand wird durch Färbung mit Toluidinblau markiert.

Ⓐ

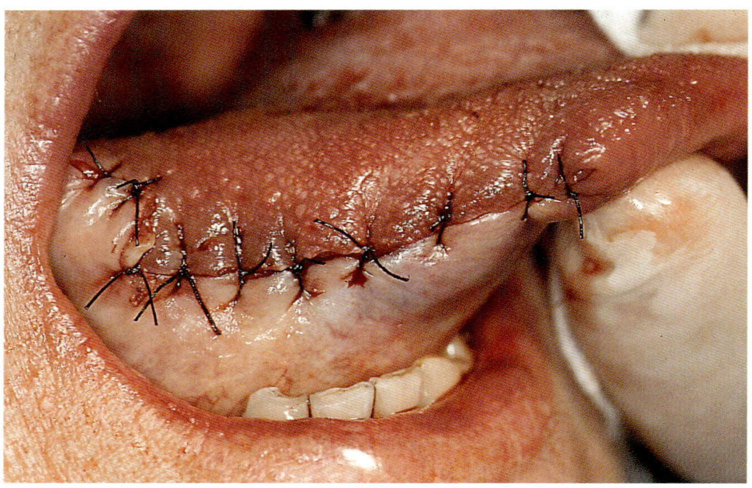

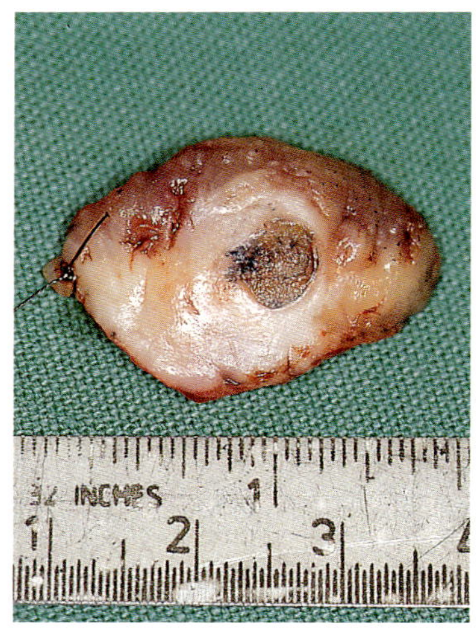

742 Wundversorgung
Um die einseitige Verlängerung des Zungenrandes zu vermeiden, werden die Nähte so gelegt, daß eine L-förmige Wunde entsteht.

Rechts: Um eine einwandfreie Orientierung für den Pathologen zu erleichtern, wird das Exzidat am anterioren Teil mit einem Faden markiert.

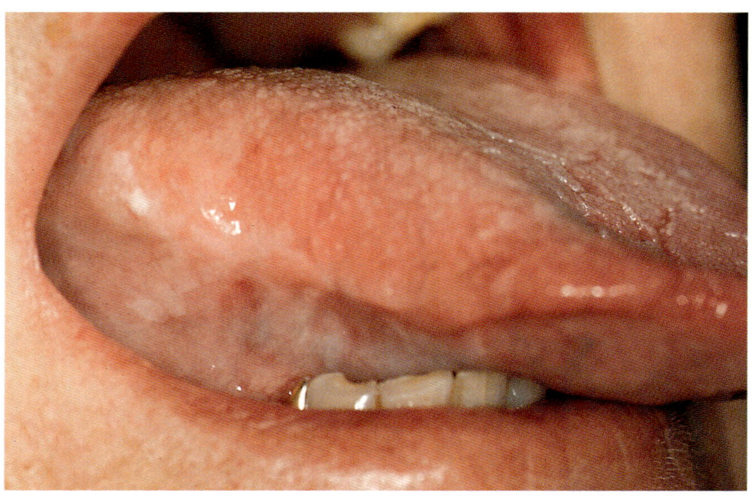

743 Nachkontrolle
Bei der Kontrolle nach 6 Monaten wird eine völlig normale Zungenbeweglichkeit und Kontur festgestellt.

Exzision von Pigmentierungen

Indikation

Natürliche Pigmentierungen der Gingiva und der Schleimhaut sind meist rassisch bedingt und können wegen ihrer Ausdehnung nicht entfernt werden.

Operatives Vorgehen

Gingiva- und Schleimhautveränderungen durch Amalgam oder Schmutz können durch Exzision und plastische Deckung entfernt werden. Im Bereich des Alveolarfortsatzes ist auch die Verheilung der Exzisionsstelle durch sekundäre Epithelisation möglich.

Im Bereich der äußeren Haut können oberflächliche Schmutzpigmentierungen durch Dermabrasio mit dem Diamantschleifer, tiefere durch Exzision eliminiert werden. Nach der Dermabrasio, die nur die oberflächlichen, auf keinen Fall aber basale, regenerative Hautschichten erfaßt, kommt es zu einer spontanen sekundären Epithelisation der Wundfläche.

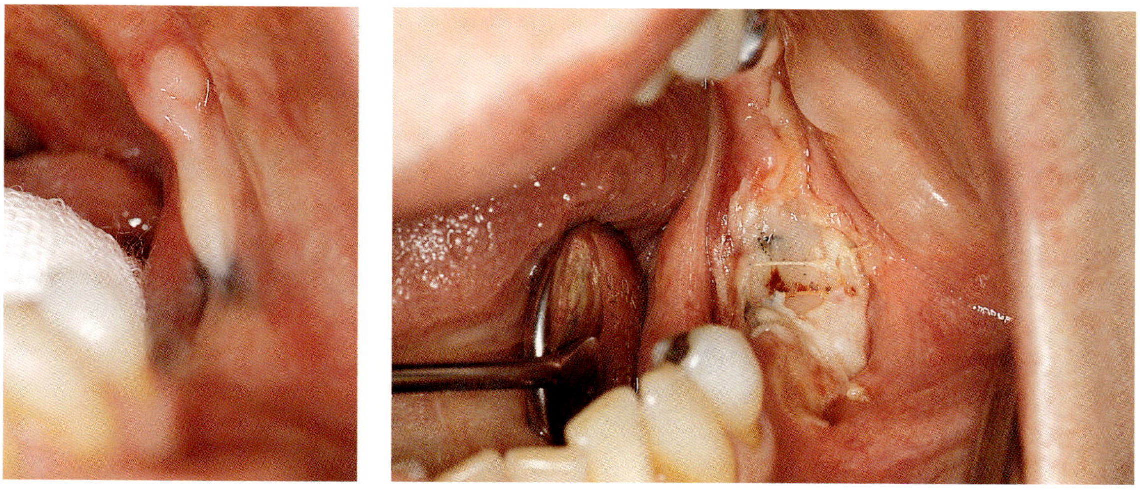

744 Exzision und sekundäre Epithelisierung
Bei diesem 58jährigen Mann wurde eine bläulich-graue Verfärbung der Gingiva Regio 38 festgestellt. Die Schleimhautveränderung reicht bis auf den Knochen und wird in toto exzidiert. Stellenweise kann der Defekt mit Periost gedeckt werden.

Links: Bei der letzten zahnärztlichen Untersuchung wurde eine Hyperkeratose festgestellt, die Anlaß für die Exzision war.

Ⓐ

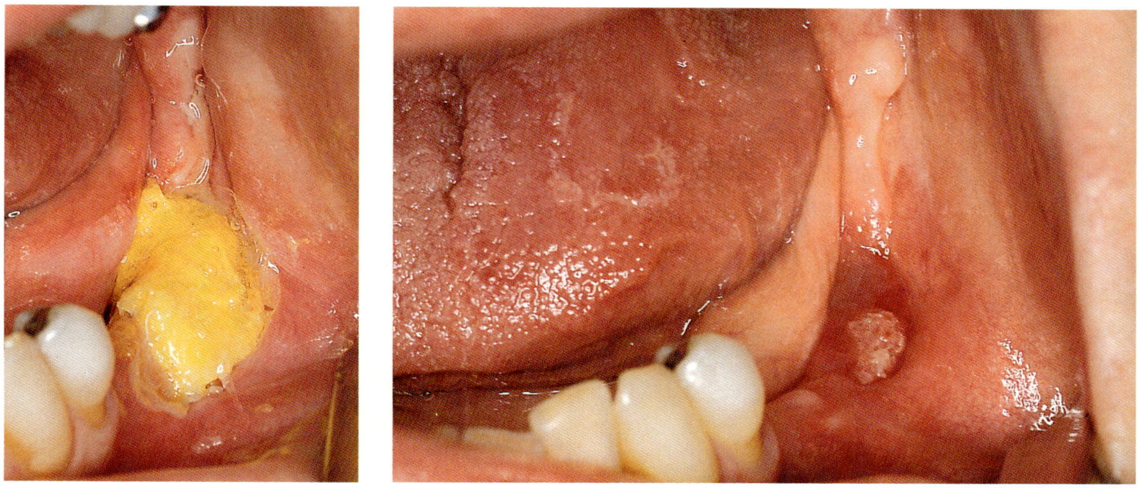

745 Wundverband
Nach 2 Wochen ist der Defekt mit Granulationen bedeckt. Der pathologische Befund lautete: Fremdkörpereinschlüsse, Hyperkeratose und Hyperplasie des Epithels ohne Dysplasie.

Links: Die Wunde wird mit einem JVD und Acetonkleber bedeckt und der sekundären Verheilung überlassen.

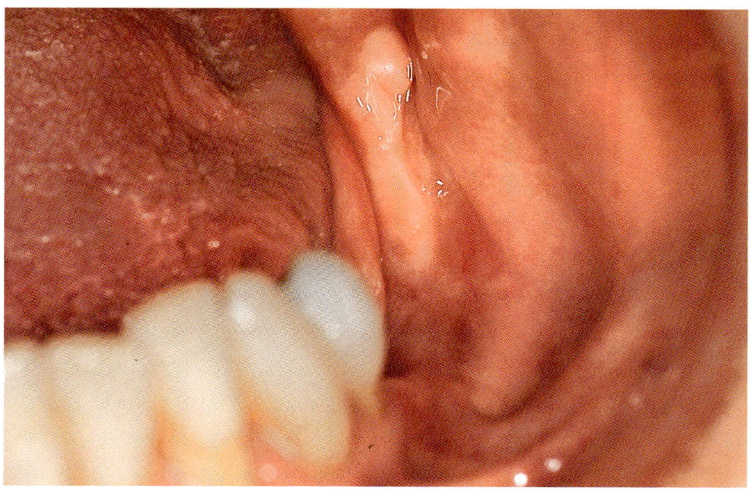

746 Nachkontrolle
Die Spätkontrolle nach einem Jahr zeigt normale glatte Gingiva im Bereich der Exzision.

Kryochirurgie

Indikation

Die Nekrotisierung von Gewebe durch Vereisung kann in Fällen oberflächlicher gutartiger Veränderungen der Mundschleimhaut angewendet werden. Wir verweisen hier auch auf die Ausführungen auf S. 29. Nach Abstoßung des Epithels wird durch sekundäre Epithelisation die Wundfläche gedeckt. Da das Bindegewebe unter der Schleimhaut nur teilweise betroffen ist, wird wieder eine qualitativ normale Schleimhaut nachwachsen.

Die Kryotherapie eignet sich vorwiegend für abgegrenzte oberflächliche Schleimhautveränderungen wie Hämangiome, kleine Speichelretentionszysten und Hyperkeratosen. Eine Analyse der Fälle aus den letzten 3 Jahren zeigt eine Rezidivrate von nur 4 % bei Hyperkeratosen. Hingegen ist bei lichenoiden Veränderungen in über 50 % mit Rezidiven zu rechnen.

Im Prinzip kann auch unmittelbar aus dem vereisten Gewebe eine Biopsie entnommen werden. Wir empfehlen jedoch, vor Einsatz der Kryosonde eine Biopsierung zur Sicherung der Diagnose vorzunehmen.

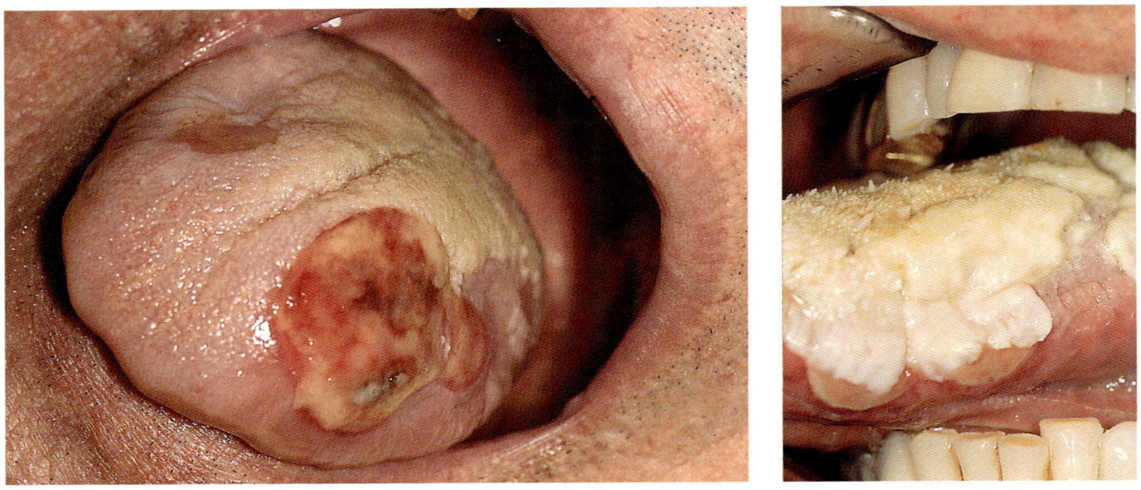

747 Kryochirurgie mit der N_2-Flüssigsonde
Dieser 58jährige Patient zeigt auf dem Zungenrücken eine großflächige, scharf begrenzte, stellenweise verruköse, derbe weiße Veränderung. Dieser Zustand besteht seit dem Jugendalter. Die Diagnose einer Leukoplakie wird nach Ausschluß anderer Erkrankungen und einer Teilbiopsie gestellt (*rechts*).
Die Zungenoberfläche ist bereits nach 2 Tagen mit einem Fibrinbelag bedeckt, nachdem sich die oberflächliche Schleimhaut wie eine Blase gelöst hat (*links*).

Ⓐ

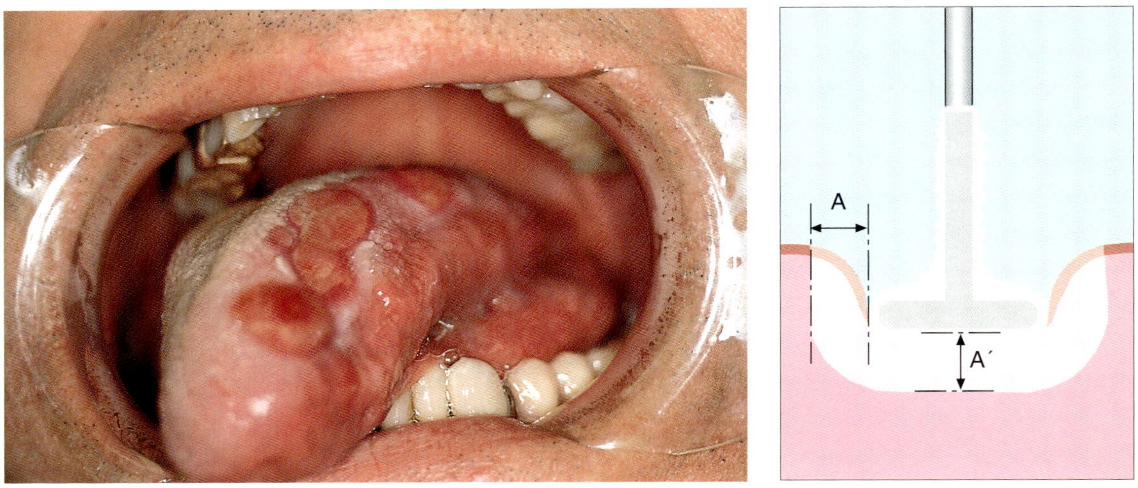

748 Verlauf
Das Bild zeigt den Zustand 8 Tage nach der Kryochirurgiesitzung.

Rechts: Der Wirkungsbereich der Vereisung kann anhand der seitlichen Ausdehnung der Gefrierzone abgeschätzt werden. Bei −170 °C oder −180 °C wird eine Tiefe von ca. 3 mm im Gewebe erreicht. Die Wirkung ist abhängig von der Durchblutung und der Dicke der Veränderung.

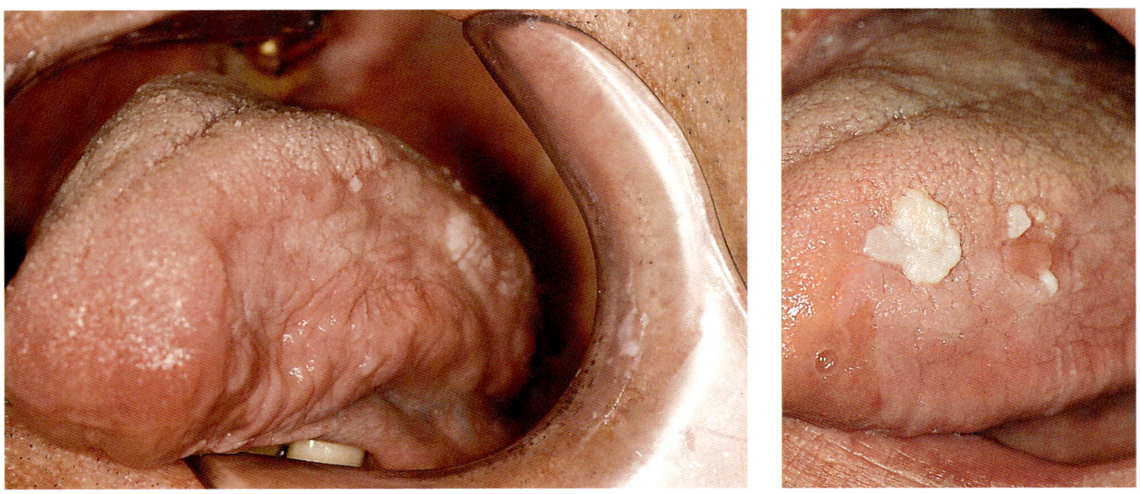

749 Nachkontrolle
Die Kontrolle nach 1 Jahr zeigt noch kleine Residuen der Leukoplakie am linken Zungenrand. Diese werden nochmals weggefroren (*rechts*).
Der Zustand nach 2 Jahren zeigt noch einen zarten weißlichen Bezirk am linken Zungenrand. Weitere Kontrollen erfolgen in jährlichem Intervall und langfristig (*links*).

Durchführung

Die betroffene Schleimhautoberfläche wird mit einem Tupfer getrocknet. Die Kältewirkung kann so direkt auf die Schleimhaut gelangen. Da die Kälte anästhesierend wirkt, ist eine zusätzliche Lokalanästhesie nicht notwendig. Die Kryosonde wird entsprechend der Ausdehnung und Charakteristik der Veränderung in Gefriergängen von 30 Sekunden auf die Schleimhaut gedrückt. Der Eiskranz in der Umgebung läßt auf die Ausdehnung der Kältewirkung in die Tiefe schließen. Der Vorgang wird an jeder Stelle zweimal wiederholt. In einer Sitzung können so ausgedehntere Schleimhautareale behandelt werden.

Schmerzen treten allenfalls im Moment des Auftauens auf und können über einige Minuten andauern. Nach 24 Stunden ist die Schleimhautoberfläche zerstört und mit Fibrin belegt.

Die Wahl der Art der Vereisung, N_2O-Sonde (–80 °C) oder die N_2-Flüssigsonde (–180 °C) hängt von der Charakteristik der Veränderung ab. Bei pelzigen, schwer zu vereisenden Leukoplakien und bei gut durchbluteten Veränderungen bevorzugen wir Temperaturen nahe –180 °C. Feinere oberflächliche Hyperkeratosen oder Leukoplakien werden mit der N_2-Sonde beseitigt.

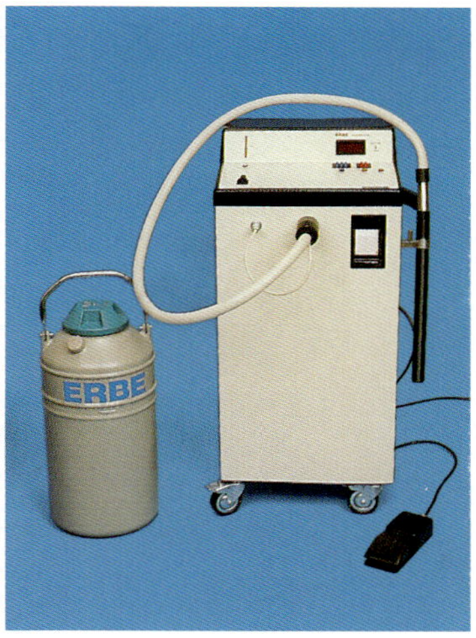

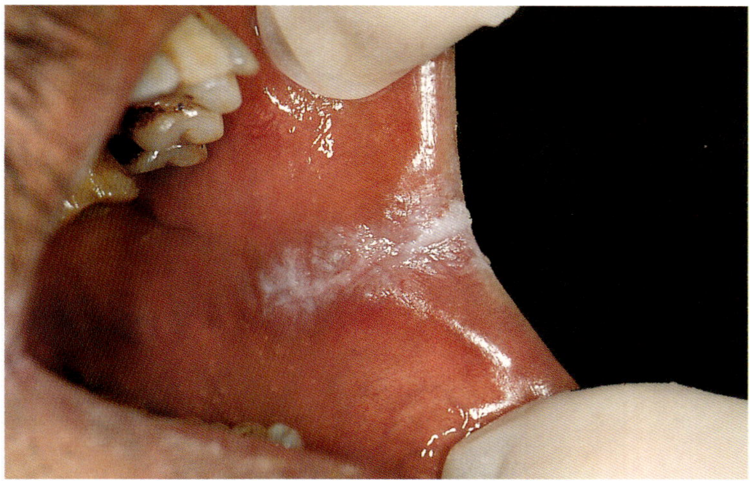

750 Kryochirurgie mit N_2O
Dieser 40jährige Mann zeigt an der linken Kommissur und auch oralwärts eine derbe weiße Veränderung. Die Biopsie der rechten Seite ergab Hyperplasie und Hyperkeratose des Epithels ohne Dysplasien. Die Schleimhautveränderung wird mit der Kryosonde (N_2O-Sonde, –75 °C) vereist.

Links: Für Gefriertiefen bis –180 °C wird flüssiger Stickstoff verwendet. Das Gerät ist mit automatischer Temperaturregelung und Schreiber ausgerüstet.

Ⓢ

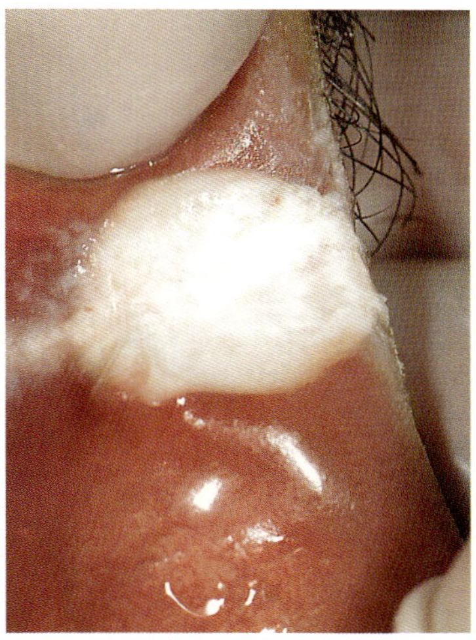

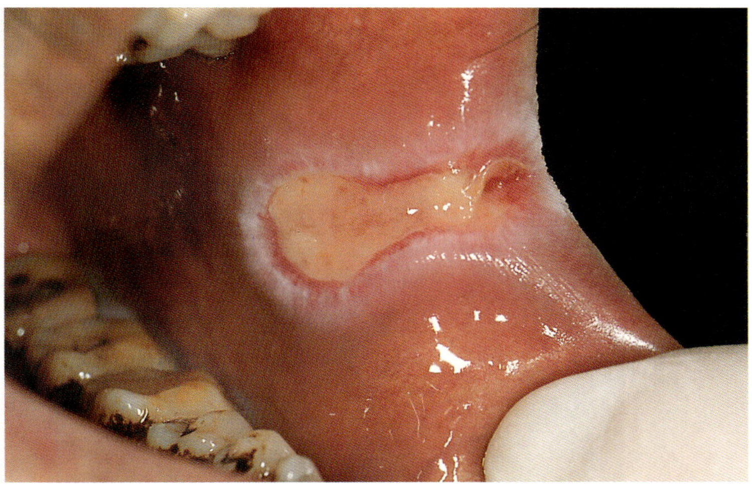

751 Auswirkung der Vereisung
Der Zustand nach 1 Woche zeigt ein oberflächliches Schleimhautulkus.

Links: Das vereiste Gewebe unmittelbar nach Entfernung der Kryosonde.

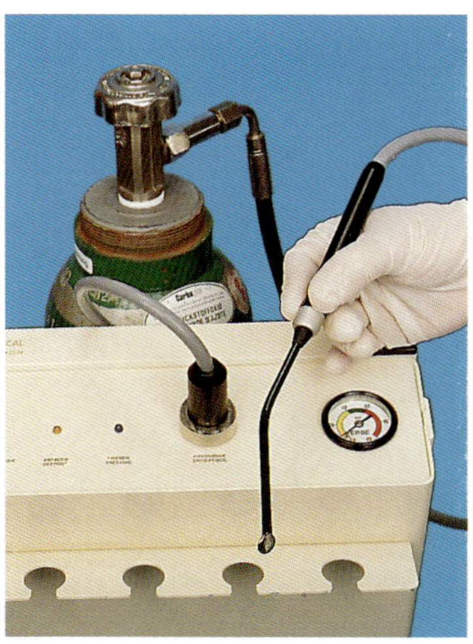

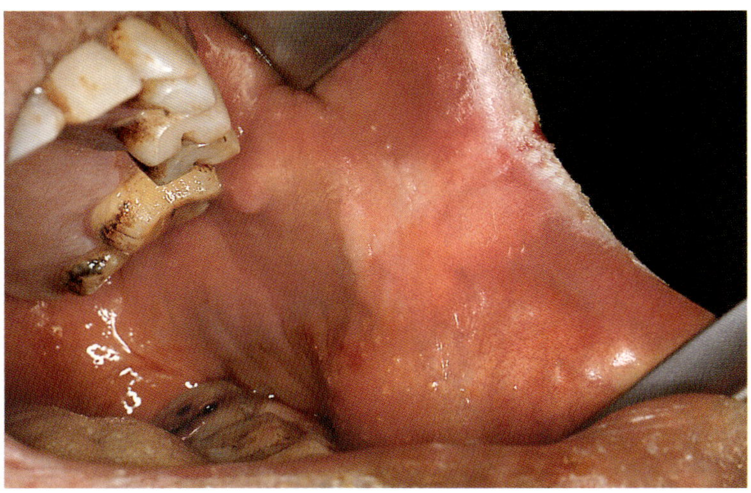

752 Nachkontrolle
Der Zustand nach einem Jahr zeigt zarte, normale Schleimhaut oralwärts des linken Mundwinkels.

Links: Das auf dem einfachen physikalischen Prinzip von Joule-Thomson aufgebaute Gerät. Ein unter hohem Druck stehendes Gas kühlt sich beim Durchtritt durch eine Düse extrem ab.

Exzisionen am Mundwinkel

Indikation

In gewissen Fällen kann am Übergang der Mundschleimhaut zum Lippenrot eine hyperkeratotische Veränderung eine Exzision notwendig machen. Die Vornahme von Exzisionen in diesem Bereich soll besonders vorsichtig erwogen werden. Es gilt, unnötige Narbenbildung zu verhindern und einen sicheren Lippenschluß zu erhalten.

Operatives Vorgehen

Der Umfang der Exzision wird genau eingezeichnet. Damit ist die Orientierung beim Eingriff jederzeit gewährleistet. Die Exzision erfolgt mit Skalpell Nr. 15. Zur Deckung des Defektes wird die orale Schleimhaut verwendet. Durch großzügige Unterminierung kann diese spannungsfrei in den Defekt gelegt werden. Der Nahtverschluß erfolgt mit dichtgelegten Einzelnähten.

753 Exzisionen im Lippenrot – Exzision an der Kommissur
Dieser 40jährige Mann zeigt neben anderen hyperkeratotischen Veränderungen im linken Mundwinkel eine ausgeprägte Hyperkeratose mit Ulzeration.

Rechts: Die Inzision folgt dem Lippenverlauf gemäß der Einzeichnung, der leukoplakische Anteil wird exzidiert.

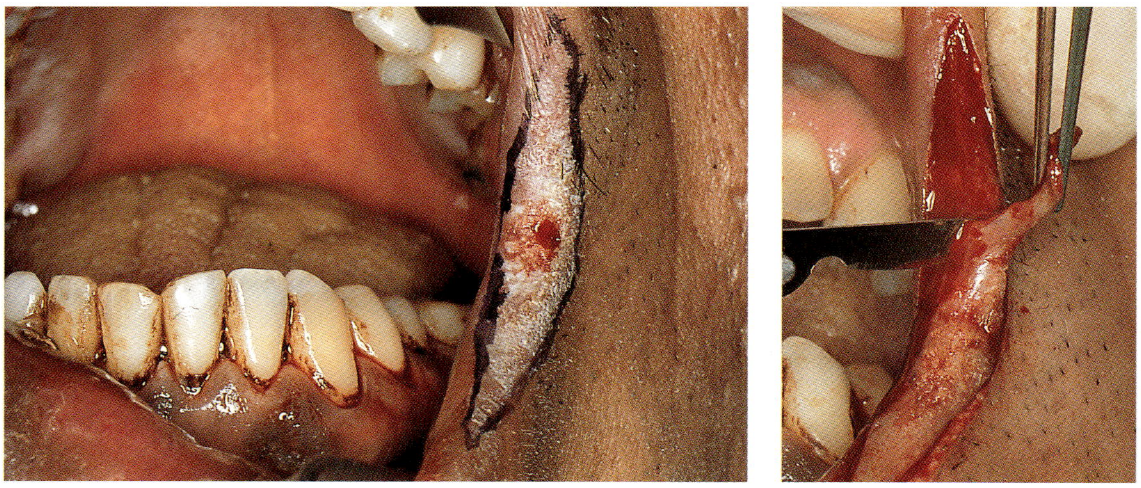

Ⓐ

754 Blutstillung
Auch kleine Blutungen bei der Exzision werden mit dem Elektrotom sofort gestillt.

Rechts: Es entsteht eine spitz zulaufende Exzisionswunde im Mundwinkel, die nicht einfach geschlossen werden kann, ohne Ästhetik und Funktion deutlich zu beeinträchtigen.

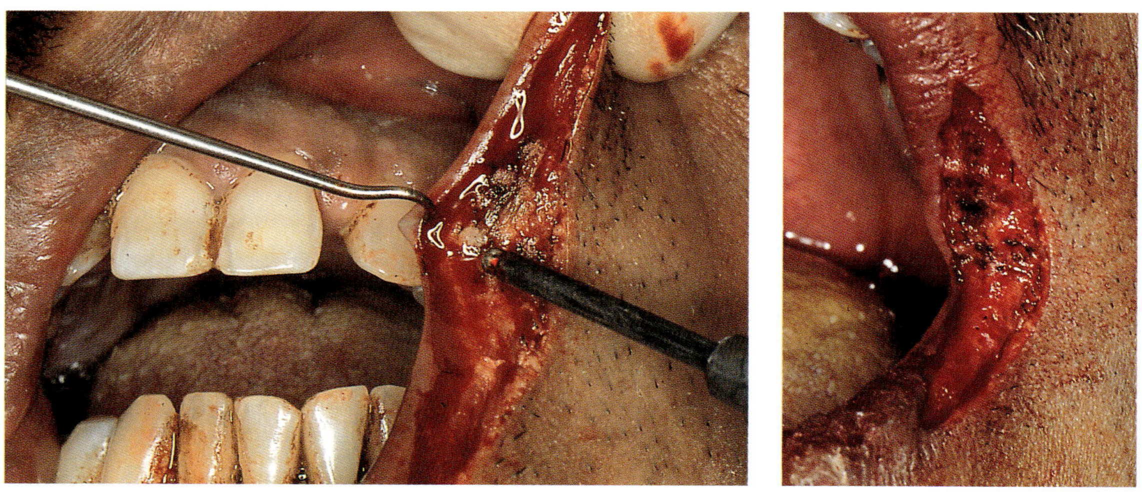

755 Unterminierung der Schleimhaut
Zur Deckung des Defektes wird die orale Schleimhaut mit der Schere unterminiert und mobilisiert.

Rechts: Für die feine Anfangspräparation eignet sich die spitze Schere.

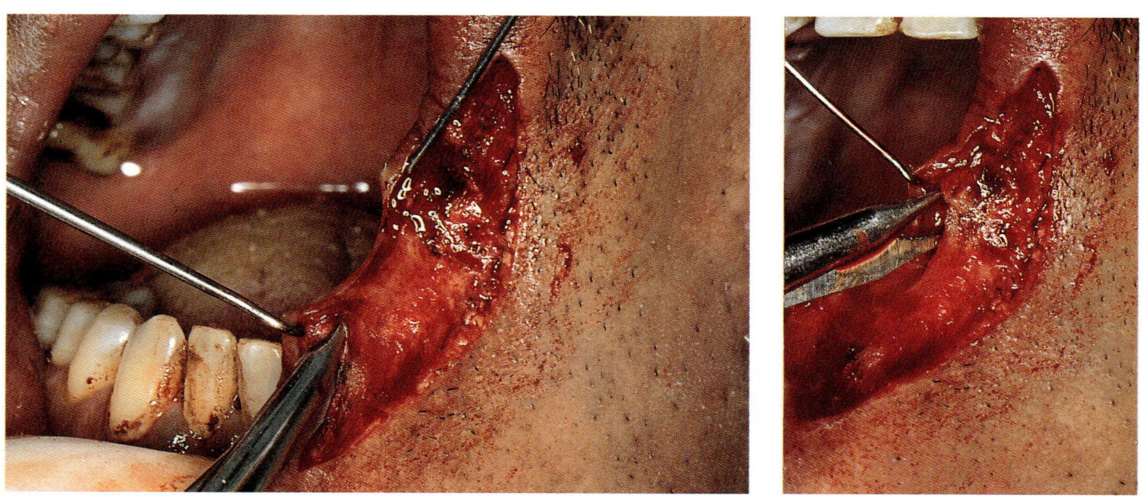

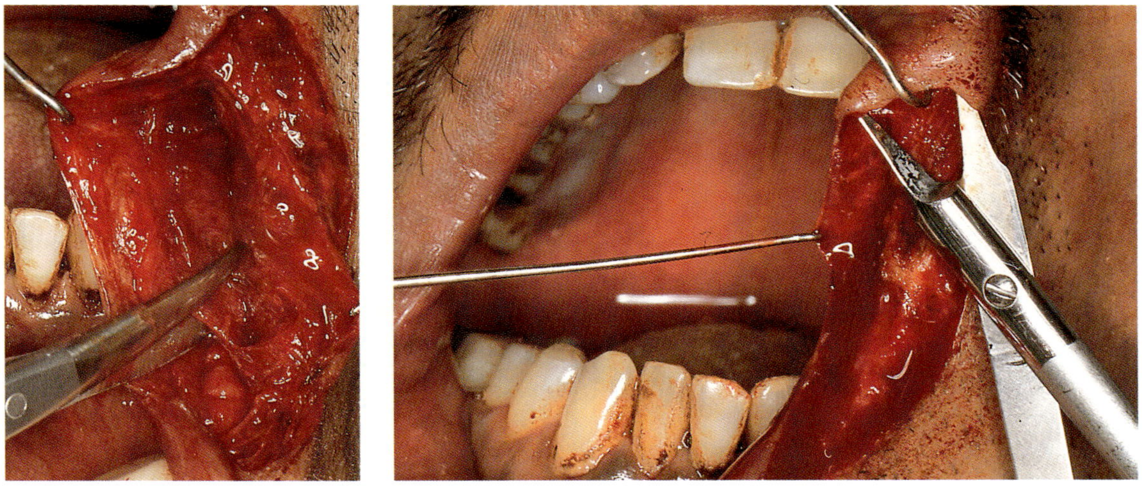

756 Mobilisation
Auch an der Lippe muß unterminiert werden, um eine spätere Einziehung zu vermeiden.

Links: Das Ausmaß der Unterminierung der oralen Schleimhaut ist hier zu erkennen und sollte mindestens doppelt so groß sein wie der Defekt.

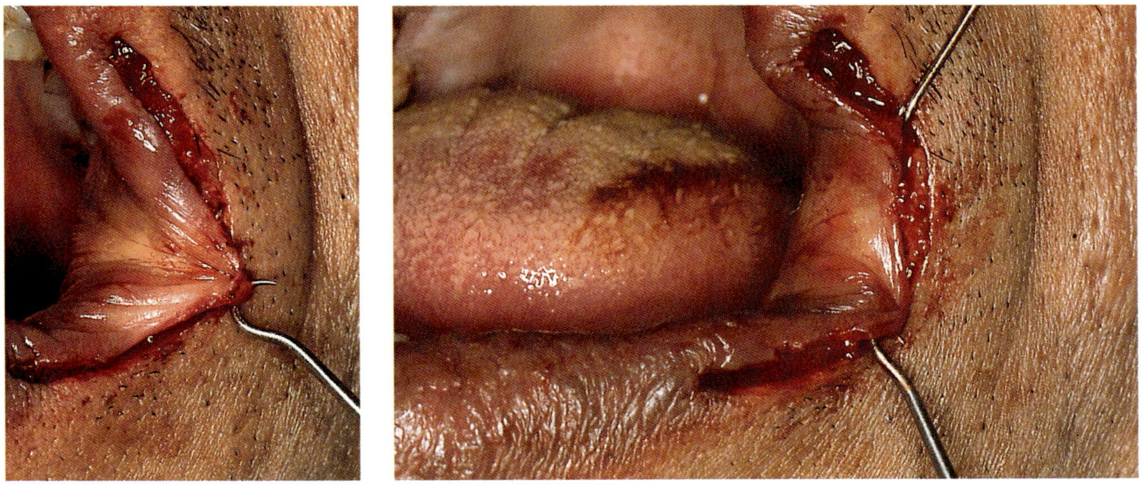

757 Defektdeckung
Die zarte orale Mukosa wird mit dem Gillies-Haken gefaßt und die spannungsfreie Defektdeckung geprüft (*links*).
Der Lappen soll ohne Zwang über den Defekt gelegt werden können (*rechts*).

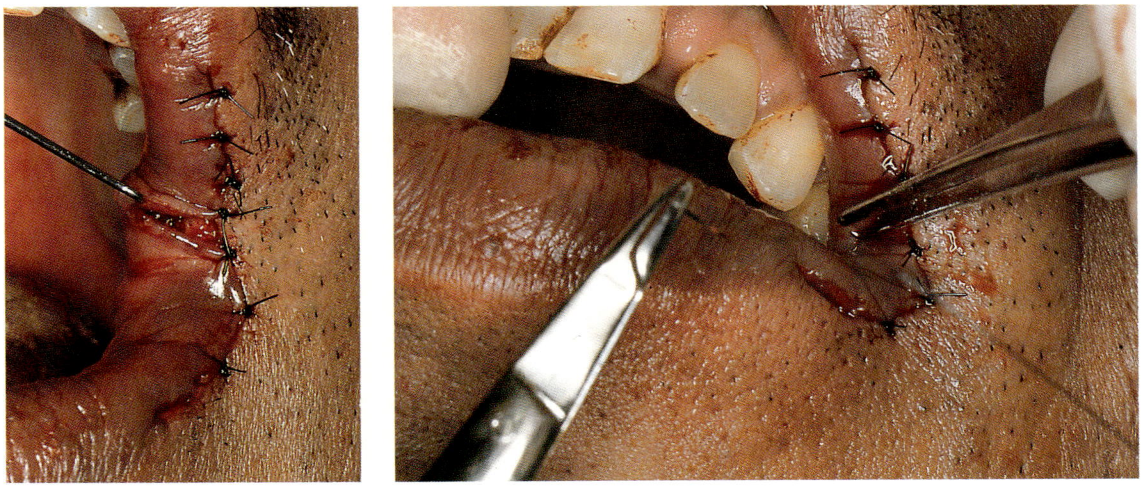

758 Naht
Der Defekt wird mit der mobilisierten oralen Schleimhaut sehr genau gedeckt und mit Einzelnähten verschlossen.

Links: Durch eine zusätzliche keilförmige Exzision wird eine Faltenbildung in der Kommissur beseitigt und vernäht.

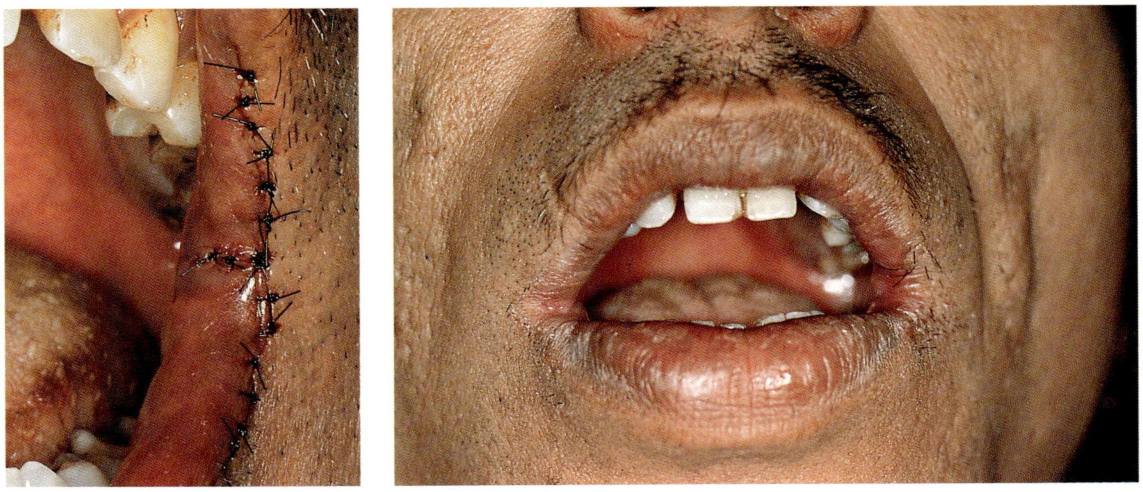

759 Ergebnis
Zustand nach Nahtlegung (*links*).

Die Kontrolle nach 3 Monaten zeigt sowohl funktionell wie ästhetisch ein einwandfreies Resultat ohne Anzeichen eines Rezidivs (*rechts*).

Lippenkorrektur durch M-Plastik

Indikation

Größere Exzisionen, speziell von Karzinomen oder Basaliomen, sollen vom Kiefer-Gesichts-Chirurgen ausgeführt werden. Exzisionen im Bereich des Lippenrotes führen im allgemeinen zu kaum sichtbarer Narbenbildung. Wenn möglich, sollte das Exzisionsdesign so gestaltet werden, daß die Lippenrot-Lippenweiß-Kante nicht zerstört wird. Wegen der ästhetisch wichtigen Lokalisation muß jede Exzision sorgfältig geplant werden.

Operatives Vorgehen

Leitungsanästhesie des N. mentalis oder des N. infraorbitalis. Beim Design der Schnittführung sind sowohl ästhetische wie funktionelle Überlegungen maßgebend. Die Inzisionen werden in horizontaler oder vertikaler Richtung durchgeführt. Die Kontinuität des M. orbicularis oris muß durch entsprechende Muskelnähte allenfalls wiederhergestellt werden. Von großer ästhetischer Bedeutung ist die Lippenrot-Lippenweiß-Grenze und die Lippenkante. Die Durchtrennung dieser Grenze kann entweder durch eine horizontale Exzision einer Läsion im Lippenrot oder durch eine M-Plastik bei vertikaler Exzision vermieden werden.

760 Exzision in der Oberlippe M-Plastik
Diese 36jährige Frau störte eine kleine bläuliche Erhabenheit in der Oberlippe. Das Gebilde kann ausgepreßt werden, es wird als Hämangiom erkannt.

Rechts: Die Schnittführung zur Entfernung ist eingezeichnet.

Ⓐ

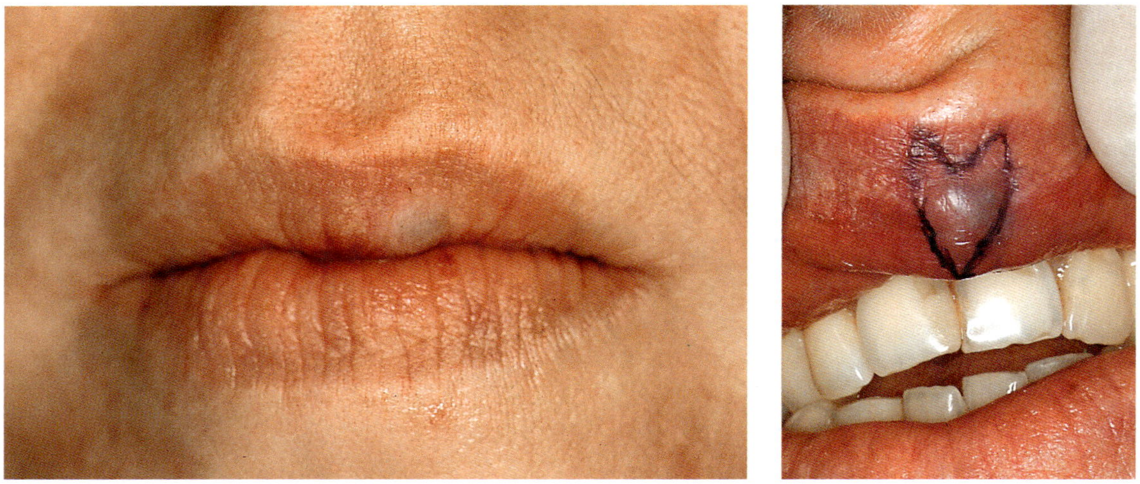

761 Schnittführung
Die Inzisionen erfolgen unter Haltung der Lippe mit Fingerdruck, um eine Blutung zu vermeiden und damit die Übersicht während der Exzision zu erhalten.

Rechts: Das Hämangiom wird teils mit dem Messer und teils mit der spitzen Schere sorgfältig herausgelöst.

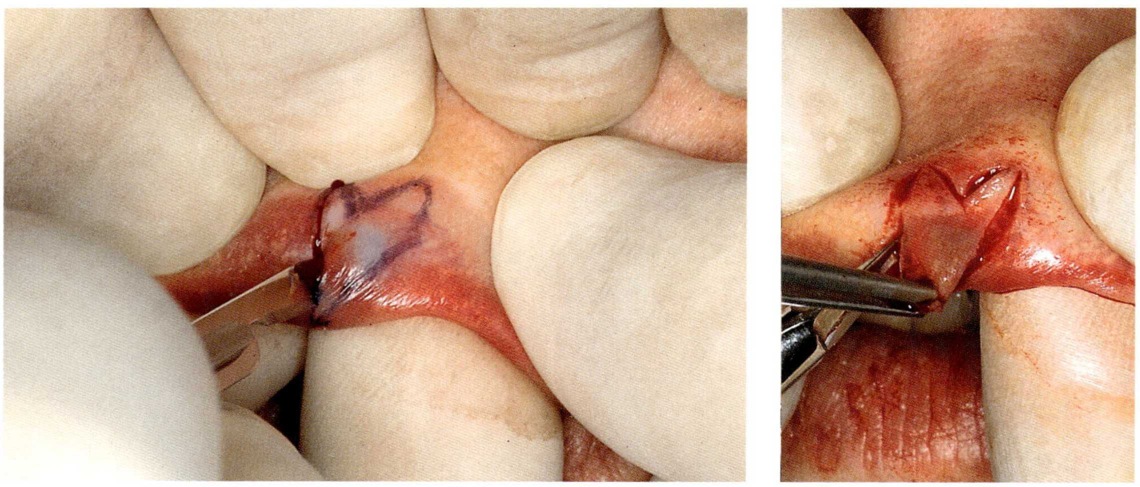

762 Exzision
Das Hämangiom darf bei der Exzision nicht verletzt werden.

Rechts: Es entsteht eine herzförmige Wundfläche.

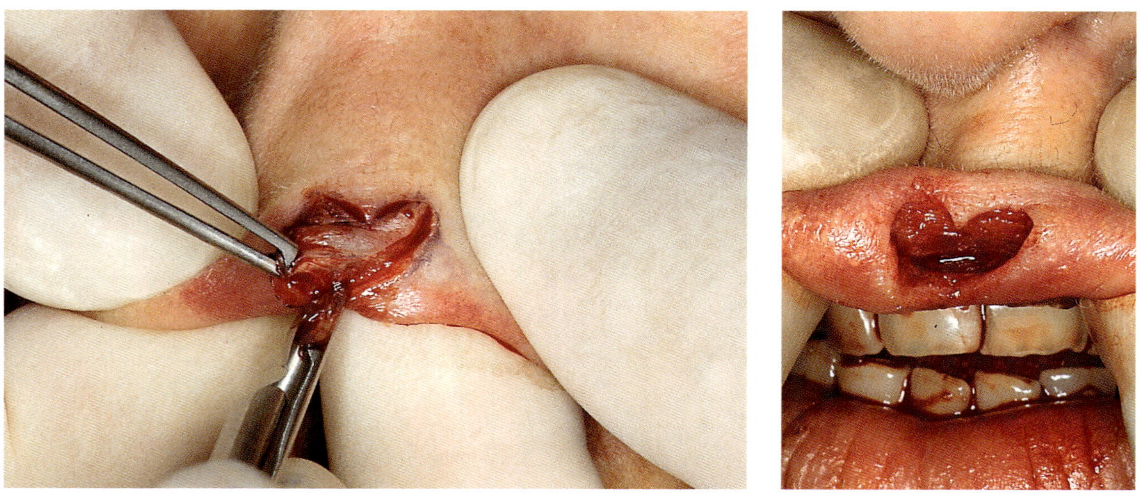

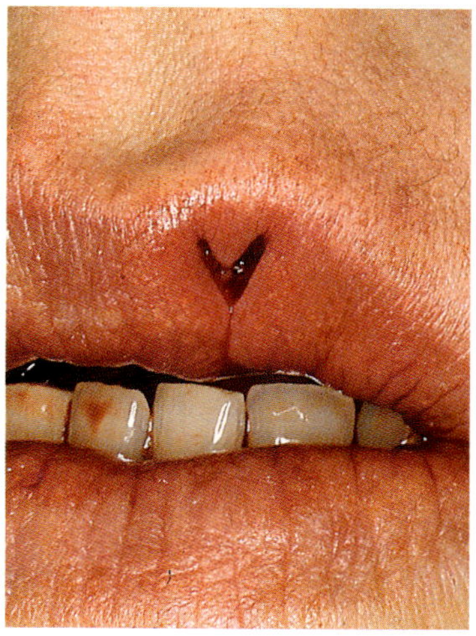

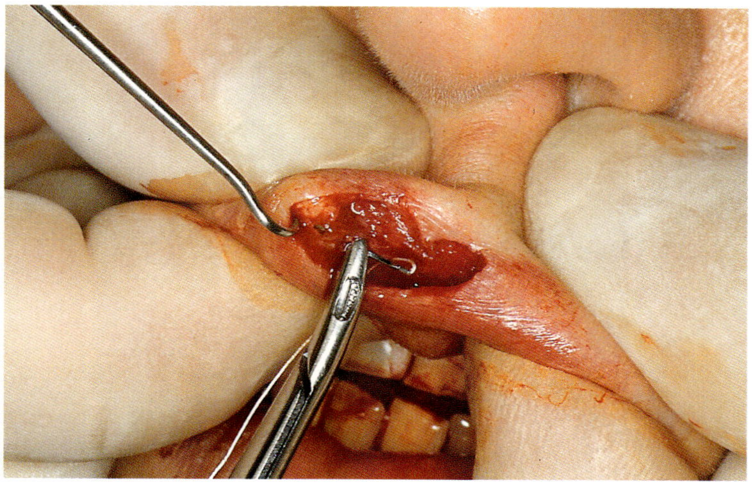

763 Wundversorgung – submuköse Naht
Mit resorbierbarem Faden wird das submuköse Gewebe adaptiert.

Links: Es entsteht bereits ein beinahe vollständiger Verschluß der Exzisionswunde.

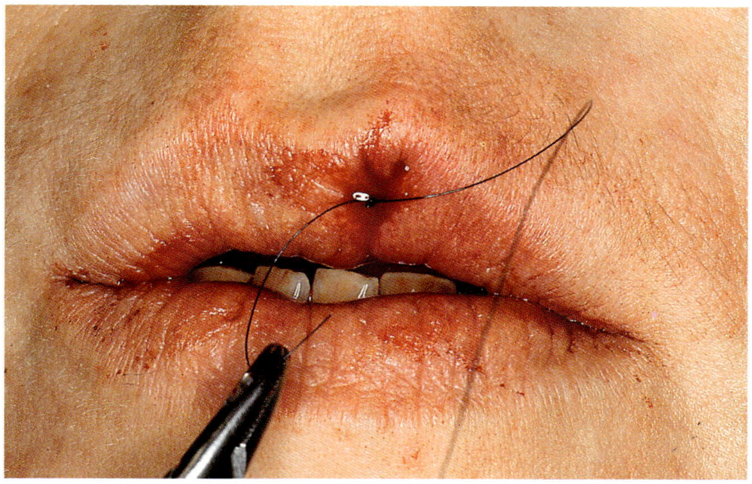

764 Hautnaht
Die Naht erfolgt so, daß der Amorbogen symmetrisch bleibt. Feine Nähte (z. B. Supramid der Stärke 5–0) sind zu empfehlen.

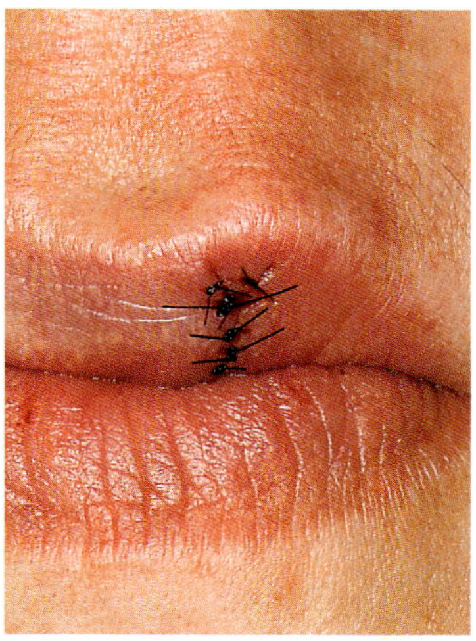

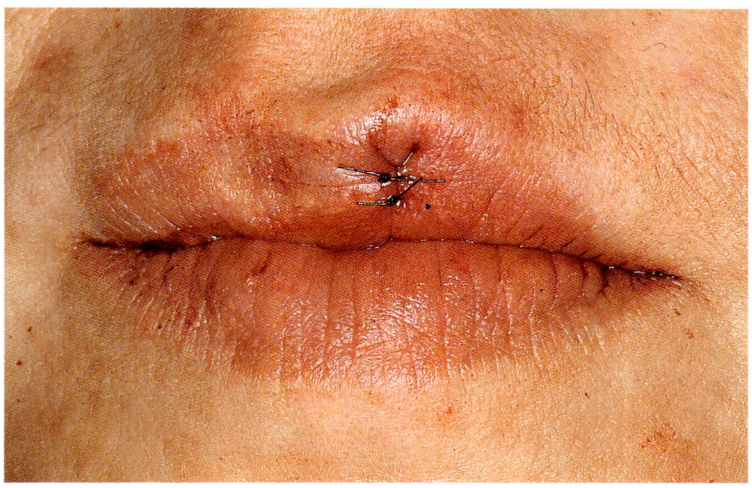

765 Hautnaht
Das Dreiecksläppchen muß genau eingepaßt sein und darf nicht nach Art einer VY- oder YV-Plastik nach kranial oder kaudal verlagert werden, da sonst der Verlauf des Amorbogens verändert würde.

Links: Nach Abschluß der Naht ist eine symmetrische Lippenform ohne Einziehung entstanden.

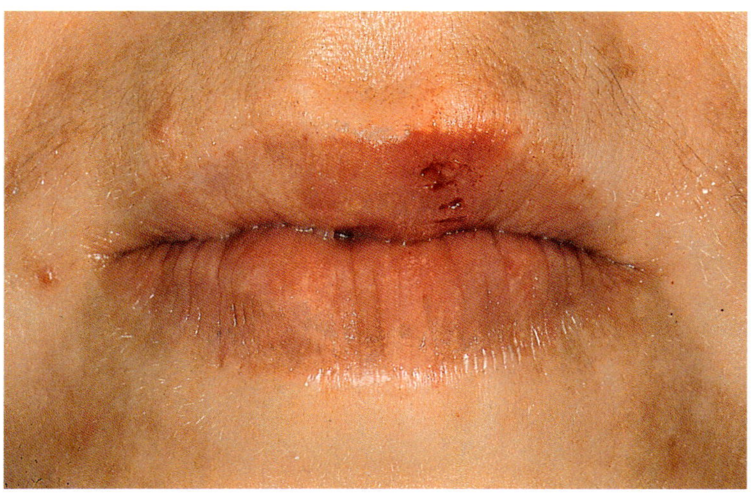

766 Ergebnis
Nach 10 Tagen werden die Nähte entfernt, und die Lippe präsentiert eine einwandfreie Kontur.

Verlängerung des Lippenrotes durch VY-Plastik

Indikation

Als ästhetischer Eingriff muß die Indikation vorsichtig gestellt werden. Die erfolgreiche Korrektur des Lippenvolumens, meist Anpassungen an die Symmetrie, erfordert viel Erfahrung und operatives Geschick.

Operatives Vorgehen

Das zu korrigierende Areal wird sorgfältig eingezeichnet. Die Inzision erfolgt V-förmig. Die mobilisierte Lippenschleimhaut wird zur Kontrolle entsprechend der Korrekturrichtung mit feinen Häkchen gefaßt und das gewonnene Volumen überprüft. Der Wundverschluß erfolgt zur Gewebeverlängerung in Y-Form mit Einzelnähten (Faden der Stärke 4–0 oder 5–0).

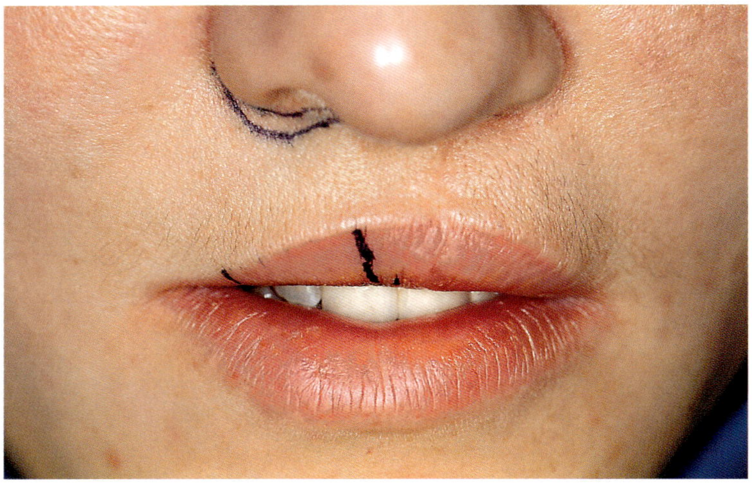

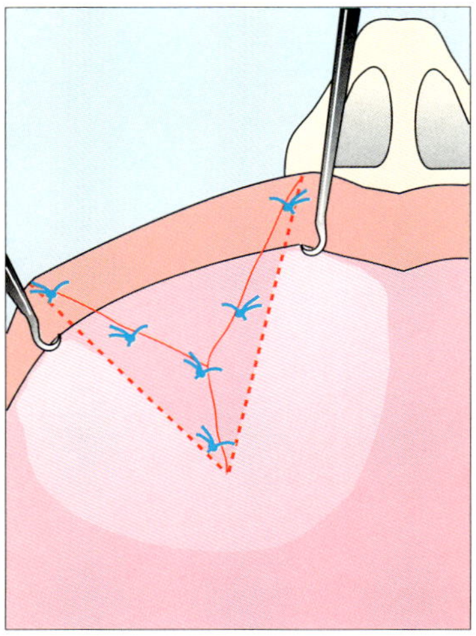

767 Verlängerung des Lippenrotes
Die 25jährige Patientin mit voroperierter Lippen-Kiefer-Gaumen-Spalte störte die Asymmetrie des Oberlippenrots. Durch eine V-förmige Inzision und eine Y-förmige Vernähung kann eine Verdickung des Lippenrotes erreicht werden. Gleichzeitig soll durch subalare Hautexzision die etwas längere Oberlippe rechts verkürzt werden.

Rechts: Schema der Lappenbildung und der Naht bei der VY-Plastik.

Ⓐ

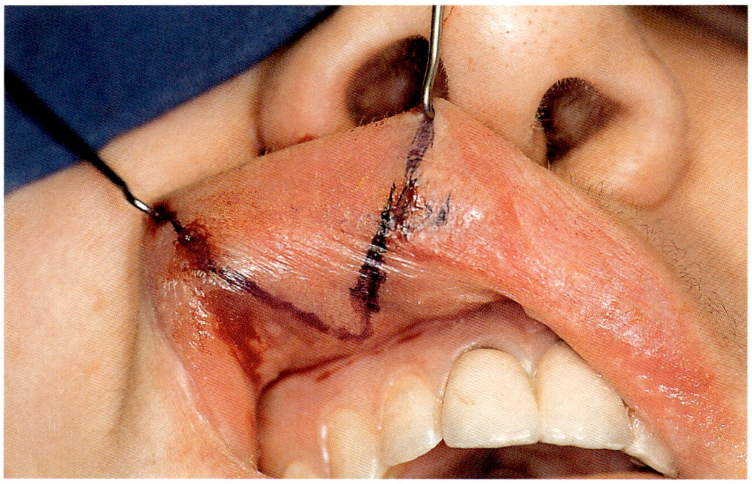

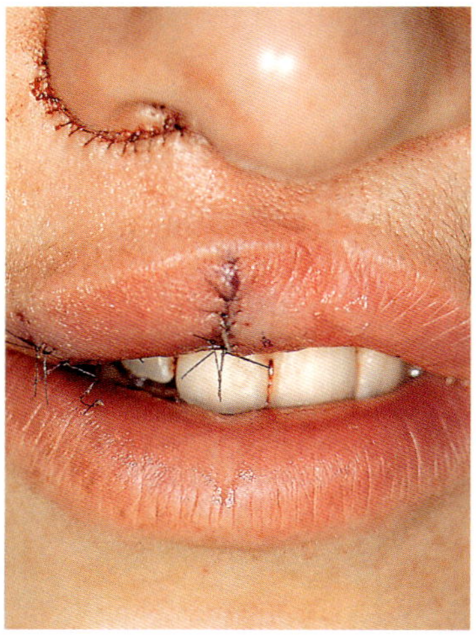

768 Schnittführung
Die Präparation der Lippenschleimhaut erfolgt durch V-förmige Inzision und Unterminierung des Lappens zur verschobenen Vernähung in Y-Form.

Rechts: Das evertierte Lippenrot nach Nahtlegung. Die subalare Naht ist sichtbar.

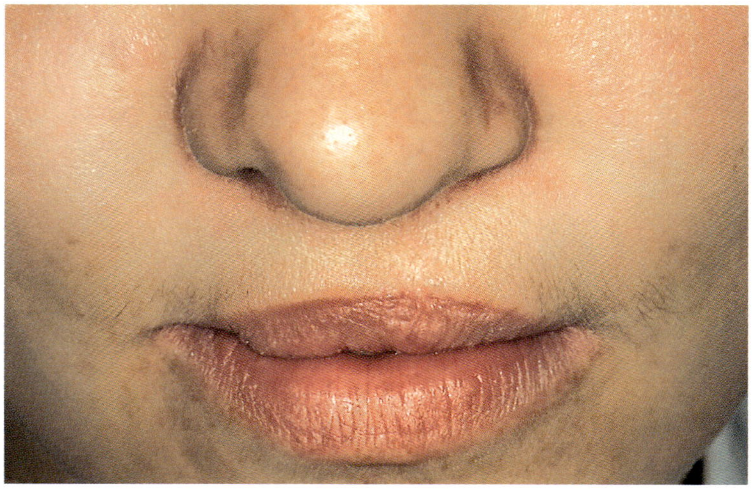

769 Ergebnis
Die Kontrolle nach 2 Monaten zeigt eine reizlose, narbenfreie Verheilung des verschobenen Lappens und den gewünschten Volumengewinn des Lippenrots.

Haarverpflanzung

Unzählige Medikamente und Behandlungsmethoden zur Behebung teilweiser oder vollständiger Haarlosigkeit im Kopfbereich sind schon vorgeschlagen worden. Neben der Verpflanzung von Kunsthaar ist auch das Ausstanzen von Haarbüscheln oder größere Lappenbildungen von behaarter Kopfhaut beschrieben worden. Die Kunsthaarverpflanzung zeigt eine hohe Komplikationsrate. Diese Methode scheint nicht gerechtfertigt (Künzler u. Sailer 1989). Hingegen ist in einzelnen Fällen eine Verpflanzung von behaarter Haut eine wertvolle Methode zur Narbencamouflage.

Indikation

Nach Weichteilkorrekturen im behaarten Gesichtsbereich (Lippen-Kiefer-Gaumen-Spalte bei Männern). Kosmetische Korrekturen.

Operatives Vorgehen

In Lokalanästhesie wird aus der behaarten Kopfhaut retroaurikulär oder am hinteren Haaransatz ein spindelförmiges Vollhauttransplantat mit den Haarfollikeln entnommen und im betreffenden Bereich nach Narbenexzision eingesetzt.

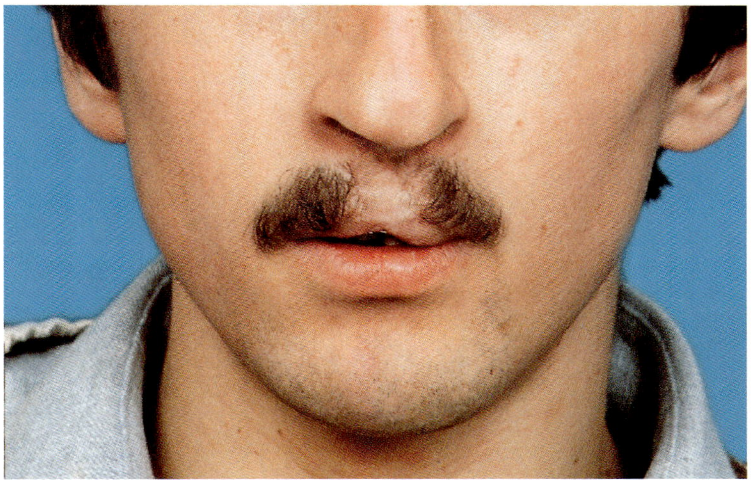

770 Haarverpflanzung
Der 27jährige Mann wurde wegen einer Spaltbildung operiert. Nun stört ihn die fehlende Behaarung des Prolabiums und die Whistling deformity.

©

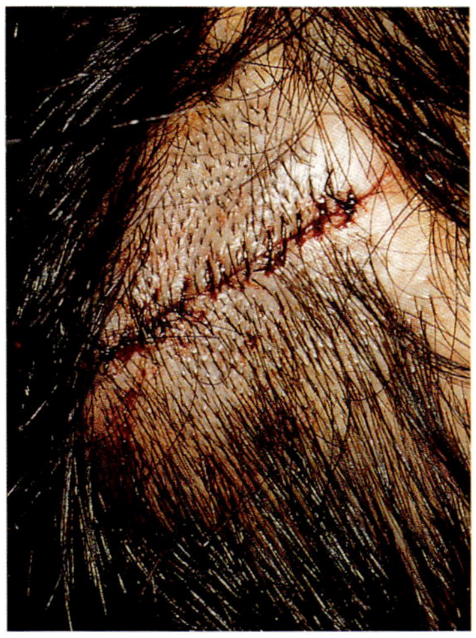

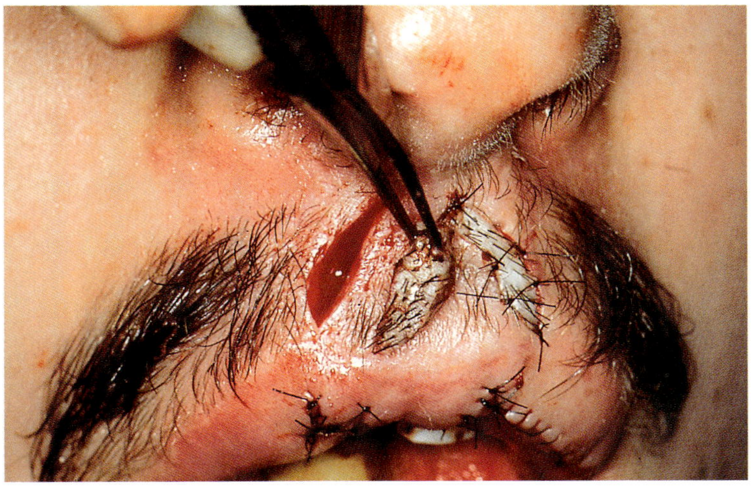

771 Transplantation
Zwei Hauttransplantate mit entsprechender Behaarung werden in die Narbenexzisionsdefekte eingesetzt und fixiert.

Links: Die Entnahmestelle am Hinterkopf.

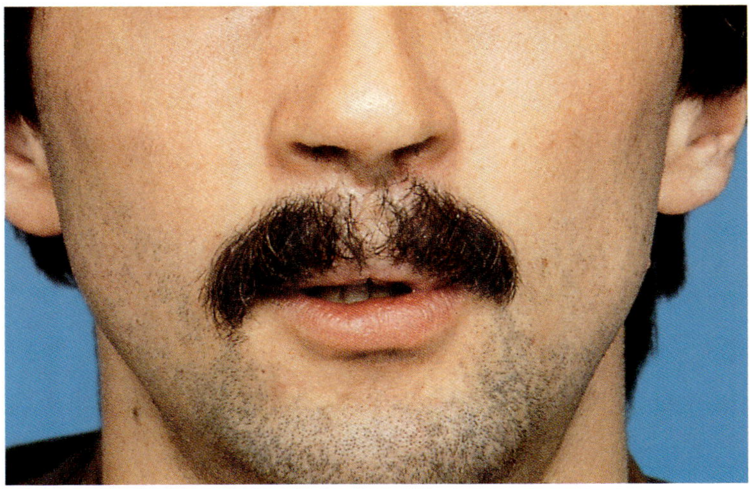

772 Ergebnis
Der Zustand nach 2 Jahren zeigt eine deutliche Verbesserung im Bereich des Lippenbartes. Der Zustand ist für den Patienten befriedigend und eine weitere Transplantation nicht vorgesehen.

Lappenfibrome am Kamm und Tuberfibrome

Tumorartige fibröse Veränderungen entstehen durch mechanische Irritationen, wie bei chronischem Druck durch den Prothesenrand oder chronischen entzündlichen Reizen am Gingivalrand. Symmetrische Tuberfibrome scheinen hereditären Ursprungs. Die Korrektur erfolgt durch modellierende Exzisionen, so daß eine funktionelle und physiologische Situation erreicht wird. Meist werden keilförmige Exzisionen unter der Gingiva vorgenommen.

Indikation

Meist ist die Diagnose entsprechend Anamnese und klinischem Befund einfach zu stellen. Die Indikation zur plastischen Korrektur kann nur in klaren Fällen reaktiver Fibrombildung gestellt werden. Unklare Fälle müssen biopsiert werden und gehören in die Hand des Spezialisten. In der ambulanten Praxis können abgegrenzte Lappenfibrome am Alveolarfortsatz, Schlotterkämme oder Wangenfibrome problemlos entfernt werden.

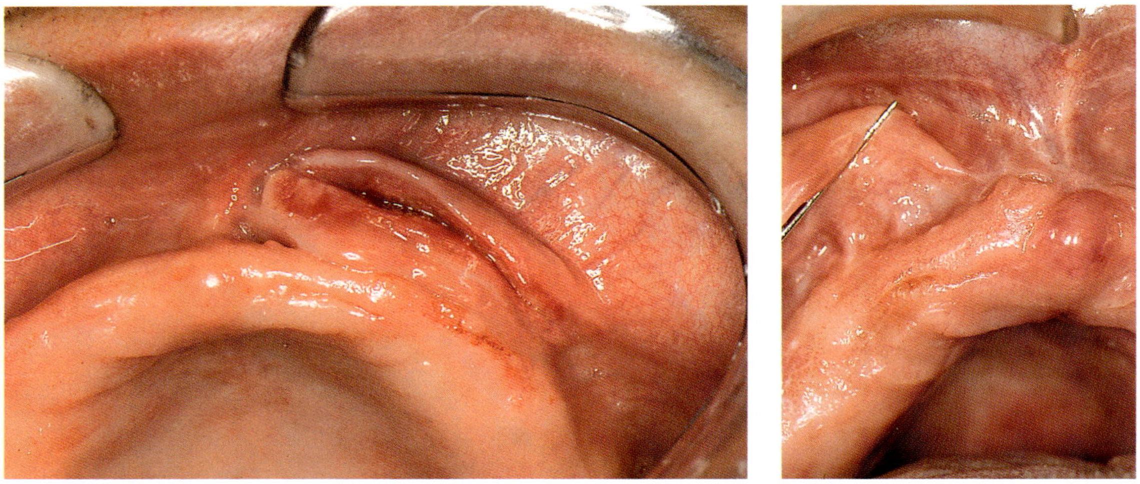

773 Lappenfibrome
Im zahnlosen Kiefer bei Prothesenträgern entstehen bei chronischem mechanischen Reiz Ulzerationen und als überschießende Regeneration mit fibrösem Gewebe horizontal im Vestibulum gelegene mehrteilige fibröse Lappenbildungen.

Rechts: Die Fibrome sind am Alveolarfortsatz gestielt.

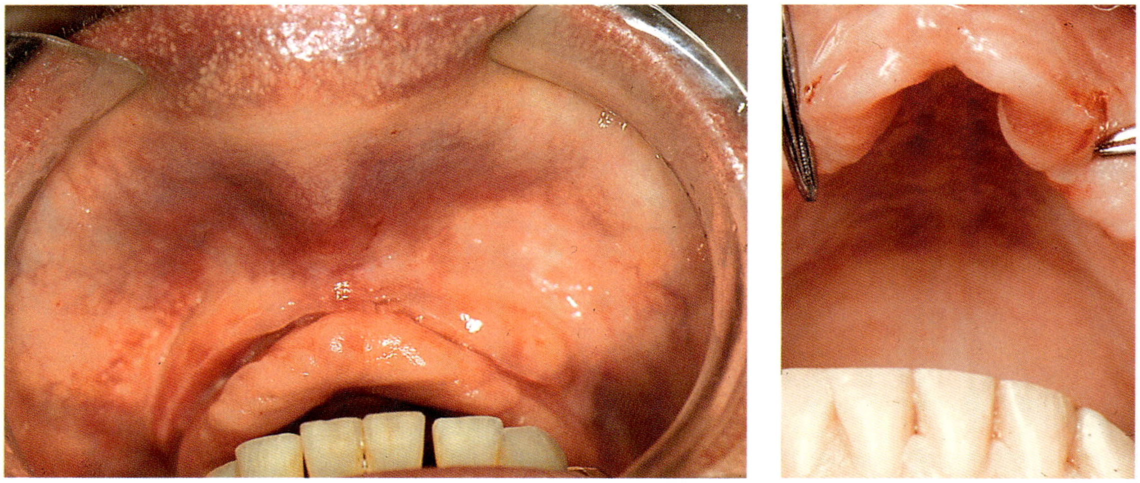

774 Schlotterkamm
Durch chronische mechanische Belastung des zahnlosen Oberkiefers, meist bei einer anterioren Eigenbezahnung im Unterkiefer, wird der Alveolarfortsatz abgebaut und fibrös ersetzt.

Rechts: Es entsteht ein derber, fibröser Schlotterkamm im Frontbereich.

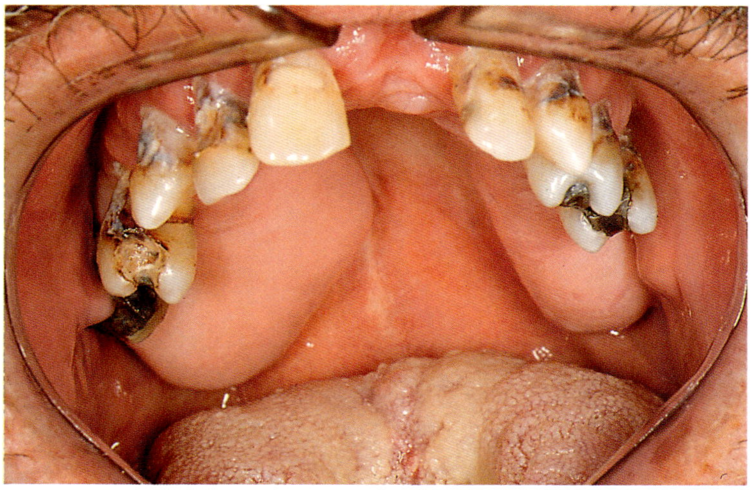

775 Tuberfibrom
Eine angeborene Form der Fibrombildung stellen die symmetrischen Tuberfibrome dar. Ihre Entstehung ist unklar, parodontale Infekte scheinen aber das Wachstum zu fördern. Sie können zu funktionell störenden und hygienehindernden Gebilden heranwachsen.

Operatives Vorgehen

Meist genügt die Weichteilanästhesie durch Infiltration in der Umgebung. Die lokale Infiltration des Operationsgebietes erlaubt einen blutarmen Eingriff und erleichtert die Präparation der Weichteile.

Gestielte Fibrome im Vestibulum können an der Basis von der Umgebung getrennt werden, ebenso lokale Wangenfibrome.

Flache und breitaufliegende Fibrombildungen der angrenzenden Gingiva und des Gaumens müssen keilförmig exzidiert werden, um keinen Defekt zu hinterlassen. Je nach Umfang der tumorartigen Gebilde sind auch mehrfach keilförmige Exzisionen notwendig. Damit ist eine morphologisch normale Situation zu erreichen.

Exzisionen von lingual liegenden Fibromen sind besonders risikoreich (cave N. lingualis, Gefäße, Ductus submandibularis) und müssen entsprechend den anatomischen Gegebenheiten erfolgen, das heißt, die Gewebe müssen einzeln präpariert werden. Nur so ist die akzidentelle Verletzung umgebender Strukturen zu verhindern.

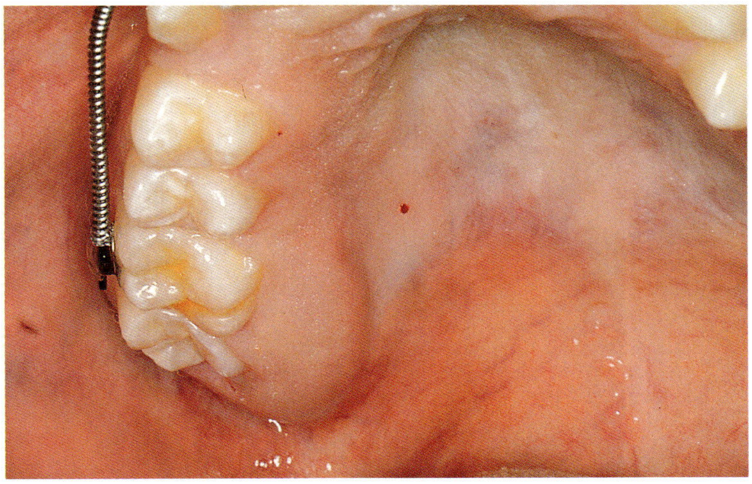

776 Keilförmige Exzision
Dieser 18jährige junge Mann entwickelte im Anschluß an die kieferorthopädische Behandlung ausgeprägte fibröse Verbreiterungen der palatinalen Gingiva im Oberkiefermolarenbereich.

Ⓢ

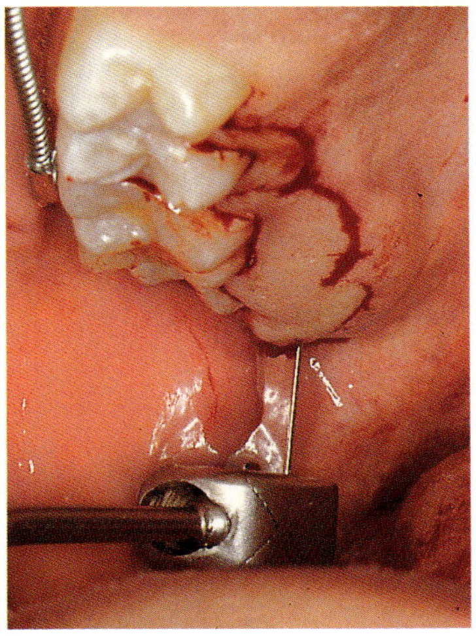

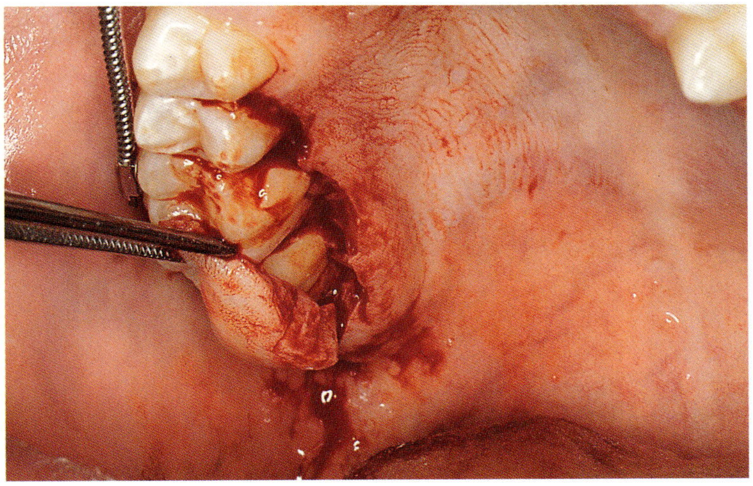

777 Schnittführung
Mit dem Skalpell und mit dem abgewinkelten Klingenhalter wird die Gingiva girlandenförmig exzidiert, so daß die verdünnte Gingiva auf gesundem Niveau den Zähnen anliegt.

Links: Im Tuberbereich kann die richtige Schnittrichtung mit einem abgewinkelten Skalpell durchgeführt werden.

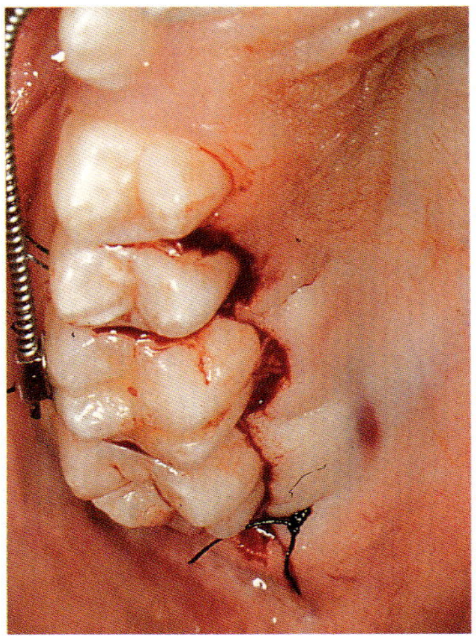

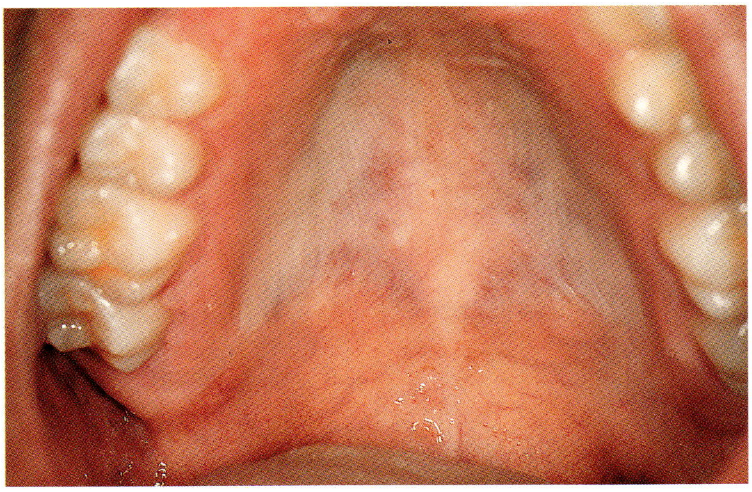

778 Ergebnis
Die Nachkontrolle nach einem halben Jahr zeigt normale physiologische Lage der Gingiva.

Links: Die Gingiva wird mit einfacher Naht fixiert.

779 Mehrfach keilförmige Exzision im zahnlosen Bereich
Dieser 43jährigen Patientin soll nach Verlust der Oberkiefermolaren eine Teilprothese eingegliedert werden. Es zeigen sich stellenweise unter sich gehende massive Verbreiterungen im Tuberbereich rechts und links. Die Wucherungen sind derb und beweglich.

Rechts: Schema des chirurgischen Prinzips: modellierende dreifach keilförmige Exzision der Fibrome.

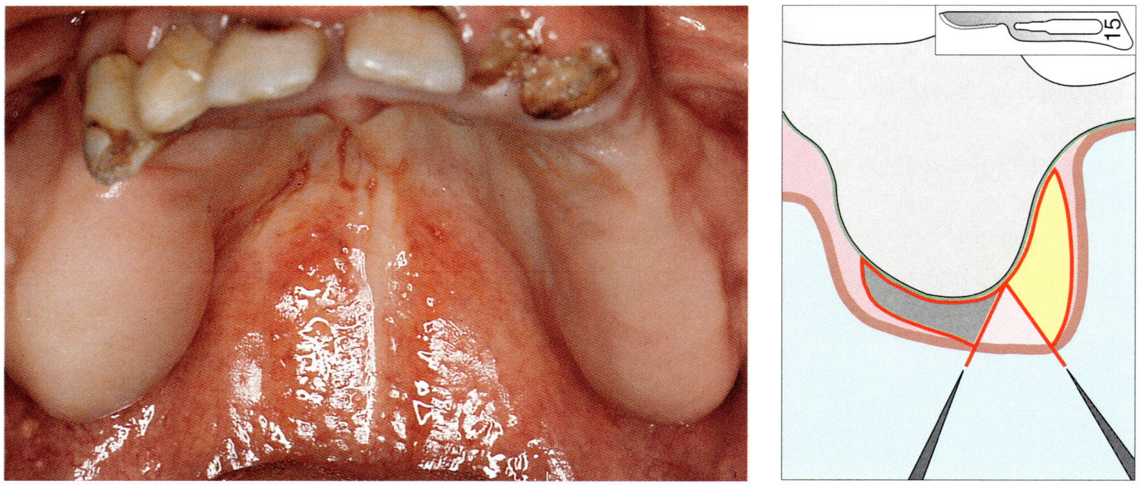

Ⓢ

780 Schnittführung
Links: Die erste Inzision erfolgt auf dem Kamm bis auf den Knochen.

Mitte: Das Fibrom wird für die zweite Inzision fest mit der chirurgischen Pinzette gefaßt.

Rechts: Die Inzision führt genau zur Basis der ersten Inzision auf den Knochen.

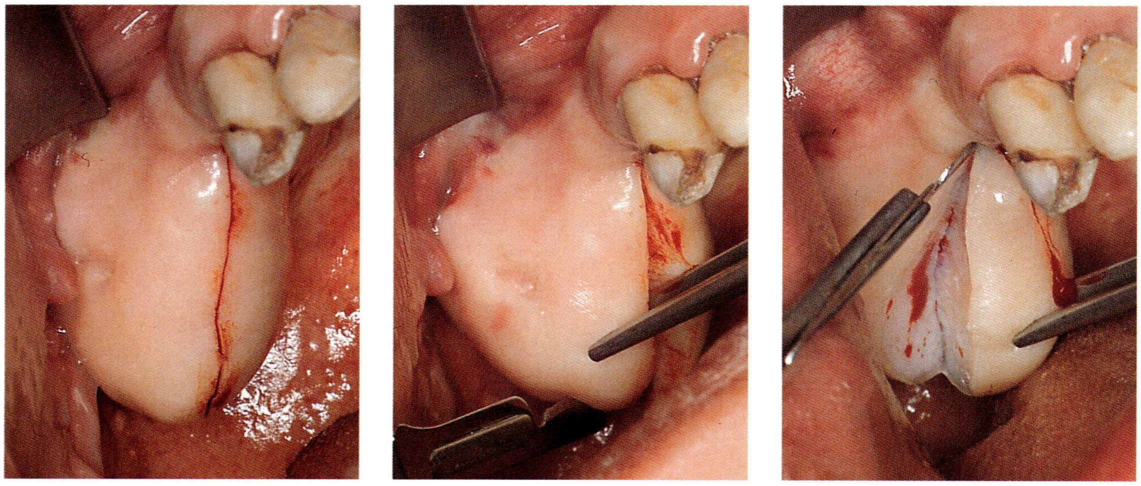

781 Keilexzisionen
Links: Aus dem palatinalen Anteil des Fibroms wird nun durch eine weitere Inzision unter der Schleimhaut eine zusätzliche Reduktion der Verdickung erreicht.

Mitte: Entnahme des zweiten Keils auf der vestibulären Seite.

Rechts: Die drei Exzidate.

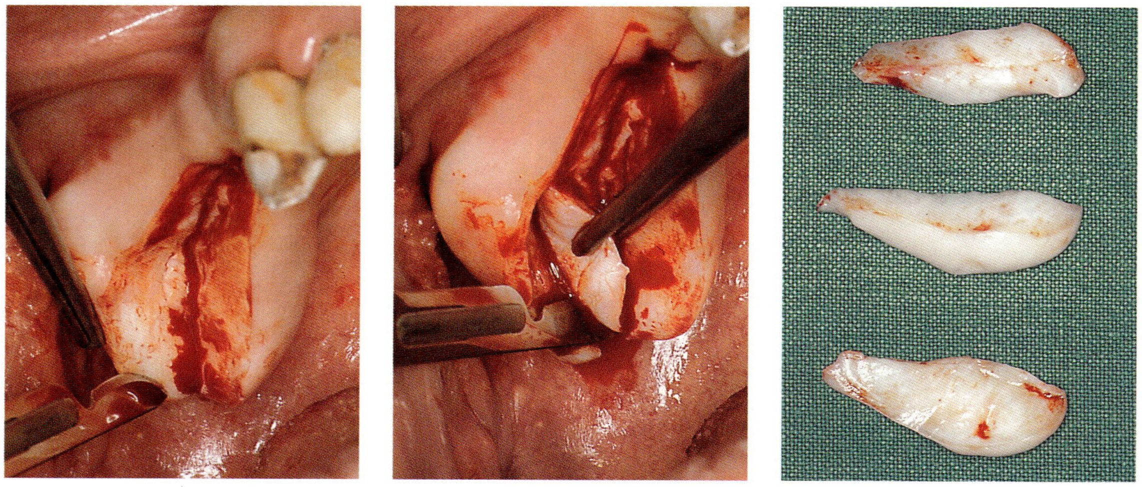

782 Ergebnis
Es muß soviel Schleimhaut belassen werden, daß der Defekt gerade bedeckt und vernäht werden kann (*rechts*).
Zustand nach 2 Jahren, nachdem auch die Restbezahnung entfernt und eine Prothese eingegliedert wurde (*links*).

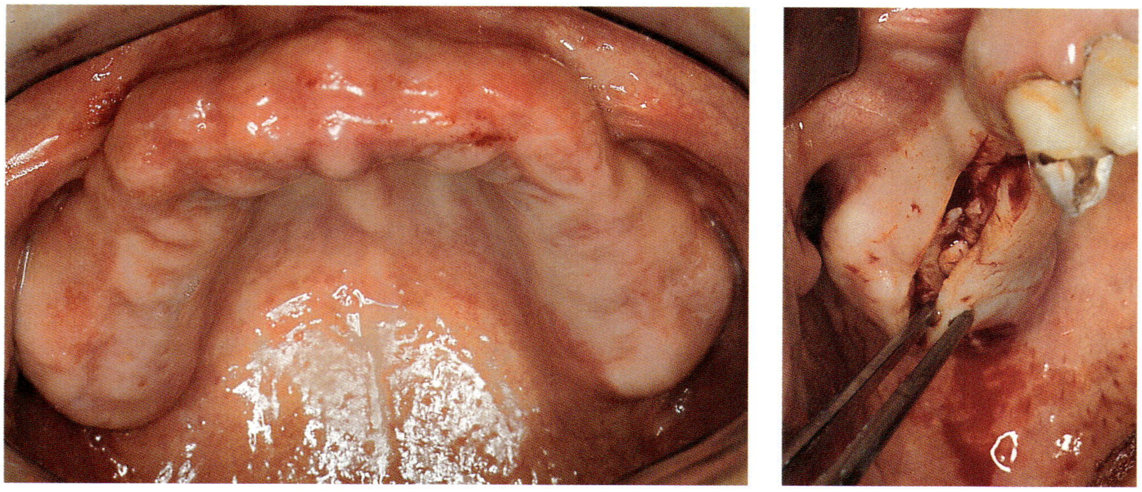

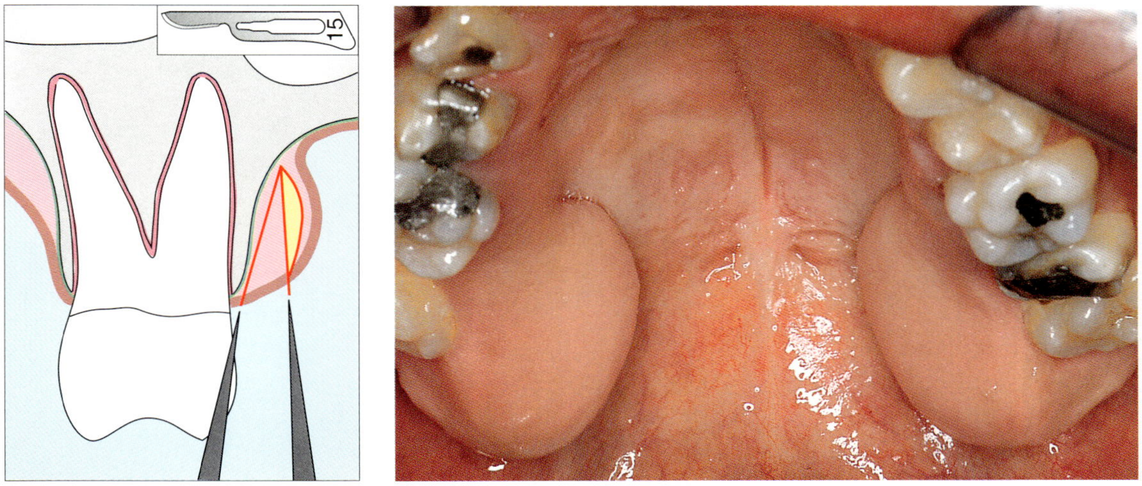

783 Mehrfach keilförmige Exzision im bezahnten Bereich
Bei diesem 32jährigen Mann besteht eine symmetrische fibröse Auftreibung am Gaumen mit Wachstumstendenz. Sie ist basal unter sich gehend. Der Patient ist dadurch nicht in der Lage, eine einwandfreie Mundhygiene palatinal der Molaren durchzuführen.

Links: Schema des chirurgischen Prinzips: Durch mehrfache Exzision unter der Schleimhaut wird eine normale Gingivakonfiguration erreicht.

Ⓐ

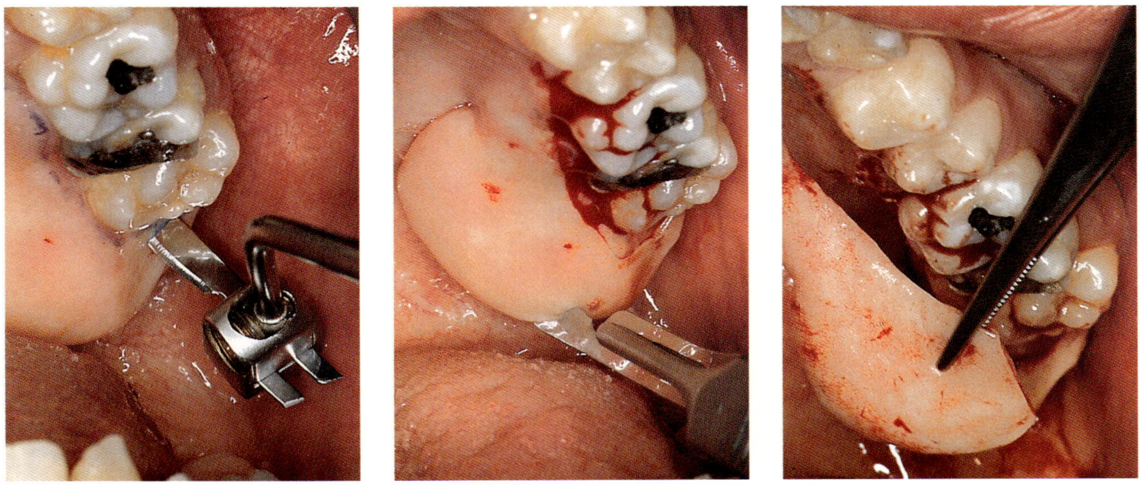

784 Schnittführung
Links: Paragingivalrandschnitt entsprechend der Einzeichnung. Im distalen Bereich kann das Fibrom mit dem abgewinkelten Klingenhalter präzis im Sulkus gelöst werden.

Mitte: Jetzt erfolgt eine palatodistale vertikale Inzision.

Rechts: Die palatinal gelegene Gingiva wird nach der Mobilisation weiß, d. h. dieser Anteil würde bei Belassung nekrotisch.

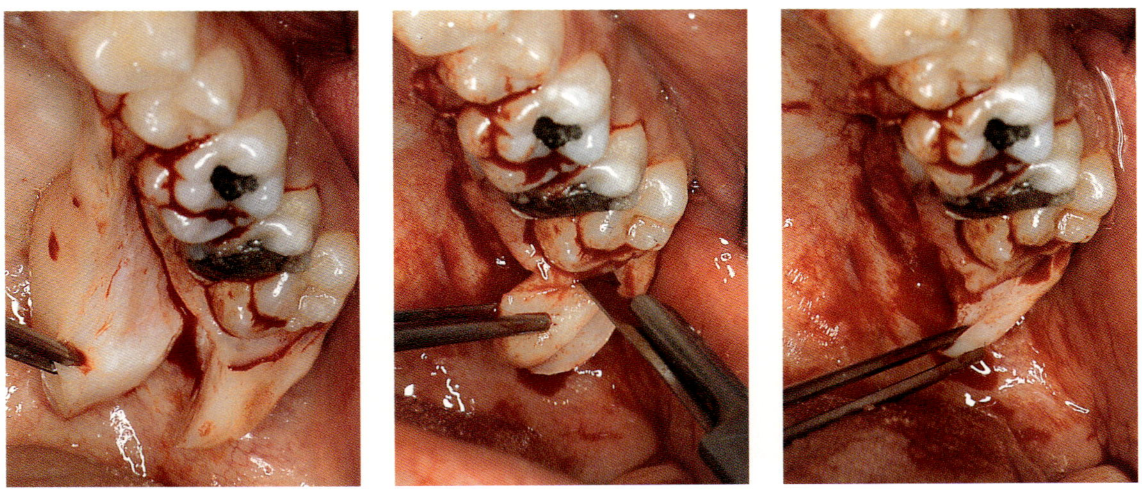

785 Exzisionen
Links: Der nicht erhaltbare palatinale Anteil wird exzidiert.

Mitte: Vorsichtige Mobilisation des Schleimhautlappens im Tuberbereich.

Rechts: Die verbliebene Schleimhaut im Tuberbereich wird epiperiostal präpariert.

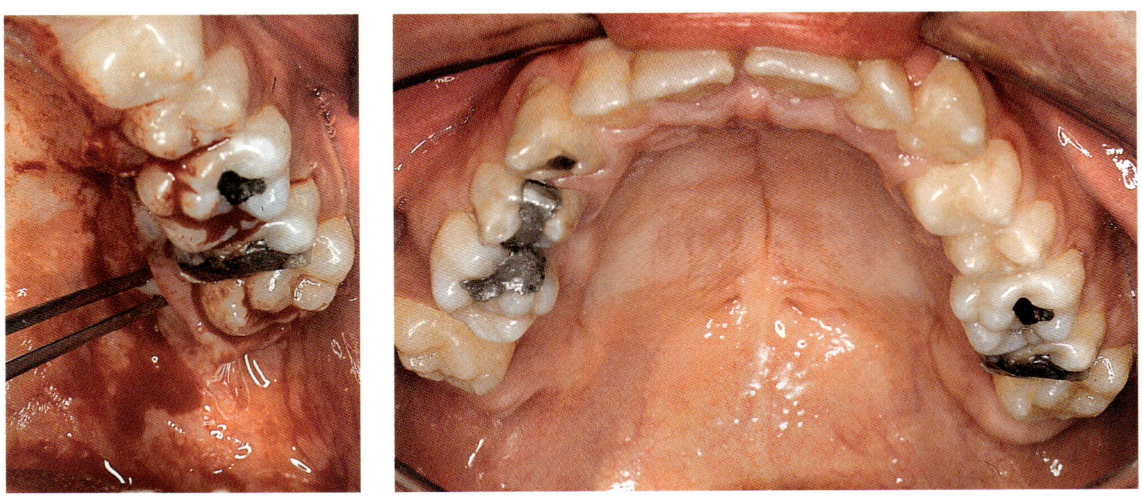

786 Weiteres Vorgehen und Ergebnis
Die Gingiva aus dem Tuberbereich wird nach palatinal geschlagen und zur Defektdeckung verwendet (*links*).
Zustand nach 2 Jahren mit physiologischer Gingiva im Molarenbereich und normaler Reinigungsmöglichkeit (*rechts*).

Linguale Lappenfibrome

Indikation

Nur in seltenen Fällen kann durch die alleinige Exzision der Lappenfibrome im Mundbodenbereich eine Verbesserung der Prothesenbasis im zahnlosen Kieferabschnitt erreicht werden. Häufig muß die prothetische Situation zusätzlich durch eine Mundbodenplastik sowie eine Hauttransplantation korrigiert werden. Falls eine Stabilisierung der Prothese mittels Implantaten vorgesehen ist, kann allenfalls die alleinige Exzision der überschießenden Schleimhautproliferation sinnvoll sein.

Operatives Vorgehen

Im distalen Abschnitt ist auf den Verlauf des N. lingualis Rücksicht zu nehmen. Bei der Präparation der lappenförmigen Mukosa muß der Nerv dargestellt werden. Nur so ist eine akzidentelle Verletzung zu vermeiden. Das Lappenfibrom wird gespalten, um den einen Teil als Weichteildeckung zu erhalten und die Abflachung des Mundbodens zu vermeiden.

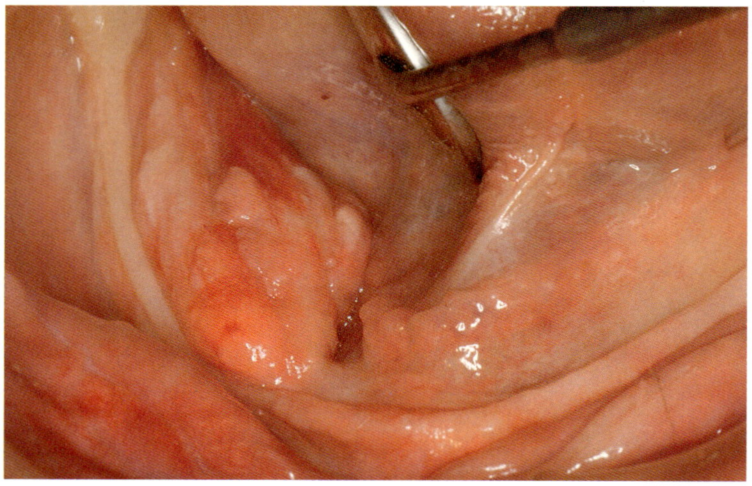

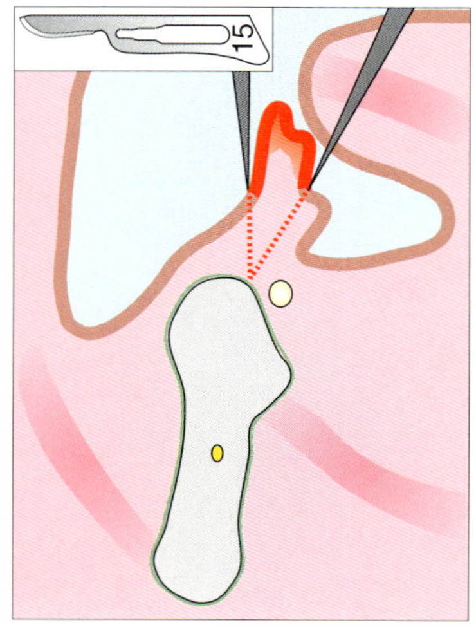

787 Linguales Lappenfibrom
Diese 74jährige Patientin litt unter dauernden Schmerzen im rechten Unterkiefer. Es zeigte sich eine lappenförmige Fibrombildung lingual im Molarenbereich mit chronischer Entzündung.

Rechts: Schema des chirurgischen Prinzips: Exzision des Lappenfibroms unter Beachtung der Lage des N. lingualis.

A

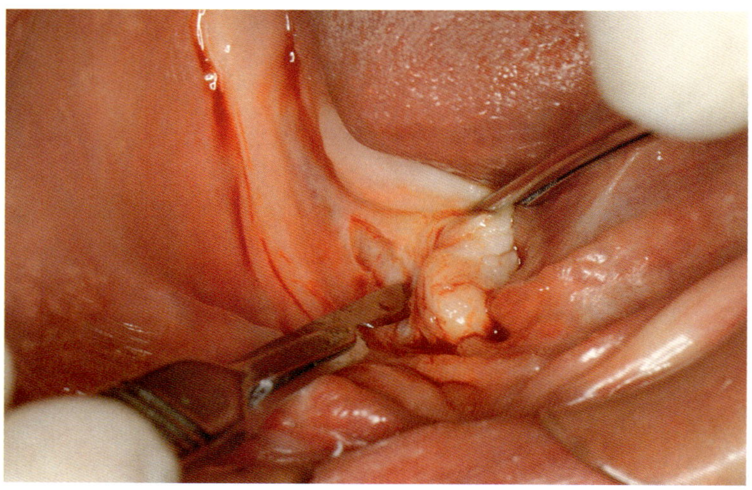

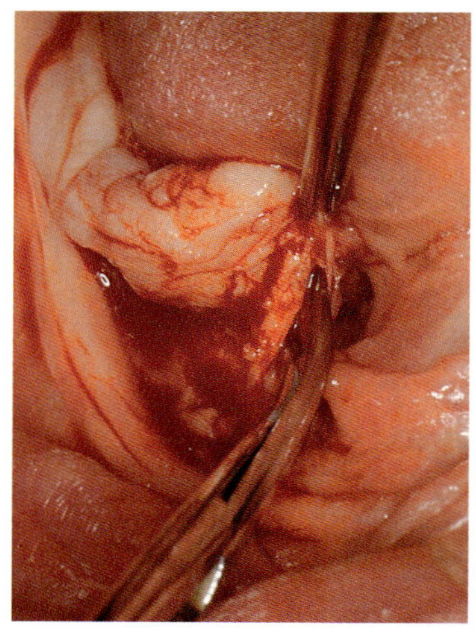

788 Schnittführung
Durch tangentiale Messerführung wird der fibröse Anteil lingual über dem Periost exzidiert und mit der Schere herauspräpariert.

Rechts: Unter dauernder Sichtkontrolle wird der Verlauf des N. lingualis beobachtet und vor Verletzung verschont.

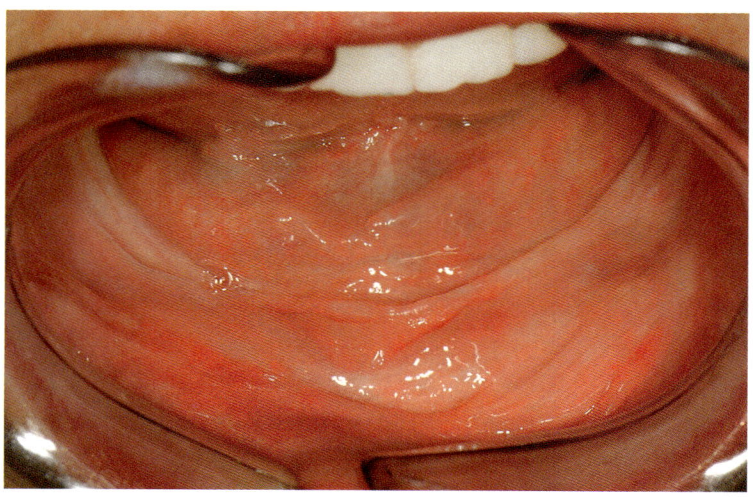

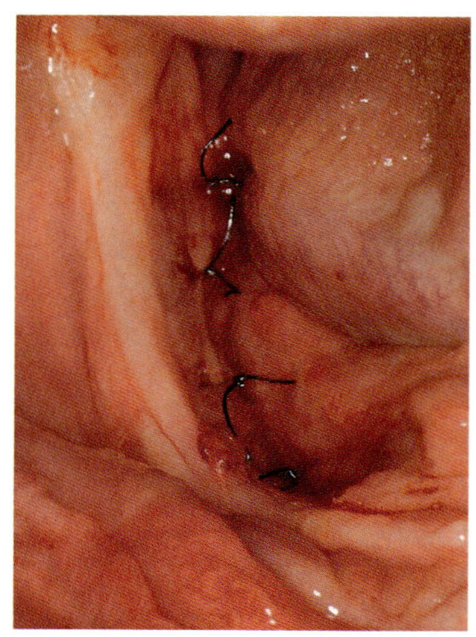

789 Ergebnis
Die Mundbodenschleimhaut wird mit oberflächlichen Einzelknopfnähten oder fortlaufender Naht verschlossen; der N. lingualis darf nicht durch zu tief greifende Nähte erfaßt werden (*rechts*).
Zustand 1 Jahr nach Exzision und Anpassung der Prothese. Die Funktion des N. lingualis ist intakt (*links*).

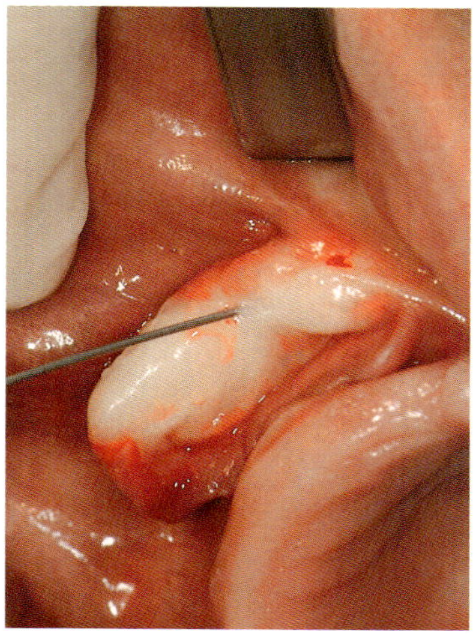
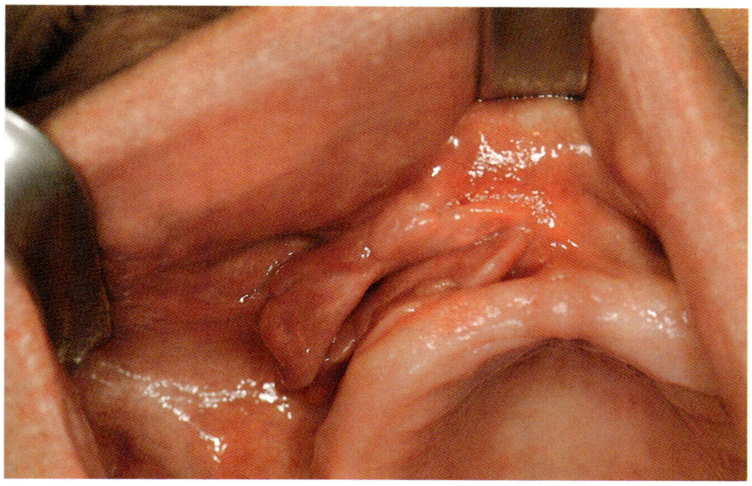

790 Lappenfibrome und kurzes Vestibulum
Diese 58jährige Patientin zeigte im Bereich des rechten Oberkiefers bei chronischen Schmerzen eine fibröse Lappenbildung in Kontakt mit dem Prothesenrand. Stellenweise ist die Schleimhaut ulzeriert.

Links: Das Lappenfibrom ist schmal gestielt und wird vor der Exzision mit Lokalanästhetikum infiltriert. Dadurch wird eine geringe Blutungsneigung erreicht.

Ⓐ

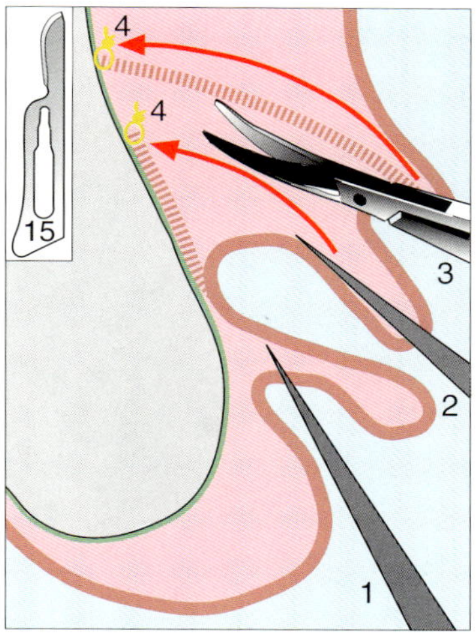

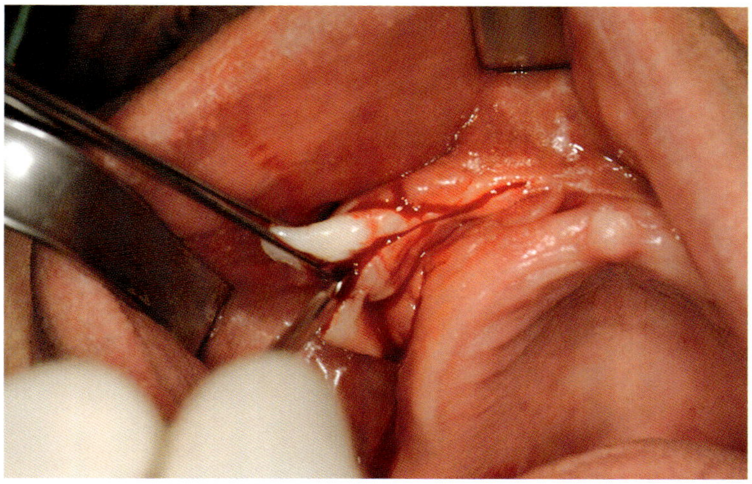

791 Teilung des Fibroms – epiperiostale Präparation
Die Exzision erfolgt durch Teilung des Fibroms, so daß der kranial gestielte Teil erhalten bleibt.

Links: Schema des chirurgischen Prinzips: Teilung des Fibroms und/oder Exzision des marginalen Anteils, Präparation der übrigen Schleimhaut epiperiostal, sekundäre Epithelisation der Periostfläche.

1 Der 1. Lappen wird exzidiert
2 Spaltung des 2. Lappens
3 Spaltung des 3. Lappens und Präparation bis zum Periost
4 Exzision der fibrösen Anteile und Fixation der Schleimhaut am Periost

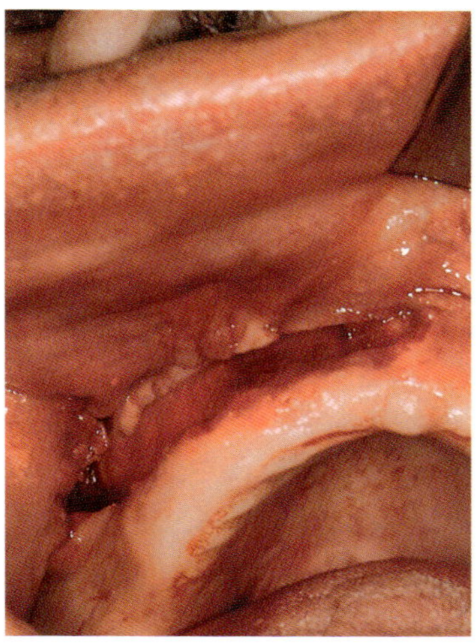
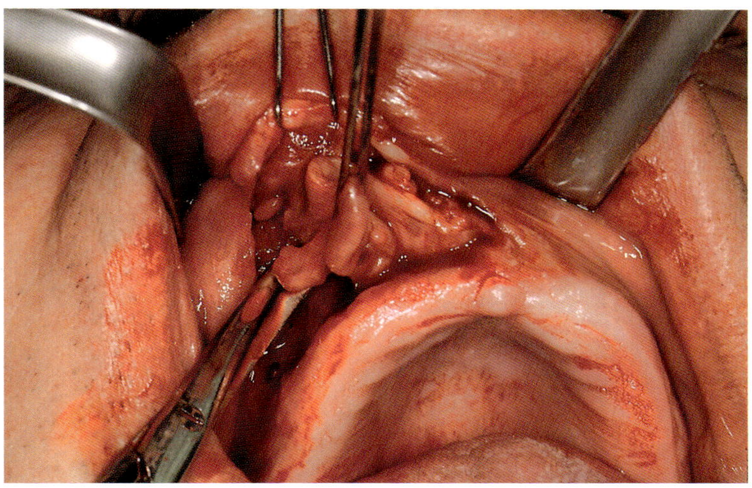

792 Fixation der Schleimhaut
Durch die Teilung des Fibroms und die Erhaltung des kranialen Anteils bleibt genügend Schleimhaut zurück, um diese im Vestibulum hochzuschieben und am Periost zu fixieren (*links*).

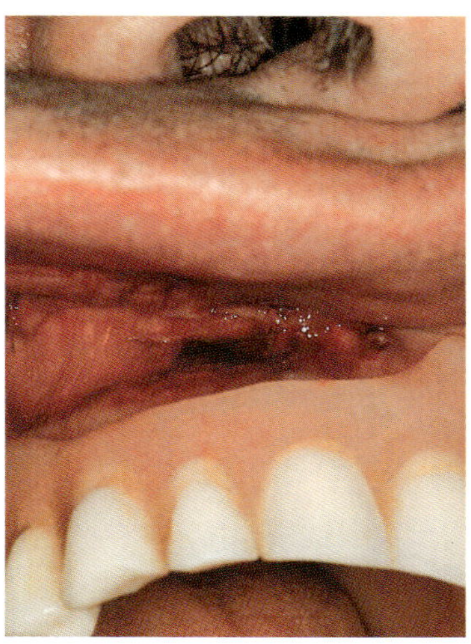
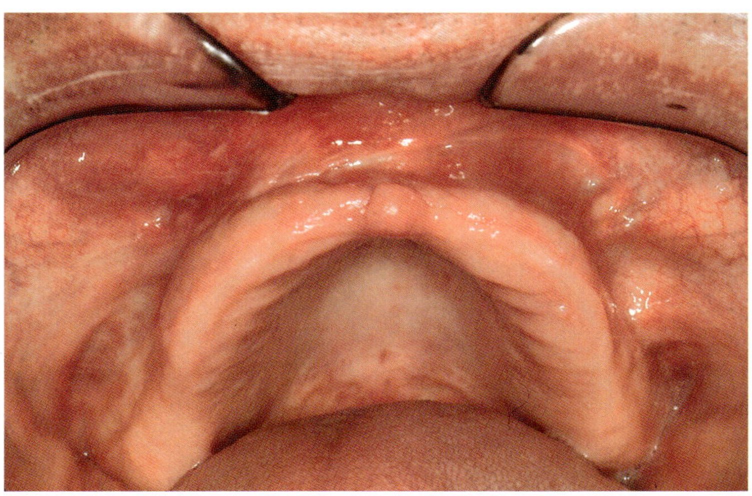

793 Ergebnis
Der Prothesenrand soll die Periostfläche nicht berühren und wird deshalb ausgeschnitten (*links*).

Der Zustand nach 1 Jahr zeigt ein wieder verbreitertes Vestibulum mit angewachsener Schleimhaut (*rechts*).

Korrekturen an der Haut

Inzisionen in der Haut müssen entweder den Spannungslinien und den Konturlinien der Hautoberfläche oder den Grenzlinien der ästhetischen Gesichtsregion folgen. Einfache Inzisionen oder kleine Exzisionen entlang dieser Linien können meist primär verschlossen werden und heilen ohne auffallende Narbenbildungen ab. Einige Gesichtsregionen, wie z.B. die Wangenregion, erlauben eine gute Weichteilmobilisation zum primären Verschluß nach Exzisionen. Auf jeden Fall müssen die funktionellen und ästhetischen Konsequenzen des primären Verschlusses wie Verschiebungen im umgebenden Gewebe oder Bewegungseinschränkungen bei der Planung berücksichtigt werden. Werden beim Nahtverschluß Verziehungen oder Spannungen in den Weichteilen erzeugt, muß der Wundverschluß mit Lappenbildungen oder Hauttransplantationen bei ausgedehnten Defekten erfolgen.

Cave
Neigung zu Keloidbildungen.

Lokale Hautlappen

Lokale Hautlappen werden aus der nahen Umgebung des Defektes entnommen. Die Blutversorgung des Lappens wird durch die gestielte Lappenbasis garantiert. Deshalb ist die Formgebung der Lappen stets so, daß eine möglichst breite Basis gebildet wird und trotzdem eine ausreichende Beweglichkeit zum Schwenken des Lappens in den Defekt erreicht wird. Bezüglich Geometrie und Schwenkrichtung werden der Rotationslappen, der entlang einer Bogeninzision in den Defekt geschwenkt wird, der Vorwärtslappen, der entlang seiner Achse verschoben wird, und der VY-Lappen (s. auch Abb. 767), der entlang einer V-förmigen Inzision nach vorn verschoben wird (eine Y-förmige Wunde entsteht), unterschieden.

Indikation
Posttraumatische Narben.
Schmutztätowierungen.
Ästhetische Korrekturen.
Postinfektiöse Narben.
Fisteln.

Verbesserung der vestibulären Umschlagfalte durch relative Kammerhöhung

Die morphologische Verbesserung der vestibulären Umschlagfalte spielt besonders bei der Eingliederung von abnehmbarem Zahnersatz eine Rolle. Als relative Kammerhöhung gehören diese Maßnahmen zur eigentlichen präprothetischen Chirurgie. Durch die Entwicklung in der zahnärztlichen Prothetik mit der Möglichkeit, sowohl festsitzenden als auch abnehmbaren Zahnersatz implantatgetragen einzugliedern, haben die klassischen Methoden der präprothetischen Chirurgie auf den ersten Anschein an Bedeutung verloren. Diese Methoden dürfen aber auch heute noch nicht in Vergessenheit geraten, denn trotz der Fortschritte in der zahnärztlichen Implantologie, die ja zur oralen Chirurgie gehört und in einem separaten Atlasband (Spiekermann, H.: Implantologie. Farbatlanten der Zahnmedizin, Bd. 10. Thieme, Stuttgart 1994) abgehandelt wird, sind immer wieder Situationen anzutreffen, bei welchen diese konventionellen Methoden zu neuer Geltung kommen. Solche Situationen finden wir bei Patienten, bei denen aus irgendwelchen Gründen eine Implantatbehandlung nicht realisiert werden kann, oder wenn durch Implantatverluste Defektbildungen aufgetreten sind. Die Möglichkeit der weitgehend ambulanten Durchführung ist ein großer Vorteil der konventionellen präprothetischen Chirurgie.

Indikation
Neben der Qualität der Gewebedeckung des Prothesenlagers ist die Größe des operativen Eingriffs, der dem Patienten zugemutet werden muß, zu berücksichtigen. In diesem Sinne ist die freie Hautverpflanzung ein belastenderer Eingriff als die Schleimhautverpflanzung. Die Vestibulumplastik mit sekundärer Epithelisation ist aus dieser Sicht das einfachste Vorgehen.

Auch die Sicherheit des zu erzielenden Resultats ist in Erwägung zu ziehen. Diesbezüglich steht bei perfekter Operationstechnik die Hautverpflanzung an erster Stelle, da kaum mit Rezidiven zu rechnen ist. Die größte Rezidivquote zeigt die Vestibulumplastik mit sekundärer Epithelisation. Die Indikation dazu sollte also nur bei gutem knöchernen Profil des Alveolarfortsatzes gestellt werden. Generell kann man beobachten, daß die Rezidivneigung im Unterkiefer größer ist als im Oberkiefer. Dies trifft nicht für die freie Hautverpflanzung zu.

Soll gleichzeitig mit der Vestibulumplastik noch eine Korrektur an der knöchernen Unterlage erfolgen, so ist unbedingt die Defektdeckung mit Schleimhaut aus der Umgebung zu wählen.

Vertiefung des Vestibulums

Indikation
Die Vestibulumplastik ist bei jenen Patienten indiziert, die aus diversen Gründen keine Implantate erhalten können oder in den Fällen, in denen die lokale Situation der Schleimhautqualität oder Knochenquantität eine Implantation nicht zuläßt.

Die Vestibulumplastik dient auch der Verbesserung der periimplantären Schleimhautsituation. Eine angewachsene, keratinisierte Schleimhaut um die Implantatpfeiler ist keine absolute Bedingung für den Langzeiterfolg. Trotzdem ist die Herstellung einer solchen Situation doch erstrebenswert, besonders bei älteren Patienten, denen das manuelle Geschick zur perfekten Mundhygiene verlorengegangen ist. Auch in all jenen Fällen, wo aufgrund einer lange bestehenden Knochen- und Gingivaatrophie ein Weichteilmangel im Implantatbereich vorliegt, kann mit dieser Methode die Situation verbessert werden. Solche Situationen finden wir besonders häufig im posterioren Bereich des Ober- und Unterkiefers.

Submuköse Vestibulumplastik

Die submuköse Vestibulumplastik bedingt einwandfreie Schleimhautqualität und -quantität und wird zur Beseitigung von auf und am Alveolarkamm beweglicher Schleimhaut angewendet. Sie kann geschlossen (Obwegeser, 1965) oder offen (Edlan 1963) durchgeführt werden. Der Vorteil besteht in der narbenfreien Umschlagsfalte.

Bei der Indikationsstellung muß auf genügende Schleimhaut im anterioren Bereich geachtet werden, da bei zu geringem Schleimhautangebot mit dem Risiko der Lippenrotinversion gerechnet werden muß.

Wegen der schwierigen Indikationsstellung und der etwas diffizilen operativen Technik wird das chirurgische Vorgehen nicht dargestellt. Solche Fälle gehören in die Hand des Spezialisten.

Vestibulumplastik mit sekundärer Epithelisation

Die Korrektur einer kurzen Umschlagfalte oder der auf dem Kamm liegenden beweglichen Schleimhaut kann durch die Vestibulumplastik mit sekundärer Epithelisation vorgenommen werden. Voraussetzung ist ein gutes knöchernes Kammprofil. Die Methode kann bei genügender Schleimhautquantität auch gleichzeitig mit der Exzision von Lappenfibromen oder eines Schlotterkammes angewendet werden.

Indikation
Die Indikation zu dieser Methode ergibt sich, wenn ein gutes Kammprofil, zu wenig Schleimhaut für eine submuköse Vestibulumplastik und genügend Schleimhaut zur Bildung eines annehmbar tiefen Vestibulums vorhanden ist. Im Unterkiefer ist mit einer größeren Rezidivrate zu rechnen, so daß die Methode nur bei geringer Kammatrophie annehmbare Resultate bietet. Generell muß mit einer Rezidivrate von annähernd 50% gerechnet werden, so daß die Extension der epiperiostalen Präparation und die Fixationsstelle im Vestibulum entsprechend breit gewählt werden müssen.

Unterlagen
Zur Indikationsstellung gehört die genaue prothetische Beurteilung, ob tatsächlich topographische Probleme vorliegen, die den Prothesenhalt verhindern. Zur Erhellung dieser Frage kann ein bestehender Zahnersatz temporär unterfüttert werden.

Es muß ein umfassender Befund, besonders im Hinblick auf bestehende Schleimhautveränderungen, erhoben werden. Die Röntgenaufnahme (OPT, FR) soll Auskunft über den quantitativen und qualitativen Zustand des Kieferknochens geben.

Anästhesie
Im Oberkiefer werden die vestibulären und palatinalen Weichteile infiltriert. Zusätzlich wird ein Anästhetikumdepot im Operationsgebiet zur Blutstillung gelegt.

Im Unterkiefer werden die Weichteile sowohl lingual wie vestibulär infiltriert. Eine Leitungsanästhesie am N. mandibularis ist nicht notwendig.

Operatives Vorgehen

Die Weichteile werden durch eine sorgfältige Inzision am Kieferkamm unter peinlicher Schonung des Periostes vestibulär bis zum neuen Fornix abpräpariert. Dazu verwenden wir entweder das Skalpell oder die stumpfe Schere. Auf dem Periost sollen kein Bindegewebe und keine Muskelfasern zurückbleiben. Die mobilisierte Schleimhaut wird mit resorbierbarem Nahtmaterial (z.B. Chromcat der Stärke 4-0) in der Tiefe des neuen Vestibulums am Periost fixiert. Die Wundfläche auf dem Periost soll keine mechanischen Irritationen erleiden, damit die Granulationsgewebebildung ungestört vonstatten gehen und eine unbewegliche Schleimhautzone entstehen kann. Die Prothesenränder werden deshalb im Wundgebiet gekürzt.

Nachkontrolle

Die erste Kontrolle erfolgt nach 3 Tagen. Die Periostoberflächen sind fibrinbelegt und die Schleimhautnähte in situ. Ausgerissene Nähte können jetzt nochmals gelegt werden. Die Verlaufskontrolle erfolgt wöchentlich, um evtl. überschießende Granulationen entfernen und die vollständige Epithelisierung beobachten zu können. Nach ca. 4 Wochen folgt die prothetische Versorgung.

794 Vestibulumplastik mit sekundärer Epithelisation – Indikation

Diese 58jährige Patientin trägt seit 26 Jahren eine Totalprothese, deren Halt unbefriedigend ist. Die Schleimhaut ist stellenweise gering vernarbt, sonst reizlos, ohne Fibrome. Das knöcherne Profil ist ausreichend.

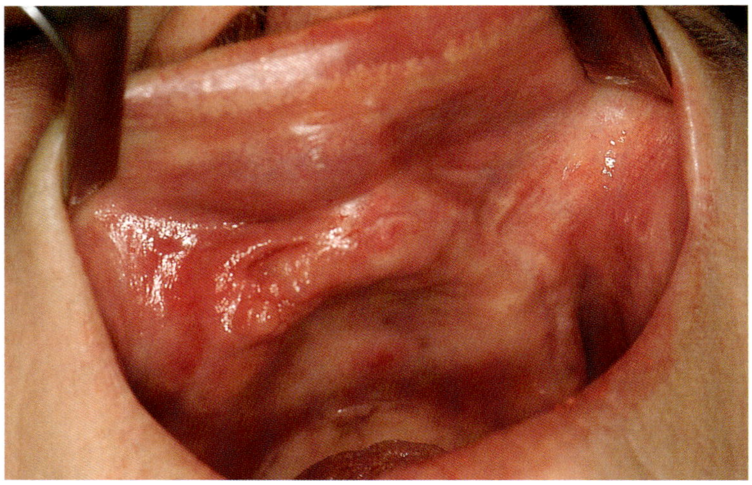

Ⓐ

795 Schnittführung

Die Inzision erfolgt an der Grenze zur verschieblichen Schleimhaut im Vestibulum.

Rechts: Schema des chirurgischen Prinzips: epiperiostale Präparation der Schleimhaut und Fixation im Vestibulum am Periost. Die Wundfläche wird durch das entblößte Periost gebildet.

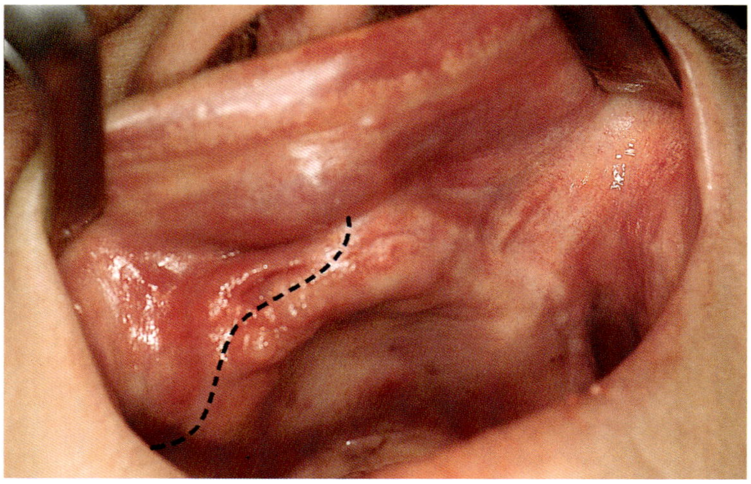

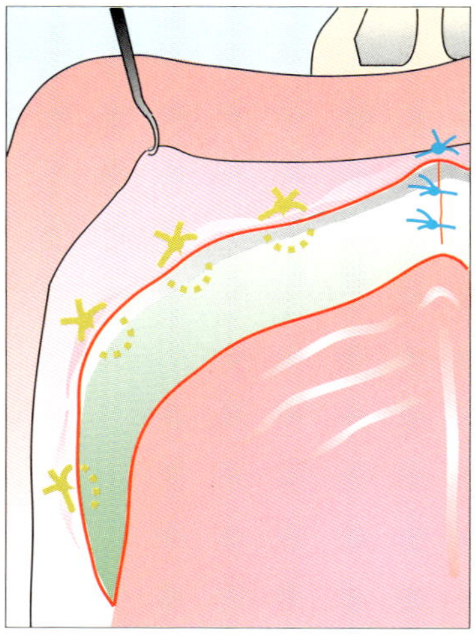

796 Epiperiostale Präparation

Die Schleimhaut wird direkt über dem Periost unter Zug des Gillies-Hakens mit der Schere abgelöst.

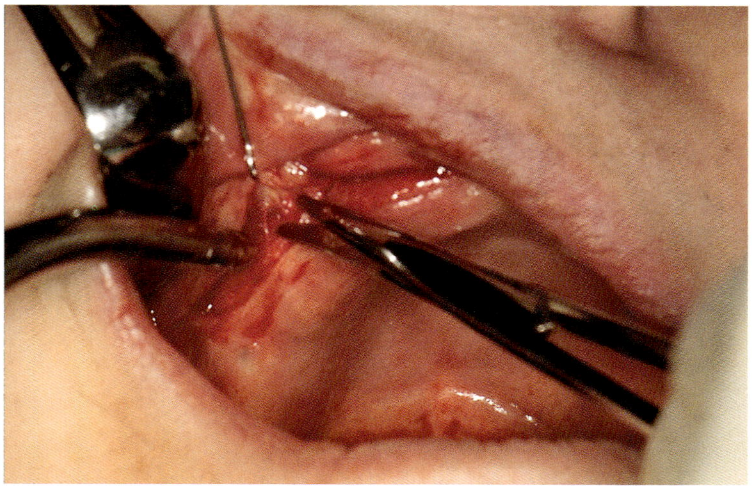

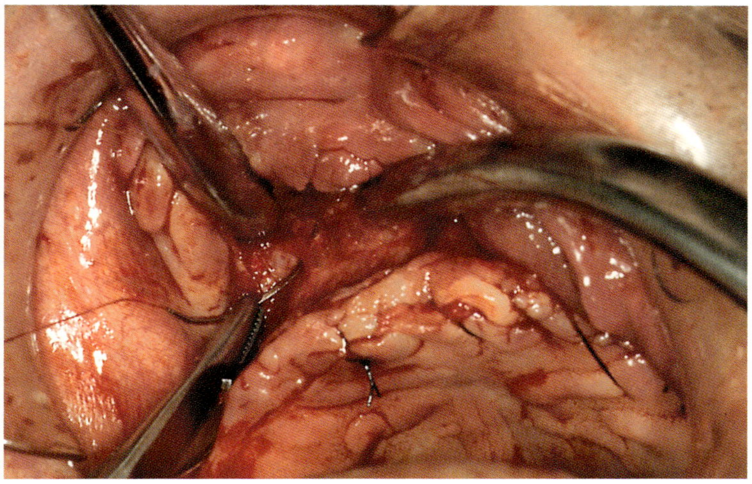

797 Fixation der Mukosa
Die mobilisierte Schleimhaut wird nach kranial verlagert und dort mit resorbierbaren Nähten am Periost fixiert.

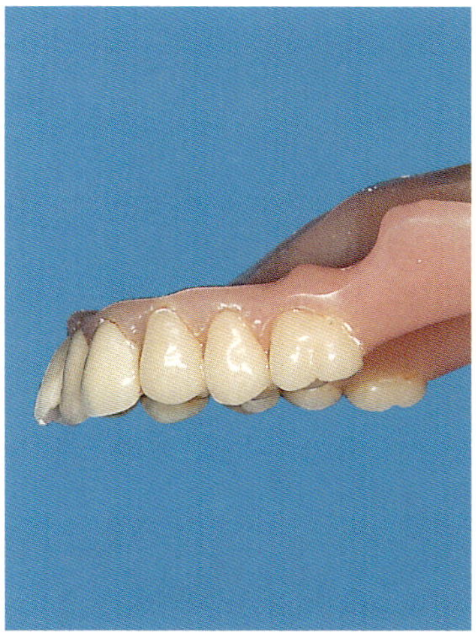

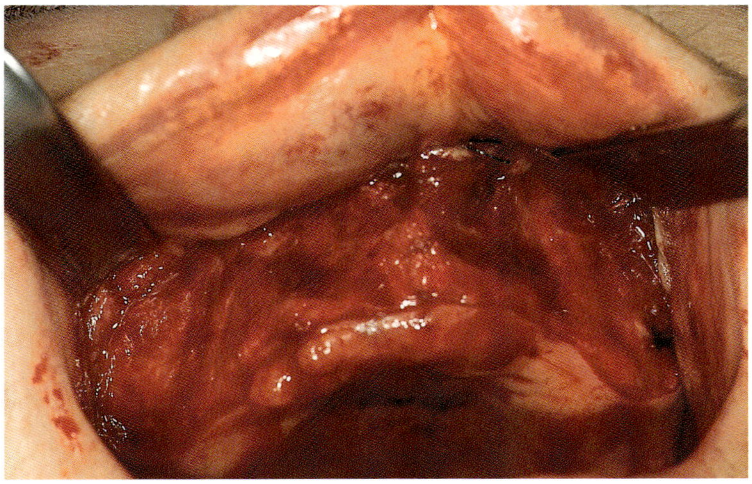

798 Freie Wundfläche
Die freie Wundfläche wird nicht bedeckt und der sekundären Epithelisierung überlassen.

Links: Die Prothese wird im Bereich der Präparation ausgeschliffen, so daß kein Kontakt des Prothesenrandes mit dem freiliegenden Periost möglich ist.

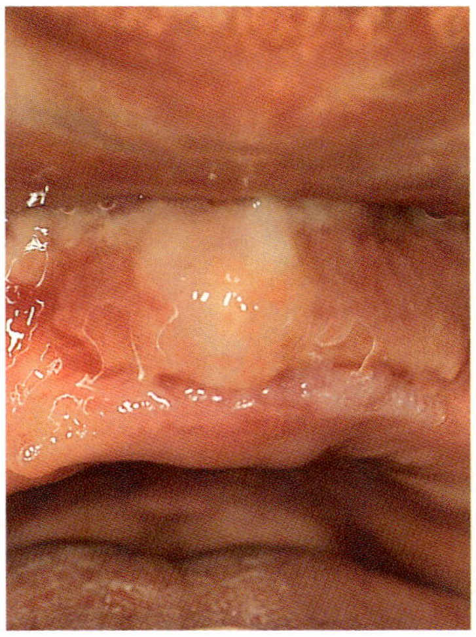

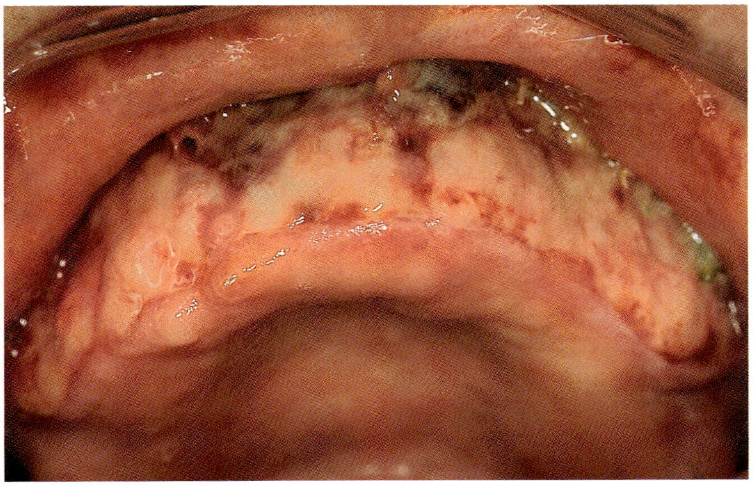

799 Verlauf
Zustand 3 Tage nach der Operation: Die freie Periostfläche ist von Fibrin belegt (*links*).
Die nächste Kontrolle erfolgt nach 1 Woche. Auftretende Granulationen werden mit dem Tupfer abgestreift, um eine Epithelisierung über dieselben zu verhindern. Anderenfalls würde wiederum bewegliche Schleimhaut in diesem Bereich entstehen (*rechts*).

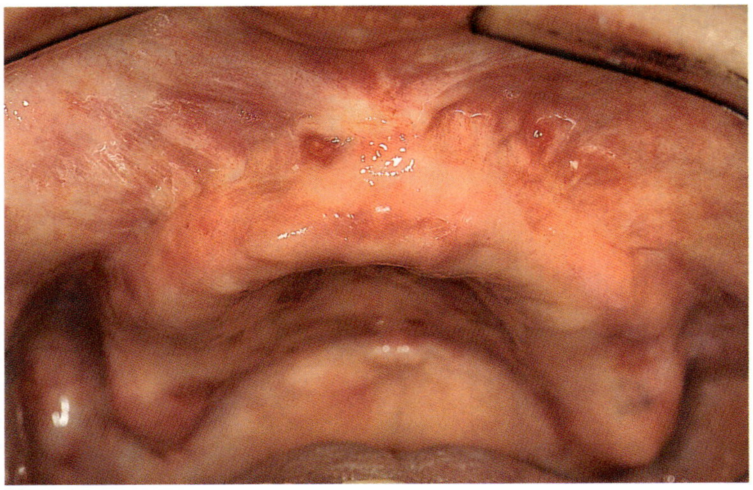

800 Ergebnis
Der Zustand nach 1 Jahr zeigt das erreichte Resultat: ein prothesentaugliches Vestibulum mit gesunder sekundär gewachsener Schleimhaut. Zarte Narbenbildungen sind kaum zu vermeiden.

Schlotterkammexzision und Vestibulumplastik

Indikation

Es gelten dieselben Kriterien wie für die alleinige Vestibulumplastik, d.h. auch nach Abtragung des Schlotterkammes muß noch ein ausreichendes Kammprofil für die Prothesenbasis vorhanden sein.

Anästhesie

Neben der üblichen Lokalanästhesie wird der fibröse Kammanteil mit Anästhetikum aufgepumpt. Dadurch wird die Präparation erleichtert und die Blutungsneigung reduziert.

Operatives Vorgehen

Zuerst wird durch eine keilförmige Exzision der Schlotterkamm entfernt. Auf der bukkalen Seite soll gerade soviel fibröse Schleimhaut erhalten bleiben, daß bei der nachträglichen epiperiostalen Präparation der Schleimhaut für die Vestibulumplastik die Kammbedeckung erhalten bleibt. Die palatinale und bukkale Gingiva wird durch straffe fortlaufende Naht vereinigt. Anschließend erfolgt die Präparation der vestibulären Schleimhaut (S. 293).

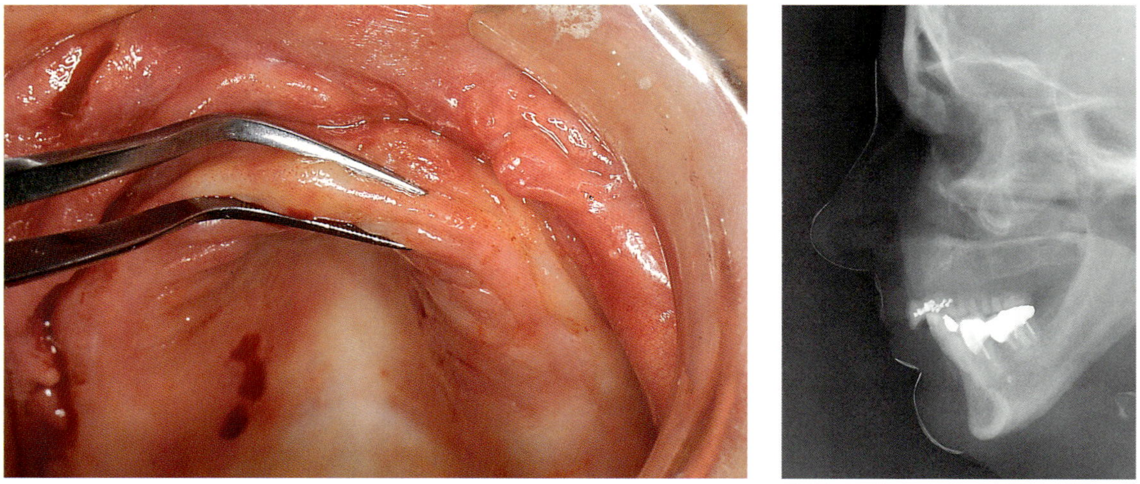

801 Schlotterkammexzision – Indikation
Ungenügende Schleimhautqualität und -quantität, verbunden mit fibrösem Alveolarkamm, ausreichendes Knochenprofil.
Bei dieser 52jährigen Patientin besteht ein Lappenfibrom und ein Schlotterkamm im Oberkiefer. Totalprothese seit 20 Jahren.

Rechts: Das Knochenprofil im Fernröntgenbild ist ausreichend zur Stabilisierung einer Prothesenbasis.

Ⓐ

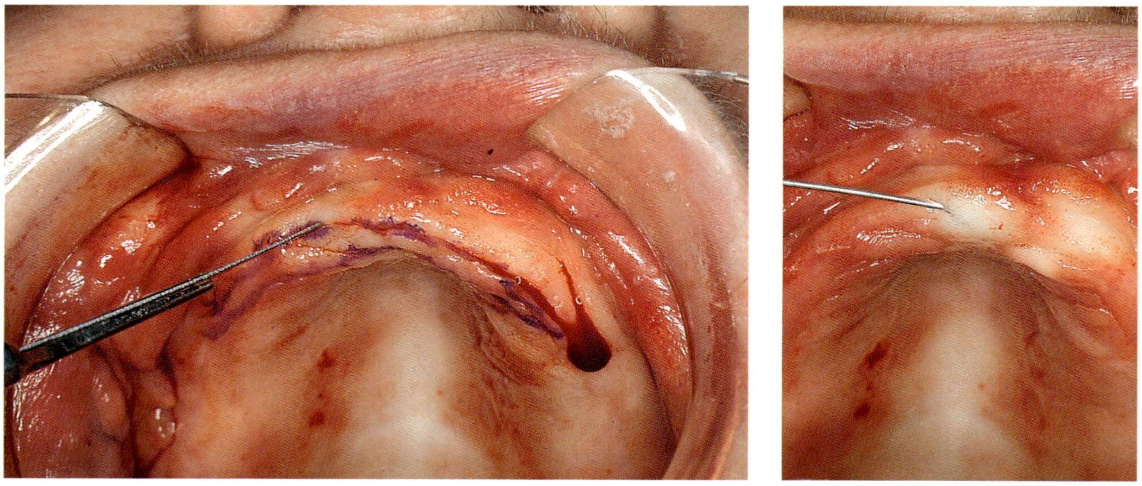

802 Exzision
Aufblähung des Schlotterkammes durch Infiltration eines Lokalanästhetikums (*rechts*).
Der fibröse Anteil des Kieferkammes wird durch zwei keilförmig angelegte Inzisionen auf dem Kamm entfernt (*links*).

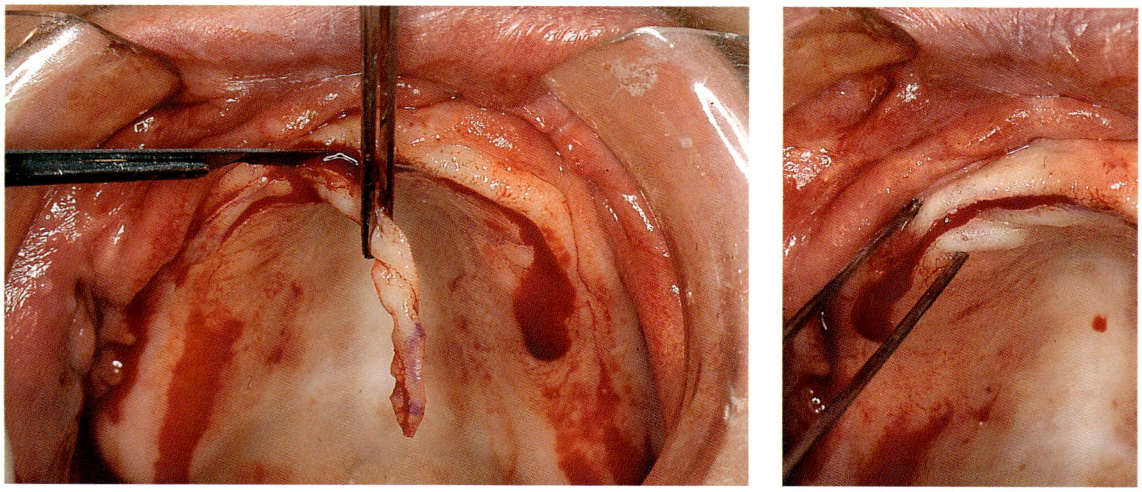

803 Weiteres Vorgehen
Das Exzidat wird an einem Stück vom Periost abgelöst.

Rechts: Die verbleibende Schleimhaut soll den Defekt ohne große Spannung decken können.

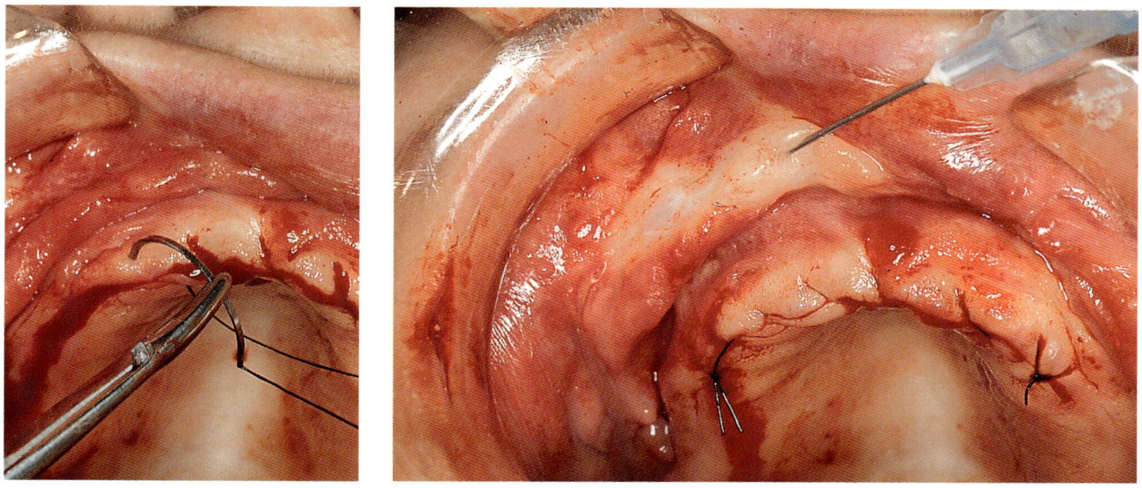

804 Naht
Die Schleimhaut wird auf dem Kamm durch eine fortlaufende Naht verschlossen (*links*).

Das Lappenfibrom im Vestibulum wird mit Lokalanästhetikum infiltriert und gebläht (*rechts*).

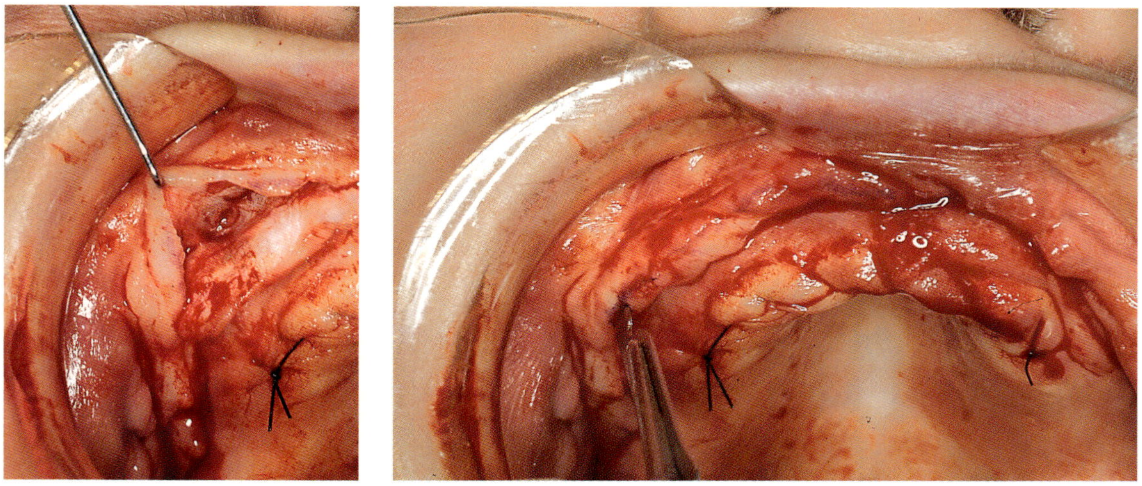

805 Fibromverdünnung
Die vestibulär gestielte Fibrompartie wird mit dem Gillies-Haken abgehalten, um das Fibrom auszudünnen (*links*).

Das Fibrom wird vertikal geteilt und die marginal gestielte Schleimhaut vom Periost abgelöst (*rechts*).

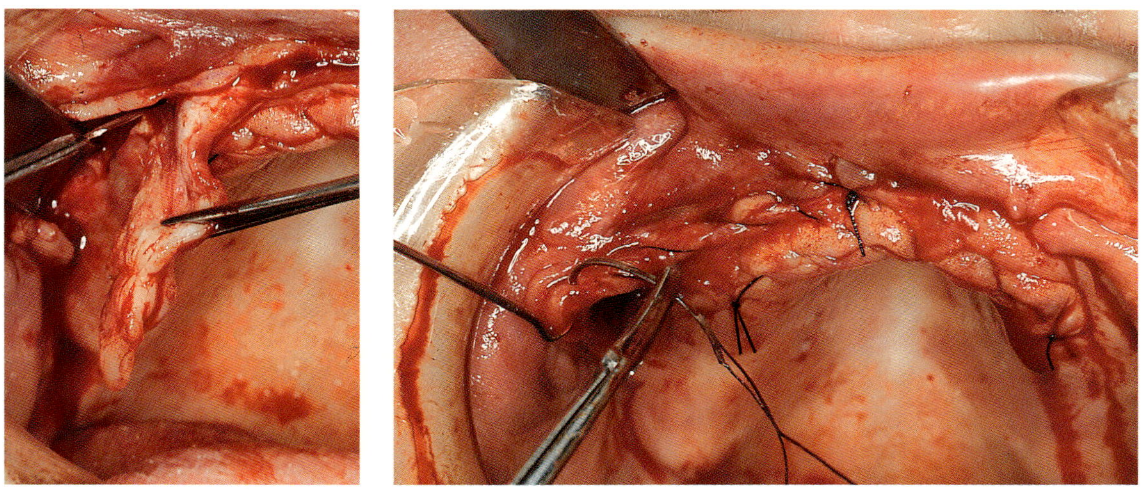

806 Schleimhautverschluß
Submuköse und epiperiostale Exzision des Lappenfibroms (*links*). Nach Exzision des marginalen Fibromanteils wird der vestibuläre Defekt durch direkte Naht verschlossen (*rechts*).

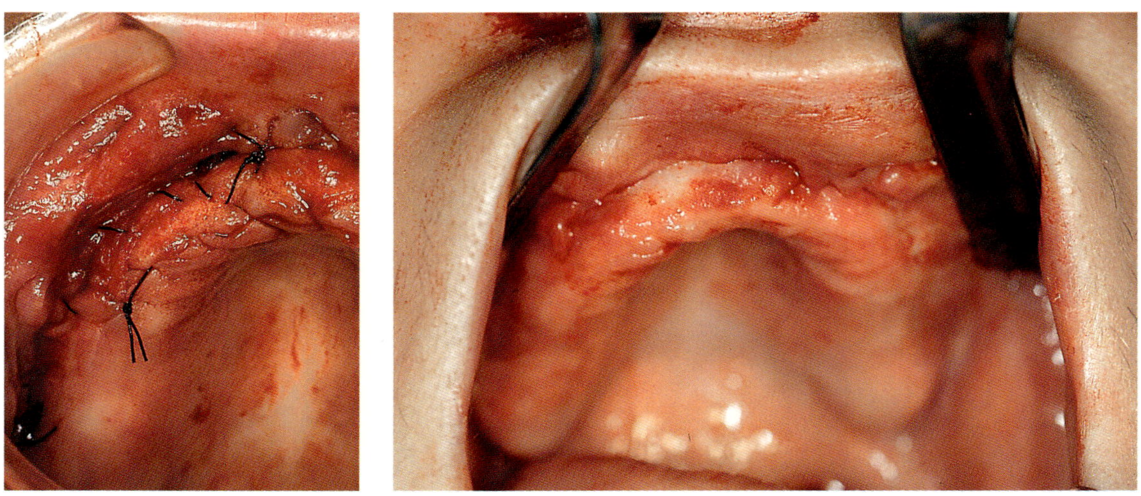

807 Ergebnis
Vestibuläre Situation bei Operationsende (*links*).
Es verbleibt ein verkürztes, für die Eingliederung der Prothese untaugliches Vestibulum mit satter, fester Schleimhautauflage auf dem Kamm (*rechts*). Eine Vestibulumplastik mit Spalthaut sollte nun erfolgen.

Korrekturen am Knochen

Operative Korrekturen am Knochen sind sowohl beim bezahnten wie unbezahnten Kiefer gelegentlich erforderlich. In unbezahnten Kieferabschnitten müssen überstehende, nicht oder noch nicht resorbierte Knochenkanten und unter sich gehende Kammabschnitte, die prothetische Maßnahmen stören, eliminiert werden. Weiter finden sich pathologische Veränderungen wie Exostosen, Tori, Tumoren und Zysten, die die Kieferform verändern können.

Knochenüberschuß

Multiple Exostosen kommen beim Gardner-Syndrom vor. Andere Exostosen sind als Tori mandibulares oder Tori palatini als individuelle Veranlagung bekannt. Chronische Reize können ebenfalls zu lokalisierten Knochenauflagerungen führen. Als gutartige Neubildungen werden solche Knochenauftreibungen modellierend entfernt.

Nota bene
Entfernte Knochenteile immer bis zum Abschluß des Eingriffs aufheben, um etwaige Defekte ausfüllen zu können.

Knochendefizit

Die Ansprüche an Ästhetik und Funktion bedingen oft rekonstruktive Korrekturen am Knochen. Durch Weichteilkorrekturen lassen sich relative Verbesserungen im Vestibulum erreichen. Durch Schleimhaut- oder Gingivaverpflanzungen können lokale, eher ästhetische Korrekturen erreicht werden. Wesentliche Verbesserungen mit langfristig haltbarem Resultat bringt jedoch meist nur die primäre Korrektur der knöchernen Unterlage. Dabei kann schon bei der Zahnentfernung prophylaktisch vorgegangen werden (s. unter Zahnextraktionen, S. 62). Einmal bestehende Defekte können auf verschiedenen Wegen behoben werden. Dabei geht es darum, die lokale Situation richtig zu erkennen und die bestmögliche Methode der Korrektur zu wählen. Ein Zuviel an Knochen an einer Stelle kann die Ursache für einen Defekt an anderer Stelle sein. Deshalb sollen entfernte Knochenteile immer bis zum Abschluß des Eingriffs in physiologischer Kochsalzlösung zwischengelagert werden. Ein Knochendefizit kann durch Auf- oder Zwischenlagerung (Sandwich) von Knochen oder Knorpel diverser Herkunft verändert werden.

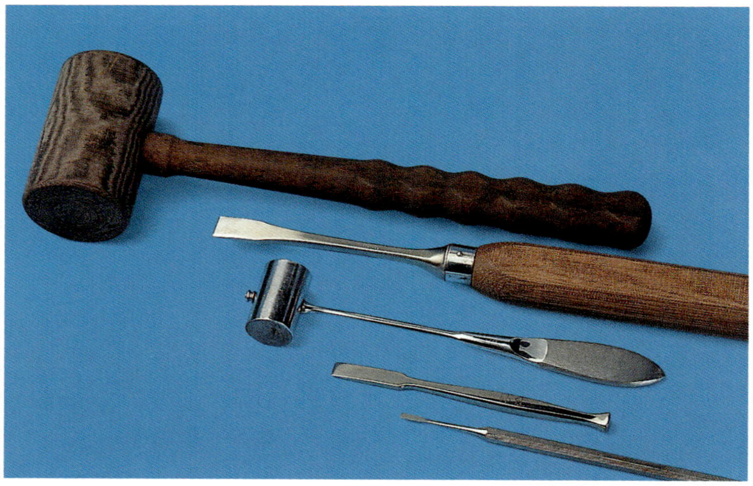
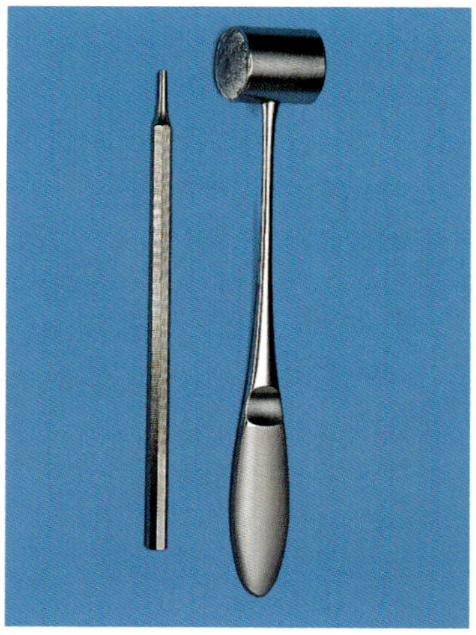

808 Instrumente zur Knochenbearbeitung – Handinstrumente
Die klassischen Instrumente für die Knochenbearbeitung sind Hammer und Meißel. Der Hammer besteht aus einem schweren Kunststoff, der ein Bearbeiten des Knochens mit dosierter Kraft erlaubt. Die Meißel sind entsprechend der spanenden Knochenbearbeitung verschieden geformt.

Rechts: Handlicher Bleihammer und stumpfes Instrument zum Verbolzen des Knochens bei Blutungen.

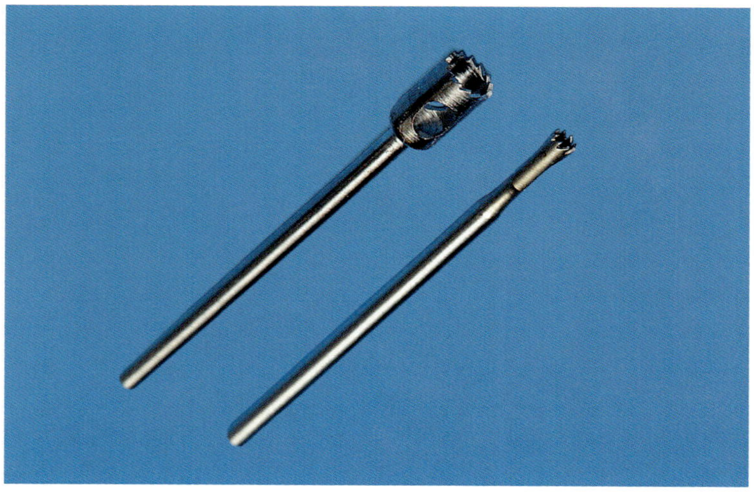
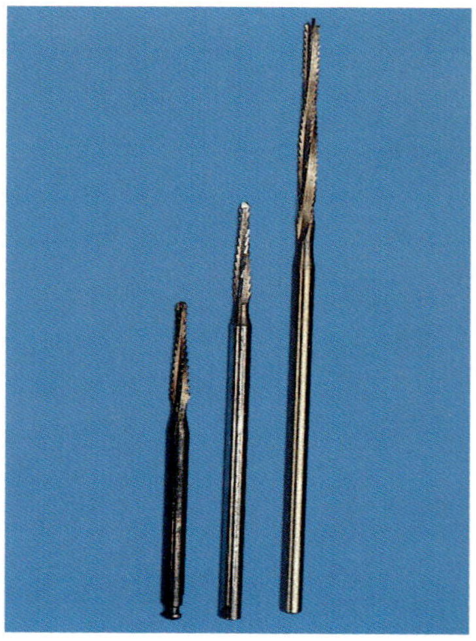

809 Instrumente zur Knochenbearbeitung – Maschineninstrumente
Maschinengetriebene Fräsen eignen sich für die Feinarbeit ausgezeichnet. Nicht gezähnte Fräsen bergen ein geringeres Risiko der Weichteilverletzung. Die Lindemann-Fräsen bedürfen eines sicheren Weichteilschutzes (*rechts*).

Bei Knochenbiopsien dienen Hohlfräsen zur Entnahme eines Bohrzylinders (*links*).

Knochenbearbeitung

Die Knochenbearbeitung erfolgt mit der Luer-Zange, mit Meißel, Feilen und Fräsen. Der Knochen wird mechanisch oder termisch traumatisiert. Die Bearbeitung mit Handinstrumenten führt zu oberflächlichen Nekrosen durch Quetschungen. Die Regeneration ist ungestört, höchstens verzögert. Zur Verhinderung von Hitzenekrosen in der Tiefe des Knochens wird das Fräsinstrument dauernd durch sterile physiologische Kochsalz- oder Ringer-Lösung bespült. Eine intermittierende Bearbeitung reduziert die Hitzeentwicklung zusätzlich.

Torus mandibularis

Indikation

Falls die auf der lingualen Seite des Unterkiefers bestehenden Exostosen störend wirken (abnehmbarer Zahnersatz, Sprache).

Operatives Vorgehen

In Leitungsanästhesie Freilegen der Exostosen durch linguale Aufklappung (ohne Entlastungsschnitte). Mit Fräse und Meißel wird der überschüssige Knochen entfernt. Der Lappen wird zurückgelegt und fixiert.

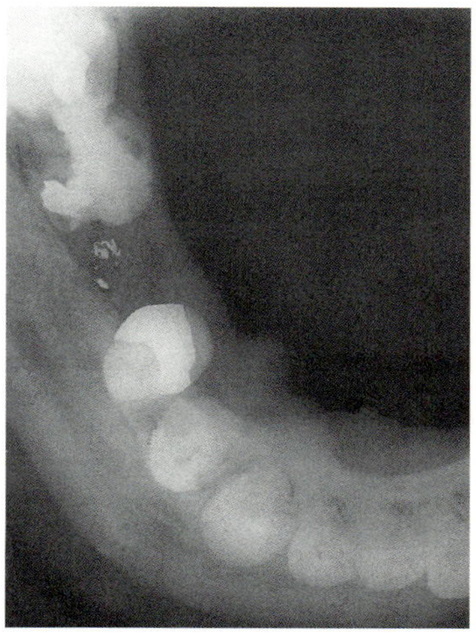
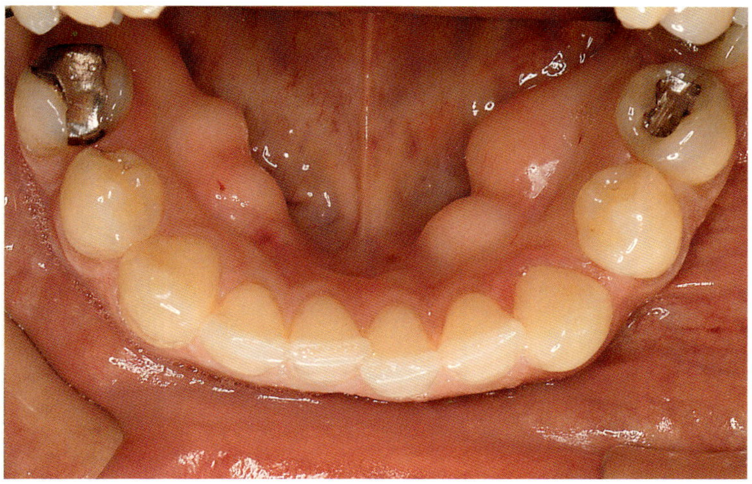

810 Knochenüberschuß – Torus mandibularis
Dieser 32jährige Mann zeigt im Unterkieferfrontbereich lingual typische kugelige Exostosen, welche die Eingliederung eines abnehmbaren Zahnersatzes behindern.

Links: In der Aufbißaufnahme sind die kompakten Knochenauftreibungen zu erkennen.

Ⓐ

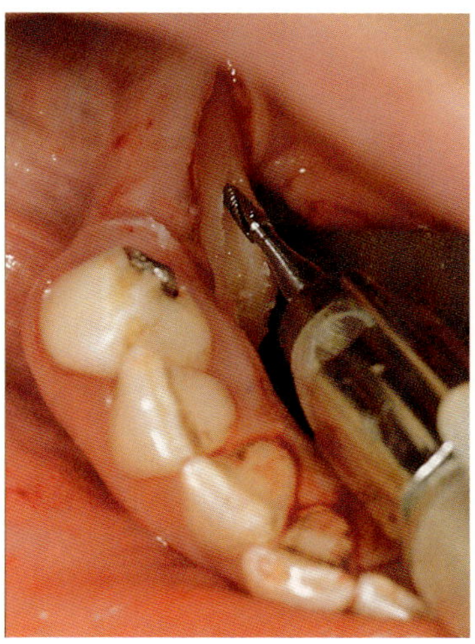
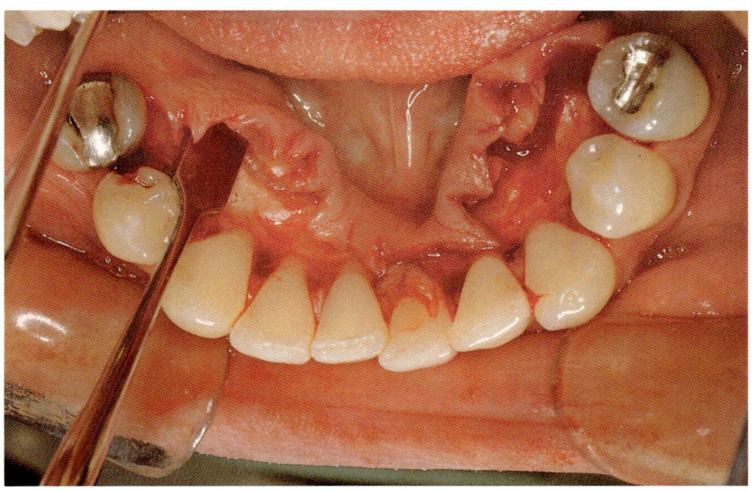

811 Abtragung
Die Exostosen werden nach Mobilisation eines lingualen Mukoperiostlappens dargestellt.

Links: Mit dem Fissuren- oder Toller-Bohrer werden die Exostosen an der Basis eingefräst und mit dem Meißel abgetragen.

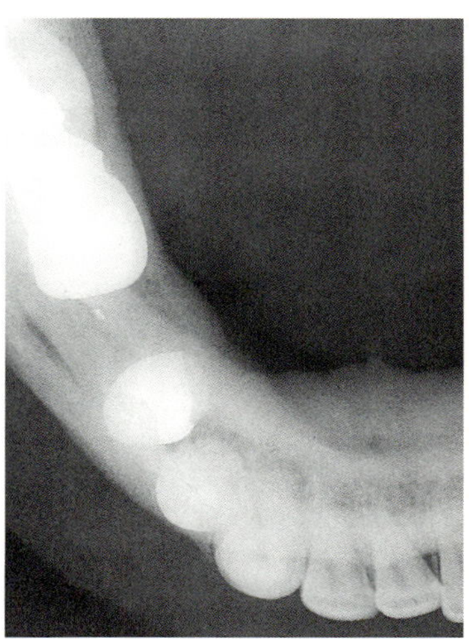
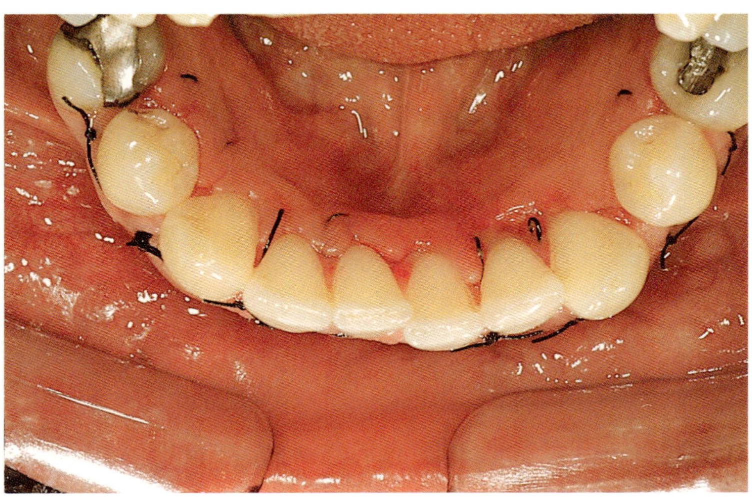

812 Glättung und Ergebnis
Oberflächliche Unregelmäßigkeiten werden mit einer birnenförmigen Fräse geglättet. Der Lappen wird reponiert und interdental fixiert.

Links: Die Kontrolle im Röntgenbild zeigt die normale Kontur im lingualen Bereich nach Abtragung der Exostosen.

Torus palatinus

Indikation

Die Exostose in der Mitte des harten Gaumens stellt meist erst bei der prothetischen Versorgung ein Problem dar, wenn die Abdichtung an der A-Linie nicht erreicht werden kann.

Operatives Vorgehen

In Lokalanästhesie am Foramen palatinum beidseits wird eine Längsinzision von der A-Linie bis gegen die Papilla incisiva gelegt. Sie wird durch zwei seitliche Inzisionen als Entlastungsschnitte ergänzt. Eine Verletzung von Ausläufern der A. palatina kann zu einer Blutung führen, die durch Ligatur oder Kauterisation zu stillen ist. Die Exostose wird vollständig freigelegt. Nun werden mehrere bis an die Basis des Torus reichende Längsrillen angebracht und die Knochen00lamellen mit dem Meißel abgetragen. Mit einer großen runden Fräse wird die Knochenoberfläche geglättet. Beim Wundverschluß wird überflüssige Gaumenschleimhaut entsprechend exzidiert. Eine postoperative Kompression, evtl. mit einer Verbandplatte, verhindert die Hämatombildung.

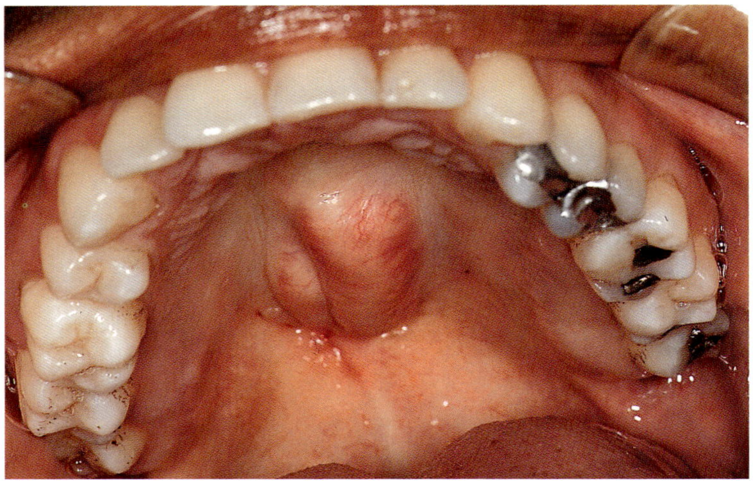

813 Torus palatinus
Diese 41jährige Frau war beunruhigt über die Entdeckung der langsam wachsenden knöchernen Auftreibung am Gaumen. Der Befund zeigt eine breitbasige, knochenharte Auftreibung median symmetrisch mit intakter Gingivaoberfläche.

Ⓐ

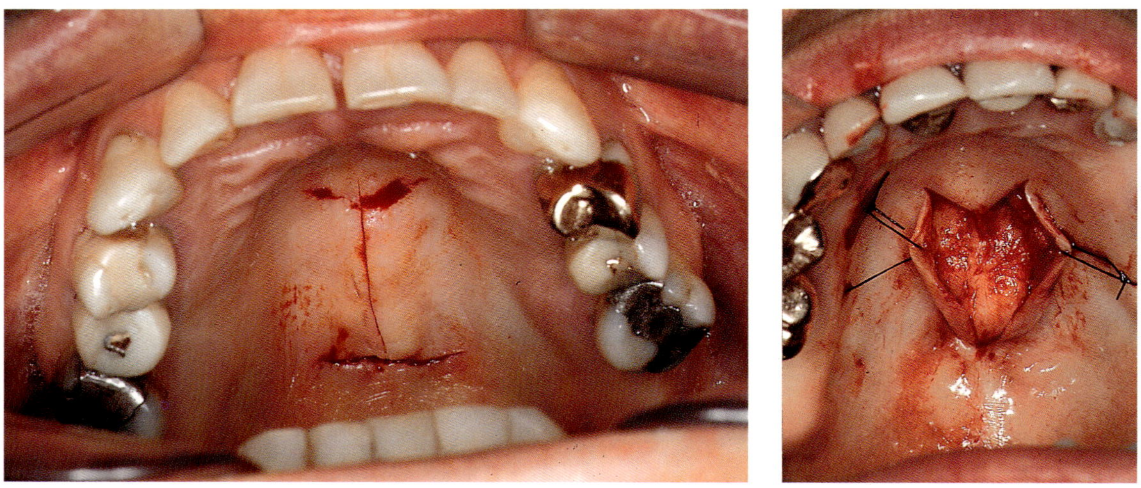

814 Schnittführung
Mediane Längsinzision mit seitlichen Entlastungsschnitten.

Rechts: Darstellung der erhabenen Knochenoberfläche.

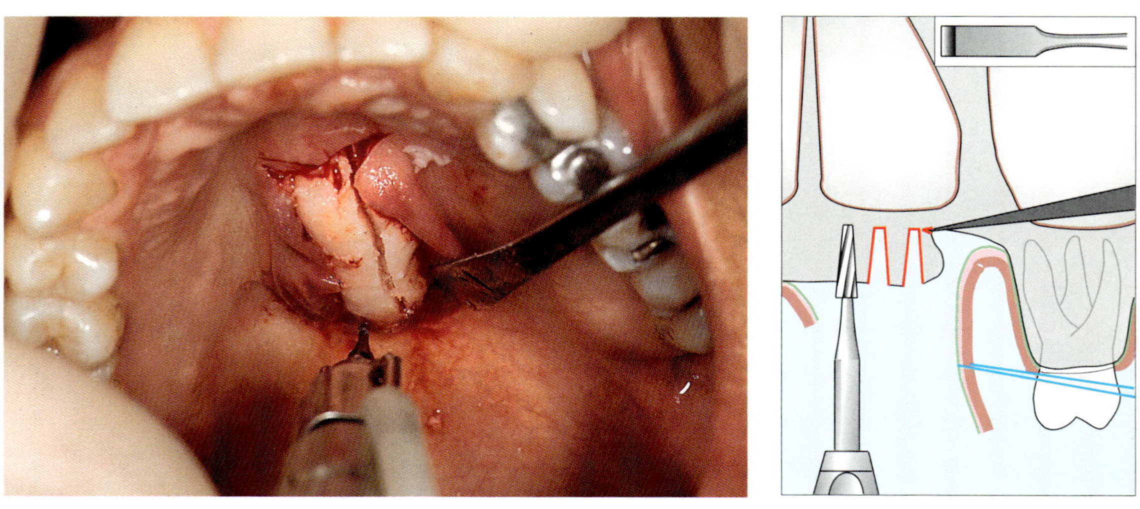

815 Segmentierung
Die Exostose wird mit dem Fissurenbohrer mehrfach längs eingeschnitten.

Rechts: Schema des an der Basis abzutragenden Knochenstreifens.

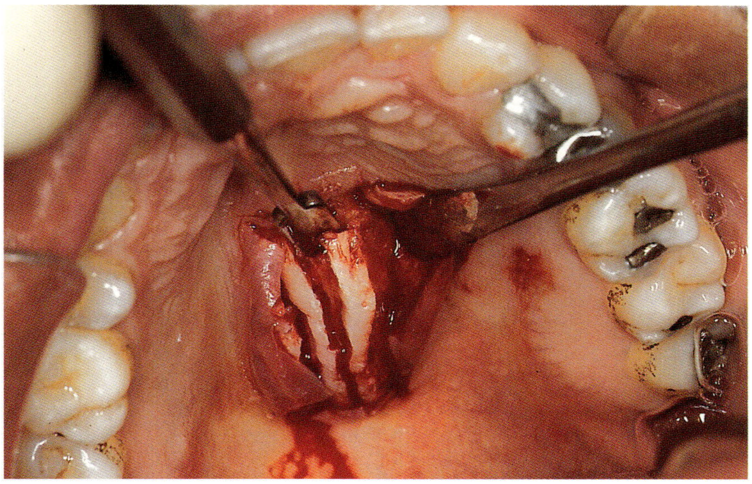

816 Abtragung
Die Knochenstreifen werden mit Hammer und flachem schmalem Meißel abgetragen.

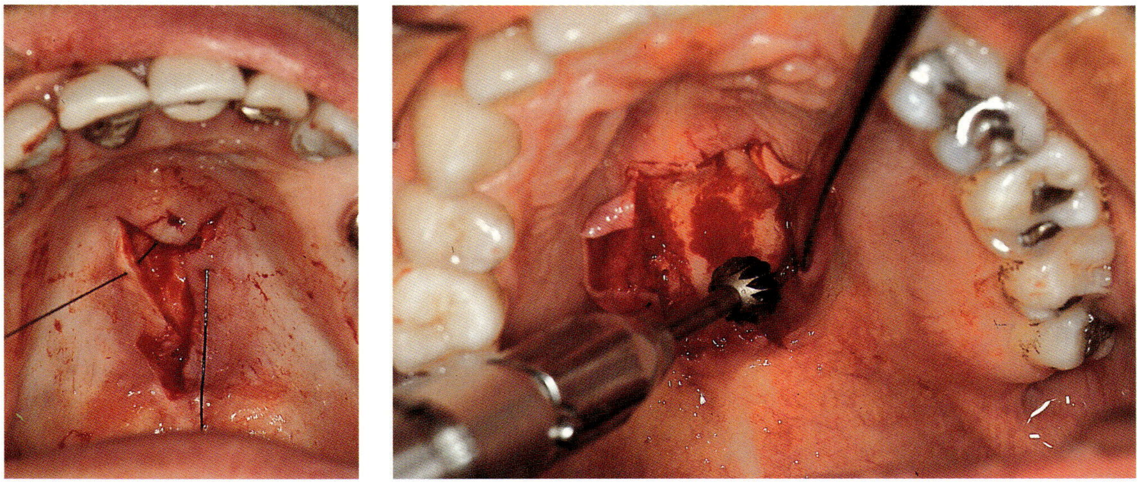

817 Glättung und Nahtlegung
Nach Glättung von Unregelmäßigkeiten der Oberfläche können die seitlichen Schleimhautlappen reponiert werden. Überlappende Teile werden entfernt.

Links: Die Wundränder werden mit um die Ecken gelegten Rückstichnähten fixiert.

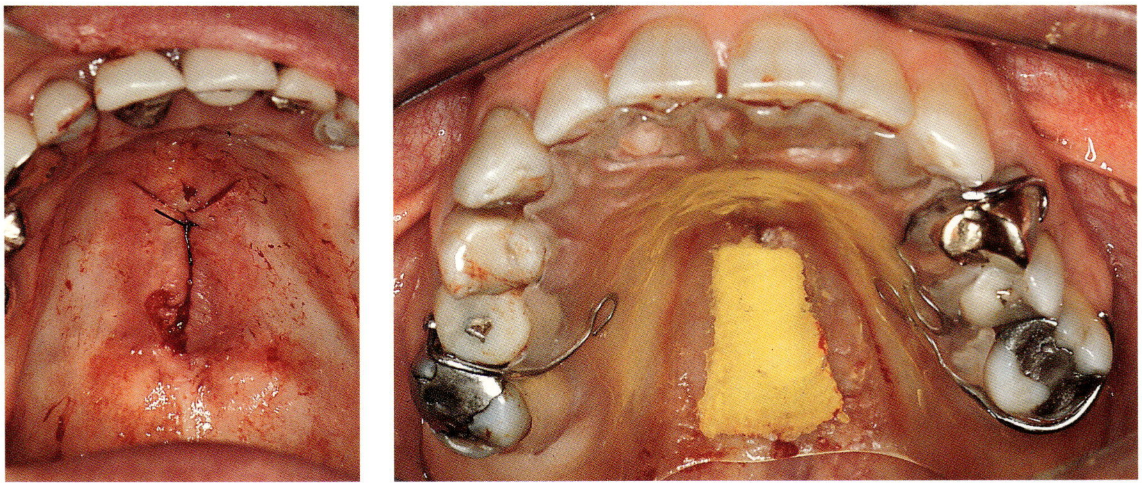

818 Verbandplatte
Durch die Nahtfixation allein wird eine Auflagerung am Knochen nicht erreicht (*links*).

Zur Vermeidung von Hämatombildung und Dehiszenzen wird eine Verbandplatte mit Abdeckung der Wunde durch einen JVD eingesetzt (*rechts*).

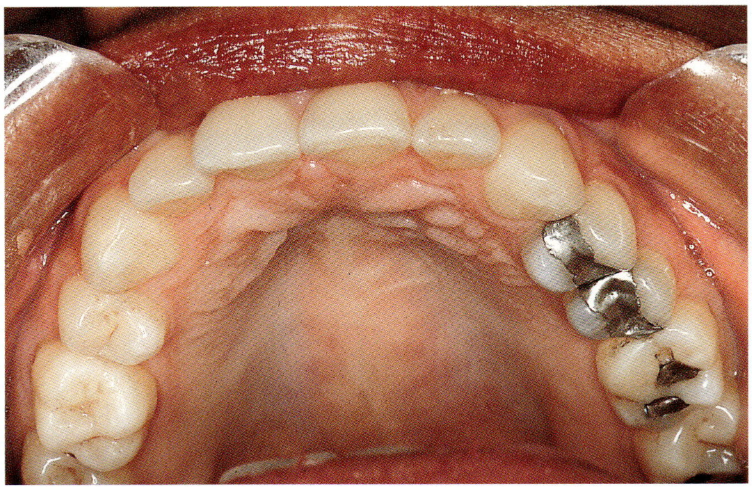

819 Ergebnis
Nach 3 Tagen wird die Verbandplatte entfernt und nur noch nach Bedarf getragen. Nach weiteren 5–7 Tagen werden die Nähte entfernt. Das Bild zeigt den Zustand 2 Jahre nach der Operation.

Keilexzision am Knochen

Bei ausladenden Knochenkanten in zahnlosen Kieferabschnitten soll die Kortikalis nicht einfach weggefräst werden, da dadurch ein beschleunigter Abbau des Kammes gefördert wird. Es empfiehlt sich deshalb, den überschüssigen Knochen aus dem Zentrum des Kammes keilförmig zu entfernen und die ausladende Knochenwand nach innen zu brechen. Das Vorgehen ist auch mit einer gleichzeitigen Serienextraktion kombinierbar.

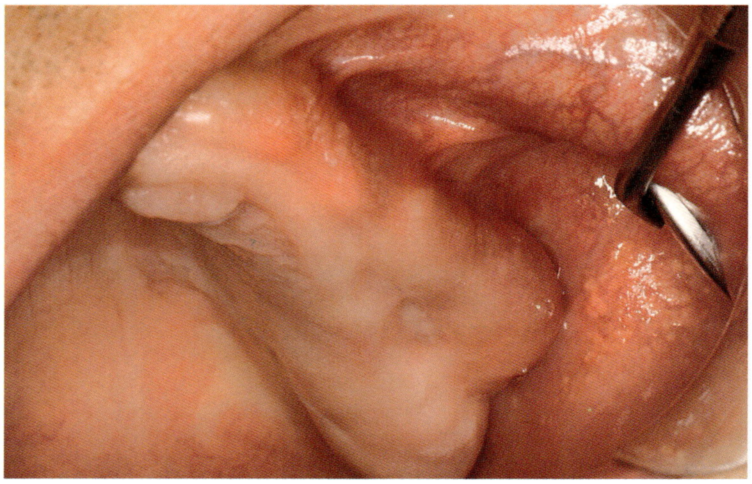
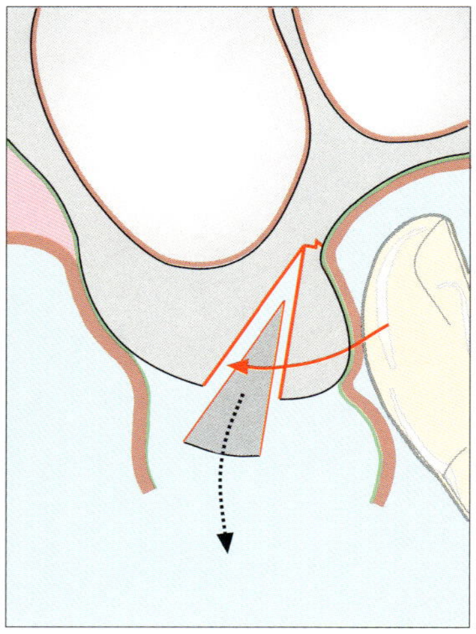

820 Vestibuläre Exostose im Oberkiefer
Der 48jährige Mann sollte im Oberkiefer prothetisch versorgt werden. Dabei zeigte sich diese weitausladende Exostose.

Rechts: Schema des chirurgischen Prinzips: keilförmiges Heraustrennen des Knochens unter Belassung der bukkalen Kortikalis.

Ⓐ

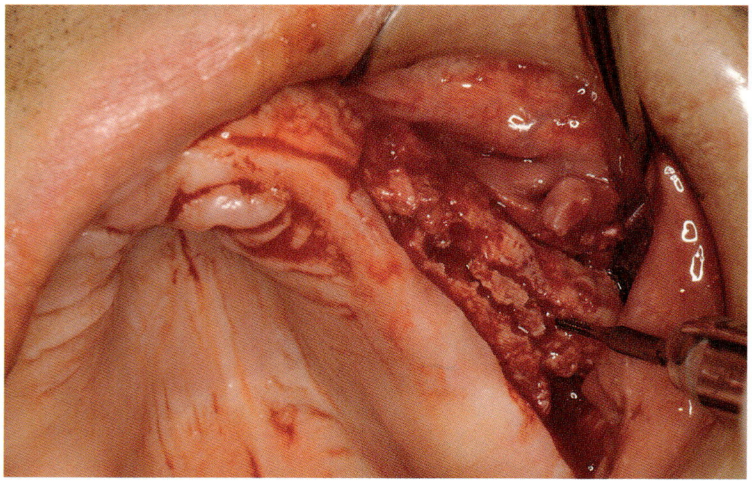
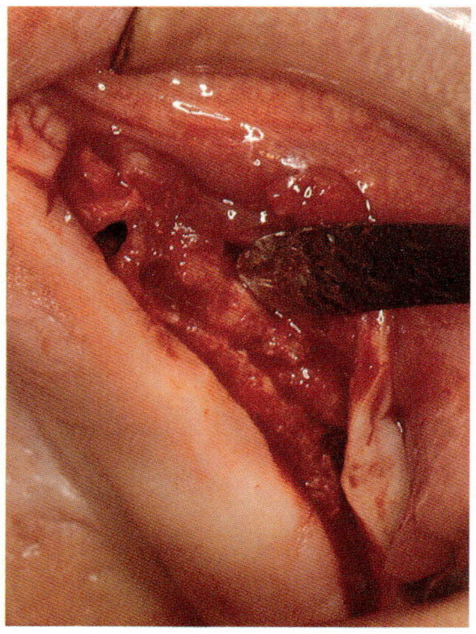

821 Keilexzision
Nach Inzision auf dem Kamm und mesialer Entlastung wird das Mukoperiost bis zur Exostose abgeschoben, die bukkale Knochenfläche bleibt bedeckt. Mit der Fissurenfräse werden zwei keilförmig zulaufende Längsschnitte gelegt.

Rechts: Das bukkale Kortikalisstück wird mit dem flachen Meißel nach außen gebogen und nach Entfernung des Knochenkeils anschließend zusammengepreßt.

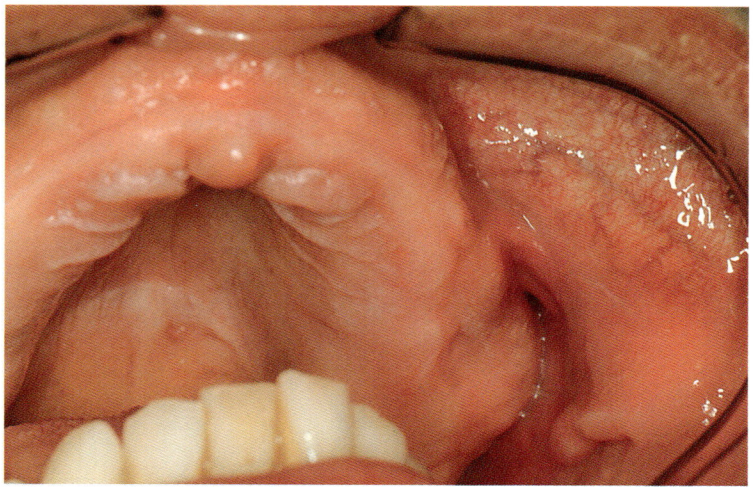
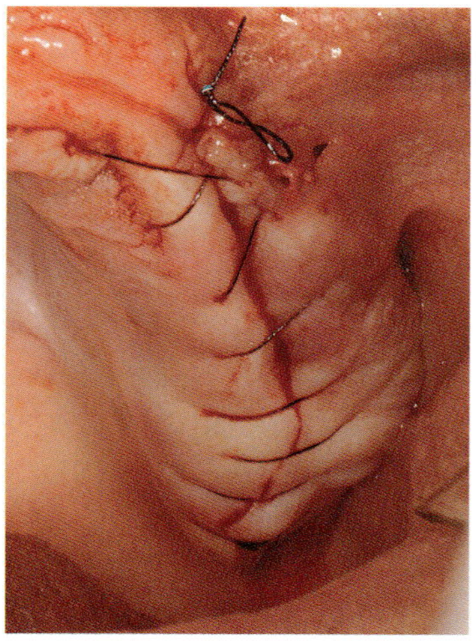

822 Ergebnis
Die am Periost gestielte bukkale Knochenwand wird mit starkem Fingerdruck nach innen bewegt, so daß eine normale Kontur im Vestibulum entsteht. Überflüssige Schleimhaut wird exzidiert und die Wunde vernäht (*rechts*).
Zustand 1 Jahr nach der Operation mit prothesengünstiger Kontur (*links*).

Protrusionskorrektur nach Dean/Köhle/Obwegeser

Indikation

Die dentoalveoläre Protrusion der Oberkieferfront stellt in seltenen Fällen ein Problem für die zahnärztliche Rekonstruktion dar. Falls bei der Eingliederung einer Prothese durch den protrudierten Alveolarfortsatz die Prothesenbasis zur Aufwerfung der Oberlippe führt, kann eine Retrudierung des Knochens diskutiert werden. Auch statische Gründe bei der Zahnaufstellung können eine Indikation zur sagittalen Reduktion des Frontkammes im Oberkiefer darstellen. Voraussetzung ist ein noch wenig reduziertes Knochenprofil.

Optimal ist der Indikationszeitpunkt bei noch vorhandenen Frontzähnen. In dieser Situation kann der Eingriff mit der Zahnextraktion zusammen geplant und durchgeführt werden. Die vertikalen Gesichtsdimensionen müssen berücksichtigt werden, denn durch die Kippung des Alveolarfortsatzes kann eine Zunahme der vertikalen Dimension bewirkt werden.
Bei bereits vorhandener Atrophie sind andere Methoden der Korrektur in Erwägung zu ziehen (z.B. Le-Fort-I-Osteotomie).

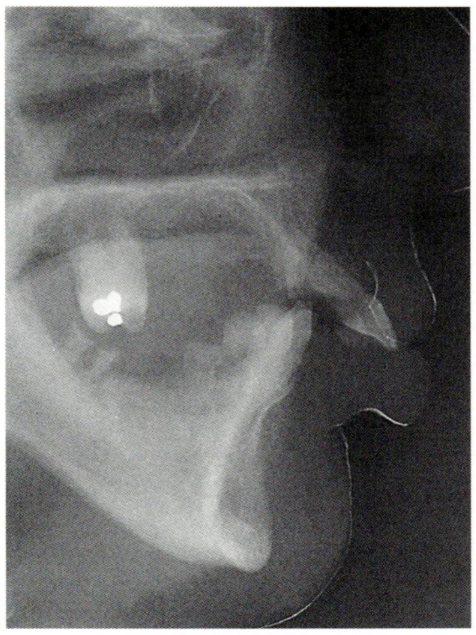

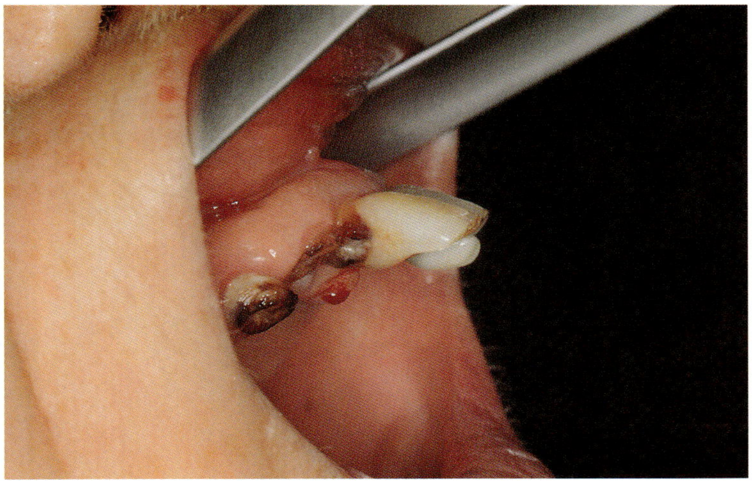

823 Reduktion der Protrusion im Oberkiefer
Dieser 55jährigen Frau sollen die nicht zu erhaltenden stark protrudierten Frontzähne durch eine Prothese ersetzt werden.

Links: Das Fernröntgenbild zeigt die ausgeprägte alveoläre Protrusion im Frontbereich.

Kontraindikationen

Die Protrusionsoperation nach Dean / Köhler / Obwegeser ist kontraindiziert bei zusätzlichen skelettalen Lageveränderungen der Oberkiefer- oder Unterkieferbasis, z.B. bei skelettaler *Distal*bißlage des Unterkiefers oder bei Retromaxillie. Es muß auch aus forensischen Gründen abgelärt werden, ob nicht durch Methoden der kieferorthopädischen Chirurgie für die prothetische Versorgung erforderliche bessere Voraussetzungen geschaffen werden können.

Chirurgisches Vorgehen

In Lokalanästhesie werden die Zähne ohne Knochentraumatisierung entfernt. Anschließend werden die Alveolen mit einer Kugelfräse kranialwärts vertieft und durch Entfernung der Septen miteinander zu einer vertieften Rille umgebildet. Dann wird sowohl die bukkale wie die palatinale Wand nach Anbringung einer Sollbruchstelle in der Tiefe der Alveolenrille zum Gaumen gebrochen. Die Fixierung erfolgt durch straffe Nähte und durch die palatinal entsprechend ausgeschliffene und bukkal unterfütterte Prothese.

824 Chirurgisches Vorgehen – Anästhesie und Zahnentfernung
Zur Lokalanästhesie wird am Foramen infraorbitale beidseits, palatinal beidseits und an der Spina nasalis anterior infiltriert. Zuerst werden die Zähne entfernt und die Papillen exzidiert.

Rechts: Exzision der interdentalen Papillen.

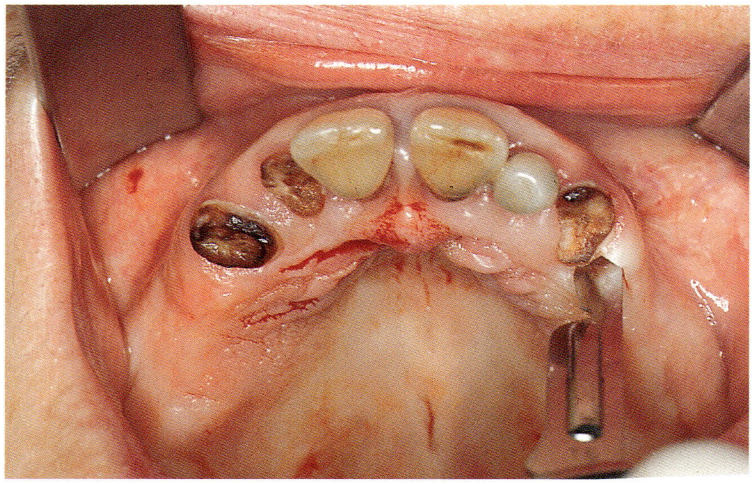

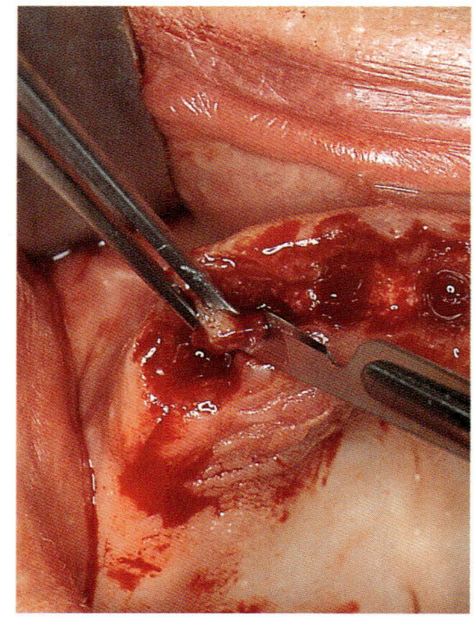

825 Entfernung der Septen
Mit einer schmalen Luer-Zange werden die interdentalen Septen entfernt.

Rechts: Mit dem Fissurenbohrer wird noch weiter im Alveolenfundus horizontal osteotomiert und damit die Alveolen vertieft.

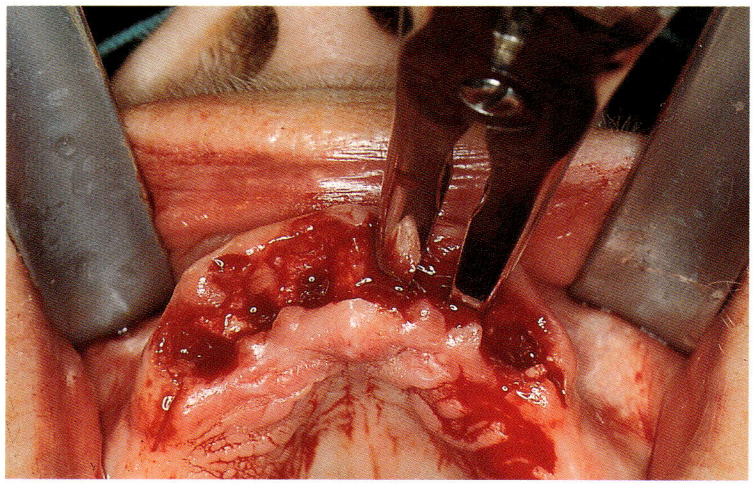

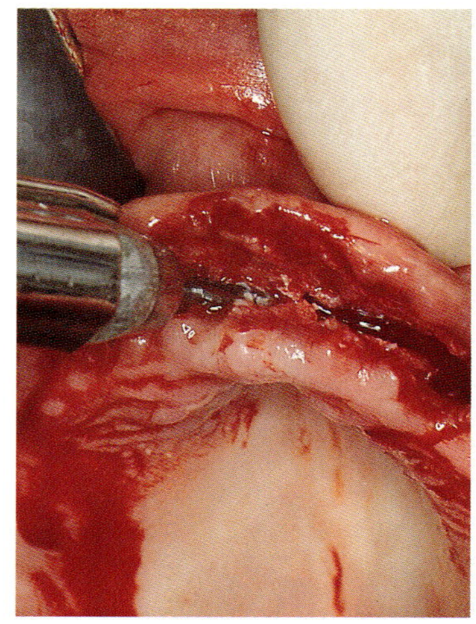

826 Vertiefung der Alveolen
Mit der birnenförmigen Fräse muß noch weitere Spongiosa aus den vertieften Alveolen entfernt werden.

Rechts: Schema des chirurgischen Prinzips (Dean / Köhle / Obwegeser): Vertiefung der frischen Alveolen nach kranial, Durchtrennung der bukkalen und palatinalen Kortikalis und Frakturierung beider Wände nach palatinal.

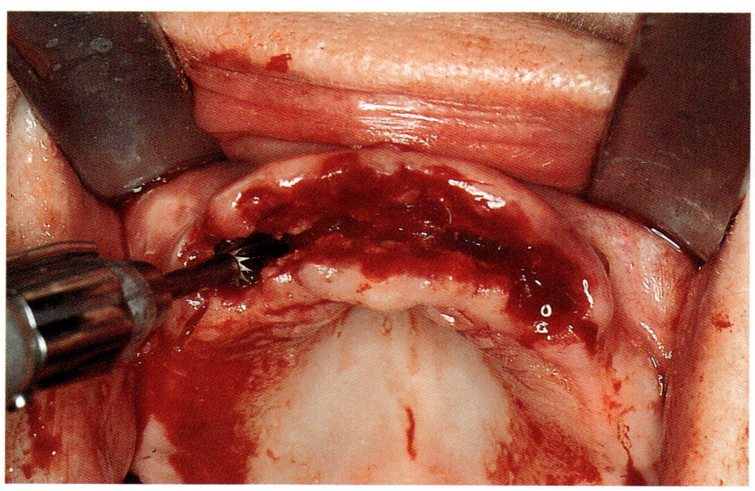

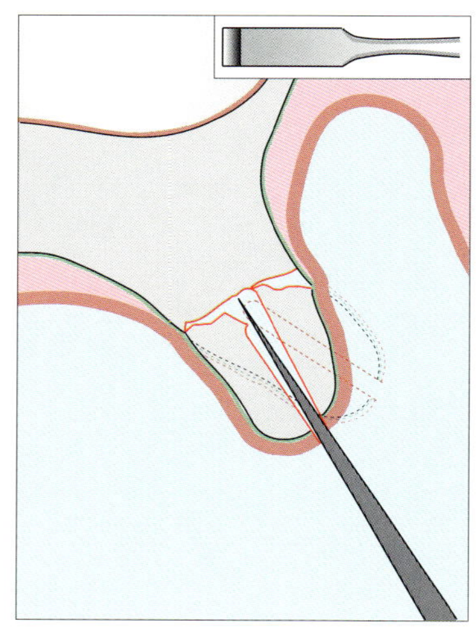

827 Horizontale Osteotomie
Die gezielte Fraktur der Kortikalis sowohl bukkal wie palatinal wird durch die horizontale Osteotomie mit einer feinen Kreissäge vorbereitet.

Rechts: Kreissägen in diversen Größen zur horizontalen inneren Osteotomie.

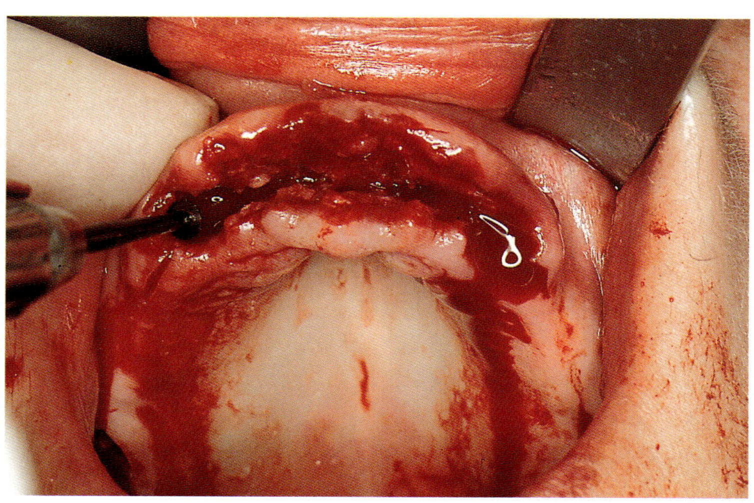

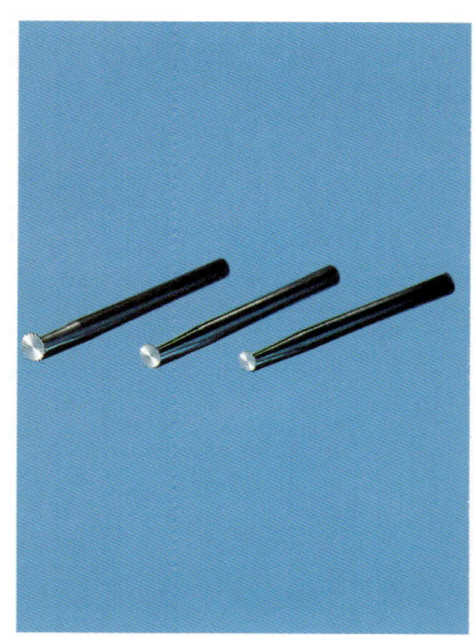

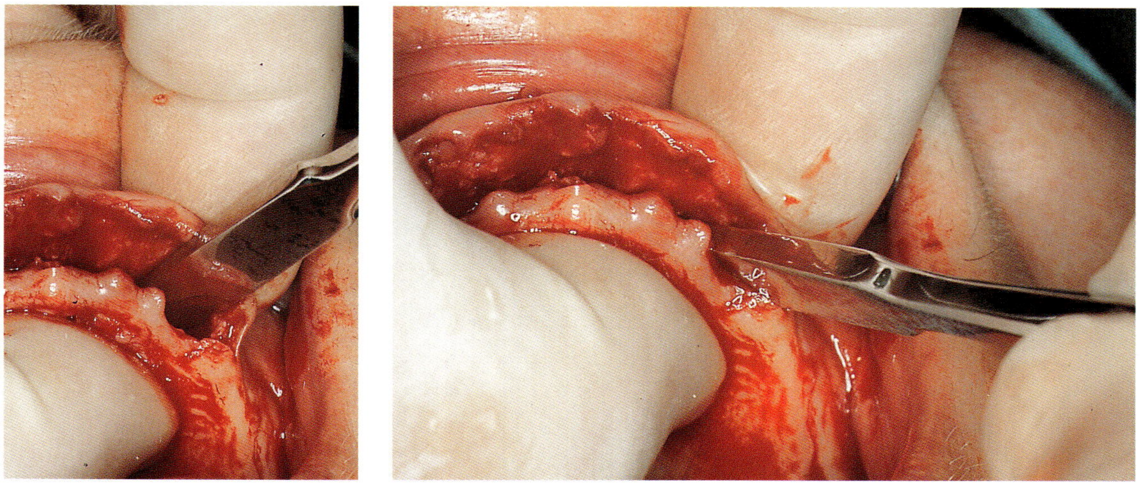

828 Fraktur der Kortikalis
Mit einem breiten flachen Meißel werden die Kortikaliswände sowohl bukkal wie palatinal durch kippende Bewegung frakturiert.

Links: Fraktur der fazialen Alveolenwand durch Kippung des Meißels nach bukkal.

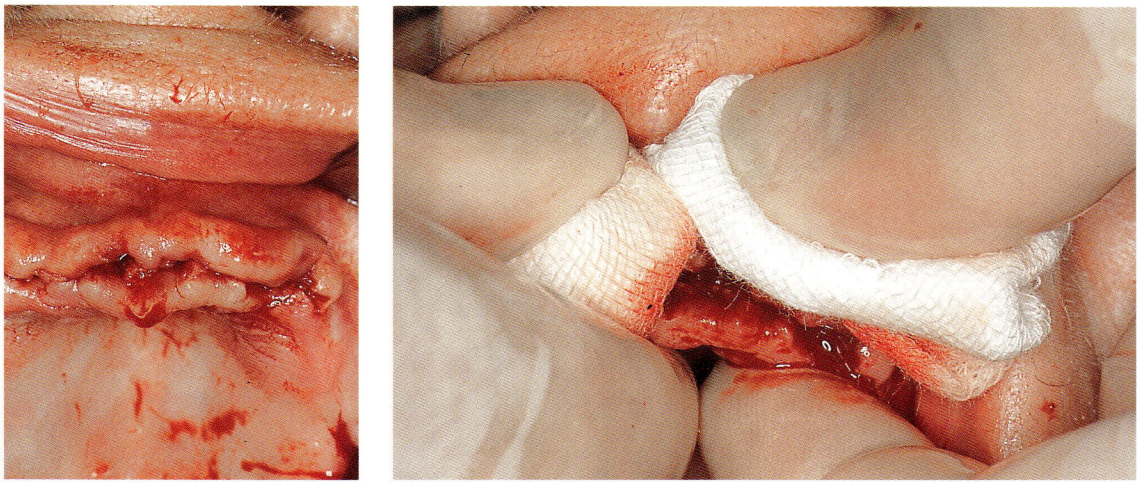

829 Impression nach palatinal
Mit durch einen Tupfer gepolsterten Fingern werden die Wände in die neue, mehr palatinal gekippte Position gebracht.

Links: Die palatinal gekippten Alveolenwände vor der Nahtlegung.

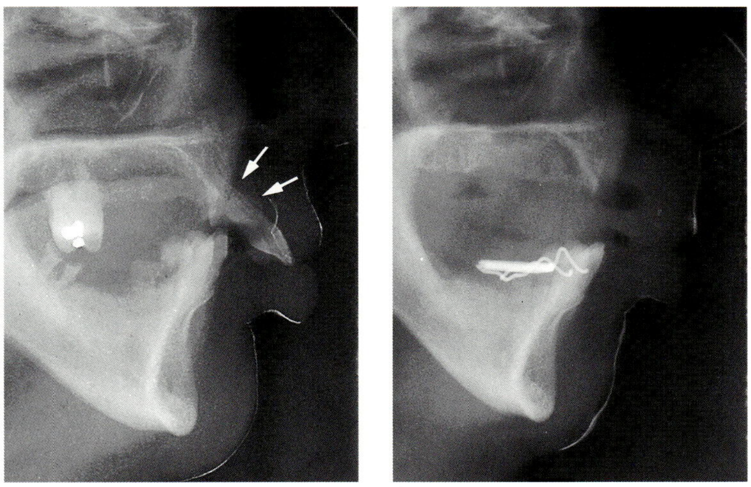

830 Röntgenkontrolle
Die Fernröntgenbilder zeigen im Vergleich den nunmehr palatinal gekippten Alveolarfortsatz (*rechts*).

Links: Röntgenaufnahme vor der Operation.

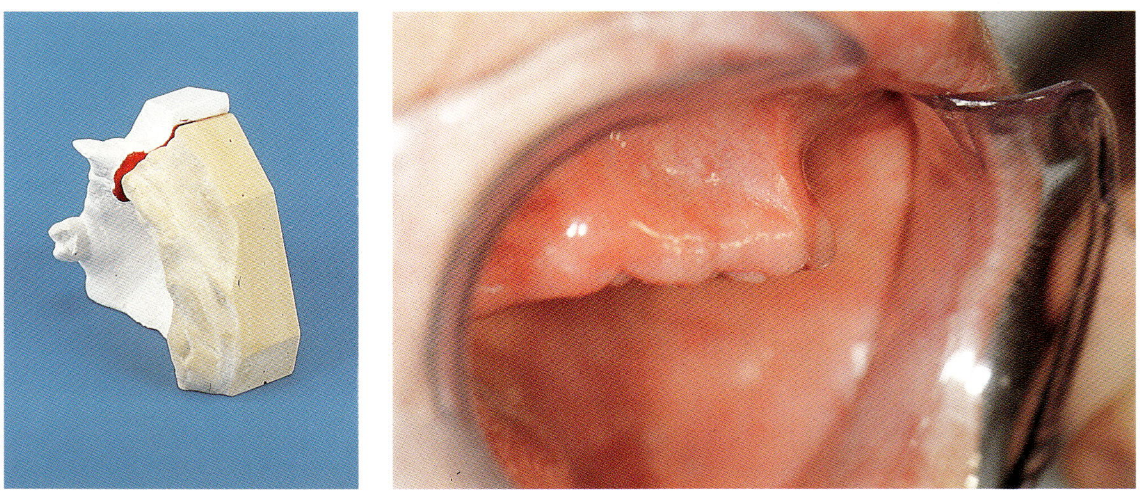

831 Ergebnis
Zustand nach der nun wunschgemäß eingegliederten Prothese.

Links: Im Modell ist der geometrische Unterschied gut zu erkennen: Einzig die Alveolenwände sind nach palatinal gekippt. Sowohl vertikale wie sagittale Knochenverluste wurden vermieden.

Eindrücken der Wangenleiste

Indikation

Bei fortgeschrittener Atrophie des seitlichen Alveolarfortsatzes im Oberkiefer kann eine ausladende Crista zygomaticoalveolaris die erwünschte Ausdehnung der Prothesenbasis zur Erreichung eines vertikalen Anschlages behindern. Falls keine generelle Oberkieferatrophie andere Kammkorrekturen impliziert, kann die isolierte Modifikation der Anatomie in diesem Bereich Vorteile bringen.

Operatives Vorgehen

In Lokalanästhesie wird die Region des ausladenden Jochbeinfortsatzes auf den Kieferkamm durch einen vestibulären Mukoperiostlappen freigelegt. Der Lappen soll so breit gewählt werden, daß nach den Osteotomien und der Eröffnung der Kieferhöhle auf knöcherner Unterlage vernäht werden kann. Mit Kreissägen oder der oszillierenden Minifräse wird eine horizontale kammferne Osteotomie durchgeführt. Als nächstes werden vertikale Osteotomien in Abständen von ca. 2 mm angebracht, die bis in die Ausladung des Jochbeines reichen. Die Kieferhöhlenauskleidung wird soweit möglich verschont.

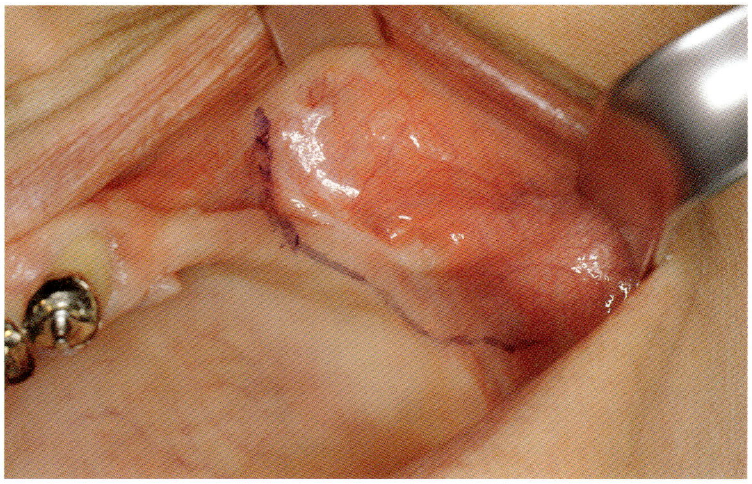
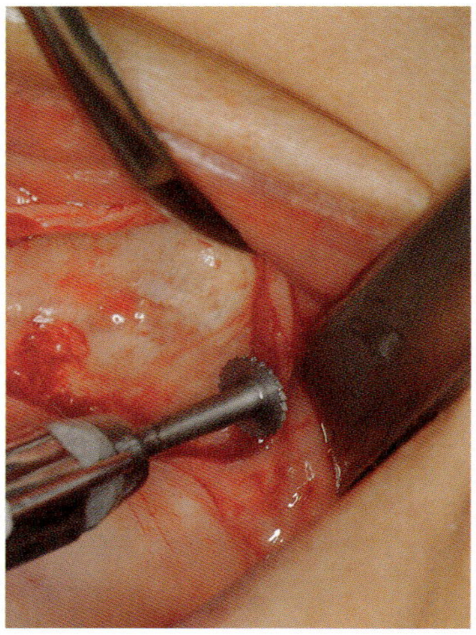

832 Eindrücken der Wangenleiste
Bei dieser 68jährigen Patientin muß nach Verlust des Ankerzahnes 21 eine neue Prothese eingegliedert werden. Das Vestibulum im linken Oberkiefer ist kurz und im Molarenbereich horizontal ausladend: Die fortgeschrittene Atrophie hat die Crista zygomaticoalveolaris erreicht. Die Schnittführung zur Lappenbildung ist eingezeichnet.

Rechts: Kammfern wird mit der Kreissäge kranial eine horizontale Osteotomie angelegt.

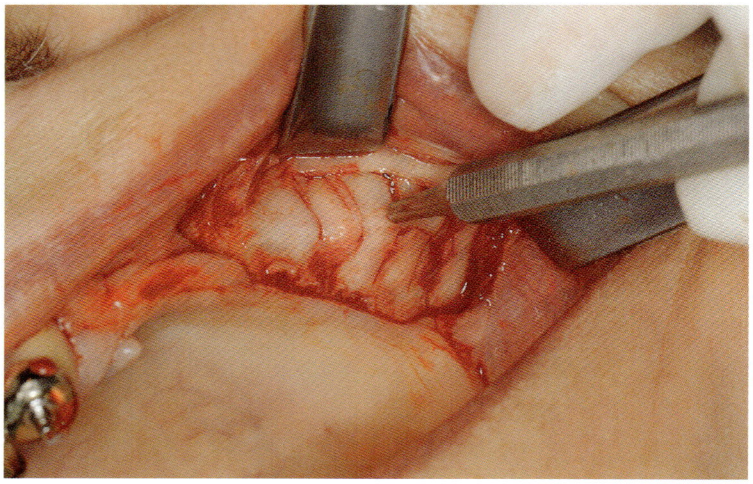
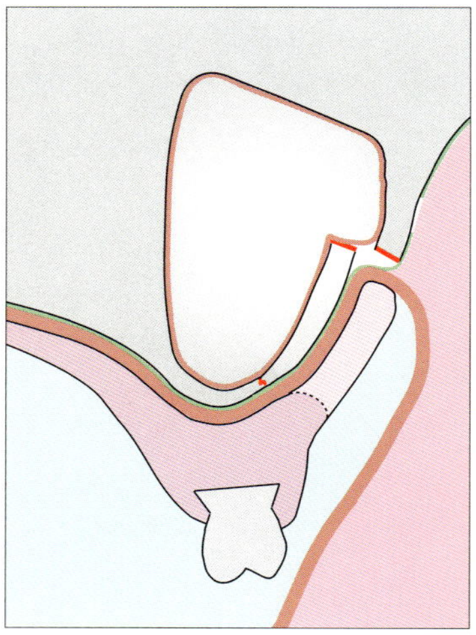

833 Osteotomie
Es werden vertikale Knochenschnitte gefräst, so daß mehrere an der Basis noch intakte Lamellen entstehen. Mit dem stumpfen Klopfinstrument werden die Lamellen vorsichtig und etappenweise in die Kieferhöhle gekippt. Der Schleimhautlappen wird durch Ritzung des Periostes verlängert und die Wunde verschlossen.

Rechts: Schema des chirurgischen Prinzips: Osteotomie kranial und Eindrücken der in Kammnähe an der Sinusschleimhaut noch gestielten Knochenlamellen in die Kieferhöhle.

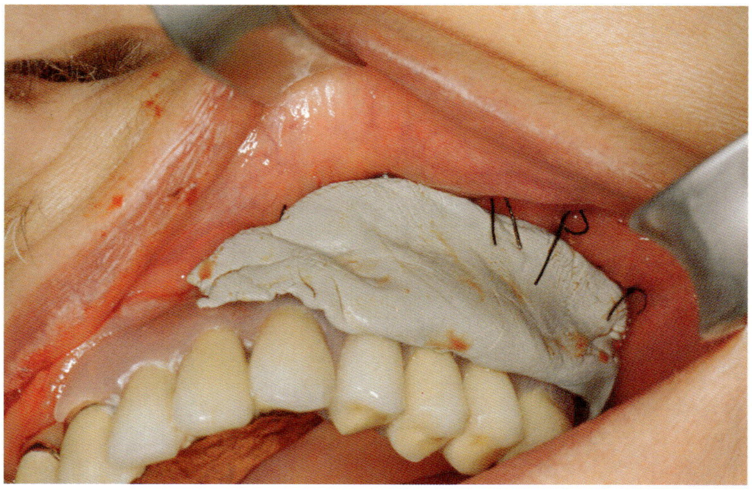
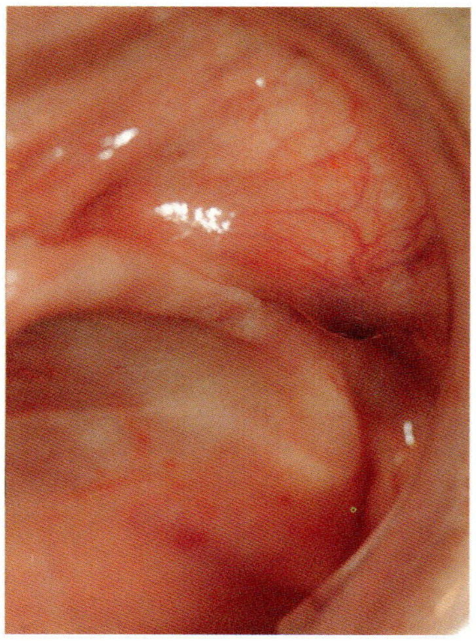

834 Ergebnis
Um die Rückbewegung der Lamellen zu verhindern, wird der Prothesenrand sofort mit einem thermoplastischen Material unterfüttert.

Rechts: Das Bild zeigt das erreichte Resultat 1 Jahr nach der Operation.

Mit einem stumpfen Klopfinstrument werden die so entstandenen vertikalen Knochenlamellen, welche nur kranial angewachsen sind, vorsichtig in die Kieferhöhle gebrochen. Nun kann der Lappen reponiert werden. Da er jetzt eine längere Oberfläche überdecken muß, ist eine Verbreiterung durch Periostritzung notwendig. Der Lappen soll spannungsfrei in die neue Lage gebracht werden können. Die Fixierung erfolgt durch dichte Einzelnähte. Es darf keine Verbindung zur Kieferhöhle bestehen bleiben. Die Prothese wird nun an den Osteotomiestellen mit einem thermoplastischen Material direkt unterfüttert, so daß die zur Kieferhöhle gekippten Knochenlamellen fixiert bleiben.

Knochenersatzmaterialien

Überlegungen zum Einsatz von Knochenersatzmaterialien

Seit der Einführung von Hydroxylapatit, Tricalciumphosphat und Glasionomeren als Knochenersatzmaterial in den späten 60er und 70er Jahren sind Unmengen von Studien an Tieren und Menschen über dessen Eigenschaften angelegt worden. Der Handel mit solchen Materialien blüht, und der Anwender ist kaum in der Lage, sich ein Urteil über die einzelnen Produkte zu bilden. Der Begriff „Biomaterial“ und „Biokompatibilität“ und ähnliche Bezeichnungen sollen eine biologische Verträglichkeit oder biologisch-physiologische Eigenschaften suggerieren. Das ideale Material zum Knochenersatz ist wohl Knochen, ortsständiger gewachsener Knochen. Durch bioinerte Materialien kann dieses Ziel nie erreicht werden. Solche Stoffe werden im besten Falle teilweise osseointegriert, toleriert und je nach Struktur resorbiert und durch Narbe ersetzt. Solche Knochenersatzmaterialien können langfristige Umbauvorgänge zur Anpassung der Knochenstruktur an veränderte Belastungsmuster niemals mitmachen. Sie stellen einen Locus minoris resistentiae dar. Beim Einsatz solcher durchaus in gewissen Fällen brauchbaren Materialien sind deshalb die Kontraindikationen streng zu beachten. Der Blick auf den langfristigen Lebenslauf mit allen möglichen krankhaften Erscheinungen, mit dem Älterwerden und den darin liegenden zukünftigen Risiken, sollte nicht durch momentane Euphorie getrübt werden.

Kontraindikationen für nichtresorbierbare Knochenersatzmaterialien

Absolut:
- Thrombozytopenie,
- frischer Myokardinfarkt,
- Schwangerschaft.

Relativ:
- Immunsuppression,
- Cortisontherapie,
- Leukämie,
- AIDS,
- rheumatische Erkrankungen,
- Bindegewebserkrankungen,
- Chemotherapie,
- Radiotherapie im Gebiet,
- Herdgefährdung.

Autologer Knochen

Autologer Knochen heilt im gut durchbluteten Transplantatbett rasch ein. Auflagerungen zeigen eine hohe Resorptionsqoute. Eine physiologische Belastung muß der Abbautendenz entgegenwirken. Eine solche Belastung stellen z.B. schraubenförmige Titanimplantate dar.

Entnahmestellen für autologen Knochen

Im bezahnten Kiefer eignet sich besonders die faziale Kinnregion zur Entnahme von Knochenblöcken bis zu einem Umfang von ca. 1 x 3 cm, wobei die Entnahme beidseits der Mittellinie erfolgen kann. Dabei muß auf Zahnwurzeln und die Austrittsstelle des N. mentalis Rücksicht genommen werden. Auch ist zu beachten, daß kein tunnelierender Defekt nach lingual entsteht. Der Zugang zur Knochenentnahme erfolgt über eine vestibuläre Lappenbildung.

Auch am distolateralen Anteil des Horizontalastes können weitgehend kompakte Knochenblöcke kleineren Umfanges entnommen werden. Der Verlauf des N. alveolaris inferior im Mandibularkanal sowie Zahnwurzeln der Molaren müssen berücksichtigt werden.

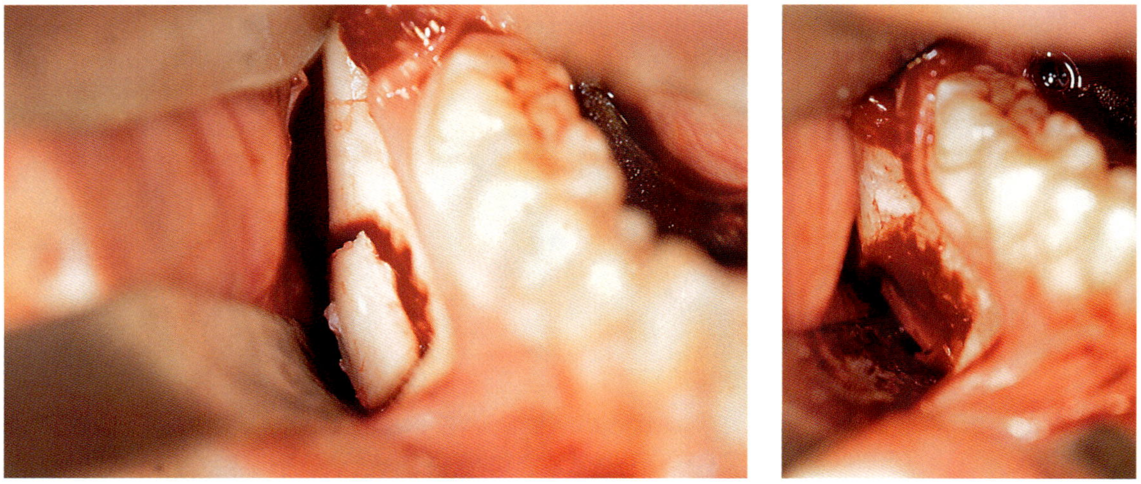

835 Autologer Knochen – freies Transplantat aus dem Horizontalast
Nach vestibulärer Aufklappung wird aus der bukkalen, sehr dicken Kortikalis bei der Linea obliqua externa ein Block entnommen. Dabei ist die Nähe der Wurzeln und die Lage des Mandibularkanals zu beachten. Auch retromolar kann Knochen entnommen werden.

Rechts: Der Defekt wird spontan verknöchern. In ähnlicher Weise bietet sich auch die Gegend im Kinnbereich zur Gewinnung von relativ kleinen Knochenblöcken an.

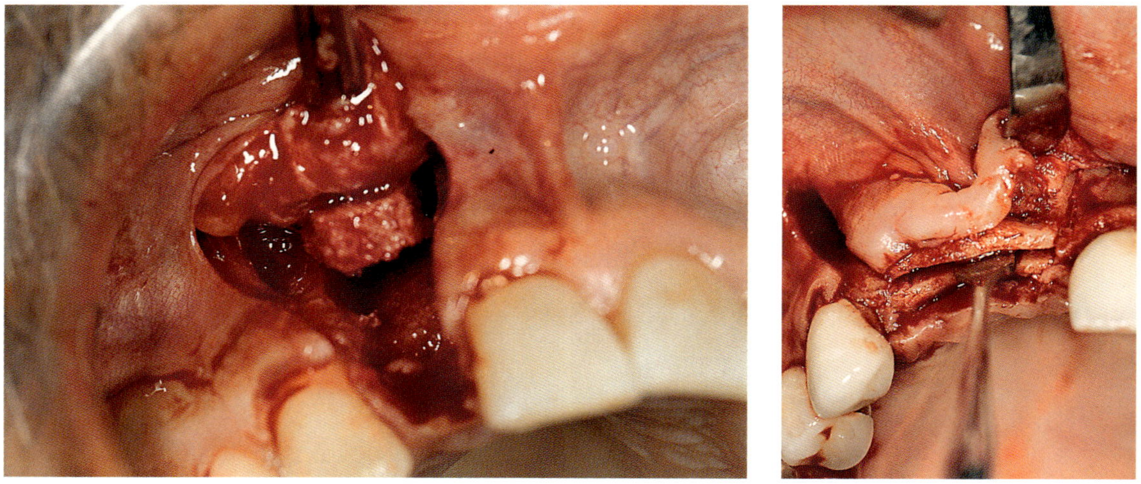

836 Gestielter Knochen – Splitting
Kleine Defekte am Alveolarfortsatz können durch Verschiebung einer gestielten Knochenlamelle korrigiert werden.

Rechts: Durch vertikales Splitting im Alveolarfortsatz können sagittale Defekte in Kombination mit freiem Knochentransplantat, Bankknochen, Lyoknorpel oder Fremdmaterial korrigiert werden. Bei der Wahl des Vorgehens spielt die weitere geplante Behandlung eine Rolle.

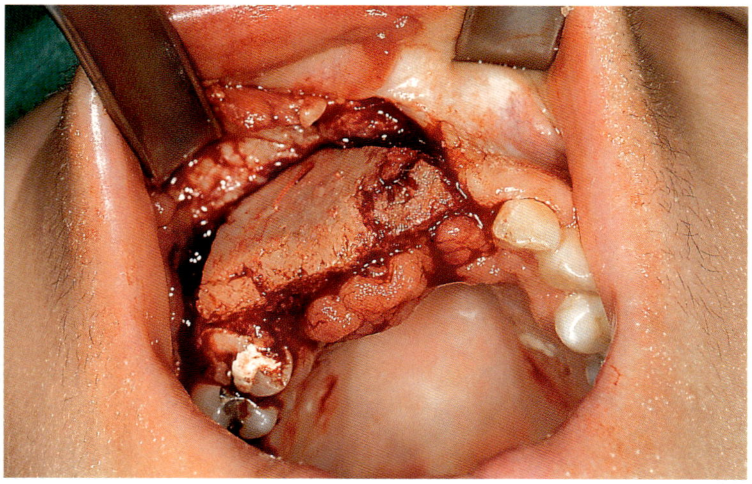

837 Homologer Knochen – lyophilisierter Knochen
Zur Korrektur größerer Defekte am Alveolarfortsatz können entsprechend zugeschnittene Blöcke aus der Knochenbank eingepaßt werden, wie hier ein Onlay aus Lyosternum bei Verlust des Alveolarfortsatzes nach Trauma.

Lyophilisierter Knorpel oder Knochen

Sterilisierter und lyophilisierter allogener Knorpel oder Knochen eignet sich wegen der geringen Resorptionsrate vorzüglich zu Defektfüllungen im Kieferbereich (Sailer 1976, 1983, 1992). Je nach Situation können Knochen- oder Knorpelstücke zugeschnitten verwendet oder Knorpelteilchen als Chips in einen Defekt eingebracht werden (Lyochips). Der lyophilisierte Knorpel oder Knochen wird über eine Phase der reinen Kalzifikation in patienteneigenen Knochen transformiert. Er ist auch zur Defektfüllung von Entnahmestellen geeignet.

Lyophilisierter allogener, in einer Antibiotikalösung rehydrierter Knorpel oder Knochen ist außerordentlich infektionsresistent und kann in infizierte Regionen eingepflanzt werden.

Lyophilisiertes Material wirkt dann dank seiner Rehydrierung mit einem Antibiotikum der Wahl als Antibiotikumdepot an Ort und Stelle.

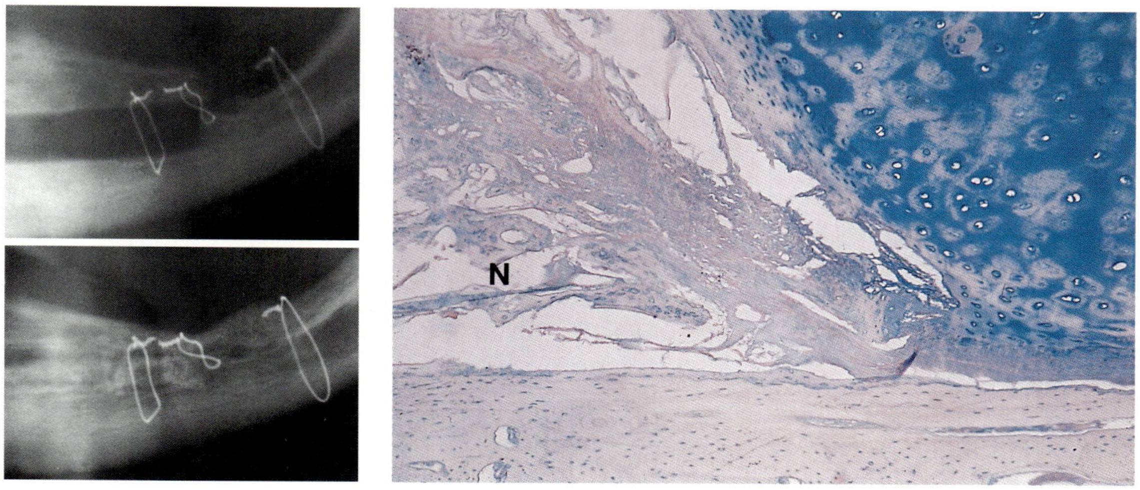

838 Homologer Knorpel – lyophilisierter Knorpel
Die Verknöcherung beginnt in den abgespannten Hohlräumen am Rande zwischen Periost und Knorpelstück (29 Tage p.o.).
(N = Knochenneubildung).

Links oben: Zwei Röntgenaufnahmen einer Sandwichosteotomie mit Zwischenlagerung von Lyoknorpel in der Unterkieferfront: 10 Monate nach der Operation zeigt sich Verkalkung und stellenweise Verknöcherung.

Links unten: Nach 6 Jahren ist normaler Knochendurchbau erkennbar.

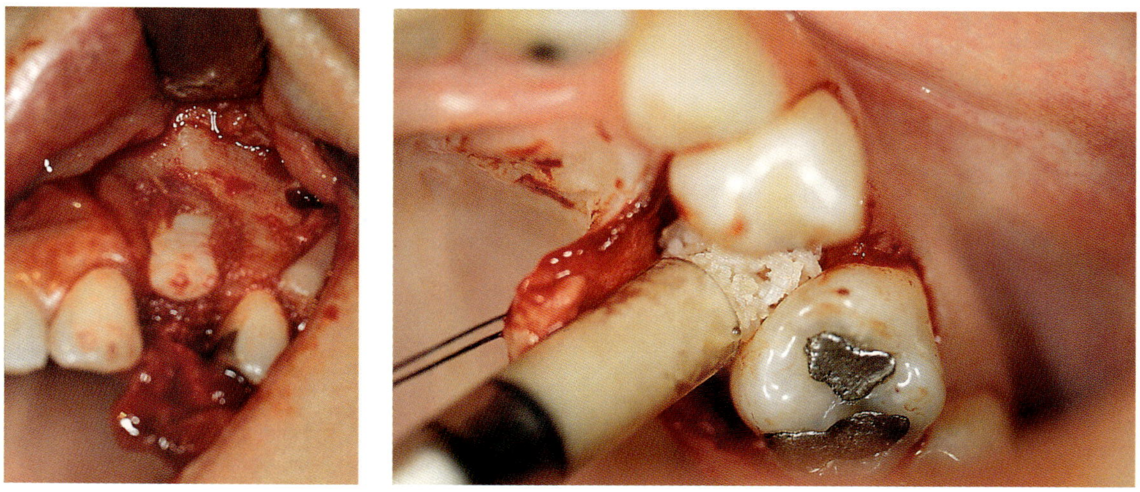

839 Knorpelchips
Parodontale Defekte können durch Einbringen von Lyoknorpelchips zur Regeneration gebracht werden.

Links: Kleine Knochendefekte an der Oberfläche werden mit einem Knochenstück als Onlay behoben.

Indikation

Lyophilisierter Knorpel, ob im Stück oder als Granulat, kann überall eingesetzt werden, vorausgesetzt, es kann ein dichter Weichteilverschluß erreicht werden. Wegen der antiinfektiösen Wirkung nach Rehydrierung in einer antibiotischen Lösung der Wahl ist auch ein Einsatz im infizierten Gebiet möglich. Bei der geringen Resorptionstendenz kann das Material überall auch zur Auflagerung verwendet werden.

Freies autologes Knochentransplantat

Indikation

Autologer Knochen zeigt eine ausgeprägte Tendenz zur Resorption, falls er dem Kieferkamm aufgelagert wird. Solche Transplantationen eignen sich deshalb zur Auffüllung höhlenartiger Defekte oder zur Interposition als Sandwich zwischen zwei vitale Knochenschichten. In infiziertes Gebiet kann wegen des Risikos des Implantatverlustes nicht transplantiert werden.

Operatives Vorgehen

Bei der Lappenbildung muß auf die zu erwartende Volumenzunahme geachtet werden. Der Defekt muß allseits wieder mit Weichteilen verschlossen werden können. Schleimhautverlängerungen können, wie auf S. 37 gezeigt, erreicht werden.

Das Transplantatbett wird mit der Knochenfräse zu einer klaren geometrischen Form ausgeschnitten (Inlay), so daß das Transplantat möglichst exakt hineinpaßt. Das Transplantat muß unbeweglich im Lager sitzen.

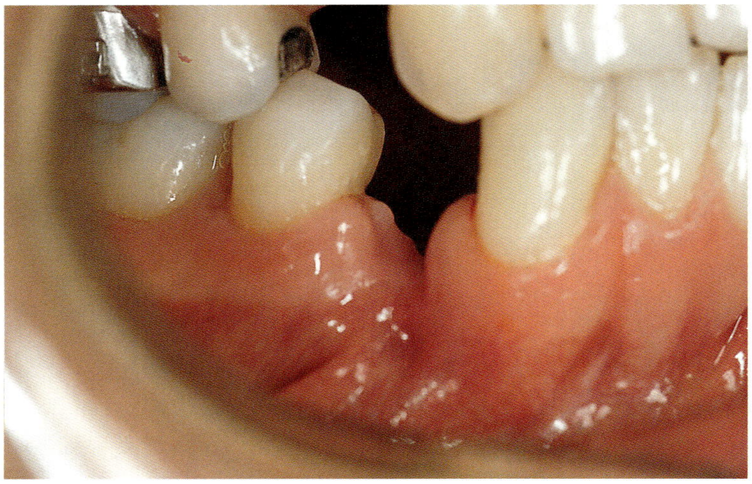
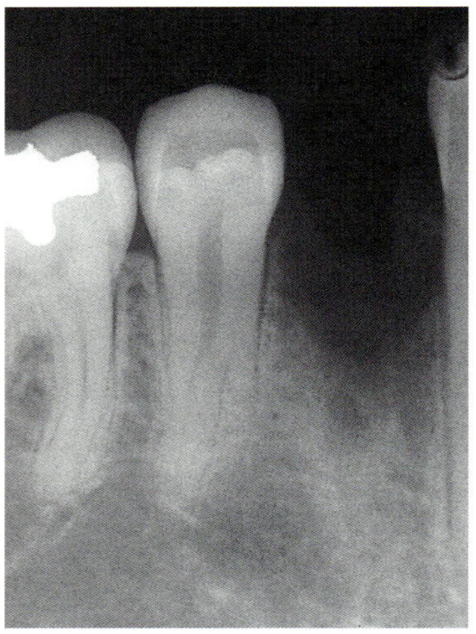

840 Knocheninlay
Dieser 17jährige junge Mann weist nach traumatischer Entfernung des Zahnes 44 vor kieferorthopädischem Lückenschluß einen massiven Defekt auf dem Kamm auf.

Rechts: Röntgenbild des Situs zur Zeit der Operation.

Ⓐ

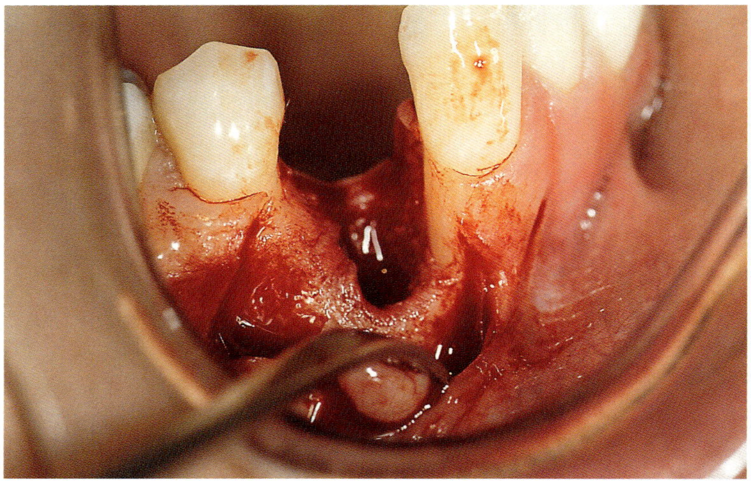

841 Lappenbildung
Durch linguale Inzision und zwei divergierende Entlastungsschnitte in das Vestibulum wird ein Mukoperiostlappen gebildet, der nach dem Aufbau auf knöcherner Unterlage vernäht werden kann. Der N. mentalis am Foramen wird dargestellt. Die Wurzel des Zahnes 43 ist distal weitgehend knochenfrei.

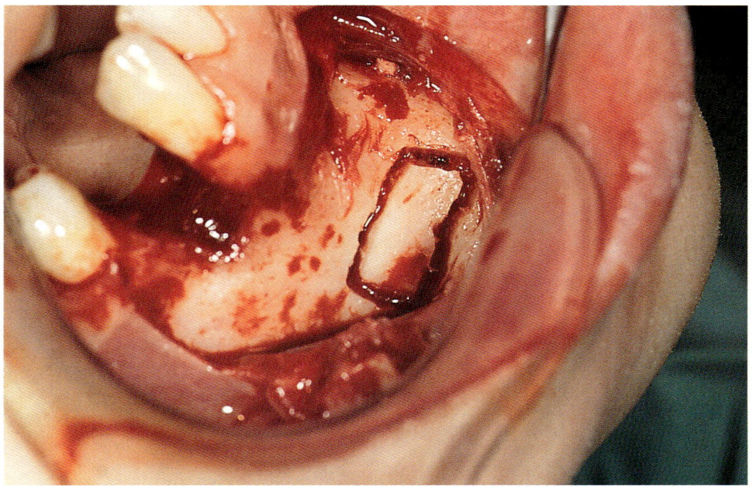
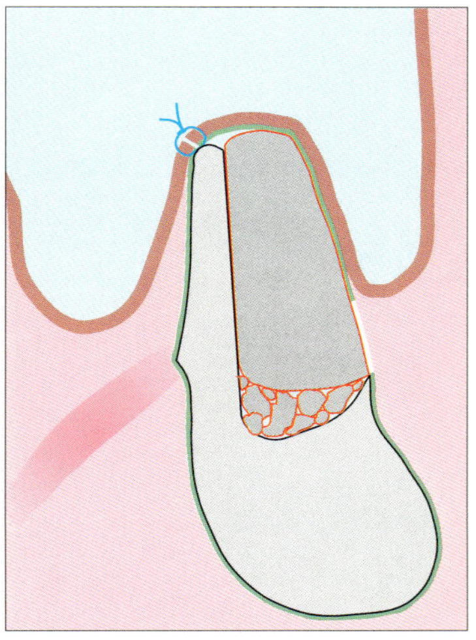

842 Knochenentnahme
Aus dem Kinnbereich wird ein passendes Kortikalisstück mit anhaftender Spongiosa entnommen.

Rechts: Schema des chirurgischen Prinzips: inlayartige Einpassung eines freien Knochentransplantates zur Defektfüllung.

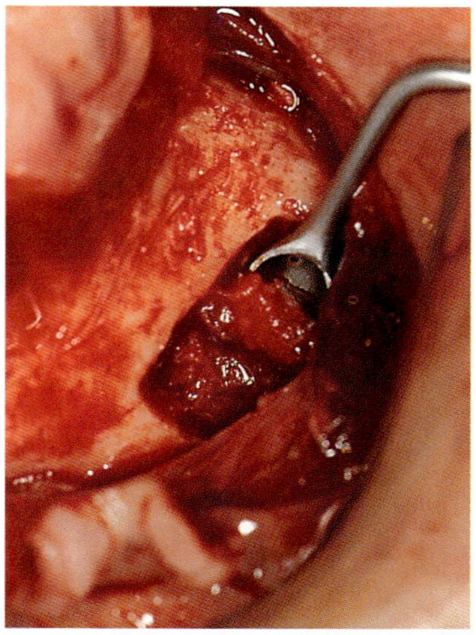
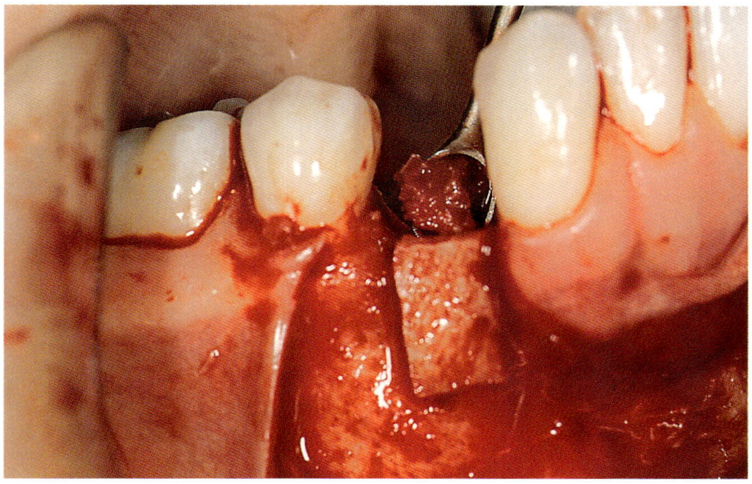

843 Transplantation
Der kleine Knochenblock wird möglichst präzise eingepaßt. Falls kein unbeweglicher Sitz erreicht wird, ist eine Fixation notwendig, z.B. mit einer Minischraube.

Links: Vorhandene Hohlräume werden mit der Kürette entnommener Spongiosa gefüllt.

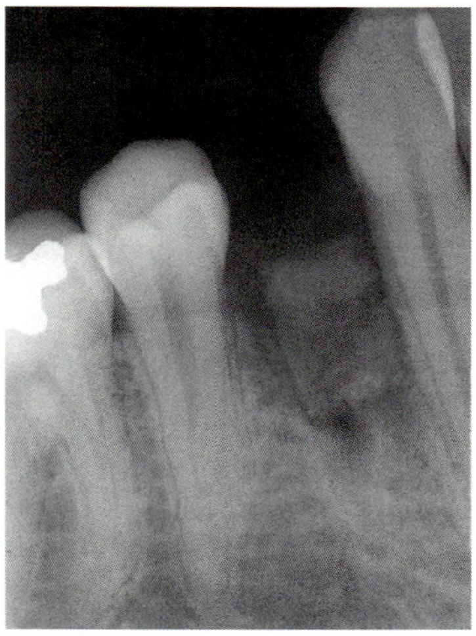
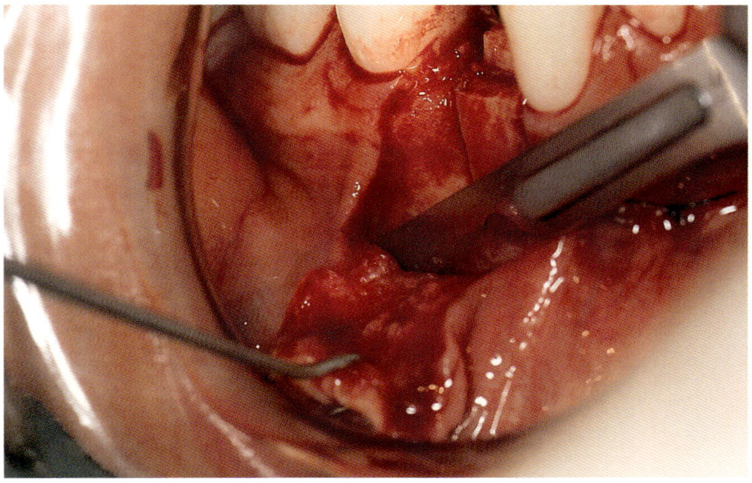

844 Wundverschluß
Der Defekt wird nach Verlängerung des Lappens durch Periostritzung dicht verschlossen. Die Periostritzung darf den N. mentalis nicht verletzen.

Links: Zahnaufnahme unmittelbar nach der Operation.

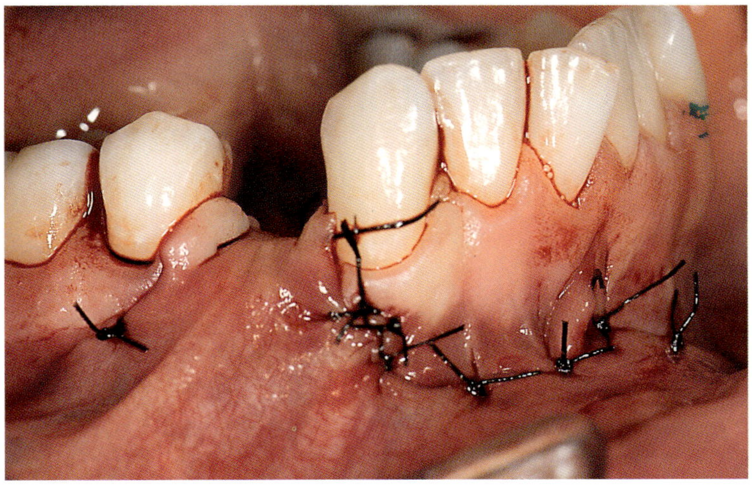

845 Ergebnis
Der Zustand nach Nahtverschluß zeigt die wiedererlangte Kammform.

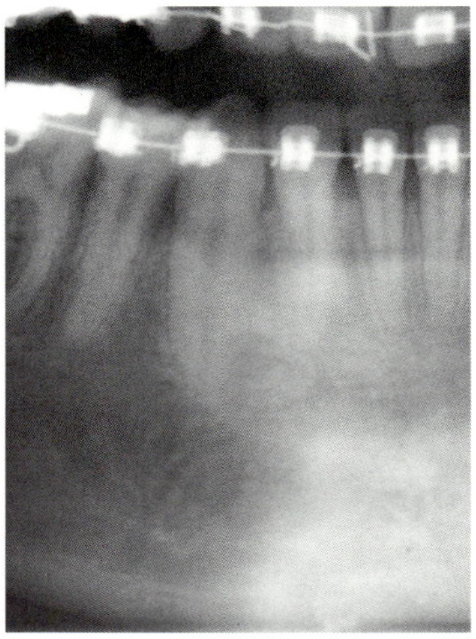

846 Spätkontrolle
2 Monate nach der Operation wurde mit dem Lückenschluß begonnen, wobei die posterioren Zähne nach anterior bewegt wurden. Das Bild zeigt den Zustand nach Abschluß der kieferorthopädischen Behandlung 3 Jahre später.

Links: Auf der Zahnaufnahme ist die unauffällige Knochenstruktur im Detail zu erkennen.

Splitting und gesteuerte Geweberegeneration (GTR)

Indikation

Bei lokalem Knochendefekt nach Einzelzahnverlust eignet sich zur Korrektur vor einer Rekonstruktion mit Schraubenimplantat oder als simultanes Vorgehen das vertikale Splitting des schmalen Restkammes.

Operatives Vorgehen

Zu Beginn wird ein Mukoperiostlappen gebildet und wenig nach vestibulär abgehoben, so daß der Hauptteil des vestibulären Knochens vom Periost bedeckt bleibt. Mit der oszillierenden Fräse werden vertikal zwei Osteotomien gelegt und die bukkale Kortikalis mit dem Meißel etwas abgespreizt. Nun kann die Insertion des Implantates erfolgen. Dadurch wird die Knochenlamelle weiter nach bukkal verdrängt. Es ist zu beachten, daß die Knochenwand weiterhin von dem Periost bedeckt und mit ihm verbunden bleibt. Die entstandenen spaltförmigen Hohlräume seitlich der Implantatschraube werden mit einer Gewebebarriere, wir bevorzugen abbaubare Membranmaterialien, überdeckt und die Weichteile sorgfältig verschlossen.

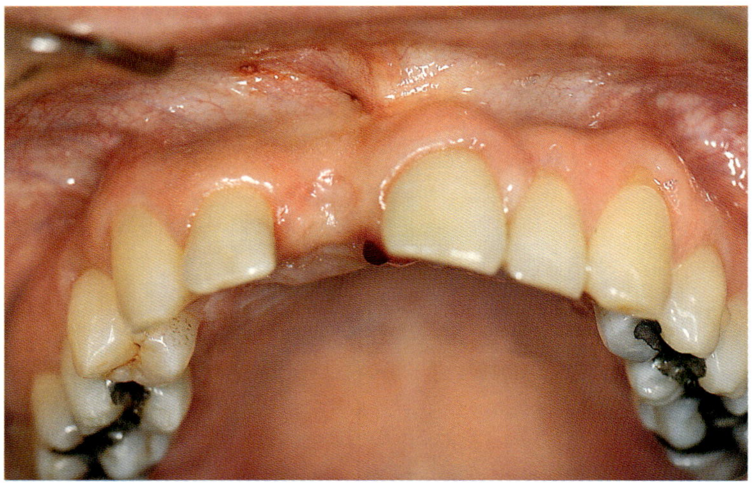

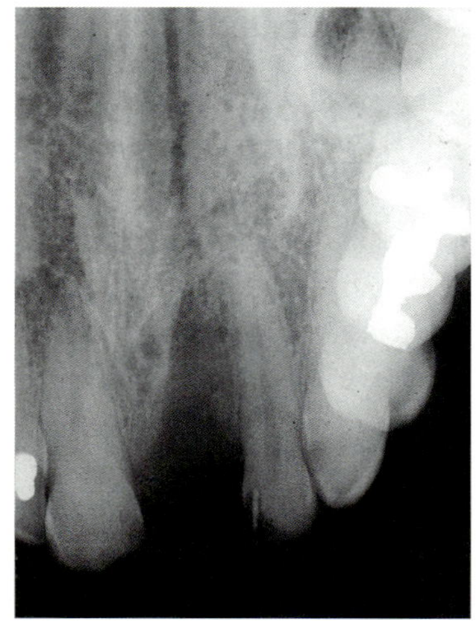

847 Splitting und Membrantechnik
Dieser 26jährige Mann hat Zahn 11 durch Unfall verloren. Er trägt einen abnehmbaren Zahnersatz seit 7 Jahren. Nun soll ein Zahnersatz durch Implantat erfolgen. Die Knochenquantität läßt eine Implantation nicht zu.

Rechts: Das Röntgenbild zeigt einen vertikalen Defekt im Bereich der Wurzel des verlorenen Zahnes 11.

(A)

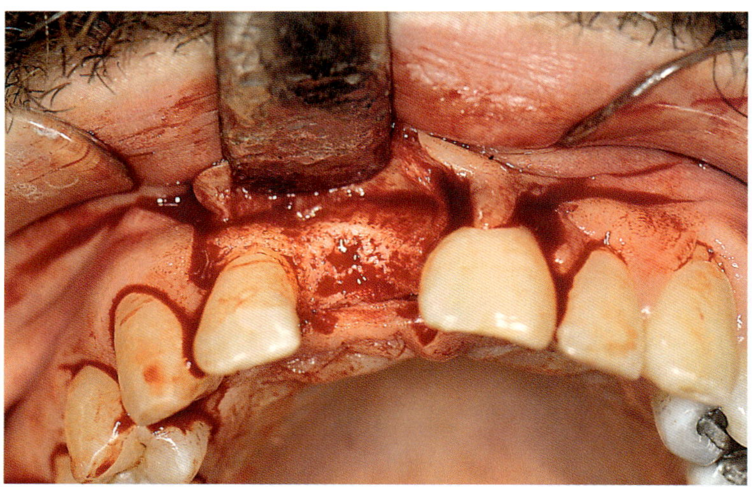

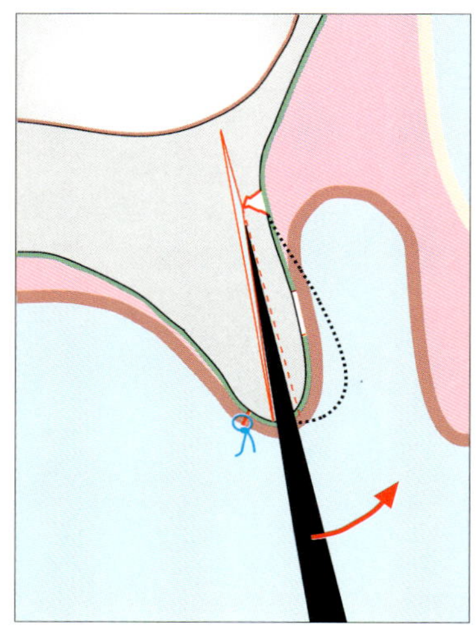

848 Simultane Implantation und Defektkorrektur
Die Implantation soll simultan mit der Knochenkorrektur durchgeführt werden. Dazu wird ein vestibulärer Mukoperiostlappen gebildet und wenig über den Defekt abgeschoben. Die bukkale Knochenfläche soll am Periost gestielt bleiben und mit dem Meißel aufgedehnt werden.

Rechts: Schema des chirurgischen Prinzips: Splitting der fazialen Alveolenwand, die nach bukkal gebrochen wird.

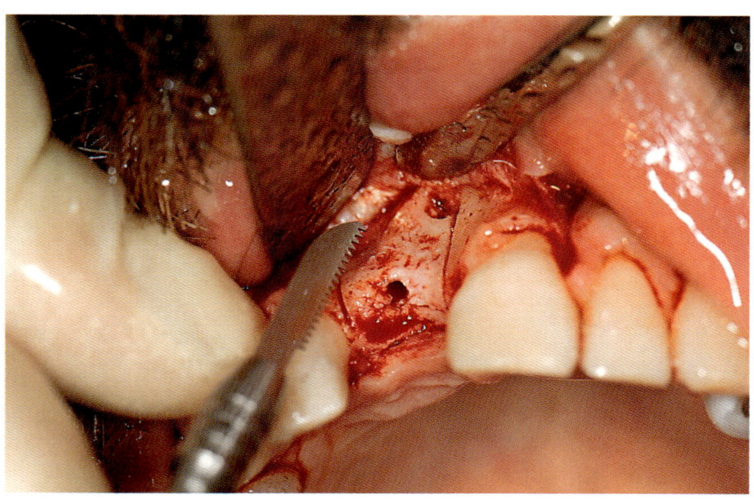

849 Osteotomie
Die bukkale Alveolenwand wird mit der oszillierenden Fräse vertikal osteotomiert.

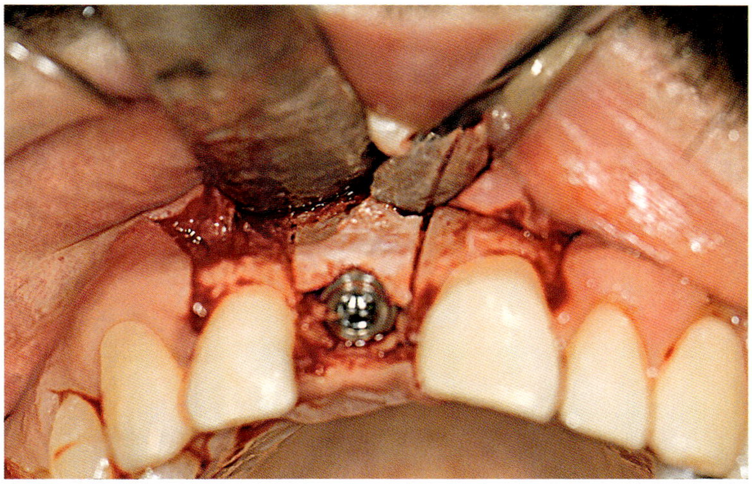

850 Implantation
Durch Eindrehen eines Schraubenimplantates wird die Alveolenwand nach bukkal verdrängt.

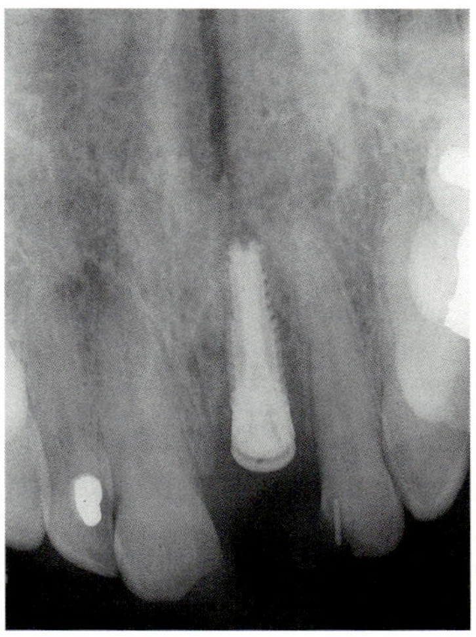

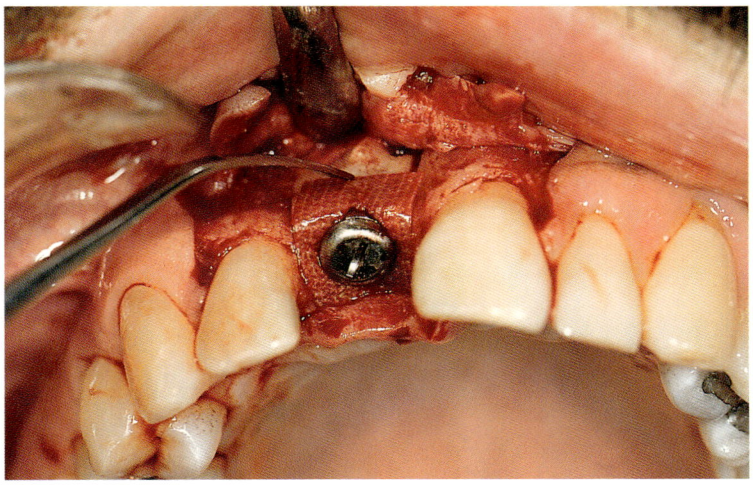

851 Gewebebarriere
Der entstandene Defekt wird mit der Polygalactidfolie überdeckt. Die Folie wird heute nicht mehr mit der Implantatdeckschraube fixiert.

Links: Röntgenbild unmittelbar postoperativ.

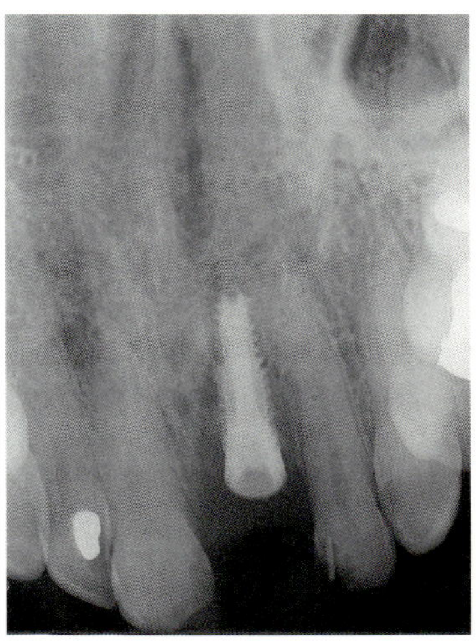

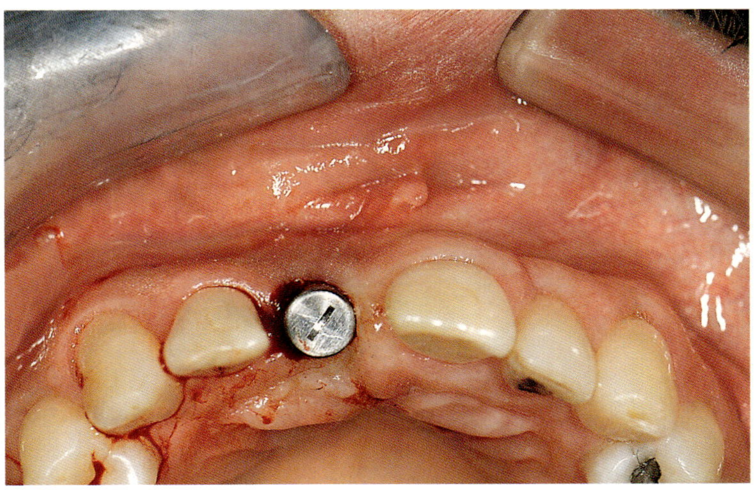

852 Ergebnis
Der Zustand bei der Freilegung nach 12 Monaten zeigt reizlose Verhältnisse um das Implantat.

Links: Im Röntgenbild einwandfreie knöcherne Begrenzung aller Windungen des Implantates.

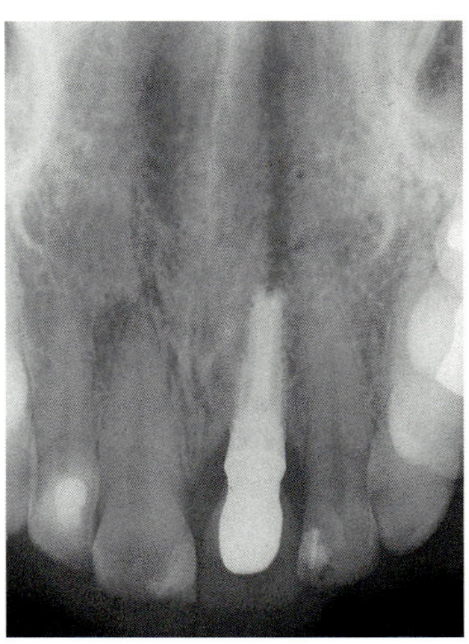

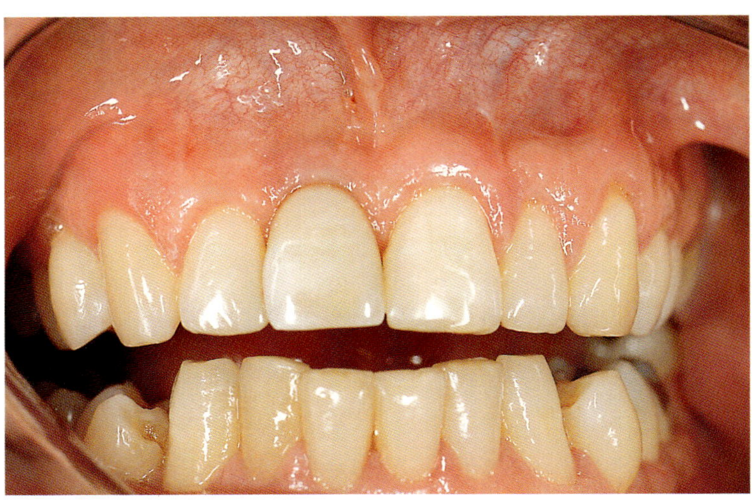

853 Spätkontrolle
Die Spätkontrolle 3 Jahre nach der Implantation zeigt unverändert einen reizlosen klinischen Befund.

Links: Auch im Röntgenbild sind keine resorptiven Vorgänge um das Implantat zu erkennen.

Defektkorrektur mit Lyostück und Bone morphogenetic protein (BMP)

Indikation

Die Kombination von Lyoknorpel und BMP führt zu einer deutlich beschleunigten Ossifikation und Restrukturierung des Transplantates. Die Verwendung ist überall im Kiefer möglich, sowohl zur Auf- wie zur Einlagerung. Die Verwendung des Lyoknorpels ist auch im infizierten Gebiet möglich. Deshalb kann ein Lyostück zur Kammkorrektur unmittelbar bei der Zahnentfernung im parodontal geschädigten Kieferabschnitt eingesetzt werden.

Operatives Vorgehen

Die Lappenbildung muß der entsprechenden Volumenzunahme Rechnung tragen. Erfolgt die Kammkorrektur gleichzeitig mit der Zahnentfernung, soll ein präformiertes Implantatbett hergestellt werden. Ein Knorpelstück wird dem Defekt entsprechend etwas überkonturiert zugeschnitten und im Implantatbett zusätzlich mit resorbierbarem Nahtmaterial fixiert. Der Weichteilverschluß nach Einsetzen des Knorpelstückes muß dicht sein.

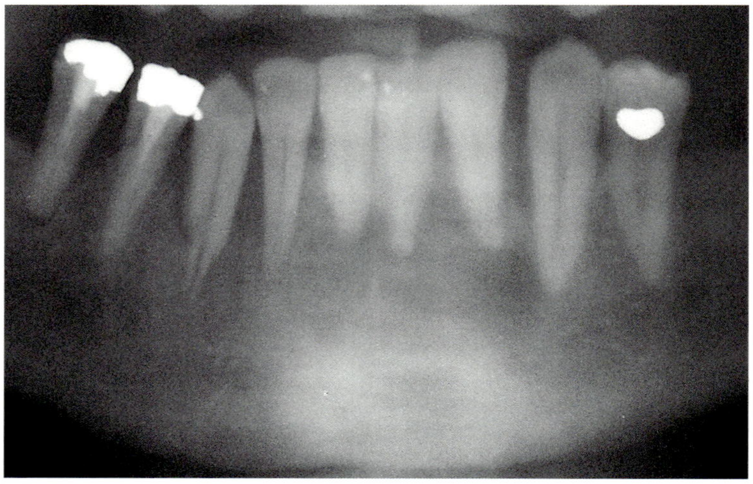

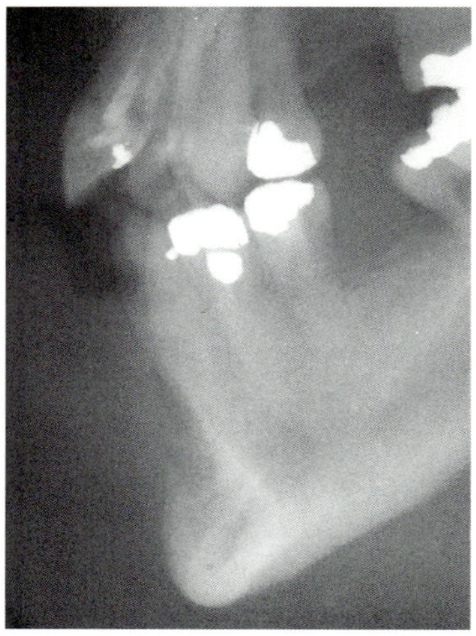

854 Defektfüllung mit Lyoknorpel und BMP
Dieser 44jährige Mann zeigt um die Wurzeln der Unterkieferfrontzähne einen zystoiden Defekt. Die Frontzähne sind verloren, da durchgehende Taschen erkennbar sind und die Zähne früher schon einen akuten Infekt verursacht haben. Aus prothetischen und ästhetischen Gründen soll der Defekt korrigiert werden.

Rechts: Fernröntgenbild mit dem klar begrenzten Defekt im Frontbereich des Unterkiefers.

Ⓐ

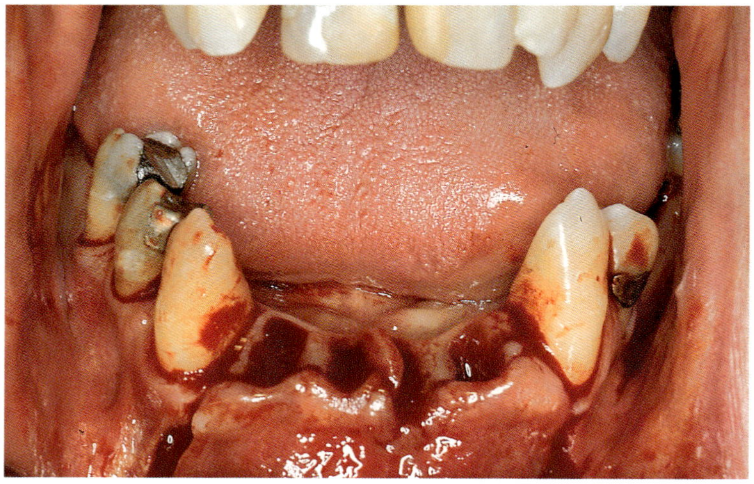

855 Lappenbildung
Die Zähne werden entfernt und die vestibuläre Seite mit einem trapezförmigen Lappen freigelegt.

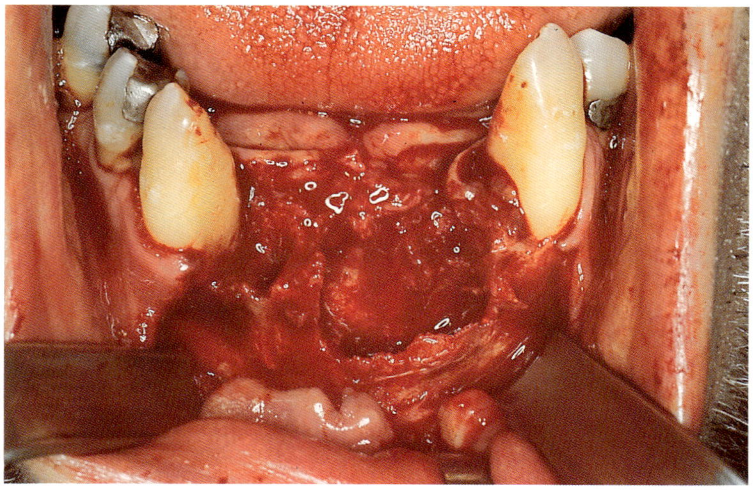

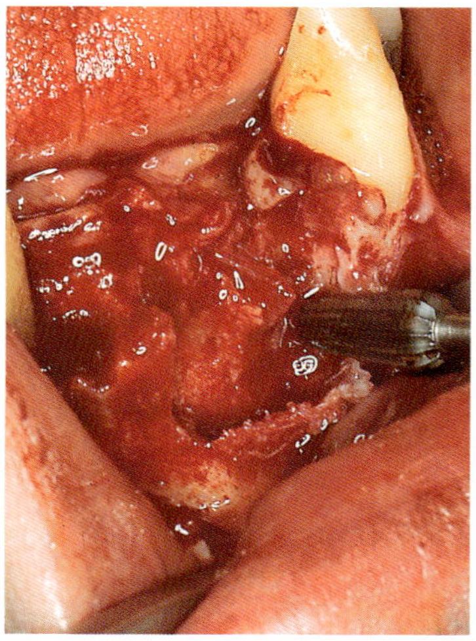

856 Zystektomie
Der Hohlraum wird gründlich von allen Granulationen gesäubert. Wie üblich wird Gewebe zur pathohistologischen Untersuchung eingesandt und die Diagnose einer infizierten Zyste bestätigt.

Rechts: Der umfangreiche Defekt in seitlicher Ansicht. Scharfe Knochenkanten werden geglättet.

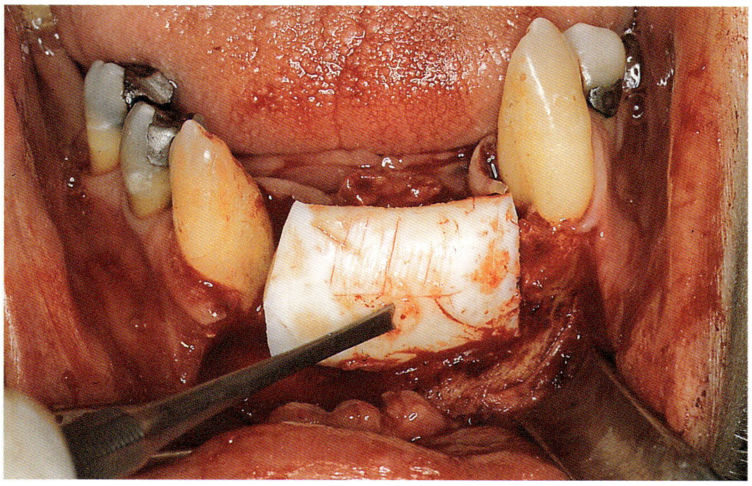

857 Knorpelinlay
Zur Defektkorrektur wird ein Lyoknorpelstück eingepaßt und mit resorbierbarem Nahtmaterial nach lingual und kaudal fixiert. Das Lyostück wurde mit BMP und antibiotischer Lösung rehydriert.

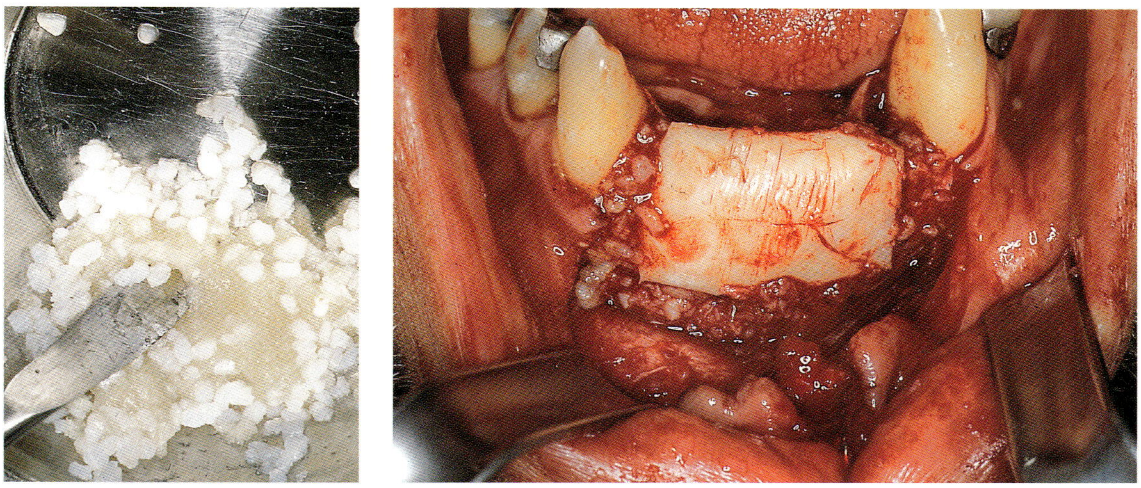

858 BMP-Paste
Hohlräume um den eingepaßten Lyoblock werden mit einem Gemisch aus Lyochips und BMP-Paste ausgefüllt.

Links: Das Material wird im klinikeigenen Laboratorium verarbeitet. Es läßt sich leicht mit einem Raspatorium applizieren.

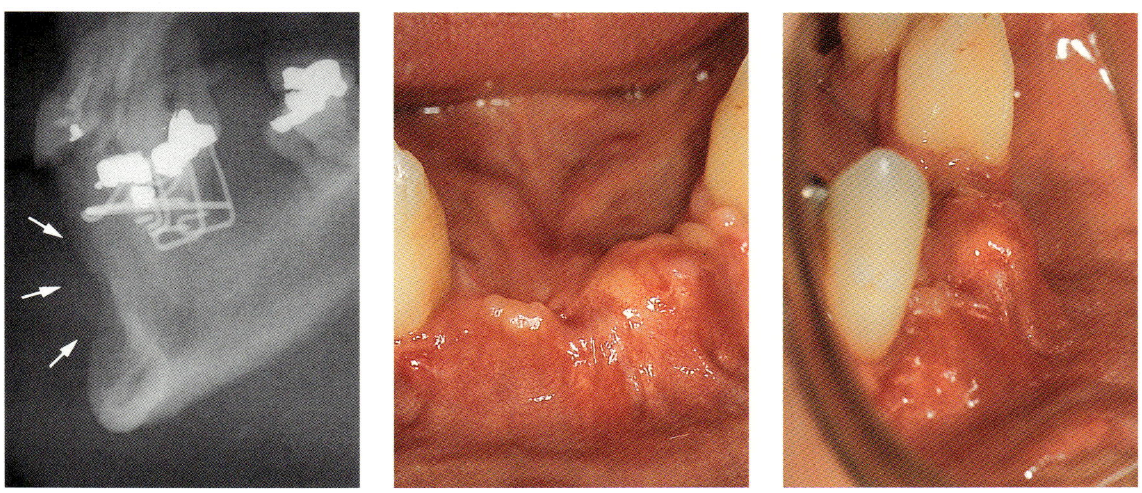

859 Ergebnis
Links: Nach 3 Monaten zeigen sich bereits Verknöcherungsherde im Fernröntgenbild.

Mitte: Ansicht von vorn.

Rechts: Seitliche Ansicht.

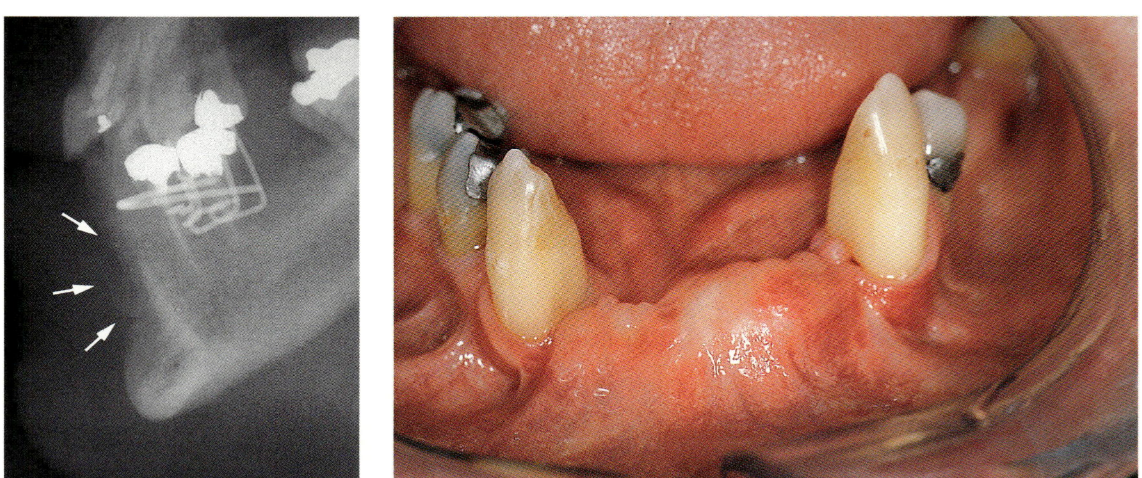

860 Spätkontrolle
Nach 2 Jahren ist die Defektkorrektur immer noch konstant.

Links: Im Fernröntgenbild zeigt sich ein knöcherner Durchbau des ursprünglichen Zystendefektes.

Pararadikuläre Defekte

Indikation

Knochendefekte bei parodontalen Taschen oder Defekten zu Nachbarzähnen (Sailer 1983) nach Entfernung von Zähnen, z.B. retinierten Weisheitszähnen mit sehr enger Position zum zweiten Molaren, können durch Füllung des Defektes mit lyophilisierten Knorpelspänen zur Regeneration gebracht werden.

Operatives Vorgehen

Ein Mukoperiostlappen dient als Zugang zum Knochendefekt.

Der Defekt wird von entzündlichem Granulationsgewebe gesäubert, bis eine klare knöcherne Begrenzung vorliegt. Mit einem geeigneten Instrument wird der Brei aus rehydriertem Lyoknorpel in den Defekt gepreßt, Überschüsse entfernt und die Wunde dicht verschlossen. Nachkontrollen erfolgen zur Nahtentfernung und dann halbjährlich zur radiologischen Dokumentation der knöchernen Regeneration. Die Verknöcherung der Knorpelchips dauert meist über ein Jahr.

861 Parodontale Defektkorrektur mit Lyoknorpelchips
Bei diesem 12jährigen Mädchen zeigte sich eine interradikuläre Defektbildung bei den Zähnen 25 und 26 mit palatinal durchgehender Tasche und erhöhter Beweglichkeit der Zähne. Der Defekt wird durch palatinale Aufklappung eröffnet, der Hohlraum kürettiert (Histologie: chronische Entzündung) und mit Lyochips gefüllt.

Rechts: Die Situation im Röntgenbild: oben präoperativ, unten 2 Monate nach Defektfüllung.

Ⓐ

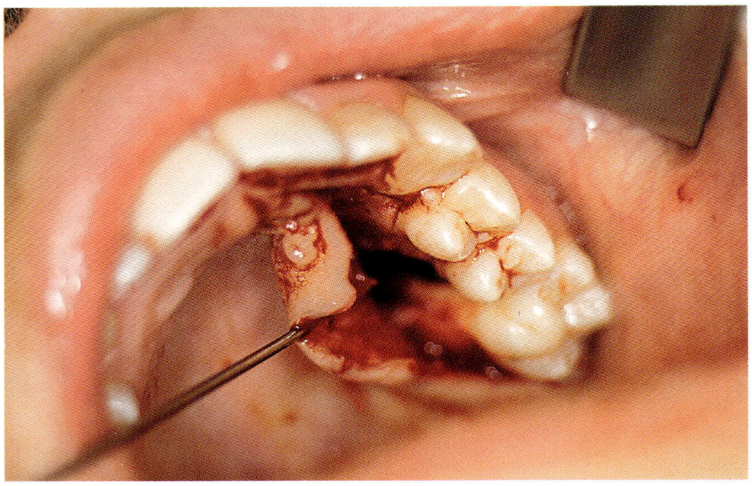

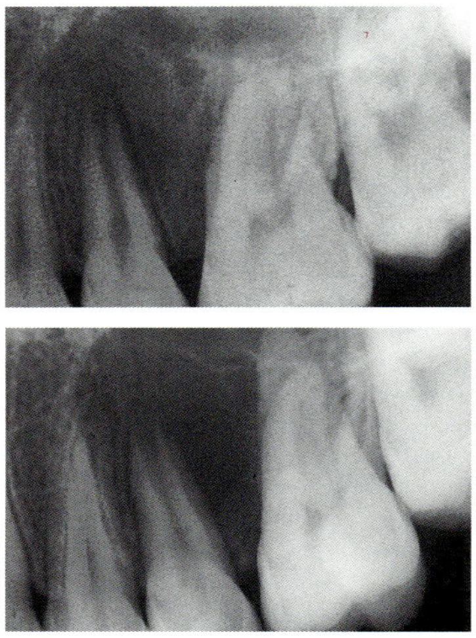

862 Einbringen der Lyoknorpelchips
Die körnige Masse wird in den Defekt eingepreßt und der Lappen mit interdentalen Rückstichnähten verschlossen.

Rechts: Verlauf im Röntgenbild: oben nach 1 Jahr, unten nach 2 Jahren, mit normaler interradikulärer Trabekelstruktur und vollkommen regeneriertem periradikulärem Saum.

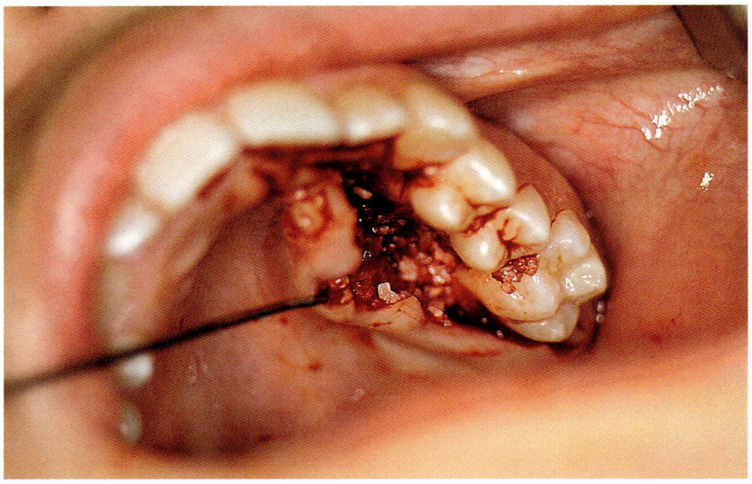

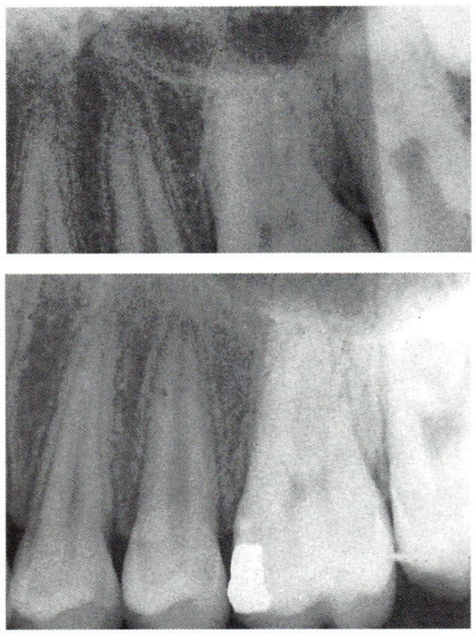

863 Ergebnis
Der klinische Zustand nach 1 Jahr zeigt einen klinisch reizlosen Parodontalzustand ohne Taschenbildung. Die Zähne reagieren nach wie vor vital.

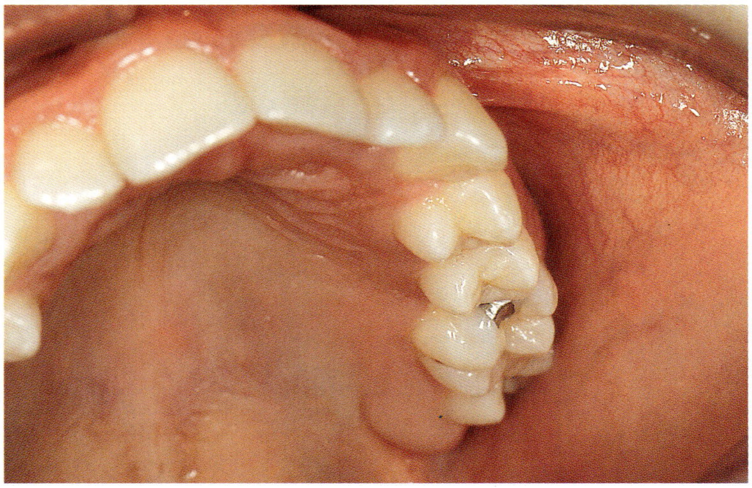

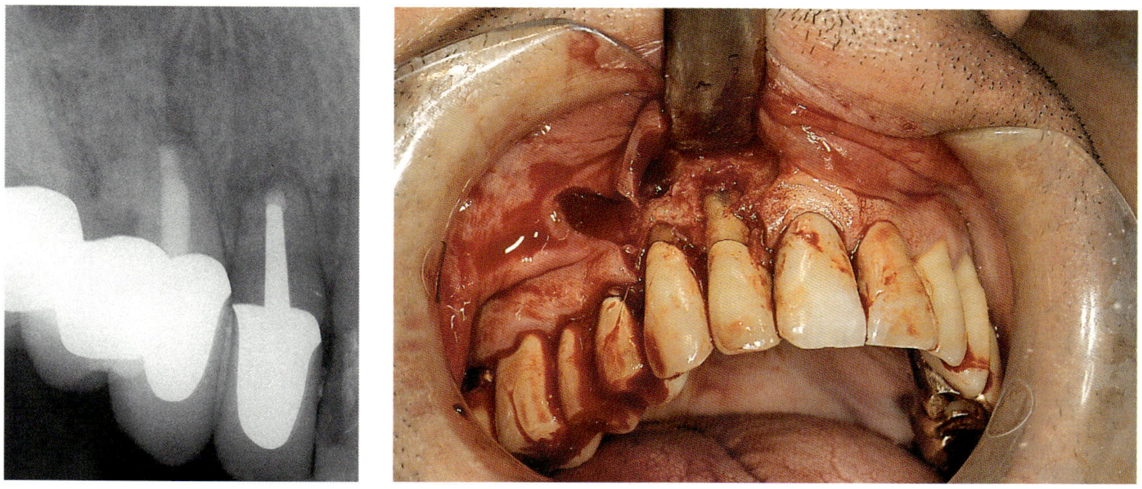

864 Durchgehende bukkale Tasche
Diesem 57jährigen Mann ist eine Krone auf Zahn 12 eingesetzt worden, worauf sich eine akute Infektion entwickelte. Bei der Wurzelspitzenresektion zeigte sich ein durchgehender bukkaler Knochendefekt.

Links: Im Röntgenbild ist die Erweiterung des Parodontalspaltes deutlich zu erkennen.

Ⓐ

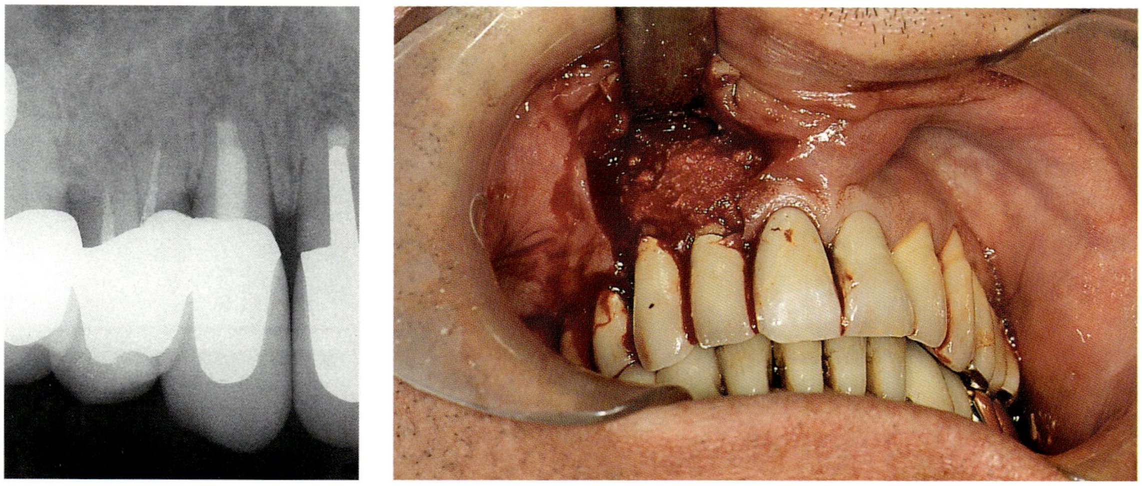

865 Einbringen der Lyoknorpelchips
Der Defekt wird nach Kürettage und minimaler Resektion der Wurzelspitze mittels Lyochips gefüllt und auch die Wurzeloberfläche überdeckt. Der Heilungsverlauf war komplikationslos. Die Tasche ist nicht mehr sondierbar.

Links: Im Röntgenbild ist der Zustand nach 1 Jahr zu sehen. Der Parodontalspalt ist normalisiert, Resorptionen sind nicht zu erkennen.

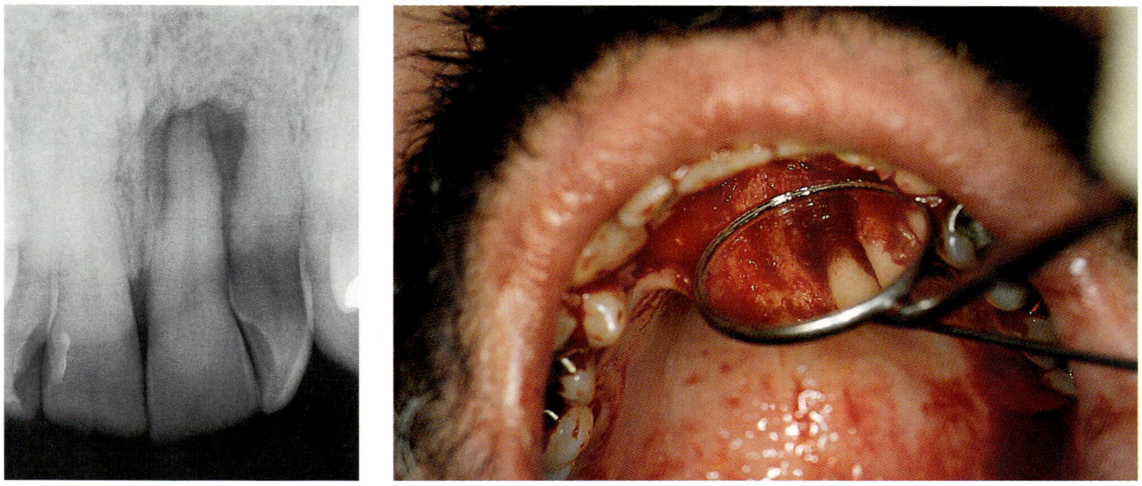

866 Durchgehende palatinale Tasche
Bei diesem 33jährigen Mann liegt ein durchgehender Defekt palatinal an der Wurzel des Zahnes 21 vor, wie nach Aufklappung ersichtlich ist. Der Zahn ist vital.

Links: Im Röntgenbild die deutliche Osteolyse im Periapexbereich des Zahnes 21.

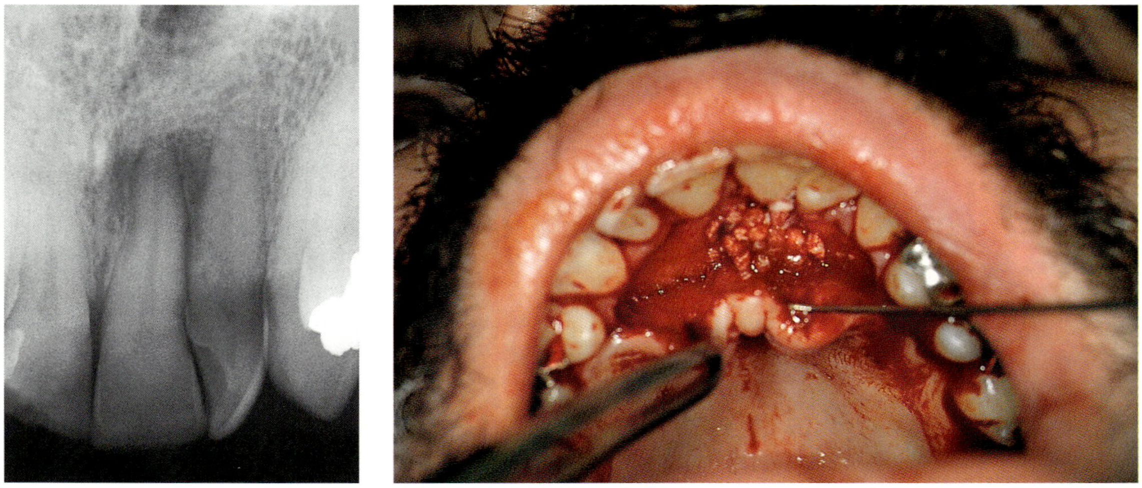

867 Ergebnis
Der durchgehende Defekt wird von palatinal her nach Kürettage von Granulationsgewebe mit Lyochips bedeckt und der Lappen reponiert. Der Heilungsverlauf ist problemlos und der Zustand 1 Jahr postoperativ reizlos.

Links: Im Röntgenbild ist eine zunehmende knöcherne Restrukturierung im Osteolysenbereich zu erkennen.

Lyophilisationsmethode nach Sailer

Rippenknochen, Rippenknorpel oder Sternum werden einer Spenderleiche (unter 30jährig, keine Infektionskrankheiten) entnommen und entfettet (Chloroform/Metanol 1:1, 48 Std. bei Zimmertemperatur). Anschließend folgt die Lyophilisation (Gefriertrocknung: 72 Std., 10^{-2} bar, 25 °C) und Gassterilisation (Ethylenoxid, 4 Std., 37 °C; Entgasung 48 Std., 37 °C). Das Material ist problemlos lagerfähig und wird vor Gebrauch, für 24 Std. in einer Antibiotikalösung der Wahl (routinemäßig in Penicillin, Streptomycin) rehydriert. Lyochips sind sofort verwendbar, auch im getrockneten Zustand. Sie werden unmittelbar vor Gebrauch mit Antibiotikalösung rehydriert und in den Knochendefekt eingebracht.

Bone morphogenetic protein (BMP)

Knochenneubildung kann durch Einsatz eines bestimmten Proteins, des BMP, beschleunigt werden (Sailer u. Wolf 1994 a, b). Diese Beobachtung läßt sich auch bei der Defektkorrektur ausnützen. Die Kombination von Lyoknorpel oder Lyoknochen mit BMP bei der Behebung von Knochendefekten führt zu einer deutlich beschleunigten Verknöcherung transplantierten Materials.

Hydroxylapatit

Das Grundbaumaterial des Knochens besteht aus Hydroxylapatit, somit liegt der Gedanke nahe, dieses Material auch zum Knochenersatz zu verwenden. Dabei ist zu beachten, daß dieses Material wohl vom Knochen akzeptiert wird, aber in mehr oder weniger großem Umfang, abhängig von der Darreichungsform (Partikel-, Porengröße), auch abgebaut wird. Je nach Anwendungsmodus können die Partikel narbig eingekapselt werden oder teilweise von Knochenneubildung durchwachsen werden. Das Material bleibt aber im wesentlichen als Fremdmaterial im Knochen liegen. Es stellt dadurch einen Locus minoris resistentiae dar. Dadurch ist langfristig immer mit möglichen Komplikationen, wie Infektion, zu rechnen. Besondere Risiken bestehen dann, wenn das Material nicht unbeweglich am Ort gehalten werden kann. Besonders gefürchtet ist eine Migration in die Umgebung des N. mentalis, die zu neuralgiformen Beschwerden führen kann.

Gesteuerte Geweberegenertion (GTR) und gesteuerte Knochenregeneration (GBR)

Die gesteuerte Geweberegeneration mittels Barrieretechnik (Membran-, Folientechnik) beruht auf dem Prinzip der Verhinderung bindegewebiger Regeneration in Knochendefekten. Dabei wird die Knochenwunde durch eine Barriere vom umliegenden Weichgewebe getrennt. Durch eine zeltartige Hohlraumbildung kann auch in geringem Umfang eine Knochenaugmentation am Kieferkamm erreicht werden. Da es sich dabei um eine Neubildung von autologem Knochen handelt, ist ein entsprechender Abbau bei fehlender Belastung zu erwarten. Hingegen scheint die Methode in durch Implantate belasteten Kieferabschnitten einen langfristigen Erfolg aufzuweisen.

Konturkorrektur mit Bindegewebe

Indikation

Korrekturen von Knochendefekten am Alveolarfortsatz mit Bindegewebe kommen nur zur ästhetischen Korrektur in Frage. Wieweit hier langfristig eine Defektkorrektur erreicht werden kann, ist noch offen, da entsprechende Nachuntersuchungen fehlen. Eine Belastung der durch Bindegewebstransplantate korrigierten Kieferabschnitte ist nicht ratsam. Volumenvergrößerungen am Alveolarfortsatz können am ehesten durch freie Bindegewebstransplantate aus dem Gaumen erreicht werden. Die vorhandene Schleimhautqualität erfordert meist auch eine zusätzliche Gingivaverpflanzung. Kombinierte Vorgehensweisen sind beschrieben, können von unserer Seite aus aber nicht als Routinemethoden betrachtet werden.

Traumatologie

Definition

Trauma bedeutet Zerstörung der Gewebsintegrität durch eine Noxe:

- mechanisches Trauma,
- chemisches Trauma,
- thermisches Trauma,
- Strahlenschaden.

Bei unbeabsichtigter, plötzlicher schädigender Einwirkung eines ungewöhnlichen äußeren Faktors auf den menschlichen Körper spricht man von Unfall.

Grundsätze

Schwere oder sogar lebensbedrohende Verletzungen der Mund-, Kiefer- und Gesichtsregion müssen im Krankenhaus behandelt werden. Isolierte leichte Traumen, bei denen mit Sicherheit eine lebensbedrohende Verletzung ausgeschlossen werden kann, können unter ambulanten Bedingungen durchaus lege artis behandelt werden.

Die Dringlichkeit einer Behandlung muß aufgrund des Schweregrades der Verletzung festgelegt werden.

Nota bene
Traumafälle sind Notfälle, die ohne Verzug eine Beurteilung erfordern.

Bei Verletzungen des Gesichtsschädels sind zusätzliche Verletzungen an anderen Körperstellen entweder anamnestisch oder durch Veranlassung weiterer Untersuchungen auszuschließen. Spezielle Aufmerksamkeit soll auf den Einfluß von Alkohol oder anderen Drogen und auf den momentanen Allgemeinzustand des Patienten gelegt werden, um eventuelle neurologische Störungen feststellen zu können.

Anamnese

Die Anamnese umfaßt Angaben über Ort und Zeitpunkt sowie über Zustandekommen des Ereignisses. Es ist wichtig festzustellen, ob der Patient über das Geschehnis präzise Angaben machen kann. Ist das Erinnerungsvermögen getrübt, muß eine weitere Beurteilung durch den Arzt erfolgen (Commotio cerebri). Angaben von Drittpersonen sind oft hilfreich in der Rekonstruktion des Ereignisses. Die Notwendigkeit der Tetanusprophylaxe ist zu klären.

Bei Zahnverletzungen interessiert die genaue Zeitspanne vom Unfallereignis bis zur Erstbehandlung. Bei Totalluxation von Zähnen spielt die extraorale Verweildauer und das Transportmedium für die Zähne prognostisch und deshalb für die Therapieplanung eine wesentliche Rolle. Die Zeitangaben sind in den Krankenunterlagen ebenfalls festzuhalten. Die weiteren anamnestischen Angaben entsprechen den Hinweisen im Kapitel Patientenuntersuchung (S. 6).

Befunderhebung

Extraorale Untersuchung

Bei der Untersuchung wird ein vollständiger Status aufgenommen, wobei besonders auf Konturen, Sensibilität, Okklusion, Zahnbeweglichkeit und Stufenbildungen oder falsche Beweglichkeiten geachtet werden muß. Der Untersuchungsgang erfolgt seitenvergleichend, um Abweichungen richtig interpretieren zu können. Die Gesichts- und Schädeloberfläche wird auf Prellungen, Druckpunkte, Schürfungen und Hämatome untersucht.

Auffallende Abweichungen von Befund und geschildertem Unfallhergang sind zu vermerken. Ebenso ist zu beurteilen, ob festgestellte Verletzungen mit dem Zeitpunkt des angegebenen Ereignisses übereinstimmen können. Auch bestehende Anzeichen früherer Traumata oder Operationen (Narben) sollen festgehalten werden.

868 Inspektion beim Trauma
Besonderes Augenmerk ist auf penetrierende Weichteilwunden im Lippenbereich zu legen. Bei frakturierten Zähnen muß mit kleinen Zahnfragmenten gerechnet werden. Auch andere Fremdkörper lassen sich bei frischer Verletzung noch ohne große Schwellung leichter feststellen. Die extraorale Untersuchung läuft systematisch nach dem auf S. 10 ff. dargestellten Muster ab.

Rechts: Dieselbe Verletzung auf der fazialen Seite.

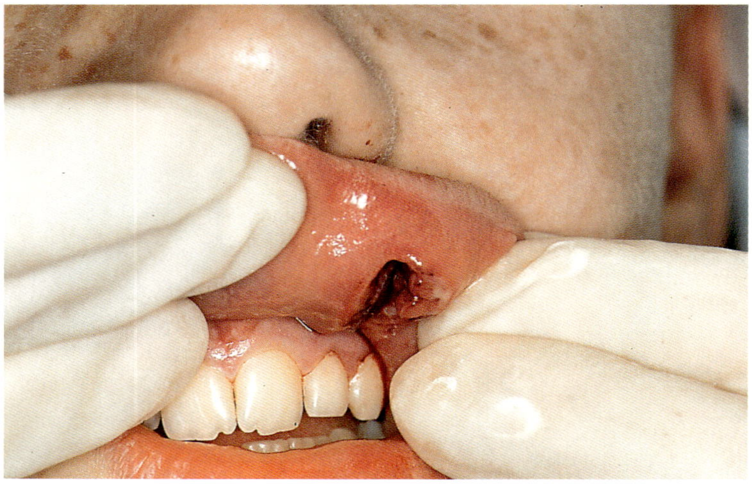

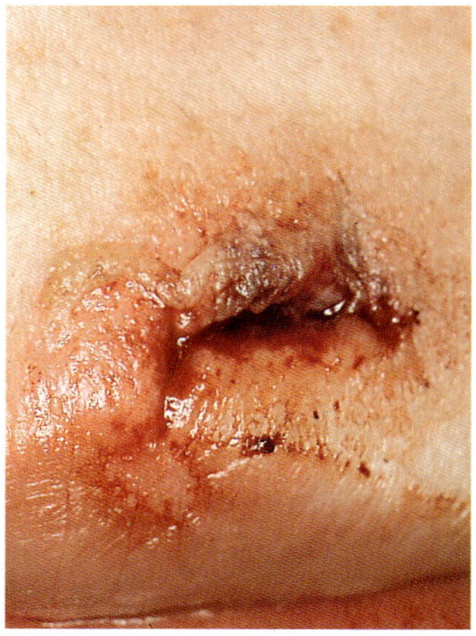

869 Orale Untersuchung
Inspektion der Okklusion, Feststellung von Zahnlockerungen, Elongationen, vorzeitigen Kontakten und frakturierten Zahnteilen. Rötung und Elongation von Zähnen deuten auf eine Luxation oder Zahnfraktur hin, wie hier bei Zahn 21.

Rechts: Bestätigung des Befundes durch eine Röntgenaufnahme einer Wurzelquerfraktur von Zahn 21.

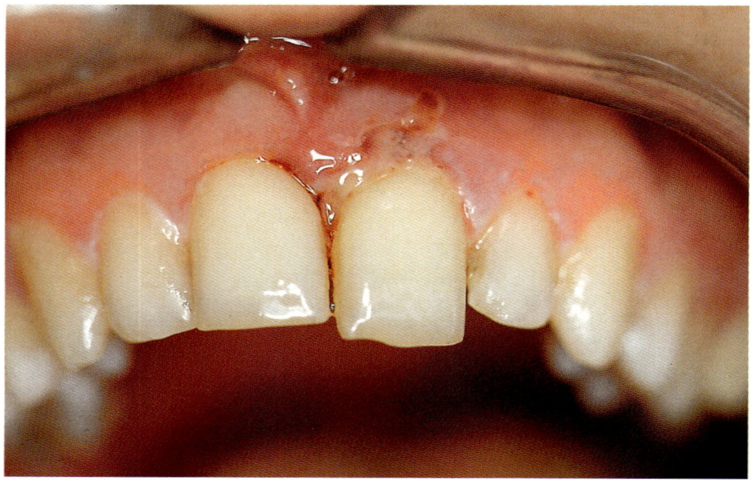

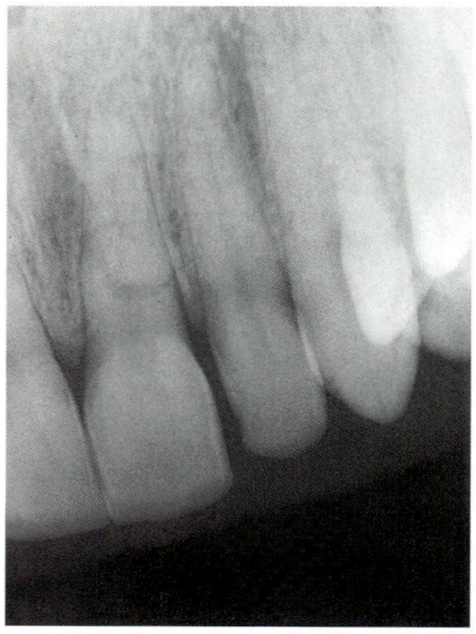

870 Abzählen der Zähne
Nach vorsichtiger Säuberung kann bei Mehrfachverletzungen am Alveolarfortsatz die Inspektion beginnen. Erst die Abzählung der vorhandenen Zähne läßt manchmal einen Verlust erkennen, da durch die Verschiebung und Frakturen von Kronen nicht immer eine Lücke offensichtlich zu Tage tritt.

Rechts: Das Röntgenbild ist bei diesem Traumafall eine unentbehrliche Ergänzung.

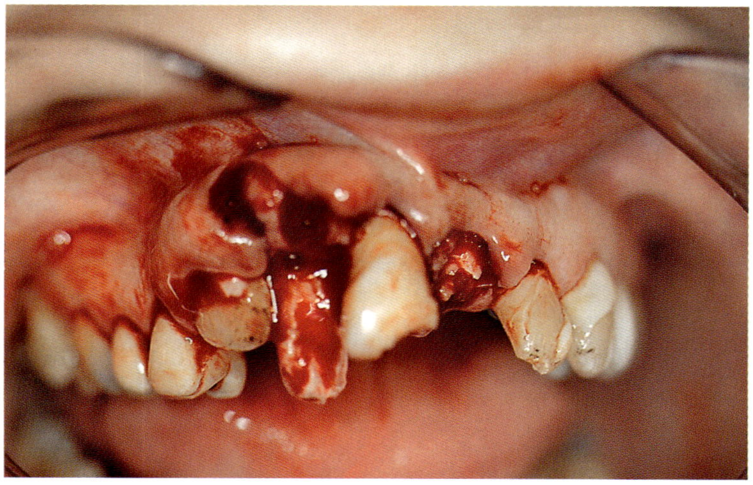

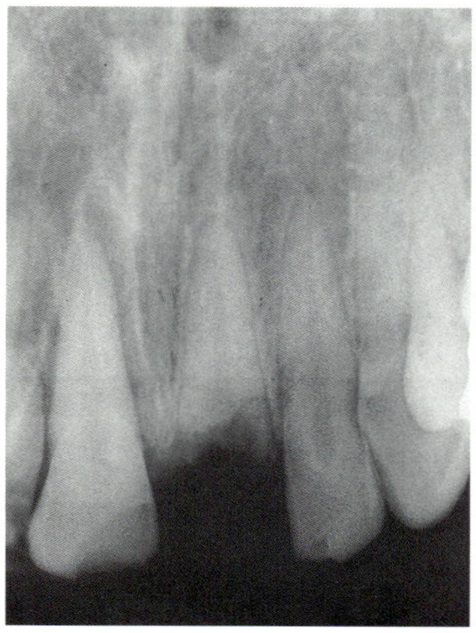

Intraorale Untersuchung

Im bezahnten Kiefer ist die Interkuspidation der Zahnoberflächen ein sehr präziser Befund, der gut zur Beurteilung von Dislokationen herbeigezogen werden kann. Die Abdrucknahme der Kiefer und die Herstellung eines Wachsbisses zur Festlegung der bestehenden Okklusion ist unerläßlich. Die daraus gefertigten Gipsmodelle der Kiefer sind ein wichtiges Dokumentationsmittel bei Traumafällen. Aber auch im zahnlosen Kiefer können bestehende Zahnprothesen Hinweise über Dislokationen der Kieferknochen geben. Bei einem Trauma sollen deshalb auch eventuell zerbrochene Prothesenteile sorgfältig aufgehoben und zur Untersuchung mitgebracht werden.

Nota bene
Bei Frakturverdacht oder angeblich gestörter Zahnkontakte müssen Modelle zur Überprüfung der Okklusion hergestellt werden.

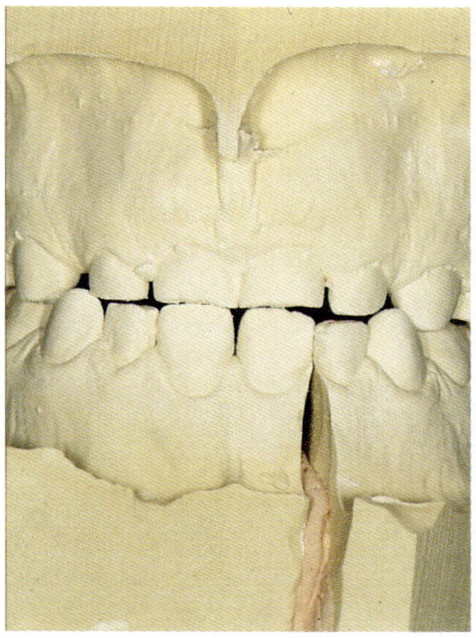

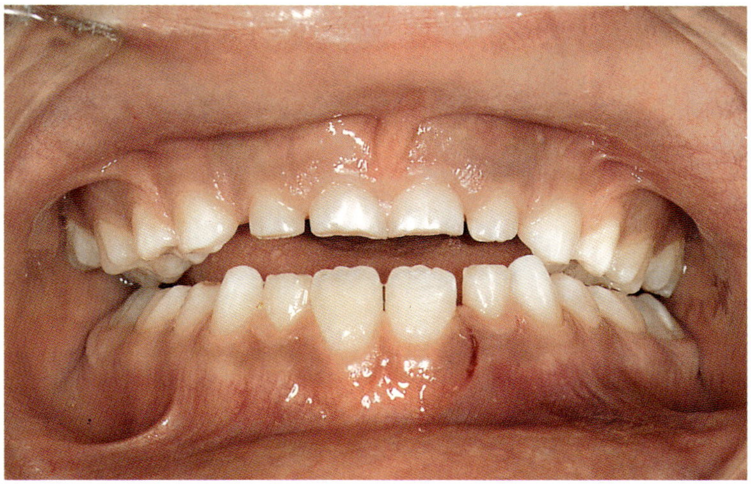

871 Okklusionsstörung
Okklusionsstörungen lassen sich beim Trauma wegen möglicher Schonstellung bei Schmerzen nicht leicht erkennen. Modelle sind unentbehrlich zur Überprüfung der Okklusion. Klinisch ist eine Stufenbildung und falsche Beweglichkeit bei 31 und 72 feststellbar mit vorzeitigem Zahnkontakt links.

Links: In Fällen okklusaler Stufen wird das Modell dupliziert; nach Zersägen im Frakturbereich wird die Okklusion gesucht und am Modell fixiert.

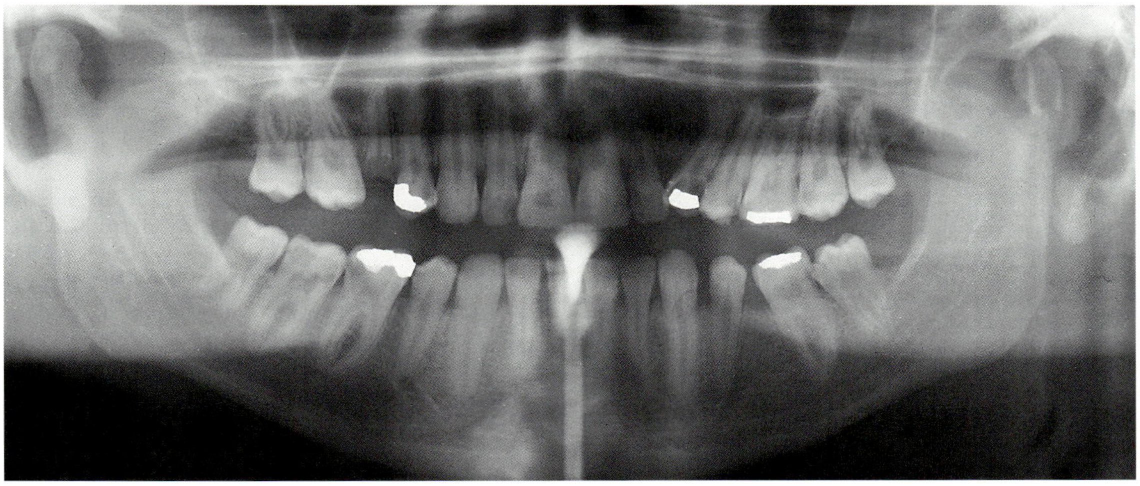

872 Orthopantomogramm
Das OPT eignet sich bestens als Übersichtsaufnahme. Die knöchernen Strukturen lassen Kontinuitätsunterbrüche und Verschiebungen in der anatomischen Achse erkennen, wie hier die doppelseitige Kieferköpfchenfraktur.

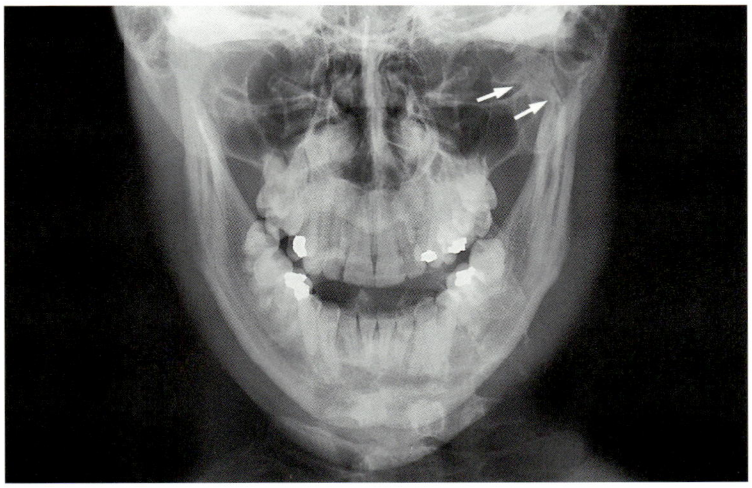

873 Unterkieferübersichtsaufnahme
Die zweite Ebene zur Darstellung von Knochenverletzungen des Unterkiefers ist die p.-a. Unterkieferübersichtsaufnahme bei maximaler Mundöffnung. Die Dislokation des linken Kondylus nach median ist gut sichtbar (Pfeile).

Röntgenuntersuchung

Verletzungen im Knochen verursachen zwar evtl. eine klinische Symptomatik, können jedoch nur im Röntgenbild nachgewiesen werden. Der Aufbau des Schädelskelettes zeigt einige typische Prädilektionsstellen für Frakturlinien. Nur bei genauer Kenntnis der knöchernen Schädelanatomie im Röntgenbild kann mit konventioneller Röntgentechnik eine sinnvolle Frakturdiagnostik betrieben werden.

Dabei müssen einige Prinzipien unbedingt befolgt werden:

- Mindestens Aufnahmen in zwei Ebenen der fraglichen Schädelabschnitte.
- Entsprechend der Verdachtsdiagnose sollen die Röntgenaufnahmen selektiv angefertigt werden (Machtens u. Heuser 1991, Dücker 1991).
- Das CT liefert ausgezeichnete Informationen in allen drei Ebenen, es kann alle anderen Schädelaufnahmen ersetzen. Die Schnitte sollen axial (der Patient befindet sich in Rückenlage) und, wenn möglich, auch koronal (der Patient befindet sich in Bauchlage) orientiert sein. Für die vollständige Darstellung der Kiefergelenke sind auch Schnitte in sagittaler Ebene erforderlich.

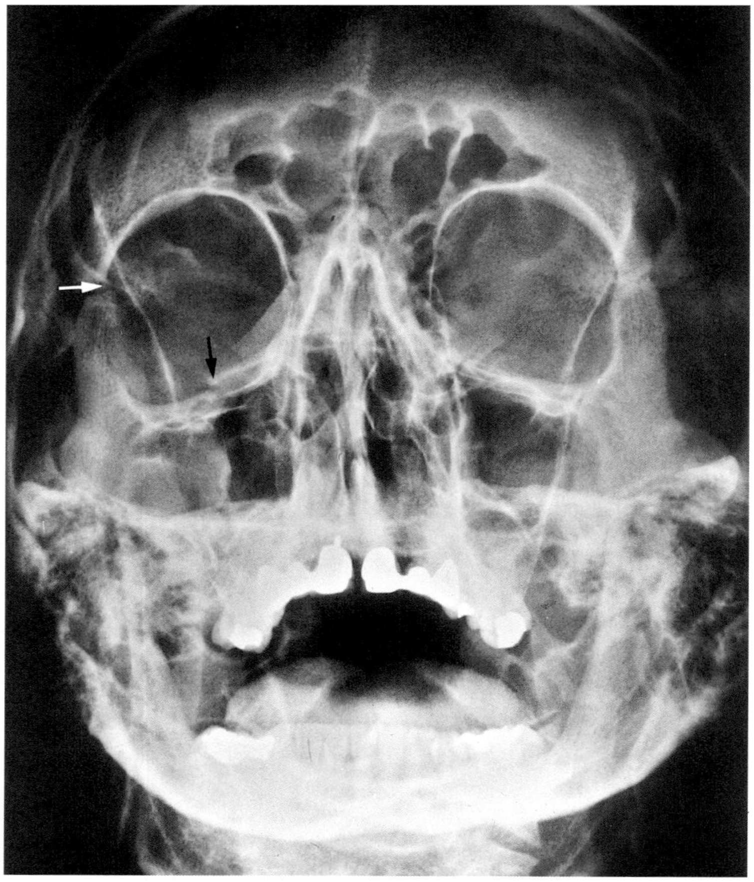

874 Mittelgesichtsverletzungen – p.-a. Schädelübersichtsaufnahme
Bei Gesichtsverletzungen ist die p.-a. Schädelübersichtsaufnahme indiziert. Bei dieser Aufnahme kann das geübte Auge die Konturen des Mittelgesichtes beurteilen: Jochbeinfraktur rechts (Pfeile).

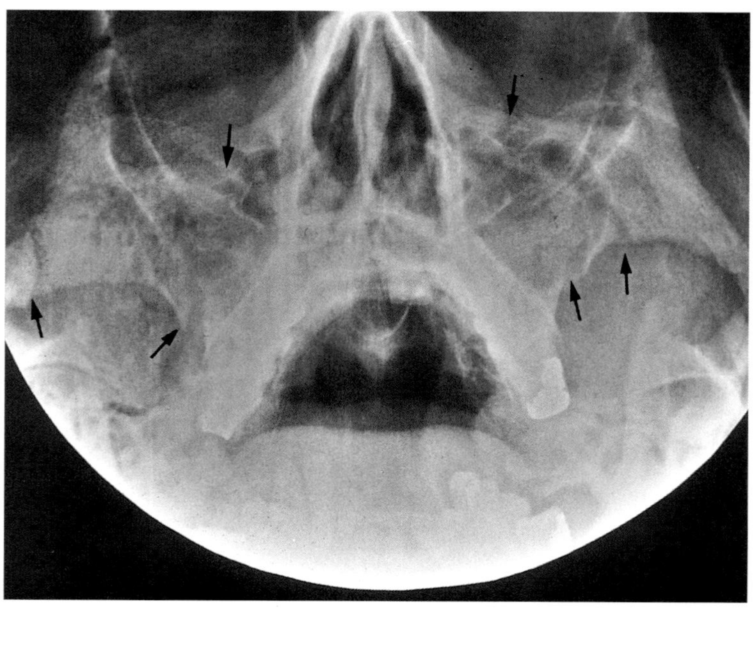

875 Mittelgesichtsverletzung – halbaxiale Oberkieferaufnahme
Die halbaxiale Oberkieferaufnahme zeigt insbesondere Knochenverletzungen im Bereich des Mittelgesichtes, der Kieferhöhlenbegrenzung lateral, des Jochbeines, des Jochbogens und der Orbitaumrandung an (Pfeile). Es handelt sich um eine komplexe Mittelgesichtsfraktur.

Standardaufnahmen

Orthopantomogramm: Übersichtsaufnahme günstig für Unterkieferhorizontalast und Jochbeinkomplex. Schwer zu beurteilen sind Kinnregion, Kiefergelenke sowie Mittelgesicht.
Halbaxiale Schädelaufnahme: Günstig für Alveolarfortsatz, laterale Kieferhöhlenwand und der lateralen und ventralen Orbitaregion. Ein Hämatosinus ist erkennbar.
Axiale Schädelaufnahme (Henkeltopf): Günstig für Jochbeinbereich, speziell Jochbogen.
Seitliche Schädelaufnahme: Darstellung von Frontalregion, Orbitakomplex und Alveolarfortsätzen. Frakturen sind nicht immer einwandfrei sichtbar.
Posterior-anteriore Unterkieferübersichtsaufnahme mit maximaler Mundöffnung: Günstig für Frakturlinien und Dislokationen im Kieferwinkel, im aufsteigenden Ast und Gelenkfortsatz sowie im Processus muscularis.
Seitlich getrennte Unterkieferaufnahme: Beurteilung des Kieferwinkels und des Horizontalastes.
Oberkiefer- und Unterkieferaufbißaufnahme: Günstig für Frakturlinien im Unterkieferkinnbereich, -eckzahnbereich sowie im Fossa-canina-Bereich.
Intraorale Zahnaufnahme: Zur Darstellung von Zahnschäden, Wurzelfrakturen und Alveolarfortsatzfrakturen.

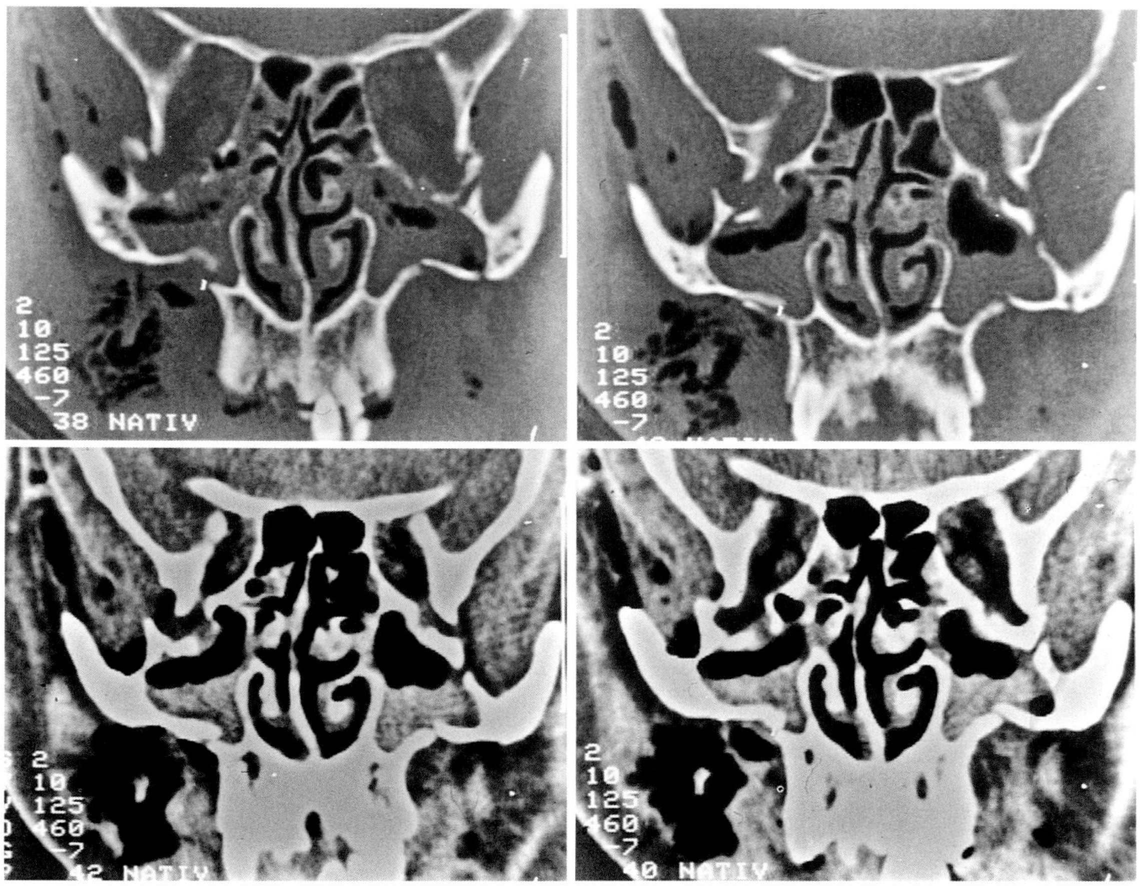

876 Computertomogramm
Durch Veränderung der Aufnahmeparameter können besondere Knochen- oder Weichteildarstellungen erreicht werden: Die koronalen Schnitte zeigen eine massive Impression des Mittelgesichts im sogenannten „Knochenfenster".

Unten: Weichteilfenster. Dieselben CT-Aufnahmen mit Darstellung der Weichteile lassen das ausgedehnte Emphysem der linken Wangenweichteile erkennen.

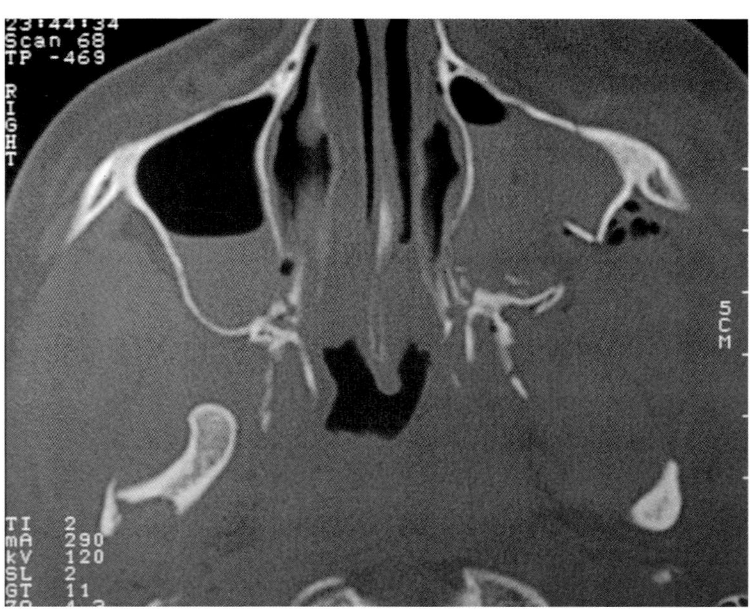

877 Computertomogramm
Bei komplexen Fragestellungen kann einzig das CT weiteren Aufschluß geben, wie diese axiale Aufnahme mit Darstellung der Zertrümmerung der Sinushinterwand links, Frakturen im Bereich des Processus pterygoideus beidseits, Hämatosinus beidseits sowie massiver Dislokation des rechten Kiefergelenkfortsatzes.

Verletzungen und Schäden

Weichteilverletzungen

Je nach Art der äußeren Einwirkung unterscheiden wir folgende Verletzungsarten:
- Riß-Quetsch-Wunde,
- Platzwunde,
- Schnittwunde,
- Verätzungen,
- Verbrennungen,
- Strahlenschaden.

Entsprechend der Art der Gewebezerstörung unterscheiden wir folgende Verletzungsformen:
- Defektbildung,
- Penetration nach oral,
- Penetration zum Knochen,
- Verletzung von Gefäßen,
- Verletzung von Nerven (N. facialis),
- Verletzung von Speichelgängen (Ausführungsgang der Glandula parotis und der Glandula submandibularis),
- Fremdkörpereinschlüsse.

Die Beurteilung der Art der Verletzung ist sehr wichtig für die Erkennung der Ätiologie. Eine Diskrepanz zwischen Verletzungsart und geschildertem Unfallhergang kann forensisch von Bedeutung sein.

Zahnverletzungen

Die Verletzung der Zähne wird hier nur schematisch dargestellt.
Die Verletzung von Zähnen bei Trauma im Kieferbereich ist häufig. Je nach Krafteinwirkung können Zähne, besonders im Frontbereich, direkt betroffen sein oder indirekt durch Aufschlagen der bezahnten Kieferabschnitte. Dadurch können sowohl äußere Schäden am Zahnhartmaterial wie auch nicht sichtbare Schäden im Bereich der Zahnwurzel sowie Kombinationen vorkommen. Prinzipiell ist auf die intakte Bedeckung der Pulpakammer mit Hartgewebe zu achten. Ist die Pulpa eröffnet, kann ohne entsprechende Behandlung eine Infektion via Nervkanal in den Kieferknochen gelangen. Abgesehen von der Schmerzbeseitigung ist in solchen Fällen eine sofortige Zahnbehandlung angezeigt. Die Untersuchung des traumatisierten Kiefers muß deshalb auch den Zustand der einzelnen Zähne umfassen. Dies geschieht durch Kontrolle der Okklusion, durch Palpation der einzelnen Zähne zur Prüfung abnormer Beweglichkeiten, durch die Untersuchung mit der Zahnsonde, um Defekte an Zahnkronen feststellen zu können, und durch die Vitalitätsprobe. Fragliche Zähne müssen mittels intraoraler Röntgenaufnahmen überprüft werden, um Wurzelfrakturen oder vorhandene Wurzelfüllungen beurteilen zu können.

Knochenverletzungen

Direkte und indirekte Knochenverletzungen

Verletzungen der knöchernen Unterlage treten meist nicht ohne Spuren an den bedeckenden Weichteilen auf. Allerdings sind auch Knochenbrüche ohne direkte Krafteinwirkung an entsprechender Stelle möglich.
Wir unterscheiden deshalb direkte und indirekte Knochenverletzungen. Ein Beispiel der indirekten Knochenverletzung ist die Kiefergelenksfraktur, bei der die Krafteinwirkung meist am Kinn erfolgt, die Kraft über den Unterkiefer zu den Gelenkfortsätzen geleitet wird und dort zur Traumatisierung führt.

Dislokationen

Meist kommt es bei den Knochenverletzungen zu mehr oder weniger ausgedehnten Dislokationen der Fragmente. Neben der direkten Krafteinwirkung spielen dabei Muskelzüge an den einzelnen Knochenteilen eine ausschlaggebende Rolle. Je nach deren Einwirkung kann man deshalb von günstigen (durch die Muskulatur eher in Normallage gehaltene Fragmente) und ungünstigen Frakturlinienverläufen (durch die Muskulatur leicht zu zusätzlicher Dislokation tendierend) sprechen. Eine Fraktur ohne Dislokation mit noch intakter Periosthülle wird „Grünholzfraktur" genannt. Die Art und Ausdehnung der Dislokation hat eine wesentliche Bedeutung bei der Wahl der Therapiemittel.

Offene und geschlossene Frakturen

Steht die Knochenverletzung durch entsprechende Weichteilzerstörung mit der Außenwelt in Verbindung, sprechen wir von offener Fraktur. Offene Frakturen zeigen eine erhöhte Infektionstendenz und verlangen eine angemessene Antibiotikaprophylaxe. Auch die Verletzung oraler Weichteile mit Penetration zur Bruchstelle, z.B. via Periodontalspalt, ist als offene Fraktur zu bezeichnen.

Knochenverletzungen in bezahnten oder unbezahnten Kieferabschnitten

Knochenverletzungen in den Kieferabschnitten sind durch die Art und Vollständigkeit der Bezahnung charakterisiert. Eine vorhandene oder fehlende Zahnokklusion spielt für die Wahl der Behandlungsmittel neben anderen Faktoren eine ausschlaggebende Rolle. Es ist wichtig, daß auch vorhandener abnehmbarer Zahnersatz in die Beurteilung mit einbezogen wird. Vorhandene Prothesen können meist für die Reposition und Ruhigstellung von Kieferbrüchen verwendet werden.

Kiefergelenkfrakturen

Frakturen im Bereich des Kiefergelenkes entstehen meist durch sekundäre Krafteinwirkung, nämlich Schlag im Kinnbereich und Kraftableitung in die Kiefergelenkfortsätze. Bezahnung und Kieferhaltung beim Trauma haben Einfluß auf die Richtung der Kraftableitung: Zahnlosigkeit oder offene Mundstellung lassen die Krafteinwirkung auf den Unterkiefer direkt auf die Gelenkstrukturen ableiten. Bei geschlossener Mundstellung sind dagegen Zahnschäden zu erwarten.

Befunde

Klinisch:
- Riß-Quetsch-Wunde im Kinnbereich,
- Druckdolenz, möglicherweise mit Schwellung im betroffenen Kiefergelenk,
- Kondylus nicht tastbar oder ohne Bewegung bei Unterkieferexkursion und -vorschub,
- Abweichung der eingeschränkten Mundöffnung zur kranken Seite,
- Abweichung bei Vorschub zur kranken Seite,
- Okklusion möglicherweise ohne Zahnkontakt auf der gesunden Seite,
- Verschiebung der Mittellinie zur kranken Seite.

Radiologisch:
- Achsabweichung der frakturierten Seite,
- Dislokation des Kondylus,
- Frakturlinien im Unterkieferbereich?
- Achsabweichung des Processus articularis.

Bei doppelseitigen Kondylusfrakturen ist oft nur die Mundöffnung und die Exkursion symmetrisch eingeschränkt, mit entsprechenden Schmerzpunkten im Gelenk. Die Okklusion zeigt meist eine Rücklage des Unterkiefers mit frontoffenem Biß.

Bei Frakturen im Gelenkbereich können zusätzliche Verletzungen im äußeren Gehörgang vorhanden sein. Auch Traumatisierung oder Perforation der sehr dünnen Gelenkpfanne ist möglich. Anzeichen schwer abschätzbarer Verletzungen erfordern die Beurteilung des Patienten durch den Spezialisten.

Cave
Gelenkfrakturen bei Kindern sind oft symptomlos. Die Mundöffnung muß nicht eingeschränkt sein.

Gelenkluxationen

Die federnde Fixation eines Gelenkanteils in abnormer Stellung wird als Luxation bezeichnet. Die Gelenkluxation kann einseitig, beidseitig, habituell oder traumatisch sein.

Nota bene
Das Röntgenbild ist nie beweisend für eine Kiefergelenkluxation. Entscheidend ist der klinische Befund.

Diskusluxationen

Der Discus articularis kann nach lateral, anterior, median oder retral disloziert sein. Entsprechend ist auch die Funktion des Kiefergelenkes eingeschränkt. Meist ist sie einseitig, der Diskus nach vorn oder gelegentlich hinten disloziert.

Im Anschluß an langdauernde zahnärztliche Behandlungssitzungen bei maximaler Mundöffnung können Druckschäden am Discus articularis auftreten, so daß die funktionelle Gleitbewegung des Kiefergelenkes behindert wird. Erst durch die Reposition des dislozierten Diskus, die auch spontan erfolgen kann, wird wieder eine normale Unterkieferfunktion erreicht. Im Wiederholungsfall ist auch mit einer Überdehnung des Bandapparates zu rechnen und eine temporäre Ruhigstellung der Kiefergelenke notwendig.

Luxation nach vorn: Eingeschränkte Mundöffnung (oft am Morgen, besonders bei nächtlichem Pressen und Knirschen), im frischen Fall auch schmerzhaft.
Seitabweichung des Unterkiefers zur betroffenen Seite bei Öffnungs- und Translationsversuch.

Luxation nach hinten: Schlußbiß schmerzhaft, oft unmöglich, mit leicht offenem Biß im Seitenzahngebiet. Geringe Mundöffnungsbehinderung.

Radiologische Abklärung durch Arthrographie und CT bzw. MRI.

Strahlenschäden

Bei der Behandlung maligner Tumoren im orofazialen Gebiet hat die Radiotherapie ihren festen Platz. Die Nebenwirkungen der Bestrahlungstherapie sind abhängig von der Strahlendosis auf die örtlichen Gewebe. Langdauernde und irreversible Schädigungen von Zähnen, Weichteilen und Knochen sind zu erwarten.

Schäden am Knochen

Durch ionisierende Strahlung wird besonders die Intima der Gefäße geschädigt, was eine Durchblutungsstörung zur Folge hat. Für den Kieferknochen bedeutet dies oft eine Nekrotisierung (Radioosteonekrose). Dadurch sind reparative Prozesse unmöglich oder verzögert und die Abwehrmechanismen gestört. Eine irreversible Schädigung des Knochens ist ab einer Dosis von 50 Gy zu erwarten.

Schäden an den Weichteilen

Die Weichgewebe werden ebenso geschädigt, was zu vermindertem Speichelfluß (Atrophie der Acini) und einer entzündlichen Atrophie der Schleimhaut bis zu Ulzerationen (Strahlenstomatitis) führen kann. Die Kariesaktivität steigt erheblich. Deshalb ist es notwendig, vor einer Strahlentherapie im Kiefer-Gesichts-Bereich aktive oder manifeste und potentielle Infektionsquellen (Infektionsherde) zu sanieren.

Wegen der meist kurzen Zeitspanne zwischen Befunderhebung und geplantem Bestrahlungsbeginn sind zahnerhaltende Maßnahmen im betroffenen Kieferabschnitt nicht immer durchführbar.

Unsere Beurteilungskriterien zur Erkennung von Infektionsherden vor Strahlentherapie sind im Kapitel Herdabklärung (S. 20 u. 55) dargestellt. Die vorgesehenen Maßnahmen sollen mit dem Radiotherapeuten abgesprochen werden. Er kann nach seiner Planung auch die genaue Zone des Strahlenfeldes und der betroffenen Gesichtsabschnitte angeben. Die modernen Bestrahlungsmethoden lassen eine präzise Abgrenzung des Strahlenfeldes mit Angabe der zu erwartenden Dosis im betreffenden Bereich zu.

Es ist empfehlenswert, das Procedere vor, während und nach der Bestrahlung für den Einzelfall festzulegen. Die langfristige Betreuung dieser Patienten muß gesichert sein („Recall") trotz oft fehlender Kooperation des Patienten. Der Behandler muß für die besondere Situation des Patienten, der möglicherweise andere Prioritäten vor seine Zahnbehandlung setzt, das notwendige Verständnis und Einfühlungsvermögen aufbringen können.

Behandlung von Weichteilverletzungen

Nota bene
Bei Wunden besteht immer Infektionsgefahr.
Die Tetanusprophylaxe darf auch vom Zahnarzt nicht vergessen werden.

Gefäßverletzungen und Blutungen: Aufsuchen des Gefäßes und Ligatur, Kauterisation oder manuelle Kompression.
Penetrierende Wunde: Schichtweiser Verschluß.
Fremdkörper: Klärung durch Weichteilröntgen, Palpation bzw. Sondierung; Entfernung und Spülung, Wundversorgung. Verschmutzte Hautschürfungen mit harter Bürste reinigen.
Hämatom: Entleerung bei großen Blutansammlungen, Spülung, Infektprophylaxe.
Nervenverletzungen oder Störung von Sensibilität, Sensorik und Motorik: Behandlung durch den Spezialisten.
Verletzung von Speichelgängen: Drainage. Behandlung durch den Spezialisten.
Defektbildungen: lokale Wundpflege, Deckverband. Behandlung durch den Spezialisten.

Nota bene
Beschränktes Débridement, Weichteile sorgfältig erhalten. Keine extensiven Wundrandexzisionen im Gesichtsbereich.

Die Weichteilwunde soll erst nach der Behandlung der bestehenden Knochenverletzung definitiv versorgt werden:
Motto: Gesichtsverletzungen von innen nach außen versorgen.

Freiliegender Knochen soll mit vaselinierter Gaze (z.B. Jodoform-Vaseline-Gaze) abgedeckt werden, falls eine Deckung mit Weichteilen nicht möglich ist. Dies gilt auch als Sofortmaßnahme für den Transport des Patienten.

Chemische, thermische und Strahlenschäden werden separat dargestellt.

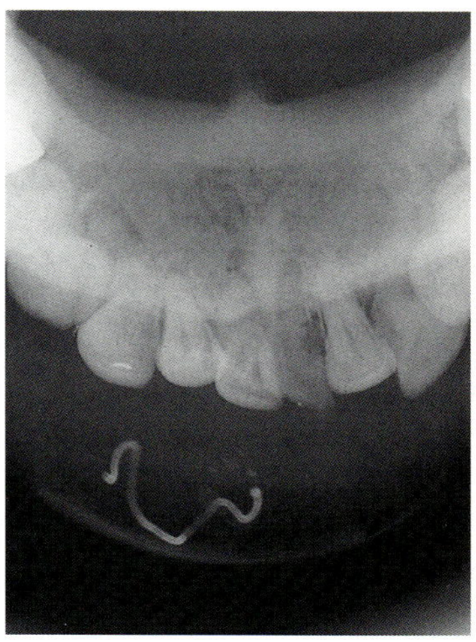

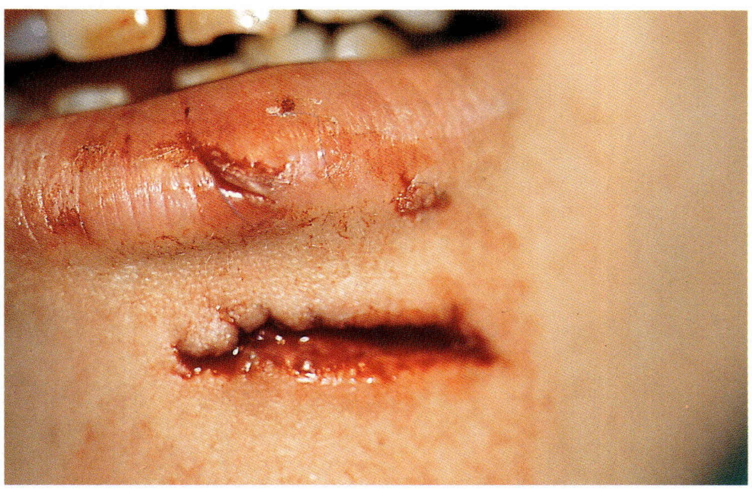

878 Weichteilverletzungen
In den Weichteilen muß das Vorhandensein von Fremdkörpern ausgeschlossen werden. Besonders bei Bißverletzungen mit Zahnfrakturen können sich Schmelzsplitter in den Weichteilen befinden.

Links: Eine Weichteilröntgenaufnahme kann Fremdkörper sichtbar machen.

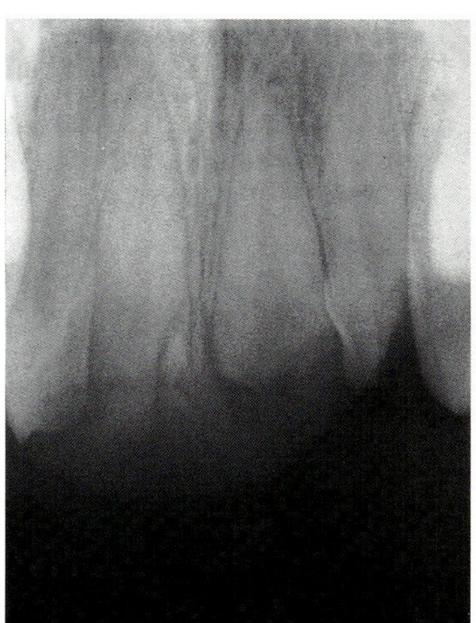

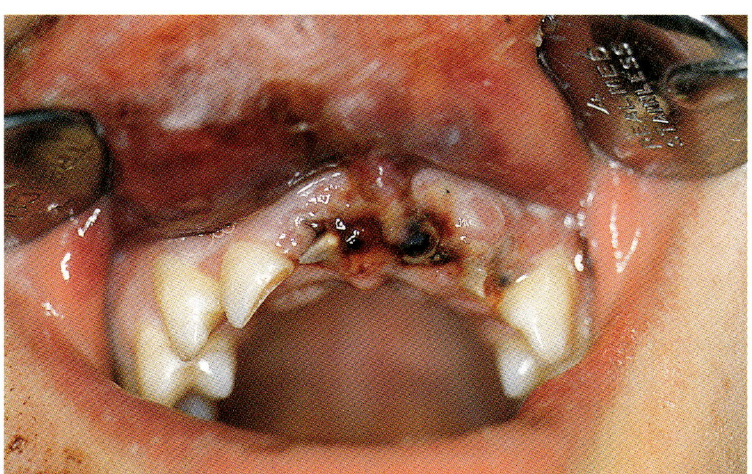

879 Hämatome
Ausgedehnte Hämatome lassen auf weitere, nicht sichtbare Verletzungen, besonders Frakturen, schließen. Hier ein Hämatom im Vestibulum bei Luxation der Oberkieferfrontzähne.

Links: Das Zahnröntgenbild zeigt die Zähne 12, 11, 21, 22 ohne Anzeichen einer Alveolarfortsatzfraktur.

Wundversorgung

Am Beginn steht die sorgfältige Säuberung der Wunde mit H_2O_2-getränktem Tupfer und die Desinfektion der Oberfläche (Alkohol, Betadyne).

Wundschorf und Koagel werden sorgfältig beseitigt und die Wunde ausgespült.

Die Wundinspektion und die Sondierung mit der Knopfsonde geben Aufschluß über penetrierende Defekte und Verbindungen zur Kieferhöhle.

Nekrotisches Gewebe und Fremdkörper werden entfernt, ohne bedeckende Weichteile zu exzidieren. Der Wundkanal bei perforierenden Weichteilwunden wird mit Kochsalzlösung gespült.

Der Wundverschluß wird durch schichtweise Nahtlegung erreicht: Muskulatur und Bindegewebe mit resorbierbarem Nahtmaterial, Schleimhaut- und Hautnaht mit monofilem Faden.

880 Fremdkörper
Belassene Fremdkörper führen meist zu Infekten: Schmerzen, Schwellung, Rötung, Fistelbildung.

Rechts: Der Schmelzsplitter von Zahn 22 wurde aus der Oberlippe entfernt.

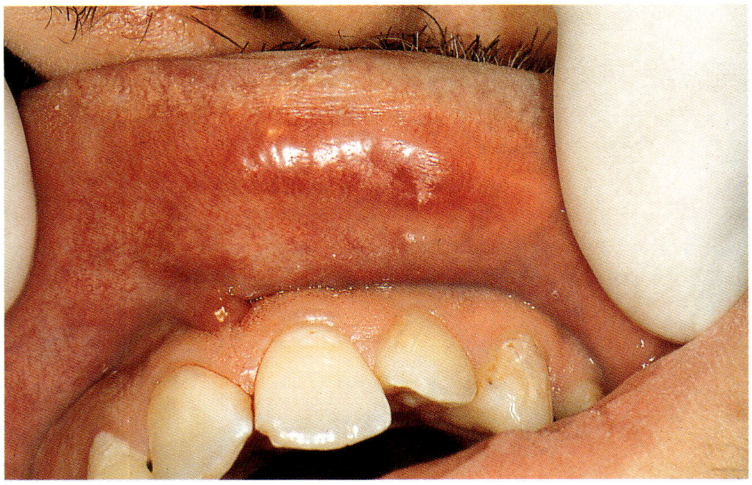

881 Wundversorgung
Weichteilverletzungen werden von innen nach außen versorgt: zuerst Reinigung und Spülung. Wundrandexzisionen werden grundsätzlich nicht durchgeführt. Einzig nekrotische Weichteilpartien können sehr vorsichtig beseitigt werden. Die Wundnaht erfolgt ebenfalls von innen nach außen: Zuerst Naht des subkutanen Gewebes, dann die feine Adaptation der Hautränder und sorgfältige Naht im Hautbereich mit Einzelnähten.

Rechts: Schema des schichtweisen Verschlusses.

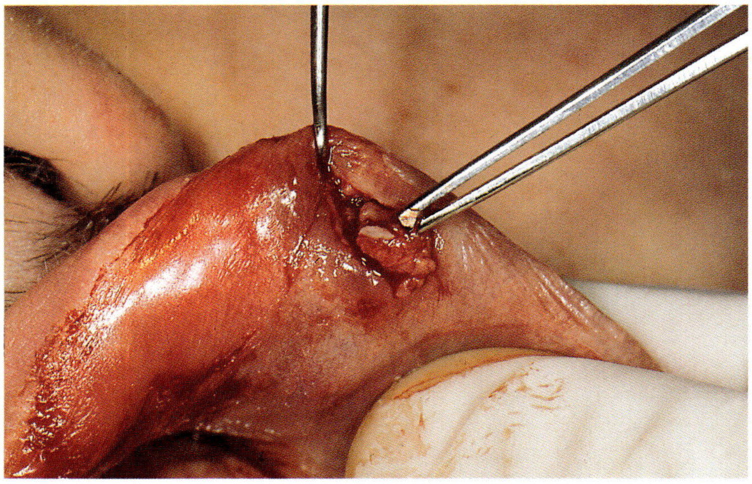

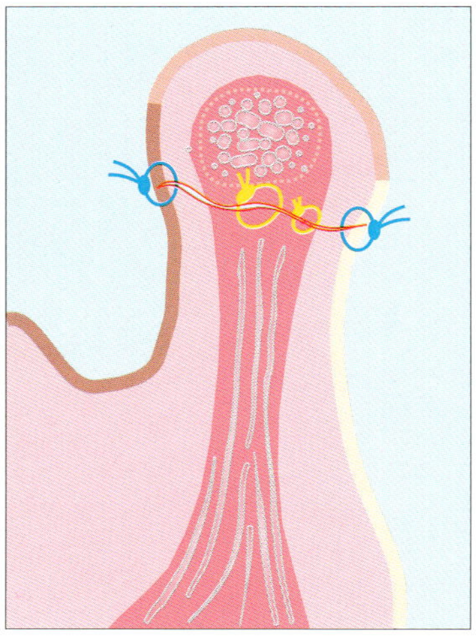

Behandlung der Zahnverletzungen

Zahnverletzungen im Zusammenhang mit Kieferfrakturen sind häufig. Der Erstbehandler sollte deshalb auch über die wesentlichen Behandlungsmöglichkeiten bei Zahnschäden Bescheid wissen. Im Vordergrund steht die Erhaltung traumatisierter Zähne. Meist liegt im Moment der Unfallbehandlung keine zahnärztliche Behandlungsplanung vor, und die Entscheidung über die Erhaltungswürdigkeit einzelner Zähne kann nicht gefällt werden. Somit sollen alle beschädigten Zähne, die die chirurgische Behandlung nicht negativ beeinflussen, möglichst erhalten werden.

Frakturen der Krone

Ohne Pulpabeteiligung: keine Sofortmaßnahmen.
Mit Eröffnung der Pulpa: Überkappung oder Wurzelbehandlung.

Frakturen der Wurzel

Oberhalb des Alveolenrandes: Wurzelbehandlung.
Innerhalb der Alveole: Beurteilung der Erhaltungsmöglichkeit und Prognose des Zahnes, eventuell Entfernung der Wurzel, im Zweifelsfall Wurzelbehandlung.

Zahnluxationen

Weitaus am häufigsten weisen Kinder und Jugendliche Zahnverletzungen auf. Dabei sind Frontzähne zu über 80 % betroffen und bis über 50 % der Jugendlichen haben bis zum 20. Altersjahr ein Zahntrauma (Milch- oder bleibende Zähne) erlitten (Andreason 1988, Hotz 1990, Kirschner u. Mitarb. 1992, von Arx 1990, Stöckli u. Ben Zur 1994). Die Luxationsverletzung bedingt chirurgische Maßnahmen.

Teilluxationen

Bei Teilluxation erfolgt Reposition und Fixation mit dem Außenbogen. Keine starre Immobilisation anbringen, da dadurch Wurzelresorptionen provoziert werden. Besonders die langsame Reposition über Minuten kann annähernd schmerzfrei durchgeführt werden. Einzig die Luxation nach palatinal mit Verklemmung der Wurzel mit dem vestibulären Alveolarknochen erfordert besondere Geschicklichkeit. Der Zahn muß möglicherweise erst etwas extrudiert werden, um die Reposition zu ermöglichen. Findet die Erstbehandlung erst nach Tagen statt, ist durch Heilungsvorgänge bereits eine Verfestigung des Zahnes zu erwarten. Die Reposition erfolgt unter Lokalanästhesie und mit dosierter, kontrollierter Kraft der Zange.

Reposition und Replantation

Milchzähne werden nicht replantiert. Die Prognose ist äußerst fraglich und die Gefahr der Verletzung eines Zahnkeimes zu groß. Luxierte Milchzähne richten sich meist spontan durch Lippen und Zungendruck wieder ein. Zentralluxierte Milchzähne brechen innerhalb weniger Tage bis Wochen wieder durch.

Prognose luxierter Zähne

Für den Behandlungserfolg, d.h. die reizlose Einheilung des Zahnes mit physiologischer Belastbarkeit, spielen folgenden Faktoren eine Rolle (Andreason 1988, Barbakow u. Imfeld 1980):

Extraalveoläre Verweildauer: Resorptionen des replantierten Zahnes sind deutlich erhöht, wenn eine Trockenlagerung von mehr als 30 Minuten bestand.

Intaktes Desmodont: Vermeidung aggressiver Reinigung des Zahnes.

Endodontie: Sofortige Wurzelfüllung erhöht die Resorptionsrate.

Calciumhydroxideinlagen schonen das apikale Desmodontalgewebe. Sie sollte verzögert erfolgen.

Repositionstechnik: möglichst berührungsfreie Replantation.

Schienung: Außenbogen mit Erhaltung der physiologischen Beweglichkeit.

Die meisten Verletzungen sind zu einem Zeitpunkt der kritischen Zahnentwicklung, nämlich zwischen 8 und 11 Jahren zu beobachten (Gnoinski 1944).

Der Langzeiterfolg einer Replantation hängt im wesentlichen davon ab, ob das Desmodont der Wurzeloberfläche noch intakt ist. Die Überlebenschance der Desmoblasten nimmt innerhalb von 30 Minuten nach extrakorporeller Exposition deutlich ab. Wesentlich für das Überleben des Desmodonts ist jedoch auch das Aufbewahrungsmedium des luxierten Zahnes. Isotonische Lösungen können die Desmodontalnekrose deutlich hinauszögern und damit die Erfolgsquote bei einer Replantation erhöhen. Optimal ist das Aufbewahren des Zahnes in physiologischer Kochsalzlösung, jedoch auch Milch oder Speichel ist besser als die trockene Aufbewahrung. Ideal wäre die sofortige Reposition des Zahnes am Unfallort.

Indikation zur Replantation

Jugendliche bis 18 Jahre: Eine Replantation sollte immer angestrebt werden. Zähne ohne abgeschlossenes Wurzelwachstum haben eine gute Chance, unter Erhaltung der Vitalität wieder einzuheilen. Als mittelfristiges Provisorium ist eine Replantation immer sinnvoll. Die langfristige Planung muß aber ebenfalls berücksichtigt werden. Ankylosierte Zähne hinterlassen nach deren Entfernung oft einen störenden Defekt. Dieser muß je nach Behandlungsplanung und ästhetischen Ansprüchen behoben werden. Ein späterer Zahnersatz mittels Implantation ist zu erwägen.

Erwachsene ab 18 Jahre: Der Restitutionsprozeß hängt hauptsächlich von vier Faktoren ab: von der Regenerationsfähigkeit der einzelnen Zellarten, vom Vorhandensein einer Infektion, von der posttraumatischen Anoxie im Gewebe und von den einzelnen therapeutischen Maßnahmen wie Reposition und Fixation.

Der Entscheid, einen Zahn zu replantieren, soll deshalb von einer umfassenden Beurteilung der individuellen Situation abhängen: Art des Unfallereignisses, Zeitfaktor, Zustand der Wunde (Gewebsdefekte), Zustand der Dentition, Okklusionslage, Kariesanfälligkeit und Kooperation des Patienten und der Eltern.

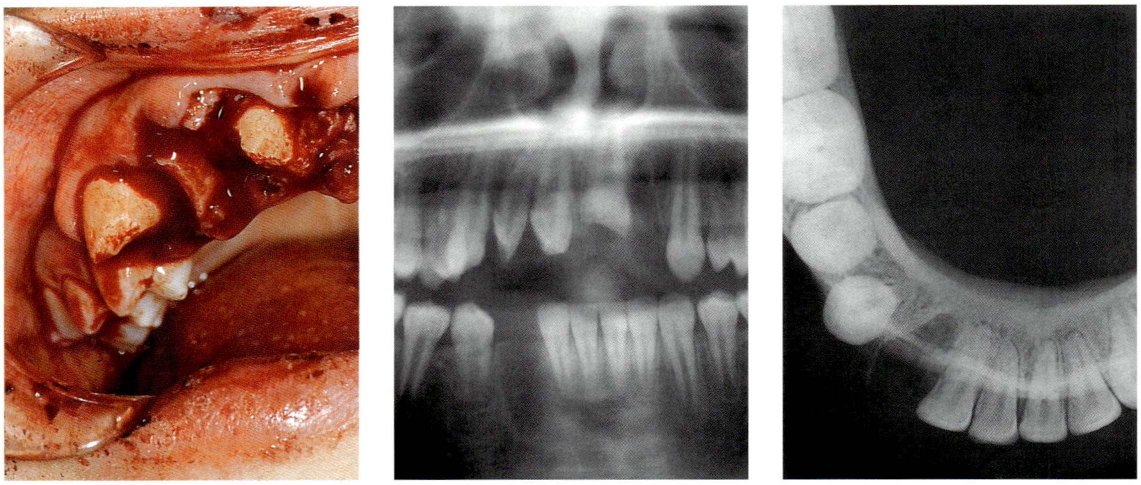

882 Indikation zur Replantation
Links: Dieser 15jährige Knabe stürzte mit dem Fahrrad. Die Okklusion ist durch die Verschiebung von Zähnen im rechten Oberkiefer gestört. Der Patient erscheint 35 Minuten nach dem Unfall und bringt den Zahn 43 in der Hand.

Mitte: Das OPT zeigt Teilluxation der Zähne 13, 12, 11, Kronenfraktur der Zähne 11 und 21 sowie die leere Alveole des Zahnes 22 und 43.

Rechts: Ausschnitt der Unterkieferaufbißaufnahme: Die bukkale Alveolenwand des 43 ist noch erhalten.

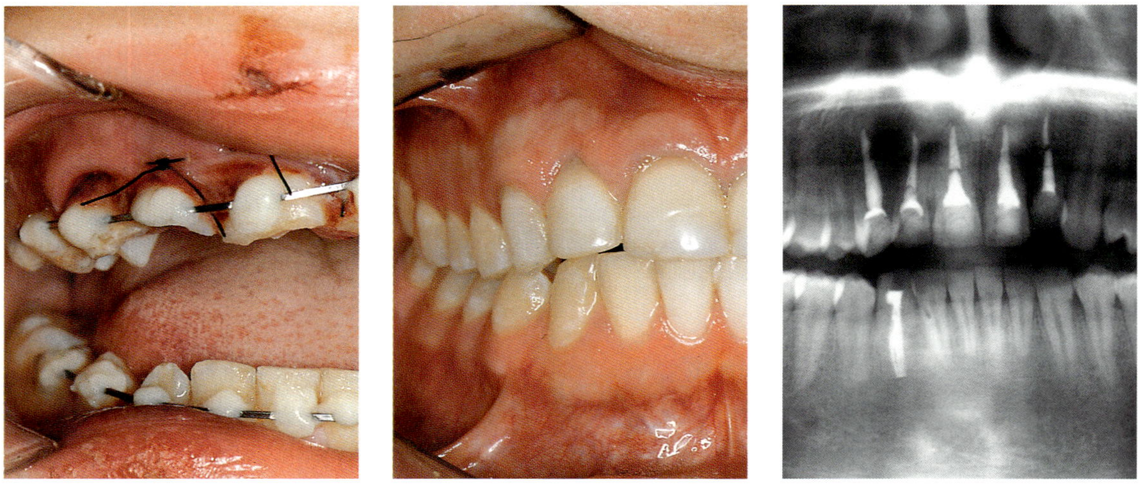

883 Verlaufskontrolle
Links: Die luxierten Zähne wurden mit einem geklebten Außenbogen für zwei Wochen fixiert.

Mitte: Zustand vier Jahre nach dem Unfall mit provisorischer Versorgung der Zähne im Oberkiefer und replantiertem Zahn 22 und 43.

Rechts: Das OPT vier Jahre nach dem Unfall: alle Zähne sind erhalten, Wurzelfüllungen wurden im Verlauf der Beobachtungszeit im ersten Jahr nach dem Unfall durchgeführt.

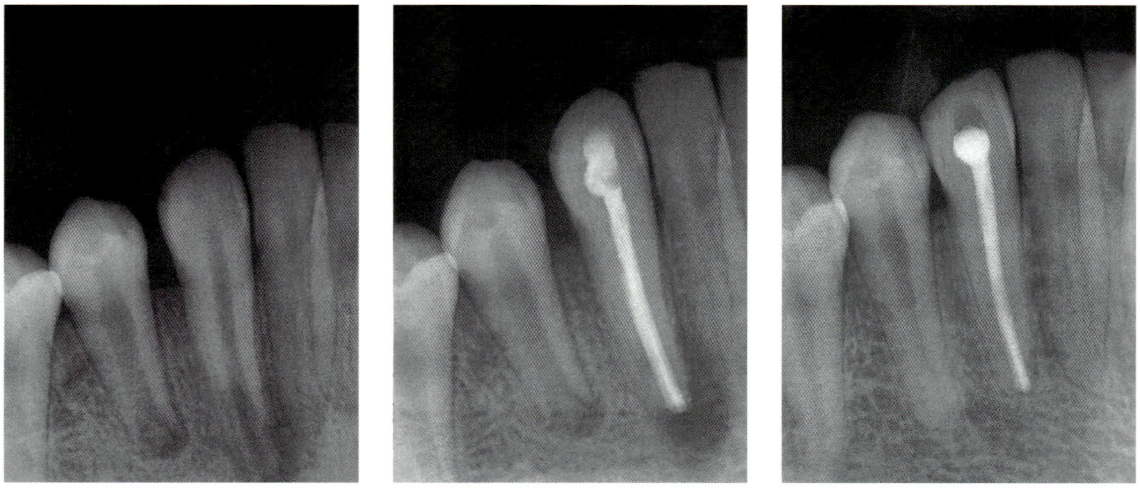

884 Verhalten des replantierten Zahnes 43
Links: Das Röntgenbild zeigt die noch weite Pulpakammer mit verbreitertem Periodontalspalt.

Mitte: Nach $CaOH_2$-Einlage wurde der Zahn nach 2 Monaten wurzelbehandelt und nach 6 Monaten wegen Fistelbildung reseziert.

Rechts: Zustand 4 Jahre nach Replantation: normaler Desmodontalspalt, ohne Anzeichen von Wurzelresorptionen.

Vorbereitung zur Replantation

1. Sanfte Säuberung der Alveole: nach Lokalanästhesie. Entfernung von Koagulum und etwaigen Knochensplittern oder Fremdkörpern.

2. Sanfte Reinigung des Zahnes: Nur mit physiologischer Kochsalzlösung abwaschen, keine Desinfektionsmittel verwenden (nekrotisierende Wirkung auf das Desmodont).

3. Reposition des Zahnes: Entsprechend der lokalen Okklusion kann der Zahn manuell in die eigene Alveole reponiert werden.

4. Fixation: Die Fixation soll eine physiologische Beweglichkeit des replantierten Zahnes zulassen. Starre Fixation birgt das Risiko von Resorptionen und Ankylosierung. Dauer der Fixation: 2 Wochen, dann schrittweise Lösung der Klebestellen. Schienenentfernung nach 4 Wochen.

5. Eine antibiotische Begleitbehandlung ist angezeigt (S. 331).

6. Überwachung: Die klinischen und radiologischen Befunde entscheiden über das weitere Vorgehen.

Wurzelbehandlung

Bei der Replantation soll nie direkt eine Wurzelfüllung vorgenommen werden. Durch eine solche Maßnahme wird die Chance einer Regeneration von Pulpa und periapikalem Desmodont von vornherein verhindert. Eine Wurzelbehandlung ist erst nach Erkennung von eindeutiger Nekrose der Pulpa angezeigt. Sie erfolgt verzögert mit Einlage von Calciumhydroxid ($CaOH_2$) nach ungefähr einer Woche bei abgeschlossenem Wurzelwachstum. $CaOH_2$ wirkt als leichtes chemisches Irritans und induziert dadurch regenerative Prozesse des Pulpa- und Desmodontalgewebes. Aufschluß über den Zustand der Pulpa ergeben der klinische Befund mit Perkussionsschmerz oder Wärmeempfindlichkeit des Zahnes und das Röntgenbild mit auftretender Erweiterung des apikalen Desmodontalspaltes oder Osteolyse als Anzeichen eines entzündlichen Prozesses oder einer Infektion. Mikroresorptionen am Zement lassen sich nach 3–4 Wochen im Röntgenbild erkennen. In diesem Fall werden als Sofortmaßnahme durch leichte Bewegung des Zahnes und Lockerung der Fixation die Resorptionen rückgängig gemacht, falls diese nichtentzündlicher Natur sind.

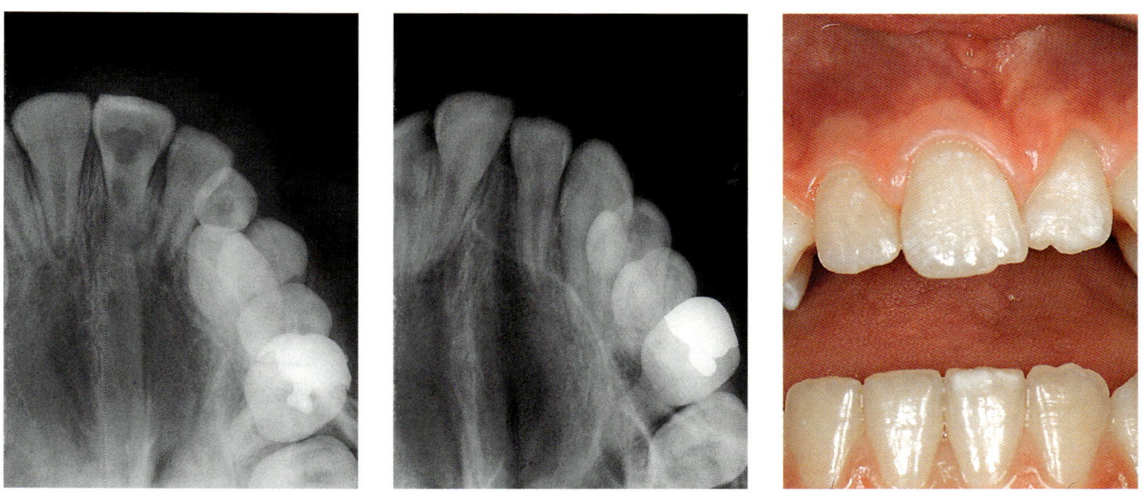

885 Alternativen zur Replantation – Lückenschluß
Soll eine konventionelle Brücke vermieden werden, können folgende alternativen Lösungen diskutiert werden: Lückenschluß durch Verschiebung der Nachbarzähne und ästhetische Kronenkorrektur mit Aufbau. Diese Lösung bedarf der genauen kieferorthopädischen Gesamtbeurteilung.

Links: Resorption des replantierten Zahnes 21.

Mitte: Zustand nach Lückenschluß.

Rechts: Klinische Situation nach Lückenschluß.

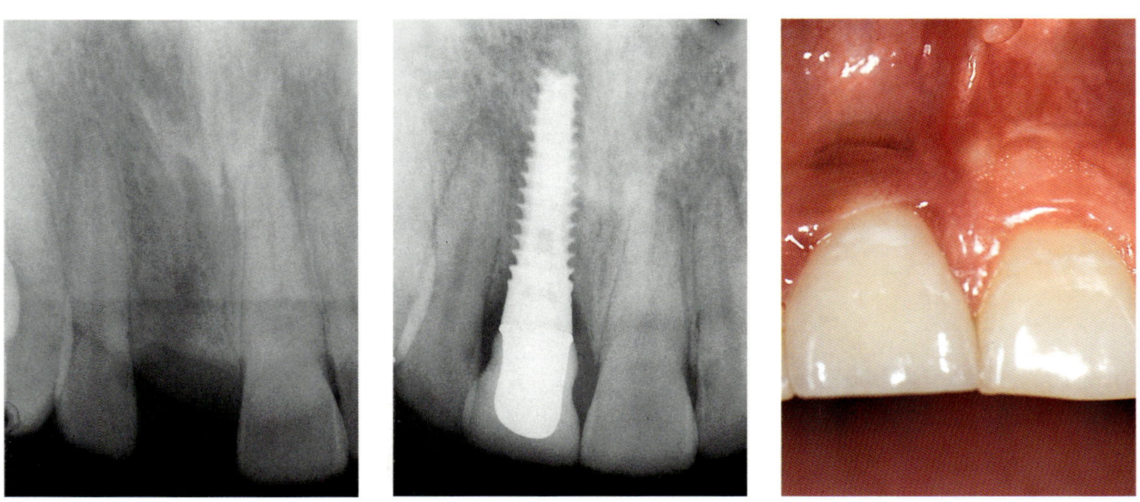

886 Alternative zur Replantation – Einzelimplantat
Diese Lösung bedarf einer Gesamtplanung der Sanierung.

Links: Zustand 1 Jahr nach Verlust von Zahn 11 mit ossärer Regeneration.

Mitte: Zahnröntgen 2 Jahre nach Implantation.

Rechts: Klinische Situation 2 Jahre nach Implantation.

Versicherungsfragen

Beweisanforderung

Der Unfallversicherer ist leistungspflichtig, wenn die anspruchsbegründeten Voraussetzungen mindestens mit dem Beweisgrad der überwiegenden Wahrscheinlichkeit nachgewiesen sind. Die bloße Möglichkeit für die Begründung eines Leistungsanspruchs genügt nicht. Der Beanspruchung von Leistungen des Versicherers muß deshalb eine plausible und überzeugende Schilderung des Unfallhergangs durch den Versicherten vorausgehen. Nach konstanter Rechtsprechung besteht kein Anlaß, die Glaubwürdigkeit einer Aussage in Zweifel zu ziehen, die ein Versicherter noch unter dem Eindruck des tatsächlichen Geschehens abgegeben hat. Hinsichtlich des Beweiswertes einer solchen Auskunft ist festzustellen, daß die erste Aussage eines Versicherten erfahrungsgemäß zuverlässiger ist als eine abweichende spätere Darstellung im Rahmen des Rechtsmittelverfahrens, die bewußt oder unbewußt durch nachträgliche Überlegungen beeinflußt sein kann (Heusser 1987).

Kauunfälle

Die Zähne sind vielen mechanischen, chemischen und thermischen Einflüssen ausgesetzt. Im Sinne der Unfalldefinition können diese Einflüsse jedoch nicht als ungewöhnlich bezeichnet werden. Folglich können Zahnfrakturen beim Kauen nicht ohne weiteres als Unfälle eingestuft werden. Die Einwirkungen auf die Zähne beim Zerkleinern von Nahrungsmitteln sind gewollt und deshalb nicht ungewöhnlich. Es entspricht den Gepflogenheiten unseres Breitengrades, aufbereitete Speisen zu zerkleinern, an Knochen zu nagen oder das Fruchtfleisch vom Stein zu lösen, jedoch nicht, Knochen oder Fruchtsteine zu zermalmen. Der unbeabsichtigte Biß auf einen harten Gegenstand in der Nahrung kann deshalb als ungewöhnlich und folglich als Unfall bezeichnet werden. Dabei muß allerdings zwischen zu erwartenden oder möglichen Kauhindernissen und ungewöhnlichen Kauhindernissen differenziert werden (Heusser 1987). Für die Praxis bedeutet dies, daß alles, was sich üblicherweise in oder auf der Nahrung befindet und mit dem gerechnet werden muß, kein ungewöhnlicher Faktor im Sinne des Unfallbegriffs sein kann.

Vorzustände

Gemäß Schweizerischer Unfallversicherungsgesetzgebung müssen die Versicherer ihre Leistungen auch dann erbringen, wenn die Gesundheitsschädigung nur teilweise Folge eines Unfalles ist. Wenn also durch einen Unfall der Vorzustand tangiert oder verschlimmert wurde, sind die gesamten Kosten für die Behandlung zu übernehmen. Dies gilt ebenso, falls die Unfallfolgen nur bei gleichzeitiger Sanierung des Vorzustandes einwandfrei behoben werden können. Sind die Beschwerdebilder jedoch trennbar, d.h. lassen sich die Unfallfolgen für sich allein nach den Regeln der ärztlichen Kunst beheben, gehen nur die unfallbedingten Kosten zu Lasten des Versicherers.

Integritätsentschädigung

Die Integritätsentschädigung (IE) beruht weitgehend auf dem Gedankengut der Genugtuung, deren Ziel der pekuniäre Ausgleich für körperliche Schmerzen, Leid, verminderte Lebensfreude, Beeinträchtigung des Lebensgenusses und ähnliche Ursachen seelischen Unbehagens ist. Wirtschaftliche Nachteile spielen dabei keine Rolle. Zur Festlegung der Entschädigung ist das Ausmaß des Intergritätsschadens (IS) maßgebend. Für Zahnschäden kann eine solche IE nur geltend gemacht werden, wenn die gesundheitliche Schädigung nach einem Unfallereignis oder nach erlittener Berufskrankheit erheblich und dauernd ist. Bei der Bemessung der IE spielt der unfallfremde Vorzustand eine Rolle. Die Erheblichkeit des IS kann gegeben sein bei schweren Zahndefekten und posttraumatischen Kieferdeformitäten (Defekten), die prothetisch nicht oder nur unbefriedigend zu lösen sind. Auch bei unfallbedingter schwerer Beeinträchtigung der Kaufähigkeit oder augenscheinlichen Zahndefekten im sichtbaren Bereich kann eine IE erwogen werden (Wütrich 1987). Ist eine Versorgung medizinisch erfolgversprechend und lehnt der Patient die entsprechende Behandlung jedoch ab, so kann die IE gekürzt werden oder entfallen. Integritätsschäden im Kaugebiet können isoliert betrachtet im Einzelfall als unerheblich gelten, können aber zusammen mit anderen IS kumulativ berücksichtigt werden.

Antibiotika und Wurzelresorptionen

Nach der Replantation von luxierten Zähnen ist die fortschreitende Wurzelresorption ein Faktor für den Mißerfolg. Gelingt es, Resorptionen zu verhindern, kann eine Ausheilung des Desmodonts stattfinden. Neben Erhaltung des Desmodontalgewebes an der Zahnwurzel bei der Replantation scheint der Einsatz von Antibiotika die progrediente Wurzelresorption zu verhindern (Hammerström u. Mitarb. 1986). Ist die Wurzelresorption einmal eingetreten, kann mit antibiotischer Therapie nichts mehr dagegen unternommen werden.

Andreasen (1992) empfiehlt die systemische und lokale Anwendung von Doxycyclin simultan mit der Zahnreplantation. Über die optimale Wahl des Antibiotikums, der Dosierung und Dauer der Verabreichung liegen allerdings keine Angaben vor. Es ist jedoch sinnvoll, die Replantation unter Antibiotikaschutz vorzunehmen.

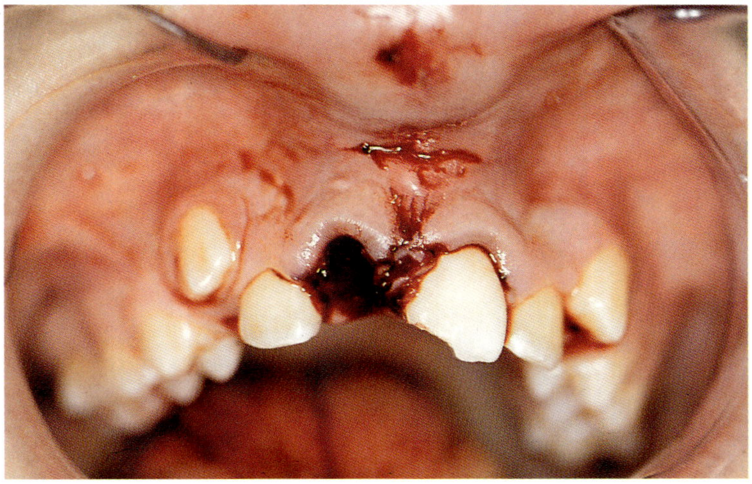

887 Totalluxation von Zahn 11
Dieser 14jährige Knabe stürzte beim Eislaufen: Totalluxation von Zahn 11 und Subluxation von Zahn 21 mit Schmelzfraktur. Die Behandlung erfolgte nach mehr als einer Stunde nach dem Unfallereignis, der Zahn 11 wurde in feuchtem Tupfer mitgebracht. Außer einer Riß-Quetsch-Wunde in der Oberlippe waren keine weiteren Verletzungen feststellbar.

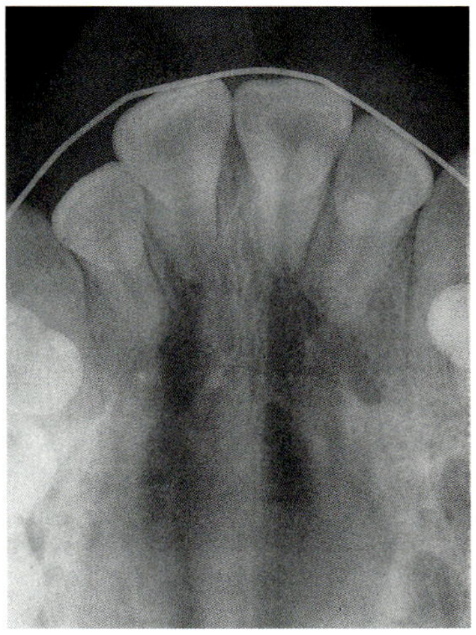

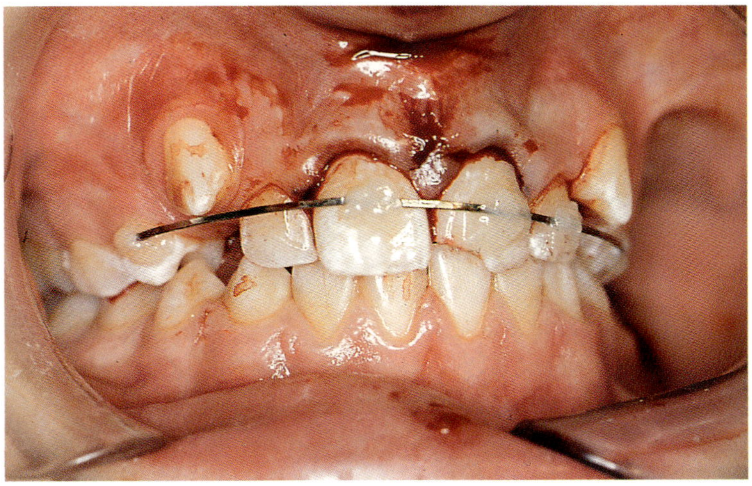

888 Vorbereitung zur Replantation
Sanfte Reinigung von Zahn 11 und Alveole in Lokalanästhesie. Reposition der Zähne 11 und 21 durch Fingerdruck, so daß eine zentrierte Okklusion zustandekommen kann. Anlegen einer geklebten Schiene mit Vierkantaußenbogen von Zahn 14 bis Zahn 24.

Links: Röntgenbild nach der Schienung: Das Wurzelwachstum ist noch nicht abgeschlossen.

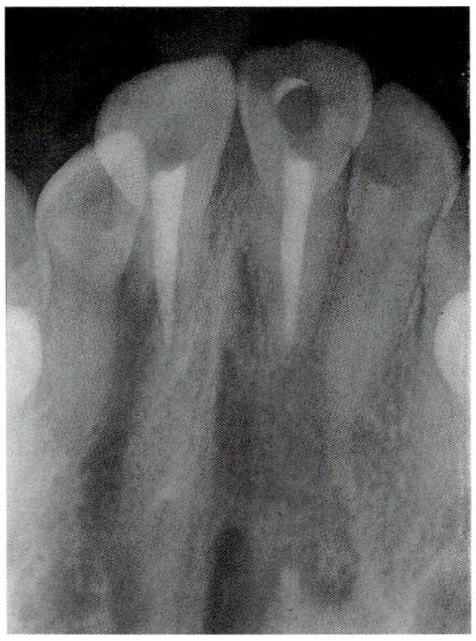

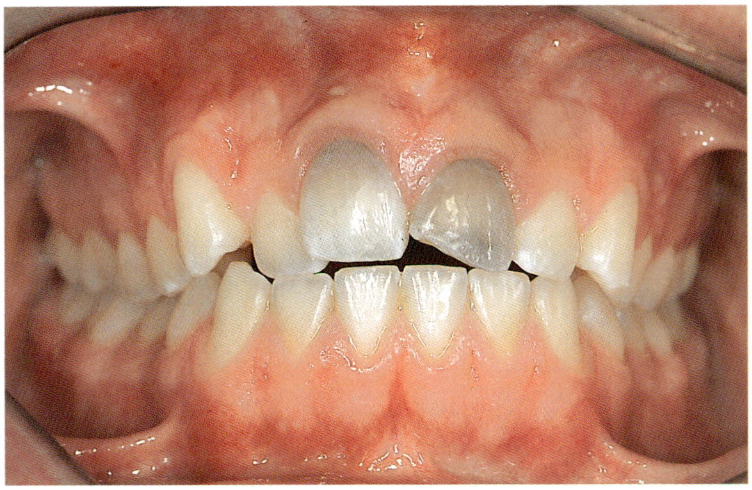

889 Verlauf
Nach 10 Tagen werden die Zähne trepaniert und mit $CaOH_2$-Einlage versehen. Nach weiteren 4 Monaten erfolgt die Wurzelfüllung beider Zähne. Der Zustand nach 3 Jahren zeigt die stark verfärbten Zähne 11 und 21, welche als natürliches Provisorium betrachtet werden müssen.

Links: Das Röntgenbild zeigt fortgeschrittene Resorptionen an den Wurzeln, die eine temporäre Belassung der Zähne bis zur definitiven Behandlungsplanung im 20. Lebensjahr zulassen.

Schienungen für Zähne

Die Fixation luxierter und replantierter Zähne soll eine physiologische Beweglichkeit zulassen. Dazu eignen sich der geklebte Außenbogen oder vorfabrizierte Kunststoffschienen bzw. Tiefziehschienen, sofern die Okklusion es zuläßt (Platz auf der palatinalen Seite).

Cave
Manipulationen an Milchzähnen können Spätschäden an bleibenden Zähnen bewirken.
Ein Trauma an Milchzähnen bedingt eine Überwachung bis zum Durchbruch der bleibenden Zähne, um etwaige Folgen des Unfalls auszuschließen.

Nota bene
Ein mit Drahtligaturen befestigter Außenbogen eignet sich nicht für die Fixation luxierter Zähne (die Ligaturen ziehen den Außenbogen nach marginal, die Verstärkung mit Kunststoff führt zu einer starren Fixation). Der Außenbogen kann jedoch zur Ruhigstellung einer Alveolarfortsatzfraktur verwendet werden.

890 Anfertigung einer geklebten Schiene – Instrumentarium und Material
Säuregel zur Schmelzätzung, lichthärtendes Kompositmaterial, Vierkantaußenbogen, Zementspatel, spitze Zange, Seitenschneider, Tamponstopfer.

Rechts: Klinisches Bild der luxierten Zähne 21 und 22.

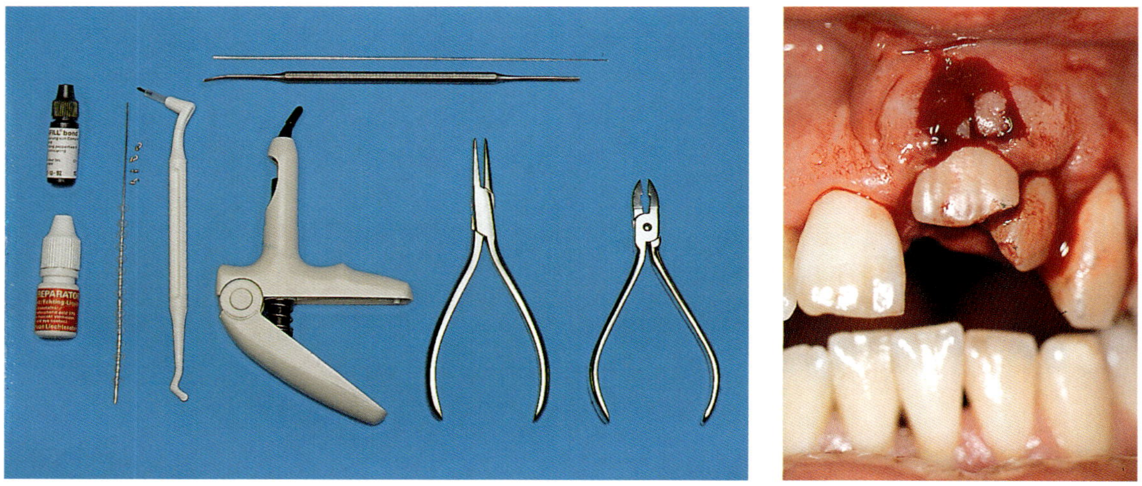

891 Vorgehen
Zuerst spannungsfreies Anpassen des Außenbogens, dann Vorbereitung der Klebestellen an der Schiene und Ätzen der sauberen und trockenen Schmelzfläche. Die Klebestellen an Schiene und Zähnen werden mit Komposit bestrichen. Die Polymerisation des Kunststoffes zur Fixation der Schiene beginnt an den nicht luxierten Zähnen.

Rechts: Die luxierten Zähne werden mit Fingerdruck reponiert und an der Schiene fixiert.

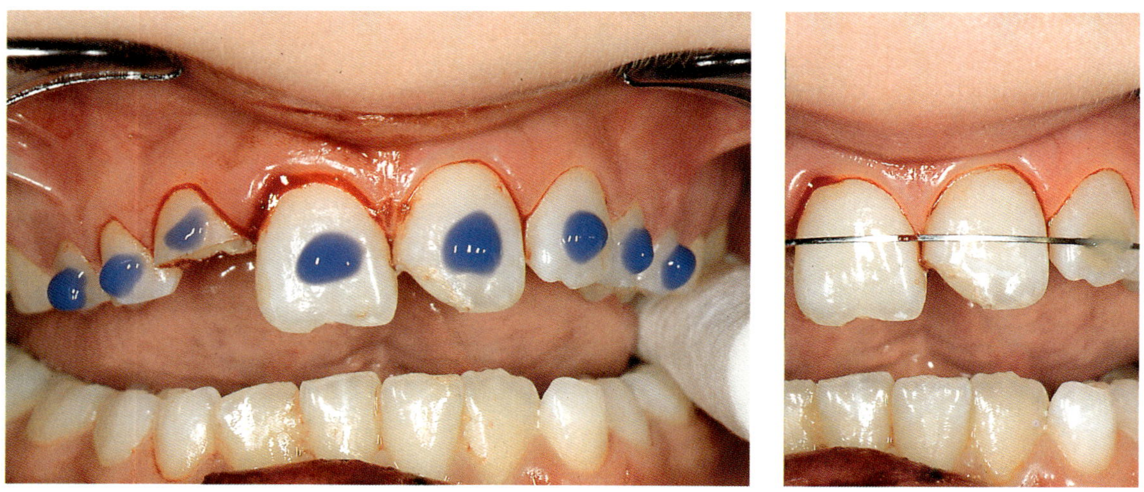

892 Entfernung der Schiene
Nach 3 Wochen kann durch Lösen der Klebestellen mit dem Seitenschneider der Außenbogen entfernt werden. Schonender ist die Entfernung des Kunststoffes mit dem Diamantschleifer.

Rechts: Die Zahnoberflächen werden poliert.

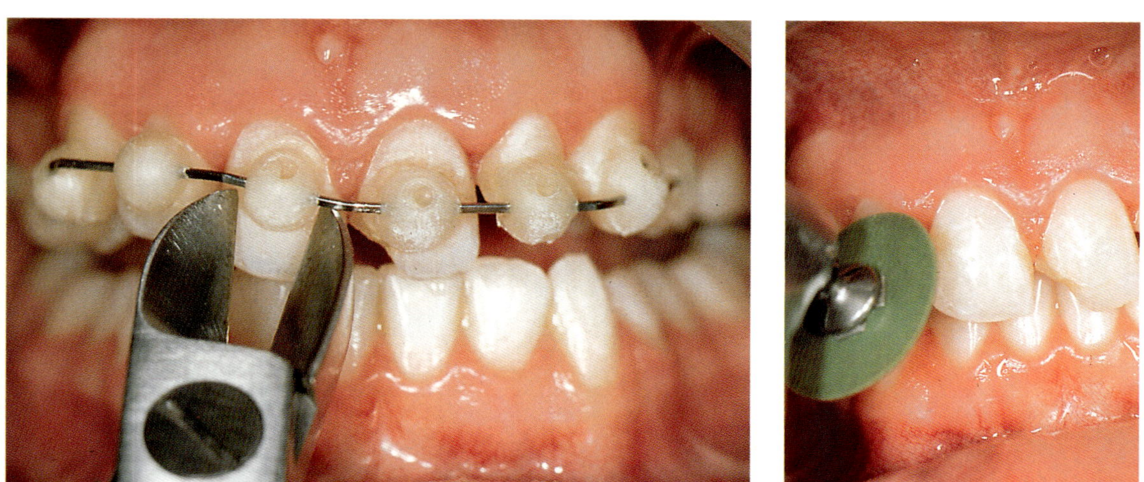

Behandlung der Knochenfrakturen

Die Behandlung komplexer Frakturen des Ober- und Unterkiefers (Le-Fort-I-, -II-, -III-, Trümmer-, Mehrfachfrakturen) gehören in die Hand des Kiefer-Gesichts-Chirurgen. Entsprechende Behandlungskonzepte streben heute eine primäre Behandlung mit Rekonstruktion des Gesichtsskelettes in allen drei Dimensionen an (Rowe u. Williams 1994, Sailer u. Grätz 1991, Schuchardt 1966). Die ambulante Behandlung in der Privatpraxis ist nicht zu vertreten.

Frakturen des Oberkiefers

Oberkieferfrakturen werden entsprechend der beteiligten Gesichtsregionen eingeteilt:

Zentrale Mittelgesichtsfraktur:	Le Fort, I, II, III.
Laterale Mittelgesichtsfrakturen:	Jochbein, Jochbogen und Kombinationen.

Mittelgesichtsfrakturen sind oft komplexe Frakturen. Die Diagnostik muß präzise und umfassend erfolgen.

Nota bene
Frakturen des Oberkiefers sind meist kompliziert und gehören in die Hand des Spezialisten.

Alveolarfortsatzfrakturen

Luxierte Zähne, auch beim Erwachsenen, sollen möglichst so lange erhalten werden, bis die Fraktur abgeheilt ist. Die Replantation von Zähnen erleichtert die Reposition der Knochenfragmente und deren Fixation in ursprünglicher Lage. Eine intermaxilläre Fixation ist bei isolierten Alveolarfortsatzfrakturen nicht erforderlich. Zur Immobilisation der Alveolarfortsatzfrakturen eignet sich der geklebte oder ligierte Außenbogen. Im Einzelfall ist die offene Reposition und Fixation mittels Mini- oder Mikroplatten abzuwägen.

Die Kaufunktion ist beeinträchtigt und Schonkost für 3 Wochen angezeigt. Die wöchentliche Verlaufskontrolle dient der Feststellung und Behandlung von Infekten belassener Zähne.

Frakturen des Unterkiefers

Lokalisation

Die Einteilung und Klassifizierung erfolgt entsprechend den in den Schemazeichnungen dargestellten typischen Lokalisationen des Bruchspaltes.

1 Fraktur im Frontbereich. Dislokation durch M. genioglossus nach dorsal.

2 Fraktur in der Eckzahngegend (lange Wurzel).

3 Fraktur im Horizontalast. Dislokation durch M. mylohyoideus nach median.

4 Fraktur in der Kieferwinkelregion. Dislokationen durch die Schlinge des M. masseter und pterygoideus medialis und M. temporalis (Abb. 896).

5 Fraktur im aufsteigenden Ast, zwischen Kieferwinkel und Incisura semilunaris. Dislokationen durch die Schlinge des M. masseter und pterygoideus medialis sowie M. temporalis.

6 Fraktur des Gelenkfortsatzes. Dislokation durch M. pterygoideus lateralis nach median.

7 Fraktur des Muskelfortsatzes. Dislokation durch M. temporalis.

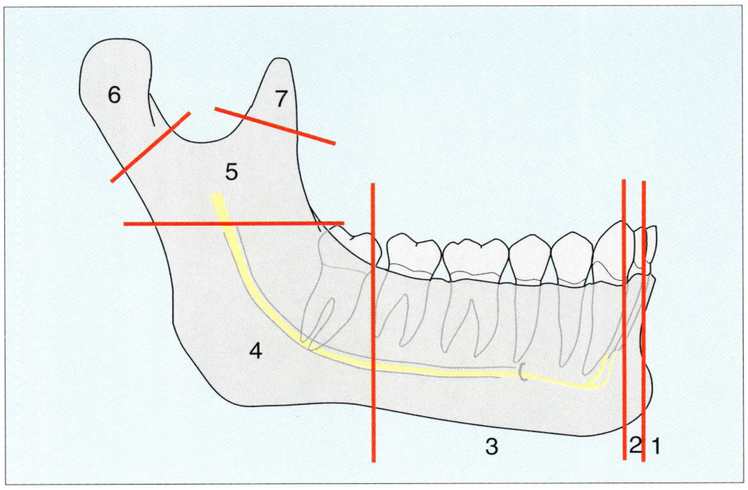

893 Einteilung der Unterkieferfrakturen – Lokalisation
1 Frontbereich
2 Caninusregion
3 Horizontalast
4 Kieferwinkel
5 aufsteigender Ast
6 Gelenkfortsatz
7 Muskelfortsatz

Art der Fraktur

Die Art der Fraktur wird ebenfalls differenziert. Sie ist abhängig von der Art (stumpf, hart, schnell, langsam) und Richtung der Krafteinwirkung.

F 1 Einfache Fraktur, mit oder ohne Dislokation. Meist einfach und manuell reponierbar.

F 2 Mehrfache Frakturen. Entsprechend der Art der Dislokation einfach manuell reponierbar oder nur offene, chirurgisch einstellbare Fragmentpositionierung möglich.

F 3 Trümmerfraktur mit mehrfachen Frakturstellen und isolierten Knochenfragmenten. Diese Frakturen müssen chirurgisch reponiert und fixiert werden.

F 4 Defektfraktur mit mehrfachen Frakturstellen und fehlender Kontinuität. Komplexe Frakturen, die eine umfassende Rekonstruktion notwendig machen.

Zusatzkriterien

Weitere Kriterien werden zusätzlich erfaßt:

Okklusion:
0 = Keine Okklusionsstörung,
1 = OK-/UK-Zahnkontakte gestört,
2 = zahnloser UK.

Weichteile:
1 = Schleimhaut bis auf Fraktur eingerissen,
2 = RQW von außen bis auf Fraktur,
3 = Kombination von 1 und 2,
4 = Weichteildefekt bis auf den Knochen, primärer Verschluß nicht möglich.

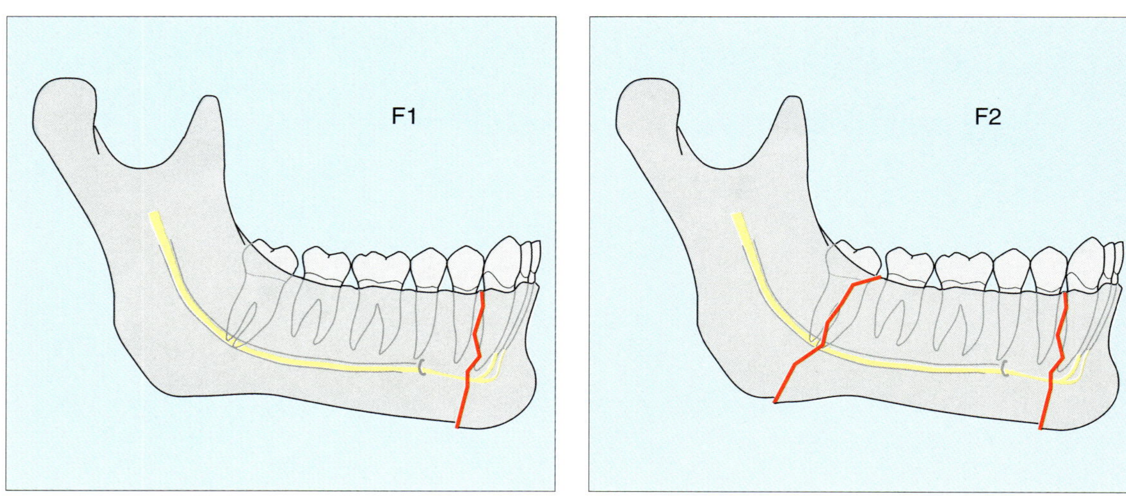

894 Art der Dislokation und der Fragmente
F1 Einfache Fraktur
F2 Mehrfachfraktur

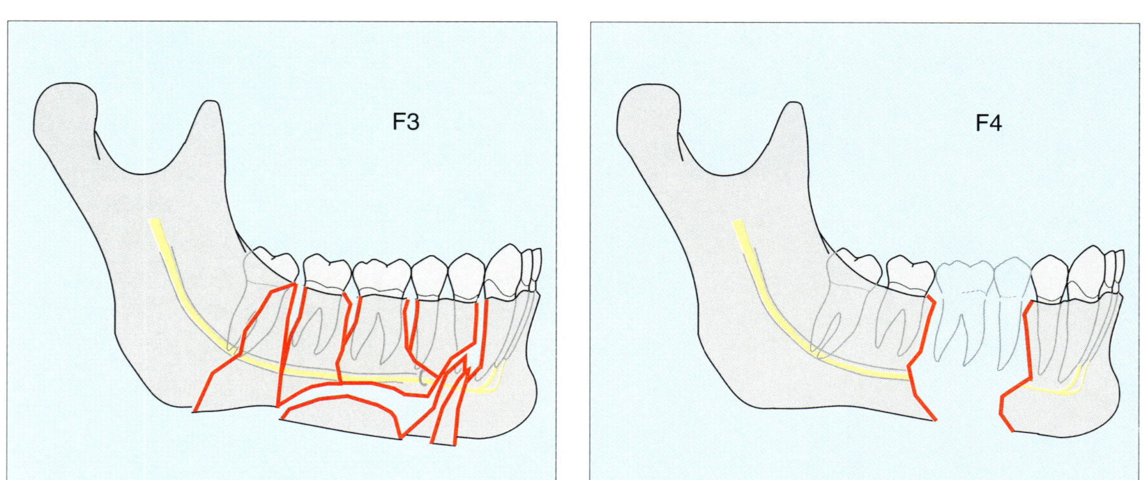

895 Art der Dislokation und der Fragmente
F3 Trümmerfraktur
F4 Defektfraktur

Offene Frakturbehandlung durch Osteosynthese

Die chirurgische Reposition und Fixation der Fragmente mit Schrauben und Platten ist in jedem Fall zu diskutieren (Hardt 1986, Schmoker u. Mitarb. 1983). Die Behandlung erfolgt meist stationär und eine postoperative intermaxilläre Fixation ist oft nicht notwendig.

Konservative Frakturbehandlung

Darunter ist die manuelle Reposition mit Ruhigstellung durch intermaxilläre Fixation zu verstehen. Mindestens ein halber Zahnbogen des Oberkiefers muß intakt sein, da er die Basis für die Ruhigstellung des Unterkiefers darstellt. Bei beweglichem Oberkiefer kann eine Ruhigstellung auch durch eine interskelettale Aufhängung um die intakten Jochbeinkörper oder andere intakte Knochenstrukturen des Gesichtsschädels erreicht werden. Solche Verfahren bedingen allerdings eine Allgemeinnarkose.

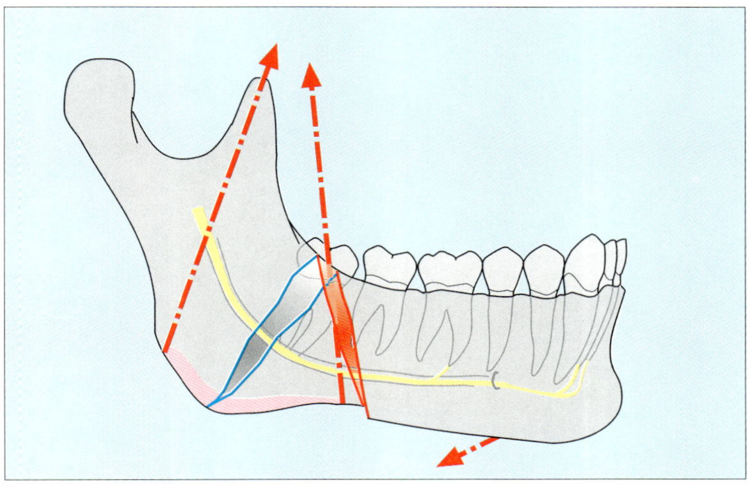

896 Kieferwinkelfraktur – Muskelzüge
Durch den Muskelzug von M. masseter und M. pterygoideus medialis sowie des M. temporalis und der Mundbodenmuskulatur werden bei entsprechender Frakturlinie die Fragmente eher disloziert oder reponiert. Rot: günstiger Verlauf der Frakturlinie, blau: ungünstiger Verlauf.

Kriterien zur Beurteilung der Behandlungsmöglichkeiten

Eine absolute Abgrenzung zwischen chirurgischer und konservativer Behandlung besteht nicht. Die Vor- und Nachteile sind im Einzelfall zu erwägen.

	Konservativ	Osteosynthese
Bezahnt	X	
Unbezahnt		X
Okklusion gesichert	X	
Gestörte Okklusion, Stufenbildung	X	X
Einfache Dislokationen, manuell reponierbar	X	
Fragmentbildungen, Defekte		X
Günstiger Frakturverlauf	X	
Ungünstiger Frakturverlauf		X

	Konservativ	Osteosynthese
Offene Frakturen	X	X
Geschlossene Frakturen	X	
Zahn im Frakturspalt	X	X
Zahnkeime im Frakturbereich	X	
Frakturen innerhalb der Zahnreihe	X	
Frakturen außerhalb der Zahnreihe	X	X

Intermaxilläre Ruhigstellung (konservative Behandlung)

Durch die manuelle Reposition gemäß Modellen und die intermaxilläre Fixation wird bei guter Bezahnung eine annähernd starre Ruhigstellung der Frakturfragmente erreicht. Die Frakturheilung dauert ca. 3–4 Wochen.

Während der intermaxillären Fixation ist die Aufrechterhaltung der Mundhygiene erschwert. Trotzdem sind intensive Hygienemaßnahmen zu befolgen (S. 343).

Nota bene
Dringende zahnärztliche Maßnahmen (Wurzelbehandlungen, Behandlung von Zahnfrakturen) müssen vor der Schienentherapie vorgenommen werden. Der Patient muß über die Möglichkeiten sowohl der konservativen wie auch der chirurgischen Frakturbehandlung orientiert werden.

Obwohl eine intermaxilläre Fixation über längere Zeit bei der Osteosynthese nicht notwendig ist, ist in einfachen Fraktursituationen die konservative Behandlung in Betracht zu ziehen. Sie stellt nach wie vor eine Therapia lege artis dar.

Nota bene
Eine bestehende intermaxilläre Fixation hat vollständige Arbeitsunfähigkeit während ihrer Dauer zur Folge.

Ernährung bei geschlossener Zahnreihe

Ein wesentliches Problem bei der intermaxillären Fixation ist die Ernährung (Perko 1966, Spiessl 1975). Dabei geht es um die Probleme der Verunreinigung oraler Wunden und um die Aufnahme qualitativ und quantitativ ausgeglichener Nahrung. Bei vollständiger Bezahnung wird die Nahrungsaufnahme bei intermaxillärer Fixation erheblich erschwert. Schnabeltasse und Gummischlauch lateral der Zahnreihe ermöglichen beim Vollbezahnten eine Aufnahme von breiiger und flüssiger Kost.

Allerdings kann nur eine begrenzte Menge an Nahrung pro Mahlzeit aufgenommen werden, weshalb zusätzliche Zwischenmahlzeiten einzufügen sind.

Die Umstellung auf flüssig-breiige Nahrung muß dem Patienten erklärt werden. Ebenso muß er Anweisungen zur ausgeglichenen Kost erhalten.

Falls Operationswunden im Mund vorhanden sind, ist am 1. Tag nur leichtflüssige Kost erlaubt: Tee, Kaffee, Mineralwasser, Fruchtsäfte, Bouillon, Wein und Bier.

Ungeeignet sind klebrige, schmierige Speisen, wie Brot, Kartoffeln, Teigwaren, Reis, Salat, Gemüsebrei, Milch- und Eierspeisen.

Ohne Operationswunden oder anderenfalls ab dem zweiten Tag sind folgende Speisen zweckmäßig: 5–6 Mahlzeiten pro Tag in Form von Suppen, Frappés, Cocktails. Die Speisen sollen nach individuellem Geschmack verfeinert und nachgewürzt werden. Zum Beispiel: Boullion mit Ei, Fleisch-, Geflügelcreme-, Gemüsesuppen, Gemüsepüree, Gemüsecocktails, Kartoffelpüree, Mais-Grieß-Püree, Fleisch püriert und verdünnt, Babynahrung, Früchtepüree, Früchtecocktail (Vitamin C), Milchmixgetränke, Schokodrink, Ovomaltine und Joghurtdrink.

Alle Nahrungsmittel können mit Butter, Margarine, Sahne, Zucker und Honig angereichert werden, um den Energiebedarf zu decken.

Substitution von Vitaminen und Spurenelementen ist bei intermaxillärer Fixation über einen längeren Zeitraum als 3–4 Wochen notwendig.

Schienungen

Die in der ambulanten Chirurgie an den Zähnen befestigten Schienen müssen möglichst atraumatisch, parodontal schonend, hygienisch, genügend stabil und einfach anwendbar sein (Obwegeser 1952).
Bei uns haben sich folgende Schienungsarten zur konservativen Frakturbehandlung bewährt:

Drahtösenschiene: Kieferfrakturen, Kollumfrakturen, zur Befestigung von intermaxillären Gummizügen oder Drahtfixationen, bei vollständiger Bezahnung, Teilbezahnung mit gesicherter Okklusion oder bei Einzellücken.

Kunststoffschiene: Alveolarfortsatzfrakturen, Zahnluxationen ohne intermaxilläre Fixation (zur alleinigen intramaxillären Fixation).

Außenbogen: ligiert und/oder mit Kunststoff verstärkt (auch Schuchardt-Schiene), im Lückengebiß, mit intermaxillärer Fixation, Gummizügen oder Draht.

Prothesenschiene: Alveolarfortsatzfrakturen, einfache Kieferfrakturen; muß am Restgebiß oder perimandibulär mit Draht fixiert werden.

Gußkappenschiene: Beidseitige Kiefergelenkfrakturen mit massiven Abgleitbewegungen und Neigung zum offenen Biß. Kann monatelang belassen werden.

Cave
Durch die Eingliederung oder Entfernung einer Schiene können Schäden an Zähnen, Parodont oder Zahnersatz entstehen. Eine entsprechende Patienteninformation ist unbedingt notwendig, und vorhandene Risiken sind zu dokumentieren.

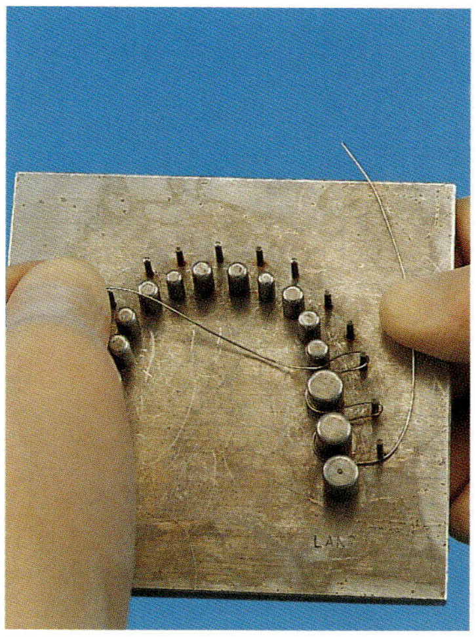

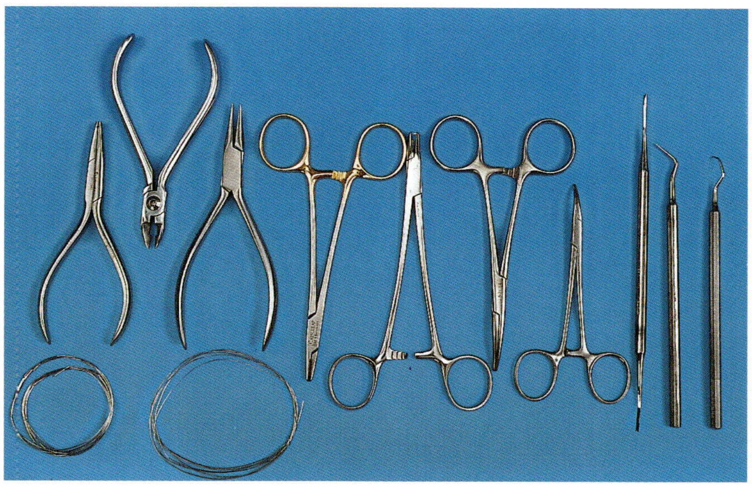

897 Herstellung einer Drahtösenschiene – Instrumentarium
Spitze Zange, Seitenschneider, Flachzange mit Rille, Drahtklemme, Drahtösenzange, gebogene Klemme grob und fein, Tamponstopfer, grobe Sonde, Skaler, weicher Stahldraht der Stärke 0,5 mm.

Links: Der 0,5-mm-Draht wird vorgedehnt und mit entsprechenden Schlaufen versehen. Dazu kann ein Hilfsmodell mit Zapfen entsprechender Zahndurchmesser dienlich sein.

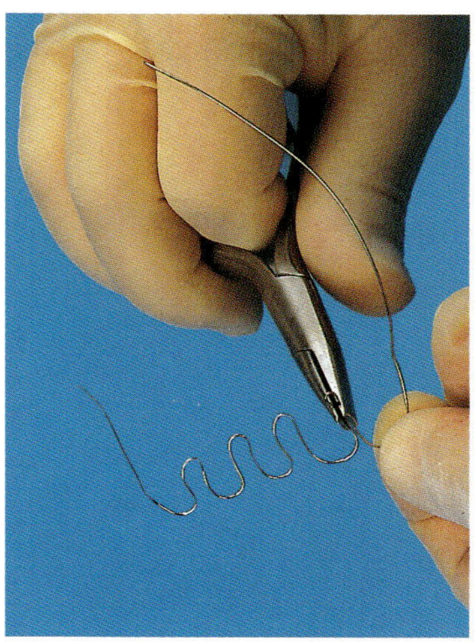

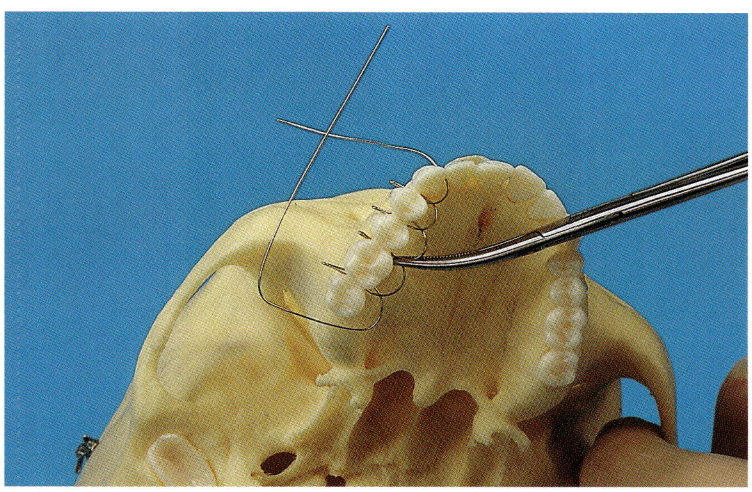

898 Bildung der Ösen
Die auf dem Modell vorgebogenen Schlaufen werden mit der Flachzange zugedrückt und vertikal gestellt (*links*).

Mit der groben Klemme werden die Ösen durch die Interdentalräume geschoben (*rechts*).
Das distale Drahtende wird durch die auf der bukkalen Seite erscheinenden Ösen geschoben. Die beiden Drahtenden werden provisorisch locker verquirlt.

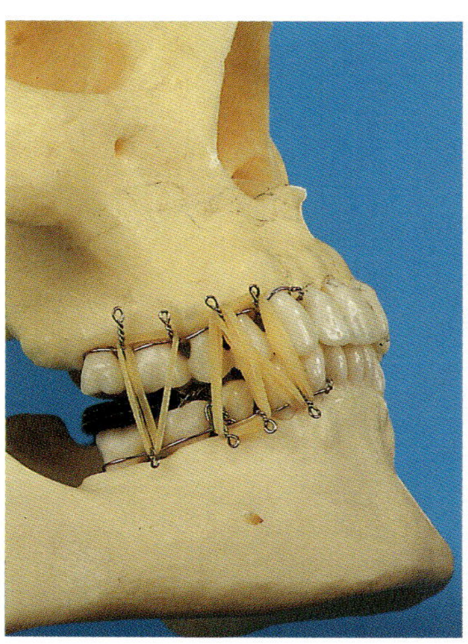

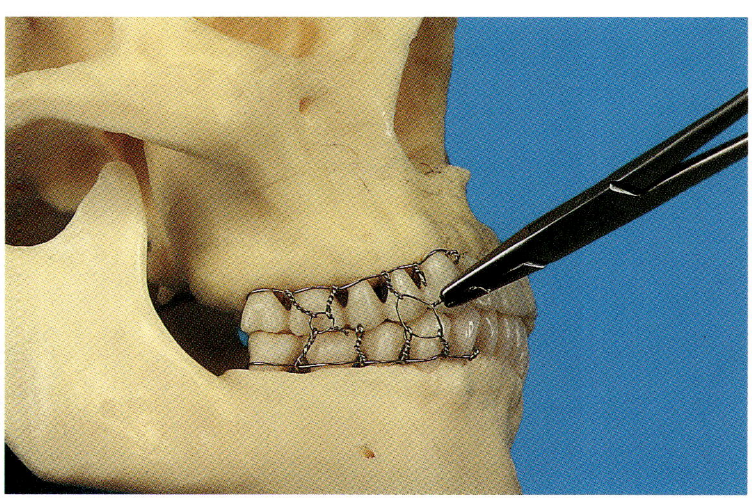

899 Weiteres Vorgehen
Die Schlaufen werden unter dauerndem Zug mit der Drahtösenzange zugedreht und die Drahtenden definitiv verquirlt. Bei allen Drahtmanipulationen müssen Knickungen vermieden werden.

Links: Die Ösen können für Gummizüge nach marginal oder zur intermaxillären Drahtfixation nach okklusal gebogen werden.

Behandlung nach intermaxillärer Fixation

Nach 3–4 Wochen wird nach Überprüfung der Heilungsposition im Röntgenbild die intermaxilläre Fixation gelöst und die Unterkieferfunktion allmählich über 1–2 Wochen wieder aktiviert.

Bei komplikationslosem Verlauf wird die Schiene nach 1 Woche entfernt. Anschließend folgt eine professionelle Zahnreinigung. Bei ausreichender Mundöffnung (SKA 30 mm) können auch erste definitive zahnärztliche Behandlungen vorgenommen werden.

Für weitere 2 Wochen soll Schonkost verordnet werden. Die stabile und zentrierte Okklusion und eine zunehmende Normalisierung der Unterkieferfunktion wird wöchentlich dokumentiert.

Bei verzögerter Regredienz der Mundöffnungsbehinderung sind in den folgenden 14 Tagen energische Übungen mit Mundspreizinstrumenten (Heister) oder Holzspatel durch den Patienten selbst durchzuführen und die Resultate täglich zu notieren. Wird kein deutlicher Fortschritt erreicht, ist die Überweisung an den Spezialisten oder eine Spezialklinik angezeigt.

Die Spätkontrolle (klinisch und radiologisch) findet nach 6 und 12 Monaten statt.

900 Konservative Frakturbehandlung
Schema einer Mehrfachfraktur mit Dislokation der Fragmente und vollständiger Bezahnung. Zu beachten sind die innerhalb der Zahnreihe liegenden Frakturlinien. Die Fragmente sind disloziert.

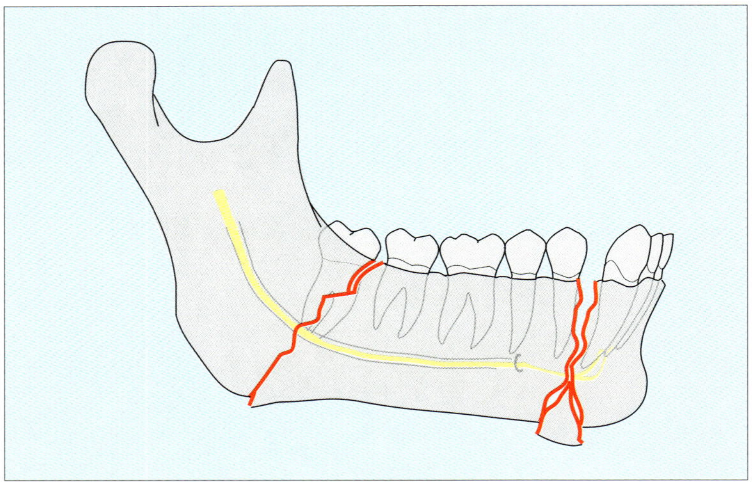

901 Reposition mit Gummizügen
Nach Anbringen einer Drahtösenschiene im Ober- und Unterkiefer werden Gummizüge zur Reposition der Fragmente angelegt. Durch manuelle Nachhilfe werden die Fragmente in die korrekte Okklusion gemäß entsprechender Modelle gebracht.

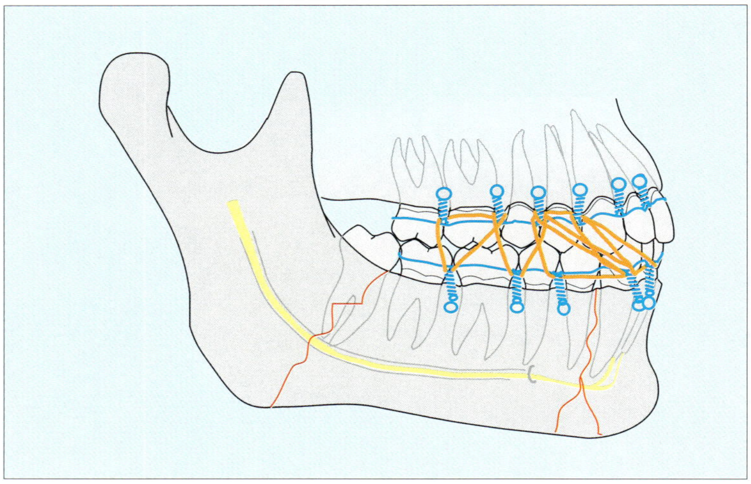

902 Intermaxilläre Fixation
Nach 1–2 Tagen sollte die Reposition durch die Gummizüge perfekt sein. Dann werden die Ösen nach okklusal gebogen und zur intermaxillären Fixation mit Drahtligaturen verwendet. Jeweils 3 Ösen werden mit einer Drahtschlinge zusammengebunden (0,5-mm-Draht). In wöchentlichen Intervallen erfolgt die Kontrolle der Lockerung der Fixation und der Mundhygiene und die Überwachung des Heilungsverlaufes.

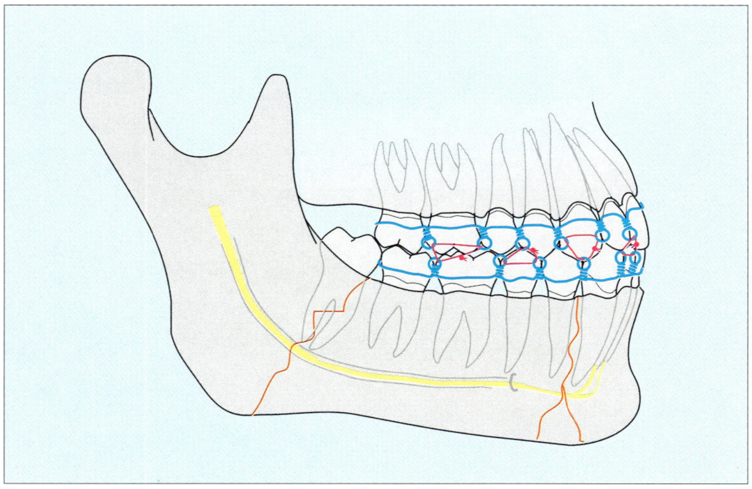

Behandlung von Frakturen im Milch- und Wechselgebiß

Frakturen im Wachstumsalter nehmen bezüglich Diagnostik und Therapie eine Sonderstellung ein (Hardt u. von Arx 1989). Besondere Rücksicht muß auf den Stand der Dentition und auf vorhandene Zahnanlagen genommen werden. Meist sind Methoden der konservativen Frakturbehandlung am schonendsten und einer Osteosynthese überlegen.

Bei Kleinkindern sind auch die konservativen Methoden der perimandibulären Ligaturen zur Fixation einer Kunststoffschiene noch immer ein mögliches Mittel zur Ruhigstellung von Unterkieferfrakturen.

Osteosyntheseverfahren mit Mini- und Microplatten, die nur die Kortikalis erfassen, finden zunehmend Anwendung bei kindlichen Frakturen, da sie nicht zu Zahnkeimschädigungen führen.

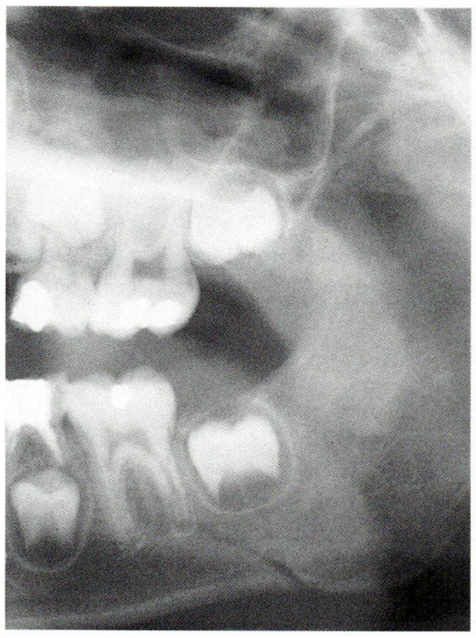
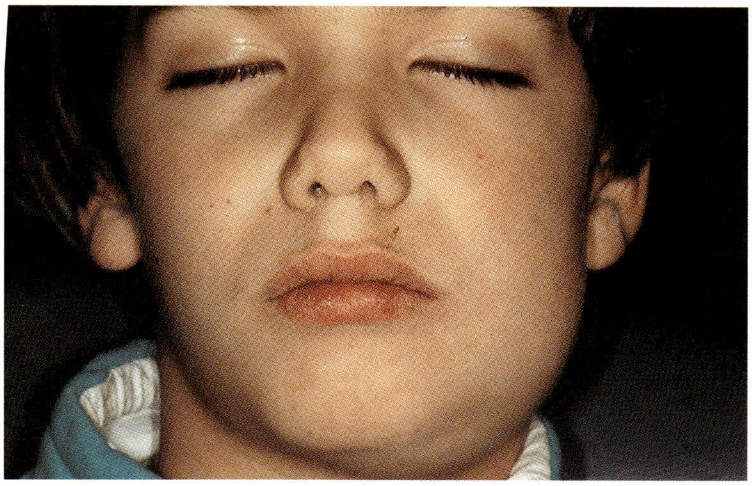

903 Fraktur im Wechselgebiß
Dieser 8jährige Patient erhielt einen Schlag im Judotraining. Er erschien mit einer Schwellung am linken Unterkiefer.

Links: Ausschnitt aus dem OPT mit der Fraktur des linken Kieferwinkels ohne Dislokation.

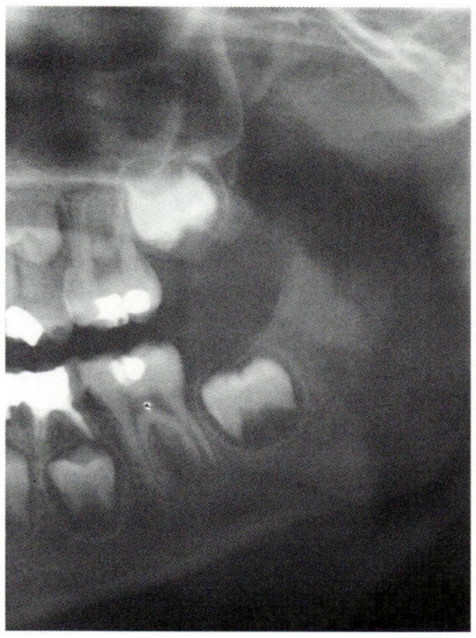
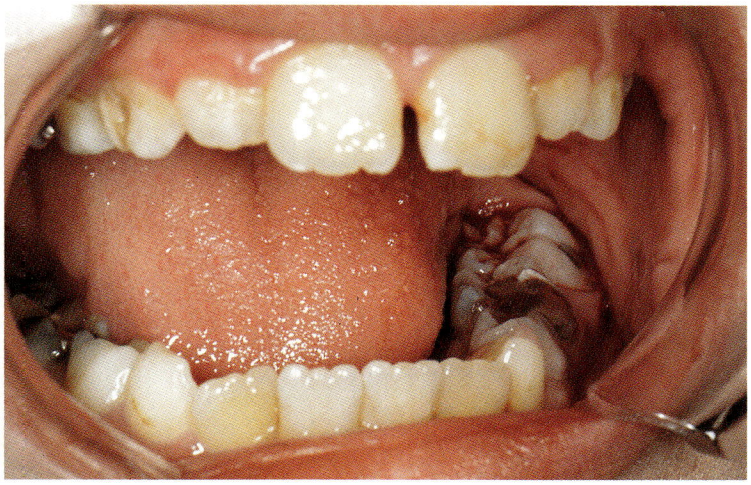

904 Intraoraler Befund
Oral fand sich eine Mundöffnungsbehinderung mit Abweichung nach rechts als Schonstellung. Die Okklusion war in zentrierter Lage gemäß Modellen einstellbar.

Links: OPT-Ausschnitt zur Überprüfung der Frakturstellung und des Fortschreitens der Konsolidierung 3 Wochen nach Behandlungsbeginn.

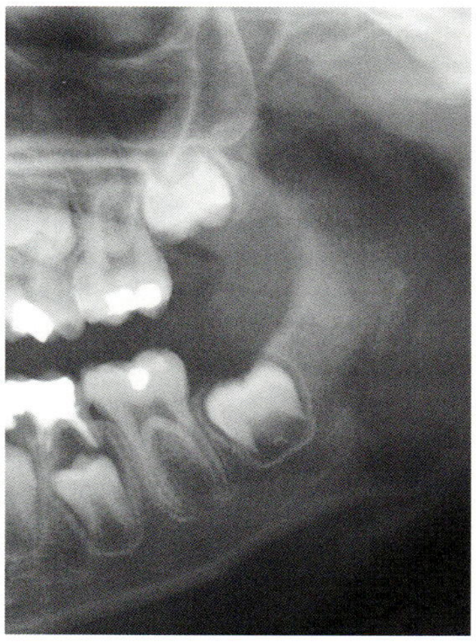
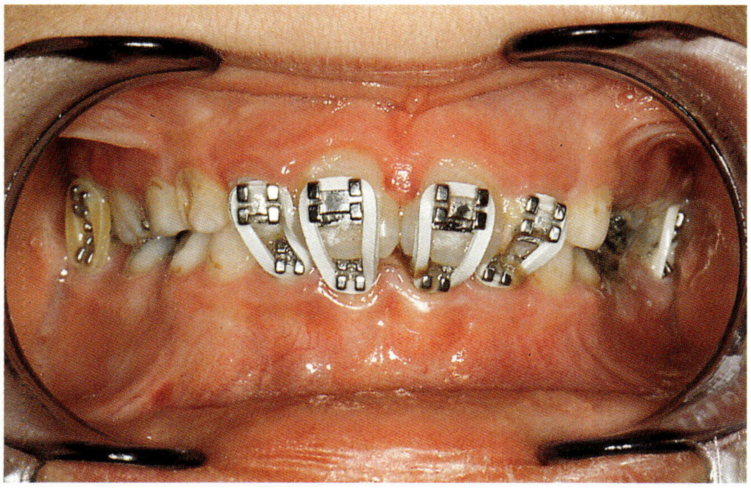

905 Fixation mit Gummizügen
Zur Ruhigstellung der Fraktur wird für 3 Wochen eine intermaxilläre Fixation mit Gummizügen angelegt. Dazu werden an den ersten Molaren und im Frontbereich Retentionen angeklebt. In diesem Falle sind es Brackets. Nach 3 Wochen wird die Fixation entfernt, nachdem die klinische Konsolidierung der Fraktur geprüft wurde.

Links: Im Röntgenbild Zustand nach einem halben Jahr. Die Frakturlinie ist nicht mehr erkennbar.

Behandlung des Zahnes im Bruchspalt

Die Ansicht, ob ein Zahn im Bruchspalt belassen werden kann oder nicht, ist umstritten (Shetty u. Freymiller 1989). Killey (1971) schlug ein differenziertes Vorgehen vor. Es sollten nur Zähne, die eindeutig durch die Fraktur devitalisiert wurden, entfernt werden. Converse (1974) forderte in den 70er Jahren die Entfernung von retinierten Zähnen im Bruchspalt vor Reposition und Fixation. Das Belassen von Zähnen ohne bestehende parodontale oder apikale Infekte scheint die Infektionshäufigkeit bei der Frakturheilung nicht zu beeinflussen (Kamboozia u. Mitarb. 1993, Marker u. Mitarb. 1994, Neal u. Mitarb. 1978).

Zähne mit pathologischen Veränderungen, welche ein Infektionsrisiko darstellen (parodontale Taschen, Parodontitis, apikale Ostitiden oder Zysten), müssen entfernt werden. Falls durch die Entfernung eines solchen Zahnes zusätzliche Probleme entstehen (Unmöglichkeit der Reposition und Fixation, Gefahr der zusätzlichen Dislokation, Verletzungsgefahr des N. alveolaris inferior), kann er vorübergehend belassen werden. Eine antibiotische Infektionsprophylaxe ist immer notwendig.

906 Fraktur im bleibenden Gebiß
39jähriger Mann, Zustand nach Sturz aufs Kinn. Die Frakturlinie verläuft vertikal Regio 45, ohne Dislokation und Kontinuitätsunterbrechung, beim Processus condylaris links mit Dislokation des peripheren Fragmentes ad axim und ad longitudinem nach kaudal.

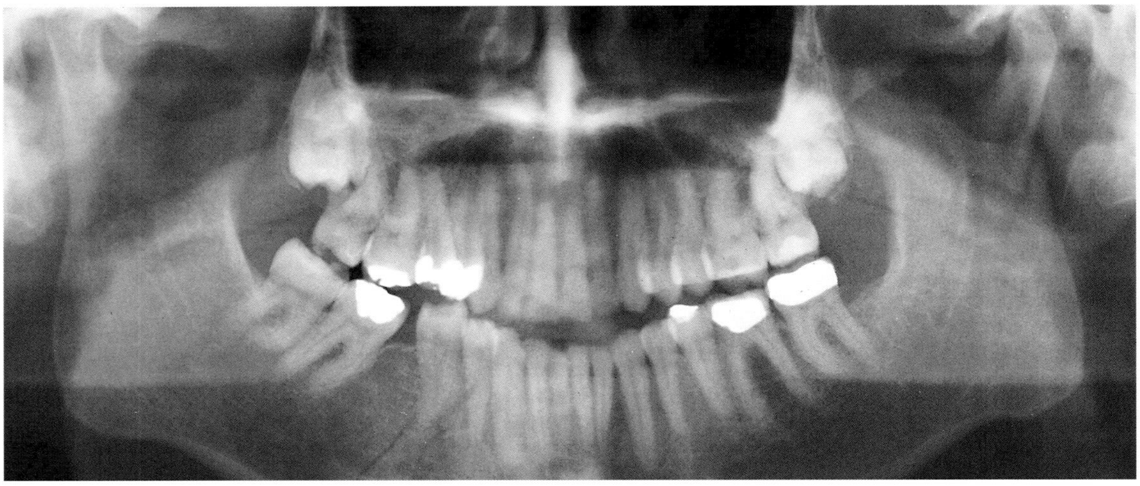

907 Intermaxilläre Fixation
Manuelle Reposition und Einstellung der Okklusion mit intermaxillärer Fixation für 4 Wochen.

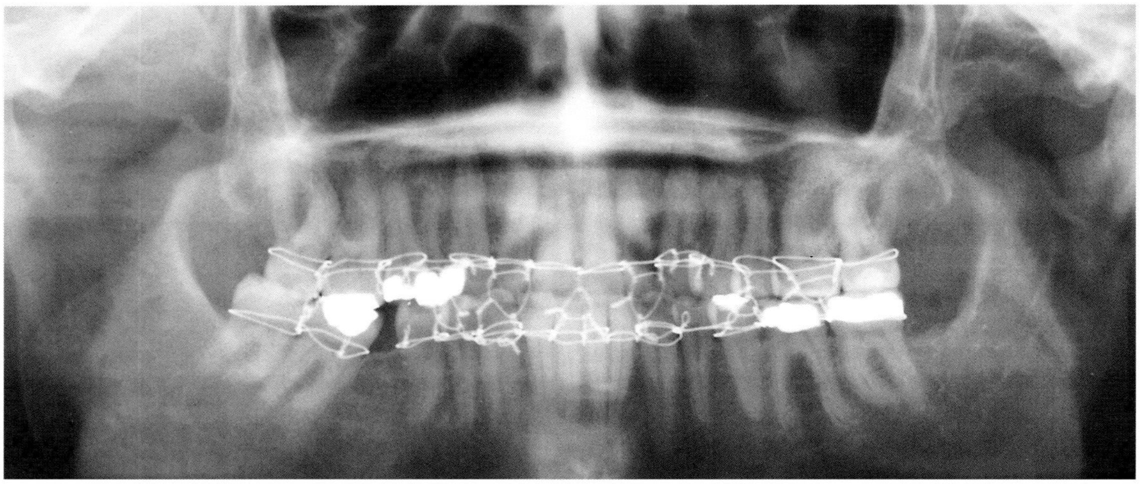

908 Verlauf
Zustand 6 Monate nach Fraktureintritt: Durchbau der Knochenstruktur bei Zahn 45 unter Erhaltung normaler Vitalität der Zähne, Restrukturierung im Kondylusbereich links und normale Beweglichkeit des Unterkiefers.

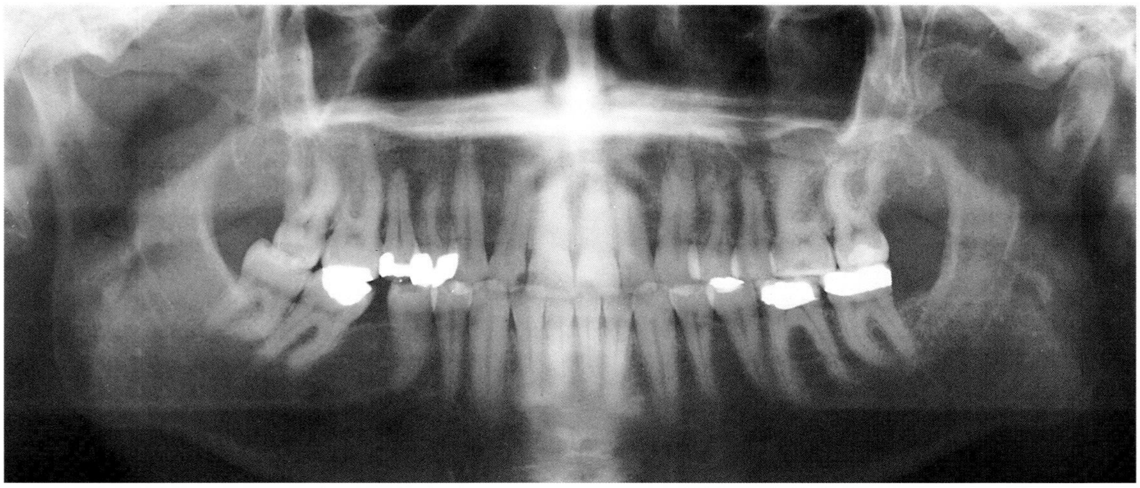

Behandlung von Frakturen im Gelenkbereich

Die konservative Behandlung durch Okklusionssicherung und Ruhigstellung für 2–3 Wochen und die anschließende funktionelle Nachbehandlung ist zur Zeit immer noch die komplikationsärmste Methode. Bei individuell korrekter Behandlung ist selten mit Spätfolgen wie Arthrose oder Ankylose zu rechnen (Schmidt-Hoberg u. Luhr 1976, Takenoshita, Ishibashi u. Oka 1990, Kristen u. Singer 1976, Zou u. Mitarb. 1987).
Es besteht heute eine Tendenz zur chirurgischen Behandlung der Kiefergelenkfrakturen. Da eine präzise Reposition der Fragmente sehr schwer zu erreichen ist und bei chirurgischer Freilegung der Fragmente die Blutversorgung gestört wird (Nekrose des Fragments), können Störungen der Gelenkfunktion nicht ausgeschlossen werden.

Intrakapsuläre einseitige Frakturen:
- Ruhigstellung für 2 Wochen oder weniger.
- Weitere Stauchung vermeiden.
- Entlastung und Schmerzlinderung.
- Funktion trainieren nach Lösung der Fixation.

Extrakapsuläre einseitige Frakturen:
- Gelenkdistraktion mit Hypomochlion für maximal 48 Stunden.
- Ruhigstellung für 3 Wochen.
- Vertikale Dimension erhalten.
- Okklusion einstellen und halten.
- Funktion trainieren nach Lösung der Fixation.

Kollumfrakturen im jugendlichen Alter bedürfen einer langfristigen Überwachung des Wachstumsverhaltens der betreffenden Kieferseite.
Kiefergelenkfrakturen beim Kind bis ca. 8 Jahre bedürfen oft einzig einer funktionellen Behandlung (Monoblock), da im Wechselgebiß eine Okklusion oft nicht sicher eingestellt werden kann und schnelle Heilungsvorgänge eine Ruhigstellung erübrigen.

Behandlung von beidseitigen Kollumfrakturen

Diese Frakturen erfordern wegen der Tendenz zur Rückverlagerung des Unterkiefers oft zusätzliche Maßnahmen zur Reposition und entsprechende überwachung.

Cave
Besondere Probleme bieten beidseitige Kollumfrakturen. Diese sollten durch den Spezialisten behandelt werden.

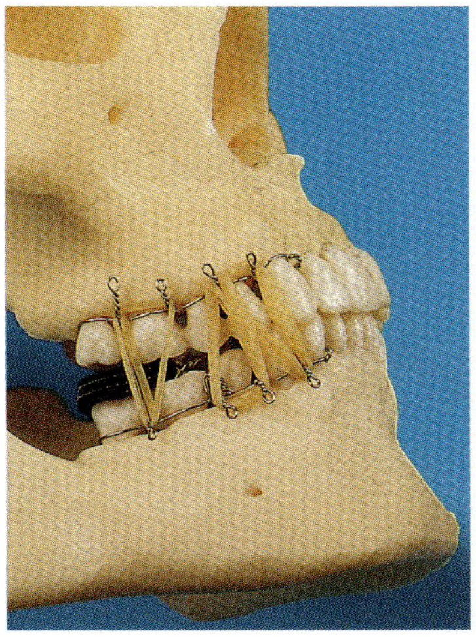

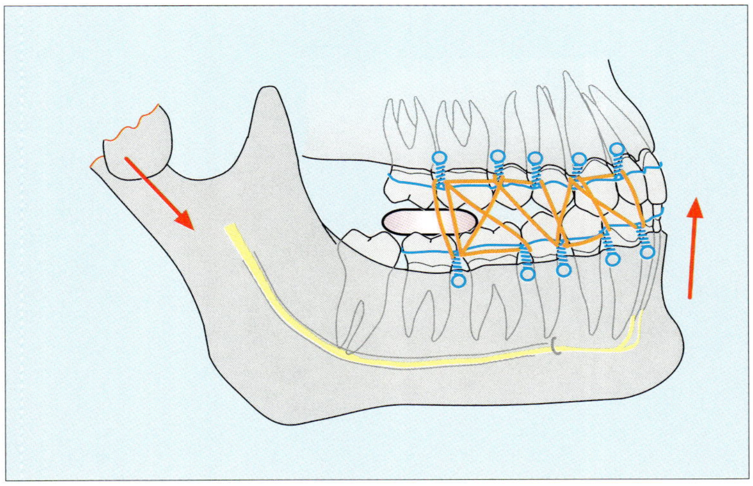

909 Kiefergelenkfraktur – Distraktion des Kondylus
Durch die Gummizüge wird eine Distraktion im rechten Kiefergelenk über ein Hypomochlion erreicht und damit die Verkürzung der rechten Abstützung im Gelenk kompensiert.

Links: Darstellung der Drahtösenschiene mit Gummizügen und Hypomochlion am Schädel. Die Gummizüge werden im anterioren Bereich dichter gelegt, um den Zug auf den Unterkiefer zu verstärken.

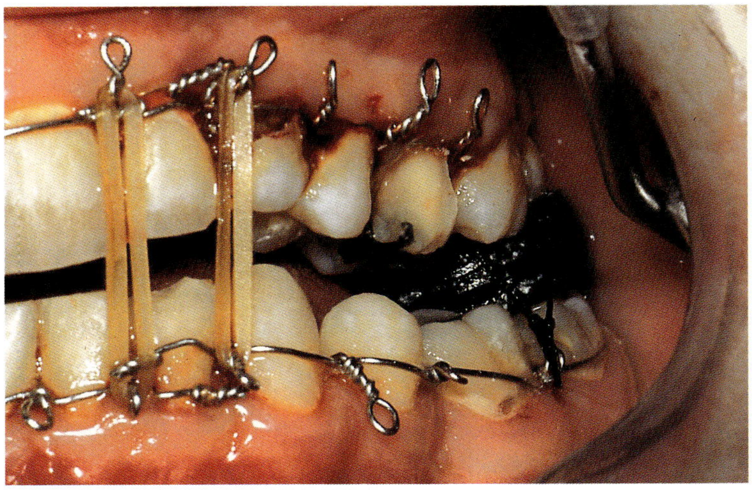

910 Hypomochlion
Die Situation im Mund eines 36jährigen Patienten: Schienung und Gummizüge mit dem Gummirädchen in situ.

Links: Das Hypomochlion besteht aus Hartgummi. Wasserdichtungen oder Schuhsohlengummi eignen sich bestens dazu. Das Hypomochlion soll im Mund mit einer Drahtschlinge befestigt werden, um ein Verschlucken oder eine Aspiration zu verhindern.

Behandlung von Kiefergelenksluxationen

Reposition

Die Reposition erfolgt manuell mit Griff nach Hippokrates. Falls eine Reposition nicht gelingt, Versuch der mechanischen Reposition durch Gummizüge im Frontbereich über ein Hypomochlion im Molarenbereich als Gegenwirkung zum Muskelzug: Die Reposition des Kondylus erfolgt allmählich innerhalb einiger Stunden. In schwierigen Fällen muß die Reposition manuell in Narkose und Relaxation erfolgen.

Fixation

Anschließend sollte eine intermaxilläre Fixation zur Rezidivprophylaxe und Ruhigstellung der überdehnten Gewebe für 1–2 Wochen erfolgen.

In einfachen Fällen genügt die Fixation mit Gummizügen für 1–2 Tage und Ersatz durch Drahtfixation, sobald die Okklusion einstellbar ist. Gummizüge können bei gesundem Parodont maximal 1 Woche belassen werden, da sonst die dauernden Zugkräfte Zähne elongieren können.

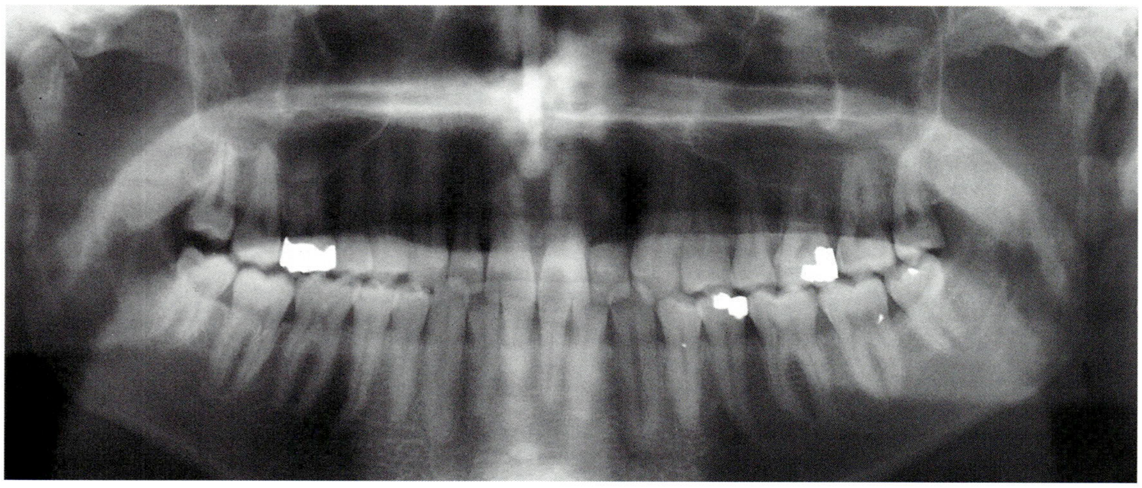

911 Kollumfraktur
Dieser 44jährige Mann erlitt einen Schlag an den Unterkiefer. Dabei wurde der rechte Kiefergelenkfortsatz gebrochen. Das OPT zeigt den Zustand vor der Schienung. Die Behandlung besteht in Reposition und Einstellung der Okklusion durch Gummizüge und Hypomochlion mit anschließender intermaxillärer Drahtfixation zur Ruhigstellung für 2 Wochen.

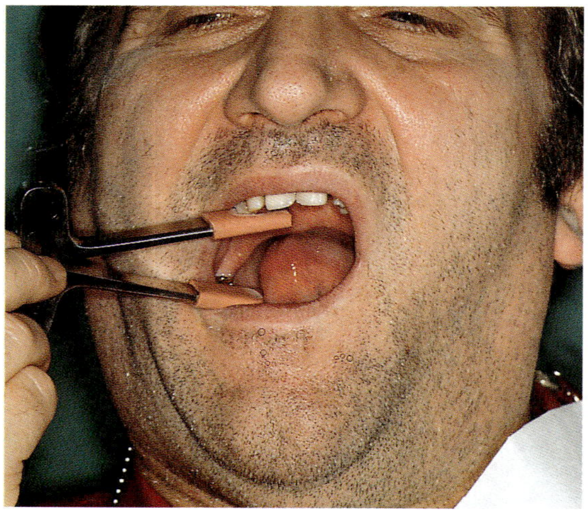

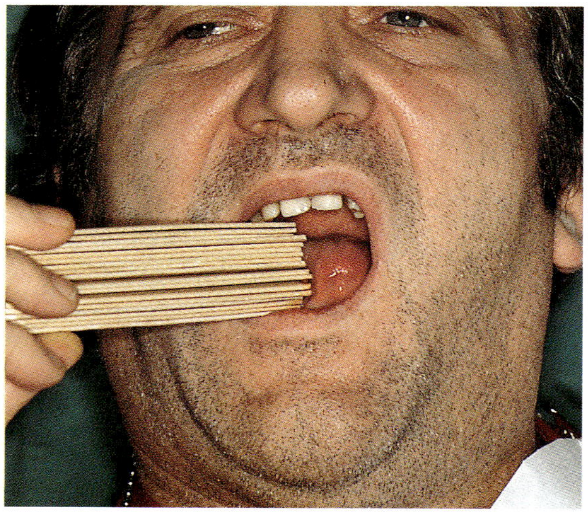

912 Funktionelle Nachbehandlung
Anschließend wird die Funktion durch energisches Üben wieder trainiert. Der Patient steigert die Mundöffnung durch Spreizung mit Holzspateln, wobei die Fortschritte der Mundöffnung morgens und abends gemessen und in einer Mundöffnungstabelle festgehalten werden (*rechts*).

Sollte das Selbsttraining nicht innerhalb weniger Tage Fortschritte bei der Mundöffnung ergeben, kann mit dem Mundspreizer nach Heister nachgeholfen werden (*links*).

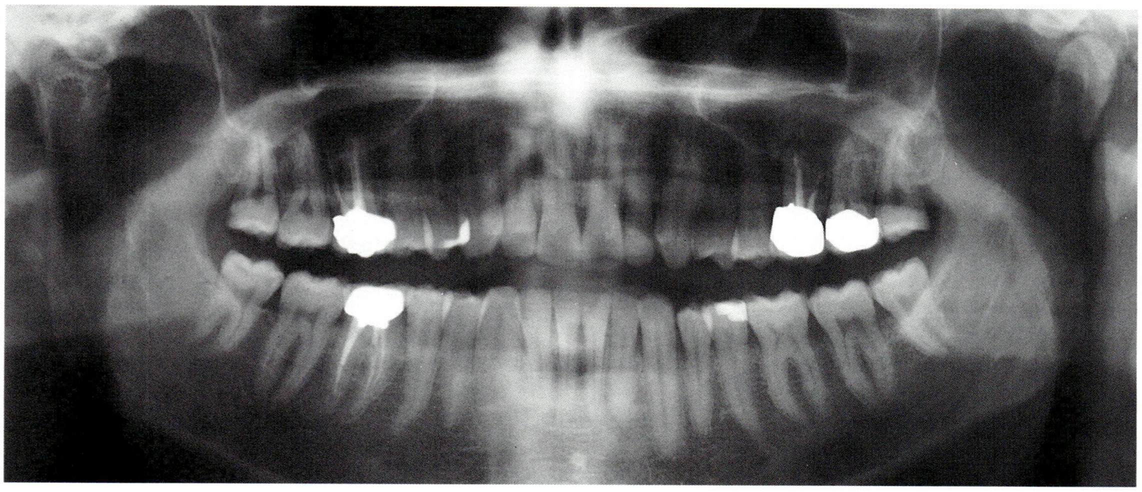

913 Verlauf
Das OPT zeigt den Zustand nach Schienenentfernung. Der Gelenkfortsatz hat sich nur unwesentlich in der Position geändert. Das Ziel der Behandlung besteht im Erreichen einer möglichst normalen Beweglichkeit des Unterkiefers. Im Gegensatz zu anderen Frakturen wird keine Reposition der Fragmente mit knöcherner Konsolidierung angestrebt.

Mundhygiene bei geschlossener Zahnreihe

Wegen der erschwerten Zugänglichkeit der Zähne für Mundhygienemaßnahmen (Zahnbürste) und der kalorienreichen, eher kariogenen Kost sind besondere Maßnahmen zur Plaquebeseitigung notwendig. Ohne sie wären Kariesschäden und allerdings eher reversible Entzündungen der Gingiva zu erwarten.

Maßnahmen im einzelnen

Dreimal täglich Reinigung der Außenflächen mit einer kleinen Zahnbürste (Kinderzahnbürste) und Zahnpasta.

Nach jeder Mahlzeit Spülungen zur Desinfektion mit 0,2 %iger Chlorhexidin-Lösung.

Nach Entfernung der Schienen oder bei Belassung derselben über 4 Wochen auch zwischendurch professionelle Reinigung vornehmen (Dentalhygienikerin).

Spülungen mit Kochsalzlösung als Mundpflegemaßnahme, notwendig bei vorhandenen oralen Weichteilverletzungen oder Traumatisierung durch die Schiene.

Solcoserylhaftpaste bei Schleimhautulzerationen verwenden.

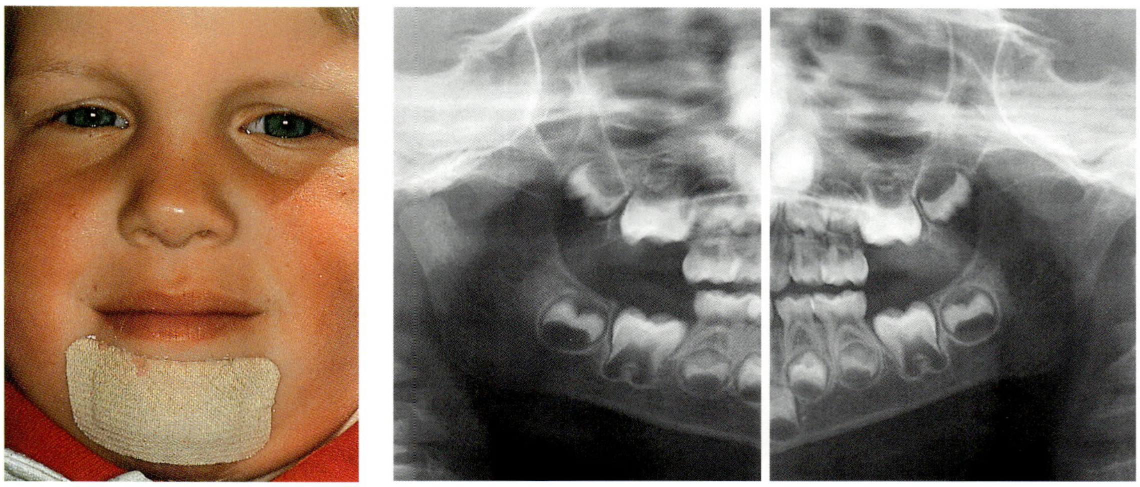

914 Kiefergelenkfrakturen beim Kind

Dieser 4jährige Knabe stürzte mit seinem Fahrrad aufs Kinn. Er erlitt dabei eine Kollumfraktur rechts mit entsprechender Funktionseinschränkung und Schonstellung des Unterkiefers (*links*).

Das OPT zeigt den nach anterior gekippten Gelenkfortsatz (*rechts*).

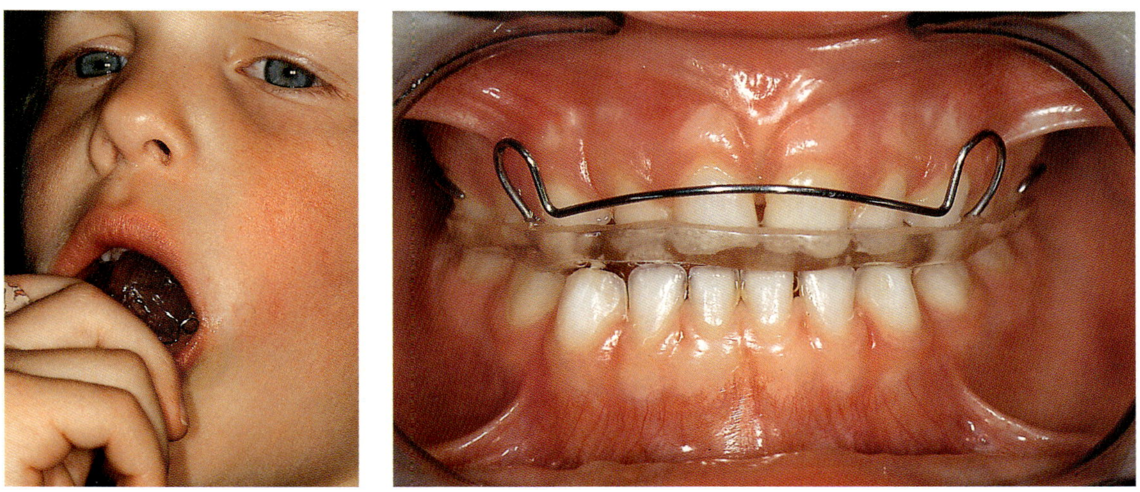

915 Behandlung

Die Therapie besteht in der Eingliederung eines Monoblocks zur Sicherung der Okklusion und gleichzeitig funktioneller Behandlung der Mundöffnung.

Links: Der 4jährige Knabe ist sehr kooperativ und kann das Trainingsgerät selbst bedienen.

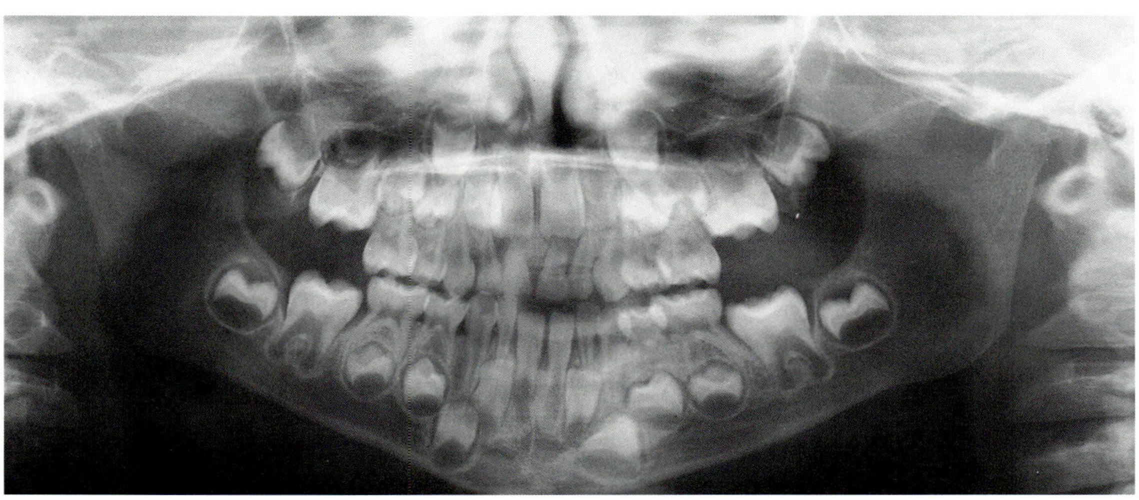

916 Verlauf

Im OPT ist nach 10 Monaten die Rekonstruierung des Kollums mit guter Begrenzung des Gelenkkopfes zu sehen. Weitere Kontrollen sind notwendig, um das Wachstum des Kiefers zu beobachten. Bei einem Trauma im Gelenkbereich bei sehr jungen Patienten könnte eine Störung in der Entwicklung auftreten.

Behandlung von Strahlenschäden

Maßnahmen während der Bestrahlung

Schutz der Restbezahnung: Medikamentenschiene zur Applikation von Fluorgelée.
Professionelle Zahnreinigung und Parodontalbehandlung vor und während der Strahlentherapie.
Instruktion von persönlichen Hygienemaßnahmen (0,025 %ige Chlorhexidinlösung, ansteigend auf 0,2 %ige).
Kontrollen in wöchentlichen Intervallen.

Bei Strahlenstomatitis: Mundspülungen mit fluorhaltiger, nicht reizender Lösung (Gel).

Bei Mukositis: Gabe von künstlichem Speichel (Gel 7B+).
Tägliche Pflege der Mundschleimhaut während der Bestrahlung mit glycerinhaltiger Salzlösung oder Bicarbonatlösungen.
Mundsalben verwenden, evtl. mit Anästhesiepulver vermischt.

Verabreichung von künstlichem Speichel

Ein Speichelersatz muß pH-neutral sein, um eine fortschreitende Entkalkung der Restbezahnung zu verhindern. Idealerweise sollte er zur Remineralisation beitragen und als Gleitmittel zur Nahrungsaufnahme dienen.

Gel 7 B+ (pH-Wert: 8)

Ammoniumfluorid:	0,25 %	
Ammoniumphosphat:	1,00 %	
Na-Cyclamat	0,075 %	(kann variiert werden)
Na-Saccharinat:	0,125 %	(kann variiert werden)
Lycasin:	0,125 %	(kann variiert werden)
Na-Benzoat:	0,10 %	
Natrosal HR 250:	0,50 %	(kann variiert werden)
Viskosität: H_2O:	ad 100 %	

(Angaben der Klinik für Präventivzahnmedizin, Parodontologie und Kariologie, Direktor Prof. Dr. F. Lutz).

Maßnahmen nach der Bestrahlung

Weiterführung der professionellen Hygienemaßnahmen in 3- bis 4-Wochen-Intervallen.
Behandlung der Mukositis und Verabreichung von Speichelersatz.
Prothetische Maßnahmen nach Abschluß der Bestrahlung sollen unter kurzfristigen Kontrollen wegen möglicher Druckstellen erfolgen. Druckulzerationen dürfen nicht auftreten, denn die Mukosa kann auf einem radionekrotisch veränderten Kiefer nicht mehr heilen. Solche sonst harmlosen traumatischen Ulzera können der auslösende Faktor für den Verlust des ganzen bestrahlten Unterkiefers sein.
Unbedingt notwendige Eingriffe sind sehr schonend unter Antibiotikaschutz mit primärer Weichteildeckung durchzuführen. Die Überweisung an den Spezialisten ist angezeigt.

Behandlung von Verbrennungen und Verätzungen der Weichteile

(vgl. S. 324)

Oberflächliche chemische oder thermische Schäden führen zu entsprechenden Nekrosen.
Die Behandlung besteht in lokaler Wundpflege durch Reinigung mit 3 %iger H_2O_2-Lösung und Betupfen mit physiologischer Kochsalzlösung bis zur Demarkation der nekrotischen Schleimhaut. Abdecken der Wundfläche mit Solcoserylhaftpaste. Kleinere Bezirke bis ca. 2 cm^2 können der sekundären Epithelisierung überlassen werden, größere Bezirke müssen plastisch gedeckt werden. Die zu erwartende Narbenbildung ist bei den Methoden der Deckung zu berücksichtigen. Solche Fälle gehören in die Hand des Spezialisten.

Arztbrief, Rezeptur, Forensik

Arztbrief

Der Arztbrief dient der gegenseitigen Information der Behandler über den Patienten.

Er ist Bestandteil der Krankengeschichte, kann aber auch als Teil der persönlichen Bemerkungen betrachtet und so dem Einsichtsrecht des Patienten entzogen werden. Dies ist dann gerechtfertigt, wenn Angaben im Arztbrief (z.B. Verdachtsdiagnosen) das Wohl des Patienten beeinträchtigen könnten.

Aufbau

Die ärztliche Korrespondenz soll kurz und übersichtlich sein. Niemand von uns hat Lust und Zeit, unklare Texte und Floskeln zu lesen und selber nach dem wesentlichen in einem Brief zu forschen. Der Arztbrief hat deshalb einen klaren Aufbau, der mehr oder weniger allgemein verwendet wird.

Entsprechend dem Aufbau der Krankengeschichte folgt auch der Arztbrief dem üblichen Schema:

Angaben über *Anamnese*, Überweisungsgrund, jetzige Beschwerden.

Unsere *Befunde*, klinisch, radiologisch, Spezialuntersuchungen.

Diagnose, Beurteilung und geplante oder erfolgte *Therapie*.

Besonderheit im *Verlauf, weiteres Vorgehen*, Weiterüberweisung, Rücküberweisung an Erstbehandler.

Entlassung des Patienten aus unserer Behandlung.

Der Tenor eines Arztbriefes ist höflich und kollegial.

Inhalt

Anamnese
Oft kann die Anamnese als bekannt vorausgesetzt werden. Weitere Angaben sind sinnvoll, wenn diese für die Diagnosesicherung oder Therapie bedeutsam sind und nicht klar als bekannt vorausgesetzt werden können.

Befund
Das Datum der Befunderhebung ist wichtig: „Wir haben Ihren Patienten .... am .... in unserer Sprechstunde untersucht."

Je nach Fragestellung des Überweisers und der Bedeutung der Befunde muß mehr oder weniger ausführlich berichtet werden. Bei unklarer Diagnose sind die Befunde besonders wichtig. Eine vollständige Angabe auch negativer oder Null-Befunde ist dann notwendig. Auch wenn der Überweiser nicht als Spezialist in unserem Fachgebiet zu erkennen ist, sind ausführliche Befundangaben wichtig und dienen dem Verständnis.

Diagnose
In einem Arztbrief können sowohl Angaben über eine klare, sichere Diagnose als auch verschiedene Differentialdiagnosen aufgeführt sein. In letzterem Fall soll jedoch vermerkt sein, wie eine Diagnosesicherung erreicht werden kann oder ob eine Überweisung an den Spezialisten erfolgen muß.

Bemerkungen über die Wahrscheinlichkeit einer Diagnose können ebenfalls enthalten sein.

Beurteilung

In manchen Fällen kann keine eigentliche Diagnose gestellt werden oder die Diagnose bedarf einer klärenden Erläuterung. Dies ist zum Beispiel bei Funktionsstörungen oder chronischen Schmerzen notwendig. Die Beurteilung ist auch dann erforderlich, wenn keine objektiv gesicherten Angaben vorliegen, z.B. bei mangelndem Prothesenhalt oder bei Schmerzbefunden usw. Hier ist es möglich, persönliche Eindrücke über das Krankheitsbild des Patienten wiederzugeben.

Therapie

Es sollen knappe, klare Angaben ohne Details der Operation oder spezieller Techniken gemacht werden. Therapiebeschreibungen sollen keine Lehrangaben an den Überweiser sein.

Procedere

Falls keine Therapie durchgeführt wird oder keine Therapie erforderlich ist, müssen Angaben über das weitere Vorgehen gemacht werden und wer dieses veranlaßt. Zurückhaltung ist bei allen Fällen am Platze, bei denen die Überweisung zu einem bestimmten Zweck erfolgte und unser Befund oder Diagnose nach weiteren Maßnahmen verlangt. Wenn möglich, soll die Regie beim Erstbehandler bleiben und nur auf besonderen Wunsch übernommen werden.

Verlauf

Angaben sind zwingend, wenn ein Verlauf nach weiteren Maßnahmen verlangt oder wenn besondere Probleme wie Infekte oder andere Komplikationen aufgetaucht sind. In diesen Fällen muß hier über getroffene Maßnahmen berichtet werden. Die Mitteilung über die Entlassung des Patienten aus unserer Behandlung mit Datum darf nicht fehlen. Auch soll über Besonderheiten oder geplante Nachkontrollen berichtet werden.

Individueller Arztbrief oder Formular?

Auch wenn der Arztbrief ziemlich standardisiert werden kann, ist die individuelle Form oft nicht zu umgehen. Formulare sind nur für klare Standarduntersuchungen (Herdabklärung) oder bei Überweisungen zu einem Routineeingriff bei klarer Situation (Extraktion von Zahn 8, Wurzelspitzenresektion usw.) sinnvoll, wenn vom Überweiser angenommen werden kann, daß er über den Patienten im Bilde ist.

Rezepte

Formelles

Das Rezept ist eine zahnärztliche oder ärztliche Verordnung oder Verschreibung für Heilmittel zur Abgabe durch den Apotheker an den Patienten. Als Urkunde darf es nicht verändert werden. Mißbrauch oder Fälschungen sind strafbar.

Jedes *Rezeptformular* muß Namen, Berufsbezeichnung und Anschrift mit Telefonnummer des Ausstellers enthalten.

Die Verschreibung erfolgt unter Angabe des Ausstellungsdatums nach folgendem Muster:

Rp (recipe = „nimm"): an den Apotheker gerichtete Bitte.

OP: Originalpackung für Fertigprodukte.
Angabe des Markennamens oder Generika, d.h. analoger Produkte anderer Hersteller (nach Ablauf des Patentschutzes).
Angabe der Packungsgröße (römische Ziffer) und Stärke (mg, ml, IE usw.) des Medikamentes. Die galenische Form wird auch angegeben (Tablette, Kapseln, Suppositorien, Salbe, Creme, Spüllösung, Tinktur usw.).

Bei Individualrezepturen müssen die einzelnen Bestandteile und deren Menge oder Mengenverhältnis angegeben werden. Dazu verweisen wir auf die einschlägige Spezialliteratur.

S (signe): Angaben über die Verwendungsart, Einnahmezeiten usw., d.h. Vorschriften für die Anwendung durch den Patienten (wird durch den Apotheker auf die Packung notiert). Es werden immer Einzeldosen angegeben und die Häufigkeit und Umstände („zu den Mahlzeiten") der Einnahme.

Personalien mit Altersangabe des Patienten.

Persönliche Unterschrift des Zahnarztes oder Arztes.

Ein Rezept ist auf einen bis sechs Monate (je nach Kasse) befristet, bei Betäubungsmittelrezepten auf 7 Tage. Ein Rezept wird zu einem wichtigen Beweismittel, falls es zu Haftpflichtklagen kommt.
Der Apotheker hat die Pflicht, Art und Dosierung des verschriebenen Medikamentes zu überprüfen und bei Überschreitung der Grenzdosierungen beim Rezeptaussteller nachzufragen. Bewußte Höherdosierungen sind besonders zu vermerken. Die Verantwortung liegt dann beim Aussteller.

Forensik

Grundsätze

Die Verantwortung des chirurgisch tätigen Arztes und Zahnarztes ist sehr hoch, da er irreversible Eingriffe in die Körperintegrität des Patienten vornimmt. Jeder chirurgische Eingriff muß juristisch als Körperverletzung betrachtet werden. Die Rechtfertigung zu seinem Tun kann der Behandler deshalb nur im Einverständnis des Patienten finden. Ebenso braucht jede Verrichtung eine klare medizinische Indikation, die schließlich dem Wohle des Patienten dienen muß. Nach derzeitiger Rechtsprechung obliegt es dem Behandler, zu beweisen, daß er richtig gehandelt hat und den nachfolgend aufgeführten Pflichten nachgekommen ist.

Zitiert werden hier zwar die Formulierungen des Schweizerischen Bundesgerichts, die aber inhaltlich weitgehend auch für die Bundesrepublik Deutschland gelten.

Aufklärungspflicht

Der Patient muß über die Diagnose und den geplanten Eingriff informiert werden, ebenso über die möglichen Folgen einer Unterlassung der Behandlung oder mögliche Risiken des Eingriffs. Der Behandler muß sich überzeugen, daß der Patient seine Darstellungen verstanden hat.

Das Schweizerische Bundesgericht hat diese Aufklärungspflicht so formuliert: „Grundsätzlich ist der Arzt verpflichtet, seinen Patienten über Art und Risiken der von ihm in Aussicht genommenen Behandlungsmethoden zu orientieren, es sei denn, es handle sich um alltägliche Maßnahmen, die keine besondere Gefahr und keine endgültige oder längerdauernde Beeinträchtigung der körperlichen Integrität mit sich bringen. Der Patient muß über den vom Arzt in Betracht gezogenen Eingriff und die vorgesehene Behandlung soweit unterrichtet werden, daß er seine Zustimmung dazu in Kenntnis der Sachlage geben kann. Allerdings soll die ihm zuteil werdende Information keinen für die Gesundheit schädlichen Angstzustand hervorrufen.“

Empfehlenswert ist es deshalb, bei schwierigen oder risikoreichen Eingriffen den Patienten schriftlich mit Informationsblättern und individuellen Ergänzungen (Zeichnungen) aufzuklären und sich sein Einverständnis mit dem Vorgehen duch Unterschrift bestätigen zu lassen. Dies ist eine besonders wichtige Maßnahme bei Wahleingriffen, bei denen eine risikoärmere Alternative besteht.

Ausbildung und Fortbildungspflicht

Im gegebenen Fall muß der Behandler nachweisen, daß er für den durchgeführten Eingriff fachlich ausgebildet ist. Obwohl das Abschlußexamen die Qualifikation für die freie Berufsausübung darstellt, ist damit kein Freipaß zur Anwendung aller existierenden Behandlungsmittel gegeben.

Sorgfaltspflicht

Der Behandler untersteht dem Auftragsrecht (außer für zahnärztlich rekonstruktive Arbeiten), was bedeutet, daß er für die sachgerechte, fachlich einwandfreie Durchführung einer Verrichtung haftet.

Die Rechtsprechung ist von Land zu Land verschieden. Das Schweizerische Bundesgericht hat sich zur ärztlichen Sorgfaltspflicht 1989 und früher so geäußert: „Die Anforderungen an die Sorgfaltspflicht, die einem Arzt zuzumuten ist, lassen sich nicht ein für allemal festlegen; sie richten sich vielmehr nach den Umständen des Einzelfalles, namentlich nach der Art des Eingriffs oder der Behandlung, den damit verbundenen Risiken, dem Ermessensspielraum, den Mitteln und der Zeit, die dem Arzt im einzelnen Fall zur Verfügung stehen, sowie nach dessen Ausbildung und Leistungsfähigkeit. ... In Notfällen und bei heiklen Diagnosen ergibt sich schon aus der Natur des Auftrages, daß der Haftung eher enge Grenzen gesetzt sind ... Anders verhält es sich dagegen, wenn ein Arzt z.B. eine schwere Krankheit trotz typischer Symptome nicht erkennt, eine nicht unbedingt notwendige Operation ungenügend vorbereitet und trotz schwerwiegender Komplikationen während des Eingriffs keinen Spezialisten beizieht...“ Diese Umschreibung wurde später noch ergänzt: Die Besonderheit der ärztlichen Kunst liegt darin, daß der Arzt mit seinem Wissen und Können auf einen gewünschten Erfolg hinzuwirken habe, was aber nicht heiße, daß er diesen auch herbeiführen oder gar garantieren müsse, denn der Erfolg als solcher gehöre nicht zu seiner Verpflichtung.

Literatur

A

Ackermann, H.: Warum haben wir mit den Wurzelspitzenresektionen Mißerfolge? Vorschläge für ein vereinfachtes Verfahren, um einen einwandfreien Abschluß der Wurzel zu erhalten. Schweiz. Monatsschr. Zahnmed. 61: 821–836, 1951

Altner, H.: Physiologie des Geschmacks. In Schmidt, R. F.: Grundriß der Sinnesphysiologie. Springer, Berlin, S. 287–298, 1985

American Dental Association, American Heart Association: Preventing bacterial endocarditis. J. Am. Dent Assoc. 122: 87–92, 1991

Andrä, A.: Zur Diagnostik kieferchirurgischer Erkrankungen. Stomatol. DDR 39: 761–764, 1989

Andrä, A., Naumann, G.: Odontogene pyogene Infektionen. Barth, Leipzig 1991

Andreasen, J. O.: Traumatologie der Zähne. Schlüter, Hannover 1988

Andreasen, J. O.: Farbatlas der Replantation und Transplantation von Zähnen. Deutscher Ärzte-Verlag Köln 1993

Atac, M.: Nachuntersuchungsergebnisse der unilateralen Kiefergelenksfrakturen der Zürcher Klinik. Med. Diss, Zürich 1978

B

Bahr, F.: Einführung in die wissenschaftliche Akupunktur. Ohr-, Schädel- und Körperakupunktur. Bahr, München 1989

Barbakow, F., Imfeld, T.: Richtlinien bei der Replantation bleibender Zähne I und II. Quintessenz 31: 29–34, 41–45, 1980

Barco, C. T.: Prevention of infective endocarditis: a review of the medical and dental literature. J. Periodontol. 62: 510–523, 1991

Bartoshuk, L.: Genetic and pathological taste variation: What can we learn from animal models and human disease? Ciba Foundation Symposium 179: 251–267, 1993

Bartoshuk, L. M., Beauchamp G. K.: Chemical senses. Annu. Rev. psychol. 45: 419–449, 1994

Bauer, G., Donath, K., Dumbach, J., Sitzmann, F., Spitzer, W. J.: Vergleich verschiedener Ca-Phosphat-Keramiken zum Knochenersatz. Z. Zahnärztl. Implantol. 3: 101–106, 1987

Bauer, G., Donath, K., Dumbach, J., Kroha, E., Sitzmann, F., Spitzer, W. J.: Reaktion des Knochens auf Kalziumphosphatkeramiken unterschiedlicher Zusammensetzungen. Z. Zahnärztl. Implantol. 5: 263–266, 1989

Baum, B. J.: Salivary gland function during aging. Gerodontics 2: 61–64, 1986

Baumann, M.: Apikale, zystische Aufhellungen: ein Vergleich zwischen Röntgenbild und Histologie. Schweiz. Monatsschr. Zahnmed. 83: 1459–1467, 1973

Baumann, M.: Langzeiterfahrungen mit der Marsupialisation großer Unterkieferzysten zur Mundhöhle. Schweiz. Monatsschr. Zahnmed. 86: 1280–1293, 1976a

Baumann, M.: Die ambulant durchgeführte partielle Vestibulumplastik mit sekundärer Epithelisation. Schweiz. Monatsschr. Zahnmed. 86: 17–28, 1976b

Baumann, M.: Probeexzision wie und wann? Schweiz. Monatsschr. Zahnmed. 88: 39–43, 1978

Baumann, M., Pajarola, G.: Experiences on the sequela of maxillary sinusitis following closure of the causative oro-antral fistula. J. Maxillofac. Surg. 3: 164–169, 1975

Baurmash, H. D.: Marsupialization for treatment of oral ranula: a second look at the procedure. J. Oral Maxillofac. Surg. 50: 1274–1279, 1992

Beck-Mannagetta, J., Necek, D., Grasserbauer, M.: Zahnärztliche Aspekte der solitären Kieferhöhlen-Aspergillose: eine klinische, mikroanalytische und experimentelle Untersuchung. Z. Stomatol. 83: 283–315, 1986

Becker, R.: Pyogene Infektionen im Kieferbereich beim Kind. Dtsch. Zahnärztl. Z. 23: 1295–1302, 1968

Becker, R.: Verschiedene Methoden der Zystenoperation. Indikation und Ergebnisse. ZWR 80: 106–112, 1971

Becker, R.: Die Nachblutung nach zahnärztlich-chirurgischen Eingriffen in der Mundhöhle. Dtsch. Zahnärztl. Z. 29: 655–659, 1974

Bereiter, H., Melcher, G. A., Gautier, E., Huggler, H. A.: Erfahrungen mit Bio-Oss, einem bovinen Apatit, bei verschiedenen klinischen Indikationsbereichen. Hefte Unfallheilkunde 216, 1991

Bernimoulin, J-P., Lange, D. E.: Freie Gingivatransplantate – klinische Aspekte und Zytologie ihrer Einheilung. Dtsch. Zahnärztl. Z. 27: 357–364, 1972

Berthold, H.: Antibakterielle Chemotherapie. Schweiz. Monatsschr. Zahnmed. 103: 307–314, 1993

Berthold, H., Burkhardt, A.: Nichtdentogene Kieferzysten. Schweiz. Monatsschr. Zahnmed. 99: 1174–1178, 1989

Berthold, H., Hirt, H. P., Schramm-Scherer, B.: Wurzelspitzenresektion und transdentale Fixation, Fehler und Komplikationen. Schweiz. Monatsschr. Zahnmed. 102: 713–718, 1992

Bhaskar, S. N.: Periapical lesions – types, incidence and clinical features. Oral Surg. Oral Med. Oral Pathol. 21: 657–671, 1966

Bolz, U., Kalweit, K.: Vergleichende Untersuchungen zur Wärmeentwicklung mit innengekühlten und konventionellen Knochenbohrern und -fräsen. Dtsch. Zahnärztl. Z. 31: 959, 1976

Bork, K., Hoede, N., Korting, G. W.: Mundschleimhaut und Lippenkrankheiten, 2. Aufl. Schattauer, Stuttgart 1993

Bössmann, K., Bönning, J.: Die Empfehlung des Deutschen Arbeitskreises für Hygiene in der Zahnarztpraxis. DAHZ, Kiel/Norderstedt 1989

Briseño, B., Willershausen, B., Sonnabend, E.: Einfluß verschiedener Wurzelfüllmaterialien auf Gingivafibroblastenkulturen. Schweiz. Monatsschr. Zahnmed. 101: 294–298, 1991

Brøndum, N., Jensen, V. J.: Recurrence of keratocysts and decompression treatment: a long-term follow-up of forty-four cases. Oral Surg. Oral Med. Oral Pathol. 72: 265–269, 1991

Brosch, F.: Die Zysten des Kiefer-Gesichtsbereichs. In Häupl, K., Meyer, W., Schuchardt, K.: Die Zahn-, Mund- und Kieferheilkunde, Bd. III/1. Urban & Schwarzenberg, München, S. 411–456, 1957

Bull, H. G., Lentrodt, J., Zentner, C.: Technik und Ergebnisse der chirurgisch-kieferorthopädischen Einordnung verlagerter und retinierter Eckzähne. Fortschr. Kiefer. Gesichtschir. 21: 101–105, 1976

Buser, D.: Die Vestibulumplastik mit freien Schleimhauttransplantaten bei Implantaten im zahnlosen Unterkiefer. Schweiz. Monatsschr. Zahnmed. 97: 766–772, 1987

Buser, D., Berthold, H.: Knochendefektfüllung im Kieferbereich mit Kollagenvlies. Dtsch. Z. Mund-, Kiefer- u. Gesichtschir. 10: 191–198, 1986

Buser, D., Hotz, P.: Komplikationen bei der Überfüllung von Wurzelkanälen. Schweiz. Monatsschr. Zahnmed. 100: 1185–1191, 1990

C

Cerbo, R., Martucci, N., Agnoli, A.: Committee of the International Headache Society. Classification and diagnostic criteria for headache disorders, cranial neuralgias and facial pain. Cephalgia 8, Suppl. 7: 1–96, 1988

Ciancio, S. G.: Current status of indices of gingivitis. Review J. clin. Periodontol. 13: 375–378, 381–382, 1986

Clark, M. S., Seldin, R. D.: Cystectomy or marsupialisation: criteria for treatment. Quarterly NDA 38: 61, 1980

Cohen, L.: Mucoceles of the oral cavity. Oral Surg. Oral Med. Oral Pathol. 19: 365–372, 1965

Collings, V. B.: Human taste response as afunction of locus of stimulation on the tongue and soft palate. Perception and psychophysics 16: 169–174, 1974

Converse, J. M.: Complications in treatment of fractures. In Kazanjian, V. H., Converse, J. M.: Surgical Treatment of Facial Injuries. Williams & Wilkins, Baltimore, p. 235, 1974

D

Dahmer, H., Dahmer, J.: Gesprächsführung – eine praktische Anleitung, 3. Aufl. Thieme, Stuttgart 1992

Dahmer, J.: Anamnese und Befund. 7. Aufl. Thieme, Stuttgart 1994

Dajani, A. S., Bisno, A. L., Chung, K. J., et al: Prevention of bacterial endocarditis. JAMA 264: 2919–2922, 1990

Daniel, A.: Les incisions en chirurgie buccale. Schweiz. Monatsschr. Zahnmed. 87: 1228–1249, 1977

Davis, Ch. L.: Medical factors affecting treatment planning. In Fonseca, R. J., Davis, W. H.: Reconstructive Preprosthetic Oral and Maxillofacial Surgery, 2nd ed. Saunders, Philadelphia, pp. 127–134, 1995

Dean, O. T.: Surgery for the denture patient. J. Am. Dent. Assoc. 23: 2124–2128, 1936

De Foer, Ch., Fossion, E., Vaillant, J. M.: Sinus aspergillosis. J. Craniomaxillofac. Surg. 18: 33–40, 1990

Donath, K.: WHO-Klassifikation der odontogenen Zysten. Dtsch. Z. Mund. Kiefer. Gesichtschir. 4: 191–197, 1980

Draf, W.: Klinisch-experimentelle Untersuchungen zur Pathogenese, Diagnostik und Therapie der chronisch entzündlichen Kieferhöhlenerkrankungen unter Verwertung der direkten Beobachtung durch Sinuskopie. Med. Habil., Mainz 1974

Düker, J.: Konventionelle Röntgendiagnostik beim Mittelgesichtstrauma. Fortschr. Kiefer. Gesichtschir. 36: 18–21, 1991

Dumbach, J., Spitzer, W. J.: Knochenersatz mit pyrolisiertem xenogenen Knochen. Dtsch. Zahnärztl. Z. 43: 45–48, 1988

E

Edlan, A., Mejchar, B.: Plastic surgery of the vestibulum in periodontal therapy. Int. Dent. J. 13: 593–596, 1963

Egyedi, P., Beyazit, E.: Marsupialisation of large cysts of the maxillas into the maxillary sinus and/or nose. a follow-up investigation. In Kay, L. W.: Oral Surgery: Transactions of the 4th International Conference on Oral Surgery. Munksgaard, Kopenhagen, pp. 81–84, 1973

Ehrl, P. A.: Die Wurzelspitzenresektion mit orthograder Wurzelfüllung. In Chirurgische Zahnerhaltung. Hanser, München, S. 29–39, 1990

F

Fast, Th. B.: Physical evaluation and monitoring devices in dental practice. Gen. Dent. 41: 242–245, 1993

FDI: A revision of technical report No. 10. Recommendations for hygiene in dental practice, including treatment for the infectious patient. Int. Dent. J. 37: 142–145, 1987

Feifel, H., Riediger, D., Gustorf-Aeckerle, R., Claus, C.: Die hochauflösende Computertomographie in der Diagnostik verlagerter unterer Weisheitszähne unter besonderer Berücksichtigung der Strahlenbelastung. Dtsch. Z. Mund. Kiefer. Gesichtschir. 15: 226-231, 1991

Fischer, W.: Hygiene in der Zahnarztpraxis. Gesundheitsdirektion Kanton Zürich, Zürich 1991

Fischer-Brandies, E., Dielert, E.: Knochenersatzwerkstoff Hydroxylapatit. Zahnarzt 30: 567–583, 1986

Fleming, P., Feigal, R. J., Kaplan, E. L., Liljemark, W. F., Little, J. W.: The development of penicillinresistant oral streptococci after repeated penicillin prophylaxis. Oral Surg. Oral Med. Oral Pathol. 70: 440–444, 1990

Fowler, C. B., Brannon, R. B.: The paradental cyst: a clinicopathologic study of six new cases and review of the literature. J. oral Maxillofac. Surg. 47: 243–248, 1989

Frenkel, G..: Klinik und Therapie retinierter Zähne. In Frenkel, G., Aderhold, L., Leilich, G., Raetzke, P.: Die ambulante Chirurgie des Zahnarztes. Hanser, München, S. 121–158, 1989a

Frenkel, G.: Die Mund-Antrumverbindung und ihre Behandlung. In Frenkel, G., Aderhold, L., Leilich, G., Raetzke, P.: Die ambulante Chirurgie des Zahnarztes. Hanser, München, S. 159–174, 1989b

Frerich, B., Cornelius, C. P., Wiethölter, H.: Critical time of exposure of the rabbit inferior alveolar nerve to Carnoy's solution. J. Oral Maxillofac. Surg. 52: 599–606, 1994

Freyberger, P.: Die Radix relicta aus der Sicht des zahnärztlichen Sachverständigen. ZWR 80: 243–245, 1971

Friedman, S.: Retrograde approaches in endodontic therapy. Endod. Dent. Traumatol. 7: 97–107, 1991

Fuchsberger, A.: Verschiedene Bohrwerkzeuge zur spanenden Knochenbearbeitung im Vergleich. Z. Zahnärztl. Implantol. 3 267–281, 1987

Fuchsjäger, E.: Konzept zur Versorgung nachblutungsgefährdeter Patienten nach Zahnextraktionen. Z. Stomatol. 81: 179–184, 1984

G

Gabka, J.: Zur Diagnostik der Zysten des Kiefer-Gesichtsbereiches. Zahnmed. Bild 1: 126–130, 1960

Galloway, R. H., Gross, P. D., Thompson, S. H., Patterson, A. L.: Pathogenesis and treatment of ranula. J. Oral Maxillofac. Surg. 47: 299–302, 1989

Ganss, C., Hochban, W., Kielbassa, A. M., Umstadt, H. E.: Prognosis of third molar eruption. Oral Surg. Oral Med. Oral Pathol. 76: 688–693, 1993

Gersema, L., Baker, K.: Use of Corticosteroids in oral surgery. J. Oral. Maxillofac. Surg. 50: 270–277, 1992

Ghanremani, M., Arndt, R.: Instrumentenkunde in der zahnärztlichen Chirurgie. Thieme, Stuttgart 1994

Glanzmann, Ch., Grätz, K. W.: Radionecrosis of the mandibula: a retrospective analysis of the incidence and risk factors. Radiother. Oncol. 36: 94–100, 1995

Grätz, K. W.: Eine neue Klassifikation zur Einteilung von Unterkieferfrakturen. Med. Diss., Basel 1985

Grätz, K. W.: Die fortgeleitete phlegmonöse Mediastinitis bei eitrigen Infektionen von Unterkiefer und Oropharynx. Schriftenr. Ges. Kiefer. Gesichtschir. 2: 51–55, 1989

Greenspan, D., Greenspan, J. S., Pindborg, J. J., Schiødt, M.: AIDS, Konsequenzen für die zahnärztl. Praxis. Deutscher Ärzte-Verlag, Köln 1987

Grunder, U., Strub, J. R.: Die Problematik der Temperaturerhöhung beim Bearbeiten des Knochens mit rotierenden Instrumenten – eine Literaturübersicht. Schweiz. Monatsschr. Zahnmed. 96: 956–969, 1986

H

Halse, A., Molven, O., Grung, B.: Follow-up after periapical surgery: the value of the one-year control. Endod. Dent. Traumatol. 7: 246–250, 1991

Hammarström, L., Blomlöf, L., Feiglin, B., Andersson, L., Lindskog, S.: Replantation of teeth and antibiotic treatment. Endod. Dent. Traumatol. 2: 51–57, 1986

Hardt, N.: Behandlung von Kiefer- und Gesichtsschädelverletzungen im Wandel der Zeit. Swiss. Dent. 7: 40–49, 1986

Hardt, N.: Osteomyelitis: Szintigraphie. Schweiz. Monatsschr. Zahnmed. 101: 319–326, 1991

Hardt, N., Paulus, G. W.: Langzeiterfahrungen mit autologen Schleimhauttransplantaten bei Vestibulumplastiken im Oberkiefer. Schweiz. Monatsschr. Zahnheilk. 93: 1129–1135, 1983

Hardt, N., Von Arx, T.: Unterkieferfrakturen im Kindesalter. Schweiz. Monatsschr. Zahnmed. 99: 808–816, 1989a

Hardt, N., Von Arx, T.: Odontogene Keratozyste. Schweiz. Monatsschr. Zahnmed. 100: 980–985, 1990, 1989b

Hartmann, H. P., Jakob, O.: Die rechtliche Verantwortung des Zahnarztes bei lebensbedrohenden Zwischenfällen. Schweiz. Monatsschr. Zahnmed. 90: 305–314, 1980

Hausamen, J. E.: Kryochirurgie von Leukoplakien der Mundhöhlenschleimhaut. Dtsch. Zahnärztl. Z. 28: 1032–1036, 1973

Hausamen, J. E.: The basis, technique and indication for cryosurgery in tumors of the oral cavity and face. J. Maxillofac. Surg. 3: 41–49, 1975

Heeg, P., Setz, J.: Praxishygiene. Probleme und Lösungen. Thieme, Stuttgart 1994

Heimdahl, A., Hall, G., Hedeberg, M. et al: Detection and quantitation by lysis – filtration of bacteremia after different oral surgical procedures. J. Clin Microbiol 28: 2205–2209, 1990

Heusser, E.: Kauunfälle, Vorzustände, Spätfolgen/Rückfälle, UVG-Privatassekuranz. Schweiz. Monatsschr. Zahnmed. 97: 882–884, 1987

Hickel, R.: Wurzelfüllmaterialien – insbesondere für die retrograde Wurzelfüllung. In Chirurgische Zahnerhaltung. Hanser, München, S. 41–60, 1990

Hjørting-Hansen, E.: Studies on implantation of anorganic bone in cystic jaw lesions. Munksgaard, Copenhagen, 1970

Hochstein, H. J.: Rosenthals spezielle Mund-, Kiefer- und Gesichtschirurgie. 4. Aufl. Barth, Leipzig 1991

Holtgrave, E., Spiessl, B.: Die osteoplastische Behandlung großer Kieferzysten. Schweiz. Monatsschr. Zahnmed. 85: 585–597, 1975

Hotz, P. R.: Zahnunfälle: Unfälle an bleibenden Zähnen im jugendlichen Gebiß. Schweiz. Monatsschr. Zahnmed. 100: 849–858, 1990

Hotz, R.: Orthodontie in der täglichen Praxis, 4. Aufl. Huber, Bern 1970

Howe, G. L.: Minor oral surgery. Wright, Bristol, p. 89–116, 1971

Huch, R.: Die schwangere Patientin in der zahnärztlichen Praxis. Schweiz. Monatsschr. Zahnmed. 98: 1237–1245, 1988

I

Ilgenstein, B., Berthold, H., Beck, E. A.: Hämostasestörungen. Schweiz. Monatsschr. Zahnmed. 97: 473–477, 1987

Ingersoll, B. D.: Psychologische Aspekte der Zahnheilkunde. Quintessenz, Berlin, 1987

Isler, H.: Die Behandlung der Kopfschmerzen. Schweiz. Med. Wochenschr. 114: 1174–1180, 1984

J

Jaquiéry, C., Burkart, F.: Beeinflußbarkeit von Herzschrittmachern durch elektrische Geräte. Schweiz. Monatsschr. Zahnmed. 103: 987–992, 1993

Jacquiéry, C. Pajarola, G. F., Lambrecht, J. Th., Sailer, H. F.: Die Entfernung unterer retinierter Weisheitszähne (I). Schweiz. Monatsschr. Zahnmed. 104: 1517–1520, 1994

Jenni, M., Schürch, E. jr., Geering, A. H.: Schnellerfassung von Funktionsstörungen. Symptomtrias zur Schnellerfassung behandlungsbedürftiger Funktionsstörungen des Kausystems. Schweiz. Monatsschr. Zahnmed. 98: 1251–1252, 1988

Joho, J.-P., Schatz, J.-P.: Autotransplantation et planification orthodontique. Schweiz. Monatsschr. Zahnmed. 100: 174–187, 1990

Jokinen, M. A.: Bacteremia following dental extractions and its prophylaxis. Suom. Hammaslääk. Toim. 66: 69–100, 1970

K

Kamboozia, A. H., Punnia-Moorthy, A.: The fate of teeth in mandibular fracture lines. Int. J. Oral Maxillofac. Surg. 22: 97–101, 1993

Kanzler, L.: Die operative Entfernung unterer Weisheitszähne mit offener Nachbehandlung: eine bewährte und sichere Methode. Med. Diss., Zürich 1993

Kazanjian, V. H., Converse, J. M.: The Surgical Treatment of Facial Injuries. Williams & Wilkins, Baltimore 1949

Killey, H. C.: Fractures of the mandible, 2nd ed. Wright, Bristol, p. 32, 1971

Kirschner, H., Meyer, W.: Entwicklung einer Innenkühlung für chirurgische Bohrer. Dtsch. Zahnärztl. Z. 30: 436–438, 1975

Kirschner, H., Burkard, W., Pfütz, E., Pohl, Y., Obijou, C.: Frontzahntrauma: Aufbewahrung und Behandlung des verunfallten Zahnes. Schweiz. Monatsschr. Zahnmed. 102: 209–214, 1992

Kitsugi, T., Yamamuro, T., Nakamura, T. et al.: Four calcium phosphate ceramics as bone substitutes for non-weight-bearing. Biomaterials 14: 216–224, 1993

Klammt, J.: Zysten des Kieferknochens, Barth, Leipzig 1976

Klemmer, R.: Offene und halbgeschlossene Nachbehandlung nach operativer Entfernung unterer Weisheitszähne im Vergleich. Med. Diss., Zürich 1993

Köle, H.: Zur Spätbehandlung der Protrusion. DZZ 9: 275–278, 1959

König, J., Kocher, Th., Plagmann, H.-Ch.: Wechselwirkung zwischen Parodontitis und Pulpitis und ihre Auswirkungen auf die Therapie bei kombiniert endodontal-parodontalen Läsionen. Parodontologie 5: 93–102, 1994

Kristen, K., Singer, R.: Therapie und Prognose der Luxationsfrakturen des Kiefergelenks beim Jugendlichen. Fortschr. Kiefer. Gesichtschir. 21: 314–315, 1976

Krogh-Poulsen, W. G.: Examination, diagnosis, treatment. In Schwartz, L., Chayes, Ch. M.: Facial Pain and Mandibular Dysfunktion. Saunders, Philadelphia pp 249–280, 1968

Kunz, M.: Resultate der mit Hypomochlion behandelten Kieferköpfchenfrakturen. Med. Diss., Zürich 1985

Künzler, A., Sailer, H. F.: Erfahrungen mit der Verpflanzung von Kunsthaar als Ersatz für Kopfhaare und Barthaar. Fortschr. Kiefer. Gesichtschir. 34: 85–87, 1985

L

Lambrecht, J. Th.: Odontogene Kieferhöhlenerkrankungen. Fortschr. Kiefer. Gesichtschir. 40: 106–113, 1995

Lang, N. P., Adler, R., Joss, A., Nyman, S.: Absence of bleeding on probing: an indicator of periodontal stability. J. clin. Periodontol. 17: 714–721,1990

Langer, B., Langer, L.: Subepithelial connective tissue graft technique for root coverage. J. Periodontol 56: 715–720, 1985

Lauer, G., Englerth, H., Schilli, W.: Die Narbe als Resultat der Wundheilung im Gesichtsbereich. Dtsch. Zahnärztl. Z. 50: 63–66, 1995

Lautenbach, E.: Zahn – Mund – Kiefer: Therapien, Materialien, Rezepte. Karger, Basel 1990

Le Clerc, G. C., Girard, C.: Un nouveau procédé de butée dans le traitement chirurgicale de la luxation récidivante de la mâchoire inférieure. Mém. Acad. Chir. 69: 457–459, 1943

Lehnert, S., Lehmann, J.: Klinische und röntgenologische Untersuchungen zur Frage der Sinusitis maxillaris nach Eröffnung der Kieferhöhle bei Zahnextraktion. Dtsch. Zahnärztl. Z. 22: 201–205, 1967

Lehnhardt, E.: HNO-Heilkunde für Zahnmediziner, 2. Aufl. Thieme, Stuttgart 1992

Lentrodt, J., Höltje, W. J.: Indikation zur operativen bzw. konservativen Versorgung von Unterkieferfrakturen. Fortschr. Kiefer- u. Gesichtschir. 19: 65–68, 1975

Lin, L. M., Pascon, E. A., Skribner, J., Gängler, P., Langeland, K.: Clinical, radiographic, and histologic study of endodontic treatment failures. Oral Surg. Oral Med. Oral Pathol. 11: 603–611, 1991

Lombardi, T., Budtz-Jørgensen, E.: Die zahnärztliche Untersuchung beim Betagten. Schweiz. Monatsschr. Zahnmed. 102: 1359–1363, 1992

Luhr, H. G.: Die Kompressionsosteosynthese bei Frakturen des zahnlosen Unterkiefers. Med. Habil., Hamburg 1969

Luhr, H. G.: A micro-system for cranio-maxillofacial skeletal fixation. J. Craniomaxillofac. Surg. 16: 312–314, 1988

Lütscher, D.: Erfahrungen mit der Kryochirurgie bei Mundschleimhauterkrankungen. Med. Diss., Zürich 1984

M

Machtens, E., Heuser, L.: Prinzipielles und abgestuftes Vorgehen in der Röntgendiagnostik bei Mittelgesichtstrauma in Abhängigkeit vom Schweregrad und von der Lokalisation. Fortschr. Kiefer- u. Gesichtschir. 36: 21–25, 1991

Mäglin, B.: Notfälle aus der zahnärztlichen Chirurgie. Schweiz. Monatsschr. Zahnmed. 84: 964–976, 1974

Maienfisch, A.: Langzeiterfahrungen mit der Wurzelspitzenresektion. Med. Diss., Zürich 1980

Makek, M., Sailer, H. F.: Speicheldrüseninfarkte – eine diagnostische Falle für Pathologen und Kliniker. Schweiz. Monatsschr. Zahnmed. 95: 113-123, 1985

Mandel, I. D.: The functions of saliva. J. Dent. Res. 66: 623. 627, 1987

Marinello, C. P., Kundert, E., Andreoni, C.: Die Bedeutung der periimplantären Nachsorge für Zahnarzt und Patient. Implantologie 1: 43–57, 1993

Marker, P., Eckerdal, A., Smith-Sivertsen, Ch.: Incompletely erupted third molars in the line of mandibular fractures. Oral Surg. Oral Med. Oral Pathol. 78: 426–431, 1994

Mashberg, A., Samit, A.: Early detection, diagnosis and management of oral and oropharyngeal cancer. CA Cancer J. Clin. 39: 67–88, 1989

Meier, E., Berthold, H., Zbinden, A.: Problem- und Risikopatienten. Schweiz. Monatsschr. Zahnmed. 104: 615–620, 1994

Mitchell, D. F., Standish, S. M., Fast, Th. B.: Oral Diagnosis, Oral Medicine. Lea & Fibiger, Philadelphia 1971

Mittermeier, C., Riede, U. N., Härle, F.: Präkanzerose der Mundhöhle. Hoechst, Frankfurt/Main 1980

Möbius, E.: Kieferzysten und Nebenhöhlen. Dtsch. Zahnärztl. Z. 5: 397–399, 1950

Mombelli, A., Buser, D., Lang, N. P., Berthold, H.: Suspected periodontopathogens in erupting third molar sites of periodontally healthy individuals. J. Clin. Perodontol. 17: 48–54, 1990

Mörmann, W., Bernimmoulin, J. P., Schmid, M. O.: Fluoreszein angiography of free gingival autografts. J. clin. Periodontol. 2: 177–189, 1975

Mörmann, W., Schaer, F. P.: Orale Schleimhauttransplantation mit dem Mucotom. Schweiz. Monatsschr. Zahnmed. 87: 656–666, 1977

Morris, A. L., Bohannan, H. M., Casello, D. P.: The Dental Specialities in General Practice. Saunders, Philadelphia 1983

Morse, D. R., Bhambhani, S. M.: A dentist's dilemma: nonsurgical endodontic therapy or periapical surgery for teeth with apparent pulpal pathosis and an associated periapical radiolucent lesion. Oral Surg. Oral Med. Oral Pathol. 70: 333–340, 1990

Mounce, R. E.: Risk management in after-hours care. Gen. Dent. 38: 350–356, 1990

Mühlemann, H. R.: Parodontale Gesichtspunkte in der zahnärztlichen Chirurgie. Schweiz. Monatsschr. Zahnmed. 73: 106–121, 1963

Mühlemann, H. R., Son, S.: Gingival sulcus bleeding: a leading symptom in initial gingivitis. Helv. Odont. Acta 15: 107–113, 1971

Müller, U.: Allergische Reaktionen. Schweiz. Monatsschr. Zahnmed. 98: 1224–1229, 1988

Müller, W.: In Zahn-, Mund-, Kieferheilkunde, Bd. 2, Spezielle Chirurgie. Replantation oder Transplantation von Zähnen. Thieme, Stuttgart, S. 42–48, 1990

N

Nair, P. N. R., Pajarola, G. F.: Raducular cysts: types and incidence among human apical periodontitis lesions. In press: Oral Surg. Oral Med. Oral Pathol. 1995

Nair, P. N. R., Schroeder, H. E.: Pathogenese periapikaler Läsionen. Schweiz. Monatsschr. Zahnmed. 93: 935–952, 1983

Neal, D. C., Wagner, W. F., Alpert, B.: Morbidity associated with teeth in the line of mandibular fractures. J. Oral Surg. 36: 859–862, 1978

Negm, M. M.: Microleakage associated with retrofilling of the apical two thirds with amalgam. Oral Surg. Oral Med. Oral Pathol. 70: 498–501, 1990

Neidhart, A.: Die Mundvorhofplastik mit sekundärer Epithelisierung am Oberkiefer: Entwicklung, Methodik, Ergebnisse. Med. Diss., Zürich 1963

Neumann, R.: Führer durch die operative Zahnheilkunde. Berlinische Verlagsanstalt, Berlin 1929

Nielsen, P. M., Berthold, H., Burkhardt, A.: Die odontogene Keratozyste. Retrospektive Untersuchung zur Klinik, Radiologie, Pathohistologie und Therapie. Schweiz. Monatsschr. Zahnmed. 96: 577–587, 1986

O

Oatis, G. W., Huggins, R., Yorty, J. S.: Oral surgery. Dent. Clin. North Am. 30: 583–601, 1986

Obwegeser, H. L.: Über eine einfache Methode der freihändigen Drahtschienung von Kieferbrüchen. Österr. Z. Stomatol 49: 652–670, 1952

Obwegeser, H. L.: Surgical preparation of the maxilla for prosthesis. J. Oral Surg. Anesth. Hosp. Dent. Serv. 22: 127–134, 1964

Obwegeser, H. L.: Zur Indikation für die einzelnen Methoden der Vestibulumplastik und Mundbodenplastik. Fortschr. Kiefer. Gesichtschir. 10: 1–8, 1965

Obwegeser, H. L.: Bewährtes und Neues in der präprothetischen Chirurgie. Schweiz. Monatsschr. Zahnmed. 97: 223–225, 1987

Obwegeser, H. L., Aarnes, K.: Zur Luxation des Discus articularis des Kiefergelenkes. Schweiz. Monatsschr. Zahnmed. 83: 67–70, 1973

Obwegeser, H. L., Sailer, H. F.: Experiences with intraoral resection and immediate reconstruction in cases of radio-osteomyelitis of the mandible. J. Maxillofac. Surg. 6: 257–265, 1978

Obwegeser, H. L., Steinhäuser, E.: Ein neues Gerät zur Vitalitätsprüfung der Zähne mit Kohlensäureschnee. Schweiz. Monatsschr. Zahnmed. 73: 1001–1012, 1963

Obwegeser, H. L., Tschamer, H.: Bakteriologische Resektionskontrollen nach desinfektionsloser einzeitiger Wurzelfüllung einkanaliger Gangränzähne. Dtsch. Zahn. Mund. Kieferheilkd. 26: 103–116, 1957

Obwegeser, J. A., Riegler, H., Mossböck, R.: Die Aktinomykose des Kiefer-Gesichtsbereiches. Zahnärztl. Prax. 40: 122–124, 1989

Olech, E.: Fracture lines in mandibule. Dent. Radiogr. Photogr. 28: 21–26, 1955

Ollerenshaw, R., Rose, S.: Sialography – a valuable diagnostic method. Dent. Radiogr. Photogr. 29: 37–46, 1956

Olson, R. A., Fonseca, R. J., Zeitler, D. L., Osbon, D. B.: Fractures of the mandibule: a review of 580 cases. J. Oral Maxillofac. Surg. 40: 23–28, 1982

Ørstavic, D.: Radiographic evaluation of apical periodontitis and endodontic treatment results: a computer approach. Int. Dent. J. 41: 89–98, 1991

Osborn, J. F.: Hydroxylapatitkeramik – Granulate und ihre Systematik. ZM 77: 840–848, 852, 1987

P

Pajarola, G. F., Sailer, H. F.: Operative Entfernung unterer Weisheitszähne. Schweiz. Monatsschr. Zahnmed. 104: 1202–1209, 1994

Pajarola, G. F., Grätz, K. W., Sailer, H. F., Eichmann, A., Makek, M.: Erkennung und Behandlung von Mundschleimhauterkrankungen (I). Schweiz. Monatsschr. Zahnmed. 105: 788-794, 1995

Pajarola, G. F., Jaquiéry, C., Sailer, H. F., Lambrecht, J. Th.: Die Entfernung unterer retinierter Weisheitszähne (II). Schweiz. Monatsschr. Zahnmed. 104: 1520–1534, 1994

Pallasch, T. J., Slots, J.: Antibiotic prophylaxis for medical-risk patients. J. Periodontol. 62: 227–231, 1991

Pantschev, A., Carlsson, A.-P., Andersson, L.: Retrograde root filling with EBA cement or amalgam. Oral Surg. Oral Med. Oral Pathol. 78: 101-104, 1994

Partsch, C.: Über Kieferzysten. Dtsch. Mschr. Zahnheilk. 32: 271–304, 1892

Partsch, C.: Erkrankungen der Hartgebilde des Mundes. In Partsch, C., Bruhn, C., Kantorowicz, A.: Handbuch der Zahnheilkunde, Bd. I. Bergmann, Wiesbaden, S. 273-299, 1917a

Partsch, C.: Erkrankungen der Hartgebilde des Mundes. In Partsch, C., Bruhn, C., Kantorowicz, A.: Handbuch der Zahnheilkunde, Bd. I. Bergmann, Wiesbaden, S. 300-302, 1917b

Partsch, C., Kunert, A.: Über Wurzelresektion. Dtsch. Mschr. Zahnheilk. 17: 348–367, 1899

Paulsen, G., Reimann, G. P.: Frakturierte Radix im Canalis mandibulae. Quintessenz 30: 19–22, 1979

Pedersen, G. W.: Surgical removal of teeth. In Pedersen, G. W.: Oral Surgery. Saunders, Philadelphia, pp 47-82, 1988

Perko, M.: Das Ernährungsproblem nach kieferchirurgischen Operationen oder Verletzungen im Kieferbereich. Schweiz. Monatsschr. Zahnmed. 76: 396–402, 1966

Pichler, H.: Zur Frage der Wurzelspitzenresektion. Z. Stomatol. 19: 15–20, 1921

Pindborg, J. J.: Atlas of Diseases of the Oral Mucosa, 5th ed. Munksgaard, Kopenhagen 1992

Pindborg, J. J.: Farbatlas der Mundschleimhauterkrankungen, 5. Aufl. Deutscher Ärzte-Verlag, Köln 1993

Pindborg, J. J., Hjørting-Hansen, E.: Atlas of Diseases of the Jaws. Munksgaard, Kopenhagen 1974

Pindborg, J. J., Kramer, I. R. H.: Histological Typing of Odontogenic Tumors, Jaw Cysts and Allied Lesions. World Health Organisation, Geneva, 1971

R

Rahn, R.: Endokarditis-Risiko bei zahnärztlich-chirurgischen Eingriffen. Zahnärztl. Praxis 40: 48–51, 1989

Rajasuo, A., Murtomaa, H., Meurman, J. H.: Comparison of clinical status of third molars in young men in 1949 and in 1990. Oral Surg. Oral Med. Oral Pathol. 76: 694–698, 1993

Raschein, R.: Die rechtliche Stellung des Zahnarztes. Schweiz. Monatsschr. Zahnmed. 101: 1033-1036, 1991

Rateitschak, K. H., Rateitschak, E., Wolf, H. F.: Parodontologie. Farbatlanten der Zahnmedizin, Bd.1. 3. Aufl., Stuttgart, Thieme 1996

Rehrmann, A.: Eine Methode zur Schließung von Kieferhöhlenperforationen. Dtsch. Zahnärztl. Wschr. 39: 1136–1138, 1936

Rehrmann, A.: Zur Frage der chirurgischen Wurzelfüllung und ihre Verbesserung durch Verwendung eines neuen Normbestеckes. Zahnärztl. Rundschau 60: 118–124, 1951

Reuter, I.: Röntgendiagnostik des unteren Weisheitszahnes. Dtsch. Zahnärztl. Z. 48: 94–99, 1993

Richter, M., Fiore-Donno, G., Kuffer, R.: Contribution à l'étude des kératokystes odontogènes. Schweiz. Monatsschr. Zahnmed. 85: 487-506, 1975

Ringeling, H.: Handlungsfähigkeit – Leidensfähigkeit – Medizin und Menschenbild. Schweiz. Monatsschr. Zahnmed. 95: 900–910, 1985

Robinson, H. B. G.: Oral Malignancies. The dentist's responsibility. Dent. Radiogr. Photogr. 21: 1–7, 1948

Robinson, H. B. G., Koch, W. E., Kolas, S.: Radiographic interpretation of oral cysts. Dent. Radiogr. Photogr. 29: 61–68, 1956

Roth, H., Müller, W., Spiessl, B.: Zur Behandlung großvolumiger Knochendefekte im Kieferbereich mit Hydroxylapatit-Granulat. Schweiz. Monatsschr. Zahnmed. 94: 222–227, 1984

Roth, P., Grätz, K. W., Sailer, H. F.: Syndrome de Gorlin-Goltz. Schriftenr. Schweiz. Ges. Kiefer. Gesichtschir. 2: 68–71, 1989

Rothlin, M., Babotai, I.: Der herzkranke Patient in der zahnärztlichen Praxis. Schweiz. Monatsschr. Zahnmed. 98: 1219–2121, 1988

Rowe, N. L., Williams, J. L.: Maxillofacial Injuries, Vol. I-II. Churchill Livingston, Edinburg, 1985

Rud, J., Andreasen, J. O., Möller Jensen, J. E.: A follow-up study of 1000 cases treated by endodontic surgery. Int. J. Oral Surg. 1: 215–228, 1972

Rud, J., Andreasen, J. O., Möller Jensen, J. E.: Radiographic criteria for the assessement of healing after endodontic surgery. Int. J. Oral Surg. 1: 195–214, 1972

Russell, J. H.: In St. Clair, F.G.: Familial Medical Quotations. Saunders, Boston, p. 97b, 1968

S

Sailer, H. F.: Behandlungsergebnisse bei Osteomyelitis und Radioosteomyelitis mandibulae nach Unterkieferresektion und gleichzeitiger Rekonstruktion. Proceedings, 3rd Congress Europ. Ass. Max. Fac. Surg., London 1976

Sailer, H. F.: Zur Wahl der Therapie der Präkanzerosen und Malignome im Kiefer-Gesichtsbereich: Chirurgie, Radiotherapie, Chemotherapie, Immunotherapie. Schweiz. Monatsschr. Zahnmed. 87: 1181–1196, 1977

Sailer, H. F.: Transplantation of Lyophilized Cartilage in Maxillo-facial Surgery. Experimental Foundations an Clinical Success. Karger, Basel 1983

Sailer, H. F.: Longterm results after implantation of different lyophilised bones & cartilage for reconstruction in craniofacial surgery. In Montoya, A. G.: Craniofacial Surgery, 4. Monduzzi, Bologna, p. 69-77, 1992

Sailer, H. F., Antonini, N.: Ergebnisse der Le Clerc-Operation bei habitueller Kiefergelenk- und Diskusluxationen. Fortschr. Kiefer- u. Gesichtschir. 25: 43–45, 1980

Sailer, H. F., Grätz, K. W.: Konzept der Behandlung schwerer Mittelgesichtsfrakturen beim Bezahnten und Unbezahnten. Fortschr. Kiefer- u. Gesichtschir. 36: 52–54, 1991

Sailer, H. F., Kolb, E.: Application of purified bone morphogenetic protein (BMP) in cranio-maxillifacial surgery. BMP in compromised surgical reconstructions using titanium implants. J. craniomaxillofac. Surg. 22: 2–11, 1994

Sailer, H. F., Kolb, E.: Application of purified bone morphogenetic protein (BMP) preparations in cranio-maxillo-facial surgery. J. craniomaxillofac. Surg. 22: 191–199, 1994

Sailer, H. F., Makek, M. S.: Blutbildende Knochenherde als Ursache zystoider Kieferläsionen, Schweiz. Monatsschr. Zahnmed. 95: 183–192, 1985

Schädle, C., Matter-Grütter, C.: Neue Methode zur Deckung freier Zahnhälse. Schweiz. Monatsschr. Zahnmed. 103: 1301–1306, 1993

Scharffetter, K. C., Balz-Hermann, C., Lagrange, W., Koberg, W., Mittermayer, Ch.: Proliferation kinetics-study of the growth of keratocysts. J. Craniomaxfac. Surg. 17: 226–233, 1989

Schettler, G., Greten, H.: Innere Medizin, Bd. I/II., 8. Aufl. Thieme, Stuttgart 1990

Scheunemann, H., Hausamen, J. E.: Gutachterliche Erfahrungen bei Verletzung des Nervus lingualis in Verbindung mit zahnärztlich-chirurgischen Eingriffen. Dtsch. Zahnärztl. Z. 35: 196–198, 1980

Schijatschky, M. M.: Lebensbedrohende Zwischenfälle in der zahnärztlichen Praxis. Quintessenz, Berlin 1992

Schlegel, K. A., Janson, O., Heumann, Ch., Toutenburg, H.: Attached Gingiva und Periimplantitis. Z. Zahnärztl. Implantol. 10: 212–218, 1994

Schmallenbach, H.-J., Austermann, K.-H.: Neue Aspekte zur Ätiologie und Morphologie der Nasolabialzysten. Fortschr. Kiefer. Gesichtschir. 21: 107-109, 1976

Schmelzle, R., Schwenzer, N., Ullmann, U., Mautsch, W.: Die Kontamination von Operationswunden im Mund-, Kiefe r- u. Gesichtsbereich mit Mikroorganismen. Dtsch. Zahnärztl. Z. 33: 785–787, 1978

Schmid-Meier, E.: Anamnese und Befunderhebung bei Kiefergelenkserkrankungen. Schweiz. Monatsschr. Zahnmed. 90: 897–904, 1980

Schmid-Meier, E.: Zahntransplantationen. In Stöckli, P. W., Ben Zur, E.: Zahnmedizin bei Kindern und Jugendlichen, 3. Aufl. Thieme, Stuttgart, S. 301–302, 1994

Schmidseder, R.; Lambrecht, J. Th.: Untersuchungen zur zweizeitig konservativ-chirurgischen Therapie der chronischen Sinusitis maxillaris bei Mund-Antrum-Fisteln unter Verwendung der Sinuskopie. Dtsch. Z. Mund-Kiefer-Gesichts. Chir. 2: 178–182, 1978

Schmidt, L. P., Hardt, N., Makek, M.: Die kalzifizierende odontogene Zyste (COC). Swiss. Dent. 14: 16–18, 1993

Schmidt, R. F.,: Grundriß der Sinnesphysiologie. Springer, Berlin 1985

Schmidt, W., Luhr, H. G.: Technik und Ergebnisse der funktionellen Frühbehandlung von Kollumfrakturen bei gleichzeitigem Vorliegen von Unterkieferkörperfrakturen. Fortschr. Kiefer. Gesichtschir. 21: 317–321, 1976

Schmitt, W., Weber, H. J., Jahn, D.: Thermische Untersuchungen beim Bohren in kortikalem Knochen unter Verwendung verschiedener Kühlsysteme. Dtsch. Zahnärztl. Z. 43: 802–805, 1988

Schmoker, R., Bronz, G., Knutti, D.: Die funktionsstabile Versorgung der Unterkieferfraktur: Indikation, Zugang, Osteosynthesemittel, Komplikationen. Schweiz. Monatsschr. Zahnmed. 93: 513–522, 1983

Schmoker, R., Rüfenacht, D., von Allmen, G., Bronz, G.: Die iatrogene Läsion des N. lingualis als Komplikation bei der operativen Weisheitszahnentfernung. Schweiz. Monatsschr. Zahnmed. 92: 916–921, 1982

Schmutziger, P.: Konservativ-chirurgische Behandlung von Kieferzysten. Schweiz. Monatsschr. Zahnmed. 61: 702–703, 1951

Schotland, C., Stula, D., Lévy, A., Spiessl, B.: Hirnabszess nach dentogenem Infekt. Schweiz. Monatsschr. Zahnmed. 89: 325–329, 1979

Schroeder, H. E.: Pathobiologie oraler Strukturen, 2. Aufl. Karger, Basel 1991

Schroeder, H. E.: Orale Strukturbiologie, 4. Aufl. Thieme, Stuttgart 1992

Schroeder, K.: Probleme der zivilrechtlichen Haftung des freipraktizierenden Zahnarztes. Schulthess, Zürich 1982

Schroll, K.: Ergebnisse der Zystenoperationen im Ober- und Unterkiefer. Fortschr. Kiefer. Gesichtschir. 21: 105–107, 1976

Schuchardt, K.: Die Epidermistransplantation bei der Mundvorhofplastik. Dtsch. Zahnärztl. Z. 7: 364–369, 1952

Schuchardt, K.: Zur Methodik des Verschlusses von Defekten im Alveolarfortsatz zahnloser Oberkiefer. Dtsch. Zahn. Mund. Kieferheilkd. 17: 366-369, 1953

Schuchardt, K.: Grundsätzliches zur Versorgung von kombinierten Weichteil-Knochenverletzungen im Gesichts-Kieferbereich. Fortschr. Kiefer. Gesichtschir. 11: 25–33, 1966

Schulte, W.: Die Knochenregeneration nach der Ausschälung großer Kieferzysten und ihre Konsequenzen für die Operationstechnik. Dtsch. Zahn. Mund. Kieferheilk. 45: 177–206, 1965

Schultz, H.: Die Würde des Patienten: ein Rechtsproblem? Schweiz. Monatsschr. Zahnmed. 90: 1107–1115, 1980

Schultze-Mosgau, S., Neukam, F. W., Berten, J. L., Eulzer, C.: Die autogene Zahntransplantation im Rahmen des orthodontischen Lückenschlusses bei Zahnnichtanlagen. Dtsch. Z. Mund. Kiefer. Gesichtschir. 18: 165–170, 1994

Schwenzer, N., Wüstenfeld, E.: Zur Klinik und Histologie freier Hauttransplantate in der Mundhöhle. Dtsch. Zahnärztl. Z. 25: 1049–1060, 1970

Schwimmer, A. M., Aydin, F., Morrison, S. N.: Squamous cell carcinoma arising in residual odontogenic cyst. Oral Surg. Oral Med. Oral Pathol. 72: 218–221, 1991

Shafer, W. G., Hine, M. K., Levy, B. M.: A Textbook of Oral Pathology, 3rd ed. Saunders, Philadelphia 1974

Shetty, V., Freymiller, E.: Teeth in the line of fracture: a review. J. Oral Maxillofac Surg 47: 1303–1306, 1989

Skouteris, Ch. A., Sotereanos, G. C.: Plunging ranula. J. Oral Maxillofac. Surg. 45: 1068-1072, 1987

Smee, G., Bolanos, O. R., Morse, D. R., Furst, M. L., Yesilsoy, C.: A comparative leakage study of P-30 resin bonded ceramic, Teflon, Amalgam and IRM as retrofilling seals. J. Endod. 13: 117–121, 1987

Sonis, S. T., Fazio, R. C., Fang, L.: Principles and practice of oral medicine. Saunders, Philadelphia S. 360–369, 1995

Spiekermann, H.: Implantologie. Farbatlanten der Zahnmedizin, Bd. 10. Thieme, Stuttgart 1994.

Spiessl, B.: Funktionsstabile Osteosynthese bei Unterkieferfrakturen – Problematik und Technik. Fortschr. Kiefer. Gesichtschir. 19: 68–71, 1975

Spiessl, B.: Trauma als Notfallsituation. Schweiz. Monatsschr. Zahnmed. 84: 915–933, 1974

Stefani, M.: Rezidivhäufigkeit von odontogenen Keratozysten nach Marsupialisation. Med. Diss., Zürich 1994

Steiner, J. E.: Beobachtung von Heilungsprozessen nach Zystenoperationen. Dtsch. Zahnärzteblatt 15: 404–409, 1961

Stöckli, P. W., Ben Zur, E. D.: Zahnmedizin bei Kindern und Jugendlichen, 3. Aufl. Thieme, Stuttgart 1994

Stoelinga, P. J. W., Bronkhorst, F. B.: The incidence, multiple presentation an recurrence of aggressive cysts of the jaws. J. Cranio-Max.-Fac. Surg. 16: 184–195, 1988

Strassburg, M., Knolle, G.: Farbatlas und Lehrbuch der Mundschleimhauterkrankungen, 3. Aufl. Quintessenz, Berlin 1991

Strobl, V., Traugott, D., Norer, B.: Dentoalveoläre Verletzungen im Oberkiefer. Fortschr. Kiefer. Gesichtschir. 36: 145–148, 1991

Strub, J. R., Kopp, F. R.: Das freie Schleimhauttransplantat. Genäht versus geklebt. Schweiz. Monatsschr. Zahnmed. 90: 1028–1036, 1980

T

Takenoshita, Y., Ishibashi, H., Oka, M.: Comparison of functional recovery after nonsurgical and surgical treatment of condylar fractures. J. Oral Maxillofac. Surg. 48: 1191-1195, 1990

Tetsch, P., Wagner, W.: Die operative Weisheitszahnentfernung. Hanser, München 1982

Toller, P.: Origin and growth of cysts of the jaws. Ann. R. Coll. Surg. Engl. 40: 306–336, 1967

Trauner, P., Obwegeser, H. L.: Zur Operationstechnik bei der Progenie und anderen Unterkieferanomalien. Dtsch. Zahn. Mund, Kieferheilkd. 23: 1-26, 1955

V

Van den Akker, H. P., Bays, R. A., Becker, A. E.: Plunging or cervical ranula. J. Maxillofac. Surg. 6: 286–293, 1978

Van der Waal, I.: Kiefererkrankungen – Diagnose und Therapie. Deutscher Ärzte-Verlag, Köln, S. 113–234, 1993

Van Waues, H., Gnoinski, W., Ben Zur, E.: Die Draht-/Kompositschiene. Schweiz. Monatsschr. Zahnmed. 97: 629–636, 1987

Velvart, P., Reimann, Chr.: Sensibilitätstestung. Schweiz. Monatsschr. Zahnmed. 98: 517–523, 1988

Ventä, I.: Predictive model for impaction of lower third molars. Oral Surg. Oral Med. Oral Pathol. 76: 699–703, 1993

Von Arx, T.: Mesiodens. Schweiz. Monatsschr. Zahnmed. 100: 433–442, 1990

Von Arx, T.: Traumatologie im Milchgebiß, I und II. Schweiz. Monatsschr. Zahnmed. 100: 1195–1206, 1990 und 101: 57–70, 1991

Von Wowern, N., Nielsen, H. O.: The fate of impacted lower third molars after the Age of 20. Int. J. Oral Maxillofac. Surg. 18: 277–280, 1989

Voorsmit, R. A. C. A.: The art of treating keratocysts: fixation bevore enucleation. Autumn Meeting of the British Assoc. of Oral and Maxillofacial Surgeons, London 1990

Voorsmit, R. A. C. A., Stoelinga, P. J. W., van Haelst, U. I. G. M.: The management of keratocysts. J. Maxillofac. Surg. 9: 228–236, 1981

W

Wagner, J. D., Moore, D. L.: Preoperative laboratory testing for the oral and maxillofacial surgery patient. J. Oral Maxillofac. Surg. 49: 177–182, 1991

Walder, H.: Der ärztliche Kunstfehler aus strafrechtlicher Sicht. Schweiz. Ärztez. 62: 3470–3474, 1981

Walder, H.: Die Aufklärungspflicht des Zahnarztes aus forensischer Sicht. Schweiz. Monatsschr. Zahnmed. 95: 889-894, 1985

Wassmund, M.: Lehrbuch der praktischen Chirurgie des Mundes und der Kiefer, Bd. 1-2. Barth, Leipzig 1935–1939

Wiehl, P.: Orale Physiotherapie – eine zusätzliche Hilfe für Myoarthropathie-Patienten. Schweiz. Monatsschr. Zahnmed. 93: 235–247, 1983

Wiehl, P., Guggenheim, B.: Hygienegerechtes Praxiskonzept I und II. Schweiz. Monatsschr. Zahnmed. 103: 179–181 und 1127–1140, 1993

Windecker-Gétaz, I., Richter, M., Gremion, G., Zabala, I., Samson, J., Piletta-Zanin, S., Belser, U.: Algies faciales et troubles de la fonction masticatrice. Schweiz. Monatsschr. Zahnmed. 103: 1573–1584, 1993

Winter, L.: A textbook of exodontia: exodontia, oral surgery and anesthesiea. 5th ed. Mosby, St. Louis 1943

Wolfe, S. A., Baker, St.: Facial Fractures. Thieme, New York 1993

Work, W. P., Batsakis, J. G.: Classification of salivary gland diseases. Otolaryngol. Clin. North Am. 10: 287–296, 1977

Wüthrich, S.: Integritätsentschädigung. Schweiz. Monatsschr. Zahnmed. 97: 880, 1987

Y

Yaremchuk, M. J., Gruss, J. S., Manson, P. N.: Rigid Fixation of the Craniomaxillofacial Skeleton. Butterworth-Heinemann. Boston 1992

Z

Zander, A., Buddeberg, C., Frei, R.: Befunderhebung und Therapieplanung bei Patienten mit mandibulärer Dysfunktion. Schweiz. Monatsschr. Zahnmed. 92: 497–514, 1982

Zetzmann, D., Berthold, H., Buser, D.: Die Defektfüllung großvolumiger Knochenhöhlen im Kieferbereich mit Kollagenvlies. Schweiz. Monatsschr. Zahnmed. 92: 119–126, 1982

Zimmerli, Ph., Hardt, N., Altermatt, H. J.: Kieferhöhlenoperation. Aspergillose der Kieferhöhle durch Wurzelfüllmaterial. Schweiz. Monatsschr. Zahnmed. 98: 527–530, 1988

Zimmermann, M., Nentwig, G. H.: Die Therapie des Postextraktionssyndroms mit Taurolin. Schweiz. Monatsschr. Zahnmed. 102: 1327–1332, 1992

Zou, Z. J., Wu, W. T., Sun, G. X., Zhu, X. P., Zhang, K. H., Wu, Q. G., Su, L. D., Lin, J. X.: Remodelling of the temporomandibular joint after conservative treatment of condylar fractures. Dentomaxillofac. Radiol. 16: 91–98, 1987

Sachverzeichnis

A

B

C

D

E

F

G

H

I

J

K

L

M

N

T

U

V

W

X

Z